"十四五"国家重点出版物
出版规划项目

国家出版基金项目
NATIONAL PUBLICATION FOUNDATION

中国兽药研究与应用全书

COMPREHENSIVE SERIES
ON VETERINARY DRUG
RESEARCH AND APPLICATION
IN CHINA

兽用化学药物及应用

曾振灵　主编

化学工业出版社

·北京·

内容简介

本书阐述了兽用化学药物的分类、作用机制、合理使用方法及耐药性等，并分门别类地详细介绍了抗微生物药、抗寄生虫药、消毒防腐药、外周神经系统药物、中枢神经系统药物、血液循环系统药物、消化系统药物、呼吸系统药物、生殖系统药物、自体有效物质和解热镇痛抗炎药、体液和电解质平衡调节药物、营养药物、解毒药。

本书内容翔实，既具有理论指导性，又有实践操作性，可作为农业院校动物医学和动物药学专业师生，以及兽药研发机构和企业、第三方检测机构、养殖企业等从业人员的良好参考读物。

图书在版编目（CIP）数据

兽用化学药物及应用／曾振灵主编．— 北京：化学工业出版社，2025．1．—（中国兽药研究与应用全书）．— ISBN 978-7-122-46578-8

Ⅰ. S859

中国国家版本馆 CIP 数据核字第 2024P4Q337 号

责任编辑：邵桂林　刘　军　文字编辑：刘洋洋　药欣荣　张熙然
责任校对：李　爽　　　　装帧设计：尹琳琳

出版发行：化学工业出版社
　　　　　（北京市东城区青年湖南街 13 号　邮政编码 100011）
印　　装：北京建宏印刷有限公司
787mm×1092mm　1/16　印张 47　字数 1170 千字
2025 年 6 月北京第 1 版第 1 次印刷

购书咨询：010-64518888　售后服务：010-64518899
网　　址：http://www.cip.com.cn

定　　价：368.00 元

《中国兽药研究与应用全书》编辑委员会

本书编写人员名单

主　编　曾振灵

副主编　梁先明　李亚菲

编写人员（按姓名汉语拼音顺序）

卜仕金	陈朝喜	邓旭明	方炳虎	冯海华	胡功政
黄玲利	李　丹	李亚菲	梁先明	廖晓萍	刘健华
刘聚祥	刘明春	刘迎春	马红霞	邱银生	孙　坚
孙　雷	孙　娜	孙志良	汪　洋	王丽平	王立琦
王勉之	吴聪明	熊文广	徐士新	杨　帆	杨　鸿
杨大伟	俞道进	苑　丽	曾东平	曾振灵	张秀英

丛书序言

我国是世界养殖业第一大国。兽药作为不可或缺的生产资料，对保障和促进养殖业健康发展至关重要，对保障我国动物源性食品安全具有重大战略意义，在我国国民经济的发展中起着不可替代的重要作用。党和政府高度重视兽药科研、生产、应用和管理，要求大力发展和推广使用安全、有效、质量可控、低残留兽药，除了要求保障我国畜牧养殖业健康发展外，进一步保障人民群众"舌尖上的安全"。国家发布的《"十四五"全国畜牧兽医行业发展规划》中明确规定，要继续完善兽药质量标准体系、检验体系等；同时提出推动兽药产业转型升级，加快兽用中药产业发展，加强中兽药饲料添加剂研发，支持发展动物专用原料药及制剂、安全高效的多价多联疫苗、新型标记疫苗及兽医诊断制品。以2020年《兽药管理条例》修订、突出"减抗替抗"为标志，我国兽药生产、管理工作和行业发展面临深刻调整，进入全新的发展时代。

兽药创新发展势在必行，成果的产业化应用推广是行业发展的关键。在国家科技创新政策的支持下，广大兽药从业人员深入实施创新驱动发展战略，推动高水平农业科技自立自强，兽药创制能力得到了大幅提升，取得了相当成效，特别是针对重大动物疾病和新发病的预防控制的兽药（尤其是疫苗）创制开发取得了丰硕的成果。我国兽药科技创新平台初具规模、兽药创制体系形成并稳步发展，取得一系列自主研发的新兽药品种，已经成为世界上少数几个具有新兽药创制能力的国家，为我国实现科技强国、加快建设农业强国提供坚实保障。

为了系统总结新中国成立以来兽药工业的研究与应用发展状况和取得的成果，尤其是介绍近年来我国在新兽药研究、创制与应用过程中取得的新技术、新成果和新思路，包括兽药安全评价、管理和贸易流通等，在化学工业出版社的邀请和提议下，沈建忠院士、金宁一院士组织了国内兽药教学、科研、生产、应用和管理等各领域知名专家编写了《中国兽药研究与应用全书》。参与编写的专家在本领域学术造诣深厚、取得了丰硕的成果、具有丰富的经验，代表了当前我国兽药学科领域的水平，保证了本套全书内容的权威性。

《中国兽药研究与应用全书》包含10卷，紧紧围绕党中央提出的新五大发展理念，结合国家兽药施用"减量增效"方针、最新修订的《兽药管理条例》和农业农村部"减抗限抗"政策，分别从中国兽药产业发展、兽用化学药物及应用、中兽药及应用、兽用疫苗及应用、兽用诊断试剂及应用、兽用抗生素替代物及应用、兽药残留与分析、兽药管理与国际贸易、兽药安全性与有效性评价、新兽药创制等方面给予了深入阐述，对学科和行业发展具有重要的参考价值和指导价值。

我相信，《中国兽药研究与应用全书》的顺利出版必将对推动我国兽药技术创新，提升兽药行业竞争力，保障畜牧养殖业的绿色和良性发展、动物和人类健康，保护生态环境等方面起到重要和积极作用。

祝贺《中国兽药研究与应用全书》顺利出版，是为序。

中国工程院院士
国家兽药安全评价中心主任、兽医公共卫生安全全国重点实验室主任

前言

兽用化学药物是用于预防、治疗动物疾病的一类特殊物质，其研发、生产、流通和使用直接关系到动物疫病防控、动物源性食品安全、公共卫生安全和人民群众的身体健康等。近年来，国内外新兽药的不断涌现和老药的深入应用，为防治动物疾病提供了更多的途径和方法，有效地保障了畜牧业的健康发展。中国兽药协会发布的兽药产业发展报告显示，近十年来，除了个别年份的兽药生产总值有所下降外，产业整体呈上升态势，其中化学药物的产值比例占一半以上。但是，长期以来人们对于兽用化学药物的争论很多，尤其是抗菌药物，批评和否定抗菌药物的呼声日益高涨，近年来甚至出现了反对使用抗菌药物的呼声。然而世界各国政府和联合国粮食及农业组织的资料表明，化学药物仍将是保证畜牧业发展不可取代的重要生产资料，使用化学药物治疗动物疾病，是当前世界人口增长的形势下对动物性产品的生产和质量的迫切需求。尤其是在我国，如何生产出满足14亿人口需要的动物蛋白是一个巨大的挑战。在控制动物疫病流行、保障动物源性产品的有效供给等方面，兽用化学药物起到了不可或缺的作用。当前，兽用化学药物的合理应用是迫切需要解决的问题。

兽用化学药物的使用引起了各方关注，尤其是兽药残留、细菌耐药性和环境污染问题。长期以来人们往往只把这些问题简单归咎于兽用化学药物本身。然而，兽用化学药物及其防治方法的效果、产生的影响是由多方面因素决定的，这些因素包括兽用化学药物的合成生产、质量控制、剂型加工、养殖方式、给药方案、动物品种，甚至一些人为因素等。兽用化学药物的药效、作用也会受到环境条件、动物种类及其生长发育特征的影响。关于兽用化学药物引起的兽药残留问题，国际上各个国家都制定了本国的最高残留限量标准，并严格执行。通常情况下，动物源性产品中兽药残留量很低，一般不足以产生健康危害。另外，各种兽用化学药物在批准用于食品动物前，均会制定休药期，从而保障动物源性产品安全。关于兽用化学药物引起的细菌耐药性问题，虽然动物源耐药菌的产生和传播可能增加食品安全和公共卫生安全的风险，但目前尚没有直接证据表明威胁人类健康的耐药菌甚至"超级细菌"来源于动物。关于兽用化学药物对环境所造成的污染问题，国家已从政策上持续推进兽用抗菌药物减量化行动，开展畜禽粪污资源化利用等，减少投入品过度使用对养殖环境的污染。我们应该科学、正确地认识合理使用兽药产生的效果，尤其是产生这些效果的原因和科学依据，并从中找到预防和阻止产生负面效果的方法，这就需要多学科的互相渗透和结合，并在此基础上形成兽用化学药物使用技术的整体决策系统和制定合理使用准则，本书正是基于这一理念撰写。

本书共分16章，总论至第4章，介绍了兽用化学药物的基础知识，兽用化学药物作用的基本原理，病原微生物的耐药性与不良反应防范、兽用化学药物的合理使用等；第 5 章至第 16 章，介绍了每类药物的体内过程、作用机制、临床应用、不良反应、药物相互作用等，为兽用化学药物的合理应用提供指导和参考，以期让兽医临床相关人员更好地理解和应用，更好地与临床实践结合，对动物疾病防治工作起到有益的帮助。

本书充分借鉴了国内外相关研究成果，力求内容准确、翔实，具有实用性和可操作性。本书由国内多位在兽药领域长期从事教学、研究和实践工作的专家和学者撰写，在编写过程中得到了化学工业出版社的大力支持，在此一并表示真诚的感谢。

由于水平所限，加之时间仓促，书中疏漏与不妥之处在所难免，敬请读者批评指正。

曾振灵
2024 年 8 月

目录

第 16 章
解毒药   **718**

第 1 章
总 论

1.1

化学药物在兽医临床的应用

　　兽药狭义指家畜家禽用药，广义指预防、治疗、诊断除人类以外所有动物疾病或者有目的地调节动物生理功能的物质，主要包括兽用血清制品、疫苗、诊断制品、微生态制品、中药材、中成药、化学药物、抗生素、生化药品、放射性药品，以及外用杀虫剂、消毒剂等。其中，兽用化学药物是指以化学理论为指导，依据化学规律研究，通过化学合成或生化合成的有明确元素组成和化学结构的物质。由于兽用化学药物具有疗效快、效果明显、化学结构清晰和活性成分明确等特点，已在兽医临床，尤其是在畜牧业生产中得到了广泛应用。据中国兽药协会统计，2022年我国兽用化药市场销售额高达507.78亿元人民币，占兽药市场销售额的75.4%。而在兽医化学药物总销售额中，抗微生物药占66.56%、抗寄生虫药占11.58%、解热镇痛消炎药占1.89%。虽然我国兽用化学药物起步较晚，但与国民经济的发展息息相关，有着十分广阔的发展前景。

1.1.1　兽用化学药物的分类

　　兽用化学药物可以从不同角度进行各种分类，但通常来说，人们一般按照药物的用途或来源区分，前者决定了使用药物的场景，而后者影响的是药物的生产。下面就这两种区分方式展开详细论述。

1.1.1.1　根据药物用途分类

　　在兽医临床应用的化学药物主要包括以下几大类：

　　（1）**抗微生物药物**（antimicrobial drugs）　该类药物是兽用化学药物中种类最多、使用最广、用量最大的药物。根据针对的微生物分类可以分为抗细菌药、抗病毒药、抗真菌药等。其中抗菌药可以分为利用生物发酵生产的抗生素和利用化学手段生产的合成抗菌药两类。

　　（2）**抗寄生虫药物**（antiparasitic drugs）　寄生虫病对畜牧业危害严重，而且对人类健康有潜在威胁，使用化学药物防治寄生虫病具有重要的临床意义。根据寄生虫的生物学分类，可以将该类药物细分为抗蠕虫药、抗原虫药、杀虫药等。

　　（3）**解热镇痛消炎药**　即非甾体抗炎药（nonsteroidal anti-inflammatory drugs，NSAIDs），是指通过抑制环氧合酶（cyclooxygenase，COX）进而抑制前列腺素产生，以达到解热、抗炎和镇痛效果的药物。其按照化学结构分类，兽医临床常用的有：水杨酸类、苯胺类、吡唑酮类、吲哚类、丙酸类和芬那酸类等。

　　（4）**外周神经系统药物**　指直接作用于脊神经、脑神经和植物性神经的药物，可以进一步分为传出神经系统药物和传入神经系统药物。传出神经系统药物包括植物性神经系统药（自主神经系统药）和肌肉松弛药。传入神经系统药物包括局部麻醉药和皮肤黏膜用药。

　　（5）**中枢神经系统药物**　指直接作用于脑和脊髓的药物，可以进一步分为中枢抑制药和中枢兴奋药。中枢抑制药包括镇静药、催眠药、安定药、抗惊厥药、镇痛药和麻醉药等。中枢兴奋药包括大脑兴奋药、延髓兴奋药和脊髓兴奋药等。

（6）**血液循环系统药物**　许多药物都能够直接或间接地改变心血管和血液的功能。治疗心血管和血液疾病的药物主要包括：抗充血性心力衰竭药、抗心律失常药、促凝血药、抗凝血药和抗贫血药等。

（7）**消化系统药物**　消化系统疾病种类繁多，发病率高，相对应的药物也较为精细。具体包括健胃药、助消化药、促食欲药、抗酸药、泻药、止泻药、制酵药、消沫药、催吐药和止吐药等。

（8）**呼吸系统药物**　临床常见的呼吸系统症状包括咳痰、咳嗽和哮喘。针对这些症状的药物分别被称为祛痰药、止咳药和平喘药。

（9）**生殖系统药物**　哺乳动物的生殖系统受神经-体液系统调节，根据调控机制与激素类别，开发了生殖激素类、催产素类、前列腺素类和多巴胺受体激动剂等药物。

（10）**皮质激素类药物**　在各种皮质激素中，只有糖皮质激素具有较重要的药理学意义。虽然动物自身能够分泌糖皮质激素，但从动物体中提取的方法具有产量低、活性易受影响等不良特点，所以利用各种化学手段合成或半合成的糖皮质激素药物已经成为该类药物临床使用的主流。

（11）**自体有效物质**（autocoid）　又称"自调药物""局部激素"，与皮质激素类似，自体有效物质由动物自身分泌，在其功能活性和分子结构得到较好的解析之后，可以被化学合成并用作化学药物治疗。兽医临床上最有意义的自体有效物质是组胺类和前列腺素类，组胺和抗组胺药物用于治疗动物的过敏反应，前列腺素类可以用于扩张血管和支气管和调节生殖行为等。

（12）**消毒防腐药物**　根据对病原微生物的防治效果细分，能够分为杀灭病原微生物的消毒药，以及抑制病原微生物生长繁殖的防腐药。也可以按化学成分细分为酚类、醛类、碱类、酸类、卤素类、醇类、过氧化物类和表面活性剂等。

（13）**解毒药物**　指用于抑制毒物吸收、促进毒物排出、消除中毒症状或阻断毒物效应的药物。其中能够消除中毒症状和阻断毒物效应的药物往往具有特异性，称为特异性解毒药。特异性解毒药临床应用较广泛、种类较多，可以按作用机制分为：金属络合剂、胆碱酯酶复活剂和高铁血红蛋白还原剂等。

1.1.1.2　根据药物来源分类

（1）**天然产物**（natural products，NPs）　此处特指由生物合成方式获得的天然产物。天然产物是指动植物、昆虫和微生物体内的组成成分或其代谢产物，这些内源性的化合物是药物发现的天然宝库。种类繁多的天然产物被证明具有抗菌、抗炎、抗癌、杀虫、抗高血脂等药理作用。对于抗生素来说，绝大部分第一代抗生素的来源都是真菌的天然产物，而现代兽医临床上使用的许多抗生素也依然使用同源或异源生物为合成载体，并逐步通过工艺改进增加了药物生物合成的效率。这类药物的典型例证有青霉素、土霉素、黏菌素等。

近年来，多组学分析技术的利用大大加快了天然产物的发现。虽然天然产物在新药研发方面具有巨大潜力，但一些天然产物的作用机制、不良反应仍不明确，药代动力学研究困难，使得天然产物在推广应用方面阻碍重重。

（2）**半合成药物**　半合成是指使用同分异构体改造、偶联、改变侧链基团等化学工艺改造天然产物，使得衍生物具有更优越的药理作用或更低的毒性的方法。时至今日，半合成药物能够依赖于计算机信息技术，通过各类现代化工艺优化，达到缩短生产周期、降低生产成本、提高药物疗效等目的。在初代半合成药物的基础上继续迭代设计，发挥更好的效果，例如 FDA 于 2013 年批准的抗乳腺癌新药 Kadcyla，就是由曲妥珠单抗和天然产物衍生物 Emtansine 偶联获得的，在临床试验中被证实疗效更佳。

在兽医临床当中，最常见的半合成药物为半合成抗菌药，是在微生物合成的抗生素基础上，对其结构进行改造后得到的新化合物。如氟苯尼考是甲砜霉素的氟衍生物，多西环素是在四环素母核上添加特定基团得到的，泰妙菌素是截短侧耳素衍生物。

（3）人工合成药物　随着科学技术的发展和化学工艺的完善，部分兽用化学药物已经能够被全合成。其中包括一部分天然产物在确定分子结构后得以全合成并向临床推广使用，如阿维菌素、维生素 B_{12} 等。也有一些药物最初因为其他用途被合成，而后经过活性评价推广使用为抗菌药。例如兽医临床常用的磺胺类药物，最初的磺胺是偶氮染料中间体"百浪多息"。最早的喹诺酮类药物萘啶酸是在氯喹宁合成路径中无意发现的，现在兽医专用的抗生素恩诺沙星就源于此。此外，还有硝基咪唑类和甲氧苄啶等都是全合成抗菌药，还有前文提到的糖皮质激素、自体有效物质也可以归为本类药物当中。

1.1.2　化学药物在兽医临床常用剂型

根据药物性质、临床用药需求将药物制备成便于临床应用的、安全、有效、稳定的形式，称为药物的剂型。兽用化学药物的剂型主要有溶液剂、粉剂、片剂、注射剂、透皮剂等。在某一剂型中的任意一种具体药物品种称为制剂，如片剂中的恩诺沙星片、注射剂中的注射用青霉素钠等。

化学药物的药效除了与本身的化学结构直接相关之外，也与其剂型密切相关。通过改变化学药物的剂型，不仅可以调节药物作用的速度、改变药物作用的性质，还可能降低或消除药物的毒副作用。随着现代工艺的进步和交叉学科的发展，利用特殊材料制备的剂型还有定位靶向作用。

根据国务院发布的《兽药管理条例》第四十一条的规定："经批准可以在饲料中添加的兽药，应当由兽药生产企业制成药物饲料添加剂后方可添加。禁止将原料药直接添加到饲料及动物饮用水中或者直接饲喂动物"。其实，不仅仅是口服途径的药物，其他给药途径的化学药物在真正进入临床使用时，也大都是以制剂形式应用的。

那么，了解兽用化学药物的常用剂型及其分类，有利于巩固基本概念，加深对兽用化学药物临床应用的理解。下面根据兽用化学药物的物理状态分别阐述。

1.1.2.1　液体剂型

（1）溶液剂（solution）　指溶质为非挥发性药物的澄明液，溶媒多为水。主要供内服，也可外用。该剂型中化学药物分散均匀，生物利用度一般较高，使用该类制剂时，剂量的大小易调节，能准确量取使用。但溶液剂仅适宜非挥发性药物，对于一些难溶药物来说，这类剂型工艺有一定局限性。兽医临床常见的溶液剂包括一些无机化合物，如硫酸镁溶液等。

（2）透皮制剂　这里指透皮给药系统（transdermal drug delivery systems，TDDS）中的液态剂型，指药物通过皮肤敷贴或喷洒给药到达体内，以达到长时间有效血药浓度和治疗作用的缓释或控释系统。该剂型药物可直接由皮肤角膜层，以及毛囊、汗腺导管等皮肤附属结构透入皮下，进而由毛细血管进入体循环，分布于全身，故给药时应注意将药物实施于皮肤较薄的位置，如耳后、胸前部等。此剂型药品具有方便、简单和药效持久等优点，而且不受肝脏首过作用影响。但该制剂工艺较难，许多药物难以成型，而且部分药物本身对皮肤黏膜有刺激性，不具备透皮制剂的可行性基础。对于一些被毛厚、有皮肤疾患的畜禽，不适合应用透皮给药制剂。许多动物在年龄增长下皮肤易角质化，也会降低透皮制剂的吸收效率。兽医临床的透皮制剂主要与抗菌、驱虫或其他全身治疗有关，如阿维菌素透皮溶液、左旋咪唑透皮剂和一些中药单体的透皮剂。

（3）水针剂　指药物制成的供注入体内的无菌溶液（包括乳浊液和混悬液），是注射液的溶液形态。水针剂在兽医临床应用十分广泛，注射后作用产生迅速，药理效果可靠，而且给药方式不经过胃肠道，所以不受动物饮食等影响，也没有首过效应，可发挥全身或局部定位作用。但在各种应用场景中也发现了诸如注射部位易引起疼痛、集约化养殖中注射工作量大等不利因素。迄今为止，绝大部分的兽用化学药物都有水针剂的剂型，部分中药提取物也被制作为水针剂，如鱼腥草注射液、双黄连注射液等。这些中药注射液在具备毒副作用小、抗炎效果好等优点的同时，也存在作用机制与配伍禁忌不明确等问题。同时，针对一些中药注射液，临床研究者提出了"穴位注射"等特别的给药方式，虽然有研究显示这种方式可以优化药物的吸收和疗效，但该方式是否符合中西医药理原则还有待论证，其具体机制还需进一步阐明。

（4）合剂　指药材用水或其它溶剂，采用适宜方法提取并浓缩得到的内服液体制剂。兽用合剂往往从中药方剂中衍生而来，例如，清解合剂、五味健脾合剂等。对于合剂的单剂量包装，市售一般称为"口服液"，事实上兽医常用的麻杏石甘口服液、扶正祛邪口服液都属于"合剂"这一剂型。合剂制剂在保持了汤剂用药合理组方的优点的前提下，还具备给药剂量小、无需现场配制等方便之处。有研究发现，许多中药单体和组方的合剂在治疗效果和降低毒副作用方面要优于对应的针剂。

（5）乳剂（emulsions）　也称"乳浊液型液体制剂"，指两种以上不相混合的液体，在加入乳化剂（如阿拉伯胶等）后制成的乳状悬浊液。在制剂工艺流程中，形成液滴的相称为分散相、内相或非连续相，另一相液体则称为分散介质、外相或连续相。各类乳剂可以按形成的液滴大小分为普通乳、亚微乳和纳米乳，纳米乳也称"微乳"。乳剂目前主要用于生物制品，但随着现代技术的发展，纳米乳逐渐以其靶向性、安全性等优点进入化学药物制剂领域，相信未来兽用化学药物的纳米乳制剂能够得到重视与发展。

（6）酊剂（tincture）　指用不同浓度的乙醇溶液浸泡药材或溶解化学药物而制得的液体剂型。酊剂制备简单，易于保存。但由于溶剂中含有较多乙醇，临床使用要注意患畜类型，孕、幼畜不宜使用，而且部分畜禽也会对乙醇产生过敏、中毒反应。酊剂除了碘酊等外用制剂，也能够口服，反刍动物使用大黄酊、陈皮酊就具有散结健胃等作用。

（7）浸膏剂　将药的浸出液经浓缩除去部分溶媒而制成的符合标准的液体剂型，多供内服。通常1mL相当于原药材1g，如益母草流浸膏、大黄流浸膏、大黄浸膏。由于浸膏剂的吸湿性，使用稀释剂时应注意水分。浸膏剂不含或含少量溶剂，故有效成分较稳定。浸膏剂按其干燥程度，可分为稠浸膏（含水量15％～20％）与干浸膏（含水量小于5％）。干浸膏剂易吸湿或失水硬化，临床使用时必须合适选用稀释剂，以免造成回潮、结块，而使浸膏不易粉碎和混合。稠浸膏一般不作临床应用，而是用于片剂、溶液剂、合剂等其他制剂的原料。

1.1.2.2 半固体剂型

（1）**软膏剂** 药物与适量的赋形剂（基质）均匀混合制成的易于外用涂布的半固体剂型。常用基质分为油脂性、水溶性和乳剂型基质，其中用乳剂基质制成的易于涂布的软膏剂称乳膏剂，如醋酸氟轻松软膏。软膏剂中药物有效成分可以溶解或均匀分散于基质当中。部分软膏剂属于透皮给药系统的一部分，也有一些仅作用于皮肤而不进入全身。该剂型在兽医临床常用的有，属于抗生素的红霉素软膏、抗真菌的酮康唑软膏以及消毒防腐的鱼石脂软膏。

（2）**舔剂** 舔剂是极具兽医特色的一类剂型，在反刍动物、宠物等临床应用广。舔剂是由各种植物药粉末、中性盐类或浸膏与黏浆药等混合制成的一种黏稠状或面团状半固体的剂型，也有部分舔剂较干燥，或称为"舔砖"。舔剂常用的辅料有甘草粉、淀粉和糖浆等。舔剂给药是供病畜自由舔食或涂抹在病畜舌根部任其吞食。这种给药方式可以与常规饲养相结合，适宜微量元素、营养物质的补充或促生长药物的给药，但由于给药剂量不可控，较少用于治疗用途。合格的舔剂应无刺激性及不良气味。由于与其它制剂相比，舔剂往往还具有丰富的营养物质，所以应特别注意存储方式。

1.1.2.3 固体剂型

（1）**片剂（tablets）** 指由药物与赋形剂制成颗粒后，压制成的圆片状或异型片状剂型。常见的如分散片、泡腾片、肠溶片等都属于片剂，它们都经由不同工艺，使得片剂在动物体内具备其他有利治疗的特点。片剂都需要依托辅料制作，目前常用的辅料有填充剂、黏合剂、崩解剂和润滑剂，它们由淀粉、乳糖、糊精、甘露醇、羧甲基纤维素钠等构成。使用不同的辅料能够改善片剂特点，选用合适的辅料类型片剂有利于提高兽用化学药物的临床疗效。一般认为，片剂的溶出度及生物利用度较丸剂好，而且较其他剂型的制剂质量稳定，运输方便。由于片剂主供内服，在宠物临床当中应用较广泛，大部分的兽用抗菌药、抗寄生虫药都有相应的片剂。

（2）**胶囊剂（capsules）** 指将药物（刺激性或不良气味）密封于胶囊中的剂型。胶囊剂能够掩盖药品气味，避免适口性差引起的口服给药失败。通过改变胶囊制备工艺，还能够达到药物定点释放、延缓释放的效果。兽用化学药物中的胶囊剂都仅供内服，而且以供特种经济动物养殖所用的抗生素居多，常用的有红霉素胶囊、氟苯尼考胶囊等。

（3）**可溶性粉剂（饮水剂）** 是由一种或几种药物加入助溶剂或助悬剂后制成的可溶性粉末状制剂。水溶性好的药品可以直接经干燥加工制得，对于水溶性差的药物，则可以通过添加亲水基、混合助溶剂等方式制备，但也存在一些药物，由于挥发性大、水中分散差无法形成可溶性粉。可溶性粉剂给药简单，适宜于集约化养殖。兽医临床使用的可溶性粉以抗生素居多，如阿莫西林克拉维酸钾可溶性粉、延胡索酸泰妙菌素可溶性粉等。抗生素可溶性粉多作为饮水添加剂型，投入饮水中（混饮）使药物均匀分散，供动物饮用。但需要指出的是，可溶性粉在临床使用中有给药剂量难以精确计算，易诱导耐药性产生等缺点。部分药物在给药时易受饮水 pH、给水管道老化释放的金属离子等影响，例如泰乐菌素可溶性粉在溶于水后，易与铁、铜离子结合导致药物失效。

（4）**粉针剂** 是注射剂的固体形态，是由药物制成的供注射动物体内的无菌粉末，临用前配成溶液或混悬液。部分药物水溶性较差、易析出或在溶液中不稳定、易水解。这种药物应当在临用前稀释，按药物特点选择注射用水、生理盐水或特定的有机溶剂。在兽医临床实践中，有的基层工作者在配伍多种药物时，习惯用水针剂溶解粉针，这是违背药理原则的错误方式。不同类型的制剂都有其意义和特点，不应当随意进行"标签外用药"。

以上4种剂型是兽用化学药物在兽医临床上较为常见的类别，涵盖了绝大部分药物。而有许多中药提取物和中成药，虽然由于技术限制，难以实现化学合成或半合成，但可以肯定的是其中的主要有效成分是某些中药单体化合物。近年来，为遏制耐药性的产生和保障动物性食品安全，中药及其相关药品在兽医临床愈加重要，故而在此也做一些介绍。

（5）**丸剂**　是一种类似球形或椭圆形的剂型，由主药、赋形药、黏合药等组成。丸剂是中医药的重要剂型。"丸者，缓也"，丸剂释放缓慢，作用持久。兽医常用的丸剂主要为中成药，如牛黄解毒丸、翁柏解毒丸等。

（6）**散剂**　是由一种或数种药物经粉碎、过筛、均匀混合而制成的干燥粉末状制剂，常用于中药组方。散剂是传统的称呼，现代也称为粉剂。散剂比表面积较大，因而易分散、起效快。在集约化养殖中，一些药物因为各种原因无法形成液态制剂，而丸剂、片剂等固体又不适宜群体给药，散剂就成为一个良好的剂型。散剂可供内服或外用，但兽医临床大多为内服制剂，常见的有参苓白术散等。

（7）**预混剂（premix）**　是由一种或几种药物与适宜的基质（赋形剂）混合制成供添加在饲料中的药物的粉末状制剂。与散剂的区别在于还会添加适宜的基质，使药物微量成分均匀分散。常用的基质有碳酸钙、麸皮、玉米粉等。由于采取了与常规饲喂相结合的给药方式，预混剂工艺常用于微量元素添加、促生长药物添加和预防用药等。需要强调的是，抗生素的预混剂制剂容易诱导耐药性产生发展，并不利于动物性食品安全，故而农业农村部在2019年发布的第194号公告中，明确禁止了除中药外的所有促生长类药物添加至饲料中，抗生素类预混剂制剂在兽医临床上不应当被继续应用。中药、天然产物等新型促生长预混剂将在未来的"减抗替抗"行动中发挥重要作用。

1.1.2.4　兽用化学药物的新剂型

根据我国农业农村部规定，不改变给药方式但改变兽药剂型的，应归于新兽药。因此兽用化学药物新剂型的研发与推广应用应当被视作新药研发的一个重要组成部分。从统计数据来看，国际上大部分发达国家原料药与其配套的剂型种类比例为（1∶5）～（1∶7），而在我国仅为（1∶2）～（1∶3）。经中国兽药协会统计，2019年至2023年五年间，我国共批准注册新兽药375个，其中四、五类新兽药仅41个，比例约为10.93%。

（1）**缓释、控释制剂（sustained-release preparations）**　缓释、控释制剂也称为缓控释给药系统，是近年来发展较快的新型给药系统。缓释制剂指药物在体内或用药部位能按要求长时间、缓慢地非恒速释放，使吸收、消除缓慢，药效延长、持久的制剂。控释制剂是指在用药后，能按要求缓慢地恒速或接近恒速释放药物，可长时间恒定地维持在有效血药浓度范围内的制剂。开发新的药物递送载体是开发化学药物缓释、控释制剂的重要环节。例如，研究人员采用水包油包固法开发的聚合微粒（microparticle，MP）能够使马波沙星肌内注射液缓释剂中承载药量上升，肌内注射后缓慢释放，到达并维持2～3日的有效血药浓度。

（2）**乳房灌注剂**　即乳房注入剂，在奶牛的养殖生产上有重要意义。使用该剂型能够将药物直接灌注于动物乳房，药物直接作用于病灶，起效更快，而且减少了药物对全身的毒副作用。喹噁啉类药物是动物专用药物，但口服等全身给药方法毒性大，食品安全潜在风险高。研究人员使用复方助悬剂将喹赛多制备为乳房灌注剂，能够以相对较低的给药剂量达到药物在奶牛乳腺内分布快、消除慢的效果，为一些类似药物的创新改造提供了新思路。

（3）**植入剂**（implants）　也称植入给药系统（implantable drug delivery systems, IDDS），是指药物与辅料制成的供植入体内的无菌固体制剂。兽医临床使用的多为皮下植入剂，施用时一般选择动物后颈部埋植。植入剂在体内可持续释放药物，经皮下吸收直接进入血液循环起全身作用，能够避开肝脏的首过效应，生物利用度较高。一种在山羊体内评价的阿莫西林控释皮下埋植剂，血清浓度能够在 8h 内上升至 0.4mg/L，而且保持该浓度长达 6d。聚酯、藻酸盐、胶原等基质的深入研究能够继续为该剂型药物研发提供物质基础。

（4）**气雾剂**（aerosols）　通过连续或定量雾化器产生供吸入用气溶胶的溶液、混悬液和乳液的制剂，该类产品需要通过雾化装置才能完成给药。由于雾化装置较为昂贵，而且需要保持内部洁净，故常在宠物临床上用作呼吸道疾病的雾化治疗，在马、牛等单体价值较为昂贵的养殖动物中也有应用。但近年来，由于一些流行性动物传染病的威胁，兽医工作者也考虑使用各类较为简单的雾化设备将一些安全性较好的消毒药品气雾化并带畜消毒，以期达到最大限度消杀养殖环境中病原微生物的目的。

（5）**纳米乳制剂**　前文已经简要介绍过纳米乳制剂，该制剂可以提高溶解度，还能将一些药物改造为注射剂，例如青蒿素就是使用纳米乳达到前述两种效果的。而在兽医临床上，伊维菌素、复合维生素等化学药物也已经有了微乳制剂。

（6）**脂质体制剂**（liposomes）　脂质体是细胞的重要组成部分，以之为药物递送载体具有良好的安全性。目前已有多种抗癌、抗真菌、抗生素药物的脂质纳米颗粒制剂。但由于工业生产难、价格昂贵等，目前我国尚未有兽用化学药物的脂质体制剂上市。

1.1.3　兽医临床常用给药途径

主要有口服给药、注射给药和局部给药等方式。各种方式都有其优缺点，临床应用时应当充分考虑药物代谢动力学特点后选择合适给药方式。此外需要指出的是，给药途径与制剂剂型也有直接关系，选择某一给药途径时，应当同时兼顾其剂型类别是否对应。

1.1.3.1　口服给药

兽医临床中的口服给药，是通过饲料添加、饮水添加、灌服、吞咽等方式完成的，主要针对片、粉、胶囊、丸等剂型。

口服给药时，化学药物性状较为稳定，给药自然、方便，不易引起动物的应激，集约化养殖中能够大大减少兽医工作者的工作量。但口服给药也面临诸多临床影响因素的挑战。首先，口服给药对药物适口性有一定要求，诸如恩诺沙星等适口性较差的药物不适宜口服给药。其次，口服给药后，药物进入胃肠道中，可能会受到胃酸的影响，由于这一过程往往伴随着动物的进食，还需要考虑其吸收是否受食物消化的影响。再次，口服药物吸收入血液后，要经过一次体循环到达全身，在经过肝脏时，受到肝脏药物代谢酶的影响，即首过效应。最后，当通过饲料、饮水给药时，动物可能受疾病、气候、个体差异等影响，采食、饮水量波动，导致给药剂量不可控。总之，在兽医临床口服给药后，应当关注患畜动态，防止因食欲下降、呕吐、腹泻等降低药物疗效。

在以口服给药途径使用化学药物时，还应当注意不同剂型、不同方式带来的药物吸收方面的差异。一般认为当口服化学药物时，吸收的速度与程度（即生物利用度）由高到低为：溶液剂＞散剂＞胶囊剂＞片剂＞丸剂；饲管灌胃＞饮水添加＞饲料添加。

1.1.3.2　注射给药

注射给药时，根据注射部位的不同可以进一步分为肌内注射、皮下注射、静脉注射、腹腔注射等给药方式。无论哪种方式，注射给药都具有剂量准确可控的优点，注射给药克服了口服给药的一些局限性，使得化学药物的施用不受胃肠道和首过效应的影响，其吸收过程完全由药物本身的药理特性决定。但几乎所有的注射给药都有操作难度较大，易引起动物应激，在养殖环境中易引起感染等缺点。

（1）**肌内注射（intramuscular injection）**　肌内注射是指使用注射工具将药物注射到肌肉组织内部的注射方式，俗称"肌肉注射"，是兽医临床最常用的一种注射给药方法。各种动物都可以采用肌内注射。肌内注射应选择肌肉组织饱满、血管少的部位，如家畜的"耳后三角区"（即臂头肌、斜方肌及其附近区域）、家禽的"翅根"（即臂二头肌、臂三头肌等区域）和犬猫的大腿内侧等。肌内注射操作方便快捷，对组织病灶见效快，部分药物肌内注射时有一定缓释效果。但兽医临床，尤其是养殖临床，肌内注射时由于动物不配合，容易引起注射部位的疼痛和炎症，也容易引起孕、幼畜的应激。兽医在肌内注射时应当避免粗暴操作，防止注射针断裂、骨骼甚至神经受损等。

（2）**皮下注射（subcutaneous injection）**　皮下注射是指将药液注射到皮肤与肌肉之间的疏松组织中的注射方式。由于操作较为精细耗时，在宠物临床较为常用。皮下注射应选择皮薄而活动较少的部位，这样注射后可以利用动物皮肤游离较强的特点防止药物溢出，常用部位包括犬猫后颈部、兔腹部等。皮下注射吸收较口服快，但存在操作麻烦、对皮肤刺激大等缺点。

（3）**静脉注射（intravenous injection）**　静脉注射是指将药物注射到静脉当中的注射方式，可以按具体方式分为静脉推注和静脉滴注。静脉注射是最直接的给药方式，生物利用度可以看作100％。静脉注射应选择动物浅表皮肤薄、易观察的静脉血管，如牛颈静脉、猪耳静脉、犬猫头静脉等部位。在具体注射中，一次性将药物注射进入血管的方式称为"静脉推注"，该方法可以使血药浓度立即达峰，适宜于需要马上见效的治疗，如严重菌血症、中毒急救、休克急救等场景。采用滴定管式输液器（即吊瓶）等工具在一段时间内逐渐将药物注射入血管的方式称为"静脉滴注"，该方法能够使血药浓度维持在一定范围内，适用于常规全身治疗，如母畜产后三联征等。静脉注射见效快，疗效好，可以最大限度地减少药物用量，还可以精准调控给药剂量。但无论是静脉推注还是静脉滴注，都需要兽医工作者有较高的专业素养和一定的临床经验，其操作难度大，而且长期使用对血管有一定刺激。对于一些使用了特殊佐剂的注射液，还容易诱发静脉炎症和过敏反应。

静脉注射除了以上详细说明的治疗用途以外，在实验室场景中还有对大、小鼠的尾静脉注射给药、兔静脉注射空气致死等研究用途。

（4）**腹腔注射（intraperitoneal injection）**　腹腔注射指用注射器穿透腹部皮肤与肌肉，将药物注入腹腔的注射方式。这种方式虽然操作简单，但对腹腔脏器有直接的伤害，也无法使药物具备更好的吸收，所以兽医临床上一般不用于治疗目的，其使用场景仅限于实验室的实验动物，如小鼠的安乐死和斑马鱼的实验等。

1.1.3.3 局部给药

局部给药，是指在动物机体的某一个部位使用后，药物经由皮肤或黏膜进入深层组织或全身循环，从而达到在局部和全身发挥作用的给药方式。局部给药与口服给药、注射给药相比，具有给药便捷的优点，通过精确地在某一部位给药还能加快药物起效的速度。对于一些口服药物难以在全身各组织都达到较高药物浓度的缺陷，也可以通过局部给药解决。

兽医临床的局部给药以经皮给药较多，也有部分药物在黏膜、肛门和阴道、乳房和子宫等部位给药并发挥作用。

（1）**经皮给药**　指将药物喷洒、涂抹、擦拭于皮肤表面的给药方式，需要透皮制剂、软膏剂、纳米乳制剂等特殊制剂工艺。过硫酸氢钾等消毒剂经皮给药后停留在皮肤表面，起到杀菌消毒的作用。阿维菌素透皮制剂、红霉素软膏等药物可以进入血液循环系统，在给药部位的组织中产生较高药物浓度的同时，也逐渐被吸收，产生血药浓度。

（2）**黏膜给药**　指将药物滴注于体表黏膜部位的给药方式。该给药方式对应的剂型主要为滴眼液、滴鼻剂等。兽医临床治疗犬干眼症时，常使用人工泪液滴眼，这采用的就是黏膜给药的给药途径。

（3）**肛门和阴道给药**　肛门给药又称直肠给药，药物填充入肛门后，可以经过直肠壁吸收进入循环，阴道给药与之类似，可以经过阴道黏膜吸收。该方式要依赖于栓剂等特殊制剂。兽医临床常用的醋酸氯己定栓就是阴道局部给药的方式，能够防止母畜产后感染。

（4）**乳房和子宫给药**　是将药物注入乳房或子宫内部的给药方式，需要借助手术器械和注入剂等特殊制剂。兽医临床治疗母牛隐性乳腺炎或子宫内膜炎时常采用该方法。

除了上述的各种给药方式外，兽医还有脊髓腔给药、关节腔给药、脑内给药等不常见的给药方式。其大都需要兽医工作者高超的技术，而且使用场景十分有限，这里不作展开叙述。

1.1.4　治疗作用与不良反应

临床使用药物防治疾病时，可能产生多种药理效应，对防治疾病产生有利的作用，称为治疗作用；其他与用药目的无关或对动物产生有害的作用，统称为不良反应。治疗作用与不良反应是人为地根据治疗目的划分的，与药物本身的化学性质相联系。兽用化学药物的治疗作用与不良反应是同时存在、同步发生的，这就是药物作用的两重性。从这一方面理解，合理应用化学药物就是要尽可能使药物发挥治疗作用并减少所引起的不良反应。

（1）**治疗作用**

① 对因治疗（etiological treatment）。针对致病原因展开的治疗，称为对因治疗。中医称治本，也有"缓则治本"的说法。对因治疗难度大、起效慢，但治疗彻底不易复发，如应对感染性疾病时使用化学药物杀灭病原微生物。

② 对症治疗（symptomatic treatment）。又称支持性治疗（supportive treatment），药物的作用在于改善疾病症状，称为对症治疗。中医称治标，所谓"急者治标"。对症治疗起效快，但致病因素往往依然存在，面临停止治疗则马上复发的困境。例如一些感染性

疾病会导致患畜发热，此时应用解热镇痛药可防止严重发热导致动物死亡，但药物作用过后体温又会升高。

"急则治标，缓则治本"很好地概括了应用化学药物发挥治疗作用时的原则。不难理解的是，对因治疗比对症治疗重要，对因治疗才是用药的根本。一般情况下首先要考虑对因治疗，但在患畜症状严重可能危及生命或造成不可逆的机体损伤时，如出现急性心力衰竭、呼吸困难、惊厥等，则必须首先用药解除症状，待症状缓解后再考虑对因治疗。

（2）不良反应 广义上的药物不良反应（adverse drug reaction，ADR）包括两种情况，即正确使用药物的情况与不当使用药物的情况，在此，只讨论前者，排除人为意外因素导致的事故。在质量检验合格、正确用法和正常用量的情况下发生的不良反应，可按照产生的原因和具体表现形式分为五种：副作用、毒性作用、变态反应、继发性反应和后遗效应。

① 副作用（side effect）。是指药物在常用治疗剂量时产生的与治疗无关的作用或危害不大的不良反应。一般来说，药物的选择性越低、药理效应越广泛，其副作用也最明显。因为临床治疗往往只利用药物的某个作用为治疗目的，此时，其他作用便成了副作用，所以，许多激素类药物都有较明显的副作用。糖皮质激素类药物是一个典型例子，当兽医应用该类药物抗炎抗过敏时，其对肌肉骨骼、胃肠道、皮肤等组织的副作用就随之而来，从而导致"激素依赖性皮炎""满月脸"等。副作用一般是可预见的，往往很难避免，因为副作用就是药物效应的一部分。但临床用药时还是能够设法纠正，如使用副作用明显的药物时应严格控制给药剂量，应用激素类药物后可以逐步减少激素用量而非直接停药。

② 毒性作用（toxicity）。是毒物进入体内，发生毒性作用，使机体器官、组织细胞形态结构或其功能受到损害而出现的疾病状态。药物与毒物之间只有量之间的区别，大多数药物都有一定的毒性，只不过毒性反应的性质和程度不同而已。一般毒性反应是用药剂量过大或用药时间过长而引起的。用药后立即发生的称急性毒性，有的在长期蓄积后逐渐产生称为慢性毒性，少数药物还能产生特殊毒性，即致癌、致畸、致突变反应（简称"三致"）作用，如喹乙醇。兽医临床需要注意的是，由于动物之间的物种、年龄、个体差异，导致同一药物在不同动物中可能产生不同的毒性作用，如氨基糖苷类药物易引起猫的耳毒性、四环素类药物易引起幼畜的骨骼损伤等。

③ 过敏反应（allergic reaction）。又译作变态反应，其本质是免疫应答。药物多为外来异物，虽不是全抗原，但许多可作为半抗原，如磺胺类药物与血浆蛋白或组织蛋白结合后形成全抗原，引起机体体液性或细胞性免疫反应。这种反应与剂量无关，反应性质各不相同，很难预知。致敏原既可能是药物本身，也可能是其在体内的代谢产物，还可能是药物制剂中的杂质。青霉素类药物引起的过敏反应在人医临床已经能够通过皮试来验证，但兽医临床往往忽略这一过程，所以，如果在一些兽医治疗场景缺乏皮试的可行性，就应当常备过敏的解救和休克抢救药物。

④ 继发性反应（secondary reaction）。由治疗作用引起的、在治疗作用发生以后所出现的不良反应。继发性反应不是药物本身的效应，而是药物作用的间接效果。其中继发性感染，也称"二重感染"，对动物机体危害较大。它是指由于长时间应用广谱抗菌药物，导致体内的敏感菌群被大量抑制，非敏感菌群乘机大量繁殖，而出现的新的感染。兽医临床中抗菌药的滥用，是引起继发性感染的重要原因，如青霉素类药物容易引起肠道菌群改变导致真菌二重感染。制定合理给药方案，控制给药剂量，交叉、轮换用药可以避免和治疗二重感染。

⑤ 后遗效应（sequelae effect）。指停药后血药浓度已降至阈值以下时的残存药理效应。后遗效应较为特殊之处在于其并非一定是对机体有害的不良反应，有一些后遗效应是有利于临床用药治疗的。例如抗菌药后遗效应，应用一些抗生素后会产生白细胞促性反应，可提高吞噬细胞的吞噬能力，使抗生素的给药间隔时间延长。但也有的后遗效应，如部分激素类药物因体内存在负反馈调节，使下丘脑和垂体受到抑制作用。

1.1.5　处方药与非处方药

执行兽医化学药物处方制度，能够有效避免药物的滥用，促进兽医临床合理用药，保障动物产品安全。我国已陆续制定了《兽药管理条例》《兽用处方药和非处方药管理办法》等全国性法规，各地方相关部门也有相应规定。作为兽医工作者，应当自觉遵守相关法规，合理严谨用药。

处方药（prescription drug）指凭兽医开具的处方才能购买和使用的兽药；非处方药（over the counter，OTC）指不需要凭兽医处方就能自行购买并按照说明书使用的兽药。由国务院兽医行政管理部门公布处方药名录，名录内的为处方药，名录以外为非处方药。从历年公布的名录来看，处方药主要以抗菌药、管制化学品为主。目前兽医处方制度在乡村以及养殖临床执行不够彻底，这也导致食品动物源细菌耐药率高、药物残留风险大等危害。未来可能借鉴发达国家执行"养诊分离"引进执业兽药师等措施来补齐这一短板。

1.2

病原微生物及应对感染的治疗措施

在众多的兽用化学药物中，抗微生物药物的数量排名第一。在兽医临床所面临的疾病当中，病原微生物引起的感染性疾病也比较常见。应对这种感染性疾病，使用抗微生物药物的对因治疗是最直接、最有效的方式，也是现在兽医临床实践最常用的方式。

绝大多数的抗微生物药物都是化学药物，所以应用抗微生物药物对病原微生物进行杀灭的过程都属于化学疗法，亦即化疗（chemotherapy）。在化疗过程中，化学药物、病原微生物、动物机体是相互作用的三部分，只有对三者同时具有深刻的理解，才能使用好化学药物，达到杀灭病原微生物、治疗动物机体的效果。

1.2.1　病原微生物的类别及其生物学特性

微生物是一切肉眼看不见或看不清楚的微小生物的总称，是地球上最为丰富多样的生物资源，其种类仅次于昆虫，是生命世界里的第二大类群，与人、畜、环境密不可分。病原微生物则是在微生物中，能够导致人或动物疾病的微生物种类。兽医临床常见的病原微生物主要包括细菌、真菌、病毒，此外支原体、衣原体、立克次氏体等微生物也有流行。

1.2.1.1　细菌

细菌是原核生物界中一类具有细胞壁和核质的单细胞微生物，个体微小，形态和结构简单。无成形的细胞核，也没有完整的细胞器，形态和结构相对稳定，以二分裂方式进行繁殖。细菌大小介于动物细胞和病毒之间，以微米（μm）为测量单位，绝大多数细菌的直径大小在 $0.5\sim5\mu m$ 之间。细菌既能够在土壤和水中广泛分布，也可以与各种动物共生。畜禽的皮肤表面、肠道、口腔、鼻子等身体部位都能找到大量的、种类繁多的细菌。

在显微镜下观察细菌，可以按其个体形态大致可分为球状、杆状和螺形三种，分别称为球菌、杆菌和螺形菌。

（1）**基本结构**　所有细菌都具有的细胞结构称为基本结构，介绍如下。

① 细胞壁（cell wall）：处于细菌外层，结构复杂，呈现为较厚（$5\sim80nm$）的、质量均匀的网状结构。细胞壁坚韧而有弹性，可承受细胞内强大的渗透压而不破坏。细胞壁除了在细菌的生理活动中起着不可或缺的作用外，还是细菌鉴别与分类的重要指征，目前兽医临床十分常用的革兰氏染色方法就是依靠细胞壁的结构组成不同实现的。

② 细胞膜（cell membrane）：位于细胞壁之内、胞浆之外，一般较细胞壁薄（$8\sim10nm$），是一层具有弹性的半渗透性脂质双层生物膜，主要的生化成分为磷脂双分子层与镶嵌蛋白质。细菌细胞膜与动植物细胞膜的结构功能相似，而且不同种属细菌的细胞膜差异不大。

③ 细胞质（cytoplasm）：也译作胞浆，是一种无色透明的胶状物。主要的成分是水（占80%），此外还有蛋白质、脂类、核酸及少量无机盐。细胞质中还存在一些胞浆颗粒，例如酶和糖原，供给细菌生命活动消耗，此外还包括细菌特有的嗜碱性异染颗粒（metachromatic granula），特殊染色后可以在光学显微镜下观察，并通过其形态位置进行细菌鉴别。不同种属细菌的细胞质性状大小不同，这是构成其大小形态的基础，如杆菌细胞质细长，球菌细胞质圆形均一等。与其它原核生物一样，细菌的细胞质内只有核糖体、线粒体等少量细胞器。

④ 遗传物质：细菌的遗传物质为脱氧核糖核酸（deoxyribonucleic acid，DNA），与其它原核生物一样，细菌没有完整的细胞核结构，其染色体以拟核（nucleoid）形式存在。此外细菌中还存在独立于染色体之外的环状 DNA 分子，称为质粒（plasmid），也携带细菌遗传信息。质粒可通过接合、转导作用传递给另一细菌，从而引起耐药基因、毒力基因的传播，进而对化学药物治疗感染性疾病造成严重的不良影响。各种细菌，尤其是革兰氏阴性细菌，之前的质粒流行与传播，有必要引起兽医临床的警惕与重视。

以上是所有细菌都具有的细胞结构，缺少这些细胞结构会使细菌生长停滞，甚至死亡。一些兽用化学药物就是通过靶向这些结构达到抑制、杀灭病原微生物的目的，如青霉素类药物抑制细胞壁合成，达托霉素结合于细胞膜并去极化等。

（2）**特殊结构**　细菌还具有某些特殊结构，这些结构在细菌的致病、定植等环节起到重要作用，靶向细菌的这些结构也是临床治疗细菌感染性疾病的重要手段。下面介绍一些临床意义较大的细菌特殊结构。

① 鞭毛（flagellum）：在某些细菌菌体上具有细长而弯曲的丝状物，称为鞭毛。其化

学本质为跨越内膜和外膜形成的 45～50nm 的蛋白质复合物。鞭毛是细菌的运动器官，可以令细菌向有高浓度营养物质的方向移动，而避开对其有害的环境。还能够在细菌感染过程中，使其到达定植或入侵的最佳宿主部位，之后在感染部位维持和感染后扩散。

② 菌毛（pilus）：也称为纤毛（fimbriae），是许多革兰氏阴性菌菌体表面遍布的比鞭毛更为细、短、直、硬、多的丝状蛋白附属器。与鞭毛在功能上的最大区别是，菌毛与运动无关，但也在细菌的感染和致病方面起着重要作用。菌毛可分为普通菌毛（common pilus）和性菌毛（sex pilus）两种，后者除了具有普通菌毛的功能外，还能够介导质粒接合，具有性菌毛的细菌能够将自身质粒传递给不具有性菌毛的细菌。

③ 荚膜（capsule）：部分细菌（如肺炎球菌、脑膜炎球菌等）的细胞壁外围绕一层较厚的黏性、胶冻样物质，称为荚膜。荚膜主要由多糖构成，由于荚膜黏液层比较光滑，能够保护细菌免遭吞噬细胞的吞噬和消化作用。荚膜还能贮留水分使细菌能抗干燥，并对其他因子（如溶菌酶、补体、抗体、抗菌药物等）有一定抵抗力。荚膜与细菌的毒力直接相关。

④ 芽孢（spore）：又称为内芽孢（endospore），也译作"内生孢子"，是细菌的休眠体。在外界物理化学因素刺激下或到细菌发育后期时，芽孢杆菌属（如炭疽杆菌等）及梭状芽孢杆菌属（如破伤风杆菌等）能在菌体内形成。芽孢往往呈椭圆形、壁厚、含水量低、折射率小。芽孢耐干燥、耐高低温、耐酸碱，可以在消耗极少营养物质的情况下生存，在外界环境转好、营养丰富后转为正常细胞。芽孢的这种特性使得产芽孢致病菌难以根除，易引起细菌感染的复发。

⑤ 外膜（outer membrane）：绝大多数革兰氏阴性细菌的细胞壁外侧还有一层膜结构，为与细胞膜相区分，将其称为细胞外膜，简称外膜。外膜结构与细胞膜类似，在组成成分上，外膜的磷脂较少、脂多糖较多。外膜是细菌重要的渗透屏障，赋予细菌对抗生素等外界刺激的一定抗性。

以上是细菌在结构方面的介绍，根据不同的细菌种属具有的不同结构，临床上可以通过这些结构对细菌予以区分和鉴定。

（3）革兰氏染色　在化疗细菌感染时，对细菌进行快速、准确、有效的鉴定是有效治疗的前提。虽然时至今日，已经有大量分子生物学手段能够精准鉴定菌种，但在临床实践中，还是基于光学显微镜的鉴定最便捷、快速。要实现细菌的显微镜观察，就要对细菌进行染色。丹麦医师革兰首先发明的革兰氏染色法是最经典，也是最常用的方法。革兰氏染色法基于细菌细胞壁结构的差异，将细菌用结晶紫初染、碘液媒染、乙醇脱色、番红复染后，菌体呈现紫色的为革兰氏阳性菌，呈现红色的为革兰氏阴性菌。

① 革兰氏阴性细菌：这类细菌的细胞壁肽聚糖层薄，交联程度低，在乙醇脱色后，类脂溶解，细胞壁孔径增大，结晶紫和碘脱去，所以最终只呈现番红颜色。兽医临床常见的有大肠埃希菌、沙门菌、多杀性巴氏杆菌、肺炎克雷伯菌、副猪嗜血杆菌、胸膜肺炎放线杆菌和鸭疫里默氏杆菌等。

② 革兰氏阳性细菌：这类细菌细胞壁厚，交联紧密，乙醇处理后肽聚糖层因脱水孔径缩小，使结晶紫和碘得以保留，最终呈现紫红色。兽医临床常见的有葡萄球菌、链球菌、猪丹毒杆菌、李斯特杆菌和产气荚膜梭菌等。

革兰氏阳性细菌和革兰氏阴性细菌结构差异大，对抗生素敏感程度也有所不同。而抗生素的抗菌谱划分也往往以之为依据，能够同时抑制或杀灭革兰氏阳性、阴性细菌的称为广谱抗生素，只能或主要针对其中一种有较好抗菌活性的为窄谱抗生素。

1.2.1.2 真菌

真菌是一种真核生物，细胞核结构完整，具有细胞壁，为异养生物。大部分类群为多细胞，大多数呈分枝或不分枝的丝状体，能进行有性和无性繁殖。从形态上分为酵母菌、霉菌和担子菌。虽然在已发现的真菌中，绝大多数对人和动物是有益的，但也发现某些类群可感染人或动物致病，有的则可引起食品、谷物、农副产品发霉变质，还有些真菌能够产生真菌毒素，会导致动物的真菌毒素中毒症（mycotoxicosis）。真菌毒素已发现 100 多种，可侵害肝、肾、脑、中枢神经系统及造血组织。如黄曲霉毒素可引起肝脏变性、肝细胞坏死及肝硬化，甚至诱发肝癌。

根据生长特性与形态差异，可将真菌简单分为酵母菌、霉菌和蕈（大型真菌）。真菌在分类学上已独立为界，一般分为鞭毛菌、接合菌、子囊菌、撮子菌和半知菌五类。与动物界、植物界、原核生物界和原生生物界平行。真菌具有坚固的细胞壁和真正的细胞核，不含叶绿素，是异养性的，以寄生或腐生方式生存，典型者兼有性生殖和无性生殖，产生各种形态的孢子。全世界预估有 600 多万种真菌，已明确发现的逾 12 万种，但对动物有致病性的真菌仅有 300 多种。除新型隐球菌和蕈外，兽医临床上有意义的致病性真菌几乎都是霉菌。

（1）根据致病性分类

① 致病性真菌：真菌的致病感染，一般是通过孢子吸入或皮肤损伤处进入动物机体实现的，兽医临床最常见的致病性真菌是小孢子菌和须毛藓菌。该类真菌所致感染多呈地方、季节流行性，而且与患畜的年龄有关。例如，许多流行病学调查都发现犬小孢子菌、石膏样小孢子菌在夏季、长毛犬猫中发病率高。须毛藓菌则对水貂、狐狸等主要生产皮毛的特种经济动物危害较大。

② 条件致病性真菌：常发生于长期应用抗生素、激素、免疫抑制剂、化疗和放疗的患畜。条件致病性真菌在深部真菌感染中占重要地位。兽医临床常见的有白色念珠菌、隐球菌、马拉色菌、曲霉菌、毛霉菌和放线菌等。这些真菌毒力低，仅使免疫力低下的动物发病。这类真菌的另一流行病学特征是往往只在某些物种中流行，例如马拉色菌在犬中耳炎病例中常被检出，但在其他动物中却鲜有感染病例的报道。此外，应当引起兽医工作者警惕的是白色念珠菌、曲霉菌等真菌容易污染牛奶、禽肉等动物性食品，造成潜在的食品安全风险。

（2）根据侵犯动物机体部位的不同分类　临床上将致病真菌分为浅部真菌（包括浅表真菌病和皮肤真菌病）和深部真菌（包括皮下组织真菌病和系统性真菌病）。

① 浅部真菌感染：浅部真菌（癣菌）仅侵犯皮肤、被毛和蹄甲、口腔、泌尿生殖道黏膜等，该类真菌具有亲嗜表皮角质特性，通过在侵入部位大量繁殖，发生机械刺激损害，同时产生酶及酸等代谢产物，引起炎症反应和细胞病变。该类感染的病原真菌包括小孢子菌属、马拉色菌、毛癣菌属和表皮癣菌属等。该类真菌的毒力较弱，易于治疗，常发生于猫犬等伴侣动物，对养殖业危害小。但也正由于犬猫能够携带浅表真菌，容易造成宠物主人、兽医等接触密切的人员患病，具有公共卫生学意义。

② 深部真菌感染：除表皮、被毛、蹄甲外，侵犯到内脏、皮下组织、皮肤角质层以下和黏膜的真菌感染。深部真菌感染造成的疾病也被称为侵袭性真菌病（invasive fungal disease，IFD）。深部真菌感染预后严重，临床症状体征无特异性，缺乏有效诊断工具，

病程进展快。近年来，随着免疫抑制剂、广谱抗菌药物、肾上腺皮质激素等应用的增多，全身性真菌感染的发病率逐渐增高。曲霉菌是兽医临床较为常见的一例深部真菌，可以造成禽、牛、猪等霉菌毒素中毒和霉菌性肺炎，导致呼吸困难、肺炎、呕吐和腹泻等症状，最终导致患畜死亡。

1.2.1.3　病毒

病毒（virus）是一类结构简单、只含一种核酸（DNA 或 RNA）、对抗生素不敏感、营严格寄生生活、非细胞形态的最微小生物。病毒比细菌还要小，只能以纳米计算，大多数病毒在 10～300nm 之间。由于病毒不具备基本的细胞结构，也就无法自我复制、繁殖，只能通过感染其他生命体的细胞，利用宿主细胞的能量和代谢系统进行繁殖。病毒一般以病毒颗粒或病毒子的形式存在。

（1）**基本结构**　其结构简单，基本结构仅包括核酸和包裹核酸的衣壳。

① 核酸：一个病毒内只含有一种核酸，要么是 DNA，要么是 RNA。其所含有的核酸就是它的遗传物质。虽然病毒的基因不能在自身独立复制，但一样会发生突变和重组，故而也具有系统发育演化的过程。

② 衣壳（capsid）：也译作"壳体"，是病毒的外壳，用于包裹病毒核酸，还能够协助病毒完成感染过程。衣壳的化学本质是蛋白质寡聚体，由一个个的壳粒对称整齐排列组成，衣壳的形态随病毒核酸螺旋构型不同而不同。

（2）**其他结构**　除了核酸和衣壳外，部分病毒还具有囊膜和刺突。

① 囊膜（envelope）：在一些病毒的衣壳之外由糖蛋白、脂肪所形成的外膜，也译作"包膜"。有囊膜的病毒更容易进入宿主细胞，它帮助病毒在宿主体内扩散与繁殖，提高了病毒的致病性。囊膜在识别寄主、侵入寄主细胞、病毒的抗原性方面起重要作用。

② 刺突（stylus）：糖蛋白在膜上形成的各种形状的突起。刺突是病毒在成熟的过程中以出芽方式向宿主细胞外释放时获得的。刺突的主要功能是诱发免疫保护作用以及中和抗体，有的还具有神经氨酸酶活性，可促使病毒从宿主细胞上释放。

病毒的结构简单，但都与其感染宿主细胞密切相关，具体机制复杂。与细菌不同的是，病毒丧失其基本结构后依然能够存活，部分病毒仅凭核酸就能够感染宿主细胞。

（3）**病毒分类**　病毒具有复杂的多样性，进化历史长，其分类一直是一个学术难题，为此专门成立了由上百名领域专家组成的国际病毒分类委员会（International Committee on Taxonomy of Virus，ICTV）。ICTV 于 2020 年公布了最新的病毒分类标准，将所有已知的病毒分为 6 纲、14 目、150 科、1019 属、5560 种。这种分类方式较为详尽，可以很好地解释病毒的进化关系和顺序，得到了病毒学研究人员广泛认可。但对于兽医临床防控病毒流行来说，该分类过于庞大烦琐，故而下文中，我们还是采用根据病毒 mRNA 来源分类的"巴尔的摩分类法"介绍不同病毒的特征。

① 单股 DNA 病毒（single-stranded DNA，ssDNA）：它们的遗传物质为单链 DNA，先通过复制产生另一条互补链得到双链 DNA，再转录产生致病 mRNA，该类病毒种类较少。兽医临床常见的有细小病毒、猪圆环病毒等。

② 双股 DNA 病毒（double-stranded DNA，dsDNA）：遗传物质为双链 DNA，复制模式与哺乳动物细胞相同，是病毒中较为常见的一类。兽医临床常见的有痘病毒、黏液瘤病毒、伪狂犬病毒、牛传染性鼻气管炎病毒、马立克病病毒、禽传染性喉气管炎病毒、鸭瘟病毒、产蛋下降综合征病毒及犬传染性肝炎病毒等。

③ 逆转录病毒（retrovirus）：其遗传物质为 RNA，复制时，RNA 先逆转录为 dsD-NA，再整合至宿主细胞染色体 DNA 上形成前病毒，随宿主细胞 DNA 复制，所以逆转录病毒能够建立终生感染并可随宿主细胞分裂传递给子代细胞。兽医临床常见的有山羊关节炎/脑脊髓炎病毒、马传染性贫血病毒及禽白血病病毒等。

④ 双股 RNA 病毒（double-stranded RNA，dsRNA）：核酸为互补的双链 RNA，必须先以其原负链为模板复制出正链 RNA，再由正链 RNA 复制出新的负链，构成子代 RNA。dsRNA 大多属于呼肠孤病毒科，兽医临床常见的有呼肠孤病毒、蓝舌病病毒、传染性法氏囊病病毒和猪轮状病毒等。

⑤ 单股正链 RNA 病毒〔single-stranded RNA（＋），ssRNA（＋）〕：遗传物质为 RNA 单链，而且该单链可以供直接翻译。兽医临床常见的有口蹄疫病毒、日本脑炎病毒、猪瘟病毒、猪传染性胃肠炎病毒、猪繁殖与呼吸综合征病毒、猪水疱病病毒、牛病毒性腹泻病毒、小反刍兽疫病毒、禽流感病毒、新城疫病毒、禽传染性支气管炎病毒、鸭肝炎病毒、兔出血热病毒及犬瘟热病毒等。

⑥ 单股负链 RNA 病毒〔single-stranded RNA（－），ssRNA（－）〕：遗传物质为 RNA 单链，但该单链与 mRNA 序列相反，复制时形成互补链，再以互补链为 mRNA 进行翻译。兽医临床常见的有流感病毒和狂犬病毒等。

病毒在自然界分布广泛，可感染细菌、真菌、植物、动物（包括人），成功侵染宿主细胞后常引起宿主发病甚至死亡。但在许多情况下，病毒也可与宿主共存而不引起明显的疾病。

1.2.2 应对不同病原微生物感染的化学药物治疗措施

1.2.2.1 化学药物在细菌感染中的应用

针对动物的细菌性感染疾病，应以采取合理的抗菌药治疗为主，随症使用解热镇痛消炎药物或中成药为辅。对于兽医抗菌药的使用，国务院、农业农村部等有关部门先后发布了《遏制细菌耐药国家行动计划》《全国遏制动物源细菌耐药行动计划》《全国兽用抗菌药使用减量化行动方案》和《药物饲料添加剂退出计划和调整相关政策》（农业农村部公告第 194 号）等相关规定，提倡"减抗限抗"，但需要指出的是"审慎使用"不是"禁止使用"。虽然研究人员也试图开发天然产物等新型抗细菌感染药物，但到目前为止，抗菌药依然是治疗细菌感染性疾病的最重要手段。科学合理地使用抗菌药既能快速有效地治疗动物疾病，也能减少抗生素用量和耐药性的产生。下面就兽医临床科学合理使用抗菌药的原则做详细论述。

（1）严格掌握适应证 正确诊断是合理应用抗菌药物的先决条件。即使兽医临床往往难以确定具体的病原菌，也可以通过药敏试验测定病原菌的药物敏感表型，进而选择精准的抗菌药物。例如，当病原菌确定是革兰氏阳性菌或阴性菌时，可选用窄谱抗菌药；若病原菌不明或疑有合并感染时，可选用广谱抗菌药。兽用抗菌药的药敏试验方法可以参照相关学术团体发布的标准，如中国畜牧兽医学会兽医药理毒理学分会在 2013 年翻译的《动物源细菌抗菌药物敏感性试验纸片法与稀释法执行标准》（VET01—A4），农业农村部 2022 年发布的《动物源细菌抗菌药物敏感性测试技术规程 纸片扩散法》（NY/T 4144—

2022）以及中国兽医协会 2020 年发布的《动物源性细菌药物敏感性试验 肉汤稀释法》（T/CVMA 21—2020），各兽医单位可以按照自身条件选择性执行。此外需要指出的是，如果可以确定是病毒性感染，则不能使用抗菌药，真菌性感染不宜选用一般的抗菌药，动物应激、未合并感染的炎症不应滥用抗菌药。抗菌药不能杀灭病毒和真菌，也鲜有解热镇痛消炎的效果。

（2）**根据治疗需求和应用场景灵活用药** 兽用抗菌药的类别众多，应当按临床诊断治疗的情况，灵活、科学地选用抗菌药物。例如，当发生肠道感染时，选择口服吸收率低的药物较好，如氨基糖苷类、磺胺类等。若治疗全身感染，则适合选择吸收率高的药物，如青霉素类、喹诺酮类、截短侧耳素类等。除了抗菌药种类之外，还要注意制剂类型和给药途径相匹配，不同给药途径和制剂会带来不同的治疗效果。例如，口服给药时，泰乐菌素酒石酸盐吸收良好，而磷酸盐吸收则差。又如，头孢噻呋钠口服几乎不吸收，但注射吸收迅速而完全。此外，兽医临床诊疗对象物种差异大，还应当考虑药物对不同动物的影响。例如，土霉素在单胃动物空腹时口服吸收快速，但在进食后动物、反刍动物中吸收不佳。又如，头孢氨苄在犬、猫、牛的生物利用度为 $75\%\sim90\%$，而在马属动物却仅 5% 左右。

（3）**制定精准的给药方案** 科学合理的抗菌药化疗必须了解抗菌药物的药代动力学特点和规律，从而建立最佳给药方案。PK/PD 同步模型的研究真实地反映了动物体-抗菌药-细菌之间的动态相互变化关系，是抗菌药物合理用药的重要研究工具。已上市的兽用化学药物都进行过药代动力学的研究，给药方案的制定应当参考兽药典或规范的标签、说明书。具体来说，在用药剂量方面，原则是要保证血液和组织的药物浓度达到有效杀菌或抑菌浓度。给药途径方面，对患畜饮食正常的初期轻度感染可以采用口服给药，此时注射反而容易引起动物的应激。但中后期的严重感染下，患畜往往因为疾病疼痛导致饮、食欲减退，此时再采取饮水、饲料添加抗菌药的给药途径则会因口服药量不足而降低疗效，诱导耐药性产生，所以此时应选用肌内注射给药，直至病情好转（即患畜的饮、食欲恢复时），再由肌内注射给药转换为口服给药。给药间隔方面，根据药物的消除半衰期及抗菌活性而定。疗程方面，给药疗程要足，不能症状刚刚转轻就停止用药，临床治疗时常考虑经济成本因素过早停药，这样易引起感染复发。

（4）**关注耐药性的产生与发展** 养殖源耐药细菌是公共卫生中的一大危害，动物源微生物产生耐药性的原因主要有两方面，一是抗菌药的选择压力，主要由抗菌药的滥用造成。这要求兽医工作者做到：在常规治疗中，病毒、真菌感染、无合并细菌感染的炎症不滥用抗菌药物。养殖动物中不将抗菌药作促生长、预防用途。二是亚抑菌浓度抗菌药的诱导，由药物突变选择窗内的药物浓度作用下引起。为避免这一情况的产生，抗菌药给药剂量要足，疗程要恰当。最好能够在药敏试验后，根据药物的 PK/PD 参数制定合理给药方案。还要注意减少长期使用同一种类抗菌药。除了饲养管理、治疗等方面重视外，兽医单位还应当定期开展耐药监测项目以评估耐药情况。

（5）**药物的联合应用** 联合用药的优点有提高疗效、减少不良反应、治疗并发症、减少药量、防止或延缓耐药菌株产生等。联合用药包括抗菌药物之间的联合应用，即两种作用机制不同抗菌药联用，往往用于拓展抗菌谱和提高药效，如青霉素类药物可以和黏菌素或氨基糖苷类药物联用扩大抗菌谱，林可霉素和大观霉素联用协同增效等。其次是抗菌药和其他药物的联合应用，由于细菌感染会造成某些全身或局部症状，抗菌化疗时应当按患畜症状联用其他药物，如患畜发热时，抗菌药常联用解热镇痛消炎药或糖皮质激素类药。兽医临床有必要联合用药的情况主要有两种，一是严重感染而致病菌未明确的，先行联合用药治疗。其目的是扩大抗菌范围，待明确诊断后调整用药。二是单一药物不能控制严重混合性感染，如呼吸道混合感染等。联合用药对兽医专业素质有要求，必须掌握抗菌药的作用特性和机制进行选择，避免盲目组合，如作用于核糖体同一位点的大环内酯类和林可胺类不宜联用。另外，对肾脏有毒性作用的抗菌药物也应避免合并用药，如氨基糖苷类药物和克林霉素联用增强耳、肾毒性。

（6）**防止药物的不良反应和保障动物性食品安全** 之前已经介绍过了药物的不良反应，临床化疗细菌感染时应当尽可能避免，尤其注意幼龄畜禽对药物敏感性高，如四环素类药物造成幼畜消化道刺激和骨骼生长不良等。养殖业兽医还应当注意兽药对生态环境的影响，尤其是饲养鸭、鹅等水禽的。动物性食品的安全与最大残留限量、休药期、弃蛋期等密切相关。产蛋禽、产奶畜、孕幼畜要慎用抗菌药物，其他食品动物在使用化学药物要严格遵守休药期的规定。我国相关部门已要求上市药物在说明书中注明有关不良反应、弃蛋（奶）期和休药期，专业的兽医工作者应认真查看并综合调整给药方案。

1.2.2.2 化学药物在真菌感染中的应用

对于真菌感染的化疗，其原则与细菌基本一致。兽医临床真菌病中最常见的是浅表真菌（小孢子菌等）感染导致的犬猫真菌皮肤病，其次是猪真菌皮肤病、酵母菌导致的牛乳腺炎、白色念珠菌导致的禽真菌病等。虽然能够感染动物的真菌往往也能感染人类，但传染至健康人员的概率极低。与患浅部真菌病的动物密切接触的兽医工作者，以及皮肤损伤的、年龄较大的或怀孕的畜主受感染概率则较大。

兽医临床化疗真菌感染主要有两个方法，一是消毒杀菌，二是抗真菌药物治疗。二者相辅相成，应该共同使用。

（1）**消毒杀菌** 对于真菌皮肤病来说，需要选取抗真菌效果好、皮肤刺激性小的消毒药物。兽医临床可以选用的有复合硫黄、复合醋酸、复合氯己定等。复合硫黄是较早使用的消毒药，价格低廉药效强烈，但由于有误食中毒风险且易污染宠物毛发等缺点，临床已经不常用。复合醋酸价格便宜但作用效果较弱，而且易挥发、气味刺鼻，临床使用也较少。复合氯己定则兼备价格便宜、抗真菌作用强、安全无刺激性、作用广谱等优点，是兽医临床治疗浅部真菌病的重要药物，广泛应用于猫癣、狗癣、母畜阴道炎等疾病。此外，氯己定还能清除细菌、真菌产生的生物膜，联合抗真菌药可达到抗菌增效、防止耐药性产生的目的。

（2）**抗真菌药物治疗** 兽医临床能够使用的抗真菌药物主要有抗生素、咪唑类药物和丙烯胺类药物。

兽医临床应对真菌感染的抗生素有两性霉素、制霉菌素、灰黄霉素等。其中两性霉素适于治疗深部真菌感染，故也常以静脉注射给药，临床相关注射剂型多。但是，由于两性霉素的作用机制是选择性结合真菌细胞膜的麦角固醇，而哺乳动物肾脏、血液的组成细胞的胞膜也有固醇，所以该药毒性大，长期应用不良反应多，如猫溶血性贫血、牛关节炎等。制霉菌素的作用机制与两性霉素相似，但由于其毒性大，而且内服不吸收，适宜用于浅部真菌感染。上述两种都属于广谱抗真菌药，而灰黄霉素则较为窄谱，只对皮肤真菌有效。该药不能透皮，外用无效，但内服生物利用度高。需要注意的是灰黄霉素毒性强，而且有致癌、致畸性，孕、幼畜禁用。

兽医临床应对真菌感染的咪唑类药物主要有伊曲康唑、酮康唑和氟康唑等。伊曲康唑价格便宜，药效良好，常用于犬猫浅部真菌感染的皮肤病。伊曲康唑口服吸收完全，半衰期长，常规剂量下安全性良好，但为治疗全身真菌感染而加大剂量时则出现肝毒性和致畸性。氟康唑与伊曲康唑结构相似，但对全身真菌感染效果更好，毒性更小。与伊曲康唑对比，酮康唑更适合应用于深部真菌感染，但酮康唑易引起猫的厌食，而且也具有一定致畸性，酮康唑还随乳汁排泄，故既不适用于孕畜，也不宜用于哺乳期动物。

兽医临床应对真菌感染的丙烯胺类药物主要为特比萘芬，其通过抑制角鲨烯环氧酶，从而抑制羊毛甾醇转化为麦角甾醇，达到抗真菌效果。特比萘芬口服吸收迅速但不完全，体内分布广泛。以临床推荐剂量口服特比萘芬一般无明显不良反应，但长期过量服用可观察到肝肾毒性。特比萘芬作用机制与咪唑类药物不同，将二者联合使用能够降低毒副作用，更快达到治疗目的。

总的来说，消毒防腐与抗真菌药物是兽医临床化疗真菌感染疾病的两大要点，二者可以互相配合。抗真菌药物数量较少，但种类众多，需要按临床诊断结果灵活调整。同时需要注意由于真菌为真核生物，与细菌病毒等原核生物相比，与动物细胞结构更为相似，所以抗真菌药物往往具有一定的毒性，在某些特定条件下还会加强，临床使用应更加谨慎。近年来，为降低化疗所带来的风险，研究人员陆续开发了中药方剂和中药单体治疗真菌感染、真菌疫苗等其他治疗手段，已经获得了良好临床疗效，可以与化疗手段相互促进，安全有效地治愈动物真菌病。

1.2.2.3 化学药物在病毒感染中的应用

病毒感染引起的病毒病具有发病迅猛、传染性强、致死率高等特点，严重危害了养殖业经济效益和动物生命健康，禽流感病毒、狂犬病毒、口蹄疫病毒等还可能引起人畜共患病，威胁人民群众生命健康。兽医临床防控病毒感染的重要性不言而喻。但为保障国家动物疫病强制性免疫政策的实施、避免不科学不规范的"人用抗病毒药移植兽用"行为，农业农村部等有关部门先后发布了《兽药地方标准废止目录》（农业部公告第560号）、《关于清查金刚烷胺等抗病毒药物的紧急通知》（农医发〔2005〕33号）等文件，禁止了兽医临床使用抗病毒化学药物。因此，防治动物的病毒感染疾病，疫苗免疫是首要手段，其次是消毒等其他生物安全防控措施，可以辅助使用中成药提高动物机体免疫力。

病毒种类多、差异大，要有效地杀灭动物病毒，就要充分理解和科学选择合适的消毒药物。目前兽医临床常用于杀灭病毒的消毒药有苯酚、戊二醛、次氯酸钠、氢氧化钠、二氯异氰尿酸钠、二氧化氯、过硫酸氢钾和聚维酮碘等。

苯酚为一般原浆毒，可杀灭细菌、真菌、病毒，能清除细菌芽孢，但有刺激性气味，毒性强，有致癌作用。戊二醛的碱性溶液消毒效果好，但对金属有腐蚀性，高浓度时可腐蚀皮肤黏膜，遇酸会发生不可逆的聚合作用，丧失消毒能力。二氯异氰尿酸钠、次氯酸钠、二氧化氯都是通过产生有效氯发挥作用的，多用于水体消毒，高浓度可以腐蚀金属和皮肤，使用时需现配现用，遇热易挥发。含氯消毒剂不仅能杀灭大部分病毒，还可以清除核酸气溶胶，故也适用于病毒检测实验室。氢氧化钠溶液消毒价格低廉、效果好，但使用时应当注意防护，对栏舍、车辆、料槽等消毒后应当及时用清水冲洗。

上述消毒剂由于有毒性、刺激性，都只能作为环境消毒剂，不适用于带畜消毒。而聚维酮碘毒性、刺激性低，不腐蚀金属，可以用于手术器械和皮肤黏膜消毒，在酸性条件下效果好，溶解于水和乙醇后可以稳定储存。但聚维酮碘有颜色，价格较高，而且遇有机酸碱易失效，只常用于局部消毒。过硫酸氢钾气味温和，刺激性低，几乎无毒性，不腐蚀金属，可用于养殖业大规模带畜消毒，也可以消毒蔬果食品，但需及时用清水冲洗。

1.2.3　重要病原微生物的生物学特性及其感染化疗

前文我们已经总结了化学药物治疗细菌、真菌、病毒的治疗原则，并列举了部分具体的治疗手段。下面，就兽医临床较常见、危害较大的病原微生物及其感染化疗方法进行详细讨论。

1.2.3.1　革兰氏阴性菌

（1）大肠杆菌（*Escherichia coli*，*E. coli*）

① 分类：大肠杆菌属于肠杆菌科、埃希氏菌属，为与肠杆菌属细菌区分，也译作"大肠埃希菌"。目前国际公认的分类是按大肠杆菌致病性划分的，可以先按致病部位分为肠外致病性大肠杆菌（extraintestinal pathogenic *E. coli*，ExPEC）和肠内致病性大肠杆菌，后者再分为六种，即肠致病性大肠杆菌（enteropathogenic *E. coli*，EPEC）、肠产毒性大肠杆菌（enterotoxigenic *E. coli*，ETEC）、肠侵袭性大肠杆菌（enteroinvasive *E. coli*，EIEC）、肠出血性大肠杆菌（enterohemor-rhagic *E. coli*，EHEC）、肠集聚性大肠杆菌（enteroaggre-gative *E. coli*，EAEC）以及产志贺样毒素同时具有一定侵袭力的大肠杆菌（entero-SLTs-producing and invasive *E. coli*，ESIEC）。该分类方法虽然直观地阐述了大肠杆菌的致病类型，有利于临床诊治，但要完成这种分类方式需要成熟的实验室测序分析等分子生物学技术。

更为简易的大肠杆菌血清型分类是依据其抗原表型来确定的，大肠杆菌的抗原结构有菌体抗原（O 抗原）、表面抗原（K 抗原）、鞭毛抗原（H 抗原）和菌毛抗原（F 抗原）四种。由于大肠杆菌的 K 抗原、H 抗原与 O 抗原具有一定程度的相关性，就以这三个抗原为分型依据。兽医临床可以通过玻片凝集实验、PCR 扩增等简易的方式快速鉴别大肠杆菌的重要血清型，如 STEC 的 O157:H7 等，可以为临床治疗、防控大肠杆菌感染提供指导。

② 生物学特征：大肠杆菌是两端钝圆的短杆菌，革兰氏染色阴性。一般有荚膜、菌毛，不形成芽孢。大肠杆菌营养要求不高、生长快速，能利用多种无机酸、盐，生化代谢非常活跃，能发酵多种碳水化合物。

大肠杆菌在伊红美蓝固体培养基能够生长出紫红色菌落，中心可能有黑色，有金属光泽，菌落中等偏小。在麦康凯固体培养基上的菌落则呈鲜桃红色或微红色，中心为深桃红色，菌落形态圆形、边缘整齐、表面光滑、较湿润。

③ 致病能力与流行病学：大肠杆菌是哺乳动物肠道的正常聚居菌，是最大的机会致病菌，在一定条件下引起胃肠道感染，如遇特殊情况或感染后不加以控制还会引起尿道感染、关节炎、脑膜炎以及毒血症或败血症。兽医临床常见的大肠杆菌感染所致疾病有仔猪的黄白痢、猪水肿病、兔黏液性肠炎和禽大肠杆菌病。禽大肠杆菌病比较复杂，具体包括大肠杆菌感染所致肉芽肿、滑膜炎、输卵管炎-腹膜炎-输卵管腹膜炎综合征（salpingitis-peritonitis-salpingoperitonitis syndrome，SPS）等。大肠杆菌不仅能单独致病，还常在其他疾病发生时合并感染，前文描述的各类动物大肠杆菌病也常伴有其它病原微生物感染。

大肠杆菌的流行具有一定区域性，即在不同国家和地区由不同血清型主导，在我国养禽业和反刍动物中 O145 正逐渐成为优势血清型。虽然此前普遍认为大肠杆菌具有宿主特异性，即感染人的大肠杆菌一般不感染动物，感染哺乳动物的大肠杆菌一般不感染家禽。但在禽大肠杆菌中发现与人大肠杆菌高度相关的分子特征，提示大肠杆菌作为一种环境中普遍存在的细菌，在整个公共卫生领域都有重要地位。

④ 化学药物防治与耐药防控：无论是从兽医保障动物健康的职责，还是维护公共卫生安全的视角出发，预防和有效治疗大肠杆菌病都是兽医临床的重要议题。

大肠杆菌主要依赖粪-口途径传播，另外，禽类特殊的生理结构使得粪便容易污染禽蛋，粪便中的大肠杆菌能经此途径感染新生雏禽。大肠杆菌对大部分消毒杀菌药物敏感，及时清理粪便、消毒栏舍可以有效防止大肠杆菌的传播。对于大肠杆菌等产生物膜的细菌来说，另外一个需要消毒，但常被忽视的是饮水管、蓄水池等，自然状态下大肠杆菌菌群能够在水中存在，并在金属、塑料水管中产生生物膜，这可以通过定期清理更换饮水设备、在饮水中添加消毒剂等方式控制。

治疗方面，兽医临床应对大肠杆菌感染的抗菌药有阿莫西林、头孢噻呋、安普霉素、黏菌素、乙酰甲喹和恩诺沙星等。对于大肠杆菌引起的腹泻症状，如有条件应当补水补电解质，适时使用蒙脱石散止泻、解热镇痛消炎药物抗炎等。此外维生素 E 对大肠杆菌感染有一定预防治疗效果，可以在饲料饮水中适量添加。

应用抗生素治疗大肠杆菌的同时，也使得大肠杆菌耐药性迅猛发展，介导对"最后一道防线"药物黏菌素、替加环素的新型耐药基因 *mcr-1*、*tet*（X4）等都是在大肠杆菌中率先发现的。出现这种情况的一大原因是抗菌药的滥用，大肠杆菌等肠道常规聚居菌，容易长期受到各种抗菌药的选择性压力，这种压力可以通过停止滥用抗菌药移除，并使大肠杆菌菌群逐步恢复对各类抗生素的敏感性。

（2）肺炎克雷伯菌（*Klebsiella pneumoniae*）

① 分类：肺炎克雷伯菌属于肠杆菌科、克雷伯菌属。在实验室领域，除了常见的多位点序列分型（multilocus sequence typing，MLST）外，肺炎克雷伯菌还常按携带毒力基因的多寡，被分为经典肺炎克雷伯菌（classical *K. pneumoniae*，cKP）和高毒力肺炎克雷伯菌（hypervirulence *K. pneumoniae*，hvKP）。此外，由于肺炎克雷伯菌都拥有较厚的荚膜，也常以其荚膜抗原（K 抗原）作为血清型分类依据，目前一共分为 82 个血清型，其中 K1、K2 血清型常为 hvKP，可造成人和畜禽的较严重感染，应当引起兽医临床关注。

② 生物学特征：肺炎克雷伯菌为短粗的杆状菌，单独、成双或短链状排列。无鞭毛，不形成芽孢，有较厚的荚膜，多数有菌毛。

肺炎克雷伯菌营养要求不高，在麦康凯固体培养基上呈粉红色的湿润菌落，菌落大而扁平，表面有黏液。

③ 致病能力与流行病学：肺炎克雷伯菌是除大肠杆菌之外的第二大肠道常规聚居菌。未见健康动物感染肺炎克雷伯菌的报道，只有在特定条件下该菌才会引起细菌性肺炎、尿路感染、败血症等疾病，除了内部感染之外，在动物打斗等原因下造成的外伤伤口中，肺炎克雷伯菌也可以造成化脓，进而引发脓毒血症等病。肺炎克雷伯菌传播广泛，在禽、兔、猪、牛羊、大熊猫等动物中都能分离出致病菌株，而且分离率均较高，许多分离出的菌株，无论其来源动物患病与否，均携带大量毒力基因，研究人员对临床分离菌株进行实验室动物感染实验，能引起实验动物患病或死亡。

目前我国最流行的肺炎克雷伯菌为 ST11 型，该型也是 hvKP 的常见序列型。虽然该型肺炎克雷伯菌在我国兽医临床中也有检出，但由于相关流行病学调查较少，并不能给出某一 MLST 或血清型在全国的兽医临床占据主要流行地位的结论。

④ 化学药物防治与耐药防控：肺炎克雷伯菌主要依赖接触传播，含有菌群的粪便接触免疫力低下的畜禽或动物的开放性伤口。在人医临床上认为，开放性伤口会增加 35％ 的肺炎克雷伯菌感染概率。及时地清理栏舍和处理畜禽开放性伤口可以有效避免肺炎克雷伯菌的感染和致病。

肺炎克雷伯菌所致疾病一般发展快、预后差，及时使用菌群敏感的抗菌药很重要。兽医临床可以选用头孢噻呋、恩诺沙星、氟苯尼考等。对于产生脓肿的肺炎克雷伯菌病应当及时清创引流，并使用皮肤黏膜消毒药予以杀菌消毒。此外可以考虑药物的联合应用，在养殖动物群体发病产生消化道、呼吸道症状时，使用恩诺沙星加麻杏石甘散的药物组合抗菌效果好。对于产广谱 β-内酰胺酶 （extend spectrum β-lactamase，ESBL） 的肺炎克雷伯菌，可以考虑青霉素类药物与 β-内酰胺酶抑制剂的联用，如阿莫西林克拉维酸钾等。另外，肺炎克雷伯菌还可能引起幽门狭窄、支气管狭窄，进而引发呼吸困难等症状，应当视情况给予手术治疗。

（3）沙门菌（Salmonella）

① 分类：沙门菌的分类极其烦琐复杂，历史上曾多次改变判定标准和分类方式。最初研究人员一般以其所引起的疾病命名，如伤寒沙门菌（*S. typhi*）、副伤寒沙门菌（*S. paratyphi*）。之后又以分离的地点命名，如伦敦沙门菌（*S. london*）。随着研究的深入，人们逐渐意识到沙门菌的多样性。于是开始使用抗原分类，以沙门菌的菌体抗原（O 抗原）和鞭毛抗原（H 抗原）作为血清型分类依据。但沙门菌的血清型也十分复杂，而且部分相近的血清型无法通过生化试验快速区分，所以又采用生化试验结果细分沙门菌下的"亚属"（后被认为所谓的"亚属"实为"种"）。随着科学技术的发展，通过 DNA 分子杂交、高通量测序等技术手段，现在确定了沙门菌的两个种，即肠道沙门菌（*S. enterica*）和邦戈尔沙门菌（*S. bongori*），其中肠道沙门菌是导致沙门菌病的主要菌种。现在确定的血清型已逾 2600 种，其中 1500 多种属于肠道沙门菌，我国共报道 287 种。

② 生物学特征：沙门菌的各菌种生物学特征几乎一致，都呈首尾相连的串形直杆状，革兰氏染色阴性。绝大多数沙门菌以周生鞭毛运动，并具有 1 型菌毛（pilus 1）。沙门菌不形成芽孢，无荚膜，但有一定黏附能力。沙门菌营养要求不高，但生长缓慢，在各种固体培养基上呈细小的菌落。有选择性显色固体培养基可供细菌分离。

③ 致病能力与流行病学：沙门菌是肠道致病菌、食源性致病菌。常见的致病菌包括鼠伤寒沙门菌、猪霍乱沙门菌、肠炎沙门菌。引起的疾病主要有两种，一是伤寒与副伤寒，二是急性胃肠炎。其中伤寒与副伤寒沙门菌仅限于人类感染，其他动物中尚未有报道。但需要注意的是鼠伤寒沙门菌（*S. typhimurium*）虽然名称与伤寒沙门菌相近，但二者的分子遗传特征、致病性差别很大，鼠伤寒沙门菌能够感染大部分畜禽和人类。

在兽医临床，都柏林沙门菌（*S. dublin*）对牛羊等反刍动物危害较大，在引起肠炎、败血症和生殖障碍的致病能力方面甚至与腹泻性病毒相当。而在养禽业当中主要流行的是鼠伤寒沙门菌，但肠炎沙门菌也常常流行并污染禽蛋，导致严重的食品安全风险。在马养殖中，沙门菌常呈现亚临床感染状态，并造成环境污染。与马相似的是养殖猪群，调查显示，50％左右的猪群都携带各种沙门菌细菌，但并未体现出相关症状。沙门菌在猪群中的危害主要体现在污染环境和食品，只有仔猪在断奶时或配种母猪中等特殊情况下易造成相关的沙门菌感染。

④ 化学药物防治与耐药防控：考虑到沙门菌的宿主范围限制和无症状感染特点，对于兽医来说，防治沙门菌的公共卫生意义要大于临床意义。从减少动物养殖污染和保障动物性食品安全的视角来看，沙门菌是引起水源和食物污染的头号元凶。无论在发达国家还是发展中国家，由于饮水和食物不洁净导致的沙门菌感染都是重要的公共卫生安全议题。基于上述观点，对动物粪便的消毒和对动物性食品的严格检疫应当受到兽医更多的重视。

在治疗防疫，如已经查明病原的情况下，没有明显的临床症状，就没必要立即使用抗菌药。即使已经出现腹泻症状，大多数情况下也与肠道本身的生理活动相关。事实上，大多数细菌性腹泻都是自限性的，通过补水、补充维生素、适时止泻、环境消毒等饲养管理措施就能够治疗。也可以应用中药改善感染情况，实验表明，板蓝根、双黄连、黄连素等中药组方或单体都对沙门菌有良好的抑制效果。

沙门菌细菌的耐药情况十分严峻，在对扬州地区、河南省、广东省和湖北省部分地区的猪源沙门菌进行调查发现，分离株对青霉素类、酰胺醇类和磺胺类药物的耐药率超过90%。而在对相同、相近地区的犬猫源沙门菌细菌的类似调查中，对氨基糖苷类、四环素类、青霉素类药物耐药较为严重，耐药率也都超过了90%。不同的耐药谱可能因养殖与宠物临床用药习惯不同。有另一项长期监测发现，使用不同的药物会使耐药细菌检出率发生相应变化，通过轮换使用抗菌药可以有效提升疗效。

（4）多杀性巴氏杆菌（*Pasteurella multocida*）

① 分类：为巴氏杆菌科、巴氏杆菌属的成员，是巴氏杆菌属中最重要的致病菌。该菌主要以其荚膜抗原和菌体抗原区分血清型，前者有 6 个型，后者分为 16 个型。现在国际通行的分类写法是：以阿拉伯数字表示菌体抗原型，大写英文字母表示荚膜抗原型。此外，多杀性巴氏杆菌还有脂多糖内核分型法，该菌的脂多糖（lipopolysaccharide，LPS）主要包括内核和外核两部分，内核高度保守，由类脂 A 和核心低聚糖组成，外核可变，由侧链低聚糖组成。巴氏杆菌的 MLST 等基于分子生物学的分型方式与其它菌株类似，仅用于科研用途，不在此作阐述。

② 生物学特征：该菌为细小的球杆状或短杆状菌，两端钝圆，在某些阶段近似椭圆形，革兰氏染色阴性，显微镜下可观察到单独或成双的排列。部分新分离的菌株（主要为高毒力菌株）具有黏液性荚膜，但经培养后会消失。多杀性巴氏杆菌不形成芽孢，无鞭毛。巴氏杆菌对营养要求较严格，虽然在常规的培养基中也能生长，但极其缓慢，而且发育不良，在培养基中添加血清或血液可以改善其生长状态。

③ 致病能力与流行病学：多杀性巴氏杆菌是兽医临床重要致病菌，可以感染几乎所有动物，并在不同动物中引起不同病症，包括猪肺疫、禽霍乱和牛出血性败血症，也正是猪、禽（主要指鸡鸭）和牛对多杀性巴氏杆菌最易感。猪肺疫俗称"锁喉风"，患猪咽喉部肿胀，严重呼吸困难，剖检见肺肝分区扩大。禽霍乱有 2～9 日的潜伏期，败血症症状明显。牛出血性败血症的症状则主要为高热、肺炎和内脏广泛出血，或有急性胃肠炎症状。巴氏杆菌病大都呈急性发作，致病率和死亡率都很高，只有少数呈良性经过。

我国兽医临床多杀性巴氏杆菌的流行特征与国际相似。猪多为荚膜 A 型和荚膜 D 型，禽类以荚膜 A 型和脂多糖 L1 型为主，牛则以荚膜 A 型和脂多糖 L3 型为主。多杀性巴氏杆菌病在动物当中流行广泛，虽然是人畜共患疾病，但只在一些特殊情况才经由动物感染人类，如人具有开放性伤口并与多杀性巴氏杆菌阳性动物密切接触时。

④ 化学药物防治与耐药防控：多杀性巴氏杆菌抗逆性弱，在环境当中存活不久，也不易污染动物性食品。应对巴氏杆菌病，兽医临床的重点是快速诊治，尽早用药。可以应

用的抗菌药有：头孢噻呋、卡那霉素、多西环素、泰乐菌素、替米考星等，对于某些高热症状强烈的患畜可以配合使用安乃近、安痛定等解热镇痛消炎药，但要注意这些药物与抗菌药的相互作用。

与其它革兰氏阴性细菌相比，多杀性巴氏杆菌的耐药性，尤其是多重耐药性发展形势尚未到十分严峻的地步。一些调查显示，我国华南地区宠物源多杀性巴氏杆菌对红霉素100%耐药，但对青霉素类和四环素类药物敏感。而我国猪源多杀性巴氏杆菌对林可霉素耐药率达96.6%，但对氨基糖苷类药物敏感性较好。这些数据表明我们尚有机会通过科学合理用药保证抗菌药对多杀性巴氏杆菌的良好疗效。

（5）鸭疫里默氏杆菌（*Riemerella anatipestifer*）

① 分类：鸭疫里默氏杆菌是巴氏杆菌科、里氏杆菌属细菌。鸭疫里默氏杆菌的血清分型方式是其分类的主流方式之一。该菌血清型通过凝集试验或琼脂扩散沉淀试验鉴定，以阿拉伯数字顺序编码，目前已鉴定21个型。但鸭疫里默氏杆菌中存在许多临床分离株暂不能确定分型的情况，这需要研究人员进一步工作来完善。

② 生物学特征：鸭疫里默氏杆菌革兰氏染色阴性，瑞氏染色两极浓染。有荚膜、无鞭毛、不运动、不形成芽孢。单个或成对存在，菌体为杆状、椭圆形，有时呈长丝状。该菌在血液和胰蛋白大豆固、液体培养基平板上生长良好，37℃条件下培养最佳，在培养基中添加牛血清或酵母提取物有助于细菌的生长。在各类固体培养基上的菌落呈圆形、表面光滑、稍突起，菌落直径大小为1～2mm。

③ 致病能力与流行病学：顾名思义，鸭疫里默氏杆菌主要感染鸭。但逐渐发现其也能够感染鸡、火鸡、鹅和某些野生鸟类。在养鸭业中，以2～3周龄的雏鸭最易感。鸭疫里默氏杆菌侵入宿主体内后，细菌能够迅速繁殖并通过血液到达各种组织和器官，引起全身性浆膜炎。

鸭疫里默氏杆菌的流行特点在不同国家、不同时间上有所不同。我国近年来最常见的血清型是1型、2型和10型。

④ 化学药物防治与耐药防控：由于鸭疫里默氏杆菌不感染哺乳动物，防治该菌所致疾病的意义在于维护养鸭业经济效益。鸭疫里默氏杆菌主要通过接触和空气传播，此外饲料、饮水、粉尘和虫媒等也能作为传播途径，所以临床可以通过清洁栏舍、勤通风、控制饲养密度等饲养管理措施防控鸭疫里默氏杆菌病。抗菌药化疗方面，兽医临床可以应用阿莫西林、头孢噻呋、恩诺沙星和复方新诺明等药物。

我国兽医对鸭疫里默氏杆菌的耐药调查数据不够全面，但从已有的数据来看，不同地区、不同时间的鸭疫里默氏杆菌的抗菌药敏感性有很大差异。山东省2020～2022年间的鸭疫里默氏杆菌分离株耐药率较高的是四环素（95.9%）、庆大霉素（77%）和红霉素（77%），而多数对β-内酰胺类药物敏感。而我国各地1998～2005年间的鸭疫里默氏杆菌分离株则对青霉素（86.9%）、磺胺类药物（79.2%）耐药率高，而对庆大霉素、阿米卡星敏感。这提示兽医工作者在选择抗菌药时，要因地因时制宜，依靠药敏试验、分子检测等技术手段科学合理用药。

（6）副猪嗜血杆菌（*Haemophilus parasuis*）

① 分类：副猪嗜血杆菌隶属于巴氏杆菌科，嗜血杆菌属。已鉴定出的副猪嗜血杆菌的血清型有15种，这些血清型与致病能力之间有一定的联系，一般认为，1、5、10、12、13、14型为高毒力，2、4、15型为中毒力，其他血清型视为无毒力。但这种联系是宏观统计得到的，个别菌株不符合上述规律。

② 生物学特征：副猪嗜血杆菌革兰氏染色阴性，美蓝染色两极着色。多呈小杆状，有时也可观察到呈球杆状或长丝状。无鞭毛和芽孢，通常有荚膜，但体外培养时会受到影响。部分菌株在特定条件下产生菌毛。

体外培养副猪嗜血杆菌需在培养基中添加烟酰胺腺嘌呤二核苷酸（NAD或V因子），在巧克力琼脂上生长较好。

③ 致病能力与流行病学：副猪嗜血杆菌为机会致病菌，在健康猪群中也有流行。在某些特定条件下造成感染，称为副猪嗜血杆菌病，即多发性纤维素性浆膜炎和关节炎。临床表现为体温升高、关节肿胀、呼吸困难、多发性浆膜炎和关节炎。副猪嗜血杆菌病传染性强、死亡率高。

副猪嗜血杆菌在我国的不同地区流行情况有所不同，但总体来看以高、中致病力血清4、5、13型为优势血清型。

④ 化学药物防治与耐药防控：副猪嗜血杆菌不感染除猪以外的其它动物，在猪群中，仔猪和青年猪较易感。保持猪群的整体健康与增强免疫力十分重要。治疗副猪嗜血杆菌病推荐应用的抗菌药有：大观霉素、头孢噻呋、替米考星和氟苯尼考等，由于该病往往还有高热和关节肿胀的症状，可以联用氟尼辛葡甲胺、维生素C、清瘟败毒散等药品。

副猪嗜血杆菌的耐药性调查报告较少。一项对全国13个省（自治区、直辖市）的致病性副猪嗜血杆菌分离株的多年回顾性调查显示，酰胺醇类和氨基糖苷类药物耐药率逐年下降，替米考星敏感性变化不大，而对青霉素类药物和恩诺沙星耐药率大幅升高。针对青海省患病猪来源的副猪嗜血杆菌耐药调查发现，分离株对青霉素类和喹诺酮类药物耐药率高，对替米考星、氟苯尼考、黏菌素则较敏感。

（7）胸膜肺炎放线杆菌（Actinobacillus pleuropneumoniae）

① 分类：胸膜肺炎放线杆菌属于放线菌科、放线菌属细菌。该菌包括两个生物型，生物Ⅰ型的生长有NAD依赖性，生物Ⅱ型的生长则不依赖NAD，但需要有特定的吡啶核苷酸或其前体，用于NAD的合成。生物Ⅰ型菌株毒力强，危害大。生物Ⅱ型可引起慢性坏死性胸膜肺炎，从猪体内分离到的常为生物Ⅱ型。生物Ⅱ型菌体形态为杆状，比生物Ⅰ型菌株大。

还可以根据细菌荚膜多糖和细菌脂多糖对血清的反应，将生物Ⅰ型分为14个血清型（1~12与15~16），其中血清5型进一步分为5A和5B两个亚型，生物Ⅱ型分为2个血清型（13和14）。不同血清型间的交叉保护性和毒力有一定差异。

② 生物学特征：胸膜肺炎放线杆菌革兰氏染色阴性。呈小球杆状或纤细小杆状，还有的呈丝状。有荚膜，少数有菌毛，不形成芽孢，无运动性。

胸膜肺炎放线杆菌营养要求高，在普通培养基上不生长，需特别添加V因子，常用巧克力琼脂培养。在绵羊血平板上可产生稳定的 β 溶血。

③ 致病能力与流行病学：胸膜肺炎放线杆菌为致病菌，只感染猪科动物。该菌所引起的感染性疾病称为猪传染性胸膜肺炎，根据具体的致病情况可分为最急性型、急性型、亚急性型和慢性型，最急性型和急性型的死亡率可达10%。虽然其病程和症状的严重程度有所不同，但由于胸膜肺炎放线杆菌的感染局限于胸腔，故都以呼吸困难、心衰、高热和咳嗽气喘为主。亚急性和慢性感染虽然死亡率有所降低，但会使患猪生长缓慢，料肉比同比降低20%左右。

胸膜肺炎放线杆菌的流行和致病具有明显的季节性，多发生于4~5月和9~11月。该菌能够感染各种年龄、性别的猪，但尤以6周龄至6月龄的猪较易感。该菌在猪群内以飞沫传播为主，口鼻接触也能够造成传播，但必须频繁密切，间接接触并不易感染。

④ 化学药物防治与耐药防控：胸膜肺炎放线杆菌在体外抗逆性不强，常规消毒药物都可以有效清除，在温暖湿润的环境中很快凋亡，但如果温度较低则会延长其存活时间，所以栏舍火焰消毒对防控猪传染性胸膜肺炎意义重大。在化学药物治疗方面，由于流行的胸膜肺炎放线杆菌大都为能够造成急性感染的血清型，所以早期诊断、及时用药显得比较重要。兽医临床推荐使用的药物有：氟苯尼考、多西环素、泰乐菌素和泰妙菌素等。

胸膜肺炎放线杆菌的耐药情况相较之前介绍的细菌要乐观，目前发现的耐药菌株的耐药表型主要集中在氟苯尼考、四环素和复方新诺明等，而且耐药率较低。

1.2.3.2 革兰氏阳性菌

（1）金黄色葡萄球菌（*Staphylococcus aureus*）

① 分类：金黄色葡萄球菌，简称"金葡菌"，是葡萄球菌科、葡萄球菌属的细菌。除了各种属细菌通用的 MLST 外，金葡菌还有一种独特的分子分型，即按照其葡萄球菌 A 蛋白 SPA 的分型方式，该菌的 SPA 型与 MLST 之间有一定联系，是流行病学研究的重要指征。此外，因为金葡菌能产生肠毒素，可以按这种毒素的蛋白质结构不同，将金葡菌分为 A、B、C1、C2、C3、D、E 及 F 八种血清型。对于金葡菌中一个特殊而意义重大的类群——耐甲氧西林金黄色葡萄球菌（methicillin-resistant *S. aureus*，MRSA）来说，还可以按其葡萄球菌染色体 *mec* 盒（Staphylococcal Cassette Chromosome *mec*，SCC*mec*）结构进行分子分型。总的来说，金葡菌也是一类具有多样性的细菌，但分型与其致病性之间尚未见明显关联，不在此展开叙述。

② 生物学特征：金黄色葡萄球菌革兰氏染色阳性，球形，呈葡萄串状排列。不形成芽孢，无鞭毛，一般不产荚膜。金黄色葡萄球菌营养要求不高，在普通培养基上生长良好，需氧或兼性厌氧。平板上菌落厚、有光泽、圆形凸起。使用绵羊血琼脂培养时，菌落周围形成透明的溶血环。金黄色葡萄球菌生化代谢活跃，可以发酵多种营养物质，如能将甘露醇发酵并产酸。金黄色葡萄球菌有高度的耐盐性，可在 $10\% \sim 15\%$ NaCl 培养基中生长。一般利用发酵甘露醇产生和耐高盐的特性分离纯化金葡菌。

③ 致病能力与流行病学：金黄色葡萄球菌是葡萄球菌属中唯一的致病菌，有着十分重要的临床意义。在人医临床的细菌性感染病例中，金葡菌感染数量位居第二，仅次于大肠杆菌。金葡菌是最常见的化脓性感染病原菌，常在开放性伤口处引起局部化脓感染，也可以引起如肺炎、败血症、脓毒症等全身感染。金葡菌造成的感染较其他细菌致死率高，2019 年全年在全球范围内因细菌感染死亡的人中，金葡菌感染致死占首位，逾 100 万例。

与兽医临床直接相关的畜禽源金葡菌（livestock-associated *S. aureus*，LASA）在金葡菌的致病和流行中受到广泛关注，研究人员普遍认为 LASA 既能够在健康动物中存在也能够导致人或动物的疾病。在兽医临床中，LASA 感染常见的病症有：马的局部化脓性感染和葡萄球菌病，奶牛的急性乳腺炎伴发毒血症，羊的脓肿和干酪样淋巴结炎，犬猫的脓疱性皮炎和食物中毒，禽类的足部皮肤炎以及猪脂溢性皮炎等。虽然 LASA 可以感染以上各种动物，但猪是 LASA 的主要宿主，在我国的养殖猪群中，LASA 的鼻腔定植率在 $15\% \sim 19.2\%$ 之间。

金黄色葡萄球菌在自然界中无处不在，空气、水、灰尘及人和动物的排泄物中都可找到。接触传播和空气传播都是其重要传播途径，加上金葡菌人畜共患、广泛定植的特点，食品受金葡菌污染的机会很多。受污染的食品中会携带肠毒素等有害毒素，一旦清洗和烹任不到位，就会引起食用者的呕吐腹泻等中毒症状。金葡菌的流行具有季节性，每年春夏易发，造成的食物中毒病例也更多。

除了将金葡菌作为一个整体来看，还应当特别关注 MRSA 的流行传播。在 MRSA 出现之前，金葡菌对青霉素类抗菌药的敏感性最高，但 1960 年以后 MRSA 的暴发打破了这一认知。时至今日 MRSA 还携带多重耐药基因、定植基因、毒力岛等，进一步对人和动物的健康造成更大的威胁。MRSA 的共同特点是携带 mecA/C 基因，该基因由 SCCmec 携带，SCCmec 赋予了 mecA/C 传播能力，金葡菌可以通过自身的自然转化特性获得 SCCmec 基因簇。进一步研究发现，SCCmec 在携带 mecA/C 基因的同时，还会携带其他耐药基因和毒力基因等。SCCmec 的结构是有规律的，可以按照其一些特有结构的不同搭配进行分型，SCCmec 的分型具有流行病学意义，如Ⅰ～Ⅴ最为普遍流行，其中，Ⅱ型和Ⅳ型始终占据着主导地位。又如，Ⅸ、Ⅹ、Ⅺ最初来源于动物，后通过某些途径，传播到人类社群当中。

考虑到 LASA 的特点以及 SCCmec 的演化，研究人员再提出了一个概念即畜禽源耐甲氧西林金黄色葡萄球菌（livestock-associated methicillin-resistant *S. aureus*，LA-MRSA）。欧洲 LA-MRSA 主要为 ST398 型，而在我国和周边一些亚洲国家，优势型则为 ST9。但近期在我国一些地区却发现了 ST398 型 LA-MRSA，而且遗传背景与欧洲、韩国分离株高度相关，这再一次提示兽医临床应当关注流行病学调查以应对金葡菌的国际传播。

④ 化学药物防治与耐药防控：虽然目前已经有多种新型治疗方式，如光热纳米材料、噬菌体等，已在实验室被证实能够杀灭金葡菌，并治疗其引起的皮肤化脓、菌血症或脓毒血症等疾病，但囿于制备方式、价格、未知机制和未经评估的安全性等，这些方法恐难在短时间内投入临床使用。在兽医临床，防治金葡菌病，最直接有效的方式还是科学合理地使用抗菌药。前文已经详细阐述了 LASA，尤其是 LA-MRSA，所带来的兽医临床危害和公共卫生安全威胁。因此，兽医临床应对金葡菌要采取重视预防、及时用药、用足疗程的治疗原则，兽医工作者要做好自身防护以避免 LASA 向自己和整个人类社群传播。

由于金葡菌的传播途径特殊，在饲养管理上应当做好清洁，避免粉尘充斥饲养环境。减少饲养密度，避免畜群之间的接触传播。对于产生开放性伤口的动物，应当及时清创，隔离饲养，兽医工作者手、面等裸露部位有伤口的也应当注意防护，这些措施也适用于其他病原菌。保持饲养环境卫生的另一个重要目的在于金葡菌与大肠杆菌类似，都具有很强的产生物被膜能力，这种能力在金葡菌导致感染和环境中存留等过程都起到重要作用，需要主动使用表面活性剂等消毒药，配合火焰、熏蒸消毒等方式处理。

在治疗方面，通常来说，由于金葡菌细胞壁代谢十分活跃，其对青霉素类药物最为敏感。此外几乎所有种类的抗菌药都对一般金葡菌有良好的治疗效果。但耐药细菌，尤其是 MRSA 的流行为临床用药带来了很大挑战，而且许多 MRSA 往往携带多重耐药基因。近年来许多新药的开发都以抗 MRSA 为一大评估指标，诸如达托霉素、万古霉素、替加环素等药物都被认为是"最后一道防线药物"以抵抗 MRSA 对人的致命性感染。但耐药性仍然不可避免地产生，而且虽然这些药物在全世界都从未被批准用于动物，但依然在动物源和环境源金葡菌中检测到超级耐药细菌。这一情况引起了研究人员和政府的重视与担忧，并正在积极寻找应对方式。

在这种严重耐药的形势下，科学合理地使用抗菌药尤显重要。药敏试验是临床选用抗菌药最直接的评估方式，除了针对患病动物的药敏试验外，定期对兽医单位进行耐药监测和流行病学调查也很重要。面对已经受到金葡菌感染的动物，可以充分考虑抗菌药物的联合使用。目前受到认可的一大联合用药方式是在金葡菌感染初期，联合使用抗菌药并给足药量，因为亚抑菌浓度的抗菌药不但会使金葡菌耐药性迅速发展，还会造成金葡菌黏附、持留等特征的改变，进而加强其毒力。初期的联合用药也为临床诊断和药敏试验提供时间窗口，在获得确诊信息以后可以转而使用不易产生耐药性、安全性好的窄谱抗生素，以期达到"降本增效"同时预防耐药性的目的。

（2）链球菌属（*Streptococcus*）

① 分类：链球菌属属于链球菌科，包含 69 个种和亚种。链球菌的血清学分型是按照其多糖抗原（C 抗原）区分的，目前已经区分出 A～V 等 20 余种分型，其中大部分感染人类的属于 A 型，犬猫携带的链球菌多为 G 型。此外，在绵羊血平板上划线培养细菌，可以简单快速地通过溶血环判定类别。不产生溶血环的为丙（γ）型链球菌，一般不具有致病性；产生 1～2mm 溶血环的为甲（α）型链球菌，为机会致病菌；产生 2～4mm 溶血环的为乙（β）型链球菌，为致病菌。

② 生物学特征：链球菌属细菌革兰氏染色阳性，但衰老细胞可能出现阴性结果。菌体为球形或卵圆形，呈链状排列，临床标本和固体培养基中多为短链，液体培养基中多为长链。链球菌属细菌不形成芽孢，无鞭毛，有菌毛，多数菌株在培养早期形成荚膜，但延长培养时间后可能消失。链球菌属细菌营养要求较高，只有在含血液、血清和葡萄糖的培养基中才能生长。在添加血清的肉汤中易成长链，管底呈絮状沉淀。在血琼脂平板上形成灰白色、表面光滑、凸起、边缘整齐小菌落并产生相应的溶血环。

③ 致病能力与流行病学：链球菌属细菌感染造成的症状主要为菌血症、关节炎和坏死性肺炎等，在幼畜等还常见脑膜炎。急性发病时临床表现有虚弱、咳嗽、呼吸困难、发热、呕血和尿液偏红等。链球菌属细菌的血清型有流行病学意义。A 型链球菌主要造成人类感染，也可以传播至动物。C 型链球菌可以作为犬猫的常在菌群，可引起急性出血性和化脓性肺炎以及感染性心内膜炎，还可能引起急性死亡。同时，C 型链球菌也是感染马属动物的主流类型，所引起的疾病称为马腺疫。

该属细菌在兽医临床上较常见的包括：猪链球菌（*S. suis*）、化脓链球菌（*S. pyogenes*）、肺炎链球菌（*S. pneumoniae*）和犬链球菌（*S. canis*）等。链球菌作为犬和猫体表、眼、耳、口腔、上呼吸道、泌尿生殖道后段的常在菌群，大多数为机会致病菌，也可通过呼吸道、消化道、生殖道、产道感染以及接触污物间接感染。犬、猫化脓链球菌感染较常见，猫还常感染肺炎链球菌。在养殖临床，患病和病死畜禽是链球菌主要的传播源。链球菌病呈季节性流行，猪以 7～10 月较易感，牛羊以 10 月到次年 4 月易感。

近年来，引起广泛关注的是猪链球菌，因为人们发现其可以感染人类并致死。猪链球菌在我国暴发过两次大规模感染疫情，一次在 1998 年江苏南通发生，造成 27 人感染发病。另一次于 2005 年在四川省各地市发生，共计造成 204 人感染，另造成近千头生猪死亡。猪链球菌在感染猪或人后，都会导致败血症、肺炎、心内膜炎、关节炎和脑膜炎，及时治愈也会留下不可逆转的后遗症。

④ 化学药物防治与耐药防控：链球菌抗逆性差，在环境中存活不长。通过清洁环境卫生能够有效避免链球菌属细菌的传播。在养殖源危害最大的是患病死亡的畜禽，按规定处理尸体对预防链球菌等病原菌有重要意义。由于链球菌，尤其是猪链球菌等发病快、潜伏期短，兽医工作者临床防治时要注意个人防护。

兽医治疗链球菌病的首选药物是青霉素类药物，可以与氨基糖苷类药物合用。出现脑膜炎症状时可以使用复方新诺明、恩诺沙星等药物，出现关节炎时可以使用头孢噻呋、林可胺类药物等。事实上，兽医临床可以用于治疗链球菌病的抗菌药还有土霉素、多西环素等四环素药物和红霉素、泰乐菌素等大环内酯类药物。但在全球范围内，人和动物临床都发现链球菌属细菌对以上两种药物耐药性严重，故除非有药敏试验作为证据支撑，否则不推荐使用。

（3）产气荚膜梭菌（*Clostridium perfringens*）

① 分类：产气荚膜梭菌，旧称"魏氏梭菌"，是芽孢杆菌科、芽孢杆菌属细菌。根据产生毒素的种类，可将产气荚膜梭菌分成 A～E 的 5 个毒素型。其中对人致病的主要是 A型和 C 型，A 型最常见，引起气性坏疽和胃肠炎型食物中毒，C 型能引起坏死性肠炎。

② 生物学特征：产气荚膜梭菌革兰氏染色阳性，呈短而大的杆状，两端钝圆，单个或成双排列，偶见链状。在缺乏糖类物质的情况下能够形成芽孢，芽孢一般为椭圆形，位于菌体中央或次极端，直径小于菌体。在机体内可产生明显的荚膜，无鞭毛，不运动。

产气荚膜梭菌严格厌氧，在胰胨-亚硫酸盐-环丝氨酸琼脂上呈中心黑色、外圈灰白的湿润较大菌体。在液体培养基中产生气泡。在含铁牛奶液体培养基中培养 5h 以内，能够使牛乳凝结，然后形成海绵样物质，上升至培养基表面，称为"暴烈发酵现象"，常用于临床病原鉴定。

③ 致病能力与流行病学：产气荚膜梭菌可以在体表或肠道中发生感染。深部伤口能够形成厌氧环境，有利于该菌造成感染，感染后形成气性坏疽，并造成坏死性蜂窝织炎。产气荚膜梭菌是形成气性坏疽的头号元凶，但其形成过程也常由多种梭菌共同引起。虽然气性坏疽并不常见，但如延误治疗，死亡率将高达 100%。在肠道中感染能引起牛犊、羔羊、仔猪、马、家兔、雏鸡等畜禽的坏死性肠炎，犬猫的急性出血性腹泻综合征等。

产气荚膜梭菌可以产生 20 余种对人和动物有害的外毒素，这些毒素是造成动物胃肠道中毒反应、动物急性死亡和动物源性食品污染的重要因素。常造成胃肠道中毒症状的 A型产气荚膜梭菌的毒力因子为其肠毒素，常通过污染动物源性食品造成人的中毒。虽然B、D 型产气荚膜梭菌被认为一般不造成人和动物的感染，但其分泌的 ε 毒素是已知毒性最强的细菌外毒素之一。

④ 化学药物防治与耐药防控：产气荚膜梭菌抗逆性强，能形成芽孢，所以在清理栏舍、处理患畜粪便时，要注意消毒药物的选用。戊二醛是兽医临床常用的消毒药物，能够杀灭细菌芽孢和病毒。过氧化氢等活性氧消毒剂可以用于清理气性坏疽伤口。

产气荚膜梭菌是具有重要公共卫生安全意义的细菌，与链球菌相似，由患畜向人传染的病例很常见，兽医工作者在防治产气荚膜梭菌病时要注意自身防护，要特别注意患畜粪便的污染。产气荚膜梭菌的暴烈发酵试验是临床检测该菌的重要手段，对于可能受产气荚膜梭菌污染的动物应避免其流入市场。

目前许多研究小组已经致力于开发针对产气荚膜梭菌的噬菌体疗法。但目前兽医临床还是以抗菌药物治疗为主，推荐使用的药物有阿莫西林、头孢噻呋、恩诺沙星、多西环素等。产气荚膜梭菌金霉素、红霉素和林可胺类抗生素的耐药已在全球范围内被检测到，不建议在无药敏试验支持的情况下使用。

1.2.3.3　真菌

（1）犬小孢子菌（*Microsporum canis*）　前文已经提到过犬小孢子菌，该真菌是兽医临床最常见的浅部真菌感染病原。该菌感染皮肤时，在伍德氏灯下发出绿色荧光。抹片镜检可见多数大分生孢子，呈纺锤状，壁厚粗糙带刺，有 6 个以上的隔，顶端有帽子状结构。此外，该菌有时也呈棍棒状、球拍状、破梳状和结节状。当真菌感染发病时，可见圆形或卵圆形孢子，显微镜下密集成片而不排列成串，毛发内可有少量菌丝。皮屑内可见分枝分隔的菌丝。

该菌虽然被命名为犬小孢子菌，但在犬和猫的毛发皮肤中都可能长期存在而不发病。犬小孢子菌在宠物身上存在后，可以传播给密切接触的宠物主人、兽医工作者等，并有造成感染的风险。在一项对我国头癣患者的统计分析中发现，患病因素为犬小孢子菌感染的病例占21%。此外，貂、狐狸等动物也可能受该菌感染。

虽然未有犬小孢子菌感染导致人和动物严重疾病的报道，但犬小孢子病容易导致犬猫毛发脱落影响美观，也造成特种动物养殖的经济损失，还影响人类健康，所以在兽医临床有治疗意义。常用的抗真菌药物前文已经叙述过，不再赘述。在耐药性方面，真菌的耐药性报道并不多见，即使偶有报道，亦被认为尚不构成对临床治疗的威胁。犬小孢子菌对特比萘芬的耐药性于2018年首次报道，但此后并未在临床检测到耐药真菌的流行。

（2）白色念珠菌（*Candida albicans*） 白色念珠菌属于酵母菌的一类，其导致的白色念珠菌病又称鹅口疮或霉菌性口炎。白色念珠菌广泛存在于自然界以及人和动物的口腔、上呼吸道、肠道等部位中，属于机会致病菌。家禽和鸟类是易感动物，犬猫偶有感染，也能感染人，造成口腔、阴道感染，也有污染医疗器械造成全身感染的案例。

不同年龄的禽和鸟均可感染，但1月龄以内禽鸟较易感染，而且其死亡率、感染率较高、病程短、死亡快，多在发病后2~3天死亡。剖检病死禽鸟，可见其嗉囊干酪样坏死的特征性病变。3月龄以上的成年禽鸟也可感染，但发病相对较轻，无明显症状。该病一年四季均可发生，但在炎热多雨的夏季更为多发。饲养管理条件不好，栏舍环境卫生状况差，如过度拥挤、通风不良、粉尘飞扬等均会诱发白色念珠菌感染致病。另外，饲料单纯和营养不良，长期应用广谱抗生素或皮质类固醇，以及感染其他疾病使机体抵抗力下降时，会促使白色念珠菌病发生。

白色念珠菌的传播途径主要是消化道，黏膜损伤有利于病原的侵入。禽类特殊的生理构造使得禽蛋易受其污染，预防和检测产蛋禽的白色念珠菌感染是保障禽源食品安全的重要措施。兽医临床控制白色念珠菌感染的首选药物为氟康唑，前文也有介绍其他对该菌有效的抗真菌药。

1.2.3.4 支原体和衣原体

（1）支原体（*Mycoplasma*） 支原体是一类介于细菌与病毒之间的微生物。支原体无细胞壁，结构较细菌简单；但具备能够独立完成复制的繁殖系统，较病毒复杂。支原体小于细菌，能够通过0.22μm滤膜。支原体结构具有多形性，可以形成分枝结构，因此得名。支原体在固体培养基上生长，形成中心白色、外圈灰色较透明的"荷包蛋"样菌落。支原体营养要求严苛，很难培养。

支原体是一大类微生物，大部分支原体不导致人和动物的疾病。兽医临床常见的病原支原体有导致猫传染性贫血的嗜血支原体，导致牛传染性胸膜肺炎（俗称"牛肺疫"）的丝状支原体，导致猪支原体肺炎的猪肺炎支原体，导致禽慢性呼吸道疾病（俗称"慢呼"）的鸡毒支原体，以及导致山羊肺炎的山羊支原体。除了典型的呼吸道疾病外，这些支原体还可能造成关节炎、孕畜流产、尿道炎和奶牛乳腺炎等疾病，甚至造成全身感染致动物死亡。但对造成动物感染的支原体一般不感染人。

支原体抗逆性较弱，在热而干燥的环境中难以存活，对许多消毒剂均敏感。兽医临床常见的支原体既能水平传播，也能垂直传播。水平传播多为接触传播途径，部分情况下还可能构成气溶胶传播。

在应用化学药物治疗支原体方面，要充分理解药物作用机制才能避免选用错误的抗菌药。由于支原体不具有细胞壁，所有 β-内酰胺类药物对其均无效，而且其代谢机制特殊，磺胺类药物也完全无效。目前临床治疗支原体病的首选抗菌药为红霉素和泰乐菌素等大环内酯类药物、多西环素等四环素类药物、泰妙菌素等截短侧耳素类药物。支原体的耐药性研究较少，部分流调显示其耐药性发展较缓，但有上升的趋势，依然建议通过药敏试验支持、联合用药等方式延缓其耐药性的产生。

（2）衣原体（*Chlamydia*） 与支原体类似，衣原体也介于细菌和病毒之间。衣原体虽然有细胞壁，但缺乏肽聚糖结构。衣原体自身无法合成高能营养物质（如 ATP 等），故需要寄生于真核细胞生存。衣原体可根据其抗原分类为沙眼衣原体（*C. trachomatis*）、鹦鹉热衣原体（*C. psittaci*）、肺炎衣原体（*C. pneumoniae*）、牛羊衣原体（*C. pecorum*）四种。其中鹦鹉热衣原体与牛羊衣原体在兽医临床比较常见。

鹦鹉热衣原体主要感染鹦鹉、孔雀、家禽等多种禽鸟，造成禽鸟的发热、白痢、结膜炎和鼻炎等症状。鹦鹉热衣原体所致疾病在鹦鹉称为"鹦鹉热"，在其他禽鸟称为"鸟疫"，但仅为称呼差异。鹦鹉热衣原体也可以感染猪、牛、羊和人类，造成孕畜的流产、早产等生殖障碍，感染人则造成肺炎。

由于衣原体在胞内寄生，其分离培养与鉴定非常困难，也缺乏抗菌药敏感数据。但从药物作用机制和微生物结构来看，衣原体与支原体类似，对 β-内酰胺类和磺胺类药物固有耐药。治疗衣原体病的首选药物为红霉素等大环内酯类药物，以及多西环素等四环素类药物，恩诺沙星等喹诺酮类药物也可选用。

1.3

化学药物防治动物疾病的历史

1.3.1 国际兽用化学药物的使用

第二次世界大战期间，青霉素被大规模生产用于救治病人。第二次世界大战后期，兽医师改变了青霉素的剂型，用于治疗牛乳腺炎，这是世界上最早关于化学药物治疗动物疾病的历史记载。但此时囿于社会发展的程度，正式的兽药产业尚未形成，兽医所使用的化学药物大部分还是人用药物，而且大都为抗生素和解热镇痛抗炎药物。兽用预防药和动物保护相关的化学药物使用近乎空白。

各国兽用化学药物的发展历史不尽相同，欧美国家近代经济发展飞速，兽用化学药物行业也发展较快。在 1960 年前后美国就有抗生素和化学合成药物在动物上的使用记载。美国食品药品监督管理局（FDA）于 1953 年成立了兽药科，当时被批准使用的兽药较少。

1965 年为了满足不断扩大的兽药需求，成立了兽医局（A Separate Bureau of Veterinary Medicine，BVM），该局在 1984 年更名为兽医中心（the Center for Veterinary Medicine，CVM）。美国政府于 1968 年颁布《兽药修正案》，标志着兽药法制化管理的正式开始，从而把兽药产业从人药产业中分离开来。在英国，规范使用化学药物治疗动物疾病的历史可追溯到 20 世纪 50 年代，当时人们在自身健康得到保障之后，开始注重动物福利，药剂师配制兽用处方来治疗或者安乐死猫、狗等小动物。1966 年，正式通过了《兽医外科医生法》（《Veterinary Surgeons Act 1966》），20 世纪 70 年代以后兽医药剂师在英国开始流行起来。1981 年，英国皇家药学会（Royal Pharmaceutical Society，RPS）发起了兽医药理文凭课程，标志着英国兽用化学药物的使用逐渐规范和成熟。

20 世纪 60 年代初到 80 年代末，随着全球人口暴增和经济高速发展，世界人民对肉蛋奶的饮食需求激增。规模化的养殖业迅速兴起，也使得畜群养殖密度逐渐提升。同时，交通运输业的快速发展，在繁荣贸易、流通时，也使得病原微生物可以有更大范围的流行。人们也就在保障人和动物的健康方面有了更多需求。这个时期的化学药物，尤其是抗菌药物迎来了发现与发明的"黄金时代"，链霉素、卡那霉素、红霉素、金霉素及多西环素等抗生素都是在这个阶段被发现并上市的，这大大丰富了抗生素的种类，也互相弥补了各自的不足。而且，从兽医的视角来看，这个阶段也是兽用抗菌药开始独立于人用药，自主发展的初级阶段。泰乐菌素、泰妙菌素等动物专用抗菌药也是在这个阶段被发现并上市的。

20 世纪末，养殖业向集约化、机械化发展。疫苗的推广使用，使得畜禽疾病发病由烈性传染病向慢性传染病、中毒病、营养代谢病和遗传病转移。由于集约化养殖对利润的追求达到了极致，兽医工作者从单纯考虑疾病的预防、诊断、治疗，到要评估疾病对畜禽生产带来的损失和对畜禽生产性能下降造成的影响，还要参与养殖场的设计、生产、加工、营销各个环节的管理。这样的业态要求兽医把防疫治病和饲养管理有机结合起来。与养殖业同步发展的，还有宠物医疗行业，犬猫等宠物的用药从之前的与畜禽共用一样的药物，发展到了推出宠物专用剂型的新业态。与此同时，兽药产业因养殖业的发展也迅速壮大，兽药生产企业数量增加、规模扩大。这一阶段的兽用化学药物种类也大大增加，主要体现在新剂型的拓展，关注生产解热镇痛药物、促生长药物、药物添加剂、预混合饲料等。

进入 21 世纪以后，药物的发现与发明逐渐停滞，只有万古霉素、达托霉素、利奈唑胺等少数抗菌药物，在前期就已经发现，这一阶段被推广上市。而且人畜共患传染病的流行、耐药性的发展让人们学会从"one health"视角出发，减少人和动物临床抗菌药、抗病毒药的滥用。当然，药物发现的放缓并不代表行业发展缓慢。相反，随着经济全球化一体化的深入发展，兽药行业集中度不断提高。2006 年至 2015 年，全球兽药销售额从 2006 年的 160.7 亿美元增长至 2015 年的 300 亿美元，年复合增长率为 7.18%。另一个趋势是国际兽药企业通过兼并重组，强强联合，形成了诸如美国硕腾（Zoetis）、礼来（Lilly）、默沙东（MSD）等具有垄断地位的国际巨头。现今，欧美市场接近饱和、增长速度放缓，行业龙头纷纷实施全球化战略，触角伸向包括中国在内的高速增长的新兴市场。

1.3.2　我国兽用化学药物的使用

与发达国家相比，我国兽医兽药行业起步较晚，早期兽医只能使用中兽药和人用化学药物。改革开放以后，我国社会经济发展增速，人民需求增加，兽用化学药物行业也大步发展起来。但这个阶段由于尚未实行兽药GMP要求，导致国内一些企业片面追求利润，产品质量较低，主要通过产品价格、服务策略、促销活动等手段参与竞争，给我国动物保健品整体产业发展带来了一些负面影响。直至1989年，农业部颁发了《兽药生产质量管理规范（试行）》、1994年颁布了《兽药生产质量管理规范实施细则（试行）》，我国兽药行业开始执行并完善GMP制度。

2006年以后，随着GMP认证、GSP认证的实施，执业兽医师制度的推广，兽医兽药行业逐渐得到规范。受我国经济的高速发展、人民食品安全和健康意识提升以及养殖业集约化等因素影响，兽用化学药物的产业也走向了规模化、精细化、品牌化。

在兽药的发展过程中，兽用化学药物始终在兽药市场占比第一，兽用抗微生物药物又是兽用化学药物的主要类别。兽医临床化学药物的大量使用，固然对人和动物健康大有裨益，很好地保障了动物源性食品安全，但也使得养殖业出现了滥用抗病毒药物和抗菌药物等情况。因此我国相关部门发布了各项法规，取缔了养殖用抗病毒药物、饲料添加抗生素等不当行为，有效遏制了兽医临床的不当用药行为。

1.3.3 抗生素耐药性的产生

抗生素的抗菌活性不是药物单方面影响微生物，而是药物与微生物之间相互作用的过程。面对抗生素的"步步紧逼"，细菌也逐步演化出了抗生素耐药性，而且这些耐药机制与抗菌机制是相互对应的。抗生素耐药性产生的起点是金黄色葡萄球菌对青霉素的耐药性，也就是前文提到过的MRSA。而为了应对MRSA和其他多重耐药细菌，万古霉素、替加环素、利奈唑胺等药物被开发出来，但MRSA对这些药物的耐药性也在临床逐步产生和发展。总之，抗生素的开发和耐药性的发展之间的矛盾是兽用化学药物行业的一大课题。

1.4

化学药物防治动物疾病与其他防治法的协调

我国农业农村部公告，自2020年7月1日起，除了中药饲料添加剂外，饲料企业将停止生产含有促进动物生长的药物饲料添加剂的饲料。有些促生长的药物具有防治疾病的作用，比如土霉素钙预混剂、恩拉霉素预混剂、阿维拉霉素预混剂等（表1-1）。禁用这些药物饲料添加剂，促使具有抗病、营养、提高免疫力等具有一定防治疾病作用的替代饲料及饲料添加剂成为国内学者关注的焦点。如表1-2，中草药制剂、微生态制剂、精油提取物、抗菌肽、酸化剂等新型饲料添加剂因具有抑菌、促进肠道菌群平衡、抗病毒等功能得到广泛应用，一定程度上弥补甚至在某些方面替代了化学药物在防治动物疾病中的作用。

表 1-1　动物饲料中禁用的预混剂

名称	动物	作用
土霉素钙预混剂	猪、鸡、鸭	促生长、预防疾病
金霉素预混剂	猪、鸡	促生长
黄霉素预混剂	猪、鸡、肉牛	促生长
杆菌肽锌预混剂	牛、猪、禽	促生长
维吉尼亚霉素预混剂	猪、鸡	促生长
喹烯酮预混剂	猪、鸡	促生长
亚甲基水杨酸杆菌肽预混剂	猪、肉鸡、肉鸭	促生长
甲基盐霉素预混剂	猪、鸡	促生长、抗球虫
恩拉霉素预混剂	猪、鸡	促生长、预防疾病
吉他霉素预混剂	猪、鸡	促生长
阿维拉霉素预混剂	猪、肉鸡	促生长、预防疾病
那西肽预混剂	猪、鸡	促生长

表 1-2　具有防治疾病功能的添加剂

名称	功能
中草药制剂	杀菌抑菌作用,提高机体抵抗力、抗应激等
微生态制剂	调节动物胃肠道内菌群平衡,预防肠道疾病;有的菌种之间互惠共生;抗应激等
抗菌肽	抗真菌、抗细菌、抗病毒等生物活性功能;调节机体抵抗力
酸化剂	抑菌作用,降低胃肠道内 pH 值,调节胃肠道内微生物菌群结构,提高机体免疫力和抗应激能力等
植物提取物	抗菌,提高机体抵抗力,抗应激等
植物精油	提高机体抵抗力,抗应激和炎症;抗氧化

下面具体介绍中药和益生菌在动物疾病防治中的应用。

1.4.1　化学药物与中药

中药成分复杂,作用机制尚不完全明确。但是据文献资料记载,中药对畜禽一些细菌性疾病、病毒性疾病和寄生虫病等均具有良好的防治作用。用黄连、黄芩、苦参、金银花、赤芍、知母、秦皮等制成的煎剂,对沙门菌感染的 5 日龄雏鸡的保护率达到 95%;用半边莲、半枝莲、白花蛇舌草、重楼、三桠苦、穿心莲等制成"禽病灵"片,治疗鸡白痢,治愈率达 98%。自拟中药方剂(含白头翁、黄连、黄芩、黄柏、苍术、山楂等)对鸡沙门菌白痢的治愈率为 91.94%,显著优于常规抗生素。使用大黄、石膏、地龙、玄参等中药材煎服,具有清热解毒的功效,对猪丹毒病具有良好的治疗效果。文献资料记载,中药对大部分的畜禽疾病具有防治作用,包括鸡的慢性呼吸道病、传染性鼻炎、新城疫、传染性喉气管炎、传染性支气管炎、传染性法氏囊病、鸡痘、球虫病、组织滴虫病、霉形体病、沙门菌病、巴氏杆菌病、大肠杆菌病、弧菌性肝炎、曲霉菌病,猪的繁殖与呼吸综合征、传染性胃肠炎、流行性感冒、圆环病毒病、猪痘、支原体肺炎、水肿病、肺疫、副伤寒、传染性胸膜肺炎、败血性波氏杆菌病、弓形虫病、附红细胞体病、痢疾等。

1.4.2 化学药物与益生菌

益生菌可以抑制动物致病菌的生长与繁殖，刺激免疫器官的生长发育，增强动物体液免疫和细胞免疫功能，减轻动物机体的炎症反应等。我国批准养殖动物使用的益生菌微生物有枯草芽孢杆菌、地衣芽孢杆菌、双歧杆菌、粪肠球菌、屎肠球菌、乳酸肠球菌、嗜酸乳杆菌、干酪乳杆菌等29种（见表1-3）。另外，牛饲料和青贮饲料可使用产丙酸的丙酸杆菌、布氏乳杆菌等。益生菌除了维持胃肠道菌群平衡，还可以维持反刍动物瘤胃功能、增强机体免疫力等。

表1-3 动物饲料中常用的微生物种类

属	种
芽孢杆菌	液化淀粉芽孢杆菌、蜡样芽孢杆菌、凝固芽孢杆菌、地衣芽孢杆菌、巨大芽孢杆菌、马铃薯芽孢杆菌、多黏芽孢杆菌、枯草芽孢杆菌、图瓦永芽孢杆菌
短芽孢杆菌属	侧孢短芽孢杆菌
双歧杆菌属	链状双歧杆菌、动物双歧杆菌、两歧双歧杆菌、比菲德氏菌、婴儿双歧杆菌、乳双歧杆菌、长双歧杆菌、假长双歧杆菌、嗜热双歧杆菌
念珠菌属	皮托念珠菌、产朊假丝酵母
梭菌属	丁酸梭菌
埃希氏菌属	大肠埃希杆菌
肠球菌属	粪肠球菌、屎肠球菌
乳杆菌属	嗜酸乳杆菌、嗜淀粉乳杆菌、短乳杆菌、保加利亚乳杆菌、干酪乳杆菌、纤维二糖乳杆菌、弯曲乳杆菌、德氏乳杆菌保加利亚变种、香肠乳杆菌、发酵乳杆菌、鸡乳杆菌、詹氏乳杆菌、副干酪乳杆菌、植物乳杆菌、罗伊氏乳杆菌、鼠李糖乳杆菌、唾液乳杆菌、嗜热性乳酸杆菌
乳球菌属	乳酸乳球菌
明串珠菌属	柠檬明串珠菌、肠膜明串珠菌
巨球型菌属	埃氏巨球型菌
片球菌属	乳酸片球菌、小片球菌、戊糖片球菌戊糖亚种
普氏菌属	布氏普雷沃氏菌
丙酸杆菌属	产酸丙酸杆菌、费氏丙酸杆菌、詹氏丙酸杆菌、谢氏丙酸杆菌
酵母菌属	布拉氏酵母菌、酿酒酵母、巴氏酵母
链球菌属	牛链球菌、乳酪链球菌、二丁酮链球菌、粪链球菌、屎链球菌、解没食子酸链球菌、婴儿链球菌、中间链球菌、唾液链球菌、嗜热链球菌
曲霉属	米曲霉、黑曲霉菌

抗菌药物在防治畜禽疾病期间可导致畜禽胃肠道菌群紊乱，产生腹泻等不良反应。益生菌产品被认为是抗菌药物有效替代品，可以抑制某些有害细菌来改善胃肠道微生物环境，缓解腹泻引起的电解质丢失对畜禽健康的危害。与抗菌药物杀菌作用不同的是，益生菌可以促进肠道有益菌的生长，抑制有害菌的生长。益生菌通过与肠道有害菌竞争黏附位置、有机基质、营养物质和养分吸收部位等，阻断有害菌在肠道黏膜的黏附，抑制病原菌的生长与繁殖。

一些益生菌通过产生抑制或杀灭细菌的物质产生直接的抑菌作用。比如某些益生菌发酵碳水化合物后产生有机酸如乙酸和乳酸等，这些有机酸通过降低肠道pH值来抑制有害菌的产生与繁殖；某些益生菌通过产生过氧化氢、抗菌肽、抗氧化剂、小菌素等，来影响病原菌的生长代谢。

某些益生菌如长双歧杆菌和发酵乳杆菌等能产生抗氧化物质，清除动物机体自由基，减轻氧化应激。某些益生菌可以增强肠道屏障功能，提高血清免疫球蛋白水平，增强抗病毒的作用。

主要参考文献

[1] Algammal A M, Hetta H F, Elkelish A, et al. Methicillin-resistant *Staphylococcus aureus* (MRSA): one health perspective approach to the bacterium epidemiology, virulence factors, antibiotic-resistance, and zoonotic impact [J]. Infection and Drug Resistance, 2020, 13: 3255-3265.

[2] Allen T M, Cullis P R. Liposomal drug delivery systems: from concept to clinical applications [J]. Adv Drug Deliv Rev, 2013, 65 (1): 36-48.

[3] Allen W J, Phan G, Waksman G. Pilus biogenesis at the outer membrane of gram-negative bacterial pathogens[J]. Curr Opin Struct Biol, 2012, 22 (4): 500-506.

[4] Allen-Worthington K H, Brice A K, Marx J O, et al. Intraperitoneal injection of ethanol for the euthanasia of laboratory mice (mus musculus) and rats (rattus norvegicus) [J]. J Amer Assoc Lab Anim Sci, 2015, 54 (6): 769-778.

[5] Alves G G, Machado D A R, Chavez-Olortegui C D, et al. Clostridium perfringens epsilon toxin: the third most potent bacterial toxin known[J]. Anaerobe, 2014, 30: 102-107.

[6] Amyes S G. Enterococci and streptococci[J]. Int J Antimicrob Agents, 2007, 29 (Suppl 3): S43-S52.

[7] Argudin M A, Mendoza M C, Rodicio M R. Food poisoning and *Staphylococcus aureus* enterotoxins[J]. Toxins, 2010, 2 (7): 1751-1773.

[8] Armitage J P, Berry R M. Assembly and dynamics of the bacterial flagellum[J]. Annu Rev Microbiol, 2020, 74: 181-200.

[9] Ashaolu T J. Nanoemulsions for health, food, and cosmetics: a review[J]. Environ Chem Lett, 2021, 19 (4): 3381-3395.

[10] Assavacheep P, Rycroft A N. Survival of actinobacillus pleuropneumoniae outside the pig [J]. Res Vet Sci, 2013, 94 (1): 22-26.

[11] Atanasov A G, Zotchev S B, Dirsch V M, et al. Natural products in drug discovery: advances and opportunities[J]. Nature Reviews Drug Discovery, 2021, 20 (3): 200-216.

[12] Azab A, Nassar A. Anti-inflammatory activity of natural products[J]. Molecules, 2016, 21 (10): 1-19.

[13] Bearson S. Salmonella in swine: prevalence, multidrug resistance, and vaccination strategies[J]. Annu Rev Anim Biosci, 2022, 10: 373-393.

[14] Bennett S H, Coulthard G, Aggarwal V K. Prostaglandin total synthesis enabled by the organocatalytic dimerization of succinaldehyde [J]. The Chemical Record, 2020, 20 (9): 936-947.

[15] Bond R. Superficial veterinary mycoses[J]. Clin. Dermatol, 2010, 28 (2): 226-236.

[16] Bosse J T, Janson H, Sheehan B J, et al. Actinobacillus pleuropneumoniae: pathobiology and pathogenesis of infection[J]. Microbes Infect, 2002, 4 (2): 225-235.

[17] Brynestad S, Granum P E. Clostridium perfringens and foodborne infections[J]. Int J Food

Microbiol, 2002, 74（3）: 195-202.

[18] Burcham L C, Florence J A, Johnson, D M. Continuous manufacturing in pharmaceutical process development and manufacturing[J]. Annu Rev Chem Biomol Eng, 2018, 9（1）: 253-281.

[19] Burgess B A. Salmonella in horses[J]. Vet Clin North Am Equine Pract, 2023, 39（1）: 25-35.

[20] Cha S Y, Seo H S, Wei B, et al. Surveillance and characterization of *Riemerella anatipestifer* from wild birds in South Korea[J]. J Wildl Dis, 2015, 51（2）: 341-347.

[21] Chaban B, Hughes H V, Beeby M. The flagellum in bacterial pathogens: for motility and a whole lot more[J]. Semin Cell Dev Biol, 2015, 46: 91-103.

[22] Chen J, Zhou H, Huang J, et al. Virulence alterations in *Staphylococcus aureus* upon treatment with the sub-inhibitory concentrations of antibiotics[J]. J Adv Res, 2021, 31: 165-175.

[23] Chen S, Chu Y, Zhao P, et al. Development of a recombinant oppa-based indirect hemagglutination test for the detection of antibodies against *Haemophilus parasuis*[J]. Acta Trop, 2015, 148: 8-12.

[24] Chousalkar K K, Willson N L. Nontyphoidal *Salmonella* infections acquired from poultry[J]. Curr Opin Infect Dis, 2022, 35（5）: 431-435.

[25] Christenson E S, Ahmed H M, Durand C M. *Pasteurella multocida* infection in solid organ transplantation[J]. Lancet Infect Dis, 2015, 15（2）: 235-240.

[26] Chu C Y, Liu C H, Liou J J, et al. Development of a subunit vaccine containing recombinant *Riemerella anatipestifer* outer membrane protein A and CpG ODN adjuvant[J]. Vaccine, 2015, 33（1）: 92-99.

[27] Crespo-Piazuelo D, Lawlor P G. Livestock-associated methicillin-resistant *Staphylococcus aureus*（LA-MRSA）prevalence in humans in close contact with animals and measures to reduce on-farm colonisation[J]. Ir Vet J, 2021, 74（1）: 21-26.

[28] Darkes M J, Scott L J, Goa K L. Terbinafine: a review of its use in onychomycosis in adults [J]. Am J Clin Dermatol, 2003, 4（1）: 39-65.

[29] Davis J S, Van Hal S, Tong S Y. Combination antibiotic treatment of serious methicillin-resistant *Staphylococcus aureus* infections[J]. Semin Respir Crit Care Med, 2015, 36（1）: 3-16.

[30] Dong N, Zeng Y, Wang Y, et al. Distribution and spread of the mobilised RND efflux pump gene cluster tmexCD-toprj in clinical gram-negative bacteria: a molecular epidemiological study [J]. Lancet Microbe, 2022, 3（11）: e846-e856.

[31] Dougan G, Baker S. *Salmonella enterica* serovar typhi and the pathogenesis of typhoid fever[J]. Annu Rev Microbiol, 2014, 68: 317-336.

[32] Dziduch K, Greniuk D, Wujec M. The current directions of searching for antiparasitic drugs [J]. Molecules, 2022, 27（5）: 1534-1536.

[33] Egan A. Bacterial outer membrane constriction[J]. Mol Microbiol, 2018, 107（6）: 676-687.

[34] El-Tantawy W H T A. Natural products for controlling hyperlipidemia: review[J]. Arch Physiol Biochem, 2019, 2（125）: 128-135.

[35] Ewers C, Janssen T, Kiessling S, et al. Molecular epidemiology of avian pathogenic *Escherichia coli*（apec）isolated from colisepticemia in poultry[J]. Vet Microbiol, 2004, 104（1-2）: 91-101.

[36] Feberwee A, de Wit S, Dijkman R. Clinical expression, epidemiology, and monitoring of *Mycoplasma gallisepticum* and *Mycoplasma synoviae*: an update[J]. Avian Pathol, 2022, 51（1）: 2-18.

[37] Fluit A C. Livestock-associated *Staphylococcus aureus*[J]. Clin Microbiol Infect, 2012, 18（8）: 735-744.

[38] Franklin P H, Liu N C, Ladlow J F. Nebulization of epinephrine to reduce the severity of

brachycephalic obstructive airway syndrome in dogs[J]. Vet Surg, 2021, 50（1）: 62-70.

[39] Friedlander A M, Welkos S L, Worsham P L, et al. Relationship between virulence and immunity as revealed in recent studies of the f1 capsule of yersinia pestis[J]. Clin Infect Dis, 1995, 21（Suppl 2）: S178-S181.

[40] Gantois I, Ducatelle R, Pasmans F, et al. Mechanisms of egg contamination by *Salmonella enteritidis*[J]. Fems Microbiol. Rev, 2009, 33（4）: 718-738.

[41] Gorbalenya A E, Krupovic M, Mushegian A, et al. The new scope of virus taxonomy: partitioning the virosphere into 15 hierarchical ranks[J]. Nat Microbiol, 2020, 5（5）: 668-674.

[42] Gustafson R H, Bowen R E. Antibiotic use in animal agriculture[J]. J Appl Microbiol, 1997, 83（5）: 531-541.

[43] Haas B, Grenier D. Understanding the virulence of *Streptococcus suis*: a veterinary, medical, and economic challenge[J]. Med Mal Infect, 2018, 48（3）: 159-166.

[44] Hall L M. Application of molecular typing to the epidemiology of *Streptococcus pneumoniae*[J]. J Clin Pathol, 1998, 51（4）: 270-274.

[45] Hamer-Barrera R, Godinez D, Enriquez V I, et al. Adherence of actinobacillus *Pleuropneumoniae* serotype 1 to swine buccal epithelial cells involves fibronectin[J]. Can J Vet Res, 2004, 68（1）: 33-41.

[46] Harper M, Cox A D, Adler B, et al. *Pasteurella multocida* lipopolysaccharide: the long and the short of it[J]. Vet Microbiol, 2011, 153（1-2）: 109-115.

[47] Harvey A L, Edrada-Ebel R, Quinn R J. The re-emergence of natural products for drug discovery in the genomics era[J]. Nat Rev Drug Discov, 2015, 14（2）: 111-129.

[48] 岳婷婷. 喹赛多乳房灌注剂的研制及其评价[D]. 武汉: 华中农业大学, 2017.

[49] 张凤珍, 丛春英. 一例北京犬白色念珠菌病的诊断与治疗[J]. 畜牧兽医科技信息, 2008（01）: 86.

[50] 张国华. 白色念珠菌热休克蛋白 90 基因的原核表达及其免疫学活性初探[D]. 长春: 东北师范大学, 2010.

[51] 张河战. 沙门氏菌的分类、命名及中国沙门氏菌菌型分布[J]. 微生物学免疫学进展, 2002（02）: 74-76.

[52] 张洪伟, 王亚男, 张磊, 等. 微生态制剂在肉牛无抗饲养过程中的应用及展望[J]. 粮食与饲料工业, 2022（02）: 55-59.

[53] 张仕泓, 王少林. 动物源产气荚膜梭菌耐药性研究进展[J]. 畜牧兽医学报, 2021, 52（10）: 2762-2771.

[54] 张喜懿, 温贵兰, 陈广, 等. 贵州某猪场胸膜肺炎放线杆菌血清 5 型的分离鉴定[J]. 中国兽医科学, 2021, 51（07）: 875-884.

[55] 赵昌林. 鸡传染病的中草药治疗[J]. 当代畜禽养殖业, 2016（07）: 25-26.

[56] 赵菲菲, 李杰, 韩宁, 等. 分离自屠宰场的肺炎克雷伯菌的耐药性分析[J]. 畜牧兽医学报, 2023, 54（07）: 3044-3053.

[57] 赵婧洁, 冯忠泽, 邓磊. 中国兽用化学药品生产企业研发状况调查分析[J]. 中国兽药杂志, 2015, 49（12）: 57-60.

[58] 郑利莎, 孙荣钊. 落实兽医处方制度的思考[J]. 中国动物检疫, 2018, 35（9）: 44-48.

[59] 邹自英, 韩黎, 熊杰, 等. 金黄色葡萄球菌临床分离株 SPA 分型和耐药特征研究[J]. 中国感染与化疗杂志, 2014, 14（02）: 142-145.

第 2 章
兽用化学
药物作用的
基本原理

2.1

药物的作用方式及其应用

药物的作用是指药物小分子与机体细胞大分子之间的初步反应。药理效应是药物作用的结果，表现为机体生理、生化功能的改变。然而，在一般情况下，不能将药理效应和药物作用完全分开，通常，两者互相通用。例如，去甲肾上腺素对血管的作用首先是与血管平滑肌的 α 受体结合，激活腺苷酸环化酶，使 cAMP 生成明显增加，这即为去甲肾上腺素的药物作用；随后会产生血管收缩、血压升高等药理效应。

在药物作用下，机体器官、组织的生理、生化功能增强称为兴奋（stimulation），引发兴奋的药物称为兴奋剂（stimulant），例如咖啡因能使大脑皮层兴奋，使心脏活动加强，属于兴奋剂；相反，使生理、生化功能减弱则称为抑制（depression），具有抑制作用的药物则称为抑制药（depressant），如氯丙嗪可使中枢神经抑制、体温下降。有的药物对不同器官可能产生性质相反的作用，如阿托品能抑制胃肠道平滑肌和腺体活动，但对中枢神经却有兴奋作用。药物防治疾病就是通过其兴奋或抑制作用调节和恢复机体功能，进而恢复被病理因素破坏的平衡。

除了功能性药物表现为兴奋和抑制作用外，有些药物如化学治疗药物则主要作用于病原体。它们通过杀灭或驱除入侵的微生物或寄生虫，使机体的生理、生化功能免受损害或恢复平衡而呈现其药理作用。

2.1.1 药物的作用方式

药物可以通过不同的方式对机体产生作用。在药物吸收进入血液之前，在用药局部产生的作用称为局部作用（local action），例如普鲁卡因在其浸润的局部使神经末梢失去感觉功能而产生局部麻醉作用。药物经吸收进入全身循环后分布到作用部位产生的作用称为吸收作用（absorptive action），又称全身作用（general action，systemic action），例如吸入麻醉药通过肺部吸收进入大脑皮层而产生的全身麻醉作用。

从药物作用发生的顺序（原理）来看，又可分为直接作用和间接作用。例如洋地黄被机体吸收后，主要分布并直接作用于心脏，加强心肌收缩，改善全身血液循环，这就是洋地黄的直接作用（direct action），又称原发作用（primary action）。由于全身血液循环改善，肾血流量增加，尿量增多，表现出轻度的利尿作用，使心衰性水肿减轻或消除，这就是洋地黄的间接作用（indirect action），又称继发作用（secondary action）。

2.1.2 药物作用的临床应用

临床应用药物进行疾病防治时，可能产生多种药理效应。对防治疾病有利的作用称为治疗作用（therapeutic action），而其他与用药目的无关或对动物有害的作用统称为不良反应（adverse reaction）。大多数药物在发挥治疗作用的同时，都存在不同程度的不良反应，这即表现为药物作用的双重性。

2.1.2.1　治疗作用

（1）**对因治疗（etiological treatment）**　药物的作用在于消除疾病的原发致病因子即称为对因治疗，中医称为治本。例如，应用化学治疗药物可杀灭病原微生物以控制感染性疾病；使用洋地黄治疗慢性充血性心力衰竭引起的水肿等。

（2）**对症治疗（symptomatic treatment）**　药物的作用意在改善疾病症状则称为对症治疗，亦称治标。例如，解热镇痛药可使发热动物体温降至正常，但如果不排除病因，药物作用过后体温可能再次升高。因此，与对症治疗相比，对因治疗更为重要，因为后者才是用药的根本，一般情况下首先要考虑对因治疗。但对于一些严重的症状，甚至可能危及患病动物的生命时，如急性心力衰竭、呼吸困难、惊厥等，则必须首先用药解除症状，待症状缓解后再考虑对因治疗。有些情况下，则需要同时进行对因治疗和对症治疗，即所谓标本兼治，才能取得最佳的疗效。

2.1.2.2　不良反应

不良反应一般有以下几种表现形式：

（1）**副作用（side effect）**　是指药物在常用治疗剂量时产生的与治疗目的无关的作用或危害较小的不良反应。一些药物由于其选择性较低、药理效应较广，因此在利用其中一个作用进行治疗时，其他作用很可能成为副作用。例如，阿托品在麻醉前应用的主要目的是抑制腺体分泌和减轻对心脏的抑制，但同时产生的抑制胃肠平滑肌的作用便成了它的副作用。由于治疗目的的不同，副作用和治疗作用也具有可变性，例如阿托品抑制平滑肌的作用可用于缓解或消除马肠痉挛引起的疼痛，此时抑制腺体分泌反而成了副作用。副作用一般是可预见的，但往往难以避免。在临床用药时，应该设法纠正副作用，例如给反刍动物使用阿托品时，常同时给予制酵药以防止瘤胃臌胀。

（2）**毒性作用（toxic effect）**　大多数药物都具有一定的毒性，但毒性作用的性质和程度各异。毒性作用通常是用药剂量过大或用药时间过长引起的。用药后立即发生的毒性作用称为急性毒性（acute toxicity），常表现为心血管、呼吸功能的损害；而一些在长期蓄积后逐渐产生的毒性作用称为慢性毒性（chronic toxicity），多数表现为肝、肾、骨髓等的损害；还有一些药物可能产生特殊毒性，例如致癌、致畸、致突变作用，简称"三致"作用。此外，一些药物在常用剂量下也可能产生毒性，例如氯霉素可以抑制骨髓造血功能，而氨基糖苷类药物具有较强的肾毒性等。药物的毒性作用通常是可以预知的，应该设法减轻或防止。

（3）**变态反应（allergy）**　又称过敏反应，本质上是免疫反应。由于药物多为外来异物，虽不是全抗原，但许多可作为半抗原。例如，抗生素、磺胺类抗菌药等与血浆蛋白或组织蛋白结合后可形成全抗原，能够引起机体体液性或细胞性免疫反应。这种反应与剂量无关，性质各异，难以预测。致敏原可能是药物本身，也可能是其在体内的代谢物，或者是药物制剂中的某些杂质。药物过敏反应在动物体内有发生的可能，但由于缺乏细致的观察和翔实的记录，往往被忽略了。

（4）**继发性反应（secondary reaction）**　指药物治疗作用引起的不良后果。例如，成年草食动物的胃肠道内寄生着许多微生物。在正常情况下，这些微生物维持着共生状态，菌群之间相对平衡。然而，如果长期应用四环素类广谱抗生素，对这些药物敏感的菌株受到抑制，破坏了菌群间的相对平衡，不敏感或抗药的细菌，如葡萄球菌、大肠杆菌等大量繁殖，可能引起中毒性肠炎，甚至全身感染。这种继发性感染即称为"二重感染"。

（5）后遗效应（residual effect） 指在停药后，血药浓度已降至阈值以下，但仍存在的残存药理效应。这可能是因为药物与受体结合牢固，导致靶器官内的药物尚未完全消除，或者因为药物引起了不可逆的组织损伤。举例而言，长期使用皮质激素可能由于负反馈作用抑制了垂体前叶和/或下丘脑。即使肾上腺皮质功能恢复至正常水平，应激反应在停药半年以上的时间内可能仍未恢复，这也被称为药源性疾病。后遗效应在导致不良反应的同时，一些药物也可能产生对机体有利的后遗效应，比如抗生素后效应（post-antibiotic effect，PAE），延长了抗菌药的作用时间。

2.2

药物的作用基础

2.2.1 药物靶点类型

一些药物，如渗透性利尿药（甘露醇）和抗酸药等，是基于自身的理化性质产生药理作用的。除此之外，大多数药物通过与机体特定的结构相互作用而产生药效（见图 2-1），这些特定结构的蛋白质即为受体。例如，鱼精蛋白可作为肝素中毒的一种物理拮抗解毒剂，该作用是通过与肝素结合而产生的。此外，传统观念一直认为全身麻醉药主要通过简单扩散后，溶解于神经细胞膜的脂质双分子层而发挥麻醉作用，但最新的研究结果已证实全身麻醉作用实际上是通过与特定的靶蛋白结合而产生的。对于特定的注射性全身麻醉药，如丙泊酚的作用位点已证实为一种 γ-氨基丁酸（GABA）受体，但吸入性全身麻醉药确切的作用位点仍待进一步确认。

载体（亦称为膜转运蛋白）也是许多药物的作用靶点。例如，肾小球上的 $Na^+/K^+/2Cl^-$ 共转运体是速尿的作用靶点，速尿通过作用于肾小管髓袢升支粗段管腔表面的 $Na^+/K^+/2Cl^-$ 共转运体，阻止 NaCl 的重吸收。ATP 供能的离子泵，如钠泵（Na^+-K^+-ATP酶），是具有心血管系统药理活性药物（如洋地黄）的作用靶点。胃壁细胞膜上的 Na^+/H^+ 泵是质子泵受体抑制剂（如奥美拉唑）的作用靶点。某些药物通过直接与离子通道相互作用而产生效应，例如局部麻醉药。这些药物能够与感觉神经元上的 Na^+ 通道的特定位点结合，抑制电压门控的 Na^+ 通道，从而通过使蛋白分子失能而直接产生效应。直接通过离子通道产生作用与通过配体门控的离子通道产生作用不同，后者是一种离子型受体。

```
                          ┌─────────────┐
                          │  药物作用机理  │
                          └──────┬──────┘
   ┌──────────┐                  │
   │ 物理相互作用 │◄─────────────────┤
   └──────────┘      ┌───────────┴──────────┐
    甘露醇           │ 生物学相互作用(化学作用) │
    抗酸剂           └───────────┬──────────┘
    双磷酸酯                     │
      ┌──────────────┐          │          ┌──────────────┐
      │  受体作用机制    │          ├──────────│  非受体作用     │
      │  (信号转导)    │                     │  机制         │
      └──────────────┘                     └──────────────┘
```

图中左侧（受体作用机制）分支：

- **与 G 蛋白偶联**
  乙酰胆碱(毒蕈碱)
  组胺(H$_1$、H$_2$)、吗啡

- **与离子通道连接
  (配体门控离子通道)**
  乙酰胆碱、5-羟色胺
  GABA、谷氨酸盐……

- **与酶结合(酪氨酸激酶、
  丝氨酸激酶、鸟氨酸激酶)**
  胰岛素、转化生长因子 β

- **与基因转录相关的
  核受体结合**
  糖皮质激素、维生素 A 和维生素 D
  一氧化氮、甲状腺素

图中右侧（非受体作用机制）分支：

- **酶**
  血管紧张素转换酶(ACE)
  抑制剂、非甾体
  抗炎药(NSAID)
  胸苷-磷酸(TMP)

- **DNA**
  抗癌药、喹诺酮类药物

- **微管**
  长春新碱(抗癌药)

- **载体转运**
  奥美拉唑(ATP 依赖质子泵)
  呋塞米(利尿药)

- **离子通道(电压敏感性)**
  利多卡因(局部麻醉药)
  硝苯地平(钙阻断剂)

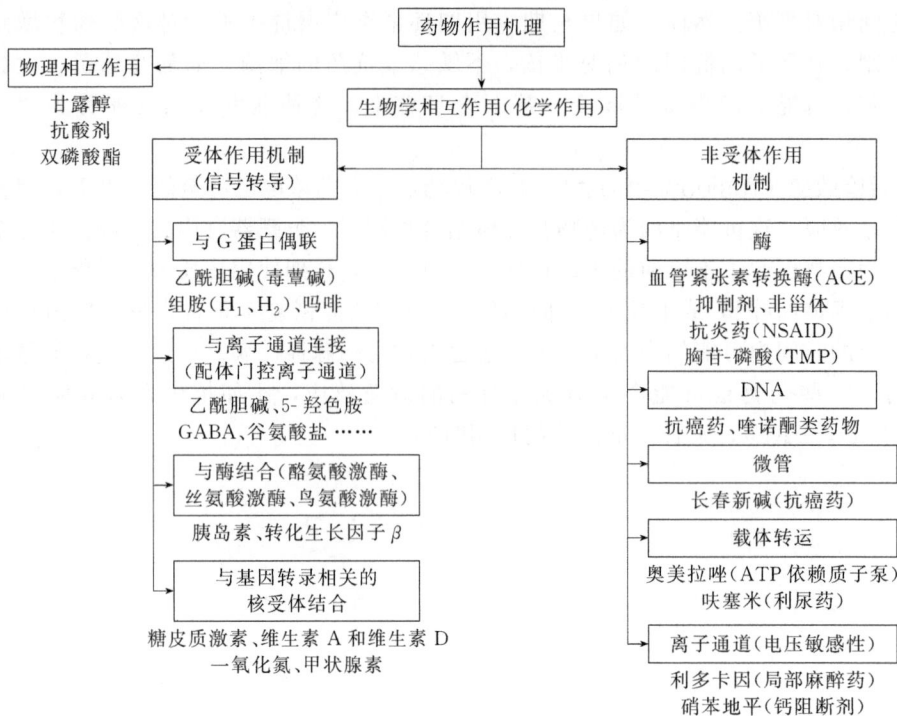

图 2-1 常见药物的作用机制

除受体、转运蛋白等可作为药物作用靶点外，核酸也可作为药物作用的靶点，如放线菌素 D（一种抗肿瘤抗生素）的作用靶点是肿瘤细胞的核酸。DNA 也是许多抗生素（如喹诺酮类）的作用靶点，同时也是诱变剂及致癌药物的作用靶点。

2.2.2　药物受体和配体

（1）受体的基本概念　受体（receptor）是一种能够识别特定生物活性物质并与之选择性结合的生物大分子。这些生物活性物质则称为配体。配体可以是机体内固有的内源性活性物质，也可以是外源性活性物质，前者包括激素、神经递质、活性肽、抗原、抗体等，后者则主要是药物和毒物等。受体大部分存在于细胞膜上，镶嵌在脂质双分子层结构中，通常具有蛋白质的性质。研究发现，受体的主要功能是与配体结合并传递信息，因此推测受体内部存在配体结合域（ligand binding domain）和效应部位（effector domain），前者也称为结合位点（binding site）。通过使用放射性配体结合法和分子克隆技术，研究者已经在 20 世纪 70 年代后期开始了大量受体分子结构和功能的研究。

受体通常具有以下 3 个特征：

① 可饱和性（saturability）：由于每个细胞（或单位质量的组织）的受体数量是有限的，因此配体与受体结合的剂量反应曲线会表现出可饱和性。

② 特异性（specificity）：配体与受体的结合是特异的。配体的化学结构应与受体互补。有效的药物通常与受体结合时具有高亲和力，而无效的药物则缺乏亲和力。微小的化

学结构改变可以显著影响药物与受体之间结合的亲和力。

③ 可逆性（reversibility）：配体与受体的结合是可逆的。药物与受体形成的复合物可以解离，并且解离过程是非代谢性的。解离后的配体不会转变为代谢产物，而是恢复成原始的配体形式。这与酶和底物相互作用后产生的代谢产物有本质的区别。

（2）受体的分类及其调节　根据受体在细胞内的定位，可以将其分为细胞膜受体和细胞核受体两大类。细胞膜受体涵盖了神经递质、生长因子、细胞因子、某些离子和部分激素等的受体。而细胞核受体主要包括甾体激素、甲状腺素、维生素 A 和维生素 D 等的受体。最近的研究发现在细胞膜上也存在着甾体激素受体，同时还发现一些原本位于细胞膜上的受体存在于细胞核内。

① 细胞膜受体　根据受体蛋白的结构、信号转导方式和效应性质等特点，膜受体可以分为以下 4 种类型：

a. G 蛋白偶联受体：这种受体由单一肽链组成，并与 G 蛋白发生偶联作用。它们在受体和效应器之间起到偶联蛋白的中介作用。这类受体响应速度较慢且效应较为复杂，包括神经递质受体、自体活性物质受体、神经肽受体和趋化因子受体等。

b. 离子通道受体：这类受体属于配体门控离子通道受体，由多个亚基组成，每个亚基包含细胞外、细胞内和跨膜区域 3 个结构域。每个亚基通常都含有四个跨膜区段，其中的一部分区段形成了离子通道。跨膜离子通道能够实现信号的快速传递，例如乙酰胆碱受体、GABA 受体、甘氨酸受体、谷氨酸/天冬氨酸受体等。

c. 酪氨酸激酶受体：大多数生长因子受体具有酪氨酸的肽链序列，这些受体的结构非常相似。它们由细胞外的糖基化肽链与配体结合区域、疏水性的跨膜区域以及胞内的膜内区域（含有酪氨酸激酶活性）组成。各种生长因子（如表皮生长因子、胰岛素样生长因子和神经生长因子等）受体都具有共同的特征，即具有内在的酪氨酸激酶活性。当生长因子与受体结合时，酪氨酸激酶受体被激活，导致酪氨酸残基的磷酸化。这是产生效应的第一步，随后产生一系列的级联反应（cascade）。

d. 细胞因子受体：细胞因子受体由 α 和 β 两个亚基组成。α 亚基与细胞因子的选择性结合及低亲和结合相关，而 β 亚基与信号转导及高亲和结合相关。这两个亚基都具有单一的跨膜区域。细胞因子受体包括白细胞介素、促红细胞生成素、粒细胞集落刺激因子、催乳素和生长激素等的受体。当细胞因子与受体结合后，通过第二信使（如 Ca^{2+}、GTP、cAMP、磷脂和蛋白激酶）将信号传递到细胞核，从而触发或抑制某些基因的转录，改变细胞蛋白质合成模式，引起细胞行为的变化，并调节细胞功能。

② 细胞核受体　该类受体具有共同的结构特征，其包含了 6 个相同的结构区域，从 N 末端到 C 末端依次排列，被定义为 A 至 F 区。细胞核受体主要包括甾体激素受体、视黄素受体、甲状腺受体以及过氧化物酶体增殖物激活受体（peroxisome proliferator-activated receptor）。当甾体激素、维生素 A、维生素 D、甲状腺素等物质进入细胞后，它们与核受体结合，形成复合物，进而影响细胞核内的信号转导和基因转录过程。然而，核受体的作用需要较长的时间才能改变细胞功能，一般需要数小时。

受体是在生物进化过程中形成并传承下来的，在机体中具有特异的分布和功能。随着对受体研究的不断深入，我们不断发现新的受体，并对其分类和命名进行不断扩充和完善。最初，受体是根据其与某种递质或激素的结合能力来命名的，例如乙酰胆碱受体、肾上腺素受体等。之后，随着对不同组织或部位受体的药物研究，我们根据药物的亲和力和效应的不同来为相应的受体命名，例如烟碱受体、毒蕈碱受体等。进一步的研究还发现了许多亚型和次亚型受体，目前已确定的受体种类超过 200 种。随着对受体研究的不断深入，我们期望找到更强选择性的药物来调节细胞功能，以提高治疗效果并尽量减少不良反应的发生。

机体各种组织的受体数量和活性不断代谢更新并保持动态平衡状态。受体数量和活性可以受到多种因素的调节，包括生理、药物和病理因素。

受体调节主要有 2 种类型：

a. 脱敏（desensitization）：在使用某种激动剂期间或之后，组织或细胞对该激动剂的敏感性或反应性下降的现象称为脱敏，也称为向下调节（down-regulation）。对于 G 蛋白偶联受体家族来说，快速脱敏主要是由受体的磷酸化引起的。受体内移（internalization）也是受体数目减少的一个重要原因，通常认为是一种特殊的胞吞作用。研究表明，许多受体在与配体结合后会发生内移，而在内移之前通常伴随着受体的磷酸化。

b. 增敏（hypersensitization）：是与脱敏作用相反的一种现象，也称为向上调节（up-regulation）。增敏可以由激动剂水平降低或拮抗剂的应用引起，也可以由其他原因触发，例如长时间使用普萘洛尔（一种 β 受体拮抗剂）后，突然停药可能会引发反跳现象。

2.2.3 药物作用的特异性和选择性

药物与受体的相互作用决定药物作用的特异性与选择性。当药物只作用于唯一的靶点（酶、受体等）时称为药物作用的特异性（specificity）。特异性与药物-受体相互作用的种类有关，更准确地说是与受体/酶等大分子的结构有关。由于受体通常都是蛋白质，配体特异性所需的三维构型的多样性是由多肽的结构决定的。受体识别特异性的配体主要是基于与配体在三维结构上的互补及大分子上的结合区。通过 X 射线晶体图谱和计算机模型可以研究受体的形状和作用。

具有特异性作用的药物是比较少见的。大多数药物可以对多种受体产生活性，选择性比特异性更为常见。通常，不同器官和组织对药物的敏感性可能显示出明显的差异，药物可能对某个器官或组织具有强烈的作用，但对其他组织的作用较弱，甚至对相邻的细胞也没有明显影响。这种现象称为药物的选择性。药物作用的选择性可能有以下几个原因：首先，药物对不同组织的亲和力不同，能够有选择地在靶组织中分布。例如，碘在甲状腺中的分布量比其他组织高出很多倍。其次，药物在不同组织中的代谢速率不同，因为不同组织中的酶的分布和活性存在很大差异。另外，组织内受体分布的不均一性也可能导致选择性。不同组织中受体的数量和类型可能存在差异。药物作用的选择性是治疗效果的基础。如果药物具有高选择性，能够针对性地作用于特定组织或器官，可以产生良好的治疗效果，并很少或没有副作用。相反，如果药物的选择性较低，针对性不强，可能会导致较多的副作用。然而，有些药物的选择性较低，但其应用范围较广，使用时也有其方便之处。总之，药物作用的选择性是药物治疗效果的关键之一。高选择性的药物能够更精确地作用于靶组织，产生理想的治疗效果，并减少不良反应的发生。

2.3

药物在动物体内的吸收、分布、代谢（生物转化）和排泄

除了药物对动物机体的作用以外，机体对药物也存在吸收及处置过程，即药物在动物体内的吸收、分布、代谢（生物转化）和排泄（ADME）规律，称为药物代谢动力学（pharmacokinetics），它是药理学与数学相结合的边缘学科，用数学模型描述或预测药物在体内的数量（浓度）、部位和时间三者之间的关系。阐明这些变化规律的目的是为临床合理用药提供定量的依据，为研究、寻找新药和评价临床用药提供客观的评判标准。

药物进入动物机体后会经历 4 个生理过程，即：吸收、分布、代谢/生物转化和排泄，后三者合称为处置。图 2-2 详细列出了兽医临床中不同给药途径下药物的吸收和处置过程。

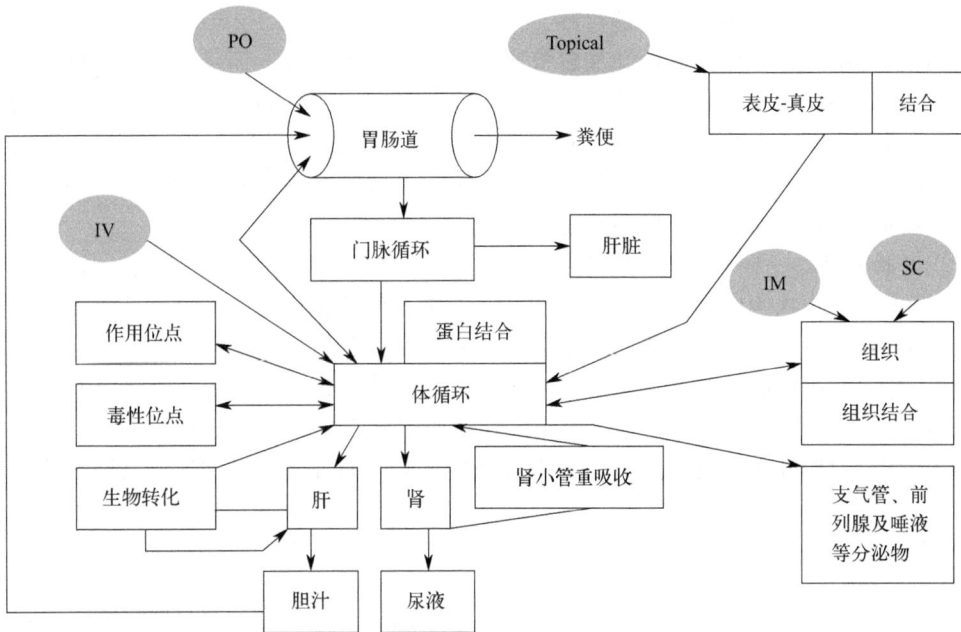

图 2-2　兽医临床中不同给药途径下药物的 ADME 过程
PO—经口给药；IV—静脉注射；IM—肌内注射；SC—皮下注射；Topical—局部给药

2.3.1　吸收

吸收是指药物自给药部位进入血液循环的过程。动物给药途径多样，其中涉及吸收过程的主要包括胃肠道给药、经皮给药和呼吸道给药，其他还包括肌内注射、皮下注射和腹腔注射等。舌下给药和直肠给药是胃肠道给药的变形形式。

（1）胃肠道给药　口服是最主要的给药方式之一，药物多以丸剂和片剂形式经口服进入胃肠道，溶解后经胃肠道黏膜吸收进入黏膜下毛细血管，并最终进入血液循环。可以口服给药的常见剂型还包括溶液剂（水剂和酏剂）、混悬剂和胶囊剂等。胃肠道给药在兽

医领域所面临的最大的障碍就是不同种属动物的胃肠道在比较解剖学和生理学方面存在的巨大种属差异，这就导致对不同动物应用口服给药进行治疗时，给药策略和治疗效果往往也存在着巨大差异。实际上胃肠道属于外环境的一部分，胃肠道内的微生物主要起到了调节胃肠道微环境的功能。

对大多数药物来说，胃肠道中最主要的吸收部位是小肠。小肠内容物的 pH 值偏碱性，而且此段的上皮层有利于药物的吸收。此外，此段血流量较胃而言要丰富得多，小肠内被覆一层单层柱状上皮，其基底膜内又富含毛细血管和淋巴管，这些毛细血管网汇集进入肝门静脉。小肠内最有利于药物吸收的结构是微绒毛，该结构位于小肠的绒毛上，它使小肠的表面积增大了 600 多倍，同样小肠绒毛也起到了增加小肠表面积的作用。这些结构都有利于药物的吸收。小肠黏膜的通透性具有种属差异，最近研究表明对大多数药物而言，狗的小肠黏膜通透性大于人。

① 崩解、溶解、扩散及其他转运现象　药物通过小肠黏膜吸收进入血液循环之前，首先必须溶解在小肠液中，崩解和溶解通常是固体药物制剂经胃肠道吸收必经的两步。崩解是指固体药物制剂（如片剂）在胃肠液中物理性分解成颗粒成分的过程，溶解是指这些颗粒成分进一步溶解在小肠液中的过程。

一些药物剂型，如胶囊和迪化唐锭等吸收前并无崩解过程，而是从表面缓慢释放。在药物吸收过程中，溶解通常是限速过程。可以通过制剂方法提高药物的吸收，如成盐（钠盐或盐酸盐）及减小药物颗粒的表面积（微粒化）。药物溶解以后，只有非解离的药物分子才能通过小肠黏膜。一般酸性药物在胃液中多不解离，容易吸收；而碱性药物在胃液中解离，不易吸收，要在进入小肠后才能吸收。

② 肝肠循环　一些药物或代谢产物会通过胆管从肝脏进入到胃肠道中，如果这些化合物在肠道内被再次吸收即会形成肝肠循环。通常发生Ⅱ相代谢的结合型药物能够通过胆管进入小肠，小肠中的微生物能够将结合型药物转化为非结合型的游离的药物分子，从而使药物能够再次被吸收。这时就会在血浆药物浓度-时间曲线中出现一个驼峰型曲线（图2-3）。胆汁还对那些在小肠液内难溶的脂溶性物质起到乳化作用，这有利于脂溶性药物的吸收。因此，口服此类药物时，常需要进餐来增加胆酸的分泌，以加速该类药物的吸收。

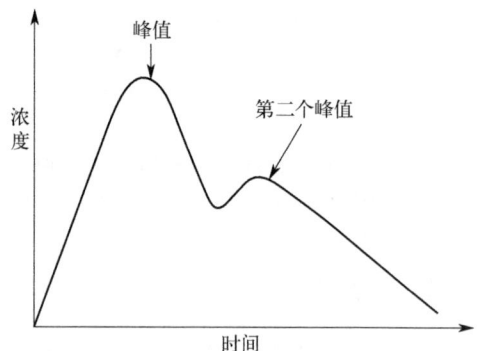

图2-3　由肝肠循环引起双峰现象的药物浓度-时间曲线图

③ 胃肠道转运时间的种属差异及食物对药物吸收的影响　对大多数水溶性药物而言，食物会影响它的吸收。这一效应并非只与药物有关，与动物种类也有关系，对反刍动物及一些杂食动物而言，它们会不间断进食，而肉食动物一般有固定的进食时间。食物还影响动物的胃排空，而后者又与药物的吸收密切相关，与间断进食的动物相比（如虎等肉食动物和猪等杂食动物），持续进食的草食动物（如马和反刍动物）的胃排空速度是恒定的，

且胃内容物 pH 也较固定。另外，进食的食物能直接影响药物的吸收，如食物中的 Mg^{2+} 或 Ca^{2+} 能与四环素类药物发生螯合，从而影响此类药物的吸收。对反刍动物而言，口服给药时，虽然大量药物能够在前胃吸收，但同时前胃（瘤胃）也严重阻碍了药物进入真胃（皱胃）及小肠。实际上瘤胃是一个长满复层扁平上皮的巨大发酵罐（牛大于 50L，绵羊大于 5L），其内容物的 pH 稳定地维持在 6。如果药物能够溶解在该内容物中，并保持活性的话，就会被无穷稀释，从而减少以及延缓其吸收。之后，药物随同瘤胃内容物一起从瘤胃，经网胃、瓣胃以相对恒定的速率到达皱胃。了解了反刍动物的消化系统结构以后，可以研制一些新颖独特的药物传递系统，如一些胶囊化的缓释泵，这些制剂经口服给药后，下沉到瘤胃底部，在瘤胃底部缓慢释放药物；相反也可以研制出在瘤胃无任何保留的药物，药物完整地进入到真胃。而马属动物的食物发酵过程主要发生在大肠内，因此食物对药物吸收的影响较反刍动物比要小。但是，在马属动物中，未吸收的药物进入大肠后，经发酵后很可能产生严重的副作用（如疝气等）。

④ 首过代谢 大多数种属动物的消化道（上至口腔，下至直肠）吸收的药物都首先进入门静脉，然后直接进入肝脏，并在肝脏发生生物转化。这是口服给药区别其他给药方式最突出的一点，这也会导致经胃肠道吸收的药物被广泛地生物转化。对那些主要在肝脏代谢的药物来说，即使药物在胃肠道能够完全吸收，首过代谢效应也会显著减少药物的"吸收量"。狗口服阿片肽类药物时，首过效应尤为明显。那些因极性太强而不能被胃肠道吸收的药物，应以其酯类形式入药，这样才能增加其脂溶性，以利于这些药物的吸收。一旦药物以这种方式穿过胃肠道上皮，进入门脉系统，随后的首过效应会将酯变成原型，释放出游离的药物。

⑤ 制剂因素 制剂工艺及辅料也会影响药物的吸收。表 2-1 列举了影响吸收的药学因素。口服片剂以后，最先发生的过程是崩解，崩解的速度和程度决定了随后的吸收过程。崩解后颗粒大小（表面积）则成为溶解及扩散的重要影响因素。许多药学因素会影响药物的崩解和溶解，对片剂而言，药物的内在属性及辅料的均匀度是重要因素。

（2）体表给药和经皮给药的吸收 皮肤是一个复杂的多层组织，同时又具有多种功能，首先它起到屏障作用，但这也限制了经皮给药的吸收；其次是调节体温；皮肤的其他功能还包括：机械支持、感觉神经反应、内分泌、免疫和腺体分泌等。通常对大多数药物而言，皮肤都能阻止其吸收，但对某些固体、液体和气体物质而言，皮肤又具有不同程度的可通过性。皮肤由表皮、真皮和皮下组织构成，并含有附属器官（汗腺、皮脂腺、指甲、趾甲）以及血管、淋巴管、神经和肌肉等。

表 2-1 影响药物吸收的药学因素

过程	因素
崩解	辅料 压实压力 肠溶包衣或肠溶胶囊 药物粒径的均匀度
溶解	颗粒大小/表面积 结合 吸收部位的 pH，缓冲剂 边界层的厚度
扩散障碍	可溶性 转运时间

① 表皮吸收的途径　从解剖学角度而言，透皮吸收会通过以下途径进行：非离子化的脂溶性化合物通常通过角质层细胞间的脂溶性通道吸收；极少数的小的极性分子则更倾向于通过皮肤的附属器官或其他扩散通路吸收。

② 调节吸收的因素　表面活性剂有利于透皮给药的吸收，同样透皮给药制剂常制成缓控释制剂，当释药速度恒定时（零级速率过程）就变成了控释系统。此外在表皮给药时，一定要考虑动物种属间的差异。很多体表应用的兽药能够产生长期的全身治疗效果，如体表驱虫药等。另外，在兽医临床中，可以使用电能（电离子透入疗法）或超声波来促进透皮给药的吸收，目前只能通过注射给药的肽类和寡核苷酸等也可以用此技术来表皮给药。

（3）**呼吸道给药**　呼吸道是良好的药物吸收场所，这是因为肺的表面积巨大（相当于皮肤表面积的 50 倍），且药物自呼吸道吸收所需的扩散距离短，另外肺部的血流灌注量又很大。

气雾剂和微粒的吸收受许多生理学因素的影响。上呼吸道对颗粒物（固体和液滴）来说是一个高效的过滤系统，空气流速改变和定向换气能够阻塞上呼吸道的颗粒吸收，而颗粒自身的形状、凝聚状态、沉降作用、电荷变化和扩散作用等都能影响颗粒的保留、吸收和排出。

（4）**其他给药途径**　除了以上的给药途径外还有其他很多血管外给药途径，但与胃肠道给药和透皮给药相比，应用这些方法给药时，药物吸收要经过的屏障要少很多，另外这些方法多伴随侵袭性操作（如注射器注射）。其中最常见的治疗方法是皮下注射和肌内注射，已知剂量的某药物经注射器注射到某一血流丰富的部位后吸收进入血液循环。皮下注射、肌内注射和静脉注射均被称为肠胃外给药，口服给药则属于肠内给药。涉及吸收的其他给药途径还包括腹腔注射，应用该途径可以给受试动物大剂量的药物，因此该方法多用于啮齿动物的毒理学研究，但经腹腔注射的药物吸收后也要进入门静脉，也会发生首过代谢。此外还可以通过结膜、阴道及乳房灌注给药，常用于局部治疗。

2.3.2　分布

药物或毒物吸收进入血液循环后，会随着血液循环进入很多组织，其中一般只在某些组织中产生药理学或毒理学作用，而其他组织就成了该药物的存储仓库，化合物与组织或血浆蛋白的结合即是机体储存药物的方式之一。药物分布到外周组织主要受以下 4 个因素的影响。①药物的理化性质：药物的脂溶性、pK_a 值和分子量等理化性质会影响其组织分布。脂溶性药物更容易穿过细胞膜进入组织内部，而分子量较小的药物则更容易通过间质空隙分布到组织中。②血液和组织间的浓度梯度：药物的分布主要以被动扩散的方式进行，因此血液和组织间的浓度梯度会影响药物的分布。如果某个组织的血液灌注量较高，血液中的药物浓度较高，药物更容易分布到该组织。③组织的血流量：组织的血流量是影响药物分布的重要因素。血流量越大，单位时间和单位质量的药物会分布得更多，因此一些器官如肝脏、肾脏和肺等通常会有较高的药物浓度。④药物对不同组织的选择性分布往往是由于其与特定细胞成分具有特殊亲和力而产生的结合。这种结合会使药物在特定组织中的浓度高于血浆中的游离药物浓度。例如，碘在甲状腺的浓度约比血浆和其他组织高出 1 万倍，硫喷妥钠在给药后的 3h 内，约有 70% 分布到脂肪组织中，四环素可与钙离子络合并储存在骨骼和牙齿中。

（1）**组织屏障**　或称细胞膜屏障，是体内器官的一种选择性转运功能。最经典且研究最充分的即为血脑屏障。血脑屏障是由毛细血管壁和神经胶质细胞形成的屏障，分为血浆与脑细胞之间的屏障和血浆与脑脊液之间的屏障。这些膜的细胞间连接较为紧密，相比普通的毛细血管壁，血脑屏障多了一层神经胶质细胞，使其通透性降低。这意味着许多分子量较大、极性较高的药物无法通过这一屏障进入脑内，甚至与血浆蛋白结合的药物也无法进入。然而，在初生幼畜或患有脑膜炎的动物中，血脑屏障的通透性会增加，这导致药物能够更容易进入脑脊液中。举例来说，头孢西丁在实验性脑膜炎犬的脑内药物浓度可以达到 $5\sim10\mu g/mL$，比正常犬高出 5 倍。这表明，当血脑屏障通透性增加时，药物进入脑脊液的量会增加。血脑屏障的存在对于保护中枢神经系统免受外界物质的侵害至关重要，但同时也给药物的治疗带来了一定的挑战。

提起组织屏障，另一个不得不提的是胎盘屏障。胎盘屏障存在于胎盘绒毛血流与子宫血窦之间，与一般毛细血管相比，其通透性基本相同。因此，大多数母体所用的药物都能进入胎儿体内，因此胎盘屏障这个术语对于药物来说并不准确。然而，由于胎盘和母体之间的血液交换量较小，母体药物进入胎儿需要一定的时间才能与母体达到平衡。即使对于具有高脂溶性的药物，如硫喷妥钠，也需要大约 15 分钟才能达到平衡。这也限制了药物在胎儿体内的浓度。

（2）**与血浆蛋白结合**　药物的分布与血浆蛋白结合率有密切关系，药物在血浆中主要与血浆清蛋白结合。药物在血浆中通常以游离型和结合型存在。与血浆蛋白结合的药物难以穿透血管壁，这限制了它们的分布并影响其消除。药物与血浆蛋白的结合是可逆的非特异性结合，但有一定的限度。当药物剂量过大导致血浆蛋白饱和时，游离型药物浓度显著增加，有时会引发中毒。此外，如果同时使用两种具有较高亲和力的药物时，则会发生竞争性抑制，其中一种药物会将另一种药物从结合位点中置换出来。例如，动物使用抗凝药双香豆素时，几乎全部与血浆蛋白结合（结合率 99%）。如果同时使用保泰松，则两者之间会竞争结合，导致双香豆素被置换出来，使游离双香豆素浓度显著增加，可能引起出血不止。

当游离药物浓度因分布或消除而降低时，与血浆蛋白结合的药物就会解离，延缓了药物从血浆中消除的速率，从而延长了药物的半衰期。因此，与血浆蛋白结合实际上是一种药物的储存功能。药物与血浆蛋白结合率主要取决于其化学结构，但同类药物之间也存在较大差异。例如，犬体内磺胺二甲嘧啶（SDM）的血浆蛋白结合率为 81%，而磺胺嘧啶（SD）仅为 17%。此外，动物的种属和生理病理状态也会影响血浆蛋白结合率。

（3）**其他影响分布的因素**　除了组织屏障和血浆蛋白结合以外，给药途径、药物的分子量、代谢速率、药物的极性、立体结构及排泄速率等都会影响药物的分布，其中化合物的立体结构常被忽视。受体介导的结合和转运过程都受化合物立体结构的影响。此外，同血浆蛋白结合一样，组织结合也严重影响着药物的分布。

2.3.3　代谢/生物转化

代谢又称为生物转化，主要分为 I 相代谢和 II 相代谢。

（1）**I 相代谢和 II 相代谢**　药物在体内经化学变化生成更有利于排泄的代谢物的过

程称为生物转化，又常称为代谢。生物转化通常分两步（相）进行，Ⅰ相代谢包括氧化、还原和水解等反应，Ⅱ相代谢为结合反应，具体见表 2-2。

表 2-2　药物代谢反应

Ⅰ相代谢	Ⅱ相代谢
氧化	葡萄糖醛酸化
细胞色素 P450 介导的氧化反应	硫酸化
其他酶系介导的氧化反应	甲基化
还原	乙基化
微粒体酶还原	与氨基酸结合
非微粒体酶还原	与谷胱甘肽结合
水解	与脂肪酸结合
酯水解	
酰胺水解	
酰肼水解	
腈水解	

Ⅰ相代谢是药物分子经过一系列的代谢反应，产生一些极性基团，例如羟基（—OH）、羧基（—COOH）和氨基（—NH_2），这些功能团有利于药物与内源性物质结合。生成的代谢物大多数药理活性降低或消失，称为灭活代谢。但也有部分药物经过第一步转化后的代谢物才具有活性，无活性的母体药称为前药（prodrug），或者作用加强，这种现象称为代谢活化。另外，还有少数药物经过第一步转化后，生成具有高度反应性的中间体，使药物的毒性增强，甚至产生"三致"和细胞坏死等作用，这种现象称为生物毒性作用。例如，苯并芘本身是无毒的，但在体内经过代谢生成的环氧化物则具有很强的致癌作用。

Ⅱ相代谢是指经过第一步代谢生成的极性代谢物或未经代谢的原型药物与内源性化合物进行结合反应。这些内源性化合物包括葡萄糖醛酸、氨基酸等。通过结合反应生成的代谢产物具有更高的极性，更易溶于水，并且更容易通过尿液或胆汁排出，药理活性完全消失，称为解毒作用。

肝脏是药物生物转化的主要器官，但血浆、肾脏、肺、脑、皮肤、胃肠黏膜以及胃肠道微生物也能进行部分生物转化。不同种类的药物在体内的生物转化过程各不相同，有些药物只经过Ⅰ相代谢或Ⅱ相代谢，有些药物则经历多种不同的反应过程。药物经过生物转化的程度在不同药物或不同种属的动物中也存在很大差异。例如，恩诺沙星在鸡体内约有50%代谢为环丙沙星，但在猪体内生成的环丙沙星却很少。此外，还有一些药物几乎全部以原型药物的形式排出体外。

（2）生物转化的酶系　药物在动物体内的生物转化是在各种酶的催化下完成的。肝脏微粒体药物代谢酶系，也称为肝药酶，在生物转化过程中发挥重要作用。这些酶能够催化药物的氧化、还原、水解和结合等反应。其中，最为重要的是细胞色素 P450 混合功能氧化酶系，又称为单加氧酶。细胞色素 P450 是一个庞大的酶家族，已发现了 200 多种不同的酶。这些酶具有复杂的多态性，不同个体之间存在差异。表 2-3 列举了狗体内的一些细胞色素 P450 酶的示例。研究表明，细胞色素 P450 酶的多态性是导致不同物种和个体之间对药物反应差异的重要原因之一。除了肝脏之外，其他器官如肾上腺、肠道、脑和脾脏等也含有细胞色素 P450 酶，但其活性相对较低。相对于肝脏细胞色素 P450 的活性100，肺脏约为 10～20，肾脏约为 8，肠道约为 6，胎盘约为 5，肾上腺约为 2，皮肤约为 1。

表 2-3 狗细胞色素 P450 酶举例

亚族	基因型	催化的底物
1A	1A1，1A2	茶碱
2B	2B11	苯巴比妥、右美沙芬
2C	2C21，2C41	睾酮
2D	2D15	β 受体阻断剂
3A	3A12，3A26	大环内酯、甾类和环孢素

除了微粒体酶系以外，非微粒体酶系也参与药物的生物转化过程。其中包括：①醇和醛的氧化，一些药物中的醇基和醛基可以通过非微粒体酶催化发生氧化反应，将它们转变为相应的羟基和羧基；②酮的还原，非微粒体酶可以催化药物中的酮基还原为相应的醇基；③单胺氧化酶（MAO）的脱氨，MAO 是一种常见的非微粒体酶，可以催化药物中的胺基发生脱氨反应，生成相应的醛或酮化合物；④合成反应，一些非微粒体酶可以介导药物的合成反应，例如通过催化药物的酯化或酰胺化反应产生相应的酯或酰胺；⑤另外，酯和酰胺的水解主要由存在于血浆和其他组织（包括肝脏和肾脏）中的水解酶催化；⑥瘤胃中的微生物和肠道中的细菌也可以参与药物的水解和还原反应。例如，某些强心苷在瘤胃中的水解失效，因此不适合给反刍动物内服。总的来说，非微粒体酶系对药物的生物转化起着重要的作用，并且不同的酶系统在不同的组织和微生物中发挥着不同的催化作用。这些催化反应的发生会影响药物的代谢速率、药效和副作用。

（3）药酶的诱导和抑制　有些药物能够刺激肝微粒体酶系，从而使其合成增加或活性增强，称为酶的诱导。目前已经确认有超过 200 种药物具有诱导肝药酶的作用，这些药物通常具有脂溶性，在长期使用时会产生诱导效果。常用的药物包括苯巴比妥、氨基比林、地西泮、水合氯醛、苯妥英、苯海拉明、保泰松等。酶的诱导可以提高药物本身或其他药物的代谢速率，导致药理效应减弱，这是某些药物产生耐受性的重要原因。相反，一些药物可以降低药酶的合成或降低酶的活性，称为酶的抑制。具有酶抑制作用的药物主要包括有机磷杀虫剂、氯霉素、异烟肼、乙酰苯胺、对氨基水杨酸等。

酶的诱导和抑制都可能影响药物的代谢速率，从而使药物的效应减弱或增强。因此，在临床上同时使用两种或更多种药物时，需要注意药物对药酶的影响。例如，应用氯霉素可以减缓戊巴比妥的代谢，导致血中浓度升高，延长麻醉时间。

2.3.4　排泄

排泄是指药物的代谢产物或原型通过不同途径从体内排出的过程。尽管大多数药物都通过生物转化和排泄两个过程进行体内清除，但是对于极性药物和低脂溶性的化合物来说，它们主要通过排泄的方式进行消除。一些药物主要以原型排泄，例如青霉素、氧氟沙星等。肾脏是最主要的排泄器官，而有些药物主要通过胆汁排泄。此外，药物还可以通过乳腺、肺、唾液、汗腺、泪腺以及脱落的毛发等途径进行排泄。

药物排泄通常遵循一级速率过程，但在载体转运达到饱和时，可能出现零级动力学过程。当药物浓度下降不再达到饱和时，排泄过程又会恢复为一级速率过程。

（1）肾排泄　肾脏的血流灌注量大概是心输出量的 25%，肾排泄是极性高（离子化）的代谢产物或原型药的主要排泄途径，肾排泄包括三种机制：肾小球滤过、肾小管分泌和肾小管重吸收，肾排泄速率等于肾小球滤过速率加上肾小管分泌速率减去肾小管的重吸收速率（图 2-4）。

肾小球毛细血管的通透性较大，使得血浆中的非结合型药物可以通过肾小球基底膜进行滤过。药物在肾小球中的滤过量取决于其在血浆中的浓度以及肾小球的滤率。一些药物及其代谢物可通过近曲小管的主动转运方式进行分泌和排泄，这是一个依赖能量、可饱和的载体介导的过程，符合米曼酶动力学特性。与此过程相关的转运载体相对来说是非特异性的，既能转运有机酸也能转运有机碱，但其转运能力是有限的。如果同时给予两种利用同一载体进行转运的药物，就可能发生竞争性抑制。这意味着亲和力较强的药物可能抑制另一药物的排泄。例如，在青霉素和丙磺舒合用时，丙磺舒可抑制青霉素的排泄，导致青霉素的半衰期延长约 1 倍。表 2-4 中列举了一些在近曲小管分泌过程中排泄的药物。

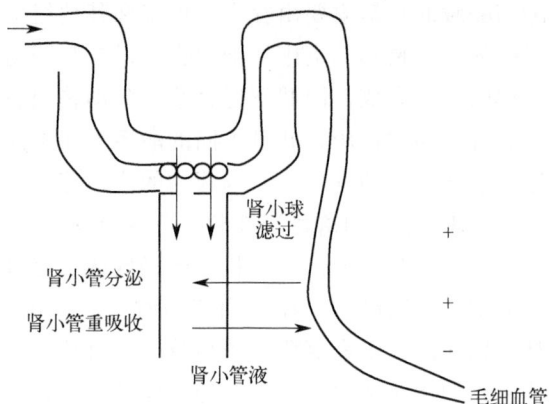

图 2-4　肾单位功能的矢量过程
及全肾药物排泄的净效果

表 2-4　经肾近曲小管主动转运排泄的药物

酸类	碱类	酸类	碱类
青霉素	普鲁卡因胺	呋塞米	甲氧苄啶
氨苄西林	多巴胺	丙磺舒	苯丙胺
磺胺异噁唑	新斯的明	葡萄糖醛酸结合物	
保泰松	N-甲基烟酰胺		

经肾小球血管排泄进入肾小管液的药物，如果它们是脂溶性的或是非解离的弱有机电解质，有可能在远曲小管发生重吸收。这是因为重吸收主要是通过被动扩散实现的，因此重吸收的程度受到药物在肾小管液中的浓度和解离程度的影响。这一过程与肾小管液的 pH 以及药物的 pK_a 密切相关。例如，弱有机酸在碱性溶液中解离较多，重吸收较少，导致排泄速度较快；而在酸性溶液中解离较少，重吸收较多，导致排泄速度较慢。对于有机碱而言，情况则相反。一般而言，肉食动物的尿液呈酸性，犬、猫尿液的 pH 为 5.5～7.0；而草食动物的尿液呈碱性，例如马、牛、绵羊尿液的 pH 为 7.2～8.0。因此，同一药物在不同种属动物中的排泄速率可能存在显著差异。在临床上，可以通过调节尿液的 pH 来加速或延缓药物的排泄，以实现解毒急救或增强药效的目的。

肾排泄的原型药物或代谢物由于肾小管液水分的重吸收，生成的尿液中其可以达到很高的浓度。一些药物在尿液中的高浓度可能产生治疗作用，比如青霉素和链霉素，它们大部分以原型的方式从尿液排出，可用于治疗泌尿道感染。然而，也有一些药物可能在尿液中形成高浓度并产生毒副作用，比如磺胺药代谢产生的乙酰磺胺，由于浓度较高，可能在尿液中析出结晶，导致结晶尿或血尿。特别是在犬、猫尿液呈酸性的情况下，更容易形成结晶。因此，对于犬和猫，应该同时服用碳酸氢钠，以提高尿液的 pH 值，从而增加乙酰磺胺的溶解度。这有助于减少结晶的发生。

肾排泄过程受以下多因素的影响：尿生成速率、非离子型药物的脂溶性及尿液的 pH 值。如果尿生成速率低的话，远曲小管重吸收量会增加；而极性化合物一般脂溶性很低，它们很难穿过脂质膜，所以很少会被重吸收；相反，非离子型的脂溶性药物很容易被肾小管重吸收。同样化合物离子化和非离子化数量的比值产生了引起药物分子扩散的浓度梯度，因此药物的重吸收也是化合物 pK_a 值和尿液 pH 值的函数。而尿液的 pH 值会随着饮食的改变及所服药物的变化发生巨大变化，pK_a 值介于 3.0 和 7.5 之间的有机酸及 pK_b 值介于 7.5 和 10.5 之间的碱性药物均能够被肾小管重吸收。

（2）胆汁排泄　尽管肾脏是原型药物和大多数代谢产物最主要的排泄器官，但也有一些药物主要通过肝脏进入胆汁进行排泄。这些药物主要是分子量介于 300 到 500 之间并且具有极性基团的药物。在肝脏中与葡萄糖醛酸结合可能是决定药物、第一步代谢物和某些内源性物质从胆汁排泄的关键因素。胆汁排泄对因为极性太强而无法在肠道中重吸收的有机阴离子和阳离子来说，是一种重要的消除机制。不同种属动物的胆汁排泄能力存在差异，犬和鸡的排泄能力较强，猫和绵羊的排泄能力居中，而兔和恒河猴的排泄能力较差。

许多药物经由肝脏排泄进入胆汁，然后通过胆汁流入肠腔，并随后被排出体外，随着粪便排出。一些具有脂溶性的药物（例如四环素），在肠腔内可能会经历重吸收，或者葡糖苷酸结合的物质在肠道微生物的 β-葡糖苷酸酶的作用下水解，释放出原型药物，然后再次被重吸收，形成所谓的肝肠循环。当大部分给药剂量都经历肝肠循环时，药物的消除就会减缓，导致半衰期延长。已知一些药物，如己烯雌酚、氯霉素、红霉素、吗啡、地吉妥辛等，都能形成肝肠循环。这种循环过程对于药物的代谢和清除有一定的影响。

（3）乳腺排泄　大部分药物均可从乳汁排泄，该过程一般遵循被动扩散机制。由于乳汁的 pH（6.5～6.8）较血浆低，故碱性药物在乳汁中的浓度要高于血浆，酸性药物则相反，所以药物的 pK_a 越小，乳汁中浓度越低。在对犬和羊的研究中发现，当静脉注射碱性药物时，这些药物更容易通过乳汁排泄，例如红霉素和 TMP 的乳汁浓度均高于血浆浓度。相反，对于酸性药物如青霉素等，从乳汁中排泄较为困难，其乳汁浓度通常低于血浆浓度。药物从乳汁排泄的关系与消费者的食品健康密切相关，尤其是抗菌药物以及一些毒性较大的药物，需要确定其弃奶期以确保食品安全。

2.4

药代动力学模型

药物在体内的吸收、分布、代谢（生物转化）和排泄构成了一个连续变化的动态过程。在药物动力学研究中，通常在给药后的不同时间采集血样并测定药物浓度，常以时间为横坐标，以血药浓度为纵坐标，绘制出一条曲线，称为血药浓度-时间曲线，简称药时曲线。通过这条曲线，可以定量地分析药物在体内的动态变化与药物效应之间的关系。

一般来说，非静脉给药可以分为三个阶段：潜伏期、持续期和残留期。潜伏期是指从给药开始到药效开始出现的时间段，而对于快速静脉注射，通常没有潜伏期。持续期是指药物有效浓度维持的时间，而残留期则是指药物在体内已降至有效浓度以下，但尚未完全从体内清除的时间。持续期和残留期的长短与药物的消除速率有关。残留期较长可能意味着药物在体内有较多的贮存，一方面需要注意在多次反复用药时，如果不注意给药间隔时间，容易导致药物蓄积并可能引发中毒。另一方面，在食品动物中使用药物时，需要确定较长的休药期（withdrawal time）以确保食品安全。休药期是指在动物体内使用药物后，需要等待一定时间，使得体内残留的药物浓度降至安全水平，以免食用动物制品中含有过量的药物残留，对人类健康造成风险。

药时曲线的最高点被称为峰浓度，而达到峰浓度的时间则称为达峰时间。曲线的升段反映了药物的吸收和分布过程，曲线的峰值表示给药后达到的最高血药浓度；曲线的降段反映了药物的消除过程（参见图 2-5）。在达峰时间点，药物的吸收和消除过程同时进行，尽管药物吸收已经开始，但在达峰时吸收并未完全停止。升段时，吸收大于消除；而在降段时，消除大于吸收。当达到峰浓度时，吸收和消除相互平衡，即吸收等于消除。这种动态平衡反映了药物在体内的吸收、分布和消除的复杂过程。应注意，药物在体内的吸收、分布、代谢及排泄过程是同时进行的；药时曲线可通过特定的数学方程来描述，此方程实际上与吸收速率、分布速率和消除速率存在着函数关系。

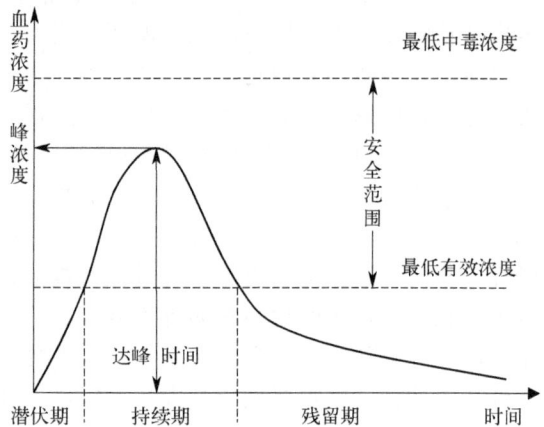

图 2-5　药时曲线示意图

2.4.1　房室模型

"房室"（compartment）可视为是描述药物在其中或多或少均匀分布的身体体腔这样一个理论体积，而不是解剖上或生理上一个器官或一组器官那样有明显区分的体积。房室模型中最常用的是一室模型和二室模型。

（1）一室模型　一室模型是一种最简单的药物动力学模型，将整个机体描述为一个动力学上的均匀房室。这个模型的基本假设是，给药后药物可以立即均匀地分布到全身各个器官和组织中，迅速达到动态平衡（图 2-6）。

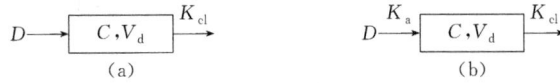

图 2-6　静脉注射给药后的一室开放模型（a）和有吸收的一室开放模型（b）

图中 K_{el} 为消除速率常数，D 为给药剂量，C 为血药浓度，V_d 为表观分布容积，K_a 为吸收速率常数。以上两模型对应的血药浓度时间方程分别为：

$$C = \frac{D}{V_d} e^{-K_{el}t} \tag{2-1}$$

和

$$C = \frac{K_a F D}{V_d (K_a - K_{el})} (e^{-K_{el}t} - e^{-K_a t}) \tag{2-2}$$

其中，F 为绝对生物利用度。

在一室模型中，单次静脉注射后，以对数血药浓度为纵坐标，以时间为横坐标绘制药时曲线，该曲线通常呈单指数衰减特征。

（2）二室模型　二室模型是一种相对较复杂的药物动力学模型，它假定在给药后，药物并不会立即均匀分布到全身各个器官和组织中。相反，药物在体内的分布具有不同的速率，有些分布较快，而有些则分布较慢。为了更好地描述这一过程，这个模型将机体划分为两个房室：中央室和周边室（见图 2-7）。中央室假定药物以较快的速率分布，通常认为与血液丰富的组织（如肝脏、肾脏、心脏、肺）以及血液和细胞外液有直接联系。周边室假定药物以较慢的速率分布，一般与血液较少的组织（如肌肉、皮肤、脂肪等）有关。尽管中央室和周边室没有直接的生理学意义，但它们有助于更好地解释和预测药物在体内的分布动力学。这种模型考虑了药物在不同组织中的分布速率不同的情况，从而更贴近真实的生物体内情况。中央室和周边室的特性可能与药物的理化性质有关，例如，对于脂溶性高的药物，可能更容易进入大脑，因此在模型中被归类为中央室。相反，对于极性高的药物，由于血脑屏障的存在，它们可能不容易进入大脑，因此被归类为周边室。

中央室及周边室之间的转运是可逆的，K_{12} 表示药物由中央室转运至周边室的一级速率常数；K_{21} 表示药物由周边室转运至中央室的一级速率常数。当分布达到动态平衡时，两室的转运速率相等，即 $K_{12} = K_{21}$。但药物只能从中央室消除。大多数药物在体内的转运和分布符合二室模型。

在二室模型中，药物经单次静脉注射后，以对数血药浓度为纵坐标，时间为横坐标绘制药时曲线，该曲线通常呈现双指数衰减的特征（见图 2-8）。曲线的形状可以分为两个阶段：

① 分布相（α 相）：曲线的最初部分迅速下降，反映了药物在血液中进入中央室，然后再分布到周边室的过程。这是由分布和消除同时进行的结果。一旦分布达到平衡后，血药浓度的下降主要是由于药物从中央室的消除，周边室的药物也按动态平衡规律转运到中央室以进行消除。

② 消除相（β 相）：曲线的后期部分衰减较为缓慢，主要反映了药物从中央室的消除过程。在这个阶段，血液中的药物浓度降低较慢，因为药物在中央室的消除速度较为稳定。通过分析消除相的衰减可以计算药物的半衰期，因此通常所说的半衰期是指消除相的半衰期。

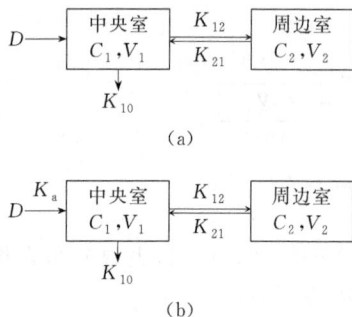

图 2-7 静脉注射给药后的二室开放模型（a）和有吸收 图 2-8 二室模型单次静脉注射后的药时曲线
的二室开放模型（b）

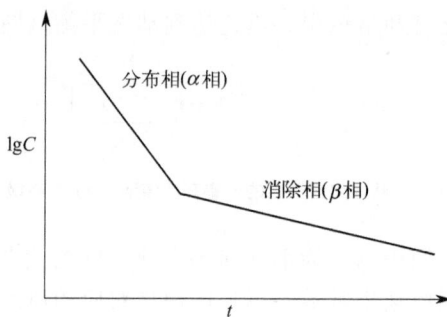

（3）**多室模型** 有时以一室模型和二室模型还不能准确描述药物的体内过程，如有少数药物还可能以更缓慢的速度从中央室分布到骨或脂肪等组织，或与某组织结合得很牢固，这时药时曲线呈三相指数衰减，称为三室模型。静脉注射给药后的三室开放模型见图 2-9。

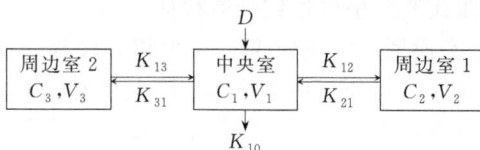

图 2-9 静脉注射给药后的三室
开放模型

2.4.2 非房室模型的统计矩分析

非房室模型的统计矩计算不需要对药物体内处置设定专门的房室，只要药物体内过程符合线性动力学，不论其属于何种模型，均可用本法进行数据处理。血药浓度时间过程可以认为是一随机的分布曲线，不论给药途径如何，均可定义三个统计矩。

（1）**零阶矩** 血药浓度从时间 0 到∞的积分，

$$\mathrm{AUC} = \int_0^\infty C\,\mathrm{d}t \qquad (2\text{-}3)$$

（2）**一阶矩**

$$\mathrm{MRT} = \frac{\int_0^\infty tC\,\mathrm{d}t}{\int_0^\infty C\,\mathrm{d}t} = \frac{\mathrm{AUMC}}{\mathrm{AUC}} \qquad (2\text{-}4)$$

其中 AUMC 为一阶矩；MRT 为体内平均驻留时间。

（3）**二阶矩**

$$\mathrm{VRT} = \frac{\int_0^\infty t^2 C\,\mathrm{d}t}{\int_0^\infty C\,\mathrm{d}t} = \frac{(t - \mathrm{MRT})^2 C\,\mathrm{d}t}{\mathrm{AUC}} \qquad (2\text{-}5)$$

其中 VRT 为平均驻留时间方差。

应用零阶矩可以计算生物利用度和清除率，应用一阶矩可计算半衰期和消除速率常数：

$$t_{1/2} = 0.693\,\mathrm{MRT}_{\mathrm{iv}} \qquad (2\text{-}6)$$

$$K_{el} = \frac{1}{MRT_{iv}} \tag{2-7}$$

还可以应用血管外给药（如肌注，im）和静脉注射（iv）给药后的 MRT 差来计算平均吸收时间（MAT），并进一步计算吸收速率常数和吸收半衰期：

$$MAT = MRT_{im} - MRT_{iv}$$

$$K_a = 1/MAT$$

$$t_{1/2K_a} = 0.693MAT \tag{2-8}$$

2.4.3　非线性模型

不少药物存在非线性的吸收、分布和消除过程。某些药物的动力学过程出现以下异常：体内药物浓度不是呈指数关系下降；消除 50% 的时间会随剂量的增加而增加；药时曲线下面积（AUC）与给药剂量不成相关性；药物排泄量和剂型关系密切；其他药物对其体内过程影响大；在治疗剂量下，维持剂量会对稳态浓度产生较大影响。这些特征的出现难以用线性动力学解释，因此研究者提出了非线性动力学。米曼速率方程常被用来描述这一非线性动力学过程。

$$\frac{dC}{dt} = \frac{V_{max}C}{K_m + C} \tag{2-9}$$

式中，V_{max} 是最大速率；K_m 是米氏常数。该式有两种简化形式：当 $K_m \gg C$ 时，式（2-9）简化为：

$$\frac{dC}{dt} = \frac{V_{max}C}{K_m} \tag{2-10}$$

当 $K_m \ll C$ 时，该过程达到饱和，式（2-9）变为：

$$\frac{dC}{dt} = -V_{max} = -K_0 \tag{2-11}$$

有时药物的消除同时具有线性和非线性特点，此时可用式（2-12）表示：

$$\frac{dC}{dt} = -\frac{V_{max}C}{K_m + C} - K'_{el}C \tag{2-12}$$

2.4.4　其他模型方法

（1）**群体药动学模型**　以上所论述的所有模型均旨在预测个体动物的血药浓度，但实际上在兽医临床中更普遍的是群体用药。此外，药物动力学特征在不同的个体间会表现出差异，即使给予同一剂量的药物，出现的疗效和药物的体内过程也有差异。分析这种差异，可能与遗传、生理、饲养条件、环境和其他因素有关。为了研究这类药物动力学问题，人们尝试用群体概念进行分析，即以群体药物动力学研究这种差异。

经典的药物动力学研究需要从同一组受试动物多次收集血样，一般要采 16~20 次血样，需要 8~20 个受试动物来完成。群体药物动力学是一种新的动力学概念，它主要研究动物药物动力学参数的群体值，再结合群体信息的反馈，得到个体的参数，指导个体化合理用药。

群体药物动力学的基本设想是：对受试动物给以一次剂量后，采有限几次血样（如1～3次），测定其浓度，然后用群体参数计算个体药物动力学参数，以期制定或调整给药方案。

（2）**生理药动学模型** 生理药动学模型是一种整体模型，根据生理学、生物化学和解剖学的知识，模拟机体循环系统的血液流向，将各器官或组织通过血液循环相互连接，每一房室即代表一种或一组特殊的器官或组织，每一器官或组织在实际血流灌注速度和药物的组织/血液分配系数以及化合物性质的控制下遵循物质平衡（mass balance）原理进行药物转运。因此，生理药动学模型的优点可以总结为以下几个方面：生理药动学模型中的每个隔室都有明确的解剖结构和生理意义，机体的每个器官或组织都可以成为一个隔室；从理论上讲，生理药动学模型可以描述机体内任何器官或组织内药物及其代谢物浓度的经时变化，以提供药物体内分布的资料，并可模拟肝脏等药物代谢器官的功能，提供药物体内生物转化的资料，从而得到药物对靶器官作用的信息，有助于深入了解药物的作用机理；生理药动学模型使不同状态间的外推成为可能。例如，通过正常受试动物可以先建立生理药动学模型，然后将模型中的一些生理或生化参数调整为病理或药理状态下的相应参数，就可以用于描述病理或药理状态下动物体内药物的变化过程；同样，通过变换不同物种相应的生理或生化参数，可以预测药物在不同种属动物体内的变化规律。此外，通过对生理药动学模型的敏感性分析（sensitivity analysis）可掌握对药物处置影响较大的参数，这对新药的开发及其毒性的控制极有帮助。生理药动学模型还有助于从动力学角度比较同系列药物某些作用上的差异，在新药开发过程中可与已上市的同系列药物进行比较，以评估其异同，预测临床应用的前景。

（3）**药动-药效同步模型** 通常对某种药物的研究包含两个方面，分别为药代动力学（pharmacokinetics，PK）和药效动力学（pharmacodynamics，PD）。在以往的药动学研究中，PK和PD一般认为是两个分离的学科，通常是单独进行研究的。PK描述的是机体对药物的作用，即药物是如何吸收、分布、代谢（生物转化）及排泄的。而PD研究的是药物对机体的作用及其规律，阐明药物防治疾病的机制。单独研究PK仅仅可以显示出剂量-浓度-时间三者的关系，而单独研究PD也仅可显示出浓度-效应两者之间的关系。而药动-药效同步（PK-PD）模型可以将PK和PD结合起来，从而将剂量-浓度-效应-时间四者的关系联系在一起进行研究。将PK和PD结合在一起进行研究有助于观察到药物在临床表现方面的个体差异，且有利于探究药物的作用机制、机体内外环境对药物影响等相关方面。

PK-PD同步模型可以通过PK/PD参数将药物浓度-时间曲线与药效结合在一起，得出不同药物浓度时的药效。并且，通过该模型推算药物剂量时，只需要对动物进行单次给药，就可通过已经构建好的模型，通过算法算出不同抗菌效果时所需要的最低剂量。

主要参考文献

[1] 操继跃，卢笑丛．兽医药物动力学[M]．北京：中国农业出版社，2005．

[2] 陈杖榴，曾振灵．兽医药理学[M]．北京：中国农业出版社，2014.

[3] 董王明，江昌照，叶金翠，等．经皮给药制剂促透方法研究进展[J]．中国新药杂志，2020，29（18）：2089-2097.

[4] 范亚新，张菁．万古霉素药动学/药效学及个体化给药[J]．中国感染与化疗杂志，2019，19（03）：323-330.

[5] 韩佳琦，刘哲鹏．经皮给药系统的研究进展[J]．生物医学工程学进展，2022，43（01）：24-28.

[6] 李广路，张文鹏，吴纯启，等．幼龄动物药物代谢研究进展[J]．中国新药杂志，2022，31（04）：329-336.

[7] 李鑫，王文艳．酯酶的药物代谢与种属差异研究进展[J]．药学进展，2021，45（10）：784-792.

[8] 刘雪松，朱庆贺，杨旭东，等．药动药效同步模型在兽药领域应用的研究进展[J]．动物医学进展，2021，42（02）：97-101.

[9] 刘兆民，王丽华，刘增清．兽医临床中使用兽药的原则及误区[J]．饲料博览，2013（05）：59.

[10] 罗显阳，廖晓萍，刘雅红．生理药动学模型及在兽药残留分析中的应用[J]．广东农业科学，2010，37（10）：44-47.

[11] 饶志，杨欢，武新安．转运体在药物胆汁排泄中的作用[J]．中国医院药学杂志，2012，32（14）：1144-1146+1158.

[12] 沈笑平，何金海．尿液中哌替啶及其代谢物的 GC-MS/MS 检验法[J]．现代科学仪器，2002（05）：61-63.

[13] 王瑞丽，赵立波，张晓燕．儿童口服缓控释制剂研究进展[J]．中国现代应用药学，2020，37（13）：1661-1664.

[14] 王晓华，马维卿，张再清．呼吸道给药防治鸡慢性呼吸道病[J]．中国家禽，1993（06）：14-15.

[15] 魏树礼，张强．生物药剂学与药物动力学[M]．北京：北京大学医学出版社，2004.

[16] 杨帆．浅谈生理药动学模型及其在兽药残留研究中的应用[J]．广东畜牧兽医科技，2010，35（03）：3 5.

[17] 杨雨辉，丁焕中，杨东，等．抗菌药物药动、药效同步信息在兽医临床上应用的研究进展[J]．中国兽药杂志，2006（11）：20-24.

[18] 姚文鑫，刘炜，刘治军．联合应用高血浆蛋白结合率的药物必定会导致有临床意义的相互作用吗[J]．药物不良反应杂志，2019（04）：285-289.

[19] 远立国，刘雅红．兽医群体药动学的研究进展[J]．中国兽药杂志，2010，44（04）：51-54.

[20] 张淑秋．罗红霉素代谢机理及种属差异研究[D]．沈阳：沈阳药科大学，2003.

[21] 赵晗旭，高云航，葛铮，等．动物胃肠道微生物宏基因组学研究进展[J]．动物医学进展，2013，34（11）：106-109.

[22] Aungst B J. Optimizing oral bioavailability in drug discovery: an overview of design and testing strategies and formulation options[J]. J Pharm Sci, 2017, 106（4）: 921-929.

[23] Bonassa K, Miragliotta M Y, Simas R C, et al. Tissue depletion study of enrofloxacin and its metabolite ciprofloxacin in broiler chickens after oral administration of a new veterinary pharmaceutical formulation containing enrofloxacin[J]. Food Chem Toxicol, 2017, 105: 8-13.

[24] Buddington R K, Pajor A, Buddington K K, et al. Absorption of alpha-ketoglutarate by the gastrointestinal tract of pigs[J]. Comp Biochem Physiol A Mol Integr Physiol, 2004, 138（2）: 215-220.

[25] Dedonder K D, Gehring R, Tell L A, et al. Protocol for diversion of confirmed positive bulk raw milk tankers to calf ranches—A review of the Pharmacokinetics of tetracyclines and sulfonamides in veal calves[J]. Anim Health Res Rev, 2016, 17（2）: 127-136.

[26] Dong E D, Han Q D. Differences of desensitization and hypersensitization between alpha 1A- and alpha 1B-adrenoceptors in rat isolated blood vessels[J]. Zhongguo Yao Li Xue Bao, 1995, 16（6）: 481-484.

[27] Elbadawy M, Sasaki K, Miyazaki Y, et al. Oral pharmacokinetics of acetaminophen to evaluate gastric emptying profiles of Shiba goats [J]. J Vet Med Sci, 2015, 77（10）: 1331-1334.

[28] Fu Y, Yang S, Jeong S H, et al. Orally fast disintegrating tablets: developments, technologies, taste-masking and clinical studies[J]. Crit Rev Ther Drug Carrier Syst, 2004, 21（6）: 433-476.

[29] Gizurarson S. Animal models for intranasal drug delivery studies. A review article[J]. Acta Pharm Nord, 1990, 2（2）: 105-122.

[30] Graham A. A study of the physiological activity of adenomata of the thyroid gland, in relation to their iodine content, as evidenced by feeding experiments on tadpoles[J]. J Exp Med, 1916, 24（4）: 345-359.

[31] Guengerich F P. A history of the roles of cytochrome P450 enzymes in the toxicity of drugs [J]. Toxicol Res, 2021, 37（1）: 1-23.

[32] Gutierrez M L, Di Federico G, Dale J A, et al. Pharmacokinetics of a novel spot-on formulation of praziquantel for dogs[J]. Vet Parasitol, 2017, 239: 46-49.

[33] Hakkola J, Hukkanen J, Turpeinen M, et al. Inhibition and induction of CYP enzymes in humans: an update[J]. Arch Toxicol, 2020, 94（11）: 3671-3722.

[34] Horkovics-Kovats S. Efficiency of enterohepatic circulation, its determination and influence on drug bioavailability[J]. Arzneimittelforschung, 1999, 49（10）: 805-815.

[35] Kumar L, Verma S, Singh M, et al. Advanced drug delivery systems for transdermal delivery of non-steroidal anti-inflammatory drugs: a review[J]. Curr Drug Deliv, 2018, 15（8）: 1087-1099.

[36] Kurmi B D, Tekchandani P, Paliwal R, et al. Transdermal drug delivery: opportunities and challenges for controlled delivery of therapeutic agents using nanocarriers [J]. Curr Drug Metab, 2017, 18（5）: 481-495.

[37] Kwan K C. Oral bioavailability and first-pass effects [J]. Drug Metab Dispos, 1997, 25（12）: 1329-1336.

[38] Liu L, Liu X. Contributions of drug transporters to blood-placental barrier[J]. Adv Exp Med Biol, 2019, 1141: 505-548.

[39] Martinez M, Amidon G, Clarke L, et al. Applying the biopharmaceutics classification system to veterinary pharmaceutical products. Part II. Physiological considerations [J]. Adv Drug Deliv Rev, 2002, 54（6）: 825-850.

[40] Massip P, Kitzis M D, Tran V T, et al. Penetration of cefoxitin into cerebrospinal fluid of dogs with and without experimental meningitis[J]. Rev Infect Dis, 1979, 1（1）: 132-133.

[41] Mullen K R. Metabolic disorders associated with renal disease in horses[J]. Vet Clin North Am Equine Pract, 2022, 38（1）: 109-122.

[42] Neuvonen P J. Interactions with the absorption of tetracyclines[J]. Drugs, 1976, 11（1）: 45-54.

[43] Oda R, Shou J, Zhong W, et al. Direct visualization of general anesthetic propofol on neurons by stimulated Raman scattering microscopy[J]. Iscience, 2022, 25（3）: 103936.

[44] Parker R B, Laizure S C. The effect of ethanol on oral cocaine pharmacokinetics reveals an unrecognized class of ethanol-mediated drug interactions [J]. Drug Metab Dispos, 2010, 38（2）: 317-322.

[45] Pierre M B, Dos S M C I. Liposomal systems as drug delivery vehicles for dermal and transdermal applications[J]. Arch Dermatol Res, 2011, 303（9）: 607-621.

第3章
病原微生物的耐药性与不良反应防范

3.1

细菌耐药性

细菌耐药性是一个全球性问题，已成为危害全球公共卫生安全的重大问题之一。细菌耐药性可分为固有耐药和获得性耐药。固有耐药又称天然耐药，是由细菌染色体的某些固有基因决定了其天然的特殊结构或理化性质，从而导致细菌对某类抗菌药物不敏感。获得性耐药又称诱导性耐药，是指细菌通过自身染色体突变或通过基因水平转移获得外源的耐药基因（ARGs），使其不被抗菌药物杀灭。本节从细菌耐药性产生及其传播机制角度对细菌耐药性进行了系统总结。

3.1.1 耐药性产生机制

细菌耐药机制主要包括产生药物灭活酶或钝化酶使药物失效、外排泵、抗菌药物作用靶点的改变、细胞膜通透性下降等。

3.1.1.1 药物失效

细菌产生的灭活酶、修饰酶可以水解药物或修饰药物靶位，使抗生素丧失抗菌活性，可被酶水解或钝化的抗菌药物包括 β-内酰胺类、氨基糖苷类、四环素类、大环内酯类、林可胺类、酰胺醇类和磷霉素等。

（1）β-内酰胺酶　产 β-内酰胺酶（β-lactamase）是细菌对 β-内酰胺类药物耐药的主要机制，可通过水解和非水解两种方式导致 β-内酰胺类药物失活。其中，β-内酰胺酶可水解 β-内酰胺类药物的 β-内酰胺环，或与碳青霉烯类等对 β-内酰胺酶稳定的抗菌药物形成共价复合物，使药物失去与细菌青霉素结合蛋白（penicillin binding proteins，PBPs）结合的能力，从而丧失抗菌活性。β-内酰胺酶有两种分类法，即 Ambler 分类法和 Bush 分类法。前者是根据 β-内酰胺酶氨基端序列同源性进行分子生物学分类，将 β-内酰胺酶分为 A、B、C 和 D 类酶，按照水解机制的活性位点差异又可分为丝氨酸酶（A、C 和 D 类酶）和金属酶（B 类酶）；后者是根据 β-内酰胺酶的底物、生化特征及是否被酶抑制剂所抑制的功能分类法，将 β-内酰胺酶分为四类，包括青霉素酶和超广谱酶、头孢菌素酶（AmpC 酶）、金属型碳青霉烯酶以及其他不能被克拉维酸抑制的青霉素酶。

A 类酶：A 类酶与 C 类、D 类酶相似，酶活性位点均为丝氨酸残基。A 类酶在所有 β-内酰胺酶中分布最广，可水解青霉素类、头孢菌素类和碳青霉烯类抗菌药物。如广泛存在于革兰氏阴性菌中的 CTX-M 型超广谱 β-内酰胺酶（ESBLs）和 KPC 型碳青霉烯酶。CTX-M 型酶是一种由质粒介导的、全球流行最为广泛的 ESBLs，可水解头孢噻呋等第三、四代头孢类药物，常见于肺炎克雷伯菌、大肠杆菌、沙门菌及其他肠杆菌。根据氨基酸序列同源性，将其分为 CTX-M-1、CTX-M-2、CTX-M-8、CTX-M-9 和 CTX-M-25 共 5 个群，其中 CTX-M-1 群和 CTX-M-9 群流行范围最广，其编码基因 bla_{CTX-M} 的转移与插入序列 IS$Ecp1$、IS903 有关。KPC 酶是最流行的碳青霉烯酶之一，可水解亚胺培南、美罗培南等碳青霉烯类药物，多见于人医临床分离的肺炎克雷伯菌中，动物源细菌中少见。其编码基因 bla_{KPC} 的广泛传播与转座子 Tn4401、插入序列 ISKpn6 和 ISKpn7 有关。

B 类酶：亦称为金属 β-内酰胺酶，是一类需要金属离子协助才能发挥催化活性的广谱 β-内酰胺酶，可利用金属离子对 β-内酰胺环进行亲核攻击从而水解酰胺键。B 类酶对包括碳青霉烯类在内的绝大部分 β-内酰胺类药物有水解活性，但对氨曲南等单环 β-内酰胺类药物无效，可被 EDTA 等离子螯合剂抑制。临床上重要的金属碳青霉烯酶主要包括 IMP、VIM、SPM 和 NDM 4 个家族。尽管我国并未批准亚胺培南等碳青霉烯类抗菌药物用于动物临床，但在养殖动物和伴侣动物中均分离到产碳青霉烯酶的菌株，其中 NDM 酶最为普遍。NDM 酶首次于 2008 年从肺炎克雷伯菌中发现，截至目前已发现42 种变体，广泛分布在动物、环境和人群分离的肠杆菌目、不动杆菌属、假单胞菌属等革兰氏阴性菌中。其编码基因 bla_{NDM} 主要位于质粒、整合性接合元件等可移动遗传元件（MGEs）中，这些 MGEs 可携带 bla_{NDM} 基因在细菌种内或种间水平传播。另外，转座子（如 Tn3000、Tn125）和插入序列（如 ISAba125、IS26）也与 bla_{NDM} 的广泛流行有关。

C 类酶：C 类 β-内酰胺酶（AmpC）可水解青霉素类、第一至三代头孢菌素、β-内酰胺酶抑制剂结合物和头霉素类抗菌药物，不被克拉维酸等酶抑制剂所抑制。AmpC 存在于阴沟肠杆菌、枸橼酸杆菌等革兰氏阴性菌的染色体上，也存在质粒介导的 AmpC 酶（pAmpC），如 CMY（头霉素酶）、ACT（AmpC 型 β-内酰胺酶）、FOX（头孢西丁水解酶）等。pAmpC 酶中 CMY 酶流行较为广泛，目前已经发现 180 种 CMY 变体，其中 CMY-2 变体最流行，在大肠杆菌、沙门菌属和克雷伯菌属等菌中广泛传播。

D 类酶：D 类 β-内酰胺酶即苯唑西林酶（OXA），对青霉素类（尤其是氨基-青霉素类、羧基-青霉素类和脲基青霉素类）和窄谱头孢菌素类（如头孢噻吩等）有活性，部分对碳青霉烯类药物有弱水解作用，对广谱头孢菌素类（如头孢他啶）和大多数 β-内酰胺酶抑制剂（如克拉维酸）的活性有限。根据氨基酸序列同源性，可以将 OXA 酶分为 OXA-23 群、OXA-24 群、OXA-51 群、OXA-58 群和 OXA-48 群共 5 个群，其中除了 OXA-48 群之外，其余的 OXA 酶主要存在于不动杆菌属中。OXA-48 是肠杆菌科细菌中传播最广的 D 类碳青霉烯酶，最初于 2001 年在土耳其分离的一株肺炎克雷伯菌中发现，现已广泛分布于肺炎克雷伯菌和其他肠道细菌中。OXA-48 基因的传播与转座子 Tn1999 和 IncL 型质粒有关。

（2）**氨基糖苷类修饰酶**　细菌对氨基糖苷类抗菌药物的耐药机制非常复杂，其中最常见的是氨基糖苷类药物修饰酶（aminoglycoside-modifying enzyme，AME）介导的耐药，被 AME 修饰后的氨基糖苷类抗生素不能作用于核糖体靶位，因此失去抗菌活性。根据催化机制的不同，氨基糖苷类修饰酶可分为乙酰转移酶、磷酸转移酶和核苷转移酶三类。乙酰转移酶（AAC）修饰依赖于乙酰辅酶 A 的 N-乙酰化，磷酸转移酶（APH）修饰依赖于三磷酸腺苷（adenosine triphosphate，ATP）的 O-磷酸化，核苷转移酶（ANT）修饰依赖于 ATP 的腺苷化。乙酰辅酶 A 在氨基的乙酰化反应中作为乙酰基的供体，而 ATP 用于羟基的腺苷酸化和磷酸化反应。AME 根据其糖环上 1～6 位的修饰位点不同来命名，单撇号和双撇号分别表示反应发生在第一个和第二个糖环中，例如 AAC

（2′）和 APH（2″）。不同的 AME 在菌种分布方面存在较大差异，如 APH（3）家族广泛分布于革兰氏阳性菌和革兰氏阴性菌中，对卡那霉素和链霉素耐药；AAC（6′）-I 主要存在于革兰氏阴性菌，包括大肠杆菌、铜绿假单胞菌和不动杆菌，对大部分氨基糖苷类药物耐药。此外，来自同一家族的 AME 的活性和分布也有所不同，如 ANT（4′）、ANT（6′）和 ANT（9′）酶通常存在于革兰氏阳性菌中，ANT（2″）和 ANT（3″）则在革兰氏阴性菌中更为常见。此外，部分酶已进化出不止一种生物活性。如在革兰氏阴性菌中发现的 AAC(6′)-APH(2″) 可能是由两个基因编码的 AME 融合产生的双功能酶，具有乙酰化和磷酸转移酶活性，该酶表现出对除链霉素以外的所有氨基糖苷类药物高水平耐药，其编码基因位于肠球菌和葡萄球菌中的 Tn4001 转座子上，这种双功能酶的存在可解释大多数肠球菌和耐甲氧西林金黄色葡萄球对庆大霉素高水平耐药的原因；AAC(6′)-Ib 的变异体 AAC(6′)-Ib-cr 则还可修饰氟喹诺酮类药物，降低细菌对喹诺酮类药物的敏感性。

（3）16S rRNA 甲基化酶　16S rRNA 甲基化酶（16S-RMTases）可通过对 16S rRNA 中 A 位点内的特定核苷酸残基上添加 CH_3 基团而对其进行甲基化。经甲基化修饰的 16S rRNA 与某些氨基糖苷类药物的结合亲和力降低，从而导致细菌对氨基糖苷类药物（尤其是阿米卡星）的耐药性显著提高。迄今为止，已发现多种甲基化酶基因，包括 armA、rmtA、rmtB、rmtC、rmtD、rtmD2、rmtE、rmtF、rmtG、rmtH 和 npmA，其中 armA 和 rmtB 最为常见。armA 是第一个被发现由质粒介导的甲基化酶基因，主要分布在肺炎克雷伯菌中，在食源性和腹泻疾病的相关致病菌中也有 armA 的存在，如沙门菌和福氏志贺菌。rmtB 主要分布在大肠杆菌和肺炎克雷伯菌等肠杆菌中，rmtB 的传播与插入序列 IS26 密切相关。在畜牧业中，rmtB 比 armA 更常见并可在食品动物源细菌中持续传播。

（4）四环素降解酶　细菌可通过产生黄素腺嘌呤二核苷酸（flavin adenine dinucle-otide，FAD）依赖性单氧化酶对四环素类药物进行修饰，使之失活而产生耐药，该种降解酶主要为 TetX。TetX 最早在拟杆菌属中被发现，需要 FAD、NADPH、Mg^{2+} 和 O_2 来保持活性，因此在需氧环境下才能发挥对四环素类抗生素的降解作用。TetX 蛋白缺失 FAD 结合结构域而不具有酶活性，Tet(X2) 能导致四环素耐药和替加环素低水平耐药。目前，新型四环素灭活酶［Tet(X)］和 Tet(X2) 在多种环境需氧菌、多重耐药病原菌中被检出。2019 年在猪源鲍曼不动杆菌和大肠杆菌发现由质粒介导的 Tet(X3) 和 Tet(X4) 酶，可以修饰替加环素，导致高水平耐药，其中 Tet(X4) 主要在动物源（牛、猪、鸡）肠杆菌目细菌中流行，Tet(X3) 则主要在不动杆菌属细菌中流行。tet(X3) 和 tet(X4) 基因的快速传播均与插入序列共同区 ISCR2 密切相关。

（5）林可胺转移酶　lnu 基因编码使林可胺失活的 O-核苷转移酶，这种酶仅对林可胺（L 型）抗菌药物起作用。lnu(A) 基因已在链球菌和嗜血杆菌中被发现，lnu(C)、lnu(E) 基因在链球菌和肠球菌中分布，而 lnu(F) 在气单胞菌、大肠杆菌、摩氏摩根菌、变形杆菌和沙门菌中分布。lnu(D)、lnu(G)、lnu(H)、lnu(P) 分别分布于链球菌、肠球菌、梅氏弧菌、梭状芽孢杆菌中。

（6）红霉素甲基化酶　红霉素甲基化酶能够催化 50S 核糖体亚基的 23S rRNA 结构域中的第 A2058 位甲基化，阻止抗菌药物与靶位点结合。由于大环内酯类、林可胺类和链阳菌素抗菌药物在 23S rRNA 中存在重叠的结合位点，所以红霉素甲基化酶 Erm 可介导细菌对林可胺类、链阳菌素 B 产生交叉耐药性。目前已经发现了 30 多个不同的 *erm* 基因，其中大部分位于可移动遗传元件上，包括转座子和质粒等。可移动元件介导 *erm* 基因的水平传播，是 *erm* 基因在不同菌种，包括耐甲氧西林金黄色葡萄球菌（methicillin-resistant *Staphylococcus aureus*，MRSA）中广泛分布的原因。

（7）氯霉素乙酰转移酶　细菌可通过产生氯霉素乙酰转移酶（chloramphenicol acetyltransferase，CAT）介导氯霉素转化为无抗菌活性的药物。氯霉素的作用机制是通过与 50S 核糖体亚基的肽基转移中心相互作用来抑制细菌蛋白质合成，在乙酰转移酶的催化下，乙酰辅酶 A 的乙酰基团转移到氯霉素分子的 3-羟基上，乙酰化的氯霉素无法结合到其作用靶位核糖体上而产生耐药。不同种类的 CAT 中以 CAT Ⅰ、CAT Ⅱ、CAT Ⅲ 研究最多，其中 CAT Ⅰ 对底物的亲和性最高。由于 CAT 在大肠杆菌中易表达且稳定，因此经常被改造为工程菌的抗性筛选基因。

（8）磷霉素修饰酶　磷霉素修饰酶包括 FosA、FosB、FosC、FosD、FosE、FosG、FosH、FosI、FosK、FosX、FomA 和 FomB 等，以 FosA、FosB、FosC 和 FosX 酶最为常见。FosA 酶主要存在于革兰氏阴性菌中，可催化谷胱甘肽中半胱氨酸（Cys）的巯基与磷霉素发生反应而使磷霉素失活，故 FosA 也属于谷胱甘肽-S-转移酶（glutathione-S-transferase，GST）。目前，已经报道了 10 余种 FosA 变体，其中 FosA3 是导致全球肠杆菌目细菌对磷霉素耐药的主要原因，*fosA3* 基因通常与插入序列 IS26 形成转座子，插入在 IncF、IncHI2 等多种质粒上。FosB 酶则主要见于革兰氏阳性菌，它是一种 Mn^{2+} 依赖性杆菌硫醇转移酶，通过催化磷霉素的环氧化合物环，破坏磷霉素的结构特性，从而使药物失活。FosC 在产磷霉素的丁香假单胞菌中被发现，是一种类似于 GST 的修饰酶，其利用 ATP 催化磷霉素磷酸化而使其失活。FosX 在单核细胞增生李斯特菌酶染色体上发现，其通过催化磷霉素与水发生反应而使药物失效。

3.1.1.2　靶位改变

靶位改变是指药物作用的靶位发生改变，使药物无法与靶位点结合或亲和力下降而导致细菌耐药的机制。这些改变包括：①靶位基因发生点突变，靶蛋白结构或功能改变，药物无法结合；②对作用靶点进行保护；③产生新的靶位。

靶位基因发生点突变的经典例子是喹诺酮作用靶位基因的突变，尤其是喹诺酮耐药决定区（QRDR）的基因突变。喹诺酮通过抑制 DNA 解旋酶和拓扑异构酶Ⅳ来影响 DNA 复制，从而杀死细菌。编码 DNA 旋转酶和拓扑异构酶Ⅳ的 *gyrA-gyrB* 和 *parC-parE* 基因发生突变是细菌对喹诺酮类药物产生耐药的最常见机制。

质粒介导的喹诺酮类耐药（PMQR）基因 *qnr* 作为 DNA 同源物，通过减少 DNA 促旋酶和拓扑异构酶Ⅳ与 DNA 的结合，减少喹诺酮类药物作用的全酶-DNA 靶位，从而保护 DNA 促旋酶和拓扑异构酶Ⅳ不被喹诺酮类药物抑制而产生耐药。迄今为止已经发现了多个 *qnr* 等位基因，包括 *qnrA*、*qnrB*、*qnrC*、*qnrD*、*qnrE*、*qnrS* 和 *qnrVC*，它们都具有相似的作用机制。

四环素类药物耐药基因 *TetM* 和 *TetO* 编码的产物属于核糖体保护蛋白，与核糖体相互作用，以 GTP 依赖的方式将四环素从其结合位点移除。此外，这种相互作用改变了核糖体的构象，阻止了其与抗生素的重新结合。与其类似的是，*TetO* 也可以与四环素竞争相同的核糖体空间，并改变抗生素结合位点的构象，从核糖体中取代分子并允许蛋白质合成。*TetO* 通常在弯曲杆菌质粒上存在，但在一些革兰氏阳性菌的染色体上也有发现。*TetM* 最早发现于链球菌，通常位于转座子上，之后被发现广泛存在于革兰氏阳性菌和革兰氏阴性菌中。

细菌可以改变靶位，使其不能与药物相互作用，还可以复制或产生新的靶位而获得对某种药物的耐药性。这种机制包括由 PBP 改变引起耐药性，其在革兰氏阳性菌中更常见。尤其是在耐甲氧西林的金黄色葡萄球菌中，由于细菌产生了一种新的 PBP，使青霉素和头孢菌素类作用于细胞内膜 PBP 的药物对菌株的作用效果减弱，从而产生耐药性。

3.1.1.3 药物摄入减少

抗菌药物到达细胞内的靶点需要跨越细胞膜屏障，而细胞膜通透性的改变会降低药物到达靶标的浓度水平，从而导致细菌耐药的出现。革兰氏阳性菌和革兰氏阴性菌的细胞膜结构不同，两者对药物分子的渗透性存在明显差异。革兰氏阳性菌细胞壁主要由肽聚糖和多糖聚合物组成，亲水性小分子药物通常可渗透进入革兰氏阳性菌内；而革兰氏阴性菌具有独特的双层细胞膜及外侧的脂多糖（lipopolysaccharide，LPS）结构，多数药物进入革兰氏阴性菌细胞内需借助于细胞膜的孔蛋白流入，例如 β-内酰胺类和喹诺酮类药物均需要通过内腔为亲水环境的孔蛋白通道来穿过细胞外膜屏障。细胞膜孔蛋白多为保守的 β-桶状结构，但不同的孔蛋白间孔径可能存在差异。大肠杆菌主要的膜孔蛋白为 OmpF 与 OmpC，两者是营养物质、β-内酰胺类和喹诺酮类抗生素进入细胞内的通道。膜孔蛋白变化主要通过三种途径引起细菌耐药性的产生：①膜孔蛋白基因转录或表达水平的改变；②膜孔蛋白功能性突变；③孔蛋白表达种类的改变。例如，铜绿假单胞菌和鲍曼不动杆菌对部分 β-内酰胺类药物的外膜通透性下降往往与孔径较大的膜孔蛋白缺失有关。肺炎克雷伯菌膜孔蛋白 OmpK35 和 OmpK36 的氨基酸突变或插入会导致菌株对碳青霉烯类药物的敏感性改变。另外，在革兰氏阴性菌中，细胞外膜渗透性的降低通常会伴随着药物外排泵的增加，即通过减少药物流入和增加药物排出进一步提高细菌耐药水平，例如在铜绿假单胞菌中发现 OprD 膜孔蛋白表达量的降低伴随着 MexB 外排泵蛋白表达量的提高，共同作用导致了其对碳青霉烯类药物耐药。

3.1.1.4 药物外排增加

细菌普遍存在的药物外排系统，可将抗菌药物泵出细胞外从而降低细胞内药物浓度，产生耐药性。药物外排转运蛋白是药物外排系统主要的载体，根据其结构、能量来源及转运机制分为 5 个家族：①小多重耐药性家族（SMR），②主要易化子超家族（MFS），③多药物与毒物外排超家族（MATE），④耐药结节细胞分化家族（RND），⑤ATP 结合超家族（ABC）。这些外排转运蛋白能量来源不同，其中 SMR、MFS、MATE 和 RND 家族的外排蛋白以细胞内膜的质子浓度梯度作为能量驱动药物转运，而 ABC 家族转运蛋白则以 ATP 的水解获得能量。另外，最近有研究者在不动杆菌属细菌染色体上发现一种介导氯己定外排的转运蛋白 AceI，并将其归于一类新外排泵家族，即变形菌抗菌化合物转运家族（PACE）。

药物的外排转运为耗能的过程，外排泵蛋白作为一类跨膜蛋白受到包括转录水平、转录后水平以及翻译水平上严格调控。外排泵蛋白的过量表达增强了抗菌药物的外排，是细菌耐药性产生的重要机制之一，且通常和参与调控外排泵的调节基因的功能改变有关。例如，大肠杆菌 AcrB 蛋白为最早发现的 RND 家族外排泵，受到 AcrR、MarA、RamA、SoxS 等多种调控蛋白的复杂调控，当 AcrR 蛋白部分氨基酸发生突变时，AcrR 对 acrB 的转录抑制作用减弱，AcrB 蛋白的表达增加，进而增强大肠杆菌对四环素和环丙沙星的耐药水平；铜绿假单胞菌主要的外排系统为 RND 型的外排泵 MexB，其过量表达与三种调控基因（mexR、nalC 和 nalD）的突变有关。

RND 家族转运蛋白广泛存在于革兰氏阴性菌中，能排出多种抗菌药物且具有较宽的底物谱，在革兰氏阴性菌的多重耐药中发挥重要作用。RND 蛋白常以三分子复合物形式存在，如大肠杆菌的 AcrAB-TolC 外排泵系统和铜绿假单胞菌的 MexAB-OprM 三组分外排系统。其中，大肠杆菌的 AcrB 位于细胞内膜，是直接参与药物转运的内膜转运蛋白；TolC 嵌于细胞外膜，作为外膜的通道蛋白；而 AcrA 位于周质空间中作为膜融合蛋白，连接内膜蛋白 AcrA 和外膜蛋白 TolC。这三种蛋白形成一个多聚体多组分的复合物，跨越细胞内外膜，由内膜蛋白以质子反向转运为能量，将细胞基质或周质空间的抗菌药物转移到细胞外，从而产生对 β-内酰胺类药物、四环素、大环内酯类药物、氯霉素、红霉素、氟喹诺酮类药物的耐药性。RND 蛋白还可外排多种小分子物质，如胆盐、阳离子染料、有机溶剂和消毒剂等。此外，由于不同内膜蛋白参与底物结合口袋的氨基酸存在差异，不同 RND 外排系统可排出的底物有一定差异，且对于不同亲疏水性或芳香类小分子，RND 蛋白识别和转运的通道也不同。例如，在动物源大肠杆菌质粒上发现的 OqxAB 外排泵系统，仅介导菌株对氯霉素、喹诺酮类药物、消毒剂的耐药。在肺炎克雷伯菌染色体上也存在 OqxAB 外排蛋白，其过量表达与替加环素耐药有关。RND 家族蛋白多位于细菌染色体上，但最近研究发现在肠杆菌科细菌中存在质粒编码的 RND 外排泵 TMexCD1-ToprJ1 及其变异体蛋白，介导了细菌对替加环素、四环素类药物、β-内酰胺类药物以及氟喹诺酮类药物等药物的多重耐药。

ABC 家族转运蛋白广泛存在于真核和原核生物中，具有保守的四个结构域，包括两个跨膜结构域和两个核苷酸结合域。该家族蛋白特异性地介导细菌对某一类或几类抗菌药物的耐药，如 MacAB 转运蛋白介导大肠杆菌对大环内酯类药物耐药；MsrA 介导金黄色葡萄球菌对大环内酯类药物和 B 型链霉素耐药。EfrAB 介导粪肠球菌对大环内酯类和氟喹诺酮类药物耐药。

MFS 家族转运蛋白广泛存在于细菌的染色体或质粒中，由 12 或 14 个跨膜 α-螺旋结构域组成赋予了细菌对多种药物的耐药性。MFS 家族成员众多，包含 Tet 泵、QepA 泵、EmrAB 泵和 QacA/QacB 蛋白等。其中，Tet 泵是第一个被发现的细菌外排系统，介导菌株对四环素的高水平耐药，目前已发现并报道了 30 多种 Tet 外排蛋白。TetA 泵特异性外排四环素，在各种细菌中被发现；大肠杆菌 QepA 蛋白能特异性外排氟喹诺酮类药物，而大肠杆菌 EmrAB 泵则展现出更广的底物范围，介导对一系列疏水抗菌药物的耐药性；QacA/QacB 蛋白主要由金黄色葡萄球菌编码，介导多种药物的外排。

SMR 家族蛋白是一类小转运蛋白，具有 110～120 个氨基酸和 4 个跨膜结构域，通常转运底物范围有限，仅赋予细菌对特异性药物或消毒剂等小分子的耐药。QacC 蛋白是第一个被发现的 SMR 家族外排泵，能排出苯扎溴铵、染料等分子。在鲍曼不动杆菌中，QacE 仅介导对季铵盐化合物的外排，而 AdeS 泵则可外排出许多抗菌药物，包括红霉素、新生霉素、氯霉素、环丙沙星和染料以及部分消毒剂。

MATE 家族蛋白由 12 个跨膜结构域组成，多见于革兰氏阴性菌中，在革兰氏阳性菌金黄色葡萄球菌中也发现了唯一的 MATE 蛋白 MepA，其具有广泛的底物谱，可外排氯己定、环丙沙星、替加环素等；鲍曼不动杆菌 AbeM 蛋白和来自弧菌属的 NorM 蛋白均属于 MATE 家族。

3.1.1.5 其他

除了上述经典的细菌耐药机制，目前也发现了一些降低抗菌药物敏感性的新机制，如生物被膜促进耐药性的形成、持留/耐受菌的出现以及细菌氧化应激反应系统的激活等。

生物被膜是由细菌群落聚集于固体表面形成的聚合物群体，常在细菌感染时和环境中被发现。由于生物被膜内部具有致密的胞外多糖结构，抗菌药物难以到达深层细菌，且这部分细菌由于营养受限常处于代谢减缓或停滞状态，因而形成生物被膜的细菌耐药性远高于游离细菌。在生物被膜密集的群体中，细菌间存在广泛的交流和调控，同时多种可移动元件可以携带抗生素耐药基因在生物被膜中进行快速水平转移，促进生物被膜内细菌耐药性的形成和传播。例如在猪链球菌生物被膜中，不同血清型的猪链球菌通过整合性接合元件携带多种耐药基因转移，从而赋予菌株对四环素、红霉素、林可霉素等耐药性。另外，外排泵蛋白直接参与生物被膜的形成，多种外排泵基因的过表达常在生物被膜细菌中被发现。

细菌在抗生素或其他压力下少部分亚群表现出对药物耐受，既不生长也不被杀死，这种表型异化但基因型并不改变的亚群被称为持留菌，这类细菌常具有代谢活动低、休眠特性，以应对药物等极端环境压力。目前研究发现持留菌的形成与毒素抗毒素系统、外排泵系统、细胞代谢通路改变、DNA 修复系统、生物被膜等多种因素有关。例如，大肠杆菌中持留菌的产生受到 ATP 丰度调控的影响，同时细胞内蛋白聚集体的形成与细菌进入休眠状态的深度相关。另外，有研究认为宿主细胞也会影响细菌对抗菌药物的耐受，当亚致死浓度抗菌药物暴露会促进细菌入侵上皮细胞，增强抗菌药物的耐受性，低水平抗菌药物暴露诱导宿主细胞内化的细菌在胞内存活和持留。

细菌 DNA 损伤修复又称为 SOS 反应，细菌在药物的选择性压力和刺激下，可能会激活 SOS 反应，诱导产生突变并引起细菌耐药性。SOS 产生的主要依赖于两种蛋白（RecA 和 LexA），通过 RecA 蛋白与 LexA 的相互作用，解除 LexA 对多个 SOS 相关基因的转录抑制，激活修复 DNA 损伤的蛋白质的合成，启动 SOS 反应。在正常状态的大肠杆菌细胞中，LexA 以二聚体的形式阻遏约 43 个包括 *recA* 和 *lexA* 在内的 SOS 诱导基因的转录表达，而当细菌暴露于喹诺酮等抗菌药物下，DNA 受到损伤，RecA 通过结合单链 DNA 而得到活化，进一步影响 LexA 的转录抑制功能从而激发细胞内 SOS 反应。在霍乱弧菌中包括喹诺酮类、氨基糖苷类、四环素和氯霉素等抗菌药物都可以诱导细胞内的 SOS 反应。SOS 反应维持了细菌在药物压力下的生理活性，并提高细菌对药物的耐药水平，因此常见于持留菌细胞中。另一方面，SOS 反应会促进耐药基因的水平传播。如亚致死剂量的 β-内酰胺抗菌药物引起细菌 SOS 反应，并显著性提高质粒的接合转移频率。另外，SOS 反应还可以增加噬菌体转导的发生，促进了耐药基因的水平传播。

3.1.2 耐药性传播机制

细菌耐药性的传播方式可分为垂直传播和水平传播两种。前者也被称为克隆传播，是细菌通过亲代-子代的遗传方式，完成基因转移，具有一定的种属特异性和区域特异性。后者又称为基因水平转移，是指在自然状态下细菌通过转化、转导、接合等方式来完成耐药基因的传播，该机制被认为是导致细菌耐药性快速传播的主要原因之一。

3.1.2.1 耐药基因水平传播方式

细菌耐药基因的水平传播主要包括接合、转化以及转导三种机制。其中，接合被认为是介导耐药基因水平转移（horizontal gene transfer，HGT）最重要的机制，而转化和转导对耐药基因的传播起到次要作用。

（1）**接合** 接合又称接合转移，是供体细菌通过性菌毛与受体细菌相连形成通道，将遗传物质从供体细菌转移至受体细菌的过程。接合转移过程需要多个基因产物的参与，主要是交配对形成模块（mating pair formation，MPF）、松弛体和偶联蛋白的配合。其中，MPF 系统又称接合型Ⅳ型分泌系统（type Ⅳ secretion system，T4SS）。可进行接合转移的遗传元件主要有质粒、整合性接合元件（integrative and conjugative element，ICE）、整合移动元件（integrative and mobilizable element，IME）。以质粒为载体的接合转移是导致耐药基因在革兰氏阴性菌中传播的最主要原因，如 IncF、IncI、IncX、IncH 和 IncN 型等质粒在碳青霉烯类、氟喹诺酮类和黏菌素耐药基因全球传播中发挥重要作用。

（2）**转化** 转化是指受体细菌通过直接吸收外界环境中游离的 DNA 片段，从而获得相应的遗传性状的过程。如大环内酯耐药基因 *erm*（B）以及氟苯尼考耐药基因 *cfr* 等耐药基因都可以通过自然转化在弯曲杆菌之间进行转移。

（3）**转导** 转导是指含有耐药基因的 DNA 片段以噬菌体作为载体，通过噬菌体对宿主细菌的感染将耐药基因从供体菌转移到受体菌中。与转化途径相比，由于耐药基因被包裹在噬菌体的头部内从而避免了 DNA 酶对其的降解，因此其转移频率相对较高。但由于噬菌体具有一定的宿主特异性，耐药基因转导仅能发生在同种细菌内。另外，转导是金黄色葡萄球菌中耐药基因常见的转移方式。

3.1.2.2 可移动遗传元件

可移动遗传元件（mobile genetic element，MGE）是编码转移相关酶与及其辅助蛋白质的 DNA 片段，可介导 DNA 在基因组内或细菌细胞之间进行转移，主要包括插入序列（insertion sequence，IS）、转座子（transposon，Tn）、整合子（integron）和基因盒（gene cassette）、质粒（plasmid）、噬菌体（phage）、整合性接合元件 ICE 和整合移动元件 IME 等。可移动遗传元件在水平基因转移中发挥着重要作用，促进了耐药基因的快速传播。

（1）**质粒** 质粒是指存在于细菌、真菌等微生物中，独立于染色体之外可自我复制的 DNA 分子，大多数为环状双链结构，少部分为线性质粒。质粒的大小通常为几 kb 到几百 kb 不等。根据质粒的不相容性的特性，可以将其分为不相容质粒群和相容质粒群；根据质粒接合转移能力，将其分为可接合质粒和不可接合质粒；根据质粒宿主范围，将其分为窄宿主质粒和广宿主质粒。目前主要按质粒复制子分型，如肠杆菌中常见的 IncX3、IncX4、IncHI2 型质粒等。质粒通常携带复制、分配、维持稳定、接合转移等功能相关的基因，也携带一些辅助宿主适应环境的功能基因，如毒力基因、耐药基因、金属抗性基因等。质粒可通过接合在不同菌种之间进行转移，促进耐药基因在不同菌种之间传播，如 IncC 型质粒可介导 bla_{NDM} 基因在肠杆菌和不动杆菌间的转移。

（2）**插入序列** 插入序列是最简单的转座元件，大小通常为几百 bp 到几千 bp 不等，典型的 IS 两端为短的、相同或部分相同的反向重复序列（IR）。IS 包含一个或两个基因编码转座酶，转座酶识别 IR 序列使得插入序列能够通过"剪切和粘贴"或"复制和粘贴"的方式移动到新的位置。尽管 IS 内部并不携带耐药基因，但相同或高度相似的两个拷贝 IS 可分别插入同一耐药基因的两侧，形成复合转座子，从而捕获和移动耐药基因。如两个反向插入的 IS10 与四环素耐药基因 tet(A)、tet(B)、tet(C) 和 tet(D)，以及其它假定蛋白共同形成复合转座子 Tn10；部分类型的 IS，单个拷贝即可捕获和移动与其相邻的耐药基因，例如 ISEcp1 在转座的过程中不识别 IRR 而选择识别下游类似 IRR 的序列，从而移动相邻区域。另外，插入序列共同区（ISCR）和 IS91 家族（如 IS1294）可通过滚环复制转座，识别 IS 下游的复制终点 terIS 类似的序列，并捕获下游的序列，如 ISCR2 与替加环素耐药基因 tet(X3)、tet(X4) 和 tet(X5) 的转移有关，ISCR1 参与耐药基因 $rmtB$ 和 $qepA$ 传播。

（3）**整合性接合元件** 整合性接合元件是一种具有模块化特点的 DNA 移动元件，其结构包括位点特异性的整合酶、松弛酶、接合转移相关蛋白、可被整合酶识别的正向重复序列 att 位点（attL/attR）以及其它附属基因。ICE 可整合入细菌染色体或质粒，其整合酶可使其从染色体或质粒脱离形成环状中间体，并编码完整的接合系统在不同细菌间实现接合转移。另外，大量 ICE 位于质粒上，依靠质粒的转移实现传播。

（4）**整合移动元件** 整合移动元件是一种新型的可移动遗传元件，其基本结构与整合性接合元件相似，即两端具有正向重复序列，通常携带整合酶和松弛酶。但整合移动元件很少携带接合系统相关蛋白，其细菌细胞间的转移通常依赖于宿主质粒的转移。若整合移动元件启动独立转移，它可利用自身表达的松弛酶作为牵引，还需借助其他可移动元件所表达的接合系统，以实现在细菌间的转移。

（5）**基因盒** 基因盒是最小的移动元件（0.5~1kb），仅含一个基因（通常是耐药基因）和一个特异性重组位点 attC。基因盒可以作为游离的环状分子存在，但不能自身移动，且不具有复制性，可被整合子捕获。细菌可以通过整合子的整合酶捕获多个基因盒形成超级整合子，如在霍乱弧菌中发现携带十几个基因盒的超级整合子。

（6）**转座子** 转座子是一类能够在基因组上移动的 DNA 片段，由一种或多种转座酶促进其移动。转座子包括复合型转座子和 TnA 型转座子，复合型转座子两端为相同或相近的插入序列组成，如携带 bla_{NDM-1} 基因的复合型转座子 Tn125、Tn3000

和 Tn*7051*，携带黏菌素耐药基因 *mcr-1* 的复合型的转座子 Tn*6330*；TnA 型转座子包含转座酶、解离酶、解离位点等结构，肠杆菌科细菌中与耐药基因相关的 TnA 型转座子有 Tn*3* 和 Tn*21* 等家族。转座子在耐药性的传播过程中发挥重要作用：①转座子自身携带的耐药基因直接转移；②编码转移基因促使其他耐药质粒或携带耐药基因的转座子转移；③自身整合到更大的可连接转座子中；④在供体菌和受体菌间进行同源重组。

（7）**噬菌体**　噬菌体（phage）是感染细菌等微生物的病毒的总称，可分为溶原性噬菌体和裂解性噬菌体。其中溶原性噬菌体可将自身基因组整合入宿主染色体长期稳定存在，随宿主菌的生长与繁殖进行增殖，而发生整合前的溶原性噬菌体被称为前噬菌体。研究发现，前噬菌体可从宿主细菌中获得耐药基因或携带多种耐药基因感染细菌，从而导致耐药基因的传播。

（8）**基因组岛**　基因组岛（genomic island，GI）是通过水平转移获得的细菌染色体上相对独立的 DNA 片段（10～200kb），能够整合进宿主基因组，并通过接合、转化等方式被新的宿主捕获。大多数基因组岛两侧有大小不等的重复序列，其主要转移机制是通过整合酶与两侧的重复序列相互作用剪切成环状中间体，之后再在整合酶作用下与染色体发生位点特异性重组，进而整合到染色体上。广义的基因组岛包括具有迁移功能的元件，如整合性接合元件（ICE）、整合移动元件（IME）以及从染色体上切除的并可通过噬菌体介导的机制水平转移的元件。根据其附属基因，可将基因组岛分为耐药基因岛和毒力岛。含多种耐药基因的称为耐药基因岛，含有毒力因子的称为毒力岛，如葡萄球菌盒式染色体（SCCmec）和金黄色葡萄球菌致病岛（SaPI）。

3.1.3　细菌耐药性控制

动物养殖过程中，抗菌药物既用于动物治疗，也曾作为饲料添加剂用于健康畜禽的疾病预防和促生长用途。我国畜禽养殖量大，且国家对兽用抗菌药物的管控起步较晚，养殖从业人员合理用药意识缺乏，使得养殖业中存在着超剂量或不合理使用抗菌药物的现象。抗菌药物的不合理使用，造成动物机体内抗菌药物残留量超标。动物体内残留的抗菌药物，不仅会通过食物链最终危害人体健康，还会以非代谢物或活性代谢物等形式排放到环境中，造成环境污染、畜禽农产品安全风险增高等问题（见图 3-1）。残留于动物、食品和环境等的抗菌药物还会对微生物产生选择压力，加速耐药基因/耐药菌的产生、传播和扩散，严重威胁公共卫生安全。

秉承世界卫生组织（WHO）、联合国粮食及农业组织（FAO）以及世界动物卫生组织（World Organization for Animal Health，WOAH）所提出的"One Health"理念，应结合多学科、多领域、多部门共同协作，加强兽用抗菌药物的管理、规范兽医临床用药、发展耐药性防控技术（如联合用药技术、研发耐药基因消除技术、开发专用抗菌药物等）应对耐药性问题，保障动物和人类健康。

3.1.3.1　加强兽用抗菌药物的管理

加强兽用抗菌药物的管理，减少抗菌药物在动物的使用量，有助于遏制耐药性的发

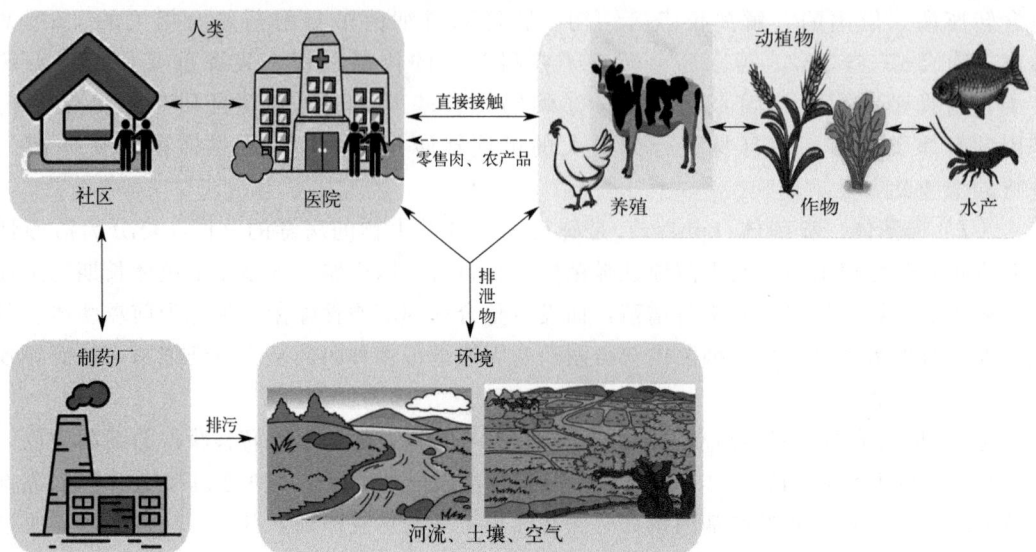

图 3-1 细菌耐药性的传播路径

展。各国政府出台各种条例、政策、行动计划等，以缓解因滥用和误用抗菌药物而导致的日益严重的耐药性威胁。

（1）减少抗菌药物在动物的使用　为避免兽用抗菌药物不合理使用导致的药物残留和造成的细菌耐药性，世界各国采取了严格的兽用抗菌药管理及细菌耐药性防控措施。早在 1969 年，英国倡导慎用抗菌促生长剂；1986 年，瑞典率先禁止了抗菌药物作为饲料添加剂；1997 年，丹麦效仿瑞典禁止抗菌药物作动物促生长剂使用；2005 年，美国禁止在家禽中使用恩诺沙星；2006 年，欧盟全面禁止抗菌药物作为促生长饲料添加剂用于食品动物；2014 年，美国禁止 16 种抗菌药物在食品动物中使用；同年，世界卫生组织（WHO）提出《控制细菌耐药全球行动计划》，呼吁优化抗微生物药物的使用；随后，美国在 2015 年发布了《对抗细菌抗生素耐药性国家行动计划》，并在 2017 年宣布禁止将抗菌药物用于促生长。2021 年，世界动物卫生组织为兽医单独制定了抗菌药物的使用课程，号召各国加强对兽医的抗菌药物合理使用教育。

近年来我国也陆续出台了多项抗菌药物管控的公告和条例。2013 年，我国出台了《兽用处方药和非处方药管理办法》。2015 年，我国停止了人用的重要抗菌药物氧氟沙星、诺氟沙星、培氟沙星和洛美沙星在动物食品中的应用。2016 年，我国发布了《遏制细菌耐药国家行动计划（2016—2020 年）》。2017 年，我国农业部禁止了将硫酸黏菌素作为动物促生长剂使用（第 2428 号公告），仅保留其治疗用途。2017 年，我国发布了《全国遏制动物源细菌耐药行动计划（2017—2020 年）》，禁止了非泼罗尼用于食品动物。2018 年，我国停止在食品动物中使用喹乙醇、氨苯胂酸、洛克沙胂等 3 种兽药，并颁布了《兽用抗菌药使用减量化行动试点工作方案（2018—2021 年）》。2020 年，我国宣布退出除中药外的所有促生长类药物饲料添加剂品种，实现饲料端"禁抗"、养殖端"减抗"。2021 年，我国再次提出《全国兽用抗菌药使用减量化行动方案（2021—2025 年）》，以确保

"十四五"时期国内兽用抗菌药使用量保持下降趋势，畜禽产品的兽药残留监督抽检合格率保持在98%以上。

虽然目前我国兽用抗菌药物的使用量仍高于发达国家标准，但自从落实相关政策方针后，兽用抗菌药物滥用的现象已有所减少。在2017年以前，国内的抗菌药物原料药年使用总量约为20万吨，其中有5万～10万吨用于养殖业；而在2019年，国内的兽用抗菌药年总用量下降至30903.66吨，每千克动物产品的兽用抗菌药使用量为160mg，与2017年相比，兽用抗菌药物使用量下降了21.9%。

（2）抗菌药物的分级管理 我国于2017年出台了《食品动物用兽用抗菌药物临床应用管理办法（征求意见稿）》，将兽用抗菌药物分为了非限制使用级、限制使用级和特殊使用级等三大类，以便于对兽用抗菌药物实行分级管理（见表3-1和表3-2）。这不仅有助于淘汰风险隐患药物品种，强化兽用抗菌药物的监管，而且规范了养殖环节兽用抗菌药物的使用。

表3-1 《食品动物用兽用抗菌药物临床应用管理办法（征求意见稿）》抗菌药物分类

分类	说明	常用药物
非限制使用级抗菌药物	经长期兽医临床应用证明安全、有效，对动物严重感染治疗重要，细菌耐药性关注比较少的抗菌药	链霉素、青霉素、阿莫西林、新霉素、安普霉素、庆大霉素、替米考星、泰乐菌素、泰万菌素、恩诺沙星、马波沙星、磺胺氯哒嗪、金霉素、多西环素
限制使用级抗菌药物	经长期兽医临床应用证明安全、有效，对动物严重感染治疗高度重要，细菌耐药性关注比较大的抗菌药	大观霉素、氟苯尼考、头孢喹肟、头孢噻呋、黏菌素、乙酰甲喹、加米霉素、泰拉菌素、喹烯酮、环丙沙星
特殊使用级抗菌药物	具有以下情形之一的：对动物具有明显或者严重不良反应，不宜随意使用的；对动物严重感染治疗极为重要的；细菌耐药性受到高度关注的；上市不足5年的抗菌药新品种	

表3-2 食品动物用兽用抗菌药物临床应用分级管理目录

抗菌药物类别	非限制使用	限制使用	特殊使用	靶动物
氨基糖苷类抗生素		大观霉素		猪、禽
	链霉素			家畜
	双氢链霉素			家畜
	卡那霉素			家畜
	新霉素			禽、鱼、虾、河蟹
	安普霉素			猪、鸡
	庆大霉素			家畜
	庆大-小诺霉素			猪、鸡
酰胺醇类抗生素		氟苯尼考		猪、鸡、鱼、虾
		甲砜霉素		畜、禽、鱼
安沙霉素类抗菌药	利福霉素类抗菌药	利福昔明		奶牛

抗菌药物类别		非限制使用	限制使用	特殊使用	靶动物
β-内酰胺类抗生素	青霉素类抗生素	青霉素			马、牛、羊、猪、禽
		苄青霉素			马、牛、羊、猪
		普鲁卡因青霉素			马、牛、羊、猪
		阿莫西林			家畜、鸡
		氨苄西林			家畜、鸡
		海他西林			鸡
		氯唑西林			家畜、奶牛
		苄星氯唑西林			奶牛
		苯唑西林			马、牛、羊、猪
		萘夫西林			奶牛
	头孢类抗生素	头孢氨苄			猪、奶牛
			头孢噻肟		猪、奶牛
			头孢噻呋		牛、猪、雏鸡
β-内酰胺类抗生素＋β-内酰胺酶抑制剂		阿莫西林＋克拉维酸			牛、猪、鸡
林可胺类抗生素		吡利霉素			奶牛
		林可霉素			奶牛、猪、禽
大环内酯类抗生素		红霉素			马、牛、羊、猪、鸡
		泰拉霉素			牛、猪
			加米霉素		牛
			泰拉菌素		牛、猪
		吉他霉素			牛、猪、鸡
		替米考星			猪、禽
		泰乐菌素			猪、鸡
		泰万菌素			猪、鸡
截短侧耳素类抗生素		泰妙菌素			猪、鸡
		沃尼妙林			猪
多肽类抗生素		恩拉霉素			猪、鸡
		杆菌肽			牛、猪、禽
			黏菌素		牛、猪、鸡
硫链丝菌素类抗生素		纳西肽			猪、鸡
链阳霉素类抗生素			维吉尼亚霉素		猪、鸡
氟喹诺酮类抗菌药		氟甲喹			鸡、鱼
			环丙沙星		家畜、家禽、鳗鲡、鳖
		达氟沙星			猪、鸡
		二氟沙星			猪、鸡
		恩诺沙星			牛、猪、鸡、水产
		马波沙星			猪
		沙拉沙星			猪、鸡
喹噁啉类抗菌药			喹烯酮		猪
			喹乙醇		猪
			乙酰甲喹		牛、猪
磺胺类抗菌药		磺胺氯哒嗪			猪、鸡
		磺胺嘧啶			家畜、鸡
		磺胺二甲嘧啶			家畜、鸡、鱼
		磺胺甲噁唑			家畜、鸭、鱼

抗菌药物类别	非限制使用	限制使用	特殊使用	靶动物
磺胺类抗菌药	磺胺间甲氧嘧啶			畜、禽、鱼
	磺胺噻唑			家畜
	磺胺喹噁啉			鸡
	磺胺对甲氧嘧啶			家畜、禽
	磺胺脒			家畜
	酞磺胺噻唑			犊、羔、猪
	结晶磺胺			动物烧伤创面
	磺胺米隆			动物烧伤创面
磺胺类抗菌药＋二氢嘧啶类抗菌增效剂	磺胺间甲氧嘧啶＋甲氧苄啶			畜、禽
	磺胺间甲氧嘧啶＋磺胺甲噁唑＋甲氧苄啶			猪
	磺胺二甲嘧啶＋甲氧苄啶			猪、鸡、鱼
	磺胺甲噁唑＋甲氧苄啶			家畜、鱼
	磺胺甲噁唑＋磺胺嘧啶＋甲氧苄啶			猪
	磺胺嘧啶＋甲氧苄啶			家畜、鸡、鱼
	磺胺氯哒嗪＋甲氧苄啶			猪、鸡
	磺胺对甲氧嘧啶＋甲氧苄啶			家畜
	磺胺对甲氧嘧啶＋二甲氧苄啶			家畜、禽
磷酸糖肽类抗生素	黄霉素			牛、猪、鸡
正太霉素类抗生素	阿维拉霉素			猪、鸡
四环素类抗生素	金霉素			猪、鸡
	四环素			家畜
	土霉素			家畜、禽
	多西环素			牛、猪、鸡、鱼

目前，我国出台的一系列"减抗、限抗"政策措施已取得了一定的成效。例如，在停止将黏菌素作为动物促生长饲料添加剂后，2018 年我国黏菌素预混剂产量较 2015 年下降了 91%，销量下降了 89%，湖南、贵州、陕西和辽宁等四个省份的养殖场动物粪便中黏菌素残留量从 191.07μg/kg（2017 年）下降至了 7.48μg/kg（2018 年），且动物源肠大肠杆菌对黏菌素的耐药率显著性下降。

值得注意的是，虽然相关政策使我国兽用抗菌药物使用量呈现逐年下降的趋势，但兽用抗菌药物在我国兽用化学药物的使用中仍然占据主导地位。对此，有关部门应继续加强对养殖业科学用药的有效指导，谨慎审批和严格管控兽用抗菌药物的临床应用，建立、完善兽药相关法律法规，适时制定、修改相应兽药残留限量标准，并对兽用抗菌药物制定严格的休药期和停药期等，做好动物产品兽药残留检测、督察工作，不断规范兽用抗菌药物的使用。

3.1.3.2 规范兽医临床用药

为科学使用兽用抗菌药和减少对兽用抗菌药的过分依赖，选用抗菌药物时，应遵循以下原则。首先，在有明确病症的情况下，根据药敏试验结果，选用适宜的药物、剂量和疗程，并遵照执业兽医师制定的处方严格执行，以达到杀灭致病性微生物和控制感染的目的；其次，选用治病菌的敏感药物时，应遵循先窄谱后广谱、先老药后新药、先对症治疗后对因治疗等原则；最后，应采取综合措施，如合理调配饲料配方保证营养全面、合理控制动物群密度、注意通风、采光及噪声控制、做好保温或防暑工作等，以增强畜禽免疫力，防止各种不良反应的产生。

此外，应用兽用抗菌药时应注意以下几点：

① 坚持预防为主原则。有计划、有目的、适时地使用疫苗或采取其他措施进行疾病预防，在接种菌苗期间，避免使用抗菌药物。

② 明确药物适应证。明确不同致病菌对抗菌药物的敏感性，以及不同抗菌药物的适用范围，尽可能先对病原菌进行药物敏感性试验，再选择合适的药物。

③ 制定合理的给药方案，建立并保存用药记录和免疫程序记录。治疗用药记录包括动物编号、发病时间及症状、药物名称、给药途径、给药剂量和治疗时间等。所有记录资料应保存 2 年以上。

④ 禁止使用假劣兽药、原料药和人用药品，禁止使用未经国家畜牧兽医行政管理部门批准的用基因工程方法生产的兽药，禁止使用未经农业农村部批准使用或已经淘汰的兽药。

⑤ 严格遵循兽药配伍原则，合理联合用药。坚持低毒、安全、高效原则，科学配伍使用兽药，可起到增强疗效、降低成本、缩短疗程等积极作用。

⑥ 严格遵守休药期。为避免抗菌药物在动物产品中残留超标，应严格遵守休药期的相关规定。

⑦ 尽量选择无毒或毒性小的抗菌药进行治疗，以防止不良反应的产生。切忌盲目地加大剂量，延长疗程。

3.1.3.3　加强新型抗菌药和增效剂的研发

面对细菌耐药性所造成的重大威胁，2017 年世界卫生组织首次发布了对人类健康构成最大威胁的耐药菌清单，并将 12 种细菌分为关键级（critical）、高级（high）和中级（medium）等三个优先级（见表 3-3）。

表 3-3　新型抗菌药物研发重点病原体清单

优先级	耐药菌	其耐受抗菌药物类别
关键级	鲍曼不动杆菌	碳青霉烯类
	铜绿假单胞菌	
	产 ESBL 肠杆菌	
高级	屎肠球菌	万古霉素
	金黄色葡萄球菌	甲氧西林、万古霉素
	幽门螺杆菌	克拉霉素
	弯曲杆菌属	氟喹诺酮
	沙门菌	头孢菌素、氟喹诺酮
	淋病奈瑟球菌	
中级	肺炎链球菌	青霉素
	流感嗜血杆菌	氨苄青霉素
	志贺菌	氟喹诺酮

如何遏制细菌耐药性的发展和传播？过去主要通过研发更多的新型抗菌药物来应对。然而，新型抗菌药物的开发周期较长，且耗资巨大，加之多重耐药菌的出现，使新型抗菌药物的研发难度不断增加，难以应对细菌多重耐药性的迅速发展。因此，"老药新用"、优化"老药"、开发抗菌增效剂等策略成了近年来的研究热点，为攻克细菌耐药性难题提供了新思路。

（1）"老药新用"　鉴于"老药"安全性已知，"老药新用"可以大大节约开发时间和成本并提高新药研发的成功率。目前，部分"老药"药物已通过研究而扩大了其临床适应证，如金诺芬、依布硒啉、塞来昔布和辛伐他汀等非抗菌药物对革兰氏阳性菌具有一定的抑制效果。其中，金诺芬与阿莫西林、依布硒啉与利奈唑胺或克林霉素、塞来昔布与氟康唑等药物联用还具有协同抗菌作用。另外，抗真菌"老药"——盐酸萘替芬，能竞争性抑制脱氢鲨烯去饱和酶（CrtN）功能，抑制金黄色色素的合成，从而有效降低临床分离的耐甲氧西林金黄色葡萄球菌（MRSA）对实验小鼠的感染力与致病力。

（2）优化"老药" 随着高通量药物筛选、化学合成和组学技术的发展，以"老药"为骨架进行药物优化，可以极大缩短苗头化合物发现、先导化合物优化乃至候选药物临床前研究的周期。同时，基于明确的药代动力学性质及安全性等参数，可以有效降低临床研究失败的风险。例如：通过参考截短侧耳素类抗菌药物（pleuromutilin）的结构，人工合成的新型截短侧耳素类抗菌药物衍生物同样可与50S核糖体亚基的肽基转移酶中心紧密结合，抑制蛋白质的合成，并有效杀灭耐甲氧西林金黄色葡萄球菌。

（3）开发抗菌增效剂 20世纪70年代和80年代上市的磺胺增效剂和 β-内酰胺酶抑制剂已不足以应对当前复杂的耐药性问题，应继续寻找新型广谱抗菌增效剂延长现有多种抗菌药物疗效。例如：人工合成的新型线性短链广谱抗菌增效剂 SLAP-S25，可提高多种临床常用抗菌药物，如四环素、万古霉素、氧氟沙星、利福平和多黏菌素等传统抗菌药物对多重耐药大肠杆菌以及其它革兰氏阴性耐药菌的抗菌效果，同时 SLAP-S25 和多黏菌素联合使用，可恢复10种不同菌属的多黏菌素耐药革兰氏阴性菌对多黏菌素的敏感性。从海洋海绵衍生真菌中分离的甲萘类化合物——伊快霉素（equisetin）对 MRSA 或耐万古霉素肠球菌具有良好的抗菌活性，同时，伊快霉素作为增效剂，可恢复黏菌素对多种革兰氏阴性耐药菌的敏感性。

3.1.3.4 联合用药

动物源细菌耐药性日益严重，混合感染的动物也越来越多，兽药的联合应用日渐常态化。如头孢噻呋可用于奶牛乳腺炎治疗，但细菌耐药问题导致其治疗效果不佳，当头孢噻呋与丹参酮乳房注入剂联合使用时，既能恢复头孢噻呋的敏感性及降低药物残留，又能发挥丹参良好的抗炎作用，提高防治效果。另外，阿米卡星分别与头孢噻呋、红霉素或马波沙星等药物联用后，对奶牛乳房链球菌也均具有协同或相加作用，且均可以降低细菌耐药的发生率，其中阿米卡星与马波沙星联用后效果较为明显。此外，许多猪、禽专用的复方制剂也在临床应用中得到养殖户的认可，如猪用复方制剂"高热金方""口蹄金方""黄金搭档""A＋B""长效治菌磺""混感血毒清"，禽用复方制剂如痢瘫灵、清瘟败毒散、板陈黄、黄连解毒散、麻杏石甘等，都体现了兽药联合用药在畜禽养殖业中的重要性。

3.1.3.5 耐药基因消除技术

耐药基因的水平传播是形成细菌多重耐药性的重要原因，不直接杀灭病原菌而控制耐药基因的技术传播正成为一种新的耐药性防控策略。近年来不少研究发现由规律成簇间隔的短回文重复序列（clustered regularly interspaced short palindromic repeats，CRISPR）及其相关蛋白（CRISPR-associated protein，Cas）所组成的 CRISPR-Cas 系统，可靶向切割进入细菌的外源遗传物质，进而防控耐药基因水平转移，以防止耐药性的传播和扩散。近年来研究学者陆续开发了以质粒、噬菌体、纳米粒子等载体传递 CRISPR-Cas 系统的手段，实现了耐药基因的消减。

近年研究者针对黏菌素耐药基因 *mcr-1* 开发了可转录 Cas9 和 tracrRNA（trans-acti-vating CRISPR RNA）序列的简化质粒 pCas9-mcr［见图 3-2(a)］，可有效消除 *mcr-1* 阳性质粒，并降低了 *mcr-1* 阳性质粒对受体菌的接合频率；同理，将 pCasCure 质粒转移到临床分离的碳青霉烯类耐药肠杆菌（CRE）时［见图 3-2(b)］，也能够有效去除携带 *bla*$_{KPC}$ 的 IncN 质粒、携带 *bla*$_{OXA-48}$ 的 pOXA-48 质粒和携带 *bla*$_{NDM}$ 的 IncX3 质粒，从而恢复耐药菌对碳青霉烯类抗菌药物的敏感性，且该系统对克雷伯菌、大肠杆菌和霍氏肠杆菌等耐碳青霉烯类肠杆菌均有较好的靶向消除耐药基因的效果。还有研究利用 IS 插入序列介导的转座机制，构建了携带 CRISPR/Cas9 系统的 IS*Apl1* 复合转座子［见图 3-2(c)］，有效消除质粒上或染色体上 *mcr-1* 基因（消除效率＞98%）。另外，将携带 CRISPR/Cas9 系统的自杀质粒 pIS*26*-CRISPR/Cas9 引入耐药大肠杆菌中［见图 3-2(c)］，也能够对其所携带的耐药基因 *mcr-1*、*bla*$_{KPC-2}$、*bla*$_{NDM-5}$ 及对应耐药质粒进行有效消除，这不仅能消除大肠杆菌宿主中的耐药质粒，还能避免宿主再次捕获携带相关耐药基因的外源性质粒。除此之外，还以噬菌体作为载体［见图 3-2(d)］，将靶向 *β*-内酰胺酶基因突变体保守序列设计的 sgRNA 和 Cas9 蛋白导入耐药菌株，可使耐药菌中 200 多种 *β*-内酰胺酶基因突变体丧失活性，从而恢复耐药菌株对 *β*-内酰胺类抗菌药物的敏感性。也有研究尝试以纳米材料为载体，将 Cas9 蛋白与分支式聚乙烯亚胺（branched PEI，bPEI）共价修饰［见图 3-2(e)］，并与靶向甲氧西林耐药基因 *mecA* 的 sgRNA 组装成纳米大小的复合物，可特异性切割 MRSA 基因组上的耐药基因 *mecA*。

随着科学技术的进步，利用计算生物学、基因测序和合成化学等手段来鉴定抗菌药物靶点、表征生物合成基因簇以及设计抗菌先导化合物等创新性研究思路，将成为未来抗击细菌耐药性的重要策略之一。

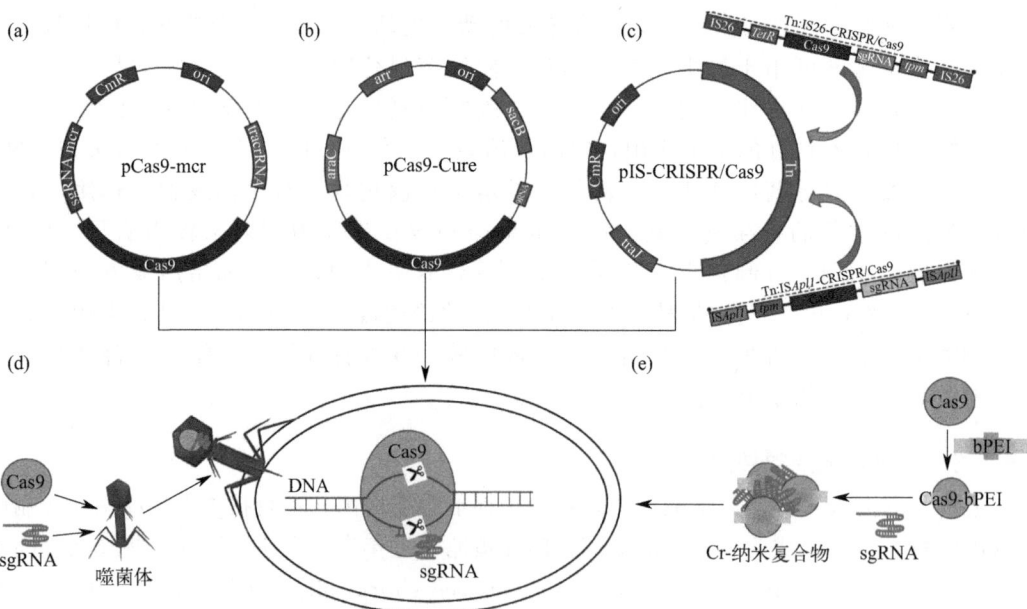

图 3-2 利用不同载体传递 CRISPR-Cas9 系统的耐药防控策略

3.1.3.6 兽用抗菌药物替代品

随着抗菌药物被禁止作为饲料添加剂应用于养殖业中，养殖行业亟须寻找有效的抗菌药物替代品，以维持畜牧业健康、可持续发展。其中，微生态制剂、酶制剂、中草药提取物、抗菌肽等抗菌药物替代产品被大量研制和推广使用。

（1）微生态制剂　微生态制剂亦称活菌制剂，是指被摄入动物体内并且能够促进肠道微生态平衡、提高肠道消化吸收功能、提高动物生产性能的一类微生物培养物，主要用于预防肠道疾病。微生态制剂进入动物肠道后，可通过调节肠道 pH，补充有益菌的数量，从而抑制有害菌，增加优势菌群，起到保护肠道微生态平衡的作用。依据微生态制剂的物质组成，将其分为益生菌（如酵母菌、乳酸菌和芽孢杆菌等）、合生元（如低聚糖、生物促进剂、植物提取物等）和益生元（如益生菌和益生元的混合制剂）等三种类型。

研究发现，在生猪养殖中，饲料中添加丁酸梭菌可以改善畜禽肠道健康，提高畜禽生长性能，增强畜禽免疫力。在肉鸡的日粮中添加 0.1% 肽菌素 T3 不仅可提高生长性能，改善肉鸡肠道菌群结构，促进肉鸡脾脏和法氏囊的发育，同时还能其提高盲肠内容物中 sIgA 含量，肽菌素 T3 降低血清内毒素含量的效果优于 20g/t 硫酸黏杆菌素。在奶牛的日粮中添加酵母和枯草芽孢杆菌可以提高机体免疫及抗氧化能力，降低奶牛尿液中氮含量，有助于改善牛乳品质。在奶山羊的日粮中添加酿酒酵母，可改善奶山羊的生长性能，并提高其对饲料蛋白质的利用效率。

与传统抗菌药物相比，微生态制剂抗菌活性较弱，但具有无毒副作用、不残留、无污染、成本较低等特点，可提高畜禽免疫力、生长性能和改善肠道菌群结构等，是一种环保抗菌药物替代品。然而，由于微生物制剂的稳定性以及活性容易受到外界环境温度及湿度的影响，因此微生态制剂的生产、制备和储存等有严苛的要求。

（2）酶制剂　酶制剂取自生物，是高效生物催化剂，具有严格的特异性，包括单一酶制剂和复合酶制剂两类。酶制剂中的非淀粉多糖酶可与粗饲料干物质中的细胞壁非淀粉多糖发生特异性结合，破坏植物细胞壁，有利于释放饲料中被细胞壁包裹的养分，促进养分被动物体消化吸收，并且还能弥补动物自身酶分泌量不足等问题。同时，酶制剂能够显著减少动物腹泻率，改善动物健康，提高养殖经济效益。

研究发现，在猪日粮中添加酶制剂（如植酸酶、纤维素酶）均能够提高猪对日粮的消化能力，对猪的生长发育起到重要调节作用。在蛋鸡饲粮中添加外源蛋白酶，可提高凝乳蛋白酶活性，减少蛋鸡死亡，增加产蛋的硬度，提高蛋的质量，保证蛋鸡养殖的经济效益。另外，当水产动物处于不良应激状态时，适当补充 0.1%～0.3% 的液态饲用复合酶制剂可增强机体抵抗力、提高动物的成活率。值得注意的是，水产动物的养殖中，大部分品种无精准的能量需求和原料消化率数据，无法确定酶制剂的合理使用量。

综上，酶制剂具有安全有效、几乎无残留、对动物无毒害作用、在体内几乎不产生耐药性等优点，是较好的抗菌药物替代品和饲料添加剂。然而，酶制剂仍存在活性差、稳定性低、使用寿命短、成本较高等问题，且目前市场上大部分的酶制剂属于混合酶制剂，其针对性较差，应用目标不明确，难以满足养殖行业的需求。

（3）中草药提取物　中草药提取物含有丰富且复杂的有机成分，包括多糖类、生物碱类、苷类、挥发油等。鉴于中药成分复杂，不易引发耐药性，我国医药领域已启动抗"超级细菌"药物研发项目，通过中西药联合用药开展专项研究。

研究发现，小檗碱可通过多种机制达到消除大肠杆菌耐药性的目的，主要包括抑制大肠杆菌多重耐药外排泵表达、降低大肠杆菌体内酶活性及改变大肠杆菌细胞膜和细胞壁成分。止泻木可抑制耐药铜绿假单胞菌 MexAB-OprM 酶对大部分抗菌药物的外排作用，恢复铜绿假单胞菌对抗菌药物的敏感性。三黄汤（黄连、黄芩、大黄）、黄连解毒汤（黄连、黄芩、黄柏、栀子）及五味消毒饮（金银花、野菊花、蒲公英、紫花地丁、天葵子）等三种复方制剂的水煎剂对 β-内酰胺酶的活性均具有较好的抑制作用，可降低细菌耐药性，且三种复方制剂与 β-内酰胺酶抑制剂克拉维酸的抑制效果相当。艾叶醇提液和艾叶挥发油均能消除耐庆大霉素大肠杆菌的耐药质粒，从而恢复大肠杆菌对庆大霉素的敏感性，其中艾叶醇提液的耐药质粒消除率最高可达 69.4%。牛至油通过改变细胞膜结构、增加细胞膜对抗菌药物的渗透性，使得抗菌药物在细菌体内蓄积，从而达到消除耐药性的效果。

综上，中草药提取物具有抗菌、抑菌、抗氧化、双向调节机体免疫功能等生物活性，并具有安全低毒且不易产生耐药性、无污染等优点，应用在饲料中能够提高畜禽生产性能，改善肉蛋品质，是一种有潜力的抗菌药物替代品。然而，目前与中药有效成分相关的研究较少，中草药配伍和作用机理还不清晰，其中某些成分与其他饲料添加剂可能存在拮抗作用，安全性评价的相关数据不足。此外，受生产工艺限制，中草药的有效活性成分提取量不高，且对于中药消除耐药性的具体作用与机制的研究还不够深入，很难系统地阐述其耐药消除的机制，不利于今后的规模化开发及应用。

（4）**抗菌肽** 抗菌肽（antimicrobial peptide，AMP）是一种具备抗菌活性的小分子多肽。自抗菌肽首次发现以来，目前已经从很多不同物种分离出不同的抗菌肽。按照来源不同，可分为动物源抗菌肽（如天蚕素）、植物源抗菌肽（如硫堇和植物防御素）、微生物源抗菌肽（如肠杆菌肽）及人工抗菌肽等。抗菌肽的主要特点是具有抑菌或杀菌功能，其抗菌机理是带正电荷的抗菌肽通过静电作用直接与带负电荷的细菌细胞膜结合，引起细胞膜穿孔从而造成细菌死亡。

研究发现，无抗日粮中添加 300mg/kg 肠杆菌肽可有效抑制仔猪肠道中致病性大肠杆菌和沙门菌数量，使哺乳阶段和保育阶段仔猪腹泻率显著降低。在饲粮中添加 300mg/kg 枯草菌肽可显著降低了肉鸡盲肠中的大肠杆菌数量，其治疗效果与金霉素相当，且对引起肉鸡坏死性肠炎的产气荚膜梭菌具有良好抑制效果。天蚕素的抗菌活性高于硫酸黏杆菌素、盐酸金霉素、土霉素、林可霉素等常用抗菌药物，且对猪源、禽源沙门菌也具有更好的抗菌效果。

抗菌肽具有较好的抗菌、抑菌特点，主要作用于肠道细菌，可高效防控养殖中的细菌性疾病，调节动物的肠道菌群平衡。然而，抗菌肽易被胰蛋白酶消化水解，在实际应用时其抗菌作用可能减弱或消失。另外，天然抗菌肽表达量低，其分离纯化工序较为困难。

（5）**其他替代品** 除了上述制剂以外，以酸化剂、功能性蛋白肽、氨基酸、寡糖为代表的抗菌药物替代品也是目前的研发热点。在畜禽养殖中选择合适的替代品提高畜禽机体免疫力和肠道健康等，不仅可以减少抗菌药物的使用，还能减少动物排泄物产生的污染，避免耐药菌/耐药基因的产生和传播，可有效提高社会的经济和生态效益，保障动物和人类的健康发展。

3.1.4 耐药折点制定

动物源细菌耐药性的出现和加剧，给临床治疗带来了严峻挑战。为更好地指导临床用药和预测细菌耐药趋势，规范并制定临床耐药折点显得尤为重要。然而，目前国内外关于细菌耐药判定标准的研究多集中于人用抗菌药物，对兽用抗菌药物的折点研究较少，大多数兽药在使用过程中仍参考人医标准。但由于动物源病原菌与人体病原菌存在明显差异，且抗菌药物在畜禽和人体内的药物代谢动力学特征不尽相同，直接套用人医标准将会造成抗菌药在临床的疗效存在较大偏差。特定动物物种或感染部位的兽用抗菌药物耐药折点的缺乏，可能会导致药物、剂型及剂量的选择失衡，从而致使临床治疗失败或加剧病原菌的耐药风险。因此，制定具有动物物种和给药方案特异性的耐药折点，将有助于规范抗菌药物在兽医领域的应用，建立专门的动物源细菌耐药判定标准成了迫切的需要。本章将对临床耐药折点的发展历史、研究进展、制定方法及应用等方面进行总结，为更好地监测细菌耐药性变化、设计临床药物实验和指导兽用抗菌药物的使用提供一定的理论基础。

3.1.4.1 耐药折点的制定、机构及历史

（1）耐药折点的制定 临床耐药折点（clinical breakpoints，CBP）是细菌对抗菌药物敏感或耐药的分界线，由体外微生物学数据（最小抑菌浓度或抑菌圈直径）、药代动力学与药效学折点以及临床临界值等 3 种因素组成。由于药物敏感性结果仅体现体外药物浓度与细菌最小抑菌浓度（minimal inhibitory concentration，MIC）值的关系，不能反映具体感染部位的药物浓度与细菌 MIC 值之间的关系。而动物机体存在肝肠循环等药物处置途径，使得体外药物敏感性结果可能与体内疗效不完全一致，如：头孢哌酮用药 1～3h 后，胆汁的药物浓度是血药浓度的 100 倍，导致药物敏感性结果判读为耐药，而临床却仍有疗效的现象。因此，抗菌药物临床耐药折点的制定，还需要参考其他临床数据指标，如：野生型折点（wild-type cut-off，CO_{WT}）、流行病学临界值（epidemiological cut-off，ECOFF）、PK、PD 折点（PK/PD cut-off，CO_{PD}）、临床临界值（clinical cut-off，CO_{CL}）进行综合考虑。

① CO_{WT}/ECOFF：美国临床实验室标准化研究所（Clinial and Laboratory Standards Institute，CLSI）和欧洲抗菌药物敏感性试验委员会（European Committee on Antimicrobial Susceptibility Testing，EUCAST）分别将未获得耐药或无突变耐药野生菌群的 MIC 值或抑菌圈直径上限定义为野生型折点（CO_{WT}）和流行病学临界值（ECOFF）。其中，抗菌药物敏感性试验（antimicrobial susceptibility test，AST）被认为是治疗感染前筛选抗菌药物的基础试验，以区分敏感和耐药菌群，对于有效管理多种传染病至关重要。AST 试验判读为敏感（susceptible，S）表示抗菌药物的推荐给药剂量能够治疗抗菌谱内敏感细菌的感染；中介（intermediate，I）表示使用高剂量抗菌药物或药物在体内生理性蓄积时，可治疗对应菌群引发的感染；耐药（resistant，R）表示菌群存在获得性耐药或突变耐药，在抗菌药物的推荐给药剂量下，细菌不能被抑制。由于该数据只单纯考察细菌与药物的体外相互作用，因此主要应用于耐药表型的流行病学监测。

② PK/PD 折点（CO_{PD}）：即药代动力学和药效学临界值，是基于动物模型数据，针对抗菌药物的药动学参数与体内抗菌作用或临床疗效之间相关性的研究。根据与临床疗效最为相关的 PK/PD 参数及靶值，模拟获得特定给药方案下，实现抗菌效率达 90% 时的 MIC 值，从而来预测不同剂量的药物在动物体内的药效学结果，有效地指导临床用药。早在 2004 年左右就有学者提出重新评估头孢菌素类药物的折点，并对 ESBL 确证试验是否能全面反映肠杆菌目细菌的耐药性、是否与临床疗效一致提出疑问，同时还提出用 PK/PD 及蒙特卡洛分析法（Monte Carlo simulation）与 MIC 值综合计算肠杆菌目细菌对头孢菌素类药物的耐药折点。PK/PD 临界值就是在这种背景下产生的。在兽医领域，

2016 年欧洲药品管理局（European Medicines Agency，EMA）和兽医药品委员会（Committee for Veterinary Medicinal Products，CVMP）在关于证明抗菌药物有效性的指南中首次引入了 PK/PD 概念。

③ 临床临界值（clinical cut-off，CO_{CL}）：基于患畜的临床研究，通过比较不同的 MIC 值病原菌的临床预后获得。主要根据抗菌药物抑制细菌生长所需要的 MIC，结合常用给药途径和推荐剂量下动物体内特定靶器官所达到的血药浓度，考察的是在推荐给药途径和剂量下药物与患畜之间的关系，以减少临床治疗失败的风险。

（2）耐药折点制定的机构及历史　自抗菌药物投入治疗以来，其对病原菌的 MIC 值是主要的微生物学参数。最早在 1971 年，一项"抗菌药物敏感性测试国际合作研究"就讨论了 MIC 测试标准化，并将 MIC 分布划分为药物敏感的野生型和耐药两个亚群，这种将病原菌分为"抗性"和"易感"的规则便是早期的折点判读方法。同时，这项研究也首次引入了"折点"这一概念。目前，制定耐药折点权威的组织机构是欧洲抗菌药物敏感性试验委员会（EUCAST）和美国临床实验室标准化研究所（CLSI）。CLSI 成立于 1968 年，前身为美国临床实验室标准化委员会。目前，我国药敏试验结果判断标准也是参考 CLSI 标准文件，现已经更新至第 32 版。EUCAST 成立于 1998 年，隶属于欧洲感染病与临床微生物协会（European Society of Clinical Microbiology and Infectious Diseases，ESCMID），自成立后一直致力于协调欧洲地区的药敏试验方法及折点的制定，其最终目的是统一欧洲地区所使用的耐药折点。2017 年 3 月，EUCAST 在中国设立了华人抗菌药物敏感性试验委员会（Chinese Committee on Antimicrobial Susceptibility Testing，ChiCAST），其主要任务为药敏试验相关内容（如方法学、折点等）的标准化、开展药敏相关临床研究、确认和鉴定存在争议的临床标本、建立抗菌药物敏感性实验教育平台、丰富临床微生物实验室的标准化培训和宣传教学，以促进我国抗菌药物敏感性试验工作的健康发展，以及与国际的交流等工作。

与人医相比，动物源细菌耐药判定标准的起步较晚，大多数兽药的使用都是参考人医的标准。如，Bottner 等曾对临床折点这一术语进行了深入解析，根据人医上折点制定的原则来制定兽用抗菌药物的耐药折点，评估动物源细菌的耐药性。随后，研究者们意识到人和动物体内细菌的分布和药物的代谢存在很大的差异，便开始重视兽用抗菌药物耐药折点的制定。其中，CLSI 下设的兽医抗生素敏感性测试小组委员会（CLSI's Subcommittee on Veterinary Antimicrobial Susceptibility Testing，VAST）和欧洲抗菌药物敏感性试验委员会（EUCAST）下设的抗菌药物敏感性测试兽医委员会（Veterinary Committee on Antimicrobial Susceptibility Testing，VetCAST）都制定了兽医抗菌药物耐药折点执行标准，分别为《动物源细菌抗菌药物敏感性试验纸片法与稀释法执行标准（第五版）》、《兽用抗菌药物质控、折点和解释（第四版）》、《VetCAST 将如何定义兽医临床折点》和《迈向欧洲兽医抗菌药物敏感性测试临床折点：解释 VetCAST 方法的立场文件》。目前，兽医专用的 CLSI 耐药折点的药物如表 3-4 所示。

表 3-4　具有兽医专用的 CLSI 耐药折点的药物

药物类别	药物	病原菌	动物
大环内酯类	替米考星	溶血性曼氏杆菌	牛
		多杀性巴氏杆菌、胸膜肺炎放线杆菌	猪
	泰拉霉素	溶血性曼氏杆菌、多杀性巴氏杆菌、睡眠嗜组织菌	牛
		多杀性巴氏杆菌、支气管败血性波氏杆菌、胸膜肺炎放线杆菌	猪

药物类别	药物	病原菌	动物
氨基糖苷类	庆大霉素	肠杆菌、铜绿假单胞菌	狗
		肠杆菌、铜绿假单胞菌、放线杆菌(除胸膜肺炎放线杆菌和睡眠嗜组织菌外)	马
	大观霉素	溶血性曼氏杆菌、多杀性巴氏杆菌、睡眠嗜组织菌	牛
β-内酰胺类 + β-内酰胺酶抑制剂	阿莫西林-克拉维酸	葡萄球菌、大肠杆菌	犬
		葡萄球菌、链球菌、大肠杆菌、多杀性巴氏杆菌	猫
β-内酰胺类/青霉素类	氨苄西林	伪中间型葡萄球菌、链球菌、大肠杆菌	犬
		链球菌兽疫亚种和链球菌马亚种	马
		胸膜肺炎放线杆菌、多杀性巴氏杆菌、猪链球菌、支气管败血性波氏杆菌	猪
	青霉素 G	葡萄球菌、链球菌	马
		溶血性曼氏杆菌、多杀性巴氏杆菌、睡眠嗜组织菌	牛
	新生霉素	金黄色葡萄球菌、(无乳、停乳、乳房)链球菌	奶牛
头孢菌素类	头孢噻吩	金黄色葡萄球菌、伪中间型葡萄球菌、β-溶血性链球菌、大肠杆菌	犬
	头孢唑林	β-溶血性链球菌、大肠杆菌	马
		金黄色葡萄球菌、伪中间型葡萄球菌、多杀性巴氏杆菌、β-溶血性链球菌、大肠杆菌	犬
	头孢泊肟	金黄色葡萄球菌、中间型葡萄球菌、链球菌、大肠杆菌、多杀性巴氏杆菌、奇异变形菌	犬
	头孢噻呋	溶血性曼氏杆菌、多杀性巴氏杆菌、睡眠嗜组织菌	牛
		胸膜肺炎放线杆菌、多杀性巴氏杆菌、沙门菌、链球菌	猪
		链球菌兽疫亚种	马
		金黄色葡萄球菌、(无乳、停乳、乳房)链球菌、肠杆菌	奶牛
林可胺类	克林霉素	β-溶血性链球菌、葡萄球菌属	犬
	吡利霉素	金黄色葡萄球菌、(无乳、停乳、乳房)链球菌	奶牛
酰胺醇类	氯霉素	链球菌微生物、链球菌	除犬和猫
	氟苯尼考	溶血性曼氏杆菌、多杀性巴氏杆菌、睡眠嗜组织菌	牛
		胸膜肺炎放线杆菌、支气管败血波氏杆菌、多杀性巴氏杆菌、链球菌、沙门菌	猪
截短侧耳素类	泰妙菌素	胸膜肺炎放线杆菌	猪
四环素类	四环素	溶血性曼氏杆菌、多杀性巴氏杆菌、睡眠嗜组织菌	牛
		胸膜肺炎放线杆菌、多杀性巴氏杆菌、链球菌	猪
氟喹诺酮类	达氟沙星	溶血性曼氏杆菌、多杀性巴氏杆菌	牛
	恩诺沙星	—	猫
		肠道菌和葡萄球菌属	犬
		多杀性巴氏杆菌、大肠杆菌	鸡与火鸡
		溶血性曼氏杆菌、多杀性巴氏杆菌、睡眠嗜组织菌	牛
		多杀性巴氏杆菌、胸膜肺炎放线杆菌、猪链球菌	猪
	二氟沙星	肠杆菌目、葡萄球菌属	犬
	马波沙星	肠杆菌目、葡萄球菌	犬
		—	猫
	奥比沙星	肠杆菌目、葡萄球菌属	犬
		—	猫
硝基呋喃类	呋喃妥因	肠杆菌目、葡萄球菌属	—
利福霉素类	利福平	肠球菌	犬和猫

3.1.4.2 耐药折点制定的原则与方法

（1）野生型折点/流行病学临界值（CO$_{WT}$/ECOFF）的制定　野生型折点/流行病学

临界值（CO_{WT}/ECOFF）折点主要是用于区分野生型菌群和非野生型菌群。CO_{WT} 的设定需要不同地区实验室的流行病学数据，但不考虑药物临床治疗的效果，只考察细菌对药物的敏感性，检测细菌的耐药表型。此种类型的折点没有中介范围，菌株被分类为野生型或非野生型。同时，基于该折点定义，动物源和人源细菌在本质上区别不大，因此两者可使用相同的 CO_{WT}。

建立具有统计学价值的 CO_{WT}/ECOFF 需要有大量的数据支持，CLSI 和 EUCAST 所需的数据量有所差异，具体如表 3-5 所示。野生型细菌的 MIC 值主要是通过药物敏感性试验（AST）来测定，为了保证所测结果的可重复性，CLSI 和 EUCAST 规定了常量肉汤稀释法、微量肉汤稀释法、琼脂稀释法和琼脂扩散法的标准操作步骤和注意事项。一般情况下，典型的 MIC 分布图应该是单峰或者双峰分布，左边的峰是野生型菌株（wild type）的 MIC 分布范围，右边的峰是非野生型菌株（non-wild type）的 MIC 分布范围，两者的界限明显，此时 ECOFF 值就是野生型菌株 MIC 分布的上限。除了菌株分布直方图外，还可以通过统计学的方法来确定最终野生型临界值。

目前已经开发了能够可靠确定野生型临界值的统计技术，常用的软件主要有 Sigmas-tat、Graphpad prism 或 SPSS 等。对 MIC 位于野生型临界值两侧的菌株，应进行特殊的表型和/或基因型检测，以确保数据准确性。如果必要的话，野生型折点应根据耐药机制进行适当调整。

表 3-5　CLSI/EUCAST 基于 CO_{WT}/ECOFF 制定所需的数据对比

机构	CO_{WT}/ECOFF 折点制定所需数据	参考文件
美国临床实验室标准化协会（CLSI）和美国食品药品监督管理局（Food and Drug Administration, FDA）	①当建立一个属的细菌的临界值时，需要收集至少 500 株临床感染菌株。②若建立单独一个细菌的临界值，只需收集 100 株以上的临床感染菌株	抗菌药物敏感性试验的判定标准，第 32 版
欧洲抗菌药物敏感性试验委员会（EUCAST）	建立 ECOFF 值需要的 MIC 数据更多，一般收集 20000 个以上来自多个地区的 MIC 数据	EUCAST 欧盟药敏试验标准

（2）药代动力学/药效学折点（PK/PD cut-off, CO_{PD}）　PK/PD 临界值，主要是通过药代动力学理论和体内外的药效学参数来预测药物在动物体内的治疗效果，其优势是将药物在动物体内的代谢过程与体外的药效学数据相联系，预测不同剂量的药物在动物体内的药效学结果，从而有效地指导临床用药。药物代谢动力学（简称药代动力学）：定量描述药物在机体内吸收（absorption）、分布（distribution）、代谢（metabolism）和排泄（excretion）的过程及药物浓度随时间动态变化的规律。药物效应动力学（简称药效学）是药物对机体的作用及其规律。对抗菌药物而言，PD 是指药物在体内外抑制病原菌生长和复制（抑菌）或致病原菌细胞死亡（杀菌）的作用。药动学和药效学参数具体的定义如表 3-6 所示。

建立 PK/PD 临界值需要以下条件：①药物在目标动物中遵循特定给药途径的 PK 分布。②相关细菌病原体可用于预测临床/细菌学治愈可能性高的 PK/PD 参数目标值。主要的 PK/PD 参数包括 3 种类型：$f\%T>MIC$、fC_{max}/MIC 和 $fAUC_{24h}/MIC$。f 表示这些 PK/PD 参数应与游离（未与血浆蛋白结合）抗菌药物的血浆浓度相关，因为已经与血浆蛋白结合的药物在体内不发挥抗菌活性，只有游离的部分起到杀菌作用。$f\%T>MIC$ 表示游离血药浓度维持在 MIC 以上的时间占给药间隔的比例；fC_{max}/MIC 表示游离药物峰浓度与 MIC 的比值；$fAUC_{24h}/MIC$ 表示 24h 游离药时曲线下面积与 MIC 的比值。据此将很多抗菌药物划分为浓度依赖型、时间依赖型（PAE 较短）、时间依赖型（PAE 较长），具体的药物分类见表 3-7。③特定疾病给定病原体的通常 MIC 范围。上述主要 PK/PD 参数的构建，实际是通过 MIC 与 PK 参数的整合获得，即使用 MIC 对关键 PK 参数（如 C_{max} 和 AUC_{24h} 等）进行归一化处理，将不同菌株之间的 MIC 差异纳入药效评估的整体进行考虑，对于相同的细菌学治疗终点，相似的药物具有相似的 PK/PD 参数靶值。

表 3-6 药动学和药效学参数的名词解释

名词	定义
血药峰浓度（C_{max}）	系指血药浓度-时间曲线上的最大血药浓度值，即用药后所能达到的最高血浆药物浓度
达峰时间（T_{max}）	单次服药以后，血药浓度达到峰值的时间
药时曲线下面积（AUC）	坐标轴与药时曲线围成的面积，反映药物进入体循环的相对量
表观分布容积（V）	是指当药物在体内达动态平衡后，体内药量与血药浓度之比值
药物清除率（CL）	是指单位时间内机体清除的含药血浆体积或从体内消除的药物表观分布容积，其单位为 L/h 或按体重 L/(kg·h)，是反映药物自体内消除的重要参数之一
消除半衰期（$t_{1/2\beta}$）	是指体内药量消除一半所需的时间
最小抑菌浓度（MIC）	体外抗菌药物敏感性试验中，抑制培养基内病原菌生长所需的最低药物浓度
最低杀菌浓度（MBC）	体外抗菌药物敏感性试验中，杀死培养基内 99.9%的供试病原菌所需的最低药物浓度
抗菌后效应（PAE）	是指细菌与抗菌药物短暂接触后，将药物完全除去，细菌的生长仍然受到持续抑制的效应
抗生素后效应期亚抑菌浓度效应（PA/SME）	指细菌与超抑菌浓度的抗菌药物接触后，消除抗菌药物，使细菌再次与亚抑菌浓度药物接触，其生长受到长时间延迟的效应
防突变浓度（MPC）	抗菌药物防止细菌选择第一步耐药突变的最低浓度，MPC 与 MIC（最小抑菌浓度）的浓度范围为突变选择窗

表 3-7 各种抗菌药物的抗菌特性

抗菌作用类型	PK/PD 参数	药物
浓度依赖型	fC_{max}/MIC 或 $fAUC_{24h}/MIC$	氨基糖苷类、氟喹诺酮类、达托霉素、酮内酯、甲硝唑、两性霉素 B
时间依赖型（短 PAE）	$f\%T>MIC$	青霉素类、头孢菌素类、氨曲南、碳青霉烯类、大环内酯类、林可霉素类、氟胞嘧啶
时间依赖型（长 PAE）	$fAUC_{24h}/MIC$	阿奇霉素、链霉素、四环素、万古霉素、替考拉宁、氟康唑、噁唑烷酮类

制定 PK/PD 临界点的步骤如图 3-3 所示。在第一步中需要注意的是，不同药物和不同动物的 PK-PD 参数存在差异，在耐药折点制定过程中，选择一种抗菌药物代表某一类别中的所有药物，并由此提出该类药物折点的做法需要慎重考虑。对于类别内的不同药物，药效和药代动力学可能差异很大，这可能会影响给药方案和折点的制定；同时兽医临床病原菌的感染部位多样，如呼吸道感染、肠道感染、皮肤软组织感染或尿道感染等，不同感染部位的药物浓度也会有所差异。因此，制定 PK/PD 折点时需要考虑药物在靶部位与病原菌的作用。在实验前需要先建立药物在血浆及感染部位的浓度相关性，若两者关联性良好，即可用血浆药物浓度来预测药物在靶部位的细菌学疗效；若两者关系不好，就需要建立特殊的 PK/PD 模型来评价药物在感染部位的浓度与细菌学疗效之间的关系。

选择了合适的 PK/PD 参数后，必须再获取其在稳态条件下要达到的目标值，以预测临床疗效。这在兽医临床通常是通过建立体外或体内的 PK/PD 模型来完成的，不同 PK/PD 模型的原理、方法、优缺点及应用如表 3-8 所示。

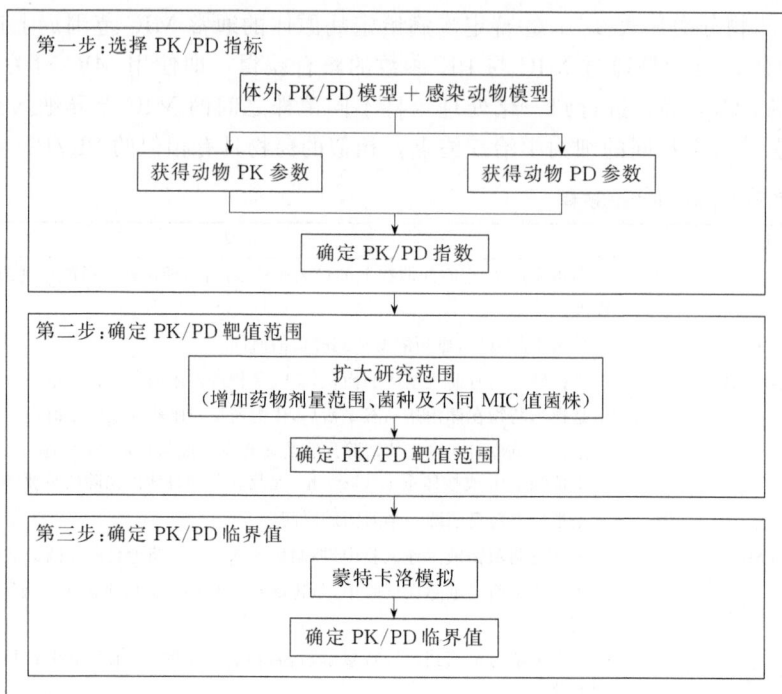

图 3-3　制定 PK/PD 临界值的步骤

表 3-8　不同 PK/PD 模型的原理、方法、优缺点及应用

项目	体外 PK/PD 模型	间接体内(半体内)PK/PD 模型	体内 PK/PD 模型
原理	利用人工材料构建药代动力学模拟装置,细菌在系统培养基中生长繁殖,药物浓度模拟体内变化规律,在不同时间点取样测定菌量,观察药物的细菌清除状况	体内药动+体外药效联合	
方法	一室模型(最多)、二室模型、生物被膜导管感染模型、中空纤维管感染模型、胞内感染模型等	在动物颈部安置组织笼、获得组织渗出液,通过向组织笼内注射细菌制造感染模型,获得病理组织渗出液。动物给药后,定时从组织笼和血管抽取组织液和血液,测定组织液和血液中的药物浓度,并用体外杀菌曲线的方法测定组织液和血液对病原菌的体外药效,然后用药代动力学软件将 PK/PD 参数和半体内杀菌活性整合起来,评价药物的抗菌活性	先制作动物疾病模型,然后使用各种剂量浓度和不同给药间隔进行治疗,分别在不同时间剖杀动物,对动物感染部位进行细菌计数,最终得出合理的 PK/PD 参数
优点	(1)避免人与动物或动物间种属差异。 (2)便于多点采样与高剂量接种。 (3)能够满足菌种不易在动物体内生长的情况。 (4)便于用作耐药性研究。 (5)减少动物用量,降低研究成本	(1)解决了体外模型不能反映动物患病部位、药物与细菌的相互作用的缺点。 (2)解决了体内模型不能准确获得抗菌药物在敏感部位的浓度和细菌的生长曲线以及大量宰杀实验动物的缺点	更接近临床实际,克服了体外及半体内药效评价过程中没有考虑动物的免疫功能对实验结果造成影响的这一缺点

项目	体外 PK/PD 模型	间接体内(半体内)PK/PD 模型	体内 PK/PD 模型
局限	(1)忽略了机体对细菌和药物的作用。 (2)只能对一些用药较少、给药方式比较简单的 PK/PD 过程进行模拟	(1)没有考虑宿主的防御机制。 (2)半体内模型不适合小型实验动物	(1)不能准确获得抗菌药物在感染部位的浓度和细菌的生长曲线。 (2)需要宰杀大量动物,成本较高,比较适合小型动物如小鼠和兔等的模型构建
应用	抗菌药物杀菌特性的确定、PK/PD 参数及靶值的确定、联合用药筛选、药物治疗效果比较、给药方法筛选及细菌耐药性研究	细菌在体内被抗菌药物抑制、杀灭或清除的 PK/PD 靶值(主要是在牛、羊和骆驼等动物体内进行)	药动药效同步关系
举例	Lei 等研究了氟苯尼考对猪链球菌的体外 PK/PD 模型,发现当血清中浓度-时间曲线下面积(AUC_{0-24h})/MIC 达到 44.02 时,氟苯尼考具有杀菌作用	在猪组织笼模型中建立了泰拉霉素对多杀性巴氏杆菌的药代动力学/药效学模型	建立了氟苯尼考对鸭体内多杀性巴氏杆菌的体内药代动力学和药效学(PK/PD)模型和 PK/PD 临界值

  PK/PD 靶值(PK/PD target)是通过 PK/PD 试验确定的与临床效力最为相关的 PK/PD 参数目标值。确立 PK/PD 靶值的方法基本与 PK/PD 参数确立方法相同,不同之处主要体现在以下几个方面:①根据 PK/PD 参数的结果适当减少给药频率;②加大剂量范围;③增加菌株种类与数量,覆盖新抗菌药物抗菌谱中主要菌种,且每种细菌含若干不同 MIC 值的菌株,甚至包括超出 ECOFF 值的菌株,以此观察随 PK/PD 参数改变时药效学数据的变化,找到药效学数据变化趋于稳定时的拐点。确定 PK/PD 靶值的方法主要有两种,第一种方法是暴露-反应关系的具体分析,称为分类回归树分析。这种非参数方法涉及一种迭代分割(递归划分)算法,搜索 PK/PD 指标值,以最好地区分结果类别,例如某地区临床试验中的失败和成功结果。分类的显著性可以使用各种统计分析进行检验,如 Fisher 检验,并使用逻辑回归分析进行验证,结果通常是二进制(分别代表治疗的成功或失败)。第二种用于识别确定 PK/PD 靶值的方法是检查完整的暴露-反应关系,并由此识别 PK/PD 靶值。然而,这两种方法都忽略了一个情况,即在许多临床试验中,进行此类分析的失败次数并不多,尤其是对于新药物而言。

  目前已知多种抗菌药物对常见病原菌的 PK/PD 靶值,如氨基糖苷类的靶值 C_{max}/MIC$\geqslant$100,氟喹诺酮类对于革兰氏阳性菌和革兰氏阴性菌的 PK/PD 参数(AUC/MIC)的靶值分别为 40h 和 100h;对于 β-内酰胺类药物,不同种属细菌的 PK/PD 靶值也不同,如肺炎克雷伯菌、金黄色葡萄球菌和大肠杆菌的 PK/PD 参数($f\%T>$MIC)靶值分别为 60%、40% 和 80%。在兽医领域,虽然 EMA/CVMP 在 2016 年首次引入了 PK/PD 概念,但也仅用于临床前研究,没有可靠的临床数据支持 PK/PD 折点,目前主要使用通用的临床前 PK/PD 靶值进行临床疗效预测。

  确立可靠的 PK/PD 临界值需要建立群体 PK 模型,以量化典型的 PK 参数及其在受试个体之间的变异性。该群体模型用于通过蒙特卡洛模拟(Monte Carlo simulation,MCS)在计算机上生成血浆分布曲线的大样本动物的药时曲线数据(通常样本量是5000),然后用该虚拟群体来确定在不同可能的 MIC 下获得目标 PK/PD 靶值的达标率(probability of target attainment,PTA)。蒙特卡洛模拟是考查 PK/PD 参数在大样本群体中分布规律的统计试验方法,它的结果会根据输入变量和使用的基本假设不同而产生差异,输入变量包括各种 PK 参数和抗菌药物的蛋白质结合率。这些变量可能会因研究而异，且研究的充分性也会影响蒙特卡洛模拟的结果。因此在不同模型中使用明显等效的参数，保证数据的质量和数量显得尤为重要。

在统计学上，PK/PD临界值与预测区间（PI）的概念有关。人医上一般将实现90％以上达标率的PK/PD靶值所对应的MIC值确定为抗菌药物对某种细菌的CO_{PD}。目前VetCAST尚未给定适当的判定临界标准（例如90％、95％或99％），但VetCAST预计，由于动物间的变异性较大，且数据匮乏，较宽的预测区间可能对建立折点产生重大影响。正是因为动物之间以及动物和人之间药物的代谢存在很大差异，兽医工作者们仍需不断探索和完善兽用抗菌药物PK/PD临界值的建立。

（3）临床临界值（CO_{CL}）　临床临界值主要是用于区分预后良好的感染病原菌和治疗失败的感染病原菌，一般是通过临床有效性试验获得。临床有效性试验数据内容很多，包括抗菌药物作用的靶动物和相应的指征、药物的给药方案（剂型、剂量、给药方式、给药时间间隔和疗程等）、治疗起始、中间过程和治疗结束后的微生物学疗效（抑制、杀灭和清除）和临床评价指标（治愈、改善或失败）以及对这些指标的定义。VetCAST规定，以临床90％以上治愈率作为该临界值的判断依据，其治愈率（POC）的计算公式为$POC=1/[1+e^{-a+bf(MIC)}]$，其中a表示上限效应，b表示MIC-效应曲线的斜率。

CO_{CL}可以通过以下方法得到：①使用典型的PK参数和MIC的临界值（确定性方法）；②考虑个体之间PK和目标病原体群体MIC中的变化（概率方法）。将蒙特卡洛模拟方法引入抗菌领域，促使研究人员加紧审查临床PK数据，并在PK/PD为关键成分的体内条件下建立合适的CO_{CL}。研究者已经开始意识到，应用平均PK/PD值或敏感性测试（例如MIC_{90}等）来评估折点制定是不合适的，个体间的PK/PD和MIC的差异是设置折点时必须考虑的重要部分。在确定CO_{CL}时，根据以下方法对当前使用的剂量方案进行蒙特卡洛模拟：①群体药代动力学（population pharmacokinetics，PPK）；②药物在患者体内的未结合分数（f）；③达到临床前或临床研究确定的目标所需的PK/PD参数值大小；④在PTA图中对某一细菌的MIC分布情况进行分析。

制定兽用药物的临床临界值时，需要与不同地区的多个养殖场建立联系，在实际研究工作中很难实施，因此兽医关于CO_{CL}的相关研究较少，且CLSI和EUCAST对于CO_{CL}的制定还没有统一且成熟的方法，研究者仍在不断地探索。Turnidge等人提出了"WindoW"选择窗这一概念，将最终的临床临界值限定在这个临床MIC选择窗范围内。该方法共使用两种独立的算法确定MIC分布中的拐点，用数学上可识别的变化表示治疗的成功率，当两种算法同时应用时即可定义出一个由两个拐点组成的客观的范围"WindoW"，减少了CO_{CL}评估的主观性。然而在实践中，仅根据MIC来区分可治愈和不可治愈的亚群是十分困难的，这是因为抗菌药物敏感性试验仅仅测量了病原体与药物之间的体外相互作用关系，疾病的严重程度、生物阶段的病原体负荷、机体对疾病的免疫反应、抗菌药物的次要作用机制或其他可能影响治疗结果的临床因素（如联合用药、与疾病发展相关的治疗开始时间和个体药物分布）等不在抗菌药物敏感性试验的考虑范围之内。

对临床微生物实验室和兽医诊断实验室来说，纸片扩散法测定药物敏感性更为灵活方便，结果更可靠。最初，纸片扩散法确定药物敏感性仅仅是通过抑菌圈的出现与否，主观判断抑菌圈的大小，或者是与抑菌圈达到的数值大小有关。后来，CLSI下设的VAST颁布的标准方法中纳入了Kirby-Bauer纸片扩散法，完善了纸片扩散法的测定标准。纸片扩散法的抑菌圈直径与标准稀释实验（通常是微量肉汤稀释法）得到的MIC呈现出反相关性的特点。在CLSI-VET05中都有表格列出解释标准的抑菌圈直径与MIC折点。然而，由于方法和原始数据库的不同，抑菌圈的直径大小并不能精确的与对应的 MIC 折点一致，因此 CLSI 提供的表格中的信息不能通过抑菌圈直径的转换得到绝对的 MIC 值。

（4）耐药判定标准的建立　耐药判定标准（即折点）的建立和再评估在抗菌药物治疗过程中极为重要，无论是 CLSI 还是 EUCAST，在建立抗菌药物耐药判定标准时，都需要基于上述的三个临界值（CO_{WT}/ECOFF、CO_{PD} 和 CO_{CL}）。在兽用抗菌药物耐药判定标准确定的流程中主要参考的是人医临床耐药判定标准确定的流程。大致的步骤如图 3-4 所示，①确定 CO_{WT}；②确定 CO_{CL}；③确定达到 PK/PD 靶值所需的群体比例，如有可能，进行蒙特卡洛模拟，评估每个 MIC 值下的目标达标率，根据这些信息，估计 CO_{CL}；④探讨 CO_{PD} 与 CO_{WT} 和 CO_{CL} 的关系。根据图 3-4 中提供的决策树估计最终的抗菌药物敏感性折点。虽然在 CO_{WT} 和 CO_{CL} 进行比较时无需计算 CO_{PD}，但在最终确定抗菌药物敏感性折点时，尤其是当 $CO_{WT} \neq CO_{CL}$ 的情况下，仍需要 PK/PD 数据作为支撑。在面对无法建立敏感性折点的情况下，VetCAST 推荐使用 ECOFF 作为替代。

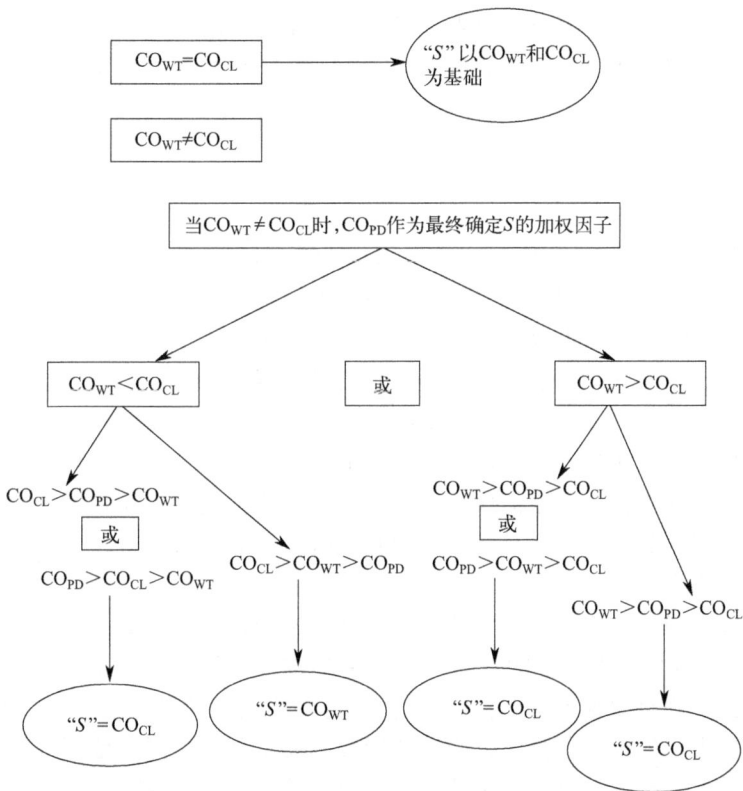

图 3-4　敏感性折点制定步骤

3.1.4.3　耐药折点的应用

（1）CO_{WT}/ECOFF 的应用　野生型折点/流行病学临界值（CO_{WT}/ECOFF）是野生型菌株 MIC 值分布的上限，对细菌早期耐药性的产生具有提示作用，主要用于细菌耐药性监测，确定细菌抗菌药物敏感性。例如 Duman 等曾通过 MIC 值和流行病学临界值确定了气单胞菌属细菌对抗菌药物的敏感性。另外，在临床折点尚未制定时，ECOFF 也有很大的参考价值，比如使用一些局部制剂（例如，乳腺内或胃肠道产品），或者在不同动物物种中的折点可能有很大差异，参考 ECOFF 值可以避免选择单一的临床折点。

（2）CO_{PD} 的应用　药代动力学/药效学折点（PK/PD cut-off，CO_{PD}）在兽医学中主要用于建立物种特异性、物质特异性和疾病特异性折点。对于不同动物物种，抗菌药物可以通过各种途径给药，包括使用具有短、中或长作用持续时间的制剂的肠胃外给药（最常见的是肌内或皮下途径）。不同的给药方式，生物利用度差异很大。除此以外，对动物来说，药物分布和反应的种内和种间差异也不容忽视，例如，反刍动物与非反刍动物的差异、幼龄反刍动物和成年反刍动物的差异以及已进化出具有显著特征的独特品种（如犬、家禽等）的差异。在可行的情况下，VetCAST 考虑由种内遗传和其他变异引起的药代动力学差异，针对给定动物物种的抗菌药物定义了几个折点。

（3）CO_{CL} 的应用　临床折点（CO_{CL}）的制定与抗菌药物的合理使用密切相关。临床折点有助于临床兽医制定合理的给药方案，合适的给药方案不仅可以加快临床治愈速度、保证治疗效果，同时还可以减少不合适的抗菌药物带来的选择压力。然而随着时间的推移，可能会出现提示原有折点和类别不再满足临床需要的信号，例如一株菌株在原有确定折点药物浓度时表现敏感，随着药物的持续施加而出现耐药时，往往是重新评估临床折点的提示。在这种情况下，CLSI 和 EUCAST 都将会确定折点修改是否合适，以更好地满足临床治疗的需要。

3.1.4.4　总结和展望

建立一个科学可靠的耐药判定标准需要大量的数据支撑，包括大量抗菌药物敏感性试验的 MIC 数据、体外药效学和药动学研究数据、体内药动学研究数据、临床治疗相关的研究数据等。为保证后续数据分析结果可靠，各研究机构和单位应采取科学合理的试验方法（包括标准的抗菌药物敏感性试验方法、合适的动物模型、符合统计学要求的数据量等），具体可参考 CLSI 和 EUCAST 的文件。目前，关于 CO_{WT}/ECOFF 和 CO_{PD} 的制定方法都比较明确，而在实际的 CO_{CL} 制定过程中还存在较多问题，主要体现在难以获得大量的临床数据，因此需要在国家的层面上协调相关单位，通过建立相关专家团队来规范该项工作，促进科研人员与养殖人员之间的相互配合，共同努力获得相关的临床数据，对临床折点进行科学制定。

当前，EUCAST 和 CLSI 是国际上权威的制定抗菌药物敏感性判定标准的机构，其中 CLSI 更是世界卫生组织认定的"临床实验室标准及认证协调中心"，其制定的许多临床检验标准及操作规范被视为"金标准"。然而这些机构制定的敏感性判定标准主要是针对本国家或地区上市的抗菌药物，且制定的标准主要是基于本国或地区所分离菌株对抗菌药物的敏感性情况及抗菌药物的使用情况（剂型、剂量和给药方式），在一定程度上不具有普适性。所以，基于 CLSI 或 EUCAST 发布的建立临界值，进一步制定符合我国国情的抗菌药物敏感性判定标准是非常有必要的。2021 年国家卫生健康委发布一则关于进一步加强抗微生物药物管理遏制耐药工作的通知，通知明确提出：试点开展抗微生物药物体外敏感性折点研究，逐步建立我国抗微生物药物折点标准体系，指导临床科学精准用药。除此之外，《遏制微生物耐药国家行动计划（2022—2025 年）》提出了九项指标，其中第九项——初步建立适合我国实际的临床抗微生物药物敏感性折点标准体系，表明我们国家在细菌耐药工作方面开始探索最佳中国模式。这项工作也有利于我国 1 类新药的开发与推广、新抗菌药物的临床合理使用、细菌耐药监测工作的顺利开展以及耐药机制检测标准技术体系的建立。我国自主研发的动物专用抗菌药物耐药判定标准的建立需要农业农村部、兽医领域科研工作者、兽医临床从业人员的进一步探索。建立具有中国特色的抗微生物药物敏感型折点标准体系，任重而道远。

3.2

不良反应防范

药物的不良反应（adverse drug reactions，ADR）是指合格药物在正常用法用量下，由于药物或药物相互作用而发生的与防治目的无关的有害反应。兽用药物的不良反应包括副作用、毒性作用、变态反应、继发性反应和后遗效应等。

3.2.1 副作用

副作用（side effect）是指应用治疗量的药物后，出现的与用药目的无关的不良反应，大多比较轻微，一般是可以恢复的功能性变化。其类型主要分为胃肠道反应、过敏反应与肝肾功能异常等，而副作用的出现与药物作用选择性较低有密切关系，可以通过联合用药来减轻。

3.2.1.1 副作用类型

（1）胃肠道反应 胃肠道反应，一般是由于药物对胃肠道的刺激作用，主要表现为病畜恶心、腹胀、呕吐和腹泻等，多数症状轻微，停药后逐渐恢复。如咪唑类抗真菌药物克霉唑、伊曲康唑，内服时会有胃肠道不良反应，以恶心、呕吐、厌食、腹泻等为临床经过。人工合成的硝基咪唑类抗滴虫药如甲硝唑（又称"灭滴灵"）、替硝唑，大剂量应用时可致个别动物出现恶心、呕吐、胃痛等胃肠道反应。

（2）过敏反应 过敏反应主要是指药物或药物在体内的代谢产物作为抗原刺激机体而发生的异常免疫反应。严重时可导致剥脱性皮炎、过敏性休克等。为了防止过敏反应的发生，用药前应充分了解既往药物过敏史，种畜禽、特种经济动物以及宠物在用药前可进行皮肤敏感性试验辅助判断。在兽医临床中青霉素的过敏反应发生率居各种药物过敏反应首位，其过敏反应分为迟发型和速发型，速发型一般临床经过为呼吸困难、发绀、血压下降、昏迷，最后惊厥，可在短期内死亡，是由 IgG 介导的超敏反应；迟发型一般临床经过为丘疹、皮疹、接触性皮炎等，此过程主要由 T 细胞介导。此外，如链霉素、庆大霉素、卡那霉素、四环素类等均可引起动物过敏反应甚至是过敏性休克。各种给药途径或应用各种制剂都能引发过敏反应，但注射给药最易引发过敏反应，内服给药也会发生过敏反应，如内服苯并咪唑类抗蠕虫药物芬苯达唑，一般情况下无不良反应，但由于蠕虫死亡后释放抗原，可能继发过敏反应，特别是在高剂量时。

（3）肝肾功能异常 肝脏是药物进行生物转化的主要器官，而肾脏作为多数药物的排泄途径，药物常会在肾皮质积累，因此药物对肝肾产生副作用是较为常见的。抗菌药物对肝肾功能的损害临床表现不一，根据药物性质或剂量导致的功能异常不同，主要有以下几种：

① 抗菌药物及其代谢产物可能引起肝脏功能损害，引发黄疸、氨基转移酶升高和肝功能衰竭等不可逆的病程，如卡那霉素、新霉素、杆菌肽、硫酸链霉素对肝脏的毒性作用较明显；氯丙嗪一般会引起黄疸，停药后有所改善，很少有肝功能衰竭的发生；四环素类药物，无论是口服或静脉给药，大剂量应用时即会引起肝功能损害；各种磺胺药都可引发黄疸；大剂量保泰松可引起肝损害，产生肝炎、黄疸，继发肝硬化。

② 高剂量的药物或长时间使用药物可能会导致肾功能损伤。例如，头孢噻啶过量会导致肾小管坏死，出现蛋白尿、尿素氮和血尿水平不断升高等症状。磺胺类抗球虫药如磺胺喹噁啉、磺胺氯吡嗪钠（又称"三字球虫粉"），在鸡等家禽身上长期应用有磺胺药中毒症状的发生，心肌、肝出血斑和坏死，肾脏功能异常；抗滴虫药甲硝唑、地美硝唑，在长期大剂量应用时除有胃肠道损害外，还会表现为肝肾功能损伤，抽搐、运动失调等神经症状。

3.2.1.2　防治原则

① 详细了解患病动物的病史、药物过敏史以及用药史，正确对症用药；对可能发生过敏反应的药物进行过敏试验（划痕、斑贴、滴眼、皮内注射法）。

② 严格掌握药物的用法及用量，严格按照药物说明用药，对于妊娠动物或处于哺乳期的动物，必须选择药物治疗时，应明确药品危险等级分类，查阅药品哺乳期安全性等相关资料，慎重用药。

③ 密切观察患病动物用药后的反应，必要时监测血药浓度。一旦发现异常，尽快查明原因，立即调整剂量或停药。

④ 应加强药物不良反应的监测，严格执行不良反应报告制度。

⑤ 了解掌握各种药物的特性及贮存要求，防止副作用的发生。青霉素类药物，如青霉素G、注射用氨苄西林钠溶于水后，会不断分解产生致敏物质，因此在溶解后应立刻使用，防止产生副作用。

⑥ 不同动物使用药物时，应结合动物种属特性及生理特点合理使用，防止副作用的发生。反刍动物由于消化的特殊性，应尽量避免使用四环素类、酰胺醇类、大环内酯类等对胃肠道刺激性强的药物，避免引发严重的胃肠反应；牛长期应用头孢噻呋会引起特征性脱毛或瘙痒，用药时要密切观察，及时调整给药方案及用量；泰乐菌素静脉注射会引起牛震颤、呼吸困难以及抑郁等。马属动物具有体质敏感的特点，应避免使用副作用大的药物。多数动物内服红霉素后会引起剂量依赖性的胃肠道功能紊乱，马属动物尤为敏感，一般表现为重度腹泻，应严格控制用药剂量或避免应用；马属动物静脉注射泰乐菌素会致死，禁用。宠物猫对链霉素敏感，治疗量即会引起恶心、呕吐以及共济失调等，稍过量即致死；宠物猫应用镇静剂量的苯巴比妥或巴比妥时，会引起呼吸抑制，宠物犬对此敏感性较宠物猫稍强，有时会出现共济失调；杀绦虫药氯硝柳胺具有较高的安全性，安全范围广，治疗量应用于妊娠动物仍安全，但宠物犬、猫对本品敏感性较强，极易产生副作用。处于哺乳期的畜禽，在应用药物时要考虑药物经乳汁排出的可能。如蓖麻油对肠道具有刺激性作用，哺乳动物内服后会有部分经乳汁排出，引起仔畜腹泻。

⑦ 若副作用已经发生，应立即采取有效救治措施。遵循减少药物吸收、加快药物排

泄、使用特效解救药物、对症治疗的原则。

3.2.2 毒性作用

药物损害动物机体的能力称为毒性，药物的毒性作用（toxic reaction）是指药物剂量过大、用药时间过长或药物在体内蓄积过多时引起的生理、生化功能异常和组织、器官病理性变化。毒性作用常呈现剂量依赖性。

3.2.2.1 毒性作用类型

主要根据毒性发展时间、作用位置以及损伤是否可逆分为速发与迟发作用、局部与全身作用和可逆与不可逆作用三类。

（1）速发与迟发作用

① 速发毒性作用又称为急性毒性作用，是指化学药物与动物机体接触后在短时间内出现的毒效应，表现为循环、呼吸及神经症状。例如，使用高剂量的青霉素，会出现神经症状，如反射亢进、知觉减退、幻觉、抽搐、昏睡等，也可导致精神失常，停药后可恢复。短时间内过量应用苯并咪唑类抗蠕虫药物会引发速发毒性作用，表现为发热、呼吸困难以及神经症状等，若发生中毒可选用维生素 C、毒毛花苷 K 对症治疗。盐酸左旋咪唑对多种动物具备良好的耐受性，但绵羊内服给药后可引起暂时性兴奋、山羊内服给药后抑郁和流涎，禽类注射给药后偶有中毒死亡。

② 迟发毒性作用又称为慢性毒性作用，是指化学药物与动物机体接触后间隔一段时间出现的毒效应，表现为肝、肾及内分泌症状。多数药物对肝、肾及内分泌器官，都存在剂量依赖性的毒性作用，尤其是肝肾功能不全者更易发生。例如，长期应用磺胺类药物可致肝、肾损害和周围神经炎。妊娠早期使用苯并咪唑类抗蠕虫药，如阿苯达唑、奥芬达唑，可能伴有致畸和胚胎毒性，其中骨骼畸形占大多数。

（2）局部与全身作用

① 局部作用是指发生在化学药物与动物机体接触部位的损害作用，某些刺激性较强的药物，如氨茶碱、庆大霉素、苯唑西林钠，长时间高剂量皮下注射会引起局部皮下组织肿胀，甚至出现局部皮下组织坏死。

② 全身作用是指化合物与动物机体接触后，经吸收入血，分布到体内其它组织器官引起的毒性作用。例如，误服氰化物后，由于氰离子（CN^-）与细胞色素氧化酶具有极高的亲和力，CN^- 与之结合阻断细胞呼吸和氧化磷酸化过程，引起全身多系统的中毒表现。多烯类抗真菌药物如灰黄霉素、两性霉素 B，长期应用时有肝毒、肾损害、贫血和白细胞减少等毒性作用。抗寄生虫药物磺胺二甲嘧啶长期连续不间断应用时，可能引起严重的毒性反应，如脾脏肿胀和出血性梗死，或因维生素 K 合成受阻使血凝时间延长出现出血性病变。

（3）可逆与不可逆作用

① 可逆毒性作用是指停止接触化学药物之后，受到损伤的动物机体、脏器逐渐恢复正常功能。一般地，受到损伤的组织、脏器再生能力较强，化学药物与酶或受体以非共价的结合方式所产生的毒性作用，往往是可逆的。多数头孢菌素类药物大剂量应用时可致使转氨酶、碱性磷酸酶、胆红素测定值升高，一般停药后可恢复正常。

② 不可逆毒性作用是指停止接触化学药物之后，损伤仍无法恢复，甚至进一步加重。给药剂量以及给药期限是决定毒性是否可逆的重要因素之一，其中小剂量、短时间应用药物所引发的毒性作用是可逆的，而大剂量、长期应用时则有可能转化为不可逆毒性作用。如发生实质性损害、神经元损害、肿瘤等往往是不可逆的。另外，酰胺醇类抗菌药物，长期应用时具有血液系统毒性，引起不可逆的骨髓再生障碍性贫血，甲砜霉素引起的可逆性红细胞生成抑制较氯霉素（禁止用于动物）更常见。

3.2.2.2 防治原则

① 严格遵守国家制定的兽药管理以及动物防疫相关的各项法律法规。

② 临床兽医应掌握各类药物引起毒性作用的临床特征，避免大剂量、长时间应用毒性强的药物。

③ 畜禽出现急性毒性作用时，应立即停止给药，采取综合治疗措施，包括对症治疗、支持治疗等。

④ 对于幼龄动物、老龄动物、处于妊娠期以及哺乳期的动物治疗时可选用较为安全的药物。应减少毒性较强药物的用量，甚至是避免使用。如氨苄西林、氯霉素等抗菌药物会透过血胎屏障进入胎儿体内，喹诺酮类抗菌药物会影响幼畜及胎儿软骨发育，应尽量避免在妊娠期使用该类药物。

⑤ 具有肾毒性的药物，如氨基糖苷类抗菌药物等，在应用时应根据肾功能损害程度调整给药量。肾功能不全的患畜在治疗时，应尽量选用主要经肝胆系统代谢，或体内代谢率高，或经肾、肝双重途径代谢，对肾脏无毒性的药物。

⑥ 部分药物，如红霉素、林可霉素、利福平及四环素类，会在肝脏和肠道间进行肠肝循环，使得药物排泄缓慢，作用时间延长。此类药物中毒，应立即阻断肠肝循环减少吸收。

⑦ 临床兽医应用毒性强的药物时应加强不良反应监测，必要时定期监测血药浓度，及时调整给药方案，既要保证血液中药物浓度足够治疗疾病，又要避免毒性作用的发生。

⑧ 不同动物使用药物时，应结合动物种属特性以及生理特点合理使用药物，防止毒性作用的发生。长期大量应用抗菌药物可能会破坏反刍动物的瘤胃微生物平衡，因此在应用期间应注意维生素的补充。马属动物体质更为敏感，应避免使用毒性或刺激性大的药物，如酰胺醇类、大环内酯类、多肽类、氨基糖苷类、多烯类等抗菌药物以及伊维菌素、阿维菌素等抗寄生虫药物，必须使用时应严格把控剂量、给药疗程和给药途径。由于禽类属于群居动物，统一饲喂及用药，在给禽类投药时要反复计算慎之又慎，避免药物毒性作用的发生，中毒时应立即投喂特效解毒药。禽类消化道呈酸性，因此要特别注意呋喃类药物在酸性条件下毒性增强，易使家禽中毒。并且，多数禽类不会呕吐，对催吐药无反应，当禽类发生毒性反应时，应采用嗉囊切开术。禽类体内的胆碱酯酶储备量极低，对有机磷农药极其敏感，因此在禽类养殖环境周围有杀虫需求时，禁用有机磷类药物。鸡对过量的维生素 E 敏感，长期大剂量应用会引起雏鸡生长抑制、骨钙化不全。新生仔畜禽在用药时更需谨慎，避免使用毒性较大的药物。如红霉素内服毒性较大，会引起新生仔畜禽胃肠功能紊乱，严重者死亡，应用时要慎之又慎。

⑨ 掌握药物配伍禁忌，合理应用药物。如庆大霉素的毒性作用，主要是肾毒性和耳毒性，毒性作用呈现剂量依赖性，一般较轻微，但其与头孢菌素合用时会明显增强肾毒性。

3.2.3 变态反应

药物变态反应（allergic reaction）又称为过敏反应，是致敏动物对某种药物的特殊反应。药物或药物在体内的代谢产物作为抗原与机体特异抗体反应或激发致敏淋巴细胞而造成组织损伤或生理功能紊乱。该反应与特异性过敏体质相关，仅发生于少数动物个体，与剂量无线性关系，反应性质各不相同，不易预知，一般不发生于首次用药。

3.2.3.1 变态反应类型

根据免疫损伤机制的不同，可将变态反应划分为以下四种类型。

（1）Ⅰ型变态反应　Ⅰ型变态反应即IgE介导型变态反应，又称超敏反应。Ⅰ型变态反应发病迅速，发病机理是IgE抗体与相应的抗原结合引起组胺、白三烯等生物活性介质的释放，导致细胞通透性增加、平滑肌收缩、腺体分泌增加、小血管及毛细血管扩张，反应过程一般不破坏组织和器官。临床表现为皮疹、荨麻疹、过敏性鼻炎、恶心呕吐、腹痛，偶见过敏性休克。头孢菌素类药物在应用时，偶有变态反应的发生，临床表现为药物热、红疹等。

（2）Ⅱ型变态反应　Ⅱ型变态反应即抗体介导的细胞毒型变态反应。表面抗原或半抗原与靶细胞结合形成完全抗原，刺激动物机体产生相应的抗体（IgG/IgM/IgA），最后激活补体导致细胞溶解。该类反应常见于红细胞，如免疫性溶血性贫血，长期大剂量肌内注射第四代头孢菌素类药物头孢吡肟时偶见动物努责、昏迷、酱油色尿；其次常见于粒细胞和血小板，如氨基比林引起粒细胞减少症，镇静催眠药氨鲁米特引起血小板减少性紫癜等。

（3）Ⅲ型变态反应　Ⅲ型变态反应即免疫复合型变态反应，发病机制复杂，非细胞源性抗原与抗体（IgM/IgG）形成可溶性免疫复合物，沉积在血管壁或基底膜，激活补体，吸引中性粒细胞聚集并释放溶酶体，导致血管炎症和组织损伤。病理变化以水肿、细胞浸润为主，甚至出现出血性坏死。肾小球肾炎、类风湿性关节炎、血清病、系统性红斑狼疮等疾病中常出现此类反应。

（4）Ⅳ型变态反应　Ⅳ型变态反应即细胞反应型或迟发型变态反应，发生机制与抗体无关，与前三种类型的变态反应不同。致敏淋巴细胞与相应抗原结合后释放各种淋巴因子，造成以单核细胞浸润以及细胞变性坏死为特征的变态反应性炎症。临床表现多为接触性皮炎等，发病速度相对迟缓。消毒防腐剂及浅表外用药（十一烯酸、水杨酸、煤焦油、二硫化硒等）外用于皮肤时，常发生接触性皮炎。

3.2.3.2 防治原则

① 严格按照药物说明书规范用药，严格掌握药物的用量与用法。

② 临床兽医应了解兽医常用药物的主治范围、药物代谢动力学、药效学特点、不良反应等，在避免变态反应发生的同时，最大限度地发挥药物作用。

③ 使用药物进行治疗，控制或干扰变态反应的发生、发展过程，预防和控制继发感染，减轻生理功能紊乱或组织损伤。常用药物有 H_1 受体阻断药、抗组胺药、其他对症治疗药（如氨茶碱、抗胆碱药）等。

④ 不同动物使用药物时，应结合动物种属特性以及生理特点合理使用药物，防止变态反应的发生。解热镇痛抗炎类药物，如安乃近、对乙酰氨基酚、阿司匹林，长期大剂量

应用会引起粒细胞减少，应定期检查血常规；宠物猫对对乙酰氨基酚以及阿司匹林极敏感，易致死，目前已禁用；宠物犬对萘普生较敏感，可能引发肾炎。

3.2.4 继发性反应

继发性反应（secondary reaction）又称"二重感染"。继发性反应不是药物本身的效应，是治疗剂量下治疗作用本身带来的后果，属于药物作用的间接效果。在正常情况下，动物的口腔、呼吸道、肠道和生殖系统等处寄殖的微生物菌群之间维持着平衡的共生状态，长期应用广谱抗生素后，对药物敏感的菌株生长受到抑制，一些不敏感或耐药的菌株大量繁殖，菌群间相对平衡受到破坏，可引起中毒性肠炎或继发性全身感染。

3.2.4.1 继发性反应类型

继发性反应多发生在长期应用广谱抗菌药物的动物体内，病原体常为耐药革兰氏阴性杆菌和真菌，少数革兰氏阳性菌（如葡萄球菌等），病死率高。主要有以下几种类型。

（1）口腔、消化道、支气管、生殖道念珠菌感染 口腔、呼吸道、肠道及生殖系统的"二重感染"主要由白色念珠菌引起，此菌正常情况下呈卵圆形，与机体处于共生状态，不引起疾病；但在菌群间平衡状态遭到破坏后，白色念珠菌便由酵母相转为菌丝相，在口腔、消化道、支气管、生殖道等处大量生长繁殖造成病变。口腔部位的感染主要表现为鹅口疮，口腔黏膜、舌面、硬腭及咽部可见灰白色膜状斑，情况严重时可发展为消化道念珠菌病。支气管及肺感染念珠菌时，主要表现为痰多、肺底部可出现啰音等。生殖道念珠菌感染可导致阴道炎，过度生长的念珠菌会导致动物外阴红肿、瘙痒和阴道分泌物增多。长期应用青霉素类、氨基糖苷类、四环素类及酰胺醇类抗菌药物容易引起念珠菌感染，情况严重时还会引起败血症。

（2）假膜性肠炎 假膜性肠炎是由菌群产生的毒素所引发，其最主要的病原体为艰难梭菌和金黄色葡萄球菌。长期使用大量抗菌药物，如四环素、氨苄西林、林可霉素等，会抑制肠道内各类细菌的生长，耐药的艰难梭菌和金黄色葡萄球菌则迅速繁殖，产生大量外毒素，动物出现黏膜坏死、渗出性炎症伴假膜形成等病理表现，临床表现为大量水泻，大便中常带有黏液，部分有血便，少数可排出斑块状假膜。如在用药期间，发现动物有严重的持续腹泻，可怀疑是假膜性肠炎，应立即停药。

（3）败血症 根据病原的不同，二重感染引起的败血症主要分为细菌性败血症和真菌性败血症两种。细菌性败血症主要的病原为耐药金黄色葡萄球菌、铜绿假单胞菌、大肠杆菌和变形杆菌等。真菌性败血症主要的病原为白色念珠菌、毛霉菌和曲霉菌等。二重感染引起的败血症的临床表现为患病动物体温升高，高温持续不退，心、肝、肾脏衰竭等。

3.2.4.2 防治原则

① 严格依据疾病发生发展规律，应用窄谱抗生素进行疾病治疗。严格依据药物说明书给药，缩短给药疗程，必要时考虑联合用药。

② 鉴别感染的病原菌，对症用药。对于细菌性感染，应立即选用敏感性抗菌药物。对于真菌性感染，则应立即停用抗细菌药物，改用抗真菌药物，如制霉菌素、氟康唑、酮康唑等。治疗过程中需注意调整体液、电解质和酸碱平衡。尽量选择经肾脏排泄的有效抗

菌药物，给药方式最好为注射给药。

③ 针对假膜性肠炎，应立即停用抗菌药物，采取补液、抗休克、平衡电解质和纠正代谢性酸中毒等措施对症治疗。此外，可通过口服乳酶生等益生菌制剂，并辅以维生素B、维生素C、叶酸等，促进动物机体恢复正常的肠道菌群。

3.2.5 后遗效应

后遗效应（sequelae effect）是指停止用药后，血浆药物浓度降至有效浓度以下时仍然残存的药理效应。后遗效应具有双重性。一方面，长期应用皮质激素类药物，可使垂体前叶和下丘脑受到抑制，在停药半年后机体仍难以恢复正常应激反应，即呈现出有害的后遗效应，也称药源性疾病。另一方面，有些药物也能产生对机体有利的后遗效应，如抗菌后效应，即细菌接触抗菌药物一定时间，当药物消除后，细菌的生长持续受到抑制的效应。

3.2.5.1 后遗效应类型

后遗效应通常是按照后遗效应持续时间长短进行分类。

① 后遗效应短暂且较容易恢复。如动物应用巴比妥类催眠、镇静药后，药效过后出现嗜睡、乏力等表现。

② 后遗效应作用比较持久且不易恢复。如动物长期使用皮质激素，停药一段时间后突然遭受感染、手术或妊娠等应激刺激，内源性糖皮质激素无法产生应答，造成糖皮质激素缺乏，动物出现呕吐、乏力、低血压、休克等临床症状。即使肾上腺皮质功能恢复至正常水平，应激反应在停药时也可能尚未恢复。

③ 少数药物可以导致永久性器质性损害，如链霉素的耳毒性，停药后导致神经性耳聋。

3.2.5.2 防治原则

① 用药过程中，应留心观察动物反应，发现有药物不良反应的早期症状时应及时停药，不要自行增减药物剂量，防止其进一步发展。

② 遇到轻度的后遗效应（例如胃肠道不适，食欲减退）时不必惊慌，可继续服用药物至疗程结束，但需密切观察动物的反应。

③ 遇到持续较久且不易恢复的后遗效应，且动物出现较严重的临床表现时，应马上停药并立刻找兽医诊治，遵循医嘱，对症用药。

④ 应用对器官功能有损害的药物时，须按规定定期检查器官功能，如应用氨基糖苷类抗生素（如链霉素）时检查听力、肾功能；应用利福平时检查肝功能等。

主要参考文献

[1] Cox G, Wright G D. Intrinsic antibiotic resistance: mechanisms, origins, challenges and

solutions[J]. Int J Med Microbiol, 2013, 303: 6-7.

[2] Fajardo A, Martínez-Martín N, Mercadillo M, et al. The neglected intrinsic resistome of bacterial pathogens[J]. PLoS One, 2008, 3（2）: e1619.

[3] Partridge S R, Kwong S M, Firth N, et al. Mobile genetic elements associated with antimicrobial resistance[J]. Clin Microbiol Rev, 2018, 31（4）: 10-1128.

[4] Sauvage E, Kerff F, Terrak M, et al. The penicillin-binding proteins: structure and role in peptidoglycan biosynthesis[J]. Fems Microbiology Reviews, 2008, 32（3）: 234-258.

[5] Karen B. The ABCD's of β-lactamase nomenclature[J]. Journal of Infection and Chemotherapy, 2013, 19（4）: 549-559.

[6] Bush K, Jacoby G A. Updated functional classification of beta-lactamases[J]. Antimicrob Agents Chemother, 2010, 54（3）: 969-976.

[7] Ambler R P. The structure of beta-lactamases[J]. Philos Trans R Soc Lond B Biol Sci, 1980, 289（1036）: 321-331.

[8] Bush K, Bradford P A. Epidemiology of beta-lactamase-producing pathogens[J]. Clin Microbiol Rev, 2020, 33（2）: 10-1128.

[9] Munita J M, Arias C A. Mechanisms of antibiotic resistance[J]. Microbiol Spectr, 2016: 481-511.

[10] Llaneza J, Villar C J, Salas J A, et al. Plasmid-mediated fosfomycin resistance is due to enzymatic modification of the antibiotic[J]. Antimicrob Agents Chemother, 1985, 28（1）: 163-164.

[11] Canton R, Gonzalez-Alba J M, Galan J C. CTX-M enzymes: Origin and diffusion[J]. Front Microbiol, 2012, 3: 110.

[12] Nordmann P, Cuzon G, Naas T. The real threat of Klebsiella pneumoniae carbapenemase-producing bacteria[J]. Lancet Infect Dis, 2009, 9（4）: 228-236.

[13] Dudev T, Lin Y L, Dudev M, et al. First-second shell interactions in metal binding sites in proteins: a PDB survey and DFT/CDM calculations[J]. J Am Chem Soc, 2003, 125（10）: 3168-3180.

[14] Queenan A M, Bush K. Carbapenemases: the versatile beta-lactamases[J]. Clin Microbiol Rev, 2007, 20（3）: 440-458.

[15] Kock R, Daniels-Haardt I, Becker K, et al. Carbapenem-resistant Enterobacteriaceae in wildlife, food-producing, and companion animals: a systematic review[J]. Clin Microbiol Infect, 2018, 24（12）: 1241-1250.

[16] Wu W, Feng Y, Tang G, et al. NDM metallo-beta-lactamases and their bacterial producers in health care settings[J]. Clin Microbiol Rev, 2019, 32（2）: 10-1128.

[17] Jacoby G A. AmpC beta-lactamases[J]. Clin Microbiol Rev, 2009, 22（1）: 161-182.

[18] Evans B A, Amyes S G. OXA beta-lactamases[J]. Clin Microbiol Rev, 2014, 27（2）: 241-263.

[19] Pitout J, Peirano G, Kock M M, et al. The global ascendency of OXA-48-type carbapenemases[J]. Clin Microbiol Rev, 2019, 33（1）: 10-1128.

[20] Wilson D N. Ribosome-targeting antibiotics and mechanisms of bacterial resistance[J]. Nat Rev Microbiol, 2014, 12（1）: 35-48.

[21] Ramirez M S, Tolmasky M E. Aminoglycoside modifying enzymes[J]. Drug Resist Updat, 2010, 13（6）: 151-171.

[22] Smith C A, Toth M, Bhattacharya M, et al. Structure of the phosphotransferase domain of the bifunctional aminoglycoside-resistance enzyme AAC（6'）-le-APH（2''）-la[J]. Acta Crystallogr D Biol Crystallogr, 2014, 70（Pt 6）: 1561-1571.

[23] Vetting M W, Hegde S S, Javid-Majd F, et al. Aminoglycoside 2'-N-acetyltransferase from Mycobacterium tuberculosis in complex with coenzyme A and aminoglycoside substrates [J]. Nat Struct Biol, 2002, 9（9）: 653-658.

[24] Zhang W, Fisher J F, Mobashery S. The bifunctional enzymes of antibiotic resistance[J].

Curr Opin Microbiol, 2009, 12（5）: 505-511.

[25] Sunada A, Nakajima M, Ikeda Y, et al. Enzymatic 1-N-acetylation of paromomycin by an actinomycete strain # 8 with multiple aminoglycoside resistance and paromomycin sensitivity[J]. The Journal of antibiotics, 1999, 52（9）: 809-814.

[26] Lovering A M, White L O, Reeves D S. AAC（1）: a new aminoglycoside-acetylating enzyme modifying the CI aminogroup of apramycin[J]. The Journal of antimicrobial chemotherapy, 1987, 20（6）: 803-813.

[27] Hollenbeck B L, Rice L B. Intrinsic and acquired resistance mechanisms in enterococcus [J]. Virulence, 2012, 3（5）421-569.

[28] Doi Y, Arakawa Y. 16S ribosomal RNA methylation: emerging resistance mechanism against aminoglycosides[J]. Clin Infect Dis, 2007, 45（1）: 88-94.

[29] Kang X, Deng D M, Crielaard W, et al. Reprocessing 16S rRNA gene amplicon sequencing studies: （Meta）data issues, robustness, and reproducibility[J]. Front Cell Infect Microbiol, 2021, 11: 720637.

[30] Clarridge J R. Impact of 16S rRNA gene sequence analysis for identification of bacteria on clinical microbiology and infectious diseases[J]. Clin Microbiol Rev, 2004, 17（4）: 840-862.

[31] Stern S, Powers T, Changchien L M, et al. RNA-protein interactions in 30S ribosomal subunits: folding and function of 16S rRNA[J]. Science, 1989, 244（4906）: 783-790.

[32] Lu X, Zeng M, Zhang N, et al. Prevalence of 16S rRNA methylation enzyme gene armA in salmonella from outpatients and food&[J]. Frontiers in Microbiology, 2021, 12: 663210.

[33] Galimand M, Sabtcheva S, Courvalin P, et al. Worldwide disseminated armA aminoglycoside resistance methylase gene is borne by composite transposon Tn1548[J]. Antimicrobial agents and chemotherapy, 2005, 49（7）: 2949-2953.

[34] Ramström T, BunketorpKäll L, Wangdell J. Arm activity measure（ArmA）: psychometric evaluation of the Swedish version[J]. Journal of patient-reported outcomes, 2021, 5（1）: 39.

[35] Yamane K, Wachino J, Suzuki S, et al. 16S rRNA methylase-producing, gram-negative pathogens, Japan[J]. Emerg Infect Dis, 2007, 13（4）: 642-646.

[36] Bogaerts P, Galimand M, Bauraing C, et al. Emergence of ArmA and RmtB aminoglycoside resistance 16S rRNA methylases in Belgium[J]. The Journal of antimicrobial chemotherapy, 2007, 59（3）: 459-464.

[37] Fritsche T R, Castanheira M, Miller G H, et al. Detection of methyltransferases conferring high-level resistance to aminoglycosides in enterobacteriaceae from Europe, North America, and Latin America[J]. Antimicrobial agents and chemotherapy, 2008, 52（5）: 1843-1845.

[38] Jing X, Jian S, Ke C, et al. Persistent spread of the rmtB 16S rRNA methyltransferase gene among *Escherichia coli* isolates from diseased food-producing animals in China[J]. Veterinary Microbiology, 2016, 188.

[39] Yang W, Moore I F, Koteva K P, et al. TetX is a flavin-dependent monooxygenase conferring resistance to tetracycline antibiotics[J]. J Biol Chem, 2004, 279（50）: 52346-52352.

[40] Walkiewicz K, Davlieva M, Wu G, et al. Crystal structure of *Bacteroides thetaiotaomicron* TetX2: a tetracycline degrading monooxygenase at 2. 8 A resolution[J]. Proteins, 2011, 79（7）: 2335-2340.

[41] He T, Wang R, Liu D, et al. Emergence of plasmid-mediated high-level tigecycline resistance genes in animals and humans[J]. Nat Microbiol, 2019, 4（9）: 1450-1456.

[42] Zhang R, Dong N, Zeng Y, et al. Chromosomal and plasmid-borne tigecycline resistance genes tet（X3）and tet（X4）in dairy cows on a Chinese farm[J]. Antimicrob Agents Chemother, 2020, 64（11）: 10-1128.

[43] Mohsin M, Hassan B, Martins W, et al. Emergence of plasmid-mediated tigecycline resistance tet（X4）gene in *Escherichia coli* isolated from poultry, food and the environment in South Asia[J]. Sci Total Environ, 2021, 787: 147613.

[44] Cheng Y Y, Liu Y, Chen Y, et al. Sporadic Dissemination of tet（X3）and tet（X6）media-ted by highly diverse plasmidomes among livestock-associated acinetobacter[J]. Microbiol Spec-tr, 2021, 9（3）: e114121.

[45] Li R, Lu X, Peng K, et al. Deciphering the structural diversity and classification of the mo-bile tigecycline resistance gene tet（X）-bearing plasmidome among bacteria[J]. mSystems, 2020, 5（2）: 10-1128.

[46] Achard A, Villers C, Pichereau V, et al. New lnu（C）gene conferring resistance to linco-mycin by nucleotidylation in Streptococcus agalactiae UCN36[J]. Antimicrob Agents Chemoth-er, 2005, 49（7）: 2716-2719.

[47] Peter J S, Elena E, Mariya M, et al. Structural and functional plasticity of antibiotic resist-ance nucleotidylyltransferases revealed by molecular characterization of lincosamide nucleotidy-lyltransferases lnu（A）and lnu（D）[J]. Journal of Molecular Biology, 2015, 427（12）: 2229-2243.

[48] Zhu X, Wang X, Li H, et al. Novel lnu（G）gene conferring resistance to lincomycin by nucleotidylation, located on Tn6260 from Enterococcus faecalis E531[J]. The Journal of antimi-crobial chemotherapy, 2017, 72（4）: 993-997.

[49] Luo H Y, Liu M F, Wang M S, et al. A novel resistance gene, lnu（H）, conferring resist-ance to lincosamides in Riemerella anatipestifer CH-2[J]. International Journal of Antimicrobial A-gents, 2018, 51（1）: 136-139.

[50] Leclercq R. Mechanisms of resistance to macrolides and lincosamides: nature of the resist-ance elements and their clinical implications[J]. Clin Infect Dis, 2002, 34（4）: 482-492.

[51] Weisblum B. Erythromycin resistance by ribosome modification[J]. Antimicrob Agents Che-mother, 1995, 39（3）: 577-585.

[52] Brooks L, Narvekar U, McDonald A, et al. Prevalence of antibiotic resistance genes in the oral cavity and mobile genetic elements that disseminate antimicrobial resistance: A systematic review[J]. Mol Oral Microbiol, 2022, 37（4）: 133-153.

[53] Smale S T. Chloramphenicol acetyltransferase assay[J]. Cold Spring Harb Protoc, 2010, 2010（5）: t5422.

第 4 章
兽用化学药物的合理使用

4.1

概述

使用药物治疗动物疾病的目的是使机体的病理学过程恢复到正常健康状态或通过抑制、杀灭病原体，从而保护机体的正常功能。为了达到这个目的、做到合理用药，兽药使用者必须对动物、疾病、药物三者有全面系统的认识，因为动物的种属、年龄、性别，疾病的类型和不同病理学过程，药物的剂型、剂量和给药途径均可影响药动学或药效学。

合理用药的含义是指以现代的、系统的医药知识，在了解疾病和药物的基础上，安全、有效、适时、简便、经济地使用药物，最大限度地发挥药物对疾病的预防、治疗或诊断等有益作用，同时使药物的有害作用尽量减到最低程度。有害作用包括对靶动物的不良反应、对动物性食品消费者的危害、对使用兽药人员及生态环境的危害等。

要做到合理用药并不是一件容易的事情，必须理论联系实际，不断总结临床用药的实际经验，在充分考虑影响药物作用的各种因素的基础上，正确选择药物，制定对动物和病理过程都合适的给药方案。

4.2

合理用药的理论基础

药物是防治疾病的主要工具，也是医源性疾病的重要因素。合理用药是以医药理论为基础，安全、有效、经济、规范地使用药物，发挥药物的最大有效性。合理用药能提高药效，减少不良反应。

医药理论主要以机体为对象，研究药物与机体相互作用的规律，主要有两方面的研究内容：①药物作用下机体细胞功能如何发生生理生化与分子生物学改变，称为"药物效应动力学"，主要包括药物的作用、作用机制、适应证、不良反应和禁忌证等；②药物在体内的过程，即机体如何对药物进行处理，以及血药浓度与药物效应之间的动态规律，称为"药物代谢动力学"，主要研究药物在机体内的吸收、分布、生物转化和排泄过程。

依据医药理论基础，并结合病情和病因，合理用药应做到以下几点。

4.2.1　安全性是合理用药的主要条件

药物安全性是评价合理用药的首要指标，药物的使用不仅是为了保障施药动物的生命安全，同时也应该确保不会使施药动物发生组织损伤。药物是用于防治机体疾病的物品，使用恰当时，可以防治疾病；当药物使用不恰当时，常常会引发不良后果。药物与毒物之间没有严格的界限，药物超量使用可使动物发生中毒甚至死亡。例如硫酸镁注射液作为抗惊厥药可抑制中枢神经系统，产生镇静、抗惊厥作用。若该药物静脉注射速度过快或过量均可引起血压剧降、心动过缓、呼吸抑制，甚至死亡。另外，患有呼吸系统疾病、肾功能不全以及严重心血管疾病的动物慎用或不用此类药物。阿司匹林是一种常用的抗血小板药物，对血小板聚集有抑制作用，可防止血栓形成。大剂量或长时间使用阿司匹林可引起胎盘屏障，从而导致胎鼠畸形。另外，大量快速静脉注射含钾盐的抗生素可引起动物发生致死性心脏停搏。当动物子宫有残留胎儿时，使用麦角制剂会引发子宫破裂等。

4.2.2 有效性是合理用药的首要目标

药物的有效性是指在规定的适应证、用法和用量的条件下，能满足预防、治疗、诊断的目的，有目的地调节生理机能的性能。药物的有效性常用治愈率、显效率、好转率、无效率、疾病发病率以及降低死亡率来衡量。药物的使用目的不同，其有效性也不同。即便为一种药物，其使用目的不同，有效性也存在差异。例如莽草酸可以通过抑制血小板聚集而达到抑制动、静脉血栓及脑血栓形成的效果。此外，莽草酸还具有抗炎、镇痛、抗病毒、抗菌作用。红霉素可用于治疗金黄色葡萄球菌、巴氏杆菌引起的肺部感染。除此之外，红霉素还具有非抗菌作用：抑制肺部支气管深处炎性物质的渗出、黏膜损伤；增加嗜中性粒细胞、巨噬细胞的吞噬功能以及作为新型胃肠动力药治疗霉菌中毒、厌食等。另外，在选择药物过程中尽量选用效能多样或有特效的药物。例如敏感菌和密螺旋体感染引起的幼畜禽黄痢、白痢，尽量选用黄连素；治疗家禽大肠杆菌和沙门菌感染应优选疗效非常显著的安普霉素。

4.2.3 经济性是合理用药的重要指标

药物的经济性是指用尽可能低的成本获得最满意的治疗效果，使用尽可能少的费用治好动物疾病，合理利用有限的药物资源，从而产生良好的经济效益。能够使用价格低廉的药物，就尽量不用价格昂贵的药物。例如青霉素和头孢类药物都属于β-内酰胺类药物，但二者却有一定的区别。青霉素一般对革兰氏阳性菌有杀菌作用，头孢类药物对革兰氏阳性菌和革兰氏阴性菌都有较强的杀菌作用。青霉素的价格较便宜，但头孢类药物的价格相对比较昂贵。因此，在确定致病菌种类的情况下应尽量选用价格合理的药物进行治疗，以降低治疗成本。能够使用单方药就尽量不使用复方药，能够使用小剂量药物就尽量不使用大剂量药物。不要一味地迷信高档进口药物，许多国产兽药药效也特别好，经济又实惠。例如，在中欧奶类援助项目实施期间，对几批从欧洲进口的用于防治奶牛子宫内膜炎的进口兽药与国产同类药物进行了为期6个月的疗效对比试验，其试验结果表明进口药品治疗奶牛子宫内膜炎的疗效并不优于国产药物，但药品价格却远高于国产药。因此，对于进口兽药的疗效和选择使用，有必要开展深入试验研究。

4.2.4　适当性是实现合理用药的唯一措施

适当性是指在尊重客观事实的基础上，将适当的药物在适当的时间，通过适当的途径和适当的疗程给予适当的机体，从而达到适当的用药目的。在畜禽疾病防治过程中，药物使用的适当性做得不够完善，许多药品的有效成分含量没有明确指明，只是大概讲述每千克体重对应的使用量，常常出现大剂量使用药物的现象。合理用药一定要合乎病情需要，微生物感染性疾病应依据药物敏感性试验结果选择药物。另外，正确的给药途径也很重要。例如，对于肌肉尚未丰满的新生动物，应尽量少选择肌内注射，尤其是发生腹泻时，内服给药是更佳的选择。寄生虫治疗过程中，应根据不同情况，选择最佳的治疗方案以达到最好的治疗效果。例如，治疗肠道寄生虫时可选用口服药物，而治疗血液寄生虫时可能需要选用注射药物。

4.3

合理用药的原则

4.3.1　正确的诊断和明确的用药指征

任何药物合理应用的先决条件是正确的诊断，对动物发病的原因、病原和病理学过程要有充分的了解才能对因、对症用药，否则没有对动物发病过程的认识，药物治疗便是无的放矢，非但无益，还可能影响诊断，耽误疾病的治疗甚至危及动物的生命。每种疾病都有其特定的病理学过程和临床症状，用药必须对因下药。例如，犊牛腹泻可由多种原因引起，细菌、病毒、原虫等均可引起腹泻，有些腹泻还可能由于饲养管理不当引起，所以不能凡是腹泻都使用抗菌药，首先要做出正确的诊断，要针对患病动物的具体疾病指征，选用药效可靠、安全、给药方便、价廉易得的药物。反对滥用药物，尤其不能滥用抗菌药物。盲目地使用兽用抗菌药物，不仅会降低抗菌药物的防治效果，导致防治失败，还会诱发耐药性菌株的产生，甚至会引起动物二重感染以及药物残留。正确选择抗菌药物对于疾病的治疗十分重要。针对革兰氏阳性细菌感染，可选用青霉素类、头孢菌素类、四环素类、红霉素等抗菌药物。革兰氏阴性细菌感染应选用氨基糖苷类、喹诺酮类、头孢类等抗菌药物。螺旋体与支原体感染可选用土霉素、泰乐菌素、多西环素、泰妙菌素等抗菌药物。放线菌及真菌感染可选用制霉菌素、两性霉素、灰黄霉素及克霉唑等抗菌药物。

4.3.2　熟悉药物在靶动物的药动学特征

药物的作用或效应取决于作用靶位的浓度，每种药物有其特定的药动学特征，只有熟悉药物在靶动物的药动学特征及其影响因素，才能做到正确选药并制订合理的给药方案，达到预期的治疗效果。例如，阿莫西林与氨苄西林的体外抗菌活性很相似，但前者在犬体内的口服生物利用度比后者高约 1 倍，血清药物浓度高 1.5～3 倍，所以在治疗犬全身性感染时，阿莫西林的疗效比氨苄西林好，如果胃肠道感染时则宜选择后者，因其吸收不良，胃肠道有较高的药物浓度。动物的种属不同，其形态结构和代谢机能常有差别，对药物的反应也就不同。例如牛、羊、鹿等反刍动物对麻醉药水合氯醛比较敏感，而猪则有一定的耐受力；林可霉素能引起兔和其他草食动物严重腹泻，甚至致死；马属动物注射泰乐菌素可致死；复胃动物不应过多使用抗生素，以免干扰其胃内正常的消化活动等。

4.3.3 预期药物的治疗作用与不良反应

临床使用药物防治疾病时，可能产生多种药理效应，大多数药物在发挥治疗作用的同时，都存在不同程度的不良反应，这就是药物作用的两重性。合理的用药必须根据病理过程的需要，结合药物的药动学、药效学特征，发挥药物的最佳疗效，一般药物的疗效是可以预期的。同样，药物的不良反应如一般的副作用和毒性反应也是可预期的，应该把不良反应尽量减少或消除。例如，反刍动物用赛拉嗪后可分泌大量的唾液，因此要做好必要的预防措施，用赛拉嗪时可使用阿托品抑制唾液分泌。但阿托品在发挥抑制唾液分泌的治疗作用时，又可产生抑制胃肠蠕动的副作用，由于胃蠕动停止可引起瘤胃臌胀，因此需预先给予制酵药防止发酵。氯霉素作为人类医学上最早合成的广谱、高效的抑菌剂，曾被广泛应用于各个医学、养殖等领域，但因其严重的不良反应而被禁止使用，其不良反应主要为抑制骨髓造血功能、导致动物机体再生障碍性贫血。当然，有些不良反应如变态反应、特异质反应等是不可预期的，可根据患病动物反应的情况采取必要的防治措施。

4.3.4 制定合理的给药方案

对动物疾病进行治疗时，要针对疾病的临床症状和病原诊断制定给药方案。给药方案包括选药、给药剂量、途径、频率（间隔时间）和疗程。在确定治疗药物后，首先确定用药剂量，一般按《中国兽药典》《兽药质量标准》等国家标准规定的剂量用药，兽医师可根据病畜情况在规定范围内作必要的调整。剂量的频率是由药物的药动学、药效学和经证实的药物维持有效作用的时间决定的，每种药物或制剂有其特定的作用时间，例如泰拉霉素比泰乐菌素对猪有更长时间的抗菌作用，所以前者一个疗程用药 1 次即可。药物的给药途径主要决定于制剂。但是，选择给药途径还受疾病类型和用药目的限制，例如利多卡因在非静脉注射给药时，对控制室性心律不齐是无效的。多数疾病必须反复多次给药一定时间才能达到治疗效果，不能在动物体温下降或病情好转时就停止给药，这样往往会引起疾病复发或诱导产生耐药性，给后来的治疗带来更大的困难，其危害是十分严重的。

4.3.5　合理的联合用药

在确定诊断以后，兽医师的任务就是选择最有效、安全的药物进行治疗，一般情况下应避免同时使用多种药物（尤其抗菌药物），因为多种药物治疗极大地增加了药物相互作用的概率，也给患病动物带来了危险。除了具有确实的协同作用的联合用药外，要慎重使用固定剂量的联合用药（如某些复方制剂），因为它使兽医师失去了根据动物病情需要去调整药物剂量的机会。链霉素与四环素合用，能增强对布鲁氏菌的治疗作用；链霉素与红霉素合用，对猪链球菌病有较好的疗效；链霉素与万古霉素（对肠球菌）或异烟肼（对结核杆菌）合用有协同作用；链霉素与磺胺类药物配伍应用会发生水解失效。在临床治疗过程中，中西药联合使用的现象普遍存在，但很多中西药联合使用的真实效果至今还存在争论。例如鱼腥草注射液、板蓝根注射液等中药提取物用作抗生素粉剂的稀释剂，此种联合用药到底有没有增强药效的作用，目前还没有具体的研究报道，建议谨慎使用。

4.3.6　正确处理对因治疗与对症治疗的关系

针对病因使用的药物称为对因治疗药物，针对动物疾病的症状使用的药物称为对症治疗药物。两者相辅相成，不能偏废。对因治疗与对症治疗的关系前已述及，一般用药首先要考虑对因治疗，但也要重视对症治疗，两者巧妙地结合能取得更好的疗效。对症治疗的药物不宜过早使用，因为这些药物虽然可以缓解症状，但客观上会损害机体的保护性反应，还会掩盖疾病真相。我国传统中医理论对此有精辟的论述："治病必求其本，急则治其标，缓则治其本"。抓住疾病的主要特征，综合对症与对因用药，才能使动物尽快康复。当动物出现较为严重的症状甚至危及生命时，此刻便迫切需要使用有效的药物消除症状。例如心衰时使用强心药兴奋心肌细胞；呼吸困难时使用呼吸刺激药；腹泻时使用止泻药。当症状有所缓和时就应该采取对因治疗的方案，消除致病的原因，达到较好的治疗效果，使动物完全康复。

4.3.7　避免动物源性食品中的兽药残留

食品动物用药后，药物的原型或其代谢产物和有关杂质可能蓄积、残存在动物的组织、器官或食用产品（如蛋、奶）中，这样便造成了兽药在动物性食品中的残留（简称兽药残留）。兽药残留对人类的潜在危害作用正在被逐步认识，把兽药残留减到最低限度直至消除，保障动物源性食品安全，是兽医师用药应该遵循的重要原则。兽药残留会对人体产生直接毒害，兽药在人体内蓄积可引发人体组织器官病症，如盐酸克伦特罗超量，会引起人体心悸、血压升高、肌肉震颤等。部分药物残留甚至会引起变态反应，如体内青霉素过量时，会出现接触性皮炎、过敏性休克等变态反应，兽药残留是细菌产生耐药性的重要原因，动物长期使用抗菌药进行治疗，很容易导致细菌产生耐药性，一旦人体摄入具有抗菌药物残留的动物源性食品，便会受到耐药菌的感染。兽药残留也会危害生态环境安全，没有完全分解的药物会通过动物代谢以粪便、尿液等形式排出，污染空气等生态环境。动物性产品中含有大量致癌物质，即使残留量较低，但随着残留量逐渐蓄积，对人体健康、环境也会造成一定的伤害。如阿苯达唑等药物具有致畸作用；砷制剂等药物具有致癌作用。

（1）做好使用兽药的登记工作　避免兽药残留必须从源头抓起，严格执行兽药使用的登记制度。《兽药管理条例》明确指出，兽药使用单位，应当遵守国务院兽医行政管理部门制定的兽药安全使用规定，并建立用药记录。兽医师及养殖人员必须对使用兽药的品种、剂型、剂量、给药途径、疗程或添加时间等进行登记，以备检查。

（2）严格遵守休药期规定　根据调查，兽药残留产生的主要原因是没有遵守休药期的规定，所以，严格执行休药期规定是减少兽药残留的关键措施。使用兽药必须遵守批准的兽药说明书的有关规定，严格执行休药期，以保证动物源性产品没有兽药残留超标。有休药期规定的兽药用于食用动物时，饲养者应当向购买者或者屠宰者提供准确、真实的用药记录；购买者或者屠宰者应当确保动物及其产品在用药期、休药期内不被用于食品消费。同一种药物对于不同种动物的休药期也不尽相同，如注射用苄星青霉素的休药期为牛、羊 4d，猪 5d；同一种药物的不同制剂也表现为不同时间的休药期，如注射用普鲁卡因青霉素的休药期为牛、羊 4d，猪 5d；弃奶期 72h。普鲁卡因青霉素注射液的休药期为牛 10d，羊 9d，猪 7d；弃奶期 48h。

（3）避免标签外用药　药物的标签外应用是指在标签说明以外的任何应用，包括种属、适应证、给药途径、剂量和疗程。一般情况下，食品动物禁止标签外用药，因为任何标签外用药均可能改变药物在体内的动力学过程，使食品动物出现药物残留。在某些特殊情况下需要标签外用药时，必须采取适当的措施避免动物产品的兽药残留，兽医师应熟悉药物在动物体内的组织分布和消除的资料，采取超长的休药期，以保证消费者的安全。标签外用药情形普遍存在，除了临床试验阶段的标签外用药，其他标签外用药情况均缺乏法律支持，不具有合法性，属于违法行为，同时也缺乏药物临床试验结论的支持，不符合医学规律，不具有科学性。

（4）严禁非法使用违禁药物　为了保证动物性产品的安全，近年来各国都对食品动物禁用药物品种作了明确的规定，我国兽药管理部门也规定了禁用药品清单。兽医师和食品动物饲养场均应严格执行这些规定。《兽药管理条例》明确指出，禁止在饲料和动物饮用水中添加激素类药品和国务院兽医行政管理部门规定的其他禁用药品。经批准可以在饲料中添加的兽药，应当由兽药生产企业制成药物饲料添加剂后方可添加。禁止将原料药直接添加到饲料及动物饮用水中或者直接饲喂动物，原料药直接添加到动物饲料或饮用水中可能引起动物中毒死亡及兽药残留的问题。禁止将人用药品用于动物。

《禁止在饲料和动物饮用水中使用的药物品种目录》共收载了 5 类（肾上腺素受体激动剂、性激素、蛋白同化激素、精神药品、各种抗生素滤渣）40 种药物。《食品动物禁用的兽药及其它化合物清单》共包括 21 类禁用的兽药及其他化合物。禁止用于所有食品动物所有用途的有 8 类，包括兴奋剂类、性激素类、具有雌激素样作用的物质、氯霉素及其盐、氨苯砜及制剂、硝基呋喃类、硝基化合物和催眠镇静类。禁止用于所有食品动物促生长用途的有 3 类，包括性激素类、硝基咪唑类和催眠镇静类。其他 10 类主要禁止用于杀虫剂、清塘剂、杀螺剂和抗菌。部分人用药被国务院兽医行政主管部门禁止在动物使用，人用药品没有动物的使用剂量、疗效、残留限量、停药期等数据，用药剂量过少会造成疗效不明显，剂量过大会造成动物产品中的药物残留，影响食品安全和人类健康，如盐酸克伦特罗。其他化合物如农药、未批准为人药或兽药的化学品、试剂等禁止使用。应用国家禁止使用的药品和其他化合物属于违法行为。

4.4

合理用药的方法

药物的合理使用不仅能够达到良好的治疗效果，同时也可以减少药物的浪费，节约成本。不恰当地使用药物，不仅会延误疾病的治疗，浪费医药资源，也会产生药物不良反应甚至引起药源性疾病。严重时还会酿成药疗事故。因此，采取合理的用药方法十分必要。

4.4.1 开具处方的药物应适宜

国家对兽药实行分类管理，根据兽药的安全性和使用风险程度，将兽药分为兽用处方药和非处方药。兽用处方药是指凭兽医处方方可购买和使用的兽药。兽用非处方药是指由国务院兽医行政管理部门公布的、不需要凭兽医处方就可以自行购买并按照说明书使用的兽药。处方药通常都具有一定的毒性及其他潜在的影响，对于该类药物的用药方法和时间都有特殊要求。因此，该类药物必须在兽医指导下使用。购买和使用此类药物的时候必须凭借兽医开具的兽医处方笺。

兽医师应根据治疗、预防等需要，按照诊疗规范、药物的适应证、药理作用、药物的用法、用量、禁忌、不良反应和注意事项等开具处方。兽用麻醉药品、精神药品、毒性药品等特殊药品的生产、销售和使用，还应当遵守国家有关规定。

4.4.2 在适宜的时间，以公众能支付的价格保证药物供应

奢侈处方是指尽管有更便宜的替代药物，但还是开出了昂贵的具有相当安全性和有效性的药物，这类处方药会影响动物主人的财务状况。现在很多常规药物均具有较好的治疗效果，但是不被重视。例如大黄苏打片、乳酶生、高锰酸钾、土霉素这些既便宜又能发挥关键作用的常见药物往往被忽视。因此，不要轻视常规药、廉价药。

此外，多重处方或多重用药习惯也是造成药物费用昂贵的一个原因。即便使用更少的药物可以获得较好的治疗效果，但也会开出多种药物。这种现象除了对财务状况有影响外，同时具有增加药物不良反应的风险。例如，繁殖期杀菌剂与慢效抑菌剂合用，虽然一般无增强或减弱的影响，不会有重大影响或发生拮抗作用。但由于对代谢受到抑制的细菌的杀灭作用较差，故一般不宜联合应用。除了治疗脑炎外，注射青霉素时，不必同时注射磺胺类药。

4.4.3 正确的调剂处方

调剂处方是指用作制备制剂的处方。它需要将各组成药物、剂量和调制方法等项目一

一列出。正确的调剂处方应遵循以下几点原则。

（1）**组方原则**　处方应从药物与动物机体相互作用的关系出发，临床中复方的主治药物要突出，同时注意辅治药物的搭配。西药处方的组成药物一般不宜过多，同时处方应重视合用药物间的增加作用、协同作用和增强作用。例如，用于治疗猪败血型伤寒的复方可选用氟苯尼考、地塞米松、维生素 B_1 和葡萄糖氯化钠。氟苯尼考作为治疗沙门菌病的首选药主要因其能抑制细菌蛋白质合成。地塞米松具有抗炎、抗过敏、抗内毒素、抗休克和退热作用，适于配合抗菌剂用于治疗严重感染。维生素 B_1 有改善糖代谢供能及减少代谢后所致的酮体滞留等作用，等渗葡萄糖氯化钠注射液可以用于补充能源、维持水盐平衡等。

（2）**剂量原则**　剂量是指药剂的投用量。在一定的剂量范围内，一般剂量越大，药物的作用越强，剂量小则作用弱。例如巴比妥类药物，小剂量催眠，随着剂量的增加呈现镇静、抗惊厥作用，再大剂量便呈现麻醉作用。同一药物在不同剂量时其作用性质具有较大差别。例如，人工盐小剂量具有健胃作用，大剂量则有泻下作用。药物的使用剂量一定要严格遵循规定，正确运用药物剂量还需要考虑动物品种、年龄、体重或机体状态等有关因素。

（3）**配伍禁忌**　处方中的药物能相互作用产生影响调剂和疗效的变化，例如配伍间直接发生物理性或化学性的变化，出现沉淀、变色、潮解或失效，导致药物疗效降低或消失，这种现象属于配伍禁忌。处方中的配伍禁忌要设法避免和克服，克服方法应根据药物和剂型而定，例如更换组成药、加入助溶剂或增溶剂、调整 pH 值、改变调配次序或剂型等。含咖啡因类药物如安钠咖与盐酸四环素、环丙沙星等酸性药物合用会产生沉淀，影响作用效果。硫酸庆大霉素与两性霉素 B（200mg/L）在 5% 葡萄糖注射液中混合 3 小时后会出现浑浊；与肝素钠（2 万 U/L）在 5% 葡萄糖注射液或生理盐水中混合后立即出现沉淀。

（4）**剂型选择**　开具处方时需要选择能在体内产生良好药效的剂型，以便于药物吸收、利用、转化与排泄。内服剂型投药方便，但由于药物需通过肠黏膜吸收方可进入血液循环，有一部分药物可被胃肠及肝脏酶代谢消除，故比注射剂型的药物的药效慢且不稳定。注射剂型的药物很容易被完全吸收，药效快而稳定，但由于注射剂型投药不如内服剂型方便，所以不能混入饲料中大群投喂。气雾剂型药物通过呼吸道吸入后可用于气雾免疫等使用。脂质体剂型因其组成与动物细胞相似，故可降低剂量和药物对细胞的毒性，这种剂型可制成注射剂、内服剂、外用剂等。微型胶囊可防止药物被氧化，延长药物保存期和有效性。缓释剂可使药物定期缓慢恒量释放，能够延长药效，降低毒性和减少投药的次数。例如阿莫西林口服比肌内注射或者静脉注射效果更好，因此一般不选用注射剂型，多选用内服剂型给药。鸡和猪都是口服给药，牛的乳腺炎是注射给药。林可霉素口服吸收效果较差，空腹吸收率小于 40%，吃料后给药吸收率可达到 10% 左右。一般不选用内服剂型，提倡注射给药。

4.4.4　以准确的剂量、正确的用法和用药时间使用药物

正确的给药方案对于临床疾病的治疗具有重要的作用。正确的给药方案包括给药的剂量、途径、时间间隔和疗程。给药剂量过大或长期用药会引起动物中毒，剂量过小不能达到良好的治疗效果。点到为止，病好即止，可能会引起病情的复发。给药途径的不同主要

影响生物利用度和药效的快慢，按照药效的快慢依次排列如下，静脉注射效果最快，其次为吸入方式、肌内注射、皮下注射、直肠给药和内服。给药的时间间隔主要根据药物的半衰期来确定。药物必须按规定的剂量和时间间隔连续给予一定的时间，此过程称为疗程。抗菌药物必须保证有充足的疗程，绝不可在给药1～2次后出现药效便立即停药。同时加强轮换用药，避免耐药性的产生。

正确的给药方案都是根据动物本身特点而制定的。首先，不同种类的动物的形态结构、生理机能和代谢特点不同，用药方式也要有所区分。例如马属动物不用呕吐剂；牛不用汞剂；反刍动物如用大量抗菌药，其前胃消化活动就严重受到干扰。对于性情暴躁的动物，尽量少用注射投药，尤其是静脉注射。其次，对于不同规模的养殖场需要考虑适用的投药方法。例如大规模集约化的养殖业，通常是将药物混水饮用或在饲料内投喂，尽量不采取个别注射的方法。

4.4.5 确保药物的质量安全、有效

用于临床的兽药要使用正规的药品，注意假冒伪劣药品。《兽药管理条例》中明确规定禁止使用假、劣兽药。有下列情况之一的兽药称为假兽药：①以非兽药冒充兽药的；②兽药所含成分、种类、名称与国家标准、专业标准或地方标准不符合的；③未取得批准文号的；④农业农村部明文规定禁止使用的；⑤因变质不能药用的；⑥因污染不能药用的。有下列情况之一的兽药称为劣兽药：①兽药成分含量与国家标准、专业标准或地方标准不符合的；②超过有效期的；③与兽药标准不符合，但不属于假兽药的其他兽药。因此，应选用经批准取得正式批准文号、生产兽药厂名称以及药品批号，并在有效期内的合格药品。不能将其他药品当作动物药品使用。切勿误购伪劣药品。

药物的保存对于药物的质量安全也具有重要的作用。当药物保存不善时，有的会发生潮解、碳酸化，以致药物分解、变色、发生沉淀等变化。例如我国南方气候炎热潮湿，某些药物很容易发霉。采取必要的冷藏、防冻、防潮、防虫、防鼠等措施，对于保持兽药的质量十分必要。如漂白粉、漂白精、二氯异氰尿酸钠等，应当密封放置，现配现用，否则易致有效率散失而影响防治疾病的效果。磺胺类药物在空气中遇光生成黄色的偶氮化合物，葡萄糖酸钙溶液久置冷处析出结晶不易再溶解；药物一旦变质，不但不能治病，而且很可能使动物发生不良反应甚至中毒。

主要参考文献

[1] 陈龙，王瑞锋，张振凯，等．基于药动学-药效学的中药引经理论现代研究进展与思考[J]．中成药，2023（11）：1-7.

[2] 曹建英，王佩军．硫酸镁注射液致视觉障碍 1 例并文献分析[J]．中国药业，2023，32（20）：140-143.

[3] Elkarmi A, Abu-Samak M, Al-Qaisi K. Modeling the effects of prenatal exposure to aspirin on the postnatal development of rat brain[J]. Growth Dev Aging, 2007, 70（1）: 13-24.

[4] 尤晨曦．基于代谢组和转录组学分析银杏莽草酸-类黄酮途径主要代谢物单株间代谢差异[D]．南京：南京林业大学，2023.

[5] Sun J, Gao H, Yan D, et al. Characterization and utilization of methyltransferase for apramycin production in *Streptoalloteichus tenebrarius*[J]. J Ind Microbiol Biotechnol, 2022, 49（4）: 1-9.

[6] 朱减保．进口兽药与国产兽药对奶牛疗效的对比试验[J]．中国奶牛，2007（06）：42-43.

[7] 秦令辉，李福．寄生虫病对反刍动物生产的影响及预防措施[J]．北方牧业，2023（20）：28.

[8] 张静．犊牛腹泻原因及治疗[J]．中国畜禽种业，2021，17（02）：98-99.

[9] 万遂如．养猪生产中如何科学合理使用兽用抗菌药物[J]．养猪，2020（04）：89-91.

[10] 张婷婷．兽药安全使用常识[J]．现代畜牧兽医，2012（04）：43-44.

[11] 杜春艳，吴发旺．氯霉素的毒性作用及检测方法研究进展[J]．化工设计通讯，2023，49（07）：81-83.

[12] 李细牯．兽医临床常用抗菌药物的特点及其联合用药[J]．江西畜牧兽医杂志，2009（04）：32-36.

[13] 白云，马万里，王翠梅，等．中西联合用药应注意的问题[J]．中外医疗，2009，28（16）：108.

[14] 薛玉华．兽药合理使用四原则[J]．中国猪业，2009，4（04）：60.

[15] 阎芳．从部分兽药残留检测状况谈畜产品质量安全[J]．今日畜牧兽医，2023，39（9）：14-16.

[16] 黄飞，欧佳灵，陈小转．农兽药残留研究与检测技术发展探索：评《农药兽药残留检测技术》[J]．中国农业气象，2023，44（9）：858.

[17] 殷冀煜，王美楠，郝爽．食品中兽药残留的前处理方法分析[J]．中国食品工业，2023（16）：67-68.

[18] 李清兰．对我国兽药使用规定及规范管理的分析[J]．畜牧兽医科技信息，2021（05）：28.

[19] 李颖，余兴邦，郭庆爽，等．畜禽产品兽药残留的原因、危害及防控措施[J]．兽医导刊，2023（01）：20-22.

[20] 宋儒亮．药品说明书：用药的法定依据与防范药害的凭据[J]．中国处方药，2009（01）：58-59.

[21] 陈莎莎，王娟．我国兽药使用规定及规范管理分析[J]．中国畜牧兽医文摘，2017，33（07）：3-4.

[22] 李雅琼，耿健强，穆同娜，等．基于我国动物性食品中禁限用兽药使用规定的食源性兴奋剂种类浅析[J]．食品科学，2022，43（13）：319-326.

[23] 王湘如，赵月，冯家伟，等．欧盟禁用饲料药物添加剂的历史和法规[J]．中国兽药杂志，2019，53（06）：72-79.

[24] 刘琨．关于兽用处方药销售、购买、使用之浅析[J]．广西畜牧兽医，2018，34（3）：159-160.

[25] 李振国，赵秀芝．青霉素 G 与其他药物的相互作用[J]．中级医刊，1988（07）：60-62.

[26] 李先强．氟苯尼考研究进展[J]．中国兽药杂志，2016，50（11）：5-8.

[27] 李进德，王国强．人工盐在奶牛前胃病治疗中的应用[J]．中国兽医杂志，2016，52（04）：70-71.

[28] 杨卫军，于娜，张珍珍，等．禽病预防与治疗中药物的正确使用[J]．北方牧业，2023（23）：26+27.

[29] 李有才．药物剂型的分类及重要性[J]．中国社区医师（综合版），2006（13）：12.

[30] 黄显会．内服给药制剂剂型设计与应用[J]．北方牧业，2015（09）：18.

[31] 张艳，吴宪，薛沾枚，等．家畜给药途径及静脉输液引起不良反应的防治措施[J]．湖南畜牧兽医，2022（05）：16-18.

[32] 刘雁．养殖场规范使用兽药探讨[J]．中兽医学杂志，2022（02）：68-70.

[33] 王金海．药物的保管与贮存[J]．养殖技术顾问，2013（12）：177.

第 5 章
抗微生物药

5.1

磺胺类药物及其增效剂

磺胺类药物是当今仍在使用的最古老的抗微生物化合物之一。磺胺类药物的母体磺胺最早由奥地利化学家保罗·约瑟夫·雅各布·杰尔莫于 1908 年作为一种合成偶氮类染料的中间体被制备，但是在之后的很长时间里，磺胺类分子的抗菌特性并未得到人们的广泛关注。直到 1932 年，德国病理学家格哈德·多马克发现一种红色偶氮染料百浪多息（prontosil）能使鼠和兔抵抗链球菌和葡萄球菌感染，因此使磺胺类药物成了人类历史上第一种人工合成的抗菌药物。1937 年，磺胺首次用于兽医治疗牛乳腺炎；1948 年第一次进行了磺胺药功效的流行病学调查，比较了 1937 年至 1947 年纽约 1729 例牛肺炎的治疗成功率；1948 年，磺胺类药物除了用于细菌性感染，首次创新性地在家禽饲料中使用磺胺喹噁啉以预防球虫病；1976 年，磺胺类药物灵敏分析方法的发展证明了血液浓度与临床疗效之间的关联性，药物代谢动力学/药物效应动力学（pharmacokinetics/pharmacodynamics，PK/PD）的评价模式也在兽医首次出现。

高精度的分析方法也为兽医药理学提供了巨大的推动力，主要体现在不同动物中磺胺类药物在机体内吸收、分布、代谢和排泄方面的相关差异。Francis 比较了七种磺胺类药物在四个物种中的血液浓度，同时评估了药物在体内维持时间（长效或短效）；随后不到 20 年时间里，美国伊利诺伊大学的 Koritz 等使用最先进的非线性回归建模方法模拟了不同物种对几种磺胺类药物的处置过程。1962 年，米兰大学的兽医药理学家 Franco Faustini 开发了几种磺胺类药物（拥有多项专利），专门用于兽医治疗；1983～1986 年间，Nouws 发表了一系列关于动物和人类磺胺类药物药效学比较的论文，阐述了乙酰化-脱乙酰化机制，药物处置的非线性关系和年龄对药效的影响；1997 年，乌得勒支的 van Miert 小组发表了一系列关于磺胺类药物的代谢比较研究和性别分化的经典论文，报告了磺胺类药物抗菌活性和其物理化学性质之间的相关性。

从磺胺类药物的历史发展中，可以清楚地看出先驱们一系列里程碑式的研究成果为后续兽医药理学的发展建立了标准，本章将详细介绍这类重要的化合物。

5.1.1 化学结构

磺胺源于染料"百浪多息"，磺胺类药物都具有相似的结构，其中包含与苯环相连的 $—SO_2NH_2$ 基团和对位的 $—NH_2$ 基团。$—SO_2NH_2$ 基团的 H 可以被杂环取代，这也是不同磺胺类抗菌药物的结构差异所在，如连接的嘧啶环可能包含零个、一个或两个甲基（分别为磺胺嘧啶、磺胺甲嘧啶和磺胺二甲嘧啶），也可以是甲氧基团在间位、对位或两者均有（分别为磺胺间甲氧嘧啶、磺胺对甲氧甲嘧啶和磺胺二甲氧嘧啶），常见的磺胺类抗菌药物化学结构详细如图 5-1 所示。

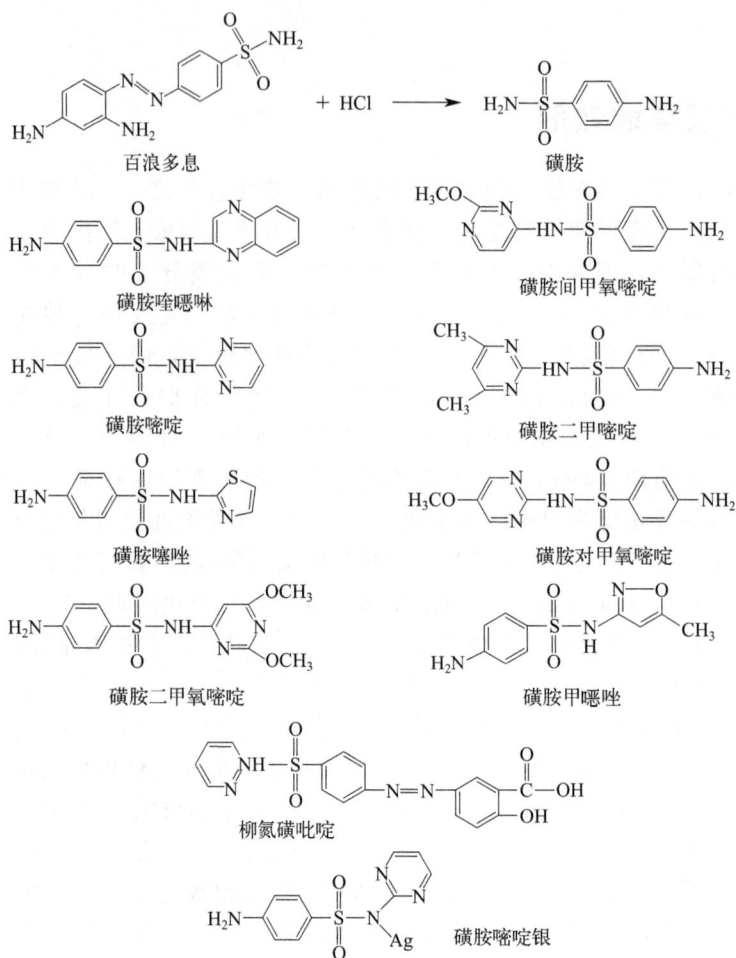

图 5-1 常见的磺胺类抗菌药物化学结构

5.1.2 作用机制

磺胺类药物作用机制如图 5-2 所示。对氨基苯甲酸（PABA）、蝶啶（pteridine）和 L-谷氨酸（glutamate）在二氢蝶酸合酶（dihydropteroate synthase，DHPS）作用下形成二氢蝶酸（dihydropteroate），即二氢叶酸的直接前体；二氢蝶酸通过二氢叶酸合酶（dihydrofolate synthase，DHFS）酶促反应转化为二氢叶酸（dihydrofolate），然后通过二氢叶酸还原酶（dihydrofolate reductase，DHFR）将二氢叶酸酶促转化为四氢叶酸（THFA）。

磺胺类药物和甲氧苄啶（trimethoprim，TMP）的组合分两步抑制四氢叶酸的形成，这种作用具有协同作用，可增加对其中一步可能具有抗性的某一磺胺药物的活性。四氢叶酸是许多复杂酶促反应中的辅酶，也是胸苷酸（一种核苷酸）合成中的辅酶，胸苷酸是 DNA 的组成部分。当单独测试时，细菌对这种组合比对任何一种药物都更敏感。磺胺类药物依赖于敏感微生物需要合成叶酸作为细胞中重要分子的前体，磺胺类药物在叶酸合成中充当假底物，竞争性结合 DHFS，从而抑制二氢叶酸的合成；甲氧苄啶和奥美普林等（二氨基嘧啶类）通过抑制 DHFR，影响四氢叶酸的形成，最后双重阻断产生协同效应。

磺胺类药物对哺乳动物细胞相对安全，因为哺乳动物利用膳食叶酸合成二氢叶酸，而且它们不需要对氨基苯甲酸，同时细菌的二氢叶酸还原酶对甲氧苄啶的亲和力比哺乳动物二氢叶酸还原酶高得多（50000～60000 倍），因此哺乳动物相对而言更安全。

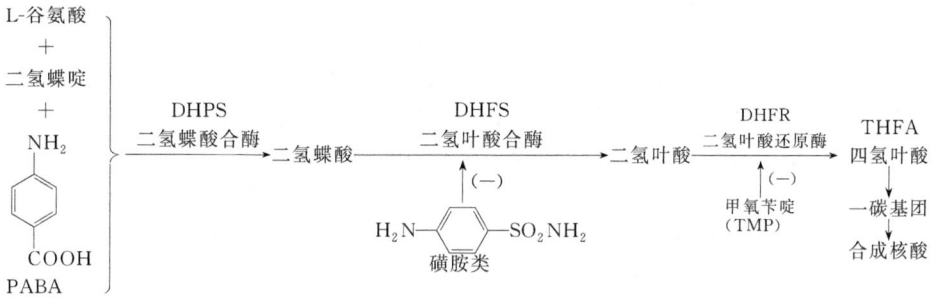

图 5-2　磺胺类药物作用机制

5.1.3　抗菌谱

磺胺类药物是兽医临床重要的一类抗微生物药物，抗菌谱极广，对革兰氏阳性细菌、革兰氏阴性细菌、真菌和许多原生动物均有一定的抑制作用，易感的细菌包括克雷伯菌、沙门菌、大肠杆菌等，常用于治疗扁桃体炎、败血症、球菌性脑膜炎、细菌性痢疾和泌尿道感染等。一些常见治疗如下：脑弓形虫病用乙胺嘧啶-磺胺嘧啶治疗；尿路感染用磺胺二甲嘧啶治疗；呼吸道感染用磺胺甲氧吡嗪治疗；疱疹样皮炎和脑膜炎球菌感染用磺胺嘧啶治疗；烧伤用磺胺嘧啶银治疗；结膜炎和浅表性眼部感染用磺胺乙酰胺治疗；胃肠道感染用磺胺脒；耐氯喹疟疾用磺胺肟与乙胺嘧啶治疗；抗蠕虫用氨苯砜治疗。需要注意的是，磺胺类药物对铜绿假单胞菌和沙雷氏菌属没有活性。另外，许多报道显示磺胺及其衍生物在用于对抗由诺卡氏菌、金黄色葡萄球菌和大肠杆菌引起的细菌感染时显示出优越的抗菌活性，而用硝基等吸电子基团取代后，磺胺类药物组的抗菌活性增加。

磺胺类药物还显示出对某些真菌（卡氏肺孢子虫）和原生动物（弓形虫、球虫）的抑制活性。由于在人类或大多数高等真核生物中没有二氢蝶酸合酶（DHPS），因此某些磺胺类药物，如磺胺嘧啶表现出更高的寄生虫特异性，多种靶向 DHPS 的新型磺胺类药物也证明了对弓形虫的疗效，例如在一项研究中提到的化合物，IC_{50} 为 $0.05\mu mol/L$。

5.1.4　耐药性

由于多年来广泛使用磺胺类药物及其抗菌增效剂，许多细菌和原生动物对其耐药性已经非常常见，而且也早有报道对这两种类型药物的耐药性可以水平转移，如 Tn21 家族转座子。细菌对 TMP 和磺胺类药物的耐药性由以下四个主要机制介导：a. 渗透性变化和/或外排泵对药物外排；b. 目标酶的突变或重组结构变化后使该类药物对目标酶（二氢蝶酸合酶和二氢叶酸还原酶）敏感性下降；c. 对氨基苯甲酸的产生效率增强；d. 能直接利用外源性叶酸。

由渗透屏障和/或外排泵介导的耐药性对磺胺类药物和 TMP 都有作用，在已知外排泵之前，渗透屏障被认为是对磺胺类药物和 TMP 产生耐药的主要机制。然而，外排泵最近被证明可以同时调节对磺胺甲噁唑（sulfamethoxazole，SMX）和 TMP 的耐药性。

目标酶的突变或重组结构变化后使该类药物对目标酶（二氢蝶酸合酶和二氢叶酸还原酶）敏感性下降也被认为是主要机制之一，早在拟杆菌属、梭菌属、奈瑟菌属和卡他莫氏菌中发现了天然不敏感的二氢叶酸还原酶，随后在大肠杆菌中也发现由启动子突变引起的染色体二氢叶酸还原酶过量产生，同时，在嗜血杆菌、金黄色葡萄球菌、肺炎链球菌、结核分枝杆菌、李斯特菌等中发现染色体编码的 *dhfr* 基因中的单个氨基酸取代和改变导致的二氢叶酸还原酶过量产生介导对 TMP 的抗性。除了由染色体编码介导的耐药性，已经陆续有研究表征了位于可移动元件如 I 型整合子（type I integron）上不同的介导对 TMP 耐药的可转移 *dhfr* 基因，如 *dhfr* I 和 *dhfr* II 变体介导的对 TMP 的高水平抗性，其 MIC 值比正常 MIC 值高 11000 倍，并且它们最常见于革兰氏阴性肠道细菌中；在婴儿肠道沙门菌的 I 类整合子的 *dhfrB6-aadA1* 盒阵列中发现的基因 *dhfrB6* 赋予了对甲氧苄啶抗性；犊牛的甲氧苄啶耐药大肠杆菌菌株携带 *dhfrA35* 基因，经验证该基因被整合到氟苯尼考/氯霉素-磺酰胺抗性的 ISCR2 元件（*floR*-ISCR2-*dhfrA35*-*sul2*）中，暗示另一种常见的水平转移模式。

另一种对目标酶（二氢蝶酸合酶和二氢叶酸还原酶）敏感性下降的机制是作用于二氢蝶酸合酶、介导对磺胺类抗菌药的耐药。大肠杆菌染色体 *dhps* 基因中的单个氨基酸突变可以在实验室中轻松分离。因此，许多临床上重要的细菌在自然界中也普遍存在突变。除了大肠杆菌外，还包括金黄色葡萄球菌、溶血葡萄球菌、空肠弯曲杆菌和幽门螺杆菌等。同样，除了由染色体编码介导的对磺胺类药物耐药外，耐药性由可移动元件如 I 型整合子介导，最为常见的对磺胺类药物的可转移耐药由 2 种二氢蝶酸合酶介导，这些酶由 *sul1* 或 *sul2* 基因编码。这些基因在氨基酸水平上只有 57% 相同，它们的来源未知。*sul1* 基因通常与其他可转移的耐药基因相关联，通常在属于 Tn21 家族的转座子中。在耐磺胺类革兰氏阴性肠道细菌中发现 *sul1* 和 *sul2* 的频率大致相同。随后，又发现了 *sul3*，该耐药基因同样可以由 I 型整合子或 IS26 介导。对于磺胺类药物耐药基因，不同的可转移耐药基因的数量仅为 3 个，而对于 TMP，则数量可能超过 10 倍。尽管这些药物的耐药基因数量存在差异，但其介导对磺胺类药物和 TMP 的耐药却广泛传播。

5.1.5　药代动力学

鉴于磺胺类药物种类繁多，而且磺胺二甲嘧啶（sulfamethazine，SM2）、磺胺嘧啶（sulfadiazine，SD）、磺胺甲噁唑（sulfamethoxazole，SMX）和甲氧苄啶（trimethoprim，TMP）在动物中广泛使用，在此列举了该三种磺胺类药物（表 5-1～表 5-3）和一种增效剂（表 5-4）静脉给药后在动物体内的一些药代动力学参数供参考。由于不同研究人员对同一动物体进行过类似浓度研究，此处只摘选部分列举，详细的可参考 Riviere 等人编写的《兽医药理学与治疗学（第九版）》。

表 5-1 磺胺二甲嘧啶在动物体内的药代动力学参数

物种	剂量 /(mg/kg)	表观分布 容积/(L/kg)	半衰期 /h	清除率 /[mL/(h·kg)]	参考文献
牛（雄）	200	0.37	5.82	45	（Witkamp 等，1992）
牛（雌）	200	0.24	3.64	54	（Witkamp 等，1992）
猪（9 周龄）	50	0.51	16	21	（Sweeney 等，1993）
猪（10 周龄）	20	0.604	10	42	（Nouws 等，1989a）
成年山羊（喂养）	100	0.9	4.75	135.6	（Abdullah 和 Baggot，1988）
成年山羊（禁食）	100	0.897	7.03	69.6	（Abdullah 和 Baggot，1988）
成年山羊（雄）	20	0.28	8.7	20	（Witkamp 等，1992）
成年山羊（雌）	20	0.18	2.13	70	（Witkamp 等，1992）
山羊（12 周龄）	100	0.43	1.97	134	（Nouws 等，1989b）
山羊（18 周龄）	100	0.507	2.56	106	（Nouws 等，1989b）
绵羊（雌）	100	0.297	4.72	44.6	（Elsheikh 等，1991）
绵羊（雄）	100	0.4	4.5	90	（Srivastava 和 Rampal，1990）
母羊（夏季给药）	100	0.37	3.64	63	（Nawaz 和 Nawaz，1983）
母羊（冬季给药）	100	0.49	3.92	85	（Nawaz 和 Nawaz，1983）
绵羊（母羊和公羊）	100	0.41	10.8	41	（Bulgin 等，1991）
幼马（品种不详）	160	0.63	11.4	42.1	（Wilson 等，1989）
幼马（Shetland）	20	0.33	5.4	55.2	（Nouws 等，1987）
马（2 岁）	20	0.47	5	65	（Nouws 等，1985a）
马（2 岁）	200	0.56	6	67	（Nouws 等，1985a）
马（22 岁）	20	0.38	9.5	28	（Nouws 等，1985a）
马（22 岁）	200	0.36	14.6	27	（Nouws 等，1985a）
种马（1.5 岁）	20	0.44	9.5	32	（Nouws 等，1985a）
种马（1.5 岁）	200	0.65	11	41	（Nouws 等，1985a）
犬（正常）	100	0.628	16.2	22.4	（Riffat 等，1982）
犬（发热）	100	0.495	16.7	20.2	（Riffat 等，1982）
兔子（雄）	35	0.42	0.4	73.6	（Witkamp 等，1992）
兔子（雌）	35	0.23	0.39	40.8	（Witkamp 等，1992）
鲤鱼（10℃）	100	1.15	50.3	16.14	（van Ginneken 等，1991）
鲤鱼（20℃）	100	0.9	25.6	24.66	（van Ginneken 等，1991）
虹鳟鱼（10℃）	100	1.2	20.6	41.1	（van Ginneken 等，1991）
虹鳟鱼（20℃）	100	0.83	14.7	39.9	（van Ginneken 等，1991）
骆驼	50	0.73	13.2	40	（Younan 等，1989）
骆驼	100	0.394	7.36	40.9	（Elsheikh 等，1991）
水牛（雌）	200	1.23	12.36	193.2	（Singh 等，1988）

表 5-2　磺胺嘧啶在动物体内的药代动力学参数

动物	剂量 /(mg/kg)	表观分布 容积/(L/kg)	半衰期 /h	清除率 /[mL/(h·kg)]	参考文献
猪	20	0.54	4.0b	140	(Nielsen 和 Gyrd-Hansen,1994)
鲤鱼(10℃)	100/20[1]	0.53	47.1	7.9	(Nouws 等,1993)
鲤鱼(10℃)	100/20	0.6	33	12.2	(Nouws 等,1993)
母羊	100	0.39	37.15	38.75	(Youssef 等,1981)
小牛(雄性,1 天)	25/5	0.72	5.78	5.8	(Shoaf 等,1989)
小牛(雄性,7 天)	25/5	0.67	4.4	102	(Shoaf 等,1989)
小牛(雄性,42 天)	25/5[1]	0.59	3.6	112.8	(Shoaf 等,1989)
小牛(7 天,有滑膜炎)	25/4[1]	28.7	24.44	102	(Shoaf 等,1986)
马(成年)	25	0.58	5.37	100	(Winther 等,2011)
马(成年)	12.5	0.5	4.6	90	(Gustafsson 等,1999)
马(成年)	25	0.58	4.65	115.2	(van Duijkeren 等,1994b)

[1] 磺胺嘧啶:甲氧苄啶=5:1的比例添加。

表 5-3　磺胺甲噁唑在动物体内的药代动力学参数

动物	剂量 /(mg/kg)	表观分布容积 /(L/kg)	半衰期 /h	清除率 /[mL/(h·kg)]	参考文献
马	2.5	0.301	3.9	90	(Peck 等,2002)
马	12.5	0.33	3.53	78.2	(Brown 等,1988)
猴	2.5	0.335	2.7	132	(Peck 等,2002)
骡	2.5	0.337	5.9	60	(Peck 等,2002)

表 5-4　甲氧苄啶在动物体内的药代动力学参数

动物	剂量 /(mg/kg)	表观分布 容积/(L/kg)	半衰期 /h	清除率 /[mL/(h·kg)]	参考文献
猪	4	1.8	3.3b	0.55	(Nielsen 和 Gyrd-Hansen,1994)
小牛(雄,1 天)	5/25[1]	1.67	8.4	2.8	(Shoaf 等,1989)
小牛(雄,7 天)	5/25	2.23	2.11	2	(Shoaf 等,1989)
小牛(雄,42 天)	5/25	2.36	0.9	28.9	(Shoaf 等,1989)
小牛(7 天)	5/25	28.72	4.44	102	(Shoaf 等,1986)
鲤鱼(10℃)	20/100	3.1	40.7	47	(Nouws 等,1993)
鲤鱼(20℃)	20/100	4	20	141	(Nouws 等,1993)
鹌鹑	4	2.99	2.38	1.129	(Lashev 和 Mihailov,1994)
马(成年)	5	2.22	2.43	650	(Winther 等,2011)
马(成年)	2.5	1.82	1.5b	1224	(Peck 等,2002)
驴	2.5	1.43	1b	1680	(Peck 等,2002)
骡子	2.5	1.35	1.4b	942	(Peck 等,2002)

[1] 磺胺嘧啶:甲氧苄啶=5:1的比例添加。

5.1.5.1　吸收（口服）

磺胺类药物除静脉给药外，口服是较为常见的给药方式之一，而且不同种属动物的吸收率和口服生物利用度显示出差异性。在犬中，吸收非常好并且不受喂食的影响，但是甲氧苄啶-磺胺类药物组合物在马中的口服吸收表现出多样性，如用于未喂食的马时，吸收快速，但吸收速率低于犬。尽管如此，马的口服给药也能够产生有效的治疗结果。有研究显示，甲氧苄啶的吸收率为67％，磺胺嘧啶为58％。在马的另一项研究中，胃内给药的口服吸收率为71.5％，口服糊剂的吸收率为46％。当甲氧苄啶-磺胺嘧啶作为混悬液口服给予马时，与膏剂相比，两种药物的混悬液吸收率均高于膏剂，即磺胺嘧啶和甲氧苄啶的AUC浓度相当于膏剂的136％和118％。在进行的另一种反刍动物柴山羊的口服实验中，比较了三种磺胺类药物磺胺嘧啶（pK_a 6.5）、磺胺二甲嘧啶（pK_a 7.5）和磺胺（pK_a 10.5）口服药物吸收曲线的差异性，磺胺二甲嘧啶、磺胺嘧啶和磺胺在口服后分别在（2.0±1.2）h、（6.0±0.0）h和（7.8±1.6）h达到最大浓度，磺胺嘧啶的口服平均生物利用度较高（83.9％±17.0％），而磺胺二甲嘧啶和磺胺的平均口服生物利用度较低（分别为44.9％±16.4％和49.2％±2.11％）。这些结果表明，药物的离子化程度也显著影响吸收率和生物利用度，如研究中山羊前胃中高度非离子化的药物（如磺胺和磺胺二甲嘧啶）吸收率明显高于非离子化程度较低的药物（如磺胺嘧啶）。

在反刍动物中，年龄和饮食也会显著影响口服甲氧苄啶和磺胺嘧啶的分布。口服磺胺嘧啶（30mg/kg）在正常饲喂牛奶日粮的犊牛中吸收非常缓慢，正常饮食小牛的吸收略高。甲氧苄啶在反刍前的犊牛中被吸收，但在成熟的反刍动物中不被吸收，可能是因为在瘤胃中失活或者相关微生物影响。

针对非反刍动物也进行了磺胺类药物及其增效剂的口服药代动力学和生物利用度研究。对15只健康的年轻鸵鸟进行静脉注射、肌内注射和口服给药后，肌内注射和口服后磺胺嘧啶的绝对生物利用度分别为95.41％和86.20％，甲氧苄啶的绝对生物利用度为70.02％和79.58％，均显示出极佳的吸收效率。对7周龄肉鸡进行静脉注射和口服给药后，甲氧苄啶与磺胺嘧啶组合药物均从血浆中迅速消除，甲氧苄啶的平均半衰期为1.61h，磺胺嘧啶的平均半衰期为3.2h，表观分布容积分别为2.2L/kg和0.43L/kg，表明甲氧苄啶的组织分布比磺胺嘧啶更广泛，两种成分的口服生物利用度约为80％，同样显示出极佳的吸收效率。对草鱼（*Ctenopharyngodon idellus*）通过口服和静脉给予磺胺嘧啶后，进行生物利用度和药代动力学特性研究，结果发现，口服生物利用度仅为22.16％。

5.1.5.2 分布

药物吸收后从血液转移到各组织的整个过程称为分布，但是在药物从血液转移到各组织的整个过程中药物的分布是不均匀的，受药物与血浆蛋白的结合率、各器官本身、各器官的血流量、药物与组织的状态、体液pH值、药物的理化性质和血脑神经等因素影响。因此，药物的局部分布影响着药物的治疗效果以及随之产生的机体毒性。

通常情况下，磺胺类药物常呈弱酸性，甲氧苄啶呈弱碱性，由于血浆pH值介于7.35～7.45之间，磺胺类药物在血浆中解离较高，不利于其在组织中的分布，但是这有利于甲氧苄啶在组织中的分布，因此甲氧苄啶比磺胺类药物具有更高的分布容积（表5-1～表5-4）。磺胺组织浓度低于血浆浓度（为相应组织浓度的20％～30％），但在细胞外液中的分布浓度也足以产生针对敏感病原体的有效抑菌浓度。另外，磺胺类药物具有较高的血浆蛋白结合能力，高蛋白结合也会影响磺胺类药物的分布并显著延长其半衰期。需要注意的是，由于磺胺类药物为弱酸性，牛奶呈弱碱性，从而促进了磺胺类药物的解离，被动扩散被抑制，其在牛奶中无法达到治疗浓度，从而也限制了它们在奶牛乳房疾病中的使用。

5.1.5.3　代谢

磺胺类药物在动物中的代谢和消除作用在 20 世纪 80 年代被广泛报道，荷兰生物学家 Nouws 等详细地讨论了代谢途径及磺胺类药物的清除率。从这些研究中可以明显看出的一个现象是，与食肉动物或杂食动物相比，食草动物以更快和更广的速度代谢磺胺类药物和甲氧苄啶，这可能是由于与食肉动物相比，食草动物饮食和接触的化合物的性质而显示出更高的代谢能。

N4 上—NH$_2$ 基团的乙酰化是代谢的机制之一，乙酰化主要发生在肝脏和肺中，是大多数物种中磺胺类药物代谢的主要途径，如牛、羊和猪等。犬科动物缺乏将芳香胺乙酰化的能力，依靠替代代谢途径将磺胺转化为活性较低的形式。乙酰化代谢物的溶解度低于母体化合物，并且会增加因沉淀和晶体形成而导致肾小管损伤的风险。在一项针对杂食动物猪的实验中，研究了磺胺二甲氧嘧啶（sulfadimethoxine，SDM）、磺胺甲嘧啶（sulfamerazine，SMR）和磺胺嘧啶，以及其 N4-乙酰基和羟基衍生物的血浆分布、蛋白质结合和肾脏清除率。静脉注射 SDM、SMR 和 SD 后，乙酰化衍生物是主要代谢物，同时在血浆中检测到痕量 6-羟甲基磺胺嘧啶和 4-羟基磺胺嘧啶。在猪体内，乙酰化的 SDM、SMR 和 SD 是主要消除途径。另外，嘧啶侧链的甲基取代降低了母体药物的肾脏清除率，并使母体化合物更不容易羟基化，乙酰化和羟基化加速了药物消除。

葡萄糖醛酸结合和芳香族羟基化是磺胺类在动物体内代谢的另外两条途径。葡萄糖醛酸代谢物是水溶性的，会随尿液排出体外，降低肾小管沉淀的风险。在一项针对食草动物马的实验中，研究了磺胺二甲嘧啶、磺胺甲嘧啶和磺胺嘧啶，以及其 N4-乙酰基和羟基衍生物的血浆分布、蛋白质结合和肾脏清除率。磺胺二甲嘧啶和磺胺甲嘧啶被广泛代谢。在血浆和尿液中，所测试的三种磺胺类药物的主要代谢物是高度葡萄糖醛酸化的 5-羟基嘧啶衍生物。嘧啶侧链中的甲基取代增加了母体药物的羟基化，但增加了磺胺类药物在体内的持久性，血浆和尿液中磺胺二甲嘧啶和磺胺甲嘧啶的高浓度 N4-乙酰基和羟基代谢物降低了母体药物的潜在抗菌活性，磺胺嘧啶代谢较少。

脱乙酰、氧化、脱氨基、与硫酸盐和磺酰胺分子杂环的裂解也有报道。无论采用何种代谢途径，代谢物要么治疗活性降低（羟基代谢物），要么无活性（N4-乙酰基代谢物）。

5.1.5.4　排泄

磺胺类药物经代谢或以原型形式排出机体外的过程叫作排泄。通过肾脏由尿液形式排泄是最主要的方式，尿液药物浓度始终高于相应的血浆药物浓度，其中甲氧苄啶约高 10 倍，磺胺类药物约高 30 倍，这些特性有助于治疗下尿路感染。低尿液 pH 值有利于肾小管重吸收，因此磺胺类药物的半衰期更长，而尿液碱化通过减缓肾小管中这种依赖于 pH 值的被动重吸收来增加尿液排泄。少量磺胺类药物通过眼泪、粪便、胆汁、乳汁和汗液排出体外。用于肠道活动的未被吸收的磺胺类药物主要通过粪便排出，很少有活性或代谢药物被全身吸收以通过这些肾脏机制排出体外。

5.1.6 药效动力学

磺胺类药物是一种白色结晶粉末，都是对氨基苯甲酸的衍生物，具有相似的结构。磺胺类药物属于弱有机酸，具有广泛的 pK_a 值。如表 5-5 所示，这些化合物的 pK_a 值及其离子化很重要，因为抗菌活性、溶解度和同蛋白质结合与 pK_a 值息息相关。例如，具有高 pK_a 的药物溶解度较低，pK_a 低的药物则相反。

表 5-5　磺胺及其衍生物物理化学性质

磺胺衍生物	pK_a[①]	$\lg P$[②]
磺胺	10.1	−0.072
磺胺二甲嘧啶	7.7	0.691
磺胺甲嘧啶	7.0	0.812
磺胺嘧啶	6.4,6.5,6.6	0.631
磺胺二甲氧嘧啶	6.2,6.3	1.648
磺胺氯哒嗪	6.0,6.1	1.305
磺胺甲噁唑	5.7,5.9,6.0	1.396
磺胺异噁唑	4.9,5.0	2.259
磺胺多辛	6.1,6.3	1.271
磺胺喹噁啉	5.5	1.68
甲氧苄啶	7.12,7.6	0.91

① pK_a 是解离常数。由于来源之间的差异，列出了多个 pK_a 值。所有磺胺类药物均为弱酸性；甲氧苄啶是弱碱性。
② $\lg P$ 是有机溶剂（油）和水之间分配系数的对数。 $\lg P$ 越高，药物的亲脂性越高。

5.1.7 用药指南

尿液平均 pH 值为 6.0，呈弱酸性，对于弱酸性的磺胺类药物和弱碱性的甲氧苄啶而言，促进了甲氧苄啶药物的解离，因而甲氧苄啶的排泄速度比磺胺嘧啶更快（半衰期更短），因此很难将药物临床疗效和给药间隔相适应。然而，因为甲氧苄啶在某些组织中的持续时间比在血浆中的持续时间长，并且组织中的药物浓度可能维持在高于血浆的浓度，所以在不同动物中，药物剂量范围从每天两次 15mg/kg 到每天两次 30mg/kg，剂量通常采用组合形式。另外，由于耐药性的产生，临床实践中常用磺胺类药物与甲氧苄啶或奥美普林联合使用增加活性，因此 30mg/kg 的组合相当于 5mg/kg 甲氧苄啶＋25mg/kg 磺胺。甲氧苄啶-磺胺甲噁唑的组合用于常见的兽医病原体已有报道。这些药物可以用于治疗常见的呼吸道感染、泌尿道和软组织感染，以及肠道感染。

对甲氧苄啶-磺胺类药物组合敏感的微生物包括巴氏杆菌属、变形杆菌属、沙门菌属、嗜血杆菌属、原生动物弓形虫属和球虫；其他敏感但可产生耐药性的微生物包括葡萄球菌属、棒状杆菌属、星状诺卡氏菌、嗜麦芽窄食单胞菌和肠杆菌科细菌（克雷伯菌、变形杆菌和大肠杆菌）；始终对甲氧苄啶-磺胺类药物组合耐药的微生物包括假单胞菌属、衣原体属和拟杆菌属。需要特别注意的是肠球菌属微生物，其对甲氧苄啶-磺胺类药物组合敏感，但由于其独特的具有外源性叶酸的形成能力，它可以在体内逃避药物的抗叶酸活性，因而单独的磺胺类药物对肠球菌属无效。因为胸苷和PABA可能存在于厌氧菌感染中，因此甲氧苄啶-磺胺类药物对厌氧菌的活性是可变的，如体外测定时，甲氧苄啶-磺胺类药物对厌氧菌具有良好的活性，但临床结果并不理想。甲氧苄啶-磺胺类药物已被用于治疗由原生动物（包括弓形虫）和肠球虫引起的感染。甲氧苄啶-磺胺类药物组合也已用于治疗由神经肉孢子虫引起的马原生动物脊髓脑炎（EPM）。

在磺胺类药物用药过程中，需要注意的是磺胺类药物与血浆蛋白结合程度的差异很大。一般而言，血浆蛋白结合率高于其他抗微生物药物（在许多动物中＞70%），这会显著影响药物作用及其维持的时间长短。在马中，甲氧苄啶的蛋白质结合率为20%～30%，磺胺嘧啶为18%～30%。另外，由于磺胺类药物呈弱酸性，其在碱性溶液中比在中性或酸性溶液中更易溶解；当磺胺类药物配制成钠盐或在碱性环境中溶解时，水溶性会增强，由于在酸性溶液中溶解度降低，当尿液pH值低时，易于在肾小管中结晶，因此为了最大限度地减少结晶尿，同时允许大剂量给药，基于独立溶解度定律，即磺胺类药物对彼此的溶解度没有显著影响但抗菌作用是相加的，常使用"三磺胺"（三种磺胺类药物一起配制在溶液中）用于提高疗效，而不会显著增加不良反应的风险。需要注意的是一些磺胺溶液的pH值在9～10之间，禁止在血管外使用。

药物的残留标准是用药的红线，对于磺胺类药物及其增效剂，中华人民共和国农业农村部联合国家卫生健康委员会和国家市场监督管理总局已经做出了明确规定，磺胺类药物：GB 31650—2019规定磺胺类药物在所有食品动物靶组织中（肌肉、脂肪、肝和肾）、牛/羊奶（除磺胺二甲嘧啶）和鱼（皮＋肉）中的最大残留限量为100μg/kg，产蛋期的动物禁用（蛋中检出为超范围使用）。磺胺二甲嘧啶：GB 31650—2019规定磺胺二甲嘧啶在所有食品动物靶组织中（肌肉、脂肪、肝和肾）最大残留限量为100μg/kg，产蛋期的动物禁用（蛋中检出为超范围使用）。需要注意的是，磺胺二甲嘧啶在牛奶中最大残留限量为25μg/kg。磺胺类药物（包括磺胺二甲嘧啶）的ADI值（人体每天摄入药物残留而不引起可觉察的毒理学危害的最高量）为0～50μg/(kg体重·d)。残留标志物为磺胺兽药原型之和（磺胺二甲嘧啶则为本身）。甲氧苄啶：GB 31650—2019中规定甲氧苄啶在猪、牛、家禽（产蛋期禁用）和鱼中的最大残留限量为50μg/kg，在马中的最大残留限量为100μg/kg。甲氧苄啶的ADI值为0～4.2μg/(kg体重·d)。残留标志物为甲氧苄啶。

5.1.8　临床应用和剂型

磺胺类药物可根据内服吸收情况分为肠道易吸收、肠道难吸收和外用三个种类，分别用于治疗全身性疾病、肠道疾病和皮肤等表面疾病，我们参照《美国联邦法规》第21篇"食品与药品"内容中描述的磺胺类相关药物的剂型、动物对象及其适应证和剂量进行了分类列出（表5-6），第21篇"食品与药品"也是美国食品药品监督管理局（Food and Drug Administration，FDA）管理食品和药品的主要法规依据。

表5-6　磺胺类药物的剂型及其临床使用

剂型	动物	适应证和剂量
磺胺嘧啶/乙胺嘧啶混悬液 【每毫升混悬液含有 250mg 磺胺嘧啶（作为钠盐）和 12.5mg 乙胺嘧啶】	马	治疗神经元肉囊虫引起的马原虫性脊髓脑炎（EPM）。 每天口服 20mg 磺胺嘧啶/kg 体重和 1mg/kg 体重乙胺嘧啶
磺胺氯吡嗪 【每克粉末含有 476mg 磺胺氯吡嗪钠一水合物】	肉鸡、种鸡、后备鸡	治疗球虫病。 以 0.03％的溶液在饮用水中给药 3 天
磺胺二甲嘧啶片剂 【4 种含量：2.5g、5g、15g 和 25g 磺胺二甲嘧啶】	肉牛、非泌乳奶牛	治疗细菌性肺炎和牛呼吸道疾病综合征（运输热综合征）（巴氏杆菌属）、大肠杆菌病（细菌性腹泻）（大肠杆菌）、坏死性足皮炎（足腐病）、小牛白喉、急性乳腺炎、急性子宫炎、球虫病。 第一天以单剂量每磅体重服用 100mg 磺胺二甲嘧啶，随后每天每磅体重服用 50mg
	马	治疗细菌性肺炎（与巴氏杆菌属相关的继发感染）和细菌性肠炎（大肠杆菌病）。 第一天以单剂量每磅体重服用 100mg 磺胺二甲嘧啶，随后每天每磅体重服用 50mg
磺胺二甲嘧啶丸剂 【不同剂量：5g、27g、32.1g、8.02g、30g 和 8.25g】	反刍牛、奶牛犊	大肠杆菌引起的细菌性腹泻（大肠杆菌病）； 坏死梭杆菌引起的坏死性足皮炎（足腐病）和小牛白喉； 巴氏杆菌相关的细菌性肺炎； 牛型艾美耳球虫（E. bovis）和邱氏艾美耳球虫（E. zurnii）引起的球虫病。 第一天每 100 磅体重用 10g（2 次推注）磺胺二甲嘧啶，然后每天每 100 磅体重用 5g（1 次推注）磺胺二甲嘧啶，最多连续 4 天
	非泌乳牛	治疗出血性败血症（运输热综合征）、细菌性肺炎、足腐病和小牛白喉。 每 150 磅体重 27g（1 次推注）作为单次剂量
	牛和非泌乳奶牛	治疗以下疾病：由巴氏杆菌属引起的细菌性肺炎和牛呼吸道疾病综合征（运输热综合征）；由大肠杆菌引起的大肠杆菌病（细菌性腹泻）；坏死梭杆菌引起的足皮炎（足腐病）和小牛白喉；链球菌引起的急性乳腺炎和急性子宫炎。 每 200 磅体重 32.1g
	反刍小牛	治疗以下疾病：细菌性肺炎（巴氏杆菌属）、大肠杆菌病（细菌性腹泻）（大肠杆菌）和小牛白喉（坏死梭杆菌）。 每 100 磅体重 2 次推注（每次推注 8.02g）
	肉牛、非泌乳奶牛	治疗以下疾病：与巴氏杆菌属相关的牛呼吸道疾病综合征（运输热综合征）；与巴氏杆菌属相关的细菌性肺炎；坏死梭杆菌引起的坏死性足皮炎（足腐病）和小牛白喉；大肠杆菌引起的大肠杆菌病（细菌性腹泻）；由牛型艾美耳球虫（E. bovis）和邱氏艾美耳球虫（E. zurnii）引起的球虫病；由链球菌属引起的急性乳腺炎和子宫炎。 以每 200 磅体重 1 次推注（每次推注 30g）作为单次剂量给药
	反刍牛、奶牛	治疗以下疾病：与巴氏杆菌属相关的细菌性肺炎；大肠杆菌引起的大肠杆菌病（细菌性腹泻）；由牛型艾美耳球虫（E. bovis）和邱氏艾美耳球虫（E. zurnii）引起的球虫病；由坏死梭杆菌引起的小牛白喉。 以每 50 磅体重 1 次推注（每次推注 8.25g）作为单次剂量给药。如果疾病迹象显著减少，建议给予第二剂以提供额外的 72 小时治疗

剂型	动物	适应证和剂量
磺胺二甲嘧啶缓释片 【每片缓释片含有 8g 磺胺二甲嘧啶】	犊牛	治疗由巴氏杆菌引起的肺炎,由大肠杆菌引起的大肠杆菌病(细菌性腹泻)和由坏死梭杆菌引起的小牛白喉。 单剂量每 45 磅体重 8g(1 片)
磺胺二甲嘧啶溶液 【每毫升溶液含有 125mg(12.5%)磺胺二甲嘧啶钠】	牛、 非泌乳奶牛、 猪、鸡、火鸡	牛:大肠杆菌病(腹泻)(大肠杆菌)、坏死性足皮炎(足腐病)、小牛白喉、急性乳腺炎(链球菌属)和急性子宫炎(链球菌属)。 猪:治疗猪大肠杆菌病(细菌性腹泻)(大肠杆菌)和细菌性肺炎(巴氏杆菌属)。 鸡:控制传染性鼻炎、球虫病、急性家禽霍乱和白痢病。 牛和猪在第一天每天每磅体重 112.5mg 磺胺二甲嘧啶钠,随后几天每磅体重 56.25mg;鸡每天每磅体重 61～89mg 磺胺二甲嘧啶钠,火鸡每天每磅体重 53～130mg 磺胺二甲嘧啶钠,具体取决于鸡或火鸡的年龄、类别、环境温度和其他因素
磺胺二甲氧嘧啶口服溶液和可溶性粉末 【每盎司溶液含有 3.75g(12.5%)磺胺二甲氧嘧啶】 【每 107g 粉末中含有 94.6g 磺胺二甲氧嘧啶钠】	肉鸡、 后备鸡	球虫病、禽霍乱和传染性鼻炎。 连续 6 天饮用每加仑 1.875g(0.05%)的饮用水
	火鸡	球虫病和家禽霍乱。 连续 6 天饮用每加仑 0.938g(0.025%)的饮用水
	牛	奶牛、小母牛和肉牛:治疗与巴氏杆菌相关的运输热综合征和细菌性肺炎; 小牛:白喉和足腐病(坏死梭杆菌)。 每加仑饮用水 1.18～2.36g(0.031%～0.062%)。第一天每 100 磅体重 2.5g,后连续 4 天每天每 100 磅体重 1.25g,如果 2～3 天内没有改善,重新评估诊断,不要治疗超过 5 天
磺胺二甲氧嘧啶混悬液 【每毫升混悬液含有 50mg 磺胺二甲氧嘧啶】	犬、猫	用于治疗犬、猫磺胺敏感细菌感染和犬球虫病相关肠炎。 第一天每磅体重口服 25mg,然后每天每磅体重 12.5mg
磺胺二甲氧嘧啶片剂 【每片含有 125mg、250mg 或 500mg 磺胺二甲氧嘧啶】	犬、猫	治疗对磺胺二甲氧嘧啶敏感的细菌感染。 第一天每磅体重 25mg,然后每天每磅体重 12.5mg,直到动物在 48h 内没有症状
磺胺二甲氧嘧啶丸剂 【每个丸剂含有 2.5g、5g 或 15g 磺胺二甲氧嘧啶】	牛	与巴氏杆菌相关的运输热综合征和细菌性肺炎; 坏死梭杆菌引起的小牛白喉和足腐病。 每 100 磅体重 2.5g,持续 1 天,然后每天每 100 磅体重 1.25g,治疗 4～5 天
磺胺二甲氧嘧啶缓释丸剂 【每个缓释丸剂含有 12.5g 磺胺二甲氧嘧啶】	肉牛、 非泌乳奶牛	巴氏杆菌相关的运输热综合征和细菌性肺炎; 坏死梭杆菌有关的小牛白喉和足腐病。 每磅体重 62.5mg,给予一次 12.5g 持续释放丸剂,7 天内不要重复治疗
磺胺二甲氧嘧啶和奥美托普林片 【每片 120mg(100mg 磺胺二甲氧嘧啶和 20mg 奥美普林),或者 240mg、600mg 和 1200mg 三种规格】	犬	皮肤和软组织感染(伤口和脓肿):金黄色葡萄球菌和大肠杆菌菌株; 尿路感染:大肠杆菌、葡萄球菌属和奇异变形杆菌。 第一天,每千克体重 55mg,然后按照每日每千克体重 27.5mg 的剂量服用;治疗期不要超过连续 21 天

剂型	动物	适应证和剂量
磺胺二甲嘧啶粉 【100%磺胺二甲嘧啶钠 组成的可溶性粉末】	鸡	用于控制传染性鼻炎、球虫病、急性禽霍乱和白痢病。 在饮用水中以每天每磅体重 58～85mg 给药
	火鸡	用于控制球虫病。 在饮用水中以每天每磅体重 50～124mg 给药
	猪	用于治疗猪大肠杆菌病(细菌性腹泻和细菌性肺炎)(巴氏杆菌属)。 在饮用水中给药或作为灌胃给药,在给药的第一天每磅体重提供 108mg,在给药的第二、第三和第四天提供每天每磅体重 54mg
	牛	治疗细菌性肺炎和牛呼吸道疾病综合征(运输热综合征)(巴氏杆菌属)、大肠杆菌病(细菌性腹泻)(大肠杆菌)、坏死性足皮炎(足腐病)、小牛白喉、急性乳腺炎(链球菌属)和急性子宫炎(链球菌属)。 在饮用水中给药或作为灌胃给药,在给药的第一天每磅体重提供 108mg,在给药的第二、第三和第四天提供每磅体重 54mg
磺胺二甲嘧啶和甲胺片 【每片含有 250mg 磺胺二甲嘧啶和 250mg 扁桃酸甲胺】	犬、猫	治疗膀胱炎、肾炎、前列腺炎、尿道炎、肾盂肾炎等尿路感染; 辅助治疗因泌尿道手术操作引起的并发症,例如从膀胱、输尿管造口术以及尿道和膀胱器械中取出结石。 每 20 磅体重口服 1 片,每天 3 次,直至临床症状缓解。为减少复发的可能性,请继续治疗一周至 10 天
磺胺喹噁啉粉末和溶液 【25%磺胺喹噁啉可溶性粉剂和 20%磺胺喹噁啉钠溶液】	鸡	控制球虫病暴发。 以 0.04% 的水平使用 2 天或 3 天,停 3 天,然后以 0.025% 的水平再使用 2 天; 如果出现血便,以 0.025% 的水平重复治疗 2 天以上
	火鸡	控制球虫病暴发。 以 0.025% 的水平给药 2 天,停 3 天,给药 2 天,停 3 天,再给药 2 天;必要时重复
	鸡、火鸡	控制对磺胺喹噁啉敏感的多杀巴氏杆菌引起的急性家禽霍乱和对磺胺喹噁啉敏感的鸡沙门菌引起的家禽伤寒。 以 0.04% 的水平给药 2 天或 3 天,将动物移至干净的地面; 如果疾病复发,重复治疗
	小牛	控制和治疗球虫病暴发。 在含有磺胺喹噁啉溶液的饮用水中以 0.015% 的浓度服用 3～5 天
磺胺喹噁啉浸剂 【一种含有 25%磺胺喹噁啉的可溶性粉末】	牛	控制和治疗牛和小牛球虫病的暴发。 每 125 磅体重使用 1 茶匙 25%磺胺喹噁啉可溶性粉末,持续 3～5 天
磺胺异噁唑片 【每片含有 260mg(4 粒)磺胺异噁唑】	犬、猫	作为治疗细菌性肺炎和细菌性肠炎的辅助手段。 每 4 磅体重口服 1 片

剂型	动物	适应证和剂量
三联粉末(磺胺甲嘧啶、磺胺二甲嘧啶和磺胺喹噁啉) 【每包195g粉末含有78g磺胺甲嘧啶、78g磺胺二甲嘧啶和39g磺胺喹噁啉】	鸡	球虫病:柔嫩艾美耳球虫($E.\ tenella$)＋毒害艾美耳球虫($E.\ necatrix$)。 　配制成0.04％溶液,给药2～3天,停药3天,然后0.025％溶液给药2天,如果出现血便,以0.025％的浓度重复2天以上。 　急性家禽霍乱:多杀巴氏杆菌。 　配制成0.04％溶液,用药2～3天,如果疾病复发,重复治疗
	火鸡	球虫病:缓艾美耳球虫($E.\ meleagrimitis$)＋腺艾美耳球虫($E.\ adenoeides$)。 　配制成0.025％溶液用药2天,停药3天,如果疾病复发,重复治疗。 　多杀巴氏杆菌引起的急性家禽霍乱用0.04％溶液用药2～3天,如果疾病复发,重复治疗

注: 1磅＝0.45kg; 1盎司＝0.029L; 1加仑＝3.78L。

5.1.9 安全性

磺胺类药物可对动物产生多种不良反应。同样,当给予甲氧苄啶或甲氧苄啶-磺胺类药物组合时,不良反应主要归因于磺胺成分。

（1）结晶尿　早在1961年的一篇文献中,报道了磺胺噻唑或其他磺胺类药物乙酰化后排泄中会发生结晶尿的副作用。但现在这个问题不像以前那么重要,因为主要是由较旧的不溶性制剂引起的。主要是由于磺胺在肾脏的肾小球滤液中沉淀,可发生结晶尿、血尿和肾小管阻塞,随后,可以在肾小管中形成磺胺类晶体。尽管目前使用磺胺类药物时这种并发症很少见,但是,在接受磺胺类药物治疗时,应确保患者充分补充水分。也有报道称,在脱水的人类患者中,磺胺晶体会导致肾功能衰竭。

（2）干燥性角结膜炎　干燥性角结膜炎（keratoconjunctivitis sicca，KCS）,也称为"干眼症",是由于泪液分泌不足导致的眼部炎症,犬猫常因使用磺胺类药物引起眼组织中毒。有报道称有50％的犬在使用药物的30天内发生干眼症,泪液毒性作用可能是由泪腺细胞上的含氮吡啶环引起,当停止磺胺药物治疗,干燥性角结膜炎可能会好转。

Slatter等描述了14例犬磺胺类干燥性角结膜炎的临床特征,两种药物磺胺嘧啶和水杨磺胺嘧啶与该疾病有关。当磺胺类药物长期用于犬时,研究了磺胺药物对Schirmer撕裂试验（STT）值的影响,提出了含氮吡啶环负责泪液毒性作用的假设。

在Morgan和Bachrach的一份长达4年的研究报告中,14只犬接受磺胺类药物（13只接受柳氮磺吡啶,1只接受磺胺嘧啶和甲氧苄啶）治疗出现了干燥性角结膜炎。3只犬通过临床症状做出诊断,另外11只通过Schirmer撕裂试验评估做出诊断。在随后的治疗过程,包括停用磺胺类药物,局部使用眼科制剂和全身使用抗生素,其中使用毛果芸香碱对11只犬进行了口服和局部给药,取得了不同程度的成功,结果证实了磺胺类药物造成的副作用,包括患有严重的、无反应的干燥性角结膜炎。

Berger等研究人员为了确认由甲氧苄啶-磺胺嘧啶治疗引起的干燥性角结膜炎的发生

率，通过甲氧苄啶-磺胺嘧啶对 Schirmer 撕裂试验（STT）值的影响，确认了此类副作用发生率与剂量、持续时间或两者有关，但接受治疗的犬群中 KCS 的发生率为 15.2%（5/33），有个例犬可以耐受高达推荐治疗剂量的十倍，而不会表现出不良反应。

（3）超敏反应　在相当多的一部分文献中，报道了许多常用的磺胺类药物如磺胺甲噁唑、磺胺二嗪或柳氮磺吡啶与犬的特殊药物反应有关，如迟发性超敏反应，其中杜宾犬可能比其他品种更易感。

Giger 等人 1985 年发现，在首次接触药物后 10～21 天和/或再接触后 1h 至 10 天内，磺胺嘧啶-甲氧苄啶导致 6 只杜宾犬出现严重但可逆的过敏药物反应。在所有犬中都发现了非感染性多关节炎，在一些犬中发现肾小球肾病、局灶性视网膜炎、多肌炎、皮疹、发热、贫血、白细胞减少和血小板减少。这些临床异常是免疫介导的血管炎的典型特征，并与其他免疫介导的疾病相似。在一项药物激发研究中，分别给 1 只犬服用磺胺嘧啶和甲氧苄啶。单独服用甲氧苄啶没有导致任何异常；然而暴露于磺胺嘧啶导致多关节炎、肾小球肾病和局灶性视网膜炎在 5 天内复发，这表明磺胺嘧啶可能是所有病例中的致病药物。此外，在磺胺嘧啶再暴露期间，在临床症状明显时记录到显著的补体激活，支持磺胺嘧啶引起免疫复合物疾病（Ⅲ型超敏反应）的结论。由于所有犬都属于同一品种，因此怀疑某些杜宾犬具有对磺胺嘧啶产生不良反应的遗传倾向。

Cribb 及其研究团队在 28 只犬中报告了磺胺异质中毒。治疗 8～21 天后发生的非感染性多关节炎和发热是最常见的表现。在患有这种综合征的 22 只犬中，有 7 只是杜宾犬。作者已经证明从犬的肝脏中获得的微粒体能够将磺胺甲噁唑代谢为磺胺甲噁唑羟胺（SMX-HA）。SMX-HA 对杜宾犬单核白细胞的毒性与 MDB 对单核白细胞的毒性显著不同。15 只杜宾犬中有 7 只单核白细胞（包括对磺胺有异质反应史的犬）的 LD_{50} 低于 100mmol/L。这些结果显示杜宾犬易患磺胺异质毒性的基础可能是磺胺类羟胺代谢物解毒能力有限。

在另一项研究中，总结了 40 只因服用强效磺胺类药物而出现全身性超敏反应的犬的临床发现。犬的年龄从 6 个月到 14 岁不等，平均为（5.7±3.2）岁，其中绝育雌性犬的全身性超敏反应比例过高（24/40，60%），萨摩耶犬为 3/40、7.5%，雪纳瑞犬为 5/40、12.5%。从第一次给药到出现超敏反应的临床症状的时间为 5～36 天，平均为（12.1±5.9）天。磺胺类药物的剂量或类型与临床症状出现的时间之间没有相关性。发热是观察到的最常见的临床症状（55%）；血小板减少症位居第二（54%），肝病（28%）位居第三，其余观察症状为中性粒细胞减少症、干燥性角结膜炎、溶血性贫血，部分还观察到关节病、葡萄膜炎、皮肤和黏膜病变、蛋白尿、面瘫、疑似脑膜炎、甲状腺功能减退、胰腺炎、面部水肿和肺炎。

由超敏反应或异常代谢结果引起的肝毒性是常被关注的重点，这源于产生或积累的代谢物而致的肝毒性。犬用甲氧苄啶-磺胺嘧啶和甲氧苄啶-磺胺甲噁唑联合治疗导致肝坏死。根据病史、临床表现和死后收集的组织病理学标本检查发现，在 4 只犬中诊断出与甲氧苄啶-磺胺联合治疗相关的肝坏死。临床症状出现前联合治疗的持续时间为 4～30d。联合药物剂量范围为 18～53mg/kg，每天两次。所有犬都因肝功能衰竭而死亡，报告结果表明了治疗期间肝毒性的可能性。

（4）皮肤反应　磺胺类药物，尤其是抗菌磺胺类药物，已被认为是一系列超敏反应的常见原因。已有 IgE 介导的即时反应的报道，但远不如延迟性皮肤反应常见。迟发性皮肤反应的范围从良性皮疹到严重的皮肤反应，如 Stevens-Johnson 综合征、中毒性表皮坏死松解症或伴有嗜酸性粒细胞增多和全身症状的药物反应。中毒性表皮坏死松解症和 Stevens-Johnson 综合征是一种罕见的、危及生命的、药物引起的皮肤反应。在 1995 年，发表于《新英格兰杂志》的一篇病例追踪报道文献显示，磺胺类药物的使用与 Stevens-Johnson 综合征（SJS）和中毒性表皮坏死松解症（TEN）的风险大幅增加有关，暗示磺胺类药物存在风险，并在随后的时间里被陆续发现并讨论。

（5）血液相关副作用　磺胺喹噁啉是一种容易获得的球虫抑制剂，由磺胺喹噁啉引起的动物低凝血酶原血症是磺胺类抗菌药物的特例，它可以在给药后 24 小时内通过延长凝血酶原时间引起动物的低凝血酶原血症（凝血障碍）。研究显示在犬、郊狼幼崽和来航鸡中出现低凝血酶原血症。磺胺喹噁啉并不是体外抗凝剂，也不会破坏或以其他方式灭活凝血酶原。然而，磺胺喹噁啉可以是维生素 K 环氧化物还原酶的抑制剂，这种抑制作用是低凝血酶反应的最可能原因，治疗可通过服用维生素 K_1 4～7d。

在一项研究中，将磺胺喹噁啉混入饮用水中，几只犬饮用后出现了可归因于低凝血酶原血症的出血性疾病。服用维生素 K_1 和停用饮用水中的磺胺喹噁啉后 24 小时，出血的临床症状停止。该结果提示某些磺胺类药物可能会对动物产生不良影响，并且当同一环境中的多只犬受到相同临床问题的影响时，应调查此类问题。在另一项研究中，在饲料中 0.05％磺胺喹噁啉处理 20 周龄来航小母鸡的商业鸡群，死亡率为 47％。大体病变包括播散性出血、骨髓苍白、多种提示败血症的变化和大量细菌感染。在磺胺喹噁啉治疗组中观察到的死亡率分别为 32.5％和 43.5％。试验性中毒鸡坏疽性皮炎发生率高，但在野外未观察到。

与人类一样，动物的血小板减少症可能与免疫介导或超敏反应有关，在动物中也报告了血小板减少症。在一项研究中，使用一种新的体外溶栓活性检测方法，诊断出犬中甲氧苄啶-磺胺嘧啶诱导的免疫介导的血小板减少症。本报告证实了之前关于甲氧苄啶-磺胺嘧啶给药后发生血小板减少症的报告，并描述了一种新的检测方法。

（6）甲状腺代谢紊乱　有研究表明，磺胺类药物磺胺甲噁唑和磺胺嘧啶可以抑制猪或犬甲状腺过氧化物酶活性并导致其甲状腺功能减退。

早在 1989 年针对猪的一份研究中发现磺胺类药物和甲状腺代谢紊乱有关。该研究为评估在妊娠后期给母猪和后备母猪饲喂磺胺二甲氧嘧啶和奥美普林的效果，随机选择 1 头母猪和 2 头小母猪，按以下三种饲喂方式之一随机选择：a. 按农场 A 的妊娠日粮，其中新生猪先天性甲状腺肿是一个问题；b. 农场 A 的妊娠日粮，100kg 日粮含有 275g 磺胺二甲氧嘧啶和 55g 奥美普林；c. 标准的猪妊娠日粮，100kg 日粮含有 275g 磺胺二甲氧嘧啶和 55g 奥美普林。母猪和后备母猪在分娩前按适当的日粮饲喂 22～58d。然而，在饲喂药物日粮 b 和 c 的猪中都检测到先天性甲状腺肿，而饲喂妊娠日粮 a 的猪中不存在先天性甲状腺肿，首次暗示磺胺类药物和甲状腺代谢紊乱有关。

随后，在针对犬的实验中发现磺胺类药物并没有影响甲状腺代谢。研究人员对 6 只犬口服磺胺嘧啶（12.5mg/kg）和甲氧苄啶（2.5mg/kg）28 天，另外 6 只未经治疗的犬作为对照组，以评估口服磺胺嘧啶和甲氧苄啶组合对甲状腺素（T4）、三碘甲腺原氨酸（T3）和游离甲状腺素（fT4）的血清浓度的影响。在研究期间的任何时间，治疗组和对照组之间的平均血清 T4、T3 或 fT4 浓度没有显著差异。组内或组间 T4 或 T3 不存在显著差异。结果显示磺胺嘧啶和甲氧苄啶联合给药不会影响犬的甲状腺功能。

但是在 2002 年的一项研究中，却发现甲氧苄啶-磺胺甲噁唑的联合应用对甲状腺功能正常犬血清总甲状腺素（总 T4）和促甲状腺激素（TSH）浓度有影响。作者对 7 只健康的甲状腺功能正常的犬，口服甲氧苄啶-磺胺甲噁唑 26.5～31.3mg/kg 体重，每 12 小时一次。每周测量血清总 T4 和 TSH 浓度。结果显示，6 只犬 3 周内总 T4 浓度低于参考下限，TSH 浓度在 4 周内高于参考上限。结果表明，每 12 小时口服甲氧苄啶-磺胺甲噁唑 26.5～31.3mg/kg 体重，可以显著改变血清总 T4 和 TSH 浓度以及中性粒细胞计数几个星期。

对于甲氧苄啶-磺胺甲噁唑联合应用对甲状腺代谢的影响，也被另一项研究证明。在这项实验中，作者评价了甲氧苄啶-磺胺甲噁唑（TMP/SMX）对犬甲状腺功能的影响。给 6 只甲状腺功能正常健康犬口服给药 TMP/SMX 14.1～16mg/kg，每 12 小时一次，持续 3 周，在 6 周内每周采集血液以确定总甲状腺素（总 T4）、游离甲状腺素（fT4）和促甲状腺激素（TSH）的浓度。结果显示：TMP/SMX 给药 3 周后，5 只犬血清总 T4 浓度等于或低于参考下限，4 只犬血清 fT4 低于参考下限；4 只犬的 TSH 浓度高于参考上限。所有犬在停用 TMP/SMX 1 周后，总 T4 和 fT4 浓度均高于参考下限，停用 TMP/SMX 两周后，TSH 浓度均低于参考范围。表明以文中给药剂量持续 3 周会导致总 T4 和 fT4 浓度降低以及 TSH 浓度升高，表现出甲状腺功能减退症状。

除了犬和猪外，同样发现了成年雄性斑马鱼中双酚 AF（BPAF）单独或联合磺胺甲噁唑（SMX）暴露对甲状腺内分泌的破坏。BPAF 单独或与 SMX 组合影响了与甲状腺激素产生和受体活性、甲状腺发育和脱碘酶活性相关的基因表达。与 BPAF 组相比，BPAF 和 SMX 混合组中甲状腺素水平和基因转录的增加更为明显。大脑中 *trh* 和 *tshbeta* 基因的显著下调表明负反馈反应导致甲状腺素水平增加。该研究表明，单独接触 BPAF 会改变与甲状腺内分泌系统相关基因的转录，与 SMX 联合使用可增加 BPAF 的内分泌干扰作用。

对甲状腺的影响，有研究表明磺胺类药物具有致癌作用。在小鼠和大鼠中，磺胺二甲嘧啶被证明可诱导甲状腺增生并诱发特定类型的甲状腺癌。在一项针对大鼠的实验中，喂食 1200mg/kg 和 2400mg/kg 磺胺二甲嘧啶的大鼠的甲状腺重量比对照饮食的大鼠显著增加（$p < 0.05$），这些增加的重量可能是由于甲状腺增生所致，给药动物中较重的甲状腺重量可能是由于促甲状腺激素（TSH）水平升高所致。在另一项针对小鼠的慢性喂养实验中，作者以 0（对照）、300mg/kg、600mg/kg、1200mg/kg、2400mg/kg 和 4800mg/kg 的剂量水平饮食给药，持续 24 个月，并在给药 12、18 和 24 个月后处死小鼠，所有动物均接受完整的尸检和组织病理学检查，结果显示与饮食中摄入 SMX 相关的肿瘤病变包括甲状腺滤泡细胞腺瘤，在 24 个月的尸检中，4800mg/kg 剂量组的雄性和雌性该病变的发生率分别为 33％和 26％。同时还观察到非肿瘤性剂量相关的病变，包括甲状腺滤泡细胞增生（弥漫性和局灶性）、脾脏造血细胞增殖和脾脏色素沉着。在雌性小鼠中，还注意到淋巴结色素沉着和乳腺增生。

（7）钠-钾调节　甲氧苄啶与人和实验室动物的高钾血症有关，但在兽医物种中没有得到很好的记录。高钾血症的机制似乎是由于在完整的 H-K-ATPase 活性下肾 Na-K-

ATPase受到抑制所致。甲氧苄啶的作用类似于阿米洛利，一种保钾利尿剂，而且通过阻断远端肾单位的上皮钠通道与高钾血症和低钠血症有关。这些作用可以通过同时服用血管紧张素转化酶抑制剂（ACE抑制剂），如依那普利或贝那普利，或服用血管紧张素受体阻滞剂来加强。高剂量甲氧苄啶-磺胺甲噁唑（TMP-SMX）暴露引起低钠血症的发生。

5.1.10 常用磺胺类药物

5.1.10.1 磺胺嘧啶

磺胺嘧啶（sulfadiazine，SD），化学名称为 N-2-嘧啶基-4-氨基苯磺酰胺，又称2-对氨基苯磺酰胺嘧啶、磺胺哒嗪、磺胺嘧啶-D4 或大安净，主要用于成年绵羊和羔羊治疗易感微生物感染。在这些反刍动物中，磺胺嘧啶单独使用或与其他抗生素（泰乐菌素）和其他磺胺类药物（磺胺二甲嘧啶）联合使用。磺胺嘧啶属中效磺胺，对非产酶金黄色葡萄球菌、链球菌属、大肠埃希菌、克雷伯菌属、沙门菌属、志贺菌属、淋球菌、脑膜炎球菌、流感嗜血杆菌具有抗菌作用，此外在体外对沙眼衣原体、星状诺卡菌、疟原虫和弓形虫也有活性。虽然在一些研究中阐述了磺胺嘧啶其单独使用下的一些药理特征，但是最常用的含有磺胺嘧啶的制剂是甲氧苄啶-磺胺嘧啶组合剂。

5.1.10.2 磺胺二甲嘧啶

磺胺二甲嘧啶（sulfamethazine，SM2），化学名称为 4-氨基-N-（4,6-二甲基-2-嘧啶基）苯磺酰胺，又称2-（对氨基苯磺酰胺基）-4,6-二甲基嘧啶，与许多磺胺类药物一样，已在兽医学中使用了数十年。因此，兽医文献中有许多关于它在各种动物中使用的报道，包括牛、马、猪、家禽、小反刍动物和兔子等。

牛和猪是磺胺二甲嘧啶被批准使用的两个主要物种，其他物种的报道较少。Bevill 和 Nouws 等最早报道了磺胺二甲嘧啶在牛体内的基本药代动力学参数。由于磺胺二甲嘧啶被广泛用作猪饲料添加剂，在猪中磺胺二甲嘧啶及其代谢物的药代动力学也有着广泛研究。磺胺二甲嘧啶已被广泛用于治疗猪的许多易感微生物感染，包括伤寒沙门菌和支气管炎博德特氏菌。

5.1.10.3 磺胺二甲氧嘧啶

磺胺二甲氧嘧啶（sulfadimethoxine，SDM），化学名称为 4-氨基-N-(2,6-二甲氧基-4-嘧啶)苯磺酰胺，又称磺胺间二甲氧嘧啶、磺胺地索辛、磺胺间二甲氧基嘧啶，是一种长效磺胺，可单独使用或与奥美托普（奥美普林-磺胺二甲氧嘧啶）联合使用，用于治疗牛、猪、马、家禽、鱼和犬的易感微生物感染。

磺胺二甲氧嘧啶的药代动力学已在许多动物中报道。在犬中，口服吸收率为49%，半衰期为13.1h，犬口服 55mg/kg 的血清峰值浓度平均为 67μg/mL，通过肾脏清除。在牛中，对成年牛进行静脉注射或口服 107mg/kg；静脉注射下，磺胺二甲氧嘧啶的血浆浓度在给药后 0.5h 达到峰值，并随着时间的推移缓慢下降；表观分布容积为 0.315L/kg；口服给药，给药后 10h 逐渐达到峰值，然后开始下降。通过研究磺胺二甲氧嘧啶在成年猪、生长猪和乳猪中的药代动力学，20mg/kg、50mg/kg 或 100mg/kg 磺胺二甲氧嘧啶静脉给药的成年猪的体积分布值为 0.178L/kg、0.258L/kg 和 0.331L/kg，全身清除率为 4.21mL/(kg·h)、5.54mL/(kg·h) 和 7.37mL/(kg·h)。磺胺二甲氧嘧啶也可用于牛或家禽的浓缩溶液以及用于犬、猫和牛的片剂和丸剂；40% 注射剂用于犬、猫和牛以及可添加到牛和家禽饮用水中的可溶性粉剂。这些经批准的临床用途主要是治疗肠道球虫病、细菌性肠炎、禽霍乱、细菌性肺炎、牛的足皮炎、犬和猫的皮肤和软组织感染，以及犬的细菌性膀胱炎。但是由于耐药性的流行，需要重新评估。

5.1.10.4 磺胺喹噁啉

磺胺喹噁啉（sulfaquinoxaline，SQ），化学名称为 N-2-喹噁啉基-4-氨基苯磺酰胺，主要用于控制家禽中的球虫和一些敏感细菌所致疾病。对于家禽，磺胺喹噁啉可以各种浓度（20%~32%）的口服溶液使用。

早在 1974 年就报道了磺胺喹噁啉在家禽给药后的血药浓度，其在肝脏、肾脏和盲肠中浓度高，在卵黄囊和大脑中浓度最低。一项研究描述了磺胺喹噁啉和磺胺喹噁啉-乙胺嘧啶对几种艾美耳球虫的治疗效果。结果显示，SQ 和 SQ-乙胺嘧啶组合对堆型艾美耳球虫有效，但对柔嫩艾美耳球虫仅部分有效；与 SQ 相比，增强的 SQ-乙胺嘧啶组合对柔嫩艾美耳球虫的活性更好，显示出增强性的活性谱。另一项研究强调了在使用磺胺喹噁啉或任何其他磺胺类药物治疗球虫前正确识别球虫种类的重要性，明确感染的球虫种类有利于提高治疗效果。

抗菌增效剂，如甲氧苄啶联合磺胺类药物应用可以极大地提高治疗效果并降低病原菌产生耐药的速度，SQ 与甲氧苄啶（甲氧苄啶：SQ 的比例为 1:3）联合用于家禽的安全性和有效性也已有报道。除了抗球虫外，30mg/(kg·d) 的口服给药也能有效控制大肠杆菌败血症和巴氏杆菌病。尽管当这些抗菌剂加入饲料或水中时，家禽食欲和用水量下降，产蛋量、蛋重和孵化率也可能降低，但是甲氧苄啶与 SQ 以 1:3 组合对家禽仍然显示出较大的安全范围。在家禽中，除了体温降低、黏膜苍白、空肠和回肠微出血外，很少见到因 SQ 引起的中毒现象。

5.1.10.5 磺胺噻唑

磺胺噻唑（sulfathiazole，ST），化学名称为 4-氨基-N-(2-噻唑基)苯磺酰胺。ST 为广谱抑菌剂，属短效磺胺药。本品在肠道易吸收，易通过血脑屏障，对溶血性链球菌、肺炎双球菌、沙门菌、大肠杆菌等作用较强，对葡萄球菌作用稍差。ST 由于在体内的血浆蛋白结合率和乙酰化程度均较高，易产生结晶尿，故对肾脏有一定的损害。ST 在动物体内的药代动力学研究较少，仅描述过绵羊、家兔和猪中 ST 的药代动力学和绵羊中 ST 的组织残留。

当给母羊羔服用 36mg/kg 或 72mg/kg 的 5% 磺胺噻唑钠水溶液时，它从血浆中迅速清除，分布容积分别为 0.34L/kg 和 0.59L/kg，半衰期为 1.2h 和 1.4h；母羊口服 214mg/kg 12.5% 磺胺噻唑钠水溶液的全身生物利用度约为 73%，半衰期约为 18h，口服和静脉给药均可在羊的尿液中产生乙酰磺胺噻唑和第三种"极性"代谢物。绵羊中磺胺噻唑残留量在肾脏中最高（308mg/kg），其次是肝脏（40mg/kg）、心脏（34mg/kg）、肩部肌肉（23mg/kg）、腿部和腰部肌肉（22mg/kg）、体脂肪（11mg/kg）和网膜脂肪（6.7mg/kg）。在所有受试组织中，在给药 24h 后，残留迅速降至非常低（<0.13mg/kg）

或无法检测到的水平。在家兔中，给 6 只家兔分别静脉注射剂量为 140mg/kg 的磺胺噻唑，12h 内不同时间经耳缘静脉采血 9 次，结果表明 ST 在兔体内的药物动力学过程符合一室模型，药物动力参数显示有效血药浓度维持时间为 1.58h，提示 ST 在兔体内为短效药物。猪的药代动力学参数也有报道。给予 72mg/kg 磺胺噻唑钠静脉注射的猪具有快速的血浆药物消除现象，与绵羊相似。

5.1.10.6　柳氮磺吡啶

柳氮磺吡啶（sulfasalazine 或 salicylazosulfapyridine，SASP），化学名称为 5-[对-(2-吡啶胺磺酰基)苯] 偶氮水杨酸。柳氮磺吡啶由两种成分组成，即 5-氨基水杨酸和磺胺吡啶，它们通过偶氮键连接。最初是作为人类类风湿性关节炎的一种可能的治疗方法而开发的，意外发现 SASP 在治疗炎症性肠病方面更有效，最常见的用途是治疗各种形式的结肠炎。

由于 SASP 结构的特殊性，这种结合被结肠中的细菌酶破坏。口服后，磺胺成分被全身吸收，但 5-氨基水杨酸成分在结肠产生局部的抗炎作用。5-氨基水杨酸也称为美沙拉秦（mesalazine），作为一种非甾体抗炎药，其通过剂量依赖方式抑制引起炎症的前列腺素的合成和炎症介质白三烯的形成，从而对肠黏膜的炎症起显著抑制作用，现在还有其他形式的美沙拉秦（例如奥沙拉秦）或肠溶（pH 敏感）片剂，可在结肠中释放美沙拉秦，同时避免磺胺成分的全身作用。

5.1.10.7　强效磺胺类药物

磺胺类药物与甲氧苄啶、奥美普林或阿地普林的组合比单独使用任何一种药物产生更大的抗菌活性。因此，在人类、犬、猫、马和偶尔的其他动物中，这些制剂比单独使用磺胺类药物更常用，通常被称为强化磺胺类药物。以下列举常用组合类型进行阐述。

（1）甲氧苄啶　甲氧苄啶（trimethoprim，TMP），化学名称为 2,4-二氨基-5-(3,4,5-三甲氧基苄基) 嘧啶，又称甲氧苄氨嘧啶。TMP 作为抗菌增效药，抗菌谱与磺胺药物相似而效力较强，对多种革兰氏阳性和阴性细菌有效。由于细菌对本品易产生耐药性，故不宜单独作为抗菌药使用。TMP 与磺胺类药物联合应用可使抗菌作用增强数倍至数十倍，主要作磺胺类药的增效药，一般按 TMP：SD（1：5）的比例使用。

磺胺类药物在犬、猫、马和一些外来动物及动物园动物中的临床应用通常依赖于添加甲氧苄啶来扩大抗菌谱并增加抗菌活性对抗对单独使用任何一种药物都具有抗性的细菌。在伴侣动物中，甲氧苄啶-磺胺类药物联合治疗几乎取代了单一或联合磺胺类药物（三联磺胺类药物）治疗方案。由于担心药物残留，磺胺类药物在食用动物中受到限制，尤其是奶牛。TMP 是一流的二氨基嘧啶化合物，在人临床上，磺胺甲噁唑（SMX）因与 TMP 具有相同的消除半衰期，为实现最佳协同作用，通常认为产生抗菌活性的最佳体内血药比例是 TMP：SMX＝1：20，该值是通过 1969 年首次上市的一种配方比为 TMP：SMX＝1：5 的固定组合产品复方新诺明（Bactrim©）获得的。

但是，在兽医临床中，则忽略了物种之间药物代谢动力学的差异，直接复制了该配方。很显然，由于存在较大的种间差异，我们仍然需要通过合理地选择磺胺类药物和二氨基嘧啶来重新审视和优化这类抗菌药物的组合。例如，在猪的 TMP 已与磺胺二甲氧嘧啶

（SDM）或磺胺甲噁唑（SMX）一起进行组合的配制中，由于 SDM 的半衰期相对较长（13h），SDM-TMP 组合因此违反了持续协同作用的目标。在另一项针对感染大肠杆菌的小牛组织笼模型中，结果显示不同浓度的 TMP 并无作用。针对结果进行进一步分析，发现无作用的根本在于小牛血清中的高水平胸苷，胸苷可以拮抗 TMP 对某些病原体（包括大肠杆菌）的作用。

甲氧苄啶-磺胺类药物组合常被用于治疗由革兰氏阳性和革兰氏阴性菌引起的动物各种疾病，包括呼吸道、泌尿生殖道、消化道、皮肤关节和伤口的感染。已有相关小组进行了不同磺胺类药物，如磺胺嘧啶、磺胺二甲嘧啶、磺胺甲噁唑和磺胺氯哒嗪等，在不同给药方案下的药代动力学研究。

① 甲氧苄啶-磺胺嘧啶（TMP-SD） TMP-SD 组合是犬、猫和马中最受欢迎的抗菌剂之一，作为通用的"一线"抗菌剂，可用于治疗多种病原体，尤其是葡萄球菌属、链球菌属和一些革兰氏阴性菌，例如奇异变形杆菌属、巴氏杆菌属和克雷伯菌属。该组合已被用于呼吸道感染、尿路感染、泌尿生殖系统感染、原生动物感染、骨和关节感染以及皮肤和软组织感染，剂型有口服糊剂和口服混悬剂，也可以作为粉末添加到马饲料中使用，该喂食方法不会影响马对 SD 的吸收，但可能会延迟对 TMP 成分的吸收。TMP-SD 组合的药片也有多种规格可供小动物使用。

a. 大动物使用 TMP-SD 组合在马中有着较好的应用。但是，不同马匹之间的血清峰值浓度差异很大，摄食量也影响口服给药后的血药浓度。磺胺类药物一般通过对氨基（N4）的乙酰化以及甲基和嘧啶环的羟基化进行代谢。研究显示 TMP-SD 组合的细菌耐药性相对较低，但是不同微生物的敏感性可能随组合中使用的磺胺类药物的相对活性而变化，建议口服和静脉注射，剂量为 15～30mg/kg（甲氧苄啶-磺胺比为 1：5），剂量间隔为 12h。TMP-SD 的急性毒性很低，但是有研究发现药物制剂（赋形剂、溶剂）可引起对迷走神经的刺激和随后的心动过缓和血管舒张。马体内 TMP 的代谢途径虽然尚未完全清楚，但有研究表明马对甲氧苄啶的消除迅速，为了在给药间隔的大部分时间内保持浓度高于 MIC，需要每天给药两次。对于关节感染的马，最佳剂量是 30mg/kg，每 12 小时一次；van Duijkeren 等通过口服给予 SD-TMP 组合药物并从血浆浓度推算，马必须每天两次以 30mg/kg（SD：TMP＝5：1）给药才能达到治疗效果。需要注意的是，尽管在马中少见磺胺类相关的 Stevens-Johnson 综合征（SJS 或多形性红斑），但最近一项研究首次报道了马磺胺相关性 SJS 病例，在用药时需提前纳入考虑。早在 1972 年，甲氧苄啶-磺胺嘧啶组合已用于治疗牛的感染。随后几年，Shoaf 等陆续进行了几项甲氧苄啶-磺胺嘧啶组合药物在牛体内的药动药效学研究，结果显示 1 日龄的犊牛比 1 周龄或 6 周龄的犊牛有更高的甲氧苄啶和磺胺嘧啶的血清和滑液浓度，皮下注射磺胺嘧啶（30mg/kg）的小牛药物吸收迅速，年龄和饮食对这些小牛的磺胺嘧啶或甲氧苄啶的分布没有影响，因此 30mg/kg 可能是最好的选择。

b. 小动物使用 据报道，使用 TMP-SD 组合治疗涉及消化系统、呼吸系统、泌尿生殖系统、皮肤和其他系统微生物疾病的犬和猫总体成功率为 85%，其中对由中间葡萄球菌（现称假中间葡萄球菌）以及更常见的病原体，如大肠杆菌、变形杆菌、奇异菌、肺炎克雷伯菌和链球菌属引起的尿路感染有效。犬的药代动力学研究报告显示，每天一次 30mg/kg（25SD＋5TMP）对于大多数由易感微生物引起的感染有效，发现每隔 12h 或 24h 口服 30mg/kg 的 TMP-SD 可在皮肤中达到治疗量的药物浓度。

② 甲氧苄啶-磺胺甲噁唑（TMP-SMX） 甲氧苄啶-磺胺甲噁唑（TMP-SMX）的组

合制剂，又称为复方新诺明。复方新诺明既是人用药物，也可用于马、犬和其他物种的口服给药。该组合药物抗菌作用较强，排泄慢，作用持续时间长。临床上主要用于敏感菌引起的尿路感染、呼吸系统感染、肠道感染、胆道感染及局部软组织或创面感染等。世界卫生组织国际癌症研究机构公布磺胺甲噁唑为3类致癌物。TMP-SMX在不同动物的药代动力学参数在20世纪初已有报道。

现阶段，关注点主要在于食品安全和药物的使用效率上，因此研究方向主要为药物残留及其耐药性。鸡蛋是生活必需品，鸡蛋中的TMP-SMX残留威胁着人类健康。在一项基于鸡蛋中TMP-SMX残留量、持续时间，鸡蛋成分和全蛋中的药物消除参数的研究中，每天口服SMX 46mg/kg、TMP 25mg/kg，药物残留检测结果显示，在治疗过程中SMX主要分布到蛋白中（91.53%～96.74%），而TMP主要分布到蛋黄中（63.92%～77.36%），SMX和TMP分别在13天前全蛋中的残留水平下降到低于或达到定量限制，SMX和TMP的停药间隔分别为43d和17d。

耐药性严重地削弱了药物的疗效。磺胺类药物作为一类结构相似的抗微生物药物，存在着交叉耐药，因此进行耐药性研究也为高效使用抗生素奠定基础。在人医临床，TMP-SMX被认为是治疗嗜麦芽窄食单胞菌感染的首选药物，但是针对TMP-SMX出现的耐药性构成了严重威胁。在针对100多株来自埃及的不同临床分离的嗜麦芽窄食单胞菌耐药水平研究中，调查了TMP-SMX耐药基因（*sul1*、*sul2*、*dfrA*）的频率，同时评估了与整合子Ⅰ（Int1）和插入序列公共区域（ISCR）的关联性，结果在16株TMP-SMX耐药菌株中，均检测到*sul1*基因，而且所有耐药菌株均存在*int1*基因，显示出一定的耐药水平。在前面耐药性一节中提到，Ⅰ类整合子中的基因盒*dfra12-aadA2-qacEDelta1/sul1*是高度保守的，而且可以高效水平传播，有分析显示Ⅰ类整合子中的*sul1*在NCBI和UniProt数据库的肠杆菌科中显著丰富，表明TMP/SMX抗性通过Ⅰ类整合子的水平转移最常发生在肠杆菌科中，并可能已扩散到养殖环境土壤和水体，关于耐药性的研究仍需跟进。

③甲氧苄啶-磺胺氯哒嗪（TMP-SCP）　尽管这种产品很少使用，但TMP-SCP的研究主要是基于马。给予5mg/kg TMP和25mg/kg SCP静脉注射的马显示消除半衰期为2.57h（TMP）和3.78h（SCP），分布容积为1.51L/kg（TMP）和0.26L/kg（SCP），推荐使用30mg/kg的甲氧苄啶-磺胺哒嗪（联合药物）每天两次用于马病的治疗。

（2）**奥美普林**　奥美普林（ormetoprim，OMP），化学名称为5-(4,5-二甲氧基-2-甲基苄基)-2,4-二氨嘧啶，又称邻里氧普林。OMP是一种兽用抗菌剂，通常用于水产养殖和家禽行业，在淡水水产养殖中可用来预防疾病的传播，也用于家畜的促生长。

奥美普林-磺胺二甲氧嘧啶（OMP-SDM）　OMP-SDM的商业化制剂可用于犬（片剂）、家禽（预混料）和鱼，这些组合与甲氧苄啶-磺胺类药物具有类似的优势。OMP-SDM可作为药物饲料的预混剂使用。在这种形式中，OMP-SDM用于预防鸡和火鸡由易感艾美耳球虫引起的球虫病，以及预防禽霍乱。类似的配方也可用于治疗鲑鱼和鳟鱼的疖病。OMP-SDM的口服片已用于治疗皮肤和软组织感染、尿路感染和肠球虫感染。

OMP-SDM组合已被证明可以有效用于治疗患曼海姆氏溶血性肺炎的小牛。在这项研究中，口服和静脉注射OMP-SDM组合药物治疗牛莫拉氏菌感染，结果显示静脉注射组合药物可有效维持泪液中两种药物的高浓度约6h，并超过13种牛莫拉氏菌分离株的

MIC，但是当口服相同浓度的组合药物时，泪液中出现低浓度 SDM 和极低或微量浓度的 OMP，表明口服该组合药物并不适用于治疗牛莫拉氏菌感染，同时给药途径的不同显示出不同的治疗结果。

在另一项研究中，以健康成年母马为对象，在首次口服 SDM-OMP（45.8mg/kg：9.2mg/kg）后，每间隔 24h 口服较低剂量（22.9mg/kg：4.6mg/kg）以探究药物的药代动力学特征，结果显示 SDM 在初始给药后 8h 产生峰值血浆浓度，并且在整个给药方案中维持高于 $50\mu g/mL$ 的血浆浓度，在滑液、腹膜液、子宫内膜和尿液中也发现一定药物浓度，在初始给药后约 100h，脑脊液中出现少量（2.1mg/mL），显示出极广的药物分布特性。

（3）阿地普林　阿地普林（aditoprim，ADP）是一种选择性细菌二氢叶酸还原酶抑制剂，可抑制二氢叶酸向四氢叶酸的转化，中文名为 5-[（4-二甲基氨基-3,5-二甲氧基苯基)甲基]嘧啶-2,4-二胺。ADP 的化学结构类似于另一种细菌二氢叶酸还原酶抑制剂甲氧苄啶，早期研究表明 ADP 是一种广谱药物，对嗜血杆菌、肠杆菌科、气单胞菌、弧菌、葡萄球菌、链球菌、不动杆菌和产碱杆菌等多种食用动物病原体具有抗菌活性（MIC≤$8\mu g/mL$），对比磺胺二甲嘧啶、磺胺二甲嘧啶-TMP 组合和四环素，显示出更有效的结果。

从已有的药代动力学和副作用研究结果分析，ADP 被认为可以成为一种很有前途的兽医抗菌剂。药代动力学研究中，其在猪、牛、猴、羊等一些动物中的消除半衰期（3.3～14.8h）和分布容积（4.6～10.4L/kg）高于 TMP，显示出优良的药代动力学特征；副作用的研究中，ADP 的一般毒性、致突变性、生殖毒性和致畸性显示出它的低毒性。

设计活性高、选择性强、毒副作用小、应用广泛的新药不仅是药物设计人员的目标，也是临床用药发展的需要。通过药物代谢研究，不但可以为新药设计提供有益信息和指导，还可对设计出的药物进行合理评估。在对 ADP 的代谢物分析中，ADP 在不同动物中代谢物不同，如在猪体内代谢为 11 种代谢物。在这些动物的代谢中，N-单去甲基-ADP(A1) 和 N-二去甲基-ADP(A2) 是可食组织中的主要代谢物。对 ADP 及其主要代谢物的体外抗菌活性研究发现，猪的沙门菌和链球菌，鸡的大肠杆菌和沙门菌，犊牛的大肠杆菌、链球菌、曼海姆菌、巴氏杆菌，羊的链球菌和曼海姆菌，鱼类的大肠杆菌、柱状黄杆菌、鲍曼不动杆菌和鲁氏耶尔森菌对 ADP 高度敏感；猪的副猪嗜血杆菌、金黄色葡萄球菌、点状气单胞菌、结核分枝杆菌，来自鱼类的无乳链球菌，以及来自小牛和绵羊的克雷伯菌对 ADP 中等敏感；然而猪的产气荚膜梭菌，鸡的金黄色葡萄球菌、产气荚膜梭菌，以及小牛的金黄色葡萄球菌对 ADP 耐药。ADP 的主要代谢物 A1、A2 和母体化合物具有同等活性，显示出 ADP 较强的抗菌活性。在进一步评价 ADP 治疗猪链球菌病的体内抗菌效果时，可推荐用于猪链球菌病的 ADP 预防和治疗剂量分别为 10mg/kg 和 20～40mg/kg 体重，同样显示出具有作为单一药物治疗细菌感染性疾病的潜力。在另一项研究中，基于养猪业中大肠杆菌病，作者进行了 ADP 和磺胺甲噁唑（SMX）的联合应用，单次肌内注射 ADP-SMX（5/25mg/kg 体重），建立药代动力学-药效学（PK-PD）模型来制定最佳剂量 ADP-SMX 用于治疗猪大肠杆菌病，结果表明 ADP-SMX 对大肠杆菌表现出很强的浓度依赖性抗菌活性，连续 3 天每天肌内注射 3.45/17.25mg/kg ADP-SMX 的剂量可能足以治疗猪大肠杆菌病。

5.2

喹诺酮类药物

5.2.1 化学结构

喹诺酮类（quinolones），又称吡酮酸类或吡啶酮酸类，是人工合成的一类含 4-喹诺酮基本结构的杀菌性抗菌药。

① 吡啶酸酮的 A 环是抗菌作用必需的基本药效基团。其中 3 位—COOH 和 4 位 C＝O 为抗菌活性不可缺少的部分。

② B 环可作较大改变，可以是骈合的苯环（X＝CH，Y＝CH）、吡啶环（X＝N，Y＝CH）和嘧啶环（X＝N，Y＝N）等。

③ 1 位取代基为烃基或环烃基活性较佳，此部分结构与抗菌强度相关。

④ 5 位可以引入氨基，虽对活性影响不大，但可提高吸收能力或组织分布选择性。

⑤ 6 位引入氟原子可使抗菌活性增大，增加对 DNA 促旋酶的亲和性，改善对细胞的通透性。

⑥ 7 位引入五元或六元杂环，抗菌的活性均增加，但也增加了对中枢的作用。

⑦ 8 位以氟、甲氧基取代或与 1 位以氧烷基成环，可使活性增加。

对喹诺酮的大规模结构改造是使喹诺酮类药物迅速发展的第 2 个重要因素。在 C1 位改造的同时，配以 C6、C7、C8 位不同取代基的组合主要是引起喹诺酮的抗菌活性、药物动力学和代谢性质的改变。具体影响如下：C6 位引入 F，可提高对 DNA 促旋酶的抑制活性，并对葡萄球菌显示活性；C8 位再引入第 2 个 F，可改善药物的吸收并延长半衰期；C7 位引入哌嗪基，可提高对葡萄球菌和假单胞菌的活性；哌嗪基上再引入 1 个甲基，可改善药物的吸收并延长半衰期；N1 位为环丙基、C5 位为氨基、C8 位引入 F，可提高对衣原体和支原体的活性；N1 位为环丙基、C8 位引入 F 或 Cl，可进一步提高抗菌活性，然而同时也增加了其潜在的光敏副反应，将其改为甲氧基后，尽管抗菌活性略有下降，但却大大降低了其潜在的光毒性。

喹诺酮结构中可修饰改造的位点较多，近年来，通过对 N1、C2、C3、C6 和 C7 位等位点的结构修饰，不仅提高了喹诺酮类药物的抗菌抗病毒活性，而且可以筛选出具有抗肿瘤活性的衍生物，其中有数个候选物目前已处于临床研究或临床前评价阶段。尽管许多喹诺酮类药物已显示出广阔的抗疟药前景，但由于体内性能较差，其临床开发一直缓慢。有研究者对喹诺酮类化合物库进行了研究，这些喹诺酮类化合物在 N1、C3、C6 和 C7 位置的取代模式不同。研究表明，与该位置的其他杂环基团相比，C7 位置腺嘌呤部分的存在可以带来显著的活性提高。研究结果表明，该化合物对氯喹敏感和耐药菌株（W2）的抗性 IC 值分别为 $0.38\mu mol/L$ 和 $0.75\mu mol/L$。对细胞色素 bc1 复合物 Q 位点的对接分析揭示了腺嘌呤单元在靶结合中对关键氢键相互作用的贡献。这证实了复合物诱导的线粒体功能丧失。这些发现不仅为进一步探索腺嘌呤修饰的喹诺酮类药物的抗疟潜力开辟了道路，而且也表明在针对其他抗疟靶点的优化过程中有更广泛的机会。

5.2.2 作用机制

喹诺酮类抗菌药在细胞体外能够选择性地抑制 DNA 合成中起作用的两种酶：拓扑异构酶Ⅱ和脱氧核糖核酸（DNA）促旋酶。喹诺酮类药物通过干扰细菌 DNA 的正常转录和复制而发挥抗菌作用；同时抑制拓扑异构酶Ⅱ，干扰复制的 DNA 分配到子代细胞中去，使细菌死亡。

喹诺酮类药物通过破坏细菌 DNA 合成过程中具有解旋作用的拓扑异构酶Ⅱ型酶的活性来阻断 DNA 复制以达到抑菌的效果。前者有 A、B 两个亚单位，A-亚单位在合成过程中切开染色体 DNA 一条后链从而形成切口，B-亚单位催化产生 ATP 使 DNA 前链后移，A-亚单位再将切口封闭形成负超螺旋结构。喹诺酮类药物通过非碱基配对的方式与 A-亚单位结合，使 DNA 超螺旋结构不能封口，单链暴露，细菌染色体出现不可逆损伤，进而致使细菌死亡。后者为解链酶，是喹诺酮类药物作用于金黄色葡萄球菌的主要细胞毒性靶标，药物与之结合形成喹诺酮类药物-DNA-拓扑异构酶三元复合物，阻断细菌 DNA 复制，从而起到杀菌作用。

曹刚的研究证明喹诺酮可以通过 2 条不同途径进行杀菌，各个途径分别是由不同的未知关键蛋白控制，并且已经筛选获得喹诺酮压力下既不生长也不死亡的药物耐受突变体。他们的研究以喹诺酮杀菌的 2 条途径为研究对象，利用已建立的药物耐受突变体富集/筛选技术，结合基因组测序，破译"蛋白从头合成依赖型"杀菌途径的关键效应调节"致死蛋白"和"不依赖蛋白从头合成"途径中的关键"辅助蛋白"，获悉它们与"药物-DNA-拓扑异构酶"三元复合物相互作用，促进复合物释放断裂 DNA 的分子加工规律，从而加深对喹诺酮分子杀菌机制的理解，并基于该理论初步建立小分子杀菌增效剂和休眠菌高效杀灭性喹诺酮分子的高通量筛选体系，为降低临床耐药和促进新药研发提供指导。

最新的研究表明，在高浓度的氟喹诺酮类抗生素处理细菌时，细菌细胞内活性氧（reactive oxygen species，ROS）水平会增加并有可能参与杀菌过程，而亚致死浓度的抗生素诱导产生的 ROS 则会使细菌的突变率提高，促进多重耐药菌株的产生。$oxyR$ 是一个由巯基/二硫键转化来调控的转录因子，可以感应细菌细胞内氧化压力的变化，参与细菌的抗氧化、自发突变、铁代谢等活性过程，并调节着细菌致病能力以及外膜蛋白代谢。左鑫构建了 7 种氧化还原相关基因敲除的大肠杆菌菌株，并发现 $E.coli\text{-}oxyR$ 在体外诱导耐药实验中更容易发生高水平的耐药；同时，在亚致死剂量的诺氟沙星诱导下，$E.coli\text{-}oxyR$ 的突变率显著升高，而突变与耐药直接相关，表明 $oxyR$ 是一个关键的抗耐药基因。此外，在氧化应激的状况下，$oxyR$ 能够快速感应 H_2O_2 水平的增高，调控下游基因并诱导抗氧化系统。在 $R\text{-}Norf\text{-}E.coli\text{-}oxyR$ 中，铁代谢的基因表达显著性上调，体内的 ROS 水平显著性升高，说明氧化应激和铁代谢之间的协同作用与细菌耐药密切相关。利用 TRFS-green 荧光探针，他们还发现大肠杆菌 Grx2 和 Grx3 在维持细菌细胞内氧化还原平衡过程中起着关键作用。此外，在耐药性细菌中，细菌的胞内 Trx 和 Grx 的总活性受到极大的抑制。

喹诺酮类药物诱导 DNA 损伤，可以杀死细胞，但这种损伤也可以修复。有研究者在喹诺酮类药物处理的细菌培养物中观察到喹诺酮类药物诱导的 DNA 损伤的修复，在去除药物后变得更密集。这种密度的增加表明，DNA 断裂被重新密封了，因为 DNA 存在的时间越长，溶液的黏性就越强。此外，去除喹诺酮类药物后，喹诺酮类处理细胞的类核碎片化减少，DNA 修复蛋白的缺失增加了细菌对喹诺酮类药物的敏感性。

喹诺酮类药物已被证明与酶的两个亚基（促旋酶的 GyrA 和 GyrB，拓扑Ⅳ 的 ParC 和 ParE）有相互作用。目前的研究初步表明，Qnr 能够在没有松弛 DNA、喹诺酮类药物或 ATP 的情况下直接与 DNA 促旋酶或拓扑异构酶Ⅳ结合，Qnr 与这两种酶的相互作用改变了酶的 DNA 结合特性，使其与 DNA 的结合降低，减少喹诺酮类药物抑制的酶-DNA 靶标的数量，从而减弱喹诺酮类药物的作用效果。另有最新发现 *MfpA* 与 DNA 促旋酶的直接作用会激活 DNA 促旋酶的 ATP 酶结构域，使 DNA 促旋酶的结构发生改变，促使喹诺酮类药物从 DNA 促旋酶-药物-DNA 三元裂解复合体中释放，使 DNA 促旋酶恢复催化活性。

铜绿假单胞菌具有多种群体感应（QS）系统，其中一种是利用信号分子 2-庚基-3-羟基-4-喹诺酮（*Pseudomonas* quinolone signal，PQS）。在此，科研工作者利用拉曼高光谱成像来阐明铜绿假单胞菌的时空 PQS 分布，该分布决定了铜绿假单胞菌如何调节其表面定植以及其对代谢应激和其他菌株竞争的响应。这些化学成像实验说明了环境挑战与 PQS 信号之间的紧密联系，例如营养限制或其他细菌物种的存在引起的代谢应激。代谢应激引起了一种复杂的反应，在这种反应中，有限的营养物质诱导细菌更早地产生 PQS，但如果营养浓度过低，细菌也可能完全停止 PQS 的产生。另外，将铜绿假单胞菌与另一种细菌或其培养上清液共培养，可使 PQS 的产生提前。然而，并没有观察到所有烷基喹诺酮类药物（AQ）在 PQS 外观上的差异；2-庚基-4-羟基喹啉-*N*-氧化物（HQNO）的时空响应在大多数条件下是高度一致的。这些对喹诺酮类药物时空分布的认识为铜绿假单胞菌对不同环境信号的反应提供了新的视角。由机会致病菌铜绿假单胞菌（*Pseudomonas aeruginosa*）产生的烷基喹诺酮类药物（AQ），包括喹诺酮假单胞菌信号（PQS），与种群密度和胁迫有关。已知 AQ 产生的调节是复杂的，而调节 AQ 反应的刺激还不完全清楚。在这里，研究者使用拉曼高光谱化学成像来研究铜绿假单胞菌在几种潜在压力条件下表现出的 AQ 的时间和空间分布。其研究发现，受碳限制或竞争压力影响的代谢应激，或受接近其他物种的影响，导致 PQS 的产生加速。这种竞争效应不需要细胞间的相互作用，大肠杆菌或金黄色葡萄球菌上清液的加入可以导致 PQS 的早期出现。最后，这些调制在 PQS 中被观察到，但不是在所有的 AQ 中，这一事实表明 AQ 调节的高度复杂性仍有待观察。

5.2.3 抗菌谱

喹诺酮类药物具有下列特点：①抗菌谱广，对革兰氏阳性菌和革兰氏阴性菌、铜绿假单胞菌、支原体、衣原体等均有良好的抗菌活性。②杀菌力强，在体外很低的药物浓度就可以显示高度的抗菌活性，临床治疗效果好。③吸收快，在体内组织和器官分布广泛，可以治疗体内各个系统或组织的感染性疾病。④抗菌作用机制特别，和其他的抗菌药物没有交叉耐药性。⑤使用方便、安全、廉价，不良反应小，因此它被广泛应用于各种细菌感染的治疗。

5.2.4 耐药性

随着喹诺酮类药物在临床上大范围、不规范地使用，许多病原菌比如金黄色葡萄球菌、致病大肠杆菌等耐药问题越来越严重。吕红玲的研究表明在所有分离的病原菌中，喹诺酮类抗菌药物耐药率最高的前 3 位细菌分别为屎肠球菌（77.7%～90.8%）、鲍曼不动杆菌（42.1%～74.4%）和大肠杆菌（49.0%～55.5%）。

由于氟喹诺酮类药物是治疗严重人类空肠弯曲菌病的首选药物之一，在欧洲家畜抗菌药物耐药计划（AMR）范围内，关于家禽空肠弯曲菌和大肠杆菌对包括氟喹诺酮类药物在内的抗生素的耐药率报道很多。然而，关于宠物和牛的空肠弯曲菌和大肠杆菌的 AMR 的报道却少得多。因此，对从患病动物中分离的空肠弯曲菌和大肠杆菌进行 AMR 表型检测，并通过全基因组测序鉴定相关 AMR 基因或突变。空肠弯曲菌对氟喹诺酮类药物耐药率为 41%。氟喹诺酮耐药与 $gyrA$ 的喹诺酮耐药决定区（QRDR）已知点突变有关，这些高耐药率，特别是对空肠弯曲菌和大肠杆菌中的关键抗生素的耐药率，在兽医学上令人担忧。今后必须加强努力，以保持人兽医中重要的抗菌治疗方案的效力。

喹诺酮曾经一度成为志贺菌属的首选药，它可以快速有效地作用在 DNA 解旋酶和拓扑异构酶Ⅳ上，从而影响细菌的复制、转录以及染色体解链等，甚至可以直接作用在 DNA 酶复合体上，诱导 DNA 损伤，导致菌体快速死亡。对喹诺酮等抗生素药物的过度使用和滥用，导致志贺菌对喹诺酮类的敏感性开始下降，产生了耐药性甚至是多重耐药性。最近的体外数据清楚地显示了在氟喹诺酮类药物压力下促进肠炎沙门菌克隆进化的潜力。在所有这些物种中，国际克隆 STs 的成功与菌株独特的能力有关，它能进化出多种有益的促旋酶和拓扑异构酶Ⅳ突变，使其对氟喹诺酮产生高水平的抗性，同时也允许获得额外的抗性基因负载，而不会产生明显的适应性代价。

喹诺酮类药物，如抗疟原虫阿托伐醌，是疟疾线粒体细胞色素 bc1 复合物的抑制剂，是肝脏和血液中寄生虫生存的关键靶点，这些药物在预防和治疗方面都很有用。Schalkwyk 证明 ELQs 对诺氏疟原虫（EC_{50} 值＜117nmol/L）有很强的抑制作用，对恶性疟原虫也有同样的作用。新型喹诺酮类化合物 ELQ-300 与阿托伐醌联用，对两种植物均具有协同作用。

Mizoi Kosei 的研究采用时间-杀菌曲线法评价喹诺酮类药物对低敏感流感毒株的体外杀菌效果。对于妥舒沙星，在 C_{max} 和 $1/2C_{max}$ 下，低敏感菌株的对数降低值明显低于敏感菌株。与此相反，尽管敏感菌株的对数折减值较低，但左氧氟沙星和 β-内酰胺类（阿莫西林和头孢地妥仑）的 C_{max} 均显示杀菌效果。此外，$2\times C_{max}$ 和 $4\times C_{max}$ 较高浓度的妥舒沙星不仅对易感菌株也对低感菌株有杀菌作用。

5.2.5　药动学性质

喹诺酮类抗菌药物是一类全人工合成的抗菌药物，具有抗菌谱广，药代动力学特征好，作用机制独特、高效，低毒等特点。第三代与第一、二代相比较，具有良好的药代动力学特性。口服给药的生物利用度高，半衰期较长，血药浓度较高，组织分布广，从而扩大了临床适应证范围，适用于体内多系统的感染。其具有良好的耐受性，口服应用方便，又适应于慢性感染的长期治疗。氟喹诺酮类药物生物利用度高、吸收迅速并在血清中达峰浓度，分布广泛，在细胞内可达到高浓度。

在人医临床中通过静脉滴注给药出现不良反应的风险比较高，其次是口服。这是由于静脉滴注与口服均属于全身给药方式，该类方式药物吸收速度比较快，组织分布广，药物发挥作用快，药效强，持续时间长，患者能够获得理想治疗效果的同时，也在一定程度上增加了不良反应的发生率。

喹诺酮类药物在畜禽、水产、蚕等各种动物上应用广泛，药物在动物体内的代谢特点各不相同，并且各种剂型通过不同途径给药，药物吸收速度、吸收数量及作用强度均不相同。Fan采用基于统计矩原理的非房室模型分别计算了恩诺沙星在拟穴青蟹体内和鲫鱼体内的药代动力学参数，发现恩诺沙星在大部分水产动物体内的代谢规律符合二室模型。

纪淳安的研究表明新氟喹诺酮类药物曲伐沙星、格帕沙星、莫西星、DU6859、HSR903、加替沙星等的特点是抗菌谱广，对大多数革兰氏阳性菌和阴性菌及细胞内病原体具有活性，特别是格帕沙星对支原体、衣原体的活性强于环丙沙星和氧氟沙星；对链球菌包括肺炎链球菌和无芽孢厌氧菌的活性也较强。治疗剂量的新氟喹诺酮类药物单次口服后，血药浓度显著超过MIC并维持长达12h。临床观察显示，新氟喹诺酮类药物是治疗呼吸道感染等各种类型感染性疾病的高效而安全的药物。

西他沙星系喹诺酮类抗菌药，抗菌谱广，抗菌活性强，对需氧性或厌氧性的革兰氏阳性或革兰氏阴性菌、非定型菌具有广泛的抗菌谱，尤其是对肺炎球菌（含青霉素耐药性及大环内酯类抗生素耐药性肺炎球菌）及肠球菌属、铜绿假单胞菌及大肠菌（含喹诺酮耐药性大肠菌）显示出比其他喹诺酮系抗菌药更强的抗菌活性。西他沙星对细菌DNA促旋酶和拓扑异构酶Ⅳ具有双重抑制作用，而且抑制作用较同类抗菌药物强。文献报道对肺炎链球菌DNA促旋酶和拓扑异构酶Ⅳ的抑制活性分别是左氧氟沙星的17倍和4倍，是环丙沙星的120倍和1.5倍，是莫西沙星的14倍和2.5倍。

安志霞运用网络药理学并通过体内试验研究连翘叶提取物（forsythia suspense leaves extract，FSLE）治疗恩诺沙星（enrofloxacin，ENR）诱导的肝损伤（enrofloxacin induced liver injury，EILI）的作用机制。FSLE可通过上调AMPK的表达抑制肝脏氧化应激，发挥抗EILI的作用，对肝损伤药物的开发具有重要的意义。

目前制定的恩诺沙星和环丙沙星的MRL只限制于原药形式或主要的已知代谢物的检测。恩诺沙星主要代谢物为环丙沙星，环丙沙星主要代谢物为培氟沙星、诺氟沙星、依诺沙星、氧氟沙星和去乙烯环丙沙星，而其他未知代谢物和转化物研究较少。

5.2.6　临床应用

喹诺酮类抗生素是一类人畜通用的药物，因其具有抗菌谱广、抗菌活性强、与其他抗菌药物无交叉耐药性和毒副作用小等特点，被广泛应用于畜牧、水产等养殖业中，包括在鸡、鸭、鹅、猪、牛、羊、鱼、虾、蟹等的养殖中用于疾病防治。喹诺酮类药物在兽医临床应用广泛，一般把这类药物分为四代，其中第三代的适用动物包括家畜、家禽、猫、狗及水生动物。第四代在第三代的基础上增强了抗革兰氏阳性细菌和衣原体、支原体、立克次体的活性，而且对结核分枝杆菌有较高活性，对脆弱类杆菌等厌氧菌也有作用。动物专用的喹诺酮类药物有恩诺沙星、沙拉沙星、马波沙星等，人畜共用的喹诺酮类药物有环丙沙星。

恩诺沙星，喹诺酮类抗生素的一种，具有抗菌谱广、杀菌力强、作用迅速、体内分布广泛及与其他抗生素之间无交叉耐药性等特点，预防和治疗畜禽的细菌性感染及支原体病有良好的效果，在猪病防治中，对包括铜绿假单胞菌、克雷伯菌、大肠杆菌、弯曲杆菌属、志贺菌属、沙门菌属、气单胞菌属、嗜血杆菌属、耶尔森菌属、沙雷氏菌属、弧菌属、变形杆菌属等有效，对布鲁氏菌属、巴斯德氏菌属、丹毒丝菌、博德特氏菌、葡萄球菌、支原体和衣原体也有效。此外，对增效磺胺耐药菌、庆大霉素耐药铜绿假单胞菌、青霉素耐药金黄色葡萄球菌及泰乐菌素或泰妙菌素耐药支原体均有良好的效果。

陈佳莉等人通过调查研究得出副猪嗜血杆菌对氧氟沙星、萘啶酸、洛美沙星、左氧氟沙星、环丙沙星、达氟沙星、马波沙星、恩诺沙星药物的流行病学临界值分别为 $8\mu g/mL$、$4\mu g/mL$、$4\mu g/mL$、$0.25\mu g/mL$、$0.25\mu g/mL$、$0.0625\mu g/mL$、$0.0625\mu g/mL$ 和 $0.03125\mu g/mL$，说明目前野生型副猪嗜血杆菌对环丙沙星、达氟沙星、马波沙星和恩诺沙星这 4 种兽医临床可用药敏感性较高，临床推荐使用。

在临床上喹诺酮类抗生素禁止用于幼龄动物、蛋鸡产蛋期和妊娠动物。患有癫痫的犬、肉食动物、肝肾功能不良患病动物慎用。喹诺酮类药物耐药菌株呈现增加趋势，不宜在亚治疗剂量下长期使用。

马波沙星（marbofloxacin，MBF），又称麻保沙星，是由瑞士罗氏公司研制开发的一种新型动物专用氟喹诺酮类抗菌药，具有抗菌谱广、杀菌活性强、与其他抗菌药物交叉耐药少等特点。MBF 内服及肠外给药后吸收迅速且完全，体内分布广泛，生物利用度高，提示了该药在畜禽泌尿道、皮肤及深部组织感染等的防治方面具有巨大潜力。陈勤勤建立了 MBF 在鸡血浆中的 HPLC 检测方法，并进行了 MBF 原料药和颗粒制剂（4.2%，以 MBF 计）在鸡体内的药动学试验和残留试验。MBF 的 HPLC 检测结果表明，在 $0.1\sim 10\mu g/mL$ 的范围内标准曲线的线性良好，R^2 值为 0.9998；检测限为 $0.05\mu g/mL$，定量限为 $0.1\mu g/mL$，批内、批间准确度均在 $\pm 15\%$ 的范围内。

母猪乳腺炎-子宫炎-无乳综合征（MMA）由多种因素引起，其中大肠杆菌、葡萄球菌和链球菌等是主要致病菌。邢詹妮研究了马波沙星注射液对引起 MMA 的大肠杆菌、葡萄球菌和链球菌的体外抑菌及临床药效，为马波沙星在 MMA 的临床应用上提供了理论依据。

5.2.7 不良反应

人医临床研究表明，因该类药物的不合理使用，部分患者会出现不良反应，严重影响患者的治疗效果，降低患者预后，甚至威胁到患者生命安全。喹诺酮类抗菌药物在治疗疾病方面具有普遍性，这类抗生素的使用频率过高会导致不良反应发生率增加，如过敏反应、胃肠道反应、心血管反应等。

长期临床实践结果显示，氟喹诺酮类药物治疗期间往往会发生系列不良反应，累及器官/系统，包括皮肤及皮肤附件、循环系统、消化系统、神经系统、呼吸系统及泌尿系统等。

使用氟喹诺酮类药物治疗后，出现皮肤及皮肤附件不良反应患者，临床症状多表现为皮肤红肿、瘙痒、皮疹、过敏等；少部分患者使用喹诺酮类抗菌药物后出现光过敏反应，即当患者暴露在阳光或紫外线照射下时，裸露的皮肤会出现灼烧感、红肿等症状。消化系统不良反应患者临床症状多表现为食欲不振、胃部不适、消化道出血、腹痛、黑便、腹泻等；如使用左氧氟沙星患者恶心呕吐、腹泻、食欲不振、上腹部疼痛、便秘等胃肠道症状的发生率比较高。神经系统不良反应患者，临床症状主要为耳鸣、失眠、抽搐、头部眩晕、谵妄、头痛等；由于喹诺酮类抗菌药物可以透过血脑屏障，若患者用药的剂量过大或者用药频繁，透过血脑屏障的药物量就会增加，这就导致大脑边缘功能受到影响，从而引发各种中枢神经系统症状。泌尿系统不良反应患者临床症状主要为尿频、尿急、尿血，以及肾功能异常等；呼吸系统不良反应患者临床症状多为胸闷不适、呼吸不畅以及呼吸衰竭等；循环系统不良反应患者临床症状多为心室传导阻滞、心悸，以及心动过速等；全身不良反应患者临床症状多为发热、寒战以及过敏性休克等。

重复使用药物主要体现在给患者注射用头孢曲松后再给予左氧氟沙星等（联用），在临床配伍时，联合用药得当可以增强患者的治疗效果；但由于剂量增加以及药物重复，也会进一步提高患者不良反应的发生率，其毒性作用也随之增加，这样反而会降低患者的治疗效果。若喹诺酮类抗菌药物与金属离子联合使用，易导致其生物利用度下降；与抗酸类药物或碘胺类药物联合使用，则易导致药物在机体中的吸收作用下降。

恩诺沙星是一种兽药专用抗生素，被广泛应用于治疗养殖动物的细菌性疾病。但在兽药临床中常出现使用不规范的情况，因而导致 ENR 在养殖动物体内残留超标，通过食物链被摄入人体后发生蓄积，当超过一定限度时则会对人体多个系统和器官造成严重损害。

盐酸沙拉沙星价格低廉，是畜禽养殖户的用药首选，又由于不规范用药或滥用的现象时有发生，易导致畜禽体内细菌耐药性增强，通过食物链对消费者的神经系统、葡萄糖代谢、皮肤等造成潜在的危害。

由于人们不合理使用、滥用此类药物以及不遵守此类药物休药期等致使生物体产生耐药性，并且在动物源食品中氟喹诺酮类药物残留日趋严重，另外，动物、禽类产生的耐药菌也会传播给人类，扩大了抗生素的副作用，具有潜在致癌性质。滥用抗生素会导致动物体内抗生素残留量过高，特别是对食用动物滥用抗生素后，会引起动物体内菌群失调，耐药菌株大量繁殖，而且耐药菌株会通过食物链在人体内进行转移，从而使易感人群产生过敏反应、激素障碍变态反应。

5.2.8 展望

抗菌药物的非理性使用致使临床病原菌对喹诺酮类药物耐药形势严峻。由于喹诺酮类药物价格低廉，其在兽医临床感染性疾病的治疗和预防中应用越来越广泛，在兽医临床和水产养殖中的应用也十分广泛，但是一些养殖户缺乏相关的用药知识或追求效果而滥用、不注意停药期等，造成喹诺酮类药物疗效下降，细菌耐药程度加重，动物组织中药物残留不断富集，如不进行良好监控最终会危害公共卫生安全，给人类健康带来严重影响。

喹诺酮类药物作为继头孢菌素类药物之后临床使用广泛的抗菌药物之一，过量使用是耐药性的主要驱动力。喹诺酮这一大类广谱抗菌类药物，主要用于人体疾病的治疗，为了避免人食用含有喹诺酮药残的动物源食品而对人体造成伤害，有必要开发动物专用的喹诺酮类药物。目前动物专用的有沙拉沙星、恩诺沙星、丹诺沙星、马波沙星、奥比沙星、达诺沙星等。丹诺沙星用于治疗牛、猪、鸡等动物细菌和支原体引起的疾病，对呼吸道主要致病菌的抗菌效果好。奥比沙星用于治疗猪和牛等家畜的肺炎与腹泻。但是需要评估动物专用喹诺酮类药物对人类的安全性。奥比沙星是第三代动物专用氟喹诺酮类药物，对革兰氏阳性菌、革兰氏阴性菌及支原体均有显著的杀灭或生长抑制作用，在兽医临床上有广泛应用，而且前景良好。但其作为有机兽药产品，具有一定毒性且易产生耐药性而影响其长效抗菌活性。

寻找氟喹诺酮类的替代品对于对抗耐药性也非常重要。对抗促旋酶和拓扑异构酶Ⅳ的天然和合成化合物的筛选为发现这类抑制剂提供了机会。例如，在 GSK 的高通量筛选中显示显著抑制时，在促旋酶中发现了一个变构结合袋。这种化合物被开发出了一种更有效的类似物，尽管在动物试验中发现它是有毒的。有用的是，噻吩化合物也稳定促旋酶-DNA 裂解复合物，与喹诺酮类没有任何交叉耐药性，这表明需要进一步的研究。这些发现为今后对化合物设计的研究提供了理论依据，并强调了筛选的重要性。对与抗生素化合物结合的几种促旋酶和拓扑Ⅳ酶结构的测定，提出了用于寻找新药物的计算药物设计方法的可能性。

除了了解耐药性机制外，还需要做更多的工作来阐明喹诺酮类药物的致死率和修复的确切途径。需要找到导致细菌死亡的确切机制，特别是 ROS 在致死率中的作用，修复机制也是如此。目前仍然不知道是哪些蛋白质可以去除导致喹诺酮中毒的拓扑异构酶，尽管这些蛋白质在真核生物中已经存在了几十年。此外，ROS 反应和其他应激反应的作用，如氧化损伤修复或一般应激修复，还需要澄清。另外，不同的喹诺酮类药物以不同的方式杀菌，它们的损伤可能通过不同的途径修复。回答所有这些基本问题将有助于科研者更好地理解喹诺酮类药物是如何工作的，以及为了避免对喹诺酮和非喹诺酮耐药性的出现，应该考虑喹诺酮类药物致死和修复途径的特定成分。

喹诺酮类药物是广谱抗菌药，具有良好的生物利用度和耐受性，不仅对革兰氏阳性菌和阴性菌有杀菌作用，还具有抗真菌和抗病毒活性，因此在兽医临床上广泛应用于治疗畜禽动物养殖过程中的细菌性感染。随着食品安全和兽药残留问题越来越受到大众关注，加强对动物性食品中喹诺酮类药物残留的监测十分必要。喹诺酮类药物残留的主要检测方法包括酶联免疫吸附测定法、高效液相色谱法、高效液相色谱-串联质谱法、毛细管电泳法、比色法等。对动物性食品中喹诺酮类药物残留检测技术进行展望，旨在为残留监控提供参考方法。高效液相色谱法具有高效、快速、灵敏、准确、重复性好及假阳性少等优点，在以后相当长时间内，仍会作为喹诺酮类药物残留检测最常用的方法。从根源上解决问题还依赖于政府部门的政策引导，通过宣传普及规范合理使用抗菌药知识，引导养殖户遵守休药期规定等，不断提高大众食品安全的意识。

5.3

喹噁啉类药物

5.3.1 化学结构

喹噁啉类药物（quinoxaline）是弱碱性双环化合物，具有稠合的苯环和吡嗪环，是一种含氮杂环化合物，化学式为 $C_8H_6N_2$（图 5-3），熔点较低，易溶于水。在喹噁啉结构上修饰引入不同的基团，就会产生显著不同的药理学效果，如抗炎、抗疟、抗抑郁、抗病毒（包括 HIV 病毒）、抗真菌和抗细菌等作用。畜禽的一些喹噁啉-1,4-二氧化合物的衍生物（图 5-3）对革兰氏阳性菌和革兰氏阴性菌均有很强的抗菌活性，对结核分枝杆菌的抑制作用也很强。

图 5-3 喹噁啉及喹噁啉-1,4-二氧化合物结构示意图

喹噁啉　　　　　喹噁啉-1,4-二氧化合物（QDX）

兽用的喹噁啉类药物主要是喹噁啉-1,4-二氧化合物的衍生物，其品种繁多（图 5-4），早期代表产品为卡巴氧和喹乙醇。卡巴氧的抑菌生长效果比喹乙醇更佳，20 世纪 70 年代以来曾被广泛应用，后来毒理学研究证明两者均具有不同程度的致畸、致癌和蓄积毒性，卡巴氧会在畜禽肌肉及组织中不同程度残留，喹乙醇超剂量使用会导致畜禽及鱼类出现中毒反应，使生物体抗应激能力降低，出现"应激性出血症"。乙酰甲喹（痢菌净）、喹烯酮和喹赛多是我国自主研发的新型喹噁啉类药物，目前仅乙酰甲喹被批准应用。

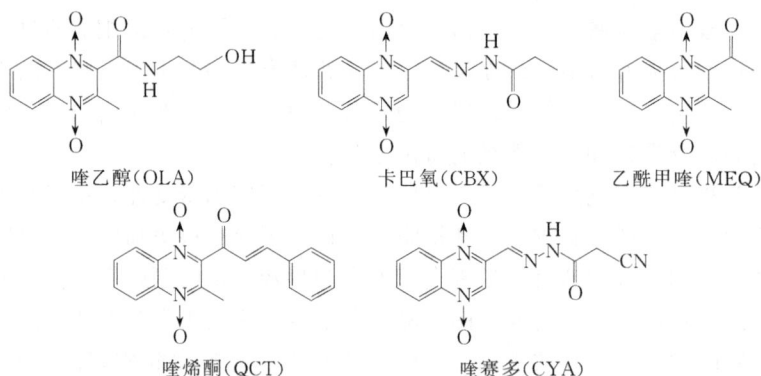

喹乙醇（OLA）　　　卡巴氧（CBX）　　　乙酰甲喹（MEQ）

喹烯酮（QCT）　　　喹赛多（CYA）

图 5-4 喹噁啉类药物的化学结构示意图

（1）**喹乙醇（olaquindox，OLA）** 喹乙醇是 2-[N-(2-羟基-乙基)-氨基甲酰]-3-甲基-喹噁啉-1,4-二氧化合物，分子式为 $C_{12}H_{13}N_3O_4$，分子量 263.25。

（2）**卡巴氧（carbadox，CBX）** 卡巴氧是 2-甲腙甲酸甲酯基-1,4-二氧化合物，分

子式为 $C_{11}H_{10}N_4O_4$，分子量 262.22。卡巴氧又称卡巴多司或痢立清，为黄色结晶性粉末，难溶于水。

（3）乙酰甲喹（mequinidox，MEQ）　乙酰甲喹是 3-甲基-2-乙酰基-喹噁啉-1,4-二氧化合物，分子式为 $C_{11}H_{10}O_3N_2$，分子量 206.2。乙酰甲喹是我国第一个具有自主知识产权的化学合成抗菌药，又称痢菌净。乙酰甲喹为黄色或鲜黄色结晶性粉末，无臭，微苦，遇光色渐变深；在水、甲醇、乙醚、石油醚中微溶，在丙酮、氯仿、苯中溶解。

（4）喹烯酮（quinocetone，QCT）　喹烯酮是 3-甲基-2-肉桂酰基-喹噁啉-1,4-二氧化合物，分子式为 $C_{18}H_{14}N_2O_3$，分子量 306.32。

（5）喹赛多（cyadox，CYA）　喹赛多是 2-甲酰氰基乙酰腙-喹噁啉-1,4-二氧化合物，分子式为 $C_{12}H_9N_5O_3$，分子量 271.23。

5.3.2　作用机制

喹噁啉类化合物是一类对一些革兰氏阳性菌和阴性菌均有较强抗菌作用的化合物，通过抑制细菌 DNA 合成而发挥抗菌作用。

5.3.3　抗菌谱

喹乙醇具有广谱抗菌作用，对大肠杆菌、变形杆菌、巴氏杆菌、痢疾螺旋体具有很好的治疗效果。卡巴氧对猪短螺旋体引起的痢疾有很好的治疗作用，对沙门菌、大肠杆菌和其他革兰氏阴性菌也有很强的抗菌作用。乙酰甲喹对革兰氏阳性菌、阴性菌均具有良好的抑制效果，但对革兰氏阴性菌的作用强于革兰阳性菌，对沙门菌、巴氏杆菌、猪密螺旋体型痢疾和猪、牛细菌性肠炎等有很好的治疗作用，在水产养殖中也能起到杀灭病原菌的作用。喹烯酮可选择性地抑制细菌 DNA 的合成，对多种肠道致病菌均有抑制作用，对革兰氏阴性菌的作用效果更强，对畜禽及水产动物的幼体防病作用效果显著。喹赛多是一种较强的抑菌剂，对猪葡萄球菌、多杀性巴氏杆菌和大肠杆菌具有很好的效果。

5.3.4　耐药性

2003 年，Sorensen 等从猪粪中分离获得了一株携带接合型质粒 pOLA52 的喹乙醇耐药大肠杆菌，随后发现其耐药性是由属于耐药结节分化家族（resistance-nodulation-division family，RND 家族）的多重耐药外排泵基因 $oqxAB$ 介导的。$oqxAB$ 是由 $oqxA$ 基因和 $oqxB$ 基因组成的操纵子结构，表达依赖于 TolC 外模蛋白，除对喹乙醇耐药外，还可以降低细菌对喹诺酮类、氯霉素类药物和杀虫剂的敏感性，如萘啶酸、环丙沙星、氯霉素、三氯生和氯己定等。尤其是作为喹诺酮类药物（PMQR）的决定因子，对喹诺酮类药物特别是氟喹诺酮类药物的高水平耐药产生促进作用。细菌对喹烯酮不易产生耐药性，对其他抗生素耐药的细菌，对喹烯酮仍敏感。

5.3.5 药代动力学

目前，我国批准畜禽使用的乙酰甲喹的药代动力学研究表明在猪、鸡、羊体内分布都比较广泛，消除较快。猪口服、肌内注射和静脉注射乙酰甲喹的最高血药浓度 C_{max} 分别为 $(0.73\pm0.45)\mu g/mL$、$(6.96\pm3.23)\mu g/mL$ 和 $(12.18\pm4.38)\mu g/mL$，消除半衰期分别为 $(1.64\pm1.17)h$、$(0.5\pm0.25)h$ 和 $(0.84\pm0.35)h$。

5.3.6 药效动力学

喹乙醇具有蛋白质同化作用，可提高饲料转化率与瘦肉率，促进动物生长。猪内服吸收迅速而完全，生物利用度可达 100%，而且排泄迅速，饲喂后 24h 内有 90% 以上从尿液排出，粪便中排出约 5%。喹烯酮毒性仅为喹乙醇的 $1/4$，口服后不易被机体吸收，仅在消化道中起作用，排泄较快，主要以原药形式排出体外，其生物利用度很低，猪口服为 0.5%，鸡为 3%。喹赛多能提高饲料利用率，具有很好的促进生长作用，无致畸、蓄积毒性，并且具有吸收迅速、消除快、生物利用度低等特点，在生物体内残留消除迅速，食品安全性高，代谢存在种属差异，已确定体内代谢产物包括脱二氧喹赛多（disdesoxy-cyadox，Cy1）、cyadox 4-monoxide（Cy2）、N-decyanoacetyl cyadox（Cy4）、quinocaline-2-carboxylic acid（Cy6）、11,12-dihydro-bisdesoxycaydox（Cy9）和 2-hydromethyl-quinoxaline（Cy12）。

目前在畜禽使用的乙酰甲喹对大肠杆菌呈现浓度依赖性的杀菌作用（MBC＝1～2 MIC），对大肠杆菌的野生型折点（微生物）为 $32\mu g/mL$，并具有一定的体外抗菌后效应（PAE），粒细胞减少小鼠大腿肌肉感染模型发现最为相关的 PK-PD 参数为 AUC/MIC，分别在 0.85h 和 4.3h 可达到抑菌和杀菌效应。乙酰甲喹无论口服还是注射给药均吸收良好，体内代谢较快。在猪体内约 10min 就分布于全身各组织，在体内消除快，半衰期约 2h；在鸡体内分布广泛，消除缓慢，在血浆和心脏中浓度最高，在肝脏组织中消除最慢，其次是肾脏。当使用剂量高于临床治疗量的 3～4 倍或饲喂时间超过 5d 时就会引起不良反应，甚至引起畜禽死亡，家禽较为敏感。

5.3.7 临床应用和剂型

喹噁啉类药物曾经因可促进蛋白质同化、增加瘦肉率、促进畜禽生长，以及提高饲料转化率而被用于猪、牛、羊、鸡等食品动物的促生长，但 2019 年 12 月 19 日农业农村部颁布第 246 号公告禁止使用。当前，国内仅乙酰甲喹被批准用于畜禽，分别是经胃肠道给药剂型乙酰甲喹片和经注射给药的乙酰甲喹注射液。此外，喹烯酮预混剂曾作为猪抗菌促生长药使用，但 2019 年 12 月 19 日，农业农村部颁布第 246 号公告禁止使用。

5.3.8 安全性

乙酰甲喹按照规定的用法与用量使用尚未见不良反应。当使用剂量高于临床治疗3～5倍，或长时间应用会引起毒性反应，甚至死亡，尤其是家禽。喹乙醇具有遗传毒性，欧盟和加拿大均不允许用于食品动物。2018年1月11日，农业部颁布第2638号公告停止在食品动物中使用喹乙醇，并于2019年5月1日起停止经营、流通喹乙醇的原料药及各种制剂。卡巴氧曾被用作仔猪和育肥猪的促生长饲料添加剂，后因诱变效应、发育和生殖毒性以及致癌性被欧盟禁止使用；但其对猪痢疾和细菌性肠炎具有显著疗效，美国、加拿大和其他国家仍作为治疗用药。喹烯酮具有一定的致突变性、遗传毒性和氧化性DNA损伤。

乙酰甲喹不宜与碱性物质混用。

5.3.9 常用喹噁啉类药物

乙酰甲喹具有广谱抗菌作用，是治疗猪密螺旋体性痢疾的首选药，对仔猪黄痢、白痢、犊牛副伤寒、鸡白痢、禽大肠杆菌病等有较好的疗效。

（1）乙酰甲喹片 0.1g/片。内服一次量，每10kg体重，牛、猪0.5～1片；休药期，牛、猪35日。

（2）乙酰甲喹注射液 黄色澄明液体，以2mL∶0.1g规格，肌内注射一次量，每10kg体重，猪0.4～1mL。

5.4

硝基咪唑类药物

5.4.1 化学结构

硝基咪唑类药物（nitroimidazole）是带有硝基的咪唑化合物，为白色或淡黄色结晶，弱碱性，能和酸结合成盐，遇光易分解，易溶于甲醇，微溶于水，主要用于预防和治疗家禽的滴虫病、猪的出血性下痢及厌氧菌感染。畜禽常用的硝基咪唑类药物包括甲硝唑（metronidazole，MNZ）、地美硝唑（dimertidazole，DMZ）、异丙硝唑（ipronidazole，IPZ）、洛硝唑（ronidazole，RNZ）、奥硝唑（ornidazole，ONZ）、塞克硝唑（secnidazole，SCZ）和替硝唑（tinidazole，TNZ）等。这些药物在动物体内通过C2侧链的氧化而被快速代谢，代谢物与原药具有相似的潜在毒性。目前，动物上仅有甲硝唑和地美硝唑被批准应用。在《食品安全国家标准 食品中兽药最大残留限量》（GB

31650—2019）中明确规定，甲硝唑和地美硝唑允许用作治疗用，但不得在动物性食品中检出。

（1）甲硝唑（metronidazole，MNZ）　甲硝唑又称甲硝哒唑或灭滴灵，20 世纪 50 年代主要用于治疗滴虫、阿米巴原虫及贾第鞭毛虫感染，20 世纪 60 年代发现其对厌氧菌有强大杀菌作用，因而广泛应用于厌氧菌感染治疗。甲硝唑化学名为 2-甲基-5-硝基咪唑-1-乙醇，分子式为 $C_6H_9N_3O_3$（图 5-5），分子量 171.15，呈白色结晶性粉末，微苦咸味，微溶于水，略溶于乙醇，见光变黑，应密闭遮光保存。

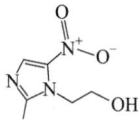

（2）地美硝唑（dimertidazole，DMZ）　地美硝唑又称二甲硝咪唑，化学名为 1,2-二甲基-5-硝基-1H-咪唑，化学式为 $C_5H_7N_3O_2$（图 5-6），分子量 141.13。地美硝唑为白色至微黄色粉末，无臭或几乎无臭，遇光渐变黑，遇热升华，应遮光保存。在三氯甲烷中易溶，在乙醇中溶解，在水或乙醚中微溶。

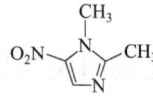

图 5-5　甲硝唑化学结构示意图　　　　　　　　图 5-6　地美硝唑结构示意图

5.4.2　作用机制

甲硝唑和地美咪唑被认为通过 4 个阶段产生杀菌活性：①进入细菌细胞；②硝基还原；③细胞毒性副产物作用；④非活性最终产物的生成。杀菌活性取决于细菌中氧化还原中间代谢物的形成。这种代谢物可能主要与 DNA、RNA 或细胞内蛋白质相互作用，但主要作用是造成 DNA 链断裂，抑制修复并最终破坏转录和细胞死亡。甲硝唑在被吸收和还原之前是无活性的。甲硝唑可抑制阿米巴原虫的氧化还原反应，使原虫氮链发生断裂。杀灭细菌的作用机制尚未完全清楚，可能是药物分子中的硝基在敏感菌株所含的硝基还原酶进行的能量代谢中被还原成一种有毒物质，从而作用于细菌 DNA 代谢过程，抑制细菌脱氧核糖核酸的合成，干扰细菌的生长、繁殖，并促进菌体死亡；而耐甲硝唑的厌氧菌通常不含有硝基还原酶。杀灭滴虫的机制目前尚不清楚。地美硝唑与甲硝唑同属于硝基咪唑类药物，作用机制与甲硝唑相似，能抑制 DNA 的合成。

5.4.3　抗菌谱

甲硝唑对各种专性厌氧菌具有极强杀菌活性，对大多数厌氧菌的 MIC 为 0.78～6.25μg/mL，但对需氧菌、兼性厌氧菌疗效较差甚至无效。试验表明，甲硝唑的体外杀菌活性要强过克林霉素，对深部厌氧菌感染有极佳疗效，而且好于氯霉素。地美硝唑抗菌谱广，对大肠弧菌、链球菌、金黄色葡萄球菌及密螺旋体有较强的疗效。

5.4.4 耐药性

甲硝唑耐药机制较为复杂，表现为通过外排（外排泵 bme）或降低甲硝唑还原活化的速率（如改变丙酮酸发酵）来降低摄取速率；通过Ⅰ型或Ⅱ型硝基还原酶等酶使硝基还原失活为氨基衍生物等，从而对甲硝唑耐药。代谢类型的改变和甲硝唑激活剂的下调也与甲硝唑耐药性有关。如幽门螺杆菌对 MNZ 的耐药性比对其他抗菌药物更常见，其主要与 rdxA（编码对氧不敏感的 NADPH 硝基还原酶）和 frxA（编码 NADPH 黄素氧化还原酶）基因的失活有关。对硝基咪唑的低水平耐药通常归因于 nim 基因，包括 nimA-nimH 和 nimJ，但具有一定的争议性。尽管 nim 基因也存在于梭菌、变形菌属和古细菌中，但主要表现在拟杆菌属和拟杆菌门的其他属。

目前，有关甲硝唑耐药的菌株尚不太多。1978 年在临床脆弱拟杆菌（*Bacteroides fragilis*）中首次发现了甲硝唑耐药性。2008—2009 年欧洲 13 个国家分离的 824 株拟杆菌中有 4 株耐药（0.5%），2011—2014 年美国临床 65 株多形拟杆菌（*Bactetoides thetaiotamicron*）仅 1 株耐药（1.5%），2012 年匈牙利有 1.7%（1/60）的拟杆菌耐药。伊朗 2011 年（5.1%，8/157）、土耳其 2012—2013 年（8%，4/50）的临床耐甲硝唑拟杆菌的分离率较高。挪威（2009—2013 年）、中国（2011—2012 年）、美国（2008—2009 年）分离的临床普雷沃菌属（*Prevotella* spp.）对甲硝唑的耐药率在 15%～20%，属于比较高的。美国 2008—2009 年艰难梭菌对甲硝唑耐药率为 46.2%（12/26），但 2011—2012 年、2012—2013 年从地区分离菌株的耐药率则分别为 3.6%（33/925）、0（0/196）。欧洲 2011—2012 年仅发现有 1 株（0.1%，1/916）艰难梭菌耐药。此外，还有牙龈卟啉单胞菌（*Porphyomonas gingivalis*）、具核梭杆菌（*Fusobacterium nucleatum*）等菌株耐药的报道。

5.4.5 药代动力学

甲硝唑经口服易吸收，吸收迅速且完全，并在体内广泛分布，而且能透过血液屏障和乳腺屏障，胎盘、乳汁、羊水和唾液中均能达到或超过有效治疗浓度。半衰期约 8h，进入体内药物部分在肝内代谢，以氧化和葡萄糖醛酸结合的形式代谢，主要经肾排泄。该代谢物具有色素，使尿液呈现红棕色，约 70% 药物以原型经尿排出。犬口服甲硝唑片后药峰时间为 $(1.4\pm0.5)h$，峰浓度为 $(15.0\pm1.8)\mu g/mL$，半衰期为 $(3.8\pm0.7)h$。

5.4.6 药效动力学

甲硝唑对抗厌氧菌的 MIC_{90} 分别为革兰氏阳性球菌 $1.0\sim256\mu g/mL$、革兰氏阴性球菌 $1.0\mu g/mL$、产气荚膜梭状芽孢杆菌 $0.5\sim6.2\mu g/mL$、其他梭状芽孢杆菌 $2\sim128\mu g/mL$、真杆菌 $2.0\mu g/mL$、脆弱类杆菌 $1\sim12.5\mu g/mL$、产黑色素杆菌 $1.0\sim6.2\mu g/mL$。

5.4.7 临床应用

甲硝唑临床应用广泛，可作为抗原虫药与抗厌氧菌药。主要用于外科手术中厌氧菌感染，或与其他抗菌药物配伍，用于治疗厌氧菌或其他细菌混合的全身感染或局部感染，如中耳炎、牙周脓肿、肺炎或肺脓肿。甲硝唑易进入中枢神经系统，故为脑部厌氧菌感染的首选预防与治疗用药。对厌氧菌与原虫具有较高活性。地美硝唑抗菌谱广，对大肠弧菌、链球菌、金黄色葡萄球菌及密螺旋体有较强的疗效。在猪饲料中添加可用于防治猪密螺旋体引起的痢疾；也可用于防治火鸡、鸽、鹅及鸭等禽类的原虫病。

5.4.8 安全性

甲硝唑毒性较小，其代谢物常使尿液呈红棕色。当剂量过大或静脉注射过快时，可诱发动物共济失调，易出现舌炎、胃炎、恶心、呕吐、白细胞减少甚至神经症状，但均能耐过。甲硝唑可能对啮齿动物有致癌作用，对细胞有致突变作用，妊娠动物应慎用。甲硝唑能透过血液屏障和乳腺屏障，哺乳及妊娠早期动物不宜使用。地美硝唑毒性较小。对禽敏感，大剂量可引起平衡失调、肝肾功能损害。鸡连续用药不得超过 10 日，产蛋鸡产蛋期禁用。地美硝唑可能有致突变性，欧盟和美国都把地美硝唑列为禁用的兽药。

5.4.9 药物相互作用

甲硝唑的特点是药物相互作用发生率低。当与酒精和其他药物一起给药时，容易引发双硫仑样反应。地美硝唑不能与其他抗组织滴虫药联合应用，可以与磺胺药、TMP 配伍用于禽球虫病、球虫与细菌混合感染引起的肠道病防治。

5.4.10 剂型

硝基咪唑类药物，有片剂、滴剂和粉剂。

5.4.11 常用硝基咪唑类药物

（1）**甲硝唑片**　白色或类白色。规格 0.2g/片。用于牛毛滴虫病、犬贾第虫病、肠道原虫病，亦用于厌氧菌感染。以甲硝唑计，内服一次量，1kg 体重，牛 60mg，犬 25mg。牛休药期为 28 日。

（2）**氟苯尼考甲硝唑滴耳液**　无色至微黄色的澄明油状液体。以规格 20mL：氟苯尼考 500mg 与甲硝唑 60mg 计。用于治疗犬、猫细菌性中耳炎、外耳炎。滴耳：一次 3～4 滴，一日 2 次，连用 5～7 天。

（3）地美硝唑预混剂　用于猪密螺旋体性痢疾和禽组织滴虫病。以20％规格计，混饲，猪每1000kg饲料1000～2500g，鸡400～2500g。

5.5

β-内酰胺类药物

5.5.1　化学结构

β-内酰胺类药物是一类在结构上具有由四个原子组成的β-内酰胺环（β-lactam）呈抗菌活性的天然或经化学改造的化合物的总称。除均具有一个四元的β-内酰胺环外，β-内酰胺类药物的化学结构还具有以下特征：与氮相邻的碳原子上（2或3位）连有一个羧基；β-内酰胺环氮原子的3位有一个酰胺侧链；这些稠合环都不共平面。根据与β-内酰胺环所连接的杂环的化学结构，将β-内酰胺类药物分为青霉素类、头孢菌素类以及非典型β-内酰胺类三类。

5.5.1.1　青霉素类

青霉素类药物最早于1928年由英国伦敦大学圣玛莉医学院细菌学教授弗莱明在实验室中发现，如今可通过半合成方式制取，也可在发酵液中提取得到。青霉素类药物可分为天然青霉素类和半合成青霉素类，半合成青霉素可细分为耐酸青霉素类、耐酶青霉素类、广谱青霉素类以及抗铜绿假单胞菌广谱青霉素类等。

（1）天然青霉素　天然青霉素是霉菌属的青霉菌所产生的一类结构相似的抗生素，包括青霉素G、青霉素X、青霉素V、青霉素K、青霉素N、青霉素F、青霉素双氢F七类。苄星青霉素为青霉素G长效制剂，是青霉素的二苄基乙二胺盐。天然青霉素的母核结构由β-内酰胺环和五元的氢化噻唑环骈合而成，两个环的张力都比较大，环中羰基和氮的孤对电子不共轭，易受亲核或亲电试剂进攻，使β-内酰胺环开环。

（2）半合成青霉素　利用从青霉素发酵液得到的6-氨基青霉烷酸（6-APA）为基本母核，将各种类型的侧链与6-氨基青霉烷酸的6位缩合，合成出种类数以万计的半合成青霉素衍生物，通过筛选得到具有耐酸、耐酶和抗菌谱广的半合成青霉素。

① 耐酸青霉素　根据青霉素V的侧链吸电子诱导原理，在酰胺基α位引入不同的吸电子基团，可降低羰基上氧的电子密度，阻止侧链羰基电子向β-内酰胺环的转移，增加了对酸的稳定性，从而合成了一系列耐酸青霉素类，如苯唑西林和氯唑西林。

② 耐酶青霉素　研究发现，当青霉素类似物的侧链含三苯甲基时，其对青霉素酶稳定。原因可能是三苯甲基有较大的空间位阻，阻止了化合物与酶活性中心的结合。此外，立体效应的另一种作用是限制酰胺侧链R与羧基间的单键旋转，从而迫使青霉素分子变成一种与酶活性中心不易适应的构型。因此人们设计合成了许多种耐酶青霉素，如甲氧西

林、苯唑西林、氯唑西林、氟氯西林、双氯西林、萘夫西林等。

③ 广谱青霉素 青霉素抗革兰氏阳性菌活性很高，而抗革兰氏阴性菌活性较差。但青霉素 N 对革兰氏阳性菌的作用远低于青霉素 G，对革兰氏阴性菌的效用却优于青霉素 G。进一步研究发现青霉素 N 侧链上氨基的存在对于抗革兰氏阴性菌具有重要意义，因而人们制备了一系列侧链带氨基的青霉素并进行筛选，从中发现了活性较好的氨苄西林；但氨苄西林的口服吸收差，则在其苯环对位增加羟基合成了口服有效的阿莫西林（又称羟氨苄青霉素）。氨苄西林的三甲基甲酯衍生物匹氨西林和氨苄西林缩合而成的巴氨西林也属于广谱青霉素。

④ 抗铜绿假单胞菌广谱青霉素 随着对广谱青霉素研究的不断深入，人们发现若将羟基或其他酸性基团引入侧链代替氨基，所得的羧苄西林和磺苄西林对铜绿假单胞菌和变形杆菌具有良好的抗菌作用。进一步研究发现当氨苄西林的侧链用脂肪酸、芳香酸、芳杂环酰化时，可显著扩大抗菌谱，尤其对铜绿假单胞菌有效。目前兽医临床常用的抗铜绿假单胞菌的青霉素类药物为羧苄西林。羧苄西林是含有 β-内酰胺环与五元四氢噻唑环骈合结构的广谱青霉素类药物，主要用于动物的铜绿假单胞菌全身性感染。

5.5.1.2 头孢菌素类

头孢菌素是从与青霉菌近缘的头孢菌属真菌顶头孢霉菌中分离出来的，其基本结构为 7-氨基头孢烷酸（7-ACA），是由 β-内酰胺环与氢化噻嗪环骈合的抗生素，现临床常用的该类药物为半合成的抗生素。头孢菌素类抗生素比青霉素类稳定的原因是氢化噻嗪环中的双键与 β-内酰胺环中的氮原子未成对电子形成共轭，使 β-内酰胺环趋于稳定；此外，头孢菌素是四元-六元环稠合系统，比青霉素的四元-五元环稠合系统更加稳定，也更有利于化学改造。

但是头孢菌素 C3 位的乙酰氧基是易离去基团，易接受亲核试剂对 β-内酰胺环羰基的进攻，C3 位乙酰氧基会带负电荷离去，导致 β-内酰胺环开环而失活。因此，头孢菌素易被体内的酶水解而代谢失活。在半合成青霉素的启发下，人们以 7-ACA 为母核，并对其结构进行化学修饰，发现了很多疗效更好的头孢菌素类抗生素。根据抗菌谱、对 β-内酰胺酶的稳定性等，头孢菌素被分为五代。

（1）**第一代头孢菌素** 根据半合成青霉素改造的经验，在 7-氨基头孢烷酸（7-ACA）的 7 位侧链酰氨基 α 位引入亲水性基团—SO_3H、—NH_2、—COOH 等，合成了一些广谱可口服的头孢菌素，如头孢氨苄、头孢拉定、头孢羟氨苄等。7 位侧链上的 D-α-氨基己二酸亲水性较强，若用亲脂性的基团取代，在 3 位上保留乙酰氧基或引入杂环，可得到抗菌活性增强的头孢噻吩和头孢唑啉。头孢洛宁是动物专用的第一代头孢菌素类抗生素，化学名称为 $(6R,7R)$-3-[(4-氨基甲酰吡啶-1-鎓-1-基)甲基]-8-氧代-7-[(2-噻吩-2-基乙酰)氨基]-5-硫杂-1-氮杂双环[4.2.0]辛-2-烯-2-羧酸内盐。

（2）**第二代头孢菌素** 第二代头孢菌素与第一代头孢菌素在化学结构上没有明显的区别。头孢西丁是一种常用于兽医临床的头孢菌素类抗生素，是头孢菌素的衍生物，与头孢菌素不同之处在于其 β-内酰胺环 7 号位上含有一个甲氧基。头孢呋辛是一种半合成广谱头孢菌素，其C3 位为氨基甲酸酯，C7 位的氨基上连有顺式的甲氧肟基酰基侧链，该甲氧肟基对 β-内酰胺酶有高度的稳定作用。因此，头孢呋辛对酶较稳定。

（3）**第三代头孢菌素** 第三代头孢菌素在其侧链的化学结构上具有明显的特征，以 2-氨基噻唑-α-甲氧亚氨基乙酰基居多；亚氨基双键的引入，使其具有顺反异构。顺式体的侧链部分与β-内酰胺环接近，因此对多数β-内酰胺酶具有高度稳定性；而反式体的侧链部分与β-内酰胺环距离较远，因此对β-内酰胺酶的稳定性相对较差，如头孢噻呋、头孢维星、头孢他啶。

头孢噻呋是第一个专门用于动物的第三代头孢菌素类抗生素，头孢噻呋的结构为将7-氨基头孢菌素核的7-β-氨基酰基取代为氧亚胺氨基噻唑基，3号位是呋喃酸硫代酯。头孢维星于1994年首次被成功合成，后被开发为宠物专用药。头孢维星的分子结构为$(6R,7R)$-7-2Z-2-氨基噻唑-4-烃基-甲氧亚氨基-乙酰基-氨基-8-氧-3-2S-四氢呋喃-2-烃基-5-硫杂-1-氨基杂环盐酸［4.2.0］辛烷-2-丙烯-2-羧酸。

（4）**第四代头孢菌素**　第四代头孢菌素在母核的7位连有2-氨基噻唑-α-甲氧亚氨基乙酰基链，这个结构可以增强药物对β-内酰胺酶的稳定性，是抗菌活性不可缺少的基团；3位存在的季铵基团与分子中的羟基形成内盐，其结构中具有四价铵盐的两性离子，对青霉素结合蛋白（PBP）亲和力强且穿透性高，如头孢喹肟（也称头孢喹诺）、头孢吡肟、头孢匹罗。

头孢喹肟（头孢喹诺）是动物专用的第四代头孢菌素，头孢喹肟的母核7位为甲氧亚氨基-5-氨基噻唑取代基，其为抗菌活性的必需基团，3位有一个季铵盐基团，主核带负电荷，四价季铵离子基团带正电荷。

（5）**第五代头孢菌素**　目前还没有第五代头孢菌素被批准用于兽医临床。第五代头孢菌素也被称为抗耐甲氧西林金黄色葡萄球菌（methicillin-resistant *Staphylococcus aurers*，MRSA）的头孢菌素。自第四代头孢菌素上市以来，直至2008年才研发成功第1个第五代头孢菌素类药物头孢吡普。头孢吡普7位侧链具有噻二唑环，3位侧链上并没有带正电荷的季铵基团；故相较于其他含有季铵基团的头孢菌素，头孢吡普的细胞穿透性较差。头孢洛林酯是2010年获得美国FDA认证的最新一代头孢菌素，是第四代头孢菌素头孢唑兰的衍生物。头孢洛林的化学结构是一个双环与4个β-内酰胺环结合组成的一个头孢烯环，通过硫原子与3位连接的1,3-噻唑环是发挥抗MRSA活性的关键基团，7位酰胺侧链末端连接的磷酰基增加了其前药的水溶性。

5.5.1.3　非典型β-内酰胺类抗生素

非典型β-内酰胺类抗生素主要包括头霉素类、氧头孢烯类、单环β-内酰胺类等药物，该类药物尚未批准用于兽医临床，下面仅做简单介绍。

（1）**头霉素类**　头霉素最早提取自链霉菌属，可分为A、B、C三型；其中，C型抗菌作用最强，与头孢菌素同属于头孢烯衍生物，二者的化学结构相似，区别在于头霉素比头孢菌素多一个7α位置上的甲氧基，不易开环，可提高药物对细菌β-内酰胺酶的稳定性，如头孢西丁、头孢美唑、头孢替坦等。

（2）**氧头孢烯类**　氧头孢烯和头孢烯结构上类似，7位碳上也有甲氧基，1位上的S被O取代，对β-内酰胺酶有较好的稳定性，如拉氧头孢、氟氧头孢等。

（3）**单环β-内酰胺类**　单环β-内酰胺抗生素的特征是存在单一的β-内酰胺环，在C3位带有酰胺基团。但其抗菌作用差，至今未用于临床。该类抗生素的发展始于诺卡霉素，主要是利用其母核3-氨基诺卡霉素（3-ANA）进行结构修饰，制备多种衍生物。氨曲南是在此基础上得到的第一个全合成单环β-内酰胺类抗生素。氨曲南的N原子上连有强吸电子磺酸基团，更有利于β-内酰胺环打开。C2位的α-甲基可以增加氨曲南对β-内酰胺酶的稳定性。

（4）**碳青霉烯及青霉烯类**　碳青霉烯类抗生素是由青霉素结构改造而成的一类新型 β-内酰胺类抗生素，其结构与青霉素类的青霉环相似，不同之处在于噻唑环上的硫原子为碳所替代，而且 C2 与 C3 之间存在不饱和双键；另外，其 6 位羟乙基侧链为反式构象。青霉烯和碳青霉烯的不同在于五元环上的 4 号位上是一个硫原子，而碳青霉烯是一个碳原子，如亚胺培南、美罗培南等。

5.5.1.4　β-内酰胺酶抑制剂

β-内酰胺酶抑制剂于 1969 年开始研制。通过微生物筛选和酶抑制剂的结构改造，现已获得多种 β-内酰胺酶抑制剂，目前已用于临床的有克拉维酸、舒巴坦和他唑巴坦 3 种，按化学结构分为氧青霉烷和青霉烷砜两类。

（1）**氧青霉烷类**　克拉维酸是氧青霉烷类抑制剂的典型代表，由 β-内酰胺环和氢化异噁唑骈合而成，在氢化异噁唑氧原子的旁边有一个 sp^2 杂化的碳原子，形成乙烯基醚。结构上与青霉素的区别在于克拉维酸 C6 无取代基，C3 连接烯醇，而青霉素为双甲基。

（2）**青霉烷砜类**　舒巴坦和他唑巴坦均为青霉烷砜类化合物，分别于 1978 年和 1980 年被合成。与克拉维酸一样，舒巴坦的结构与青霉素相似。他唑巴坦是在舒巴坦的基础上增加一个三氮唑环，提高了抑酶效果。

5.5.2　作用机制

5.5.2.1　抑制细菌细胞壁的合成

细菌细胞膜外是一层坚韧的细胞壁，具有保护和维持细菌正常形态的作用。黏肽是维持细胞壁坚韧性的主要成分，由 N-乙酰葡萄糖胺和 N-乙酰胞壁酸交替组成多糖链，再经黏肽转肽酶作用，发生转肽（交联）反应，转为交联结构。PBP 是参与细菌细胞壁肽聚糖生物合成的酶，包括转肽酶、羧肽酶、内肽酶；细菌有 $2\sim8$ 种不同的 PBP。

在合成细胞壁的过程中，羧肽酶将二糖-五肽上的 D-丙氨酸-D-丙氨酸（D-Ala-D-Ala）水解，成为一个丙氨酸和一个二糖-四肽；转肽酶通过一个氨基酸受体将这个四肽与另外一个肽聚糖交联进而完成细胞壁的生物合成。

β-内酰胺类抗生素的 β-内酰胺环部分与黏肽的 D-Ala-D-Ala 末端结构类似，构象也相似，可竞争性地与酶活性中心以共价键结合，从而抑制黏肽转肽酶转化交联反应，阻断细菌细胞壁的合成，使细菌细胞不能定形和承受细胞内高渗透压，引起溶菌而死亡，发挥抗菌作用。

5.5.2.2　激活细菌自溶酶

β-内酰胺类抗生素通过与 PBP 结合，抑制细菌的生长或杀死静止期的细菌。不同结构的 β-内酰胺类抗生素在杀死细菌时所引起的形态学和生理学变化具有很大的不同。

Spratt 等人对不同 β-内酰胺类抗生素与不同的 PBP 结合后引起的细菌细胞形态学变化进行了研究，发现结果大致有 3 种情况：第一种是与 PBP2 特异性结合的 β-内酰胺类抗生素，能够使细菌的形态变成卵形；第二种是与 PBP3 优先结合的 β-内酰胺类抗生素，能够特异性地抑制细菌细胞的分裂；第三种是与 PBP1 优先结合的 β-内酰胺类抗生素，抑制细胞的延生并引起细胞的裂解。在没有 PBP1 的细菌中，青霉素与 PBP2 和 PBP3 结合后，能够看到细菌细胞会出现"鼓胀"现象。这是因为 β-内酰胺类抗生素在杀死革兰氏阳性细菌时，与细胞壁黏肽水解酶（自溶酶）的激活有关；细菌接触抗生素与 PBP 结合后，会促进自溶素和许多肽聚糖水解酶的表达，从而导致细菌细胞壁的裂解、原生质体的形成，最终导致细胞破裂死亡。

5.5.3 抗菌谱

5.5.3.1 青霉素类药物的抗菌谱

（1）**天然青霉素类** 天然青霉素不耐酸、不耐酶、抗菌谱较窄。目前最常用的天然青霉素是青霉素 G 的钠盐和钾盐。青霉素 G 对革兰氏阳性球菌中的链球菌、肺炎链球菌、葡萄球菌、炭疽杆菌、破伤风杆菌、气性坏疽梭形杆菌有较强的杀灭作用；对革兰氏阴性球菌如脑膜炎球菌、淋球菌亦有较强的杀灭作用；对放线菌、螺旋体等也有效。

（2）**耐酸青霉素类** 耐酸青霉素是一类对酸稳定，可口服，但不耐酶的药物。耐酸青霉素包括青霉素 V 和非奈西林，其抗菌谱与青霉素 G 相同，比如对多数革兰氏阳性菌、革兰氏阴性球菌、个别革兰氏阴性杆菌（如嗜血杆菌属）、螺旋体和放线菌均有抗菌活性，但多数葡萄球菌菌株包括金黄色葡萄球菌和凝固酶阴性葡萄球菌可产生 β-内酰胺酶使该药水解而失活。但该药的抗菌活性比青霉素 G 弱，而且对产青霉素酶的菌株无抗菌作用。

（3）**耐酶青霉素类** 耐酶青霉素类的常见药物对酸和青霉素酶均稳定，血浆蛋白结合率高，不易透过血脑屏障。苯唑西林对产青霉素酶葡萄球菌包括耐甲氧西林金黄色葡萄球菌具有良好抗菌活性，对各种链球菌及不产 β-内酰胺酶的葡萄球菌抑菌活性则弱于青霉素 G，对革兰氏阴性菌无抗菌作用。

氯唑西林、双氯西林以及氟氯西林的抗菌谱与苯唑西林相似。氯唑西林对革兰氏阳性球菌和奈瑟菌有抗菌活性，对葡萄球菌属（包括金黄色葡萄球菌和凝固酶阴性葡萄球菌）产酶株的抗菌活性较苯唑西林强，但对青霉素敏感的葡萄球菌和各种链球菌的抗菌作用较青霉素弱，对 MRSA 无效。双氯西林对革兰氏阳性菌如金黄色葡萄球菌、溶血性链球菌和革兰氏阴性菌中的淋病奈瑟球菌（简称淋球菌）、脑膜炎双球菌、流感、副流感嗜血杆菌、大肠杆菌、奇异变形杆菌等都具有一定的抑菌活性。氟氯西林对链球菌、肠球菌有中等抑菌作用，革兰氏阴性需氧或兼性厌氧菌对其敏感性差。

（4）**广谱青霉素类** 广谱青霉素耐酸，但不耐酶。氨苄西林对青霉素敏感的金黄色葡萄球菌等的抑菌效果不如青霉素，但对肠球菌的作用优于青霉素，对革兰氏阴性菌有较强的作用，对铜绿假单胞菌无效，为肠球菌感染的首选用药。阿莫西林是对位羟基氨苄西林，抗菌谱与抑菌活性与氨苄西林相似，但对肺炎双球菌与变形杆菌的杀菌作用比氨苄西林强。阿莫西林用于治疗下呼吸道感染（尤其是肺炎球菌所致）效果超过氨苄西林。匹氨西林为氨苄西林的三甲基甲酯衍生物，能迅速水解为氨苄西林而发挥抗菌作用。

（5）**抗铜绿假单胞菌广谱青霉素类** 抗铜绿假单胞菌广谱青霉素既不耐酸也不耐酶，而且口服后无治疗作用，包括羧苄西林、哌拉西林、替卡西林。羧苄西林的抗菌谱与氨苄西林相似，但作用较弱；该药的特点是对铜绿假单胞菌和耐药的金黄色葡萄球菌的作用较好。哌拉西林的抗菌谱与羧苄西林相似，但抗菌作用较强，对各种厌氧菌均有一定作用。与氨基糖苷类抗生素合用对铜绿假单胞菌和某些脆弱拟杆菌及肠杆菌科细菌有协同作用；除产青霉素酶的金黄色葡萄球菌外，对其他革兰氏阴性球菌和炭疽杆菌的作用均较强。替卡西林的抗菌谱与羧苄西林相似，抗铜绿假单胞菌活性较其强 2～4 倍；对革兰氏阳性球菌活性不及青霉素。

5.5.3.2 头孢菌素类药物的抗菌谱

头孢菌素类药物可分布于机体的各个部位，因此各个组织器官发生了感染，只要致病菌对该类药物敏感都可以选用。头孢菌素类药物的血脑通透性较低，但在有炎症的脑脊液中的浓度高于无炎症的脑脊液，因此也可以用于流感嗜血杆菌、脑膜炎球菌及肺炎链球菌引起的脑膜炎。高浓度的头孢菌素类药物可以杀灭细菌。

（1）第一代头孢菌素　第一代头孢菌素对革兰氏阳性菌作用强，如对金黄色葡萄球菌（包括耐药菌株）、肺炎链球菌、溶血性链球菌等革兰氏阳性菌高度敏感；由于第一代头孢菌素对革兰氏阴性杆菌产生的 β-内酰胺酶稳定性较差，因此在抗革兰氏阴性杆菌方面不如第二、三代头孢菌素。它们仅对沙门菌属和志贺菌属有良好的抗菌作用，对大肠杆菌、克雷伯杆菌、柠檬酸杆菌具有一定的抗菌作用，对吲哚阳性变形杆菌和产气杆菌的作用较差，对不动杆菌、铜绿假单胞菌和粪链球菌耐药或无抗菌作用。

（2）第二代头孢菌素　第二代头孢菌素对革兰氏阳性菌的作用与第一代头孢菌素相似，并增强了对革兰氏阴性菌的作用效果。第二代头孢菌素对多种 β-内酰胺酶稳定，对肠埃希菌、克雷伯菌属、痢疾志贺菌、阴沟杆菌等的作用比第一代头孢菌素强。

头孢孟多对革兰氏阳性菌的抗菌活性较第一代稍差，而抗革兰氏阴性杆菌的作用优于第一代头孢菌素。头孢替安抗革兰氏阳性菌的活性与头孢孟多相似，而对革兰氏阴性杆菌中的大肠杆菌、肺炎杆菌和奇异变形杆菌等的抗菌作用则优于头孢孟多和头孢西丁。头孢呋辛对革兰氏阳性菌的活性与头孢孟多相似，能耐受 β-内酰胺酶，对葡萄球菌和某些革兰氏阴性杆菌产生的 β-内酰胺酶较头孢孟多稳定。

（3）第三代头孢菌素　第三代头孢菌素对多种 β-内酰胺酶稳定，抗菌谱广，对革兰氏阳性菌和阴性菌均有显著的抗菌活性，对铜绿假单胞菌和厌氧菌有不同程度的抗菌作用。与第一、二代相比，其抗菌谱更广，抗菌活性更强。该类药物主要包括头孢克肟、头孢噻呋、头孢曲松、头孢他啶、头孢哌酮等。

头孢噻呋为动物专用的第三代头孢菌素，具有广谱杀菌作用，对包括产 β-内酰胺酶菌株在内的革兰氏阳性菌、革兰氏阴性菌的抗菌活性都较强。敏感菌包括多杀性巴氏杆菌、溶血性巴氏杆菌、胸膜肺炎放线杆菌、沙门菌、大肠杆菌、链球菌和葡萄球菌等。头孢曲松的抗菌活性与头孢噻呋相似，对肠杆菌属、链球菌属、普罗菲多菌属和沙雷菌属均有抗菌活性，对阴沟杆菌和不动杆菌的抗菌活性较差；头孢曲松是第三代头孢菌素中对流感杆菌、淋球菌和脑膜炎球菌抗菌活性最强的药物。

（4）第四代头孢菌素　第四代头孢菌素的抗菌谱和适应证与第三代头孢菌素相似，但比第三代头孢菌素对 β-内酰胺酶的稳定性更好，而且对革兰氏阳性球菌如葡萄球菌属、链球菌属特别是其中的耐青霉素肺炎链球菌的杀菌活性较第三代头孢菌素明显增强。

第四代头孢菌素具有广谱杀菌作用，对革兰氏阳性菌、革兰氏阴性菌（包括产 β-内酰胺酶的细菌）的抗菌活性较强，敏感菌有金黄色葡萄球菌、大肠杆菌、沙门菌、多杀性巴氏杆菌、胸膜肺炎放线杆菌、克雷伯菌、铜绿假单胞菌等。头孢喹肟的抗菌活性强于头孢噻呋。

头孢匹罗和头孢吡肟对肠杆菌科细菌的抗菌活性要强于头孢他啶，对铜绿假单胞菌的抗菌活性要优于头孢噻肟但略低于头孢他啶。在第四代头孢菌素中以头孢匹罗对革兰氏阳性球菌如金黄色葡萄球菌和产青霉素酶菌株的抑菌作用最强，化脓性链球菌、溶血性链球菌和肺炎球菌对本品高度敏感；头孢匹罗对肠球菌属和革兰氏阴性厌氧菌的抗菌活性较弱，对耐甲氧西林金黄色葡萄球菌的抗菌作用差。

头孢吡肟具有水溶性，能迅速穿透革兰氏阴性菌的细胞外膜，对铜绿假单胞菌作用优于头孢他啶。头孢噻利对革兰氏阳性菌和革兰氏阴性菌都有比较好的抗菌作用，尤其对革兰氏阳性菌中的葡萄球菌、肺炎球菌链球菌，以及革兰氏阴性菌中的铜绿假单胞菌、大肠杆菌、肺炎克雷伯菌都有比较强的抗菌作用。

（5）第五代头孢菌素　第五代头孢菌素类中主要使用药物为头孢洛林和头孢比罗。头孢洛林对大部分的革兰氏阳性菌、革兰氏阴性菌等都有突出的抗菌作用，对拟杆菌效果较差，但对厌氧消化链球菌则有突出作用。头孢比罗具有快速、广谱的抗菌活性，对于多种革兰氏阴性菌、革兰氏阳性菌均有抑制作用，包括对甲氧西林敏感和耐药的金黄色葡萄球菌（MSSA，MRSA），以及万古霉素中度耐药金黄色葡萄球菌（VISA）和万古霉素耐药金黄色葡萄球菌（VRSA）等在内的多种病原体。

5.5.3.3　非典型 β-内酰胺类药物的抗菌谱

（1）头霉素类　头霉素类抗生素对多种 β-内酰胺酶高度稳定，对大肠杆菌、肺炎克雷伯菌等革兰氏阴性菌的抗菌活性显著增强，对超广谱 β-内酰胺酶（ESBL）稳定性显著增强，对脆弱拟杆菌等厌氧菌有较强的抗菌活性，可用于产 ESBL 细菌感染的治疗。头孢霉素类抗生素对甲氧西林敏感的葡萄球菌、链球菌、白喉杆菌等革兰氏阳性菌也具良好的抗菌作用。

（2）碳青霉烯类　碳青霉烯类抗生素具有超广谱的、极强的抗菌活性，以及对 β-内酰胺酶的高度稳定性。碳青霉烯类药物对大多数革兰氏阳性菌、革兰氏阴性菌和多重耐药菌均有较强的抗菌活性。亚胺培南是临床最为常见的药物，用于治疗产 β-内酰胺酶菌所引起的严重感染，对革兰氏阳性菌的抗菌效果较强；美罗培南对大肠杆菌和肺炎克雷伯菌等革兰氏阴性菌具有较强的抗菌活性。

（3）氧头孢烯类　氧头孢烯类的结构类似于头孢菌素，如拉氧头孢，其抗菌作用也与第三代头孢菌素相似。该类药物的抗菌谱与头孢噻肟近似，对多种革兰氏阴性菌有良好的抗菌作用，对厌氧菌也有良好的抗菌作用；大肠杆菌、流感杆菌、克雷伯杆菌、各型变形杆菌、肠杆菌属、柠檬酸杆菌、沙雷杆菌等对拉氧头孢敏感。拉氧头孢对 β-内酰胺酶稳定。细菌对拉氧头孢很少产生耐药性。

（4）单环 β-内酰胺类　单环 β-内酰胺类的代表药物有氨曲南和卡芦莫南。氨曲南是第一个用于临床的单环 β-内酰胺类药物，对大肠杆菌、铜绿假单胞菌、肺炎克雷伯菌等需氧革兰氏阴性菌作用强，对革兰氏阳性菌和厌氧菌无活性，具有耐酶、低毒、与青霉素无交叉过敏反应等优点。

5.5.3.4　β-内酰胺酶抑制剂的抗菌谱

β-内酰胺酶抑制剂是针对细菌产生的 β-内酰胺酶而研发出的一类药物。其本身抗菌活性并不是很强，但与 β-内酰胺类药物联合应用时，能显著降低 β-内酰胺类药物的使用剂量。因此，该类药物常与其他 β-内酰胺类药物制成复方制剂。常用的 β-内酰胺酶抑制剂有克拉维酸、舒巴坦和他唑巴坦等。

克拉维酸是第一个临床使用的 β-内酰胺酶抑制剂，可与多种 β-内酰胺酶结合，是强力的、不可逆的 β-内酰胺酶抑制剂，常与阿莫西林制成复方制剂。克拉维酸对产 ESBL 的革兰氏阳性菌和阴性菌均有抑制活性。

舒巴坦是不可逆、竞争性抑制剂，通过竞争 β-内酰胺酶的活性部位而抑制 β-内酰胺酶的活性。舒巴坦的抗菌谱与克拉维酸相似，对 A 类 β-内酰胺酶作用强，对 B 类、C 类和 D 类的作用效果较弱。舒巴坦单独使用时对淋球菌和脑膜炎球菌有较强抗菌活性；与 β-内酰胺类药物联用时，能将耐药的金黄色葡萄球菌、流感嗜血杆菌、大肠杆菌、脆弱拟杆菌等的最低抑菌浓度（MIC）恢复到敏感水平。

他唑巴坦是舒巴坦的衍生物，对 A 类 β-内酰胺酶的作用更强，具有毒性低、抑酶活性强、稳定性好等优点。

5.5.4　耐药性

细菌对 β-内酰胺类药物产生耐药性的机制主要包括三方面：①β-内酰胺酶的表达；②青霉素结合蛋白构象的改变；③外排泵的主动外排作用。

5.5.4.1　β-内酰胺酶

β-内酰胺酶是一类通过水解 β-内酰胺类药物中 β-内酰胺环而使药物丧失活性的酶，1940 年首次在大肠杆菌中发现这种酶的存在。β-内酰胺类药物的不合理使用，使得细菌对 β-内酰胺类药物产生耐药性，其中最主要的原因是细菌产生 β-内酰胺酶。不同细菌能够分泌不同的 β-内酰胺酶。β-内酰胺酶通过质粒、整合子、转座子等可移动遗传元件，在质粒与染色体间、从一个质粒到另一个质粒、还可在一种细菌到另一种细菌间进行转移，在一定程度上可形成较大范围流行，具有复杂的遗传传播背景，这给耐药性的防控带来较大困难。

目前，普遍存在两种主要分类方法，即 Ambler 和 Bush-Jacoby 系统。在 Ambler 系统中，根据 β-内酰胺酶中蛋白质的构象和活性位点不同将 β-内酰胺酶分为四类，即 A 类、B 类、C 类和 D 类；其中 A 类、C 类和 D 类 β-内酰胺酶的活性位点是丝氨酸，被统称为丝氨酸-β-内酰胺酶（serine-β-lactamases，SBL）；B 类 β-内酰胺酶的活性位点主要为二价金属离子，包括 Zn^{2+} 和 Fe^{2+} 等，具体 β-内酰胺酶分型及其水解药物种类如表 5-7 所示因此被称为金属-β-内酰胺酶（metallo-β-lactamases，MBL）。而在 Bush-Jacoby 系统中，根据抗生素药物底物和抑制剂谱不同，将 β-内酰胺酶分为四类，Ⅰ 型为不被克拉维酸抑制的头孢菌素酶、Ⅱ 型为能被抑制剂所抑制、Ⅲ 型为不被抑制剂所抑制的金属内酰胺酶、Ⅳ 型为不被克拉维酸抑制的青霉素酶。

表 5-7　主要的 β-内酰胺酶分型及其水解药物

分类	代表酶型	水解药物
A 类	葡萄球菌酶	青霉素类
	TEM-1，TEM-2，SHV-1	青霉素类和头孢菌素类
	TEM-10，TEM-52，SHV-2，CTX-M，GES-1	青霉素类与头孢菌素类
	TEM-30，SHV-72	青霉素类
	PSE(CARB)	青霉素类
	CepA	头孢菌素类
	KPC，SME，NMC-A，GFS-2	青霉素类、头孢菌素类、碳青霉烯类

分类	代表酶型	水解药物
B 类		
B1	IMP-1,NDM-1,VIM-1	亚胺培南、青霉素类、头孢菌素类
B2	CphA,Sfh-I	碳青霉烯类
B3	L1,FEZ-1	头孢菌素类、碳青霉烯类
C 类	AmpC	青霉素类和头孢菌素类
D 类	OXA-23,OXA-24,OXA-48	青霉素类和氯唑西林,以及一些头孢菌素类和碳青霉烯类

（1）**革兰氏阳性菌中的 β-内酰胺酶** β-内酰胺酶是由多种酶组成的酶家族，能水解 β-内酰胺类药物。编码 β-内酰胺酶的基因除基因组携带外，还可通过质粒等可移动遗传元件转移而外源性获得。金黄色葡萄球菌中 β-内酰胺酶的存在，增强了细菌对 β-内酰胺类药物的耐药性。从金黄色葡萄球菌检测出的 TEM 型 β-内酰胺酶能够增加金黄色葡萄球菌对青霉素类和头孢菌素类的耐药性。

（2）**革兰氏阴性菌中的 β-内酰胺酶** 产 β-内酰胺酶是大肠杆菌对 β-内酰胺类抗生素耐药的主要机制。据报道，大肠杆菌、肺炎克雷伯菌、铜绿假单胞菌和鲍曼不动杆菌等革兰氏阴性菌均可产生 β-内酰胺酶。最常见的为 A 类 β-内酰胺酶中的 CTX 和 TEM。这些酶对青霉素和多种头孢菌素类包括氧肟基-β-内酰胺类化合物（例如头孢噻肟、头孢他啶和头孢曲松）均具有抗性，但对 β-内酰胺酶抑制剂如克拉维酸、舒巴坦、他唑巴坦依然敏感，对碳青霉烯类抗生素亦敏感。

5.5.4.2 青霉素结合蛋白

PBP 是细菌细胞膜上的一类蛋白质，广泛分布于革兰氏阳性菌和革兰氏阴性菌的表面，因其能够与青霉素共价结合而得名。正常细菌中的青霉素结合蛋白是青霉素、头孢菌素等 β-内酰胺类药物的主要作用靶位，这类抗生素能与细菌细胞膜上的 PBP 结合，干扰 PBP 的正常酶活性，从而干扰肽聚糖的合成，使细胞壁合成受阻，最终可致细菌死亡。

PBP 有多种分类方法，根据其分子量大小和氨基酸序列的相似程度，可分为 A 型高分子量（high molecular mass，HMM）PBP，B 型高分子量 PBP 和低分子量（low molecular mass，LMM）PBP。其中 A 型高分子量 PBP 具有糖基转移酶和肽基转移酶的活性，而 B 型高分子量 PBP 仅具有肽基转移酶的活性。根据与细菌生理功能的关系可将 PBP 分为细菌生长必需的 PBP 和细菌生长非必需的 PBP。

在金黄色葡萄球菌中，PBP2 发生基因突变形成 PBP2a，这种突变后的青霉素结合蛋白与 β-内酰胺类药物的亲和力降低，因此表现出耐药性。肺炎链球菌中分子量较大的 PBP1a、PBP2a、PBP2x 和 PBP2b 与青霉素的亲和力较低，是对 β-内酰胺类药物形成耐药性的关键靶点。大肠杆菌 PBP5 的突变、铜绿假单胞菌 PBP4 的失活和鲍曼不动杆菌 PBP2 表达量的减少与细菌的 β-内酰胺类药物耐药性息息相关。

枯草芽孢杆菌主要有 16 种 PBP，其中 PBP1、PBP2c 和 PBP4 缺失将引起繁殖体生长率下降和芽孢生长量减少。李斯特菌 PBPB3 对所有 β-内酰胺类抗生素的亲和力较低，干扰 PBPB3 编码基因的表达可以增加李斯特菌对 β-内酰胺类抗生素的敏感性，提示 PBPB3 可能对 β-内酰胺类抗生素耐药起重要作用。

5.5.4.3 外排泵的主动外排作用

细菌为了排出菌体内有害物质，进化出了外排泵系统，将药物分子泵出菌体外。与

β-内酰胺类药物耐药最相关的外排泵为耐药结节细胞分化家族（resistance nodulation cell division family，RND 家族），其主要存在于革兰氏阴性菌中。研究表明，铜绿假单胞菌中的 MexAB-OprM 外排系统，有助于提高菌株对青霉素和头孢菌素的耐药性，并且是细菌固有耐药的主要原因。在鲍曼不动杆菌中，AdeABC 外排系统有助于对大多数 β-内酰胺类包括碳青霉烯类的高水平耐药性。在流感嗜血杆菌和肺炎克雷伯菌中，AcrAB-TolC 外排泵也减少了 β-内酰胺类药物的摄取和敏感性。

5.5.4.4 其他耐药机制

除上述三种主要的耐药机制外，细菌对 β-内酰胺类药物的耐药性还存在其他机制。生物被膜是细菌黏附于接触表面，分泌的多糖基质、纤维蛋白、脂质蛋白等，将其自身包绕其中而形成的大量细菌聚集膜样物。当细菌形成生物被膜时，药物很难进入菌体内，菌体内药物浓度大大降低，导致细菌对药物产生耐药性。

另外，孔蛋白（外膜蛋白通道）的数量及功能的改变也是碳青霉烯类耐药的重要机制。孔蛋白位于细菌外膜中并具有分子筛的功能，其通常仅可以通过小于 0.6ku 的亲水性化合物，其排出限度因生物体而异，多由孔道直径决定。据报道，孔蛋白数量的减少能够引起肺炎克雷伯菌、铜绿假单胞菌和大肠杆菌对 β-内酰胺类药物的耐药性。

5.5.5 药代动力学

药物从给药部位进入全身血液循环，分布到各种器官、组织，经过生物转化最后由体内排出，要经过一系列的生物膜。生物膜是细胞外表的质膜和细胞内的各种细胞器膜的总称。从中枢神经系统脉络丛排出某些药物（如青霉素）通常是主动转运机制；青霉素、头孢菌素等从肾脏的排泄均是主动转运过程。苯唑西林经胆汁排泄，大部分药物均可从乳汁排泄，一般为被动扩散机制。在对犬和羊的研究发现，静脉注射酸性药物如青霉素则较难从乳汁排泄，乳汁中浓度均低于血浆。

报道显示，所有 β-内酰胺类药物在细胞内缺乏积累，但原因不是过去认为的 β-内酰胺类药物无法穿透细胞。所有 β-内酰胺类药物有一个对于其活性必不可少的游离羧酸功能基团（或等效的质子供体基团），大部分本类药物对生物膜的通透性良好。跨膜分布模拟研究表明，在酸性的有膜隔室中的抗生素总浓度比在碱性或中性有膜隔室的浓度低。因此，即使单酸 β-内酰胺类抗生素可以跨越细胞膜，但细胞质的酸性环境抑制了其在细胞内的积累。用碱性基团掩蔽一个单酸 β-内酰胺（如青霉素）的游离羧基基团，会导致衍生物的大量积累。两性离子型 β-内酰胺类抗生素（如氨苄西林，第三和第四代头孢菌素）在细胞内的动力学更为复杂。但各种研究均表明，这类抗生素在细胞内没有积累。另外抗生素外排泵的存在可泵出 β-内酰胺类药物，也是其在细胞内缺乏积累的一个因素。

生理屏障使某些部位的药物浓度较低，如血脑屏障会使大多数药物的脑脊液浓度较低，但炎症时血脑屏障的通透性可增加。拉氧头孢的脑脊液/血药浓度比大于 50%；脑脊液/血药浓度比在 5%～50%，可达治疗水平的药物有青霉素、氨苄西林、替卡西林、头孢唑肟、羧苄西林、哌拉西林、头孢曲松、头孢噻肟、头孢他啶、头孢呋辛、头孢西丁、氨曲南、亚胺培南等；脑脊液中药物浓度微量，不能达治疗水平的包括苯唑西林、阿莫西林、头孢唑啉、头孢噻吩等；而苄星青霉素、克拉维酸在脑脊液中的浓度甚微或不能测得。

　　头孢菌素类药物中只有少数药物通过口服途径给药，如第二代的头孢呋辛酯和头孢克洛、第三代的头孢克肟；大多数头孢菌素类药物通过非胃肠道给药。其中第一代的头孢氨苄既可口服给药，也可通过非胃肠道途径给药。不同给药途径会影响抗生素对动物机体的不良反应类型。与其他给药途径相比，口服头孢菌素会引起动物出现恶心、呕吐、腹泻等症状，而通过肌内注射给药方式的头孢菌素类药物会引起明显的疼痛反应，如头孢噻吩，因此该药禁止肌内注射给药。

　　动物不同的生理状态及不同给药途径都会导致头孢菌素在动物体内具有不同的吸收和代谢过程。第一代的头孢噻吩在临床上应用较早，主要制剂为头孢噻吩钠。此药口服吸收很差，必须通过注射途径才能达到有效血药浓度，吸收后部分在肝脏和肾脏中代谢为去乙基头孢噻吩。

　　头孢菌素经动物组织吸收后，可在体内大多数体液和组织中分布。血液、胆汁、尿液、肾脏、肺、软组织和胆囊等部位均可达到较高浓度。但是大多数第一、二代头孢菌素不能通过血脑屏障。第三代头孢菌素具有较好的穿透脑脊液的能力。第四代头孢菌素中的兽用头孢喹肟具有两性特征，能轻易通过血脑屏障，可用于治疗脑部细菌感染性疾病。

　　头孢菌素类抗生素的排泄过程大同小异，大多数以药物原型经肾脏随尿液排出。丙磺舒可与头孢菌素竞争分泌排泄，延缓头孢菌素的排出。但第三代的兽用头孢噻呋肌注应用时，可被动物迅速吸收，而后代谢为去呋喃甲酰基头孢噻呋和呋喃甲酸消除。不同头孢菌素在动物体内的血浆蛋白结合率不同，从而影响头孢菌素在动物体内的药动学过程。常用头孢菌素类药物在动物体内的药动学参数见表5-8。

表5-8　部分头孢菌素类药物在不同动物体内的药动学参数

药物	品种	消除半衰期/h	药时曲线下面积/[pg/(h·mL)]	体清除率/[L/(h·kg)]	表观分布容积/(L/kg)	参考文献
头孢氨苄	未哺乳山羊	0.36	28.80	0.35	0.18	Thomas 等，2006
	哺乳山羊	0.4	25.11	0.4	0.2	
	怀孕山羊	0.29	37.79	0.25	0.11	
头孢唑啉	猫	1.18	102.26	0.21	0.29	Albarellos 等，2017
头孢呋辛	犬	1.12	60.13	0.34	0.49	Albarellos 等，2016
头孢噻呋	哺乳山羊	3.88	27.08	0.08	0.31	Courtin 等，1997
	未哺乳山羊	4.23	33.93	0.06	0.25	
	山羊		202	0.03	—	Waraich 等，2017
头孢哌酮	山羊	1.97	149.63	0.13	0.44	Taha 等，2015
头孢维星	羊驼	16.34	1187	7.1	0.11	Cox 等，2015
头孢喹肟	马	2.32	12.84	0.16	0.35	Uney 等，2017
	罗非鱼	5.81	204.6	0.05	0.41	Shan 等，2015

　　经肾小管分泌的药物有弱酸性药物青霉素、呋塞米、丙磺舒和尿酸等，还有弱碱性药物苯丙胺和奎宁等。经肾小管分泌的同类药物之间具有竞争性抑制作用，如丙磺舒抑制青霉素的排泄使其半衰期延长，药理作用增强。药物经肾脏浓缩后使尿中浓度很高，这是某些药物治疗泌尿道感染的依据，但也可由此导致肾毒性。

　　14种消除半衰期（$t_{1/2\beta}$）不同的头孢菌素治疗肺炎链球菌所致的大鼠腹部感染模型中，对头孢曲松、头孢喹肟、头孢他啶、头孢西丁、头孢呋辛、头孢氨苄、拉氧头孢、头孢噻啶、头孢孟多、头孢噻吩、头孢拉定、头孢羟氨苄、头孢克洛、头孢磺啶的MIC，

$C_{\max}$，$t_{1/2}$，AUC 和 $T>$MIC 与 ED_{50} 的相关性分析显示，$lgED_{50}$ 与 $T>$MIC 的相关性最好（$r=-0.903$）。

5.5.5.1 青霉素类

（1）天然青霉素类　青霉素内服易被胃酸和消化酶破坏，很少吸收。空腹内服的生物利用度为 15%～30%，如果与食物同服，则吸收速率和程度均下降。青霉素钠（钾）肌内注射或皮下注射后吸收较快，一般 20min 内达到血药峰浓度，常用剂量维持有效血药浓度时间为 6～7h。吸收后在体内分布广泛，能分布到全身各组织，以肾、肝、肺、肌肉和小肠等的浓度较高；骨骼、唾液和乳汁含量较低。青霉素在大多数动物的蛋白结合率约为 50%，当中枢神经系统或其他组织有炎症时，青霉素则较易透入。例如患脑膜炎时，血脑屏障的通透性增加，青霉素进入量增加，可达到有效血药浓度。

青霉素在动物体内的半衰期较短，种属间的差异较小。肌内注射给药在马、水牛、犊牛、猪、兔的半衰期分别是 2.6h、1.02h、1.63h、2.56h 及 0.52h；而静脉注射给药后，在马、牛、骆驼、猪、羊、犬及火鸡体内的半衰期分别是 0.9h、0.7～1.2h、0.8h、0.3～0.7h、0.7h、0.5h 和 0.5h。该药的表观分布容积较小，一般为 0.2～0.3L/kg，故血浆浓度较高，组织浓度较低。

青霉素吸收进入血液循环后，在体内不易代谢，主要以原型从尿中排出，肌内注射治疗剂量的青霉素钠或钾的水溶液后通常在尿中可回收到给药剂量的 60%～90%，给药后 1h 内在尿中排出绝大部分药物。在尿中约 80% 的青霉素由肾小管分泌排出，20% 左右通过肾小球滤过。母羊和奶牛静脉注射青霉素钾后，测定妊娠晚期和哺乳期早期的母羊和奶牛血清中青霉素钾的浓度，无论是母羊还是奶牛，泌乳早期血清浓度均低于妊娠晚期，而且母羊哺乳期药物半衰期短于妊娠期。此外，青霉素可在乳中排泄，在牛乳中的浓度约为血浆浓度的 0.2%，因此给药奶牛的乳汁应严格遵守弃奶期。

猪静脉注射青霉素钾后的主要动力学参数为分布半衰期（0.14±0.03）h、消除半衰期（0.70±0.21）h、表观分布容积（0.696±0.141）L/kg、体清除率（11.67±1.02）mL/（kg·min）、药时曲线下面积（21.57±1.93）IU/（h·mL）。马静脉注射青霉素后的生物半衰期为 0.9h。

（2）耐酶青霉素类

① 苯唑西林　耐酶青霉素类药物中各药的吸收情况，相对而言以双氯西林最好，氯唑西林次之，苯唑西林最差。苯唑西林难以透过正常血脑屏障，血浆蛋白结合率约为 93%；约 49% 由肝脏代谢；通过肾小球滤过和肾小管分泌，自肾脏排出体外，还可经胆汁排泄。对患有金黄色葡萄球菌眼内炎的色素沉着兔的眼睛结膜下给药 100mg 后，苯唑西林组织浓度在 30min 内达到峰值。房水中的水平上升较慢，药物对玻璃体的渗透性很差。该药肌内注射后吸收迅速，在 30min 内达峰浓度，黄牛和猪的半衰期分别是 1.34h 及 0.96h。可部分代谢为活性和无活性的代谢物，主要从肾经尿液迅速排泄，在马、犬的半衰期分别是 0.6h 及 0.5h。在体内分布广泛，可进入肺、肾、骨、胆汁、胸腔积液、关节液和腹水，马、犬的表观分布容积分别为 0.6L/kg 和 0.3L/kg。

② 氯唑西林　氯唑西林对胃酸稳定，本品的生物利用度仅为 37%～60%；食物会减少其吸收。犬的半衰期为 0.5h。该药主要由肾脏排泄，尿中药浓度可达数百乃至 1000μg/mL，给药量的 30%～50% 以原型从肾脏排出。本品血浆蛋白结合率可达 95%，不易透过血脑屏障和进入胸腔积液；与其他青霉素类药物相似，该药大部分分布于细胞外

液。通过静脉注射和腹腔注射的方式，在山羊体内注射阿莫西林，剂量为 10mg/kg 体重，肌内给药途径优于静脉注射，因为与静脉给药相比，药物的平均停留时间和表观分布容积几乎翻了一番。肌内注射氯唑西林的生物利用度为 63%。

③ 双氯西林　双氯西林在胃酸条件下稳定，口服吸收良好；食物能减少双氯西林的吸收。可广泛分布于组织和体液中，但极少进入脑脊液。体内代谢有限，原型药物和代谢物均通过肾小球过滤和肾小管分泌方式在尿中排泄，尿中排泄占口服剂量的 60%，少量通过粪便和胆汁排泄。

④ 甲氧西林　该品耐酸，口服后吸收良好，30%～33% 可在肠道吸收；食物可影响该药在胃肠道的吸收。该药在肝、肾、肠、脾、胸腔积液和关节腔液均可达有效治疗浓度，但腹水中浓度低；该药难以透过正常血脑屏障。血浆蛋白结合率很高，约 93%。给药量约 49% 由肝脏代谢，通过肾小球滤过和肾小管分泌，自肾脏排出体外。家兔静脉注射甲氧西林后，表观分布容积随着剂量从 5mg/kg 增加至 125mg/kg 减少 50%，而总清除率在这个剂量范围内是一致的，平均终末半衰期为 (0.45 ± 0.08)h。

肌内注射和口服给药在尿中排出量分别为 40% 和 23%～30%，10%～23% 尿中排出的药物为代谢产物。

（3）广谱青霉素类

① 氨苄西林　氨苄西林耐酸、不耐酶，内服或肌内注射均易吸收。单胃动物内服吸收的生物利用度为 30%～55%，反刍动物吸收差，绵羊内服的生物利用度仅为 2.1%。小鼠静脉注射氨苄西林，半衰期为 0.96h，表观分布容积为 0.15L/kg；犬静脉注射氨苄西林，半衰期为 0.8h，表观分布容积为 0.28L/kg。氨苄西林按 20mg/kg 的剂量给鹅肌内注射和静脉注射，肌注氨苄西林的消除半衰期为 1.69h，静注的消除半衰期为 0.63h。所有食品动物肌内注射吸收好，生物利用度超过 80%。吸收后该药可分布到各组织，其中以肺、胆汁、肾、子宫等的浓度较高；可穿过血脑屏障进入中枢神经系统，脑膜炎时可达到血清浓度的 10%～60%；也可穿过胎盘，但对妊娠动物是安全的；在乳中浓度很低，约为血清的 0.3%。相同剂量给药时，肌内注射的血液和尿中浓度较内服高，故常采用肌内注射给药。

氨苄西林主要通过肾排泄机制消除，给药后 24h 大部分从尿中排出；亦经胆汁排泄。该药的血浆蛋白结合率为 20%，较青霉素低；与马血浆蛋白结合的能力约为青霉素的 10%。肌内注射给药时，本品在马、水牛、黄牛、猪、奶山羊和犬、猫体内的半衰期分别为 1.21～2.23h、1.26h、0.98h、0.57～1.06h、0.92h 及 45～80min；静脉注射给药时，其在马、牛、羊、犬的半衰期分别为 0.62h、1.20h、1.58h 及 1.25h。表观分布容积，犬为 0.3L/kg，猫 0.167L/kg，牛 0.16～0.5L/kg。

有学者在研究 10% 氨苄西林混悬液在鸡体内的药物动力学及生物利用度时，发现该混悬液吸收迅速，达峰时间快，约 0.89h 即达峰值；消除半衰期较短，约 2.5h；绝对生物利用度为 35.27%，略高于氨苄西林溶液剂的绝对生物利用度（34.30%）。

② 阿莫西林　阿莫西林在胃酸中较稳定，单胃动物内服后有 74%～92% 被吸收，胃肠道内容物会影响吸收速率，但不影响吸收程度。内服相同剂量后，阿莫西林的血清浓度一般比氨苄西林高 1.5～3 倍。该药在马、驹、牛、山羊、绵羊及犬、猫的半衰期分别为 0.66h、0.74h、1.5h、1.12h、0.77h 及 0.75～1.5h；在犬的表观分布容积为 0.2L/kg。本品可进入脑脊液，患脑膜炎时的浓度为血清浓度的 10%～60%；也可穿过胎盘屏障，但对妊娠动物安全。犬的血浆蛋白结合率约 13%，乳中的药物浓度很低。

猪静脉注射阿莫西林钠（10mg/kg）后，药物快速分布，消除亦快。具体药代动力学参数如下：$t_{1/2}$ 为（2.19±0.62）h，AUC_{0-t} 为（14.51±2.02）$\mu g/(mL \cdot h)$，$AUC_{0-\infty}$ 为（14.67±2.04）$\mu g/(mL \cdot h)$，表观分布容积为（2.19±0.74）L/kg，稳态分布容积为（0.99±0.31）L/kg，体清除率为（0.69±0.09）L/(h·kg)，MRT 为（1.27±0.16）h。静脉注射阿莫西林钠在猪体内的药代动力学特征是分布迅速、消除快。猪肌内注射阿莫西林水溶液后，消除半衰期为（1.74±0.16）h，达到峰浓度的时间为（1.53±0.40）h，表观分布容积为（1.64±0.38）L/kg。

一般说来，阿莫西林在各种动物体内的表观分布容积和稳态分布容积都较小，除鸽以外，其在牛、马、驴、山羊、绵羊、猪、狗体内的稳态分布容积都小于0.7L/kg，在各种家畜中又以猪体内的稳态分布容积最大。阿莫西林钠在猪静脉注射给药的消除半衰期为2.29h，比马（1.43h）、狗（1.30h）、鸽（0.758h）要高；在胸膜肺炎感染猪的主要药动学参数为：消除半衰期3.4h，MRT 1.5h，稳态分布容积0.67L/kg。健康猪内服阿莫西林钠（10mg/kg）后，吸收迅速（吸收半衰期0.74h），达峰时间短（1.52h）；消除半衰期（5.96h）显著长于静注给药的消除半衰期；峰浓度5.33mg/L，生物利用度79.64%，说明内服给药吸收良好，但动物个体间差异大。

阿莫西林经藏系羊口灌给药（15mg/kg）后，其消除半衰期为（3.79±0.97）h，达到峰浓度的时间为（0.497±0.036）h，表明阿莫西林口灌给药后，在成年藏系羊体内吸收迅速，消除较快。

以15mg/kg的剂量给猪肌内注射阿莫西林注射用混悬液，在体内消除半衰期长达33.62h，表明药物在体内消除缓慢。最大血药浓度（C_{max}）为12.33$\mu g/mL$，达峰时间（t_{max}）为（0.53±0.17）h，可见阿莫西林在猪体内分布快且持效时间长。健康猪口服阿莫西林钠（15mg/kg）后主要药动学参数为 C_{max} 为（0.88±0.01）$\mu g/mL$，T_p 为（0.92±0.06）h，消除半衰期 $t_{1/2\beta}$ 为（0.78±0.06）h，AUC 为（2.24±0.11）$\mu g/(mL \cdot h)$。健康猪肌注阿莫西林钠（10mg/kg）后，吸收迅速，吸收半衰期为0.11h，达峰时间0.33h，峰浓度16.51$\mu g/mL$；消除半衰期3.28h，比健康鸽及牛链球菌感染赛鸽（0.554h 和 1.1h）、马及马驹（1.66h 和 0.99～1.34h）要长；生物利用度为96.65%，说明肌注给药几乎完全吸收。

肉鸡阿莫西林口服给药（15mg/kg）后，其主要药动学参数：$t_{1/2\alpha}$ 为（0.63±0.07）h，$t_{1/2\beta}$ 为（1.80±0.18）h，AUC 为（6.01±0.64）$\mu g/(mL \cdot h)$，T_{max} 为（0.48±0.05）h。说明阿莫西林口灌给药后，在成年三黄鸡体内吸收迅速，消除较快。

有学者通过建立体外药物代谢动力学（pharmacokinetics，PK）模型，研究了头孢噻肟和阿莫西林对化脓性链球菌和大肠杆菌的 PK-PD（PD——pharmacodynamics，药物效应动力学）关系；模型中药物的消除率不同，使24h内 $T>MIC$ 处于给药间隔的20%～100%范围内，同时保持 AUC/C_{max} 不变。受试菌株24h内最大抗菌效应（maximal antimicrobial effect，E_{max}）出现在 $T>MIC$ 分别为给药间隔50%和80%的时候。对青霉素敏感的肺炎双球菌（MIC，0.03mg/L）和对青霉素中度敏感的菌株（MIC，0.25mg/L），阿莫西林在 $T>MIC$ 为给药间隔50%时表现出最大抗菌活性；对于 MIC 为2mg/L 的菌株，需要增加 C_{max} 方可以达到 E_{max}；在 C_{max} 是10倍 MIC 的条件下，$T>MIC$ 为给药间隔60%时获得 E_{max}，提示除 $T>MIC$ 之外，C_{max} 也是反映中度耐青霉素的肺炎双球菌抗菌疗效的重要参数。

杨东以体外一室模型的方法，研究了阿莫西林对金黄色葡萄球菌的 PK-PD 关系。结果表明，$T>\text{MIC}$ 是反映阿莫西林对金黄色葡菌球菌疗效的关键指标，当其浓度超过 MIC 时，初始浓度在 $0.4\sim3.2\mu\text{g/mL}$ 的范围内对杀灭金黄色葡菌球菌的药效没有影响；而 $C_{\max}/\text{MIC}$ 不是影响阿莫西林对金黄色葡菌球菌药效的关键指标，疗效维持的时间主要和 $T>\text{MIC}$ 有关。

（4）抗铜绿假单胞菌青霉素

① 羧苄西林　羧苄西林口服吸收差，需注射给药；当肾功能损害时，其作用延长。该药单用时，细菌易对其产生耐药性，所以常与庆大霉素合用；但需要注意的是，二者不能混合静脉注射给药，否则肾毒性增强。该药虽毒性较低，但偶尔会引起粒细胞缺乏及出血。葡萄球菌脑膜炎患病兔静脉注射羧苄西林后，半衰期为 0.38h，穿透率为 11.6%。恒河猴玻璃体内注射羧苄西林，半衰期为 10h，同时腹腔注射丙磺舒可将羧苄西林的玻璃体半衰期延长至 20h。在灵长类动物和兔子中，羧苄西林可通过视网膜途径被清除。

② 哌拉西林　不良反应较少，可供肌注及静脉给药。成年比格犬静脉滴注给药后，血浆中受试和参比药物的哌拉西林的 $C_{\max}$ 分别为 $(710.28\pm148.44)\mu\text{g/mL}$、$(743.70\pm212.02)$ $\mu\text{g/mL}$；$t_{1/2}$ 分别为 (0.60 ± 0.23) h、(0.62 ± 0.22)h；$\text{AUC}_{0\text{-}t}$ 分别为 (360.01 ± 28.19) $\mu\text{g/(h}\cdot\text{mL)}$、$(377.64\pm107.36)\mu\text{g/(h}\cdot\text{mL)}$；以 $\text{AUC}_{0\text{-}t}$ 计算，哌拉西林的相对生物利用度平均为 $(99.6\pm18.0)\%$。

5.5.5.2 头孢菌素类

（1）第一代头孢菌素

① 头孢氨苄　犬、猫内服头孢氨苄的吸收迅速而完全，生物利用度为 75%～90%；马内服生物用度仅约 5%，以原型从尿中排出。头孢氨苄在奶牛、绵羊的半衰期为 0.58h 及 1.2h，犬、猫为 2h。犊牛肌内注射该药吸收快，约 0.5h 血药浓度达峰值，生物利用度为 74%，消除半衰期约 1.5h。

② 头孢唑啉　兔耳缘静脉注射头孢唑啉钠 200mg/kg，主要药动学参数如下：$t_{1/2\alpha}$ 16.06min，$t_{1/2\beta}$ 55.12min，$\text{AUC}_{0\text{-}335}$ 35056.86$\mu\text{g/(min}\cdot\text{mL)}$，体清除率 0.0057L/$(\text{kg}\cdot\text{h})$。

在确定手术条件下，给猫静脉注射 20mg/kg 的头孢唑啉，具有快速且适度广泛的分布，其分布半衰期为 (0.16 ± 0.15)h；表观分布容积为 (0.29 ± 0.10)L/kg 和体内清除率为 (0.21 ± 0.06)L/$(\text{h}\cdot\text{kg})$；消除半衰期为 (1.18 ± 0.27)h；平均停留时间为 (1.42 ± 0.36)h。

③ 头孢洛宁　奶牛乳房灌注头孢洛宁，当给药剂量为每个乳区 250mg 时，给药后 8h、12h 和 24～72h，血浆中药物浓度分别为 $0.21\sim0.42\mu\text{g/mL}$、$0.15\sim0.27\mu\text{g/mL}$ 和 $<0.1\mu\text{g/mL}$；大部分以原型药物通过尿液和乳汁排出体外。另外，用于防治奶牛干乳期乳腺炎的头孢洛宁制剂多为长效制剂，药物通过乳房缓慢分布进入乳腺组织。

头孢洛宁经乳房灌注后，体内分布广泛，但是吸收和代谢速率缓慢，主要从尿中排泄，少量从粪便中排泄。平均血药浓度能够恒定维持 10 天，充分表明头孢洛宁是一种长效抗生素。研究报道在狗体内，头孢洛宁以 10mg/kg、50mg/kg、100mg/kg、1000mg/kg 体重口服灌胃后血浆药物峰浓度呈增长趋势。在大鼠体内灌服 2000mg/kg 体重的头孢洛宁，给药后 2～4h 与 10h 测得血浆中峰浓度均小于 $0.995\mu\text{g/mL}$，这一结果表明经口服给药吸收效果差。

④ 头孢拉定　仅见有关头孢拉定在鸡体内药动学特征的研究报道。鸡单剂量（按体重 8mg/kg）口服头孢拉定后于 0.95h 血中药物浓度达到峰值，峰浓度（$C_{\max}$）为 22.33517$\mu\text{g/mL}$；吸收半衰期为 0.43546h，消除半衰期为 16.79947h，生物利用度为 88.79%。上述药代动力学参数表明口服给药时，头孢拉定在鸡体内吸收迅速、血药浓度高、消除缓慢。

⑤ 头孢赛曲　头孢赛曲的内服生物利用度很低，在牛仅有3%的药物被胃肠道吸收。以推荐剂量乳房给药，4h后最大血药浓度可达到170g/L，之后便迅速消除；54.6%通过牛乳排泄，21%通过尿液和粪便排泄。

（2）第二代头孢菌素

① 头孢西丁　头孢西丁口服不吸收，静脉或肌内注射后吸收迅速。药物吸收后可广泛分布于内脏组织、皮肤、肌肉、骨、关节、痰液、腹腔积液、胸腔积液、羊水及脐带血中。内脏器官中以肾、肺含量较高。药物在胸腔液、关节液和胆汁中均可达有效抗菌浓度。该药极少向乳汁移行，也不易透过血脑屏障，但可透过胎盘屏障进入胎儿血循环。该药的血浆蛋白结合率约为70%。药物在体内几乎不发生生物代谢。

在未断奶的犊牛中研究了头孢西丁的药代动力学和生物利用度。头孢西丁以20mg/kg，并连同丙磺舒40mg/kg的剂量静脉和肌内注射给犊牛。具体药代动力学参数为：消除半衰期（$t_{1/2\beta}$）为（66.9±6.9）min，静脉给药后为（81.0±10.9）min。通过联合施用丙磺舒，$t_{1/2\beta}$增加到（125.5±15.6）min，全身清除率为（4.88±1.71）mL/(min·kg)，表观分布容积为（0.3187±0.0950）L/kg，平均停留时间（MRT）在静脉给药后为（68.2±12.3）min。在肌内注射后为（118.6±16.8）min，并通过丙磺舒的联合给药增加至（211.5±16.8）min，平均吸收时间（MAT）为50.6min，肌内注射后头孢西丁的生物利用度（F）为73.8%。在2～50μg/mL的浓度下，头孢西丁的蛋白结合率为42%～55%。

② 头孢呋辛　犬静脉给予头孢呋辛钠（头孢呋辛57.0mg/kg）后，头孢呋辛的$t_{1/2}$为（1.2±0.3）h。另有报道，静脉注射头孢呋辛，犬胆汁中的药物峰浓度为（39.8±0.5）mg/L，$t_{1/2}$为（69.3±0.7）min。

若同时给予丙磺舒，则可延长其排泄时间，并使血清浓度升高。在给药24h内，几乎所有的头孢呋辛以原型从尿中排出，大部分是在前6h内排出的；其中大约50%是通过肾小管分泌。当脑膜有炎症时，头孢呋辛可通过血脑屏障。

③ 头孢孟多　头孢孟多甲酸酯钠吸收后迅速分布于全身各组织器官中，分布容积为0.16L/kg。药物在心、肺、肝、脾、胃、肠、生殖器官等脏器中的浓度为血药浓度的8%～24%；在肾、胆汁和尿液中的药物浓度分别为血药浓度的2倍、4.6倍和145倍。当脑膜有炎症时，可透过血脑屏障；血浆蛋白结合率为78%。该药在体内不代谢，主要经肾小球滤过和肾小管分泌，随尿液以原型排出；另有少量药物（0.08%）可经胆汁排泄。

④ 头孢克洛　头孢克洛口服吸收良好，食物影响其吸收。药物吸收后分布于大部分器官、组织及组织液中，在唾液和泪液中浓度较高，在脑组织中的浓度较低，在胆汁中的浓度低于血药浓度。血浆蛋白结合率为22%～26%，15%的给药量可在体内代谢。头孢克洛主要（超过80%）通过肾小球过滤和肾小管分泌，随尿液以原型排出。此外，约有0.05%的药量可经胆汁排泄。

比格犬口服头孢克洛缓释片后，受试与参比制剂的主要药动学参数分别为：C_{max}（17.68±1.19）mg/mL 和（18.21±2.67）mg/mL，t_{max}（3.83±1.03）h 和（3.42±0.80）h，AUC_{0-t}（70.40±13.86）mg/(mL·h)和（73.43±20.47）mg/(mL·h），$AUC_{0-\infty}$（72.98±14.93）mg/(mL·h)和（76.99±22.51）mg/(mL·h），$t_{1/2}$（1.51±0.32）h 和（1.66±0.38）h。头孢克洛受试制剂的相对生物利用度为（99.59±24.26）%；两种头孢克洛缓释片在比格犬体内的 AUC_{0-t}、C_{max}、t_{max} 均无显著性差异（$p>0.5$）。

（3）第三代头孢菌素

① 头孢噻呋　头孢噻呋是专门用于动物的第三代头孢菌素。该药内服不易吸收，肌

内和皮下注射吸收迅速，体内分布广泛，但不能通过血脑屏障。注射给药后，药物在血液和组织中的药物浓度高，有效血药浓度维持时间长。该药在牛和猪体内迅速生成具有活性的代谢物——脱氧呋喃甲酰头孢噻呋，并进一步代谢为无活性的产物从尿和粪中排泄。头孢噻呋在马、牛、羊、猪、犬、鸡和火鸡体内的半衰期分别是 3.2h、7.1h、2.2～3.9h、14.5h、4.1h、6.8h 及 7.5h，其钠盐与盐酸头孢噻呋的半衰期相似。

Courtin 等人研究头孢噻呋在哺乳山羊和未哺乳山羊体内的药动学差异发现，头孢噻呋在哺乳山羊体内的药时曲线下面积要显著低于未哺乳山羊，体内清除率要显著高于未哺乳山羊。

头孢噻呋普通制剂经肌内注射和皮下注射后在鸭体内符合有吸收的二室模型，$t_{1/2\alpha}$ 分别为 (1.209 ± 0.042)h、(1.571 ± 0.058)h；$t_{1/2\beta}$ 分别为 (13.352 ± 0.420)h、(10.913 ± 0.905)h；t_{peak} 分别为 (0.568 ± 0.036)h、(0.595 ± 0.006)h；C_{max} 分别为 $(5.278\pm0.114)\mu g/mL$、$(4.636\pm0.039)\mu g/mL$；AUC 分别为 $(29.231\pm0.388)\mu g/(mL\cdot h)$、$(17.018\pm0.520)\mu g/(mL\cdot h)$。头孢噻呋长效制剂经肌内注射和皮下注射后，在鸭体内符合有吸收的二室模型，$t_{1/2\alpha}$ 分别为 (0.993 ± 0.034)h、(1.256 ± 0.021)h；$t_{1/2\beta}$ 分别为 (18.726 ± 0.558)h、(17.157 ± 1.867)h；C_{max} 分别为 $(2.533\pm0.043)\mu g/mL$、$(1.442\pm0.010)\mu g/mL$；AUC 分别为 $(34.383\pm0.421)\mu g/(mL\cdot h)$、$(17.113\pm0.594)\mu g/(mL\cdot h)$，肌内注射和皮下注射的相对生物利用度分别为 117.628% 和 100.606%。与普通制剂相比，头孢噻呋长效制剂经肌内注射和皮下注射后，在鸭体内吸收缓慢，分布广泛，半衰期长，消除缓慢，有效药物浓度维持时间长，生物利用度高，具有一定的长效缓释作用。

健康猪和患巴氏杆菌病的猪肌内注射盐酸头孢噻呋注射液后，健康组猪只血浆及支气管肺泡灌洗液中的药物峰浓度分别为 $22.33\mu g/mL$ 和 $2.49\mu g/mL$，相差近 9 倍；消除半衰期分别为 19.51h 和 70.19h，在肺部的消除非常缓慢，时长是血浆的 3.6 倍；药时曲线下面积分别为 $372.05\mu g/(h\cdot mL)$ 和 $94.59\mu g/(h\cdot mL)$；表观分布容积分别为 0.41L/kg 和 5.24L/kg。感染组猪只血浆及支气管肺泡液中的药物峰浓度分别为 $11.81\mu g/mL$ 和 $5.05\mu g/mL$，消除半衰期分别为 11.79h 和 24.65h，药时曲线下面积分别为 $162.65\mu g/(h\cdot mL)$ 和 $29.73\mu g/(h\cdot mL)$，表观分布容积分别为 0.53L/kg 和 4.65L/kg，与健康组表现出相同的特点。上述研究结果表明，盐酸头孢噻呋注射液在猪体内具有吸收迅速、消除缓慢、生物利用度高的药代动力学特点，而且其在血浆和支气管肺泡灌洗液中的药动学参数存在显著差异。

哺乳仔猪、保育猪、怀孕母猪肌内注射头孢噻呋钠后，其主要药动学参数分别如下：哺乳仔猪、保育猪、怀孕母猪的吸收半衰期 $t_{1/2K_a}$ 分别为 (0.31 ± 0.22)h、(1.3 ± 0.33)h 和 (0.71 ± 0.30)h，分布半衰期 $t_{1/2\alpha}$ 为 (0.98 ± 0.74)h、(2.04 ± 0.47)h 和 (3.89 ± 3.39)h，t_{max} 为 (0.78 ± 0.37)h、(2.51 ± 0.52)h 和 (2.08 ± 0.64)h，C_{max} 为 $(18.51\pm4.65)\mu g/mL$、$(27.57\pm3.50)\mu g/mL$ 和 $(41.52\pm6.90)\mu g/mL$，AUC_{0-48h} 为 $(261.28\pm94.22)\mu g/(mL\cdot h)$、$(363.01\pm78.53)\mu g/(mL\cdot h)$ 和 $(750.1\pm218.1)\mu g/(mL\cdot h)$，$V_d$ 分别为 (1.214 ± 0.456)L/kg、(0.501 ± 0.194)L/kg 和 (0.376 ± 0.163)L/kg，C_L 值为 (0.053 ± 0.025)L/h、(0.029 ± 0.006)L/h 和 (0.016 ± 0.004)L/h。单因素方差分析发现，哺乳仔猪吸收半衰期短，达峰时间快，与保育猪和怀孕母猪的吸收半衰期与达峰时间存在显著差异（$p<0.05$）；怀孕母猪的 AUC 与哺乳仔猪和保育猪均存在显著差异（$p<0.01$）；单次同等剂量给药后，头孢噻呋钠在哺乳仔猪、保育猪、怀孕母猪的血药峰浓度的差异极显著（$p<0.01$）；保育猪和怀孕母猪的表观分布容积和清除率差异都不显著（$p>0.05$），但均与哺乳仔猪的表观分布容积和清除率差异显著（$p<0.05$）。

头孢噻呋是第三代头孢类抗生素，广泛应用于宠物临床。有研究报道，在对猫单次静脉内和皮下注射 5mg/kg 的头孢噻呋钠后进行药代动力学研究，静脉内和皮下注射后的终末半衰期（$t_{1/2\lambda z}$）分别为（11.29±1.09）h 和（10.69±1.31）h。静脉内治疗后，全身清除率和稳态分布容积分别确定为（14.14±1.09）mL/(h·kg) 和（241.71±22.40）mL/kg；皮下注射后，在（4.17±0.41）h 观察到峰值浓度 [C_{max}：（14.99±2.29）μg/mL]，计算的吸收半衰期（$t_{1/2K_a}$）和绝对生物利用度（F）分别为（2.83±0.46）h 和 82.95%±9.59%。当单次静脉或皮下注射头孢噻呋钠后，头孢噻呋在小型犬种 Peekapoo 中的药代动力学为：静脉内和皮下注射后的终末半衰期（$t_{1/2\lambda z}$）分别为（7.40±0.79）h 和（7.91±1.53）h。静脉内治疗后，全身清除率和表观分布容积分别确定为（39.91±4.04）mL/(h·kg) 和（345.71±28.66）mL/kg。皮下注射后，在（3.2±1.1）h 观察到峰值浓度（C_{max}）为（10.50±0.22）μg/mL，吸收半衰期（$t_{1/2K_a}$）和绝对生物利用度（F）分别为（0.74±0.23）h 和 91.70%±7.34%。头孢噻呋及其相关代谢物的药代动力学特征表明，它们在皮下给药后吸收迅速且极佳，此外在这种类型的犬中分布不佳且消除缓慢。

② 头孢维星　头孢维星作为犬、猫的临床常用药，具有吸收快、消除半衰期长、生物利用度高、药效持久、安全性好、治疗指数高等特点，单剂量给药后可在体内维持 14d 的有效血药浓度。犬以 1kg 体重 8mg 皮下注射给药，其生物利用度为 100%，峰浓度为 121pg/mL，达峰时间为 6.2h，半衰期约为 5d；经过静脉注射方式给药，其清除率可以达到 0.76mL/(kg·h)。

猫以 1kg 体重 8mg 皮下注射给药时，吸收快，注射 2h 后达到峰浓度 141pg/mL，生物利用度为 99%，半衰期约为 7d。猫静脉注射给药后的表观分布容积为 0.09L/kg，平均血浆清除率为 0.35mL/(h·kg)。与其他头孢菌素类抗生素相比，头孢维星的显著特点是其极高的血浆蛋白结合率和长效作用，犬的血浆蛋白结合率大于 96%，猫的血浆蛋白结合率大于 99%。

头孢维星是第三代头孢菌素，由于其作用持续时间长，在外来猫科动物中具有潜在的应用价值。以 1kg 体重 8mg 给猎豹肌内注射头孢维星后，其具体的药代动力学参数为：血浆峰值浓度为 84.75μg/mL，平均停留时间为 207.9h，消除半衰期为 144.1h。头孢维星在猎豹血浆中的蛋白结合率很高，约为 99.9%，这与家猫几乎相同。有研究表明，羊驼静脉和皮下注射 8mg/kg 头孢维星后的药代动力学参数有所差异。静脉给药后的平均半衰期、稳态分布容积和清除率分别为 10.3h、86mL/kg 和 7.07mL/(h·kg)，生物利用度为 143%，而皮下给药后的半衰期、C_{max} 和 t_{max} 分别为 16.9h、108μg/mL 和 2.8h。

（4）第四代头孢菌素　头孢喹肟是专门用于动物的第四代头孢菌素。该药内服吸收很少，肌内和皮下注射时吸收均迅速，达峰时间短（0.5～2h），生物利用度高（>93%）；但在体内分布不广泛，表观分布容积仅约 0.2L/kg。头孢喹肟与血浆蛋白的结合率较低，为 5%～15%。奶牛泌乳期乳房灌注给药后，头孢喹肟可快速分布到整个乳房组织，并维持较高的组织浓度。肌内注射时，该药在马、牛、山羊、猪、犬体内的半衰期分别是 2～2.5h、1.5～3h、2h、1～2h 及 1h。头孢喹肟在动物体内代谢后主要经肾随尿液排出，有 5%～7% 的药物通过肝脏分泌到胆汁中随之排入肠道内。当乳房灌注给药时，药物主要随乳汁排出。

马静脉给药后的全身清除率和分布容积分别为 0.06L/(h·kg) 和 0.09L/kg。肌内给药后，观察到 1.52h（t_{max}）的最大浓度为 0.73μg/mL，全身生物利用度为 37.45%。鸡静脉注射后的药代动力学参数中，分布半衰期为（0.43±0.19）h，消除半衰期为

(1.29 ± 0.10)h，全身清除率为 (0.35 ± 0.04)L/(kg·h)，药时曲线下面积为 (5.33 ± 0.55)μg/(h·mL) 和表观分布容积为 (0.49 ± 0.05)L/kg；肌内注射后，其吸收半衰期、分布半衰期以及消除半衰期分别为 (0.07 ± 0.02)h、(0.58 ± 0.27)h 和 (1.35 ± 0.20)h，峰浓度为 (3.04 ± 0.71)μg/mL，生物利用度为 $(95.81\pm5.81)\%$。

据报道，雄性水牛肌内注射头孢喹肟后的药代动力学参数（平均值±SE）为 C_{max} 为 (6.93 ± 0.58)μg/mL，t_{max} 为 0.5h，$t_{1/2K_a}$ 为 (0.16 ± 0.05)h，$t_{1/2\beta}$ 为 (3.73 ± 0.10)h，给药后 AUC 为 (28.40 ± 1.30)μg/(h·mL)。有研究表明，给黑天鹅肌内注射后，$t_{1/2K_a}$、$t_{1/2K_c}$、t_{max}、C_{max} 和 F 对应的药代动力学参数分别为 0.12h、1.62h、0.39h、5.71μg/mL 和 74.2%。

头孢喹肟（CFQ）在红耳滑龟单次静脉或肌内注射 2mg/kg 体重。静脉注射后的药代动力学参数如下：消除半衰期为 (21.73 ± 4.95)h，表观分布容积为 (0.37 ± 0.11)L/kg，药时曲线下面积为 (163 ± 32)μg/(h·mL) 和全身清除率为 (12.66 ± 2.51)mL/(h·kg)。肌内注射后的药代动力学参数如下：血药峰浓度（C_{max}）为 (3.94 ± 0.84)μg/mL，达峰时间（t_{max}）为 3h，$t_{1/2\lambda z}$ 为 (26.90 ± 4.33)h，$AUC_{0-\infty}$ 为 (145 ± 48)μg/(h·mL)。肌内注射后的生物利用度为 88%。这些数据表明，CFQ 在红耳滑龟中具有良好的药代动力学特征，具有较长的半衰期和较高的生物利用度。

据报道，猪只单药和联合肌注硫酸头孢喹肟/舒巴坦钠后，头孢喹肟在猪体内的主要药动学参数 $t_{1/2\beta}$、t_{max}、C_{max}、AUC_{0-last}、CL/F、V_d/F、MRT 等差异不显著（$p>0.05$），表明头孢喹肟与舒巴坦的联合使用不影响头孢喹肟在猪体内的药代动力学行为，适合联合用药。

5.5.5.3 非典型 β-内酰胺类

（1）头霉素类　头孢美唑口服不易吸收，静脉注射后吸收迅速；药物吸收后广泛分布于体内组织及体液、内脏组织器官中；其中以肾、肺含量最高，胆汁中也有较高浓度，痰液及腹水中次之。该药不易透过血脑屏障，但在脑膜发炎时，能增加对脑膜的透入量，并达到有效抑菌浓度；该药可透过胎盘屏障进入胎儿血循环，但极少向乳汁移行。静脉注射头孢美唑，犬胆汁中的峰浓度为 (21.4 ± 0.3)mg/L，$t_{1/2}$ 为 (102.1 ± 1.4)min。

（2）单环 β-内酰胺类　该类药物缺乏动物的药动学研究数据，仅有关于氨曲南开展的试验性研究报道。有研究设计合成了 9 个氨曲南羧酸酯前药，对其测定了不同种属动物血浆中的代谢稳定性，包括大鼠、小鼠、犬、猴和人血浆。结果表明，氨曲南羧酸酯对不同血浆酯酶的敏感性存在种属差异。在啮齿类动物血浆中的酶解速率远远高于非啮齿类；在人血浆中的酶解速率可能与化合物本身的 $ClgP$ 值呈正相关。该研究结果为单环 β-内酰胺抗生素前药的研发提供了有益的指导。

（3）碳青霉烯类

① 亚胺培南　亚胺培南对肾脱氢肽酶（DHP-1）不稳定，需与 DHP-1 抑制剂——西司他丁（cilastain）联合使用，以防止其在肾小管处被破坏。家兔鞘内给药后，心、肾、肺、脾、胃及脂肪等脑外组织药物含量 2h 达到峰浓度，肝、肠及肌肉组织 8h 药物浓度达高峰；静脉给药后，心、肝、肾、肺、脾、胃、肌肉及脂肪等脑外组织药物含量 15min 达到峰浓度，肠 2h 药物浓度达高峰；鞘内给药 15min，脑组织中药物峰浓度是静脉给药的 3 倍。与静脉给药相比，鞘内给药时脑脊液中药物分布半衰期和消除半衰期延长，表观分布容积和清除率减小，曲线下面积增大；脑组织中药物峰浓度高。

② 美罗培南　美罗培南为第二代碳青霉烯类抗生素，对 DHP-1 稳定，肾毒性和中枢神经毒性降低。美罗培南主要通过肾小球滤过经肾脏排泄，54%～79% 以原型从尿液排出，19%～27% 以无活性的代谢物从粪便排出，也有研究显示其胆汁浓度随着时间延长而增加，胆汁排泄率约为 25%。不同的生理病理状态会导致美罗培南的药动学参数有所不同。

成年犬静脉给药美罗培南后，血浆半衰期为 (0.67 ± 0.07)h，表观分布容积和给药后清除率分别为 (0.372 ± 0.053)L/kg、(6.53 ± 1.51)mL/(min·kg)；皮下给药的血浆半衰期分别为 (0.98 ± 0.21)h，血浆蛋白结合率为 11.87%，生物利用度为 84%。

5.5.6　药效动力学

目前的相关研究一致认为 β-内酰胺类抗生素没有或仅有限的细胞内活性。但大部分支持这样结论的体外研究观察时间短，而在临床中，β-内酰胺类抗生素可有效治疗李斯特菌病，而该致病菌大部存在于细胞内。Carryn 等人利用建立的细胞内外李斯特菌杀伤活性的模型观察到：β-内酰胺类抗生素无论是氨苄西林，还是美罗培南都不在细胞内积聚，但它们对细胞内李斯特菌较细胞外具有更大的活性；该模型温育时间长至 24h，如果孵育时间限制到 5h，则细胞内的杀菌活性很低。因此，认为 β-内酰胺类药物为时间依赖性杀菌药。

当细胞外 β-内酰胺类药物的浓度足够高时（仍在临床能到达的体内浓度），其对细胞内的金黄色葡萄球菌有显著的活性。由于 β-内酰胺类药物在细胞内缺少积累，需要维持最大剂量、延长治疗时间，因此治疗全身性感染时主张连续持续给药。

5.5.6.1　MIC/MBC

MIC/MBC 是指抑制（或杀灭）细菌的抗菌药物最低浓度，是衡量抗菌活性的重要指标。判定标准通常以 MIC_{50}、MIC_{90}、MBC_{50}、MBC_{90} 来表示，可比较不同药物的药效强度。β-内酰胺类抗生素为繁殖期快速杀菌剂，其 MBC 与 MIC 值比较接近。以头孢曲松治疗对头孢菌素耐药的肺炎球菌性脑膜炎感染，对给药后 24h 的 AUC_{0-24h}/MBC、C_{max}/MBC、$T>$MBC 这 3 个参数与杀菌率的相关性作多元线性回归分析，进一步证实了头孢曲松表现出的时间依赖性杀菌活性。$T>$MBC 是反映抗菌疗效的 PK/PD 参数。该类药物相关的 PK/PD 指数为血清中药物浓度大于 MIC 的时间占给药间隔的百分数（$\%T>$MIC）。针对同一种病原菌，不同的 β-内酰胺类抗菌药物 $\%T>$MIC 的靶值不同，头孢菌素类 $\%T>$MIC 靶值>青霉素类>碳青霉烯类。同样，头孢吡肟对大肠杆菌、金黄色葡萄球菌、肺炎链球菌、肺炎克雷伯菌等亦具有良好的体外抗菌效应，主要药效学参数见表 5-9。

表 5-9　头孢吡肟的主要药效学参数

菌株	MIC_{50}/(μg/mL)	MIC_{90}/(μg/mL)	MIC_{range}/(μg/mL)
大肠杆菌	4	32	0.125～64
阴沟肠杆菌	1	64	0.064～64
肺炎克雷伯杆菌	4	64	0.064～64
鲍曼不动杆菌	4	32	0.125～64

菌株	$MIC_{50}/(\mu g/mL)$	$MIC_{90}/(\mu g/mL)$	$MIC_{range}/(\mu g/mL)$
柠檬酸杆菌	1	16	0.032～64
金黄色葡萄球菌	16	64	1～64
肺炎链球菌	2	32	0.25～64
铜绿假单胞菌	2	32	0.25～64

不同细菌导致小鼠乳腺炎，治疗金黄色葡萄球菌乳腺炎时，大于等于 $400\mu g$/乳腺并配以 8h 或 12h 给药间隔，在 24h 时的体内杀菌量可以达到 2lgCFU/乳腺；头孢喹肟治疗大肠杆菌乳腺炎时，当给药剂量达到或超过 $200\mu g$/乳腺时，即使 24h 给药一次，也可以产生 3lgCFU/乳腺以上的体内杀菌量。说明头孢喹肟对大肠杆菌的治疗效果更好，而对金黄色葡萄球菌乳腺炎的治疗难度相对较大。

5.5.6.2　抗生素后效应（PAE）

抗生素后效应（PAE）指细菌与抗生素短暂接触，当药物清除后，细菌生长仍然受到持续抑制的效应。目前的研究认为，青霉素类和头孢类药物对革兰氏阳性球菌显示较长的 PAE，并随药物浓度增加和接触时间延长，PAE 也相应延长，但有极值，在 5～10MIC，接触 2h 为最高值，此时杀菌效应便达到饱和。但对革兰氏阴性杆菌却产生很短甚至负值 PAE，原因可能是革兰氏阴性杆菌可迅速合成 PBP，恢复正常生长。而碳青霉烯类对革兰氏阳性球菌和革兰氏阴性杆菌均有明显的 PAE，并呈明显的浓度依赖性；在 4MIC 时 PAE 延长明显，可达 1～3h；但过高浓度并不能使 PAE 延长。在治疗浓度时，青霉素类和头孢菌素类对葡萄球菌有中度 PAE。而碳青霉烯类对革兰氏阴性菌与革兰氏阳性菌均有中度 PAE。

PAE 研究表明，两种抗生素联用较一种抗生素单独使用后效应时间更长，提示后效应具有一定程度的相加性。如 β-内酰胺类抗生素与氨基糖苷类抗生素联合应用时，其后效应与抗菌活性呈正相关。因此，在采用两种抗生素联用时可适当延长给药间隔。奈替米星与头孢他啶联用，对金黄色葡萄球菌、大肠杆菌和铜绿假单胞菌 PAE 呈协同作用；阿莫西林与奈替米星联用，在 4MIC 时，对革兰氏阳性球菌的 PAE 呈协同或相加效应；加替沙星与头孢美唑联用，在 4MIC 时，对大肠杆菌的 PAE 为 4.73h，呈协同作用；头孢曲松与阿米卡星联用，对伤寒杆菌的 PAE 呈协同效应（单用 PAE 为 0.3h，联用为 4.0h）；头孢曲松与妥布霉素联用，对铜绿假单胞菌的 PAE 呈相加效应（单用 PAE 为 1.5h，联用 PAE 为 2.4h）；哌拉西林/他唑巴坦与阿米卡星或异帕米星联用，在 0.5～2MIC 时联用所产生的 PAE 均呈现相加作用；舒巴坦与头孢哌酮联用，在 0.5MIC 和 1MIC 时对大肠杆菌、金黄色葡萄球菌、变形杆菌和铜绿假单胞菌的 PAE 明显延长。

5.5.6.3　防耐药变异浓度（MPC）

防耐药变异浓度（MPC）是近年来国外学者提出的新概念，指防止菌株发生耐药变异的抗菌药物浓度，可反映药物抑制菌株发生耐药性变异的能力。MPC/MIC 值越小，药物抑制菌株产生耐药变异的能力就越强。Zhao 等报道了青霉素对大肠杆菌和金黄色葡萄球菌的 MPC 以及相关药动学数据，青霉素对金黄色葡萄球菌的 MPC 值（$0.22\mu g/mL$）均低于各自的血浆峰浓度 C_{max}（$510\mu g/mL$）；青霉素对大肠杆菌的 MPC（$300\mu g/mL$）值均低于各自的血浆峰浓度 C_{max}（$510\mu g/mL$）。临床给药中保证抗菌药

物 C_{max} 在 MPC 以上可以防止耐药变异菌株的产生，避免细菌对目前临床应用的抗菌药物产生耐药。

5.5.6.4　PK-PD 参数

Craig 等人对接受青霉素或头孢菌素治疗的肺炎链球菌感染的动物模型的文献进行总结，以死亡率为治疗终点，当 $T>$MIC 占给药间隔的 20% 或更少时，死亡率为 100%；相反，当 $T>$MIC 占给药间隔 40%～50% 或更高时，杀菌疗效达到 90%～100%。因此可以认为，$T>$MIC 占给药间隔 40%～50% 就可以达到理想的杀菌效果。

头孢噻呋作为动物专用的第三代头孢菌素类抗生素，具有优良的药代动力学特征和广谱的抗菌活性。在头孢噻呋对伪中间葡萄球菌的药效学及 PK/PD 同步模型研究中，利用 Inhibitory E_{max} 模型拟合 PK/PD 参数与抗菌效果之间的相关性。结果表明，头孢噻呋 AUC_{0-24h}/MIC 参数与体内药物的抗菌效应拟合效果较好，当 AUC_{0-24h}/MIC 为 35.118、69.330 时，可以分别使伪中间葡萄球菌减少 lgCFU/只和 2lgCFU/只。研究发现，头孢噻呋在 MHB 培养基和鸭血清中对大肠杆菌 CVCC1569 的 MIC 均为 $0.25\mu g$/mL，MBC 分别为 $0.5\mu g$/mL 和 $1\mu g$/mL，表明头孢噻呋在鸭体内外的抗菌效果几乎相同。长效头孢噻呋制剂单剂量皮下注射给药，在大肠杆菌感染鸭体内的主要药动学参数见表 5-10。长效头孢噻呋对大肠杆菌感染鸭体内抗菌效果有显著相关性的 PK-PD 参数为 $T>$MIC，当 $T>$MIC 为 3.24% 时，长效头孢噻呋对大肠杆菌产生抑制作用；当 $T>$MIC 为 37.68% 时，长效头孢噻呋对大肠杆菌产生杀菌作用；当 $T>$MIC 为 58.98% 时，长效头孢噻呋对大肠杆菌产生清除作用。

表 5-10　不同剂量头孢噻呋药动学参数

药动学参数	给药剂量/(mg/kg 体重)		
	1	1.5	3
$t_{1/2\beta}$	6.826	5.747	7.616
t_{peak}	0.333	0.333	0.333
AUC	6.849	9.993	11.051
C_{max}	2.015	2.78	4.314
MRT/h	6.259	5.596	5.742
$T>$MIC	32%	42%	55%

通过猪组织笼感染模型研究头孢喹肟对猪胸膜肺炎放线杆菌的体内 PK/PD 同步模型。不同给药剂量下能够产生的最大抗菌效果是使细菌数量下降 3.96lgCFU/mL。%$T>$MIC 是与抗菌效果相关性最好的 PK/PD 参数，相关系数 R^2 达到 0.967。单次给药后 24h 使细菌含量下降 1/3lgCFU/mL、2/3lgCFU/mL、lgCFU/mL 所需要的 %$T>$MIC 值分别为 11.59%、27.49%、59.81%。这些结果表明，头孢喹肟在体内也表现出时间依赖性的抗菌活性。

联合用药的优势一方面在于组合使用抗菌药物可以产生相加或协同效应，比如克拉维酸与阿莫西林联用，或舒巴坦与氨苄西林联用，前者可以帮助后者抵抗 β-内酰胺酶的破坏。在过去的几十年中，研究表明已确定的 β-内酰胺酶/β-内酰胺酶抑制剂的 PK/PD 指数包括 β-内酰胺类和 β-内酰胺酶抑制剂类的 $T>$MIC，在耐药菌株中，β-内酰胺酶抑制剂最低阈值浓度与 β-内酰胺类抗生素 MIC 单一和联合应用都有着显著性差异。

5.5.7 临床应用

5.5.7.1 青霉素类

（1）天然青霉素

① 青霉素 青霉素属于窄谱抗生素，临床主要用于治疗由革兰氏阳性菌引起的感染，如马腺疫、猪链球菌病、猪淋巴结脓肿、乳腺炎、子宫炎、化脓性腹膜炎和创伤感染等；亦用于放线菌及钩端螺旋体等的感染，还可以局部应用，如乳管内、子宫内及关节腔内注入以治疗乳腺炎、子宫内膜炎及关节炎。

a. 乳腺炎 青霉素是治疗奶牛乳腺炎的主要抗生素之一，特别是在发病初期或者急性感染时，治疗效果较好。牛肌内注射：1 万～2 万 IU/（kg 体重·次），每日 2～3 次，连用 2～3 日。牛乳房灌注：挤乳后每个乳室 10 万 IU，每日 1～2 次。Buragohin 等人应用青霉素治疗奶牛乳腺炎，乳池注射给药，治愈率为 100%。Khan 等人比较了青霉素和余甘子果提取物对水牛隐性乳腺炎的治疗效果，按照每只动物每天 20IU 青霉素和每只动物每天 1500mg 余甘子果提取物的剂量进行乳房注射给药，治疗 5 天后，结果显示青霉素治疗组的细菌学治愈率最高（80.95%），其次是余甘子果治疗组（64.7%），青霉素可有效治愈水牛隐性乳腺炎。

b. 马腺疫 对于一般型的马腺疫，可对肿大的淋巴结进行穿刺，放出浓汁内容物，用碘伏和双氧水清创、盐水清洗消毒，肌内注射青霉素钠 1200 万 U，连续 3 天。

c. 链球菌病 对于牛链球菌病，其病原体对青霉素类抗生素较为敏感，因此一旦发病，可以利用青霉素进行治疗，降低胃肠道感染，病牛肌内注射 1 万～2 万 IU/kg 体重青霉素，利用 0.9% 生理盐水稀释，或者使用 5% 葡萄糖液稀释，可以有效发挥青霉素抗菌消炎作用，补充病牛机体能量，满足糖代谢功能，并有效防止继发性感染。

② 普鲁卡因青霉素 普鲁卡因青霉素为青霉素的普鲁卡因盐，其抗菌活性成分为青霉素。用途同青霉素，但不宜单独用于治疗严重感染。本品肌内注射后，缓慢释放出青霉素，因而起效慢，作用持久，在兽医临床中，该药仅用于治疗非急性、非重症感染，或作为维持剂量用。肌内注射用量：马、牛 1 万～2 万 IU/（kg 体重·次），马驹、牛犊、猪、羊 2 万～3 万 IU/（kg 体重·次），犬、猫 3 万～4 万 IU/（kg 体重·次），均每日 1 次。为能在较短时间内升高血药浓度，普鲁卡因青霉素可与青霉素钠（钾）混合配制成注射剂，以兼顾长效和速效。普鲁卡因青霉素若静脉注射可引起普鲁卡因中毒，故不宜静脉注射给药。

申建等人使用油剂普鲁卡因青霉素对犬在临床上的应用进行评估，作为角膜炎的辅助治疗药物治疗犬 76 例，治愈率可达 97.3%，疗效显著。另外，普鲁卡因青霉素对奶牛乳腺炎的治愈率可达 84.8%。Taponen 等人比较了两种治疗方案对奶牛临床型乳腺炎的治疗效果，分别使用 600000IU 的普鲁卡因青霉素、500000IU 的普鲁卡因青霉素联合 300mg 新霉素每天在患病乳区注射给药，连续给药 4 天；结果发现，单独使用普鲁卡因青霉素或与新霉素联合使用对青霉素敏感的革兰氏阳性菌引起的临床乳腺炎的治愈率没有统计学差异，临床治愈率均达到 70% 以上，联合治疗不会增加治疗效果。

③ 苄星青霉素 苄星青霉素为长效青霉素，抗菌谱与青霉素相似。该药肌内注射后缓慢游离出青霉素而发挥抗菌作用，具有吸收较慢、维持时间长等特点。但由于在血液中浓度较低，故不能替代青霉素用于急性感染的治疗。该药只适用于对青霉素高度敏感细菌

所致的轻度或慢性感染，例如长途运输家畜时用于防治呼吸道感染、肺炎，牛的肾盂肾炎、子宫蓄脓等。各种家畜2万～3万IU/(kg体重·次)，间隔2～3日1次。对于复方苄星青霉素（三效青霉素），该药品具有速效、高效、长效的特点，临用前加适量注射用水，强力振摇制成混悬液后，供深部肌内注射用。用量：各种家畜2万～3万IU/(kg体重·次)，间隔1.5～2日1次。对重症急性病例，首次给药时应同时注射苄青霉素钾。

沈春岚的研究显示，给马肌内注射苄星青霉素后（10000IU/kg体重），吸收较慢，需要8.4h才在血中达到浓度高峰，消除半衰期为68.52h，血中有效浓度维持时间为74h，根据药代动力学分析，结合青霉素对多数病原菌的MIC范围，认为苄星青霉素可3天给一次药。

（2）半合成青霉素

① 氨苄西林　该药具有广谱抗菌作用，主要用于治疗敏感菌所致的肺部、尿路感染和革兰氏阴性杆菌引起的某些感染，例如驹、犊肺炎，牛巴氏杆菌病、肺炎、乳腺炎，猪传染性胸膜肺炎、鸡白痢、禽伤寒等。严重感染时，可与氨基糖苷类抗生素合用以增强疗效。动物常用的是氨苄西林三水合物，这是一种难溶的制剂。牛肌内注射，每天给药一次即可。马肌内注射也能持续维持血浆药物浓度。

a. 肺炎　氨苄西林对肺部细菌感染有较好的疗效，常作为嗜血杆菌引起的肺炎和胸膜肺炎的首选药，用于牛肺炎的治疗，肌内、静脉注射：一次量，1kg体重10～20mg，每日2～3次（高剂量用于幼畜和急性感染），连用2～3日。

b. 巴氏杆菌病　在牛巴氏杆菌病的治疗中，氨苄西林被广泛应用。在牛巴氏杆菌病的治疗中，氨苄西林的使用剂量应根据动物的体重和临床情况来确定。成年牛：1kg体重使用15～25mg的氨苄西林，每日2～3次给药，持续治疗5～7天。幼年牛：1kg体重使用10～20mg的氨苄西林，每日2～3次给药，持续治疗5～7天。

c. 乳腺炎　氨苄西林对引起牛乳腺炎的致病菌具有较好的杀菌作用。根据牛乳腺炎的严重程度和病原菌的敏感性，氨苄西林的应用剂量可能会有所不同。一般而言，以下剂量可作为参考。青年牛（体重约250kg）：每次注射10～15mg/kg体重，每日2次，疗程为3～5天。成年牛（体重约500kg）：每次注射10～20mg/kg体重，每日2次，疗程为3～5天。

d. 鸡白痢　鸡白痢是由禽沙门菌引起的一种严重的肠道感染性疾病，在鸡白痢的治疗中，氨苄西林具有重要的应用价值。根据实验室和临床研究的结果，推荐使用的氨苄西林剂量为每千克体重5～10mg，每日2～3次，疗程通常3～5天。需要注意的是，正确的用药剂量和疗程对于治疗鸡白痢是至关重要的。过低的剂量可能导致治疗效果不佳，而过高的剂量可能引起药物毒副作用。因此，在使用氨苄西林治疗鸡白痢时，应根据鸡的体重和病情，合理计算给药剂量。

② 阿莫西林　阿莫西林又称羟氨苄青霉素，其作用、应用、抗菌谱与氨苄西林基本相似，对肠球菌和沙门菌的作用较氨苄西林强两倍，内服吸收良好，优于氨苄西林。细菌对阿莫西林和氨苄西林有完全交叉耐药性。该药主要用于对阿莫西林敏感的细菌感染性疾病的治疗。

a. 肺炎　对于确诊新生犊牛肺炎疾病，将阿莫西林0.5g和地塞米松磷酸钠5mg添加到500mL的葡萄糖或者生理盐水中，混合后为患有肺炎疾病的犊牛进行静脉注射，每天用药1次，连续治疗5～7d。

b. 支气管炎　阿莫西林对引起支气管炎的细菌具有较好的杀菌作用。根据动物的体重和支气管炎的严重程度，阿莫西林的应用剂量可能会有所不同，以下剂量可作为参考。小型动物（例如猫、小型犬）：每次口服 5～10mg/kg 体重，每日 2 次，疗程为 7～14 天。中型动物（例如中型犬）：每次口服 10～15mg/kg 体重，每日 2 次，疗程为 7～14 天。大型动物（例如大型犬、牛）：每次口服 15～20mg/kg 体重，每日 2 次，疗程为 7～14 天。

c. 乳腺炎　阿莫西林属于氨苄西林的衍生物，具有广谱的抗菌活性，对多种革兰阳性和革兰阴性细菌均具有较好的杀菌作用，包括引起奶牛乳腺炎的致病菌。根据乳腺炎的严重程度和病原菌的敏感性，阿莫西林的应用剂量可能会有所不同，以下剂量可作为参考。轻度乳腺炎病例：每次注射 10～15mg/kg 体重，每日 2 次，疗程为 3～5 天。中度乳腺炎病例，每次注射 15～20mg/kg 体重，每日 2 次，疗程为 3～5 天。重度乳腺炎病例：每次注射 20～25mg/kg 体重，每日 2 次，疗程为 3～5 天。应注意具体的剂量应根据奶牛群的特定情况进行调整。

d. 子宫内膜炎　阿莫西林被广泛用于治疗牛子宫内膜炎。轻度子宫内膜炎病例：每次注射 10～15mg/kg 体重，每日 2 次，疗程为 5～7 天。中度子宫内膜炎病例：每次注射 15～20mg/kg 体重，每日 2 次，疗程为 5～7 天。重度子宫内膜炎病例：每次注射 20～25mg/kg 体重，每日 2 次，疗程为 5～7 天。

由于阿莫西林在酸性环境中比较稳定，采用酸化的阿莫西林对猪链球菌病进行早期治疗效果较好，有效率为 95.0%～96.6%，治愈率为 92.1%～93.3%。对于关节炎型的猪链球菌病，可使用阿莫西林注射剂对病猪关节腔进行局部注射给药，疗效显著。国外兽医将阿莫西林作为预防牛剖宫产手术术后感染的主要药物，通过对感染区局部给药，使药物在感染区发挥作用从而达到快速抗菌消炎的效果。大肠杆菌、猪链球菌和肠球菌是引起脐带感染常见的细菌，对新生仔猪使用高剂量的阿莫西林，可预防仔猪早期脐带感染，降低脐带疝的发病率。蒋增海等人在进行育肥猪急性猪丹毒感染的诊治研究中，通过对病猪肌内注射青霉素以及在饲料中添加阿莫西林可溶性粉，猪急性猪丹毒病症得到了有效控制，有效降低了猪场的损失。Litster 等人比较了阿莫西林-克拉维酸钾、头孢维星和多西环素对猫上呼吸道感染的临床疗效，按照药物种类分为 3 个治疗组，阿莫西林-克拉维酸钾和多西环素组的猫临床好转情况及摄食量等各项指标均优于头孢菌素组，表明阿莫西林-克拉维酸钾和多西环素对治疗猫上呼吸道感染均具有良好的效果。

③ 苯唑西林　苯唑西林又称苯唑青霉素，为半合成的耐酸、耐酶青霉素，对耐青霉素的金黄色葡萄球菌有效，但对青霉素敏感菌株的杀菌活性不如青霉素。该药主要用于对青霉素耐药的金黄色葡萄球菌感染的治疗，如败血症、肺炎、乳腺炎和烧伤创面感染等；若与庆大霉素合用，能增强对肠球菌的抗菌活性。

在兽医临床中，苯唑西林常被用于治疗多种动物的感染病例，包括犬、猫、牛、猪等。以下是苯唑西林在兽医临床中的一些常见应用。

a. 皮肤和软组织感染　苯唑西林可用于治疗动物的皮肤感染、创伤感染、蜂窝组织炎等。一般推荐的剂量为每千克体重给药 10～25mg，每日 2 次，疗程为 5～7 天。

b. 呼吸道感染　苯唑西林可用于治疗犬、猫等动物的上呼吸道感染、支气管炎等疾病。剂量根据动物体重和严重程度而定，一般推荐的剂量为每千克体重给药 10～25mg，每日 2 次，疗程为 7～14 天。

c. 泌尿道感染　苯唑西林也可用于治疗动物的泌尿道感染，如尿路感染、膀胱炎等。剂量根据动物体重和严重程度而定，一般推荐的剂量为每千克体重给药 10～25mg，每日 2 次，疗程为 7～14 天。

d. 其他感染　苯唑西林还可以用于治疗其他类型的感染，如消化道感染、中耳炎、眼部感染等。

④ 氯唑西林　氯唑西林又名邻氯青霉素，为半合成的耐酸、耐 β-内酰胺酶青霉素，对耐青霉素的菌株有效，尤其对耐药金黄色葡萄球菌有很强的杀菌作用，故被称为"抗葡萄球菌青霉素"。该药常用于治疗动物的骨、皮肤和软组织的葡萄球菌感染，以及耐青霉素葡萄球菌感染，如奶牛乳腺炎。氯唑西林的吸收很差并且不稳定，导致血药浓度较低，因而在治疗多数感染性疾病时，不适合通过内服给药。氯唑西林乳房灌注剂可用于治疗乳腺炎，在小动物可用于治疗葡萄球菌感染，如脓皮病。

氯唑西林被广泛用于治疗乳腺炎，特别是奶牛。乳腺炎是奶牛常见的疾病，会导致乳汁质量下降，对奶牛健康和产奶量造成影响。氯唑西林可以通过直接进入乳汁，抑制乳腺炎引起的细菌感染，减轻炎症症状，并提高乳汁质量。奶牛每千克体重 10～20mg，每日 2 次皮下或肌内注射。

Cummins 和 McCaskey 报道，通过在干奶期的奶牛乳区注射氯唑西林，乳腺炎治愈率可达到 73.6%。Parkinson 等人比较了氯唑西林与头孢洛宁对奶牛乳腺炎的疗效，结果显示，两者在防治作用上无差异，但头孢洛宁组的体细胞数低于氯唑西林组。

⑤ 羧苄西林　羧苄西林又名羧苄青霉素、卡比西林。羧苄西林具有良好的组织渗透性，能够在体内迅速分布到各个组织和体液中，包括肺、肝、肾、骨骼、皮肤等，临床多采用注射给药，主要用于动物的铜绿假单胞菌性全身性感染。肌内注射：一次量，每千克体重，家畜 10～20mg，每日 2～3 次。静注或口服：一次量，每千克体重，犬、猫 55～110mg，每日 3 次。该药对革兰氏阳性球菌和革兰氏阴性杆菌的作用均逊于氨苄西林，对产酶金黄色葡萄球菌无效。通常与氨基糖苷类合用可增强其作用，但不能混合注射，应分别注射给药；变形杆菌和肠杆菌属的感染也可应用。

5.5.7.2　头孢菌素类

头孢菌素类抗生素为半合成广谱抗生素，又名先锋霉素类抗生素。该类药物因具有抗菌谱广、抗菌活性强、不良反应少等特点，被广泛应用于兽医临床。根据发现的时间先后、抗菌谱和对 β-内酰胺酶的稳定性，将头孢菌素类抗生素分为四代。第一代头孢菌素常用于革兰氏阳性菌感染；第二代因其抗革兰氏阳性菌的作用不如第一代，抗革兰氏阴性菌的作用不如第三代，故在兽医临床较少使用；第三代、第四代头孢菌素的抗菌谱更广，抗菌活性更强，故在临床的应用更广泛。

（1）第一代头孢菌素

① 头孢氨苄　头孢氨苄为广谱抗生素，主要用于治疗由耐药金黄色葡萄球菌及某些革兰氏阴性杆菌如大肠杆菌、沙门菌、克雷伯菌等敏感菌引起的消化道、呼吸道、泌尿生殖道感染，牛乳腺炎等。

a. 支气管炎　犬猫支气管炎是一种常见的呼吸系统疾病，由细菌感染引起，表现为咳嗽、呼吸困难和呼吸道炎症等症状。头孢氨苄被广泛应用于兽医临床中治疗犬猫支气管炎。犬：每千克体重，口服给药剂量为 10～20mg/kg，每日分 2 次给药，治疗周期通常为 7～14 天。猫：每千克体重，口服给药剂量为 10～15mg/kg，每日分 2 次给药，治疗周期通常为 7～14 天。

b. 膀胱炎　头孢氨苄在治疗犬和猫的膀胱炎中被广泛应用，一般而言，推荐剂量为每日 10～20mg/kg，分为 2～4 次口服给药，治疗周期一般为 7～14 天。在用药期间，应密切观察动物的症状和体征变化，如出现严重的过敏反应、药物不良反应或耐药现象，应及时停药。头孢氨苄在肾功能受损的动物中的剂量需要调整，以避免药物在体内积聚过多，造成不良反应。

c. 创伤感染　头孢氨苄对引起创伤感染的金黄色葡萄球菌和链球菌具有抗菌活性，头孢氨苄在兽医临床治疗创伤感染时，犬和猫的推荐剂量为每日 10～20mg/kg 体重，分为 2～4 次口服给药或静脉注射，治疗周期一般为 7～14 天。

犬的典型给药剂量是使头孢氨苄的浓度维持在对葡萄球菌 MIC 以上至少 12h，才能达到临床治愈，有学者认为应至少每 8h 给一次药，以维持 $T>MIC$。猫内服头孢氨苄的吸收率约 56%，半衰期为 2.25h，按推荐剂量间隔 12h 给药，通常能使药物浓度维持在抗真皮或尿路感染的有效范围内。使用头孢氨苄治疗犬细菌性皮肤病，口服给药，每次 15～25mg/kg 体重，每天 2 次，连用 2 周，痊愈率可达 73.33%，能够有效治疗犬细菌性皮肤病。

② 头孢唑啉　头孢唑啉是小动物最常用的注射用头孢菌素，具有广谱抗菌活性。犬的给药途径有静脉注射、肌内注射和皮下注射。该药和许多其他头孢菌素一样，血浆蛋白结合率低，药物扩散到组织液的浓度和血浆平行。头孢唑啉还能渗入正常和骨髓炎的骨组织，并且浓度与血浆浓度相似。由于本品具有较好的渗透性，故可用于防治骨感染，是骨科手术前常用的预防性抗菌药。头孢唑啉也用于大动物，偶尔用于马的术前期或围手术期注射。该药临床主要用于治疗敏感菌所致的犬、猫呼吸道感染、肺炎、尿路感染、胆囊炎、肝脓肿、心内膜炎、败血症及软组织感染。

a. 呼吸道感染　头孢唑啉可用于治疗犬和猫的上呼吸道感染，如鼻窦炎、咽炎和气管支气管炎，常见的致病菌包括链球菌、流感嗜血杆菌和卡他莫拉菌等。

b. 皮肤和软组织感染　头孢唑啉对于常见的细菌引起的皮肤和软组织感染具有良好的疗效，它可以用于治疗犬和猫的蜂窝组织炎、脓皮病、浅表性皮肤感染等。

c. 泌尿道感染　头孢唑啉可用于治疗犬和猫的泌尿道感染，如膀胱炎和尿道炎，常见的致病菌包括大肠杆菌、链球菌和变形杆菌等。

d. 腹腔感染　头孢唑啉也可用于治疗犬和猫的腹腔感染，如腹膜炎和腹腔脓肿，它可以覆盖多种致病菌，包括革兰氏阴性菌和革兰氏阳性菌。

肌内、静脉或皮下注射：一次量，每千克体重，犬、猫 15～25mg，每日 3～4 次。

③ 头孢洛宁　头孢洛宁对大多数革兰氏阳性菌和阴性菌有效，尤其对引起奶牛乳腺炎的大多数病原菌有效，如金黄色葡萄球菌、无乳链球菌、停乳链球菌、乳房链球菌、化脓隐秘杆菌、大肠杆菌和克雷伯菌等，因此对奶牛乳腺炎具有很好的治疗作用。成年奶牛：每日 2～4mg/kg 体重，分为每日 1～2 次，皮下或肌内注射给药。

Owens 等人在研究确定奶牛乳腺炎最佳治疗时间的试验中，发现妊娠前 3 个月时使用头孢洛宁进行治疗，其治愈率可达 100%。头孢洛宁是治疗干乳期奶牛乳腺炎的有效药物。Parkinson 等人研究评价干乳期 3 种抗生素的疗效，其中比较了氯唑西林和头孢洛宁的疗效，结果表明在干乳期无奶牛患乳腺炎，在产犊后 10 天有 16 头奶牛患上乳腺炎，在发病率上无差异。与氯唑西林治疗的奶牛相比，在头孢洛宁治疗组的奶牛中体细胞数均值低。Bates 等人研究头孢洛宁单独使用和与乳头密封剂联合应用的效果，发现在减少产犊后 100 天临床型乳腺炎发病率和产犊后 60～80 天奶牛体细胞数>150000 个/mL 的患病率方面，与封闭剂联合应用的头孢洛宁比单独应用头孢洛宁效果好。

（2）第二代头孢菌素　头孢西丁是最常用于兽医临床的第二代头孢菌素类抗生素，

用于治疗耐第一代头孢菌素病原菌引起的感染，或用于有厌氧菌感染的病例。厌氧菌如脆弱拟杆菌属可产生头孢菌素酶而获得耐药性，但头孢西丁对此类酶耐受，因此对一些由厌氧菌和革兰氏阴性杆菌混合感染的病例（脓毒性腹膜炎）有治疗效果。头孢西丁在兽医临床中被广泛应用于治疗多种感染性疾病。

a. 皮肤和软组织感染　头孢西丁常用于治疗犬和猫的皮肤和软组织感染，包括脓皮病、蜂窝组织炎、浅表性皮肤感染等。

b. 泌尿道感染　头孢西丁也可以用于治疗小动物（犬和猫）的泌尿道感染，如膀胱炎、尿道炎等。

c. 其他感染性疾病　头孢西丁还可以用于治疗其他感染性疾病，如呼吸道感染、中耳炎、牙龈炎等。

头孢西丁在犬和猫的使用剂量可以根据具体情况进行调整，以下是一般推荐的剂量范围。犬：每日 10～15mg/kg 体重，分为每 8～12h 口服给药。猫：每日 10～20mg/kg 体重，分为每 8～12h 口服给药。

有学者对头孢西丁和头孢替坦的抗菌活性和在犬的药动学进行评价，头孢替坦对大肠杆菌的抗菌活性更强，两药有相似的药动学参数，皮下给药后都有吸收，但头孢替坦 $T>$MIC 的时间较长，因此给药间隔可相对长些。头孢替坦的推荐剂量是每千克体重 30mg，静脉注射每 8h 一次，或皮下注射每 12h 一次。

（3）第三代头孢菌素

① 头孢噻呋　头孢噻呋为第一个动物专用的第三代头孢菌素类抗生素，法玛西亚-普强公司将其做成钠盐的冻干粉及盐酸盐的混悬液用于动物疾病的治疗；后来美国辉瑞公司又开发了一种新剂型的头孢噻呋，即结晶性头孢噻呋游离酸。该药具有广谱杀菌作用且不易产生耐药性，对革兰氏阳性菌和阴性菌包括产 β-内酰胺酶菌株均有效。头孢噻呋临床上主要用于治疗畜禽的细菌性呼吸道感染等疾病，对革兰氏阳性菌及革兰氏阴性菌引起的感染的治疗效果均比较理想。此外，头孢噻呋还可用于牛和猪。例如用于治疗溶血性巴斯德氏菌、多杀性巴斯德氏菌与昏睡嗜血杆菌引起的牛呼吸道疾病（运输热、肺炎），对化脓隐秘杆菌引起的呼吸道感染也有效，也可治疗坏死梭杆菌引起的腐蹄病。

头孢噻呋钠治疗呼吸道疾病患牛，有效率达 100%，治愈率在 90% 以上。头孢噻呋治疗子宫内膜炎患牛的治愈率可达到 80%。Oliver 等人评估了不同头孢噻呋给药方案对奶牛泌乳早期乳腺炎的治疗效果，患病奶牛每天乳房内注射 125mg 的盐酸头孢噻呋，发现标准的 2 天头孢噻呋治疗方案的细菌学治愈率为 43%，5 天和 8 天的头孢噻呋延长治疗方案的细菌治愈率分别为 88% 和 100%，表明延长治疗持续时间可以增加头孢噻呋治疗链球菌性乳腺炎的疗效。

头孢噻呋常用于治疗猪的胸膜肺炎放线杆菌、多杀性巴斯德氏菌、猪霍乱沙门菌、副猪嗜血杆菌与猪链球菌等引起的呼吸道疾病及全身重度感染；据报道，头孢噻呋对胸膜肺炎放线杆菌引起的猪肺炎疗效显著。另外，该药还可用于兽疫链球菌引起的马呼吸道感染的治疗；对巴斯德氏菌、马链球菌、变形杆菌、摩拉氏菌等引起的马呼吸道感染也有效；也可用于治疗大肠杆菌与奇异变形菌引起的犬的泌尿道感染。

a. 牛支气管肺炎　牛支气管肺炎是牛群中常见的呼吸道疾病，由多种病原体引起，包括细菌、病毒和支原体等。头孢噻呋作为一种广谱抗生素，对许多常见的致病菌具有抗菌活性，可以用于治疗牛支气管肺炎的细菌感染。成年牛：每千克体重 0.5～2mg 头孢噻呋，每日 2 次，疗程通常为 3～5 天。

b. 猪放线杆菌性胸膜肺炎　猪放线杆菌性胸膜肺炎是猪群中常见的呼吸道疾病，由放线杆菌引起。头孢噻呋对放线杆菌具有抗菌活性，可以用于治疗猪放线杆菌性胸膜肺炎。以下是一般推荐的头孢噻呋用药剂量范围：幼猪，每千克体重 2～5mg 头孢噻呋，每日 2 次，疗程通常为 5～7 天；成年猪，每千克体重 1～3mg 头孢噻呋，每日 2 次，疗程通常为 5～7 天。

② 头孢维星　头孢维星是动物专用的第三代头孢菌素，对革兰氏阳性菌和阴性菌均有杀菌作用。头孢维星对引起犬、猫皮肤感染的中间葡萄球菌、多杀巴氏杆菌，引起犬脓肿的拟杆菌属、梭菌属，犬牙周感染分离的单胞菌、中间普氏菌，引起犬、猫泌尿道感染的大肠杆菌等均具有良好的抗菌活性。本品主要用于治疗犬、猫的皮肤和软组织感染，如犬的脓皮病，创伤和中间葡萄球菌、β-溶血性链球菌、大肠杆菌或巴氏杆菌引起的脓肿；治疗软组织脓肿和多杀性巴氏杆菌、梭杆菌属引起的伤口感染。

头孢维星的注册用途是治疗犬和猫的皮肤感染，在有些国家也用于治疗尿道感染；美国批准的标准剂量是每千克体重 8mg 皮下注射，7 天内重复给药一次，可使药物浓度维持在敏感菌的有效浓度达 14 天；加拿大和欧洲批准的给药间隔是 14 天。包腾飞的研究发现，使用头孢维星钠治疗犬细菌性皮肤病，皮下注射给药，每日 8mg/kg 体重，14d 注射一次，连用两次，治愈率可达 80%。

a. 皮肤和软组织感染　头孢维星可以用于治疗猫和狗的皮肤感染、伤口感染、蜂窝织炎等软组织感染。它对多种常见的致病菌如金黄色葡萄球菌和链球菌等具有抗菌活性。

b. 小动物的泌尿道感染　头孢维星可以用于治疗猫和狗的泌尿道感染，如膀胱炎和尿道炎。它对常见的泌尿道致病菌如大肠杆菌和葡萄球菌等具有抗菌活性。

c. 其他感染　头孢维星还可以用于治疗其他疾病引起的感染，如呼吸道感染、骨骼感染和腹腔感染等。

以下是一般推荐的头孢维星用药剂量范围：猫每千克体重 8～10mg 头孢维星，每 4 周注射一次，疗程通常为 1～2 次；狗每千克体重 8～10mg 头孢维星，每 2 周注射一次，疗程通常为 1～3 次。

（4）第四代头孢菌素　头孢喹肟也称头孢喹诺，是动物专用的第四代头孢菌素类抗生素。与同类产品相比，头孢喹肟对革兰氏阳性菌和阴性菌均显示良好的抗菌活性，具有抗菌谱广、抗菌活性强的特点，尤其对 β-内酰胺酶高度稳定；因内服吸收少，该药适用于非肠道用药，肌内和皮下注射时吸收均迅速。我国农业部于 2006 年批准英特威国际有限公司申请注册的硫酸头孢喹肟注射液（Cobactan 2.5%）在我国上市。

该药主要用于治疗敏感菌引起的牛、猪呼吸系统感染及奶牛乳腺炎。

a. 乳腺炎　在奶牛乳腺炎治疗方面，头孢喹肟可用于治疗敏感菌引起的奶牛急性和慢性乳腺炎，也可用于治疗干乳期的奶牛隐性乳腺炎或预防由细菌性感染而引起的乳腺炎。Shpigel 等人研究了头孢喹肟对试验性大肠杆菌感染引起的奶牛乳腺炎的治疗效果，结果表明以 75mg 剂量连续 3 次乳房灌注头孢喹肟的治疗效果明显优于 1mg/kg 剂量连续 2 次肌内注射头孢喹肟。另据报道，硫酸头孢喹肟乳房注入剂按 1 支（3g∶50mg）/（乳区·次）在干乳期前用药 1 次，可有效预防和治疗由大肠杆菌、葡萄球菌和链球菌引起的奶牛乳腺炎。

b. 支气管炎　头孢喹肟适用于治疗牛的呼吸道感染，如支气管炎。支气管炎是牛群中常见的呼吸道感染疾病，通常由多种致病菌引起，包括巴氏杆菌、肺炎链球菌和流感嗜血杆菌等。头孢喹肟通过抑制细菌细胞壁的合成，有效地抑制了这些致病菌的生长和繁殖。在治疗牛支气管炎时，一般推荐的头孢喹肟用药剂量为每千克体重 1～2mg，每日注射一次，疗程通常为 3～5 天。

c. 胸膜肺炎　头孢喹肟在兽医临床中被广泛应用于治疗胸膜肺炎，特别是在牛的胸膜肺炎治疗中。头孢喹肟可以有效抑制多种引起胸膜肺炎的细菌，包括革兰氏阴性菌和革兰氏阳性菌。头孢喹肟在牛胸膜肺炎治疗中的一般用药剂量范围：成年牛，每千克体重，头孢喹肟剂量为 10～20mg。通常每天分 2 次给药，口服或注射给药均可。用药疗程一般为 5～7 天，具体根据病情可能需要延长或缩短。

5.5.7.3 碳青霉烯类

碳青霉烯类包括亚胺培南、多利培南、厄他培南和美罗培南。与其他 β-内酰胺类抗生素相比，该类药物的抗菌谱是最广的，甚至超过许多第三代头孢菌素类药物。碳青霉烯类活性高的原因是其对大多数 β-内酰胺酶稳定，并且能通过其他药物不能渗透的孔蛋白通道，另外也因为药物对多数细菌具有 PAE。该类药物在兽医临床的应用仅限于由耐其他抗生素的细菌引发的严重感染。

该类药物中的亚胺培南在兽医临床上偶尔用于治疗严重感染。亚胺培南通常被肾小管代谢为一种有潜在毒性的化合物，西司他丁［肾脱氢肽酶（DHP-1）抑制剂］能抑制这种肾脏酶；临床上将亚胺培南与西司他丁合用，能避免或降低药物对肾脏的毒性，同时能提高亚胺培南的治疗效果。Primaxin® 是亚胺培南与西司他丁的复方制剂，具有以下特点：a. 避免肾毒性；b. 活性成分能在尿中达到较高浓度。

小动物常用剂量是 1kg 体重 10mg，每 8h 一次；或 1kg 体重 5mg，每 6h 一次，必须以恒速 30～60min 注入；但也有皮下注射给药。

5.5.7.4 β-内酰胺酶抑制剂

（1）克拉维酸　克拉维酸又名棒酸，仅有微弱的抗菌活性，是一种革兰氏阳性菌和革兰氏阴性菌所产生的 β-内酰胺酶的"自杀"抑制剂（不可逆结合者），故称之为 β-内酰胺酶抑制剂。该药经口给予吸收好，也可注射给药。克拉维酸不单独用于抗菌，通常与其他 β-内酰胺类抗生素合用以克服细菌的耐药性。如果将克拉维酸与氨苄西林合用，可使后者对产 β-内酰胺酶的金黄色葡萄球菌的 MIC 由大于 $1000\mu g/mL$ 减少至 $0.1\mu g/mL$。现已有氨苄西林或阿莫西林与克拉维酸组成的复方制剂用于兽医临床，如阿莫西林-克拉维酸钾［（2～4）：1］，主要用于对阿莫西林敏感的畜禽细菌性感染和产 β-内酰胺酶耐药金黄色葡萄球菌感染，如禽霍乱、鸡白痢、大肠杆菌病、葡萄球菌病，家畜的巴氏杆菌病、肺炎、乳腺炎、子宫炎等。

耿雅丽等人对临床上致病性大肠杆菌引起的感染如仔猪黄痢、仔猪白痢以及水肿病等进行研究，与 β-内酰胺酶抑制剂克拉维酸钾联合使用，仔猪按 6～9mg/kg 体重（以阿莫西林计）连续 5d 肌内注射，发现阿莫西林-克拉维酸钾可以有效治疗大肠杆菌引起的仔猪腹泻，抗菌效果显著。此外，阿莫西林对于动物出血性胃肠炎具有一定的治疗效果。Unterer 等人对患有出血性胃肠炎的犬使用阿莫西林-克拉维酸钾进行治疗效果显著，治疗后患病犬体温恢复正常，呕吐、腹泻等症状明显改善，食欲恢复且无不良反应，有效抑制了肠道病原微生物的繁殖。临床常用制剂有阿莫西林-克拉维酸钾片和阿莫西林-克拉维酸钾注射液。

（2）舒巴坦　舒巴坦又名青霉烷砜，为半合成 β-内酰胺酶抑制剂，对金黄色葡萄球菌和革兰氏阴性杆菌产生的 β-内酰胺酶有很强且不可逆的抑制作用，抗菌作用略强于克拉维酸；与其他 β-内酰胺类抗生素合用，有明显的协同作用。

舒巴坦与氨苄西林联合应用，可使葡萄球菌、嗜血杆菌、巴氏杆菌、大肠杆菌、克雷伯菌对氨苄西林变敏感而增效，并可使产酶菌株对氨苄西林恢复敏感。该药与氨苄西林合用，在临床用于葡萄球菌、嗜血杆菌、巴氏杆菌、大肠杆菌、克雷伯菌等菌株所致的呼吸道、消化道及泌尿道感染。陈志华等人研究了阿莫西林联合舒巴坦对鸭大肠杆菌病的临床疗效，通过体外抑菌试验和体内疗效试验证实阿莫西林与舒巴坦联用能够使最小抑菌浓度明显下降，最小抑菌浓度较阿莫西林降低到 1/64，药物增效几十倍甚至上百倍，同时会使产酶菌株重新恢复对药物的敏感性，治愈率可达 92.5%。

常用制剂有氨苄西林钠-舒巴坦钠（效价比 2：1，仅供注射用）、氨苄西林-舒巴坦甲苯磺酸盐（分子比 1：1，仅供内服用）。

5.5.8 安全性

5.5.8.1 青霉素类

青霉素类抗生素是一类相对安全低毒的药物，兽医临床常见的不良反应除刺激性外，偶见过敏反应的发生。

（1）天然青霉素类

① 青霉素　青霉素的化疗指数大，毒性小；动物除豚鼠外均有很大耐受量，但因有刺激性应避免注入脑脊髓液内，否则引起兴奋性惊厥。

青霉素的不良反应主要包括刺激性和过敏反应。该药的刺激性主要表现为注射部位的疼痛；青霉素的过敏反应发生率较高，兽医临床已有马、骡、牛、猪、犬发生过敏反应的报道，但多数症状较轻，偶见严重者可产生过敏性休克。易过敏动物中以马、骡、猪、犬等多见，注射后不久出现流汗、兴奋不安、肌肉震颤、心跳加快、呼吸困难、站立不稳、抽搐等症状。局部反应表现为注射部位水肿、疼痛，全身反应为荨麻疹、皮疹或虚脱，严重者可引起死亡。因此，在用药过程中应注意观察，如出现过敏反应，应立即停止用药；同时用肾上腺素或地塞米松进行抢救，严重者可静脉或肌内注射肾上腺素（马、牛 2～5mg/次，羊、猪 0.2～1mg/次，犬 0.1～0.5mg/次，猫 0.1～0.2mg/次），必要时可加用糖皮质激素和抗组胺药，以增强或稳定药效。

大剂量注射青霉素钠（钾）可能引起高钠（钾）血症，由此对肾功能减退或心功能不全患者产生不良后果。

此外，青霉素可在乳中排泄，残留该药的乳汁可引起使用者的过敏反应，甚至导致过敏性休克。因此，给药奶牛的乳汁应禁止给人食用。

② 普鲁卡因青霉素　普鲁卡因青霉素的安全范围广，主要的不良反应是过敏反应，大多数家畜均可发生，但发生率较低。局部反应表现为注射部位水肿、疼痛，全身反应为荨麻疹、皮疹，严重者可引起休克或死亡。对某些动物，可诱导胃肠道的二重感染。普鲁卡因青霉素大量注射可引起普鲁卡因中毒。例如马肌内注射时，可能会引起兴奋效应，严重时可能导致死亡；其临床症状为惊恐、突然倒退、前腿跃起、盲目奔跑、共济失调，随即发生虚脱、喘息、呼吸暂停而死亡。

③ 苄星青霉素　苄星青霉素常见的不良反应是过敏反应，包括严重的过敏性休克和血清病型反应、白细胞减少、药疹、接触性皮炎、哮喘发作等。该药的治疗量不会引起毒

性反应，大剂量应用，可出现神经-精神症状，如反射亢进、知觉障碍、幻觉、抽搐、昏睡等，也可导致短暂的精神失常，停药或降低剂量可恢复。对于少数有凝血功能障碍的患者，大剂量时可扰乱凝血机制而导致出血倾向。

（2）半合成青霉素　氨苄西林和阿莫西林均能引起过敏反应和消化道不良反应，氨苄西林也偶尔使粒细胞和血小板减少，其发生率在 0.1%～1%，与青霉素有交叉过敏反应。阿莫西林少数可使血清转氨酶升高，偶有嗜酸性粒细胞增多、白细胞降低和二重感染。苯唑西林亦能引起过敏反应，大多数家畜均可发生，但发生率较低。局部反应表现为注射部位水肿、疼痛，全身反应为荨麻疹、皮疹，严重者可引起休克或死亡。

5.5.8.2 头孢菌素类

头孢菌素类抗生素是一类安全性比较高的 β-内酰胺类抗菌药物，其不良反应包括过敏反应、胃肠道反应、肾毒性及血液学改变等。

该类药物的过敏反应发生率较低，为青霉素的 10%～30%；与青霉素呈现不完全的交叉过敏反应，对头孢菌素过敏的患者绝大多数对青霉素过敏。临床表现有皮疹、瘙痒、哮喘、血清病样反应等。

头孢菌素类药物易引起胃肠道反应和菌群失调，多数头孢菌素可致恶心、呕吐、食欲不振、腹泻等不良反应，发生率为 0.6%～7%。另外，该类药物可导致肝功能损害，大剂量时可致氨基转移酶、碱性磷酸酯酶、血胆红素等值升高而导致肝毒性，多为轻至中度，持续时间短，停用可恢复。

绝大多数头孢菌素经肾排泄，当肾功能障碍时其半衰期显著延长。应用不当时，药物可致急性肾功能不全、急性间质性肾炎、少尿，甚至尿毒症，血尿素氮和血肌酐值升高，而且常常是不可逆的。第一代头孢菌素对肾脏有一定的毒性，第二代、第三代头孢菌素的肾毒性有所降低，第四代头孢菌素几乎无肾毒性。

头孢菌素类药物亦可引起造血系统毒性，临床检验为白细胞与血小板下降、嗜酸性细胞增多，可造成急性溶血性贫血、再生障碍性贫血及血小板凝集障碍等不良反应。比如第三代头孢菌素可引起维生素 K 依赖性凝血障碍和血小板功能障碍，导致出血。

下面主要介绍兽医临床常用的第一、第三和第四代头孢菌素类药物的安全性。

（1）第一代头孢菌素类

① 头孢氨苄　头孢氨苄可引起过敏反应。犬肌内注射有时会出现严重的过敏反应，甚至引起死亡；内服给药偶见胃肠道反应，如恶心、腹泻、食欲不振等，犬、猫较为多见。大剂量应用时有产生肾毒性的风险。另外，可见犬流涎、呼吸急促和兴奋不安及猫呕吐、体温升高等现象。

② 头孢赛曲　头孢赛曲的常见不良反应是刺激性，比如牛以头孢赛曲乳房注入剂每天给药，会产生轻微的乳房刺激；其对眼睛及皮肤亦有刺激性。

（2）第三代头孢菌素类

① 头孢噻呋　头孢噻呋的不良反应为过敏，临床症状表现为皮疹，一般在用药后数天内出现。在牛可引起特征性的脱毛和瘙痒。另外，可见胃肠道菌群紊乱或二重感染；该药亦有一定的肾毒性，当与氨基糖苷类药物联合使用时有协同性肾毒性作用。

② 头孢维星　目前尚未见有关头孢维星不良反应的详细报道，但该药不能用于对头孢菌素类敏感的犬和猫。

（3）第四代头孢菌素类　头孢喹肟是动物专用的第四代注射用头孢菌素，按规定的用法与用量使用，尚未见不良反应报道。

5.5.8.3 碳青霉烯类

亚胺培南常见的不良反应为癫痫、肾损害及过敏反应。当药物使用剂量过高或者合并肾功能减退、中枢神经系统病变时，发生癫痫的风险增加。亚胺培南诱发癫痫的发生率明显高于美罗培南等其他碳青霉烯类抗生素，不宜用于中枢神经系统感染的治疗。与西司他丁配伍可减轻药物的肾损害。对青霉素类、头孢菌素类及其他 β-内酰胺类药物过敏者，可能对该药出现交叉过敏反应。

5.5.8.4 单环 β-内酰胺类

单环 β-内酰胺类因其结构比青霉素和头孢菌素简单，化学性质比其他非经典的 β-内酰胺类抗生素稳定，以广谱、强效、安全性高等特点在临床上占有重要地位。

氨曲南不良反应较少见，可见消化道症状，如恶心、呕吐、腹泻、肝功异常，偶有皮肤过敏反应。

5.5.8.5 β-内酰胺酶抑制剂

β-内酰胺酶抑制剂的不良反应较少见。舒巴坦/氨苄西林禁用于对青霉素类药物过敏的动物。克拉维酸与阿莫西林等 β-内酰胺类抗生素联合应用时，可见胃肠道反应，如腹泻、恶心、消化不良、呕吐、假膜性肠炎等；若内服出现胃肠道反应，可饲后服药。偶见过敏反应。

5.5.9 药物相互作用

5.5.9.1 青霉素类

青霉素是青霉素类药物中最早应用于临床的抗生素，而且自问世以来一直被广泛应用，了解其与其他药物间的相互作用尤为重要。下面以青霉素为例介绍该类药物与临床常用药物间的相互作用情况。

（1）与抗菌药物的相互作用

① 青霉素与氨基糖苷类的链霉素或庆大霉素等合用，前者属繁殖期杀菌剂，后者属静止期杀菌剂，青霉素能破坏细菌细胞壁的完整性，有利于氨基糖苷类抗生素进入细菌体内发挥作用，可提高后者在菌体内的浓度，故呈现协同作用。两药可分别肌内注射，但不能混合于同一针管或同瓶滴注，否则可导致两者抗菌活性降低。

② 青霉素与杆菌肽合用，对肠球菌感染有协同作用。

③ 青霉素不宜与红霉素、四环素类、酰胺醇类等快速抑菌药合用，因为快速抑菌药对青霉素的杀菌活性有干扰作用，故不宜合用。

④ 青霉素与磺胺类药物合用后的相互作用情况说法不一。如治疗脑膜炎时，合用青霉素与磺胺嘧啶可获得相加作用，从而提高疗效。但也有人认为青霉素不宜与磺胺类合用，并有两者合用疗效将降低的说法。

⑤ 青霉素与对氨基水杨酸合用，后者能置换与血浆蛋白结合的青霉素，使游离青霉素浓度增加，从而增强其杀菌效果。

⑥ 青霉素与克拉维酸等 β-内酰胺酶抑制剂合用具有协同增效作用。

（2）与非抗菌药物的相互作用

① 丙磺舒能够竞争性地抑制青霉素在肾小管的分泌，从而使青霉素的排泄速度减慢，

血浓度增高，杀菌作用增强。

② 青霉素与阿司匹林、保泰松、羟基保泰松等解热镇痛药合用，后者均能置换与血浆蛋白结合的青霉素，减慢其排泄，增强其杀菌作用。青霉素不宜与复方氨基比林注射液混合注射，因为后者呈碱性，能够降低青霉素的抗菌活性。

③ 碱性药物如碳酸氢钠能碱化尿液，降低青霉素的活性，影响其杀菌效果。但若与氯化铵等能够酸化尿液的药物合用，则可提高青霉素抗泌尿系统感染的治疗效果。

④ 青霉素可增强或延长抗凝血药华法林及双香豆素类药物的抗凝作用。此外，大剂量青霉素本身也在一定程度上抑制维生素 K 的合成和促使肝素的释放，所以大剂量青霉素与抗凝血药合用时，应防出血。

⑤ 重金属离子（尤其是铜、锌、汞）、醇类、酸、碘、氧化剂、还原剂、羟基化合物、呈酸性的葡萄糖注射液或盐酸四环素注射液等可破坏青霉素的活性，属禁忌配伍。

⑥ 青霉素钠的水溶液与一些药物溶液（如盐酸两性霉素、盐酸氯丙嗪、盐酸林可霉素、酒石酸去甲肾上腺素、盐酸土霉素、盐酸四环素、B 族维生素及维生素 C）不宜混合，否则可产生混浊、絮状物或沉淀。

⑦ 胺类与青霉素可形成不溶性盐，使吸收发生变化，这种相互作用可利用以延缓青霉素的吸收，如普鲁卡因青霉素。

⑧ 氨基酸营养液不可与青霉素混合给药，因为两者混合可增强青霉素的抗原性。

⑨ 利巴韦林与青霉素溶液混合后抗微生物作用有所减弱，稳定性稍降低，因而不宜联用。

5.5.9.2 头孢菌素类

头孢菌素类药物在临床治疗中与其他药物联合应用时，相互作用的结果除了增强作用外，还可能表现为治疗作用减弱或不良反应增强。

（1）与抗菌药物的相互作用

① 头孢菌素类抗生素与多黏菌素 E 联用，可加重肾损害，严重者引起肾功能衰竭。

② 头孢菌素类抗生素与氨基糖苷类抗生素合用，可产生协同作用；但若采用非胃肠道给药方式，则会加重肾毒性；而以头孢喹肟为代表的第四代头孢菌素类几乎没有肾毒性，故不存在此后果。

③ 头孢菌素类抗生素与磺胺类药物合用时，可加重对肾脏的损害作用，应尽量避免合用。

④ 与青霉素类药物一样，该类药物也不宜与红霉素、四环素类、酰胺醇类等快速抑菌药合用。

（2）与非抗菌药物的相互作用

① 酸性或碱性药物：由于头孢菌素类抗生素的 pH 稳定范围为 4.4～8.0，放在强酸或强碱性溶液中可发生沉淀或者析出结晶，甚至水解失效。如在静滴时与维生素 C 注射液、氨茶碱、碳酸氢钠等混合，则可使效价很快下降，使用时间缩短。因此，不能在同一容器内混合使用。

② 双香豆素类抗凝药：头孢菌素类药物与双香豆素类抗凝剂合用时，由于前者可影响肠道微生物区系，减弱肠道对维生素的吸收，甚至影响维生素 K 的合成，从而增强抗凝药物的作用，应预防出血。

③ 丙磺舒：与青霉素类药物一样，丙磺舒可抑制该类药物的经肾排泄，并使其血药

浓度升高，疗效增强。联用时可适当减少抗生素的用量。

④ 乙醇与本类药物联用时，体内乙醛蓄积而呈醉酒样反应，表现为面红、胸闷、血压下降等"双硫仑样反应"，故用药期间应避免应用以乙醇为溶媒的药物。

⑤ 强效利尿药和甘露醇与该类药物联用时，可增加肾中毒的可能性。必须联用时可选择肾毒性小或没有肾毒性的药物。

⑥ 考来烯胺（治疗高脂血症、动脉粥样硬化、肝硬化的药物）与头孢氨苄合用时，可降低头孢氨苄的血药浓度，从而使其药效减弱。

⑦ 抗酸剂（含铝或镁）可使头孢克洛等口服头孢菌素的吸收减少，从而使其作用减弱。

⑧ 保泰松会与头孢菌素类抗生素竞争肾小管排泄部位，使尿液中头孢菌素类抗生素浓度下降，不利于泌尿系统感染的治疗，并能加重对肾脏的损害作用。

⑨ 头孢菌素类药物与右旋糖酐联用时，会增强对肾脏的损害作用，应避免联合使用。

⑩ 非甾体抗炎药尤其是阿司匹林或其他水杨酸制剂与头孢菌素类联用时，由于血小板的累加抑制作用可增加出血的危险。

5.5.9.3 碳青霉烯类

该类药物虽被审定为不宜批准动物使用的抗微生物药物，但了解其与临床药物的相互作用对其他药物的合理应用亦具有指导意义。

亚胺培南与氨基糖苷类合用具有协同作用，但应以不同途径分别给药；本品与更昔洛韦合用可能引发癫痫；与环孢素合用可引发急性中枢神经系统中毒，合用时应严密监测亚胺培南的血药浓度；亚胺培南可降低丙戊酸盐的血药浓度，增加癫痫发作的风险。丙磺舒与美罗培南合用，可致美罗培南 $t_{1/2\beta}$ 延长，血药浓度增加。

5.5.9.4 单环 β-内酰胺类

此类抗生素的代表药物是氨曲南，主要用于治疗需氧革兰氏阴性杆菌引起的感染，在与其他药物合用时应注意药物间的相互作用。

氨曲南与氨基糖苷类抗生素联用对多数肠杆菌属和铜绿假单胞菌有协同抗菌作用。氨曲南与头孢菌素同属 β-内酰胺类，作用靶位相同，联用时抗菌作用并不加强，反而不良反应增多，因此不宜联用。氨曲南与利尿剂合用可增加肾毒性；与万古霉素及甲硝唑间呈配伍禁忌。

5.5.9.5 β-内酰胺酶抑制剂

该类药物与 β-内酰胺类药物联合用药，可增强 β-内酰胺类药物的疗效，但与其他类药物合用，可能出现药效降低的现象。

（1）与抗菌药物的相互作用

① 克拉维酸、舒巴坦等 β-内酰胺酶抑制剂与 β-内酰胺类抗生素联用时，可增强 β-内酰胺类药物的抗菌活性，从而提高疗效。例如由氨苄西林和舒巴坦按 2:1 比例制成的复方制剂，对耐氨苄西林的革兰氏阳性菌和革兰氏阴性菌感染有明显的协同作用。

② 舒巴坦、他唑巴坦与氨基糖苷类联用时，具有协同作用；但在体外配伍，会使抗菌药物的活性下降，故需采用分别给药的方法。

③ 舒巴坦不宜与红霉素、四环素、磺胺嘧啶钠混合使用，以免产生沉淀。

（2）与非抗菌药物的相互作用

① 舒巴坦与丙磺舒联用时，丙磺舒可减少舒巴坦的经肾排泄，从而使舒巴坦的血药浓度增高，延长其半衰期。

② 他唑巴坦和强力 Moriamins（一种高浓度氨基酸制剂）、MoripronF（谷氨酸、赖氨酸、烟酰胺、维生素 B_2、维生素 B_6 的复合制剂）输液配伍时，或与替加氟、维生素 C 注射液配伍时，3h 后效价明显降低，所以应避免与其配伍或缩短输液时间。

③ 他唑巴坦与潘生丁注射液、注射用 Vitaneurin（维生素 B_{12}、呋喃硫胺、维生素 B_2、维生素 B_6 的复合制剂）、Neolamin（二硫化硫胺、维生素 B_2 复合制剂）、注射用米诺环素配伍后，在 6～24h 出现结晶现象，因此配伍后应立即使用。

5.5.10　剂型

药物剂型繁多，常见的分类方法包括按药物形态（物态）分类、按分散系统分类、按制备方法分类和按给药途径分类。但由于前三者都不能直观地表现出药物的用药部位和给药途径等，而且随着科技的发展，药物的原有制备方法也在不断改变，因此临床上较常用的分类方法是按照给药途径分类，包括经胃肠道给药剂型和非胃肠道给药剂型。

5.5.10.1　经胃肠道给药剂型

经胃肠道给药剂型是指药物制剂经内服后进入胃肠道，在局部发挥作用或吸收后发挥全身作用的剂型。如溶液剂、乳剂、混悬剂、散剂、颗粒剂、胶囊剂、片剂等。

（1）**青霉素类**　青霉素类包括天然青霉素和半合成青霉素，其中的天然青霉素（青霉素 F、G、K、H、X）因其自身不耐酸和酶，易被降解，故不适合口服给药，多制备成非肠道给药剂型。而半合成青霉素多数可耐酸或耐酶，口服吸收效果好，多制备成口服制剂。

① 耐酸青霉素　苯唑西林钠、乙氧耐青霉素等可口服，常被制成片剂、胶囊剂，如苯唑西林钠片和乙氧耐青霉素胶囊剂。但此类药物在兽医临床较少使用。

② 耐酶青霉素　包括氯唑西林、双氯西林，是一类耐 β-内酰胺酶、耐酸的青霉素类药物，临床上常将其制成片剂和胶囊剂，如氯唑西林胶囊、双氯西林钠片等。

小动物内服苯唑西林和氯唑西林的吸收率很低。

③ 广谱青霉素　常用的药物有阿莫西林和氨苄西林。常见剂型包括粉剂、片剂、胶囊剂等。

兽用阿莫西林常以口服片剂的形式供应。这些片剂通常包含固定剂量的阿莫西林，并且经过适当的包衣以保护药物免受胃酸的破坏。口服片剂便于给药和剂量控制，常用于治疗泌尿系统感染、皮肤和软组织感染、呼吸道感染等。此外，阿莫西林还常以口服悬液的形式提供。口服悬液易于给药，特别适用于小动物和难以口服固体剂型的动物。口服悬液通常具有适当的药物浓度和口味，以提高动物的接受度。

氨苄西林也常以片剂的形式供应。片剂通常是口服给药形式，便于动物的口服投药。兽用氨苄西林片剂的剂量和规格会根据不同动物种类和体重而有所调整。

（2）**头孢菌素类**

① 第一代头孢菌素　可经胃肠道给药的第一代头孢菌素包括头孢氨苄、头孢羟氨

苄等。

头孢氨苄常制成片剂或胶囊剂供兽医临床使用，内服，一次量，1kg 体重，犬、猫 10～30mg，每日 3～4 次，连用 2～3 天。

头孢羟氨苄的常用剂型有内服混悬剂和内服片剂，可有效治疗犬、猫泌尿道感染、皮肤感染、呼吸道感染。内服，一次量，1kg 体重，犬、猫 10～20mg，每日 2 次。

② 第二代头孢菌素　头孢克洛为第二代可内服的头孢菌素，常用其片剂。

③ 第三代头孢菌素　可经胃肠道给药的第三代头孢菌素包括头孢唑肟、头孢曲松、头孢克肟等，常用剂型有片剂、粉剂、缓释剂和颗粒剂等，如头孢克肟颗粒、头孢曲松钠粉等。

④ 第四代头孢菌素　第四代头孢菌素类药物包括头孢喹肟、头孢吡肟、头孢匹罗等，人医临床有制成片剂和胶囊剂，如头孢匹罗胶囊等；但动物专用的头孢喹肟未见有胃肠道给药剂型。

（3）非典型 β-内酰胺类　非典型 β-内酰胺类药物包括单环 β-内酰胺类、头霉素类、硫霉素类、碳青霉烯类、氧头孢烯类和 β-内酰胺酶抑制剂。前三者临床常用其注射剂型，而 β-内酰胺酶抑制剂常用的是克拉维酸和舒巴坦，这类药物多与 β-内酰胺类抗生素联用制成适合经口给药的剂型，临床常用其片剂和粉剂，如氨苄西林-舒巴坦钠甲苯磺酸盐片、阿莫西林-克拉维酸钾片、复方阿莫西林粉（含有阿莫西林和克拉维酸）等。碳青霉烯类药物的胃肠道给药剂型主要是粉剂，如亚胺培南-西司他丁钠粉、美罗培南粉等。

阿莫西林-克拉维酸钾片，内服，一次量，1kg 体重，家畜 10～15mg（以阿莫西林计），鸡 20～30mg，每天 2 次，连用 3～5 天。

氨苄西林-舒巴坦甲苯磺酸盐片（分子比 1∶1，仅供内服用），内服，一次量，1kg 体重，家畜 20～40mg（以氨苄西林计），每天 2 次。

5.5.10.2　非胃肠道给药剂型

非胃肠道给药剂型是指除内服给药外的其他剂型。非胃肠道给药途径包括注射给药、皮肤给药、黏膜给药、呼吸道给药、乳房注入给药和腔道给药等。兽医临床常用的 β-内酰胺类药物常采用注射给药和乳房注入给药。

（1）青霉素类

① 天然青霉素　临床兽医最常用的天然青霉素药物是青霉素、普鲁卡因青霉素和苄星青霉素，常将其制成无菌粉针剂，供肌内和皮下注射用或乳管、子宫及关节腔内的灌注。如注射用青霉素钠、注射用青霉素钾、注射用普鲁卡因青霉素、普鲁卡因青霉素注射液、注射用苄星青霉素等。

注射用青霉素钠、注射用青霉素钾，肌内注射，一次量，1kg 体重，马、牛 1 万～2 万 IU；羊、猪、驹、犊 2 万～3 万 IU；犬、猫 3 万～4 万 IU；禽 5 万 IU。每天 2～3 次，连用 2～3 天。乳管内注入，一次量，每一乳室，牛 10 万 IU。每天 1～2 次，连用 2～3 天。

注射用普鲁卡因青霉素，以有效成分计，肌内注射：一次量，1kg 体重，马、牛 1 万～2 万 IU，羊、猪、驹、犊 2 万～3 万 IU，犬、猫 3 万～4 万 IU。每日 1 次，连用 2～3 天。

注射用苄星青霉素，肌内注射：一次量，1kg 体重，马、牛 2 万～3 万 IU，羊、猪 3 万～4 万 IU，犬、猫 4 万～5 万 IU。必要时 3～4 天后重复一次。

② 半合成青霉素　包括耐酸青霉素、耐酶青霉素、广谱青霉素和抗铜绿假单胞菌广谱青霉素四类，这些药物均可采用肌内注射或皮下注射的方式给药；临床常制成注射剂，包括氨苄西林混悬注射液、注射用氨苄西林钠、注射用氯唑西林钠、阿莫西林注射液、注射用阿莫西林钠、阿莫西林硫酸黏菌素注射液、注射用苯唑西林钠、注射用羧苄青霉素等。此外，部分药物可使用乳房注入的方法，如氯唑西林钠-氨苄西林钠乳剂（干乳期）、氯唑西林钠-氨苄西林钠乳剂（泌乳期）、苄星氯唑西林乳房注入剂（干乳期）、氨苄西林-苄星氯唑西林乳房注入剂（干乳期）、复方阿莫西林乳房注入剂（泌乳期）等。

临床注射用制剂有氨苄西林混悬注射液，肌内或静脉注射，一次量，1kg 体重，家畜 10～20mg，每日 2～3 次（高剂量用于幼龄动物和急性感染），连用 2～3 天。

阿莫西林的常用制剂有注射用阿莫西林钠和阿莫西林注射液，肌内注射，一次量，1kg 体重，家畜 4～7mg，每日 2 次；乳管内注入，一次量，每一乳室，奶牛 200mg，每日 1 次。阿莫西林注射剂便于静脉、肌内或皮下注射。注射剂可提供更快的药物吸收和作用，常用于治疗严重感染或需要迅速达到高药物浓度的情况。除了注射剂外，兽用阿莫西林也能以注射悬液的形式供应。注射悬液通常是预先配制好的溶液，方便直接使用。

苯唑西林的常用制剂为注射用苯唑西林钠，肌内注射，一次量，1kg 体重，马、牛、羊、猪 10～15mg；犬、猫 15～20mg，每天 2～3 次，连用 2～3 天。

氯唑西林的常用制剂为注射用氯唑西林钠、氯唑西林钠-氨苄西林钠乳剂。肌内注射，一次量，1kg 体重，牛、马、猪、羊 5～10mg，犬、猫 20～40mg。每天 3 次，连用 2～3 天。乳管注入，奶牛每乳室 200mg，每天 1 次，连用 2～3 天。

羧苄西林的常用剂型为注射剂，肌内注射，1 次量，1kg 体重，家畜 10～20mg，每天 2～3 次。静脉注射，1 次量，1kg 体重，犬、猫 55～110mg，每天 3 次。

（2）头孢菌素类

① 第一代头孢菌素　可注射给药的第一代头孢菌素类药物如头孢噻吩和头孢唑啉常制成注射用头孢噻吩钠、注射用头孢唑啉钠等。此外部分药物可做乳剂，用于乳房灌注，如头孢氨苄乳剂、头孢洛宁乳房注入剂（干乳期）等。

头孢氨苄乳剂，乳管注入，奶牛每乳室 200mg，每日 2 次，连用 2 天。

注射用头孢唑啉，肌内、静脉或皮下注射，一次量，1kg 体重，犬、猫 15～25mg，每日 2～3 次。

头孢洛宁乳房灌注剂主要用于奶牛干乳期乳腺炎的防治，乳管注入，每个乳室 250mg。

② 第二代头孢菌素　可注射给药的第一代头孢菌素类药物包括头孢孟多、头孢西丁、头孢呋辛等，可制成适合注射给药的剂型。

头孢西丁的常用制剂为注射用头孢西丁，静脉或肌内注射，一次量，1kg 体重，犬、猫 10～20mg，每天 2～3 次。

头孢孟多的制剂为头孢孟多酯钠注射剂，肌内注射，一次量，1kg 体重，家禽 40～50mg，每日 2～3 次；马、牛 22mg，犬、猫 10～35mg，每日 2～3 次。本品也可用生理盐水、葡萄糖注射液或乳酸钠注射液稀释后供静滴，于 3～5min 内静注。

③ 第三代头孢菌素　第三代头孢菌素类抗生素的内服生物利用度往往不高，在治疗全身性感染时，多制成注射剂，如注射用头孢噻呋、盐酸头孢噻呋注射液、注射用头孢噻呋钠、长效头孢噻呋缓释剂、注射用头孢维星钠。当用于治疗奶牛的乳腺炎时，则有盐酸头孢噻呋乳房注入剂（干乳期）等。

头孢噻呋的临床常用制剂包括注射用头孢噻呋、盐酸头孢噻呋注射液、注射用头孢噻呋钠、盐酸头孢噻呋乳房注入剂、头孢噻呋晶体注射液。头孢噻呋注射剂具有长效作用，一次注射可以提供数天的治疗效果，减少了频繁给药的需要。肌内注射，一次量，1kg体重，牛1～2mg，马2～4mg，猪3～5mg，一天1次，连用3天。皮下注射，一次量每千克体重，犬2.2g，一天1次，连用5～14天。

头孢维星的常用制剂为注射用头孢维星钠。皮下注射或静脉注射，1kg体重，犬、猫8mg。单次给药药效可以维持14d，根据情况可以重复给药（最多不超过3次）。

头孢他啶的常用剂型为注射制剂，治疗犬肠杆菌科感染的剂量范围在20～30mg/kg体重，每12h一次；治疗铜绿假单胞菌感染时的给药剂量是30mg/kg体重，每4h给药一次。

④ 第四代头孢菌素　第四代头孢菌素类抗生素中的头孢喹肟、头孢吡肟、头孢匹罗，临床常用的剂型有注射剂和乳房注入剂，如硫酸头孢喹肟注射液、注射用硫酸头孢喹肟、硫酸头孢喹肟乳房注入剂（干乳期）和硫酸头孢喹肟乳房注入剂（泌乳期）等。

头孢喹肟常以注射剂的形式供应，用于静脉或肌内注射。注射剂具有快速吸收的优势，适用于治疗严重感染，如呼吸道感染、泌尿道感染、皮肤和软组织感染等。头孢喹肟临床常用制剂有硫酸头孢喹肟注射液、注射用硫酸头孢喹肟、硫酸头孢喹肟乳房注入剂。肌内注射，一次量，1kg体重，牛1mg，猪2～3mg，每日1次，连用3天。

注射用头孢匹罗，肌注给药，一次量，1kg体重，牛、羊、猪10～15mg，犬、猫10～25mg，每日2次。

注射用头孢吡肟，肌注给药，一次量，1kg体重，犬、猫10～25mg，牛、羊、猪10～15mg，每日2次。

（3）碳青霉烯类　碳青霉烯类药物多采用注射给药，包括注射用亚胺培南-西司他丁钠、注射用帕尼培南-倍他米隆、注射用厄他培南等。目前未见批准用于兽医临床的该类药物。

（4）非典型β-内酰胺类　非典型β-内酰胺类药物非肠道给药时，临床常用注射剂，如注射用氨曲南、阿莫西林-舒巴坦混悬液、注射用氨苄西林钠-舒巴坦钠、阿莫西林-克拉维酸钾注射液等。

阿莫西林-克拉维酸钾注射液，肌内或皮下注射，一次量（以阿莫西林计），1kg体重，牛、猪、犬、猫7mg，每日1次，连用3～5天。

氨苄西林钠-舒巴坦钠（效价比2∶1，仅供注射用），肌内注射，一次量，1kg体重，家畜10～20mg（以氨苄西林计），每日2次。

5.5.11　常用β-内酰胺类药物

β-内酰胺类药物一般是指含有β-内酰胺环的抗菌药物，其中的青霉素类和头孢菌素类在兽医临床的应用十分广泛。

5.5.11.1　青霉素类
（1）天然青霉素
① 青霉素　青霉素是兽医临床应用最广的天然青霉素，注射给药用于革兰氏阳性球菌和革兰氏阳性杆菌引起的各种感染，常用制剂为注射用青霉素钠、注射用青霉素钾，其规格包括40万IU、80万IU、100万IU、160万IU、400万IU。

另有普鲁卡因青霉素，临床常采用肌内注射给药用于治疗高度敏感菌引起的慢性感染，或作维持剂量用。其常用制剂有两种，分别是注射用普鲁卡因青霉素和普鲁卡因青霉素注射液。注射用普鲁卡因青霉素有 4 种规格：a. 40 万 IU［普鲁卡因青霉素 30 万 IU、青霉素钠（钾）10 万 IU］；b. 80 万 IU［普鲁卡因青霉素 60 万 IU、青霉素钠（钾）20 万 IU］；c. 160 万 IU［普鲁卡因青霉素 120 万 IU、青霉素钠（钾）40 万 IU］；d. 400 万 IU［普鲁卡因青霉素 300 万 IU、青霉素钠（钾）100 万 IU］。普鲁卡因青霉素注射液有 3 种规格：a. 5mL：75 万 IU（普鲁卡因青霉素 742mg）；b. 10mL：300 万 IU（普鲁卡因青霉素 2967mg）；c. 10mL：450 万 IU（普鲁卡因青霉素 4451mg）。

残留标示物为青霉素，其最高残留限量在牛乳中为 $4\mu g/kg$，在所有食品动物的肌肉、脂肪、肝、肾及鱼皮、鱼肉中为 $50\mu g/kg$。

注射用青霉素钠与注射用青霉素钾的休药期均为牛、羊、猪、禽 0 日；弃奶期 72h。注射用普鲁卡因青霉素的休药期为牛、羊 4 日，猪 5 日；弃奶期 72h。普鲁卡因青霉素注射液的休药期为牛 10 日，羊 9 日，猪 7 日；弃奶期 48h。蛋鸡产蛋期不得使用。

② 苄星青霉素　苄星青霉素也是一种临床常用的天然青霉素，以肌内注射给药治疗对青霉素高度敏感细菌所致的轻度或慢性感染。其制剂为注射用苄星青霉素，规格包括 30 万 IU、60 万 IU 和 120 万 IU 三种。注射用苄星青霉素的休药期为牛、羊 4 日，猪 5 日；弃奶期 72h。

（2）半合成青霉素　半合成青霉素的抗菌谱比天然青霉素的抗菌谱广，而且具有对 β-内酰胺酶和酸稳定的特点，被广泛应用于兽医临床。常用的半合成青霉素类药物包括氨苄西林、阿莫西林、苯唑西林、氯唑西林、苄星氯唑西林等。

① 氨苄西林与阿莫西林　氨苄西林与阿莫西林的内服剂型为胶囊剂，规格为 0.25g（人医）；其可溶性粉为动物用剂型。氨苄西林可溶性粉（以氨苄西林计，100g：55g），鸡混饮给药，用于治疗鸡敏感菌引起的感染性疾病，如大肠杆菌、沙门菌、巴氏杆菌、葡萄球菌感染和链球菌感染。另有复方氨苄西林片（氨苄西林 40g：海他西林 10g）和复方氨苄西林粉供鸡内服用。氨苄西林混悬注射液（以氨苄西林计，100mL：15g）可用于家畜的皮下或肌内注射。注射用氨苄西林钠（按 $C_{16}H_{19}N_3O_4S$ 计）有三种规格，分别为 0.5g、1.0g、2.0g，可采用皮下、肌内、静脉注射给药，防治家畜敏感菌引起的肺部、尿道感染等。

阿莫西林可溶性粉（5%、10%）可混饮或混饲，用于防治鸡的巴氏杆菌病、大肠杆菌病、沙门菌病及葡萄球菌、链球菌感染。注射用阿莫西林钠（按 $C_{16}H_{19}N_3O_5S$ 计，规格：0.5g、1.0g、2.0g、4.0g）和阿莫西林注射液［100mL：15g（1500 万 IU）；250mL：37.5g（3750 万 IU）］肌内注射，用于治疗敏感菌引起的牛、猪、犬、猫的感染性疾病。

氨苄西林在所有食品动物的肌肉、脂肪、肝脏、肾脏以及鱼皮和鱼肉中的残留限量为 $50\mu g/kg$，在所有食品动物奶中的残留限量为 $4\mu g/kg$。注射用氨苄西林钠的休药期为牛 6 日，猪 15 日；弃奶期 48h。氨苄西林可溶性粉、氨苄西林片和复方氨苄西林粉的休药期为鸡 7 日，蛋鸡产蛋期禁用。氨苄西林混悬注射液和注射用氨苄西林钠的休药期为牛 6 日，弃奶期 48h；猪 15 日。

阿莫西林在所有食品动物的肌肉、脂肪、肝、肾以及鱼皮和鱼肉中的残留限量为 $50\mu g/kg$，在所有食品动物的奶中残留限量为 $4\mu g/kg$。阿莫西林可溶性粉的休药期为鸡 7 日。注射用阿莫西林钠的休药期为家畜 14 日，弃奶期 120h。阿莫西林注射液（混悬液）

的休药期为牛、猪 28 日，弃奶期 96h。蛋鸡产蛋期禁用。

② 苯唑西林和氯唑西林　苯唑西林常用其钠盐，一般制成片剂和注射剂。片剂的规格为 0.25g；注射用苯唑西林钠（按 $C_{19}H_{18}N_3O_5S$ 计）的规格包括 0.5g、1.0g、2.0g 三种，马、牛、羊、猪及犬、猫均可肌内注射给药，用于治疗对青霉素耐药的金黄色葡萄球菌感染。

苯唑西林在所有食品动物的肌肉、脂肪、肝、肾、鱼肉以及鱼皮中的最高残留限量为 $300\mu g/kg$，在奶制品中的残留限量为 $30\mu g/kg$。

注射用苯唑西林钠的休药期为牛、羊 14 日，猪 5 日；弃奶期 72h。蛋鸡产蛋期禁用。

氯唑西林亦常用其钠盐，临床常用制剂为注射用氯唑西林钠，有 0.5g、1.0g 两种规格，肌内注射，用于马、牛、羊、猪和犬、猫的骨、皮肤和软组织的葡萄球菌感染，以及耐青霉素葡萄球菌感染。另有氯唑西林-氨苄西林钠乳剂（干乳期）（4.5g：氨苄西林 0.25g 与氯唑西林 0.5g）、氯唑西林钠-氨苄西林钠乳剂（泌乳期）（5.0g：氨苄西林 0.075g 与氯唑西林 0.2g）两种乳房注入制剂，采用乳管注入法治疗奶牛的乳腺炎。

氯唑西林在所有食品动物（蛋鸡产蛋期禁用）的肌肉、脂肪、肝、肾、鱼肉以及鱼皮中的最高残留限量为 $300\mu g/kg$，在奶制品中的残留限量为 $30\mu g/kg$。

注射液氯唑西林钠的休药期为牛 10 日；弃奶期 48h；氯唑西林钠-氨苄西林钠乳剂（泌乳期）的弃奶期为 48h。

③ 苄星氯唑西林　苄星氯唑西林具有长效作用，制成乳房注入剂以乳房灌注给药的方式在干乳期使用，对治疗奶牛乳腺炎具有良好的效果。苄星氯唑西林乳房注入剂（干乳期）有两种规格（按 $C_{19}H_{18}C_1N_3O_5S$ 计）：10mL：0.5g；250mL：12.5g。另有氨苄西林-苄星氯唑西林乳房注入剂（干乳期）（4.5g：氨苄西林 0.25g 与氯唑西林 0.5g）和氨苄西林-苄星氯唑西林乳房注入剂（泌乳期）（5.0g：氨苄西林 0.075g 与氯唑西林 0.2g）两种复方制剂及苄星氯唑西林注射液（10mL：50 万 IU；250mL：1250 万 IU）可供选择。

苄星氯唑西林的残留标示物为氯唑西林，在所有食品动物的肌肉、脂肪、肝、肾的最高残留限量为 $300\mu g/kg$，在奶制品中的残留限量为 $30\mu g/kg$。苄星氯唑西林注射液、苄星氯唑西林乳房注入剂（干乳期）、氨苄西林-苄星氯唑西林乳房注入剂（干乳期）的休药期为牛 28 日，氨苄西林-苄星氯唑西林乳房注入剂（泌乳期）的休药期为牛 7 日。弃奶期为产犊后 96h。苄星氯唑西林乳房注入剂（干乳期）和氨苄西林-苄星氯唑西林乳房注入剂（干乳期）的弃奶期为产犊后 96h，氨苄西林-苄星氯唑西林乳房注入剂（泌乳期）的弃奶期为 60h。

5.5.11.2　头孢菌素类

根据抗菌作用特点及临床应用不同，将头孢菌素类抗生素分为第一、第二、第三和第四代头孢菌素，除第二代外的头孢菌素均广泛应用于兽医临床。

（1）第一代头孢菌素

① 头孢氨苄　头孢氨苄为临床常用的第一代头孢菌素类抗生素，主要用于耐药金黄色葡萄球菌及大肠杆菌、沙门菌等敏感菌引起的消化道、呼吸道、泌尿生殖道感染和牛的乳腺炎的治疗。其内服剂型为片剂和胶囊剂，头孢氨苄片的规格为 0.075g、0.3g 和 0.6g，头孢氨苄胶囊（按 $C_{16}H_{17}N_3O_4S$ 计）的规格有 0.125g 和 0.25g 两种。乳管注入给药常用的制剂为头孢氨苄乳剂（以头孢氨苄计，100mL：2g）和头孢氨苄单硫酸卡那霉

素乳房注入剂（泌乳期）[10g：头孢氨苄0.2g＋卡那霉素0.1g（10万IU）]。另有头孢氨苄注射液（10mL：1g）供注射用。

头孢氨苄在牛的肌肉、脂肪和肝脏中的最高残留限量为200μg/kg，肾脏中为1000μg/kg，牛奶中为100μg/kg。

头孢氨苄片、头孢氨苄胶囊、头孢氨苄乳剂的弃奶期为48h；头孢氨苄注射液及乳房注入剂的弃奶期为72h。

② 头孢赛曲　头孢赛曲的抗菌谱与头孢氨苄相似，但对大肠杆菌等革兰氏阴性菌的抗菌作用较强。该药乳房注入给药，可用于泌乳期奶牛乳腺炎的治疗，治疗剂量为每天每个乳区250mg。

③ 头孢洛宁　头孢洛宁为动物专业的第一代头孢菌素，主要用于奶牛干乳期乳腺炎的防治，常用制剂为头孢洛宁乳房灌注剂（干乳期）（规格为3g：250mg），乳管注入，每个乳区250mg。另有头孢洛宁眼膏，用于敏感菌引起的牛角膜炎和结膜炎的治疗。

（2）第三代头孢菌素

① 头孢噻呋　头孢噻呋作为动物专用的第三代头孢菌素，常用于治疗牛的急性呼吸系统感染、乳腺炎，猪的放线杆菌性胸膜肺炎，禽的大肠杆菌病和沙门菌病。头孢噻呋的制剂及规格较多。

头孢噻呋在牛和猪的肌肉中的最高残留限量为1000μg/kg，脂肪和肝脏中的最高残留限量为2000μg/kg，肾脏中的最高残留限量为6000μg/kg，牛奶中为100μg/kg。

注射用头孢噻呋（按$C_{19}H_{17}N_5O_7S_3$计）有0.1g、0.2g、0.5g和1.0g四种规格，主要用于猪的注射用药；其休药期为1日。

注射用头孢噻呋钠（按$C_{19}H_{17}N_5O_7S_3$计）的规格包括0.1g、0.2g、0.5g、1.0g、4.0g，用于牛和猪。用于猪病的治疗时，休药期为4日。

头孢噻呋注射液，用于治疗猪细菌性呼吸道感染，如猪的副猪嗜血杆菌病。按$C_{19}H_{17}N_5O_7S_3$计，规格包括10mL：0.5g、20mL：1.0g、50mL：2.5g、100mL：5.0g、10mL：1.0g、20mL：2.0g、50mL：5.0g和100mL：10.0g八种规格。用于猪病的治疗时，休药期为5日。

盐酸头孢噻呋乳房注入剂（干乳期）建议在产犊前60d乳房注入给药，按$C_{19}H_{17}N_5O_7S_3$计，规格包括10mL：0.5g和8mL：0.5g两种。休药期为牛16日；产犊前60日给药，弃奶期0日。

② 头孢维星　头孢维星的制剂为注射用头孢维星钠（规格800mg），可按8mg/kg体重皮下或静脉注射给药治疗犬、猫的皮肤和软组织感染。

（3）第四代头孢菌素　头孢喹肟（头孢喹诺）是动物专用的第四代头孢菌素，常用其硫酸盐，制成注射剂和乳房注入剂，用于敏感菌所致的牛、猪呼吸系统感染和奶牛乳腺炎的治疗。头孢喹肟在牛和猪的肌肉和脂肪中的最高残留限量为50μg/kg，肝脏中为100μg/kg，肾脏中为200μg/kg，牛奶中为20μg/kg。常用制剂的规格及休药期如下：

硫酸头孢喹肟注射液，按$C_{23}H_{24}N_6O_5S_2$计，规格有5mL：0.125g、10mL：0.1g、10mL：0.25g、20mL：0.5g、30mL：0.75g、50mL：1.25g、100mL：2.5g。猪的休药期为3日。

注射用硫酸头孢喹肟，按$C_{23}H_{24}N_6O_5S_2$计，规格有50mg、0.1g、0.2g、0.5g。猪的休药期为3日。

硫酸头孢喹肟乳房注入剂（泌乳期），按$C_{23}H_{24}N_6O_5S_2$计，规格为8g：75mg。弃奶期为 96h。

硫酸头孢喹肟乳房注入剂（干乳期），按 $C_{23}H_{24}N_6O_5S_2$ 计，规格为 3g∶0.15g。休药期情况如下：奶牛干乳期超过 5 周，弃奶期为产犊后 1 日；干乳期不足 5 周，弃奶期为产犊后 36 日。

5.5.11.3 碳青霉烯类

由于碳青霉烯类药物为重要的人用抗生素，目前尚未批准用于动物临床。以下为人医临床常用的药物制剂及规格：亚胺培南-西司他丁注射剂，规格为 0.25g、0.5g、1.0g。美罗培南注射剂，规格为 0.25g。法罗培南钠片，规格为 0.2g。帕尼培南-倍他米隆剂型为注射剂，规格为 0.5g、1g。比阿培南剂型为注射剂，规格为 0.3g。厄他培南剂型为注射剂，规格为 1g。替比培南剂型及规格为细粒剂∶10％。

5.5.11.4 非典型 β-内酰胺类

单环 β-内酰胺类、头霉素类、氧头孢烯类等非典型 β-内酰胺类药物尚未批准用于兽医临床，只有 β-内酰胺酶抑制剂克拉维酸获批使用。现有阿莫西林与克拉维酸按 4∶1 比例组成的复方制剂，用于治疗对阿莫西林敏感的畜禽细菌性感染和产 β-内酰胺酶耐药金黄色葡萄球菌感染。

复方阿莫西林粉（规格 50g∶阿莫西林 5g 与克拉维酸 1.25g）采用混饮给药用于鸡；休药期为鸡 7 日，猪 1 日。

牛、猪、犬、猫常用阿莫西林克拉维酸注射液肌内或皮下注射，该制剂的规格包括三种，分别为 10mL∶阿莫西林 1.4g 与克拉维酸 0.35g；50mL∶阿莫西林 7g 与克拉维酸 1.75g；100mL∶阿莫西林 14g 与克拉维酸 3.5g。

复方阿莫西林乳房注入剂（泌乳期）乳管注入给药，每个乳区 200mg，用来治疗奶牛乳腺炎。该药的规格为 3g∶阿莫西林三水物 0.2g（以阿莫西林计）、克拉维酸钾 50mg（以克拉维酸计）与泼尼松龙 10mg。

5.6

大环内酯类药物

5.6.1 化学结构

大环内酯类药物是以 12～16 元内酯环为基本结构，通过羟基以苷键与 1～3 个分子的糖相连组成的一类抗生素。大环内酯类药物可根据构成内酯环的碳原子数分为 12 元环、13 元环、14 元环、15 元环和 16 元环大环内酯。其中 12 元环的大环内酯在临床上已经不再使用。泰拉霉素是一种由 15 元内酯环（90％）和 13 元内酯环（10％）两种同分异构体组成的混合物。14 元环的成员由天然化合物（红霉素和竹桃霉素）和一些半合成衍生物

（克拉霉素、罗红霉素和地红霉素、氟红霉素）组成。15 元环药物又称为氮杂内酯类，原因是其内酯环上均含有一个氮原子，代表药物有加米霉素、阿奇霉素和泰拉霉素的一个异构体。16 元环化合物同样包括天然化合物（泰乐菌素、吉他霉素、螺旋霉素、交沙霉素和麦迪霉素）和半合成衍生物（泰地罗新、替米考星、泰万菌素和罗他霉素）。

（1）红霉素　是由放线菌属糖多孢红霉菌（*Saccharopolyspora erythraea*）生成的一种含有六种成分的混合物，于 1952 年首次被发现，其中只有红霉素 A 被开发应用于临床。红霉素 A 具有典型的 14 元环大环内酯类结构，其化学结构中没有双键，偶数碳原子上有甲基，9 号碳原子上有一个羰基，第 3 位和第 5 位上分别被克拉定糖和去氧糖胺所取代。

（2）泰乐菌素　是美国于 1959 年从放线菌属弗氏链霉菌（*Streptomyces fradiae*）的培养液中分离得到的一种大环内酯类抗生素，有泰乐菌素碱、磷酸盐和酒石酸盐 3 种形态。泰乐菌素组分由泰乐菌素 A、泰乐菌素 B（desmycosin）、泰乐菌素 C（macrocin）和泰乐菌素 D（relomycin）组成，其中泰乐菌素 A 占 80％～90％，是最主要的组成成分。

（3）替米考星　是 20 世纪 80 年代英国礼来公司开发的一种由泰乐菌素半合成的畜禽专用抗生素，是顺反异构体的混合物。将泰乐菌素用硫酸或磷酸水解，生成的衍生物脱碳霉糖泰乐菌素再与 3,5-二甲基哌啶反应，即可生成替米考星。

（4）泰万菌素　又称乙酰异戊酰泰乐菌素，是泰乐菌素的衍生物，由泰乐菌素经 3-乙酰基-4-异戊酰基修饰而来，是由英国伊科动物保健品有限公司研发，常用其酒石酸盐。

（5）泰拉霉素　由美国辉瑞动物保健公司研发的动物专用的新型大环内酯类半合成抗生素。泰拉霉素在水溶液中达到平衡时是由 2 个同分异构体组成，其中 90％为 15 元环，10％为 13 元环。

（6）加米霉素　是由法国梅里亚公司研发的动物专用的第二代大环内酯类抗生素，加米霉素在结构上不同于其他大部分兽用大环内酯类药物，含有一个 15 元半合成内酯环，在环的第 7α 位上有一个特定的烷基化氮原子。

（7）泰地罗新　是泰乐菌素的衍生物，是由英特威国际有限公司开发的新型动物专用大环内酯类抗生素，其特点是在 C20 和 C23 上有两个哌啶取代基，C5 上有一个碳霉糖分子。

（8）吉他霉素　是由北里链霉菌（*Streptomyces kitasatoensis*）产生的一种多组分大环内酯类抗生素，于 1953 年在日本发现并推广使用。

（9）新一代大环内酯类抗生素　新一代大环内酯类抗生素包括泰利霉素、赛红霉素等，其 3 号位为脱克拉定糖，而且为酮羰基，故又称为酮内酯类抗生素。酮内酯类药物不会诱导细菌产生 MLSB 耐药性，并对表现出 MLSB 耐药性或由于外排泵而表现出耐药性的革兰氏阳性细菌具有活性。泰利霉素是第一个获准应用于临床的酮内酯类抗生素，其 3 号位的克拉定糖被羰基所取代，赋予它对酸性环境的稳定性，其 11、12 号位的羟基被氨基甲酸酯环取代，使其可以抑制 *mef* 基因编码的主动外排蛋白。

5.6.2　作用机制

细菌的核糖体由 30S 小亚基和 50S 大亚基组成，其中 30S 小亚基参与 mRNA 密码子与 tRNA 上反密码子的相互作用，50S 大亚基参与蛋白质合成的起始、肽链的延长与终止，其 23S rRNA 上的肽酰转移酶中心可催化肽键的形成。而在肽酰转移酶中心的下方有一个新生肽释放通道，当肽链在肽酰转移酶中心合成后，即被运送至新生肽释放通道。大环内酯类抗生素可结合于新生肽释放通道的入口，阻断新生肽链的输出通道，抑制蛋白质的合成，发挥抗菌活性。

对于第一代、第二代大环内酯类抗生素，A2058、A2059 是其作用的主要靶点，例如红霉素、克拉霉素、罗红霉素中的 C2′ 位羟基可与核糖体 50S 亚基上 A2058 和 A2059 位碱基以氢键相互作用。而对于酮内酯类抗生素，其与细菌核糖体的相互作用更多，例如泰利霉素不仅可通过 C2′ 位羟基及 C3′ 位二甲氨基与 A2058 和 A2059 位碱基形成氢键，与 G2502 位碱基以静电作用力结合，还可通过 11,12-环氨基甲酸酯上吡啶连咪唑基与 U790 位碱基形成氢键，这种多重相互作用使泰利霉素与细菌核糖体的亲和力比红霉素强 10 倍。

5.6.3 抗菌谱

（1）**红霉素**　对革兰氏阳性菌的作用与青霉素相似，但其抗菌谱较青霉素广，敏感的革兰氏阳性菌有金黄色葡萄球菌（包括耐青霉素金黄色葡萄球菌）、肺炎球菌、链球菌、炭疽杆菌、李斯特菌、腐败梭菌、气肿疽梭菌等。敏感的革兰氏阴性菌有流感嗜血杆菌、脑膜炎球菌、布鲁氏菌、巴氏杆菌等。此外，红霉素对弯曲杆菌、支原体、衣原体、立克次体及钩端螺旋体也有良好作用。红霉素在碱性溶液中的抗菌活性增强，当 pH 从 5.5 上升到 8.5 时，抗菌活性逐渐增加，当 pH 小于 4 时，作用很弱。

（2）**泰乐菌素**　泰乐菌素抗菌谱与红霉素相似。除猪痢疾密螺旋体外，对细菌的抗菌活性较低，但是对大部分支原体属具有很好的活性。敏感菌对泰乐菌素可产生耐药性，金黄色葡萄球菌对泰乐菌素和红霉素有部分交叉耐药现象。

（3）**替米考星**　替米考星的抗菌活性和抗支原体活性介于红霉素和泰乐菌素之间。作为典型的大环内酯类药物，替米考星能够抑制梭状芽孢杆菌属、葡萄球菌属和链球菌属等革兰氏阳性菌，能够抑制放线杆菌属、弯曲杆菌属、嗜血杆菌属和巴氏杆菌属等革兰氏阴性菌。而所有的肠杆菌均耐药，支原体的敏感性差异性相当大。

（4）**泰万菌素**　泰万菌素抗菌谱近似于泰乐菌素，对其他抗生素耐药的革兰氏阳性菌有效，对革兰氏阴性菌几乎不起作用，对败血型支原体和滑液型支原体具有很强的抗菌活性。细菌对泰万菌素不易产生耐药性。

（5）**泰拉霉素**　其抗菌活性与替米考星相似。与其他许多大环内酯类抗生素不同的是，泰拉霉素的药物作用保持时间较长，部分原因是其结构中有 3 个氨基基团。泰拉霉素在体内外可有效抑制牛溶血性巴氏杆菌、多杀性巴氏杆菌、睡眠嗜血杆菌和牛支原体，以及猪胸膜肺炎放线杆菌、多杀性巴氏杆菌和肺炎支原体。

（6）**加米霉素**　加米霉素的抗菌活性类似于其他氮杂内酯类药物，对溶血性曼氏杆菌、多杀性巴氏杆菌、睡眠嗜血杆菌、马链球菌兽疫亚种及牛支原体有较高的抗菌活性。

（7）**泰地罗新**　泰地罗新抗菌谱包括牛呼吸道疾病常见的致病菌，如溶血性曼氏杆菌、睡眠嗜血杆菌和多杀性巴氏杆菌。体外研究显示，泰地罗新对溶血性曼氏杆菌和睡眠嗜血杆菌具有杀菌作用，而对多杀性巴氏杆菌具有抑菌作用。

（8）**吉他霉素**　吉他霉素抗菌谱近似红霉素，作用机制与红霉素相同。对大多数革兰氏阳性菌的抗菌作用略逊于红霉素，对支原体的抗菌作用近似于泰乐菌素，对某些革兰氏阴性菌、立克次体、螺旋体也有效，对耐药金黄色葡萄球菌的作用优于红霉素和四环素。

5.6.4 耐药性

细菌可以通过四种不同的机制来抵抗大环内酯类抗生素：一是通过甲基化修饰靶点，阻止抗生素与其核糖体靶点的结合；二是通过核糖体突变，影响抗生素与其靶点结合；三是通过主动外排系统将抗生素泵出；四是通过酶的钝化作用，使抗生素失活。

（1）**核糖体甲基化**　核糖体的甲基化由耐红霉素甲基化酶基因（*erm*）编码决定。Erm 蛋白可以使核糖体的 23S rRNA 中的特定腺嘌呤甲基化，从而阻断大环内酯类药物与核糖体的结合。核糖体 23S rRNA 的 A2058 残基位于结构域 V 的一个保守区域内，该区域就在大环内酯类抗生素结合的过程中起着关键作用。由于甲基化，核糖体的 50S 亚单位与药物的亲和力下降，细菌便产生耐药。由于大环内酯类、林可胺类和链阳菌素 B 类药物有着相似的结合位点，故这种耐药机制会导致病原菌对大环内酯类、林可胺类和链阳菌素 B 类药物产生交叉耐药性（简称 MLSB 耐药）。至今，已发现四十多种不同的 *erm* 基因，在致病菌中，这些决定因素大多由质粒和转座子携带，可以自我转移。按照氨基酸序列一致性<80%，可将在病原微生物中的 *erm* 基因分为四大类：*ermA*，*ermB*，*ermC*，*ermF*。其中，*ermA* 和 *ermC* 通常分布在葡萄球菌中。*ermB* 类基因主要分布在链球菌和肠球菌中，*ermF* 类基因主要分布在类杆菌和其他厌氧菌中。*erm* 基因的表达可分为组成型和诱导型。当甲基化酶为固有产生时，就发生组成型耐药；当甲基化酶是微生物暴露在 14 元或 15 元环大环内酯类抗生素后诱导产生时，则发生诱导型耐药。值得一提的是，16 元环类药物不会诱导产生该酶。

（2）**核糖体突变**　核糖体突变主要发生 23S rRNA V 区、Ⅱ 区，以及蛋白质 L4、L22 的高度保守序列中，这些序列和核糖体与大环内酯类抗生素结合密切相关。23S rRNA V 区的主要突变位点有 A2058、A2059、C2611。其中 A2058G、A2058U 突变可导致细菌产生高水平 MLSB 耐药，A2059G 可导致细菌产生 ML 耐药型，而细菌的 C2611U 突变对大环内酯类抗生素影响较弱。

（3）**药物的主动外排**　在革兰氏阴性细菌中，染色体编码的泵有助于细菌对疏水性化合物（如大环内酯类）产生内在抗性，这些泵通常属于耐药结节化细胞分化家族（re-sistance-nodulation-division family，RND 家族）。在革兰氏阳性生物中，细菌主要通过 ATP 结合盒转运（ATP-biding cassette transporter，ABC）超家族和主要易化超家族（major facilitator superfamily，MFS）的成员，获得对大环内酯类抗生素的抗性。在葡萄球菌中发现的外排蛋白是由 *msrA* 基因所介导，属于 ATP 结合盒转运超家族，主要定位于质粒，能够使细菌对 14 元、15 元环大环内酯类抗生素及链阳菌素 B 产生耐药性。在链球菌属中发现的外排蛋白是由 *mefA* 基因所介导，属于主要易化超家族，同样主要定位于质粒，能够使细菌对 14 元、15 元环大环内酯类抗生素产生耐药性，但是却不能降低细菌对 16 元环大环内酯类、酮内酯类、林可胺类和链阳菌素 B 类的敏感性。

（4）**产生灭活酶**　这些酶包括酯酶、磷酸化酶和糖苷类，如肠杆菌科细菌可以通过 *ereA*、*ereB* 基因编码红霉素酯酶，通过 *mph* 基因编码大环内酯 2′-磷酸转移酶，对红霉素及其他14、15元环大环内酯类药物产生耐药。

5.6.5 药代动力学

5.6.5.1 红霉素

红霉素的药代动力学特性已在许多物种中被报道,包括牛、泌乳绵羊、泌乳山羊和非泌乳山羊、犬、猫、马驹、肉鸡。红霉素碱在胃酸中极易分解,因此,口服的红霉素需要肠溶包衣。当然,这也导致药物的吸收存在个体差异。可口服给药的红霉素形态包括游离碱、硬脂酸盐或磷酸盐以及依托酸酯或乙基琥珀酸酯。红霉素硬脂酸盐在肠道水解成有活性的游离碱,而红霉素依托酸酯或乙基琥珀酸酯则直接被吸收,进入机体内水解成有活性的游离碱。食物对红霉素口服吸收的影响非常明显。红霉素与血浆蛋白的结合率为73%~81%,吸收后广泛分布于全身各组织和体液,但是渗透入脑脊液的药物很少。此外,红霉素能透过胎盘屏障进入胎儿血液循环,其血清浓度为母体的5%~20%。乳中的浓度达到血清浓度的50%。红霉素小部分在肝代谢为无活性的 N-甲基红霉素,主要以原型由胆汁排泄,虽然有一些经小肠重吸收,但是绝大部分药物仍随粪便排出,而随尿液排出的量仅占总给药量的3%~5%。红霉素可注射给药的有游离碱、葡庚糖酸盐及乳糖醛酸盐。但是对注射部位的组织有一定的刺激作用。

(1)牛 以15mg/kg单剂量静脉注射红霉素,表观分布容积为1187mL/kg,消除半衰期为174.4min,机体清除率为4.3mL/(min·kg);以15mg/kg单剂量肌内注射红霉素,血中药物峰浓度为2.4μg/mL,达峰时间为76min,生物利用度为60%,吸收相和分布相半衰期分别为54min和311min;以15mg/kg单剂量皮下注射红霉素,血中药物峰浓度为0.7μg/mL,达峰时间为340min,生物利用度为32%,吸收相和分布相半衰期分别为204min和1612min。

(2)泌乳绵羊 以10mg/kg单剂量静脉注射红霉素,血中浓度-时间数据符合二室模型,分布半衰期和消除半衰期分别为0.398h和4.502h,稳态分布容积为4.359L/kg,血中红霉素清除率为1.292L/(h·kg),而且红霉素从血液渗透入羊奶迅速,羊奶与血中的药时曲线下面积比值为1.186;以10mg/kg单剂量肌内注射红霉素,血中浓度-时间数据符合一级吸收一室模型,血中药物峰浓度为0.918μg/mL,达峰时间为0.75h,生物利用度为91.178%,消除半衰期为4.874h,红霉素从血液渗透入羊奶迅速,羊奶与血中的药时曲线下面积比值为1.057,药物峰浓度比值为1.095;以10mg/kg单剂量皮下注射红霉素,血中浓度-时间数据符合一级吸收一室模型,血中药物峰浓度为0.787μg/mL,达峰时间为1.0h,生物利用度为104.573%,消除半衰期为6.536h,红霉素从血液渗透入羊奶迅速,羊奶与血中的药时曲线下面积比值为1.108,药物峰浓度比值为1.356。

(3)泌乳山羊 以10mg/kg单剂量静脉注射红霉素,平均滞留时间为3.18h,0~12h曲线下面积为2.76μg/(h·mL),稳态分布容积为11.85L/kg,吸收半衰期和消除半衰期分别为0.11h和3.32h,机体清除率为3.77mL/(kg·h);以15mg/kg单剂量肌内注射红霉素,血中浓度-时间数据符合一级吸收一室模型,血中药物峰浓度为0.49μg/mL,达峰时间为1.64h,生物利用度为95.36%,0~12h曲线下面积为3.77μg/(h·mL),吸收相半衰期和消除相半衰期分别为0.67h和3.89h。红霉素能迅速而广泛地从血液渗透到羊奶中，羊奶与血中在0～12h的曲线下面积比值为2.37，药物峰浓度比值为2.06。

（4）**非泌乳山羊** 以10mg/kg单剂量静脉注射红霉素，平均滞留时间为0.96h，0～12h曲线下面积为1.22μg/（h·mL），稳态分布容积为8.04L/kg，吸收半衰期和消除半衰期分别为0.12h和1.41h，机体清除率为8.38L/（kg·h）；以15mg/kg单剂量肌内注射红霉素，血中浓度-时间数据符合一级吸收一室模型，血中药物峰浓度为0.41μg/mL，达峰时间为0.77h，生物利用度为98.83%，0～12h曲线下面积为1.70μg/（h·mL），吸收相半衰期和消除相半衰期分别为0.26h和2.63h。

（5）**犬** 以10mg/kg单剂量静脉注射红霉素，5min后血内红霉素浓度为6.64μg/mL，表观分布容积为4.80L/kg，平均滞留时间为1.50h，曲线下面积为4.20μg/（h·mL），终末半衰期为1.35h。

（6）**猫** 以4mg/kg单剂量静脉注射红霉素，表观分布容积为2.34L/kg，平均滞留时间为0.88h，曲线下面积为2.61μg/（h·mL），终末半衰期为0.75h。以10mg/kg单剂量肌内注射红霉素，血中药物峰浓度为3.34μg/mL，达峰时间为1.33h，表观分布容积为4.38L/kg，平均滞留时间为3.50h，曲线下面积为12.32μg/（h·mL），终末半衰期为1.94h。

（7）**马** 分别在禁食过夜和进食后以25mg/kg的剂量口服红霉素，血中峰浓度分别为2.05μg/mL和0.38μg/mL，达峰时间分别为1.5h和1.43h，药时曲线下面积分别为3.88μg/（h·mL）和1.06μg/（h·mL），平均滞留时间分别为2.98h和2.32h，消除半衰期分别为1.79h和1.3h。

（8）**肉鸡** 以30mg/kg单剂量分别静脉注射、肌内注射、皮下注射、口服红霉素。静脉注射后，血浆浓度-时间曲线符合二室开放模型，分布相和消除相半衰期分别为0.19h和5.3h；肌内、皮下和口服给药后10min血中检测到相同剂量的红霉素，给药后8h达到最低水平，血中药物峰浓度分别为5.0μg/mL、5.3μg/mL、6.9μg/mL，达峰时间分别为1.7h、1.4h、1.3h，消除半衰期分别为3.9h、3.6h、4.1h，平均滞留时间分别为3.5h、3.2h、3.6h，生物利用度分别为92.5%、68.8%、109.3%。组织中红霉素浓度以肝脏中最高，并按以下顺序降低：血浆＞肾脏＞肺＞肌肉和心脏。24h后，在组织和血浆中未检测到红霉素残留，但在肝脏和肾脏，肌内注射和口服给药后48h内仍存在红霉素残留。

5.6.5.2 泰乐菌素

泰乐菌素的药动学已在许多物种中被报道，包括猪、牛、羊、鸡、犬、鸭等。泰乐菌素的药代动力学特点与大环内酯类药物的特点大体一致。泰乐菌素无论口服还是注射，吸收均迅速，都能在短时间内达到有效抑菌浓度，并维持一定的时间，而且具有良好的扩散能力，在组织中的分布广泛，生物利用度高。泰乐菌素可以通过血脑屏障、血眼屏障、胎盘屏障以及性腺。泰乐菌素停药后排泄迅速，残留量较少，安全性高，主要以原型经尿和胆汁（随粪便）排出。EMEA的相关材料显示，泰乐菌素在大鼠、犬和牛口服生物利用度较低，猪口服泰乐菌素的绝对生物利用度在22.5%左右，在这些动物口服给药后1～2h出现C_{max}。

（1）**猪** 以10mg/kg单剂量静脉注射泰乐菌素，前20min血中药物浓度从9.5mg/L下降到1.7mg/L，此后72小时，浓度下降缓慢，机体清除率为31.3mL/（min·kg），消除半衰期为4.5h；以10mg/kg单剂量肌内注射泰乐菌素，生物利用度为95%，90min

可达到1mg/L的血中峰浓度，随后浓度下降缓慢，72h后仍能检测到药物，消除半衰期为24.5h。

（2）牛　以10mg/kg单剂量肌内注射泰乐菌素，血中药物峰浓度为0.65mg/L，达峰时间为1.05h，分布容积为1.33L/kg，机体清除率为4.53L/(h·kg)，吸收半衰期为0.30h，消除半衰期为2.24h。

（3）肉鸡　以10mg/kg单剂量静脉注射泰乐菌素，分布容积为0.69L/kg，血中药物峰浓度为1.2mg/L，达峰时间为1.5h，消除半衰期为0.52h，体清除率（CL）为5.30mL/(min·kg)；以10mg/kg单剂量口服泰乐菌素，分布容积为0.85L/kg，消除半衰期为2.07h，是静脉给药的4倍，体清除率为4.40mL/(min·kg)。此外，Liwei等人以10mg/kg体重通过经口灌服、十二指肠给药、门静脉给药和静脉注射给药四种不同的给药方式研究肉鸡的药动学特性，结果表明，单次口服酒石酸泰乐菌素后的药时曲线下面积为0.79μg/(mL·h)，达峰时间为1.33h；以相同剂量静注酒石酸泰乐菌素后的药时曲线下面积为6.82μg/(mL·h)。口服给药后的生物利用度为11.58%。进一步结果表明，鸡口服酒石酸泰乐菌素后，吸收迅速，生物利用度很低。肉鸡单剂量口服和以相同剂量十二指肠给药后，酒石酸泰乐菌素的药动学过程符合一室开放动力学模型，门静脉和静脉注射给药后，酒石酸泰乐菌素的药动学过程符合二室开放动力学模型。各组的曲线下面积分别为0.78μg/(mL·h)、0.86μg/(mL·h)、4.77μg/(mL·h)、6.57μg/(mL·h)，门静脉给药组的AUC显著高于十二指肠组，静脉给药组的AUC显著高于门静脉给药组。表明酒石酸泰乐菌素在肉鸡内存在严重的肠道和肝脏首过效应，肠道影响最大，达82%，其次为肝脏达27%。

（4）绵羊和山羊　以15mg/kg单剂量静脉注射泰乐菌素，曲线下面积分别为2217.4μg/(mL·min)和1748.6μg/(mL·min)，分布半衰期分别为8.58min和12.76min，消除半衰期分别为285.28min和254.51min；以15mg/kg单剂量肌内注射泰乐菌素，血中药物峰浓度分别为2.58μg/mL和2.08μg/mL，达峰时间分别为197.17min和230.34min，生物利用度分别为73%和84%。

（5）犬　以10mg/kg单剂量静脉注射泰乐菌素，表观分布容积为1.7L/kg，组织与血中的分布比率为0.7；犬肌内注射泰乐菌素，血中峰浓度为1.5mg/L，达峰时间为0.5h，9h内缓慢下降，机体清除率为22mL/(min·kg)，消除半衰期为54min。

5.6.5.3　替米考星

替米考星无论是通过内服还是皮下注射给药，动物体吸收都极为迅速，血药浓度较低，表观分布容积大，消除半衰期长，在组织（特别是肺、乳）中药物浓度高且消除缓慢。替米考星在体内大部分存在于肝脏，主要残留物为替米考星原型物和代谢物 N-去甲基替米考星。替米考星主要经粪便排出，其次是肾脏，替米考星在牛、猪、绵羊和鸡中70%～90%以药物原型排泄。替米考星最好通过皮下注射给药，但也可以通过肌内注射给药。当皮下或肌内注射时，替米考星在大约1h内达到血浆浓度峰值（正常剂量为0.8～1.7μg/mL）。替米考星在肺中也易积累，其肺部浓度可能是血浆浓度的50～60倍。此外，EMEA相关文件，[14]C标记的替米考星给猪口服，80%的药物通过粪便排泄，而且排泄物中有一半的放射性活度为替米考星原型。牛口服替米考星，在排泄物与肝脏中检出T1和T2两种主要代谢产物，以及一种次要代谢物T3，T1为 N-脱甲基替米考星，T3为碳霉糖上—N(CH₂)被羟基取代的产物，而T2是替米考星合成工艺过程中的一个杂质组分，在牛体内替米考星主要经过尿液排泄，尿液和粪便排泄物中检测到的放射性活度分别为65%和20%。口服替米考星后，在排泄物以及胆汁中主要检出替米考星原型组分，替米考星羊体内的主要代谢产物有去甲基化（T1）、羟基化（T1）以及还原并与磷酸盐结合产物（T4）。但是，在鸡体内还存在另外两种代谢产物 T9 和 T10，为阿洛糖基部分裂解产物。

（1）猪　以 20mg/kg 和 40mg/kg 单剂量口服磷酸替米考星，其代谢过程符合二室开放模型。各剂量血中药物峰浓度分别为 1.19mg/L 和 2.03mg/L，吸收半衰期分别为 1.49h 和 1.64h，消除半衰期均大于 20h，药时曲线下面积 AUC 均大于 1.0mg/(h·L)。猪单次口服 50mg/kg 替米考星，血中药物峰浓度为 2.88μg/mL，消除半衰期为 20.03h，平均滞留时间为 21.10h，表观分布容积为 48.36L/kg，体清除率为 1.67L/(h·kg)，药时曲线下面积 30.85μg/(mL·h)，平均生物利用度为 140.39%，表明替米考星口服吸收快，半衰期长，生物利用度高。

（2）奶牛　以 10mg/kg 单剂量皮下注射替米考星，血中药物峰浓度为 0.50mg/L，达峰时间为 0.873h，药时曲线下面积为 17.2mg/(h·L)，消除半衰期为 29.4h。此外，Tulay 等人研究发现，替米考星经皮下给药后，血清和牛奶中的血中药物峰浓度分别为 0.86μg/mL 和 20.16μg/mL，达峰时间分别为 1h 和 8h，消除半衰期分别为 29.94h 和 43.02h，$AUC_{牛奶}/AUC_{血清}$ 和 $C_{max牛奶}/C_{max血清}$ 分别为 23.91 和 20.16，表明替米考星在牛奶中的戒断期比较长。

（3）绵羊　以 10mg/kg 单剂量皮下注射替米考星，血中药物峰浓度为 3.90mg/L，达峰时间为 0.822h，药时曲线下面积为 19.9mg/(h·L)，消除半衰期为 34.6h。

（4）山羊　以 10mg/kg 单剂量静脉注射替米考星，血中代谢过程符合两室开发模型，消除半衰期为 4.36h；以 10mg/kg 单剂量皮下注射替米考星，血液中和乳汁中的消除半衰期分别为 29.3h 和 41.4h，皮下注射后 6.39h，血中替米考星浓度为 1.56mg/L。替米考星广泛分泌到乳汁中，单次皮下给药后 11 天可在牛奶中检测到替米考星。

（5）鸡　以 20mg/kg 单剂量口服替米考星，血中代谢过程符合一级吸收二室模型，血中药物峰浓度为 1.108mg/L，达峰时间为 0.765h，表观分布容积为 7.049L/kg，药时曲线下面积 AUC 为 56.220mg/(h·L)，吸收半衰期 $t_{1/2K_a}$ 为 0.662h，消除半衰期为 36.344h，机体清除率为 0.571L/(h·kg)。

（6）马　以 4mg/kg 单剂量口服替米考星，在血中或组织中未检测到替米考星，并不吸收。马以 10mg/kg 单剂量皮下注射替米考星，在马血中达到约 200ng/mL 的最大浓度，平均滞留时间为 19h。皮下注射后在马肺、肾、肝和肌肉组织中测量的替米考星的最大组织残留浓度给药量分别为 2784ng/mL、4877ng/mL、1398ng/mL 和 881ng/mL，这些组织中替米考星的平均滞留时间为 27h。

5.6.5.4　泰万菌素

泰万菌素的药动学特征仅猪和鸡中有报道，在泰万菌素口服给药后吸收迅速，并且迅速代谢成和母体化合物具有同等生物活性的 3-O-乙酰泰乐菌素，排泄较快，主要通过粪便排出。

（1）猪　以 20mg/kg 口服泰万菌素，药物浓度-时间曲线符合二室模型，血中最大药物浓度为 0.782μg/mL，达峰时间为 0.045d，吸收相和消除相半衰期分别为 0.0149d 和 0.1138d，药时曲线下面积为 0.6045μg/(mL·d)。

（2）鸡　以 20mg/kg 口服泰万菌素，血浆药时数据符合有吸收的二室开放模型，血中最大药物峰浓度为 0.22μg/mL，达峰时间为 0.86h，药时曲线下面积为 0.68μg/(mL·h)，生物利用度为 60.26%，分布相和消除相半衰期分别为 0.74h 和 2.27h，体清除率为 29.36L/(h·kg)。以 10mg/kg 静脉注射泰万菌素，血浆药时数据符合无吸收的二室开放模型，药时曲线下面积为 2.29μg/(mL·h)，分布相和消除相半衰期分别为 0.12h 和 0.61h，体清除率为 4.37L/(h·kg)。

5.6.5.5 泰拉霉素

泰拉霉素的药代动力学特征在猪、牛、绵羊、山羊、马、鸡均有报道。泰拉霉素在各种动物的药代动力学特性都是在注射部位迅速吸收，并广泛地分布于各组织，但是由于肺中持续的高浓度，故在各种动物体内的消除都很缓慢，半衰期长。此外，EMEA 相关文件整理了泰拉霉素在猪、犬、牛和大鼠体内的代谢结果，这些动物口服 ^{14}C 标记的泰拉霉素，代谢途径相似，主要以原型药物消除，并且在肝脏和胆汁以及其他可食性组织检测到的组分基本为原型。泰拉霉素在这 4 种动物体内代谢的方式有脱氧糖胺 N-去甲基或 N-氧化、二脱氧甲基己糖部分的水解、N-去丙基和内酯环的水解。而一些其他的 N-氧化衍生的代谢物仅在牛体内发现。泰拉霉素在牛体内消除最慢，第 47 天在排泄物中大约检测出 70% 的药物原型和代谢物，其中尿液排泄和粪便排泄的比例基本相当，分别占 32% 和 40%。

（1）猪 以 2.5mg/kg 单剂量静脉注射泰拉霉素，药时曲线下面积为 11.31g/(h·mL)，稳态表观分布容积为 20.09L/kg，平均滞留时间为 72.01h，消除半衰期为 72.2h，机体清除率为 0.22L/(h·kg)；以 2.5mg/kg 单剂量肌内注射泰拉菌素，血药浓度-时间数据符合非房室模型，血中药物峰浓度为 1.18g/mL，达峰时间为 0.50h，药时曲线下面积为 10.85g/(h·mL)，消除半衰期为 68.59h。

（2）牛 以 2.5mg/kg 单剂量皮下注射泰拉霉素，血中药物峰浓度为 160ng/mL，达峰时间为 21h，药时曲线下面积为 18382ng/(h·mL)，平均滞留时间为 134.3h，消除半衰期为 81.4h。

（3）绵羊 以 2.5mg/kg 单剂量皮下注射泰拉霉素，血中药物峰浓度为 3598.2ng/mL，达峰时间为 1.6h，药时曲线下面积为 78443.0ng/(h·mL)，平均滞留时间为 115.9h，消除半衰期为 75.3h。

（4）山羊 以 2.5mg/kg 单剂量皮下注射泰拉霉素，血中药物峰浓度为 633ng/mL，达峰时间为 0.40h，药时曲线下面积为 12500ng/(h·mL)，表观分布容积为 32.6L/kg，消除半衰期为 110h，体清除率为 0.208L/(h·kg)。

（5）马 以 2.5mg/kg 单剂量静脉注射泰拉霉素，注射后终末期分布容积为 16.8L/kg，药时曲线下面积为 12800ng/(h·mL)，消除半衰期为 59.8h，机体清除率为 3.25mL/(min·kg)，此外，第 72h 时肺上皮衬里液中的泰拉霉素的浓度是血浆中的 10.3 倍；以 2.5mg/kg 单剂量肌内注射泰拉霉素，血中药物峰浓度为 645ng/mL，达峰时间为 0.750h，生物利用度为 99.4%，药时曲线下面积为 13000ng/(h·mL)，消除半衰期为 54.8h，此外，第 72h 时肺上皮衬里液中的泰拉霉素的浓度是血浆中的 11.0 倍；以 2.5mg/kg 单剂量皮下注射泰拉霉素，血中药物峰浓度为 373ng/mL，达峰时间为 3h，生物利用度为 115%，药时曲线下面积为 14900ng/(h·mL)，消除半衰期为 57.9h。

（6）鸡 以 20mg/mL 单剂量静脉注射、肌内注射及口服泰拉霉素，血药浓度-时间数据均符合非房室模型。静脉注射后，稳态表观分布容积为 77.15L/kg，血浆清除率为

17.71mL/(h·kg)。肌内注射和口服后，血中药物峰浓度分别为 0.83μg/mL 和 0.69μg/mL，达峰时间分别为 0.25h 和 0.5h，生物利用度分别为 92.59% 和 62.38%，消除半衰期分别为 20.96h 和 24.33h。

5.6.5.6 加米霉素

加米霉素的药代动力学特点已在多个动物中报道，包括猪、牛、羊、马、肉鸡、犬。加米霉素同其他大环内酯类抗生素一样，吸收快，生物利用度高，分布广泛，作用时间长，消除缓慢，安全高效，体内残留低。

（1）猪 以 6mg/mL 单剂量静脉注射加米霉素，药时曲线下面积为 5.89μg/(h·mL)，稳态分布容积为 39.2L/kg，消除半衰期为 76.1h，体清除率为 1030mL/(h·kg)；以 6mg/mL 单剂量肌内注射加米霉素，血中最大药物浓度为 960ng/mL，达峰时间在 5~15min 之间，药时曲线下面积为 5.42μg/(h·mL)，消除半衰期为 94.1h，生物利用度为 92.2%。

（2）牛 以 3mg/mL 单剂量静脉注射加米霉素，药时曲线下面积为 4.28μg/(h·mL)，稳态分布容积为 24.9L/kg，消除半衰期为 44.9h，体清除率为 712mL/(h·kg)；以 6mg/mL 单剂量皮下注射加米霉素，血中最大药物浓度为 175ng/mL，达峰时间为 3.3h，生物利用度为 110%，药时曲线下面积为 4.55μg/(h·mL)，消除半衰期为 51.2h。

（3）羊 以 6mg/mL 单剂量皮下注射加米霉素，血中最大药物浓度为 573ng/mL，达峰时间为 0.911h，药时曲线下面积为 8.00μg/(h·mL)，表观分布容积为 35.5L/kg，平均滞留时间为 26.8h，消除半衰期为 34.5h，体清除率为 781mL/(h·kg)。

（4）马 以 6mg/mL 单剂量静脉注射加米霉素，24h 时血中药物浓度为 0.07μg/mL，支气管肺泡灌洗细胞中的药物浓度为 31.9μg/mL，药时曲线下面积为 7.00μg/(h·mL)，稳态分布容积为 22.8L/kg，消除半衰期为 29.4h；以 6mg/mL 单剂量肌内注射加米霉素，24h 时支气管肺泡灌洗细胞中的药物浓度为 8.91μg/mL，药时曲线下面积为 3.96μg/(h·mL)，血中药物消除半衰期为 39.1h，支气管肺泡灌洗细胞中药物消除半衰期为 70.3h。

（5）肉鸡 以 6mg/mL 单剂量静脉注射加米霉素，药时曲线下面积为 3998ng/(h·mL)，稳态分布容积为 29.16L/kg，消除半衰期为 12.12h，体清除率为 1.61L/(h·kg)；以 6mg/mL 单剂量皮下注射加米霉素，血中最大药物浓度为 889.46ng/mL，达峰时间为 0.13h，生物利用度为 102.4%，药时曲线下面积为 4094ng/(h·mL)，分布相和消除相半衰期分别为 0.34h 和 11.63h，体清除率为 1.77L/(h·kg)。

（6）犬 以 6mg/mL 单剂量静脉注射加米霉素，药时曲线下面积为 3.774μg/(h·mL)，平均滞留时间为 67.928h，消除半衰期为 49.028h；以 6mg/mL 单剂量皮下注射加米霉素，血中最大药物浓度为 1.205μg/mL，达峰时间为 0.875h，药时曲线下面积为 4.912μg/(h·mL)，平均滞留时间为 69.717h，生物利用度为 120.15%，消除半衰期为 59.978h。

5.6.5.7 泰地罗新

泰地罗新的药代动力学特性已在许多动物中报道，包括猪、牛、山羊、绵羊、马、犬。泰地罗新在注射部位迅速吸收，广泛分布到全身各个组织，消除缓慢，半衰期长，在支气管和肺组织浓度高且持久。此外，EMA 相关资料进行了 [14]C 标记的泰地罗新在猪、牛、比格犬的代谢和排泄研究，结果显示，猪口服泰地罗新，血浆蛋白结合率约30%，药物主要经过粪便排泄，排泄物中以原型居多，检测到的代谢物主要有去甲基-泰地罗新、泰地罗新水解后与S-半胱氨酸结合产物。牛口服泰地罗新，血浆蛋白结合率约30%，约40%的药物经过粪便排泄，约24%的药物经过尿液排泄，而且泰地罗新主要以原型药物排出，但在尿液中可检测到代谢物内酯环开环代谢物（M4）和泰地罗新与硫酸盐结合产物（M7），在肝脏和注射部位可以检测到去甲基-泰地罗新、泰地罗新水解后与S-半胱氨酸结合产物。比格犬口服泰地罗新，吸收迅速，绝对生物利用度高，泰地罗新单次或多次口服给药并不存在药物蓄积现象。泰地罗新在比格犬体内主要通过粪便排泄，粪便排泄物中可以检测到的放射性量占总给药量的65%，比格犬粪便中的主要代谢物为M7，在雌犬和雄犬的排泄物中，M7的含量分别可以达到27%和34%，而在肝脏、肾脏的组织分布中泰地罗新原型的含量最高，可以达到50%以上。

（1）猪 以4mg/kg单剂量静脉注射泰地罗新，血药浓度-时间数据符合非房室模型，药时曲线下面积为18030ng/(h·mL)，平均滞留时间为81.71h，消除半衰期为99.42h；以4mg/kg单剂量肌内注射泰地罗新，血药浓度-时间数据符合非房室模型，血中峰浓度为886ng/mL，达峰时间为0.51h，药时曲线下面积为19702ng/(h·mL)，平均滞留时间为81.8h，绝对生物利用度为109.27%，消除半衰期为100.83h。

（2）牛 以4mg/kg单剂量皮下注射泰地罗新，血中最大药物浓度为0.711μg/mL，达峰时间为0.69h，药时曲线下面积为24.934μg/(h·mL)，生物利用度为78.9%，平均滞留时间为158h，终末半衰期为199h。

（3）山羊 以2mg/kg单剂量静脉注射泰地罗新，在血浆中，药时曲线下面积为3.7μg/(h·mL)，表观分布容积为7.5L/kg，平均滞留时间为14.8h，消除半衰期为6.2h，清除率为0.638L/(kg·h)，而在羊奶中，最大药物浓度为14.2μg/mL，达峰时间为4.0h，药时曲线下面积为207.8μg/(h·mL)，平均滞留时间为36.0h，消除半衰期为58.4h；以2mg/kg单剂量皮下注射泰地罗新，在血浆中，最大药物浓度0.65μg/mL，达峰时间为2.3h，平均滞留时间为25.3h，消除半衰期为8.6h，生物利用度为118.9%，而在羊奶中，最大药物浓度为25.4μg/mL，达峰时间为5.3h，药时曲线下面积为475.5μg/(h·mL)，平均滞留时间为52.66h，消除半衰期为69.7h。

（4）绵羊 以4mg/kg单剂量静脉注射泰地罗新，药时曲线下面积为34.7μg/(h·mL)，平均滞留时间为281.9h，表观分布容积为521.1L/kg，消除半衰期为119.6h，机体清除率为2.9L/(kg·h)；以4mg/kg单剂量皮下注射泰地罗新，血中峰浓度为657ng/mL，达峰时间为1.21h，药时曲线下面积为22.3μg/(h·mL)，平均滞留时间为262h，生物利用度为75.3%，消除半衰期为144.1h。

（5）马 以4mg/kg单剂量静脉注射泰地罗新，药时曲线下面积为7730ng/(h·mL)，稳态分布容积为10.0L/kg，平均滞留时间为19h，终末半衰期为29h，机体清除率为0.52L/(h·kg)；以4mg/kg单剂量皮下注射泰地罗新，在给药后0.5～1.5h内，泰地罗新的最大血浆浓度达到1257ng/mL，药时曲线下面积为31014ng/(h·mL)，平均滞留时间为193h，终末半衰期为170h。

（6）犬 以2mg/kg单剂量静脉注射泰地罗新，药时曲线下面积为3.29μg/(h·mL)，平均滞留时间为20.40h，稳态分布容积为28.88L/kg，消除半衰期为32.22h，机体清除率为0.72L/(kg·h)；以2mg/kg单剂量肌内注射泰地罗新，血中最大药物峰浓度为412.73ng/mL，达峰时间为0.36h，药时曲线下面积为3.85μg/(h·mL)，平均滞留时间为 63.81h，生物利用度为 112%，消除半衰期为 71.39h。

5.6.5.8 吉他霉素

吉他霉素的药代动力学仅在猪、鸡中有报道。吉他霉素口服吸收较快，分布广泛，主要经胆汁排出，尿中排出量较少。

（1）猪 以 2.5×10^4 U/kg 单剂量口服吉他霉素，其血中浓度-时间数据符合一级吸收二室开放模型，血中药物峰浓度为 6.97μg/mL，达峰时间为 0.65h，药时曲线下面积为 19.98mg/(L·h)，吸收相和消除相半衰期分别为 0.93h 和 6.43h。

（2）鸡 以 300mg/kg 单剂量口服吉他霉素，血中浓度-时间数据符合一级吸收二室模型。血液中药物峰浓度为 8.02μg/mL，达峰时间为 1.76h，药时曲线下面积为 82.57mg/(L·h)，消除半衰期为 11.84h。

5.6.6 药效动力学

大环内酯类抗生素抗菌谱广，对革兰氏阳性菌，特别是耐青霉素的金黄色葡萄球菌、链球菌有较强的抗菌活性，部分对革兰氏阴性菌、部分厌氧菌、支原体、衣原体、军团菌、胎儿弯曲杆菌、螺旋体和立克次体均有抗菌活性。

5.6.6.1 MIC/MBC

大环内酯类抗生素一般表现为抑菌作用，高浓度时对一些低接种量的敏感菌亦有杀菌作用。Huang 等人研究了泰乐菌素对猪链球菌的抗菌活性，泰乐菌素的 MIC 为 0.25μg/mL，MBC 为 1μg/mL，杀菌曲线显示泰乐菌素对猪链球菌表现出时间依赖性和弱浓度依赖性的抗菌活性。Wang 等人测定了替米考星、红霉素、泰妙菌素对猪链球菌的 MIC 和 MBC，发现三种抗生素的 MBC 是 MIC 的 1~4 倍。Huang 等人研究了乙酰吉他霉素对猪链球菌的抗菌活性，测得乙酰吉他霉素对猪链球菌 HB1607 的 MIC、MBC 分别为 1μg/mL、2μg/mL。

5.6.6.2 抗生素后效应（PAE）

大环内酯类抗菌药物是一种时间依赖性药物，但每种药物有自己的特点。传统的大环内酯类药物（如红霉素）是经典的时间依赖性药物，而且没有抗菌后效应。而少数大环内酯类药物既可以表现出时间依赖性，又可以表现出较弱的浓度依赖性，而且带有持续的抗菌后效应。泰乐菌素对猪链球菌的 PAE 的持续时间与暴露时间直接相关，细菌暴露于泰乐菌素 2h 时持续时间比 1h 长。猪链球菌在 3 倍 MIC 时暴露 43h 的 PAE 为 2.2h，在 4 倍 MIC 时暴露 21h 的 PAE 为 4.2h。Wang 等人测定了红霉素敏感和耐药菌株对红霉素、替米考星、泰妙菌素的 PAE，同样发现 PAE 持续时间与暴露时间直接相关，而且抗菌药物浓度的增加也延长了 PAE 的持续时间，呈线性关系。红霉素敏感株与红霉素耐药株的 PAE 持续时间无显著差异。在 1 倍 MIC 和 2 倍 MIC 下，泰妙菌素诱导的 PAE 时间显著长于替米考星。在两倍 MIC 下，泰妙菌素暴露 1h 诱导的 PAE 时间也显著长于替米考星。替米考星和泰妙菌素不仅对猪链球菌红霉素敏感株有活性，还对猪链球菌红霉素耐药株有活性，而且可保持抗菌活性，具有延长治疗的可能性。Huang 等人测定了乙酰吉他霉素对猪链球菌的 PAE 具有时间依赖性特征，在 4 倍 MIC 下暴露 2h，PAE 为 2.96h。

5.6.6.3 防耐药变异浓度（MPC）

防耐药变异浓度（MPC）指可以阻止细菌群体（通常超过 10^{10} CFU/mL）中突变亚群生长的最低药物浓度。突变体选择窗口（MSW）是高于最小抑制浓度（MIC），而且低于 MPC 的抗生素浓度范围。如果最大血清浓度在 MSW 内，则易感细菌的生长受到抑制，非易感突变体被选择性富集，导致根除失败。MPC 理论已用于比较药物敏感性，并研究各种细菌的药代动力学和药效学值与耐药性之间的关系。泰乐菌素对猪链球菌的 MPC 值为 $1\mu g/mL$，MSW 为 $0.25\sim1\mu g/mL$，说明耐药突变体选择窗口较窄。Zhang 等人在体外测定了替米考星对鸡毒支原体的 MSW 为 $0.027\sim0.15\mu g/mg$。乙酰吉他霉素对猪链球菌在 MHB 中的 MPC 为 $5\mu g/mL$。

5.6.6.4 PK-PD 参数

大部分大环内酯类药物如红霉素是经典的时间依赖性药物，预测其抗菌活性的最佳参数是 $\%T>MIC$。而具有长消除半衰期的阿奇霉素等的抗菌活性与 AUC_{24h}/MIC 参数有关。Huang 等人模拟替米考星对肺组织中的鸡毒支原体的 PK/PD，发现相比于 $\%T>MIC$，浓度-时间曲线下面积除以 MIC（AUC_{24h}/MIC）是预测替米考星对鸡毒支原体抗菌活性的最佳 PK/PD 参数，而且替米考星表现出浓度依赖性特征。而对于加米霉素、泰拉霉素和泰地罗新，也有报道 AUC_{24h}/MIC 是预测其对多杀性巴氏杆菌 PK/PD 的最佳参数。

5.6.7 临床应用

5.6.7.1 红霉素

红霉素可用于预防或治疗由空肠弯曲杆菌引起的腹泻或流产。在治疗由敏感的革兰氏阳性需氧菌引起的感染时，红霉素还可以替代青霉素用于对青霉素过敏的动物，可以替代氨苄西林或阿莫西林治疗钩端螺旋体病，另外还可替代四环素类药物治疗立克次体感染，但是替代克林霉素或甲硝唑治疗由厌氧菌引起的感染较差。通常只有抑菌作用是红霉素和其他大环内酯类药物的缺点。

（1）牛、绵羊和山羊呼吸道疾病　红霉素用于治疗呼吸道疾病有限，因为引起呼吸道疾病的常见菌如睡眠嗜血杆菌、化脓隐秘杆菌和厌氧菌对红霉素中度敏感，而一些支原体和大部分溶血性曼氏杆菌分离株对其具有耐药性。因为红霉素注射给药时产生极大的痛感，所以在有其他抗菌药物可用的情况下，应尽量避免使用红霉素。

（2）乳腺炎　治疗泌乳期和干奶期奶牛乳腺炎时，乳房灌注可能是红霉素最好的给药方式，因为红霉素在牛奶中的休药期短，只有 36h。以 10mg/kg 单剂量肌内注射红霉素，对绵羊的恶性腐蹄病有很好的治疗效果。

（3）猪钩端螺旋体病　红霉素除了治疗猪的钩端螺旋体病外，很少用于治疗猪的其他感染。

（4）马葡萄球菌和链球菌感染　红霉素可以替代青霉素或者复方磺胺甲氧苄啶制剂用于治疗葡萄球菌和链球菌感染。然而，红霉素导致腹泻的潜在风险限制了其在成年马的应用。

（5）马红球菌肺炎　红霉素还可以用于治疗马驹的马红球菌肺炎，但是需要与利福平联合使用，一方面可以起到协同作用，另一方面还可以降低出现耐药突变的风险。另外，马肌内注射红霉素会出现严重的局部刺激。

（6）**马新立克次体感染** 有报道称，口服联合使用红霉素和利福平，能够成功治疗实验室诱导的新立克次体感染，表明这种联合用药可以替代四环素类药物治疗此种感染。

（7）**马胞内劳森氏菌感染** 红霉素单独使用或联合利福平使用还可以治疗马驹的胞内劳森氏菌感染。

（8）**犬猫空肠弯曲杆菌肠炎** 治疗革兰氏阳性球菌和厌氧菌引起的感染时，红霉素可能只能作为第二选择。但是可以用于治疗空肠弯曲杆菌肠炎。

（9）**家禽葡萄球菌或链球菌感染、坏死性皮炎、传染性鼻炎和鸡败血支原体感染**红霉素通常经饮水给药用于葡萄球菌或链球菌感染、坏死性皮炎、传染性鼻炎和鸡败血支原体感染的预防和治疗。

5.6.7.2　泰乐菌素

泰乐菌素对大部分细菌的抗菌活性不如红霉素，但是对支原体具有更高的活性。在猪，泰乐菌素还用作促生长剂，但是在预防和治疗猪痢疾及支原体感染时已被活性更高的泰妙菌素所取代。除了对抗支原体感染外，泰乐菌素和红霉素一样，在大部分临床情况下不作为首选药物。

（1）**牛支原体肺炎** 泰乐菌素主要用于治疗由牛支原体引起的肺炎。泰乐菌素（7.5～15mg/kg 肌内注射，一日 2 次）能够成功控制和消除试验性感染的牛丝状支原体肺炎。对于犊牛的支原体肺炎和关节炎，泰乐菌素也有效。但是有研究表明，以 10mg/kg 的剂量一日 2 次肌内注射泰乐菌素后，仅能拖延实验诱发的牛支原体关节炎的发病，但是没有预防作用。

（2）**山羊支原体肺炎** 泰乐菌素还可用于治疗山羊的支原体肺炎，如丝状支原体等感染。建议以 25～35mg/kg 的高剂量静脉注射，给药间隔 8～12h。

（3）**猪萎缩性鼻炎** 在仔猪不同阶段注射泰乐菌素可以有效降低猪萎缩性鼻炎的发病率，尽管巴氏杆菌对其有很高的 MIC，但试验表明泰乐菌素对多杀性巴氏杆菌（或者其产物 Pmt 毒素）有很好的抑制作用。

（4）**仔猪支原体肺炎** 新生仔猪注射泰乐菌素可以减轻猪支原体肺炎的发病损害。在治疗试验性支原体及细菌混合感染的肺炎时，泰乐菌素疗效不如泰妙菌素。

（5）**猪钩端螺旋体病** 泰乐菌素（44mg/kg，肌内注射，一日 1 次，连用 5d）还能有效地治疗人工诱导的猪钩端螺旋体病。

（6）**犬脓肿、创伤感染、扁桃体炎、支气管炎和肺炎** 泰乐菌素能够治愈一些致病菌如葡萄球菌、链球菌、厌氧菌和支原体等引起的脓肿、创伤感染、扁桃体炎、支气管炎和肺炎。

（7）**犬上呼吸道感染** 有一种泰乐菌素与磺胺类的复方药物已批准用于治疗犬的上呼吸道感染。而对于猫的上呼吸道混合感染，泰乐菌素也往往有很好的疗效，这可能是因为其对嗜衣原体和支原体的效果。

（8）**犬中间葡萄球菌脓皮病** 犬口服泰乐菌素对中间葡萄球菌脓皮病的治疗效果也非常好，研究表明以 10mg/kg 的剂量间隔 12h 给药和以 20mg/kg 剂量间隔 12h 给药后的疗效几乎没有差别。

（9）**犬腹泻** 犬口服泰乐菌素还能够有效地缓解腹泻，但在排除了特殊因素影响的情况下，仍会出现慢性肠炎症状。在一次前瞻性随机双盲临床试验中，泰乐菌素以 25mg/kg 剂量给药，给药间隔为 24h，结果 20 只犬中有 17 只（85%）的粪便恢复正常黏稠度，而安慰剂组的 7 只犬中只有 2 只的粪便黏稠度得到改善。

（10）**禽支原体感染**　泰乐菌素肌内注射能够控制禽支原体感染，但是由于部分鸡毒支原体分离株存在耐药性，可能导致泰乐菌素对其药效有所下降。有研究表明，用于控制肉鸡的鸡毒支原体感染时，泰乐菌素的治疗效果与达氟沙星相比相差无几。然而在治疗蛋鸡的滑液囊支原体感染时，使用泰乐菌素连续饮水给药 5 天，蛋壳很容易出现畸形。

（11）**禽螺旋体病**　泰乐菌素饮水给药能够控制禽螺旋体病。

5.6.7.3　替米考星

（1）**牛呼吸系统疾病**　将替米考星研制成长效制剂用于治疗牛的呼吸系统疾病。10mg/kg 单次皮下注射，肺中高于溶血性曼氏杆菌 MIC 值的药物浓度可维持 72h。试验和临床数据显示，单次皮下注射替米考星对饲养场新到牛有预防疾病的作用，也能够治疗牛肺炎。20mg/kg 的剂量比 10mg/kg 剂量的药效略有提高。有些动物，有必要在 3d 后重复注射给药。

（2）**牛金黄色葡萄球菌感染**　在干乳期，牛乳房灌注替米考星对于治疗金黄色葡萄球菌感染非常有效。然而，由于持久的药物残留，替米考星不应通过乳房灌注途径用于泌乳期奶牛。在意外将替米考星经乳房灌注给泌乳期奶牛时，其所有乳房产出的牛奶都应当废弃，而且至少到 82d。

（3）**绵羊呼吸系统疾病**　替米考星被批准单次皮下注射用于治疗绵羊溶血性曼氏杆菌引起的呼吸系统疾病。但是在山羊使用替米考星可能会致死。

（4）**猪放线杆菌属或多杀性巴氏杆菌性肺炎**　在试验和临床研究中，替米考星通过混饲给药（200～400mg/kg）能够有效控制猪的放线杆菌属或多杀性巴氏杆菌性肺炎。

（5）**兔巴氏杆菌病**　替米考星以 25mg/kg 剂量皮下注射能够有效治疗兔的巴氏杆菌病；但是以此剂量需要 3d 后重复给药 1 次，以进一步增加临床治愈的可能。

（6）**禽支原体感染**　替米考星以 50mg/L 饮水给药，连续 3d 或 5d，能有效治疗试验诱导的鸡毒支原体感染。以 300～500g/t 的剂量混饲能预防感染。

5.6.7.4　泰万菌素

（1）**禽支原体病**　一些国家，酒石酸泰万菌素被批准用于预防和治疗支原体病（鸡毒支原体、滑液囊支原体和其他支原体属）。该药也可用于防治野鸡的支原体病。

（2）**猪增生性肠炎**　在美国，酒石酸泰万菌素被批准用于控制由胞内劳森氏菌引起的猪增生性肠炎。在其他很多国家，该药还批准用于防治猪增生性肠炎、由敏感菌猪肺炎支原体引起的猪地方性肺炎和由猪痢疾密螺旋体引起的猪痢疾。

5.6.7.5　泰拉霉素

（1）**牛呼吸系统疾病**　泰拉霉素批准用于治疗或控制由溶血性曼氏杆菌、多杀性巴氏杆菌、睡眠嗜血杆菌和牛支原体引起的牛呼吸系统疾病。多项研究表明，在防治牛不明确的呼吸系统疾病时，泰拉霉素比氟苯尼考或替米考星的效果更好。

（2）**牛腐蹄病**　泰拉霉素获批的适应证还包括由牛莫拉氏菌引起的传染性牛角膜结膜炎和由坏死梭杆菌及利氏卟啉单胞菌引起的牛腐蹄病（趾间坏死）。

（3）**猪呼吸系统疾病**　泰拉霉素能够治疗由胸膜肺炎放线杆菌、多杀性巴氏杆菌、支气管败血波氏杆菌、副猪嗜血杆菌或者猪肺炎支原体引起的猪的呼吸系统疾病。该药已经批准用于控制猪群中确诊为胸膜肺炎放线杆菌、多杀性巴氏杆菌或猪支原体感染的病例。在治疗猪不明原因的呼吸系统疾病时，泰拉霉素至少与头孢噻呋、氟苯尼考或者泰妙菌素的治疗效果相当。另有报道，在治疗人工感染肺炎支原体的猪时，单剂量的泰拉霉素与3d剂量的恩诺沙星的疗效相当。

（4）马红球菌　在一个马红球菌感染发病率较高的农场，泰拉霉素曾与阿奇霉素-利福平联合用药进行了临床比较，用药对象是经超声筛查确诊为亚临床性肺炎的马驹。虽然存活率在统计学上差异并不显著，但是泰拉霉素首次给药1周后，肺部脓肿明显更大，疗程明显更长，这也说明泰拉霉素不如阿奇霉素-利福平联合的标准疗法效果好。这些结果也由体外抑菌实验得到了印证，泰拉霉素对马红球菌的抑菌活性非常低，其MIC_{90}大于$64\mu g/mL$。

5.6.7.6　加米霉素

（1）牛呼吸道疾病　加米霉素被批准用于防治由溶血性曼氏杆菌、多杀性巴氏杆菌、牛支原体、睡眠嗜血杆菌引起的牛呼吸道疾病，但不用于泌乳期奶牛。已有多项研究记录了加米霉素对防治牛呼吸道疾病的疗效。

（2）绵羊和山羊类腐蹄病　虽然加米霉素并未批准用于小反刍动物，但确实是治疗绵羊和山羊呼吸道疾病的一个合理选择。母羊以6mg/kg的剂量皮下注射加米霉素，对由产黑素拟杆菌引起的类腐蹄病有明显的疗效。

5.6.7.7　泰地罗新

（1）牛呼吸道疾病　泰地罗新已批准用于治疗和控制由溶血性曼氏杆菌、多杀性巴氏杆菌和睡眠嗜血杆菌引起的牛呼吸道疾病。

（2）猪呼吸系统疾病　在一些国家，泰地罗新已批准用于治疗由胸膜肺炎放线杆菌、多杀性巴氏杆菌、支气管败血波氏杆菌和副猪嗜血杆菌引起的猪呼吸系统疾病。

5.6.7.8　吉他霉素

吉他霉素主要用于防治猪细菌性腹泻，如弧菌性痢疾。研究表明，吉他霉素可以有效地抑制猪肠道内以致病性大肠杆菌为代表的病原微生物，而且对乳酸杆菌为代表的肠道有益微生物不会造成明显影响，抵制致病性大肠杆菌的侵袭，预防腹泻。

5.6.8　安全性

5.6.8.1　红霉素

严重不良反应的发生率相对较低，并且与动物种属有关。所有大环内酯类药物的一个共性就是刺激性较大，会导致肌内注射时出现剧烈疼痛，静脉注射后会引起血栓性静脉炎和静脉周围炎，乳房灌注后引起炎症反应。大多数动物在接受红霉素治疗时都会出现与剂量相关的胃肠道紊乱（恶心、呕吐、腹泻、肠痛），可能是打破肠道正常微生物菌群的平衡或结合胃动素受体引起平滑肌刺激作用的结果。这些不良反应对动物并不致命，成年马除外，这是因为大环内酯类药物经胆汁大量排泄，能引起成年马的剧烈腹泻。有报道称在使用红霉素治疗成年马的艰难梭菌感染时出现死亡的现象。有趣的是，在使用红霉素和利福平治疗马驹的马红球菌感染时，母马却出现了艰难梭菌感染的剧烈腹泻。这可能是母马从马驹的粪便中摄入了少量的红霉素，抑或是母马从马驹获得了红霉素耐药的艰难梭菌感染，或者是两种情况的结合。也有兔死于由该不良反应引起的盲肠结肠炎的报道。红霉素经口给药会引起反刍犊牛的剧烈腹泻，加之药物吸收较差，因此不推荐牛口服红霉素。红霉素在犬和猫的应用较为安全。红霉素依托酸酯能引起自限性淤胆型肝炎和黄疸，并伴有腹痛，特别是在长期重复使用或是有肝病史的患者中，这种不良反应更加明显。

5.6.8.2　泰乐菌素

泰乐菌素是一种相对安全的药物。其毒性作用与红霉素基本一致。肌内或皮下注射时，对局部组织有刺激性。有报道，猪注射药物后出现水肿、瘙痒、直肠黏膜水肿和轻度肛门突出。这些不良反应可能由药物载体造成。有报道称，泰乐菌素会引起马严重腹泻，甚至可以致死。有报道，因疏忽给奶牛饲喂了污染有 7～20mg/kg 泰乐菌素的饲料后导致瘤胃迟缓、食欲不振、粪便恶臭和产奶量下降。许多奶牛非常敏感，其中一些久卧不起。牛静脉注射泰乐菌素会出现休克、呼吸困难和抑郁。此外，泰乐菌素和螺旋霉素还能诱发临床兽医师的接触性皮炎。

5.6.8.3　替米考星

替米考星对心血管系统具有潜在毒性，并且在一定程度上存在种属差异。猪以 10～20mg/kg 的剂量肌内注射会致死。应特别注意避免意外给人注射，因为同样可以致命。在山羊，皮下注射的毒性剂量大约只有 30mg/kg，而静脉注射为≥2.5mg/kg。在马，皮下或肌内注射替米考星会引起注射部位的剧烈反应，有些还会引起腹泻。替米考星的毒性作用是由药物对心脏的作用决定的，其机制可能是钙离子的快速降低。

5.6.8.4　泰万菌素

在临床试验和靶动物安全性评价中未发现明显的不良反应。

5.6.8.5　泰拉霉素

泰拉霉素在猪和牛上使用非常安全。在药物的临床开发期间，没有出现严重的不良反应事件。在 10 倍推荐剂量下，最显著的不良反应也只是注射部位的疼痛、肿胀和变色。基于有限的数据，泰拉霉素在山羊和马驹的使用较为安全。而尚未开展对其他动物的安全性评估。

5.6.8.6　加米霉素

加米霉素用于牛是安全的，在临床用药期间无明显不良反应。在个别动物中可能出现短暂的不适和注射部位的轻微肿胀。尚未在其他动物开展安全性评价。

5.6.8.7　泰地罗新

泰地罗新用于牛安全，在临床研发期间未发现明显的不良反应。在猪和牛的注射部位普遍会出现轻度至中度的肿胀和疼痛。在临床试验期间，1048 头猪中仅 2 头出现了震颤症状。尚未开展对其他动物的安全性评价。

5.6.8.8　吉他霉素

动物内服后可出现剂量依赖性胃肠道功能紊乱（如呕吐、腹泻、肠疼痛等），发生率较红霉素低。

5.6.9　药物相互作用

目前，只有少量关于大环内酯类抗生素与其他抗生素相互作用的研究。在体外试验中，发现红霉素与其他大环内酯类、林可胺类及氯霉素的联合使用有拮抗作用。红霉素可以单独或联合氨基糖苷类药物使用，用于预防或治疗肠道溢出引起的腹膜炎，但药效不如克林霉素或甲硝唑与氨基糖苷类药物的联合应用。此外，因微生物的不同，大环内酯类在与氟喹诺酮类或氨基糖苷类联合使用时可出现协同、拮抗或者不同的作用。大环内酯类联合利福平使用在对抗马红球菌时，具有协同作用。

红霉素和许多其他大环内酯类抗生素均可引起细胞色素 P450 酶系的失活。因此，一些主要依靠 CYP3A 酶进行代谢的药物，如茶碱、咪达唑仑、卡马西平、奥美拉唑和雷尼替丁等在与红霉素同时使用时，药物浓度会显著升高。与红霉素及其他经典的大环内酯类药物（螺旋霉素除外）相比，克拉霉素和罗红霉素对 P450 酶系统的亲和力要低得多。阿奇霉素、地红霉素及螺旋霉素并不会影响肝 P450 酶系统，也不会影响在红霉素和其他大环内酯类研究中观察到的药物相互作用。

5.6.10　剂型

5.6.10.1　经胃肠道给药剂型

（1）**红霉素**　硫氰酸红霉素可溶性粉，混饮，以硫氰酸红霉素计，1L 水，鸡 0.125g，连用 3～5 日。

红霉素片，内服，一次量，10kg 体重，犬、猫 100～200mg，一日 2 次，连用 3～5 日。

（2）**泰乐菌素**　酒石酸泰乐菌素可溶性粉，混饮，以酒石酸泰乐菌素计，1L 水，禽 0.5g，连用 3～5 日。

磷酸泰乐菌素预混剂，混饲，以酒石酸泰乐菌素计，1000kg 饲料，猪 10～100g，鸡 4～50g。

（3）**替米考星**　替米考星溶液，混饮，10% 规格，1L 水，鸡 0.75mL；25% 规格，1L 水，鸡 0.3mL，连用 3 日。

替米考星预混剂，混饲，10% 规格，1000kg 饲料，猪 2000～4000g；20% 规格，1000kg 饲料，猪 1000～2000g，连用 15 日。

（4）**泰万菌素**　酒石酸泰万菌素可溶性粉，混饮，以泰万菌素计，1L 水，猪 50～85mg，连用 5 日；鸡 200mg，连用 3～5 日。

酒石酸泰万菌素预混剂，混饲，以泰万菌素计，1000kg 饲料，猪 50g，鸡 100～300g，连用 7 日。

（5）**吉他霉素**　酒石酸吉他霉素可溶性粉，混饮，以酒石酸吉他霉素计，1L 水，鸡 0.25～0.5g，连用 3～5 日。

吉他霉素片，内服，一次量，1kg 体重，以吉他霉素计，猪 200～300mg，禽 200～500mg。

吉他霉素预混剂，混饮，1000kg 饲料，以吉他霉素计，猪 80～300g，鸡 100～300g，连用 5～7 日。

5.6.10.2 非胃肠道给药剂型

（1）**红霉素** 注射用乳糖酸红霉素，静脉注射，一次量，以红霉素计，1kg 体重，马、牛、羊、猪 3～5mg，犬、猫 5～10mg，一日 2 次，连用 3～5 日。

（2）**泰乐菌素** 注射用酒石酸泰乐菌素，皮下或肌内注射，一次量，以泰乐菌素计，1kg 体重，猪、禽 5～13mg。

（3）**替米考星** 替米考星注射液，皮下注射，牛，以替米考星计，1kg 体重 0.011g，仅注射 1 次。

（4）**泰拉霉素** 泰拉霉素注射液，牛皮下注射，一次量，1kg 体重 2.5mg，每个注射部位的给药剂量不超过 7.5mL；猪颈部肌内注射，一次量，1kg 体重 2.5mg，每个注射部位的给药剂量不超过 2mL。

（5）**泰地罗新** 泰地罗新注射液，牛皮下注射，一次量，1kg 体重 4mg，仅用一次；猪肌内注射，一次量，1kg 体重 4mg。

5.6.11 常用药物

5.6.11.1 红霉素

硫氰酸红霉素可溶性粉（以本品计，规格：100g：2.5g、100g：5g），鸡混饮给药，可用于治疗鸡的革兰氏阳性菌和支原体引起的感染性疾病，如鸡的葡萄球菌病、链球菌病、慢性呼吸道病和传染性鼻炎。硫氰酸红霉素可溶性粉的休药期为鸡 3 日。

红霉素片的规格为 0.125g、0.25g 和 50mg，主要用于犬、猫耐青霉素葡萄球菌感染，也用于其他革兰氏阳性菌及支原体感染。

注射用乳糖酸红霉素（以红霉素计）用于马、牛、羊、猪、犬、猫，规格有 0.25g 和 0.3g 两种。注射用乳糖酸红霉素的休药期为牛 14 日，羊 3 日，猪 7 日；弃奶期 72h。

红霉素的残留标志物为红霉素 A，其在鸡、火鸡的肌肉、脂肪、肝、肾中的最高残留限量为 100μg/kg，在鸡蛋中的残留限量为 50μg/kg，在其他动物肌肉、脂肪、肝、肾及鱼皮、肉的残留限量为 200μg/kg，在其他动物奶中为 40μg/kg，蛋中为 150μg/kg。

5.6.11.2 泰乐菌素

酒石酸泰乐菌素可溶性粉（以本品计，规格：100g：10g、100g：20g、100g：50g），禽混饮给药，用于治疗禽革兰氏阳性菌及支原体感染。酒石酸泰乐菌素可溶性粉的休药期为鸡 1 日。

磷酸泰乐菌素预混剂（以本品计，规格：100g：2.2g，100g：10g，100g：22g），混饲给药，用于防治猪、鸡支原体感染引起的疾病，也用于治疗鸡产气荚膜梭菌引起的坏死性肠炎。磷酸泰乐菌素预混剂的休药期为猪、鸡 5 日。

注射用酒石酸泰乐菌素主要用于治疗支原体及敏感革兰氏阳性菌引起的感染性疾病，规格有 1g、2g、3g 和 6.25g 四种。注射用酒石酸泰乐菌素的休药期为猪 21 日，禽 28 日。

泰乐菌素的残留标志物为泰乐菌素 A，其在牛、猪、鸡、火鸡的鸡肉、脂肪、肝、肾以及牛奶中的最高残留限量均为 $100\mu g/kg$，在鸡蛋中的残留限量为 $300\mu g/kg$。

5.6.11.3 替米考星

替米考星溶液（规格：10％、25％），鸡混饮给药，用于治疗由巴氏杆菌及支原体引起的鸡呼吸系统疾病。替米考星溶液的休药期为鸡 12 日。

替米考星预混剂（以本品计，规格：10％、20％），猪混饲给药，用于治疗猪胸膜肺炎放线杆菌、巴氏杆菌及支原体感染。替米考星预混剂的休药期为猪 14 日。

替米考星注射液（规格：10mL：3g），牛皮下注射，用于治疗胸膜肺炎放线杆菌、巴氏杆菌及支原体感染。替米考星注射液的休药期为牛 35 日。

替米考星在牛、羊奶中的最高残留限量为 $50\mu g/kg$，在牛、羊、猪的肌肉、脂肪以及火鸡的脂肪中残留限量为 $100\mu g/kg$，在鸡肉中的残留限量为 $150\mu g/kg$，在鸡、火鸡的皮及酯中的残留限量为 $250\mu g/kg$，在牛、羊肾中的残留限量为 $300\mu g/kg$，在鸡肾中的残留限量为 $600\mu g/kg$，在牛、羊肝中的残留限量为 $1000\mu g/kg$，在火鸡的肝中残留限量为 $1400\mu g/kg$，在猪肝中的残留限量为 $1500\mu g/kg$，在鸡肝中的残留限量为 $2400\mu g/kg$。

5.6.11.4 泰万菌素

酒石酸泰万菌素可溶性粉（以本品计，规格：100g：5g、100g：25g、100g：85g），混饮给药，用于治疗猪、鸡支原体感染和猪赤痢螺旋体以及其他敏感细菌的感染。酒石酸泰万菌素可溶性粉的休药期为猪 3 日，鸡 5 日。

酒石酸泰万菌素预混剂（以泰万菌素计，规格：100g：1g、100g：5g、100g：20g），混饲给药，用于治疗猪、鸡支原体感染和猪赤痢螺旋体以及其他敏感细菌的感染。酒石酸泰万菌素预混剂的休药期为猪 3 日，鸡 5 日。

替米考星在猪的肌肉、皮、酯、肝、肾，以及家禽的皮、酯、肝中的残留标志物为泰万菌素和 3-O-乙酰泰乐菌素，其最高残留限量为 $50\mu g/kg$，在禽蛋中的残留标志物为泰万菌素，其最高残留限量为 $200\mu g/kg$。

5.6.11.5 泰拉霉素

泰拉霉素注射液（以泰拉霉素计，规格：20mL：2g、50mL：5g、100mL：10g、250mL：25g、500mL：50g），皮下注射和颈内肌内注射给药，用于治疗和预防对泰拉霉素敏感的溶血巴氏杆菌、多杀性巴氏杆菌、睡眠嗜血杆菌和支原体引起的牛呼吸道疾病，以及对泰拉霉素敏感的胸膜肺炎放线杆菌、多杀性巴氏杆菌和肺炎支原体引起的猪呼吸道疾病。

泰拉霉素的残留标志物为($2R$,$3S$,$4R$,$5R$,$8R$,$10R$,$11R$,$12S$,$13S$,$14R$)-2-乙基-3,4,10,13-四羟基-3,5,8,10,12,14-六甲基-11-{[3,4,6-三脱氧-3-(二甲胺基)-β-D-木-吡喃型己糖基]氧}-1-氧杂-6-氮杂环十五烷-15-酮，其在牛的脂肪中最高残留限量为 $200\mu g/kg$，在牛、猪的肌肉中残留限量为 $300\mu g/kg$，在猪的脂肪中残留限量为 $800\mu g/kg$，在牛的肾脏中残留限量为 $3000\mu g/kg$，在猪的肝脏中残留限量为 $4000\mu g/kg$，在牛的肝脏中残留限量为 $4500\mu g/kg$，在猪的肾脏中残留限量为 $8000\mu g/kg$。

5.6.11.6 泰地罗新

泰地罗新注射液（牛用，以泰地罗新计，规格：50mL：9g、100mL：18g），牛皮下注射，用于治疗和预防对泰地罗新敏感的溶血性曼氏杆菌、多杀性巴氏杆菌和睡眠嗜血杆菌等引起的牛细菌感染性呼吸道疾病。

泰地罗新注射液（猪用，以泰地罗新计，规格：100mL：4g、250mL：10g），猪肌内注射，用于治疗和预防对泰地罗新敏感的胸膜肺炎放线杆菌、多杀性巴氏杆菌、支气管败血波氏杆菌和副猪嗜血杆菌等引起的猪细菌感染性呼吸道疾病。

泰地罗新在猪的皮肤、脂肪中的最高残留限量为 $800\mu g/kg$，在猪肌肉中的残留限量为 $1200\mu g/kg$，在猪肝脏中的残留限量为 $5000\mu g/kg$，在猪肾脏中的残留限量为 $10000\mu g/kg$。

5.6.11.7　吉他霉素

酒石酸吉他霉素可溶性粉（以本品计，规格：100g：10g），鸡混饮给药，主要用于治疗革兰氏阳性细菌、支原体等引起的感染性疾病。酒石酸吉他霉素可溶性粉的休药期为鸡 7 日。

吉他霉素片（规格：5mg、50mg、100mg），猪、禽内服使用，主要用于治疗革兰氏阳性菌、支原体及钩端螺旋体等感染。吉他霉素片休药期为猪、鸡 7 日。

吉他霉素预混剂（以本品计，规格：100g：10g、100g：30g、100g：50g），猪混饲使用，用于治疗革兰氏阳性菌、支原体及钩端螺旋体等感染。吉他霉素预混剂的休药期为猪、鸡 7 日。

吉他霉素在猪、家禽的肌肉、脂肪、肾、可食下水中的最高残留限量均为 $200\mu g/kg$。

5.7

氨基糖苷类药物

氨基糖苷类药物是用于治疗革兰氏阴性菌感染的重要抗生素之一，但是因其在食品动物体内潜在毒性和残留，而限制了其在临床上的使用。本类药物的主要共同特征包括：①均为有机碱，能与酸形成盐。常用制剂为硫酸盐，易溶于水，性质稳定。在碱性环境中抗菌作用增强。②内服吸收很少，几乎完全从粪便排出，利于作为肠道感染用药。注射给药后吸收迅速，大部分以原型从尿中排出，适用于泌尿道感染。③属杀菌性抗生素，抗菌谱较广，对需氧革兰氏阴性杆菌的作用强，对革兰氏阳性菌的作用较弱，对厌氧菌无效。④不良反应主要是损害第八对脑神经（听神经）及具有不同程度的肾毒性、耳毒性，也对神经肌肉有阻断作用。

5.7.1　化学结构

氨基糖苷类药物是由链霉菌、小单孢菌和芽孢杆菌产生的一类抗微生物化合物。其化学结构为氨基环多醇：由羟基和氨基组成或是由氨基糖与取代环己烷的胍组成，由配糖环连接到一个或多个羟基组。水溶性好，脂溶性差，热稳定性好，耐酸碱，分子量为 400～500，pK$_a$ 为 7.2～8.8。

链霉素、新霉素、庆大霉素和卡那霉素是目前主要使用的氨基糖苷类抗生素。链霉素是第 1 个被发现制取的氨基糖苷类抗生素；新霉素是首个被发现的 2-脱氧链霉胺氨基糖苷类抗生素，含有 A、B 和 C 3 种成分，主要成分为 B 和 C；庆大霉素是 1 个多组分的氨基糖苷类抗生素，主要成分是 C1、C1a、C2 和 C2a；卡那霉素是链霉菌产生的抗生素，是由卡那霉素 A、B 和 C 组成的混合物。氨基糖苷类包括一些结构相似的药物，如庆大霉素、阿米卡星、卡那霉素和妥布霉素；也包括一些结构不相关的，如新霉素、双氢链霉素和巴龙霉素。一些常用的氨基糖苷类的化学结构见图 5-7。化学结构决定其抗菌活性、耐药方式和内在毒性。肾毒性的不同机制（结合近端的小管刷状缘小囊泡和磷脂、抑制线粒体功能等）可能与氨基糖苷类分子上自由氨基的数量有关。一般来说，氨基糖苷类所带的离子越多，其结合力越强，毒性越大，如新霉素（6 个自由氨基）就比链霉素（3 个自由氨基）毒性强。带有相似离子数量的药物（如妥布霉素、阿米卡星和庆大霉素）的结构特征不同，导致它们各自毒性也不同。

5.7.2　作用机制

5.7.2.1　抑制细菌蛋白质合成

氨基糖苷类药物通过抑制正常蛋白质合成来杀死细菌。由于此类药物具有阳离子的性质，其与细菌表面的阴离子化合物结合。在革兰氏阴性菌中，阴离子化合物包括脂多糖、磷脂和外膜蛋白，在革兰氏阳性菌中，主要是磷壁酸和磷脂。阴阳离子相互作用使细菌表面渗透性增加，从而导致一些氨基糖苷分子渗透到细菌的周质空间中。少数抗生素分子在功能性电子传递系统的参与下到达细胞质。细胞质内的氨基糖苷类分子产生抗生素效应，从而产生错误翻译的蛋白质。异常的细胞质膜蛋白破坏细胞质膜完整性，从而促进氨基糖苷类分子的大量进入。细胞内的大量氨基糖苷分子使蛋白质合成过程中产生大量错误，导致细胞质膜中更多的损伤，允许更高的抗生素摄取速率，最终导致细胞死亡。氨基糖苷类抗生素的结合靶点都是 16S rRNA 的 A 位点，所以对于真核生物 18S rRNA 的作用较小，导致真核生物对氨基糖苷类抗生素不敏感。

5.7.2.2　产生羟基自由基

氨基糖苷类等杀菌性抗生素作用于细菌后，产生大量的羟基自由基，而抑菌性抗生素均未能促使羟基自由基的产生。进一步研究发现，当加入芬顿反应抑制剂——铁离子螯合剂 2,2'-联吡啶后，氨基糖苷类等杀菌性抗生素对菌体的杀死率明显降低，说明羟基自由基的形成和芬顿反应在氨基糖苷类抗生素杀菌机制中起着重要作用。氨基糖苷类等杀菌性抗生素与细菌接触后，激发三羧酸循环产生的 NADH 不断通过电子传递链发生氧化，导致 NADH 被大量消耗，引起细菌产生大量的超氧化物。超氧化物进一步损坏铁硫簇，使其释放出的亚铁离子通过芬顿反应产生大量的羟基自由基，促使细菌胞内 DNA、蛋白质和脂质损伤，最终导致细胞死亡。

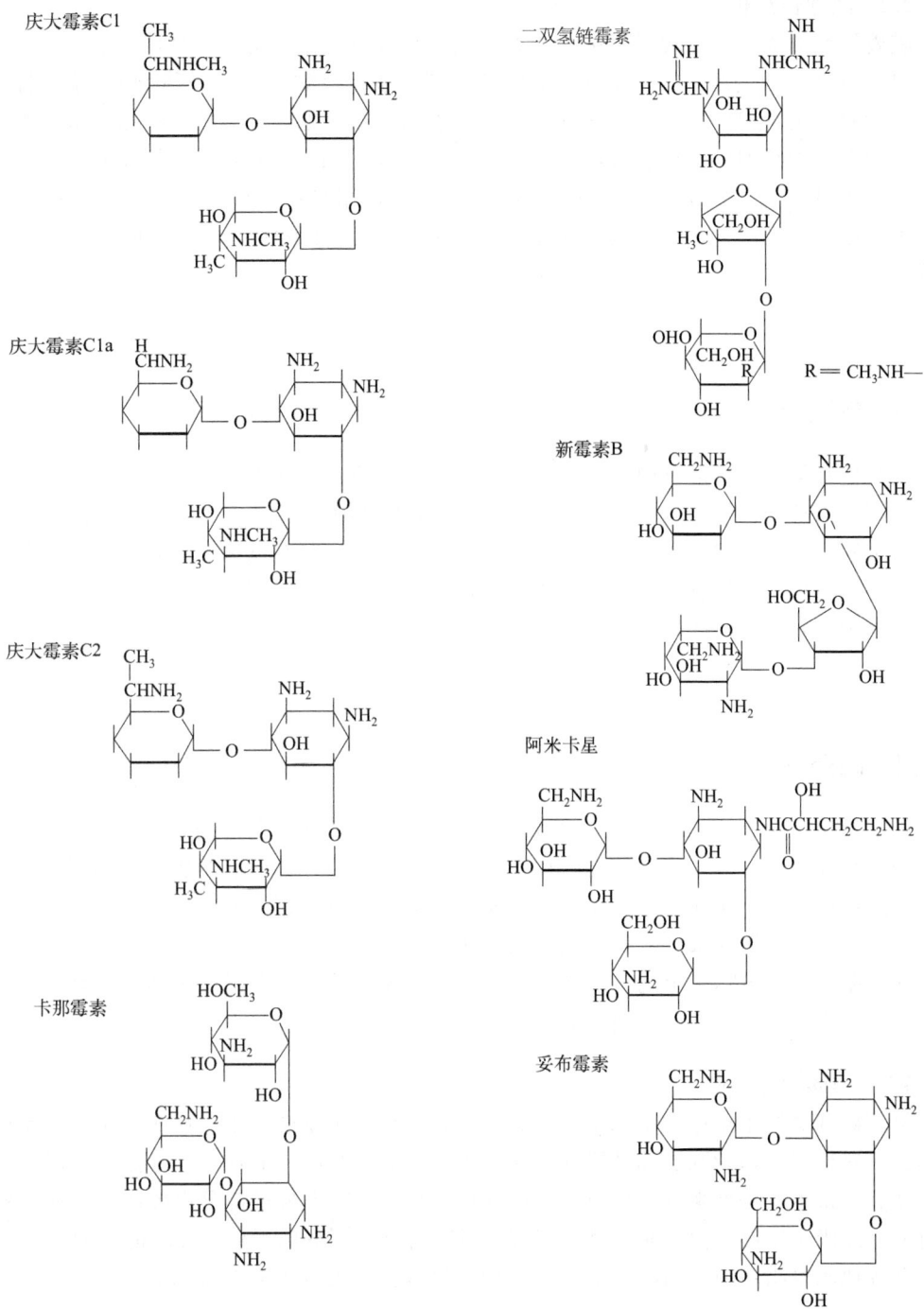

图 5-7　常用氨基糖苷类药物的化学结构

但是近年来，关于杀菌性抗生素是否通过产生羟基自由基杀死细菌也存在很多质疑。2013 年，有研究指出，细菌暴露于杀菌性抗生素不会依赖羟基自由基造成细菌的损伤，更可能是直接抑制细胞壁组装、蛋白质合成和 DNA 复制。同年，Keren 等人的研究也指出在抗生素存在下，个体细胞的存活概率与其 ROS 水平之间没有相关性。

5.7.2.3　其他作用机制

随着研究的深入，发现了氨基糖苷类抗生素具有新的作用机制，具体包括抑制核糖核酸酶 P 的活性、改变细菌转录率和抑制细菌分裂。核糖核酸酶 P 是一种 Mg^{2+} 依赖性核糖核酸内切酶，负责 tRNA $5'$ 端的成熟。有研究表明，在氨基糖苷类抗生素如新霉素和卡那霉素作用下，能够抑制核糖核酸酶 P 的活性，而新霉素的六精氨酸衍生物作为一种核糖核酸酶 P 的抑制剂，较新霉素对核糖核酸酶的抑制作用更好；亚抑制浓度的氨基糖苷类抗生素可以改变细菌转录率；阿米卡星在亚抑制浓度下会破坏 Z 环的形成，从而抑制细胞分裂。

5.7.3　抗菌谱

氨基糖苷类抗生素的抗菌谱主要是革兰氏阴性杆菌，包括大肠杆菌、肺炎杆菌、变形杆菌（吲哚阳性和阴性）、志贺菌、沙门菌、柠檬酸杆菌、沙雷杆菌、产碱杆菌、不动杆菌，对厌氧菌无效。对革兰氏阳性菌作用较弱，但有的药物对铜绿假单胞菌、金黄色葡萄球菌以及结核杆菌较敏感。在碱性环境中作用较强。对革兰氏阴性杆菌和阳性球菌存在明显的抗生素后效应（PAE）。

5.7.4　耐药性

细菌对氨基糖苷类可呈自然或获得性耐药。导致细菌产生耐药性的因素主要包括：①细胞外膜通透性改变、内膜转运降低及主动外排系统高表达引起的胞内药物累积浓度降低。②通过氨基糖苷类抗生素钝化酶（aminoglycoside modifying enzymes，AME）对氨基糖苷类抗生素进行修饰。③通过突变或者甲基化修饰改变氨基糖苷类抗生素在细菌核糖体 30S 亚基中 16S rRNA 上的结合作用位点、作用靶点等。细菌过度表达氨基糖苷修饰酶是该类抗生素产生耐药性的主要机制。

5.7.4.1　膜通透性降低

氨基糖苷类抗生素作用于细菌时，必须穿过细菌的细胞壁。革兰氏阴性菌的细胞壁由内膜、肽聚糖层、磷脂双层和外膜（OM）组成。OM 作为内在的第一道防线，保护诸如氨基糖苷类抗生素等外来分子对革兰氏阴性菌作用。OM 向外的部分由带净负电荷的脂多糖组成，能吸引阳离子氨基糖苷类抗生素。脂多糖的修饰作用等掺入带正电荷的阿拉伯糖，有效地减少脂多糖层的净负电荷，降低对氨基糖苷类抗生素的亲和力。

5.7.4.2　外排泵

细菌另一个抗氨基糖苷类抗生素的机制是通过主动外排系统的过量表达，导致细菌对氨基糖苷类抗生素耐药增强。但由于氨基糖苷类抗生素的聚阳离子结构，只有少数泵被证明可以转运出氨基糖苷类抗生素。其中，革兰氏阴性菌的主要氨基糖苷类抗生素外排泵 AcrAD 是多药转运蛋白，是 RND 家族的一员，细菌通过 AcrAD 蛋白，能够起到药物-质子逆向转运的作用，该家族还有 MexXY-OprM 系统等外排系统。外排泵在沙门菌和大肠杆菌临床分离株中的氨基糖苷类抗生素抗性中发挥了重要作用。如致病性大肠杆菌 O157：H7 和机会性病原体鲍曼不动杆菌，主要通过编码氨基糖苷类抗生素外排泵而具有较高的氨基糖苷类抗药性。

5.7.4.3　氨基糖苷类抗生素修饰酶

在许多已知的氨基糖苷类耐药机制中，修饰酶的存在最不容忽视。修饰酶的出现主要和获得性耐药有关，这些修饰酶可以使氨基糖苷类抗生素的一些结构被修饰、灭活，或者与其他类抗生素的协同作用降低。现有的修饰酶有 3 种，分别是乙酰基转移酶、核苷酸转移酶和磷酸转移酶。

5.7.4.4　核糖体靶位突变

核糖体 30S 亚基上存在 16S rRNA 解码区，氨基糖苷类抗生素的作用机制是以较高的亲和力与该解码区的 A 位点结合，这阻止了蛋白质的正常组装合成，从而阻碍细菌的繁殖。同时，氨基糖苷类抗生素干扰了翻译过程的准确性，会导致错误的蛋白质产生，允许不正确的氨基酸被组装成多肽，多肽随后被释放，对细胞膜和细胞的其他部分造成损害。一些氨基糖苷类抗生素还可以干扰核糖体的回收，如庆大霉素、新霉素等。

5.7.4.5　其他耐药机制

氨基糖苷类抗生素的作用之一是合成异常蛋白质，扰乱细胞膜的完整性。膜蛋白可识别、降解错误折叠和翻译的蛋白质。虽然传统上不被认为是抗性机制，膜蛋白酶可以在一定程度上降低氨基糖苷类抗生素的耐受性，从而提高耐药性。铜绿假单胞菌中的膜蛋白酶（FtsH）的突变导致细菌对妥布霉素的敏感性增加，这表明 FtsH 在氨基糖苷类抗生素抗性中发挥作用。脂质生物合成或代谢，磷酸盐摄取和双组分调节因子相关基因的缺失突变也导致妥布霉素敏感性增加。

5.7.5　药代动力学

氨基糖苷类抗生素的药动学非常相似，其血浆蛋白结合率低（<10%），主要分布在细胞外液，部分药物可分布到各组织，并可在肾脏皮质细胞和内耳液中积蓄，导致肾毒性和耳毒性的发生。Brown 和 Riviere 论述表明，氨基糖苷类药物在不同动物种属中的药物动力学相似，只是动物群体内的变异性很大，并且其在健康和患病动物体内的处置差异也很大。生理或病理状态的改变，如体重、肾功能、脱水、脓毒症、摄食蛋白、内毒素血症及其他因素都可以改变氨基糖苷类的药物动力学参数，使个体间和个体内氨基糖苷类药物的分布、清除和半衰期相差 1000 倍之多。因其胃肠道吸收差（<1%），故常为肌内或静脉给药。

5.7.5.1　吸收

氨基糖苷类抗生素为亲水性化合物，在胃肠中不吸收或很少吸收，肌内注射后迅速吸收入血，其吸收符合一级动力过程，血药浓度在 0.5～1h 到达峰值。有研究表明，链霉素给家畜肌内注射 10mL/kg 后，其半衰期马为 3h，水牛为 3.9h，猪为 3.8h；有效浓度维持时间，马为 12.3h，水牛为 9.5h，猪为 10h；达峰时间，马为 2h，水牛为 1.5h；峰浓度马 38.48μg/mL，水牛 22.67μg/mL。卡那霉素给家畜肌内注射 10mL/kg 后，其半衰期马为 2.3h，水牛为 2.3h，猪为 2h；有效浓度维持时间，马为 8.9h，水牛为 7h，猪为 8h。庆大霉素在肠道内不易吸收，对治疗肠道炎症和痢疾等疾病有较好效果，因为可以在肠道内保持较高的血药浓度，能够快速高效地杀灭消化道内存活的病原微生物。辛丰论述表明庆大霉素给家畜肌内注射 2mg/kg 后，其半衰期马为 2.2h，水牛为 2.3h，猪为 2.1h，奶山羊为 2.3h；有效浓度维持时间，水牛为 10h，猪为 1.3h，奶山羊为 1.3h。增大剂量可提高血药浓度，并可延长其持续时间。

有研究表明，在庆大霉素制剂中加入非离子表面活性剂能提高其在犬和大鼠小肠内的吸收，而且庆大霉素溶液剂的吸收效果好于胶囊剂和混悬液，其中口服庆大霉素溶液剂的血药峰浓度 C_{max} 值和药时曲线下面积（AUC）值分别比混悬液增加了 2～4 倍和 2.5 倍。Prasad 研究表明在小猎犬体内口服含有吸附剂（labrasol 0.60mL）的庆大霉素（50mg）丙烯酸树脂 S100 后，血浆中庆大霉素的浓度较高，C_{max} 和 AUC 值分别为（2.304～0.42）mg/L 和（5.34±0.95）μg/(h·mL)，说明吸附剂能提高庆大霉素在犬大肠内的吸收。而将制剂中的 S100 改为丙烯酸树脂 L100 后，血浆中庆大霉素的 C_{max} 和 AUC 值分别为（2.38±0.50）pg/mL 和（4.35±1.31）μg/(h·mL)，与丙烯酸树脂 S100 相似。说明丙烯酸树脂 S100 和 L100 包封的庆大霉素在吸收程度上并没有显著差异。

与其他的氨基糖苷类抗生素一样，阿米卡星内服或子宫内给药吸收不良，但手术操作中局部冲洗给药（非皮肤和膀胱）却可吸收，胃肠外给药时吸收、分布和排泄与卡那霉素相似，出血性或坏死性肠炎患畜口服氨基糖苷类抗生素亦能较好吸收。犬、猫肌注吸收迅速且非常完全，血液里药物浓度在 0.5～1h 达到峰值。皮下注射达峰时间比肌内注射稍有延迟且存在比肌内注射更大的个体差异。但无论是肌内注射还是皮下注射，其生物利用度都大于 90%。张世德等研究表明，肌内注射 0.4g 后 1h 血液内达到最高浓度为 20mg/L，静脉滴注同剂量药物 2～3min 后达到最高浓度 60mg/L，1h 后迅速降至 20～30mg/L。对敏感细菌感染者，丁胺卡那霉素的临界杀菌浓度是 16mg/L，治疗范围内的血药浓度为 20～25mg/L。

新霉素在动物机体，尤其是牛中的动力学研究很多，但结果不尽相同。Ziv 等报道，给牛静脉注射给药（20mg/kg 体重），其主要动力学参数 $t_{1/2}$ 为（3.85±0.86）h；Black 等报道 $t_{1/2}$ 为（2.77±0.792）h（静脉注射给药，12mg/kg 体重）；Burrows 等用不同年龄的牛进行实验，对新生牛及 1、2、3、4 周龄的犊牛得到的相似 t 值，表明新霉素在牛体内的药物动力学不受年龄影响。Shaikh 等用 HPLC 法对新霉素在牛机体中的药动学进行了研究，结果表明半衰期较长，$t_{1/2}$ 为 6.61～3.14h（肌内注射给药，22mg/kg 体重）；Pedersoli 等同样用 HPLC 法测定，结果与其相似，$t_{1/2}$ 为（7.48±2.02）h（静脉注射给药，12mg/kg 体重）。

猪肌注盐酸林可霉素-硫酸大观霉素混悬注射液后，达峰时间比林可霉素稍慢（0.44h），比 Basha 等报道的按体重 50mg/kg 给火鸡肌注盐酸大观霉素后的达峰时间（0.25h）长。消除半衰期为 1.64h，与火鸡（1.65h）、奶牛（1.52h）、羊（1.62h）接近。按体重 10mg/kg 给猪肌注盐酸大观霉素后的消除半衰期约为 1h，平均滞留时间（2.39h）与火鸡（2.42h）无明显差异。CL 为 0.19L/(h·kg)，与鸡［0.22L/(h·kg)］接近。

硫酸安普霉素的血浆蛋白结合率较低，说明硫酸安普霉素进入动物体内后血清游离浓度可达较高水平，静注硫酸安普霉素后，分布相和消除相半衰期分别为 0.75h、3.2h，说明该药静注后在体内可迅速达到有效杀菌浓度，而且消除较慢；肌注硫酸安普霉素后吸收较快，$t_p = 0.856h$，即 1h 左右达高峰浓度 $C_{max} = 36.1\mu g/mL$，试验测得绝对生物利用度 $F(AUC_{肌注}/AUC_{静注}) = 88.8\%$ 表明该药肌内注射易于被机体吸收利用。

由于妥布霉素的治疗浓度和中毒浓度较接近，而且当血清药物浓度持续在 $2\mu g/mL$ 以上时，发生副作用的频率高，因而对血药峰浓度的检测受到重视，欧美等国已将此项检查作为常规检查。有研究表明，妥布霉素分子结构与庆大霉素近似，二者药代动力学也很相近。庆大霉素的药代动力学参数结果显示：肌内注射时，妥布霉素吸收比庆大霉素快约1倍，故高峰浓度时间亦明显前移，但二者的半衰期却很接近。另外，妥布霉素的表观分布容积较庆大霉素小。但 Regamey 的报道，妥布霉素与庆大霉素的半衰期、表观分布容积均无统计学意义的差别。妥布霉素吸收后能迅速分布于全身组织体液中，万山红等研究显示，家兔肌注本品 100mg/kg 后，肾组织浓度最高，给药后 0.5h 可达 $486\mu g/g$，8h 为 $257\mu g/g$，卵巢、骨、肾上腺、肺、肌、臀部脂肪、胃、小肠、胰腺也可获得较高浓度，组织高峰浓度为 $33\sim158\mu g/g$，甲状腺、肝、脾、肌肉的高峰浓度为 $18\sim27\mu g/g$。有炎症时，胸腔液、腹腔液内妥布霉素均可达到有效治疗浓度。肌注本品 1mg/kg 后组织间液药物浓度 2h 达高峰（$1.44\mu g/mL$），为同期血浓度的 22%。

5.7.5.2 分布

氨基糖苷类抗生素主要分布于细胞外液（药物分子不易进入细胞），它们在败血症、重度烧伤、充血性心力衰竭以及腹膜炎病患者体内的分布容积通常较大（致其 C_{max} 较小）。

氨基糖苷类药物肌注后，在动物肾脏（特别是皮质部）易于蓄积，如庆大霉素、新霉素在肌肉组织休药期小于 5d，但肾组织的休药期则需要浓度的 4%，眼房液浓度为血药浓度的 11%。卡那霉素体内分布较广，但正常脑脊液、胆汁浓度低，当脑膜有炎症时，脑脊液中药物浓度可提高。链霉素与青霉素的动物体内分布相似。链霉素主要分布在细胞外液，特别是内耳淋巴液，不易进入细胞内，不易透入关节腔，也不易透过血脑屏障，故在胸腔积液、腹水中浓度较高，在肾脏中浓度最高，肺及肌肉中含量较少，脑组织内几乎不可测出。

Abu-Basha 等利用微生物法测定了庆大霉素不同给药途径对其药代动力学的影响。研究表明，给健康肉鸡静注庆大霉素（5mg/kg）后的 $t_{1/2\beta}$（2.93h）的值与文献报道的火鸡（2.13h）和鹰（2.46h）的值相似，但不同于公鸡体内测定的值（3.38h）。这可能是由于药物配方和检测方法的差异造成的。体清除率 CL [$5.1mL/(kg\cdot min)$]，比报道的公鸡值 [$3.669mL/(kg\cdot min)$] 高，火鸡 [$5.07mL/(kg\cdot min)$] 和鹰 [$3.76mL/(kg\cdot min)$] 的报道值都类似于狗 [$4.08mL/(kg\cdot min)$]。体清除率高表明肾小管分泌庆大霉素的量大。表观分布容积 V_d（1.68L/kg）表示静注时庆大霉素在身体里迅速分布。这与在犊牛的报道一致，并高于在公鸡（1.08L/kg）和火鸡（0.973L/kg）的报道。稳态表观分布容积 V_s 值（0.77L/kg）高于公鸡和火鸡的报道值表明庆大霉素主要分布于细胞外的组织中。

有研究资料报道，动物在使用阿米卡星之后，药物主要是分布在细胞外液，并随着时间的推移，药物逐渐蓄积到组织中，而且药物在组织中的蓄积量与所用氨基糖苷类抗生素的药物总量以及用药后的时间延长有关，而并非一次的用药量。动物的血脑屏障能有效地阻碍阿米卡星的运输，因此在脑脊液、脑组织以及呼吸器官的分泌物中并不能检测到很高的药物浓度。在全身给过氨基糖苷类抗生素之后，药物主要会蓄积在肾皮质中，在对很多种动物的药物残留检测中得出，氨基糖苷类抗生素在某些组织中消除速度比较缓慢，因此可以延长药物残留的存在时间。

Black 等对给牛肌内注射新霉素后，新霉素在体内的分布情况进行了研究。Black 等以 12mg/kg 体重的剂量给牛一次肌内注射新霉素，注射后 1h，新霉素含量高于 $10\mu g/g$ 组织的有肾皮质、肾髓质、尿、血清和注射部位；24h 之后，只有尿、肾皮质中新霉素含量较高。在胆汁、胸腺和玻璃体中含量极少（少于 $1\mu g/g$ 组织），脑组织中未检出新霉素，说明此类化合物很难通过血脑屏障。

安普霉素结构中因包含多个氨基和羟基而表现出较强的极性，肌注或静注安普霉素后，血清蛋白结合率低，生物利用度高，代谢快，口服给药不易吸收，这可能与氨基糖苷类抗生素较难透过动物肠道壁有关。胡振英等给猪静注、肌注硫酸安普霉素以探究其体内过程和药代动力学，发现以剂量 20mg/kg 静脉注射后，猪血清中分布相半衰期为 0.75h，消除半衰期为 3.2h，体内药物运转符合二室开放模型，肌内注射后达峰时间为 0.856h，绝对生物利用度为 88.8%；尚若峰等以剂量 20mg/kg 给猪口服硫酸安普霉素，试验测得达峰时间为 5.12h，消除半衰期为 7.36h，生物利用度为 3.19%，给药后体内药物运转适合一室开放模型。表明硫酸安普霉素在猪体内能快速达到有效杀菌浓度，肌内注射易于被机体吸收利用，而静脉注射后能较快分布于体内，消除较慢。安普霉素在各种动物的药物动力学参数见表 5-11。

表 5-11 安普霉素的药物动力学参数

种属	$V_{d(ss)}$/(L/kg)	CL/[L/(kg·h)]	$t_{1/2}$/h
绵羊	0.167	0.078	90.96
奶牛(泌乳)	1.263	12.164[①]	2.10
母羊(泌乳)	1.446	14.142[①]	1.85
山羊(泌乳)	1.357	11.68[①]	2.14
兔	0.284	0.258	48.06
成年鸡	0.182	0.078	100.54
18 日龄鸡	0.254	0.218	48.0
日本鹌鹑	0.133[②]	0.186	0.50
鸽	0.077	0.210	15.24

① 单位为 mL/(kg·min)。

② 非稳态的面积值。

肌内注射妥布霉素，吸收迅速而完全。局部冲洗或局部应用后亦可经身体表面吸收一定量。吸收后主要分布于细胞外液；其中 5%～15%再分布到组织中，在肾皮质细胞中积蓄，可穿过胎盘。分布容积为 0.26L/kg。尿液中药物浓度高，肌内注射 1mg/kg 后尿中浓度可达 $75\sim100\mu g/mL$；如滑膜液内可达有效浓度；在支气管分泌液、脑脊液、胆汁、粪便、乳汁、房水中浓度低。肌内注射 1mg/kg 后血药浓度可达 $4\mu g/mL$；静脉滴注上述剂量 1h，其血药浓度与肌内注射相似。

5.7.5.3 代谢和排泄

氨基糖苷类药物在许多动物体内主要是通过肾小球过滤方式以非代谢物形式从体内消除。肾脏是氨基糖苷类药物唯一的排泄途径。近端肾小管可重吸收一部分氨基糖苷类药物，重吸收的氨基糖苷类药物在细胞内形成螯合物或贮存在小管细胞内，不能从管腔内到小管周空隙经上皮大量流出。氨基糖苷类的分泌也可能发生在远侧肾单位。近端小管的吸收机制主要是胞内摄取。然而，在离体组织切片的研究中，在小管周和基底外侧的重吸收明显存在，这对研究氨基糖苷类药物的特殊毒理学具有显著意义。氨基糖苷类抗生素在机体内不发生生物学转化，尿中浓度很高，因此常常对尿路感染有效，碱化尿液能增强抗菌作用。其在肾功能正常病患体内以原药形式经肾快速消除（半衰期为 1.8～2.6h）；而肾功能不全时易在体内蓄积，在肾功能障碍（肌酐酸清除率＜10mL/min）病患体内的消除非常缓慢，其平均半衰期长达 30～56h。

氨基糖苷类抗生素不会从胃肠道吸收，通常通过肠外或局部给药。当其通过肠外给药后，其几乎全部通过肾小球滤过在尿液中排出，而在给药后48h内没有代谢，部分药物通过近端肾小管上皮细胞重新吸收。通过注射给药后，以原型、活性型经肾小球滤过，肾小管回收（10%～30%）后由肾排出，为剂量的 70%～90%，尿中浓度很高。口服给药后，大部分由粪便排出，约为 60%，极小部分排于尿中。肌注或静注安普霉素后，血清蛋白结合率低，生物利用度高，代谢快，大多以原型的形式从肾脏排出，饮水给药主要以高浓度在肠道中发挥作用，大部分从粪便排出。妥布霉素在体内不代谢，经肾小球滤过排出。24h 内排出给药量的 85%～93%。其可以经血液透析或腹膜透析清除。

张祖荫等通过实测血药浓度的变化，算出链霉素在黄牛体内的药代动力学参数，结果为：黄牛一次肌注链霉素 1 万 IU/kg，注射后分布相半衰期为 40.67min，血清中最低有效浓度可维持 13.005h，分布容积为 211.94mL/kg。李涛等分析了链霉素和卡那霉素在健康成年马体内的药代动力学过程，结果显示：链霉素在马体内的清除率为 38.72 mL/(kg·h)，卡那霉素在马体内的清除率为 85.8mL/(kg·h)。说明链霉素比卡那霉素在马体内消除较慢。

阿米卡星易分布到组织和体液中，在胸腔和腹腔渗透液中易达到治疗浓度。肌内注射或静脉注射阿米卡星后，其分布容积与细胞外间隙很相似，注射给药后的 24h 内大约有 95% 的药物剂量经尿液排出，属于单室模型的药代动力学特征，但药物在脂肪内和肾皮质内的吸收、分布和消除却更符合二室模型。阿米卡星在动物体内的半衰期均比较短：犬的为 0.98～1.07h，马的为 1.14～1.57h，猪的为 0.89～1.73h，鸡的为 1.44～1.86h，泌乳羊的为 1.58～1.70h，鹦鹉的为 0.90～1.34h。

目前大量文献已证实新霉素在体内的主要排泄途径是通过肾脏，肾是新霉素在动物体内的靶组织，并且新霉素与肾脏皮质以较强的离子键结合，在肾脏中蓄积时间很长，通常需要 28～30d 的休药期，但很难通过血脑屏障。新霉素在体内的代谢主要是在消化道内发生磷酸化、腺苷酸化或乙酰化，被吸收的新霉素绝大部分以原型存在，故新霉素在体内的残留标志物为新霉素母体化合物。

阿米卡星较难通过血脑屏障进入脑脊液，但当患脑膜炎时其透过率升高，清除方式主要通过滤过以活性型排出。在马的动物试验中发现，以 6.6mg/kg 的剂量静脉注射阿米卡星 1h 之后，分布到关节液和腹水的峰浓度分别为 (16.8±8.8)μg/mL 和 (13.7+3.2) μg/mL。肠道外给药，大约有 95% 的阿米卡星是经肾小球的滤过而清除的。据报道，阿米卡星在马体内的消除半衰期为 1.14～2.3h，犊牛的为 2.2～2.7h，犬、猫的为 0.5～2h，肾功能减退的患畜其半衰期明显延长。

5.7.6　药效动力学

氨基糖苷类药物具有广谱抗微生物活性，包括抗革兰氏阳性菌、革兰氏阴性菌、分枝杆菌及抗原虫活性，其中对卡他莫拉菌、流感嗜血杆菌、大肠杆菌、克雷伯菌、铜绿假单胞菌、肠杆菌、志贺菌和黏质沙雷菌等革兰氏阴性菌属具有较好的抗菌作用；对革兰氏阳性菌如葡萄球菌敏感性较高，但对厌氧菌、放线菌、脆弱拟杆菌等菌属的敏感性较差。目前兽医临床常用的有庆大霉素和阿米卡星等。

庆大霉素常与其他细胞壁活性药物（如氨苄西林）联用治疗非高度耐药的肠球菌感染。阿米卡星、妥布霉素在该类药中抗假单孢丝菌属的活性最强。链霉素仍是治疗结核病、布鲁氏菌病及鼠疫的重要药物。巴龙霉素的抗菌谱与新霉素相似，主要用于肠阿米巴病、细菌性痢疾及细菌性肠道感染。大观霉素为淋病奈瑟菌所致尿道、宫颈和直肠感染的二线用药，可用于对青霉素、四环素等耐药菌株引起的奈瑟氏淋病，对厌氧菌感染无效。对于中、重度铜绿假单胞菌感染，氨基糖苷类抗生素常需与具有抗铜绿假单胞菌作用的 β-内酰胺类或其他抗生素联合应用。氨基糖苷类抗生素也是严重葡萄球菌或肠球菌感染治疗的联合用药之一（非首选）。

细菌暴露于氨基糖苷类抗生素后，很快出现对抗生素杀菌作用暂时的、可逆的不应答反应的现象，即适应性耐药，主要见于革兰氏阴性杆菌，尤其是铜绿假单胞菌，也见于喹诺酮类治疗铜绿假单胞菌、革兰氏阳性球菌、肠杆菌科感染时，但后者更多的是诱导一个真正的耐药，而非适应性耐药。氨基糖苷类抗生素亚致死剂量的应用可对病原微生物施加选择压力，使具有一定耐药水平的突变株优势生长，导致高水平耐药株的出现。采用传统的给药方案，氨基糖苷类通常每 $8 \sim 12h$ 给药一次，而在此时正好细菌适应性耐药最突出，氨基糖苷类的再次暴露，不仅起不到杀菌作用，而且还会使适应性耐药性强化。氨基糖苷类具有确切的 PAE，其 PAE 是浓度依赖性的，随着药物浓度升高，产生的 PAE 时间延长。因此，应用此类抗生素治疗细菌感染时，选择最佳给药方案不仅可以获得最好的杀菌效果，而且还可以防止耐药菌的产生。

5.7.7　用药指南

临床要根据各类抗菌药物代谢动力学特点和药效动力学指标等确定合适的给药剂量、给药间隔时间，优化给药方案，从而降低药物毒副反应和医疗费用，提高抗菌药物的治疗水平，以达到安全、有效、经济地使用抗菌药物的目的。优化抗菌药物给药方案不仅要考虑其 PK 特性，还应考虑体外药效动力学指标，即细菌对抗菌药物的耐药性以及抗菌药物本身的毒副作用，以探讨抗感染治疗中的量效关系（如 C_{max}/MIC）和时效关系（如 $T >MIC$），从而来优化用药方案。

5.7.7.1　延长给药间隔

依据 PD/PK 相结合的研究结果，目前按抗菌的药效动力学将抗菌药分为浓度依赖性和时间依赖性两大类。氨基糖苷类是浓度依赖性的代表性类别，浓度依赖型抗菌药的主要参数指标是：C_{max}/MIC 和 AUC/MIC。当 $C_{max}/MIC \geqslant 8$ 或 AUC/MIC $\geqslant 100$ 时，可获良好疗效，亦可防止在治疗过程中产生耐药突变株。氨基糖苷类药物的杀菌特点因致病菌不同而有差异，目前认为在治疗革兰氏阴性菌感染时应每日1次给药；而在治疗革兰氏阳性菌感染时应每日2～3次给药。多项研究结果表明，每日1次给药与每日多次给药相比，疗效相似或更好，但不良反应少且轻微，可避免细菌耐药性的发生；延长给药时间，减少给药次数（每日1次），将会使肾功能受损间隔时间延长，氨基糖苷类药的肾摄取减少。一项有关氨基糖苷类药物治疗伴有慢性中性粒细胞减少菌血症的研究证实，每日1次给药比每日多次给药更具有价值。

氨基糖苷类抗生素每日1次给药方案的疗效在不同动物感染模型中的研究结果也不一致。例如，对非中性粒细胞减少中型动物（铜绿假单胞菌感染）而言，每日1次与每日多次给药方案等效，而对中性粒细胞减少的小型啮齿动物（各种肠杆菌属感染）而言，每日1次给药方案的疗效通常低于每日多次方案。对中性粒细胞减少小鼠的研究发现：当其肾功能正常时，阿米卡星或异帕米星每日1次给药方案的疗效低于总剂量相同下的每次6h或每次12h方案。

从药理学角度上看，传统的抗生素应用主要依赖于体外细菌对药物的敏感性（以MIC为指标）和药物动力学参数，如血药浓度、半衰期清除率及组织分布率。常常按MIC与血药浓度或感染组织中的药物浓度来确定药物剂量及间隔时间。目前发现几乎所有抗生素均具有PAE但持续时间取决于多种因素，包括抗生素或病原体。体外实验证明，对铜绿假单胞菌和肠杆菌科，氨基糖苷类药物的PAE分别是1～3h和0.9～2h，而动物模型的研究显示，PAE最长的药物可达7.5h。氨基糖苷类药物的PAE具有药物依赖性，即浓度越高，所产生的PAE在一定范围内也相应延长，同时有利于对细菌的抑制。

氨基糖苷类药物的耳毒性和肾毒性是限制其使用的主要原因，其产生毒性的过程是可饱和的过程，肾损伤的程度与药物在肾组织中蓄积量成正比，每日1次给药与每日多次给药相比肾皮质药物蓄积减少，研究表明，庆大霉素、奈替米星和阿米卡星在肾皮质的蓄积是非线性的。高剂量、长间隔给药在肾皮质蓄积的药物百分比更低。动物实验研究观察到，当每日3次和每日1次给药相比，每日3次在肾组织药物浓度更高。当C_{max}相对较高时，肾皮质对药物的摄取并无明显增加，所以每日1次给药肾皮质药物蓄积较少；持续静脉给药时，尽管血清药物浓度相对较低，但因持续时间长，药物被肾皮质所摄取造成蓄积中毒。说明用药方法对氨基糖苷类药物的肾毒性作用影响很大，每日1次给药可明显降低肾毒性。用药方法也影响氨基糖苷类药物的耳毒性。研究证明每日1次给药所引起的耳毒性低于每日多次给药或持续静脉给药，可能是多次给药使血液中的浓度较高而缓慢渗入内耳淋巴，导致蓄积中毒。相关文献表明，延长间隔给药时，杀菌活性增加，氨基糖苷毒性降低。因此，氨基糖苷类药物建议使用每日一次给药。

5.7.7.2　血药浓度监测

氨基糖苷类药物的毒性反应与其血药浓度密切相关，在用药过程中应进行血药浓度监测，并调整给药剂量。临床应实施个体化给药，对其血药浓度进行监测，以减少耳肾毒性，保证用药安全。对于氨基糖苷类每日1次给药方案的监测方法有较多的争议，有研究者建议在第2次给药之前监测血药浓度，若血药谷浓度＞2μg/mL，则可通过减少给药剂量或延长给药间隙来调整给药方案，但会延迟给药方案的调整。有研究者测定给药后18h的血药浓度，庆大霉素、妥布霉素和阿米卡星药物浓度分别为0.6～2.0μg/mL、0.6～2.0μg/mL、2.5～5.0μg/mL为宜。也有部分研究者提议肌酐清除率＞60mL/min时，采用每日1次给药方案，疗程＜5d时则不需要测定药物浓度，但在合并应用其他肾毒性药物，以及严重感染、疗程＞5d、治疗前有肾功能不全等情况，监测血药物浓度是必要的。

5.7.7.3 联合用药指南

临床上氨基糖苷类药物多与其他类抗菌药物联合使用，以扩大抗菌谱。抗菌药的联合应用要有明确的指征，如单一药物不能有效控制的危重感染，为了应对耐药菌和/或增加抗菌活性以获得协同或相加作用，最好的联合方案是联合不同作用机制的抗菌药物，即联合作用于不同靶位的抗菌药。

β-内酰胺类与氨基糖苷类药物联合，前者属于破坏细菌细胞壁合成的杀菌性抗生素，而且延长氨基糖苷类的PAE，后者为抑制细菌蛋白质合成的杀菌性抗生素，两者合用分别作用于不同靶位，可产生协同作用，能更好地应对耐药菌。

氟喹诺酮类与氨基糖苷类抗生素联合，氟喹诺酮类是作用于细菌拓扑异构酶而破坏DNA合成的杀菌性抗菌药，氨基糖苷类是抑制细菌蛋白质合成的杀菌性抗菌药，两者联合，分别作用于不同靶位，能产生相加或协同作用应对耐药菌。

总之，每日1次给药方案的临床疗效相当于或略优于每日多次方案，其肾毒性的发生也迟于后者（采用较短疗程时）。目前对所有氨基糖苷类抗生素每日1次给药方案的最长推荐疗程为5～6d。因此，应加强对氨基糖苷类药物的临床用药监护，延长给药间隔（如采用每日1次给药方式）、缩短用药疗程（≤7d）。应用氨基糖苷类药物时，需及时监测耳、肾毒性，特别是有此类病史的患畜。临床具体使用哪一种用药方案，应结合患畜具体情况做出判断，如果长期使用该类药，随着治疗时间延长，药物在体内蓄积增多，将更易发生毒性危险。因此，需要结合疗效与相应检查结果与权威指南中推荐的PK/PD指数和患畜血药浓度值进行比较分析，来调整给药剂量和给药间隔，优化临床用药方案，进行个体化给药治疗，达到提高疗效和降低不良反应的目的。

5.7.8 临床应用

氨基糖苷类抗生素自20世纪50年代初上市后很快成为国际抗生素市场的畅销产品，至20世纪80年代末氨基糖苷类抗生素达全盛时期。20世纪80年代后，随着氟喹诺酮类、碳青霉烯类等药物的出现，全球对其研究日益减少，主要原因在于细菌对其产生抗性及其本身明显的毒副作用。基于此，我国于2004年下发了《抗菌药物临床应用指导原则》，限制了其在临床的应用，此后氨基糖苷类抗生素在我国的临床应用逐渐下降。

近年来，面对愈发严重的耐药菌感染，氨基糖苷类抗生素又在临床应用上被重新重视，并且对其进行了新的临床应用场景开发。目前已有一些半合成氨基糖苷类抗生素获得了更好的应用。除了在发展中国家经常作为主要抗生素使用外，氨基糖苷类药物也可用于工业化国家，用于防止败血症以及由并发症引起的尿路感染、腹腔内感染和骨髓炎等。美国食品药品监督管理局批准了9种氨基糖苷类抗生素用于临床：庆大霉素、妥布霉素、阿米卡星、链霉素、新霉素、卡那霉素、巴龙霉素、奈替米星和壮观霉素。由于结构和药动学的差异，其在一定程度上表现出不同的抗微生物活性，因此具有不同的临床适应证。在兽医临床上和养殖业生产中，常用的氨基糖苷类抗生素有链霉素、庆大霉素、卡那霉素、新霉素、阿米卡星和大观霉素等。

5.7.8.1 链霉素

链霉素对钩端螺旋体、放线菌、霉形体亦有一定的作用。主要用于敏感菌引起的急性感染，如大肠杆菌引起的肠炎、白痢、乳腺炎、子宫炎、败血症和鹅卵黄性腹膜炎等。牛、狗、猫的结核病，狗的布鲁氏菌病，牛出血性败血病、犊肺炎、猪肺疫和禽霍乱等，钩端螺旋体病、放线菌病、幼禽溃疡性肠炎等。淡水、海水鱼类的细菌性出血性败血、烂鳃、赤皮、打印、竖鳞、烂尾、白皮、弧菌、腐皮、体表溃烂、结节病、疖疮病、弧菌病等病症。鳖的赤斑病，以及大肠杆菌、沙门杆菌等敏感菌引起的呼吸道、消化道、泌尿道感染及败血症等。

（1）**巴氏杆菌病** 双氢链霉素治疗巴氏杆菌病效果良好，兔给予混合肌注青霉素和链霉素，每千克体重肌注 4 万 IU 青霉素＋2 万 IU 链霉素的剂量，早晚各 1 次，连续注射 3～5d；针对出现严重呼吸道症状的病兔，可以使用链霉素滴鼻治疗，早中晚各 1 次，连续使用 3～5d，效果良好。猪肺疫给予链霉素注射液肌内注射，每千克体重注射量为 10～15mg，每日 2 次，连用 2～3d。鸭巴氏杆菌症状严重的除基础治疗外还可以选择链霉素，按照每只鸭每千克体重 10mg 进行肌内注射，连续使用 2d，效果显著。

（2）**钩端螺旋体病** 用链霉素治疗牛钩端螺旋体病的普发群，按 30mg/kg 肌注，每日两次，5 天为一疗程，同时做好消毒和牛群的饲养管理，效果较好。青霉素、链霉素对犬钩端螺旋体病有很好的疗效，尤其在早期应用效果更好。但必须连续治疗 3～5d 才能起到消除肾脏内钩端螺旋体的作用。

（3）**霉形体病** 针对因染性支气管炎疫苗呼吸道接种诱发的鸡霉形体病，用链霉素饮水，单次 6 万 μg/只，每日 2 次。病鸡单次用链霉素肌注 10 万 μg/只，每日 2 次，连用 5 天，鸡群症状基本消失，病情稳定并渐好转，7 天后鸡群全部康复。

（4）**大肠杆菌感染** 链霉素和卡那霉素治疗猫大肠杆菌感染，0.1g/(kg·d)，分两次肌注，连用 3～7d，临床应用疗效显著。

（5）**羊快疫** 以链霉素和卡那霉素联合治疗由腐败梭菌引发的绵羊羊快疫病，肌内注射，1 天 2 次，取得一定疗效。

应用链霉素时，需注意极少数动物对链霉素过敏，给药后可出现皮疹、发热等不良反应；给动物过大剂量使用链霉素而又同时应用麻醉剂或骨骼肌松弛剂时，可呈现类似的不良反应及呼吸抑制、肢体瘫痪、骨骼肌松弛等症状。链霉素长期大量应用，对动物前庭功能、听觉和肾功能会产生严重损害作用。给动物肌内注射硫酸链霉素的推荐剂量为：家畜每次 10～15mg/kg 体重，家禽每次 20～30mg/kg 体重，一般 2～3 次/d。

5.7.8.2 卡那霉素

卡那霉素的主要适应证有：a. 用于治疗敏感菌所致的系统感染，如肺炎、败血症、尿路感染等。b. 用于治疗敏感菌所致的肠道感染及用作肠道手术前准备。c. 局部给药用于治疗敏感菌所致的眼部炎症：结膜炎、角膜炎、泪囊炎、眼睑炎、睑板腺炎等。d. 主要治疗部分耐青霉素金黄色葡萄球菌所引起的动物呼吸道、肠道、泌尿道或乳腺感染，以及猪萎缩性鼻炎和禽霍乱等。

（1）**禽霍乱** 黎德贵等采用硫酸卡那霉素和头孢噻呋钠联合用药的方法有效地控制了一例禽霍乱疫病的继续发生。第 1 天用硫酸卡那霉素每羽 0.7mL 肌内注射 2 次，当日死亡 82 只；第 2 天每羽用硫酸卡那霉素 0.7mL 肌内注射，同时用头孢噻呋钠每羽 50mg 肌内注射，每天 2 次，连用 3d，当日死亡 46 只，第 4 天死亡 7 只，4 日后全部治愈。

（2）**细菌感染**　卡那霉素与头孢哇酮可联合治疗兔大肠杆菌病与魏氏梭菌病混合感染。用链霉素、庆大霉素治疗效果不佳。因此，对发病兔按每千克体重以头孢哇酮 10mg、卡那霉素 20mg 肌注，2 次/天，连用 3d，患兔病情逐渐好转。文亚洲等应用硫酸卡那霉素成功治疗了一例高寒牧区藏羊沙门菌病，其曾用头孢、青霉素、安乃近等治疗，但效果不佳，改用硫酸卡那霉素注射液，0.2mL/kg 进行肌内注射，2 次/天，连用 2d。孙得金以青霉素、链霉素及硫酸卡那霉素治疗了一起羊巴氏杆菌病，疗效显著。硫酸卡那霉素注射液 10~15mg，每日 1~2 次，连用 2~3d，病情得以有效控制。

（3）**猪气喘病**　卡那霉素也可联合其他药物治疗猪气喘病，每头母猪（70kg 左右）卡那霉素 2mL×6 支，地塞米松 1mL×3 支，喘霸 5mL×2 支，1 次肺部注射。经 2d 治疗，气喘症状明显减轻，精神好转，食欲增加，病猪逐渐康复。

5.7.8.3　庆大霉素

庆大霉素对治疗敏感菌引起的严重感染有良好的疗效。临床主要用于控制和治疗耐药性金黄色葡萄球菌、铜绿假单胞菌、大肠杆菌、变形杆菌、巴氏杆菌、沙门菌和其它需氧革兰氏阴性细菌引起的局部和全身感染。如败血症、泌尿生殖道感染、呼吸道感染（肺炎、支气管肺炎）、胃肠道感染（包括腹膜炎）、乳腺炎、骨关节炎及皮肤和软组织感染等。

（1）**出血性肠炎**　应用硫酸庆大霉素（40 万单位）和磺胺脒片治疗 1~2 月龄犊牛的出血性肠炎病，1 次/天，连用 2~3 天，经此治疗，病牛犊精神好转，粪便成形且无血，继治 1 天，患病牛犊彻底痊愈。对于牛出血性肠炎发病初期肌注 5％硫酸庆大霉素 80mL、病毒灵（盐酸吗啉胍）20mL、止血敏（酚磺乙胺）4mL，每天 2 次，连用 2 天一般可治愈。

（2）**日射病和热射病**　林志明应用林可霉素和硫酸庆大霉素（160 万单位，静脉注射）对 1.5 岁水牛的日射病和 3 岁水牛的热射病进行治疗，3~4 天后患牛能站立，食欲、饮水逐渐恢复正常。

（3）**腰骶椎间盘炎**　对于犬的腰骶椎间盘炎应用庆大霉素浸渍胶原海绵治疗存在争议。Renwick 等人对 2 岁的雌性拳师犬出现的腰骶部椎间盘炎伴右侧髂腰肌炎和脓肿进行治疗。椎间盘背环切除术后将庆大霉素浸渍的胶原海绵植入 L7-S1 椎间盘间隙，疗效显著。但 Hayes 团队对 18 只中型猎犬进行镜下关节植入庆大霉素（剂量为 6mg/kg）的 GICS，结果发现庆大霉素浸渍胶原海绵植入可引起关节炎症、跛行，并可在剂量范围内降低肾小球滤过率。庆大霉素浸渍胶原海绵植入关节有一定的弊端：a. 维持在最低抑制浓度以上的抗生素浓度持续时间相对较短；b. 诱导关节内炎症；c. 肾脏损害的风险；d. 在抗生素治疗外，关节内持续存在异物。因此，应用此法治疗犬的腰骶椎间盘炎应谨慎。

（4）**猪附红体病**　用庆大霉素（0.8~1.5mg/kg，每天 1 次，连用 3d）和土霉素（0.8~1.5mg/kg，连用 3~7d）治疗猪附红体病，疗效较好。

（5）**鸡败血性支原体**　对发病鸡群用庆大霉素按 1.5 万 IU/kg 饮水，2 次/d，连用 5d，同时在饮水中加入庆大霉素 1 万 IU/kg 饮水，1 次/d，连用 5d，5d 后病情已基本得到控制，1 周后发病鸡群基本恢复健康。

（6）**水貂土拉杆菌病**　硫酸庆大-小诺霉素联合治疗水貂土拉杆菌病，肌内注射，0.15mL/kg，每天 2 次，连用 3d；病情 3d 后得到了控制。

5.7.8.4　阿米卡星

用于对卡那霉素或庆大霉素耐药的革兰氏阴性杆菌所致的尿路、下呼吸道、腹腔、软组织、骨和关节、生殖系统等部位的感染，以及败血症等。阿米卡星俗称丁胺卡那霉素。

（1）结核病

① 复治结核病　我国指南推荐阿米卡星可用于复治结核病，建议复治敏感结核病患存在基础疾病或对标准方案中的药物过敏或不能耐受时可使用阿米卡星。常规用量为0.4～0.6g，一般不超过0.8g/d。

② 耐药结核病　世界卫生组织及我国指南推荐，阿米卡星可作为各类型耐药结核病的主要药物和核心药物，包括多耐药结核病、利福平耐药结核病、耐多药结核病和广泛耐药结核病，常规用量为0.4～0.6g，一般不超过0.8g/d。阿米卡星的抗结核杆菌活性高于卡那霉素，而且价格便宜，不良反应相对较小，因此广泛用于耐多药结核病的治疗。

（2）膀胱炎　Torres 和 Cooke 评估了阿米卡星不同的给药方式对犬细菌性膀胱炎的疗效。在犬膀胱内灌注阿米卡星（15mg/kg，30mL 生理盐水稀释），在膀胱中停留 2h 后排出（每 12h 一次）。在灌注处理的第 25 天，尿液样本检测无细菌感染。通过膀胱灌注阿米卡星成功实现了对一株多重耐药的铜绿假单胞菌引起的下尿路感染的治疗。

（3）细菌感染　肌内注射丁胺卡那霉素对马的大肠杆菌感染有较好的效果。对于小灵猫由鼠伤寒沙门菌引起的沙门菌病，肌内注射丁胺卡那霉素 1 次/d，连用 3d。选取敏感药物（丁胺卡那霉素）进行防治，有效地控制了该次疫情。Farias 等发现阿米卡星可以治疗猫诺卡氏菌引起的皮肤损伤。宋雯雯等利用硫酸阿米卡星注射液（0.1mL/kg 皮下注射）治疗 4 例犬的细菌性肺炎，疗效显著。

（4）出血性败血症　杜联俄等以硫酸丁胺卡那霉素（肌内注射，0.1mL/kg，2 次/d）对患有出血性败血症的牛群进行治疗，一个疗程后治愈了 19 头牛（治愈率为51.35%），获得了较好的治疗效果。

（5）巴尔通体病　陈理盾等对广州某养殖场突发的珍珠鸡巴尔通体病（发病率为8.9%）进行联合用药治疗，治疗效果较好。具体治疗措施为：该场全群供给丁胺卡那霉素，每千克水添加 4 万～6 万 IU，连用 5d 等；对个别严重的禽注射丁胺卡那霉素，每只3000IU，每天 1 次，连用 5d，促进了病鸡的恢复。巴尔通体病原对青霉素、链霉素、磺胺类药物有抵抗力，因此，丁胺卡那霉素饮水结合补血补铁、增强造血功能和添加营养，疗效显著。

5.7.8.5　新霉素

新霉素在临床上主要用于犬、猫大肠杆菌、弯曲杆菌等所致的胃肠道感染，常用该药给畜禽内服治疗肠道大肠杆菌感染；采用子宫腔或乳管注药方法，治疗奶牛和母猪子宫内膜炎或乳腺炎；局部外涂 0.5% 硫酸新霉素溶液或软膏，治疗动物皮肤或黏膜化脓菌感染。该药具有呼吸抑制作用和较强的听神经与肾功能损害作用，不适合畜禽注射使用。

（1）细菌性肠炎　在兽药临床上，新霉素是治疗畜禽细菌肠炎的首选药物之一。兽用新霉素给药途径较多，不过现在普遍为口服（例如混饮、混饲）方式，方便易行、安全可靠。如周鸿对奶牛因大肠杆菌引起的乳腺炎，使用青霉素和链霉素治疗无任何效果，更改为新霉素混饲（98% 硫酸新霉素粉剂，1g 拌料 5kg，一天两次，连续使用 5 天为一个疗程），效果较好。

（2）**猪白痢** 针对大肠杆菌感染引起的仔猪白痢和沙门菌感染引起的成年猪肠炎，分别进行新霉素（每日内服15～25mg/kg，分1～2次服）和氯霉素（20～40mg/kg，分1～2次肌内注射）的治疗，发现新霉素的治愈率均高于氯霉素。

新霉素在氨基糖苷类中的毒性最大，易引起肾毒性及耳毒性。猫每日大剂量（100mg/kg）肌内注射，几天后即出现肾毒性及耳聋。犬对新霉素同样敏感，皮下注射500mg/kg新霉素，5日后出现完全性耳聋。牛非肠道给药可引起肾毒性及耳聋，并可因脱水而加重。猪注射新霉素可因神经肌肉阻断出现短暂性后躯麻痹及呼吸骤停。新霉素常量内服给药或局部给药很少出现毒性反应。

5.7.8.6 大观霉素

大观霉素能有效治疗和预防由链球菌、丹毒丝状菌、金黄色葡萄球菌、巴氏杆菌、大肠杆菌、沙门菌及支原体引起的畜禽疾病，尤其对支原体和大肠杆菌混合感染效果显著，也有助于平养鸡的增重和改善饲料效率。

（1）**混合感染**

① 支原体与大肠杆菌混合感染 盐酸林可霉素-硫酸大观霉素可溶性粉（0.75～1.88g/L，饮水治疗5d）分别用于治疗鸡支原体与大肠杆菌混合自然感染与人工感染，能有效地控制雏鸡大肠杆菌与支原体混合感染，降低感染鸡发病率和死亡率。应用林可-大观可溶性粉（0.8～1.7g/L），能对雏鸡支原体感染与大肠杆菌感染具有有效的控制效果，有效降低感染鸡的气囊病变指数、发病率及死亡率。

② 鸭病毒性肝炎和脾坏死症混合感染 应用林可-大观霉素（30％林可-大观霉素100g拌料150～200kg，连用3～5d）治疗鸭病毒性肝炎和脾坏死症混合感染，效果明显，不论是单纯发病还是混合感染一般用药3～5d都能治愈。

③ 猪蓝耳病、猪圆环病同时混合感染猪链球菌 大观霉素成功治疗育肥猪感染的猪蓝耳病病毒NADC30样毒株、猪圆环病毒2型，同时混合感染血清2型猪链球菌。对猪群采取大观霉素拌料给药，连用5d，观察效果适时停药同时给予其他药物，1个月育肥猪发病率和死淘率明显下降。

（2）**支原体肺炎** 林可霉素与大观霉素配伍可用于防治猪支原体引起的肺炎，因大肠杆菌、沙门菌引起猪的消化道疾病，以及敏感菌引起的猪传染性关节炎。章寿民等使用林可-大观霉素合剂可溶性粉对105头患有喘气病的猪按40mg/kg体重给药16d进行治疗，治愈率达97.1％。

（3）**腹泻** 田玲等报道了盐酸大观霉素-盐酸林可霉素注射液对仔猪保健及治疗断奶仔猪腹泻的临床效果观察实验，实验对患有严重腹泻的仔猪分别采用盐酸林可霉素-盐酸大观霉素、痢菌净、氟苯尼考进行肌注治疗，林可-大观霉素治愈率最高（96.7％）。另外，林可霉素与大观霉素的复方（利高霉素）用于母猪产前一周和产后一周保健，对于防治母猪子宫内膜炎有较好疗效。

（4）**腐蹄病** 绵羊、山羊、牛非胃肠道给药可用于治疗细菌引起的呼吸道感染，肌注林可-大观霉素还可用于治疗绵羊的恶性腐蹄病，Venning等报道按1mL/10kg林可-大观霉素（1mL含有50mg林可霉素和100mg大观霉素）肌注给药治疗绵羊的恶性腐蹄病，其治愈率为92.5％，效果优于肌注青-链霉素。

5.7.8.7 安普霉素

临床上广泛用于治疗由沙门菌、大肠杆菌引起的腹泻肠炎、结肠炎以及由巴氏杆菌引起的败血病等细菌性疾病，也可用作饲料添加剂，提高动物生产性能，促进动物生长，但目前还没有作为水产药物使用。

（1）**黄痢病** 肌内注射硫酸安普霉素治疗仔猪黄痢病，治愈率高达 90.0%，而且不产生副作用，说明硫酸安普霉素治疗仔猪黄痢病疗效显著，具有应用价值。

（2）**多种细菌引起的混合感染** 通常把硫酸安普霉素与阿莫西林硫酸黏菌素可溶性粉、复方阿莫西林粉、氨苄西林可溶性粉、硫酸头孢喹肟注射液、盐酸头孢噻呋注射液、氟苯尼考可溶性粉、盐酸多西环素可溶性粉等一起配伍使用。

（3）**多种细菌和支原体导致的呼吸道病** 通常把硫酸安普霉素与盐酸环丙沙星可溶性粉、盐酸恩诺沙星、盐酸林可霉素可溶性粉、盐酸环丙沙星、盐酸多西环素可溶性粉、氟苯尼考可溶性粉、替米考星溶液/可溶性粉等一起配伍使用。

（4）**细菌和寄生虫引起的消化道疾病** 把硫酸安普霉素可溶性粉与盐酸林可霉素可溶性粉、癸氧喹酯溶液、阿莫西林硫酸黏菌素可溶性粉、阿莫西林可溶性粉、地克珠利溶液、妥曲珠利溶液、中药治疗消化道疾病的药物等一起配伍成方使用，对相应消化道疾病的治疗效果较好。

（5）**促生长** 姚浪群等在断奶仔猪的饲料中添加 90mg/kg 安普霉素，发现其促生长作用显著，可增加采食量，提高饲料转化率，还可显著降低腹泻发生率。李世平在肉仔鸡饲料中分别添加了 25mg/kg 和 50mg/kg 的安普霉素，发现日增重与饲料转化率均显著提高。孙智武等证实了饲料中添加适量的安普霉素可增加凡纳滨对虾的特定生长率、蛋白质效率和血清总蛋白、甘油三酯含量，降低血清尿酸水平，而且对其生长不产生毒性效应。

5.7.8.8 妥布霉素

临床上用于对此药敏感菌引起的各种严重感染，也用于治疗革兰氏阳性菌与阴性菌引起的混合感染。但是不宜用于单纯的金黄色葡萄球菌感染，因为其他抗生素比其疗效佳。与羧苄青霉素合用于铜绿假单胞菌感染，有协同作用。

（1）**皮脂腺炎** 应用妥布霉素/地塞米松治疗皮脂腺炎并发睑板腺功能障碍的犬，每天 1 次 10mg/kg 的妥布霉素/地塞米松软膏和多西霉素持续三周。三周后皮肤和眼部症状均有所改善。

（2）**眼部病变** Ali 等应用妥布霉素对 105 只眼部病变猫进行治疗，其中眼部症状为角膜发炎（35/105，33.3%）、视力损害或视力丧失（25/105，23.8%）、眼部放电（20/105，19.1%）、红眼（15/105，14.3%）和眼睑痉挛（10/105，9.5%）等。局部治疗包括妥布霉素和地塞米松及 1% 托吡酰胺滴眼液，每天 3～4 次，疗效显著。妥布霉素对单胞菌属、铜绿假单胞菌、大肠杆菌、葡萄球菌、变形杆菌属等都有效。可作结膜下注射，但肾毒性和耳毒性大，所以很少作为首选药。妥布霉素一般用于眼睛冲洗、滴眼或结膜下注射。对于假单胞菌属感染的治疗，首选药是新霉素，其次为庆大霉素、妥布霉素。

5.7.8.9 巴龙霉素

巴龙霉素口服毒性低，副反应小，对阿米巴原虫以及革兰氏阴性和阳性细菌有较强的抗菌活性，临床上是治疗阿米巴痢疾和细菌性痢疾以及其他肠道感染的有效药物之一。巴龙霉素作用机制暂未明确，该化合物在肠腔内起作用，并被最低限度地吸收，治愈率为 85%，是无症状携带者的首选治疗方案。因注射后对肾脏毒性很大，故仅用于口服治疗肠道溶组织内阿米巴病。因其作用同甲硝唑，故临床上仅用于慢性肠阿米巴病，而且常与其它药物合并应用。

（1）绦虫病　自 Ulivelli 以巴龙霉素治疗绦虫病以来，美国 Hutchison 等曾用巴龙霉素治疗中殖孔绦虫病患者效果良好。日本、朝鲜等国家用巴龙霉素治疗带绦虫及阔节裂头绦虫。近几年来国外用巴龙霉素治疗绦虫病，获得了良好的疗效。冯曼玲等首次报道国内应用巴龙霉素治疗带绦虫病。通过对 415 例带绦虫病进行临床驱虫观察，其中 398 例服药当天排出绦虫节片，17 例未发现节片排出。415 例均随访半年以上，并确认已全部治愈。其认为口服巴龙霉素是一种安全、有效、服用简便的驱绦虫药物，值得推广应用。常用制剂用量用法是：巴龙霉素口服，1 万 U/(kg·d)，分 4 次。

（2）皮肤利什曼病　Ben 等人在突尼斯对局部 15％巴龙霉素单用或与 0.5％庆大霉素联合应用治疗由硕大利什曼原虫导致的皮肤利什曼病进行研究。结果显示，巴龙霉素-庆大霉素联合治疗的治愈率为 81％，单用巴龙霉素治疗为 82％，赋形剂对照治疗为 58％。其为巴龙霉素-庆大霉素联合应用以及巴龙霉素单独用药治疗溃疡性硕大利什曼原虫疾病的有效性提供了证据。Poli 等在意大利托斯卡纳流行地区检测到 12 只自然感染利什曼原虫的犬，用巴龙霉素（每天 10mg/kg，皮下注射）对所有病犬进行治疗，30d 后，巴龙霉素治疗的 12 只犬中，有 11 只完全康复。

（3）隐孢子虫病　巴龙霉素不仅对肠致病性细菌有效，而且对隐孢子虫、贾第虫、阿米巴变形虫和结肠小袋纤毛虫也有效。目前还没有在患有严重结肠小袋纤毛虫病的猪中使用巴龙霉素的资料信息。有研究报道，巴龙霉素按 50mg/kg 体重连续口服 7d，经临床试验能有效预防犊牛中的隐孢子虫病。宋家明等建议巴龙霉素可用于治疗禽隐孢子虫，应用其治疗可以缓解症状、防止继发感染。

（4）贾第鞭毛虫　巴龙霉素以 50mg/kg 体重给药对犊牛的贾第鞭毛虫也有效；也可按 40mg/kg 体重每日内服给药，连续给药 10d 用于治疗芽囊原虫。

Gookin 等研究了猫内服高剂量巴龙霉素（每千克体重 165mg）的病例，31 只猫中有 4 只出现急性肾脏中毒、耳聋或者疑似白内障。中毒是由于巴龙霉素过量和药物在受损肠黏膜上皮吸收的共同作用。需要进行药代动力学研究以进一步确定巴龙霉素在猫口服后的处置方式。提示高剂量内服巴龙霉素时，其内服吸收量会达到引发氨基糖苷类副作用的水平。因此，在得到进一步的研究数据之前，高剂量使用此药时要慎重。

5.7.9　安全性

氨基糖苷类药物可诱导产生耳毒性和肾毒性，这是由于肾髓质和耳蜗的细胞基质中磷脂浓度高于正常值（尤其是磷脂酰肌醇）。在化学结构上，阳离子的氨基糖苷药物被阴离子磷脂膜（也就是氨基糖苷类药物的受体）吸引。与机体其他组织的细胞膜相比，肾髓质和耳蜗组织细胞膜内存在高浓度的磷脂酰肌醇，导致庆大霉素在这两种组织内优先累积。肾脏近端小管上皮组织基底膜的磷脂酰肌醇含量高于刷状缘膜，故其结合氨基糖苷类药物的能力也高。在某些情况下，耳毒性是不可逆的。在兽医临床应用中，即使正常合理使用，肾毒性产生后，还可能产生听觉毒性和前庭毒性，其中犬倾向呈现听觉毒性，猫倾向呈现前庭毒性。

阳离子氨基糖苷类和肾脏阴离子磷脂类是通过药物的阳离子电荷的比例和静电相互作用的。这种作用具有饱和性，可被二价阳离子（镁和钙）、精胺、聚左旋赖氨酸和其他氨基糖苷类药物竞争性抑制。例如，高钙食物可降低肾毒性的风险。静脉注射钙制剂也可能降低药物诱导肾毒性的风险。结合后的氨基糖苷通过细胞吞饮作用进入细胞内，细胞内氨基糖苷类药物浓度比血清或血浆的浓度高 50 倍。在细胞内形成解离颗粒，胞内解离颗粒是细胞内贮存氨基糖苷类药物的主要场所。近端小管部溶酶体内结合的氨基糖苷类药物形成螯合物，是导致氨基糖苷类的半衰期和休药期延长的主要因素，这也是食品动物组织残留的主要原因。氨基糖苷类药物吸收进溶酶体是竞争性的，并且部分依赖于药物分子电荷密度，电荷密度取决于氨基的数量。例如，由于新霉素（在 pH 7.40 时的化合价为 +4.37）阳离子电荷高于庆大霉素（在 pH 7.40 时的化合价为 +3.46），使新霉素在肾脏皮质蓄积更多。

因为肾脏近端小管和内耳组织主动吸收氨基糖苷类药物，在肾脏皮质和耳蜗组织的浓度远远高于血清和其他组织内的浓度。在迅速宰杀的反刍动物，双氢链霉素或新霉素在肾脏皮质的浓度范围为 $4.1 \sim 237 \mu g/g$。研究表明，其他氨基糖苷类药物在肾脏皮质的浓度比在大鼠、犬、猫、绵羊、羔羊、牛、猪和鸟的其他组织的浓度高。内毒素血症使肾脏氨基糖苷类药物浓度高于正常值。在绵羊、牛、鸟和大鼠的肾髓质、肝脏、脾脏和肺脏中也检测到较高浓度的氨基糖苷类药物。

关于氨基糖苷类药物损伤近端肾小管细胞的作用机制存在争议。大量的证据表明，溶酶体功能异常是肾损伤早期阶段的一个因素。这种观点和溶酶体是氨基糖苷类药物在近端肾小管细胞螯合作用的主要位点的观点一致。暴露于药物后，溶酶体是第一个发生形态变化（髓样体或细胞分解体的形成）的细胞器。研究表明，当 N-乙酰基-β-D-葡萄糖胺泄露至细胞液中浓度增加时，溶酶体酶活性（也就是鞘磷脂酶、组织蛋白酶 B、α-D-半乳糖苷酶）被降低和溶酶体的结构缺损。抑制溶酶体酶可能引起溶酶体内细胞膜复合脂类蓄积，导致髓样体形成。然而，这个过程本身并不会导致细胞急性致死。溶酶体功能的降低可能导致降解内源性细胞蛋白质和肾小管重吸收的外源性低分子量蛋白质的能力降低，这些都将干扰肾单位功能。溶酶体渗透性的增加可能导致近端肾小管细胞功能异常，尽管这个过程发生在氨基糖苷类药物诱导中毒性肾病之前，但可能也是引发细胞坏死的另一个因素。

线粒体可能是细胞内氨基糖苷类药物相互作用的第二个靶部位，由于在体内和体外氨基糖苷都可降低线粒体的呼吸，因此，阻断了小管细胞的生物能量供给。这种选择性可能导致小管功能异常，最初可检测到生物化学上的变化，而无可见的形态学变化。氨基糖苷类药物影响线粒体呼吸的强度与个别药物的净正电荷大致相关。

细胞内氨基糖苷类药物相互作用的第三个位点是近端小管胞浆膜磷脂类和酶类。氨基糖苷类药物与膜磷脂的结合可能干扰膜渗透性，从而促进细胞的功能异常。氨基糖苷类药物诱导磷脂质病，可继发抑制细胞质磷脂酶的活性。这个过程将影响多个膜系统，进而影响细胞的其他代谢过程。在体内和体外，当使用高剂量或高孵育浓度时，氨基糖苷类药物也可抑制基底外侧膜的 Na^+-K^+-ATP 酶活性。在体外，氨基糖苷类也抑制近端小管基底外侧膜和膀胱上皮组织中的腺苷酸环化酶活性。在基底外侧膜的腺苷酸环化酶的相互作用可能通过改变细胞内的电解质平衡或每千克渗透物质的量浓度导致严重的细胞功能异常。

氨基糖苷类药物和肾单位相互作用的最后一个位点可能是在肾小球。庆大霉素通过减少参与滤过的肾小球上皮的细胞数量及面积，可减小肾小球的超滤系数，这一点已被证实。氨基糖苷的阳离子和肾上皮细胞表面的阴离子电荷相互作用或者初级肾小管损伤的反馈可能介导这些效应，但这种介导机制的介质尚不清楚。

氨基糖苷类药物诱导肾损伤已经在多种动物体内研究过。一般来说，不同动物种属的症状相似，但由于药物动力学特征或肾脏形态学和生理学上的内在差异，也会出现一些不常见的症状。

（1）犬　氨基糖苷类药物在犬用于治疗多种敏感菌引起的感染。以推荐的剂量，如果延长用药时间，可能会导致毒性反应。在一项对照研究中，每12h给药一次，每日每千克体重8mg，在第7天，尿物质的量渗透浓度显著降低，到第8天，钠排泄增加，到第17天，血清尿素氮浓度增加，到第18天，血清肌酸酐浓度增加。有报道给犬低剂量的庆大霉素治疗时，氨基糖苷类药物诱导的肾毒性显示双峰过程：亚临床初期阶段标志是尿浓缩障碍（氮质血症不明显），随后出现明显的临床症状（氮质血症）。因为尿变化先于更加不可逆系统变化，尿检也可作为临床非侵袭性监控（如监控尿密度和蛋白尿）肾脏毒性的基础。

若以每天每千克体重8mg的剂量每8h给药一次，连续给药10～12d，在给药后的9～12d，血清肌酸酐和血清尿氮有明显的增加。庆大霉素以间断性的方式给予犬，持续28d，两项指标几乎完全恢复至正常水平，病理学组织检查仅见小管间质性肾炎局部病灶。其他实验也进行了庆大霉素高剂量，或者延长给药时间，或者两者并存对犬的肾毒性研究。这些研究表明，延长低剂量治疗时间或高剂量治疗均可能产生有害的结果。Brown等临床研究证实，脱水、发热、老龄和肾脏病是引起犬肾毒性的风险因素，这些风险因素对10只犬的肾毒性作用结果一致。另外，也证实这些犬存在低蛋白和电解质紊乱症状。

在犬应用氨基糖苷类药物全身治疗后，氨基糖苷类药物能诱导犬的耳毒性，但是局部用药，耳毒性似乎罕见。虽然有时皮肤病专家不建议对耳膜破裂的动物使用庆大霉素，但这并不存在危险。在一项使用脑干听觉诱发电位（BAEP）检测庆大霉素对犬毒性的试验中，给单侧鼓膜切开的犬局部应用庆大霉素，在一只耳朵中滴入7滴3mg/mL的庆大霉素缓冲液，一天2次，连续3周。没有发现治疗犬有药物诱导可见的耳蜗或前庭功能变化。

（2）猫　当肾小球滤过率明显降低时，猫也呈现保持浓缩尿的能力，但对犬尿监测时这些症状没有对猫的监测明显。高剂量、延长给药时间，或者两者同时应用，将导致猫肾损伤，并伴随组织学变化和血清尿氮及肌酸酐的增加。

有研究报道局部使用庆大霉素能引起肾毒性。若用庆大霉素注射液（50mg/mL）10mL的用量每天给药2次治疗猫的开放性创伤，最终会导致猫出现氮质血症状态，最后死亡。组织学检查显示，肾脏呈现严重的近端肾小管坏死，这与氨基糖苷类药物的毒性一致。给药后，庆大霉素高血清浓度能持续96h。虽然其他一些因素也可能导致猫的死亡，但是局部大量给予庆大霉素是最大的可能因素。

（3）马　临床上，氨基糖苷类药物诱导的肾毒性在马驹更加普遍，对成年马的毒性报道极少。新霉素对成年马肾脏的影响研究：马（4～7岁）肌内注射每千克体重10mg的剂量，每日2次，给药15d，到给药末期，也未发现肝脏或肾脏的组织病理学变化。血清和尿中的肌酸酐也没有明显变化。Rossier等的研究显示：对正常马组和病马（胸膜肺炎）组，以每千克体重2.2mg的剂量静脉注射庆大霉素，每天4次，持续10d。在治疗的1d、3d和10d，检测了所有组马的尿GGT、尿肌酸酐和血浆肌酸酐。其中病马组比其他组有更高的尿GGT：尿肌酸酐比值。在正常对照组（未给药）和用庆大霉素治疗的正常马组之间，尿GGT：尿肌酸酐比值没有明显的差异。这项研究得出进一步结论，马的尿GGT：尿肌酸酐比值可能和庆大霉素诱导的肾毒性引起的肾功能异常有关，但不是必然。

在一项氨基糖苷类药物诱导马驹中毒性肾病的实验研究中，每日每千克体重8.8mg，连续给药 5～14d，考察中毒性肾病的血清肌酸酐和血清尿素氮指标。3 匹马驹中 1 匹每日给予每千克体重 8.8mg，1 匹每日给予每千克体重 17.6mg，持续 14d，发现血清尿素氮和肌酸酐浓度上升，而尿渗透压降低。3 匹马驹每日给予每千克体重 4.4mg，连续 14d，药物诱导的肾毒性不明显，但是近端小管肾病变包括肾小管坏死和再生组织病理学变化与剂量有关。超微结构研究显示，庆大霉素治疗动物体内出现胞内解离颗粒。成年动物静脉注射，每日每千克体重 6.6mg，每日 1 次，连续 10d，不能产生肾毒性体征（血尿素氮、血清肌酸酐、尿 GGT 等增高），再一次表明，既可提高疗效，又能减少毒性的每日一次量的治疗方案可以应用。

（4）反刍动物　犊牛肌内注射新霉素，每日每千克体重 5mg 或 9mg，连续给药 12～13d，诱导的肾毒性试验表明，血清中肌酸酐和尿素氮浓度增加，肌酐清除率降低，尿密度降低，产生管型尿、蛋白尿和酶尿（γ-谷氨酰转肽酶和丙氨酸氨基肽酶）。组织病理学检查发现，肾小管玻璃样病变，细胞变性、退化和坏死，表明每日每千克体重 5～9mg 剂量，严重超过每千克体重 0.75mg 的剂量基础，属过量用药。在成年绵羊每日给予每千克体重 9mg 庆大霉素，连续给药 7d，实时监控血清中肌酸酐和尿素氮浓度，用光学显微镜检查组织，均未发现由庆大霉素引起的肾毒性。因为绵羊的体重和庆大霉素在其体内的药物动力学特征与人都极为相似，所以最近认为庆大霉素中毒性肾脏疾病的绵羊模型是研究人类肾脏疾病合适的动物模型，尿酶指数可以作为检验氨基糖苷类药物肾脏中毒程度的指标。

5.7.10　药物相互作用

（1）与青霉素类或头孢菌素类联用有协同作用，但不能混合注射　作为"繁殖期杀菌剂"的青霉素类、头孢菌素类，能破坏细菌细胞壁，有利于"静止期杀菌剂"的氨基糖苷类抗生素进入细胞体内而发挥杀菌作用，是处理混合感染、危重感染、免疫抑制感染以及致病菌不明感染联合用药的常用品。常用的有庆大霉素、卡那霉素、链霉素等与青霉素、氨苄西林钠、阿莫西林、头孢噻呋、头孢喹肟等联用，相互协同，增强疗效。如青霉素＋庆大霉素＋地塞米松治疗猪链球菌病、猪急性乳腺炎以及敏感细菌混合感染的疗效较好；氨基糖苷类与青霉素或氨苄西林联用治疗猪李氏杆菌病，与头孢菌素类药物联用治疗肺炎杆菌，庆大霉素与阿莫西林联用治疗铜绿假单胞菌等。

但是联合用药应当注意剂量的平衡，过大剂量的青霉素或其他半合成青霉素均可使氨基糖苷类药物活性降低。另外，本类药物体外与 β-内酰胺类抗生素配伍时可被灭活，因此不宜与含有青霉素类、头孢菌素类抗生素的溶液混合应用。切记，联用不等于可以混合注射，如庆大霉素在静脉输液中与阿莫西林混合，则会使庆大霉素血药浓度显著降低而减效，尤其对肾病严重的病猪，这可能是因为氨基糖苷类的氨基与 β-内酰胺环之间形成无生物活性的酰胺，使庆大霉素被灭活。可分别肌注，或庆大霉素肌注、阿莫西林静注。

（2）碱性环境中抗菌作用较强　与碱性药物（如碳酸氢钠、氨茶碱等）联用可增强抗菌效力，但毒性也相应增强。如碱性药物与庆大霉素联合应用于静脉滴注时，应分开进行，以免中毒。

（3）同类药物之间不可联用　本类抗生素对肾脏及第 8 对脑神经都具有不同程度的毒性及神经肌肉阻滞作用。如果用庆大霉素，就不能再同时联用卡那霉素或阿米卡星或链霉素等，但可以与没有药理性配伍禁忌的其他类抗生素或抗菌药联用。

（4）避免与其他有潜在肾、耳毒性的药物合用　与头孢菌素、甘露醇、右旋糖酐联用可能加强本类药物的肾毒性；与利尿药（如呋塞米、依他尼酸等）、红霉素等联合可能会增强本类药物的耳毒性。骨骼肌松弛药（氯琥珀胆碱等）或具有此种作用的药物可加强本类药物的肌肉阻滞作用。Ca^{2+}、Mg^{2+}、Na^+、NH_4^+、K^+等阳离子可抑制氨基糖苷类的抗菌活性，做药敏测定试验时应注意培养基中的阳离子浓度。

5.7.11　剂型

氨基糖苷类抗生素原料及其制剂在国内外主要药典均有收载，但各药典收载的品种、剂型不尽相同，据 2018 年全球药典记录，目前约 50 种。为方便读者了解氨基糖苷类抗生素国内外药典标准的现状，特将中国药典 2020 年版、中国兽药典 2020 年版、美国药典 42 版-处方集 37 版（USP42-NF37）、英国药典 2019（BP2019）、韩国药典第 10 版（KPⅩ）、印度药典 2010 年版（IP2010）、国际药典第 8 版（Ph·Int·8th）中氨基糖苷类抗生素的原料及制剂的收载情况进行归纳总结。

氨基糖苷类抗生素原料及其制剂在国内外主要药典均有收载，其中原料共涉及 16 个品种，中国药典 2020 年版有 14 种且制剂有 29 种。中国兽药典 2020 年版收载有盐酸大观霉素、硫酸卡那霉素、硫酸庆大霉素、硫酸安普霉素、硫酸链霉素及硫酸新霉素，而且其制剂有 10 余种。日本药典从第 15 版开始不再收载硫酸阿司米星，USP42-NF37，JP17 等也不再收载硫酸西索米星及硫酸奈替米星的原料及制剂。药典涉及剂型有注射液、注射用、片剂、缓释片、胶囊剂、软膏、眼用软膏、子宫输液、眼用溶液、口服溶液、注射用混悬液、滴耳液、雾化用溶液、吸入液等，美国药典收载的剂型最为全面。氨基糖苷类抗生素主要以注射液、注射用以及外用制剂为主，也有用于肠道疾病治疗的口服剂型。药典中还有很多复方制剂，如 USP42-NF37 中新霉素的复方制剂就达 53 种之多。

5.7.12　常用氨基糖苷类药物

5.7.12.1　链霉素和双氢链霉素

链霉素由放线菌属的灰链霉菌（*Streptomyces griseus*）的培养滤液中提取而得。常见其硫酸盐。链霉素属窄谱氨基糖苷类（但抗菌谱比青霉素广），主要对需氧革兰氏阴性菌，如大肠杆菌、巴氏杆菌、沙门菌、布鲁氏菌、变形杆菌等抗菌作用较好。对金黄色葡萄球菌等多数革兰氏阳性球菌的作用差，不如青霉素，与青霉素联用具协同杀菌作用，对钩端螺旋体也有效。链球菌、铜绿假单胞菌和厌氧菌对本品耐药。对真菌、立克次体、病毒无效。

本品内服极少吸收，只对肠道感染有效。治疗急性全身感染多采用肌注。临床上主要用于治疗各种革兰氏阴性菌引起的局部和全身急性感染，如呼吸道感染（肺炎、支气管炎）、泌尿道感染、巴氏杆菌引起的猪肺疫、猪放线杆菌病、钩端螺旋体病、细菌性胃肠炎、仔猪黄白痢、乳腺炎、子宫炎、败血症、膀胱炎等以及皮肤和伤口感染。

用于治疗各种敏感菌的急性感染，如家畜的呼吸道感染（肺炎、咽喉炎、支气管炎）、泌尿道感染、牛流感、放线菌病、钩端螺旋体病、细菌性胃肠炎、乳腺炎及家禽的呼吸系统病（传染性鼻炎等）、细菌性肠炎等。也可用于控制乳牛结核病的急性暴发（每天注射，连续 6～7 天）。

注射用硫酸链霉素。肌注，一次量，每千克体重 10～15mg，2 次/d，或每千克体重 20～30mg，1 次/d，连用 2～3d，临用前用灭菌注射用水适量使其溶解，现用现配。

5.7.12.2　卡那霉素

卡那霉素由链霉菌（*Streptomyces kanamyceticus*）产生，临床用硫酸卡那霉素系由单硫酸卡那霉素或卡那霉素加一定量的硫酸制得。抗菌谱与链霉素相似，但作用稍强。对大多数需氧革兰氏阴性菌如大肠杆菌、沙门菌、多杀性巴氏杆菌、变形杆菌等有抗菌作用，对耐药金黄色葡萄球菌、支原体也较敏感。但铜绿假单胞菌、链球菌、厌氧菌等对本品耐药，对立克次体、真菌、病毒无效。与链霉素相似，敏感菌对本品易产生耐药性，与新霉素存在交叉耐药性，与链霉素存在单向交叉耐药性。大肠杆菌及其他革兰氏阴性菌常出现获得性耐药。

内服用于治疗敏感菌所致的肠道感染，如仔猪白痢、仔猪副伤寒等。肌注用于需氧革兰氏阴性菌和耐青霉素的金黄色葡萄球菌等敏感菌所致的各种严重感染，如败血症、呼吸道感染、泌尿生殖道感染、乳腺炎、皮肤和软组织感染等，对猪喘气病及萎缩性鼻炎有改善症状的功效。

硫酸卡那霉素注射液或注射用硫酸卡那霉素。肌注，一次量，每千克体重 10～15mg，2 次/d，或每千克体重 20～30mg，1 次/d，连用 3～5d。

5.7.12.3　庆大霉素

迄今为止，庆大霉素（gentamycin）是研究广泛的氨基糖苷类抗生素。其是由紫色小单孢菌（*Micromonospora purpurea*）产生的包含 4 种成分的复合物。这 4 种物质在共同免疫测定中具有交叉反应性，常被认为是单一的抗菌成分。其为广谱杀菌性抗生素，对各种细菌都有较好的抗菌活性，特别是对大多数革兰氏阴性菌（如大肠杆菌、铜绿假单胞菌、巴氏杆菌、沙门菌、肺炎克雷伯菌、布鲁氏菌、变形杆菌等）和金黄色葡萄球菌、表皮葡萄球菌（包括产 β-内酰胺酶的耐药菌株）均有较强抗菌作用，尤其是抗铜绿假单胞菌的作用非常显著，比卡那霉素强。此外，支原体对本品也较敏感。多数链球菌（化脓链球菌、肺炎球菌、粪链球菌等）、厌氧菌（类杆菌属或梭状芽孢杆菌属）、立克次体、真菌对本品耐药。

临床上庆大霉素耐药菌株远不如链霉素、卡那霉素耐药菌株普遍，庆大霉素耐药菌包括许多革兰氏阳性需氧菌、假单胞菌及厌氧菌。对青霉素、磺胺类药物等产生耐药的菌株对庆大霉素仍高度敏感。在治疗用药过程中菌株经诱导耐药的情况很少，耐药发生后，停药一段时间即可恢复。

用于治疗敏感菌引起的败血症、呼吸道感染、胃肠道（包括腹膜炎）和泌尿生殖系统感染、乳腺炎、子宫炎，以及皮肤、软组织等严重感染。内服很少吸收，用于治疗敏感菌所致的肠道感染。主要用于猪巴氏杆菌病（猪肺疫）、仔猪白痢、猪链球菌病等的全身治疗。对于严重全身感染或大肠杆菌性、金黄色葡萄球菌性或链球菌性乳腺炎，本品可与青霉素、头孢菌素、地塞米松等联用，治愈率较高。

硫酸庆大霉素可溶性粉（片）、硫酸庆大霉素注射液。本品效价以重量计算，1g（1000mg）等于100万单位，1mg为0.1万单位。内服，一次量，仔猪每千克体重5mg，2次/d。肌注，一次量，每千克体重2～4mg（0.2万～0.4万单位），2次/d，或每千克体重4～8mg，1次/d，连用2～3d。

5.7.12.4　阿米卡星

阿米卡星为卡那霉素的半合成衍生物，系在卡那霉素A分子的链霉胺部分引入氨基羟丁酰链而得。常用其硫酸盐。其抗菌谱为本类药物中最广的，对各种革兰氏阴性菌、革兰氏阳性菌和铜绿假单胞菌等均有较强的抗菌活性，对大多数细菌的作用与卡那霉素相似或略优，一般比庆大霉素差。但链球菌属大多数耐药。对厌氧菌、立克次体、真菌和病毒均无效。其突出优点是对许多肠道革兰氏阴性杆菌和铜绿假单胞菌所产生的钝化酶稳定，当细菌对其他氨基糖苷类耐药后，对本品还常敏感。本品与半合成青霉素类或头孢菌素类药物联用常有协同抗菌效应。

主要用于各种敏感菌引起的菌血症、败血症、呼吸道感染、腹膜炎以及各种感染。尤其适用于革兰氏阴性杆菌中对卡那霉素、庆大霉素或其他氨基糖苷类耐药菌株所引起的感染。也可子宫灌注，治疗子宫内膜炎和子宫蓄脓。当免疫抑制性疾病合并严重感染时，与β-内酰胺类抗生素联合用药，比单用疗效更佳。

注射用硫酸阿米卡星，肌注，一次量，每千克体重10～15mg，2次/d，连用2～3d；或1次/d，剂量加倍。本品不可直接静脉注射，不可与林可霉素混合注射。

5.7.12.5　新霉素

新霉素从弗氏链霉菌（*Streptomyces fradiae*）的培养滤液中提取而得。常用其硫酸盐。新霉素与卡那霉素结构相似，含有A、B、C三种成分，主要为B、C。性质稳定。与卡那霉素相似，对肠杆菌科细菌（如大肠杆菌等）及金黄色葡萄球菌有良好的抗菌作用。

通常内服或局部给药。内服给药后很少吸收，在肠道内呈现抗菌作用，主要用于治疗革兰氏阴性菌所致的胃肠道感染，如仔猪白痢等。局部用药对葡萄球菌和革兰氏阴性杆菌引起的皮肤创伤、眼和耳感染及子宫内膜炎等有良好疗效。

内服，一次量，每千克体重7～12mg，2次/d，连用3～5d。局部用药：0.5%新霉素滴眼液，滴入眼睑，3次/d，连用3～5d；0.5%～2%硫酸新霉素溶液、软膏，擦患处，3次/d。混饲：3～8周龄，以硫酸新霉素计，每吨饲料添加77～150g，连用5～7d。也可自配硫酸新霉素、甲溴东莨菪碱溶液。内服一次量，仔猪体重5kg以下用1mL，仔猪体重5～10kg用2mL，2次/d，连用2～3d。本品对肾、耳和神经系统有较强毒性，而且能抑制呼吸，在氨基糖苷类药物中毒性最大，一般不用于注射给药。

5.7.12.6　大观霉素

大观霉素为链霉菌（*Streptomyces Spectabilis*）所产生的由中性糖和氨基环醇以苷键结合而成的一种氨基环醇类抗生素，临床用其二盐酸盐五水合物。本品结构是独特的，但作用机制和抗菌谱与其他氨基糖苷类却非常相似，抗菌谱广，对多种革兰氏阴性杆菌，如大肠杆菌、沙门菌、巴氏杆菌、变形杆菌等有中等抑制作用，通常不是杀菌性的。对A群链球菌、肺炎球菌、表皮葡萄球菌常敏感，对支原体有一定作用；金黄色葡萄球菌多不敏感；铜绿假单胞菌、厌氧菌和密螺旋体对本品耐药。本品内服吸收较差，只吸收 7%，但在胃肠道内保持抗菌活性，仅限于肠道感染。对急性严重感染宜注射给药。

用于治疗革兰氏阴性菌、支原体及支原体与细菌的合并感染。主要用于防治仔猪大肠杆菌、沙门菌、巴氏杆菌、支原体感染。本品与林可霉素合用可显著增强对支原体的抗菌活性，主要用于控制大肠杆菌、沙门菌引起的猪下痢、细菌性肠炎、支原体病及支原体与细菌合并感染。本品毒性相对较小，很少引起肾毒性及耳毒性。但同其他氨基糖苷类一样，可引起神经肌肉阻断作用，注射钙剂可急救。本品不能与氟苯尼考或四环素合用，呈拮抗作用。

内服，一次量，仔猪每千克体重 20mg，2 次/d，连用 3～5d。肌注，一次量，每千克体重 10mg，2 次/d，连用 3～5d。

5.7.12.7　安普霉素

从链霉菌（*Streptomyces tenebrarius*）培养液中提取的一种氨基环醇类抗生素，也是最新应用到兽医临床的氨基糖苷类抗生素。抗菌谱广，对多种革兰氏阴性菌（如大肠杆菌、铜绿假单胞杆菌、沙门菌、克雷伯菌、变形杆菌、巴氏杆菌、猪痢疾密螺旋体、支气管败血波氏杆菌）及葡萄球菌和支原体均具杀菌活性。与敏感菌核糖体 30S 亚基结合而抑制细菌蛋白质合成。其独特的化学结构可抗由多种质粒编码钝化酶的灭活作用，因而革兰氏阴性菌对其较少耐药，与其他氨基糖苷类药物不存在染色体突变引起的交叉耐药性。用于治疗革兰氏阴性菌引起的肠道感染及密螺旋体、支原体感染。

硫酸安普霉素可溶性粉，口服，每千克体重 20～40mg，1 次/d，连用 5d。注射用硫酸安普霉素，肌注，一次量，每千克体重 20mg，2 次/d，连用 3d。以硫酸安普霉素计，可溶性粉混饮：每千克体重 12.5mg，连用 7d。硫酸安普霉素预混剂，混饲：每吨饲料 80～100g，连用 7d。本品遇铁锈易失效，混饲机械要注意防锈，也不宜与微量元素制剂相混合，饮水给药必须当天配制。

5.7.12.8　妥布霉素

妥布霉素（tobramycin）是从链霉菌中分离出的氨基糖苷类抗生素，结构与卡那霉素类似。本品易溶于水，性稳定，临床用其硫酸盐。本品的抗菌谱与庆大霉素相似，包括铜绿假单胞菌、变形杆菌、大肠杆菌、克雷伯杆菌、沙雷杆菌、肠杆菌属、柠檬酸杆菌、普鲁威登菌等，对葡萄球菌也有抗菌作用，链球菌属（包括化脓性链球菌、肺炎链球菌、粪链球菌等）对本品不敏感。本品对铜绿假单胞菌的抗菌作用较庆大霉素强，对其他菌的作用均较低。本品与庆大霉素、卡那霉素间存在着一定的交叉耐药性。与庆大霉素相同，主要用于治疗铜绿假单胞菌感染如败血症、心内膜炎、骨髓炎与肺炎等，治疗中常与具有抗铜绿假单胞菌作用的青霉素类或头孢菌素类合用。以发挥抗铜绿假单胞菌的协同作用。本品也可用于其他各种革兰氏阴性菌感染。由于本品具有 PAE 作用，因此，主张每日给药 2mg/kg 一次；或 1.5mg/kg，每日 2 次。

5.7.12.9　巴龙霉素

巴龙霉素（paromomycin）是从链霉菌中分离得到的氨基糖苷类广谱抗生素。与其他氨基糖苷类药物不同，巴龙霉素对革兰氏阳性菌和阴性菌都敏感。由于胃肠道吸收很少，因此，在治疗细菌和原虫引发的胃肠道感染方面具有优势。贾第虫、利什曼原虫、阿米巴原虫和结肠小袋纤毛虫对巴龙霉素都敏感。巴龙霉素一直用于治疗猫的隐孢子虫病和犬的利什曼病（婴儿利什曼原虫）。

本品口服吸收少，也由于肠外给药毒性大，不作全身给药。口服用于治疗菌痢和肠炎等胃肠道感染。提示大剂量内服巴龙霉素时，其内服吸收量会引发氨基糖苷类副作用，常见者为头晕、食欲减退、恶心、呕吐、腹部不适等，长期口服用药偶尔可引起听力损害。因此，在得到进一步的研究数据前，高剂量使用此药时要慎重。

5.8

截短侧耳素类药物

5.8.1 化学结构

截短侧耳素（*Pleuromutilin*）是 20 世纪 50 年代从高等真菌 *Pleurotus multilus* (Fr.) Sacc. 和 *Pleurotus passecke-rianus* Pilat 中分离得到的一种具有抗菌活性的双萜类化合物，由一个含 8 个手性中心的 5-6-8 三元环骨架和一个乙醇酸酯的侧链（C14 位）组成，结构见图 5-8。

截短侧耳素构效关系（图 5-9）研究表明，其三环母核结构、C11 位的羟基、C14 的酯基、C3 位的羰基都是抗菌活性所必需的官能团。目前，都是通过对其 C14 侧链改造，以提高抗菌活性。

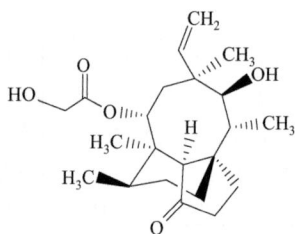

图 5-8 截短侧耳素

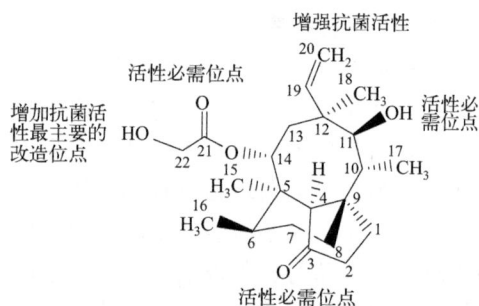

图 5-9 截短侧耳素构效关系

通过对截短侧耳素的结构改造，已开发出泰妙菌素（tiamulin）（结构见图 5-10）、沃尼妙林（valnemulin）（结构见图 5-11）等兽用抗菌药，泰妙菌素主要用于防治鸡慢性呼吸道疾病，猪支原体肺炎、放线杆菌胸膜肺炎，也用于密螺旋体引起的猪痢疾和猪增生性肠炎；沃尼妙林主要用于治疗猪支原体肺炎、放线杆菌胸膜肺炎、由猪痢疾短螺旋体引起的痢疾和由胞内劳森氏菌引起的增生性肠炎。在人用药品方面，2007 年 FDA 批准了瑞他莫林（retapamulin）（结构见图 5-12），用于治疗 9 个月或更大年龄患者由金黄色葡萄球菌（仅甲氧西林敏感分离株）或化脓性链球菌引起的局部脓疱疮。2019 年 FDA 批准了来法莫林（lefamulin）（结构见图 5-13），是一款具有新作用机制的抗菌药物，主要用于治疗由敏感微生物所致的社区获得性细菌性肺炎（community-acquired bacterial pneumonia），为减少耐药菌的发生以及维持来法莫林和其他抗生素的疗效，该药仅应用于治疗或预防已经证实或高度可疑的由细菌所致的感染。

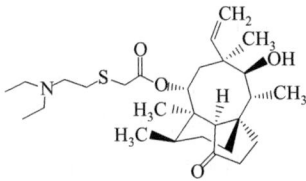

图 5-10　泰妙菌素

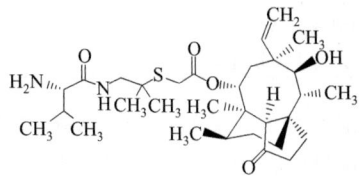

图 5-11　沃尼妙林

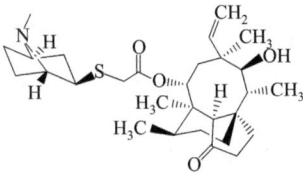

图 5-12　瑞他莫林

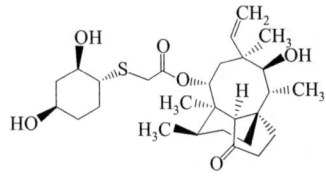

图 5-13　来法莫林

5.8.2　作用机制

截短侧耳素类药物主要抑菌机制是结合在细菌核糖体 50S 亚基的 23S rRNA 上，通过其三元母环骨架定位在核糖体 50S 亚基的肽基转移酶中心（peptidy transferase center），在 A 位点形成一个紧密的口袋，同时，其侧链部分覆盖了 tRNA 结合的 P 位点，由此直接抑制肽键的形成，从而阻止了细菌蛋白质的合成。由于这种巧妙的作用方式，该类化合物对耐药的革兰氏阳性菌和支原体具有明显的抗菌活性和优良的药动学性质，并与其他抗生素无交叉耐药性。

5.8.3　抗菌谱

泰妙菌素为抑菌性窄谱抗生素，但高浓度对敏感菌也有杀菌作用，抗菌谱与大环内酯类相似，主要抗革兰氏阳性菌，包括对大多数金黄色葡萄球菌和链球菌（D 组链球菌除外）、胸膜肺炎放线杆菌、多杀性巴氏杆菌，以及多种支原体和某些螺旋体（猪痢疾蛇样螺旋体、无害密螺旋体、结肠菌毛样螺旋体）有良好的抗菌活性，对革兰氏阴性菌（巴斯德菌、克雷伯氏杆菌、嗜血杆菌、梭形杆菌、弯曲杆菌、拟杆菌）也有效，对革兰氏阴性肠道菌作用较弱。

泰妙菌素对链球菌和葡萄球菌的最小抑制浓度为 $0.0078\sim0.125\mu g/mL$。王丽平等报道，泰妙菌素对猪、鸡支原体、猪链球菌、金黄色葡萄球菌的最小抑菌浓度分别为 $0.015\mu g/mL$、$0.125\mu g/mL$、$0.5\mu g/mL$，对大肠杆菌、禽巴氏杆菌效果较差，对部分病原菌的 MIC 值见表 5-12。

表 5-12　泰妙菌素对部分病原菌的 MIC 值

菌株	MIC/(μg/mL)	菌株	MIC/(μg/mL)
鸡毒支原体标准株	0.015	大肠杆菌 O_2	64
猪毒支原体标准株	0.015	禽巴氏杆菌分离株	64
大肠杆菌 $ATCC_{25922}$	16	鸭大肠杆菌分离株 1	64
大肠杆菌 C_{44103}	32	鸭大肠杆菌分离株 2	128
金黄色葡萄球菌 $ATCC_{25923}$	0.5	猪大肠杆菌分离株	128
金黄色葡萄球菌分离株	1	猪链球菌分离株	0.125

沃尼妙林的抗菌机制与泰妙菌素相似，抗菌谱广，对消化道和呼吸道感染某些常见病原体具有优良的抗菌活性，尤其是对猪的肺炎支原体、结肠菌毛样短螺旋体、胞内劳森氏菌和痢疾短螺旋体，对胸膜肺炎放线杆菌有中等活性，对沙门菌和大肠杆菌等只有微弱活性。

沃尼妙林体外抗菌活性极强，对猪滑液支原体的 MIC 为 $0.0001 \sim 0.00025 \mu g/mL$，对猪肺炎支原体的 MIC 为 $0.0005 \mu g/mL$，体外抗菌活性分别是泰妙菌素的 $20 \sim 25$ 倍（$0.05 \sim 0.1 \mu g/mL$）和 100 倍（$0.05 \mu g/mL$），是恩诺沙星的 $400 \sim 500$ 倍（$0.05 \sim 0.1 \mu g/mL$）和 20 倍（$0.01 \mu g/mL$）。与恩诺沙星、泰妙菌素、泰乐菌素及林可霉素-大观霉素相比，沃尼妙林对鸡败血支原体抗菌活性最强，其 MIC 值低于 $8 \mu g/mL$。沃尼妙林的抗菌谱极广，对分离的 76 株短螺旋体野株的体外抑菌试验进行分析，MIC_{90} 分别为：泰妙菌素 $1 \mu g/mL$、沃尼妙林 $0.5 \mu g/mL$、泰乐菌素 $> 256 \mu g/mL$、红霉素 $> 256 \mu g/mL$、林可霉素 $64 \mu g/mL$、克林霉素 $16 \mu g/mL$，差异极为显著。$0.05 \mu g/mL$ 的沃尼妙林对 32% 菌株敏感，而 $0.05 \mu g/mL$ 的泰妙菌素仅对 2% 菌株敏感。

5.8.4　耐药性

已报道的截短侧耳素类药物耐药机制主要有三个方面：核蛋白 L3 和 23S rRNA 突变；cfr 基因介导的 23S rRNA 甲基化和 ABC（ATP binding cassette transport）转运子蛋白家族。

最先报道的耐药机制是核蛋白 L3 的氨基酸突变，2003 年，Katherine 等通过诱变筛选到泰妙菌素耐药的大肠杆菌突变子，核蛋白 L3 第 149 位天冬氨酸突变引起了耐药表型，导致药物与核糖体的亲和力下降，从而引起耐药。除核蛋白 L3 突变之外，肽酰基转移酶中心的 23S rRNA 碱基突变也可介导耐药。上述耐药机制多数是人工诱导获得耐药突变子，临床报道此类耐药机制有限，目前仅核蛋白 L3 突变在泰妙菌素耐药的猪肠道螺旋体临床分离中有报道。

cfr 基因发现于呼吸道感染的小牛鼻腔拭子中分离的松鼠葡萄糖菌中，该菌株携带一个介导多耐药的质粒 pSCFS1，能介导对氯霉素和氟苯尼考耐药，cfr 基因编码一种 rRNA 甲基转移酶，该转移酶作用 23S rRNA 的核苷酸，介导截短侧耳素类、氯霉素类、林可胺类、噁唑烷酮类和链阳菌素 A 类共同耐药。

近年来还发现一种新型的截短侧耳素耐药机制，vga 和 lsa 基因编码的 ATP 结合转运子。Li 等在对我国猪源 MASA 菌株中的截短侧耳素类耐药进行研究过程中，发现所有分离自江浙沪地区的 70 株 MASA 均对泰妙菌素和沃尼妙林表现高水平耐药，经过研究发现 ABC 转运子介导了上述耐药表型。

5.8.5 药代动力学

单胃动物给予泰妙菌素，吸收好，血药浓度达峰时间为 2～4h，生物利用度（F）超过 85%。泰妙菌素及代谢物在动物体内分布广泛，组织和乳中的药物浓度比血清浓度高，肺泡浓度最高。泰妙菌素在动物体内代谢成 20 多种代谢物，部分代谢物具有抗菌活性。泰妙菌素及代谢物主要经胆汁从粪便排泄，约 30% 从尿中排泄。

猪内服泰妙菌素超过 90% 被吸收，单次经口每千克体重给予 10mg 和 25mg 泰妙菌素，血药峰浓度 C_{max} 为 1.03μg/mL 和 1.82μg/mL，达峰时间均为 2h。药物吸收后在体内广泛分布，肺组织中浓度高，也聚集在肝脏。70%～85% 的代谢产物经胆汁从粪便中排泄，15%～30% 的代谢产物经肾脏排泄。

Gatne 等以 8mg/kg 体重的剂量分别给 80～100kg 的小牛和 15～32kg 的绵羊肌内注射泰妙菌素，血药峰浓度 C_{max} 分别为 3.52μg/mL、0.995μg/mL，表观分布容积（V_d）分别为 1.31L/kg、8.82L/kg，消除半衰期（$t_{1/2\beta}$）分别为 3h、4.65h，血浆清除率（CL）分别为每分钟 11.97mL/kg、21.89mL/kg。

鸡内服泰妙菌素 70%～95% 被吸收，达峰时间均为 2～4h。药物吸收后在体内广泛分布，并大量集中在肝、肾和肺组织，其中肺组织中浓度是血清药物浓度的 30 倍。药物主要经胆汁 55%～65% 和肾 15%～30% 迅速排泄，代谢物大都没有微生物学活性，48h 内 99% 药物被排泄。Laber 等人研究表明，以 50mg/kg 的剂量给鸡和火鸡口服泰妙菌素，平均血药峰浓度 C_{max} 分别为 3.5μg/mL、2.9μg/mL，达峰时间 2～4h，有效血药浓度维持时间为 12～24h。Laber 给普通犬分别皮下和肌内注射 10mg/kg 泰妙菌素，C_{max} 分别为 (1.55±0.11)μg/mL、(0.60±0.08)μg/mL，肌注药动参数达峰时间分别为 8h、6h，吸收半衰期分别为 (2.76±0.13)h、(2.23±0.76)h，消除半衰期分别为 (4.28±0.18)h、(4.7±1.43)h，血浆清除率（CL）分别为每分钟 0.33mL/kg、1.36mL/kg。

在比格犬和大鼠体内进行 ^{3}H 标记的沃尼妙林代谢研究中，比格犬口服 10mg/kg 和 30mg/kg，静脉注射剂 3mg/kg 体重；SD 大鼠口服 20mg/kg，静脉注射 6mg/kg。结果显示：两种动物经口给药后均迅速、彻底地吸收，生物利用度近 100%。药物在组织中广泛分布。大鼠口服 3h 后，在肺、肝脏、肠道中药物浓度较高。放射性 HPLC 检测在血浆、肝、尿和粪便中发现了 22 种不同的代谢物，原药及代谢产物绝大部分经粪便排出。

猪口服本品吸收迅速，生物利用度大于 90%，给药后 1～4h 达到血浆最高浓度，血浆半衰期 1.3～2.7h。重复给药可发生轻微蓄积，但 5h 内平稳。本品有明显的首过效应，主要分布在组织尤其是肺和肝脏组织中；本品在猪体内进行广泛的代谢，代谢物主要经胆汁和粪便迅速排泄。

5.8.6 常用截短侧耳类药物临床应用

5.8.6.1 泰妙菌素

泰妙菌素是 Sandoz 在 20 世纪 70 年代研发的兽用抗生素，主要以延胡索酸盐的形式在兽医临床上使用。延胡索酸泰妙菌素为白色或类白色结晶性粉末，熔点 143～152℃。在乙醇中易溶，水中溶解。分子式：$C_{28}H_{47}NO_4S \cdot C_4H_4O_4$，结构式见图 5-14。

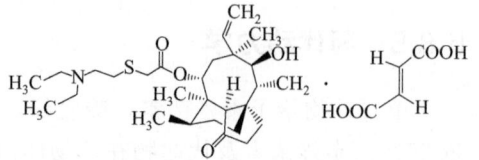

图 5-14　延胡索酸泰妙菌素

临床上用于治疗由支原体引起的鸡慢性呼吸道病；治疗猪支原体肺炎和放线菌性胸膜肺炎，治疗猪密螺旋体性痢疾和猪增生性肠炎（猪回肠炎）。

猪按推荐剂量使用有时会出现皮肤红斑（发生率＜1/10000），过量使用可引起短暂流涎、呕吐和中枢神经抑制；鸡过量使用急性毒性临床症状有发声、阵挛性痉挛和侧卧。

泰妙菌素可影响莫能菌素、盐霉素等聚醚类抗生素的代谢，联合应用时可导致中毒，使鸡生长缓慢、运动失调、麻痹瘫痪，甚至死亡。因此泰妙菌素治疗期间以及治疗前后 7 天内，动物不能使用离子载体药物（莫能菌素、甲基盐霉素或盐霉素抗球虫药）。为了防止发生上述相互作用，兽医和农场主应确保饲料中不含离子载体药物（莫能菌素、甲基盐霉素和盐霉素），若怀疑饲料被污染，应在使用前检测饲料中是否含有离子载体类药物。当泰妙菌素与二价离子载体类抗生素（拉沙洛西菌素和赛杜霉素）合用时，未发现相互作用。当鸡联合使用泰妙菌素和马度米星时，可造成轻、中度生长抑制，这种现象是暂时的，停用泰妙菌素 3～5 天可改善。

本品与金霉素以 1∶4 配伍混饲，可治疗猪细菌性肠炎、细菌性肺炎、密螺旋体性猪痢疾，对支原体肺炎、支气管败血波氏杆菌和多杀性巴氏杆菌混合感染所引起的肺炎治疗显著。

常用制剂：延胡索酸泰妙菌素预混剂；延胡索酸泰妙菌素可溶性粉。

用法用量：混饲，1000kg 饲料，猪 40～100g，连用 5～10 日。混饮，1L 水，猪 45～60mg，连用 5 日；鸡 125～250mg，连用 3 日。

5.8.6.2　沃尼妙林

Berner 等人 1984 年通过修饰截短侧耳素 C14 位侧链的化学结构，获得了活性强和水溶性高的新一代半合成动物专用抗生素——沃尼妙林，1999 年 12 月礼来公司开发其盐酸沃尼妙林预混剂在欧盟上市。盐酸沃尼妙林为白色或淡黄色粉末，有引湿性。在水、乙醇中易溶。分子式：$C_{31}H_{52}N_2O_5S \cdot HCl$，结构式见图 5-15。

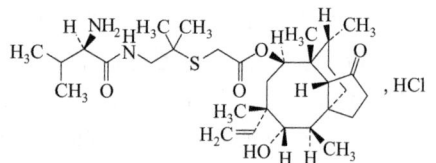

图 5-15　盐酸沃尼妙林

沃尼妙林具有中度至低度的口服急性毒性。SD 大鼠急性经口 LD_{50} 为 1000～2000mg/kg 体重，雌性和雄性小鼠急性经口 LD_{50} 分别为 1482mg/kg 体重、1710mg/kg 体重。受试动物的毒性症状表现为：活动减少、竖毛、共济失调、弓背及呼吸困难等。

沃尼妙林的亚慢性毒性试验表明，大鼠饲喂沃尼妙林 0、1mg/kg、20mg/kg 和 200mg/kg 体重，连续 13 周，恢复 4 周，200mg/kg 体重组大鼠体重增加和饲料消耗明显降低，平均红细胞、平均血红蛋白浓度（MCHC）轻微下降，丙氨酸转氨酶（ALT）、天冬氨酰转氨酶（AST）、γ-谷氨酰转肽酶（GGT）、血尿氮（BUN）及钾浓度在雄性大鼠中明显增加。20mg/kg 和 200mg/kg 体重组剖检肝损伤的发生率和严重程度增加。每天按 75mg/kg 体重拌料饲喂猪（大约是推荐剂量的 5 倍），连用 28d 后，试验组的猪体重正常，健康状况良好，未观察到任何毒性反应（EMEA）。

在大鼠繁殖试验研究中，SD大鼠急性经口沃尼妙林0、8mg/(kg·d)、40mg/(kg·d)、200mg/(kg·d)［高剂量组因严重毒性反应而调整为160mg/(kg·d)］。高剂量组大鼠出现体重、饲料消耗降低，肝损伤发生率升高等毒性反应，所有给药组大鼠交配行为、生殖力、产子数、仔鼠体重以及仔鼠存活率等均无不良影响。CD-1雌性小鼠于妊娠6～15天口服沃尼妙林0、10mg/(kg·d)、30mg/(kg·d)或100mg/(kg·d)。100mg/(kg·d)组2只母鼠出现立毛、弓背、共济失调以及双眼无神等毒性症状，30mg/(kg·d)和100mg/(kg·d)组体重增加、饲料消耗下降，尸检发现小鼠骨化延迟发生率轻微增加。所有剂量组小鼠均未出现药物的致畸胎效应。

沃尼妙林影响莫能菌素、盐霉素等离子载体类抗生素代谢；与红霉素、泰乐菌素能结合细菌核糖体50S亚基的抗生素合用出现拮抗作用。

主要用于治疗猪由肺炎支原体引起的支原体肺炎、由猪胸膜肺炎放线杆菌引起的传染性胸膜肺炎、由猪痢疾短螺旋体引起的痢疾和由胞内劳森氏菌引起的增生性肠炎。

猪的不良反应主要发生在丹麦和瑞典的白长猪，表现为发热、无食欲、共济失调、水肿或红斑；饲料浓度大于200mg/kg出现采食下降或不愿采食；与莫能菌素等离子载体类抗生素联用时出现生长缓慢、运动失调、麻痹瘫痪等不良反应。

常用药物：盐酸沃尼妙林预混剂。

用法用量：混饲，1000kg饲料，治疗猪痢疾75～150g；治疗猪增生性肠炎50～100g；治疗猪支原体肺炎100～200g；治疗猪传染性胸膜肺炎50～100g。连用5日。

5.9

林可胺类药物

5.9.1　化学结构

林可胺类（lincosamides）是从链霉素（*Streptomyces lincolnencis*）发酵液中提取的一种抗生素，其结构中含有氨基酸和糖苷部分，含有一个类似氨基酸的侧链，并通过肽键相连，如图5-16。这种结构给化学和微生物的改造带来了机会，并得到了一些有药理活性的化合物，表5-13列举了临床上使用的几种化合物。

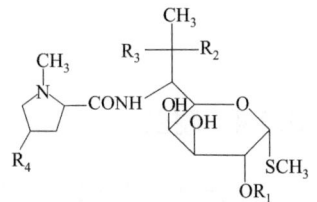

图5-16　林可胺类药物结构

表 5-13 林可胺类抗生素的结构

药物名称	R_1	R_2	R_3	R_4
林可霉素 A	H	H	OH	$CH_3CH_2CH_2-$
林可霉素 B	H	H	OH	CH_3CH_2-
克林霉素	H	Cl	H	$CH_3CH_2CH_2-$
克林霉素磷酸酯	$-PO_3H_3$	Cl	H	$CH_3CH_2CH_2-$

目前临床使用的抗生素主要有两种：林可霉素和克林霉素。林可霉素和克林霉素在结构上相似。林可霉素分子 R_2 位羟基，克林霉素分子 R_2 位氯，克林霉素比其母分子林可霉素对细菌具有更强的活性，并且更好的口服吸收。

5.9.2 作用机制

林可胺类抗生素，像大环内酯类，与敏感菌的核蛋白体50S亚基结合，抑制肽酰基转移酶，使肽链不能向新接氨基酸转移，致使肽链的增长受到抑制，使细菌蛋白质合成停止，从而起到对细菌的抑制或杀灭作用，一般高浓度对敏感菌有杀灭作用。

主要用于治疗对青霉素有耐药性或不耐受的革兰氏阳性感染病例。克林霉素也是治疗厌氧感染的常用药物。林可胺类药物治疗的常见感染包括葡萄球菌和链球菌感染。

5.9.3 抗菌谱

林可霉素抗菌谱较红霉素窄，对革兰氏阳性菌有强的抗菌能力，包括金黄色葡萄球菌（包括耐青霉素菌株）、肺炎链球菌、化脓性链球菌、白喉杆菌及某些支原体（猪肺炎支原体、猪鼻支原体、猪关节液支原体）、钩端螺旋体等；本品的最大特点是对厌氧菌有良好抗菌活性，如梭杆菌属、消化球菌、消化链球菌、破伤风梭菌、产气荚膜梭菌，以及大多数放线菌均对本类抗生素敏感；对红霉素耐药的脆弱杆菌均对林可霉素敏感；对需氧病原体抗菌谱较窄。

克林霉素抗菌活性较林可霉素强 4～8 倍。抗菌作用特点是对各类厌氧菌具有良好的抗菌作用，对革兰氏阳性和革兰氏阴性厌氧菌具有强大的杀菌作用。克林霉素磷酸酯为化学合成的克林霉素衍生物，在体外无抗菌活性，进入血液后迅速被碱性磷酸酯酶水解为克林霉素发挥抗菌活性。本品的脂溶性及渗透性优于林可霉素。本品的抗菌谱与林可霉素相同，对金黄色葡萄球菌、中间型葡萄球菌、表皮葡萄球菌（包括产酶菌株）、溶血性链球菌、肺炎球菌等革兰氏阳性球菌；对丙酸杆菌、真杆菌、放线菌、拟杆菌、梭杆菌和产气荚膜梭菌等厌氧菌以及多数放线菌属具有较强的抗菌活性。

5.9.4 耐药性

细菌对林可霉素与克林霉素有完全的交叉耐药性，与红霉素具有部分交叉耐药。一些革兰氏阳性细菌较易对其产生耐药菌株，厌氧菌对其产生耐药者比较少见。其耐药性出现较缓慢，产生耐药性的机制可能是细菌的 50S 核糖体亚基发生改变，在脆性杆菌发现有质粒介导的耐药基因。

林可霉素对革兰氏阴性菌、大多数的霉形体无效，真菌和病毒均对其不敏感；肠球菌一般对其耐药。克林霉素对脑膜炎球菌、淋球菌、流感嗜血杆菌以及大多数革兰氏阴性菌耐药。

5.9.5　药代动力学

林可霉素内服吸收迅速但不完全，猪内服的生物利用度为 20%～50%，血药浓度达峰时间约为 1h，食物可降低其吸收速度和吸收量。肌注吸收良好，0.5～2h 可达血药峰浓度。犬内服后 1.5h 血清中出现药物浓度，2～4h 达血药峰浓度。猪一次肌内注射 11mg/kg，其血药峰浓度为 6.25μg/mL，而内服同量仅为 1.5μg/mL。不同动物间吸收速率也不一致，给猪肌内注射 20mg/kg 后 5min 达血药峰浓度 13.47μg/mL；黄牛一次肌内注射 20mg/kg，0.25h 达血药峰浓度；水牛肌内注射同量需 0.5h 才达到 5.83μg/mL 的血药峰浓度。本品可广泛分布于各种体液和组织中，包括骨骼，并可扩散进入胎盘。表观分布容积水牛 3.4L/kg、黄牛 1.7L/kg、猪 2.8L/kg。在大多数组织、胸腔积液、腹水、关节液中都可达有效水平，在骨组织中浓度尤高，但不能渗透正常脑膜，即使脑膜发炎，也不易渗入脑脊液中。林可霉素的血浆蛋白结合率取决于药物浓度，可从 57% 至 72%。药物能透过胎盘，也能分布于乳汁，其浓度与血浆浓度相等或偏高。林可霉素主要在肝内代谢，经胆汁和粪便排泄。少量从尿中排泄。犬内服后经粪便排泄的药物占 77%，经尿排泄的占 14%。肌内注射给药的消除半衰期为小动物 3～4h、猪 6.79h、奶牛 2.2h、黄牛 4.13h、水牛 9.27h、马 8.1h。肝肾功能缺损时能延长半衰期。

克林霉素内服后吸收迅速，不被胃酸破坏，空腹生物利用度为 90%。克林霉素磷酸酯本身无抗菌活性，进入血液后迅速被水解为有活性的克林霉素而发挥抗菌作用。Georgios 等人研究表明，犬以 11mg/kg 体重内服盐酸克林霉素胶囊后，内服吸收快，达峰时间 t_{max} 为（0.87±0.40）h，生物利用度为 72.55%±9.86%，半衰期为（4.37±0.73）h。国内开展了犬的药代动力学研究，犬以 11mg/kg 体重内服克林霉素磷酸酯颗粒，消除半衰期为 6.0h，达峰时间为 1.9h，达峰浓度为 7.0μg/mL，表观分布容积为 2.6L/kg。主要在肝内代谢，并经胆汁和粪便排泄，部分经尿排泄。

5.9.6　常用林可胺类药物临床应用

5.9.6.1　盐酸林可霉素

林可霉素（lincomycin），又名洁霉素，是 20 世纪 50 年代由链霉菌培养液中取得的一种林可胺类碱性抗生素。国外的兽用制剂最早在 20 世纪 60 年代开发出来。国内 1975 年开始研发生产，20 世纪 80 年代批准在兽医临床上使用。主要用盐酸盐。

盐酸林可霉素，白色结晶性粉末，在水或甲醇中易溶。分子式 $C_{18}H_{34}N_2O_6S \cdot HCl \cdot H_2O$，结构式见图 5-17。

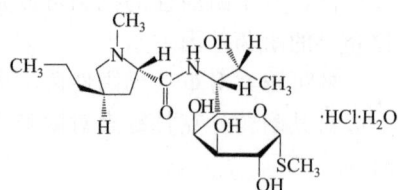

图 5-17　盐酸林可霉素

兽医临床上主用于敏感菌所致的各种感染如肺炎、支气管炎、败血症、骨髓炎、蜂窝织炎、化脓性关节炎和乳腺炎等。对猪的密螺旋体血痢、支原体肺炎及鸡的气囊炎、梭菌性坏死性肠炎和乳牛的急性腐蹄病等也有防治功效。与大观霉素合用对禽败血性支原体和大肠杆菌感染的疗效超过单一药物。

与庆大霉素等联合对葡萄球菌、链球菌等革兰氏阳性菌呈协同作用。不宜与抗蠕动止泻药同用，因可使肠内毒素延迟排出，从而导致腹泻延长和加剧。也不宜与含白陶土止泻药同时内服，后者将减少林可霉素的吸收达 90% 以上。林可霉素类具神经肌肉阻断作用，与其他具有此种效应的药物如氨基糖苷类和多肽类等合用时应予注意。林可霉素类与氯霉素或红霉素合用有拮抗作用。与卡那霉素静脉注射时有配伍禁忌。

林可霉素类禁用于兔、仓鼠、马和反刍兽，因可发生严重的胃肠反应（峻泻等），甚至死亡。犬、猫内服本品的不良反应为胃肠炎（呕吐、稀便，犬偶发出血性腹泻）。肌内注射在注射局部引发疼痛；快速静脉注射能引起血压升高和心肺功能停顿。猪也可发生胃肠反应，大剂量对多数给药猪可出现皮肤红斑及肛门或阴道水肿。

常用药物：盐酸林可霉素片；盐酸林可霉素可溶性粉；盐酸林可霉素注射液；盐酸林可霉素预混剂；盐酸林可霉素-盐酸大观霉素可溶性粉；盐酸林可霉素-硫酸大观霉素可溶性粉。

用法用量：内服，一次量，1kg 体重，猪 10～15mg，犬、猫 15～25mg。一日 1～2 次，连用 3～5 日。混饮，1L 水，猪 40～70mg，鸡 17mg。混饲，1000kg 饲料，猪 44～77g，禽 2.2～4.4g。连用 1～3 周或症状消失为止。肌内注射，一次量，1kg 体重，猪 10mg，一日 1 次；犬、猫 10mg，一日 2 次；连用 3～5 日。

5.9.6.2　克林霉素磷酸酯

克林霉素于 1966 年由 Magerlein 等以氯原子取代林可霉素分子中第 7 位的羟基首次合成而得，于 1970 年在美国首次上市。2022 年 1 月，农业农村部首次批准克林霉素磷酸酯用药权。

克林霉素磷酸酯为白色或类白色结晶性粉末，在水中易溶。分子式 $C_{18}H_{34}ClN_2O_8PS$，结构式见图 5-18。

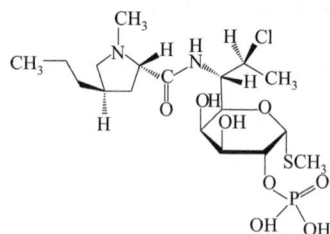

图 5-18　克林霉素磷酸酯

克林霉素磷酸酯的 LD_{50} 较盐酸林可霉素高，采用腹腔注射和静脉给药研究克林霉素磷酸酯对小鼠的急性毒性，结果表明克林霉素磷酸酯腹腔注射和静脉给药的 LD_{50} 分别是 $1145mg/kg$ 和 $855mg/kg$。以 SD 大鼠、ICR 小鼠和 CFI 小鼠为试验动物，以 $100mg/(kg \cdot d)$ 和 $180mg/(kg \cdot d)$ 的剂量，从妊娠 6～15d 每天皮下注射克林霉素磷酸酯，结束后检查子宫吸收部位和胎儿情况。结果表明克林霉素磷酸酯对大鼠和小鼠的生殖性能无明显影响，也未观察到致畸作用。

已有研究表明克林霉素具有神经肌肉阻滞性，可增强其他神经肌肉阻滞剂的作用，如增强吸入性麻醉药的神经肌肉阻断现象，导致骨骼肌软弱和呼吸抑制或麻痹（呼吸暂停），在手术中或术后同用时应注意。以上相互作用在口服克林霉素时的发生率比注射时明显低。一旦发生此类现象，以抗胆碱酯酶药物或钙盐治疗可望有效。本品与抗肌无力药合用时将导致后者对骨骼肌的效果减弱。为控制重症肌无力的症状，在合用的疗程中抗肌无力药的剂量应予调整。克林霉素主要由 CYP3A4 代谢，少量由 CYP3A5 代谢，CYP3A4 和 CYP3A5 的抑制剂均可增加克林霉素的血药浓度，而其诱导剂可降低克林霉素的血药浓度。与抗蠕动止泻药同用时，克林霉素在疗程中甚至在疗程后数周有引起伴严重水样腹泻的伪膜性肠炎可能。因可使结肠内毒素延迟排出，从而导致腹泻延长和加剧，故与抗蠕动止泻药不宜同用。含白陶土止泻药和克林霉素同时口服，后者的吸收将显著减少，故两者不宜同时服用，须间隔一定时间（至少 2h）。酰胺醇类、大环内酯类药物在靶位上均可置换本品，或阻抑后者与细菌核糖体 50S 亚基的结合，体外试验显示本品与酰胺醇类、大环内酯类药物具拮抗作用，故本品不宜与酰胺醇类、大环内酯类药物等合用。

主要用于治疗犬由革兰氏阳性需氧敏感菌引起的犬皮肤感染（创伤、脓肿和深层感染）。

常用药物：克林霉素磷酸酯颗粒。

用法用量：内服，一次量，1kg 体重，犬 11mg，一日 1 次，连用 7 日。

5.10

四环素类药物

5.10.1　化学结构

四环素类（tetracyclines）药物是 20 世纪 40 年代发现的一类具有共同多环并四苯羧基酰胺母核的衍生物，由链霉菌产生或经半合成制取的一类碱性广谱抗生素，它的化学结构中均具有菲烷的基本骨架（在不同位置上取代基有所不同），主要包括金霉素、土霉素、四环素、去甲金霉素、甲烷土霉素、多西环素（又称强力霉素、脱氧土霉素）、二甲胺四环素（又称米诺环素）、美他环素、替加环素等，多西环素和美他环素为半合成品，金霉素、四环素和土霉素为天然品。兽医临床常用的有四环素、土霉素、金霉素和多西环素等，其化学结构见图 5-19～图 5-22。

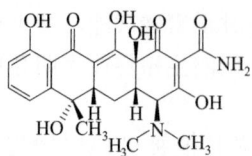

图 5-19　四环素（tetracycline）

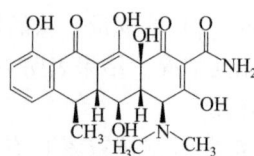

图 5-20　多西环素（doxycycline）

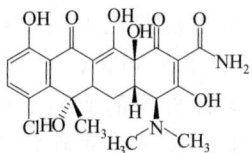

图 5-21　金霉素（chlortetracycline）

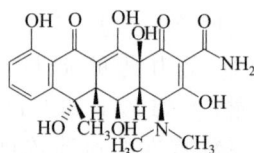

图 5-22　土霉素（oxytetracycline）

5.10.2　作用机制

四环素类属快速抑菌剂，在高浓度时也有杀菌作用。其抗菌机制主要为与细菌核蛋白体 30S 亚单位在 A 位特异性结合，干扰氨基酰 tRNA 与 30S 亚基上的作用位点结合，阻断氨基酰 tRNA 达到 mRNA，阻止了肽链延伸和细菌蛋白质合成，从而使细菌的生长繁殖迅速受到抑制。再者，四环素类还可引起细胞膜通透性改变，使胞内的核苷酸和其他重要成分外漏，抑制细菌 DNA 复制，从而产生抑杀细菌的作用。

四环素类抗生素进入细菌有一个能量依赖过程，它们选择性杀灭微生物的原因之一是哺乳动物细胞缺乏这种转运机制。同时，本类抗生素对哺乳动物核糖体的亲和力低于细菌核糖体。由于与核糖体靶点的结合是一个可逆过程，因此只有在整个剂量间隔内维持一定的药物浓度，本类抗生素通常才被认为具有抑菌作用。

5.10.3　抗菌谱

四环素类抗生素是经典的广谱抗生素，对各种革兰氏阳性菌和革兰氏阴性菌都有抗菌活性，包括支原体科、柯克斯体属和衣原体目、α 变形菌如无形体属、埃立克体属、新立克次体属、立克次体属和沃尔巴克氏属等。其抗菌谱还包括多种原生动物寄生虫，如溶组织内阿米巴原虫、兰伯贾第虫、巨利什曼原虫、恶性疟原虫、毛滴虫和刚地弓形虫。

5.10.4 耐药性

由于四环素类抗生素在兽医和人类医学中使用多年，耐药性是常见的，并且发生在所有细菌群体中。由于药物化学结构相似，细菌又易产生耐药性，所以也易产生交叉耐药性。产生耐药性的原因，可能是细菌对本类抗生素的通透性下降，致使菌体内药物浓度低下，而达不到抑菌作用。四环素类药物必须先与 Mg^{2+} 络合，经膜孔蛋白穿过革兰氏阴性菌外细胞壁，到达核糖体。细胞质周围的酸度使得药物-阳离子络合物解离，并为载体介导的药物分子穿过胞浆膜的通路提供运动离子。细菌对本类药物的耐药性为渐进型，近年来耐药菌株日渐增多。

细菌对四环素类药物的耐药机制不同：a. 药物促进细菌核糖体保护蛋白基因表达增强，大量生成的核糖体保护蛋白与核糖体相互作用，保护细菌的蛋白合成不受药物影响；b. 药物使大肠杆菌的染色体突变，导致膜孔蛋白减少，阻碍四环素类药物的进入；c. 细菌产生四环素类药物泵出基因，其表达的膜蛋白具有排出四环素、阳离子复合物的作用，使菌体内药物浓度降低；d. 细菌产生灭活酶，使药物失活。

替加环素与核糖体的结合比米诺环素或四环素强 5 倍，导致降低对核糖体保护耐药机制的敏感性。该药对革兰氏阳性菌、革兰氏阴性菌和厌氧菌，包括葡萄球菌属多重耐药株和肠球菌属有广泛的抗菌活性。

5.10.5 药代动力学

土霉素内服后，主要在小肠上段被吸收，但吸收不规则、不完全。当胃肠道内有镁、钙、铁、锌、锰等多价金属离子时，即可与其形成难溶的螯合物而影响药物吸收，胃内容物可使吸收减少 50％或更多。动物服药后，经 2～4h 血药浓度达峰值。但反刍动物不宜服用，原因是它们的吸收能力差，血药浓度难达有效治疗水平，并且药物还能抑制瘤胃微生物的活性。肌注后达峰时间为 30min 至数小时，取决于注射部位和溶剂，如猪肌内注射土霉素制剂后，在 2h 内血药浓度即可达到峰值。药物吸收后在体内分布广泛，易渗入胸腔、腹腔和乳汁，亦能通过胎盘屏障进入胎儿体内，但在脑脊液中其浓度很低。特别容易沉积于骨骼和牙齿。土霉素的表观分布容积在小动物约为 2.1L/kg，马为 1.4L/kg，牛为 0.8L/kg。此外，相当部分药物随胆汁排入肠道后，可再被吸收利用。"肝肠循环"延长了药物在动物体内滞留的时间。土霉素主要由肾脏排泄，当动物肾脏功能障碍时，药物排泄减慢，半衰期延长。金霉素药动学与土霉素相似，但在消化道中的吸收较土霉素少，内服后吸收率鸡为 1％～3％，火鸡为 6％；半衰期较短，肉鸡为 5.8h。四环素内服后的血药浓度均高于土霉素和金霉素，并且对组织的渗透率较高，易渗入胸腔、腹腔、乳汁及胎畜循环，在小动物的表观分布容积为 1.2～1.3L/kg。静脉注射半衰期，马 5.8h、水牛 4.0h、黄牛 5.4h、羊 5.7h、猪 3.6h、犬和猫 5～6h、兔 2h、鸡 2.77h。多西环素由于具有较高的脂溶性，而易通过生物膜，动物内服后吸收迅速，生物利用度高，吸收受动物种类、给药途径、动物生理状态及胃内容物等因素的影响。多西环素在不同动物体内的半衰期分别为：奶牛 9.2h，犊牛 9.5～14.9h，山羊 16.6h，猪 4.04h，犬 7～10.4h，猫 4.6h。由于多西环素具有较高的血浆蛋白结合率，犬为 75％～86％，牛和猪为 93％，其有效血药浓度维持时间长，对组织的渗透力强，体内分布广泛，容易进入细胞。大部分药物随胆汁排入肠道后，可再被吸收，"肝肠循环"代谢显著。在犬的稳态表观分布容积约为1.5L/kg。药物在肝脏内大部分以结合或络合的方式失活后，经胆汁入肠，最终随粪便排出，对动物的消化功能和胃肠道菌群无明显影响。犬有75%用药量以此种方式消除。肾排泄仅约25%，胆汁排泄少于5%。本品经肾脏排出时，因其脂溶性较强，易被肾小管重吸收，故有效血药浓度维持时间较长。

5.10.6 药效动力学

土霉素为广谱抗生素，对革兰氏阳性菌中的葡萄球菌、溶血性链球菌、炭疽杆菌、破伤风梭菌和梭状芽孢杆菌等病原体的作用较强，但其疗效不如 β-内酰胺类。对革兰氏阴性菌中的大肠杆菌、沙门菌、布鲁氏菌和巴氏杆菌等病原体较敏感，但作用不如氨基糖苷类和酰胺醇类抗生素。土霉素对立克次体、衣原体、支原体、螺旋体、放线菌和某些原虫也有抑制作用。在临床实践中，土霉素常用于治疗幼畜黄痢和白痢、畜禽巴氏杆菌病、牛支原体肺炎、鸡慢性呼吸道感染、坏死杆菌病、子宫内膜炎或脓肿、放线菌病、钩端螺旋体病及血孢子虫病等疫病。

四环素、金霉素抗菌谱与土霉素相似，但四环素对革兰氏阴性杆菌的作用较好，而对葡萄球菌等革兰氏阳性球菌的作用不如金霉素，可用于治疗某些革兰氏阳性菌和革兰氏阴性菌、支原体、立克次体、螺旋体、衣原体等感染。金霉素的抗菌作用较四环素、土霉素强。用金霉素治疗耐青霉素的金黄色葡萄球菌感染性疾患，效果常好于土霉素和四环素。低剂量常用作饲料添加剂，用于促进畜禽生长、改善饲料利用率等。中、高剂量可预防或治疗鸡慢性呼吸道病、蓝冠病、大肠杆菌病、火鸡传染性鼻窦炎、滑膜炎、鸭巴氏杆菌病、猪细菌性肠炎、犊牛细菌性痢疾、肉牛和干乳期奶牛肺炎等。

多西环素抗菌谱与其他四环素类相似，但体外和体内抗菌活性比金霉素、四环素和土霉素等提高了4倍，并且毒性最小，是目前临床上常用的抗菌活性最强的四环素类抗生素。细菌对本品与土霉素和四环素等存在交叉耐药性。主要用于治疗畜禽的支原体病、大肠杆菌病、沙门菌病、巴氏杆菌病和鹦鹉热等。

5.10.7 常用四环素类药物临床应用

在兽医临床实践中，由于应用方法不对，大剂量持续用药，刺激胃肠和血管，严重时发生过敏反应。四环素类药物的不良反应主要有以下几类。

（1）**局部刺激** 四环素类抗生素大剂量持续口服，可直接刺激胃和肠道，临床上出现消化不良、呕吐、腹胀、腹泻等症状；多次用药后，还可使动物体内核黄素自肾排出量增加，造成核黄素缺乏，导致口、咽溃疡，黑毛苔，肛门周围疼痛及腹泻等，故用药超过1周，应补充核黄素。

（2）**二重感染** 正常家畜的口腔、鼻腔、气管及肠道等处（牛的瘤胃）有微生物寄生，菌群经常保持平衡状态。在四环素类抗生素大剂量持续应用时，菌群分布发生改变，敏感菌受到抑制，扰乱了某些维生素的合成，破坏了菌群的正常平衡，致使白色念珠菌及耐药性葡萄球菌、真菌、大肠杆菌、沙门菌等趁机大量繁殖，从而继发二重感染，又称菌群失调症。

（3）**肝肾损害** 四环素类抗生素用药后，可引起肝肾功能损害，轻者出现肝功能异常，长期或大量应用导致肝细胞脂肪浸润变性。因为四环素类要经肝肾浓缩，排入胆汁，进入肠道后再吸收；而排出时主要以四环素类原型经肾小球滤过排出，在尿液内浓度较高，故对肝、肾刺激性较大。本类抗生素可使肝脏脂肪含量增高，长期服用会造成肝脏的损害，其中以金霉素最显著。据报道，雏鸭内服四环素 25 万单位时发生中毒，剖检发现肝肿大，消化道有不同程度的炎症，死亡率达 69.2%。临床上肝脏与肾脏功能较差时，特别对妊娠母畜，更易损害肝、肾功能，曾多次报道妊娠母畜应用四环素 2～4g/d，治疗肾盂肾炎后发生急性脂肪肝，甚至死亡。

（4）**过敏反应** 在用药过敏以后，轻者体温升高，皮肤上出现荨麻疹、红斑及湿疹样的红斑，患畜骚动不安，食欲减退。重者肝功能、肾功能障碍，患畜食欲废绝，黏膜呈黄染或暗紫色，出现休克、尿少、尿闭、酸中毒及尿毒症危症，个别可于用药中突然死亡。

（5）**此类抗生素可与磷酸钙形成络合物** 幼畜及雏禽的骨骺端及牙齿选择性地摄取这类抗生素，使骨生长延缓和牙釉质发育不全伴凹凸不平、牙尖下凹畸形及出现黄色或棕黄色素沉着，并易发生龋齿。牙齿着色与用药时牙齿钙化阶段、用药剂量及时间有关。四环素着色牙在畜禽中发生率较高，尚无很好的根治办法。

（6）**致畸作用** 动物试验已经证明四环素有致畸作用，故在临床应用此类药物时应引起足够的重视。

5.10.7.1 土霉素

土霉素是一种有机物，为淡黄色结晶性粉末，微溶于乙醇，极微溶于水。在空气中稳定，遇光颜色渐暗。土霉素属于酸碱两性物，能与酸或碱结合生成盐类，在水中溶解极微，易溶于稀碱和稀酸，土霉素盐在碱性水溶液中易遭破坏而失效，在酸性水溶液中较稳定，分子式为：$C_{22}H_{24}N_2O_9$。

土霉素与碳酸氢钠同服时，碳酸氢钠可使胃液 pH 值升高，使土霉素溶解度降低，吸收率下降，肾小管重吸收减少，排泄加快。

临床上用于治疗革兰氏阳性和革兰氏阴性菌、支原体等引起的感染性疾病。

土霉素是急性边缘红孢子虫感染的首选药物。然而，土霉素短期治疗不能够清除病原携带牛的边缘红孢子虫感染。长效土霉素制剂比常规制剂更有效，但预防效果并不比治疗效果好。王斯帆等人用自然感染猪喘气病的病猪评价了盐酸多西环素长效注射液对猪喘气病的临床疗效。结果显示：盐酸多西环素长效注射液的高、中、低剂量组对猪喘气病治疗的有效率分别为 93.3%、86.7%、66.7%。结果表明，高剂量盐酸多西环素长效注射液对猪喘气病疗效显著。临床实践中治疗猪喘气病肌内注射推荐剂量为 10mg/kg，每 2 天给药 1 次，连续给药 2～3 次。

常用制剂：土霉素片、盐酸土霉素水溶性粉、注射用盐酸土霉素、速效土霉素注射液和速效盐酸土霉素注射液。

用法用量：动物内服用药时，每天给药 2～3 次，连用 3～5d。猪、驹、犊、羔每次用量 10～25mg/kg 体重，犬每次用量 15～50mg/kg 体重，禽每次用量 25～50mg/kg 体重。猪混饲用药治疗疾病时，100kg 饲料加药 30～50g；猪、禽混饮用药时，分别在 1L 饮水中加药 100～200mg 和 150～250mg；家畜静脉注射或肌内注射用药时，每日 1～2 次，每次 5～10mg/kg 体重，连续用药 3～5d。

5.10.7.2　四环素

四环素是一种有机化合物，为黄色或淡黄色的晶体，在干燥状态下极为稳定，分子式为 $C_{22}H_{24}N_2O_8$。

四环素类与泰乐菌素等大环内酯类合用呈协同作用；与黏菌素合用，由于增强细菌对本类药物的吸收而呈协同作用。本类药物均能与二价、三价阳离子等形成复合物，因而当它们与钙、镁、铝等抗酸药、含铁的药物或牛奶等食物同服时会减少其吸收，造成血药浓度降低。与利尿药合用可使血尿素氮升高。不良反应同土霉素。

临床上用于治疗革兰氏阳性和革兰氏阴性菌、支原体等引起的感染性疾病。

常用制剂：盐酸四环素片、盐酸四环素可溶性粉、注射用盐酸四环素等。

用法用量：内服用药时，猪、驹、犊、羔每次用量 10～25mg/kg 体重，犬每次用量 15～50mg/kg 体重，禽每次用量 25～50mg/kg 体重，每日 2～3 次，连用 3～5d。猪混饲治疗疾病时，100kg 饲料加药 30～50g。猪、禽混饮用药时，分别在 1L 饮水中加 100～200mg 和 150～250mg。家畜静脉注射时，每次用量 5～10mg/kg 体重，每日 2 次，连用 3d。

5.10.7.3　金霉素

金霉素，化学名为氯四环素，是一种金色黄色晶体粉末，分子式：$C_{22}H_{23}ClN_2O_8$。

金霉素局部刺激性强，稳定性差。

常用制剂：预混剂、片剂或膏剂（用其眼膏或软膏治疗眼部或浅表组织感染，效果良好）。

用法用量：猪、驹、犊、羔内服金霉素时，每次用量 10～25mg/kg 体重，每日 2 次。猪混饲用药治疗疾病时，100kg 饲料加药 30～50g。家禽混饲用药时，1000kg 饲料加药 200～600g，通常用药时间不超过 5d。

5.10.7.4　多西环素

多西环素，为土霉素经 6α 位上脱氧而得到的一种半合成四环素类抗生素，常温下为黄色晶体，分子式：$C_{22}H_{24}N_2O_8$。

给马属动物静注多西环素，曾有发生心律不齐、虚脱死亡的病例，应慎用。

多西环素与链霉素合用，治疗布鲁氏菌病有协同作用，与乙胺嘧啶联用的协同作用可有效治疗小鼠的试验性感染弓形体病。

多西环素在兽医临床上有着广泛的应用，主要用于治疗畜禽支原体病、大肠杆菌病、沙门菌病、巴氏杆菌病、布鲁氏菌病、鹦鹉热及急性呼吸道感染等疾病。

常用制剂：盐酸多西环素片和盐酸多西环素可溶性粉。

用法用量：内服用药时，猪、驹、犊、羔每次用量 3～5mg/kg 体重，犬、猫每次用量 5～10mg/kg 体重，禽每次用量 15～25mg/kg 体重，每日 1 次，连用 3～5d。混饲用药时，猪、禽 1000kg 饲料中分别加药 150～250g 和 100～200g。混饮用药时，猪、禽 1L 饮水中加药 100～150mg 和 50～100mg。

5.11

酰胺醇类药物

5.11.1　化学结构

　　酰胺醇类药物（amphenicols）又称为氯霉素类抗生素。氯霉素（结构见图 5-23）系从委内瑞拉链球菌（*Streptomyces Venezuelae*）培养液中提取获得，也是第一个可人工合成的抗生素，由于不良副作用和频繁的耐药性，其临床潜力有限，现已禁止在动物上使用。氯霉素结构上含有硝基（—NO$_2$），硝基苯的存在使得细胞线粒体的合成受到抑制，从而诱发畜禽再生障碍性贫血。甲砜霉素（结构见图 5-24）是氯霉素的甲基磺酰类似物，氟苯尼考（结构见图 5-25）是甲砜霉素 C3 位置的羟基被氟原子取代的氟化衍生物，一定程度上消除了该类药物可导致再生障碍性贫血的副作用。细菌在质粒传播过程中会产生乙酰转移酶，能够使氯霉素和甲砜霉素结构中 α-甲基位上的羟基（—OH）乙酰化，从而失去其抗菌能力，而氟苯尼考以氟键（—F）替代了氯霉素和甲砜霉素在 α-甲基位上的—OH，有效阻止了乙酰化效果的发生，从而保持了药理活性。氟苯尼考在安全性与有效性上都优于氯霉素和甲砜霉素。氟苯尼考是动物专用抗生素。该类抗生素对由敏感菌导致的畜禽和水产细菌性感染起到很好的治疗效果，被广泛用于畜牧业和水产养殖业。

　　为了寻找对耐药菌株具有更好药理性能和活性的衍生物，人们合成了大量的氯霉素类似物。基于功能宏基因组学方法筛查抗菌活性，将氯霉素修饰成单乙酰化或双乙酰化的氯霉素衍生物，该系列衍生物表现出对耐甲氧西林金黄色葡萄球菌、结核分枝杆菌的抗菌活性。有研究报道了氯霉素氨基酸类似物对细菌核糖体结合和抑制活性，亲和力超过氯霉素的 10 倍，表现出对大肠杆菌更有效的抗菌活性。Zada 等通过合成氯霉素 α、β-不饱和羰基衍生物并对革兰氏阳性菌株的抑菌活性进行了评价。结果表明，含有烯酮结构的化合物 43 和 46 对金黄色葡萄球菌（包括对氯霉素耐药菌株）的 MIC 值为 2～32g/mL。

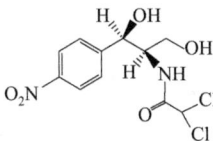

图 5-23　氯霉素

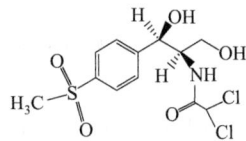

图 5-24　甲砜霉素

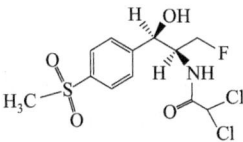

图 5-25　氟苯尼考

5.11.2 作用机制

酰胺醇类抗生素的作用机制主要是表现在与70S核蛋白体的50S亚基紧密结合，阻碍了肽酰基转移酶的转肽反应，使肽链不能延长，从而抑制细菌蛋白质的合成，产生抗菌作用，属广谱抑菌剂，可有效地对抗各种革兰氏阳性和革兰氏阴性菌，其中对革兰氏阴性菌的作用较阳性菌强，对肠杆菌尤其是伤寒杆菌、副伤寒杆菌高度敏感。细菌对本类药物可产生耐药性，但发生较缓慢，耐药菌以大肠杆菌多见。细菌的耐药性主要是通过质粒编码介导的乙酰转移酶使酰胺醇类钝化而失活。

大环内酯类和林可胺类与本品的作用靶点相同，均是与细菌核糖体50S亚基结合，合用时可产生拮抗作用。与β-内酰胺类合用时，由于本品的快速抑菌作用，可产生拮抗作用。对肝微粒体药物代谢酶有抑制作用，可影响其他药物的代谢，提高血药浓度，增强药效或毒性，例如可显著延长戊巴比妥钠的麻醉时间，与多西环素、新霉素、硫酸黏杆菌素联用疗效增强，与氨苄西林钠、头孢拉定、头孢氨苄配伍使用疗效降低。氟苯尼考与卡那霉素、磺胺类、链霉素配伍使用毒性增强。与叶酸、维生素 B_{12} 配伍抑制红细胞生长。

5.11.3 抗菌谱

氯霉素的抗菌谱包括革兰氏阳性菌、革兰氏阴性菌和厌氧菌，还有衣原体、支原体和立克次体。氟苯尼考是甲砜霉素的单氟衍生物，其作用机制及抗菌谱与甲砜霉素、氯霉素相类似。虽然氟苯尼考与氯霉素、甲砜霉素的作用位置相同，但其药理成分使其对已失活的细菌具有更强的抵抗力。甲砜霉素具有广谱抗菌作用，对革兰氏阴性菌的作用较革兰氏阳性菌强，对多数肠杆菌科细菌，包括伤寒杆菌、副伤寒杆菌、大肠杆菌、沙门菌高度敏感，对其敏感的革兰氏阴性菌还有巴氏杆菌、布鲁氏菌等。敏感的革兰氏阳性菌有炭疽杆菌、链球菌、棒状杆菌、肺炎球菌、葡萄球菌等。衣原体、钩端螺旋体、立克次体也对本品敏感。对厌氧菌如破伤风梭菌、放线菌等也有一定作用。但结核杆菌、铜绿假单胞菌、真菌对其不敏感。

孟志敏等用试管肉汤两倍稀释法测得甲砜霉素对鸡大肠杆菌（*Escherichia coli*）的最小抑菌浓度为 $2.0\mu g/mL$。李梦影等人研究发现甲砜霉素对致病性嗜水气单胞菌 AH10 的最小抑菌浓度（MIC）为 $1.0\mu g/mL$；最小杀菌浓度（MBC）为 $2.0\mu g/mL$；防细菌耐药突变浓度（MPC）为 $8.0\mu g/mL$；防耐药突变选择窗（MSW）为 $1.0\sim8.0\mu g/mL$。在试验水温（22 ± 1）℃条件下，对鲫口灌 20mg/kg、30mg/kg、40mg/kg 体重剂量的甲砜霉素，24h 内血药浓度大于 MPC 的维持时间分别为 3h、8h、22h；AUC_{24h}/MIC 分别为 89.539、174.560、251.682；C_{max}/MIC 分别为 14.92、17.69、24.22。杨洪波等人对鲫鱼血清中甲砜霉素抗嗜水气单胞菌的活性进行研究，结果表明：以 30mg/kg 的剂量对鲫鱼进行单剂量口灌甲砜霉素后，药物在鲫鱼体内吸收迅速，达峰快，消除缓慢；血药达峰时间（t_{peak}）为 1.5h，峰浓度（C_{max}）为 $37.172\mu g/mL$，吸收速率（K_a）为 $1.523h^{-1}$，分布半衰期 $t_{1/2\alpha}$ 为 0.455h，滞后时间（t_L）为 0.02h，消除半衰期 $t_{1/2\beta}$ 为 16.712h；在半效应室内，EC_{50} 为 14.28mg/kg；PK-PD 同步模型参数 AUC_{0-24h}/MIC 血清为 32.41，

C_{max}/MIC 血清为 23.23。通过抑制效应 Sigmoid E_{max} 模型，得到 8.61～46.20mg/kg 为临床使用甲砜霉素防治鲫鱼细菌性败血症的给药剂量。

氟苯尼考是广谱抗生素，属抑菌剂，抗菌活性优于甲砜霉素，对多种革兰氏阳性菌和革兰氏阴性菌及支原体等均有较强的抗菌活性。溶血性巴氏杆菌、多杀性巴氏杆菌、猪胸膜肺炎放线杆菌对本品高度敏感，对链球菌、耐甲砜霉素的痢疾志贺氏菌、克雷伯菌、大肠杆菌及耐氨苄西林流感嗜血杆菌均敏感。氟苯尼考对耐氯霉素的大肠杆菌、肺炎克雷伯菌、普通变形杆菌、鼠伤寒沙门杆菌、金黄色葡萄球菌仍有效。一些因乙酰化作用对酰胺醇类耐药的细菌仍可能对氟苯尼考敏感。

Ueda 和 Suenaga 研究表明，氟苯尼考对从病猪肺部分离出的 90 株胸膜肺炎放线杆菌的 MIC 为 0.2～1.56μg/mL，最适 MIC 为 0.39μg/mL，对耐甲砜霉素的菌株有效。氟苯尼考对巴氏杆菌具有良好抗菌活性，以两倍稀释法测其对禽巴氏杆菌 MIC，结果为 0.25μg/mL，而甲砜霉素为 1.25μg/mL。1996 年德国有研究报道，从病牛体内分离出 215 株多杀性巴氏杆菌和 160 株溶血性巴氏杆菌，其中对苯唑西林、泰乐菌素、链霉素、磺胺、四环素的耐药百分率分别为接近或超过 50%；分离菌株对氯霉素耐药百分率为 16.27%，但全部分离菌株对氟苯尼考均敏感，MIC 在 0.25～1.0μg/mL 之间。氟苯尼考对大肠杆菌和支原体也有较好的抗菌活性。Salmon 从 1～35 日龄病死鸡体内分离 1204 株大肠杆菌，MIC 结果表明，头孢噻呋、恩诺沙星、庆大霉素、磺胺嘧啶对大肠杆菌 MIC_{50} 分别为 0.5μg/mL、0.03μg/mL、0.5μg/mL、0.13μg/mL，MIC_{90} 分别为 1.0 μg/mL、0.13μg/mL、32.0μg/mL、2.0μg/mL，而氟苯尼考对大肠杆菌 MIC_{50} 和 MIC_{90} 分别为 4.0μg/mL 和 8.0μg/mL。

5.11.4　耐药性

已报道的氟苯尼考耐药机制主要有四个方面：a. 外排泵介导的主动外排作用。细菌可通过外排泵系统将进入菌体内的抗菌药物泵出，从而使菌体内的药物浓度降低，导致耐药性的产生，包括特异性外排泵（floR、fexA、fexB、pexA）和非特异性外排泵。b. 靶位改变。抗菌药物作用的靶位发生突变或被细菌产生的某种酶修饰，从而使抗菌药物无法结合或亲和力下降，导致耐药性的出现〔cfr、cfr(B)、cfr(C)〕。c. 酶的水解作用。细菌可产生降解抗菌药物的酶，使抗菌药物失效，导致细菌耐药性产生。d. 其他机制，optrA。2015 年，汪洋等人在我国人源和动物源的粪肠球菌和屎肠球菌中发现新型耐药基因 *optrA*（oxazolidinone-phenicol transferable resistance A），该基因定位于质粒上，编码 ATP 结合盒转运体，介导噁唑烷酮类药物和酰胺醇类药物耐药。

Kim 等人 1996 年首次从鱼的巴氏杆菌发现了可介导氟苯尼考耐药的可转移 R 质粒，该质粒含有一个 1122bp 的完整 ORF，编码 374 个氨基酸，位于磺胺类药物耐药基因 *sul* 的下游，并命名为 pp-flo，对该基因克隆测序，结果表明该基因与非酶介导的氟苯尼考耐药基因（*cmlA*）有 47.4% 的同源性。随后又相继从沙门菌、大肠杆菌和葡萄球菌属中克隆到氟苯尼考耐药基因 *floR*、*cfr* 和 *fexA*。

黄萍瑜从山东、江苏、上海和安徽地区分离的 2721 株弯曲菌中共检测到 69 株 *fexA* 阳性弯曲菌，这些菌株属于 14 种不同的 ST 型，其中 ST10086（12/22，54.55%）是阳性空肠弯曲菌中最流行的 ST 型，ST860 和 ST830 是阳性结肠弯曲菌中最主要的类型。近

年来 *fexA* 阳性弯曲菌的流行呈上升趋势，而且有可能在动物和环境间发生相互传播，而 IS1216 介导 *fexA* 基因在细菌间的传播可能会使弯曲菌在获得该基因后带来更大范围的流行和传播。

陈霞等人从采集自山东省的 44 份猪粪便样本中分离得到肠球菌，应用微量肉汤稀释对其进行酰胺醇类药物耐药性研究，并利用普通 PCR 方法对常见的 9 种可水平移动的酰胺醇类耐药基因进行检测。结果共分离得到 34 株肠球菌（分离率 77.3%），发现分别有 21 株（61.8%）和 25 株（73.5%）的分离株对氯霉素和氟苯尼考耐药。耐药菌株中存在可水平传播的酰胺醇类耐药基因 *catA7*（11 株），*catA8*（2 株），*fexA*（7 株），*fexB*（5 株），*cfr*（3 株）。7 株肠球菌同时存在两种不同的酰胺醇类耐药基因，均是 *catA* 基因和 *fex* 类基因的同时携带，扩大了肠球菌酰胺醇类耐药谱，提高了肠球菌对相关药物的耐药水平。

伊思达等人 2016—2017 年在江苏部分猪场分离的 230 株粪肠球菌对四环素（100%）、红霉素（98.3%）和氟苯尼考（97.0%）的耐药率最高，其次为庆大霉素（78.7%）、链霉素（75.2%）、马波沙星（70.9%）、利福平（30.4%）、氨苄西林（1.7%）和青霉素（0.4%），未发现万古霉素耐药菌株。多重耐药分析显示大多数菌株同时对 5~8 种药物耐药，有 1 株菌同时对 10 种药物耐药。进一步对 223 株氟苯尼考耐药菌株进行了酰胺醇类相关耐药基因 *fexA*、*fexB*、*floR*、*cfr* 和 *optrA* 的 PCR 检测，其检出率由高到低分别为 *fexA*（91.9%，205 株）、*floR*（66.4%，148 株）、*optrA*（21.5%，48 株）、*fexB*（1.8%，4 株）和 *cfr*（1.4%，3 株），而且大部分菌株同时携带多种耐药基因。

2004 年，Baucheron 等人从多耐药鼠伤寒沙门菌 DT104 中发现 ATP 结合盒超家族（ATPbinding cassette superfamily，ABC）AcrAB-TolC 多药外排泵可同时介导喹诺酮类、氯霉素、氟苯尼考和四环素类药物耐药。此外，姚红等人 2016 年在我国动物源空肠弯曲菌中发现了外排泵变异体 RECmeABC，该变异体属耐药结节化细胞分化家族（resistance nodulation division，RND），使得弯曲菌对氟喹诺酮类、酰胺醇类、大环内酯类及四环素类药物的敏感性降低。

5.11.5 药代动力学

本类药物内服和肌内注射吸收快，体内分布广泛，半衰期长，能维持较长时间的有效血药浓度。同一剂量下，不同种属动物体内的血药浓度、消除半衰期、消除速率等因动物种属差异、年龄、体重、给药途径而大不相同。

孙婷婷研究发现对鸭只单剂量静脉注射甲砜霉素（10mg/kg 体重）符合无吸收二室开放模型，其中央室分布容积为 (0.694 ± 0.017)L/kg，分布半衰期为 (0.053 ± 0.033)h，消除半衰期为 (0.755 ± 0.008)h，体清除率为 (1.220 ± 0.007)L/(kg·h)。鸭只单剂量口服甲砜霉素（10mg/kg 体重）符合一级吸收一室开放模型，给药后经 (0.559 ± 0.007)h 血药浓度达到峰浓度 (C_{max})，为 $(2.775\pm0.011)\mu g$/mL；吸收半衰期为 (0.167 ± 0.004)h，消除半衰期为 (1.239 ± 0.015)h，清除率为 (1.475 ± 0.011)L/(kg·h)。

Tikhomirov 等人研究了骡鸭单次静脉注射和口服甲砜霉素的药代动力学。给药剂量为 30mg/kg，静脉给药后，平均停留时间 (2.83 ± 0.50)h，半衰期 (1.96 ± 0.35)h，清除率为 (0.26 ± 0.04)L/(h·kg)，平均分布容积低于 0.7L/kg。

Tikhomirov 等人以 30mg/kg 甲砜霉素的剂量在鹅体内经过一次静脉注射或口服，以及间隔 12 小时的七次口服处理，单次静脉给药后，清除率和分布容积为(0.23±0.04)L/(h·kg)和(0.59±0.08)L/kg。消除半衰期为（2.84±0.64）h。单次口服的生物利用度为 75.21%±19.56%，峰浓度为（20.02±3.87）μg/mL。曲线下面积为(101.81±26.48)mg/(h·L)。

潘明轩等人在（26±2）℃的养殖水温下，采用高效液相色谱-质谱法（HPLC-MS/MS）研究了以 30mg/kg 体重的剂量对鲤鱼进行单次投喂药饵后甲砜霉素在鲤鱼体内的药物代谢动力学。通过 DAS2.0 动力学软件分析在体内的药时数据，结果表明符合一级吸收二室模型。甲砜霉素在肌肉、肾脏、肝脏、鱼皮、鳃、脾脏和血浆各组织的药物达峰时间（t_{max}）分别为 16h、2h、16h、8h、0、2h 和 16h，达峰浓度（C_{max}）分别为 15.6mg/kg、35.3mg/kg、12.4mg/kg、9.0mg/kg、33.0mg/kg、11.6mg/kg 和 21.0mg/L；药时曲线下面积（AUC）分别为 1084.5mg/(kg·h)、1578.1mg/(kg·h)、777.3mg/(kg·h)、541.1mg/(kg·h)、0.1mg/(kg·h)、478.1mg/(kg·h) 和 485.1mg/(L·h)，消除半衰期分别为 11.4h、100.2h、54.2h、41.1h、69.5h、38.0h 和 71.9h。甲砜霉素在鲤鱼体内各组织的分布和消除速率相差较大；在肾脏中的药物达峰时间短且达峰浓度高于其他组织，其消除半衰期也明显高于其他组织。

氟苯尼考内服和肌内注射吸收迅速，血药浓度高，分布广泛，半衰期长，有效维持时间长，能透过血脑屏障，在动物体内的主要代谢产物是氟苯尼考胺，主要经尿和胆汁排出，少量随粪便排出。猪内服吸收完全，即使在饲喂状况下吸收也较完全。内服生物利用度猪 109%、犊牛 88%、肉鸡 55.3%，主要经肾排泄，犊牛静脉注射和内服后分别有 50% 和 65% 的原药从尿排出。氟苯尼考消除半衰期因动物种属存在很大差异，猪肌注和口服给药分别为 17.2h 和 10h，牛达 27.54h，羊 10.34h。研究表明，氟苯尼考可在深部组织蓄积，在肺组织中药物浓度较高，因此对呼吸道感染的疾病能起到良好的治疗作用。Foster 等人研究氟苯尼考在牛身上药动学差异，结果显示 C_{max} 大小依次为：肺上皮细胞衬液＞血浆＞组织液，肺上皮细胞衬液药物浓度（7.52μg/mL）是血浆（3.42μg/mL）的 2.2 倍。

5.11.6　常用酰胺醇类药物临床应用

5.11.6.1　甲砜霉素

甲砜霉素是酰胺醇类的第二代广谱抗菌药，在 20 世纪 80 年代被欧洲作为新的化学治疗药，20 世纪 90 年代批准在我国用于兽医临床。本品为白色结晶性粉末，在水中微溶。

Maita 等人每天以 200mg/kg 剂量饲喂 Sprague-Dawley 雄性大白鼠甲砜霉素 4 周后，引起繁殖障碍，表现为精子形态异常，在附睾中分布异常。组织学观察可见精原细胞和精细胞的大量退行性变化：细胞凋亡、细胞分裂和排列以及巨细胞形成的异常。在对精巢的输精管进行阶段性分析发现按 100mg/kg 体重饲喂 4 周未出现任何可见的组织学变化但是发现各种类型胚胎细胞的指数降低，另外 200mg/kg 组小鼠血清中的促黄体生成激素（LH）的水平也有所降低，而 100mg/kg 组小鼠无变化。

Paappe 等人报道甲砜霉素不影响中性粒细胞的功能，但可以引起白细胞的形态改变。Turton 等人发现甲砜霉素能引起 BALB 小鼠的红细胞总数明显减少。

孟志敏等人按 25mg/L、50mg/L 和 75mg/L 的甲砜霉素及 10mg/kg 的氧氟沙星分别给试验性鸡大肠杆菌病患鸡内服，甲砜霉素采用全天自由饮水，氧氟沙星每天分 2 次内服，共用药 4d。结果药物对鸡大肠杆菌病的治愈率分别为 83.3%、96.7%、100% 和 93.3%，而感染对照组鸡的死亡率为 70.0%。甲砜霉素和氧氟沙星组的增重效果极显著高于感染对照组（$P < 0.01$）。结果表明，甲砜霉素中、高剂量组对鸡大肠杆菌病有较好疗效。用 5 倍中剂量甲砜霉素作安全试验与健康对照组鸡相比未见不良反应，表明用甲砜霉素可溶性粉给鸡混饮治疗鸡大肠杆菌病安全有效。

周振新等用复方甲砜霉素注射液以高（0.8mL/kg 体重）、中（0.4mL/kg 体重）、低（0.2mL/kg 体重）三个剂量对人工感染鸡巴氏杆菌病的鸡群肌内注射治疗，同时设立甲砜霉素对照组。试验结果表明：用药 2d 后，复方甲砜霉素注射液高、中剂量组的有效率分别为 93.3%、93.3%，效果优于对照组（70.0%）。

主要用于治疗畜禽肠道、呼吸道等细菌性感染及鱼类细菌性疾病。

常用药物：甲砜霉素片；甲砜霉素注射液；甲砜霉素粉。

用法用量：内服，一次量，1kg 体重，畜禽 5~10mg。一日 2 次，连用 2~3 日。拌饵投喂，1kg 体重，鱼 16.7mg，一日 1 次，连用 3~4 日。

5.11.6.2　氟苯尼考

氟苯尼考为人工合成的甲砜霉素衍生物，为白色或类白色的结晶性粉末，在水中几乎不溶。1999 年我国批准用于兽医临床。

氟苯尼考对小鼠急性与亚慢性毒性实验结果表明，小鼠内服 $LD_{50} > 5000mg/kg$。按 30mg/kg 给小鼠饲喂氟苯尼考 60d 后，小鼠无明显的毒性反应；以 100mg/kg 连续肌注氟苯尼考，小鼠出现增重率下降，骨髓造血功能、肝、肾、肠道出现严重破坏。繁殖毒性试验表明氟苯尼考存在胚胎毒性，鸡胚毒性试验表明氟苯尼考能抑制胚胎发育并诱导早期胚胎死亡，降低了孵化率，增加了弱鸡的比例，故妊娠动物禁用。有研究比较氟苯尼考、氯霉素及甲砜霉素高、中、低（4000μg/mL、2000μg/mL、20μg/mL）3 种浓度对牛多核中性细胞的吞噬功能、化学荧光活性及形态学的影响。氯霉素在高、中浓度时能抑制中性白细胞的吞噬功能，阻断白细胞的化学荧光活性，而氟苯尼考和甲砜霉素无上述作用。通过扫描电镜观察氯霉素、甲砜霉素、氟苯尼考对中性白细胞形态改变，改变百分率分别为 94%、32% 和 67%，表明氟苯尼考不改变中性白细胞功能，对中性白细胞的影响程度低于氯霉素。

Wallgren 等给 10 周龄 SPF 猪鼻内接种猪胸膜肺炎放线杆菌。在接种前 5h 开始药物治疗，给药方案分别为连续用药 3d、5d 和 7d，试验药物包括恩诺沙星、氟苯尼考、盐酸金霉素、青霉素、替米考星、硫酸黏菌素。通过观察临床症状、增重率、血清中抗体、细菌分离率和尸体剖检时病理变化的程度，以此比较药物的活性和选择合适的治疗时间，研究结果表明，恩诺沙星、氟苯尼考、盐酸金霉素治疗猪的胸膜肺炎疗效优于青霉素、替米考星、硫酸黏菌素，同时也证明在对靶细菌有效的情况下，提前给药比延长治疗时间更重要。Ueda 等人给 65 头 5~7 周龄的猪鼻内接种 5 株猪胸膜肺炎放线杆菌，患猪饲料中添加 50mg/kg 的氟苯尼考或 200mg/kg 的甲砜霉素，连续给药 128d 后有半数猪在甲砜霉素组死亡，氟苯尼考组无猪只死亡。氟苯尼考组的临床指数、肺部病变面积显著低于感染对照组和甲砜霉素组。西班牙临床实验表明，氟苯尼考对巴氏杆菌引起牛呼吸道疾病的疗效优于多种常见抗菌药。将 416 头表现明显呼吸道症状患有运输热的育肥牛分为两个实验组，分别给予氟苯尼考（20mg/kg，2 次给药，间隔 48h）和土霉素（10mg/kg，4 次给药，间隔 24h）进行治疗。临床观察 10d，实验分离到的溶血性巴氏杆菌和多杀性巴氏杆菌体外都对氟苯尼考敏感，仅 29％的细菌对土霉素敏感。第一组与第二组死亡率分别为 0.7％和 10.1％，给药后第一天痊愈率分别为 87.4％和 60.5％；第八天痊愈率分别为 79.9％和 34.1％。使用氟苯尼考治疗坏死梭杆菌和黑色类杆菌引起的牛蹄皮炎，肌注给药（20mg/kg，间隔 48h 或 40mg/kg，皮下给药 1 次）与对照组（不给予治疗）对比，治疗 7d，蹄皮炎严重程度显著降低。

主要用于巴氏杆菌和大肠杆菌感染，以及敏感菌所致的牛子宫内膜炎，尤其对呼吸系统感染和消化道感染疗效显著。家畜类：用于防治猪的气喘病、传染性胸膜性肺炎、萎缩性鼻炎、猪肺疫、链球菌病等引起的呼吸困难、体温升高、咳嗽、打呛、采食量下降、消瘦等有非常强疗效，对大肠杆菌等引起仔猪黄白痢、肠炎、血痢、水肿病等有效。禽类：用于防治鸡禽由大肠杆菌、沙门杆菌、巴氏杆菌等引起的霍乱、雏鸡白痢、排稀便、顽固性腹泻、排黄白绿便、水样粪便、下痢、肠道黏膜点状或弥漫性出血、脐炎、包心、包肝，细菌、支原体等引起的慢性呼吸道病、传染性鼻炎气囊混浊、咳嗽、气管啰音、呼吸困难等。鱼类巴氏杆菌、弧菌、金黄色葡萄球菌、嗜水单胞菌、肠炎菌等。

常用药物：氟苯尼考粉；氟苯尼考注射液；氟苯尼考可溶性粉；氟苯尼考溶液；氟苯尼考预混剂；氟苯尼考子宫注入剂。

用法用量：内服，1kg 体重，猪、鸡 20～30mg，一日 2 次，连用 3～5 日；鱼 10～15mg，一日 1 次，连用 3～5 日。混饮，1L 水，鸡 100～200mg，连用 3～5 日。肌内注射，一次量，1kg 体重，鸡 20mg，猪 15～20mg，每隔 48h 1 次，连用 2 次；鱼 0.5～1mg，一日 1 次。子宫内灌注，一次量，牛 2g（1 支），每 3 日 1 次，连用 2～4 次。

5.12

多肽类药物

5.12.1　化学结构

多肽类药物是一类具有多肽结构的化学物质，多是细菌、真菌和链霉菌分泌，并经 N-甲基化、酰化、糖基化或杂环形成作用等化学结构修饰的具有抗菌活性的肽类物质，在肽合成酶作用下由酶促反应人工合成。多肽是由氨基酸通过肽键相连构成的，一分子氨基酸中的 α-羧基与另一分子氨基酸中的 α-氨基脱除一分子水缩合形成肽键，多肽由三个或三个以上的氨基酸组成，它们的分子量低于 10000Da。临床几种常用的多肽类化学结构见图 5-26～图 5-29。

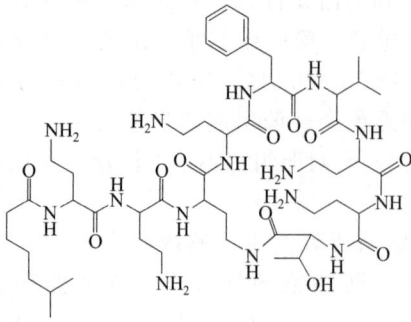

图 5-26　多黏菌素 B

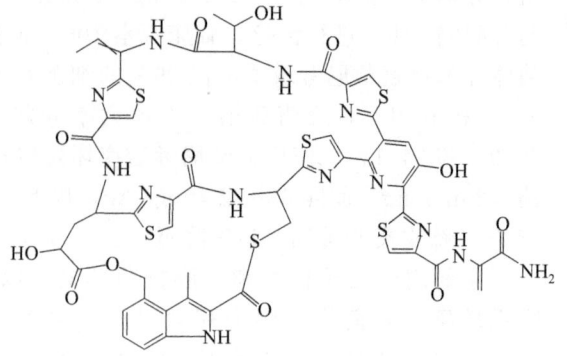

图 5-27　那西肽

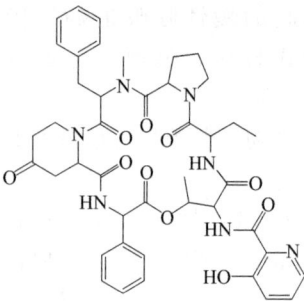

图 5-28　维吉尼霉素

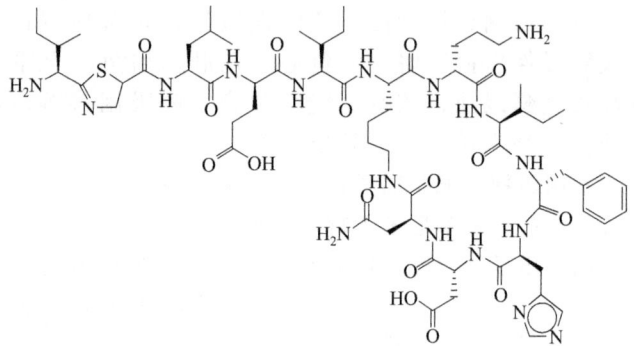

图 5-29　杆菌肽

5.12.2　作用机制

黏菌素是一种碱性阳离子表面活性剂，通过与细菌细胞膜内的磷脂相互作用，渗入细菌细胞膜内，破坏其结构，进而引起膜通透性发生变化，导致细菌死亡，产生杀菌作用。杆菌肽通过非特异性地阻断磷酸化酶反应，抑制细菌的黏肽合成而产生抗菌作用。维吉尼霉素通过抑制细菌的核糖体而呈现杀菌作用。恩拉霉素主要阻碍细菌细胞壁的合成，对革兰氏阳性菌有显著抑制作用。那西肽的作用机制是抑制细菌蛋白质合成，低浓度抑菌，高浓度杀菌。

5.12.3　抗菌谱

多肽类抗生素属杀菌剂，其抗菌谱窄。杆菌肽对革兰氏阳性菌有杀菌作用，对革兰氏阴性菌无抗菌活性。多黏菌素 B 和黏菌素具有相似的快速杀菌特性，以及高效抗多种革兰氏阴性菌，如大肠杆菌、沙门菌和铜绿假单胞菌的特性，但对变形杆菌属、沙雷氏菌属和普氏菌属无效。多黏菌素 B 对铜绿假单胞菌的杀菌作用特别强，并且大多数细菌对该药不易产生耐药性。杆菌肽对革兰氏阳性菌有杀菌作用，对革兰氏阴性菌无抗菌活性。恩拉霉素对金黄色葡萄球菌、表皮葡萄球菌、柠檬酸葡萄球菌和酿脓链球菌等革兰氏阳性菌

有较强的抗菌作用。那西肽对革兰氏阳性菌的抗菌活性较强，如葡萄球菌、梭状芽孢杆菌
对其敏感。

5.12.4 耐药性

革兰氏阳性菌和厌氧菌对多黏菌素类耐药。硫酸黏菌素与多黏菌素 B 之间有完全交
叉耐药性，但与其他抗菌药物之间无交叉耐药性。对黏菌素敏感的细菌很少产生耐药性。
敏感菌很少对杆菌肽产生耐药性。

大多数革兰氏阴性菌对维吉尼霉素耐药。维吉尼霉素不易产生耐药性，与其他抗生素
之间无交叉耐药性。

恩拉霉素与临床上现有的抗生素或抗菌药之间不存在交叉耐药性。敏感菌几乎不对恩
拉霉素产生耐药性，在实验条件下，耐药性的产生也非常缓慢，即使出现，耐药性也不稳
定，而且极易丢失。

5.12.5 药代动力学

硫酸黏菌素内服给药几乎不吸收，但非胃肠道给药吸收迅速。进入体内的药物可迅速
分布进入心、肺、肝、肾和骨骼肌，但不易进入脑脊髓、胸腔、关节腔和感染病灶。主要
经肾排泄。

杆菌肽内服给药几乎不被吸收，大部分不过 2d 即随粪便排出体外。

维吉尼霉素内服不吸收，主要由粪便排出。注射后在体内分布广，在肝、肾和脾中浓
度最高，大部分经尿排泄。

恩拉霉素内服极不易被吸收，药物主要通过粪便排出体外。

那西肽混饲给药很少吸收，动物性产品中残留少。

5.12.6 药效动力学

黏菌素对需氧菌、大肠杆菌、嗜血杆菌、克雷伯菌、巴氏杆菌、铜绿假单胞菌、沙门
菌和志贺氏菌等革兰氏阴性菌有较强的抗菌作用。变形杆菌和大多数沙雷氏菌不受黏菌素
影响。革兰氏阳性细菌通常不敏感。

杆菌肽对大多数革兰氏阳性菌如金黄色葡萄球菌、链球菌、肠球菌、梭状芽孢杆菌和
棒状杆菌等具有良好的抗菌活性，对放线菌和螺旋体亦有效。

维吉尼霉素对革兰氏阳性菌，包括对其他抗生素耐药的菌株如金黄色葡萄球菌、肠球
菌等均有较强的抗菌作用，对支原体亦有作用。

恩拉霉素对金黄色葡萄球菌、表皮葡萄球菌、柠檬酸葡萄球菌和酿脓链球菌等革兰氏
阳性菌有较强的抗菌作用。

那西肽对革兰氏阳性菌的抗菌活性较强，如葡萄球菌、梭状芽孢杆菌对其敏感。

5.12.7　常用多肽类药物临床应用

5.12.7.1　杆菌肽

杆菌肽一般与金属元素锌或与亚甲基水杨酸成盐。药残试验表明，用该药制备浓度为 0.1% 的混合料，给蛋鸡连续饲喂 5 个月、给肉鸡连续饲喂 8 周、给火鸡连续饲喂 15 周后，检测其肌肉、脂肪、皮肤、胆汁和血液组织中几乎不存在药物残留。用该药制备浓度为 0.05% 的混合料，给猪连续饲喂 4 个月，试验结果相仿。该药给动物肌内注射后很容易吸收，但因其对肾脏的毒副作用太大，故当今已不用于注射治疗全身性感染。

该药对革兰氏阴性杆菌没有抗菌活性，对革兰氏阳性菌（包括耐药的金黄色葡萄球菌、肠球菌、链球菌）具有杀菌作用，对放线菌和螺旋体也有作用。其抗菌活性不受脓汁、血液、坏死组织或组织渗出液影响。

临床主要用于促进动物生长和治疗家禽的细菌性腹泻以及密螺旋体所致的猪血痢。在北美洲，杆菌肽以柑橘肽锌和亚甲基水杨酸杆菌肽的形式添加到家禽和猪饲料中，可促进生长以及预防和治疗肠炎。自 2006 年起，欧盟已禁止杆菌肽及其他抗菌促生长剂的使用。研究发现，饲料中添加 55～110mg/kg 剂量的杆菌肽，可预防产气荚膜梭菌引起的鸡坏死性肠炎。尽管体外检测胞内劳森氏菌对杆菌肽耐药，但在饲料中加入杆菌肽能够预防猪增生性腺瘤病。杆菌肽锌用于治疗受四环素污染的甜饲料引起的马群结肠炎。

杆菌肽内服给药胃肠道难以吸收，而全身给药除引起注射部位疼痛、硬结和瘀斑外，还可导致较高的肾脏毒性（蛋白尿、管形尿和氮尿）。相比较而言，杆菌肽局部用药无刺激性，而且几乎不会诱导过敏反应。临床使用常见的不良反应包括：①与青霉素、链霉素、新霉素和黏菌素等合用有协同作用。②和黏菌素组成的复方制剂与土霉素、金霉素、吉他霉素、恩拉霉素、维吉尼霉素和喹乙醇等有拮抗作用。③维吉尼霉素与杆菌肽有拮抗作用。

常用制剂：杆菌肽锌预混剂及杆菌肽锌、硫酸黏菌素预混剂（100g 预混剂中含杆菌肽锌 5g、黏菌素 1g）、亚甲基水杨酸杆菌肽预混剂。

用法用量：给动物混饲时，1000kg 饲料中杆菌肽锌的含量，3 月龄以内的犊牛 10～100g，3～6 月龄犊牛、4 月龄以内的猪和 16 周龄以内的禽均为 4～40g。该药的休药期为 7d，蛋鸡产蛋期禁止使用。

农业农村部已停止用于促生长。

亚甲基水杨酸杆菌肽预混剂可用于控制产气荚膜梭菌引起的肉鸡坏死性肠炎。混饲，1000kg 饲料，肉鸡 200g，连用 7 日。休药期 0d。

5.12.7.2　多黏菌素 B

临床上主要用于治疗大肠杆菌和铜绿假单胞菌等革兰氏阴性杆菌所引起的感染，可内服治疗犊牛或仔猪肠炎、下痢，局部应用可治疗眼、耳、鼻部及创面感染。在临床治疗动物肠道细菌感染时，常将该药与增效剂磺胺二甲氧苄啶（DVD）或四环素族抗生素联合内服，药物协同抗菌作用倍增。多黏菌素 B 灭活内毒素的作用可能对治疗大肠杆菌性乳腺炎有用。肌内注射 5.0mg/kg 的多黏菌素 B，4h 牛乳中药物浓度超过 $2\mu g/mL$，可有效清除较敏感的大肠杆菌。

常用制剂：硫酸多黏菌素 B 片。

用法用量：犊牛内服用药时，每次 0.5 万～1.0 万 IU/kg 体重，每日 2 次。仔猪内服用药时，每次 2000～4000IU/kg 体重，每日 2～3 次。本品的休药期为 7d。

5.12.7.3　黏菌素

本品又称多黏菌素 E 或抗敌素，临床上常内服用来治疗畜禽大肠杆菌感染性肠炎以及耐其他药物菌株所引起的下痢。该药局部应用时可治疗烧伤或外伤的铜绿假单胞菌感染和眼、耳、鼻部的敏感菌感染。临床使用常见的不良反应包括：①与杆菌肽锌 1∶5 配合有协同作用。②与肌松药和氨基糖苷类等神经肌肉阻滞剂合用可能引起肌无力和呼吸暂停。③与螯合剂（EDTA）和阳离子清洁剂对铜绿假单胞菌有协同作用，常联合用于局部感染的治疗。④与能损伤肾功能的药物合用，可增强其肾毒性。

常用制剂：硫酸黏菌素片、硫酸黏菌素可溶性粉、硫酸黏菌素预混剂、注射用硫酸黏菌素。

用法用量：内服用药时，犊牛和仔猪每次 1.5～5.0mg/kg 体重，家禽每次 3～8mg/kg 体重；混饮用药时，猪 1L 水 40～200mg，鸡 20～60mg；混饲用药时，牛、猪、鸡 1000kg 饲料 75～100g，连用 3～5d。蛋鸡产蛋期不得使用。奶牛乳管内注入时，每一乳室注药 5～10mg；母牛子宫内注入时，每次注药 10mg，每日 1～2 次。动物宰前 7d 停止给药。

5.12.7.4　维吉尼霉素

临床上常用作猪、禽促生长添加剂，仅对革兰氏阳性菌有抑制作用，对革兰氏阴性菌没有抗菌活性。

常用制剂：维吉尼霉素预混剂。

用法用量：混饲用药时，1000kg 饲料中维吉尼霉素的含量，猪为 10～25g，鸡为 5～20g。猪、鸡的休药期为 1d。蛋鸡产蛋期禁用。

农业农村部已停止使用本品。

5.12.7.5　恩拉霉素

临床上用于预防革兰氏阳性菌感染，促进猪、鸡生长。恩拉霉素毒性很低。与四环素、吉他霉素、杆菌肽和维吉尼霉素等合用可产生拮抗作用。

常用制剂：恩拉霉素预混剂。

用法用量：1000kg 饲料，猪 2.5～20g，鸡 1～5g。产蛋期禁用。

农业农村部已停止使用本品。

5.12.7.6　那西肽

那西肽为畜禽专用抗生素，对猪、鸡有促进生长、提高饲料转化率的作用。

常用制剂：那西肽预混剂。

用法用量：混饲给药，1000kg 饲料，鸡 1000g。产蛋期禁用。

农业农村部已停止使用本品用于促生长。可用于控制产气荚膜梭菌引起的鸡坏死性肠炎，混饲：1000kg 饲料，鸡 40～80g。连用 7 日。休药期鸡 2 日。

5.13

多糖类药物

5.13.1 化学结构

多糖类药物主要包括阿维拉霉素和黄霉素。阿维拉霉素有 A 到 N 共 14 种结构，在这14 种结构中，起作用的主要为阿维拉霉素 A，其次为阿维拉霉素 B，市场上销售的阿维拉霉素商品中，多为阿维拉霉素 A 和阿维拉霉素 B 的混合物。黄霉素至少含有 A、B1、B2、C 等 4 种组分，以组分 A 含量最高。化学结构见图 5-30 和图 5-31。

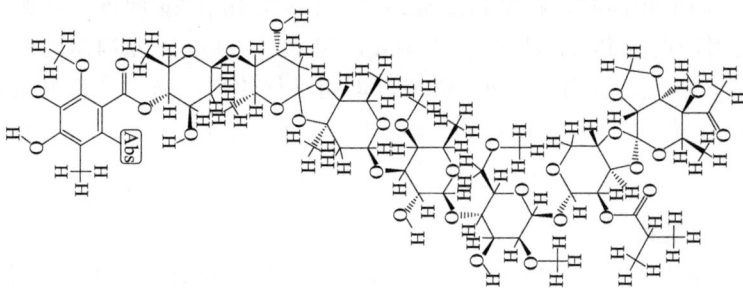

图 5-30　阿维拉霉素

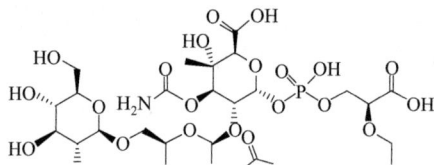

图 5-31　黄霉素

5.13.2 作用机制

阿维拉霉素通过与细菌核糖体结合来抑制蛋白质的合成，是一种特殊的蛋白质合成抑制剂。其主要通过作用于细菌的 50S 核糖体亚基的一个位点干扰 tRNA 的结合，阻止 70S 起始复合物的形成，从而抑制蛋白质的合成，达到抑菌的目的。黄霉素通过干扰有害菌细胞壁中结构物质（肽聚糖）的生物合成影响其细胞壁完整性从而抑制有害菌的生长繁殖。

5.13.3 抗菌谱

阿维拉霉素主要对耐万古霉素肠球菌（VRE）、耐青霉素链球菌、耐甲氧西林金黄色葡萄球菌（MRSA）等革兰氏阳性致病细菌具有很强的抑菌效果，对革兰氏阴性菌的抑制作用较弱。黄霉素主要作用于革兰氏阳性菌如葡萄球菌、链球菌，由于不能渗入阴性菌外膜而对其无效，但黄霉素对巴氏杆菌、布鲁氏菌有效。

5.13.4　耐药性

阿维拉霉素没有任何治疗和预防作用，因而它避免了因应用治疗性抗生素而出现的耐药性问题。并且，由于阿维拉霉素结构特殊，也不存在与其他抗生素的交叉感染抗药性问题，唯一的可能性是阿维拉霉素与人类临床使用的晚霉素（也属奥尔托索霉素类）结构相似。研究表明，阿维拉霉素的抗性菌株在停止饲喂后迅速消失。

黄霉素与现有抑制有害菌细胞壁合成的药物无交叉耐药性。黄霉素可抑制耐药质粒携带菌的生长繁殖，清除一些宿主体内细菌的耐药质粒，从而恢复对某些药物的敏感性，降低其扩散速度，有助于养殖场耐药性及疾病的有效控制。

5.13.5　药代动力学

阿维拉霉素口服不易吸收，因此较易以高浓度集中于肠道中，95％由粪便迅速排出体外，5％经尿液排出体外。黄霉素为极性大分子，内服几乎不被吸收，而且不被代谢，24小时后几乎全部以原型经粪排出。黄霉素非胃肠道给药主要经尿排出，速度缓慢，但目前没有此类制剂面市。

5.13.6　药效动力学

阿维拉霉素主要抑制革兰氏阳性菌，其中以组分 A 的活性最高，对葡萄球菌、链球菌、梭菌、杆菌作用显著，其中包括一些具有抗生素抗性的菌株。黄霉素对革兰氏阳性菌有强大的抗菌作用，对部分革兰氏阴性菌亦无效。黄霉素能够高效选择作用于有害菌，同时又不损伤有益菌，因此能够确保动物肠道菌群的稳定、平衡，有利于动物正常生长。

5.13.7　常用多糖类药物临床应用

5.13.7.1　阿维拉霉素

阿维拉霉素（avilamycin）又称卑霉素、阿美拉霉素、阿维霉素、肥拉霉素，是一种新型消化促进剂和代谢调节剂，是由产绿色链霉素菌（*Streptomyces viridochromogems*，SV）发酵而生成的二氯异扁枝衣酸酯，属于正糖霉素族的寡糖类抗生素。

阿维拉霉素是一种新型饲料添加剂，对革兰氏阳性致病菌具有极强抗性，对革兰氏阴性菌效果较差。作为一种新型促生长素类饲料添加剂，阿维拉霉素结构独特，安全性高，不易被肠道吸收，基本无残留，毒性小，不存在交叉耐药性，易降解，对环境污染小，同时还具有良好的加工性能，因此具有很好的应用前景，广泛应用于肉鸡、仔猪等畜禽养殖中。

作为新型的兽用饲料添加剂，阿维拉霉素表现出很高的生物安全性。研究发现，以大鼠和小鼠为动物模型，在急性毒性试验、短期以及长期毒性试验、眼黏膜刺激性试验、急性吸入毒性试验等各种试验中，阿维拉霉素均表现出很高的生物安全性；在毒理学研究中，也没有任何与药物有关的损伤，无任何生长、存活和繁殖上的不良反应，是安全的动物食品添加剂。

临床上用于提高猪和肉鸡的平均日增重和饲料报酬；预防由产气荚膜梭菌引起的肉鸡坏死性肠炎。

代建国在肉仔鸡饲料中添加阿维拉霉素，发现其对肉鸡有很好的促生长效果，并能显著提高屠宰率和胸肌重量。潘淑媛研究发现，每吨饲料中全期添加 $25\sim100$g 阿维拉霉素可显著提高肉鸡的增重、成活率及饲料报酬。萨仁娜等人在肉仔鸡日粮中添加 $0\sim15$mg/kg 阿维拉霉素，结果表明其对肉仔鸡具有明显的促生长效果，并能提高饲料转化效率，其促生长效果在肉仔鸡生长前期（$0\sim21$日龄）较为明显，全程持续添加阿维拉霉素，增重效果优于后期撤除。潘淑媛在肉鸡饲料中添加阿维拉霉素（10mg/kg），发现其不仅可以改善肉鸡的增重、料肉比，降低死亡率，提高屠宰率，而且可以有效降低肠道致病性梭菌数量，降低鸡梭菌性肠炎发生率，改善垫料品质，减少肉鸡脚趾损伤率。

大量研究表明阿维拉霉素对动物具有稳定的促生长作用，是一种良好的促生长剂。研究表明饲料中添加阿维拉霉素对处于不同生长阶段的猪都有促生长作用。孔祥书等研究发现，生长猪饲料中添加 150mg/kg 10%阿维拉霉素＋200mg/kg 15%吉他霉素能提高其日增重和饲料转化率。Partanen 等在饲料中添加阿维拉霉素（40mg/kg）后，猪生长加快，饲料系数降低。郭金玲在仔猪饲料中添加 30mg/kg 阿维拉霉素，发现其可以明显促进仔猪生长，提高经济效益。Jones 等研究发现，在仔猪日粮中添加阿维拉霉素可显著增加日增重，并可改善料肉比。Dzapo 和 Reiner 等报道，在仔猪日粮中添加 40mg/kg 阿维拉霉素，日增重率比对照组提高了 12%，饲料转化率提高了 14%。有关添加剂量的报道，在猪的生长阶段，阿维拉霉素在饲料中的推荐剂量为 40mg/kg，肥育阶段的最佳添加剂量为 20mg/kg；对生长猪或肥育猪使用 $5\sim10$mg/kg 的阿维拉霉素可以获得最大的平均日增重，而使用 $10\sim60$mg/kg 可以有效地改善饲料转化效率。阿维拉霉素不仅能促进生长，还能提高抗病力。Kyriakis 发现，在断奶仔猪的日粮中添加阿维拉霉素 80mg/kg，可以显著降低仔猪日均腹泻数和死亡数，增加体重，提高饲料转化率。Tsinas 等报道，$20\sim40$mg/kg 阿维拉霉素可降低仔猪死亡率，减少腹泻，促进生长。

常用制剂：阿维拉霉素预混剂。

用法用量：混饲给药，1000kg 饲料，用于提高猪和肉鸡的平均日增重量和饲料报酬、预防肉鸡坏死性肠炎，猪 $0\sim4$ 个月，$20\sim40$g；$4\sim6$ 个月，$10\sim20$g；肉鸡 $5\sim10$g。辅助控制断奶仔猪腹泻，$40\sim80$g，连用 28 天。

农业农村部停止了本品的促生长作用，仅保留了治疗作用。用于辅助控制由大肠杆菌引起的断奶仔猪腹泻。

5.13.7.2　黄霉素

黄霉素为磷酸多糖类抗生素，是从灰绿色链霉素菌属培养物中发现的一类含磷及糖脂、化学结构复杂的抗生素。

黄霉素在动物养殖中有非常广泛的应用。美国有近三分之一的肉鸡使用黄霉素，黄霉素也是目前欧盟允许使用的 4 种抗生素促生长剂之一。尽管欧盟已经做出在 2006 年 1 月 1 日开始全面禁止使用促生长剂的决定，但这不会影响黄霉素作为一种优秀促生长剂存在。黄霉素能够影响肠道菌群增殖，确保其稳定及平衡，使得对机体本身更为有利；同时，也能间接改善营养物质的消化和利用，降低肠壁厚度，增加营养物质的吸收。因此黄霉素能够改善家禽、兔、猪、反刍动物的生长性能。到目前为止，没有关于黄霉素对生产性能有负面影响的报道。需要特别说明的是：黄霉素是反刍动物能够选用的良好促生长剂之一。黄霉素通过发挥抗菌作用有选择地影响某些瘤胃菌丛干预瘤胃的某些代谢途径，促进了粗纤维饲料的降解与转化；黄霉素还能够使瘤胃液稳定在最佳范围（pH 6～7），不会引起瘤胃消化环境的剧变。另外，生物发酵产生的甲烷气体不会影响黄霉素的效果。

临床上黄霉素用于促进畜禽生长。

常用制剂：黄霉素预混剂。

用法用量：混饲给药，1 日量，肉牛 30～50mg；1000kg 饲料，育肥猪 5g，仔猪 20～25g；肉鸡 5g，不宜用于成年畜、禽。

农业农村部已停止使用本品。

5.14

抗真菌药与抗病毒药

5.14.1　抗真菌药

真菌是真核类微生物，种类繁多，分布广泛，感染后可引起动物不同的临床症状。根据感染部位可分为两类：一类为浅表真菌感染，致病菌是各种癣菌，如毛癣菌、小孢子菌、表皮癣菌及念珠菌等，常侵犯皮肤、羽毛、趾甲（爪）、鸡冠、肉髯等部位，引起各种癣症和炎症，有的人畜之间可以互相传染；另一类为深部真菌感染，病原主要有白色念珠菌、新型隐球菌、组织胞浆菌、曲霉菌等，主要侵犯机体的深部组织及内脏器官，导致念珠菌病、犊牛真菌性胃肠炎、牛真菌性子宫炎和雏鸡曲霉菌性肺炎等。

兽医临床应用的抗真菌药有制霉菌素、酮康唑、氟康唑和克霉唑等。浅表真菌感染的治疗大多使用抗真菌药局部应用。

5.14.1.1　制霉菌素

（1）化学结构　见图 5-32。

（2）作用机制　制霉菌素的作用机制类似于两性霉素 B。作用位点为真菌细胞膜上的固醇，通过改变膜的渗透性，使细胞内的钾和其他细胞组分"释放"出来。当口服给药时，药物必须与机体发生接触才能发挥作用。

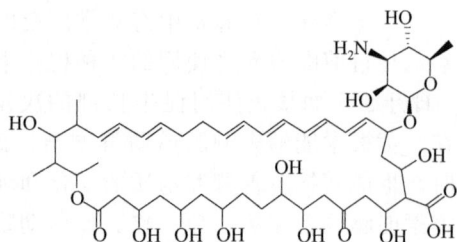

图 5-32 制霉菌素

（3）**抗菌谱** 本品的抗真菌作用与两性霉素 B 基本相同，但其毒性更大，不宜用于全身感染的治疗。制霉菌素对大部分的真菌有抗菌活性，但在临床上只用于局部感染、口咽和胃肠道的念珠菌感染。

（4）**药代动力学** 口服制霉菌素后，吸收量少，几乎全部以原药形式由粪便排泄。

（5）**药效动力学** 多烯类抗真菌药。

（6）**用药指南** 用于治疗犬和猫因细菌、酵母菌和寄生虫引起的耳部感染（外耳炎）。

（7）**临床使用** 主要通过口服给药，用于治疗犬、猫和鸟类的口咽和胃肠道的念珠菌感染。100000IU，口服，每隔 6 小时 1 次。内服治疗胃肠道真菌感染，如犊牛真菌性胃炎、禽曲霉病；局部应用治疗皮肤、黏膜的真菌感染，如念珠菌病和曲霉菌所致的乳腺炎、子宫炎等。

制霉菌素很少单独作为局部用药。

（8）**安全性** 高剂量的制霉菌素有时可导致胃肠功能紊乱（厌食、呕吐、腹泻）。据报道，本品对内脏组织的毒性十分大。

（9）**剂型** 口服混悬液、片剂、软膏等。

（10）**常用药物** 复方制霉菌素软膏。

5.14.1.2 酮康唑

（1）**化学结构** 见图 5-33。

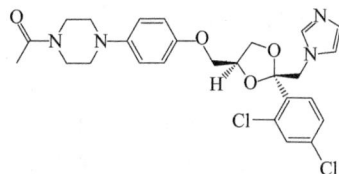

图 5-33 酮康唑

（2）**作用机制** 酮康唑可增加细胞膜通透性，引起继发性代谢反应和生长抑制。可能是由于酮康唑干扰麦角醇的合成引起的。酮康唑的杀菌作用可能是由于它对细胞膜的直接作用。

（3）**抗菌谱** 对全身及浅表真菌均有抗菌活性。一般浓度对真菌有抑制作用，高浓度时对敏感真菌有杀灭作用。对芽生菌、球孢子菌、隐球菌、组织胞浆菌、小孢子菌和毛癣菌等真菌有抑制作用；对曲霉菌、孢子丝菌作用弱；对白色念珠菌无效。

（4）**药代动力学** 酮康唑口服后吸收良好，但是犬服用酮康唑片后的生物利用度范围差异较大。与食物同时服用可增加它的吸收。马的口服吸收很低。单次服用 30mg/kg 酮康唑在血液中不能检测到药物。酮康唑在酸性环境中吸收增强。吸收后，酮康唑分布于胆汁、唾液、尿和脑脊液等。酮康唑主要在肝脏中广泛代谢为几种无活性的产物。这些代谢产物通过胆汁从粪便中排泄。

（5）**药效动力学** 为广谱抗真菌药。

（6）**用药指南** 复方酮康唑软膏用于治疗犬猫真菌病、厌氧菌等引起的细菌性皮肤病。

（7）**临床使用** 用于治疗球孢子菌病、组织胞浆菌病、隐球菌病、芽生菌病；亦可防治皮肤真菌病等。

由于和两性霉素 B 相比，酮康唑相对缺乏毒性，口服吸收快，效果相对较好，酮康唑已被用于治疗犬、猫和其他小种属的一些真菌感染。酮康唑也经常和两性霉素 B 合用以增强酮康唑的效果，并且也可通过减少两性霉素 B 的剂量来降低其毒性。

局部使用酮康唑能有效控制皮肤真菌及酵母菌。酮康唑可有效治疗马拉色氏霉菌属引起的皮炎。

（8）**用药剂量**

① 犬 用于治疗球孢子菌病，5～10mg/kg，口服，每天 2 次。用于治疗芽生菌病，10mg/kg，口服，每天 2 次，至少连用 3 个月。用于治疗组织胞浆菌病，10mg/kg，口服，每天 1 次或 2 次。用于治疗曲霉病，20mg/kg，口服，至少 6 周。用于治疗隐球菌病，10mg/kg，口服，每天 1 次或 2 次分开给药。用于治疗孢子丝菌病，15mg/kg，口服，每 12h 1 次，通常治疗持续数周。用于治疗念珠菌感染，10mg/kg，口服，每天 1 次，通常治疗持续数周。用于治疗马拉色氏菌感染，10mg/kg，口服，每天 2 次，持续 30 天。

② 猫 用于治疗球孢子菌病，10～30mg/kg，分开口服，每天 2 次，多数动物需要治疗 6～12 个月。用于治疗芽生菌病，10mg/kg，口服，每 12h 1 次，至少 60 天。用于治疗隐球菌病，10mg/kg，口服，每天 2 次。用于治疗曲霉病，10mg/kg，口服，每 12h 1 次。用于治疗皮肤癣菌病，10mg/kg，与酸性食物同服，每天 1 次。用于治疗孢子丝菌病，5～10mg/kg，口服，每 12～24h 1 次，通常治疗持续数周。

（9）**安全性** 使用酮康唑治疗时，胃肠道反应如厌食症、呕吐或腹泻为最常见的不良反应，在猫则更为普遍。分次给药或随食物服用可能会减少厌食症。酮康唑对大鼠有致畸和胚胎毒性。

（10）**药物相互作用** 大环内酯类抗生素可增加酮康唑浓度水平。

（11）**剂型** 片剂、乳膏剂等。

（12）**常用药物** 复方酮康唑软膏。

5.14.1.3 氟康唑

（1）**化学结构** 见图 5-34。

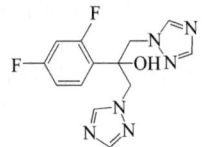

图 5-34 氟康唑

（2）**作用机制** 通过改变敏感真菌的细胞膜结构，增加膜的通透性使细胞内容物泄漏，并失去摄取嘌呤和嘧啶前体的能力。氟康唑对包括酵母菌和皮肤真菌在内的多种致病性真菌有效。实验模型的体内研究表明，氟康唑对念珠菌属、隐球菌属、组织胞浆菌以及芽生菌等都具有抗菌活性。

（3）**抗菌谱** 对深部和浅表真菌都有较强的抗菌作用。抗菌活性比酮康唑强 10～20

倍，而且毒性低。念珠菌和隐球菌对本品最敏感，对表皮癣菌、皮炎芽生菌和组织胞浆菌也有较强的作用，但对曲霉菌效果差。由于该药具有特殊的药代动力学特征，故可用于治疗中枢神经系统或尿道的真菌感染，其疗效好于其他唑类药物。

（4）**药代动力学**　口服给药后氟康唑可快速并几乎全部吸收（90％）。胃内 pH 或食物的存在都不会改变氟康唑的口服生物利用度。蛋白结合率低，广泛分布到全身各处，并且能很好地进入脑脊液、眼睛以及腹水中。氟康唑主要经肾脏随尿液排出，尿中药物浓度较高。在肾脏功能不全的患者体内，氟康唑的半衰期明显延长，需要调整剂量。

（5）**药效动力学**　为广谱抗真菌药。

（6）**用药指南**　复方氟康唑乳膏用于治疗犬由真菌及细菌，如念珠菌、孢子菌、毛癣菌、表皮癣菌、金黄色葡萄球菌、棒状杆菌等引起的耳道感染。

（7）**临床使用**　用于治疗全身性霉菌感染，包括球孢子菌病、组织胞浆菌病、隐球菌病、芽生菌病；亦可防治浅表的念珠菌病或皮肤真菌病等。

（8）**用药剂量**

① 犬　治疗隐球菌病、念珠菌病、全身性真菌病、鼻腔曲霉菌：2.5～5mg/kg，口服或静注，每 12～24h 一次，连用 56～84 天。治疗真菌性脑膜炎：5～8mg/kg，口服或静注，每 12h 一次或 8～12mg/kg，口服或静注，每天一次，连用 56～84 天。治疗尿道念珠菌病：5～10mg/kg，口服，每天一次，连用 21～42 天。治疗光滑念珠菌病：12mg/kg，口服，每天一次，连用 21～42 天。治疗芽生菌病：5mg/kg，口服，每 12h 一次，连用 60 天。治疗马拉色氏霉菌病：5mg/kg，口服，每天一次。

② 猫　治疗鼻或皮肤的隐球菌病：5～10mg/kg，口服，每 12h 一次或 10mg/kg，口服，每 24h 一次。

（9）**安全性**　猫或犬可引起偶尔的胃肠反应。氟康唑不能用于对该药或其他唑类抗真菌药物敏感的患畜。对肝脏功能不全的病畜，只有当利大于弊时才能使用。由于氟康唑主要经肾脏排出，所以对于肾脏功能异常的患畜用药量及用药间隔应适当调整。氟康唑可随乳汁分泌，其乳中的浓度与血浆中的浓度相似。怀孕母畜应慎用。小鼠和大鼠在 1g/kg 剂量下可以存活，但当药量为 1～2g/kg 时在几天内即死亡。小鼠和大鼠超剂量给药可引起呼吸抑制、流涎、流泪、尿失禁和发绀。

（10）**药物相互作用**　氟康唑对激素的合成无影响（与酮康唑不同），而且对小动物的副作用比酮康唑小。实验动物研究表明，氟康唑与两性霉素 B 合用可降低双方对曲霉菌或念珠菌属的抗菌活性。氟康唑可能抑制皮质激素物质的代谢，进而增加不良反应。

（11）**剂型**　片剂、注射液、乳膏等。

（12）**常用药物**　复方氟康唑乳膏。

5.14.1.4　伊曲康唑

（1）**化学结构**　见图 5-35。

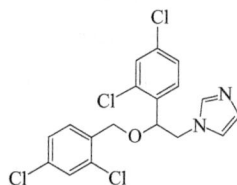

图 5-35　伊曲康唑

（2）**作用机制**　伊曲康唑通过抑制真菌细胞色素 P450 依赖甾醇 14α-脱甲基酶的活性，阻止真菌细胞膜重要成分麦角固醇的合成来达到抑制真菌增殖、促进真菌死亡的目的。伊曲康唑可能通过抑制 T 淋巴细胞增殖而具有免疫抑制活性。

（3）**抗菌谱**　对皮肤癣菌（毛癣菌属、小孢子菌属）、酵母菌（念珠菌属、马拉色氏菌属）、多种双相型真菌、接合菌均有活性，其主要代谢产物羟基伊曲康唑亦具有与伊曲康唑等效的抗真菌活性。

（4）**药代动力学**　伊曲康唑的吸收受胃液 pH 和内容物多少的影响。空腹生物利用度仅为 50% 或更低，有食物可达 100%。在猫，口服溶液生物利用度更高，胃肠道反应也较小。胶囊剂增加了口服生物利用度。大颗粒伊曲康唑的复合胶囊剂可能不易被吸收。商品化的口服液体制剂具有较好的生物利用度。

伊曲康唑的血浆蛋白结合率很高，机体分布广泛，特别是脂类含量较高的组织（药物具有亲脂性）。皮肤、皮脂、雌性动物生殖道、浓汁中的药物浓度显著高于血药浓度。在脑脊液、尿液、房水和唾液中仅少量分布。然而，伊曲康唑对在 CNS、眼或前列腺部位的真菌感染也具有很好疗效。

伊曲康唑经肝脏代谢为多种代谢产物，包括转变为仍具有活性的羟基伊曲康唑。

（5）**药效动力学**　三唑类抗真菌药。

（6）**用药指南**　伊曲康唑内服溶液主要用于由犬小孢子菌等敏感真菌引起的猫皮肤癣菌病。

（7）**临床使用**　用于全身性浅表真菌病，包括曲霉菌病、隐球菌性脑膜炎、酵母菌病和网状内皮细胞真菌病。本品对浅表念珠菌病和脚癣也有效。除非出现中度或严重的血氧不足症状，否则本品为治疗芽生菌病优先考虑的药物。马，伊曲康唑可有效治疗孢子丝菌病和粗球孢子菌骨髓炎。犬，用于治疗全身性浅表真菌感染。猫，用于治疗全身性浅表真菌感染。

（8）**用药剂量**

① 犬　用于治疗马拉色菌性皮炎：5mg/kg，口服，每天 1 次，连用 3 周。用于治疗脚癣：5mg/kg，口服每天 1 次。需要延长疗程，治疗 4 周后开始采集病料培养。临床治愈后间隔 1 周进行 2～3 次病料采集培养，结果呈阴性后再连续治疗 2 周。用于治疗芽生菌病：5mg/kg，口服每天 1 次，至少 30 天，直到所有症状消失（治疗持续 60～90 天），与食物混饲。用于治疗组织胞浆菌病：10mg/kg，口服，每天 1 次，与食物混饲。用于治疗腐皮病和表皮病（病变切除后）：10mg/kg，每天 1 次，手术后至少连用 2 个月。

② 猫　用于治疗组织胞浆菌病：10mg/kg，口服，每天 1 次或分服，每天 2 次，与食物混饲。用于治疗芽生菌病：10mg/kg，口服每天 1 次或分服，每天 2 次，连续治疗 2～3 月直到疾病症状消失，与食物混饲。用于治疗球孢子菌感染：5～10mg/kg，每天 1 次，连用 30 天，直到可检测的病变完全消失。

（9）**安全性**　伊曲康唑可能有负性肌力作用，在动物心脏功能降低时慎用。

① 犬　常见为厌食，特别是给药剂量较高时。但最严重的不良反应为肝毒性。每天给予伊曲康唑 10mg/kg 剂量，约有 10% 的犬，或每天给予伊曲康唑 5mg/kg 剂量，约有 5% 的犬可导致肝中毒，严重时应停药（至少暂时性）。根据 ALT 来判断肝损伤的程度。

给予较高给药频率时出现皮肤溃疡、脉管炎和前后肢水肿。极少数出现严重的红斑或毒性皮肤坏死。

② 猫　不良反应具有与剂量依赖性；主要包括胃肠道反应（厌食、体重减轻、呕

吐）、肝毒性（丙氨酸转氨酶 ALT 水平增高、黄疸）和精神沉郁。如果出现 ALT 升高，应停药。

对于实验动物，伊曲康唑可导致剂量相关的母体毒性、胚胎毒性和致畸性（5～20 倍标示剂量）。

a. 肝毒性（约 13％）：丙氨酸转氨酶（ALT）和谷草转氨酶（AST）轻度升高、黄疸等。

b. 胃肠道反应（约 3％）：腹泻、呕吐、体重减轻、可导致流涎、厌食等。

c. 精神方面（约 1％）：精神沉郁、乏力及嗜睡等。

（10）药物相互作用

a. 本品在酸性环境下具有最大吸收，因此，抗酸药、质子泵抑制剂（奥美拉唑）、H_2 受体阻断剂（甲氰咪胍、雷尼替丁等）或去羟肌苷可显著降低伊曲康唑的吸收。去羟肌苷不能与伊曲康唑同时服用。如果必要，其他药物（如上所述）仅当伊曲康唑给药后 2 小时服用。

b. 本品可延长摄入华法林或其他香豆素类抗凝血剂后动物的凝血时间。利福平可能会增加伊曲康唑的代谢，此时应调整伊曲康唑的给药方案。

c. 本品可能会减弱苯妥英或环孢霉素的代谢。

d. 本品可能会增加血浆中地高辛的浓度，此时应检测血浆中地高辛的浓度水平。

e. 本品可增加口服治疗糖尿病药物（如氯磺丙脲、格列吡嗪等）的血浆水平，可能导致低血糖症。

f. 如果同时给予西沙必利、酮康唑、达克宁或三乙酰竹桃霉素，西沙必利浓度会升高，继而导致心律失常。

g. 本品是一种细胞色素 P450 抑制剂，可增加或延长通过该途径代谢的其他药物的血浆浓度，如阿米替林、氨氯地平、苯二氮䓬类药物、丁螺环酮、西沙必利、皮质类固醇、环孢菌素、伊维菌素和大环内酯类抗生素。

（11）剂型　内服溶液、胶囊等。

（12）常用药物　伊曲康唑内服溶液。

5.14.1.5　两性霉素 B

（1）化学结构　见图 5-36。

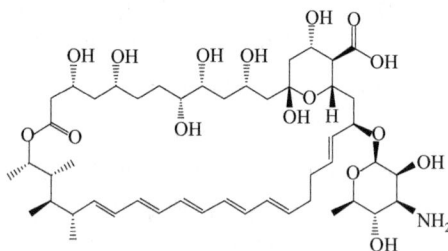

图 5-36　两性霉素 B

（2）作用机制　两性霉素 B 通过与细胞膜中固醇（主要是麦角固醇）结合，改变细胞膜通透性使细胞内钾和其他细胞成分漏出。因细菌和立克次体不含固醇，两性霉素 B 对其无效。哺乳动物细胞膜含固醇（主要是胆固醇），但两性霉素对胆固醇结合较麦角固醇弱。

（3）**抗菌谱** 已表明两性霉素 B 对以下真菌类有效：荚膜组织胞浆菌、粗球孢子菌、假丝酵母菌、皮炎芽生菌、红酵母属、新型隐球菌、孢子丝菌、毛霉菌属和烟曲霉。白色念珠菌一般对两性霉素 B 高度敏感，非白色种属可能敏感性要低一些。波氏假阿利氏菌和镰刀菌属通常耐两性霉素 B。两性霉素抗结核菌的效果不稳定。两性霉素治疗犬猫曲霉病疗效不佳。此外，在体内两性霉素对一些原虫，包括利什曼原虫和耐格里原虫具有活性。两性霉素 B 具有免疫佐剂的作用。

（4）**药代动力学** 目前尚无本品在动物体内的药代动力学资料。在人（并由此推测动物），两性霉素 B 胃肠道吸收差，必须注射给药才能达到治疗全身真菌感染的有效浓度。

（5）**药效动力学** 通常两性霉素 B 仅作为真菌抑菌剂，但在较高浓度对部分真菌具有杀灭作用。

（6）**临床使用** 由于可能存在严重毒性，本品仅用于进行性的致死性真菌感染。虽然兽医临床两性霉素主要用于犬，但对其他动物也有效。两性霉素 B 脂质体可以用于治疗利什曼原虫病。

（7）**用药剂量**

① 犬 用于敏感菌引起的全身真菌感染，按照 0.5mg/kg 剂量，快速静脉滴注，时间应大于 5min。用于芽生菌病，按照 0.5mg/kg 剂量给予两性霉素 B，每周 3 次，直到总剂量达到 6mg/kg。用于隐球菌病，皮下注射两性霉素 B，0.5～0.8mg/kg，每周 2～3 次。用于组织胞浆菌病，静注，0.5mg/kg 剂量，给药时间应大于 6～8h。用于利什曼原虫病，静注，3～3.3mg/kg 剂量，每周 3 次，连用 3～5 次。

② 猫 用于敏感菌引起的全身真菌感染，按照 0.25mg/kg 剂量，快速静脉滴注，时间应大于 5min。用于隐球菌病，皮下注射两性霉素 B，0.5～0.8mg/kg，每周 2～3 次。用于组织胞浆菌病，静注，0.25mg/kg 剂量，给药时间应大于 15min。用于芽生菌病，静注两性霉素 B，0.15～0.5mg/kg，每周 3 次，直到总剂量达到 4～6mg/kg。

（8）**安全性** 本品毒性较大，频繁用药会导致肝脏、肾脏和血液显著的全身性中毒。除非感染威胁生命，并且无其他可替代的疗法，对两性霉素过敏的患者禁用。由于两性霉素全身用药可以治疗严重疾病，故两性霉素可用于肾病患者，但应进行充分监测并慎用。

两性霉素 B 具有肾脏毒性作用，绝大多数病犬使用本品后出现一定程度的肾脏毒性。

猫对两性霉素 B 的肾脏毒性作用更为敏感，许多临床医师推荐减量。

马的不良反应有心动过速、呼吸急促、嗜眠、发热、不安、厌食、贫血、静脉炎、多尿和虚脱。

（9）**药物相互作用** 皮质类固醇可加剧两性霉素 B 的排钾作用。由于两性霉素 B 可能增加其他引起肾脏毒性药物对肾的影响，如果可能应避免同时或连续使用。

（10）**剂型** 脂质体、注射用粉针等。

（11）**常用药物** 目前我国未批准两性霉素 B 的兽药产品。

5.14.1.6 灰黄霉素

（1）**化学结构** 见图 5-37。

（2）**作用机制** 灰黄霉素通过破坏细胞有丝分裂时的纺锤体结构对敏感真菌有作用，使其停止在细胞分裂的中期。

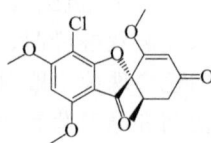

图 5-37　灰黄霉素

（3）**抗菌谱**　灰黄霉素对发癣菌、小孢子菌属、表皮癣菌属有活性。在临床上不能用来治疗包括马拉色氏霉菌属的其他致病性真菌感染。

（4）**药代动力学**　微粉化药物的吸收率变化范围为 $25\%\sim70\%$；食物中的脂肪将会促进其吸收。超微粉药物几乎能 100% 吸收。对于一般患者来说，超微粉末的吸收率为微粉的 1.5 倍。灰黄霉素在皮肤、头发、指甲、脂肪、骨骼肌和肝脏聚集，在给药 4h 内角质层中可以发现药物。灰黄霉素经肝脏代谢，经过氧化脱甲基和葡萄糖苷酸化作用变成6-去甲基灰黄霉素而失去活性。

（5）**临床使用**　在兽医临床，灰黄霉素被用于治疗犬和猫皮肤、毛发和爪子的皮肤寄生真菌感染，还用来治疗马的癣菌病。也用于实验动物和反刍动物的上述适应证。美国食品药品监督管理局批准的用于犬和猫口服灰黄霉素片剂在美国已经下架。

（6）**用药剂量**

① 犬　治疗敏感的皮肤真菌感染：25mg/kg，每隔 12h 1 次，连用 42～56 天。

② 猫　治疗敏感的皮肤真菌感染：50mg/kg，口服，每天 1 次，或 25mg/kg，口服，每隔 12h 1 次，连用 42～70 天。

③ 牛、猪　治疗敏感的皮肤真菌感染：20mg/kg，口服，每天 1 次，连用 6 周。

（7）**安全性**　灰黄霉素禁用于对其过敏或肝细胞衰竭的患者，也不能用于妊娠动物。此外，以马肉为目的的养殖也不允许使用灰黄霉素。因为小猫可能对灰黄霉素的不良反应过敏，如果用于猫，开始治疗后立即进行密切监测。由于该药引起猫的嗜中性粒细胞减少或白细胞减少，所以在用药前要检测肺活量。

灰黄霉素可导致食欲减退、呕吐、腹泻、贫血、嗜中性粒细胞减少症、白细胞减少症、抑郁、共济失调、肝毒性、皮炎/光敏反应和中毒性表皮坏死症。除了胃肠症状以外，正常用量一般无不良反应。猫类，特别是小猫可能对其不良反应较其他种属动物更敏感。这可能是因为猫类天生形成葡萄糖醛酸苷共轭化合物的速度缓慢，导致其代谢速度比犬和人类缓慢。

灰黄霉素对猫有致畸作用，可能对犬也一样。在妊娠期前 3 个月给猫服用 35mg/kg 的剂量导致小猫腭裂以及骨骼和脑的畸形。灰黄霉素可能还抑制精子生成。由于皮肤真菌感染一般不危及生命，而且还有其他的治疗方法，在妊娠期应该考虑禁止使用本品。

（8）**药物相互作用**　灰黄霉素可使乙醇作用增强。灰黄霉素可降低水杨酸盐浓度。苯巴比妥可降低灰黄霉素的血药浓度，推测是由于对肝微粒体酶的诱导和/或降低吸收引起的。如果苯巴比妥和灰黄霉素同时给药，需调整灰黄霉素的给药剂量。

（9）**剂型**　粉剂、片剂。

（10）**常用药物**　目前我国未批准灰黄霉素的兽药产品。

5.14.1.7　特比萘芬

（1）**化学结构**　见图 5-38。

（2）**作用机制**　特比萘芬是一种麦角固醇的抑制剂，麦角固醇是真菌的细胞膜成分。特比萘芬可通过阻断角鲨烯单加氧酶（角鲨烯 2,3-环氧酶），抑制角鲨烯转化为固醇（尤其是麦角固醇），能特异性地干扰真菌固醇的早期生物合成，选择性抑制真菌的麦角鲨烯环氧化酶，使真菌细胞膜形成过程中麦鲨烯环氧化反应受阻，并造成角鲨烯的聚集，从而达到杀灭或抑制真菌的作用。

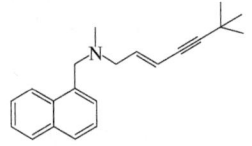

图 5-38　特比萘芬

（3）**抗菌谱**　盐酸特比萘芬主要对皮肤真菌（包括微孢子菌、发癣菌等）有临床疗效（杀菌）。对酵母菌（念珠菌属）仅有抑菌作用。对曲霉菌、芽生菌和组织胞浆菌也有作用，但现在一般不用于这些菌株的感染。

（4）**药代动力学**　猫的剂量是 34～46mg/kg，口服，每天 1 次，连用 14 天，特比萘芬持续在毛发上约几周。6 岁的马在定量给料后 1.7h（范围：0.75～4h），特比萘芬的最大血浆浓度是 0.31mg/mL（范围：0.21～0.61mg/mL）。平均半衰期为 8h，但是范围广（范围：3.9～11.6h）；分布容积为 131L/kg（范围：50～266L/kg）；清除率是 187mL/(min・kg)[范围:132～282mL/(min・kg)]。

（5）**药效动力学**　特比萘芬为丙烯胺类广谱抗真菌药物。

（6）**用药指南**　盐酸特比萘芬喷雾剂用于治疗犬由犬小孢子菌、石膏样小孢子菌、须毛癣菌等真菌引起的皮肤感染。外用：犬，每 5cm² 患处皮肤喷 3 下，均匀喷于患部。一日 2 次，连续给药 28 日，或遵医嘱。

（7）**临床使用**　主要用于犬猫皮肤感染。也可用于其他真菌（如曲霉菌）感染，尤其是鸟类。

（8）**用药剂量**

① 用于犬猫皮肤感染

a. 用于猫的脉冲疗法，20mg/kg，口服，每日 1 次，连用 7 日，然后进行 21 天的临床和真菌治疗，用于保持毛发中特比萘芬的浓度维持在治疗浓度以上。猫给予 40mg/kg 或连续用药累积到更高的浓度，会在治疗的第一周出现呕吐。

10～15mg/kg，口服，每日 1 次，比酮康唑和伊曲康唑更易耐受。

晚期腐皮病手术切除后：10mg/kg，口服，每隔 24h 1 次，与伊曲康唑通用。

b. 鼻曲霉菌感染的辅助治疗：5～10mg/kg，口服，每隔 12h 1 次，连用 3～6 个月。

c. 外用特比萘芬治疗由马拉色氏菌引起的局部病变。使用外用剂量治疗猫的皮癣病效果不明显。

② 用于鸟类真菌感染　曲霉属真菌，10～15mg/kg，口服，每 12～24h 1 次。喷雾法：1mg/mL。可与伊曲康唑配伍。曲霉病：患有曲霉病的鸟（白细胞增多和肺结节）10～15mg/kg，口服，每隔 12h 1 次，连用 4 周。

（9）**安全性**　过敏患者慎用，慢性肝炎和肝炎发病期患者，或有明显肝脏、肾脏功能不良的患者不推荐使用。上述患者应用应特别谨慎，需要调整用药剂量。到目前为止，不良反应尚未完全确定，可能引起肠道反应（包括呕吐、食欲不振和腹泻）。避免眼睛和黏膜接触。使用者在接触药品后要洗手或者用药时戴手套。会产生皮肤刺激现象，但很少发生。

（10）**药物相互作用** 药物相互作用相对少。与吡咯类药物不同，特比萘芬不经细胞色素 P450 氧化酶系代谢，因此，与其他经 P450 氧化酶系代谢药物不发生相互作用，也不会像酮康唑影响类固醇和可的松类药物浓度。特比萘芬会增加环孢霉素的消除。利福平会增加特比萘芬的消除。β-受体阻断剂、肝药酶抑制剂（如西咪替丁）等，由于代谢途径相同，会影响特比萘芬代谢。

（11）**剂型** 片剂、口服颗粒、皮肤乳膏和喷雾剂等。

（12）**常用药物** 盐酸特比萘芬喷雾剂。

5.14.1.8 克霉唑

（1）**化学结构** 见图 5-39。

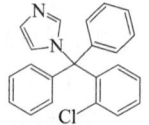

图 5-39 克霉唑

（2）**作用机制** 克霉唑抑制真菌细胞膜中麦角固醇的生物合成，从而提高膜通透性而最终导致膜上酶系统紊乱。通过改变细胞膜的通透性，加速胞内磷化物渗漏和钾离子外排，分解细胞核酸，从而抑制真菌微生物的分裂和生长。

（3）**抗菌谱** 对浅表真菌的疗效与灰黄霉素相似，对深部真菌作用比两性霉素 B 差。主要用于体表真菌病，如耳真菌感染和毛癣。其抗菌谱广泛，对兽医临床分离的大多数致病真菌和酵母菌具有极强的抗菌活性，尤其对厚皮马拉色氏菌有较好的抑制作用，并且对革兰氏阳性菌也具有抗菌活性。体外研究表明克霉唑对临床分离的红色毛癣菌、须疮发癣菌、絮状表皮癣菌、犬小芽孢菌、念珠菌、犬马拉色氏菌（犬属皮屑芽孢菌）等有抑制作用。局部用克霉唑对皮肤真菌和酵母菌有效，对由马拉色氏霉菌引起的局部损伤有效。对于治疗猫的皮肤真菌效果不明显。

（4）**药代动力学** 外用克霉唑难以被犬通过皮肤吸收。

（5）**药效动力学** 咪唑类抗真菌药物。

（6）**用药指南**

① 复方克霉唑软膏 犬耳部外用药，用于治疗犬由真菌（皮屑芽孢菌）感染和对庆大霉素敏感的细菌感染引起的急性和慢性外耳炎。

② 复方克霉唑滴耳液 用于治疗对马波沙星敏感的细菌和对克霉唑敏感的真菌（尤其是厚皮马拉色氏菌）引起的犬外耳道炎。

（7）**临床使用** 喷雾，推荐每天 2 次。用于局部感染的药膏每天至多 4 次。

（8）**安全性** 避免接触眼睛和黏膜。仅含有克霉唑成分的产品偶见皮肤刺激。如产品中还含有倍他米松等成分，还应考虑其他成分的安全性。大面积治疗时应谨慎用药，对于小型患病动物也应谨慎用药。如果仅在必要时用药，尽可能在较小的面积上用药可降低风险。随着用药浓度的增加和用药时间延长，用药风险也会增加。

（9）**剂型** 溶液、软膏、滴耳液等。

（10）**常用药物** 复方克霉唑软膏、复方克霉唑滴耳液。

5.14.1.9 咪康唑

（1）**化学结构** 见图 5-40。

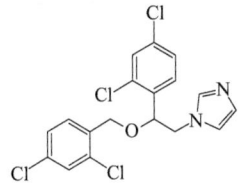

图5-40　咪康唑

（2）**作用机制**　选择性地抑制麦角固醇的合成（麦角固醇是酵母菌和真菌包括厚皮马拉色氏菌在内的细胞膜的重要成分），改变细胞膜的通透性，阻止营养物摄取，导致菌体死亡。

（3）**抗菌谱**　硝酸咪康唑具有明显的抗真菌活性和潜在的抗革兰氏阳性菌效力。

（4）**药代动力学**　咪康唑可以渗透完好的角膜上皮。

（5）**药效动力学**　咪唑类抗真菌药物。

（6）**用药指南**　复方咪康唑滴耳液用于治疗对庆大霉素敏感的细菌和对硝酸咪康唑敏感的真菌如皮屑芽孢菌等引起的犬外耳道炎和反复发作的犬外耳道炎。

（7）**剂型**　滴耳液等。

（8）**常用药物**　复方咪康唑滴耳液。

5.14.2　抗病毒药

病毒感染的发病率和传播速度均超过其他病原体所引起的疾病，严重危害畜禽的健康和生命，影响畜牧业生产。病毒病主要靠疫苗预防。目前尚未有对病毒作用可靠、疗效确实的药物，故兽医临床，尤其对食品动物不主张使用抗病毒药，主要问题是食品动物大量使用可能导致病毒产生耐药性，使人类的病毒病失去药物资源。本节主要介绍阿昔洛韦。

（1）**作用机制**　阿昔洛韦可被病毒优先吸收并转化成为有活性的三磷酸盐形式，抑制病毒DNA复制。

（2）**药理作用**　阿昔洛韦具有抗病毒作用，可抗多种病毒包括单纯性疱疹、巨细胞病毒和水痘带状疱疹病毒。

（3）**药代动力学**　阿昔洛韦生物利用度在犬试验上因剂量不同而各有差异。20mg/kg或更低剂量试验条件下，生物利用度为80%，但试验剂量为50mg/kg时生物利用度将至50%。马试验中口服生物利用度相当低（<4%），而且口服剂量上升至20mg/kg也不能产生足够浓度用于治疗马疱疹病毒。在犬、猫、马体内消除半衰期大约分别在3h、2.6h和10h。

（4）**临床使用**　阿昔洛韦可用于治疗多种鸟的疱疹感染以及猫的角膜或/和结膜的疱疹感染。用于猫疱疹病毒-Ⅰ感染，1025mg/kg，口服，每天2次。

（5）**安全性**　用于肠道外治疗时，潜在不良反应包括血栓性静脉炎和急性肾衰竭。口服或肠道外治疗也可出现胃肠道紊乱。用于猫时，初期的不良反应包括白细胞减少和贫血，停药后可恢复。在犬中常见临床症状频率由高到低排列为：呕吐，腹泻，嗜眠；在猫中常见临床症状为呕吐。

（6）**药物相互作用**　两性霉素B可增强阿昔洛韦的抗病毒效应。

（7）**剂型**　片剂、胶囊、口服液。

（8）常用药物　目前我国未批准阿昔洛韦的兽药产品。

主要参考文献

[1] 赵月 . 恩诺沙星对氟喹诺酮类耐药基因 qnrS 向沙门菌转移的影响[D]. 武汉：华中农业大学，2021.

[2] 曹刚 . 喹诺酮类抗菌药物杀菌的两条不同途径及其作用机制研究[D]. 厦门：厦门大学，2018.

[3] 左鑫 . OxyR 在细菌对氟喹诺酮类抗生素的耐药性产生过程中的作用[D]. 重庆：西南大学，2021.

[4] 刘敏，刘秀芬，于慧，等 . 金黄色葡萄球菌对喹诺酮类药物耐药研究进展[J]. 检验医学与临床，2020，17（22）：3363-3366.

[5] 梁清清 . DNA 拓扑异构酶Ⅰ对铜绿假单胞菌 PAO1 致病性的调节机制的研究[D]. 西安：西北大学，2019.

[6] 吕红玲，刘春林，邓德耀，等 . 临床常见病原菌对喹诺酮类抗菌药物的耐药性分析[J]. 检验医学与临床，2021，18（21）：3148-3152+ 3156.

[7] 陈苏蒙，薛毅，赵程祥，等 . 恩诺沙星和环丙沙星在肉鸡体内残留与代谢研究进展[J]. 中国兽药杂志，2022，56（03）：72-79.

[8] 陈佳莉，陈超群，吴雪，等 . 副猪嗜血杆菌对喹诺酮类药物流行病学临界值的建立[J]. 中国畜牧兽医，2021，48（11）：4292-4301.

[9] 谢洁，龚晓云，翟睿，等 . 动物源性食品中喹噁啉类药物及其代谢物残留检测技术研究进展[J]. 食品安全质量检测学报，2018，9（15）：3958-3963.

[10] Khatoon H, Abdulmalek E. Novel synthetic routes to prepare biologically active quinoxalines and their derivatives: A synthetic review for the last two decades[J]. Molecules, 2021, 26（4）: 1055.

[11] Vieira M, Pinheiro C, Fernandes R, et al. Antimicrobial activity of quinoxaline1, 4-dioxide with2- and3-substituted derivatives[J]. Microbiol Res, 2014, 169（4）: 287-293.

[12] 张秀珍，刘云，徐英江，等 . 新型喹噁啉类药物在水产养殖中的有效性及安全性研究进展[J]. 食品安全质量检测学报，2013，4（1）：38-44.

[13] Cheng G, Sa W, Cao C, et al. Quinoxaline 1, 4-di-n-oxides: Biological activities and mechanisms of actions[J]. Front Pharmacol, 2016, 7: 64.

[14] Maan M K, Weng Z, Dai M, et al. The spectrum of antimicrobial activity of cyadox against pathogens collected from pigs, chicken, and fish in china[J]. Antibiotics（Basel），2021, 10（2）: 153.

[15] Strahilevitz J, Jacoby G A, Hooper D C, et al. Plasmid-mediated quinolone resistance: a multifaceted threat[J]. Clin Microbiol Rev, 2009, 22（4）: 664-689.

[16] 沈建忠，谢连金 . 兽医药理学[M]. 北京：中国农业大学出版社，2000.

[17] Friend D G. Penicillin G[J]. Clinical Pharmacology and Therapeutics, 1966, 7（3）: 421-424.

[18] 于海军 . β-内酰胺类抗生素作用机制及头孢菌素发展[J]. 石家庄职业技术学院学报，2009，21（02）：12-16.

[19] 戴德银，徐力，刘英 . 青霉素类药物抗菌作用及其临床应用进展[J]. 现代临床医学，2008（02）：145-147.

[20] 张岩，陶柏秋，白雪梅．青霉素的现状及发展[J]．内蒙古教育（职教版），2012（05）：78-79.

[21] Rolinson G N, Sutherland R. Semisynthetic penicillins[J]. Advances in Pharmacology and Chemotherapy, 1973, 11: 151-220.

[22] 周惠殊．β-内酰胺类抗生素的结构改造及构效关系的探讨[J]．国外药学（抗生素分册），1980（01）：1-22.

[23] Ball A P, Gray J A, Murdoch J M. Antibacterial drugs today[J]. IDrugs the investigational drugs journal, 1975, 10（1）: 1-55.

[24] Valegrd K, Scheltinga A, Lloyd M D, et al. Structure of a cephalosporin synthase[J]. Nature, 1998, 394（6695）: 805-809.

[25] 薛雨，陈宇瑛．头孢菌素类抗生素的最新研究进展[J]．中国抗生素杂志，2011，36（2）：86-92.

[26] 张国红．兽医抗感染药物的合理应用（一）——青霉素类抗生素的合理应用[J]．动物保健，2004（02）：16-18.

[27] 徐宝国．浅谈头孢菌素的构效与临床应用[J]．镇江医学院学报，2000，010（003）：568-570.

[28] 徐昌盛，陈国华，梁美凤．第四代头孢菌素的作用特点及应用前景[J]．江苏药学与临床研究，2001，9（4）：6-7.

[29] 陈娣．从结构看第四代头孢菌素的药理特点和作用[J]．中国实用内科杂志，2019，39（11）：1011-1014.

[30] 苏丹，罗璨．第5代头孢菌素类药物研究进展[J]．中国药房，2012，23（32）：3057-3061.

[31] 马帅，袁红，赵俊，等．新型广谱头孢菌素类抗生素头孢洛林酯[J]．中国抗生素杂志，2015，40（2）：145-153.

[32] Soriano A. Ceftaroline[J]. Revista espanola de quimioterapia, 2021, 34（S1）: 29-31.

[33] Mascaretti. Bacteria versus antibacterial agents: An integrated approach[M]. American Society of Microbiology, 2003.

[34] 谢立成．单环β-内酰胺抗生素氨曲南的合成与研究[D]．南京：南京理工大学，2005.

[35] 苟大明，李正化．非典型内酰胺类抗生素的化学研究进展[J]．中国抗生素杂志，1989，14（3）：216-222.

[36] 王春，魏伟．β-内酰胺酶及其抑制剂研究进展[J]．安徽医学，2013，34（10）：1429-1441.

[37] 宋丹青，张致平．青霉烷砜类β-内酰胺酶抑制剂的研究进展[J]．国外医药（抗生素分册），2000（02）：68-70+97.

[38] 韩江雪，刘忆霜，肖春玲．β-内酰胺酶抑制剂研究进展[J]．中国抗生素杂志，2019，44（06）：647-653.

[39] Drawz S M, Bonomo R A. Three decades of β-lactamase inhibitors[J]. Clinical microbiology reviews, 2010, 23（1）: 160-201.

[40] 蔡文辉，张文莉，付英梅，等．β-内酰胺酶抑制剂研究进展[J]．中国抗生素杂志，2013，38（11）：805-809.

[41] Abraham E P, Chain E. An enzyme from bacteria able to destroy penicillin[J]. Reviews of infectious diseases, 1988, 10（4）: 677-678.

[42] 刘保光，汪保英，栗俞程，等．CTX-M型超广谱β-内酰胺酶研究进展[C]．中国畜牧兽医学会兽医药理毒理学分会第十五次学术讨论会论文集，2019.

[43] 虞春华，丁岚，柯慧，等．大肠埃希菌耐药机制的研究进展[J]．实验与检验医学，2017，35（02）：215-218.

[44] 马强，杨蕊，万佳宏，等．宁夏地区牛源金黄色葡萄球菌β-内酰胺酶的分析及作用方式的研究[J]．畜牧兽医学报，2020，51（05）：1138-1148.

[45] 刘淑敏，杜艳．肠杆菌科细菌对β-内酰胺类抗生素耐药机制的研究现状[J]．微生物学免疫学进展，2014，42（05）：69-72.

[46] 苏思婷，毛丹丹，许师文，等．青霉素结合蛋白及其介导细菌耐药的研究进展[J]．微生物学通报，2017，44（04）：902-910.

[47] Gordon R J, Lowy F D, Gordon R J, et al. Pathogenesis of methicillin-resistant Staphylo-

coccus aureus infection[J]. Clinical Infectious Diseases, 2008, 46（Suppl5）： S350-S359.

[48] Kearns A M, Graham C, Burdess D, et al. Rapid real-time PCR for determination of penicillin susceptibility in pneumococcal meningitis, including culture-negative cases[J]. Journal of Clinical Microbiology, 2002, 40（2）： 682-684.

[49] 解晓双, 赵玉军, 张德显, 等 . PBPs 介导革兰氏阴性菌对 β-内酰胺类抗生素的耐药机制[J]. 中国预防兽医学报, 2013, 35（02）： 169-172.

[50] 朱安祥, 朱瑞奇, 吴韩, 等 . β-内酰胺类抗生素耐药机制研究进展[J]. 江西畜牧兽医杂志, 2019（02）： 1-3.

[51] Sandberg A, Hessler J H, Skov R L, et al. Intracellular activity of antibiotics against Staphylococcus aureus in a mouse peritonitis model[J]. Antimicrobial Agents and Chemotherapy, 2009, 53（5）： 1874-1883.

[52] Barcia-Macay M, Seral C, Mingeot-Leclercq M P, et al. Pharmacodynamic evaluation of the intracellular activities of antibiotics against Staphylococcus aureus in a model of THP-I macrophages[J]. Antimicrobial Agents and Chemotherapy, 2006, 50（3）： 841-851.

[53] 刘斌, 刘又宁, 王睿, 等 . 抗生素对细胞内致病原的药动学及药效学[J]. 中国抗生素杂志, 2015, 40（06）： 474-480.

[54] Bradley A J, Breen J E, Payne B, et al. The use of a cephalonium containing dry cow therapy and an internal teat sealant, both alone and in combination[J]. Journal of Dairy Science, 2010, 93（4）： 1566-1577.

[55] Thomas E, Thomas V, Wilhelm C. Antibacterial activity of cefquinome against equine bacterial pathogens[J]. Veterinary Microbiology, 2006, 115（1-3）： 140-147.

[56] Christ W. Pharmacological properties of cephalosporins[J]. Infection, 1991, 19（S5）： 224-252.

[57] Ambros L, Kreil V, Tarragona L, et al. Comparative pharmacokinetics of intravenous cephalexin in pregnant, lactating, and nonpregnant, nonlactating goats[J]. Journal of Vetrinary Pharmacology Therapy, 2011, 34（4）： 397-402.

[58] 李梅, 孙灵灵, 袁宗辉, 等 . 兽用头孢菌素类抗生素研究进展[J]. 中国畜牧兽医, 2018, 45（07）： 1978-1989.

[59] 梁蓓蓓, 王睿 . β-内酰胺类抗生素的药动学/药效学研究进展[J]. 中国新药杂志, 2004（04）： 310-313.

[60] Barza M, Kane A, Baum J. Ocular penetration of subconjunctival oxacillin, methicillin, and cefazolin in rabbits with staphylococcal endophthalmitis[J]. The Journal of infectious diseases, 1982, 94（6）： 899-903.

[61] Kaleshwari L P, Ahmad A H, Verma S, et al. Pharmacokinetics of amoxicillin and cloxacillin following single dose intravenous and intramuscular administration in goats[J]. Journal Of Veterinary Pharmacology And Toxicology, 2018, 17（2）： 53-56.

第6章
抗寄生虫药

6.1

概述

寄生虫病是寄居者暂时或永久寄居于另一种生物的体表或体内，夺取被寄居者的营养物质，并给被寄居者造成不同程度损害的一种慢性消耗性疾病。动物寄生虫病是畜禽养殖过程中存在的主要问题，对养殖生产有着很大的影响，寄生虫病不仅在养殖业危害严重，在伴侣动物体内还可能将寄生虫传染给人类，从而损害人类健康。动物寄生虫种类繁多，根据其与宿主的关系，可分为专性寄生虫、兼性寄生虫、体内寄生虫、体外寄生虫和机会致病寄生虫。

我国控制寄生虫的传统药物主要以植物来源的药物为主，至今有部分效果很好的药物仍在使用，比如槟榔、山道年、土荆芥油等。近些年随着科学技术的进步，抗寄生虫药逐渐增多，大多为化合物。大约从 20 世纪 60 年代，部分化合物又衍生出很多新型药物。我国在兽用抗寄生虫药物研制方面有了很大发展，但整体研发水平仍然较低，以药物筛选和制剂开发为主。

6.1.1 抗寄生虫药分类

动物抗寄生虫类药物主要用于杀灭、驱除和预防动物寄生虫，主要分为抗蠕虫药、抗原虫药和杀虫药等。动物抗寄生虫药物对动物寄生虫病防控、畜牧业健康发展和公共卫生安全具有重要保障作用。国外一份调查以捻转血矛线虫为重点显示了治疗胃肠道线虫感染（GIN）面临的问题：驱虫药的使用率较低（45%），其中大多数人（76%）每年只对动物用药一次，主要使用伊维菌素（59%）和阿苯达唑（19%），其他药物很少使用；给药剂量不准，63% 的人通过目测动物的体重，计算给药量，在给药前只有 22% 的人校准了给药枪，用药剂量不足可能会导致抗药性的产生；检疫程序和驱虫程序不当，如未经诊断就经验性地过度使用驱虫药，这可能导致抗药性的产生。抗寄生虫药物的大量使用使寄生虫感染的病例逐渐减少，但是寄生虫为自身生存不断适应环境产生了部分抗药性。随着饲养条件改善，防控相对较好，兽医临床似乎也在慢慢忽略动物感染寄生虫的可能。但是在兽医临床上，寄生虫的感染往往会影响畜禽生产性能，但导致死亡的病例较少，大多属于消耗营养性，动物蛋、肉、乳产量降低，直接影响经济效益，造成不同程度的损失。此外，部分寄生虫属于人畜共患病，比如线虫、绦虫和部分原虫，通过动物源性食品方式感染人类，威胁人类健康。

寄生虫病在临床中，普遍被兽医分为体内寄生虫病和体外寄生虫病，用于杀死体内外寄生虫的药物统称为抗寄生虫类药物。抗寄生虫药的分类有多种标准，例如兽医临床通常以抗虫谱的不同进行分类，还可以根据杀虫药和驱虫药进行分类，以及根据药物的原有性质进行分类等。不同的分类方法有助于深入了解抗寄生虫药物的药理作用及药用价值，我们根据药物的抗虫作用及寄生虫种类进行分类。

6.1.1.1　抗蠕虫药

（1）抗线虫药

（2）抗绦虫药

（3）抗吸虫药

6.1.1.2　抗原虫药

（1）抗球虫药

（2）抗锥虫药

（3）抗焦虫药

6.1.1.3　抗体外寄生虫药

（1）有机磷类

（2）拟除虫菊酯类

（3）其他

6.1.1.4　抗体内外寄生虫药：大环内酯类

（1）阿维菌素类

（2）美贝霉素类

6.1.1.5　其他抗寄生虫药

抗寄生虫药的分类方法还有很多，这种方法是全面了解抗寄生虫药物机制的有效途径；每一种药物的作用对象不仅是一类寄生虫，可能是多类寄生虫（如吡喹酮），也可能抗寄生虫的同时又具有抗菌作用（如阿奇霉素）、提高免疫力（如左旋咪唑）或降低免疫力（如甲硝唑）等。

6.1.2　抗寄生虫药作用机制

了解抗寄生虫类药物分类的同时要了解他们的作用机制，抗寄生虫药物的种类繁多，化学结构不相同，所以作用机制也不同，目前很多抗寄生虫类药物的机制并不详细，甚至并不知道其真正的作用机理，为此，我们查阅大量文献，总结了以下几个方面的作用机制。

（1）干扰寄生虫的代谢　部分抗寄生虫类药物可直接干扰寄生虫虫体的物质代谢过程。例如三氮脒抑制虫体 DNA 合成，从而使原虫的生长繁殖停止，按 $3\sim5\mathrm{mg/kg}$ 体重肌内注射给药可以治疗双芽巴贝斯虫病、牛巴贝斯虫病、吉氏巴贝斯虫病、犬巴贝斯虫病等；氯硝柳胺可干扰寄生虫虫体氧化磷酸化过程，使 ATP 的合成减少，导致绦虫缺乏能量，最终绦虫头节对肠壁的吸附能力降低而被排出体外，氯硝柳胺（灭绦灵）治疗羊绦虫病，口服量 $50\sim70\mathrm{mg/kg}$ 体重，投药前停止饲喂 $5\sim8\mathrm{h}$。一次口服，3 天后羊群病情得到控制，全部痊愈。有机氯杀虫剂的作用是干扰寄生虫体内的肌醇代谢；氨丙啉与寄生虫体内的维生素 B 化学结构相似，在球虫代谢过程中氨丙啉取代维生素 B 导致球虫不能正常代谢，在饲料、饮用水中或口服 $5\mathrm{mg/kg}$ 21 天，预防牛球虫病；或口服 10mg/kg 5 天，治疗牛球虫病。用于治疗羊致病性艾美耳球虫病，由于耐药性的增加，建议使用 50mg/kg 体重，每日口服一次，连续 5 天，可有效减少卵囊脱落；苯并咪唑类药物能抑制寄生虫虫体微管蛋白的产生，使葡萄糖的吸收减少最终引起虫体死亡。芬苯达唑，按每千克体重 5～10mg 内服给药，每日一次，连用三天，对牛贾第虫有效。

（2）抑制寄生虫体内酶的合成　某些抗寄生虫药物通过抑制虫体内的酶活性，从而干扰其代谢过程，如广谱驱线虫药左旋咪唑，可抑制虫体延胡索酸还原酶的活性，阻断延胡索酸还原为琥珀酸，干扰虫体糖代谢过程，虫体内 ATP 生成减少，导致虫体麻痹。用药初期排出尚有活动性线虫体，晚期排出的虫体则死去甚至腐败。相似作用的还有硫双二氯酚、硝硫氰胺和硝氯酚等药物。有机磷酸酯类药物能与胆碱酯酶结合，使其失去水解乙酰胆碱的能力，导致虫体内乙酰胆碱的积累，引起虫体兴奋、痉挛，最终导致其麻痹和死亡。

（3）作用于寄生虫体的神经肌肉系统　部分抗寄生虫类药直接作用于寄生虫虫体内的神经肌肉系统，影响其运动功能，而使虫体麻痹死亡。例如咪唑并噻唑类药物具有烟碱激动剂活性，通过干扰神经肌肉系统导致寄生虫痉挛和麻痹。这些药物也能干扰寄生虫的能量生成系统。在无脊椎动物体内，烟碱型乙酰胆碱受体是神经功能活动的基础，但在哺乳动物体内该受体的生理机能和分布不同。阿维菌素类药物通过促进 GABA（γ-氨基丁酸）的释放，导致神经肌肉传导受阻，使寄生虫体产生弛缓性麻痹，最终导致虫体死亡或被排出体外；而噻嘧啶能直接与寄生虫体内的胆碱受体结合，产生类似乙酰胆碱的作用，引起虫体肌肉强烈收缩，最终导致痉挛性麻痹和死亡，可按 9.7mg/kg 体重将酒石酸甲噻嘧啶混入配合饲料中，可用于驱除牛的血矛属、奥斯特属、毛圆属、古柏属、细颈属线虫和结节虫如辐射食道口线虫的成虫；哌嗪有箭毒样作用，使虫体肌细胞膜超极化，引起弛缓性麻痹；在鸡和火鸡，哌嗪按 32mg/kg 体重的剂量经饲料和饮水给药，连用 2d，对鸡蛔虫很有效，但对寄生于盲肠的鸡异刺线虫无效。

（4）干扰寄生虫体内的离子转运　聚醚类抗生素是离子载体类药物，包括莫能霉素、盐霉素和拉沙洛西钠（15％制剂商品名为球安）。这类药物作用机理相似，妨碍细胞内外阳离子的传递。药物易与金属阳离子形成离子复合物，这种复合物脂溶性强，容易进入生物膜的脂质层，使细胞内外离子浓度发生变化，影响渗透压，最终导致细胞崩解引起虫体死亡。哌嗪类药物能改变虫体肌细胞膜的离子通透性，使肌细胞超极化，减少自发电位发生，使蛔虫肌肉松弛，虫体不能在肠壁附着，随粪便排出体外。单价单糖苷聚醚离子载体类药物盐霉素，对鸡球虫的裂殖子和无性生殖后阶段有活性，对产蛋量或蛋的质量无不良影响。但是，饲喂含有盐霉素的饲料会导致马和成年火鸡死亡，其毒性主要与神经系统症状有关。

部分抗寄生虫类药物，不仅仅有一种作用机制。例如吡喹酮对吸虫最初的作用是使虫体肌肉麻痹性收缩，然后虫体表皮破裂，暴露出抗原，使宿主免疫细胞附着并渗入虫体。整个过程包括葡萄糖摄取、糖原储存、ATP 含量和乳酸释放减少等，这些变化都与细胞内 Ca^{2+} 的变化有关，使 Ca^{2+} 在虫体肌细胞内增加，研究普遍认为吡喹酮主要的作用靶位是 Ca^{2+} 通道。

6.1.3　抗寄生虫药面临的问题

抗寄生虫药在兽医临床中面临两大问题，一是抗寄生虫药的耐药性，二是新药物研发缓慢。

抗寄生虫类药物的耐药性似乎没有严格的定义。大多数报道：在一个群体中，当有较大数量的个体比正常敏感群体能耐受某个化合物的剂量时，说明存在耐药性。与抗微生物药物不同的是，抗寄生虫类药物，尤其是抗蠕虫类药物，一旦产生耐药性，就是蠕虫群体产生耐药性，而非单个个体产生耐药性，而且不会出现敏感性恢复。此外，驱蠕虫药的耐药性产生是可遗传的，这也是导致耐药性的产生很难恢复的主要原因。寄生虫耐药性的产生机制包括以下几个方面：

①改变寄生虫酶系统的活性；②寄生虫细胞药物受体的数量、结构或亲和性的改变；③靶基因的扩增以抵抗抗寄生虫药的作用；④分子变化影响药物在细胞内作用部位的蓄积（例如摄入减少、主动外排增加和代谢增加）。

在某个群体中寄生虫耐药性的传播速率取决于抗寄生虫药物治疗后存活的虫体将耐药基因遗传给下一代的数量，这种数量受多种因素影响。例如成虫的繁殖率、寄生虫避难所、药物的作用特点（治疗频率和时间、药物在宿主体内的存留时间、剂量和药效）、幼虫数量、饲养管理、气候环境等，这里的避难所指的是环境中未受药物治疗的寄生虫亚群，避难所中寄生虫的数量越多，养殖群体中因选择压力产生耐药性就越慢。

抗寄生虫药的耐药性的产生在我国依然没有被重视，可能是我国寄生虫的耐药性依然处于低水平耐药，甚至没有产生耐药性。但了解相关耐药的产生有助于防患于未然，合理使用抗寄生虫类药物，从而延长抗寄生虫类药物使用时间。此外，应加大新型抗寄生虫类药物研发的投入，虽然新型药物研发需花费很大的代价，但寄生虫的耐药趋势逼迫我们加快步伐研究新的抗寄生虫类药物。在此之前，应充分利用现有驱虫药，以达到延长抗寄生虫药的使用时间要求。提高生物利用率是延长抗寄生虫药物使用时间的有效手段，并且能加大对耐药寄生虫的效果（只针对耐药机制取决于药物浓度的抗寄生虫药物），延缓抗寄生虫药物耐药的产生主要包含以下4个方面：

①改变抗寄生虫药物的药学技术以增加药物吸收；②在给药前后禁食禁水以提高给药的生物利用率；③使用药理干扰，以减少抗寄生虫药物的外排；④干扰药物的代谢和排泄等。

除此之外，对不同寄生虫感染情况，使用直接有效的药物，或对同一寄生虫选择不同作用方式的药物，或轮换使用不同作用的药物，也是减少耐药性产生或延缓耐药性产生的方法。再者，对养殖场常见寄生虫耐药性检测，也可以延长药物的使用时间。减少寄生虫耐药性的产生及延长抗寄生虫药物的使用时间，不是一劳永逸的办法，对新型抗寄生虫类药物的研发才是当下解决问题的根本。一种新型抗寄生虫类药物应满足以下条件：

① 安全/无毒：抗寄生虫类药物的治疗指数要求大于3，对虫体毒性大，对宿主毒性小或无毒性才是安全的。

② 广谱、高效：广谱高效的抗寄生虫药物应是少量使用对多种寄生虫及其幼虫甚

至虫卵都有驱杀效果，小剂量效果好，兽医临床中多种寄生虫同时感染是非常常见的情况。

③ 适于群体给药的理化特性：内服给药，药物应无味、适口性好，可混于饲料中，溶于水的新药也可直接混于水中给药；注射给药对皮下组织无刺激性；驱体外寄生虫药物应能溶于溶媒中，以喷雾的方式进行用药，更为理想的广谱抗寄生虫药物可以浇泼的方式进行给药，既能对体外寄生虫有杀灭作用，又对体外寄生虫有驱杀效果。

④ 廉价：部分抗寄生虫类药物因为价格较高无法在临床中大规模使用，甚至无法使用。

⑤ 无残留：减少药物残留是对人体一种保护，好的抗寄生虫类药物不残留于肉、蛋、奶中，或休药期很短，以避免对人体产生危害。

对抗寄生虫类药物的全面了解，有助于全面有效地控制寄生虫对家畜及人的危害，在临床使用中需要我们注意一些要点，包括以下几个方面：

① 抗寄生虫类药物的使用是药物、寄生虫和宿主之间的动态关系。三者之间的关系相互制约，相互影响，所以在选择抗寄生虫药物时应了解寄生虫种类、寄生方式、生活史、病情发展、流行性及宿主状态、感染范围、季节因素等。对抗寄生虫类药物的充分了解，包括毒性、安全性、作用机制、代谢过程等，选择临床效果好、不易产生耐药性及安全性高、使用给药途径合理的药物。

② 对养殖场大规模使用抗寄生虫类药物时，建议先选择个别动物进行实验，探究药物的可行性及使用方法。

③ 尽量选择对不同寄生虫效果都较好的药物，并定期更换不同作用效果的药物，或同时使用多种作用机制的药物。

④ 严格按要求使用药物，熟悉药物在宿主体内的分布情况，遵守休药期规定，以避免药物残留对人体的危害。

熟悉并掌握抗寄生虫类药物药理学作用给药途径、剂型、药物理化性质、药物动力学、药效学和耐药性，是防治寄生虫病的前提。

6.2

抗蠕虫药

6.2.1 驱线虫药

6.2.1.1 大环内酯类

阿维菌素类和美贝霉素类属于 16 元大环内酯类杀体内外寄生虫类药物，是目前唯一一类体内外均有杀灭作用的抗寄生虫类药物。大环内酯类抗寄生虫类药物也是目前国内外使用较多的药物，是由土壤中链霉菌发酵产生。本章节将通过系统描述阿维菌素类、美贝霉素类抗寄生虫药物的作用机制、药效学、药物动力学、耐药性等几个方面，对部分常用药物进行详细说明，以便相关人员了解和使用。

（1）化学结构

① 阿维菌素类　阿维链霉菌经过发酵后会产生多种成分，其中就有阿维菌素，阿维菌素是多种成分的混合物。阿维菌素类药物包括阿维菌素、伊维菌素、埃普利诺菌素、多拉菌素、赛拉菌素等天然和半合成物，其中阿维菌素也是生产伊维菌素的原料。伊维菌素是阿维菌素化学修饰成两种药物的混合物，一种为 C_{22-23} 双氢阿维菌素 B1a，另一种是 B1b，前者含量在 80％以上，后者含量低于 20％。埃普利诺菌素是半合成阿维菌素类化合物，主要用于牛的局部用药，目前在国内使用较少。赛拉菌素是多拉菌素的半合成单糖肟衍生物，近些年常用于犬、猫的体内外驱虫，在国内使用最多的为美国辉瑞公司生产的大宠爱。阿维菌素结构式轻微的改变就可能产生较大活性变化，伊维菌素和多拉菌素单糖 C_5 上—OH 变成—OXO，就会降低对捻转血矛线虫幼虫的活性。

② 美贝霉素类　美贝霉素类包括奈马菌素、莫西菌素和美贝霉素肟，美贝霉素肟内含有两个 C_5-去双氢美贝霉素肟的衍生物 A_3、A_4，A_3 占 80％，A_4 占 20％，奈马菌素是由蓝灰链霉菌在一定控制下培养得到的，莫西菌素（23-O-甲肟奈马菌素）可由奈马菌素化学修饰得到。阿维菌素和美贝霉素均属于大环内酯类抗寄生虫药物，在化学结构上极其相似，美贝霉素类在大环内酯环的 C_{13} 上没有双糖取代基，莫西菌素与伊维菌素在 C_{23} 也不相同，莫西菌素在 C_{23} 上缺乏甲肟基，在 C_{25} 上多出一个取代烯族侧链。但两类药物的作用机制、理化性质基本相同。

（2）作用机制　阿维菌素类和美贝霉素类作用范围广泛，对体内线虫（除绦虫和吸虫外）和体外螨、虱、跳蚤均有效果。大环内酯类药物通过 GABA 和谷氨酸门控氯离子通道（GluCl）使虫体活动减弱和麻痹。大环内酯类作用于这两种受体，对 GABA 受体所需要的量比 GluCl 受体要高很多。大环内酯类药物作用方式是与 GluCl 高亲和性结合，在氯离子膜传导上产生一种缓慢、不可逆的增加、超极化，使无脊椎动物躯体肌细胞松弛麻痹。大环内酯类药物对线虫和节肢动物通过对咽泵的麻痹导致其死亡，主要是影响寄生虫对营养物质的吸收，对寄生虫肌肉组织的影响致使其停留在宿主体内偏好部位的能力受到限制。再者，大环内酯类药物对雌性寄生虫的生殖系统也有影响，用药后可见虫卵明显减少。

GluCl 是在无脊椎动物中发现的配体门控离子通道超家族之一，在很多寄生虫中发现了不同的亚型，这些发现对大环内酯类抗寄生虫类药物的耐药机制产生提供了理论依据。在神经和肌肉细胞上的 GluCl 通道与大环内酯类药物诱导电生理之间存在一定的相关性，但大环内酯类药敏感性与受体上的 α 亚单位有关，该受体由多个基因编码，这些说明对大环内酯类药物的耐药性由多个基因控制。阿维菌素类药物和美贝霉素类药物抗虫谱并不完全相同，不仅如此，在药效上也存在差异，但因为他们在化学结构式上存在较小的变化，这种差异并不是很大。在耐药线虫使用这两类药物，美贝霉素相对伊维菌素表现出更好的抗虫效果。Prichard 等人使用伊维菌素和莫西菌素激活非洲蟾蜍卵母细胞上受体通过

EC_{50} 值来对比两者的效果，发现莫西菌素的效果是伊维菌素的 2.5 倍。这些都说明美贝霉素类药物的作用效果比阿维菌素要好。

药物转运蛋白 P-糖蛋白（P-gP）对大环内酯类药物有外排作用，能降低药物在 GluCl 受体作用位点的浓度。研究表明 P-gP 与大环内酯类药物的耐药性相关，并且 P-gP 与伊维菌素药物亲和力大于莫西菌素，例如捻转血矛线虫有许多不同的 P-gP 过表达，导致对大环内酯类药物耐药。

（3）**抗虫谱** 大环内酯类药物对体内线虫和体表节肢动物寄生虫具有良好驱杀作用。对哺乳动物体内的胃肠道线虫（蛔虫、钩虫）、肺线虫、眼线虫、恶丝虫、旋毛虫、血管圆线虫、毛细线虫有效。对哺乳动物体外的节肢动物包括螨（疥螨、耳螨、蠕形螨等）、蝇（血蝇、羊蜱蝇、羊狂蝇等）、虱（血虱等）和蜱（蓖麻硬蜱等），有很好的抗虫作用。对鱼体外寄生虫车轮虫有效。

（4）**耐药性** 几乎所有抗线虫类化学药物都产生了耐药性，大环内酯类药物同样也产生了耐药性，尤其近些年大环内酯类药物的使用在不断地增加，对肠道线虫的选择压力也在不断加大。由于大环内酯类药物的作用靶点是谷氨酸门控氯离子通道及外排泵（P-gP），所以谷氨酸门控氯离子通道改变及 P-gP 的表达增加是大环内酯类药物耐药的主要原因。例如，捻转血矛线虫对伊维菌素耐药，但与维拉帕米同时使用时可增强伊维菌素和莫西菌素的效果。

捻转血矛线虫是最早在羊的体内发现对伊维菌素耐药的寄生虫，后来逐渐传播开，到目前为止很多羊体内寄生的线虫对大环内酯类药物耐药，例如蛇形毛圆线虫的野生株。自 20 世纪 80 年代伊维菌素使用开始，大环内酯类药物的大量广泛使用导致牛羊的体内线虫产生了耐药性，相对伊维菌素，目前仅有莫西菌素依然保持着良好的效果，可能是莫西菌素的药动学与药效学与其他大环内酯类药物不同所致。

在不同动物使用大环内酯类药物均产生不同程度的耐药性。但马属动物对伊维菌素耐药性并没有相关报道，除此之外大环内酯类药物在犬使用是每月一次用来控制犬恶丝虫感染，也没有相关文献报道产生耐药性。无论是犬还是马属动物，在此种情况下耐药性的产生似乎是早晚的问题。大环内酯类药物耐药性的产生需要我们重视，该如何延长药物的使用年限，减少药物使用的选择性压力，及对新药物的研发迫在眉睫。

（5）**药代动力学**

① 在组织和血液之间的交换 大环内酯类药物的动力学与作用效果有着直接的联系，主要与寄生虫在体内外接触药物的时间、浓度有关。不同的药物虽然理化性质、作用机制相似，但不完全相同，不同剂量、剂型、使用方法均能产生不同的效果。所以，任何导致药物在血液和组织之间变化的改变都有可能影响所给药物的抗虫效果。在 1997—2006 年，科研人员对大环内酯类抗寄生虫药物的药物动力学展开了广泛的研究。例如伊维菌素、多拉菌素、莫西菌素在牛血中和组织中的分布动力学比较研究；伊维菌素、埃普利诺菌素、莫西菌素在骆驼血中和乳汁中的比较动力学研究；多拉菌素和莫西菌素在山羊和绵羊消化道代谢的稳定性和肠道吸收及淋巴转运；再者，研究人员对埃普利诺菌素在牛和山羊的血和乳汁中的分布特征研究，及大环内酯类药物在绵羊经乳汁中消除方式的比较研究，及对乳制品中药物残留进行检测。这些研究促进人们对大环内酯类药物

的药物动力学的了解。

莫西菌素、多拉菌素和伊维菌素在牛寄生虫感染部位的特征，多拉菌素经过绵羊消化道时在消化液和食糜中的动力学特征，这些为理解大环内酯类药物在反刍动物的寄生虫作用相对持久性的研究提供大量的支持。大环内酯类药物脂溶性高，在组织中分布广泛，与寄生组织中可利用性相一致，在组织中的浓度在 50～60d 后明显大于血液中的浓度。有研究表明血浆浓度与组织中的浓度存在相关性，与血浆浓度相比，伊维菌素、多拉菌素和莫西菌素在所有的靶组织中浓度更高。

大环内酯类药物对消化道内大多数线虫和肺部的胎生网尾线虫成虫及虫卵均具有效果，并且作用持久。牛经非肠道给多拉菌素后发现在肺部的药物浓度最高可达到 AUC：1351ng/（d·g），组织/血浆 AUC 比值为 2.47，所以对肺部的蠕虫表现出较好的抗虫活性。此外，由于大环内酯类药物在消化道黏膜组织分布广泛及保留时间较长，所以大环内酯类药物对消化道内的成虫及幼虫有高效的驱虫活性。实验证明，静脉注射水溶性微胶囊后检测药物动力学变化，发现多拉菌素比伊维菌素在血浆中有更高的浓度及保留时间，半衰期为（89±12）h，清除率为（0.22±0.04）mL/（min·kg）；在检测组织中药物浓度时，与伊维菌素和多拉菌素在血液中的动力学变化相一致，说明组织中药物动力学与血液中药物动力学变化相一致。相对于伊维菌素，多拉菌素油基质制剂及 C_{25} 存在环己烷基团造成多拉菌素被代谢的速率减慢，从而使其在血浆和组织中的浓度更高。

在所有抗寄生虫类药物中，莫西菌素的脂溶性最高，因为高亲脂性其在组织中的分布最为广泛和保留时间较长，分布容积较大，牛在给药 28d 后脂肪中的药物含量是血浆中的90 倍。在消化道黏膜、肺部、皮肤中检出莫西菌素的浓度为 1～2ng/g，58d 后在这些组织中依然存在 0.1ng/g 以上。高抗体内外寄生虫活性与寄生组织中高 C_{max} 和药物可利用度总和相关，与莫西菌素的广泛分布相一致。莫西菌素在组织中的消除半衰期可达到7.73～11.8d，比伊维菌素、多拉菌素在同一组织中的半衰期都要长很多。脂肪作为莫西菌素的储存库，是延长药物对寄生虫作用的主要原因。

大环内酯类药物（除埃普利诺菌素）均可通过乳汁排泄，所以禁止在泌乳动物中使用。为解决此问题研发出埃普利诺菌素，可局部用于牛。埃普利诺菌素局部用药后，奶中药物和血浆中药物含量的比值为 0.1～0.2，而伊维菌素和莫西菌素的比值接近 1。除此之外埃普利诺菌素与其他大环内酯类药物几乎相同。埃普利诺菌素是所有大环内酯类药物中在乳汁中分布最少、抗虫效果最好的药物。

对牛进行皮下注射，多拉菌素在第 5 天达到血浆峰浓度。皮下注射的生物利用度等同于肌内注射。

在骆驼科动物中，美洲驼及羊驼，莫西菌素局部给药 0.5mg/kg 体重。采集给药前至给药后第 40 天的血液，进行药物动力学研究。治疗 5 天后，莫西菌素的血浆 C_{max} 在美洲驼为 0.286～1.27ng/mL（中间值为 0.713ng/mL）；在羊驼为 0.213～0.879ng/mL（中间值为 0.713ng/mL）。

伊维菌素、莫西菌素皮下注射单次给药 0.2mg/kg 体重。治疗前、处理后 12h 采集血液（8～10mL）和牛奶（2～4mL），前 5 天每 24h 采集一次，然后每 5 天采集一次，直到处理后第 60 天，进行药物动力学研究。治疗 1 天后，莫西菌素在血浆 C_{max} 达到 8.73ng/

mL；3.66 天后在乳汁中 C_{max} 达到 28.75ng/mL。伊维菌素在治疗 12.33 天后在血浆 C_{max} 达到 1.79ng/mL；17.33 天后在乳汁中 C_{max} 达到 2.74ng/mL。

在羊，Alvinerie（1998）等人比较了皮下注射（1%莫西菌素）或口服（0.1%莫西菌素）剂量为 0.2mg/kg 体重的绵羊血浆中莫西菌素的浓度。口服莫西菌素血药浓度更高，吸收更快，C_{max} 为 28.07ng/mL（$T_{max}=0.22d$），而皮下注射 C_{max} 为 8.29ng/mL（$T_{max}=0.88d$）。但莫西菌素口服的血液驻留时间明显短于皮下注射。

② 胆汁、肠道等排泄及转运系统和代谢　伊维菌素主要在肝脏和脂肪中代谢，在肝脏的代谢物是 24-羟甲基-22,23-双氢阿维菌素 B1a；多拉菌素给药后 8h 至 45d，血浆中检测到的代谢产物为原型药的 5.75%。在牛肝脏中代谢物主要是 3′-O-脱甲基-多拉菌素，脂肪组织中存在其 2-差向异构体；莫西菌素在体内生物转化更广泛，单羟基代谢物是莫西菌素在组织中最主要的代谢物。在牛的各组织中均发现莫西菌素的代谢产物。这种现象与动物血浆检出高比例的代谢产物/原型药结果相一致。在牛使用莫西菌素后 21 天，脂肪组织中检测出 90% 药物残留，而使用伊维菌素仅检测到 18% 的残留。埃普利诺菌素的代谢主要在肝脏微粒体中进行，N-脱乙酰作用（N-deacetylation）是主要的代谢途径。4′-乙氨基-4′-脱氧爱比菌素 B1a 是组织和血浆中主要的代谢产物。埃普利诺菌素代谢有明显的性别差异，雌性小鼠的代谢要明显快于雄性小鼠。

大环内酯类药物很少被代谢，大多数是以原型被排泄到体外，通常是通过胆汁及肠道排泄。伊维菌素在哺乳动物体内 90% 的药物以原型形式通过粪便排出体外，在肝脏和脂肪组织中有较高的残留。在牛，使用阿维菌素治疗后，从胆汁和粪便中排出的药物浓度很高。绵羊经胆汁排出的多拉菌素占瘤胃内药量的 25%，其中 20% 又经过肝肠循环进入血液，这是作用于寄生虫的原因。多拉菌素对牛给药 3d 后，原型药物占肝脏残留总量的 70%。在牛使用莫西菌素 48d 后，胆汁和粪便中检出其含量均超过了 2ng/g；P-gP 蛋白是转运伊维菌素和莫西菌素的主要蛋白，参与了各种分子从血浆主动分泌到消化道和胆汁的过程。在大鼠实验中，阿维菌素的排泄，经小肠分泌占总消除量的 27%，经胆汁分泌的量占 5%，伊维菌素和莫西菌素与维拉帕米同时使用时，可增强对耐药的捻转血矛线虫的疗效，主要因为维拉帕米及其代谢产物影响肝细胞的 P-gP 介导对莫西菌素及大环内酯类药物的外排作用。洛哌丁胺属于一种减少肠道分泌和蠕动的阿片类药物，洛哌丁胺与大环内酯类药物对 P-gP 介导的胆汁、肠道分泌有竞争作用，是大环内酯类药物生物利用度被提高的原因。研究表明，P-gP 调节物可提高伊维菌素在肠壁的积累及在体内外的浆膜转运。抗真菌药物伊曲康唑，和 P-gP 结合能显著提高伊维菌素在血液和消化道动力学分布。相对雌性动物，伊曲康唑对雄性动物 P-gP 调节更加显著，显著影响伊维菌素的药物动力学。

（6）**药效动力学**　大环内酯类药物对线虫的作用机制主要是引起线虫的咽部和肌肉组织的麻痹，使用 1nmol/L 的伊维菌素就可麻痹捻转血矛线虫的咽部以及抑制毛圆科线虫的幼虫发育，但抑制幼虫的游动需要更高的剂量。线虫的咽部肌肉比其他肌肉对伊维菌素的敏感性更强，其咽部功能障碍导致其对营养物质的吸收及排泄均受阻，从而达到驱虫效果。当组织的浓度大于 1nmol/L 时，伊维菌素就可达到相应的效果。大环内酯类药物抑制寄生虫的定植和发育的最低浓度并没有被完全确定，但体外试验可以说明组织中的浓度大于 1ng/g 是体内抗寄生虫的维持药量。其中多拉菌素和莫西菌素在组织中的浓度高于该浓度的时间达38d，伊维菌素也可在肺部和消化道达到18d。实验证明给牛使用伊维菌素和莫西菌素后，通过粪便中虫卵计数，发现再次感染寄生虫的时间分别为14～21d和21～28d。这些数据可以很好地证明药动学-药效学关系的重要性及实用性。

不同线虫对大环内酯类药物的敏感性不同。大环内酯类药物虽然是广谱、高效的抗寄生虫药物，但对不同线虫的效果存在明显差异，且原因未知。了解使用大环内酯类药物后在消化道不同位置的药物浓度有助于研究这种现象。在使用药物后，肠道黏膜组织的药物浓度高于皱胃和肠液。给牛注射莫西菌素、伊维菌素后，在皱胃仅检测出低量的药物，但在羊注射10倍剂量的伊维菌素后在皱胃中未检测到。相对于皱胃，在胆管远端小肠液中却检测到高剂量的莫西菌素，可能原因是莫西菌素通过胆汁分泌到小肠液中，且消化道黏膜亲脂性成分较多，这种现象可以解释莫西菌素对奥斯特线虫和其他线虫的活性较好和作用时间较长的原因，一般用药后药效可持续时间达35d。线虫的营养摄取机制及所寄生的消化道的结构差异是其对大环内酯类药物敏感的原因之一，但大环内酯类药物在消化道黏膜的分布及滞留时间长是对其消化道的成虫和幼虫持久高效广谱的原因。其中伊维菌素和莫西菌素存在抗寄生虫效果、抗虫谱及耐药性上的不同，主要是因为药动学和药效学机制上存在差异。

伊维菌素和多拉菌素对体外寄生虫的效果较好，原因可能是两种药物用药后8h内在皮肤组织中可达到27ng/g，延长的平均滞留时间在6.8～9.3d，蜱虫持续数天摄取动物的血液而积累药物，体内蓄积的药物导致其死亡。虱因为接触动物体液时间较短，所以对大环内酯类药物并没有其他动物那么敏感。实验研究发现给牛使用莫西菌素1d后其在皮肤中的浓度可达到峰值84.2ng/g，8d内皮肤中检测出的浓度在9ng/g以上，58d后依然可以检测到并且浓度超过0.2ng/g；不同的是莫西菌素在真皮和表皮的浓度大于皮下组织，可利用度是皮下组织的6倍，可能是因为真皮和表皮组织脂肪含量较高，而大环内酯类药物具有亲脂性，所以对体外节肢动物具有较好的驱虫效果。体外节肢动物对动物的体液摄取频率、体液性质、吸食的时间等均能影响大环内酯类药物对体外寄生虫的效果。

（7）临床应用　大环内酯类药物对各种动物体内外具有高效广谱抗寄生虫活性，但对吸虫和绦虫不具有抗虫活性，主要因为吸虫和绦虫不具有大环内酯类药物的特异性作用靶点。大环内酯类药物与其他类药物有很多不同，对虫卵不具有活性。其中阿维菌素类和美贝霉素类抗虫机制、抗虫谱几乎相同，但对一些寄生虫的作用效果有一些差异。例如在反刍动物中对古柏属线虫和细颈线虫的治疗需要使用大剂量，研究发现阿维菌素类和美贝霉素要想达到完全的广谱驱虫效果，使用剂量应不低于0.2mg/kg体重。大环内酯类药物对不同动物的临床使用是有一定的差别的，接下来我们将按照不同动物进行说明。

①　在反刍动物的临床应用　大环内酯类药物对反刍动物的使用方式包括内服和皮下注射及局部用药。对反刍动物的胃肠道线虫如奥斯特属、古柏属、血矛属、毛圆属、细颈属、类圆线虫属、毛尾属、仰口属、食道线虫属均有效果，对绵羊的夏伯特线虫的成虫和幼虫及绵羊和牛的肺线虫均有较好的效果。在山羊中对大多数线虫有活性，由于山羊对大环内酯类药物的生物利用率较低，常常使用规定剂量以外剂量，可达到0.3～0.4mg/kg

体重。

在牛，伊维菌素皮下给药后的血浆浓度高于口服和浇泼治疗。

多拉菌素是阿维链霉素突变株的发酵产物，其抗虫谱与阿维菌素 B1 相似，而该药从体内消除的半衰期为伊维菌素的 2 倍。在牛的临床驱虫工作时通常选用多拉菌素（注射剂或浇泼剂），其具有广泛的抗牛寄生虫活性，按 0.2mg/kg 体重的剂量皮下注射，注射部位为肩前或肩后松弛皮肤。肌内注射部位为颈部肌肉发达部位。或按 0.5mg/kg 体重剂量外用于马肩隆和尾基部之间背部中线的一条窄带，能有效驱除牛奥斯特线虫中的奥氏奥斯特线虫和竖琴奥斯特线虫，捻转血矛线虫中的帕莱斯氏血矛线虫，小肠线虫中的肿孔古柏线虫、栉状古柏线虫，钩虫中的牛仰口线虫，肠线虫中的乳突类圆线虫，结节虫中的辐射食道口线虫、毛尾属线虫，肺线虫中的胎生网尾线虫，眼线虫中的吸吮属线虫，螨类中的牛痒螨。多拉菌素具有抗新大陆螺旋蝇蛆的活性，而其他大环内酯类药物没有。多拉菌素注射剂，牛在屠宰前 35 天应停药。多拉菌素浇泼剂对牛虱和牛足螨也具有驱杀效果。屠宰前 45 天禁用浇泼剂。

大环内酯类药物对体外的寄生虫包括牛疥螨、羊痒螨、牛皮蝇、纹皮蝇、羊狂蝇、牛颚虱、绵羊足颚虱都有很好的效果。此外，伊维菌素、阿维菌素及多拉菌素对治疗人肤蝇具有很好的效果，其中伊维菌素和阿维菌素预防新大陆螺旋蝇感染效果较好，多拉菌素对牛犊的保护作用在 21 天内可达到 100%。由于大环内酯类药物在不同皮肤层的分布特点和滞留时间不同，对体外寄生虫的作用效果也不相同。对吸吮虱的效果较弱，可能原因是吸吮虱是以含药物浓度较低的脱落表皮细胞为食，当使用浇泼剂时效果就会很好。蜱虫在接触体循环的药物时，与体内外寄生虫一样，摄食的时间、频率影响药物的效果。并且大环内酯类药物对蜱虫的虫卵亦有较好的效果。大环内酯类药物的作用时间因药物不同而不同，1% 的伊维菌素注射液对蜱虫的杀虫活性在第 7 天时依然很好，3.15% 的长效伊维菌素可持续 75 天的效果；莫西菌素和多拉菌素作用时间可达到 28 天。大环内酯类药物对不同寄生虫的作用时间也有所不同，对角蝇生长发育的抑制作用可超过 28 天。

大环内酯类药物对体内外寄生虫的抗虫活性，因药物的性质和制备工艺的不同其持续时间不同。使用药物后，在一定时间（持效期）内不会有新的线虫定植。药效的持续时间取决于寄生虫的种类、药物的剂型、寄生动物的相关因素。例如对牛皮下注射 1% 的伊维菌素和阿维菌素后，对古柏属、奥斯特属、网尾属的持效期分别为 7 天、14 天、28 天；而莫西菌素和多拉菌素保护时间更长，莫西菌素对奥斯特属和网尾属的持效期达 35 天和 42 天，多拉菌素对奥斯特属的持效期为 21～35 天，对古柏属为 14～28 天。除了注射用大环内酯类药物，比较新的浇泼剂在体内外均有效果，使用的剂量较大为 0.63～1mg/kg 体重，持效期可达 60～150 天。冯小花等报道了多拉菌素对牛、羊、猪、马和骆驼的多种胃肠道线虫具有极佳的驱虫效果，且 200～300μg/kg 体重的临床使用剂量（视动物种属、个体差异等因素而异）范围内在防治线虫病上是安全的。多拉菌素，在牛、猪按 0.2mg/kg 体重的剂量皮下注射，能有效驱除肠线虫、肺线虫、眼虫等。多拉菌素注射剂在屠宰前 45 天停药，用药后 35 天不得屠宰食用。多拉菌素禁用于 20 月龄及 20 月龄以上泌乳牛，禁用于肉用小牛。多拉菌素制成的浇泼剂对牛虱和牛足螨也具有驱杀效果。

埃普利诺菌素局部用药 1mg/kg 体重或 1.5mg/kg 体重（高于推荐量的 0.5mg/kg 体重），可更好地控制泌乳奶牛体外寄生虫感染。

在犊牛，皮下注射 0.2mg/kg 体重的伊维菌素、多拉菌素和莫西菌素可以治疗牛弓首蛔虫病。单次给药后 12 天未检测出寄生虫卵。

单剂量长效 10% 莫西菌素制剂对微小牛蜱幼虫和胃肠道线虫的疗效。Davey 等（2011）在牛感染微小牛蜱后的第 5、12 和 19 天采用单剂量长效 10% 莫西菌素制剂进行治疗，每头犊牛蜱的数量、从犊牛身上去除的雌性蜱的体重（mg）和卵的质量（mg）等所有参数都显著减少。在试验结束时，莫西菌素处理组蜱的繁殖力指数（0.036）显著低于未处理的"对照组"（196.738），没有观测到任何副作用。给予单剂量 10% 莫西菌素后，通过剖检发现了胃肠道线虫及其幼虫。前 2 个月每月采集一次粪便样本，之后每两周采集一次，线虫总数减少 97.3%（奥氏奥斯特线虫）、98.4%（毛圆线虫）。对所有牛在治疗后 4 小时、8 小时和 24 小时进行了临床检查，同时进行了局部反应和一般健康状况评估，牛对 10% 莫西菌素治疗无不良反应。治疗组和未治疗组中的一头犊牛在治疗后 24 小时出现少量的短暂肿胀，但在治疗后第 2 天消失。

在水牛，局部给药 0.5mg/kg 体重的莫西菌素治疗牛皮癣螨，每 7 天进行一次临床评估和皮肤擦伤检查，直到治疗后第 56 天。在治疗后第 14 天，观察到接受莫西菌素治疗的水牛痊愈。

在羊，Danbirni 等研究了 0.5% 莫西菌素浇泼剂对自然感染疥螨羊的疗效。治疗 2 次，间隔 2 周，第一次治疗后羊皮肤病变外观明显改善，但对幼虫期疥螨无效；在第 14 天的第二次治疗，对所有发育阶段的螨虫都 100% 有效。没有观察到接受莫西菌素治疗导致的不良反应。

在绵羊，以 1mg/kg 体重剂量单次皮下注射 2% 莫西菌素，注射 20 天、40 天、60 天、80 天后，将羊自然暴露于牧场中，监测药物对羊狂蝇的防治效果。莫西菌素处理 80 天内，可以完全预防第二期和第三期羊狂蝇幼虫的感染，未见不良反应。

在绵羊左耳根部皮下注射 1mg/kg 体重剂量的莫西菌素，治疗第一期羊狂蝇幼虫感染。并在治疗后第 3h、8h、24h 和第 14 天检查其是否有局部不良反应。除了一只绵羊在治疗后第 14 天出现耳部肿胀外，没有任何动物对治疗有任何即时的局部不良反应；然而，在试验结束时，肿胀消失了。在治疗后第 28 天将绵羊屠宰进行剖检，结果显示单次给予莫西菌素对绵羊第一期幼虫有 90.2% 的疗效。

严重感染螨（疥疮）、蜱（蓖麻硬蜱）和鸟虱（刺虱）的山羊外用 0.5% 莫西菌素浇泼剂进行治疗，剂量约为 $500\mu g/kg$ 体重，治疗三次，间隔 15 天，每次使用前进行临床评估、皮肤清洁和采血。在治疗后第 15 天和第 30 天的疗效分别为 54.3% 和 100%，未见不良反应。

在骆驼科，用 1% 莫西菌素的注射溶液治疗两种原驼疥螨感染，0.2mg/kg 体重皮下注射两次，间隔 2 天。每次给药后 3 小时、8 小时和 24 小时触诊注射部位，评估治疗的局部反应。治疗后第 21、42、77 天进行临床检查，治疗后第 21、42、88、109 天进行皮肤活检。第二次给药后 32 天皮肤损伤减少，第 53 天痊愈。无不良反应。

② 在马的临床应用　用于马的大环内酯类药物中伊维菌素使用剂量为每千克体重 0.2mg，莫西菌素使用剂量是每千克体重 0.4mg，这两种药物是马仅有使用的大环内酯

类药物，一般是内服糊剂或凝胶剂给药。主要作用于马副蛔虫、柔线属线虫、艾氏毛圆线虫、大口德拉西线虫、韦氏类圆线虫和安氏网尾线虫。除了对这些寄生虫高效，这两种药物还可有效控制成熟和未成熟的普通圆线虫、马圆线虫、无齿圆线虫、小圆线虫的成虫、鼻胃蝇。与其他动物相似，莫西菌素比伊维菌素的作用时间长；相对伊维菌素，莫西菌素的药效差异较大，尤其是对肠胃蝇的各年龄段的作用不同。

在普氏野马，将伊维菌素预混剂以 2% 的浓度与胡萝卜、麸皮搅拌均匀，按照每隔 5m 的间距于饲养场地投放，每 24h 饲喂 1 次，共饲喂三次。用药 7d 后细颈三齿线虫未检测到阳性样品，毛细线虫、细颈三齿线虫虫卵减少率分别达到 95%、100%，驱虫效果显著。

在马，口服给药每千克体重 0.2mg 的伊维菌素用来治疗马线虫病，治疗 14 天后从 25 个马场采样，结果测得 22 个马场样品中的粪便虫卵清除率达到 100%。

③ 在猪的临床应用　目前在猪的临床应用上比较常用的大环内酯类药物主要有皮下注射的伊维菌素和莫西菌素以及肌内注射的多拉菌素（辉瑞公司生产的通灭），使用剂量均为 0.3mg/kg 体重，以及口服连用 7d 的 0.1mg/kg 体重的伊维菌素。主要作用于蛔虫、红色猪圆线虫、兰氏类圆线虫、食道口属线虫、后圆属线虫、有齿冠尾线虫，以及肠内旋毛虫的成虫及幼虫。大环内酯类药物对最常见的外寄生虫具有高效的抗虫活性。

伊维菌素耳后靠近颈部皮下注射或肌内注射 1 次，用于治疗肠内寄生虫。10～14 天内重复给药用于治疗体外寄生虫。伊维菌素皮下注射、多拉菌素肌内注射对猪体内外寄生虫均有较好的抑杀作用。在体内，对猪胃肠道的线虫如猪蛔虫、有齿食道口线虫、四棘食道口线虫、猪肾虫、淡红猪圆线虫、兰氏类圆线虫病及毛首线虫引起的疾病有效。在体外，对猪疥螨、猪血虱有着很好的驱杀作用，且按 0.3mg/kg 体重肌注后感染转阴率为 100%，药效分别维持 28d 及 120d 以上。猪在屠宰前 24 天内禁用。

④ 在犬、猫的临床应用　大环内酯类药物对其他动物的安全性不适用于犬、猫，其中苏格兰牧羊犬对伊维菌素特别敏感。因此对犬和猫，仅在特定的治疗中使用。目前的药物主要以咀嚼片为主，伊维菌素在犬的使用剂量为每月口服 0.006mg/kg 体重预防犬恶丝虫（犬心丝虫），每天口服 0.06mg/kg 体重治疗蠕形螨病；在猫为 0.024mg/kg 体重，用于控制恶丝虫感染；高剂量使用可有效控制各种肠道线虫，并且对体外耳痒螨、疥螨、猫背肛螨均有效果。现在国内几乎没有犬、猫使用伊维菌素类药物。

多拉菌素 600μg/kg 体重，口服，每天一次。或 600μg/kg 体重，皮下注射，每周一次。用于治疗犬全身性蠕形螨病。

多拉菌素对沙皮犬蠕形螨病具有较强的驱杀作用。600μg/kg 体重，皮下注射，每周一次。

2.5% 莫西菌素与 10% 吡虫啉联用，局部给药，每月一次，可用于跳蚤、螨虫、肠道线虫和犬恶丝虫的控制和治疗。治疗后，莫西菌素经皮吸收对蠕虫和节肢寄生虫有效，吡虫啉可控制外寄生虫。皮下或口服使用 1% 的莫西菌素治疗螨虫，每周一次，一般三次可治愈。在治疗过程中，经皮下注射的犬，第一次服药后有红斑、全身性荨麻疹或共济失调的不良反应。

局部给药 2.5％莫西菌素与 10％吡虫啉联用治疗耳螨：根据治疗效果在第一次给药后 28 天再次给药。在犬，一次给药的疗效是 68.6％～71％，二次给药的疗效是 82％～85.7％。治疗后可能出现轻微的不良反应，如治疗后第 1 天出现软性粪便，第 2 天出现瘙痒、呕吐和嗜睡。

在犬，局部给药 2.5％莫西菌素与 10％吡虫啉联合治疗犬恶丝虫有非常好的疗效。在第 0 天及 28 天给药，从给药后第 7 天至第 42 天测得血液微丝蚴的数量减少了 99％，且无不良反应。

在猫，使用 2.5％莫西菌素与 10％吡虫啉联合治疗猫耳螨，给药两次，间隔 30 天。每日观察及治疗后 30 天、60 天耳镜检查。30 天的治愈率为 92.45％，60 天的治愈率为 95.83％。2 只猫发生了行为异常及口水过多的中度不良反应。2mg/kg 体重莫西菌素与 40mg/kg 体重的氟雷拉纳联合使用，局部给药 1 次。治疗 14 天及 28 天后的疗效为 100％，无不良反应。

2.5％莫西菌素与 10％吡虫啉联合治疗猫毛螨，局部给药两次，剂量为 4mg（个体＜4kg），8mg（个体＞4kg），间隔 28 天。每 2 周进行一次临床检查和体毛检查，直到治疗后第 98 天。治疗 28 天的治愈率为 100％，治疗 56 天后的 50％患病动物再次感染。

赛拉菌素用于六周龄以上的犬猫，推荐剂量为 6mg/kg 体重。对恶丝虫、弓首蛔虫、管形钩口线虫、蚤、螨、蜱等感染有效，对吸虫和绦虫无效。预防恶丝虫及控制跳蚤，全年或发病季节每月用药 1 次。在犬，治疗蜱虫感染：每月用药 1 次，重症感染可每 2 周用药一次；耳螨和疥螨感染：用药 1 次即可治愈，根据实际情况可在 1 个月后再次给药。犬鼻螨感染：6～24mg/kg 体重，每 2 周 1 次，重复 3 次。姬螯螨感染：6～24mg/kg 体重，每 2 周 1 次，重复 4 次。虱感染：仅用一次。与犬相比，在猫的生物利用度高，治疗猫耳螨、钩虫和蛔虫、疥癣和虱感染仅需 1 次。

（8）安全性

① 阿维菌素类

a. 阿维菌素。阿维菌素注射部位有不适或暂时性水肿。

b. 伊维菌素。伊维菌素在临床用药后，动物可出现发热、呼吸急促和出汗等症状。过量引起的中毒症状（如发热、呼吸困难）无专属的解毒剂，常根据症状选用安钠咖、毒毛花苷 K、维生素 C 和地塞米松等对症治疗，但禁用钙剂静脉注射。幼畜、泌乳反刍动物及敏感动物慎用。

马：伊维菌素对马很安全，10 倍以上正常剂量才会导致中毒症状，但也有中毒案例发生。中毒症状包括抑郁、威胁反应减少、瞳孔分散、视力受损、唇部松弛、前后肢共济失调等。对丝虫感染，给药后 24h 左右可能对盘尾丝虫的微丝蚴过敏而在腹正中线出现皮肤肿胀或瘙痒。

犬：伊维菌素作为抗微丝蚴药物给予后可出现腹泻或类似休克的反应。P-糖蛋白缺失的牧羊犬、长毛犬等对伊维菌素敏感，使用后可能产生如下症状：失明、共济失调、震颤、流涎、兴奋以及死亡。

牛：可因杀灭机体重要部位的幼虫而导致严重的不良反应；也可能引起注射部位的暂时性肿胀或不适。

禽：橙颊梅花雀对该药较敏感，可引起死亡、嗜睡或食欲减退。

c. 多拉菌素。多拉菌素使用过程中不要与其他药物合用，因为可能会产生严重不良反应，导致犬死亡等。

d. 赛拉菌素。临床研究表明有不到 0.5% 的猫在用药部位或周围出现一过性的炎性或非炎性的脱毛，这可能是由动物自己梳理造成的。另外有些临床试验犬、猫表现出可能与治疗无关的呕吐、流涎或腹泻。

② 美贝霉素类　莫西菌素在个别情况下，可能会引起局部过敏反应，引起短暂的瘙痒、毛发粘连、红斑或呕吐。这些症状不需处理即可消失。给药后，动物舔舐给药部位，可能偶尔会出现一过性的神经症状，如兴奋、震颤、眼科症状（瞳孔放大、瞳孔反射和眼球震颤）、呼吸异常、流涎和呕吐等症状；偶尔会出现短暂的行为改变，如不愿运动、兴奋和食欲缺乏等。

（9）药物相互作用

① 阿维菌素。阿维菌素与乙胺嗪同时使用，可能产生严重的或致死性脑病。

② 伊维菌素。在人或动物中，伊维菌素与下列药物的相互作用已经被证实，其对兽医界具有重要意义。

氯胺酮：爬行动物使用氯胺酮后，10 天内不推荐使用伊维菌素。

在使用依托咪酯麻醉前 2 小时给予伊维菌素，能延长依托咪酯的致眠时间，并使患畜运动协调能力下降。对给予伊维菌素的动物进行麻醉，麻醉剂的剂量必须进行良好的调整。

抗高血压及抗心律失常药维拉帕米、止泻药洛哌丁胺、抗真菌药伊曲康唑和酮康唑、免疫抑制剂环孢菌素 A、抗精神病药三氟拉嗪、高剂量的抗寄生虫药多杀霉素等能够竞争性/非竞争性抑制伊维菌素与 P-糖蛋白结合等方式，从而增加伊维菌素的血液和脑中的浓度。在绵羊中可以增加其对耐药寄生虫的疗效。但在脑中药物浓度的增加可能会引起神经毒性，应谨慎使用。

伊维菌素与其他抗寄生虫药（双羟萘酸噻吩嘧啶、多西环素、乙胺嗪、左旋咪唑、芬苯达唑、阿苯达唑、阿维菌素、氯生太尔和氯舒隆）联用能增加抗虫谱，提高驱虫效果。如与吡喹酮联用安全有效，能够治疗马的线虫和绦虫感染。

（10）剂型　阿维菌素的常用制剂有透皮溶液、粉剂、胶囊剂、片剂、注射液；伊维菌素临床应用中有大量的剂型：伊维菌素注射液、伊维菌素口服糊剂、伊维菌素溶液（灌胃）、伊维菌素口服片剂、伊维菌素饲料添加剂等。多拉菌素临床应用中常用两种剂型：多拉菌素注射液、多拉菌素浇泼剂。

① 阿维菌素类

a. 阿维菌素

阿维菌素片，规格：按阿维菌素 B1 计算 5mg。

阿维菌素粉，规格：按阿维菌素 B1 计算 0.2%；1%；2%。

阿维菌素透皮溶液，规格：按阿维菌素 B1 计算 0.5%。

阿维菌素注射液，规格：按阿维菌素 B1 计算 5mL∶50mg；25mL∶0.25g；100mL∶1g。

阿维菌素氯氰碘柳胺钠片，规格：氯氰碘柳胺钠 50mg＋阿维菌素 3mg。

乙酰氨基阿维菌素（埃普利诺菌素、依立诺克丁）。

乙酰氨基阿维菌素注射液，规格：5mL：50mg；10mL：0.1g；30mL：0.3g；50mL：0.5g。

乙酰氨基阿维菌素浇泼剂，规格：200mL/瓶；1L/瓶；2L/瓶；5L/瓶。

b. 伊维菌素

伊维菌素片，规格：2mg；5mg；7.5mg。

伊维菌素溶液，规格：0.1%；0.2%；3%。

伊维菌素注射液，规格：按伊维菌素（H_2B1a+H_2B1b）计 10mL：100mg；100mL：1000mg。

阿苯达唑伊维菌素粉，规格：100g：阿苯达唑 10g+伊维菌素 0.2g。

阿苯达唑伊维菌素片，规格：0.36g：阿苯达唑 350mg+伊维菌素 10g。

阿苯达唑伊维菌素预混剂，规格：100g：阿苯达唑 6g+伊维菌素 0.25g。

硝氯酚伊维菌素片，规格：0.11g：硝氯酚 0.1mg+伊维菌素 10g。

伊维菌素注射液，规格：200mL：2000mg；50mL：500mg。

伊维菌素双羟萘酸噻嘧啶咀嚼片（L 片、M 片、S 片），规格：伊维菌素 272μg+双羟萘酸噻嘧啶 652mg；伊维菌素 136μg+双羟萘酸噻嘧啶 326mg；伊维菌素 68μg+双羟萘酸噻嘧啶 163mg。

c. 多拉菌素

多拉菌素注射液，规格：50mL：0.5g；100mL：1g。

多拉菌素注射液，规格：50mL：0.5g；200mL：2.0g；500mL：5g。

d. 赛拉菌素

赛拉菌素沙罗拉纳滴剂，规格：1.0mL：60mg（以 $C_{43}H_{63}NO_{11}$ 计）+10mg（以 $C_{23}H_{18}C_{12}F_4N_2O_5S$ 计）。

② 美贝霉素类

a. 米尔贝肟

米尔贝肟片，规格：2.5mg；5mg；20mg。

米尔贝肟吡喹酮片，规格：56mg（米尔贝肟 16mg+吡喹酮 40mg）；14mg（米尔贝肟 4mg+吡喹酮 10mg）；27.5mg（米尔贝肟 2.5mg+吡喹酮 25mg）；137.5mg（米尔贝肟 12.5mg+吡喹酮 125mg）。

米尔贝肟吡喹酮片（犬用），规格：137.5mg（米尔贝肟 12.5mg+吡喹酮 125mg）；56mg（米尔贝肟 16mg+吡喹酮 40mg）；27.5mg（米尔贝肟 2.5mg+吡喹酮 25mg）。

米尔贝肟吡喹酮片（猫用），规格：14mg（米尔贝肟 4mg+吡喹酮 10mg）。

多杀霉素米尔贝肟咀嚼片，规格：多杀霉素 1620mg+米尔贝肟 27mg；多杀霉素 810mg+米尔贝肟 13.5mg；多杀霉素 560mg+米尔贝肟 9.3mg；多杀霉素 270mg+米尔贝肟 4.5mg；多杀霉素 140mg+米尔贝肟 2.3mg。

阿福拉纳米尔贝肟咀嚼片，规格：阿福拉纳 150.00mg+米尔贝肟 30mg；阿福拉纳 75.00mg+米尔贝肟 15mg；阿福拉纳 37.50mg+米尔贝肟 7.50mg；阿福拉纳 18.75mg+米尔贝肟 3.75mg；阿福拉纳 9.375mg+米尔贝肟 1.875mg。

b. 莫西菌素/莫昔克丁

莫西克丁浇泼溶液，规格：0.5%。

吡虫啉莫昔克丁滴剂（猫用），规格：0.4mL：吡虫啉 40mg＋莫昔克丁 4mg；0.8mL：吡虫啉 80mg＋莫昔克丁 8mg。

吡虫啉莫昔克丁滴剂（犬用），规格：0.4mL：吡虫啉 40mg＋莫昔克丁 10mg；1.0mL：吡虫啉 100mg＋莫昔克丁 25mg；2.5mL：吡虫啉 250mg＋莫昔克丁 62.5mg；4.0mL：吡虫啉 400mg＋莫昔克丁 100mg。

吡虫啉莫昔克丁滴剂（犬用），规格：4.0mL：吡虫啉 400mg＋莫昔克丁 100mg；2.5mL：吡虫啉 250mg＋莫昔克丁 62.5mg；1.0mL：吡虫啉 100mg＋莫昔克丁 25mg；0.4mL：吡虫啉 40mg＋莫昔克丁 10mg。

吡虫啉莫昔克丁滴剂（猫用），规格：0.8mL：吡虫啉 80mg＋莫昔克丁 8mg；0.4mL：吡虫啉 40mg＋莫昔克丁 4mg。

（11）常用药物

① 阿维菌素类

a. 阿维菌素。阿维菌素的常用制剂有透皮溶液、粉剂、胶囊剂、片剂、注射液，为抗生素类药。用于治疗家畜的线虫病、螨病和寄生性昆虫病。规格（按阿维菌素 B1 计算）包括透皮溶液 0.5%。浇注或涂擦：一次量，每 1kg 体重，牛、猪 0.1mL，由肩部向后沿背中线浇注。犬、兔，两耳耳部内侧涂擦。休药期为牛、猪 42 日。粉剂 0.2%，内服，每 1kg 体重，羊、猪 0.15g；胶囊剂 2.5mg，内服，一次量，每 1kg 体重，羊、猪 0.3mg；片剂 2mg，内服，每 10kg 体重，羊、猪 1.5 片；注射液 5mL：50mg、25mL：0.25g、50mL：0.5g、100mL：1g。皮下注射：每 10kg 体重，羊 0.2mL；猪 0.3mL。休药期为羊 35 日，猪 28 日。

泌乳期禁用；阿维菌素对虾、鱼及水生生物有剧毒，残存药物的包装切勿污染水源；性质不太稳定，特别对光线敏感，可迅速氧化灭活，应注意贮存和使用条件；注射剂仅限于皮下注射，因肌内、静脉注射易引起中毒反应。每个皮下注射点，不宜超过 10mL；含甘油缩甲醛和丙二醇的阿维菌素注射剂，仅适用于羊、猪，用于其他动物，特别是犬和马时易引起严重局部反应。

临床常采用阿维菌素与阿苯达唑、氯氰碘柳胺钠合用，用于治疗牛和羊的线虫病、吸虫病、绦虫病及螨病。规格（以阿维菌素计）为 0.153g（阿维菌素 3mg＋阿苯达唑 0.15g），53mg（氯氰碘柳胺钠 50mg＋阿维菌素 3mg）。内服：一次量，每 10kg 体重，牛、羊 1 片。休药期为牛、羊 35 日。

阿维菌素氯氰碘柳胺钠片用于治疗牛皮蝇蛆病时，可能引起严重的不良反应。如在皮蜕季节后或皮蝇蛆移行期后，立即治疗，则可避免。

b. 伊维菌素。伊维菌素片剂、针剂、粉（预混）剂用于防治羊、猪的线虫病、螨病和寄生性昆虫病。常用制剂有伊维菌素片，其规格包括 2mg、5mg、7.5mg。以 2mg 为例，内服：一次量，每 10kg 体重，羊 1 片，猪 1.5 片。伊维菌素注射液，其规格 ［按伊维菌素（$H_2B1a＋H_2B1b$）计］为 2mL：10mg。皮下注射：一次量，每 1kg 体重，牛、羊 0.04mL；猪 0.06mL。母猪怀孕前期 45 天谨慎使用。在泌乳期不得使用；伊维菌素对虾、鱼及水生生物有剧毒，残留药物的包装及容器切勿污染水源；注射液每个皮下注射点，不宜超过 10mL。休药期为羊 35 日，猪 28 日。

阿苯达唑与伊维菌素、硝氯酚、双羟萘酸噻嘧啶的复方制剂在临床上较为常见，常用制剂有阿苯达唑伊维菌素粉剂、片剂、预混剂，硝氯酚伊维菌素片及伊维菌素双羟萘酸噻嘧啶咀嚼片，用于驱除或杀灭牛、羊线虫、吸虫、绦虫、蠕虫等体内外寄生虫。

阿苯达唑伊维菌素粉剂规格为100g：阿苯达唑10g＋伊维菌素0.2g。内服：一次量，每10kg体重，猪0.7～1g。片剂规格为0.36g：阿苯达唑350mg＋伊维菌素10mg，内服：一次量，每10kg体重，牛、羊0.3片。母猪怀孕前期45天谨慎使用。休药期牛、羊35日。阿苯达唑伊维菌素预混剂规格为100g：阿苯达唑6g＋伊维菌素0.25g。混饲：每1000kg饲料，猪1000g。

硝氯酚伊维菌素片，规格为0.11g（硝氯酚0.1g＋伊维菌素10mg）。以硝氯酚计，内服：一次量，每10kg体重，牛、羊0.3片。

伊维菌素双羟萘酸噻嘧啶咀嚼片，用于预防犬恶丝虫病，治疗和控制犬蛔虫病及钩虫病。规格为S片：伊维菌素68μg＋双羟萘酸噻嘧啶163mg；M片：伊维菌素136μg＋双羟萘酸噻嘧啶326mg；L片：伊维菌素272μg＋双羟萘酸噻嘧啶652mg。内服：根据犬体重在11kg以下、12～22kg、23～45kg，分别给予S、M、L片各一片，45kg以上的犬可用不同规格片配合使用。每月一次。当犬体内存在微丝蚴时，使用该药物，可能出现轻微的超敏性反应和临时腹泻。

建议用于6周龄以上的犬；该药对犬恶丝虫成虫无效，给药前检查所有犬的恶丝虫感染情况，除去犬体内的犬恶丝虫成虫和微丝蚴。在感染后30天内给药，可清除犬恶丝虫幼虫。对感染犬给药后观察8小时，一旦出现不适症状，立即联系兽医。无休药期。

伊维菌素氧阿苯达唑粉剂用于驱杀羊的体内外寄生虫。其规格为100g：伊维菌素0.2g＋氧阿苯达唑5g。内服：一次量，每100mg/kg体重。泌乳期禁用；母畜妊娠前期45日内慎用。休药期为35天。

c. 多拉菌素。多拉菌素对体内外寄生虫特别是某些线虫和节肢动物具有良好的驱杀作用，但对绦虫、吸虫及原生动物无效。常用制剂为多拉菌素注射液，其规格包括：国内规格：50mL：0.5g，100mL：1g。进口规格：50mL：0.5g（50万单位），200mL：2.0g（200万单位），500mL：5g（500万单位）。肌内注射：一次量，每33kg体重，猪1mL。休药期：国产，猪28日；进口，猪56日。

使用本品时操作人员不应进食或吸烟，操作后要洗手；在阳光照射下本品迅速分解灭活，应避光保存。其残存药物对鱼类及水生生物有毒，应注意保护水资源。

d. 赛拉菌素。赛拉菌素滴剂用于治疗犬体内线虫和体外疥螨、蚤、虱的感染。其规格为0.25mL：30mg、0.5mL：60mg、0.75mL：45mg、1.0mL：120mg、2.0mL：240mg、3.0mL：360mg。外用，分开肩胛骨间的毛发，将药液滴在肩胛骨间外露的皮肤上，犬、猫，每次6mg/kg体重。

赛拉菌素沙罗拉纳滴剂用于控制猫蜱虫感染，预防和治疗猫体内外寄生虫感染。规格为0.25mL：赛拉菌素15mg＋沙罗拉纳2.5mg、0.5mL：赛拉菌素30mg＋沙罗拉纳5mg、1.0mL：赛拉菌素60mg＋沙罗拉纳10mg。外用，使用方法同赛拉菌素滴剂。

② 美贝霉素类

a. 米尔贝肟。美贝霉素肟又名米尔贝肟，对某些节肢动物和线虫具有高度活性，用于预防犬恶丝虫，驱除蛔虫、钩虫和鞭虫。常用制剂为内服米尔贝肟片，其规格包括

2.5mg、5mg、20mg。米尔贝肟片（2.5mg）仅适用于5～10kg犬内服，两个月以下的或体重大于10kg或小于5kg的犬不适用。预防恶丝虫：内服，一次1片，每月1次，蚊患季节前一个月开始服用，直至季节结束后一个月。驱除蛔虫和钩虫：一次1片，每月1次，至少连用2次。驱除鞭虫：每1kg体重，犬0.5～1mg，每月1次，至少连用2次。犬服用前，需进行血液测试，检查是否已感染恶丝虫。感染恶丝虫的犬，应先驱除恶丝虫及幼虫。

临床常合用米尔贝肟和吡喹酮，用于驱除猫蛔虫、钩虫、绦虫。常用制剂有米尔贝肟吡喹酮片、米尔贝肟吡喹酮咀嚼片，规格有：14mg（米尔贝肟4mg＋吡喹酮10mg），56mg（米尔贝肟16mg＋吡喹酮40mg）。内服（以米尔贝肟计）：每1kg体重，猫2mg。每三个月一次。不推荐用于6周龄以内或体重小于0.5kg的猫；猫服用本品前，需由兽医检查是否感染恶丝虫；避免用于患有肝、肾损伤的猫。

b. 莫西菌素。莫西菌素又名莫昔克丁，主要用于预防和治疗犬、猫的体内外寄生虫感染。预防和治疗虱、跳蚤感染，治疗耳螨、蠕形螨感染，治疗胃肠道线虫感染。并可辅助治疗由蚤引起的过敏性皮炎。

主要有吡虫啉莫昔克丁滴剂（0.4mL：吡虫啉40mg＋莫昔克丁10mg犬用）和吡虫啉莫昔克丁滴剂（0.4mL：吡虫啉40mg＋莫昔克丁4mg猫用）两种制剂。

吡虫啉莫昔克丁滴剂（猫用），猫头后颈部皮肤给药，外用。一次量，猫每1kg体重使用制剂0.1mL。预防或治疗期间每月给药一次。

9周龄下的小猫和对本品过敏的猫勿用。怀孕及哺乳期内猫、1kg以下的猫、病猫和体质虚弱的猫应用前需遵从兽医建议；药物未干之前，防止用完药的动物互相舔毛，勿触摸、修剪或清洗毛发。

吡虫啉莫昔克丁滴剂（犬用），将本品滴于犬背两肩胛骨之间到臀部的皮肤上，可分3～4处。一次量，犬每1kg体重使用0.1mL。预防或治疗期间每月给药一次。

7周龄下的幼犬和对本品过敏的犬勿用，怀孕及哺乳期内犬、1kg以下的犬、病犬和体质虚弱的犬在应用前需遵从兽医建议；本品含有莫昔克丁，因此将本品用于苏格兰牧羊犬、英国古代牧羊犬和相关品种时，需特别注意防止这些犬经口舔舐本品。药物未干之前，防止用完药的动物互相舔毛，勿触摸、修剪和清洗毛发。

6.2.1.2　苯并咪唑类

苯并咪唑类驱虫药广泛应用于畜牧行业，主要用于驱除家畜家禽胃肠道寄生虫，这类药物驱虫活性、安全性较好，不仅能够驱虫同时对虫卵的发育具有较明显的抑制作用。但是过量使用会使其在环境或肉蛋奶等动物源食品中产生残留，通过食物链进入人体，与人血白蛋白结合后被转运至各组织器官。此外苯并咪唑具有生物毒性、致畸性及胚胎毒性，因此合理应用此类药物极为重要。本节将系统描述苯并咪唑类和苯并咪唑前体类抗寄生虫药物的作用机制、药效学、药物动力学、耐药性等几个方面，对部分常用药物进行详细说明，以便相关人员了解和使用。

（1）化学结构　1961年第一代苯并咪唑类驱虫剂噻苯咪唑问世，后来陆续合成了包括：芬苯达唑、奥苯达唑和阿苯达唑等在内的数千种苯并咪唑类驱虫药物。苯并咪唑类化合物的共同结构为二氨苯，苯并咪唑类化合物可分为，苯并咪唑噻唑类：噻苯咪唑；苯并咪唑氨基甲酸酯类：阿苯达唑、芬苯达唑、奥芬达唑、氟苯达唑、丙硫咪唑亚砜和甲苯达唑，这类化合物在体内代谢物都是相应的砜和亚砜，最终代谢物为氨基砜；苯并咪唑前体类：非班太尔，这类药物经机体代谢为具有驱虫效力的苯并咪唑分子。

苯并咪唑类药物大多为白色晶体粉末或微黄无晶形粉末，不溶或微溶于水，易溶于有机溶剂。

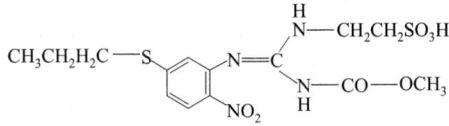

奈托比胺

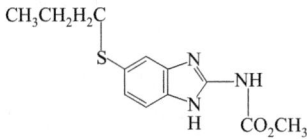

阿苯达唑

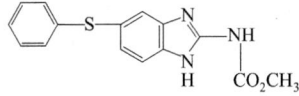

芬苯达唑

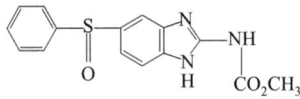

奥芬达唑

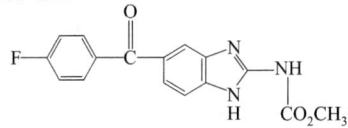

氟苯达唑

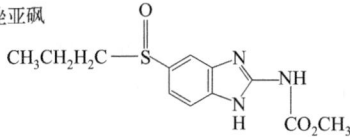

阿苯达唑亚砜

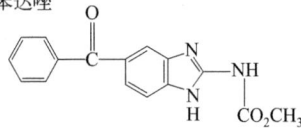

甲苯达唑

（2）**作用机制**　苯并咪唑类和苯并咪唑前体类药物的作用机制在于其与寄生虫上皮细胞微管蛋白的结合，抑制虫体从肠道内摄取葡萄糖。目前普遍认为，苯并咪唑类药物可与 β-微管蛋白结合，阻止与 α-微管蛋白的多聚化，影响了摄取营养所必需的结构蛋白质——微管蛋白的形成，阻断其对多种营养和葡萄糖的摄取吸收，导致虫体内源性糖原耗竭。不仅如此，还抑制延胡索酸还原酶系统，阻止 ATP 的产生，影响了细胞能量代谢，最终致使虫体无法生存和繁殖。微管在寄生虫体内发挥重要作用，是有丝分裂、能量代谢等细胞活动的重要结构。虽然微管还存在于许多动物、植物、真菌细胞内，但苯并咪唑类与哺乳动物微管蛋白的结合能力远低于与线虫微管蛋白的结合能力，因此该类药物对哺乳动物的毒性较小。

（3）**抗虫谱**　苯并咪唑类为广谱抗寄生虫药，对线虫有良好的抗虫活性，对吸虫、绦虫有较强的抗虫活性，但对血吸虫无效。阿苯达唑对多种寄生虫的成虫和幼虫有良好的驱除效果，如捻转血矛线虫、普氏血矛线虫、奥氏奥斯特线虫、艾氏毛圆线虫成虫和滞育的第四期幼虫、蛇形毛圆线虫、钝刺细颈线虫和微黄细颈线虫，小肠的点状古柏线虫、肿孔古柏线虫和茹拉巴德古柏线虫，钩虫中的牛仰口线虫，结节虫中的辐射食道口线虫，肺线虫中的胎生网尾线虫，绦虫如贝氏莫尼茨绦虫和扩展莫尼茨绦虫，肝吸虫中的肝片吸虫的成虫。此外，阿苯达唑低剂量对猪蛔虫、有齿食道口线虫、六翼泡首线虫具极佳驱除效果，应用高剂量虽对猪毛首线虫、刚棘颚口线虫有效，但对猪后圆线虫效果不理想。阿苯达唑对蛭状巨吻棘头虫效果不稳定；对布氏姜片吸虫、克氏假裸头绦虫、细颈囊尾蚴无效。奥苯达唑可用于防治马的大型圆线虫如普通圆线虫、无齿圆线虫、马圆线虫、三齿属线虫，小型圆线虫如盅口属、杯环属、杯冠属、辐首属线虫，蛔虫中马副蛔虫，以及马蛲虫。奥苯达唑对胃蝇幼虫无效，但能高效驱杀对苯并咪唑有抗药性的盅口线虫。奥芬达唑能有效驱除肺线虫如胎生网尾线虫，捻转胃虫中的捻转血矛线虫和普氏血矛线虫，小型胃线虫中的艾氏毛圆线虫，棕色胃虫如奥氏奥斯特线虫，结节虫如辐射食道口线虫，钩虫中的牛仰口线虫，小型肠道线虫中的点状古柏线虫、肿孔古柏线虫和麦氏古柏线虫，绦虫中的贝氏莫尼茨绦虫。但对毛首线虫作用有限。芬苯达唑对猪蛔虫、食道口线虫、红色猪圆线虫、后圆线虫，甚至对有齿冠尾线虫（猪肾虫）驱除率几乎达 100%。

（4）耐药性　随着驱虫药的广泛使用，临床上发现几乎所有广谱抗虫药物都出现了耐药性包括苯并咪唑类驱虫药。苯并咪唑的驱虫作用是基于其选择性地与 β-微管蛋白结合，继而干扰微管蛋白与微管之间的动态平衡。有研究发现 β-微管蛋白基因在苯并咪唑抗性虫体中发生突变，在寄生线虫群体中，三个 β-微管蛋白等位基因 $F167Y$、$E198A$ 和 $F200Y$ 长期以来一直与耐药性相关。在分析捻转血矛线虫和环纹背带线虫对苯并咪唑类药物的耐药性时发现，蠕虫耐药性的广泛发展与多个独立的抗性基因突变反复出现并通过迁移传播密切相关。敏感虫体对芬苯达唑能产生耐药，甚至与其他苯并咪唑类产生交叉耐药现象。

（5）药代动力学

① 在宿主机体的吸收及分布　苯并咪唑类药物主要经宿主的胃肠道吸收，由于反刍动物的消化过程复杂，药物的吸收会受多方面因素影响。如胃的酸性环境可使苯并咪唑类药物的溶解度更高，同时胃内容物的缓慢消化可以提高药物的吸收效率，从而提高药物的生物利用度。

非班太尔本身无驱虫活性，在动物体内转化为芬苯达唑、奥芬达唑和氧苯达唑而显驱虫活性。阿苯达唑不溶于水，故在肠道内吸收缓慢。原药在肝脏内转化为丙硫苯咪唑亚砜与丙硫苯咪唑砜，前者为杀虫成分。芬苯达唑在动物体内吸收快，分布广泛、血药半衰期长，主要以口服方式给药，微晶体形式的芬苯达唑能够提高动物体内的吸收速度。氧苯达唑在动物体内吸收较快。氟苯达唑内服几乎不被胃肠道黏膜吸收，血浆中药物含量不到口服剂量的 0.1%，3d 内 80% 原药由粪便排出。

② 在宿主机体的代谢及消除　苯并咪唑类药物在进入宿主机体内很快被氧化或水解，对于原药阿苯达唑，在绵羊、牛和猪内服给药后检测不到母体，48h 后检测到亚砜代谢物。苯并咪唑类药物的代谢主要依赖于苯并咪唑环结构上的 5-位取代基。阿苯达唑分子中含有硫原子，可作为硫化物使用。硫化物被肠道吸收后，经门静脉进入肝脏，在肝脏内黄素单加氧酶和细胞色素 P450 酶系统催化的 I 相氧化反应中迅速代谢为具有驱虫活性的阿苯达唑亚砜和无活性的阿苯达唑砜，最后转化为阿苯达唑-2-氨基砜。

非班太尔在反刍动物体内迅速代谢，血浆中原药浓度很低。绵羊的代谢速度比牛快，口服后 6～12h 达到峰值浓度，而牛为 12～24h。最重要的代谢物是芬苯达唑、奥芬达唑和奥苯达唑等。

噻苯达唑经动物消化道迅速吸收，分布于机体大部分组织中，因此对寄生在肠腔和肠壁的幼虫和成虫有杀灭作用。猪、羊、牛的血药浓度在给药后 2～7h 达峰值。奥芬达唑更易在胃肠道吸收，其消除半衰期在绵羊中约为 7.5h，在山羊中约为 5.25h。吸收的奥芬达唑在体内代谢成活性化合物，即芬苯达唑（亚砜）和砜。

（6）药效动力学　苯并咪唑类药物的驱虫活性主要与药物理化性质、药物在体内消除半衰期以及靶组织的药物浓度有关。

苯并咪唑类药物大多不溶于水，因此药物的剂型与给药途径至关重要，相比于水溶性更高的噻唑类化合物，氨基甲酸酯类化合物的溶解速率、生物利用度更低，这种理化性质的差异决定了药物的驱虫效果。药物在消化道内的溶解度与苯并咪唑化合物的药物动力学息息相关。经酸处理过的非晶型奥芬达唑水溶性发生了明显的变化，从 $4\mu g/mL$（晶型）升至 $11.34\mu g/mL$（非晶型）。

同时苯并咪唑类化合物在反刍和非反刍动物中的生物利用度不同，这是由于反刍动物瘤胃能够延长药物吸收的时间，皱胃能够提供促进药物溶解的酸性环境，但食道沟的关闭使驱虫药可绕过瘤胃迅速进入皱胃会导致生物利用率降低。为了提高驱虫药物的利用率，会在给药前对反刍动物进行禁食，依据饥饿能减少食糜的流动速度的原理，可以提高靶组织的药物浓度。

动物饲料的摄入量和组成是影响苯并咪唑类药物驱虫药行为和疗效的重要因素。胃肠吸收取决于胃肠道中内容物的物理和化学性质。药物在胃肠液中的溶解度显著影响药物吸收的速度和程度，从而决定药物的生物利用度。食物摄取减少对驱虫药药代动力学的显著影响。苯并咪唑类驱虫药易溶于水，通常以混悬液的形式肠内给药。在饥饿的动物中，通过胃肠道的速度减慢，因此驱虫药的溶解和吸收时间更长。饲料类型能够改变胃肠道中的pH 值和微生物数量，从而影响苯并咪唑类药物在胃肠中的转化和跨膜转移。总之，饲料成分的差异会影响实际生产中驱虫治疗的效果。此外，一些饲料成分会显著改变药物代谢酶。一些植物或水果对重要生物转化酶的诱导或抑制作用已被证实，但大多数的作用仍不清楚。

（7）临床应用

① 在反刍动物的临床应用　苯并咪唑类药物多用于控制家畜、家禽、马、犬和猫等动物的肠道寄生虫，由于苯并咪唑类药物不溶于水，常以混悬剂的方式内服给药。

对于牛和绵羊，阿苯达唑通常以片剂内服给药，推荐剂量分别为 7.5mg/kg 和 5mg/kg，可用于驱除和控制各种寄生蠕虫，线虫对其敏感，对绦虫、吸虫也有较强作用（但需较大剂量），对血吸虫无效。另外，在剂量为 10mg/kg 体重（牛）和 7.5mg/kg 体重（羊）时，阿苯达唑对成年肝片吸虫（大于 14 周龄）有效。在治疗后 8h，本品不但对成虫作用强，对未成熟虫体和幼虫也有较强作用，还有杀虫卵作用。阿苯达唑是一种潜在的家畜抗贾第虫药，可有效抑制感染贾第虫的牛排出包囊，内服剂量为 20mg/kg 体重，每日一次，连用 3 天。

在反刍动物中，噻苯达唑以饲料添加剂、淋剂、丸剂、片剂等形式应用，全部用于口服给药，大多单独使用。没有经典的注射剂或喷剂。在能够发挥治疗作用的剂量内，噻苯达唑对非胃肠道蛔虫（例如肺虫）、绦虫、吸虫和任何外部寄生虫无效，但对畜牧动物和宠物的某些真菌感染有效。山羊、羊的口服给药推荐剂量为 66mg/kg，牛的推荐剂量为100mg/kg，马的推荐剂量为 44mg/kg。

丙硫咪唑亚砜又称阿苯达唑亚砜、氧阿苯达唑，是阿苯达唑的亚砜代谢物，通常以内服形式给药，在其他国家也存在商品化的牛皮下注射用的新型丙硫咪唑亚砜注射液（15%），可用于防治胃肠道内线虫和肺蠕虫。此外，该药常用 5mg/kg 剂量来控制四期奥斯特线虫的幼虫。

奈托比胺混悬剂有两种不同功效的给药剂量，7.5mg/kg体重可用于牛、羊体内绦虫，成年和幼年期的皱胃蠕虫，以及肠道蠕虫和肺线虫的驱除治疗，而20mg/kg体重则可防治14周龄的成年肝脏吸虫。

非班太尔是一种苯并咪唑前体化合物，用于反刍动物以片剂内服给药。反刍动物的给药剂量为10mg/kg体重。非班太尔本身无抗虫活性，其驱虫效应主要依靠活性代谢物芬苯达唑和氧苯达唑。

芬苯达唑在牛、绵羊和山羊以混悬剂内服给药，推荐剂量分别为10mg/kg体重（牛）和5mg/kg体重（绵羊和山羊）。对牛的血矛线虫、奥斯特线虫、毛圆线虫、仰口线虫、细颈线虫、古柏线虫、食道口线虫、胎生网尾线虫成虫及幼虫均有高效。对羊的血矛线虫、奥斯特线虫、毛圆线虫、古柏线虫、细颈线虫、仰口线虫、食道口线虫、毛首线虫及网尾线虫成虫及幼虫均有极佳驱虫效果，还能抑制多数胃肠线虫的产卵。对猪的红色猪圆线虫、蛔虫、食道口线虫成虫及幼虫有效。50mg/(kg·d)连用3天，对犬、猫的钩虫、蛔虫、毛首线虫有高效。按50mg/(kg·d)连用5天对猫肺线虫（奥妙猫圆线虫）、连用3天对猫胃线虫（盘头线虫）均有高效。对家禽胃肠道和呼吸道线虫有良效。

奥芬达唑用于牛和绵羊的内服剂量分别是4.5mg/kg体重和5mg/kg体重。在各种情况下，奥芬达唑推荐用于控制的寄生虫范围与芬苯达唑相同。为避免绕过瘤胃，一种奥芬达唑混悬剂已获准用于牛瘤胃内给药。奥芬达唑也可用于预防和控制牛的Ⅰ型和Ⅱ型奥斯特线虫病。然而，报道表明奥芬达唑对第四期奥斯特线虫的疗效变化较大，可能与幼虫期有关的代谢活动有关，即在抑制诱导和受抑幼虫出现的期间药效最大，而在幼虫休眠期药效最低。

奥苯达唑用于治疗牛和羊消化道线虫的成虫和幼虫。奥苯达唑以混悬剂或糊剂内服给药，剂量为10mg/kg体重。

甲苯达唑，在羊和山羊内服的剂量为15mg/kg体重。还存在各种如加药预混剂、糊剂、片剂、颗粒剂和灌服剂（均为内服给药剂型）等剂型，用于猎禽、猪、鹿、犬和家禽。

② 在马的临床应用　噻苯达唑在马按单剂量经口灌服、胃管灌药或者用糊剂内服给药，且常与哌嗪联合以增强对蛔虫和未成熟的尖尾线虫驱虫效果。

芬苯达唑在马按5mg/kg体重的剂量内服给药，对控制马的副蛔虫、马尖尾线虫成虫及幼虫、胎生普氏线虫、普通圆形线虫、无齿圆形线虫、马圆形线虫、小型圆形线虫均有高效。此外，芬苯达唑可以控制由普通圆线虫的四期幼虫、黏膜内的盅口线虫幼虫引起的动脉炎。

奥芬达唑在马的内服剂量为10mg/kg体重，对消化道线虫与其母体药物芬苯达唑药效类似。

甲苯达唑在马的内服剂量为8.8mg/kg体重，可用于控制马圆线虫、大型圆线虫、蛲虫成虫和未成熟的幼虫。

③ 在猪的临床应用　噻苯达唑对猪的蛔虫和鞭虫几乎无效。芬苯达唑在猪，以粉剂按3mg/kg体重的日剂量用药，连用3天，对肝和肺内移行的猪蛔虫幼虫和大部分（成熟和未成熟的）胃肠道线虫效率达99%。

④ 在犬、猫的临床应用　感染贾第虫属的犬按25mg/kg体重阿苯达唑的剂量内服，

每日两次，连用 2 天，可有效抑制感染贾第虫的犬排出包囊。芬苯达唑按 50mg/kg 体重的日剂量连用 3 天，对犬贾第虫病有良好的治疗效果。

芬苯达唑按 50mg/kg 体重的日剂量给犬连用 3 天，可驱除犬钩虫、蛔虫（狮蛔虫）、鞭虫（狐毛首线虫）和绦虫（带绦虫）。

甲苯达唑治疗犬的线虫、钩虫、鞭虫和绦虫感染，推荐剂量为 22mg/kg 体重，连用 3 天。

（8）**安全性**　苯并咪唑类药物安全性较好，在常规用药剂量下一般不出现毒性作用，但有可能引起犬猫的呕吐、食欲减退；还可能出现白细胞减少、再生障碍性贫血，也可致妊娠动物出现胚胎畸形。本类药物中的三氯苯达唑对鱼类的毒性较强。

① 阿苯达唑　犬以 50mg/kg 每天 2 次用药，会逐渐产生厌食症。可引起犬的再生障碍性贫血。对妊娠早期动物有致畸和胚胎毒性的作用。

② 芬苯达唑　由于死亡的寄生虫释放抗原可继发产生过敏性反应，特别是在高剂量时。犬和猫内服时偶见呕吐，曾有一例报道，犬服药后各类白细胞减少。可能伴有致畸胎和胚胎毒性的作用，妊娠前期忌用。

③ 三氯苯达唑　对鱼类毒性较大，残留药物、容器切勿污染水源。

（9）**药物相互作用**　阿苯达唑与吡喹酮合用可增加前者的血药浓度，非班太尔可与哌嗪类药物产生拮抗作用。

（10）**剂型**　目前主要有奥苯达唑片、阿苯达唑片、芬苯达唑粉、阿苯达唑粉、三氯苯达唑颗粒、三氯苯达唑片等，以及阿苯达唑阿维菌素片、阿苯达唑硝氯酚片、阿苯达唑伊维菌素粉、复方非班太尼等复方制剂。

① 阿苯达唑

阿苯达唑片，规格：25mg；50mg；0.1g；0.2g；0.3g；0.5g。

阿苯达唑粉，规格：2.5%；10%；6%（仅用于水产中）。

阿苯达唑颗粒，规格：10%。

阿苯达唑混悬液，规格：100mL∶10g。

伊维菌素氧阿苯达唑粉，规格：100g∶伊维菌素 0.2g＋氧阿苯达唑 5g。

阿苯达唑伊维菌素粉，规格：100g∶阿苯达唑 10g＋伊维菌素 0.2g。

阿苯达唑伊维菌素预混剂，规格：100g∶阿苯达唑 6g＋伊维菌素 0.25g。

阿苯达唑伊维菌素片，规格：0.36g∶阿苯达唑 350mg＋伊维菌素 10g。

阿苯达唑硝氯酚片，规格：0.14g∶阿苯达唑 0.1g＋硝氯酚 40mg。

阿苯达唑阿维菌素片，规格：0.255g∶5mg 阿维菌素＋0.25g 阿苯达唑；0.153g∶阿维菌素 3mg＋阿苯达唑 0.15g。

② 芬苯达唑

芬苯达唑片，规格：0.1g；50mg；25mg。

芬苯达唑粉（国产），规格：5%。

芬苯达唑颗粒，规格：3%；10%。

芬苯达唑伊维菌素片，规格：0.210g∶芬苯达唑 0.2g＋伊维菌素 10mg。

芬苯达唑粉（进口），规格：100g∶4g。

芬苯达唑混悬液，规格：4000mL∶800g；1000mL∶200g。

③ 三氯苯达唑

三氯苯达唑片，规格：0.1g。

三氯苯达唑颗粒，规格：10%。

（11）常用药物

① 阿苯达唑　阿苯达唑的临床常用制剂有片剂、粉剂、颗粒以及混悬液，作为抗蠕虫药用于畜禽线虫病、绦虫病和吸虫病。

片剂规格为25mg、50mg、0.1g、0.2g、0.3g、0.5g。内服：一次量，每1kg体重，马5～10mg，牛、羊10～15mg，猪5～10mg，禽10～20mg，犬25～50mg。

粉剂规格为2.5%、10%。内服：以2.5%规格为例，一次量，每1kg体重，马0.2～0.4g，牛、羊0.4～0.6g，猪0.2～0.4g，犬1.0～2.0g，禽0.4～0.8g。

颗粒剂规格为10%。内服：一次量，每1kg体重，马50～100mg，牛、羊100～150mg，猪50～100mg，犬250～500mg，禽100～200mg。

阿苯达唑混悬液规格为100mL：10g，内服：一次量，每1kg体重，马0.05～0.1mL，牛、羊0.1～0.15mL，猪0.05～0.1mL，犬0.25～0.50mL，禽0.1～0.2mL。

禁用于食用马；泌乳期禁用；动物妊娠前期45日内禁用。休药期为牛14日，羊4日，猪7日，禽4日；弃奶期2.5日。

② 芬苯达唑　芬苯达唑用于畜禽线虫病和绦虫病。常用制剂为芬苯达唑片剂、颗粒剂、粉剂，芬苯达唑伊维菌素片。

芬苯达唑片规格包括25mg、50mg、0.1g。以50mg为例，内服：一次量，每1kg体重，马、牛、羊、猪0.1～0.15片；禽0.2～1片；犬、猫0.5～1片。连用3日。休药期为牛、羊21日，猪3日，禽28日；弃奶期7日，弃蛋期7日。

芬苯达唑颗粒规格包括3%、10%。以3%为例，内服：一次量，每1kg体重，马、牛、羊、猪0.17～0.25g；犬、猫0.17～1.67g；禽0.33～1.67g。休药期为牛、羊14日，猪3日，禽28日；弃奶期7日。

芬苯达唑粉剂规格为5%，内服：一次量，每1kg体重，马、牛、羊、猪0.1～0.15g；犬、猫0.5～1g；禽0.2～1g。休药期为牛、羊14日，猪3日；弃奶期5日。

供食用的马与泌乳期牛羊禁用；可能伴有致畸胎和胚胎毒性的作用，妊娠前期忌用；单剂量对于犬、猫往往无效，必须治疗3日。

芬苯达唑常与伊维菌素构成复方制剂，用于畜禽线虫病和绦虫病。芬苯达唑伊维菌素片规格为0.210g（芬苯达唑0.2g＋伊维菌素10mg）。内服：一次量，每10kg体重，牛、羊、猪0.25～0.375片。

泌乳期禁用；伊维菌素对虾、鱼及水生生物有剧毒，残留药物的包装及容器切勿污染水源；妊娠期前45日慎用。休药期为牛、羊35日，猪28日。

③ 三氯苯达唑　三氯苯达唑主要用于防治牛、羊肝片形吸虫感染。常用制剂为三氯苯达唑颗粒和三氯苯达唑片。颗粒剂的规格为10%，内服：一次量，牛每1kg体重0.12g，羊每1kg体重0.1g。治疗急性肝片形吸虫病，应在5周后重复用药一次。片剂的规格为0.1g。用法用量同片剂。

产乳供人食用的牛、羊，在泌乳期不得使用。本品对鱼类毒性较大，残留药物、容器切勿污染水源。对药物过敏者，使用时应避免皮肤直接接触和吸入，用药时应戴手套，禁止饮食和吸烟，用药后应洗手。使用本品应严格遵照牛、羊56日的休药期。

6.2.1.3　咪唑并噻唑类

（1）化学结构　左旋咪唑化学结构式见图6-1，临床制剂主要为盐酸左旋咪唑，为白色或灰白色结晶粉末。四咪唑(其化学结构式见图6-2)是首个在兽医临床上应用的咪唑并噻唑类驱虫药,其是由左旋咪唑和(R)-(+)-四咪唑两种相等组分组成的外消旋体,对四咪唑进一步研究发现其驱虫活性几乎全部存在于左旋咪唑这一构型中。因左旋咪唑毒性低,故单独应用左旋咪唑能提高用药安全性,其临床驱虫效果要比四咪唑高50%。

左旋咪唑对吸虫和绦虫无驱虫活性但可有效驱除肺和胃肠道内的线虫,且其制剂具有多样性的优点(注射剂、内服溶液、饲料预混剂、浇泼剂),可根据不同给药途径进行选择。因左旋咪唑为此类药物应用最广泛的,故以其药理学特性进行讲述。

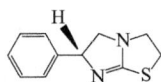

图 6-1 左旋咪唑　　　　　　　　　　　　　　　　图 6-2 四咪唑

（2）**作用机制**　左旋咪唑对不同种类的寄生虫有不同的作用模式,主要作用于寄生虫的离子通道。左旋咪唑是一种胆碱能激动剂,当其与虫体接触时,可打开线虫神经和肌肉的乙酰胆碱受体离子通道,促进钙离子进入细胞,同时使神经和肌肉细胞去极化,导致寄生虫肌肉麻痹,无法维持在寄生部位,从而被排出。此外,药物通过虫体表皮吸收,到达相应的作用部位发生水解,选择性地抑制虫体肌肉中琥珀酸脱氢酶,阻断延胡索酸还原为琥珀酸,抑制 ATP 的生成,切断虫体的能量来源。

左旋咪唑增加细胞免疫,有助于自身免疫性疾病的 CD4/CD8 比值正常化。它促进淋巴细胞增殖反应,也促进淋巴细胞产生干扰素和巨噬细胞产生白细胞介素 1。左旋咪唑促进树突细胞成熟,从而导致主要组织相容性复合体（MHC）分子和共刺激分子如 CD80、CD83 和 CD86 的表达增加。抗原和 MHC 复合物激活 T 细胞。活化的 T 细胞释放干扰素,从而增强免疫力,但给予较高剂量时有可能对免疫功能产生抑制作用。

（3）**抗虫谱**　抗蠕虫药。广谱驱线虫,对牛、绵羊、猪、犬和鸡的大多数线虫具有活性,主要用于牛、羊、猪、犬、猫和禽的胃肠道线虫、肺线虫及猪肾虫病。

（4）**耐药性**　对捻转血矛线虫左旋咪唑耐药株的拟胆碱能乙酰胆碱受体基因序列进行了克隆分析,发现有多个基因与左旋咪唑的药效和耐药性相关。进一步研究发现左旋咪唑耐药株缺少乙酰胆碱受体的正常元件。研究证明寄生线虫对于胆碱能类驱虫药的耐药机制是多基因作用的,而不是单一基因引起的。经过多年连续用药,部分地区左旋咪唑驱除线虫的效果已经降低。烟碱样乙酰胆碱受体结构改变导致药物难以发挥作用,或乙酰胆碱受体结合的敏感性发生改变是其耐药性产生的原因。

（5）**药代动力学**　左旋咪唑就其作用机制而言,药物的动力学与作用效果有着直接的联系,维持体内的药物浓度水平非常重要。而其吸收速率及生物利用度与其给药途径密切相关,不同剂量、剂型、使用方法均能产生不同的效果。以肌内注射和皮下注射的方式给药,0.5~2h 即可达到峰浓度,内服给药 3h 即可达到峰浓度,经皮给药吸收速度慢。同时内服比浇泼剂的生物利用度更高。牛、绵羊及山羊内服血药达峰时间为 1.33h、0.17~0.83h、0.19~0.83h,血药浓度分别为 1.35μg/mL、1.63μg/mL、1.07μg/mL,在羊内服的生物利用度为 66%左右,皮下注射的生物利用度为 78%;犬内服的生物利用度为 49%~64%,达峰值时间为 2~4.5h。猪内服及肌内注射的生物利用度分别是 62%、

83%。鸭内服30mg/kg体重后，血药浓度达峰时间为1.75h，生物利用度为46.3%；鸡在产前和产蛋高峰期，内服40mg/kg体重剂量的左旋咪唑，其生物利用度分别为61%和88%。鲟和鲑饲喂给药50mg/kg体重，血药浓度达峰时间为1h，C_{max}为18.63μg/mL，生物利用度为43.19%和69.3%。

左旋咪唑的消除半衰期非常短并具有明显的种属差异，牛：4～6h，山羊：2.9～4.3h，绵羊：6.2～8.7h，猪：3.5～9.5h，犬：1.3～4h，兔：0.9～1h，鸡：1h，鸭：4.36～5.9h。当其进入循环系统，2h后即可在肝脏中发现药物，并在肝脏中通过氧化、水解、羟化作用迅速代谢成多种代谢产物，90%的药量将于24h内排出。左旋咪唑及其代谢产物——葡糖醛酸等可自尿、粪便及呼吸道排出。自尿中排出的原型药物约为服用总量的16%。给羊肌内注射左旋咪唑10mg/kg体重，10min后即可自尿中测出，2h后尿中含量最高，4h已全部消失。药物残留不明显，给药14天后组织总残留药量不超过5%。

左旋咪唑在经口给药后可迅速通过胃肠道吸收，在肝脏中广泛代谢，部分通过尿液（84%）和粪便（9%）迅速排出。

（6）药效动力学 咪唑并噻唑类驱虫药，对牛、绵羊、猪、犬、鸡和鸭的大多数线虫具有活性，对寄生在鱼皮肤和鳃的线虫等具有活性。左旋咪唑等抗寄生虫药长期单独使用会导致虫体耐药，采用阿维菌素、莫西菌素、奥芬达唑等药物或其两药、三药联用，能有效治疗耐药寄生虫感染。

（7）临床应用 左旋咪唑对蛔虫、钩虫、蛲虫有明显的驱虫作用。此外，对丝虫成虫及微丝蚴也有一定的驱虫作用。对牛、羊胃肠道线虫和肺线虫有很好的驱虫作用。对于嗜酸性粒细胞增多症及蛔、丝虫混合效果较佳。

低剂量的左旋咪唑能够增加动物的免疫力。可与噻嘧啶合用治疗严重的钩虫感染。可与噻苯达唑或扑蛲灵合用治疗肠线虫混合感染。可与枸橼酸乙胺嗪先后应用于抗丝虫感染。但不能与四氯乙烯合用，以免增加毒性。左旋咪唑注射剂对组织刺激性较强，甚至使动物产生中毒反应，为克服上述问题开发了左旋咪唑浇泼剂。破伤风类毒素联合左旋咪唑可使免疫质量有充分的保障，破伤风发病率降低，它可减轻畜主负担，降低成本，加快肉猪的生长。近年来左旋咪唑的临床新用途有治疗尖锐湿疣、甲亢、肠易激综合征、类风湿性关节炎、哮喘、真菌感染、分泌性中耳炎、再生障碍性贫血、抗癌作用、乙型肝炎及肾病综合征等疾病。

在牛，左旋咪唑按照推荐剂量给药对消化道线虫感染非常有效。左旋咪唑内服对古柏线虫、毛圆线虫有效，但对奥斯特线虫疗效不稳定，与阿维菌素联用可解决这一问题。但左旋咪唑与阿维菌素浇泼剂联用对牛线虫感染的疗效反而不好，这可能是因为与单独给药相比联用时阿维菌素的血药浓度显著降低。此外，左旋咪唑与依立诺克丁、莫西菌素、伊维菌素、氯生太尔、多拉菌素、氧阿苯达唑联用，对牛胃肠道线虫感染有很好的疗效。在冬季皮下注射0.2mg/kg氧阿苯达唑＋8.0mg/kg盐酸左旋咪唑，疗效可达100%，同时药物的药代动力学参数不受影响。对奶牛使用左旋咪唑驱虫，牛奶的脂肪浓度会降低。

鸡对左旋咪唑的耐受性非常好，其LD_{50}为2.75g/kg体重，主要用于抗鸡蛔虫。Feyera Teka等人的研究评估了左旋咪唑对鸡蛔虫的驱虫效果，结果表明左旋咪唑对鸡蛔虫仍然非常有效，驱虫效果大于96%。抑制幼虫迁移的有效浓度（EC_{50}）为349.9nmol/L，并呈浓度依赖性。

① 用法与用量　在牛、羊、猪内服、皮下注射和肌内注射：一次量为 7.5mg/kg 体重，浇泼：一次量为 10mg/kg 体重。犬、猫：一次量为 10mg/kg 体重，家禽：一次量为 25mg/kg 体重。通过饮水方式给药仅对猪和家禽适用，并尽可能快速给药。

② 应用注意　妊娠母畜、马慎用，骆驼禁用，泌乳期禁用。盐酸左旋咪唑对组织有较强刺激性，局部注射时可引起中度或严重反应。单胃动物除肺线虫宜选用注射给药外，一般宜内服给药。

左旋咪唑的毒副作用类似于抑制胆碱酯酶后的效应，中毒症状表现为胆碱样作用如流涎、尿频及频繁排便、肌肉震颤、摇头、心率减慢、呼吸抑制等，可用阿托品进行救治，但并不能降低死亡率。此外，也可以进行对症救治，如人工呼吸或洗胃，但在农场不易实现。N 样作用药物和胆碱酯酶抑制剂在理论上能增加左旋咪唑的毒性，临床应用应特别注意。

盐酸左旋咪唑对牛的推荐剂量为 6～8mg/kg，使用量不当可引起犊牛死亡。左旋咪唑对马的安全范围较窄，常规剂量的 2～3 倍即可引发严重毒副作用，多个国家已禁止将其用于马，但在赛马中仍能够发现使用过该药物的痕迹。左旋咪唑肌内注射绵羊，当剂量达到治疗量的 4 倍时，绵羊出现毒性反应，但能自行恢复正常，无后遗症。随着剂量的增加，毒性反应加剧时，可发生动物死亡。少量肌内注射羔羊时导致腹痛、流涎、厌食等不良反应。3～4 倍治疗剂量，增加了抑郁、癫痫，缺氧和唾液分泌泡沫等不良反应，致死率可达 48.57％，因此对羔羊应慎用左旋咪唑。山羊过量用药也会产生严重不良反应，但山羊对药物的代谢更快，临床中毒案例报道比较少。对鱼，盐酸左旋咪唑 300mg/kg 体重饲喂细鳞鲴 15 天，每日两次，能有效控制线虫的感染，引起温和的肝脏损伤，500mg/kg 体重剂量会引起显著的肝脏损伤。休药期，内服：牛 2 天；羊、猪 3 天；皮下注射：牛 14 天；羊 28 天。

（8）安全性

① 牛用左旋咪唑后可能出现副交感神经兴奋症状，口鼻出现泡沫或流涎，兴奋或颤抖，还有舔唇和摇头等不良反应。症状一般在 2 小时内减退。使用 2～3 倍推荐量会导致牛出汗、绞痛、流涎，犊牛会频繁排泄、呼吸急促。

② 绵羊给药后可产生肌肉震颤和暂时性兴奋，山羊可产生抑郁、流涎。

③ 猪用药后可导致流涎或口鼻冒出泡沫。

④ 犬可见呕吐、腹泻、摇头、焦虑、粒细胞缺乏症、肺水肿、免疫介导性皮疹等。

⑤ 猫可见流涎、兴奋、瞳孔散大和呕吐等。

⑥ 泌乳期动物禁用。

⑦ 禁用于静脉注射。

⑧ 马和骆驼较敏感，马应慎用，骆驼禁用。

⑨ 过度疲劳或严重肝脏或肾脏损伤患畜无法正常对药物代谢排泄，应慎用。应激反应的牛对药物的敏感性增加应慎用。

⑩ 鱼可见肝窦扩张、充血和白细胞浸润等肝损伤。

（9）药物相互作用

① 具有烟碱作用的药物如噻嘧啶、甲噻嘧啶、乙胺嗪，胆碱酯酶抑制药如有机磷、新斯的明，可增加左旋咪唑的毒性，不宜联用。

② 左旋咪唑可增强布鲁氏菌疫苗等的免疫反应和效果。

（10）剂型　左旋咪唑临床有片剂、溶液剂、皮下注射剂、浇泼剂。药物有盐酸左旋咪唑片、盐酸左旋咪唑注射液、左旋咪唑浇泼剂。

盐酸左旋咪唑粉，规格：5%、10%。

盐酸左旋咪唑片，规格：25mg、50mg。

盐酸左旋咪唑注射液，规格：2mL∶0.1g、5mL∶0.25g、10mL∶0.5g。

（11）**常用药物**　左旋咪唑用于牛、绵羊和山羊、猪、家禽的多种线虫病的治疗。由于左旋咪唑安全范围较窄以及对马的多种寄生虫功效有限，它通常不用于马。尝试用作免疫刺激剂。常用制剂为盐酸左旋咪唑片、盐酸左旋咪唑粉、盐酸左旋咪唑注射液。

盐酸左旋咪唑片主要用于牛、羊、猪、犬、猫和禽的胃肠道线虫、肺线虫及猪肾虫病。其规格包括 25mg、50mg。内服：一次量，每 10kg 体重，牛、羊、猪 3 片；犬、猫 4 片；禽 10 片。

盐酸左旋咪唑粉剂用于胃肠道线虫病、肺丝虫病和猪肾虫病。其规格包括 5%、10%。以本品计。内服：一次量，每 1kg 体重，牛、羊、猪 150mg；犬、猫 200mg；禽 500mg。

产蛋供人食用的家禽，在产蛋期不得使用；产乳供人食用的家畜，在泌乳期不得使用；极度衰弱或严重肝肾损伤患畜应慎用。疫苗接种、去角或去势等引起应激反应的牛应慎用或推迟使用；本品中毒时可用阿托品解毒和其他对症治疗。

休药期为牛 2 日，羊 3 日，猪 3 日，禽 28 日。

盐酸左旋咪唑注射液主要用于牛、羊、猪、犬、猫和禽的胃肠道线虫、肺线虫及猪肾虫病。其规格包括 2mL∶0.1g、5mL∶0.25g、10mL∶0.5g。皮下、肌内注射：一次量，每 1kg 体重，牛、羊、猪 0.15mL；犬、猫 0.2mL。休药期为牛 14 日，羊、猪、禽 28 日。

6.2.1.4　四氢嘧啶类

四氢嘧啶类药物是一类具有四氢嘧啶基本骨架的化学药物，具体包括噻嘧啶、莫仑太尔以及奥克太尔等。噻嘧啶是四氢嘧啶类药物家族首个化合物，最初作为一种广谱驱虫药物用于驱除绵羊体内的胃肠道线虫，随后迅速扩展应用于牛、猪、马、犬和猫等动物。目前，其甲基化衍生物莫仑太尔也已投入兽药市场。最新型的药物奥克太尔，是一种基于噻嘧啶分子结构进行改造的 m-氧基酚衍生物，但由于其生产成本较高，因此在兽药市场中的应用相对较少。

（1）**化学结构**　噻嘧啶的化学结构在 1966 年发表于《自然》杂志。常用制剂为双羟萘酸噻嘧啶，CAS 号为 22204-24-6，在乙醇中极微溶解，在水中几乎不溶，应用于人医和兽医临床。此外还有酒石酸噻嘧啶、柠檬酸噻嘧啶常应用于兽医临床。虽然这两种盐的水溶性显著增加，但是其毒性也随之增大。莫仑太尔又名甲噻嘧啶，是噻嘧啶的 3-甲基衍生物。奥克太尔的常用制剂为双羟萘酸奥克太尔。

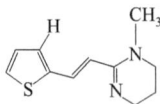

噻嘧啶

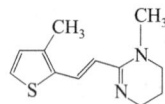

莫仑太尔

（2）**作用机制**　四氢嘧啶类化合物作为拮抗剂，能够有选择性地作用于线虫肌细胞膜上的烟碱型胆碱受体，与神经元烟碱乙酰胆碱受体的非调控亚基界面结合，影响其活性和门控特性，导致线虫肌肉收缩和痉挛麻痹。

噻嘧啶和莫仑太尔对宿主的药理作用与左旋咪唑类似并且这些驱蠕虫药与乙酰胆碱的生物学特性也非常相似。研究发现，莫仑太尔能够激活神经元 α7 和哺乳动物肌肉的乙酰胆碱受体，且激活效果比乙酰胆碱更有效和更持久。莫仑太尔激活 α7、α7-5HT3A 受体和 α7-5HT3A 通道所需的浓度比乙酰胆碱低，并且持续时间更长。噻嘧啶是线虫烟碱乙酰胆碱受体的选择性激动剂，可导致线虫肌肉痉挛性麻痹，并在有毒剂量下对宿主的乙酰胆碱受体产生潜在毒性作用。

奥克太尔和噻嘧啶的化学结构相似，但在驱除毛尾属线虫方面奥克太尔的效果更好。这可能是它们在分子结构上的差异导致对胆碱能亚型的选择性不同，也可能是由于毛尾属线虫中存在不同的占优势胆碱能受体亚型。

（3）**抗虫谱**　噻嘧啶对马胃肠道内蛲虫的活性不受给药方法及所用盐的种类影响。酒石酸盐或羟萘酸盐均具有高效的驱虫活性。然而，对于无齿圆线虫、小型圆线虫、马尖尾线虫的成虫和未成熟虫体噻嘧啶的疗效有限。

噻嘧啶被批准用于预防和驱除猪蛔虫和食道口线虫，同时对寄生于猪胃内的红色猪圆线虫也具有有效性。在猪的寄生虫防治中，噻嘧啶柠檬酸盐与酒石酸盐同样有效。此外，噻嘧啶还可以用于控制犬的蛔虫（如犬弓首蛔虫、狮弓蛔虫）、钩虫（如犬钩口线虫、狭头弯口线虫）和胃蠕虫（如泡首线虫）。此外，噻嘧啶也对猫的类似寄生虫具有同样的疗效，并且可以安全地用于幼猫。

酒石酸噻嘧啶是一种对反刍动物非常有效的杀线虫药，可有效驱除绵羊、牛和山羊胃肠道内的奥斯特线虫、血矛线虫、毛圆线虫、细颈线虫、古柏线虫和食道口线虫。该药对成熟虫体以及处于腔道内任何未成熟阶段的虫体都具有高效作用。对于绵羊和牛，莫仑太尔是一种有效的杀线虫药。莫仑太尔的各种盐比其母体化合物噻嘧啶具有更高的驱虫活性。酒石酸莫仑太尔对血矛线虫、奥斯特线虫、毛圆线虫、古柏线虫和细颈线虫的成虫和幼虫都有良好的驱虫效果。

（4）**耐药性**　已有报道澳大利亚和美国发现了对噻嘧啶具有抗药性的犬钩口线虫，但具体机制尚未确定。

（5）**药代动力学**　双羟萘酸噻嘧啶在胃肠道吸收能力较差，大部分未被吸收的高浓度药物能够到达犬、猫和马的消化道后段。相比之下，酒石酸噻嘧啶更容易被吸收。在猪和犬身体内，对酒石酸噻嘧啶的吸收率较高，内服后 3～6h 达到血浆药物浓度的峰值。而在反刍动物体内，峰值血浆浓度的出现时间变化较大。被吸收的药物会迅速代谢并被排出体外，通常通过粪便排出。在犬、大鼠、绵羊和牛的体内，噻嘧啶会经过噻吩环的氧化、四氢嘧啶环的氧化和与硫醚氨酸的结合反应等广泛的代谢作用。放射性标记的研究显示，噻吩环在体内经过广泛地降解后会生成酸性代谢物，这些代谢产物具有很高的极性，主要通过尿液排出体外。在犬体内，约有 40％的噻嘧啶经尿液排出，而在猪体内这一比例为 34％，其中又约 80％以代谢物的形式排出。与此相比，犬是唯一大部分药物及其代谢物主要通过尿液排出的物种。在反刍动物体内，约有 25％的药物经尿液排出，余下大部分以原型通过粪便排出。而在大鼠体内，噻嘧啶的经尿排出量较少，胆汁是吸收进入体内的药物代谢产物的主要排泄途径。

反刍动物几乎无法吸收莫仑太尔，给牛口服莫仑太尔后血液中无法检测到该药物。莫仑太尔主要以原型药物的形式通过粪便排出体外。一项关于犊牛使用酒石酸莫仑太尔缓释丸进行药物动力学和胃肠分布研究的结果显示，在给药后 24 小时，莫仑太尔在整个胃肠道和粪便中达到最高浓度。给药后 7～10d，药物达到稳态浓度，在粪便和瘤胃液中维持

84~91d，在皱胃液和回肠液中维持 98d。牛消化道内莫仑太尔早期的峰值浓度可以清除已经定居的蠕虫，而稳态浓度可以预防蠕虫幼虫的定植，这正是最大限度地降低药物选择性耐药所期望的效果。

（6）临床应用　噻嘧啶的酒石酸盐和双羟萘酸盐均被用于控制家畜的寄生虫。双羟萘酸噻嘧啶对于消化道内的线虫有良好的驱杀效果，可以用于驱杀宠物和农业动物体内的蛔虫、食道口线虫、螺虫等。然而，对于呼吸道内的线虫效果有限。其在胃肠道中吸收较差，在胃肠道尾端沉淀较多，因此对胃肠道内寄生虫疗效良好，但反刍性动物的吸收较差。在临床应用中，常制成片剂、混悬剂等形式，并与其他药物联合使用。

① 在犬、猫的临床应用　犬用的双羟萘酸噻嘧啶有片剂和混悬剂两种剂型，双羟萘酸噻嘧啶还可与伊维菌素、吡喹酮及非班太尔联合以片剂的形式用于犬，如一种犬用制剂咀嚼片，其中含有的伊维菌素用于预防犬恶丝虫，双羟萘酸噻嘧啶则用于控制犬蛔虫和钩虫，该制剂只需每月用药一次。此外，噻嘧啶与食物同时内服能够延缓药物通过消化道的时间，延长药物与寄生虫的接触时间，提高药效。较高剂量双羟萘酸噻嘧啶（20mg/kg 体重）与吡喹酮（5mg/kg 体重）联合可用于治疗猫线虫和绦虫混合感染。犬咀嚼片，其包含伊维菌素和双羟萘酸噻嘧啶两种有效成分，实验发现伊维菌素、双羟萘酸噻嘧啶咀嚼片对犬弓首蛔虫、狮弓蛔虫及犬钩虫的虫卵转阴率均高达 100%，效果优于单独用药组。

② 在马、牛、羊的临床应用　双羟萘酸噻嘧啶对于马驹单次治疗的用量为 6.6mg/kg 体重。牛和绵羊内服酒石酸莫仑太尔的推荐治疗剂量分别为 8.8～9.6mg/kg 体重和 10mg/kg 体重。牛服用酒石酸甲噻嘧啶可按 9.7mg/kg 体重混入配合饲料中，可用于驱除牛的血矛属、奥斯特属、毛圆属、古柏属、细颈属线虫和结节虫如辐射食道口线虫的成虫。甲噻嘧啶对泌乳奶牛给药无需考虑休药期，用药治疗后 14 天内禁止屠宰，用药期间可同时进行免疫接种、药物注射和使用外寄生虫杀虫剂等，相互间无影响。

（7）安全性

① 噻嘧啶　可导致一过性门冬氨酸氨基转移酶活性升高，肝功能不全者禁用。冠心病、严重溃疡病、肾脏疾病者慎用。服药时不需空腹，也不需导泻。

② 双羟萘酸噻嘧啶　小动物使用时，可发生呕吐。

③ 双羟萘酸噻嘧啶吡喹酮　极少数情况下，使用后可能出现轻度和短暂的胃肠道紊乱，如流涎和/或呕吐增加，以及轻度和短暂的神经损伤，如共济失调。心脏疾病禁用酒石酸莫仑太尔。

④ 伊维菌素双羟萘酸噻嘧啶　噻嘧啶对宿主有明显的烟碱样作用，因此禁用于极度虚弱的动物。使用本品时，可能会引发的中毒症状包括呼吸频率显著增加、大汗、运动失调、共济失调。对苏格兰牧羊犬有一定的风险。

（8）药物相互作用　噻嘧啶与左旋咪唑联用可治疗严重的钩虫感染，但毒性亦增强，用时慎重。与哌嗪联用，可产生相互拮抗。禁止与安定药、肌松药（如筒箭毒碱）及其他拟胆碱药（如毛果芸香碱）、抗胆碱酯酶药（如毒扁豆碱、新斯的明）联用，因噻嘧啶对宿主具有较强的烟碱样作用，使毒性增强。与有机磷或乙胺嗪联用，能使彼此的毒性增强。

莫仑太尔不得添加于含有黏土的饲料中给药。与噻嘧啶原因类似，不建议与甲噻嘧啶或左旋咪唑联合用药。与有机磷酸盐或乙胺嗪联用时，应密切观察不良反应。哌嗪和莫仑太尔作用机制相拮抗，不能联合用药。

（9）剂型 酒石酸莫仑太尔目前用于实际应用的剂型包括颗粒剂与预混剂两类，当前市面上可见的噻嘧啶制品通常为双羟萘酸噻嘧啶片。

① 双羟萘酸噻嘧啶，双羟萘酸噻嘧啶片，规格：0.3g。

伊维菌素双羟萘酸噻嘧啶咀嚼片（L片、M片、S片），规格：伊维菌素272μg＋双羟萘酸噻嘧啶652mg，伊维菌素136μg＋双羟萘酸噻嘧啶326mg，伊维菌素68μg＋双羟萘酸噻嘧啶163mg。

② 双羟萘酸噻嘧啶吡喹酮，双羟萘酸噻嘧啶吡喹酮片，规格：0.339g（双羟萘酸噻嘧啶0.23g＋吡喹酮0.02g）。

（10）常用药物 双羟萘酸噻嘧啶主要用于治疗家畜消化道线虫病，常见剂型有双羟萘酸噻嘧啶片、双羟萘酸噻嘧啶吡喹酮片、伊维菌素双羟萘酸噻嘧啶咀嚼片等。

双羟萘酸噻嘧啶片常用规格为0.3g。内服一次量，每10kg体重，马0.25～0.5片；犬、猫0.17～0.33片。

双羟萘酸噻嘧啶吡喹酮片规格为0.339g，内服一次量，每1kg体重双羟萘酸噻嘧啶57.5mg、吡喹酮5mg，可直接吞服或包入肉或香肠中给药，无需禁食。成年猫例行驱虫，每3个月1次。发生蛔虫感染时，不能保证将蛔虫完全清除，特别是幼猫。与使用本品的猫接触的猫/人仍有被感染的可能。因此，幼猫应在首次投药后，每14日重复给药1次至断奶后2～3周。仅适用于3周龄以上确诊混合感染的猫。勿用于妊娠母猫。

6.2.1.5 有机磷类化合物

有机磷类化合物最早用于杀虫剂，主要用于大型动物的体表寄生虫，后来发现，它们在低量的情况下可以作为抗蠕虫的药物，由于其速效、高效、便宜、作用谱广，现在依然被应用，有机磷类化合物多数属高毒或中等毒类，少数为低毒类。比较常见有机磷类化合物有敌敌畏、敌百虫、育畜磷等。

（1）化学结构

① 敌百虫 敌百虫（trichlorfon）分子式 $C_4H_8Cl_3O_4P$，分子量257.45。

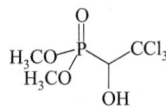

敌百虫

② 敌敌畏 敌敌畏（dichlorvos）分子式 $C_4H_7Cl_2O_4P$，分子量220.98。敌百虫在土壤中逐渐降解为敌敌畏。

③ 哈罗松 哈罗松（haloxon）又称海罗松、哈洛克酮。

④ 蝇毒磷 蝇毒磷（coumaphos），分子式是 $C_{14}H_{16}ClO_5PS$，分子量为362.77。

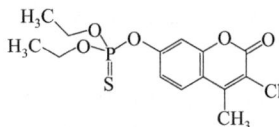

蝇毒磷

⑤ **萘肽磷** 萘肽磷（naftalofos），分子式是 $C_{16}H_{16}NO_6P$，分子量为 349.2751，CAS 登记号为 1491-41-4，农用化学品的一种。

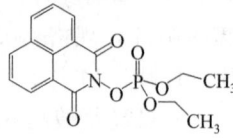

萘肽磷

⑥ **育畜磷** 育畜磷（crufomate），分子式是 $C_{12}H_{19}ClNO_3P$。

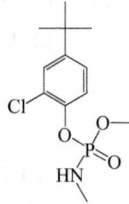

育畜磷

（2）**作用机制** 有机磷药物的作用机制是有机磷分子中的磷原子与虫体内的胆碱酯酶活性中心的氧原子结合，形成磷酰化胆碱酯酶，胆碱酯酶可以水解乙酰胆碱，磷酰化的胆碱酯酶不能水解乙酰胆碱，导致乙酰胆碱在虫体内蓄积，乙酰胆碱蓄积后导致肌麻痹、神经紊乱，最终死亡。

（3）**抗虫谱** 驱杀家畜多种胃肠道线虫和蜱、螨、蚤、虱等；杀灭或驱除主要淡水养殖鱼类中华蚤、锚头蚤、鱼虱、三代虫、指环虫、线虫等寄生虫，不仅对消化道线虫有效，而且对某些吸虫如姜片吸虫、血吸虫有一定疗效。

（4）**耐药性** 有机磷类化合物耐药性机制主要包括代谢抗性、靶标抗性、行为抗性和表皮抗性，最为常见的是代谢抗性和靶标抗性。代谢抗性是指寄生虫产生解毒酶活性增高，解毒酶使有机磷化合物经过氧化、还原或水解后，排出体外的量增多。靶标抗性是某些基因结构上发生碱基替换或排列顺序的改变，其编码的基因产物与有机磷类化合物的结合能力降低造成的抗性，最常见的原因是乙酰胆碱酯酶基因突变。

（5）**药代动力学** 水胺硫磷在大鼠肝微粒体中的代谢消除很快，$t_{1/2}$ 为 14.6min。氧化代谢是水胺硫磷在大鼠微粒体中的主要转化途径，主要的氧化产物为水胺氧磷，其氧化生成水胺氧磷的反应与对硫磷和氯吡硫磷相似，具有双相动力学特征。

（6）**临床应用** 有机磷化合物通常能驱除寄生于马、猪、犬体内的主要寄生虫，但对反刍动物的线虫驱除活性存在某些缺陷。敌敌畏在控制单位动物体内线虫方面仍有应用价值，其驱虫谱包括马胃蝇。有机磷化合物对寄生于周围的线虫，特别是血毛线虫和小肠线虫，具有令人满意的效果，但对寄生于大肠的线虫，例如食道口线虫等效果不佳。Hulse 等人研究发现猪吸入胃内容物可能直接和间接导致肺损伤和死亡，应用时需注意使用剂量和方法。

该类药物用药期间禁止与其他拟胆碱药和胆碱酯酶抑制剂接触。

育畜磷毒性较强，应用治疗量，一般在给药后 2～18h 出现不良反应，牛羊较耐受。蝇毒磷的安全范围较窄，水溶灌服时毒性大，蛋鸡对本品更敏感，一般不宜使用。萘肽磷安全范围很窄，牛、羊用治疗量亦可出现暂时性精神委顿、食欲丧失、流涎等副作用，但多能 2～5d 自行恢复。大剂量出现严重中毒症状，必须及时用阿托品和解磷定。禽作用敏感，两倍治疗量即致死，不建议使用。绵羊的胆碱酯酶与有机磷化合物中的哈罗松结合后可逆，在正常治疗剂量下是安全的，因此哈罗松常用于绵羊抗寄生虫药物。而在鹅等动物中胆碱酯酶与有机磷化合物结合后不可逆，因此禁用于鹅等动物，除此之外，哈罗松还禁用于产奶的牛、羊等动物。敌敌畏毒性较强，大鼠经口 LD_{50} 为 25～80mg/kg，大鼠经皮 LD_{50} 为 70～250mg/kg，敌敌畏对家兔皮肤有轻微刺激性，敌敌畏是杀虫剂，比敌百虫高 8～10 倍，对人畜的毒性较大，易被皮肤吸收而中毒。敌百虫性质不稳定，需现用现配，在碱性溶液中容易使毒性增强，使用过量会中毒，可用阿托品或胆碱酯酶复活剂，例如氯解磷定和双解磷等解毒。需要注意的是阿托品过量使用亦会导致中毒，使用时注意使用剂量。

（7）**安全性**　由于有机磷化合物的作用机制是有机磷结合体内胆碱酯酶，有机磷既能结合虫体内的胆碱酯酶，又能结合动物体内的胆碱酯酶，因此有机磷化合物的安全范围窄，有机磷化合物与胆碱酯酶的结合呈现可逆与不可逆的现象，因此，在不可逆的结合下禁用，例如鸡、鸭、鹅等不用为宜，对犬、猪、马等动物较为安全，牛、羊中毒较为常见。此外，提供奶源的动物不可使用有机磷化合物。有机磷中毒常出现的症状包括流涎、呼吸困难、肌肉痉挛、瞳孔缩小等，若使用有机磷化合物后出现这些症状需怀疑有机磷中毒。

（8）**相互作用**　敌百虫禁与碱性药物合用。

（9）**剂型**　在水产领域主要用敌百虫粉和敌百虫溶液；在畜禽领域主要用敌百虫粉和敌百虫片。

① 敌百虫

精制敌百虫粉，规格：33.2%（100g∶33.2g）。

精制敌百虫粉（水产用），规格：20%；30%；80%。

精制敌百虫片，规格：0.3g/片；0.5g/片。

敌百虫溶液（水产用），规格：30%。

② 蝇毒磷

蝇毒磷溶液，规格：0.10%、16%。

蝇毒磷（蚕用），规格：500g∶80g。

（10）**常用药物**

在水产领域敌百虫粉和敌百虫溶液作为驱虫药和杀虫药，用于杀灭或驱除主要淡水养殖鱼类中华鳋、锚头鳋、鱼虱、三代虫、指环虫、线虫等寄生虫。

敌百虫溶液（水产用）规格：30%，用水充分稀释，全池均匀泼洒：每 $1m^3$ 水体，0.33～0.67g。

精制敌百虫粉（水产用）规格：20%，用法用量：以本品计。用水溶解并充分稀释后均匀泼洒：每 $1m^3$ 水体，0.9～2.25g。鱼苗用量减半。

虾、蟹、鳜、淡水白鲳、无鳞鱼、海水鱼禁用；特种水产动物慎用；禁与碱性药物合用。水中溶氧低时不得使用。中毒时，用阿托品与碘解磷定等解救。水质较瘦，透明度高于 30cm 时，按低限剂量使用，苗种按低限剂量减半。春秋季节或水温低时按低限剂量使用。水深超过 1.8m 时，应慎用，以免用药后池底药物浓度过高；用完后的盛器应妥善处理，不得随意丢弃。

在畜禽领域敌百虫粉和敌百虫片作为驱虫药和杀虫药，用于驱杀家畜多种胃肠道线虫和蜱、螨、蚤、虱等。

精制敌百虫粉（畜禽用）规格：33.2%，以本品计。常用量，内服：一次量，每 1kg 体重，马 90.4～150.6mg，牛 60.2～120.5mg，绵羊 241.0～301.2mg，山羊 150.6～210.8mg，猪 241.0～301.2mg。极量，内服：一次量，马 60.2g，牛 45.2g。

精制敌百虫片（畜禽用）用于驱杀家畜胃肠道线虫、猪姜片虫、马胃蝇蛆、牛皮蝇蛆、羊鼻蝇蛆和蜱、螨、虱、蚤等。规格：0.3g，常用量，内服：每 1kg 体重，马 0.1～0.167 片；牛 0.067～0.133 片；绵羊 0.267～0.333 片；山羊 0.167～0.233 片；猪 0.267～0.333 片。极量，内服：马一次不超过 66 片，牛一次不超过 50 片。外用：每 1 片兑水 30mL 配成 1%溶液（以敌百虫计）。

禁与碱性药物合用；孕畜及心脏病、胃肠炎的患畜禁用，家禽敏感，慎用；中毒时，用阿托品与解磷定等解救。休药期为 28 日。

6.2.1.6　杂环化合物类

（1）化学结构

① 吩噻嗪　吩噻嗪（phenothiazine），化学式为 $S(C_6H_4)_2NH$。

吩噻嗪

② 哌嗪　哌嗪（piperazine），又名双二甲胺、二乙烯二胺、对二氮己环等，化学式为 $C_4H_{10}N_2$，白色针状晶体。熔点 109℃，沸点 148℃，遇明火可燃。在空气中吸收水分和二氧化碳。易溶于水和甘油，其溶液为碱性，10%溶液的 pH 为 10.8～11.8。哌嗪的驱虫活性与其游离碱含量直接相关，但其游离碱不稳定。为提高其稳定性，哌嗪通常被制成磷酸盐、盐酸盐和柠檬酸盐。大多数哌嗪盐为白色结晶性粉末，易溶于水。但哌嗪的磷酸盐不溶于水。

哌嗪

③ 枸橼酸乙胺嗪　枸橼酸乙胺嗪（diethylcarbamazine citrate），分子式：$C_{10}H_{21}N_3O \cdot C_6H_8O_7$。

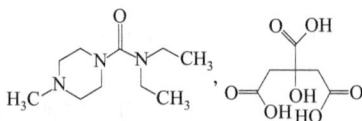

枸橼酸乙胺嗪

（2）作用机制　杂环化合物类枸橼酸乙胺嗪的作用机制目前还不清楚，一些研究表明，其作用可能是由血小板介导的，血小板通过释放组胺引起炎症反应发挥作用；哌嗪主要作用于寄生虫的神经肌肉接头处，选择性激动 GABA 受体，导致氯离子通道的打开和神经、肌肉细胞膜的超极化，阻断神经冲动传递，虫体肌肉麻痹，不能附着于寄生部位，随宿主肠道蠕动被排出。

（3）临床应用　吩噻嗪于 1938 年应用于临床，治疗猪线虫感染。因为疗效有限及耐药菌的产生，在 20 世纪 50 年代后期，该药逐渐被其他药物替代，目前已不再作为驱虫药物使用。

哌嗪对寄生于家畜的蛔虫和结节虫（食道口线虫）具有优良的驱虫效果，对蛲虫具有适度的驱虫效果，属于窄谱驱线虫药。其成本低、给药方便、安全范围广，因此在抗寄生虫治疗上广泛使用。但其对寄生于牛、羊消化道的常见寄生虫（环纹背带线虫）和定植在反刍动物小肠内的其他寄生虫疗效差，很少用于反刍动物。

在犬和猫，哌嗪按 45～65mg/kg 体重口服给予哌嗪碱，也有文献报道可用更高剂量（100～250mg/kg 体重）。该药能有效驱除犬弓首蛔虫、猫弓首蛔虫和狮弓蛔虫的成虫。在马，按 110mg/kg 体重的剂量口服哌嗪碱对马副蛔虫有效，但在部分地区已出现耐药现象；剂量为 220～275mg/kg 体重时对普通圆线虫、马蛲虫和多种小型圆线虫也有很好的疗效。马驹应该在 8 周龄时首次给药，必要时每 4 周给药一次。在驴，枸橼酸哌嗪以 300mg/kg 体重口服给药一次，对圆线虫有较好的疗效，在给药第 21 天后虫卵计数降低 90% 以上。在牛、山羊、绵羊，哌嗪碱的用量为 110mg/kg 体重，口服一次，可预防结节虫和牛弓首蛔虫。在水牛犊牛，枸橼酸哌嗪的用量为 300mg/kg 体重，口服一次治疗牛弓首蛔虫感染，在给药 28 天后犊牛嗜酸性粒细胞恢复到正常水平，给药第 56 天后虫卵计数由 11000±1600 降低为 150±30，且无副作用。但因该药的抗虫谱窄，所以很少用于反刍动物。在猪，哌嗪按 110mg/kg 体重的剂量饮水给药，能有效驱除猪蛔虫和结节虫。在鸡和火鸡，哌嗪 32mg/kg 体重或盐酸哌嗪 100mg/kg 体重的剂量经饲料和饮水给药，连用 2 天，对鸡蛔虫感染的疗效在 93.7% 以上，但对寄生于盲肠的鸡异刺线虫无效。

枸橼酸乙胺嗪目前主要用于人医临床，治疗淋巴丝虫病等。在兽医临床可用于马和羊脑脊髓丝虫病、犬恶丝虫病，以及家畜肺丝虫病。微丝蚴阳性的犬不能使用。内服：马、牛、羊、猪 20mg/kg 体重，犬、猫 50mg/kg 体重。休药期为 28 天，弃奶期为 7 天。

（4）安全性

① 哌嗪　哌嗪对马的治疗指数为 6，推荐剂量下不易产生毒副作用。但严重蛔虫感染的马不宜使用哌嗪，可能会因线虫迅速死亡和脱离导致肠破裂或肠阻塞。哌嗪对猫的治疗指数为 3，犬和猫以 100mg/kg 剂量给药 24h 出现神经毒性临床症状，表现为肌肉震颤、共济失调，可采用对症治疗和支持治疗进行解救。对于并发胃肠炎的动物以及怀孕期的动物，可安全使用。

② 枸橼酸哌嗪

a. 与噻嘧啶或甲嘧啶产生拮抗作用，不应同时使用。

b. 泻药不宜与哌嗪同用，因为哌嗪在发挥作用前就会被排出。

c. 与氯丙嗪合用有可能会诱发癫痫。

（5）剂型　磷酸哌嗪片，规格：0.2g；0.5g。枸橼酸哌嗪片，规格：0.25g；0.5g。

（6）常用药物　常用制剂主要有枸橼酸哌嗪片和磷酸哌嗪片，哌嗪的各种盐类均属低毒、有效驱蛔虫药，此外，对毛线虫病、食道口线虫病、尖尾线虫病也有一定效果，其规格包括：0.2g、0.25g、0.5g。

枸橼酸哌嗪片（0.25g），内服：一次量，每1kg体重，马、牛0.25g；羊、猪0.25～0.3g；犬0.1g；禽0.25g。休药期为牛、羊28日（暂定），猪21日，禽14日。

磷酸哌嗪片（0.2g），内服：一次量，每10kg体重，马、猪10～12.5片；犬、猫3.5～5片；禽10～25片。休药期为猪21日，禽14日；弃蛋期7日。

6.2.1.7 其他化合物类

杀犬恶丝虫成虫药，有机砷制剂有硫胂胺钠、美拉索明等。

（1）化学结构

① 硫胂胺钠（thiacetarsamide sodium） 分子式为 $C_{11}H_{10}AsNNa_2O_5S_2$。

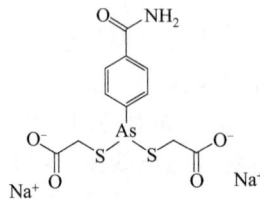

硫胂胺钠

② 美拉索明 美拉索明分子式为 $C_{13}H_{21}AsN_8S_2$。对犬恶丝虫成虫及幼虫均有活性。主要用于驱犬恶丝虫，并优先推荐使用。

（2）作用机制 此类药物的作用机制并不明确，可能是药物分子中的砷破坏了虫体的糖酵解。

（3）临床应用 20世纪80年代，硫胂胺钠是治疗犬恶丝虫成虫感染的首选药物，犬以2.2mg/kg体重剂量静脉注射硫胂胺钠，每天2次，连续用药2天，对感染两个月的犬的治疗效率为99.2%。血浆药物动力学研究显示，该药的消除半衰期为20.5～83.5min，清除率为80.0～350mL/（kg·min），变化幅度较大。猫对硫胂胺钠敏感，故猫慎用。此外，该药在犬、马慢性疲劳综合征及猫巴尔通体病方面有潜在应用价值。该化合物对血液循环中的微丝蚴无效。成虫在用药1周内死亡。每日3.7mg/kg体重的剂量，连用3天，1/3的试验犬会出现严重的不良反应。在标准剂量时，副作用随犬恶丝虫病的临床严重程度而增加。毒性反应包括呕吐、黄疸和橘黄色尿液等。

在20世纪90年代，硫胂胺钠被盐酸美拉索明所取代用于预防和治疗犬恶丝虫感染。对于1级和2级恶丝虫病，采用两剂量疗法。以2.5mg/kg体重剂量在第三到第五腰椎轴上肌深部肌内注射给药，24h后再次注射；对于3级恶丝虫病，采用三剂量疗法。以2.5mg/kg体重剂量首次注射，1个月后注射2次，间隔24h。此外，处于"药物不敏感期"的犬恶丝虫对大环内酯类或含砷类药物耐药，可联用两药。即连续使用大环内酯类药物治疗2个月，1个月后采用盐酸美拉索明三剂量疗法，有较好的疗效。此外，以0.25mg/kg或0.5mg/kg体重剂量深部肌内注射，可有效治疗骆驼及牛伊氏锥虫感染。该药的安全范围窄，应注意给药剂量的准确性。

含砷类抗寄生虫药物含有砷元素，有一定的肝肾毒性，中毒症状出现时，推荐解毒药为二巯丙醇。因为其不良反应、给药频率和价格较高等问题，该类药物在临床上已极少使用。

6.2.2 抗绦虫药

绦虫病是由扁形动物门绦虫纲的各种绦虫寄生于人或动物体内引起的一类寄生虫病，其中包虫病（又称棘球蚴病）、猪囊虫病、短膜壳绦虫病等是重要的人畜共患寄生虫病。该病呈世界性分布，主要在以畜牧业为主的发展中国家广泛流行，危害严重。绦虫病可使幼畜生长发育受阻，动物生产性能和饲料报酬率降低，间接造成巨大的经济损失，严重时还可引发死亡，阻碍畜牧业的发展和公共卫生健康。尽管国内外有许多学者致力于猪囊虫病、包虫病等绦虫病的疫苗研究，但疫苗的研制和应用尚存在许多关键性问题未得到解决，在短期内还难以推广应用。目前控制绦虫病的主要手段仍然是化学药物防治。

抗绦虫药包括加快绦虫从宿主体内排出的驱绦虫药和引起绦虫在寄生部位死亡的杀虫药。使用驱绦虫药时，通常需要同时进行通便，以防止暂时麻痹的虫体在排出体外时苏醒，重新附着于肠管。理想的抗绦虫药，应能完全驱杀虫体，因为绦虫的头节能够在大概2周内重新长出一个完整的虫体，所以仅驱除绦虫孕节或链体而将头节留在体内的药物效果不佳。除畜禽外，采用抗绦虫药治疗宠物的绦虫感染也非常必要。因为犬猫是许多绦虫的终末宿主，而这些绦虫的幼虫又能引起人畜共患病。例如，有效治疗犬的细粒棘球绦虫感染对于防止其幼虫在中间宿主（主要是人和绵羊）引起棘球蚴病非常重要。此外，由于绦虫发育过程中需要中间宿主，用药后控制环境中的中间宿主对预防绦虫再次感染也非常重要。例如，杀灭传播犬复孔绦虫的蚤和虱及防止肉食动物接触哺乳动物中间宿主对于带科绦虫感染的控制是非常必要的。

古老的抗绦虫药有两大类：一类为天然植物类，如南瓜子、槟榔等，其中除槟榔碱目前仍用于犬、禽外，其余制剂兽医临床上已很少应用。槟榔碱是一种拟毒蕈碱样激动剂，能同时诱导虫体痉挛性麻痹和增加宿主的肠管蠕动，因而能加快体内绦虫的排出。另一类为无机化合物类，如砷酸锡、砷酸铅、砷酸钙、硫酸铜等，因毒性太大，目前已不再应用。目前广泛应用于临床的抗绦虫药主要为人工合成，包括吡喹酮、依西太尔、氢溴酸槟榔碱、氯硝柳胺、硫双二氯酚、丁萘脒、溴羟苯酰苯胺等。其他兼有抗绦虫的药物，如苯并咪唑类药物（阿苯达唑、甲苯达唑、芬苯达唑、奥芬达唑等）详见有关章节。

6.2.2.1 化学结构

（1）吡喹酮　吡喹酮是由德国默克公司联合拜耳药厂于1975年制成的一种广谱抗寄生虫药，对大多数吸虫和绦虫有效。最初用于宠物驱除绦虫，其后发现该药具有很好的杀灭血吸虫的作用，被广泛应用于兽医和人医领域。属异喹啉吡嗪衍生物，分子式为 $C_{19}H_{24}N_2O_2$，分子量为312.41。其结构中有一个手性碳原子，存在同分异构体，一般以消旋体的形式存在，由等量的 (R)-$(-)$-吡喹酮和 (S)-$(+)$-吡喹酮1∶1组成。

（2）依西太尔　依西太尔是美国20世纪90年代批准上市的犬猫专用抗绦虫药，又称伊喹酮，为吡喹酮的同系物，因此二者化学结构相似。分子式为 $C_{20}H_{26}N_2O_2$，分子量为326.43。

（3）氯硝柳胺　氯硝柳胺又称灭绦灵，属水杨酰苯胺化合物。分子式为 $C_{13}H_8Cl_2N_2O_4$，分子量为327.12。

（4）丁萘脒　丁萘脒分子式为 $C_{25}H_{38}N_2O$，分子量为382.582。

常用的抗绦虫药物化学结构如图6-3所示。

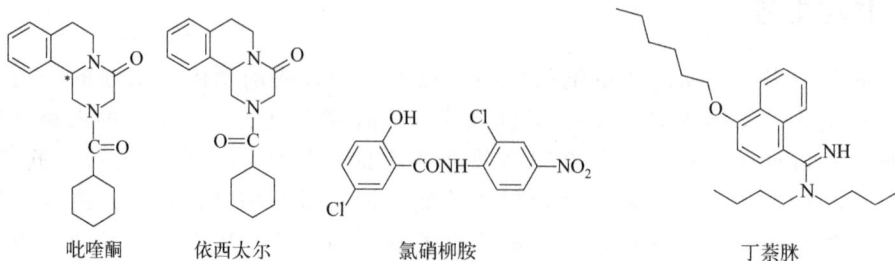

图 6-3　常用抗绦虫药物的化学结构

吡喹酮　　　依西太尔　　　氯硝柳胺　　　丁萘脒

* 为吡喹酮分子中的手性中心

6.2.2.2　作用机制

（1）吡喹酮　吡喹酮对绦虫的准确作用机理尚不明确，可能作用于虫体包膜上的磷脂，导致钠、钾与钙离子流出。体外试验表明，吡喹酮在低浓度下可损伤绦虫的吸盘功能并兴奋虫体的蠕动，较高浓度则可增强绦虫链体（节片链）的收缩（在极高浓度时为不可逆收缩）。此外，吡喹酮可使绦虫包膜特殊部位形成灶性空泡，导致虫体裂解。吡喹酮可直接作用于猪囊尾蚴虫体，使囊尾蚴的微毛、内质网、核糖体、线粒体以及肌细胞等发生溶解，并可损伤猪囊尾蚴皮层和皮下肌层，使虫体迅速死亡，因此杀虫作用快而强。刘欢元研究发现，致死浓度 17.77ng/mL 的吡喹酮可使体外细粒棘球绦虫成虫虫体的体表空泡变性，破坏虫体结构，并导致成虫皮层结构消失，出现大量空洞等（图 6-4）。

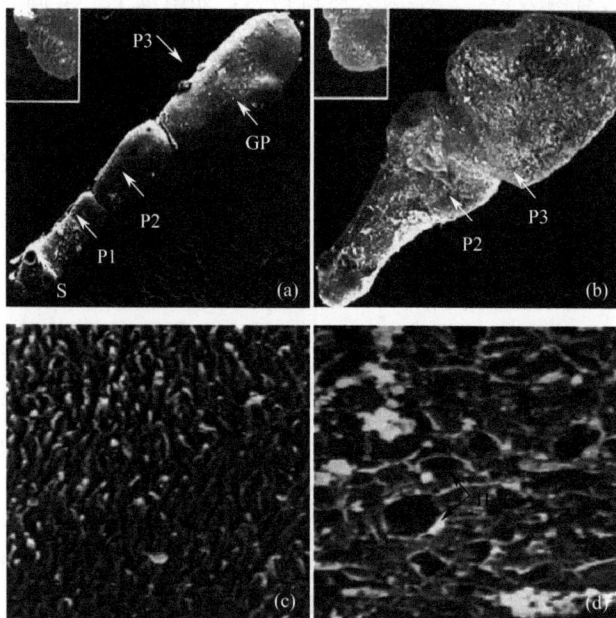

图 6-4　吡喹酮对细粒棘球绦虫成虫的形态及超微结构的影响

（a）为正常对照组虫体（×260）；（b）为半数致死浓度（17.77ng/mL）吡喹酮作用后虫体（×250）；（c）为正常对照组虫体体表超微结构（×5360）；（d）为 17.77ng/mL 吡喹酮作用后虫体体表超微结构（×7076）

S 为头节；P1 为第一节节片；P2 为第二节节片；P3 为第三节节片；GP 为生殖孔

对血吸虫和吸虫，吡喹酮可促进钙离子流进虫体，且可抑制肌浆网钙泵再摄取，使虫体肌细胞内钙离子含量大增，导致虫体麻痹，失去吸附能力，从宿主组织脱落进而被排出体外。Greenberg 等提出了"血吸虫钙通道-吡喹酮药物靶点"假说，推测细胞内 Ca^{2+} 内稳态的变化是导致血吸虫死亡的最终原因。蔡茹证实了这一假说：作者应用钙通道阻滞剂（尼群地平和硝苯地平）、细胞肌动蛋白微丝抑制剂（细胞松弛素 D 和鬼笔环肽）、蛋白激酶 C 抑制/激活剂（金丝桃素提取物/佛波酯 PMA）等深入研究吡喹酮的作用机制，结果发现 L 型钙通道阻滞剂对吡喹酮抗虫作用具有部分拮抗作用，而细胞松弛素 D 则具有完全拮抗作用，表明吡喹酮可通过多个靶点作用于钙通道调控细胞内 Ca^{2+} 内稳态发挥抗血吸虫生物学效应；此外，还证实了吡喹酮对虫体皮层的损伤效应并非药物直接作用导致，可能与吡喹酮作用虫体后诱导细胞 Ca^{2+} 内流导致虫体痉挛性麻痹后的继发效应有关。

邹明智等认为，吡喹酮治疗慢性血吸虫病的机制可能是：吡喹酮在胃肠道吸收过程中，刺激胃肠道黏膜细胞以及其他靶细胞产生大量 5-羟色胺，使虫体肌肉发生强直性收缩而产生痉挛性麻痹，当吡喹酮的浓度达一定程度（如 1mg/L）时，虫体瞬间强烈挛缩缺氧；血吸虫的皮层被破坏，使其蠕动功能减弱，血吸虫的体表抗原暴露，更易遭受宿主的免疫攻击，大量外周血嗜酸性粒细胞聚集附着于虫体表面破损处并侵入其内，诱发一系列免疫反应从而促使虫体死亡；死亡后的虫体不再刺激免疫系统产生抗体，且不再产卵，因而血清抗体及粪便虫卵转阴。此外，吡喹酮可通过抑制血吸虫琥珀酸细胞色素 C 还原酶的作用影响其能量代谢。

除对吸虫、绦虫等蠕虫具有杀虫作用外，近年来有研究者发现吡喹酮可以直接作用于宿主的组织和细胞发挥药效。吡喹酮的长疗程治疗可以抑制小鼠日本血吸虫病导致的肝纤维化。研究发现，吡喹酮以 300mg/kg 体重剂量给感染日本血吸虫的小鼠灌胃服用，每隔 12 小时给药一次，持续给药 4 周，可显著降低原代分离肝星状细胞的 $Col1\alpha1$、α-SMA 蛋白的表达，并可使 TGF-β/Smad 信号通路相关的 phospho-Smad2/3 的表达降低，竞争性拮抗的 Smad7 表达升高。可见，吡喹酮治疗可通过抑制肝星状细胞的 TGF-β/Smad 信号通路干预肝星状细胞的活化以及细胞外基质的合成，从而抑制肝纤维化形成。

（2）依西太尔 依西太尔作用机制与吡喹酮类似，可影响绦虫体内的钙离子平衡，导致强直性收缩，也能损害绦虫外皮层，使虫体在宿主的消化道内易被溶解和消化。

（3）氯硝柳胺 氯硝柳胺的抗寄生虫作用可能与破坏寄生虫逃避宿主细胞蛋白酶水解的保护性物质有关，寄生虫的头节片和近段被蛋白水解酶降解，虫体脱离肠壁，随肠蠕动排出体外；同时氯硝柳胺可抑制肠道寄生虫 ATP 酶活性，减少 ATP 产生，进而抑制寄生虫葡萄糖摄取，阻碍虫体生长发育；此外，氯硝柳胺作为一种质子载体可降低肠道寄生虫线粒体膜内外质子浓度梯度，导致线粒体氧化磷酸化解偶联，阻断 NADPH→$NADP^+$ 的电子传递，干扰绦虫的三羧酸循环，抑制 ATP 的产生，使乳酸蓄积，导致寄生虫死亡并在消化道内被消化。

由于氯硝柳胺对多种细胞内信号通路具有抑制作用，因此被认为是一种潜在的抗肿瘤药物。Wang 等于 2009 年首次报道氯硝柳胺可抑制白血病细胞 K562 中 Notch 信号通路靶基因蛋白 HES-1、CyclinDl 和 c-Myc 的表达，掀起了氯硝柳胺抗肿瘤作用及其机制的研究热潮。在其他多种肿瘤，如乳腺癌、肺癌、结肠癌、卵巢癌、前列腺癌、喉癌中也证实氯硝柳胺具有抗肿瘤作用。研究表明，氯硝柳胺可通过不同的信号通路如 Wnt、mTORC1、NF-xB、STAT3、Notch、ROS 等抑制不同肿瘤细胞的增殖、迁移、侵袭能力，并能促进细胞的凋亡。

（4）丁萘脒　　丁萘脒可通过抑制虫体对葡萄糖的摄取并破坏虫体的表皮，使虫体皮下组织暴露并被宿主的消化酶所破坏而对绦虫产生杀灭作用。Hart 等通过体外试验研究了盐酸丁萘脒对短膜壳绦虫摄取和储存葡萄糖能力、虫体表皮磷酸酶活性及其结构的影响。结果表明，盐酸丁萘脒对短膜壳绦虫摄入葡萄糖的抑制作用随药物浓度的增加而加强，在 3×10^{-5} mol/L 浓度下，虫体摄入葡萄糖抑制率达 88%。

盐酸丁萘脒也会在一定浓度范围内降低短膜壳绦虫释放葡萄糖及其代谢物的能力，如图 6-5 所示，加入盐酸丁萘脒后，葡萄糖及其代谢物的释放量先下降后增加。

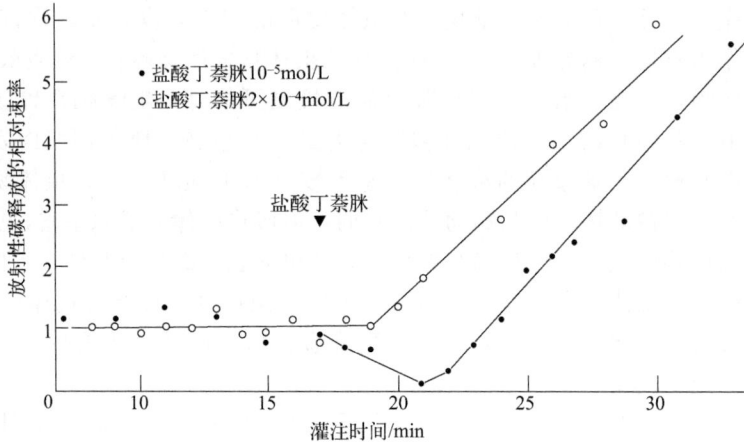

图 6-5　盐酸丁萘脒对短膜壳绦虫释放葡萄糖及其代谢物释放速率的影响
短膜壳绦虫与放射性同位素碳-14 标记的葡萄糖孵育 15min 后才加入了盐酸丁萘脒

此外，相比对照组，盐酸丁萘脒作用后，短膜壳绦虫虫体表皮的磷酸酶活性显著增加，当浓度为 3×10^{-5} mol/L 时，约 85% 磷酸酶可在 20min 作用时间内被释放出来，试验组虫体表皮的磷酸酶活性是对照组的 15 倍（图 6-6）。

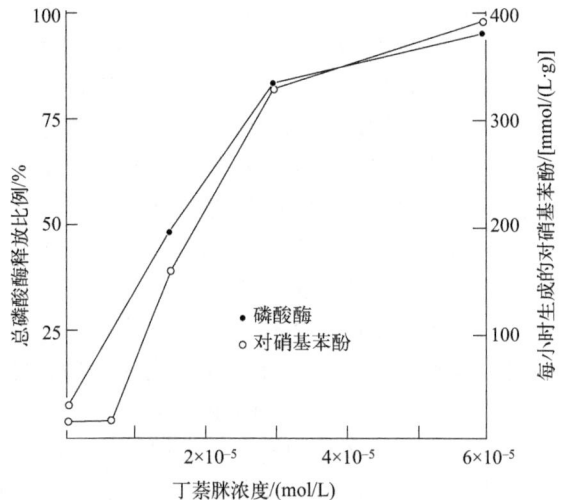

图 6-6　盐酸丁萘脒对短膜壳绦虫表皮磷酸酶活性的影响

由扫描电镜图（图 6-7）可见，对照组虫体表面可见密集微毛；而经 5×10^{-5} mol/L

盐酸丁萘脒作用 15min 后，虫体表面几乎没有微毛，说明盐酸丁萘脒可使短膜壳绦虫虫体表面微毛丧失。

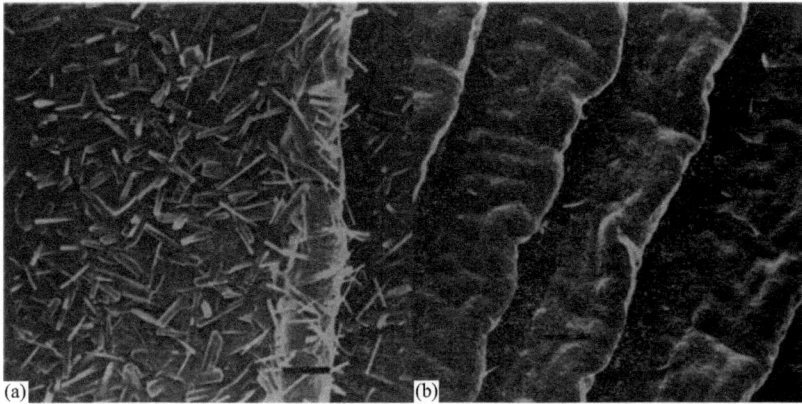

图 6-7　盐酸丁萘脒对短膜壳绦虫表面微毛的影响

（a）对照组虫体表面电镜图；（b）经 5×10^{-5} mol/L 盐酸丁萘脒作用 15min 的虫体表面电镜图

由透射电镜图（图 6-8）可见，对照组虫体外皮由一层合体细胞上皮所组成，外面是无核胞浆区，内面则为有核细胞区，两区之间有浆膜和纤维基层相隔，但有孔道相连［图 6-8(a)］；当浓度为 4×10^{-5} mol/L 的盐酸丁萘脒作用于短膜壳绦虫 15min 后，虫体外皮出现不同程度的损伤，开始是外面无核胞浆区重度空泡形成［图 6-8(b)］，随后外层出现不同程度的脱落［图 6-8(c)］，最后整个外层从纤维基层脱落［图 6-8(d)］；推断是由于葡萄糖摄入受抑制及表皮磷酸酶活性增加，绦虫外皮破裂最终死亡。

6.2.2.3　耐药性

（1）吡喹酮　Jesudoss 等报道了犬复殖孔绦虫对吡喹酮的耐药性，这是绦虫成虫对吡喹酮产生耐药的首次报道。2016 年至 2018 年，研究发现了使用吡喹酮或依西太尔多次治疗仍无效的绦虫感染犬群，增加吡喹酮的给药剂量、给药频率和治疗时间均无法清除感染。通过对 28S、12S 和电压门控钙通道 β 亚基基因的测序，鉴定和表征了耐药虫株。应用硝异硫氰二苯醚或复合噻嘧啶/吡喹酮/羟嘧啶产品治疗后，病例才得到有效治疗。

（2）氯硝柳胺　长期使用氯硝柳胺，可诱导钉螺产生耐药性。

6.2.2.4　药动学

（1）吡喹酮　吡喹酮的体内过程具有三快的特点，即吸收快、降解快和排泄快。静注给药后，吡喹酮可迅速而广泛地分布于全身各组织，消除迅速。猪按 10mg/kg 体重剂量单次静注吡喹酮后，分布半衰期和消除半衰期分别为（0.31 ± 0.08）h 和（1.50 ± 0.57）h，表观分布容积及体清除率分别为（3.09 ± 1.19）L/kg 和（24.57 ± 8.57）mL/(kg·min)。黄牛按相同剂量静注给药后，分布半衰期和消除半衰期分别为（0.25 ± 0.03）h 和（1.28 ± 0.20）h，表观分布容积、体清除率及药时曲线下面积分别为（2.11 ± 0.38）L/kg、（1.14 ± 0.10）L/(kg·h) 和（8.79 ± 0.74）mg/(L·h)。家兔按 20mg/kg 体重剂量单次静注吡喹酮后，分布半衰期和消除半衰期分别为 0.23h 和 2.48h。以 2mg/kg 体重剂量给药后，吡喹酮在大鼠、犬及猴体内的消除半衰期分别为 0.7h、1.0h 和 0.75h，峰浓度分

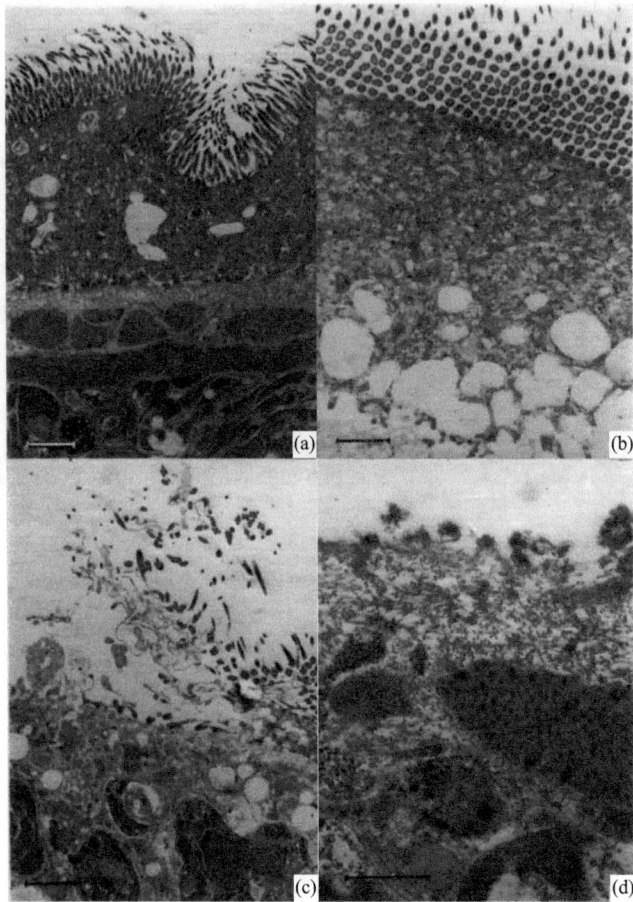

图 6-8　盐酸丁萘脒对短膜壳绦虫外皮的损伤

（a）为对照组虫体外皮透射电镜图；（b）～（d）为虫体经浓度为 $4×10^{-5}$mol/L 的盐酸丁萘脒处理 15min 后的外皮透射电镜图

别为 $35\mu g/mL$、$50\mu g/mL$ 和 $65\mu g/mL$。

吡喹酮内服后可在肠道吸收（大鼠内服给药后 6h 内有 50％的药物从胃中被吸收），吸收迅速且完全，在大鼠、犬及绵羊体内的吸收率分别为 77％、90％和 100％。可分布于全身组织，其中以肝、肾中含量最高，能透过血脑屏障。在大鼠体内吡喹酮与血清蛋白结合率为 80％。吡喹酮内服吸收经门静脉到达肝脏后，大部分非常迅速地被代谢，即吡喹酮在肝内有极强的"首过效应"，因此药物在门静脉的浓度显著高于在外周血液的浓度，生物利用度低，如猪体内仅为 $(3.20±5.07)$％；在黄牛体内稍高，为 32.31％。猪按 50mg/kg 体重剂量内服给药后符合一级吸收一室开放模型，吸收半衰期和消除半衰期和分别为 $(0.53±0.31)$h 和 $(1.07±0.38)$h；达峰时间为 $(0.97±0.50)$h，血药峰浓度低，仅 $(0.27±0.21)\mu g/mL$。黄牛按 30mg/kg 剂量内服给药后吸收符合一室开放模型，吸收不规则，消除半衰期为 $(6.81±1.26)$h；AUC 为 $(8.51±1.78)$mg/(L·h)，达峰时间为 $(4.33±1.36)$h，峰浓度也仅为 $(0.70±0.08)$mg/L。大鼠、犬、猴按 10mg/kg 体重剂量口服给药后，达峰时间分别为 0.25h、0.5h 和 0.5h，消除半衰期分别为 0.5～2h、

1～4h 和 0.5～4h，峰浓度极低，分别为 0.6μg/mL、7.2μg/mL 和 0.3μg/mL，吡喹酮在各动物体内的血清-药时曲线如图 6-9 所示。

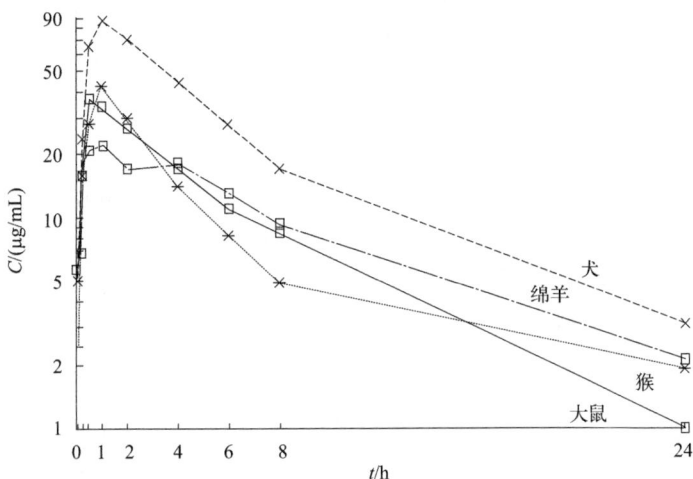

图 6-9　犬、绵羊、猴及大鼠内服吡喹酮（10mg/kg 体重）的血清-药物浓度曲线

肝脏是主要的代谢器官，参与代谢的肝药酶有 CYP1A2（细胞色素 P4501A2）、CYP2C19、CYP3A4 和 CYP2B1 等。主要的代谢反应包括氧化、脱氢和葡萄糖醛酸化，代谢产物为单羟化或多羟化代谢物。吡喹酮原药及代谢物可被快速排泄。以 2mg/kg 体重剂量静注给药后 24h 内，在大鼠、犬、猴及绵羊体内的排泄率分别为 82%、77%、75% 和 66%，且主要经肾由尿液排泄；以 10mg/kg 体重剂量内服给药后 24h 内在大鼠、犬、猴及绵羊体内的排泄率分别为 80%、75%、82% 和 65%，肾脏是主要的排泄器官，且排泄非常迅速，给药后 8h 内大鼠、犬、猴及绵羊经肾脏排泄的药物占给药量的 45%、40%、66% 和 38%；大鼠静注和口服给药后 7h 内，分别有 37% 和 15% 的药物经胆汁排泄。

（2）依西太尔　依西太尔内服后，极少被消化道吸收，大部分由粪便排泄。因此，可用于驱除肠道寄生虫。犬内服治疗量后，血药峰浓度为 0.13μg/mL，达峰时间为 1h。猫内服相同剂量 30min 后，血药平均浓度为 0.21μg/mL。有 83% 动物血浆中测不到药物。依西太尔几乎不发生代谢，犬用药后仅 0.1% 经肾脏随尿液排泄。吡喹酮和依西太尔的药动学特征如图 6-10 所示。

（3）氯硝柳胺　氯硝柳胺内服在胃肠道吸收极少，可在肠中保持高浓度。以每 1kg 体重 100～157mg 的剂量内服给药仅能产生较低的血浆药物浓度；少量吸收的药物在肝脏中被迅速代谢成无活性的氨基氯硝柳胺代谢物，主要从粪便排泄。

（4）丁萘脒　Virji 和 Laverty 给禁食（自由饮水）与正常饲喂的大鼠单次口服 100mg/kg 丁萘脒，发现禁食大鼠在给药后 1h 药物浓度高于自由采食的大鼠，说明禁食有助于丁萘脒的吸收；此后两组动物的血药浓度无显著差异。峰浓度均为 2.6μg/mL，达峰时间为 4h。可分布于心脏、肝脏和肾脏，组织中药物浓度高于血浆药物浓度，且二者浓度比例恒定。禁食可提高组织中的药物浓度，尤其是心脏，在前 2h 内浓度远高于自由采食的动物。自由采食的大鼠心脏、肝脏和肾脏组织中药物浓度在 1～8h 内逐渐升高，此

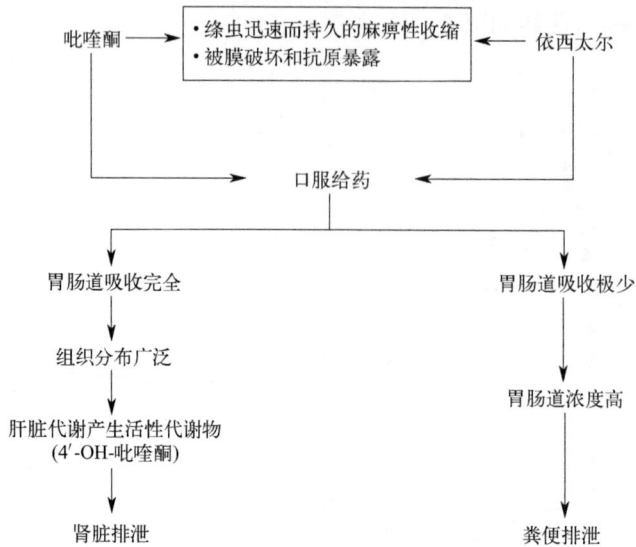

```
  吡喹酮 ──→  • 绦虫迅速而持久的麻痹性收缩  ←── 依西太尔
              • 被膜破坏和抗原暴露
                        │
                        ▼
                     口服给药
        ┌───────────────┴───────────────┐
        ▼                               ▼
  胃肠道吸收完全                    胃肠道吸收极少
        │                               │
        ▼                               ▼
   组织分布广泛                      胃肠道浓度高
        │                               │
        ▼                               ▼
 肝脏代谢产生活性代谢物              粪便排泄
  (4′-OH-吡喹酮)
        │
        ▼
      肾脏排泄
```

图 6-10　吡喹酮和依西太尔的药代动力学特征

后迅速下降。禁食大鼠组织中浓度则一直保持较高水平，变化趋势较小。肝脏中药物浓度最高，但在给药 1h 后显著下降，说明无药物在肝脏中累积。

  Virji 和 Laverty 还采用交叉试验法，按 50mg/kg 体重剂量单次给正常饲喂和禁食的犬内服丁萘脒，在正常饲喂的犬体内血药浓度平均达峰时间为 7h，峰浓度为 4.37μg/mL。但也存在个体差异，其中 1 只犬血浆药物浓度达峰时间仅为 4h，峰浓度则高达 12.5μg/mL。在禁食犬体内的药动学过程也存在个体差异。总的来说，禁食犬体内血浆药物平均达峰浓度降低，达峰时间提前。由于该研究是在 20 世纪 70 年代进行的，未采用药动学软件进行达峰时间与峰浓度的计算，仅从检测得到的实验数据进行观察描述，具有一定的局限性。在禁食犬体内可分布于多种组织如心脏、肝脏、脾脏和肾脏，其中肝脏和肾脏浓度最高。正常饲喂的犬按 50mg/kg 体重剂量单次内服后 7h 内，尿液中排出给药量的 0.37%，禁食 48h 后，给药后 8h 内尿液中排出给药量的 0.32%。由于尿液中检测到的排泄量较少，采样时间也有限，因此，丁萘脒的排泄途径尚待进一步研究。

6.2.2.5　药效学

  （1）吡喹酮　吡喹酮具有广谱驱绦虫、抗血吸虫和驱吸虫作用。是治疗血吸虫病的首选药，也可用于绦虫病和囊尾蚴病。除对绦虫的成虫有效外，对一些绦虫的中绦期感染如猪囊尾蚴病也有效，对棘球蚴原头节有很强的杀灭作用，最低有效浓度为 0.05μg/mL。刘锡畇和刘育恒采用吡喹酮治疗自然感染猪囊尾蚴病的猪，发现按 80mg/kg 体重皮下注射一次给药治疗 29 头感染猪，疗效为 82.8%；采用 80mg/kg 体重剂量分两次肌内注射给药治疗 11 头感染猪，疗效为 100%。徐海峰采用吡喹酮治疗自然感染猪囊尾蚴病的猪，并比较了不同给药途径和剂量吡喹酮的治疗效果，其中，内服给药剂量 100mg/kg 和 120mg/kg 体重，给药 2 次，间隔 7d；肌注剂量为 60mg/kg、70mg/kg、100mg/kg 和 120mg/kg 体重，一次给药。结果如表 6-1 所示，吡喹酮对猪囊尾蚴有较强的杀灭作用，肌内注射疗效比口服给药佳。

表 6-1　吡喹酮不同用法用量治疗猪囊虫病效果观察

用药方案	用药剂量 /(mg/kg 体重)	治疗数量/头	用药至宰杀 时间/d	疗效观察
用法一	100	3	91	多数囊虫缩小、钙化，少数囊体较大，脑内囊虫比正常大，胆汁生理盐水只发现一只囊虫有活力
	120	2	93	囊虫全部缩小、钙化，呈米粒大或针尖大
用法二	60	3	93	多数囊虫液干涸，囊体缩小，3 头胴体均找到囊虫，头节伸出，胆汁生理盐水只发现一只囊虫有活力
	70	1	95	未找到完整囊虫，在肌肉内呈散在如小米粒大小的黄白色硬结
	100	2	93	肌内囊虫均钙化，脑内囊虫缩小，切开已钙化，胆汁实验无活力
	120	2	120	肌内、脑内囊虫全部缩小、钙化

刘欢元研究表明，吡喹酮对体外细粒棘球绦虫的成虫具有很强的杀伤作用，作用强度与剂量、时间呈现依赖性关系，LC_{50} 为 17.77ng/mL，但对原头蚴以及囊泡的作用效果不明显（图 6-11）。

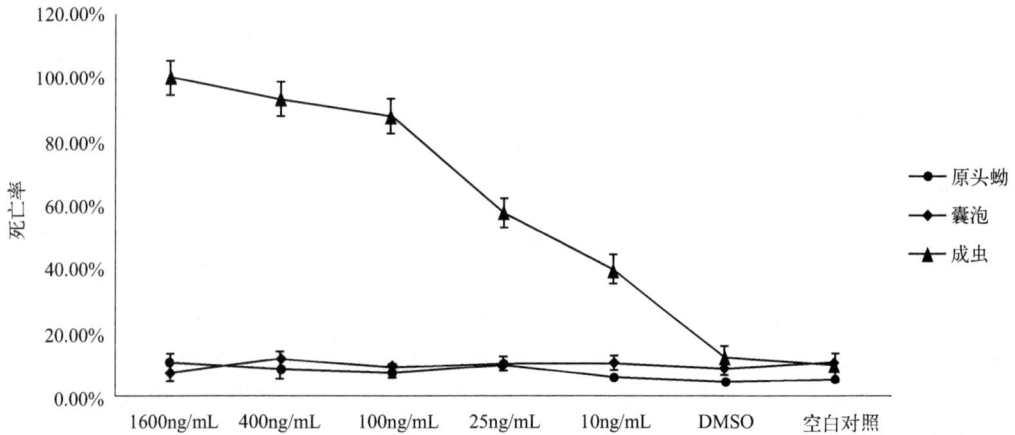

图 6-11　吡喹酮体外干预细粒棘球绦虫成虫、原头蚴以及囊泡的死亡率

吡喹酮对血吸虫的幼虫杀虫效果不佳，对不同时期的血吸虫虫卵、未成熟的寄生虫胞蚴无效。吡喹酮口服对反刍动物、马、犬、猫和家禽的绦虫非常有效。在犬和猫，吡喹酮按 5mg/kg 体重的推荐剂量用药对泡状带绦虫、豆状带绦虫、带状带绦虫、犬复孔绦虫、科特氏中殖孔绦虫、多头绦虫和细粒棘球绦虫的各阶段虫体均有良好的驱虫活性。但要驱除犬猫的曼氏迭宫绦虫，剂量则需达到 25mg/kg 体重，且要连用 2d；驱除其幼虫的剂量则要达到 10mg/kg 体重才能达到良好的效果。吡喹酮可 100% 驱除犬细粒棘球绦虫，是推荐用于治疗此种绦虫的唯一药物。在反刍动物，按 10～15mg/kg 体重单剂量给药，能驱除寄生于绵羊和/或山羊体内的各种莫尼茨绦虫、曲子宫绦虫和无卵黄腺绦虫。较大剂量，连用 3d 对羊细颈囊蚴效果达 100%；对羊歧腔吸虫亦有一定作用。对羊日本血吸虫有高效，一次应用，灭虫率接近 100%。吡喹酮对猪细颈囊尾蚴及猪囊尾蚴有较好效果，

对家禽绦虫具有100％灭虫率。Lyons等用0.25mg/kg体重剂量吡喹酮成功治疗了马的叶状裸头绦虫。杨应东等按5mg/kg体重剂量内服治疗人工感染多头带绦虫的犬，投药后24h内每只犬排出1～4条绦虫，投药后一周解剖犬，肠道内未发现虫体，驱虫率达100％；按10mg/kg体重内服给药时，效果相当。采用吡喹酮防治青海省民和回族土族自治县的犬细粒棘球蚴绦虫病，发现犬细粒棘球蚴绦虫感染率和犬包虫粪抗原阳性率由2016年的12.5％、16.1％分别下降至0和2.7％，说明防治效果显著。马雷等报道吡喹酮对自然感染犬细粒棘球绦虫的犬驱虫率达100％。肖清扬等按每千克体重2mg注射吡喹酮注射液治疗自然感染复孔绦虫的中华田园犬，驱虫率达100％。沈永林等按10mg/kg体重剂量一次内服给药吡喹酮治疗山羊自然感染的莫尼茨绦虫病，驱虫率及驱净率均为100％。陈世菊采用吡喹酮一次内服治疗山羊自然感染的肝片吸虫病，结果发现，25mg/kg体重剂量治疗效果差，转阴率仅60％；35mg/kg和45mg/kg体重剂量均可有效驱除肝片吸虫，转阴率均为100％，但45mg/kg体重剂量会出现瘤胃臌胀及食欲减退等毒副反应，因此，建议采用35mg/kg体重剂量治疗山羊的肝片吸虫。

（2）依西太尔　对犬、猫常见的绦虫如犬猫复孔绦虫、犬豆状带绦虫、猫带状带绦虫均有接近100％的疗效。Thompson等指出，依西太尔能引起细粒棘球绦虫幼虫和成虫的皮层损伤，每1kg体重5mg的剂量对7日龄幼虫有效率达94％，对成虫的疗效则超过99％。Arru等分别用2.5mg/kg体重、5.0mg/kg体重和7.5mg/kg体重的依西太尔单次口服治疗人工感染细粒棘球绦虫的41日龄犬，每组5只。结果发现，三个剂量对细粒棘球绦虫的清除率均达99％以上。但只有最高剂量组的2只犬清除率达到了100％。Eckert等报道，在犬猫分别按推荐剂量即每1kg体重5.5mg和2.5mg的剂量内服依西太尔，对多房棘球绦虫的疗效＞99％，但在一些动物体内可能残留绦虫。Crown等研究发现，当剂量为2.75mg/kg体重时，依西太尔对犬感染带绦虫和犬复孔绦虫的杀灭效果分别为92.9％和44.8％；当剂量为5.5mg/kg体重时，对带绦虫和复孔绦虫的杀灭效果分别为100％和99.8％；当剂量为8.25mg/kg时，对带绦虫和复孔绦虫的杀灭效果分别为94.6％和100％。进一步采用5.5mg/kg体重治疗自然感染带绦虫和复孔绦虫的犬。Manger等发现，单次内服2.5mg/kg体重可100％驱除猫的犬复孔绦虫（*Dipylidium caninum*），单次内服5mg/kg体重剂量对猫体内的巨颈带绦虫（*Taenia taeniaeformis*）驱除率达100％；以1mg/kg体重剂量单次内服依西太尔，可100％驱除犬体内人工感染的豆状带绦虫（*Taenia pisiformis*）；上述剂量均未引起犬猫不良反应。

（3）氯硝柳胺　氯硝柳胺发现于20世纪50年代早期，最初因具有较强的杀钉螺（血吸虫中间宿主）作用，对螺卵也有杀灭作用而被用作杀螺剂，约10年后才发现其具有抗绦虫作用。氯硝柳胺具有驱绦范围广、驱虫效果良好、毒性低、使用安全等优点。绦虫与药物接触1h，虫体萎缩，继则头节脱落而死亡。一般在用药48h内，虫体即全部排出。用于治疗畜禽绦虫病、反刍动物前后盘吸虫病。对牛、羊多种绦虫如莫尼茨绦虫等均有高效。而且对绦虫头节和体节具有同等驱排效果；对前后盘吸虫驱虫效果亦良好。对犬、猫大多数绦虫有明显驱杀效果，但对复孔绦虫和细粒棘球绦虫效果较差。可用于治疗马的裸头绦虫。治疗量可几乎全部驱净鸡各种绦虫。该药在反刍动物可以混悬剂内服或瘤胃内给药，在伴侣动物则以片剂内服治疗。给禁食的动物用药能提高氯硝柳胺的药效，因此建议在给药前禁食12h，以提高药效。林昆华等按75mg/kg、100mg/kg、150mg/kg和200mg/kg体重剂量给自然感染绦虫病的鸡内服给药氯硝柳胺，发现上述剂量均可100％驱除鸡赖利属绦虫，但对蛔虫无效。

（4）丁萘脒　以 25～50mg/kg 体重的剂量内服给药，对带科绦虫、复孔绦虫、中殖孔绦虫和裂头绦虫的有效率均＞90％，但对犬复孔绦虫的疗效不确定。Trejos 等在新西兰按 50mg/kg 体重剂量单次给药盐酸丁萘脒，以驱除犬体内成熟和未成熟细粒棘球绦虫，发现其对 3～4 周龄、4～5 周龄的幼虫及 7～8 周龄的成虫驱虫率分别为 78％、87％和95％。Anderson 等采用 25mg/kg 和 50mg/kg 体重剂量盐酸丁萘脒治疗人工感染细粒棘球绦虫的犬，发现其对细粒棘球绦虫的未成熟虫体有效率为 85.9％～98.8％，而对其成虫的有效率可达到 100％。Cook 调查了采用 25mg/kg 和 50mg/kg 体重剂量对新西兰1364 只犬进行驱虫后，各种绦虫感染率的变化，结果发现犬细粒棘球绦虫的总感染率从 1966 年的 7.9％下降至 1967 年的 0.1％；犬复孔绦虫的发病率从 4.5％下降到 0.1％；其余绦虫感染率从 15.6％降至 0.4％；作者建议将该方案进行推广，以降低犬的绦虫感染率。但乐文菊用 11.1mg/mL 盐酸丁萘脒在体外 37℃环境中作用于细粒棘球绦虫虫卵 1 小时后，虫卵对小鼠的感染率与对照组相当，说明其对细粒棘球绦虫虫卵无杀灭作用。

羟萘酸丁萘脒对莫尼茨属绦虫感染具有高效。蔡登棣和乌力吉按 20mg/kg、25mg/kg、30mg/kg、40mg/kg 和 50mg/kg 体重剂量治疗自然感染莫尼茨绦虫的绵羊，驱虫率分别为 77.3％、100％、100％、95.5％和 100％；按 25mg/kg 体重剂量对 125 只病羊进行大面积防治，抽检发现驱虫率为 94.7％；对绵羊胃肠道线虫无效。动物禁食可提高片剂的溶解率，并可增加药物与肠管内寄生虫的接触时间，提高药效。

6.2.2.6　临床应用

（1）吡喹酮　主要用于动物血吸虫病，也用于绦虫病和囊尾蚴病。

（2）依西太尔　由于在胃肠道吸收很少，因此一般采用内服给药，给药后可与肠内的绦虫发生充分作用。为犬猫专用驱肠道绦虫药物，主要用于治疗犬（犬绦虫）和猫（犬绦虫、带绦虫）常见绦虫感染。

（3）氯硝柳胺　用于治疗动物绦虫病、反刍动物前后盘吸虫感染。可与左旋咪唑合用，治疗犊牛和羔羊的绦虫与线虫混合感染。

（4）丁萘脒　多制成盐酸盐或羟萘酸盐供临床内服使用。盐酸丁萘脒广泛用于治疗犬和猫的绦虫感染。

6.2.2.7　安全性与相互作用

（1）吡喹酮　吡喹酮毒性低，应用安全，高剂量偶有血清谷氨酸氨基转移酶轻度升高现象，但部分牛会出现体温升高、肌肉震颤、臌气等不良反应。犬内服后可出现厌食、呕吐或腹泻，但发生率少于 5％，猫的不良反应很少见。4 周龄以内幼犬和 6 周龄以内小猫慎用。与非班太尔配伍的产品可用于各种年龄的犬猫，还可以用于怀孕的犬猫。沈永林等在研究吡喹酮驱除山羊莫尼茨绦虫的效果时发现，5～10 倍治疗剂量未见中毒反应。徐海峰报道，患囊尾蚴病的猪口服吡喹酮后，食欲减退，体温升高，皮肤出现湿疹，经 2～4d 不良反应消失；肌内注射给药后，注射部位红肿，亦有食欲减退、精神沉郁、皮肤湿疹等症状，经 10～14d 消失。与阿苯达唑、地塞米松合用时，可降低吡喹酮的血药浓度。

（2）依西太尔　由于依西太尔在胃肠道吸收极少，因此是一种安全的药物，其毒性较吡喹酮更低，对怀孕的动物是安全的。按 5 倍治疗剂量每天给药 1 次，连续 3d 对猫无明显毒性；7～10 周龄比格犬按推荐剂量的 18 倍（100mg/kg 体重）给药，未见毒性反应；成年犬一次服用36倍给药剂量未见不良反应；最常见的副作用是呕吐，可在长期治疗中发生。高剂量也可见厌食和短暂腹泻。美国规定，不足7周龄的犬、猫以不用为宜。所有治疗均为单剂量给药。目前尚无药物相互作用的报道。

（3）氯硝柳胺　氯硝柳胺安全范围较广。杜昆华等报道，423mg/kg、612.5mg/kg及818mg/kg体重剂量对鸡未见不良反应，剖检后各脏器也未见异常变化。据Gibson等报道，1045mg/kg体重剂量仍未见毒性反应。牛、羊、马应用也安全；犬、猫稍敏感，2倍治疗量，则出现暂时性腹泻；4倍治疗量可使犬肝脏出现病灶性营养不良，肾小球出现渗出物。氯硝柳胺在土壤中降解快、半衰期为2～3d，无蓄积作用。但对鱼类及溞类的毒性都很大，为极毒物质，在应用时应严格注意防止其污染水环境而使鱼类中毒死亡。氯硝柳胺对斑马鱼的LC_{50}值，24h，48h和96h分别为0.80mg/L、0.74mg/L和0.52mg/L。对大型溞的LC_{50}值，24h和48h分别为0.54mg/L和0.42mg/L。对大型溞的EC_{50}值24h及48h分别为0.54mg/L及0.38mg/L。

（4）丁萘脒　由于在十二指肠内吸收少且这种少量吸收的药物在肝脏被灭活，因此内服给药较安全。蔡登棣和乌力吉等报道，75mg/kg和125mg/kg体重剂量对绵羊未见毒副作用，剖检亦未见脏器异常。将片剂溶解后给药会增加药物的吸收，导致肝损害和室颤等不良反应。也曾出现个别动物在用药后24h内因心力衰竭而死亡。丁萘脒给药后常见呕吐和腹泻等不良反应。内服偶发的不良反应可能与长时间间隔饲喂有关。采用静脉注射给药时，可能对犬产生相当高的毒性。按5mg/kg进行静脉注射，可能发生低血压、呼吸衰竭或心室颤动导致的死亡。由于有了更有效的杀绦虫药可取代丁萘脒，因此，美国和中国市场上目前已无该药供应。

采用乙醚麻醉不会影响丁萘脒在大鼠体内的吸收和分布。

6.2.2.8　用法用量与制剂

（1）吡喹酮　内服推荐剂量为：一次量，每1kg体重，牛、羊、猪10～35mg，犬、猫2.5～5mg，禽10～20mg。常见剂型为片剂、粉剂、预混剂和硅胶棒。目前国内市售的制剂有吡喹酮片、吡喹酮粉、吡喹酮预混剂、吡喹酮硅胶棒、米尔贝肟吡喹酮片以及国外进口的双羟萘酸嘧啶吡喹酮片。休药期：牛、禽28d，羊4d，猪5d；弃奶期7d。

（2）依西太尔　内服：一次量，每1kg体重，犬5.5mg，猫2.75mg。主要剂型为片剂：依西太尔片。

（3）氯硝柳胺　内服给药，一次量，每1kg体重，牛40～60mg，羊60～70mg，犬、猫80～100mg，禽50～60mg。常见剂型为片剂和粉剂，目前国内市售的有氯硝柳胺片、复方氯硝柳胺片和水产用的氯硝柳胺粉。牛、羊、禽休药期均为28d。

（4）丁萘脒　盐酸丁萘脒：内服，一次量，每1kg体重，犬、猫25～50mg；羟萘酸丁萘脒：内服，一次量，每1kg体重，羊25～50mg，鸡400mg。

6.2.3　抗吸虫药

由肝片吸虫引起的吸虫病是一种人畜共患病，该病呈世界性分布。主要易感动物为牛、羊等反刍类动物。猪、狗、兔以及多种野生动物也能被感染，但少见。在过去25年中，有50多个国家/地区报道了近7000例人感染肝片吸虫的病例。肝片吸虫寄生于宿主的肝脏、胆管，引起肝炎、胆管炎以及全身性营养障碍。由于肝片吸虫感染过程中，幼虫生长和移动时所造成的机械损伤、分泌物的毒素作用以及虫体大量摄取动物宿主的养分，严重危害了家畜的健康生长和身体发育，给世界畜牧业的发展和整个人类的卫生安全都造成了威胁。依靠杀吸虫药进行化学治疗是控制肝片吸虫的主要手段。按化学结构，可将抗肝片吸虫药分为：①卤代烃类，包括四氯化碳、六氯乙烷、四氯二氟乙烷和六氯对二甲苯；②双酚类化合物，包括六氯酚、硫双二氯酚；③硝基酚类化合物，包括硝碘酚腈、二碘硝酚和硝氯酚；④水杨酰苯胺类，包括氯生太尔（又名氯氰碘柳胺）、碘醚柳胺、氯羟柳胺和溴化水杨酰苯胺类的溴水杨醛；⑤苯磺酰胺类的氯舒隆；⑥苯并咪唑类，包括阿苯达唑、鲁苯达唑和卤代苯并咪唑（如三氯苯达唑）；⑦苯氧羧酸类的双酰胺氧醚。大多数卤代烃、双酚类化合物、硝基酚类化合物、碘硝酚、溴化水杨酰苯胺等老药现在已很少应用。此处主要介绍几种常用驱肝片吸虫的药物。

6.2.3.1 化学结构

（1）硝基酚类化合物

① 硝氯酚 硝氯酚又称拜耳-9015。分子式为 $C_{12}H_6Cl_2N_2O_6$，分子量为 345.09。

② 硝碘酚腈 又称氰碘硝基苯酚，分子式为 $C_7H_3IN_2O_3$，分子量为 290.02。硝碘酚腈是 20 世纪 60 年代末由法国梅里埃研究所研制而成的牛和绵羊高效杀肝片吸虫药，于 1987 年作为进口药物用于我国兽医临床，具有剂量小、使用方便、高效安全的特点。

（2）水杨酰苯胺类化合物 水杨酰苯胺类化合物为杀肝片吸虫药，化学结构类似，作用方式也相同。应用广泛的有碘醚柳胺、氯生太尔和氯羟柳胺。

① 碘醚柳胺 又名重碘柳胺，是一种卤化水杨酰苯胺类杀吸虫药，分子式为 $C_{19}H_{11}Cl_2I_2NO_3$，分子量为 626.01。

② 氯生太尔 又称氯氰碘柳胺，分子式为 $C_{22}H_{14}Cl_2I_2N_2O_2$，分子量为 663.08。

③ 氯羟柳胺 又名羟氯柳胺、羟氯柳苯胺或羟氯扎胺。分子式为 $C_{13}H_6Cl_5NO_3$，分子量为 401.46。

（3）苯磺酰胺类 苯磺酰胺类药物氯舒隆，又名克洛索隆，属苯磺酰胺类驱虫药，由 Merck 公司于 1975 年发明，并于 1977 年注册了专利，目前仍由 Merck 公司垄断生产。分子式为 $C_8H_8Cl_3N_3O_4S_2$，分子量为 380.65。

（4）苯并咪唑类 苯并咪唑类药物三氯苯达唑又称三氯苯咪唑，是 20 世纪 80 年代由瑞士汽巴-嘉基（Ciba-Geigy）药厂开发生产的，主要用于控制绵羊和牛中肝片吸虫的感染。1983 年开始在兽医实践中用于治疗肝片吸虫病。其分子式为 $C_{14}H_9Cl_3N_2OS$，分子量 359.66。三氯苯达唑虽然对线虫无效，但却是一种广泛使用的高效杀肝片吸虫药，对肝片吸虫的幼虫和成虫均有效。

（5）苯氧羧酸类 苯氧羧酸类药物双酰胺氧醚属于酰胺类化合物，化学名为 N,N'-双(4-乙酰胺基苯氧基)乙醚。

常用抗吸虫药的化学结构如图 6-12 所示。

6.2.3.2 作用机制

（1）硝基酚类化合物

① 硝氯酚 硝氯酚是通过抑制虫体琥珀酸脱氢酶，从而影响片形吸虫的能量代谢，

① 硝基酚类化合物

硝氯酚   硝碘酚腈

② 水杨酰苯胺类

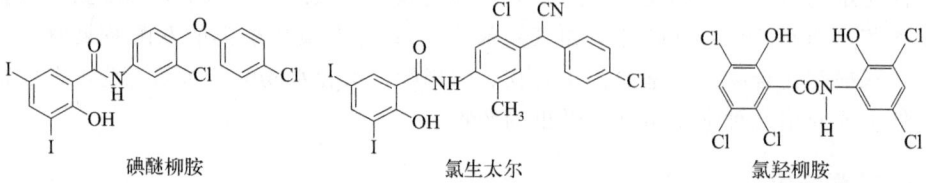

碘醚柳胺   氯生太尔   氯羟柳胺

③ 苯磺酰胺类

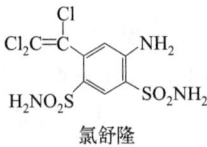

氯舒隆

④ 苯并咪唑类

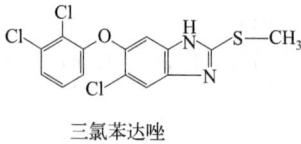

三氯苯达唑

⑤ 苯氧羧酸类

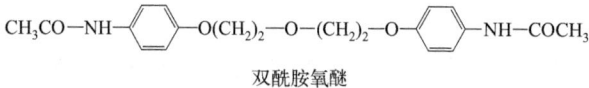

双酰胺氧醚

图 6-12　常用抗吸虫药的化学结构

发挥抗吸虫作用。戎耀方等研究表明，γ-氨基丁酸在肝片吸虫体内可能呈兴奋性递质的作用，当 γ-氨基丁酸浓度升高时，虫体运动性加强，γ-氨基丁酸浓度降低，虫体运动性减弱，直至麻痹而死亡。江善祥等发现，肝片吸虫体内的 γ-氨基丁酸除来源于自身合成外，还能从周围环境中摄取。在另一项研究中，江善祥等指出，硝氯酚的抗肝片吸虫作用可能与降低虫体内的 γ-氨基丁酸含量有关。作者采用体外试验，证明硝氯酚可极显著降低肝片吸虫体内 γ-氨基丁酸的含量。在 $1.25 \sim 5\mathrm{mg/mL}$ 浓度范围内，硝氯酚浓度与吸虫体内 γ-氨基丁酸含量的抑制程度呈线性正相关，即硝氯酚浓度越高，γ-氨基丁酸含量越低。但进一步增加硝氯酚浓度到 $10\mathrm{mg/mL}$ 时，抑制程度开始下降。详见表 6-2。

表 6-2 硝氯酚对肝片吸虫体内 γ-氨基丁酸含量的影响（n≥4）

硝氯酚/(mg/mL)	培养时间/h	γ-氨基丁酸含量/(μg/g,虫湿重)
0	3	191.224±2.106
10	3	32.696±2.214**
5	3	6.731±1.691**
2.5	3	35.771±3.835**
	6	29.280±1.278**
	12	18.688±1.887**
1.25	3	95.355±6.168**

注：** $P < 0.01$。

② 硝碘酚腈　由于硝基酚与氧化磷酸化解偶联剂 2,4-二硝基酚在结构上具有相似性，人们推测硝碘酚腈及有关化合物也可通过使蠕虫体内细胞中的线粒体解偶联，抑制 ATP 产生，减少细胞分裂所需的能量而导致虫体死亡。Corbett 和 Goose 证实了这一假设。作者首先证明了硝碘酚腈及另两种杀吸虫剂六氯对二甲苯和氯羟柳胺是氧化磷酸化的解偶联剂，获得三者最低解偶联浓度分别为 27～33μmol/L、0.6～0.8μmol/L 和 0.3～0.4μmol/L；通过体外试验，发现硝碘酚腈、六氯对二甲苯和氯羟柳胺分别在 170～350μmol/L、3.5～7μmol/L 和 3.5～7μmol/L 浓度下与吸虫作用 24h 可致其死亡，这些致死浓度与各驱吸虫药的最低解偶联浓度存在合理的相关性，因此作者认为解偶联是致吸虫死亡的原因。由此可见，解偶联是硝碘酚腈的杀虫机制之一。

吸附于宿主胆管壁对成年肝吸虫的生存至关重要。任何对其神经肌肉协调的严重干扰都可能导致吸虫脱离宿主，最终导致它从宿主体内被清除。Fairweather 等发现，在 0.1μg/mL、1μg/mL、10μg/mL、20μg/mL、50μg/mL、100μg/mL 和 200μg/mL 浓度下，硝碘酚腈可使体外肝片吸虫分别在 10～24h、12h、12h、4～6h、2h、0.5～1h 和 15～30min 内产生痉挛性麻痹。

寄生在胆管中的成年吸虫暴露在胆汁中，在宿主排泄药物时，会在胆汁的流动中接触到药物。因此，虫体皮层是最直接暴露于驱虫药的组织之一，很可能是药物的主要靶点。皮层有许多重要作用，如负责各种物质的合成和分泌、营养物质的吸收、渗透调节、对宿主免疫反应的保护、对宿主消化酶和胆汁的保护以及感觉知觉的保护等。因此，皮层的完整性对吸虫的生存能力至关重要。任何药物引起的皮层破坏都可能对吸虫造成严重后果，因为这使得药物得以渗透到更深层的组织，而且（在体内情况下），胆汁的表面活性剂作用和免疫反应会加剧损害。由此，McKinstry 等提出了皮层可能是硝碘酚腈驱杀吸虫靶位点的假设，并开展体内外试验验证了该假设。作者通过灌胃肝片吸虫囊蚴使 14 周龄雄性 SD 大鼠人工感染肝片吸虫 12 周后，按 40mg/kg 体重剂量口服给药硝碘酚腈，分别于 24h、48h 和 72h 处死大鼠，用扫描电镜观察大鼠体内肝片吸虫的形态变化；同时开展体外试验，采用 80μg/mL 硝碘酚腈（该浓度与绵羊在治疗剂量为 10mg/kg 体重时体内最大血药浓度相对应）与 12 周龄大鼠胆管中的成年吸虫于 37℃ 孵育 24h 后，通过扫描电镜观察肝片吸虫的形态变化。结果发现，无论在体外还是在体内，硝碘酚腈都能严重破坏肝片吸虫的皮层。在硝碘酚腈治疗后 24h 从鼠体内收集到的肝片吸虫，其背面和腹面皮层显示出明显的皱缩和空泡化，这些变化在硝碘酚腈治疗后 48～72h 变得更加严重，在此治疗后间隙期间收集的虫体样本显示皮层大范围地消失（图 6-13）。由此可见，尽管硝碘酚腈对寄生虫作用的内在机制还不清楚，但是可以肯定的是皮层是其杀吸虫作用的一个重要靶位点。

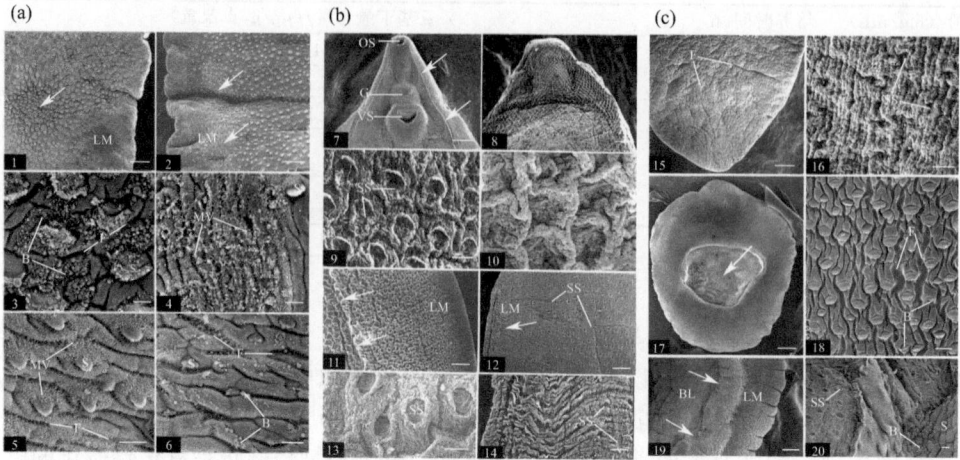

图6-13　人工感染肝片吸虫的雄性 SD 大鼠按 40mg/kg 体重剂量口服给药硝碘酚腈 24h（a）、 48h（b）和 72h（c）后体内肝片吸虫的扫描电镜图

（2）水杨酰苯胺类

① 碘醚柳胺　Williamson 和 Metcalf 证明水杨酰苯胺类是一类新的氧化磷酸化脱偶联剂，在浓度为 10^{-9}mol/L 时，对家蝇和大鼠肝脏线粒体中的三磷酸腺苷交换反应抑制率达 50%。Prichard 等在绵羊人工感染肝片吸虫 $12 \sim 18$ 周后，内服 9mg/kg 体重剂量碘醚柳胺，给药后 4h、8h、16h 和 24h 屠宰患羊，各时间点采集 $3 \sim 4$ 只羊的吸虫，测定吸虫体内糖酵解过程中关键代谢产物的含量，如 NADH、糖原、ATP、ADP、AMP、果糖-1,6-二磷酸（FDP），二羟丙酮磷酸（DHAP）和甘油醛-3-磷酸（GAP）、丙酮酸、磷酸烯醇丙酮酸（PEP）、甘油酸-2-磷酸（2-PG）、乳酸、草酰乙酸（OAA）、苹果酸、NAD^+ 和 NADH、无机磷酸盐（Pi）和琥珀酸等。结果发现，碘醚柳胺能使肝片吸虫糖酵解过程中的糖、苹果酸、NADH、ATP 的水平降低，使其他代谢产物的含量增加（图6-14）。以 ATP 和糖含量减少最为显著，而总 NAD^+/NADH 和草酰乙酸酯/苹果酸酯升高，由此推断碘醚柳胺作用机制是通过阻断肝片吸虫的氧化磷酸化过程，从而发挥杀虫作用。

② 氯生太尔　和其他水杨酰苯胺类一样，氯生太尔是一种氧化磷酸化解偶联剂，但其作用可能比传统的氧化磷酸化解偶联剂更复杂。Martin 等报道，氯生太尔含有一个可以解离的 H^+，能穿越线粒体内膜，消除离子梯度和解除氧化磷酸化偶联作用，导致虫体葡萄糖摄取增加、糖原含量下降、呼吸中间体变化和 ATP 合成减少等，从而发挥驱杀作用。此外，氯生太尔是可影响虫体多种生理生化过程的膜活性分子，其结构上的 H^+ 可来回穿梭于吸虫皮层，从而破坏维持皮层的 pH 平衡机制；在虫体能量代谢被破坏前，氯生太尔还可能通过增加肌细胞内 Ca^{2+} 浓度诱导肝片吸虫发生痉挛性麻痹，使虫体无法采食而消耗其贮存的能量。

③ 氯羟柳胺　氯羟柳胺作用机制同样是作为氧化磷酸化解偶联剂，降低虫体内 ATP 的合成量，从而导致虫体因能量代谢紊乱而最终死亡。

（3）苯磺酰胺类　

氯舒隆的化学结构与糖酵解的中间产物——1,3-二磷酸甘油酸酯相似，被证明可以抑制成熟肝片形吸虫葡萄糖的利用以及乙酸和丙酸的形成。Schulman 和 Valentino 通过直接测定氯舒隆对肝片吸虫糖酵解途径中酶的影响，证明其抑制磷酸甘

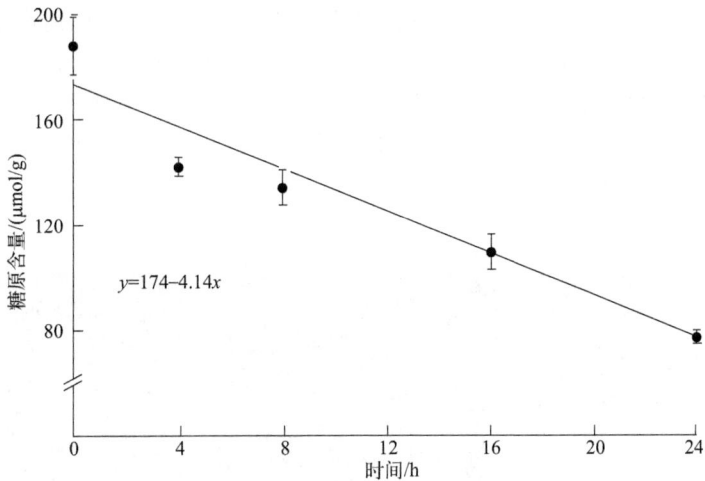

图 6-14　碘醚柳胺用药后绵羊体内肝片吸虫的糖原水平（以葡萄糖亚单位表示）
糖原水平按 8 次测定结果的平均值（±标准差）表示

油激酶和磷酸甘油酸变位酶的活性，并进一步研究证明氯舒隆可竞争性抑制 3-磷酸甘油酸和 2,3-二磷酸甘油酸。然而，Fairweather 等则指出，当氯舒隆浓度为 399.53μg/mL 时，对磷酸甘油激酶的抑制率为 40%，是体内最高血药浓度的 47.7 倍（按 12.5mg/kg 体重剂量给药在大鼠体内的最高血药浓度为 8.37μg/mL）；当浓度为 197.86μg/mL 时，对磷酸甘油激酶抑制率为 43%，是最高血药浓度的 23.6 倍，说明氯舒隆在体内达到的血药浓度远低于在体外破坏糖酵解所需的药物浓度，因此推断，体内糖酵解在体内的治疗作用与抑制糖酵解途径的关键酶相关性不大。然而，Vugt 等研究发现，糖酵解是吸虫主要的能量生成途径，对该过程的任何破坏作用都将会降低虫体对糖原的利用和代谢终产物（乙酸和丙酮酸）的生成，同时明显抑制 ATP 的合成。Schulman 和 Valentino 的研究结果证实了这一观点。他们发现，用 500μg/mL 浓度的氯舒隆作用于肝片吸虫后 1h，吸虫葡萄糖利用率下降 60%，代谢终产物乙酸和丙酸的形成分别受到 54% 和 85% 的抑制，ATP 水平下降 67%。Fairweather 等指出，氯舒隆可能不会通过神经肌肉作用发挥驱虫效果，因为它在体外需要较长时间（24h 以上）才能引起松弛性麻痹。Holmes 和 Fairweather 研究发现，氯舒隆对肝片吸虫运动能力的逐渐抑制与糖酵解抑制后能量储备的耗尽是一致的，并可通过糖酵解抑制剂氟化钠和碘乙酸钠的作用来模拟。Fairweather 等在另一研究中进行的形态学研究表明，在体内（剂量：12.5mg/kg 体重）和体外（浓度：10μg/mL）氯舒隆均可使肝片吸虫的内皮细胞严重坏死；吸虫的皮层损伤相对较慢，且仅限于口腔锥体区域；体内试验表明，用药后肝片吸虫皮层损伤更严重；用药后 48h，吸虫前部的皮层完全脱落。

　　Meaney 等通过扫描电镜观察氯舒隆诱导肝片吸虫的超微结构变化。作者采用 12.5mg/kg 体重剂量治疗感染肝片吸虫后 8 周和 44 周的雄性 SD 大鼠，并在 24h、48h 和 72h 后从胆管中回收成熟吸虫。同时进行了体外试验，用 10μg/mL 浓度的氯舒隆与 8 周龄的成熟吸虫体外孵育 24h。体内用药 24h 后，幼龄的成熟吸虫（8 周龄）的皮层表面出现明显的破坏，特别是在前中体区域和尖锥体区域出现明显的肿胀和水泡［图 6-15(a)］。体内用药 48h 后也出现明显的类似变化，但断裂更严重，体中部束向后方扩散［图 6-15

（b）]。体内用药 72h 后，大约一半吸虫出现了广泛的破坏，几乎所有的口腔锥体和前中体顶部膜或整个合胞体脱落 [图 6-15（c）]。在所有时间段内，吸虫的前半部比后半部受影响更严重。背侧表面和腹侧表面之间未见差异。老龄的成熟吸虫（44 周龄）损伤区域相似，但损伤程度和范围比幼龄的成熟吸虫更严重和更广泛，损伤发生得也更快（图 6-16）。8 周龄的吸虫在体外培养 24h 后，损伤不明显（图 6-17），这可能是由于吸虫吸收药物的方法主要为经口而非经皮层。

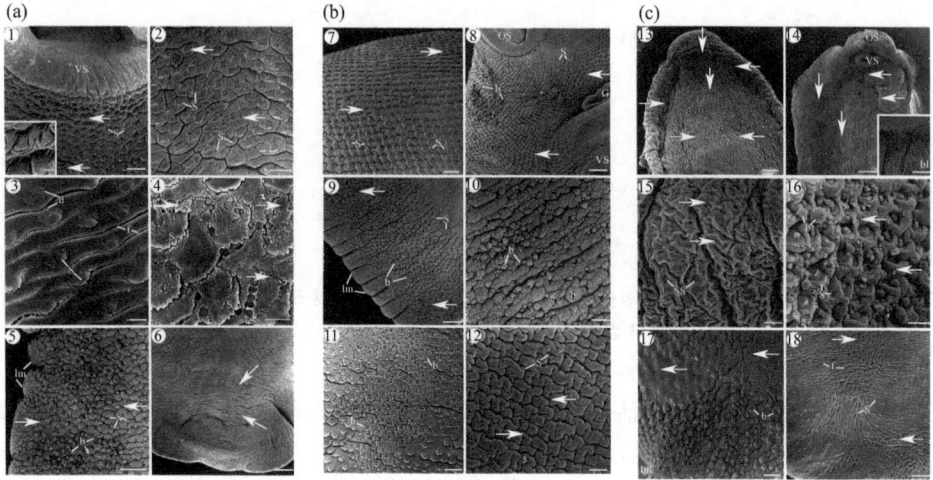

图 6-15　经 12.5mg/kg 体重剂量的氯舒隆治疗后 24h（a）、 48h（b）、 72h（c） SD 大鼠体内肝片吸虫（8 周龄）扫描透射电镜图

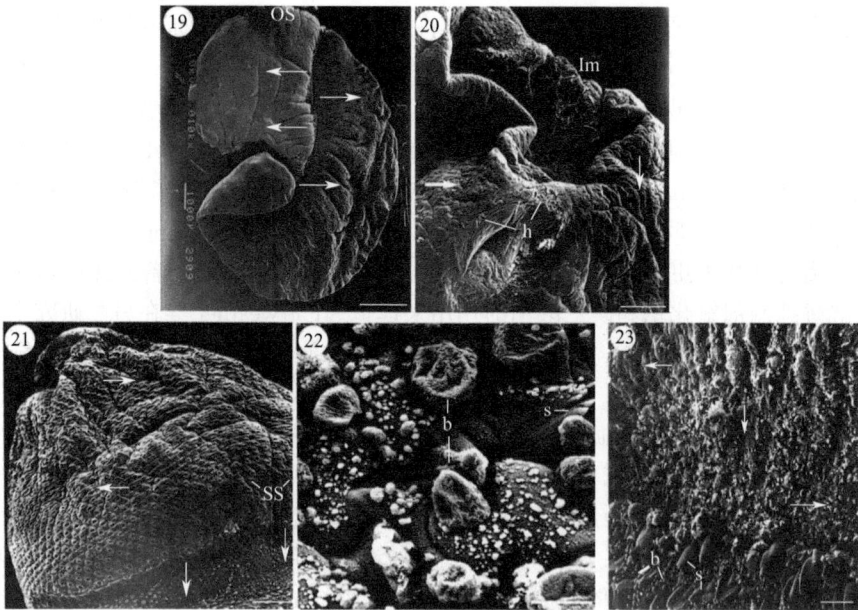

图 6-16　经 12.5mg/kg 体重剂量的氯舒隆治疗 72h 后 SD 大鼠体内肝片吸虫（44 周龄）扫描透射电镜图

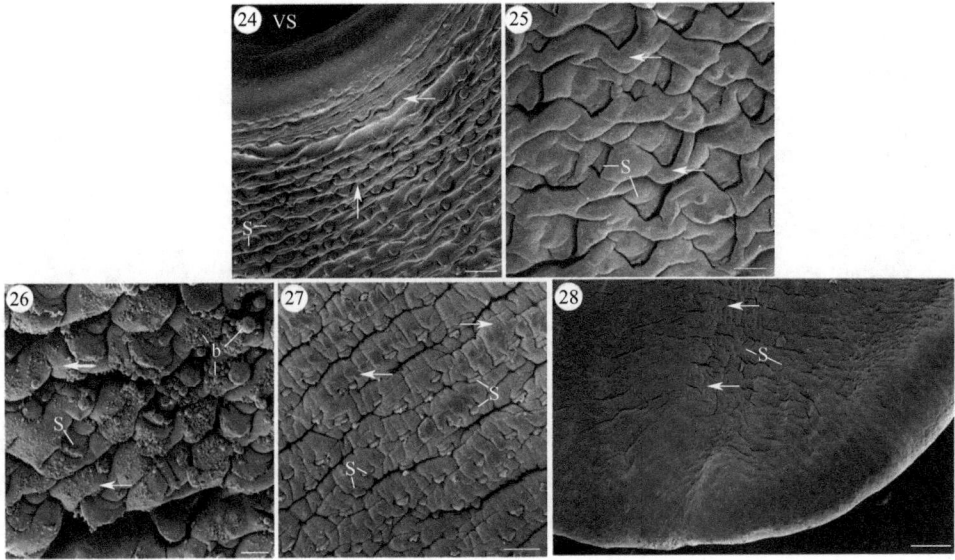

图 6-17　10μg/mL 浓度的氯舒隆体外处理 8 周龄肝片吸虫 24h 后的扫描电镜图

　　Meaney 等在进一步的研究中通过透射电子显微镜观察证实了氯舒隆确实会引起肝片吸虫皮层和肠道损伤。雄性 SD 鼠在感染肝片吸虫后 8～8.5 周内口服浓度为 12.5mg/kg 体重的氯舒隆。用药后 24h、48h、72h 脱位处死大鼠，从胆管中回收成熟吸虫，进行透射电镜观察。结果发现，在用药后 24h，皮层合胞体的断裂主要发生于合胞体顶端，可见由许多分泌体组成的暗带。尖部也有气泡，该区域有开放体，线粒体轻度肿胀。在细胞体中，线粒体及其嵴也出现肿胀，高尔基复合体似乎比正常更小 [图 6-18(a)]。用药 48h 后，破裂情况类似，但更严重：水泡、开放体及肿胀的线粒体的发生频率均增加。合胞体开始出现液泡、自噬和电子光，偶见脂滴。在细胞体中，自噬空泡开始出现，线粒体肿胀加剧 [图 6-18(b)]。在体内处理 72h 后，被盖合胞体破裂更严重，其顶端普遍肿胀和起泡。在一些标本中，基底内皱襞已经变得非常严重肿胀，脊柱的损伤很明显。线粒体仍然肿胀，基底内褶周围也是如此。脂滴多见于合胞体。在被膜细胞中，线粒体肿胀较大，自噬空泡数量明显增加 [图 6-18(c)]。在用药后 24h，肠道即表现出被损伤的迹象，即皮层被破坏，细胞顶端有自噬液泡形成，线粒体肿胀明显，分泌体的数量减少 [图 6-19(a)]。在用药后 48h，内皮细胞中自噬空泡数量增加，线粒体和粗面内质网肿胀，片层断裂仍然明显 [图 6-19(b)]。在用药后 72h，内皮细胞的破坏明显增加，顶端细胞质严重空泡化。自噬空泡数量明显增加，线粒体和粗面内质网肿胀，细胞内有脂滴 [图 6-19(c)]。

　　由上述研究结果可见，氯舒隆对肝片吸虫肠道的损伤比皮层更严重，作者推测可能是氯舒隆主要通过经口摄入的途径进入吸虫体内。这与 Schulman 等研究结果相吻合：氯舒隆可与红细胞碳酸酐酶结合，吸虫在吸取血液过程中将氯舒隆随红细胞一起摄入体内。消化道的损伤是药物直接作用的结果，而皮层的损伤则可能是虫体皮层从动物胆汁中直接吸收药物所致，也可能是虫体消化道被破坏间接导致的。因此，氯舒隆对吸虫很可能是造成由内而外的破坏，而非像其他片形杀虫剂那样是由外而内的破坏。Fairweather 等指出，

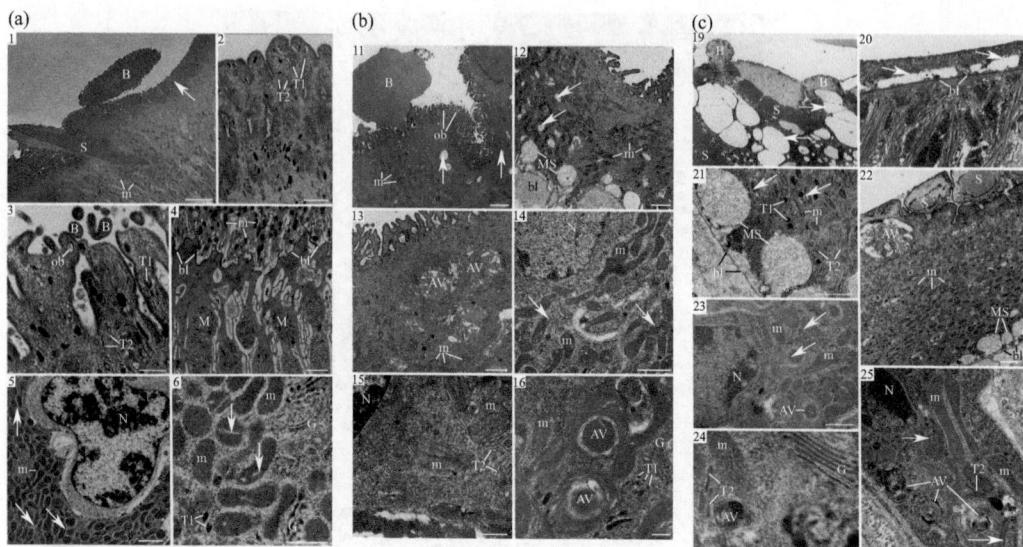

图 6-18　经 12.5mg/kg 体重剂量的氯舒隆治疗后 24h（a）、48h（b）、72h（c）SD 大鼠体内肝片吸虫皮层合胞体和皮层细胞透射电镜图

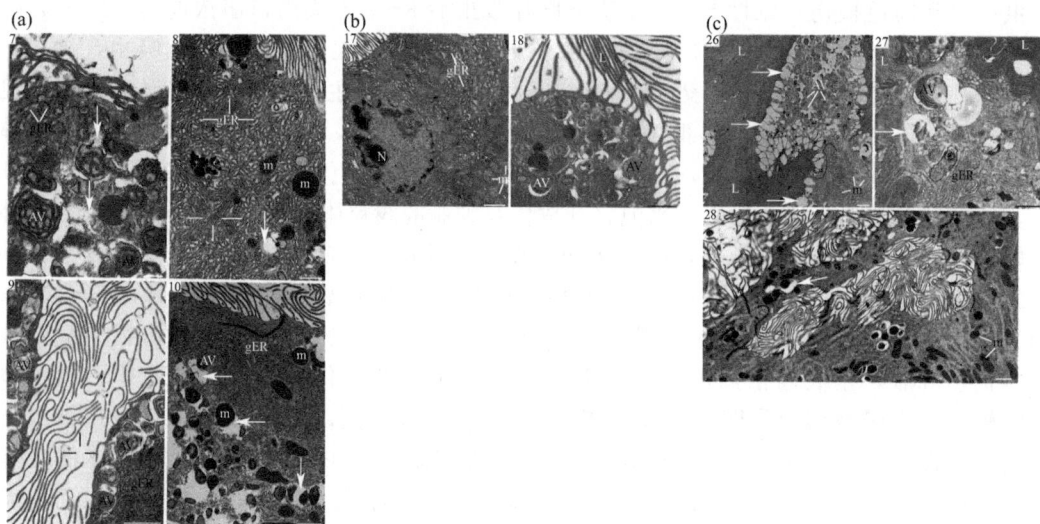

图 6-19　经 12.5mg/kg 体重剂量的氯舒隆治疗后 24h（a）、48h（b）、72h（c）SD 大鼠体内肝片吸虫内皮细胞透射电镜图

吸虫一旦麻痹，就会停止进食，进入饥饿状态；肠道和皮层的严重破坏在一定程度上加剧了这种情况，导致吸虫能量严重耗竭。

　　Malone 等研究认为氯舒隆可抑制吸虫的生长和成熟，因为他们观察到氯舒隆可使牛体内的吸虫发育不良，导致其比对照组更短、更细；同时可使吸虫产卵量明显减少，产卵异常，包膜破裂。但 Fairweather 等认为这种现象并非氯舒隆所特有的，因为其他药物如三氯苯达唑、碘醚硝胺和氯生太尔等也可导致吸虫生长迟缓。

（4）苯并咪唑类 三氯苯达唑的确切作用机制目前尚不十分清楚。苯并咪唑类的杀线虫作用是依靠其与寄生虫的 β-微管蛋白结合，从而抑制微管蛋白聚合成微管，导致与微管有关的细胞功能发生改变，如细胞分化、细胞形态的维持、细胞运动、细胞分泌、营养吸收和细胞内物质运输等。作为苯并咪唑类药物，Lacey 推测其也可像其他苯并咪唑类药物一样，通过与 β-微管蛋白结合而破坏基于微管的功能。目前已有形态学和免疫细胞化学数据支持这一观点。如 Stitt 和 Fairweather 通过体外试验证明了三氯苯达唑亚砜代谢物可阻止分泌小体从细胞体的合成及转运至皮层，并最终导致皮层完全丧失。他们发现，当浓度为 $15\mu g/mL$ 三氯苯达唑亚砜代谢物作用于成虫时，只有在作用时间较长时其皮层才会发生超微结构的改变，出现合胞体底部液泡化，皮层细胞内 T2 分泌小体积累。当浓度为 $50\mu g/mL$ 时，肝片吸虫皮层被严重破坏，分泌小体向合胞体的基部聚集。随着培养时间的延长，皮层完全脱落（图 6-20）。3 周龄幼龄肝片吸虫的皮层在顶端逐渐弯曲，在基部呈现严重的空泡化，在皮层细胞中有 T1 分泌体的积累（图 6-21）。以上结果证明三氯苯达唑亚砜代谢物可通过有效地破坏肝片吸虫的皮层而发挥高效杀吸虫作用。

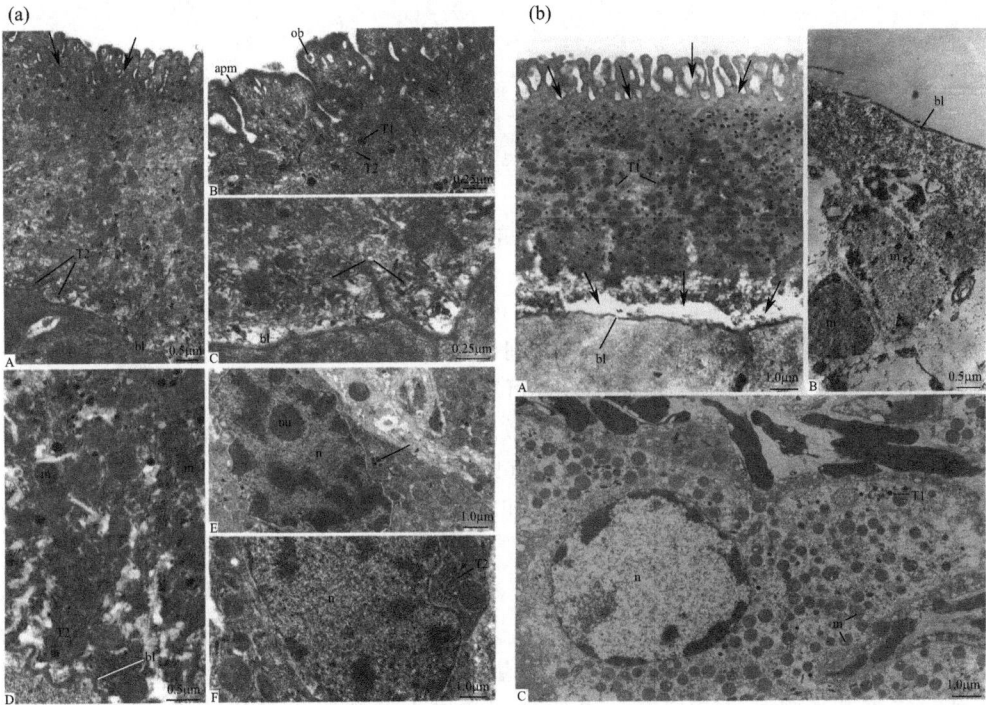

图 6-20　浓度为 $50\mu g/mL$ 三氯苯达唑亚砜代谢物体外作用于肝片吸虫成虫 6h（a）和 24h（b）的透射电镜图

此外，Stitt 等通过透射电镜观察，发现三氯苯达唑亚砜代谢物体外作用于肝片吸虫 3h 后，生精细胞有丝分裂受抑制，并与靠近小管壁的正常位置分离；作用 $12\sim24h$，睾丸小管几乎没有生精阶段或成熟精子存在。在 Stitt 和 Fairweather 的另一体外试验中，发现三氯苯达唑亚砜代谢物可抑制卵黄囊干细胞的有丝分裂，影响卵子的形成。在浓度为

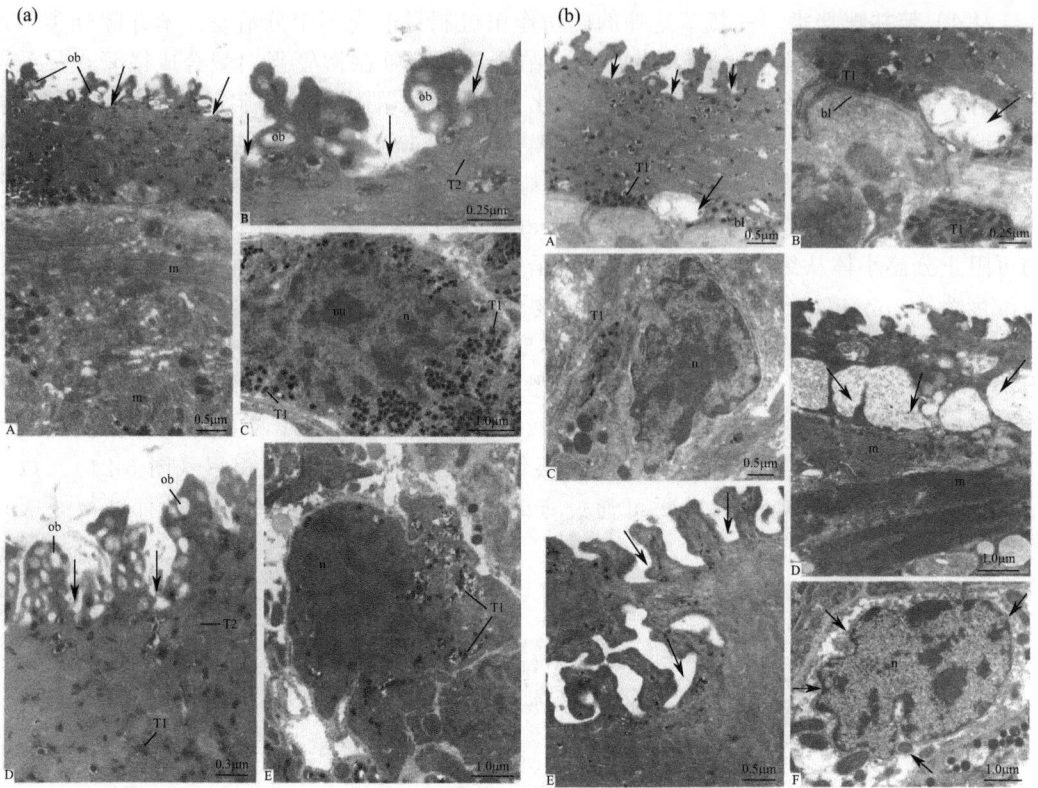

图 6-21　浓度为 20μg/mL 三氯苯达唑亚砜代谢物体外作用于 3 周龄幼龄肝片吸虫 3h（a）和 9h（b）的透射电镜图

15μg/mL 时，较长作用时间（12～24h）才可使肝片吸虫的卵黄细胞发生超微结构变化，出现粗面内质网池扩张、核糖体减少及干细胞核内染色质聚集，核仁消失等现象［图 6-22(a)］。较高浓度（50μg/mL）作用后，可在更短时间内发生类似的损伤：作用 6h 后，1 型中间细胞缺失，成熟细胞内壳球团松散堆积，哺育细胞胞浆被严重破坏；作用 12h 后，卵黄细胞空泡化，明显异常［图 6-22(b)］。上述变化都与微管抑制有关。据 Robinson 等研究证明，三氯苯达唑砜代谢物可导致被膜合胞体中微管蛋白免疫反应性的丧失。

　　Lacey 等研究证明阿苯达唑和芬苯达唑等苯并咪唑氨基甲酸酯类是通过作用于线虫的微管蛋白秋水仙素结合位点发挥作用的。但是，虽然 Bennett 等发现，该药物能够抑制秋水仙碱与从成人肝片吸虫纯化的微管蛋白的结合，提示该药物对微管结构和功能的干扰。三氯苯达唑可显著抑制秋水仙碱与从成人肝片吸虫纯化获得的微管蛋白的结合，说明其可干扰微管结构和功能，而 Fetterer 则发现阿苯达唑等苯并咪唑类药物在10μmol/L 浓度下也能抑制秋水仙碱与吸虫匀浆的结合，但三氯苯达唑却不会影响秋水仙碱与吸虫匀浆的结合。因此，Fairweather 推测，三氯苯达唑及其代谢物很可能是通过作用于微管蛋白的其他位点而发挥抗吸虫作用，这也可能是三氯苯达唑对其他蠕虫无效的原因。

　　三氯苯达唑可随血液被虫体经口摄入或经皮层吸收进入虫体。吸虫皮层具有巨大的吸收表面积，因此虫体周围的药物可经皮被虫体吸收。Mottier 等开展的体外研究证明，三

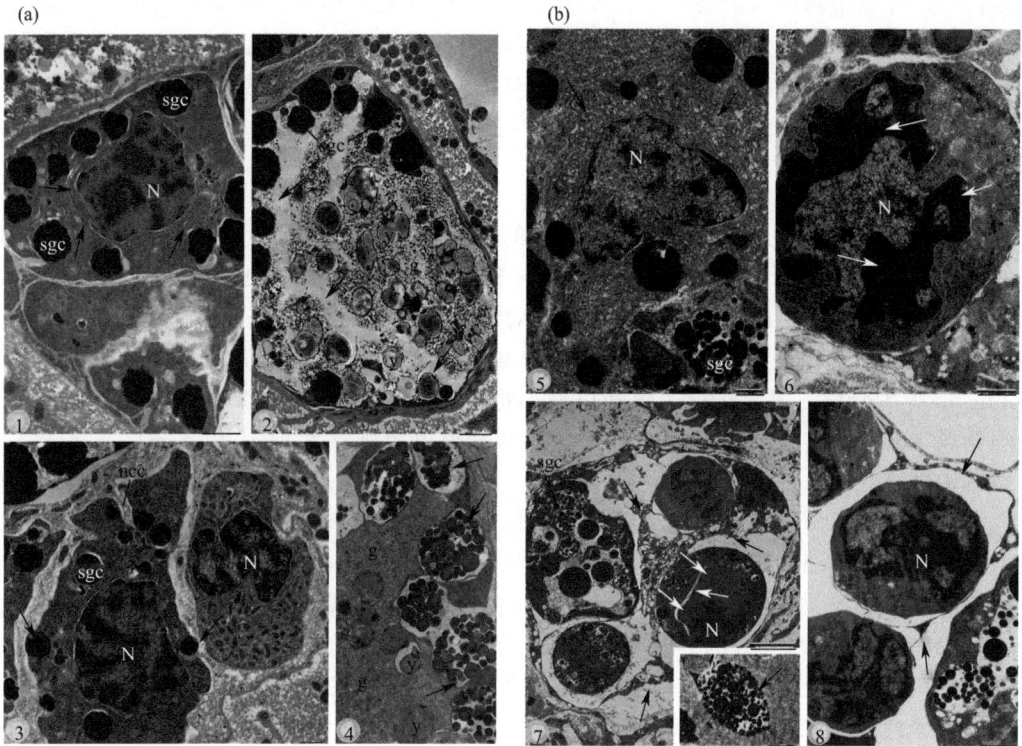

图 6-22　浓度为 15μg/mL（a）和 50μg/mL（b）三氯苯达唑亚砜代谢物体外作用于成熟肝片吸虫成虫的透射电镜图
1～2—15μg/mL 作用 12h；3～4—15μg/mL 作用 24h；5—50μg/mL 作用 6h；6～8—50μg/mL 作用 12h

氯苯达唑及其亚砜、砜代谢物均能穿透吸虫的皮层，且三者穿透能力相当。但其羟基衍生物的穿透能力较之更弱。可见，药物的脂溶性越高，其穿透虫体皮层的能力就越强，进入虫体内的药物浓度也相应越高。Moreno 等研究表明，绵羊经瘤胃内注射三氯苯达唑（10mg/kg 体重）后，成年吸虫体内累积的为三氯苯达唑亚砜及三氯苯达唑砜；而这两种代谢物是血液中检测到的仅有代谢物。说明经口摄入是三氯苯达唑代谢物进入虫体的主要途径。绵羊肝脏中累积的药物主要为三氯苯达唑原药，但成年吸虫体内仅测到少量三氯苯达唑，这些三氯苯达唑可能是从动物胆汁或肝脏组织中扩散进入虫体的。

（5）苯氧羧酸类　双酰胺氧醚在体外无活性，但 Harfenist 证明它可在肝脏经药酶（脱乙酰酶）脱乙酰化后，生成胺代谢物——二氨基双酰胺氧醚。二氨基双酰胺氧醚具有杀肝片吸虫活性，但其作用机制尚不清楚。Stammers 进行的体内试验发现，双酰胺氧醚可在用药后 4h 内影响成熟肝片吸虫的精子形成。Fairweather 等通过电镜观察了 10μg/mL 二氨基双酰胺氧醚体外作用于肝片吸虫 18h 的形态变化。结果发现，二氨基双酰胺氧醚可导致卵黄细胞尤其是干细胞和早期中间细胞发生变化，染色质在细胞核内凝结，核仁消失，核糖体逐渐消失，细胞变得不活跃，正常的发育顺序受阻。随着时间的推移，卵泡内细胞数量发生了变化，干细胞、早期 1 型中间细胞和成熟细胞较多，特征性 1 型中间细胞和 2 型中间细胞较少。在皮层细胞、肠道细胞和卵黄细胞中观察到的变化相似，表明吸虫的蛋白质合成被破坏。Fairweather 和 Boray 认为，尽管二氨基双酰胺氧醚能严重破坏体外虫体的形态，但能量代谢不是其代谢物作用的主要靶位。二氨基双酰胺氧醚可引起葡萄糖转运、呼吸中间体和最终产物以及 ATP 水平的变化，但不同研究获得的数据是矛盾的，这些变化并不显著。Anderson 等经透射电镜观察发现，二氨基双酰胺氧醚可破坏吸虫的皮层和渗透调节系统，引起形态改变如基底质膜内褶肿胀，进而导致皮层合胞体破坏和最终脱落。

6.2.3.3 耐药性

因对肝片吸虫的幼虫和成虫都具有极好的活性，三氯苯达唑成为目前临床上应用最广泛的一种杀肝片吸虫药。但随之而来的是三氯苯达唑选择性耐药虫株的出现。1995 年，Overend 等在澳大利亚首次报道了肝片吸虫对三氯苯达唑的耐药性。此后，在爱尔兰、苏格兰、威尔士西南部、西班牙、智利等的农场也发现了对三氯苯达唑耐药的肝片吸虫。Robinson 等为研究三氯苯达唑的耐药机制，将对三氯苯达唑敏感和耐药的吸虫与三氯苯达唑亚砜（50μg/mL）进行体外培养。扫描和透射电镜观察发现，50μg/mL 三氯苯达唑亚砜对敏感肝片吸虫的皮层造成广泛的损伤，而对耐药的肝片吸虫只有局部且相对较小的覆盖脊柱的皮层的破坏。使用抗微管蛋白抗体的免疫细胞化学研究表明，敏感肝片吸虫皮层上的微管蛋白组织被破坏，耐药虫体却未见明显损伤。药物在耐药吸虫体内检出量比在敏感虫体内低 50%，Mottier 等认为其原因可能是吸虫对三氯苯达唑的氧化代谢增强和依赖 ATP 跨膜转运蛋白介导的药物外排增加，因此推测这可能是肝片吸虫对三氯苯达唑产生耐药的机制。相反，阿苯达唑在敏感和耐药虫体内的累积量相当，因此，Coles 等研究表明，阿苯达唑对三氯苯达唑耐药的吸虫仍有高效驱虫活性。

6.2.3.4 药动学

（1）硝基酚类化合物

① 硝氯酚　硝氯酚内服后可经肠道吸收，但吸收不完全，在瘤胃内可逐渐被降解灭活。牛按每 1kg 体重 3mg 的剂量内服后 1~2d，血中药物峰浓度为 3~7μg/mL，很快下降至 2μg/mL 以下。体内排泄较慢，9d 后乳、尿中基本上无残留药物。

② 硝碘酚腈　牛和羊皮下注射硝碘酚腈，可被快速吸收且吸收良好，血液中的药物浓度达峰时间为 0.5h。Alvinerie 等采用平衡透析法研究了硝碘酚腈与不同动物血浆蛋白结合的情况，结果发现，硝碘酚腈在牛、羊、兔体内均具有非常高的血浆蛋白结合率（97%~99%）。

绵羊给药后 3d 内，可保持较高水平的血浆药物浓度，60d 内在血液中仍可能检出。Moreno 等研究了伊维菌素（200μg/kg 体重）和硝碘酚腈（10mg/kg 体重）复方注射液大腿内侧皮下注射后在不同年龄和体重绵羊体内的药代动力学行为差异，发现体重会影响伊维菌素和硝碘酚腈在绵羊体内药动学特征，其中，硝碘酚腈在 6~8 个月龄的低体重绵羊体内吸收半衰期、药时曲线下面积以及消除半衰期均显著低于 18~20 个月龄的高体重绵羊（$P<0.05$）；此外，硝碘酚腈在低体重绵羊的平均滞留时间（13.5d±1.37d）极显著低于高体重绵羊（20.5d±0.96d）（$P<0.01$）。绵羊体重与药-时曲线下面积的相关性如图 6-23 所示，可见，二者呈正相关关系（$r=0.64$），即，体重越重，药-时曲线下面积越大。

由于其高血浆蛋白结合率，硝碘酚腈在组织分布较少，因此，在推荐的剂量下，到达肝脏的药物量不足以驱杀未成熟的吸虫。Markus 和 Kwon 通过体外试验发现，硝碘酚腈可在大鼠肝脏亚细胞组分内通过氰基水解代谢生成 3-碘-4-羟基-5-硝基苯甲酰胺和 3-碘-4-

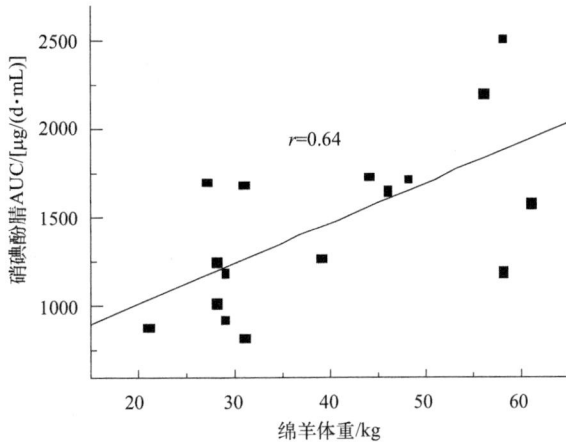

图 6-23　绵羊体重与药-时曲线下面积的相关性

羟基-5-硝基苯酸，参与水解的酶主要位于胞质中；Maffei 等证明了硝碘酚腈可被肝微粒体细胞色素 P450 硝化还原成 3-碘-4-羟基-5-氨基苯腈，并进一步甲基化生成 3-碘-4-甲基-5-氨基苯腈，作者还指出，细胞色素 P450 在硝碘酚腈的反硝化过程中起主要作用，因此可能是最容易受到还原形成的中间芳基羟胺损伤的细胞位点。虽然体外试验证明了硝碘酚腈可被代谢为上述产物，但在绵羊的尿液或血浆中均未能检出这些无活性的代谢物，硝碘酚腈很可能是仅通过原型药物发挥作用的。由于其与血浆蛋白高度结合，推断吸虫主要是通过消化系统从血液摄取药物。胆汁中的硝碘酚腈浓度远低于血浆中浓度，故推断通过皮层吸收药物并非主要方式。硝碘酚腈主要经尿液排泄，少量可通过粪便和牛奶排出体外（硝碘酚腈未被批准用于泌乳动物）。

（2）水杨酰苯胺类

① 碘醚柳胺　Swan 和 Mulders 以 5～8 周龄哺乳羔羊（$n=8$）和 21～22 周龄断奶羔羊（$n=8$）为实验动物，比较了不同年龄羊口服 15mg/kg 体重剂量碘醚柳胺的药代动力学特征。结果发现，碘醚柳胺内服后迅速在小肠吸收，24～48h 达血药峰值。不同年龄组之间曲线下面积（AUC）和最大血浆浓度（C_{max}）有显著差异（$P<0.0001$）。根据 AUC和 C_{max}，发现哺乳羔羊的生物利用度是断奶羔羊的 2.5～3 倍。血浆最高浓度到达时间（T_{max}）、分布半衰期（$t_{1/2\alpha}$）、消除半衰期（$t_{1/2\beta}$）和平均停留时间（MRT）均无显著差异（$P>0.05$）。因此，作者认为哺乳期和断奶期羔羊的药动学差异可能导致哺乳期羔羊对碘醚柳胺毒性反应的敏感性增加，并建议小于 8 周龄的羔羊最好不要用碘醚柳胺治疗，否则必须减小剂量。

Swan 等按 7.5mg/kg 体重剂量给绵羊静脉注射给药碘醚柳胺，结果发现，碘醚柳胺在绵羊体内分布快，消除缓慢，消除半衰期长达（7.2 ± 0.6）d，表观分布容积小，全身清除率较低。碘醚柳胺静注后在绵羊血浆药物浓度-时间曲线如图 6-24 所示。

绵羊感染肝片吸虫不会影响碘醚柳胺的体内过程。El-Banna 等研究了已获准用于治疗牛、水牛、骆驼、绵羊和山羊的体内和体外寄生虫的复方制剂——伊维菌素（1%）加碘醚柳胺（12.5%）的注射溶液和伊维菌素在成年公绵羊和犊牛体内的药动学特征。伊维菌素给药剂量为 200μg/kg 体重，复方制剂给药剂量为碘醚柳胺 2.5mg/kg 体重和伊维菌

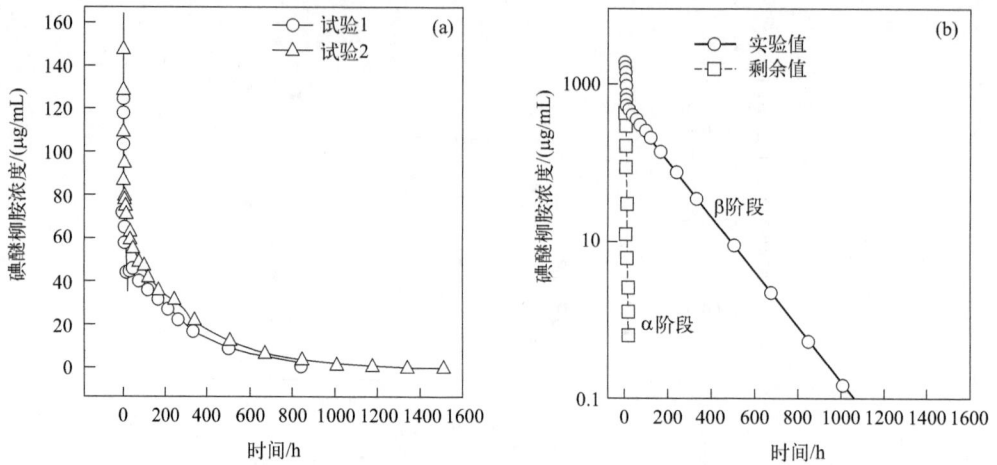

图 6-24　试验 1 和 2 中按 7.5mg/kg 体重给药后碘醚柳胺在绵羊体内的血浆药物浓度-时间曲线（a）和试验 2 的血浆药物半对数浓度-时间曲线（b）

素 200μg/kg 体重，皮下注射给药。获得碘醚柳胺在绵羊和犊牛体内的血浆药物半对数浓度-时间曲线如图 6-25 和图 6-26 所示。可见，在绵羊血清中，碘醚柳胺可使伊维菌素的吸收速度加快，与单用伊维菌素相比，联合使用碘醚柳胺（2.5mg/kg）使伊维菌素的吸收半衰期缩短了 68.49%；AUC 值增加 15.48%；消除速率常数的值下降了 38.2%；消除半衰期时间从 2.04d 显著增加至 3.3d。碘醚柳胺是否抑制 P-糖蛋白介导的伊维菌素消除仍有待阐明。

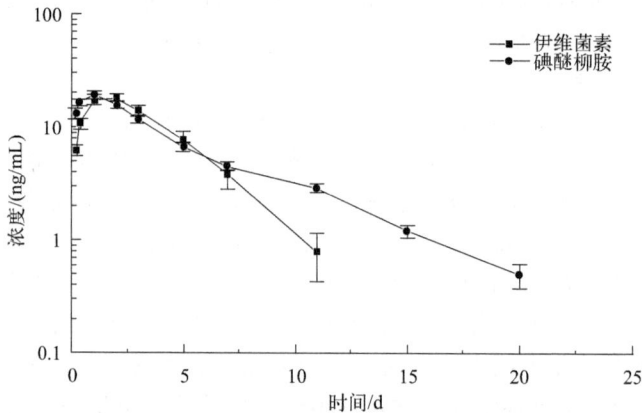

图 6-25　绵羊皮下注射后伊维菌素和碘醚柳胺的血浆药物半对数浓度-时间曲线图

　　碘醚柳胺在牛、羊体内不被代谢，血浆蛋白结合率非常高（＞99%），具有很长的半衰期（16.6d），因此碘醚柳胺对未成熟虫体和胆管内成虫也具有驱杀作用。牛按 15mg/kg 体重剂量单剂量内服，28d 后可食用组织内测不到残留药物。Cooper 等发现，牛肉中残留的碘醚柳胺在油炸和烤制过程中会有约 20% 的损失。Power 等研究了 6 头泌乳奶牛按 11.75mL/100kg 体重内服 10% 碘醚柳胺口服溶液，结果表明，给药后 3～4d，碘醚柳

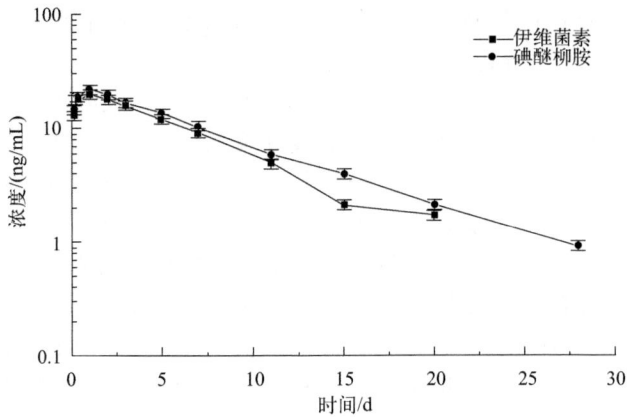

图 6-26　犊牛皮下注射后伊维菌素和碘醚柳胺的血浆药物半对数浓度-时间曲线图

胺在泌乳奶牛乳汁中浓度最高，为 $(516\pm138)\mu g/kg$ （$n=6$）；碘醚柳胺在 1 头奶牛的乳汁中残留时间可达 47d，说明在牛奶样品中残留时间很长。碘醚柳胺在泌乳奶牛乳汁中的残留消除规律如图 6-27 所示。

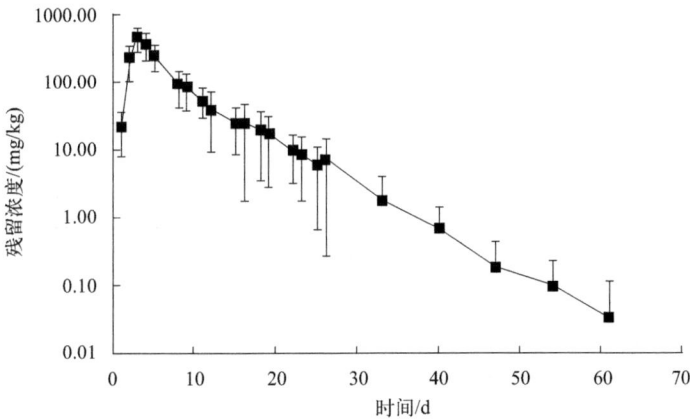

图 6-27　碘醚柳胺在泌乳奶牛乳汁中的残留消除规律

　　Power 等进一步研究发现，碘醚柳胺在脱脂奶粉的巴氏杀菌和生产过程中残留量均不会降低；此外，在脱脂奶粉、黄油和奶酪中，碘醚柳胺的残留量比在牛奶原料中高 10～14 倍。程远国和吴弋鹿按 7.5mg/kg 体重剂量给绵羊单次口服国产碘醚柳胺，达峰时间为 $(3.70\pm0.20)d$；峰浓度为 $(18.76\pm1.57)\mu g/mL$；消除半衰期为 $(15.80\pm0.45)d$；曲线下面积（AUC）为 $(459.00\pm62.53)\mu g/(d\cdot mL)$。28 天后，药物在血浆中的浓度较高，其次是肝脏、肾脏和胆汁，肌肉只能检测到最低水平，60 天后，各个组织中均检测不到药物。

　　戴国华等研究了绵羊口服 7.5mg/kg 体重剂量碘醚柳胺后的药动学和残留消除规律，结果表明，碘醚柳胺口服吸收较快，而消除较慢；给药后 28 天，药物在血浆中的浓度较高，其次是肝脏、肾脏和胆汁，肌肉只能检测到最低水平，60 天后，各个组织中均检测不到药物。

② 氯生太尔　Michiels等研究了牛和绵羊口服或肌内注射氯生太尔的药动学特征。结果发现，牛、羊口服（10mg/kg体重）或肌内注射（5mg/kg体重）给药后，血浆药物浓度-时间曲线相似，两种给药途径的达峰值时间（8～48h）及峰值血浆水平（45～55pg/mL）相当，血浆药物浓度随给药剂量增加而线性增加。氯生太尔血浆蛋白结合率非常高（＞99.9％）（表6-3），使其在组织中的分布限、组织浓度比相应的血浆水平低很多倍。绵羊按10mg/kg体重和5mg/kg体重剂量分别口服和肌注氯生太尔后，消除半衰期分别为23.1d和15.9d（图6-28）。口服氯生太尔的相对生物利用度为50％。氯生太尔在绵羊体内代谢较少，仅在肝脏内经脱卤作用生成3-碘氯生太尔和5-碘氯生太尔两个无活性的一碘代谢物（图6-29）。超过90％的药物未经代谢以原型直接经胆汁随粪便排出（图6-29），少量从尿液（不足0.5％）和乳汁（奶牛为1％）排出。无论是内服还是肌注给药，绵羊组织中的残留浓度均只有同期血浆浓度的1/21～1/7，给药途径对氯生太尔在绵羊组织中的残留无影响，在绵羊的肺和肾脏中最高，在脂肪中残留浓度最低，而肝脏中浓度与心脏相似（图6-30）。按5mg/kg体重剂量肌内注射后，乳汁和组织中的残留与血浆残留浓度呈平行下降（表6-4）。

表6-3　氯生太尔与绵羊血浆蛋白的结合率及在血细胞中的分布

参数	离体($n=6$)	体外($n=3$)
血浆蛋白结合率/%	99.9±0.0	99.9±0.3
血细胞/血浆之比	0.682±0.030	0.692±0.014
在血中的分布/%		
血浆水	—	0.26±0.28
血浆蛋白	—	95.5±2.18
血细胞	—	4.2±2.4

注：— 未检测到。

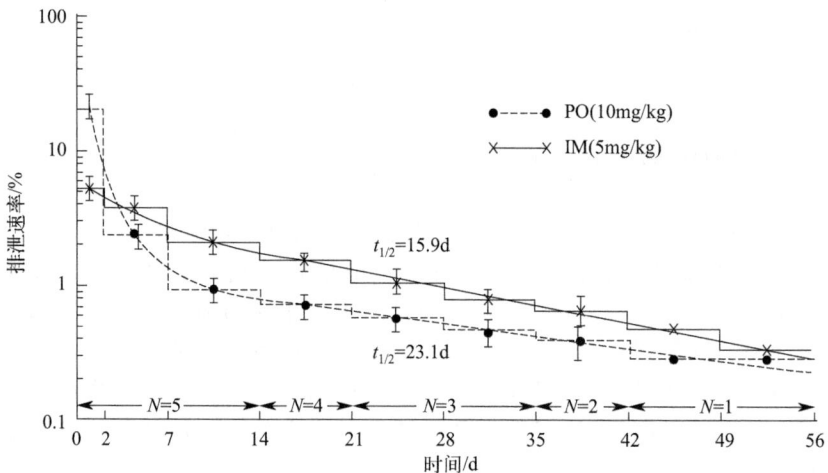

图6-28　口服（10mg/kg体重）和肌内注射（5mg/kg体重）^{14}C-氯生太尔后在绵羊粪便中的平均排泄速率

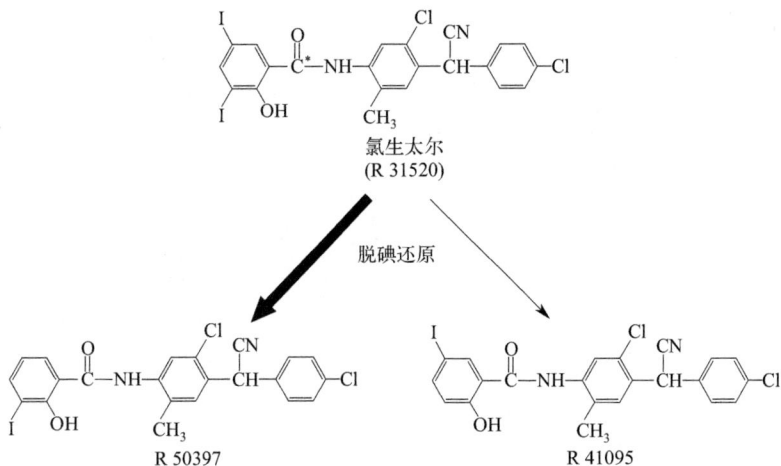

图 6-29　氯生太尔在绵羊体内的代谢途径

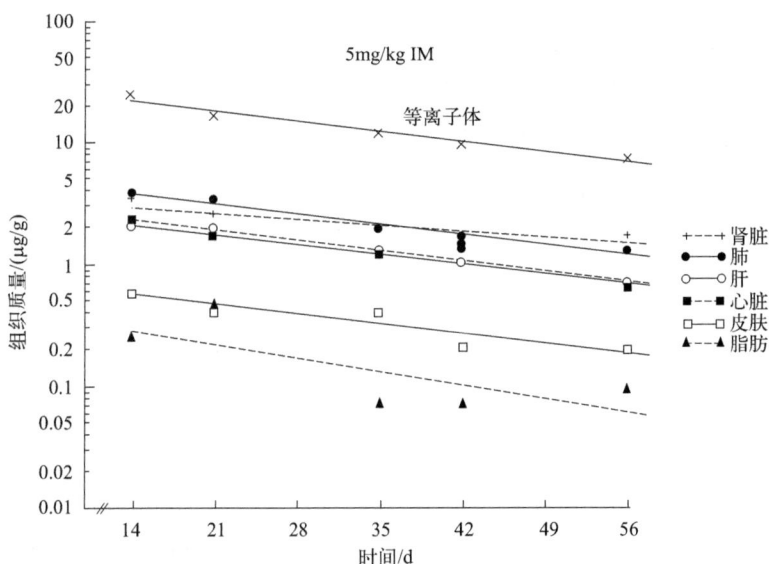

图 6-30　肌内注射（5mg/kg 体重）^{14}C-氯生太尔后在绵羊各组织中的残留消除规律

表 6-4　按 5mg/kg 体重肌内注射氯生太尔后黄牛（n= 3）血浆和乳汁中氯生太尔的浓度　　　单位：µg/mL

样品	时间/d						
	2	4	7	14	21	28	35
乳汁	0.80	1.01	1.07	0.48	0.52	0.22	0.08
血浆	43.1	44.3	30.2	27.8	15.3	10.8	8.46

　　Swan 等按 5mg/kg 体重和 15mg/kg 体重剂量给绵羊静脉注射给药氯生太尔，结果发现，氯生太尔在绵羊体内分布快，消除缓慢，消除半衰期长达（17.0±4.0)d，表观分布容积小，全身清除率较低。15mg/kg 体重剂量组的药-时曲线下面积几乎是 5mg/kg 体重剂量组的 2 倍。氯生太尔静注后在绵羊血浆药物浓度-时间曲线如图 6-31 所示，药动学参

数如表 6-5 所示。

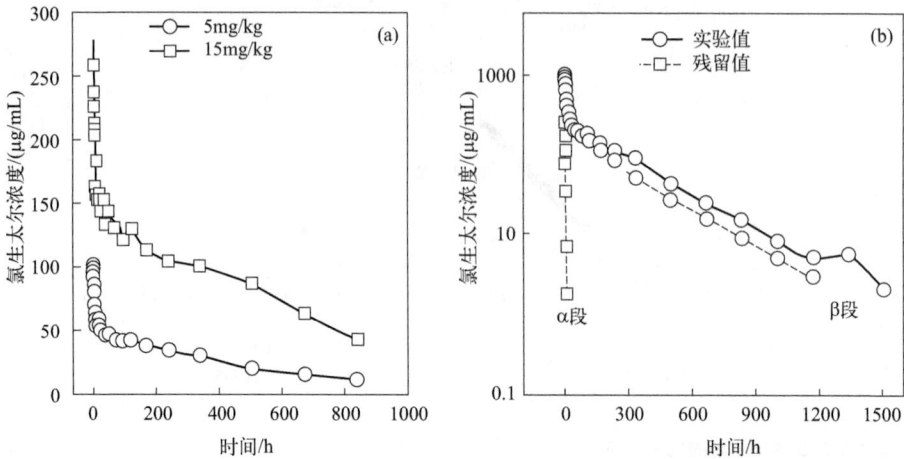

图 6-31 口服（10mg/kg 体重）和肌内注射（5mg/kg 体重）^{14}C-氯生太尔在绵羊血浆中药物浓度-时间曲线

表 6-5 氯生太尔静脉注射后在绵羊体内的药动学参数

药动学参数	给药剂量	
	5mg/kg 体重($n=6$)	15mg/kg 体重($n=2$)
AUC/[μg/(h·mL)]	30077±8063	13624(110.518~116729)
C_p^0/(μg/mL)	101.6±7.9	245.4(233.2~259.6)
K_{10}/h	0.0036±0.0009	0.0022(0.0021~0.0022)
K_{12}/h	0.0971±0.0247	0.0893(0.0787~0.0999)
K_{21}/h	0.0983±0.0173	0.1420(0.1356~0.1483)
α/h	0.1972±0.0409	0.2321(0.2151~0.2491)
β/h	0.0018±0.0004	0.0013(0.0013~0.0013)
$K_{10\sim HL}$/h	205.4±53.7	3.0(2.8~3.2)
$t_{1/2\alpha}$/h	3.7±0.8	321.5(311.6~331.3)
$t_{1/2\beta}$/d	17.0±4.0	21.9(21.8~21.9)
V_c/(L/kg)	0.049±0.003	0.062(0.058~0.065)
V_{ss}/(L/kg)	0.098±0.005	0.100(0.097~0.103)
CL/[mL/(min·kg)]	0.0030±0.0007	0.0022(0.0022~0.0023)
MRT/d	24.2±5.7	31.4(31.4~31.5)
r^2/%	99.4±0.4	98.9(98.8~98.9)

注：AUC 为药时曲线下面积；C_p^0 为 0h 血浆药物浓度；K_{10} 为中央室消除速率常数；K_{12} 和 K_{21} 为中央室至周边室的转运速率常数和周边室至中央室的转运速率常数；α 为分布速率常数；β 为消除速率常数；$K_{10\sim HL}$ 为中央室消除半衰期；$t_{1/2\alpha}$ 为分布半衰期；$t_{1/2\beta}$ 为消除半衰期；V_c 为中央室表观分布容积；V_{ss} 为稳态表观分布容积；CL 为体清除率；MRT 为平均滞留时间。

瘤胃微生物对氯生太尔影响不大，但超过 80% 的药物与皱胃中食糜颗粒结合。氯生太尔与粒状食糜间具有较高的结合率，且吸收前供药物在颗粒和消化液之间交换的时间有限；此外，作为一种弱酸，氯生太尔在小肠吸收部位几乎 99.5% 的药物呈离子状态存在；这些可能是反刍动物胃肠道给药吸收较少的原因。Hennessy 研究发现，通过减少摄食可减缓消化道内食糜流量，并延长药物在消化道内的滞留时间，从而使绵羊血浆和消化道中氯生太尔浓度增加。Hall 等报道，一次治疗剂量的氯生太尔能保护绵羊在 28d 内免于敏感捻转血矛线虫的再次感染。药物的长期滞留也增强了胆管内刚成熟肝片吸虫的杀虫效果。

③ 氯羟柳胺　Mohammed-Ali 和 Bogan 按 15mg/kg 体重剂量给绵羊内服给药后，发现氯羟柳胺与血浆蛋白广泛结合，结合率超过 99％。半衰期为 6.4d，比按 7.5mg/kg 体重口服给药的氯生太尔（14.5d）和碘醚柳胺（16.6d）的短；转化为葡糖苷酸代谢物，通过胆汁排泄。氯羟柳胺、氯生太尔和碘醚柳胺在绵羊体内的血浆药物浓度-时间曲线如图 6-32 所示，药动学参数如表 6-6 所示。

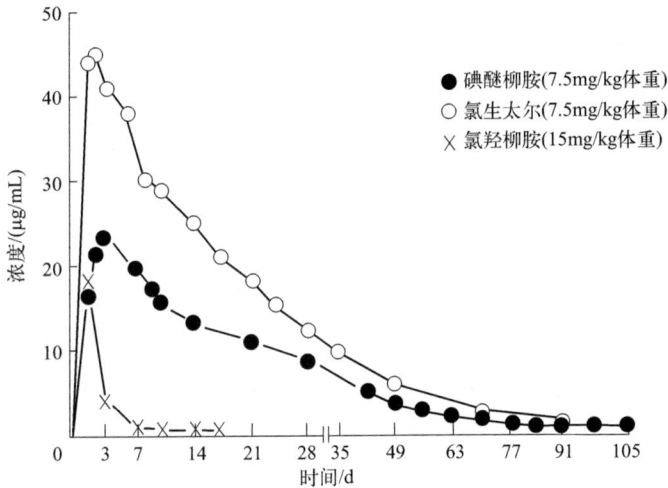

图 6-32　绵羊血浆中碘醚柳胺、氯生太尔和氯羟柳胺的平均药物浓度

表 6-6　非感染绵羊（n= 5）以 7.5mg/kg、 7.5mg/kg 和 15mg/kg 体重剂量口服碘醚柳胺、氯生太尔和氯羟柳胺的药代动力学参数（均值 ± SEM）

药动学参数	碘醚柳胺	氯生太尔	氯羟柳胺
$C_{p(max)}$/（μg/mL）	23.0±2.4	48.0±4.6	19.0±2.3
$t_{1/2α}$/d	0.6±0.1	0.30±0.08	0.30±0.03
$t_{1/2β}$/d	10.6±1.0	4.8±1.0	0.60±0.04
$t_{1/2γ}$/d	16.6±1.2	14.5±2.3	6.40±0.80
AUC/［μg/（d·mL）］	605±79	1035±212	51±8

（3）苯磺酰胺类　Sundlof 和 Whitlock 研究了按 7mg/kg 体重单次静脉注射和单次口服给药后氯舒隆在山羊和绵羊体内的药动学特征，获得的血浆药物浓度-时间曲线如图 6-33 和图 6-34 所示。可见，氯舒隆在山羊体和绵羊体内的口服生物利用度分别为 55％ 和 60％，血药浓度达峰时间分别为 14h 和 15h。相比静注给药，氯舒隆内服给药在胃肠道吸收，可有效延长氯舒隆在绵羊和山羊体内的清除时间，增加血浆消除半衰期（约两倍）和平均滞留时间（3～4 倍）。静脉注射给药和口服给药后氯舒隆在绵羊体内的消除半衰期由 17h 增加至 28h，山羊的从 12h 增加至 23h。氯舒隆主要经肾随尿液排泄，如绵羊和山羊静脉注射氯舒隆后，50％给药量在 48h 内经肾脏排出；内服后则分别有 30％ 和 41％ 给药量从尿液排泄（图 6-35）。氯舒隆在山羊的消除速率常数几乎是绵羊的两倍，而静脉注射后山羊的药-时曲线下面积仅为绵羊的 63％，说明山羊对氯舒隆的清除速率比绵羊更快，而吸收的量也比绵羊少，作者推测这可能是氯舒隆在山羊疗效比绵羊稍差的原因所在。

Hennessy 研究发现，苯并咪唑类药物可在瘤胃内被食糜固形物吸附并缓慢混合，加之较长的食糜停留时间以及较大的瘤胃体积等，均可延迟药物进入胃肠道的速度，从而增

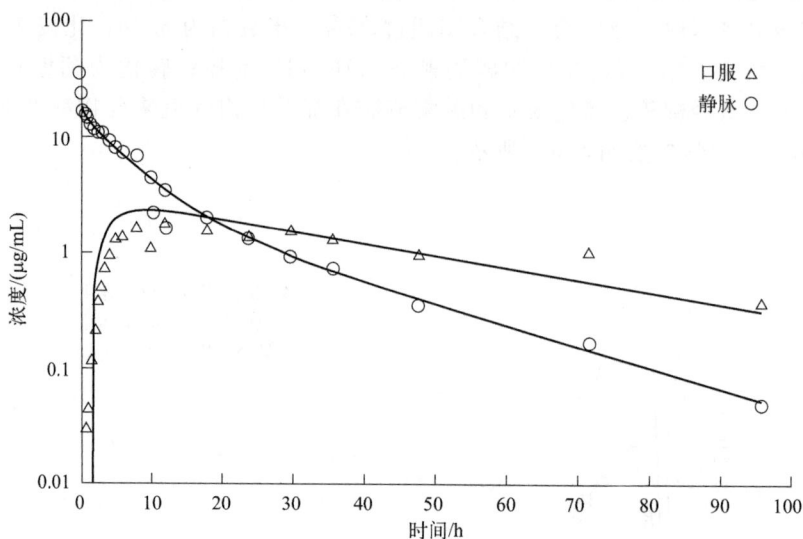

图 6-33　氯舒隆按 7mg/kg 体重剂量口服和静脉注射给药后在绵羊体内的血浆药物浓度-时间曲线图（n＝9）
为清晰起见，未标注标准误差

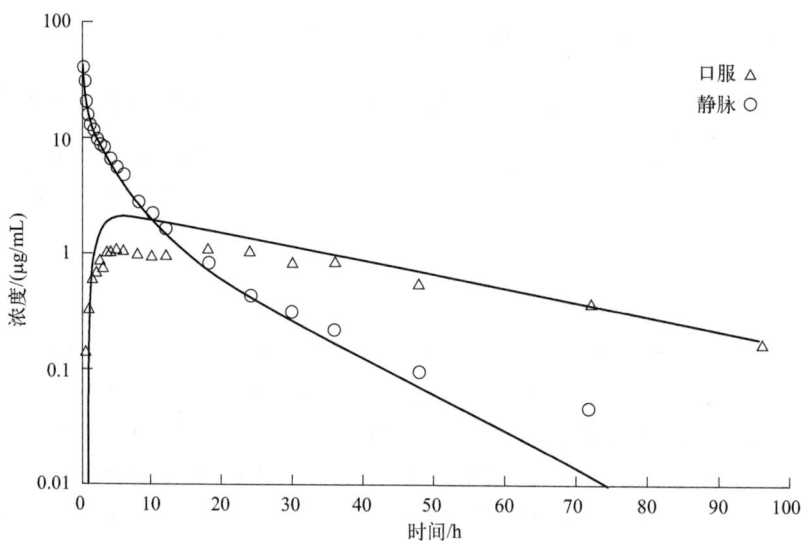

图 6-34　氯舒隆按 7mg/kg 体重剂量口服和静脉注射给药后在山羊体内的血浆药物浓度-时间曲线图
口服给药 n＝10；静脉注射 n＝9；为清晰起见，未标注标准误差

加药物的吸收。氯舒隆也存在类似情况。瘤胃像一个储存库，能延长药物吸收时间和/或药物通过消化道的持续时间，进而影响药物动力学行为，延长了其在血浆中的半衰期。Schulman 等研究发现，大鼠按低于 4mg/kg 体重剂量给药时，氯舒隆主要与红细胞内的碳酸酐酶结合。肝片吸虫在吸取宿主血液时，氯舒隆随着血液中的红细胞一起被虫体摄入，因此，肝片吸虫摄取的药物与其摄取的红细胞量直接相关。Fairweather 等研究发现，

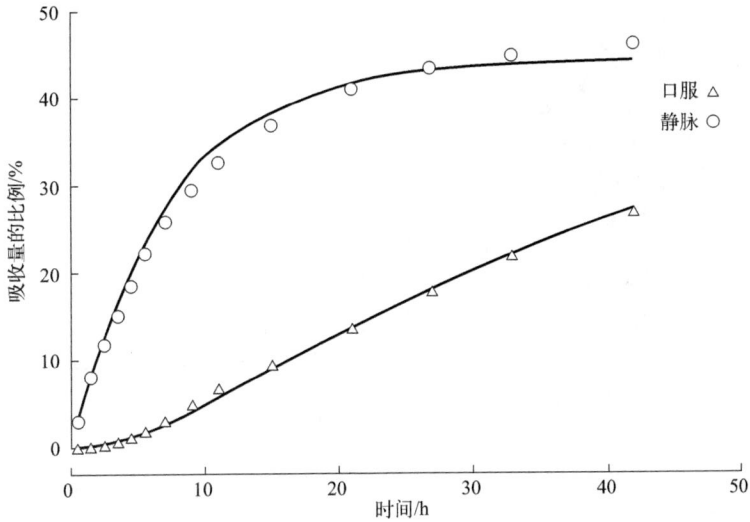

图 6-35　氯舒隆按 7mg/kg 体重剂量口服和静脉注射给药后在绵羊体内的平均累计尿排泄量（n= 9）

为清晰起见，未标注标准误差

氯舒隆在体外作用于肝片吸虫 10～12h 后，肝片吸虫的活性急剧下降。这一结果与 Schulman 等的药代动力学研究结果有很好的相关性。

（4）苯并咪唑类　羊和牛内服三氯苯达唑后，可被迅速吸收，通过门静脉进入肝脏，在肝脏先代谢转化为羟基化三氯苯达唑和三氯苯达唑亚砜，后者又继续转化为三氯苯达唑砜，最终以亚砜和砜两种代谢产物出现在血浆里，而原药几乎检测不到。

Kinabo 等评价了三氯苯达唑按 12mg/kg 体重剂量口服给药后在正常山羊和人工感染肝片吸虫的山羊体内的药动学特征。结果表明，在正常山羊中，口服三氯苯达唑可迅速代谢成亚砜和亚砜代谢物，血浆中未检测到三氯苯达唑原药。三氯苯达唑亚砜和三氯苯达唑砜的最高血浆浓度相似，为 9～20μg/mL；达峰时间分别为 12.8h 和 25.6h；两种代谢物从血浆中消除缓慢，三氯苯达唑亚砜和三氯苯达唑砜的消除半衰期分别为 22.38h 和 19.36h，长达 7d 时间内均可在血浆中检测到（图 6-36 和表 6-7）。与血浆一样，山羊乳汁中未检出三氯苯达唑。乳汁中三氯苯达唑亚砜和三氯苯达唑砜的浓度见表 6-8。两种代谢物在乳汁中的达峰时间与其在血浆达峰时间一致。与血浆不同的是，乳汁中的三氯苯达亚砜的浓度远低于三氯苯达唑砜，且在 3d 内迅速降低至检测限，而三氯苯达唑砜可在乳汁持续存在 6d。感染肝片吸虫的山羊药动学特征与正常山羊相似，在血浆中也未检出三氯苯达唑，血浆中三氯苯达唑亚砜和三氯苯达唑砜的药物浓度-时间曲线也与在正常山羊体内相似，各药代动力学参数也无显著差异（表 6-9）。

Sanyal 采用两种不同剂量（12mg/kg 体重和 24mg/kg 体重）的三氯苯达唑单次瘤胃内给药后，测定水牛和黄牛血浆中三氯苯达唑亚砜及其砜代谢物的浓度，血浆药物浓度-时间曲线如图 6-37 和图 6-38 所示，药动学参数如表 6-10 所示。可见，两种剂量给药后，水牛体内两种代谢物的血浆浓度都显著低于黄牛，表现为血浆药物浓度-时间曲线下的面积更小，最高血药浓度更低，相对生物利用度更低。因此，使用 12mg/kg 体重的推荐剂量可能对水牛无效，因为其生物利用度明显较低。

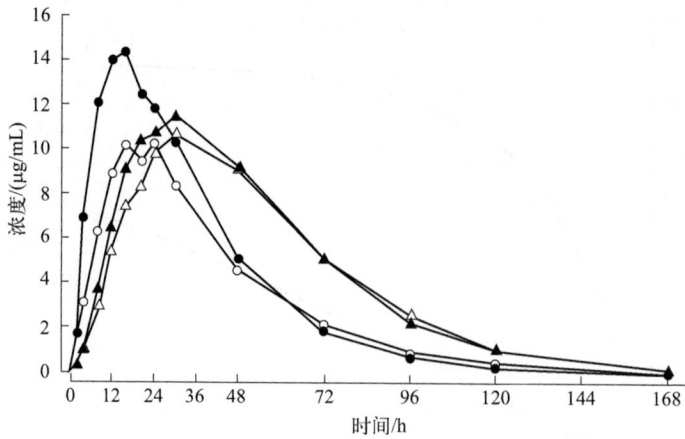

图 6-36 按 12mg/kg 体重剂量口服给药三氯苯达唑后，三氯苯达唑亚砜（●，○）和三氯苯达唑砜（▲，△）在山羊体内的血浆药物浓度-时间曲线

实心符号代表正常山羊，空心表示感染肝片吸虫的山羊；每个点代表 5 只山羊的平均值

表 6-7 五只健康山羊口服给药三氯苯达唑后，三氯苯达唑亚砜和三氯苯达唑砜在山羊体内的药代动力学参数

参数	三氯苯达唑亚砜		三氯苯达唑砜	
	均值±SEM	范围(最小值~最大值)	均值±SEM	范围(最小值~最大值)
C_{max}/(μg/mL)	14.88±2.07	9.01~19.47	12.37±1.20	9.75~16.58
t_{max}/h	12.80±1.49	8~16	25.60±1.94	20~30
β/h	0.0311±0.0009	0.0286~0.0342	0.0363±0.0021	0.0309~0.0435
$t_{1/2}$/h	22.38±0.66	20.27~24.24	19.36±1.11	15.92~22.42
AUC_{0-168h} /[μg/(h·mL)]	606±79	374~793	730±99	482~1038

表 6-8 六只健康泌乳山羊口服给药三氯苯达唑后，三氯苯达唑亚砜和三氯苯达唑砜乳汁中的浓度　单位：μg/mL

时间/d	三氯苯达唑亚砜		三氯苯达唑砜	
	均值±SEM	范围(最小值~最大值)	均值±SEM	范围(最小值~最大值)
1	0.16±0.018	0.09~0.20	0.33±0.063	0.11~0.56
2	0.04±0.029	0.09~0.17	0.64±0.078	0.41~0.93
3	0.02±0.015	0.00~0.09	0.34±0.064	0.17~0.58
4	0	0	0.16±0.043	0.07~0.36
5	0	0	0.06±0.026	0.00~0.13
6	0	0	0.02±0.014	0.00~0.08
7	0	0	0	0
8	0	0	0	0
9	0	0	0	0
10	0	0	0	0

表 6-9 人工感染肝片吸虫的五只山羊口服给药三氯苯达唑后，三氯苯达唑亚砜和三氯苯达唑砜在山羊体内的药代动力学参数

参数	三氯苯达唑亚砜		三氯苯达唑砜	
	均值±SEM	范围(最小值~最大值)	均值±SEM	范围(最小值~最大值)
C_{max}/(μg/mL)	12.99±1.24	9.93~15.38	12.11±2.16	5.39~16.89
t_{max}/h	17.60±2.99	8~24	34.80±5.49	24~48
β/h	0.0315±0.0037	0.0200~0.0395	0.0329±0.0037	0.0244~0.0446
$t_{1/2}$/h	23.53±3.23	17.53~34.62	21.80±2.29	15.53~28.43
AUC/[μg/(h·mL)]	490±55	349~680	699±114	439~1075

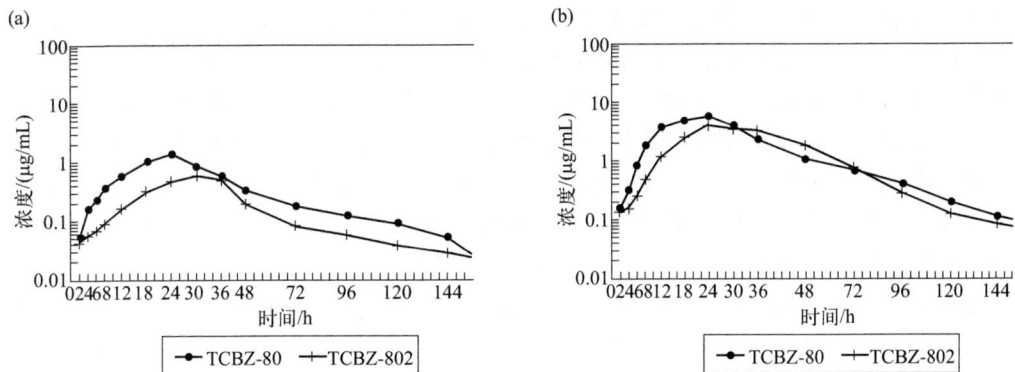

图 6-37 按 12mg/kg 体重（a）和 24mg/kg 体重（b）剂量单次瘤胃内给药三氯苯达唑后，三氯苯达唑亚砜和三氯苯达唑砜在水牛体内的血浆药物浓度-时间曲线

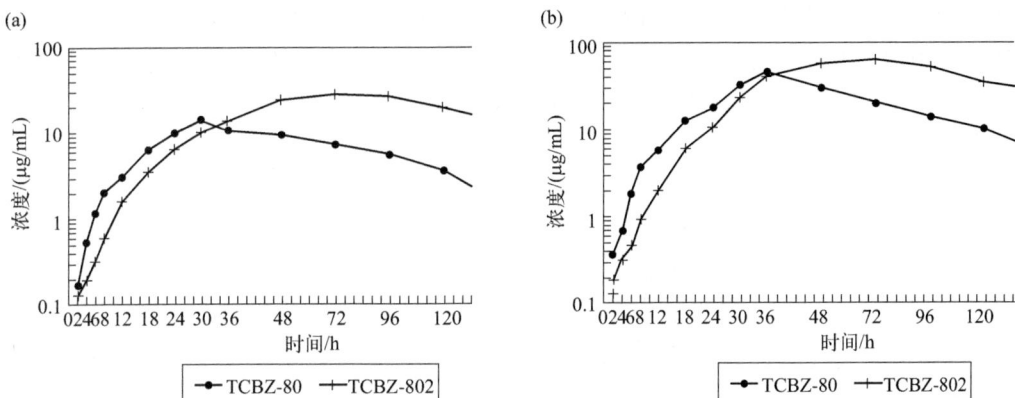

图 6-38 按 12mg/kg 体重（a）和 24mg/kg 体重（b）剂量单次瘤胃内给药三氯苯达唑后，三氯苯达唑亚砜和三氯苯达唑砜在黄牛体内的血浆药物浓度-时间曲线

表 6-10 按 12mg/kg 体重和 24mg/kg 体重剂量单次瘤胃内给药三氯苯达唑后，三氯苯达唑亚砜和三氯苯达唑砜在黄牛和水牛体内的药动学参数

剂量/（mg/ kg 体重）	代谢物	C_{max}/（μg/mL）		t_{max}/h		AUC/[μg/（h·mL）]		$t_{1/2}$/h		相对生物利用度（AUC水牛/ AUC黄牛）
		黄牛	水牛	黄牛	水牛	黄牛	水牛	黄牛	水牛	
12.0	TCBZ-SO	$9.64^a\pm$ 1.43	$0.66^b\pm$ 0.21	$40.28^a\pm$ 2.11	$20.56^b\pm$ 2.66	$704.50^a\pm$ 5.58	$41.93^b\pm$ 4.36	$29.19^a\pm$ 1.44	$29.74^b\pm$ 3.41	0.06
	TCBZ-SO$_2$	$15.57^a\pm$ 0.55	$0.26^b\pm$ 0.11	$119.62^a\pm$ 7.60	$27.68^b\pm$ 4.85	$4664.25^a\pm$ 15.16	$19.50^b\pm$ 6.72	$134.66^a\pm$ 4.02	$27.77^b\pm$ 5.48	0.04
24.0	TCBZ-SO	$18.61^a\pm$ 2.05	$2.84^b\pm$ 1.98	$41.97^a\pm$ 2.33	$20.85^b\pm$ 1.88	$1936.90^a\pm$ 48.88	$156.5^b\pm$ 52.10	$34.05^a\pm$ 2.27	$20.35^b\pm$ 1.71	0.08
	TCBZ-SO$_2$	$23.98^a\pm$ 2.32	$1.84^b\pm$ 0.82	$93.56^a\pm$ 5.03	$26.87^b\pm$ 1.22	$5178.70^a\pm$ 15.50	$126.17^b\pm$ 58.96	$83.93^a\pm$ 2.23	$21.71^b\pm$ 1.87	0.024

注：字母不同代表差异显著（$P<0.05$）。

Hennessy 等开展了三氯苯达唑按 10mg/kg 体重瘤胃内给药后在绵羊体内的药动学研究。结果表明，绵羊血浆中仅检测到三氯苯达唑亚砜和三氯苯达唑砜代谢物，两种代谢物分别于 18h 和 36h 在血浆中达到峰浓度 $13.3\mu g/mL$ 和 $13.2\mu g/mL$，药时曲线下面积分别为 $424\mu g/(h \cdot mL)$ 和 $721\mu g/(h \cdot mL)$（图 6-39）。三氯苯达唑代谢物与血浆蛋白质，特别是白蛋白结合率很高（表 6-11），因此三氯苯达唑代谢物在血浆中出现相对缓慢，持续时间长（达 120h）、血浆药物浓度高，使得吸血肝片吸虫的成虫长时间暴露于高浓度药物中，由于吸虫的吸血行为，三氯苯达唑代谢物可通过经口方式进入吸虫体内，这可能是三氯苯达唑具有高效杀吸虫活性的原因。在胆汁中，仅检测到极低浓度的三氯苯达唑，检测到的主要代谢物有三氯苯达唑亚砜和三氯苯达唑砜以及三氯苯达唑、三氯苯达唑亚砜和三氯苯达唑砜的羟基化代谢物。游离的三氯苯达唑亚砜和三氯苯达唑砜在胆汁中的峰浓度分别为 $6.6\mu g/mL$ 和 $3.4\mu g/mL$，虽然显著低于二者在血浆中的峰浓度，但两种代谢物在胆汁和血浆中的达峰时间是相似的。游离的三氯苯达唑、三氯苯达唑亚砜和三氯苯达唑砜的羟基化代谢物在胆汁中的峰浓度分别为 $4.4\mu g/mL$、$2.9\mu g/mL$ 和 $1.8\mu g/mL$。$>96\%$ 的代谢物以结合形式被排泄，主要与硫酸酯相结合，少量与葡萄糖醛酸结合。在胆汁中以结合型排泄的主要代谢物为三氯苯达唑亚砜的羟基化代谢物，其峰浓度大于 $40\mu g/mL$；以游离型排泄的主要代谢产物为三氯苯达唑亚砜。三氯苯达唑代谢物主要（45%）通过胆汁排泄，其中以游离形式和结合形式经胆汁排泄的代谢物分别约占给药剂量的 9.7% 和 35.8%（表 6-12）；仅 6.5% 的给药剂量经尿液排出。

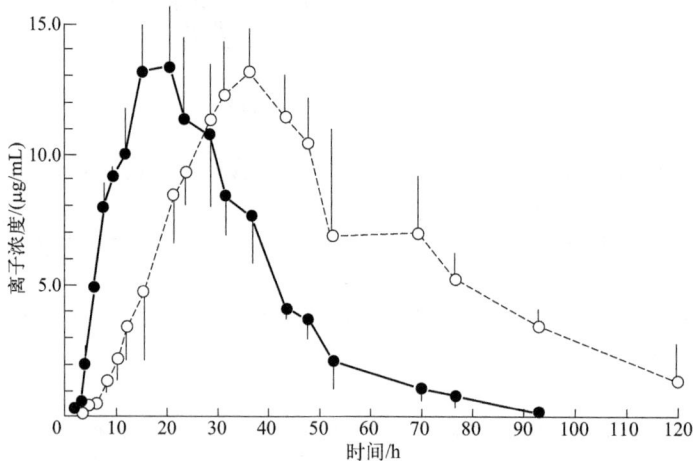

图 6-39　按 10mg/kg 体重剂量单次瘤胃内给药三氯苯达唑后，三氯苯达唑亚砜（●）和三氯苯达唑砜（○）在绵羊体内的血浆药物浓度-时间曲线

表 6-11　三氯苯达唑代谢物与血浆蛋白结合情况

实验分组	三氯苯达唑亚砜/$(\mu g/mL)$	三氯苯达唑砜/$(\mu g/mL)$
血浆样品中浓度	2.80	3.28
(1)超滤法		
滤液	<0.02	<0.02
结合	2.61	3.21
(2)葡聚糖凝胶过滤法		
组分 1	0.07	0.07
组分 2	0.04	0.04
组分 3	2.41	2.95
(3)白蛋白特异性吸附法		
上清液	<0.02	0.04
凝胶结合白蛋白	2.56	3.07

表 6-12　游离的三氯苯达唑代谢物在胆汁中的排泄总量（n= 5）

代谢物	非结合的代谢产物		结合的代谢产物	
	质量/mg	剂量/%	质量/mg	剂量/%
三氯苯达唑	0.4±0.2	0.1±0.1	—	—
三氯苯达唑亚砜	9.9±3.0	2.9±0.9	1.1±0.8	0.3±0.3
三氯苯达唑砜	7.7±2.3	2.3±0.7	4.8±2.4	1.4±0.8
羟基化三氯苯达唑	5.2±4.7	1.6±1.6	39.2±16.9	11.1±4.0
羟基化三氯苯达唑亚砜	4.7±6.8	1.5±2.4	57.6±26.3	16.5±6.7
羟基化三氯苯达唑砜	4.5±1.7	1.4±0.7	23.4±22.5	6.4±5.6
总量	32.4±14.1	9.8±5.4	126.1±56.1	36±12.7

　　Verkel 等研究发现，绵羊肝脏中的黄素单加氧酶（FMO）和细胞色素 P450 酶系参与了三氯苯达唑的亚砜作用和磺化作用；绵羊瘤胃内的微生物能将三氯苯达唑亚砜及羟基化三氯苯达唑亚砜分别还原为三氯苯达唑和羟基化三氯苯达唑。正如其他苯并咪唑类亚砜代谢物具有杀线虫活性一样，三氯苯达唑亚砜也有杀吸虫作用。Stitt 研究表明，肝片吸虫的皮层对三氯苯达唑亚砜高度敏感，较短时间的药物暴露即可严重破坏虫体表皮层。尽管这些代谢物的作用机制和/或驱虫活性目前尚不明确，但羟基化三氯苯达唑亚砜还原为羟基化三氯苯达唑可能与之有关。高妍妍研究表明，与伊维菌素联合用药，可导致三氯苯达唑的表观分布容积、平均滞留时间及达峰时间显著增加，消除半衰期极显著延长；伊维菌素血浆药物峰浓度、药时曲线下面积极显著下降，而表观分布容积、消除半衰期和体清除率则极显著提高。说明联合应用伊维菌素和三氯苯达唑后，二者的体内过程存在相互作用，在实际用药中应予以考虑。

　　（5）苯氧羧酸类　双酰胺氧醚内服吸收后，在肝脏迅速代谢为两种高浓度的活性代谢物——脱乙酰基代谢物和单胺-双胺酰胺氢键代谢物。由于 7 周龄前未成熟虫体还寄生在肝实质内，因此双酰胺氧醚在肝实质中形成的高浓度胺代谢产物是迅速杀灭这些未成熟虫体的原因。但活性代谢物在肝脏迅速被破坏并排泄至胆汁中。仅少量的活性代谢物可进入血流，但是很快被稀释。由于成熟肝片吸虫主要通过吸血经口摄入药物或经皮扩散吸收药物，故其体内活性代谢物很少。因此对寄生于胆管内的成虫效果很差。给药后第 3 天在肝脏，特别是胆囊中浓度最高，第 7 天，胆囊和肝脏中药物浓度比第 3 天低 10 倍（0.1～0.5mg/kg），此时，肌肉中药物浓度更低（0.02mg/kg）。

6.2.3.5　药效学

（1）硝基酚类化合物

① 硝氯酚　按治疗量单剂量内服，对牛、羊肝片吸虫驱虫效果理想，对成虫驱虫率几乎达 100%；对未成熟虫体，无实用意义。对各种前后盘吸虫移行期幼虫也有较好效果。

　　才让吉按 3mg/kg 体重和 5mg/kg 体重内服给药硝氯酚，以治疗自然感染肝片吸虫的藏绵羊，发现用药 14d 后藏绵羊粪便中的肝片吸虫卵减少率分别为 94.6% 和 96.6%。马成松和柴顺仓报道了类似的效果：自然感染肝片吸虫的绵羊按 3mg/kg 体重和 5mg/kg 体重剂量内服给药硝氯酚，14d 后绵羊粪便中的肝片吸虫卵减少率分别为 94.6% 和 96.3%。李志宁和何得仓按 3～4mg/kg 体重的推荐剂量给自然感染肝片吸虫的绵羊内服硝氯酚，却发现用药后虫卵转阴率仅 21.7%，故在试验结束后将剩余药品送青海省兽药饲料监察所检验，证明药物含量标示量达 107.5%，符合《中国兽药典》的规定，作者指出导致硝氯酚效果不理想的原因有待进一步分析。胡小九和李秀枝按 5mg/kg 体重剂量内服给药治疗自然感染肝片吸虫的羊，发现给药后 10d 病羊粪便中吸虫虫卵减少率为 100%。字若良以 3mg/kg 体重剂量给自然感染肝片吸虫的黄牛投服硝氯酚，发现投药后 7d，虫卵减少率为 100%。孟昭铭等比较了硝氯酚和苯硫咪唑单独使用和联合使用对自然感染肝片吸虫的绵羊的治疗效果，结果发现，硝氯酚（4mg/kg 体重内服）、苯硫咪唑（8.5mg/kg 体重内服）及硝氯酚（3.5mg/kg 体重内服）＋苯硫咪唑（4.5mg/kg 体重内服）的驱虫率分别为 78.8%、76.5% 和 96.4%。说明二者联合用药可有效提高药效。谭舒华等对自然感染寄生虫的牛和羊分别采用 3mg/kg 体重和 10mg/kg 体重剂量内服硝氯酚，发现其对肝片吸虫的虫卵减少率和转阴率均为 100%，对前后盘吸虫虫卵减少率为 63%，对线虫虫卵转阴率为 50%，说明硝氯酚对肝片吸虫有高效，但对绦虫效果不佳。白移生开展了硝氯酚驱除绵羊双腔吸虫疗效试验，发现自然感染矛形双腔吸虫的绵羊按 4mg/kg 体重和 8mg/kg 体重剂量内服硝氯酚，虫卵减少率分别为 78.5% 和 99.2%。谢明权等用 7mg/kg 剂量硝氯酚治疗自然感染大片形吸虫的水牛，发现硝氯酚对水牛大片形吸虫成虫有很好的驱虫效果，驱虫率达 100%。

② 硝碘酚腈　注射用药效果优于内服。一次皮下注射，对成年肝吸虫有很高的活性，如对牛羊肝片吸虫、大片形吸虫成虫有 100% 驱杀效果。对 6～8 周龄的吸虫有良好但不稳定的活性，但对未成熟虫体效果较差。Ellwood 采用硝碘酚腈治疗自然感染大片形吸虫的牛，分为 2 岁半～3 岁的幼龄牛和 6～7 岁的成年牛两组进行试验。结果发现，硝碘酚腈治疗后幼牛粪便中吸虫虫卵可被有效清除，而成年牛粪便中吸虫虫卵数量减少不明显。

Lucas 等研究发现，绵羊皮下注射 10mg/kg 体重剂量对 6、8、10 周龄虫体的驱虫效果分别为 70%、96% 和 100%，20mg/kg 体重剂量对 4、5、6 周龄虫体的疗效分别为 68.5%、81.3%、100%，34mg/kg 体重剂量对 4、5 周龄虫体的疗效分别为 88%、87%；牛皮下注射 10mg/kg 体重剂量对 7、8、10 周龄虫体的驱虫效果分别为 89%、93% 和 100%，20mg/kg 体重剂量对 4、6、8 周龄虫体的驱虫效果分别为 78%、89%、95%。Boray 等报道，绵羊皮下注射 10mg/kg 剂量，对 12 周龄虫体的驱虫效果为 100%，13.5mg/kg 体重和 20mg/kg 体重剂量对 6 周龄虫体的驱虫效果分别为 91.7% 和 98.3%，30mg/kg 体重剂量对 4 周龄虫体的驱虫效果为 85.5%。张勤等和钱德兴等的研究表明，自然感染肝片吸虫的绵羊和奶山羊按 10mg/kg 体重和 15mg/kg 体重剂量一次皮下注射，驱虫率均达 100%。Richards 等研究发现，硝碘酚腈对牛体内 6 周龄肝片吸虫仅有轻度或中度驱虫效果，对 10 周龄肝片吸虫驱杀率为 99.1%。Rapic 等按 10mg/kg 体重剂量内服给药硝碘酚腈治疗自然感染未成熟肝片吸虫的病牛，发现用药后 9 周，牛粪便中吸虫虫卵去除率为 95%，对虫体的驱除率仅为 76.4%。Coles 等证明皮下注射 10mg/kg 体重剂量的硝碘酚腈对耐三氯苯达唑的成年肝片吸虫有 100% 驱虫率。

硝碘酚腈对皱胃线虫——捻转血矛线虫及绵羊双腔吸虫也有效，对抗阿维菌素类和苯并咪唑类药物的羊捻转血矛线虫虫株的驱虫率超过 99%，钱德兴等报道硝碘酚腈对自然感染双腔吸虫的绵羊按 15mg/kg 体重剂量皮下注射，驱虫率可达 94.2%。额叶勒德格对乌审旗地区感染消化道线虫的绵羊按 10mg/kg 体重皮下注射硝碘酚腈，发现给药后 30d、60d 及 90d，绵羊粪便中虫卵减少率分别为 99%、95.3% 和 85.8%，对消化道线虫尤其是胃捻转血矛线虫表现出强大的驱杀作用，并且药效维持时间较长，有较好的预防作用。Lucas 证明自然感染或人工感染线虫的牛、羊按 20mg/kg 体重剂量皮下注射或 12.5mg/

kg 体重剂量口服硝碘酚腈，对捻转血矛线虫的驱虫率可达 100%。

此外，对牛和绵羊的食道口线虫和仰口线虫、牛的牛副丝虫感染也有良好效果，但对牛和绵羊的前后盘吸虫无效。张勤等和钱德兴等按 10mg/kg 体重和 15mg/kg 体重剂量对自然感染的捻转血矛线虫、仰口线虫和食道口线虫的绵羊一次皮下注射，驱虫率均可达 100%。

（2）水杨酰苯胺类

① 碘醚硝胺　绵羊单次治疗剂量（7.5mg/kg 体重）对 12 周龄的肝片吸虫驱杀率几乎达 100%，对 6 周龄虫体驱杀率为 86%～99%，对 4 周龄虫体驱杀率为 50%～98%。在高剂量（10～15mg/kg 体重）时，碘醚柳胺对 4 周龄虫体表现出高活性。该剂量对牛肝片吸虫效果相当。对羊大片形吸虫成虫和 8 周龄、10 周龄未成熟虫体均有 99% 以上疗效，但对 6 周龄虫体有效率仅为 50% 左右。戴国华等对自然感染肝片吸虫的牛羊按 7.5mg/kg 体重口服或 3mg/kg 体重皮下注射，驱虫率和虫卵减少率均达 100%。马成松和柴顺仓按 9mg/kg 体重和 13mg/kg 体重剂量内服给药碘醚柳胺，以治疗自然感染肝片吸虫的绵羊，发现给药 14d 后绵羊粪便中的肝片吸虫卵减少率分别为 94.6% 和 96.1%。Prichard 绵羊人工感染肝片吸虫 12～18 周后，内服 9mg/kg 体重剂量碘醚柳胺，发现碘醚柳胺用药后 4h，吸虫行动迟缓，盲肠内容物少；用药后 8h 时，活体吸虫的形态与 4h 时相似，但发现了少量碎裂的吸虫。大胆管中吸虫较少，肝内小胆管中吸虫较多。到用药后 16h 时，剩下的活吸虫行动迟缓，颜色苍白，几乎没有盲肠内容物。服用碘醚柳胺 24h 后，大多数吸虫已被清除或杀死。许多吸虫已经分解成一团胶状物质。剩下的活吸虫只有轻微的活动，无盲肠内容物，颜色呈灰色。戴国华等按 7.5mg/kg 体重口服和 3mg/kg 体重剂量皮下注射碘醚柳胺，治疗自然感染肝片吸虫的牛羊，结果表明，口服与注射给药治疗量对试验牛羊粪便肝片吸虫卵减少率均达到 100%。Mohammed-Ali 和 Bogan 按 7.5mg/kg 体重剂量给人工感染肝片吸虫的绵羊内服给药碘醚柳胺，结果表明，碘醚柳胺对 6 周龄和 10 周龄肝片吸虫的有效率分别为 86.4% 和 87.9%。

② 氯生太尔　氯生太尔对牛、羊片形吸虫、胃肠道线虫以及节肢类动物的幼虫均有驱杀活性。对成熟吸虫非常有效，对 6～8 周龄的未成熟吸虫表现出良好的活性，但对早期幼虫和前后盘吸虫无效。罗旋晶对自然感染肝片吸虫的山羊按每 1kg 体重 10mg 剂量内服氯生太尔，虫卵减少率可达 98.67%。谭生魁采用氯生太尔治疗自然感染肝片吸虫的牛羊，发现牛按 3mg/kg 体重和 5mg/kg 体重剂量内服，虫卵减少率分别为 89.96% 和 96.35%；羊按 6mg/kg 体重和 10mg/kg 体重剂量内服，虫卵减少率分别为 82.32% 和 99.12%。李志宁和何得仓对自然感染肝片吸虫的绵羊按 15mg/kg 体重的推荐剂量内服给药氯生太尔，发现用药后虫卵转阴率达 100%。

氯生太尔对多数胃肠道线虫，如血矛线虫、仰口线虫、食道口线虫，按每 1kg 体重 5～7.5mg 剂量给药，驱除率均超过 90%。此外，氯生太尔对于一些外寄生虫如吸血虱、蜱、螨和反刍动物的某些蝇蛆也有效，可用于治疗绵羊的鼻蝇蛆——羊狂蝇。每 1kg 体重 2.5～5mg，对 1、2、3 期羊鼻蝇蛆均有 100% 杀灭效果；对牛皮蝇 3 期幼虫亦有较好驱杀效果。按每 1kg 体重 2.5～5mg 剂量内服时，对 8 周龄和成熟虫体的有效率＞92%，但对较年幼的虫体活性较差，如对在肝脏中移行的 6 周龄虫体有效率仅为 70%～77%。史生彦对自然感染羊鼻蝇蛆的绵羊按 5mg/kg 体重剂量皮下注射氯氰碘柳胺，对绵羊鼻蝇蛆的驱除率达 100%。每 1kg 体重内服 15mg 或肌内注射 7.5mg 时，对绵羊体内 8 周龄大拟片形吸虫也有较好效果，有效率达 94.6%～97.7%。

③ 氯羟柳胺　Thakur 等研究发现，10mg/kg 体重剂量的氯羟柳胺对自然感染扩展巨盘吸虫的水牛有效。Paraud 等采用氯羟柳胺对人工感染杯殖吸虫的山羊进行治疗，发现 15mg/kg 体重和 22.5mg/kg 体重剂量对成虫具有高效，驱虫率分别达 95.6% 和 95.9%，但对其幼虫效果不佳。Vema 等采用氯羟柳胺按 10mg/kg 体重剂量治疗牛前后盘吸虫病，用药 28d 后治愈率达 100%。

（3）苯磺酰胺类　氯舒隆对牛和绵羊的肝片吸虫成虫具有高效，但相比绵羊和山羊，对牛的肝片吸虫效果更好。对 8 周龄以下的未成熟的吸虫无效。对大片形吸虫也有效，但对瘤胃吸虫无效（前后盘吸虫）。皮下注射给药推荐剂量为每 1kg 体重 2mg。对 8 周龄虫体需要按皮下注射 4~8mg/kg 体重剂量才能达到良好的治疗效果。以 3.52mg/kg 体重的剂量内服给药，对绵羊和牛的 14~16 周龄的肝片吸虫成虫有效。剂量为 7mg/kg 体重时，对 8 周龄吸虫的有效率达 100%。用相同剂量治疗山羊的成熟吸虫感染，有效率达 99%。氯舒隆对反刍动物的其他吸虫也有效。以每 1kg 体重 21mg 的剂量内服给药，对牛和绵羊的未成熟大拟片形吸虫（8 周龄）有效率达 92% 以上。每日以每 1kg 体重 7mg 的剂量内服，连用 5d，对牛大片形吸虫成虫的有效率可达 100%，对未成熟大片形吸虫疗效为 92%。Wyckoff 等研究发现，以 2mg/kg 剂量皮下注射氯舒隆，对牛体内的肝片吸虫成虫有效率高于 90%。Malone 等研究发现，人工感染肝片吸虫的牛皮下注射 4~8mg/kg 体重的氯舒隆，对其体内 8 周龄的吸虫具有高效；口服 7mg/kg 体重的氯舒隆也可高效且安全地治疗牛成年肝片吸虫感染。Mrozik 等研究发现，按 15mg/kg 体重单剂量给药氯舒隆可有效清除绵羊（感染后 6 周）和犊牛（感染后 8 周）90% 以上的未成熟肝片吸虫。2.5mg/kg 体重剂量可以去除 90% 以上的成熟（16 周龄）羊肝片吸虫。辛奇等开展的体外试验表明，40μmol/L 氯舒隆对细粒棘球蚴原头节和多房棘球蚴具有较强的作用，指出氯舒隆是潜在的抗棘球蚴药物。内服推荐剂量：一次量，每 1kg 体重，牛、绵羊、骆驼 7mg。

（4）苯并咪唑类　三氯苯达唑对肝片吸虫的成虫及幼虫（低至 1 周龄吸虫）都有极好的疗效，这是现有的其他杀吸虫药所无法比拟的。三氯苯达唑对未成熟吸虫的高效驱虫活性具有临床意义，因为这些迁移期幼虫对宿主组织能产生严重损害。然而，三氯苯达唑活性仅限于肝片吸虫、大片形吸虫、大拟片形吸虫和肺吸虫——并殖吸虫，因为其对线虫、绦虫和其他吸虫（如矛形双腔吸虫、前后盘吸虫和曼氏血吸虫）无效。

祁果采用 10mg/kg 体重剂量的三氯苯达唑内服治疗自然感染肝片吸虫的绵羊，驱虫率达 91.8%。才让吉按 5mg/kg 体重和 10mg/kg 体重内服给药三氯苯达唑，以治疗自然感染肝片吸虫的藏绵羊，发现用药 14d 后绵羊粪便中的肝片吸虫卵减少率分别为 94.7% 和 96.2%。库尔班·居玛对自然感染肝片吸虫的绵羊按 5mg/kg、6.6mg/kg 和 10mg/kg 体重剂量注射我国研制的 20% 三氯苯达唑混悬液或 10mg/kg 体重剂量口服三氯苯达唑，给药后 10d 虫卵转阴率和虫卵减少率均达 100%；精计驱虫率达 98.3%~100%。王进成等采用 10% 三氯苯达唑油剂和口服液治疗自然感染肝片吸虫的绵羊，发现 6mg/kg 体重剂量注射或口服，绵羊体内的肝片吸虫驱除率均达 100%。蔡进忠等采用青海省畜牧兽医科学院研制的 10% 三氯苯达唑混悬液口服治疗自然感染肝片吸虫的绵羊，获得了相似的结果：5mg/kg、10mg/kg、15mg/kg 体重剂量对绵羊肝片形吸虫的虫卵转阴率、减少率和对成虫的驱净率、驱虫率均达 100%；而 5mg/kg 体重剂量对幼虫的驱虫率为 93.55%；同一剂量对绵羊肝片形吸虫成虫的驱虫效果高于幼虫。可见，三氯苯达唑是理想的驱肝片吸虫药物。高劲松等采用每天 100mg/kg 体重剂量，连续给药 2d，治疗人工感染卫氏并殖吸虫的犬，发现驱虫率达 98.5%，说明三氯苯达唑对卫氏并殖吸虫有良好杀虫作用。谢明权等用 12mg/kg 剂量三氯苯达唑治疗自然感染大片形吸虫的水牛，发现三氯苯达唑对水牛大片形吸虫成虫有很好的驱虫效果，驱虫率达 100%。Kinabo 和 Bogan 按 12mg/kg 体重剂量口服三氯苯达唑治疗感染肝片吸虫 6 周的山羊，结果表明，驱虫率可达 100%。

（5）苯氧羧酸类　按每公斤体重 80～100mg 一次内服双酰胺氧醚，对绵羊体内 3 日龄至 3 周龄大的肝片吸虫疗效为 95%～100%，此后在国外相继有不少报道，均认为每公斤体重给药 100 毫克对绵羊 1～6 周龄肝片吸虫效果为 99%～100%，对老龄虫体也有一定疗效。对 1 日龄至 6 周龄的未成熟肝片吸虫有特效，是治疗急性肝片吸虫病的有效药物。Rowlands 研究发现，自然感染肝片吸虫的绵羊按 80～120mg/kg 体重剂量口服双酰胺氧醚，对肝实质中幼龄、未成熟阶段的肝片吸虫具有很高活性。可见，给药剂量为 100mg/kg 体重时，双酰胺氧醚对 1 日龄到 9 周龄的肝片吸虫有效率接近 100%。闵正沛和陈付权研究也表明，山羊羔按 100mg/kg 体重剂量内服给药，对人工感染 1～6 周龄的肝片吸虫驱杀效果为 95.15%～100%。双酰胺氧醚作用随吸虫日龄增加而逐渐下降。该特点限制了双酰胺氧醚在临床中的应用。但双酰胺氧醚在牛和绵羊预防性治疗肝片吸虫病中获得了较好效果。

Enzie 等报道，以 10mg/kg 体重剂量（推荐剂量的 1/10）连续用药 14d，对绵羊肝片吸虫的预防效果达到 87%，如果连续用药 21d，则预防效果达 96%。Rew 和 Knight 采用双酰胺氧醚缓释装置预防反刍动物肝片吸虫病，取得了良好的预防效果。魏景功和王忠对人工感染肝片吸虫的绵羊和山羊按 100mg/kg 体重剂量口服双酰胺氧醚，对 10～40 日龄的虫驱虫率达 100%。闵正沛和陈付权采用 100mg/kg 体重剂量给人工感染肝片吸虫的山羊口服，发现双酰胺氧醚对 1 周龄、4 周龄肝片吸虫驱虫效果为 100%，对 2 周龄虫体效果为 98.76%，3 周龄虫体效果为 98.55%，5 周龄虫体效果为 76.27%，6 周龄虫体效果为 95.15%，丙硫苯咪唑对 3 周龄虫体效果为 2.179%。

6.2.3.6　临床应用

（1）硝基酚类化合物

① 硝氯酚　硝氯酚曾在国内外被广泛用于抗牛、羊肝片吸虫，具有高效、低毒的优点，目前在我国已代替四氯化碳、六氯乙烷等传统治疗药，尚用于临床。但在国外一些国家已被硝碘酚腈和其他新型且更安全的杀肝片吸虫药取代。

② 硝碘酚腈　用于羊肝片吸虫病、胃肠道线虫病。

（2）水杨酰苯胺类

① 碘醚柳胺　碘醚柳胺是一种高效低毒的抗肝片吸虫药，不仅能抗成虫而且能抗 4～6 周龄童虫，在世界各国被广泛用于抗牛、羊片形吸虫感染。

② 氯生太尔　氯生太尔主要用作牛、羊杀肝片吸虫药。还可用于驱除犬钩口线虫的成虫，以及预防或减少马的普通圆线虫和马胃蝇感染。

③ 氯羟柳胺　主要用于治疗牛、羊等动物巨盘吸虫、杯殖吸虫、片形吸虫等各种吸虫的成虫感染和绦虫（莫尼茨属绦虫）感染。

（3）苯磺酰胺类　氯舒隆主要用于治疗牛未成熟的肝片吸虫或成虫。

（4）苯并咪唑类　主要用于防治牛、羊从 2 日龄早期幼虫到成熟虫体在内的各阶段敏感肝片吸虫感染，对急性和慢性肝片吸虫病都有效。

（5）**苯氧羧酸类** 双醚胺氧醚是传统应用的杀肝片吸虫童虫药，可有效治疗急性肝片吸虫病。

6.2.3.7 安全性

（1）硝基酚类化合物

① 硝氯酚 硝氯酚对动物比较安全，治疗量一般不出现不良反应。过量用药动物可出现发热、呼吸急促和出汗，持续 2～3 日，偶见死亡。在实际使用中，养殖户因为对用量估算不准，常常超量使用导致硝氯酚中毒。如才让吉发现 5mg/kg 体重内服硝氯酚可致绵羊中毒。福建福清市养殖户使用 10mg/kg 体重剂量治疗山羊肝片吸虫，使羊群中毒，出现发热、呼吸困难及窒息等中毒症状。牛的中毒病例也有报道，同样是因为超量使用所致，出现抽搐、口吐白沫、四肢麻痹、全身出汗、呼吸急促、心跳加快、呕吐、反刍停止及腹泻等中毒症状。若发生中毒，可根据症状选用尼可刹米、毒毛花苷 K、维生素 C 等对症治疗，但禁用钙剂静脉注射，否则会增强硝氯酚的毒性。硝氯酚配成溶液给牛灌服前，若先灌服浓氯化钠溶液，能反射性使食管沟关闭，使药物直接进入皱胃，可增强驱虫效果。若采用此方法必须适当减少剂量，以免发生不良反应。

② 硝碘酚腈 推荐剂量及 20mg/kg 体重剂量皮下注射不会引起牛羊毒性反应，妊娠母羊亦未见异常。高剂量（＞20mg/kg 体重）可引起毒性反应，牛羊会出现暂时的呼吸加深加快、体温过高等氧化磷酸化解偶联的典型症状，当剂量达 40mg/kg 体重时，可导致个别动物死亡。

（2）**水杨酰苯胺类** 碘醚硝胺安全性较高，按推荐剂量和用法使用未见不良反应。马成松、柴顺仓报道，绵羊按 9mg/kg 体重和 13mg/kg 体重剂量内服硝氯酚，未见毒性反应。超剂量（150～450mg/kg）时，可见失明、瞳孔散大。戴国华等研究发现，碘醚柳胺小鼠骨髓微核试验结果为阴性，说明碘醚柳胺无致突变作用和致畸作用；治疗量（口服 7.5mg/kg 体重，皮下注射 3mg/kg 体重）后各试验牛羊食欲正常，注射局部未发现不良反应，也未见其它异常症状；试验羊口服治疗量的 3 倍、4 倍、5 倍、6 倍剂量，除 6 倍剂量组呈现一过性尿频，20 分钟后消失；皮下注射治疗量的 2 倍和 4 倍剂量，注射局部出现轻微炎症，皮肤增厚，经 7 天后消失。吴永魁等以 23.0mg/kg 体重、51.8mg/kg 体重和 116.4mg/kg 体重剂量碘醚柳胺给妊娠后 7～15d 的 Wistar 大鼠口服用药，发现各剂量组吸收胎和死胎率增加，活胎率减少，但对胎鼠外观、骨骼和内脏无致畸性；高剂量组对胎鼠生长发育和孕鼠体重增长有明显的负影响（表 6-13～表 6-15），表明碘醚柳胺对大鼠有胚胎毒性，有致畸作用；因此建议怀孕动物应慎用。由于碘醚柳胺可经乳汁排泄，为人类提供乳制品的泌乳动物禁用碘醚柳胺。

表 6-13 碘醚柳胺对孕鼠体重增长的影响

组别	剂量/(mg/kg)	孕鼠数/只	7～20d 孕鼠净增重/(g/只)
生理盐水	—	17	87.50±32.85
碘醚柳胺	23.0	10	85.20±35.89
	51.8	12	84.75±16.12
	116.4	10	52.90±16.15**

注：与对照组比较，**$P<0.01$。

表 6-14 碘醚柳胺对妊娠母鼠胚胎毒作用

组别	剂量/(mg/kg)	孕鼠/只	着床总数/只	平均着床数/只	活胎数及占比	吸收胎、死胎数及占比
生理盐水	—	17	186	10.94±2.19	174(93.55%)	12(6.45%)
环磷酰胺	7.0	13	133	10.23±2.45	98(73.68%**)	35(26.32%**)
碘醚柳胺	23.0	10	107	10.70±0.95	86(80.37%**)	21(19.63%**)
	51.8	12	139	11.58±1.93	121(87.05%*)	18(12.95%*)
	116.4	10	111	11.10±2.02	90(81.08%*)	21(18.92%*)

注：与阴性对照组比较，* $P<0.05$；** $P<0.01$。

表 6-15 碘醚柳胺对胎鼠生长发育的影响

组别	剂量/(mg/kg)	胎鼠数/只	身长/cm	尾长/cm	体重/g
生理盐水	—	174	3.68±0.44	1.34±0.17	3.82±1.27
CP	7.0	98	3.56±0.31*	1.31±0.12	3.16±0.68**
碘醚柳胺	23.0	86	3.69±0.17	1.37±0.07	3.75±0.51
	51.8	121	3.75±0.22	1.42±0.09	4.01±0.55
	116.4	90	3.57±0.36*	1.33±0.15	3.44±0.93*

注：与阴性对照组比较，* $P<0.05$；** $P<0.01$。

（3）苯磺酰胺类　氯舒隆治疗指数高，安全性好。小鼠、大鼠、绵羊和牛的急性毒性试验表明：小鼠腹腔注射和内服染毒的 LD_{50} 分别为每 1kg 体重 761mg 和 >10000mg。内服 10000mg/kg 体重剂量对大鼠无明显的毒副作用。感染肝片吸虫的绵羊，以每日5mg/kg 体重的剂量连续用药 28d 或一次内服 100mg/kg 体重剂量，均未见明显副作用。Mrozik 等研究表明，绵羊单次口服耐受量高达 400mg/kg 体重，该剂量下未见明显毒性症状。在牛尚未确定中毒剂量。以 7mg/kg 体重的推荐剂量和 21mg/kg 体重的剂量内服，连用 3d，或者一次内服 7mg/kg 体重、70mg/kg 体重和 150mg/kg 体重的剂量（即达到推荐剂量的 25 倍），对增重、采食、临床和组织病理学变化都无不良影响。未感染的山羊按每 1kg 体重 35mg 的试验剂量隔天应用，连用 3 次，也未见不良反应。氯舒隆在种畜和妊娠动物用药也安全。残留研究表明，氯舒隆在组织和乳汁中残留半衰期短，肉牛休药期为 8d，弃乳期为 72h。

（4）苯并咪唑类　三氯苯达唑毒性较小，治疗量对动物无不良反应，在妊娠各阶段都可使用，与左旋咪唑、甲噻嘧啶联合应用时，亦安全有效。但对鱼类毒性较大，因此残留药物及容器切勿污染水源。谢明权等发现，三氯苯达唑从正常驱牛肝片吸虫剂量12mg/kg 提高到 120mg/kg，即剂量增加 10 倍。经 5 头水牛试验，均无临床症状，血常规及谷丙转氨酶检查均正常。说明三氯苯达唑对水牛的安全系数大。

（5）苯氧羧酸类　由于药物在肝脏内代谢破坏和血液的稀释，分布至组织中的药物量很少，因此双酰胺氧醚毒性很小。常用治疗剂量（100mg/kg 体重）对绵羊非常安全，一次给予 4 倍的治疗剂量即 400mg/kg 体重也未见中毒症状，即使把剂量提高到 500mg/kg，对羊只的精神、食欲、体温、排粪等均无不良影响，对怀孕母羊不引起流产。闵正沛和陈付权研究发现，双酰胺氧醚按 500mg/kg 体重口服给药，羊只精神、食欲、体温、呼吸、脉搏、排粪等无明显异常，投药后 10 天剖杀，肉眼观察各脏器（心、肝、脾、肺、肾、大肠、小肠等）未有明显的病理变化。在更高剂量时，可致暂时性的视觉损害和脱毛。圈养绵羊比放牧绵羊对其毒性作用更敏感。使用双酰胺氧醚目前还没有明显的禁忌，妊娠母羊在 21 周妊娠期内，按每千克体重 200mg 的剂量每周一次，连用 2、3 和 4 周，对其后代的繁殖无不良影响，或无致畸作用。

6.2.3.8 用法用量与制剂

（1）硝基酚类化合物

① 硝氯酚　内服剂量为：一次量，每 1kg 体重，黄牛 3～7mg，水牛 1～3mg，羊 3～4mg，猪 3～6mg。目前国内市售的为硝氯酚片、复方制剂硝氯酚伊维菌素片和阿苯达唑硝氯酚片。牛、羊休药期为 28d，弃奶期为 9d。

② 硝碘酚腈　皮下注射给药，一次量，每 1kg 体重，牛、猪、羊、犬 10mg；急性感染，每 1kg 体重，羊 13mg。目前国内市售的为进口的硝碘酚腈注射液。由于排泄缓慢，重复用药应间隔 4 周以上。药液能使羊毛黄染，泌乳动物禁用；休药期 60d，羊弃奶期为 5d。

（2）水杨酰苯胺类

① 碘醚硝胺　内服推荐剂量为一次量，每 1kg 体重，牛、羊 7～12mg。目前国内市售的有碘醚柳胺混悬液、碘醚柳胺粉和碘醚柳胺片，用于治疗牛、羊肝片形吸虫病。为彻底消除未成熟虫体，建议用药 3 周后再重复用药一次。产乳供人食用的牛、羊，在泌乳期不得使用。不得超量使用。牛、羊的休药期为 60d。

② 氯生太尔　内服：一次量，每 1kg 体重，牛 5mg，羊 10mg。皮下注射：一次量，每 1kg 体重，牛 2.5mg，羊 5mg。目前国内上市销售的制剂有氯氰碘柳胺钠注射液和阿维菌素氯氰碘柳胺钠片。注射剂对局部组织有一定的刺激性。牛、羊休药期为 28d，弃乳期为 28d。

③ 氯羟柳胺　内服给药推荐剂量为一次量，每 1kg 体重，牛 10～15mg，绵羊或山羊 15mg。目前国内尚无相关产品上市销售。

（3）苯磺酰胺类　氯舒隆内服推荐剂量：一次量，每 1kg 体重，牛、绵羊、骆驼 7mg。目前国内尚无相关产品上市销售。

（4）苯并咪唑类　内服剂量为：一次量，每 1kg 体重，牛 12mg，绵羊 10mg。牛、羊休药期均为 56d；产奶期禁用。目前国内市售的有三氯苯达唑颗粒和三氯苯达唑片。休药期为牛、羊 56d。

（5）苯氧羧酸类　双酰胺氧醚内服推荐剂量为：一次量，每 1kg 体重，羊 100mg。用于急性肝片吸虫病时，最好与其他杀片形吸虫成虫药并用。作为预防药应用时，最好间隔 8 周，再重复应用 1 次。目前国内尚无市售产品。英国规定动物在用药 7d 后可以屠宰食用。

6.2.4 抗血吸虫药

6.2.4.1 化学结构

（1）硝硫氰酯　硝硫氰酯，属于硝基芳烃类化合物，化学名为 4-异硫氰酸酯-4′-硝基二苯基醚。

（2）六氯对二甲苯　六氯对二甲苯又称血防-846，属有机氯化合物类广谱抗寄生虫药，化学名 $\alpha,\alpha,2,3,5,6$-六氯对二甲苯，分子式为 $C_8H_4Cl_6$，分子量为 312.84。

（3）呋喃丙胺　呋喃丙胺属硝基呋喃类，是我国首创的一种非锑剂内服抗血吸虫药。分子式：$C_{10}H_{12}N_2O_4$，分子量为 224.21。呋喃丙胺化学结构为顺式，其反式异构体的生物活性与之相似。

常用的抗吸虫药化学结构式如图 6-40 所示。

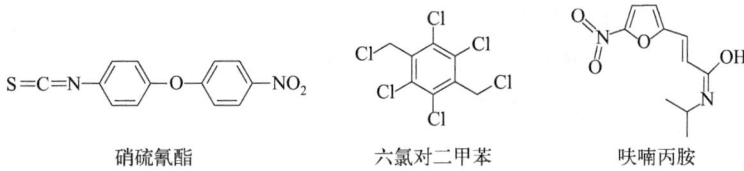

硝硫氰酯   六氯对二甲苯   呋喃丙胺

图 6-40　抗吸虫药的化学结构式

6.2.4.2　作用机制

（1）**硝硫氰酯**　硝硫氰酯具有较强的杀血吸虫活性，其作用机制是抑制虫体的琥珀酸脱氢酶和三磷酸腺苷酶，影响三羧酸循环，使虫体收缩而无法吸附于血管壁，被血流冲入肝脏，最终导致虫体萎缩，生殖系统退化，通常在给药 2 周后虫体开始死亡，4 周后几乎全部死亡。

（2）**六氯对二甲苯**　研究表明，用药后 4h 药物主要在虫体消化道内，24～72h 后，药物分布于虫体周身，集中于生殖系统。用该药治疗华支睾吸虫病时，成虫死亡前有大量排卵现象，死后显示睾丸、卵巢变性、溶解，正常组织结构消失。其作用机理可能是不仅原型药物可被虫体直接摄入发挥杀伤作用，其在动物体内氧化脱氢形成的代谢物也能被虫体吸收从而杀死虫体。作用部位为整个虫体，主要为生殖系统。

（3）**呋喃丙胺**　呋喃丙胺在体内外杀灭虫体的机制尚不清楚，目前有两种推测：①通过影响虫体糖代谢发挥杀虫作用，因为该药能影响虫体对葡萄糖的吸收，刺激糖原分解，使虫体实质组织与肌纤维中糖原消失；②血吸虫经药物作用后，附着力丧失，被血流运输至肝脏而被杀灭。不同于锑剂，呋喃丙胺对虫体生殖器官作用较小，未转移至肝脏中的成虫生殖机能不会受影响，无暂时抑制现象，已进入肝脏中的成虫不会复位到肠系膜血管。

6.2.4.3　药动学

（1）**硝硫氰酯**　单胃动物内服后，吸收较慢，血浆药物浓度达峰时间为 24～72h。硝硫氰酯吸收后可与红细胞和血浆蛋白结合，因此，半衰期长达 7～14d。在体内分布不均匀，胆汁中浓度高于血中浓度 10 倍，有明显肠肝循环现象，对杀灭血吸虫有利。吸收的药物主要经肾脏随尿液排出。反刍动物内服驱虫效果较差，可能是在瘤胃中被降解所致。

（2）**六氯对二甲苯**　动物内服六氯对二甲苯后，主要经肠道吸收，给药 3h 后，血中可达较高浓度，至 24h 达峰值，停药后两周，血中才检不出药物。可通过胎盘到达胎儿体内。主要分布在脂肪、肝和肾组织中，在脂肪中达峰时间为 24～72h，储存在脂肪中的药物逐渐释放，故虽然血药浓度达峰后逐渐下降，但仍较长时间内维持一定浓度。给药后 23d 在肝、肾组织中仍维持较高水平，可能是因为药物主要经肝脏代谢、肾脏排泄。进入肝脏后部分药物可能先氧化脱氯，代谢成对二苯甲酸，再与甘氨酸结合，经肾排出。在体内排泄较慢，连续给药有蓄积作用，在脂肪和类脂质丰富的组织中含量最高。给药前期排泄的主要为未吸收的原型药物，脂溶性较高，主要经胆汁随粪便排泄，98h 内排出摄入总量的30％；给药后期代谢物增加，极性升高，主要随尿液排出。六氯对二甲苯可影响肝药酶的活性，但存在种属差异，例如对大鼠肝药酶有诱导作用，但对小鼠和豚鼠肝药酶则呈现抑制作用。

（3）呋喃丙胺　内服后主要由小肠吸收，进入门静脉直接与虫体接触，产生杀虫作用，对日本血吸虫的成虫和童虫均有驱杀作用。因呋喃丙胺在门静脉中的浓度较高，在肠系膜下静脉中浓度较低，虫体不易受到药物作用，单独使用效果不佳，故对慢性血吸虫病宜与敌百虫合用，在敌百虫作用下，虫体迅速移入门静脉和肝脏内，使呋喃丙胺能充分发挥作用。

6.2.4.4　药效学

（1）硝硫氰酯　硝硫氰酯具有广谱驱虫作用。对耕牛血吸虫病和肝片吸虫病均有较好疗效。Craig和金光明按50mg/kg体重口服硝硫氰酯，对犬钩虫、犬复孔绦虫具有高效，驱虫率分别达99.6％和97.8％，但对狐鞭虫无效，驱虫率为0。给耕牛第三胃注入时，应配成3％油性溶液。

（2）六氯对二甲苯　对耕牛血吸虫、牛羊肝片吸虫、前后盘吸虫均有较好疗效，对猪姜片吸虫和肝片吸虫也有一定效果。对童虫和成虫均有抑制作用，对童虫作用优于成虫。郑贤梅和吴松云按200mg/kg体重给姜片吸虫阳性猪口服一次用药，对姜片吸虫的清除率为100％。按200mg/kg体重内服，对猪的肝片吸虫精计驱虫率和粗计驱虫率分别为95.5％和80％。按50mg/kg、100mg/kg和150mg/kg体重剂量一次用药，对山羊肝片吸虫的驱虫率可达100％。孙维东等研究表明，高剂量（1.2g/kg体重）一次肌内注射给药，对羊的胰吸虫驱净率及相对驱虫率均达100％。高家琼按250～400mg/kg体重内服，对绵羊中华双腔吸虫和矛形双腔吸虫驱虫率达99.3％。

（3）呋喃丙胺　浙江省农业科学院畜牧兽医研究所的研究人员以100mg/kg体重剂量呋喃丙胺治疗自然感染血吸虫的黄牛，连续用药10天，每天分2次口服，驱虫率仅3％，减雌率也只有65.8％。邵葆若等报道，采用吡喹酮合并呋喃丙胺的疗法可获增效作用：感染日本血吸虫的兔每日按60mg/kg体重剂量单独口服给药呋喃丙胺7d，驱虫率仅46％左右；单独肌注15mg/kg体重剂量的吡喹酮，驱虫率仅26％；而采用吡喹酮10mg/(kg·d)×2d合并呋喃丙胺60mg/(kg·d)×4d，治愈率达100％。此外，研究发现呋喃丙胺与青蒿素合并使用对感染早期的血吸虫童虫杀灭效果显著；小鼠和家兔于感染后7天给药，每周一次，连服4次，减虫率达95％以上；反式异构体按8mg/(kg·d)连服7d，其抗虫活性（＋＋），驱虫率为77％。

6.2.4.5　临床应用

（1）硝硫氰酯　我国主要用于耕牛血吸虫病和肝片吸虫病的治疗。由于内服时杀虫效果较差，临床多选用第三胃注入法。国外还用于犬、猫驱虫。

（2）六氯对二甲苯　主要用于耕牛治疗血吸虫病和牛羊肝片吸虫病。

（3）呋喃丙胺　主要用于预防、治疗急性和慢性血吸虫病。

6.2.4.6　安全性与药物相互作用

（1）硝硫氰酯　硝硫氰酯对胃肠道有刺激性，犬、猫反应较严重，国外有专用的糖衣丸剂。猪偶可呕吐；个别牛表现厌食，瘤胃臌气或反刍停止，但均能耐过。此外，Gapta等研究表明，硝硫氰酯是Ames沙门菌测试菌株TA100和TA98的直接诱变剂，具有致突变性。

（2）六氯对二甲苯　六氯对二甲苯毒性较锑剂小，但亦损害肝脏，导致变性或坏死。孙维东等研究表明，六氯对二甲苯有蓄积作用，在脂肪和类脂质丰富的组织含量最高，其次为心肌、脑脊髓、肝、肾、肌肉；再次为肺、脾、胰和睾丸等。停药2周后，血中才检不出药物。还可通过胎盘到达胎儿体内，因此妊娠动物和哺乳动物慎用。王捷和全钰珠研究发现，100mg/kg体重单剂量给药可明显抑制豚鼠肝微粒体中戊巴比妥侧链羟化酶和氨基比林 N-脱甲基酶的活性。

（3）呋喃丙胺　呋喃丙胺按 80mg/kg 体重剂量连续用药 10d，每天分 2 次口服，对250kg 以内黄牛无明显毒性。研究表明，呋喃丙胺在小鼠的 LD_{50} 为 (888.5 ± 87.5)mg/kg，说明呋喃丙胺具有轻度毒性；同时发现呋喃丙胺与青蒿素或吡喹酮联合使用时，各药 LD_{50} 和胃肠道刺激试验结果表明，联合用药对各药的毒性无相加或协同作用。呋喃丙胺门静脉中浓度较高，在肠系膜下静脉中浓度较低，寄居于此的血吸虫不易受到药物作用，故单独使用效果不佳。慢性血吸虫病宜与敌百虫合用，敌百虫可加快虫体移入门静脉和肝脏内的速度，使呋喃丙胺能充分发挥作用，从而提高治愈率。

6.2.4.7　用法用量与制剂

（1）硝硫氰酯　内服：一次量，每 1kg 体重，牛 30～40mg，猪 15～20mg，犬、猫50mg。第三胃注入：一次量，每 1kg 体重，牛 15～20mg。目前国内尚无产品上市销售。

（2）六氯对二甲苯　推荐剂量为，治疗血吸虫病：内服，一次量，每 1kg 体重，黄牛 120mg，水牛 90mg。每日 1 次（每日极量：黄牛 28g，水牛 36g），连用 10d。治疗肝片吸虫病：内服，一次量，每 1kg 体重，牛 200mg，羊 200～250mg。目前国内尚无产品上市销售。

（3）呋喃丙胺　内服：一次量，每 1kg 体重，黄牛 80mg。每日下午内服，每日上午先内服敌百虫，每 1kg 体重 1.5mg。连用 7d。

6.3

抗原虫药

6.3.1　抗球虫药

自从 1939 年 Levine 首次提出在生产中使用氨苯磺胺控制球虫病以来，用于预防鸡球虫病的药物达 50 余种，其中一些药物（如早期应用的呋喃类、四环素类和大多数磺胺药）由于疗效不佳、毒性太大已逐渐被淘汰。目前，在不同国家中应用于生产的只有 20 余种，一般为广谱抗球虫药，大致分为两大类：一类是聚醚类离子载体抗生素，另一类是化学合成的抗球虫药。

6.3.1.1 离子载体类

（1）化学结构

① 莫能菌素（monensin） 莫能菌素又称为莫能星、瘤胃素，从肉桂链霉菌的发酵产物中分离而得，为聚醚类离子载体抗生素的代表药。莫能菌素为白色结晶性粉末，分子式为 $C_{36}H_{61}O_{11}$，分子量为 670，稍有特殊臭味。难溶于水，易溶于有机溶剂中。

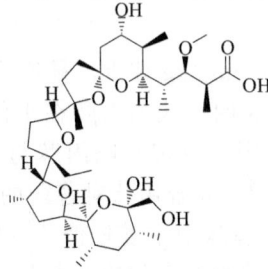

莫能菌素

② 盐霉素（salinomycin） 盐霉素又称为沙利霉素，是从白色链霉菌的发酵产物中分离得到的单羧基聚醚类离子载体型抗生素，结构中含有独特的三螺环缩酮结构，其中一个是不饱和六元环。其分子式为 $C_{42}H_{70}O_{11}$。盐霉素为白色或淡黄色结晶性粉末，稍有特殊臭味，难溶于水，易溶于有机溶剂，生产上多用其钠盐。

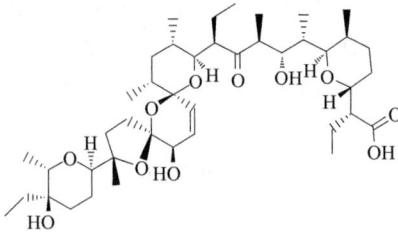

盐霉素

③ 拉沙里菌素（lasalocid） 拉沙里菌素又称为拉沙洛西，是从拉沙里链霉菌的发酵产物中分离而得。分子式为 $C_{34}H_{54}O_8$，分子量为 590.79。在结构上，拉沙里菌素具有一个芳香环，这是区别于其他聚醚类抗生素的一大特征。此外，区别于其他聚醚类抗生素，拉沙里菌素不仅能和一价阳离子结合，还能和二价阳离子结合。拉沙里菌素为白色至棕色的粉末，有特殊臭，微溶于水，可溶于甲醇、乙醇、乙酸乙酯、丙酮等大部分有机溶剂。

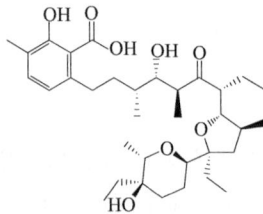

拉沙里菌素

④ 马杜霉素（maduramicin） 马杜霉素又称为马度米星，是从一种马杜拉放线菌的

发酵产物中分离而得。马杜霉素属于羧基类离子载体抗生素，为多环醚结构有机酸，具有线形骨架，其铵盐纯品为白色或类白色结晶状粉末，有特殊臭味，在甲醇、乙醇或氯仿中易溶，在丙酮中略溶，但不溶于水。分子式为 $C_{47}H_{93}NO_{17}$，分子量为917.10。

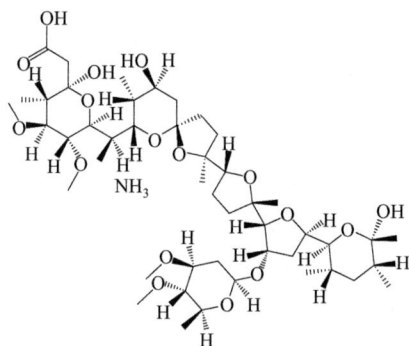

马杜霉素

⑤ 赛杜霉素（semduramicin） 赛杜霉素又称山杜霉素，是从变种的玫瑰红马杜拉放线菌培养液中提取后，再进行结构改造的半合成抗生素。实际生产中常用其钠盐。分子式为 $C_{45}H_{76}O_{16}$，分子量为873.08。

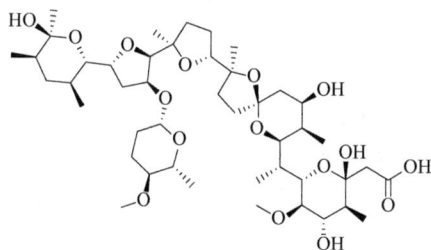

赛杜霉素

⑥ 那拉霉素（narasin） 那拉霉素是一种阳离子载体和抗球虫药，又称为甲基盐霉素。不溶于水，可溶于大部分有机溶剂。分子式为 $C_{43}H_{72}O_{11}$。那拉霉素为白色或淡黄色结晶粉末，不溶于水，在绝大多数有机溶剂中有很高的溶解性。

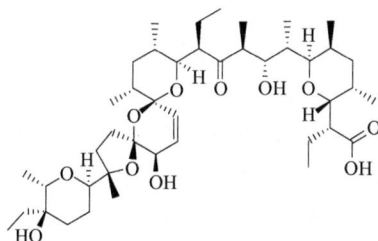

那拉霉素

⑦ 海南霉素（hainanmycin） 海南霉素是从稠李链霉菌东方变种的代谢产物中分离得到的，又称为甲基盐霉素钠。分子式为 $C_{43}H_{71}O_{11}Na$，分子量为789.04。不溶于水，但可溶于大部分有机溶剂。

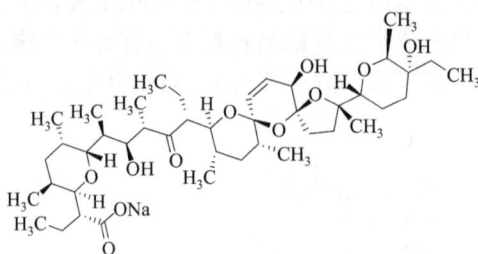

海南霉素

（2）**作用机制**　20世纪70年代以后聚醚离子载体类抗球虫药物相继投入使用。这类药物有很广的抗球虫谱，耐药性出现较慢，但药物之间存在交叉耐药性，影响免疫力的产生，此类药物用量过大易引起中毒。聚醚类离子载体抗生素类抗球虫药具有促进离子通过细胞膜的能力，能协助阳离子进入球虫体内，破坏虫体细胞内的正常离子平衡，使细胞内外形成渗透压差，大量水分进入，导致虫体细胞破裂死亡。

莫能菌素能够通过选择性地与金属离子结合，扰乱球虫体内的离子平衡，从而达到消灭球虫的目的。作为一种离子载体物质，能够通过离子载体作用与 Na^+ 或 K^+ 形成脂溶性络合物，改变细菌细胞内 H^+、Na^+ 和 K^+ 的浓度，从而抑制细菌生长。另外，莫能菌素也可以通过生物膜转移，促进营养物质的消化与吸收。莫能菌素还影响反刍动物瘤胃内的能量代谢，根本原因是挥发性脂肪酸（VFA）能够通过糖异生途径转化为葡萄糖，而使用莫能菌素可以提高血浆葡萄糖浓度，降低 CH_4 产量，此过程受瘤胃内 Na^+ 浓度和 pH 的影响。赛杜霉素抗球虫机制与莫能菌素类似。

作为离子载体，盐霉素对碱金属离子具有一定的选择性，尤其易结合钾离子。盐霉素通过与钾离子形成络合物，扰乱 Na^+/K^+ 平衡，改变虫体内 pH，导致虫体内渗透压升高，抑制线粒体的氧化和磷酸化，导致线粒体损伤，进而使虫体结构出现肿胀，能量过多消耗，最终导致虫体死亡。此外，已有研究发现，盐霉素通过产生自噬效应，从而抑制乳腺癌细胞转移以及小鼠原发性胶质瘤，同时还能将多药耐药肿瘤细胞系以及多种肿瘤干细胞杀死。盐霉素为产生耐药性最慢的聚醚离子载体类药物。

拉沙里菌素可以与某些一价阳离子结合，还能与一些二价阳离子结合形成金属络合物。络合物在球虫的子孢子或第一代裂殖体内，会破坏细胞膜内的 K^+ 及 Na^+ 的正常转运，使细胞内的 K^+ 及 Na^+ 水平急剧升高，引起球虫细胞的肿胀。最后球虫细胞因排出细胞内多余的 K^+ 及 Na^+ 耗尽能量且过度肿胀而亡，所以拉沙里菌素的抗球虫活性高峰出现在子孢子至第一代裂殖体之间。

马杜霉素的生物学特征为具有促进阳离子通过细胞膜的能力，对金属离子有特殊的选择性，可与钾、钠等阳离子结合成络合物，选择性地输送 K^+、Na^+ 进入球虫的子孢子和第一代裂殖体，使球虫细胞内钾（钠）离子浓度急剧增加，为平衡渗透压，大量的水分进入球虫细胞，从而破坏了球虫细胞膜内、外离子的正常平衡和移动能力，对经过生物膜的细胞内、外运输的糖、氨基酸、有机酸等的通透性以及离子特异性蛋白质与核酸的机能均产生影响，最终导致球虫新陈代谢紊乱，虫体膨胀而死。

那拉霉素具有离子载体性质，能够携带阳离子沿生物膜扩散，影响膜两侧的离子浓度梯度和细胞的生理机能。那拉霉素主要作用于球虫无性繁殖的早期阶段，通过干扰球虫子孢子或裂殖子细胞的离子平衡，影响一些酶的活性，或导致表膜或细胞器破裂，阻止其侵入宿主肠上皮细胞。

海南霉素为我国独创的聚醚类抗球虫药物，作用机制与其他聚醚类离子载体抗生素相似，主要进入球虫细胞后使细胞的渗透压升高，导致大量水分进入球虫细胞，引起肿胀，最终使球虫细胞耗尽能量，过度肿胀而死亡。

（3）抗虫谱　莫能菌素为单价离子载体类抗生素，是较理想的抗球虫药，广泛用于世界各地。对柔嫩艾美耳球虫、毒害艾美耳球虫、堆型艾美耳球虫、巨型艾美耳球虫、布氏艾美耳球虫、变位艾美耳球虫等6种常见鸡球虫均有高效杀灭作用，用于预防鸡球虫病。莫能菌素主要杀死生活周期中的早期（子孢子）阶段鸡球虫，作用峰期为感染后第2天。除了杀球虫作用外，莫能菌素对动物体内的产气荚膜梭菌亦有抑制作用，可预防坏死性肠炎的发生；对肉牛同样有促生长作用。在应用较低剂量时，机体可逐渐产生较强的免疫力。对蛋鸡只能应用较低剂量，既能预防鸡球虫病，又不影响免疫力的产生。

盐霉素主要用于预防禽球虫病，能杀灭多种鸡球虫，对巨型艾美耳球虫和布氏艾美耳球虫作用较弱。盐霉素对尚未进入肠细胞内的球虫子孢子有高度杀灭作用，对无性生殖的裂殖体有较强抑制作用，其抗球虫峰期为感染后的第2天。

拉沙里菌素为二价聚醚类离子载体抗生素，用于预防禽球虫病。对6种常见的鸡球虫均有杀灭作用，其中对柔嫩艾美耳球虫的作用最强，对毒害艾美耳球虫和堆型艾美耳球虫的作用稍弱。拉沙里菌素对子孢子、早期和晚期无性生殖阶段的球虫有杀灭作用。

马杜霉素是一种较新型的聚醚类一价单糖苷离子载体抗生素，对子孢子和第一代裂殖体具有抗球虫活性。其抗球虫活性较其他聚醚类抗生素强，广泛用于预防鸡球虫病。马杜霉素能有效控制6种致病的鸡艾美耳球虫，而且也能有效控制对其他聚醚类离子载体抗生素具有耐药性的虫株。马杜霉素对鸭球虫病也有良好的预防效果。

赛杜霉素主用于预防肉鸡球虫病，对鸡堆型艾美耳球虫、巨型艾美耳球虫、布氏艾美耳球虫、柔嫩艾美耳球虫、和缓艾美耳球虫均有良好的抑杀效果，对球虫子孢子以及第1代、第2代无性周期的子孢子、裂殖子均有抑杀作用。

那拉霉素是安全有效的抗球虫药，对大多数革兰氏阳性菌和部分革兰氏阴性菌有抑制作用，对鸡球虫中的柔嫩艾美耳（艾氏）球虫、毒害艾美耳球虫、巨型艾美耳球虫、堆型艾美耳球虫和哈氏艾美耳球虫均有效。

海南霉素为我国独创的聚醚类抗球虫药物，是一种安全有效的抗球虫药，对大多数革兰氏阳性菌和部分革兰氏阴性菌有抑制作用，对鸡的柔嫩艾美耳球虫、毒害艾美耳球虫、巨型艾美耳球虫、堆型艾美耳球虫和哈氏艾美耳球虫均有效。

（4）耐药性　聚醚类抗球虫药之所以发展迅速，其原因之一是球虫对此类药物不易产生抗药性。然而随着时间的推移和使用量的增大，关于球虫对聚醚类抗生素耐药的报道越来越多。对马杜霉素、盐霉素、拉沙里菌素等4种聚醚类抗生素之间的交叉抗药性进行了分析，发现一价离子载体药物的轻微抗药性不会引起对同价或异价药物产生耐药性，但对聚醚类抗球虫药强耐药虫株将会在一价之间或一价与二价之间出现交叉抗药性。交叉抗药性的存在将是直接影响目前药物应用和新药开发的大问题。通过检测混合球虫对各种药物的敏感性和抗药性，发现分离球虫株对盐霉素、拉沙里菌素、莫能霉素、马杜霉素、常山酮均有不同程度的耐药性。但具体的耐药机理尚未明晰，如突破这个难题，将对抗球虫药物的研究和生产应用具有指导意义。

（5）药代动力学　聚醚类离子抗生素在动物体内分布广泛，绝大部分药物及其代谢产物经胆管排泄，最终随粪便排出体外。其中，肝脏和脂肪残留物浓度最高，其次为肾脏、肌肉和血浆。一般地，肝脏中主要以代谢物形式存在，脂肪中主要以原型药物形式存在。绝大部分被吸收的聚醚类离子抗生素在肝组织内被迅速代谢并失去活性，随胆汁排泄。主要代谢方式是 O-脱甲基，其他包括羟化、脱羧、氧化（成酮）及葡萄糖醛酸结合等。马杜霉素在火鸡中的主要代谢途径是脱一个或多个甲氧基，其次是羟化或与葡萄糖醛酸结合。

莫能菌素在动物组织中主要分布在肝、肾和脂肪中，其基本是在肝脏进行代谢，随后经由胆汁排出，最后随着动物的其他废弃物一起排出体外，其并不会在动物组织中堆积。莫能菌素以 0.4mg/kg 的剂量静脉注射，发现其在家禽体内的生物利用度较低，鸡中莫能菌素约为 30%，火鸡中莫能菌素约为 1%，用补充的饲料进行残留试验，其中火鸡饲料中含莫能菌素 100mg/kg。检测消除半衰期结果为鸡中的莫能菌素为 3.07~5.55h，火鸡中的莫能菌素为 1.36~1.55h；组织/血浆分配系数显示莫能菌素具有更高的亲和力。在肉牛和奶牛中使用莫能菌素 1mg/kg 和 5mg/kg 剂量组检测到的血清浓度的药代动力学模型确定 C_{max}、t_{max} 和 $t_{1/2\gamma}$ 分别为 0.87ng/mL 和 1.68ng/mL、2.0h 和 1.0h、1.76d 和 2.32d。与低剂量组动物组织中莫能菌素浓度相比，高剂量组动物组织中莫能菌素浓度显著升高约 4.7 倍。高剂量组心肌肌钙蛋白浓度是低剂量组的 2.1 倍。

当将 20g/kg 体重的单剂量盐霉素通过口服和静注于鸡，口服半小时后达到最高血药浓度，吸收半衰期（$t_{1/2K_a}$）为 3.64h，消除半衰期（$t_{1/2\beta}$）为 1.96h，全身生物利用度为 73.02%，表明口服盐霉素吸收程度较高；静脉注射盐霉素可以用两室开放模型进行描述，其中 $t_{1/2\beta}$ 为 0.48h，V_{dss}（分布容积）为 3.28L/kg，CL 为 27.39mL/(kg·min)，体外计算盐霉素的血清蛋白结合率为 19.78%。在肝脏中有较高的残留浓度，其次是肾脏、肌肉、脂肪、心脏和皮肤。进入体内的盐霉素，在肝脏中迅速代谢，并由小肠分泌经粪便排出体外，残留物在 72h 后完全消失。王海等（2005）通过对盐霉素在肉鸡体内残留消除规律的研究，发现休药 0h 时胸肌肌肉中盐霉素的残留量为 97.17μg/kg，肝脏中的残留量为 371.43μg/kg，脂肪中的残留量为 154.4μg/kg，肝脏、肾脏中的残留量为 50.33μg/kg；6h 后，残留量迅速下降，12h 后胸肌肌肉的残留量下降至检出限以下，24h 后肾脏的残留量也下降，48h 后肝脏和脂肪的残留量低于检出限。

以肉鸡作为受试对象，测得拉沙里菌素的药物分布的半衰期 $t_{1/2\alpha}$ 为 (4.23±1.03)h、$t_{1/2\beta}$ 为 (24.78±3.85)h 以及 AUC 为 (183.12±28.94)μg/(h·mL)。通过对比分析妥曲珠利的不同剂量用药以及拉沙里菌素的用药药动学结果，得出妥曲珠利在肉鸡体内的药动学与拉沙里菌素药动学比较无显著的差异。

马杜霉素在脂肪和肝脏中残留最多，其次是肾脏，肌肉残留最少。马杜霉素在组织中的消除速度很快，以 5.0mg/kg 剂量添加于饲料中饲喂肉鸡 42d，停药 2~3d，鸡组织中马杜霉素的残留量已低于农业农村部规定的马杜霉素在鸡组织中的最高残留限量，但随着添加剂量的增大，马杜霉素在鸡各组织中的残留量也相应增加。以含马杜霉素 5mg/kg 饲料饲喂 28 日龄肉仔鸡 14d 停药后，连续 7d 屠宰取样测定。结果表明：停药当天，肝脏中马杜霉素浓度最高（0.16mg/kg），消除半衰期为 20h；胸肌中马杜霉素浓度为 28μg/kg，消除半衰期为 39h；休药 5d，肝脏和胸肌中仍有马杜霉素残留，检出值分别是 1.6μg/kg 和 1.5μg/kg。

以鸡为研究对象，[14]C 标记的那拉霉素被注射到鸡体内，随后在不同时间采集血液，分析数据。在鸡注射后 3 小时，血浆中 [14]C 标记那拉霉素的残留量不到 1%，并在第 1 天达到峰值，大部分 [14]C 标记的那拉霉素通过排泄物被清除，鸡的清除量占总清除量的

93.6％。24h后，鸡的排泄物中出现49％的那拉霉素。注射后1天，鸡的肝脏、心脏、脂肪和卵巢组织均含有微量^{14}C标记那拉霉素，肌肉和肾脏不含有可检测的^{14}C标记那拉霉素。到第7天，所有组织都清除了^{14}C标记的那拉霉素。

鸡口服给药海南霉素钠预混剂的药动学参数如下：平均消除半衰期（$t_{1/2\beta}$）约为30.44h，平均滞留时间（MRT）约为36.40h，在血浆中的达峰时间（t_{max}）约为0.5h，达峰浓度（C_{max}）约为68.87ng/mL，平均药时曲线下面积（AUC）约为654.95ng/(h·mL)，平均生物利用度（F）约为32.82％。鸡静脉注射给药的药动学参数如下：平均消除半衰期约为46.40h，平均滞留时间约为30.91h，平均血浆清除率约为1.59L/(kg·h)，平均表观分布容积约为116.05L/kg。表明海南霉素进入鸡体后分布广泛，消除缓慢，半衰期长；口服海南霉素钠预混剂吸收迅速，但吸收不完全。

（6）药效动力学　莫能菌素具有离子载体功能，能够与Na^+和K^+形成脂溶性络合物，从而使它们通过生物膜转移，促进动物体内营养的消化和吸收。同时，莫能菌素还能影响反刍动物瘤胃内的能量代谢，改善瘤胃发酵，提高丙酸与乙酸的产出比例，减少甲烷生成，提高蛋白质利用效率。赛杜霉素的药效与莫能菌素类似。

盐霉素因具有特殊的环状结构具备阳离子载体性质，对细胞中的阳离子，尤其是K^+、Na^+、Rb^+的亲和力特别强，能够与阳离子形成络合物而变成脂溶性物质，导致细胞脂质屏障的通透性加强，细胞膜渗透功能遭到破坏，从而影响膜两侧的离子浓度梯度和细胞的生理机能。盐霉素可导致细胞内Na^+水平升高，并通过Na^+/Ca^{2+}交换机制使细胞内液中游离Ca^{2+}浓度急剧升高，进而产生一系列细胞毒性效应。盐霉素是一元羧酸聚醚类抗生素，其能在呼吸链的偶联和解偶联过程中，抑制线粒体中腺苷三磷酸的氧化磷酸化作用。盐霉素对β-羟基丁酯和琥珀酸酯影响不明显，主要影响苹果酸酯、丙酮酸酯、α-酮戊二酸的氧化作用，造成线粒体功能紊乱，使其能量代谢功能遭到破坏。盐霉素的作用峰期主要是球虫入侵期，感染后1～2d，药物仍然可以在子孢子和裂殖子中积聚和滞留，进而影响到裂殖生殖和配子生殖，故盐霉素对球虫的无性生殖阶段和有性生殖阶段均有影响。

拉沙里菌素是与莫能菌素相似的一种离子载体药，由链霉菌发酵产生。同其他离子载体类药物一样，药物与钠离子和钾离子形成复合物，致使虫体表膜对离子的通透性改变，并使线粒体的功能受到抑制。滋养体阶段对拉沙里菌素最敏感。在离子载体类药物中，拉沙里菌素毒性最小。拉沙里菌素除了能选择性地与一些一价阳离子（Na^+、K^+）结合，还能与某些二价阳离子（Ca^{2+}、Mg^{2+}）结合，形成脂溶性复合物并携带所结合的阳离子穿过某些瘤胃微生物的细胞膜，影响细胞膜内外离子的流动性，改变离子平衡，而这种改变导致微生物细胞内钠泵和质子泵活性显著升高，使细胞消耗大量能量，从而抑制某些微生物的正常生长与繁殖，进一步影响瘤胃发酵。拉沙里菌素能有效防治畜禽球虫病感染，而作为牛日粮中的一种饲料添加剂，能提高饲料利用率和体增重，抑制甲烷气体的产生，改善母牛繁殖能力。但拉沙里菌素可直接引起细胞内Ca^{2+}浓度升高，而Ca^{2+}浓度升高可增加细胞的脂质过氧化程度，导致细胞坏死。因此，当拉沙里菌素添加量过大时可引起畜禽中毒。

马杜霉素易与金属离子（Na^+、K^+、Ca^{2+}）形成离子复合物。这种复合物脂溶性强，易进入生物膜脂质层，使细胞内外离子浓度发生变化，进而影响渗透压，使球虫细胞崩解，达到杀灭球虫的效果。该药主要作用于球虫无性繁殖的早期阶段，通过干扰球虫子孢子或裂殖子细胞的离子平衡，影响一些酶的活性，或导致表膜或细胞器破裂，阻止其侵入宿主肠上皮细胞。马杜霉素的作用特点决定了其特别适宜作为预防用药，且该作用机制缺乏特异性，不易产生抗药性。

那拉霉素能与+1价离子特别是钠离子结合使子孢子膨胀，从而抑制球虫的生长与发育，抗虫活性高峰在球虫生活周期的最初几天。对鸡的堆型、巨型、布氏、变位、毒害、柔嫩艾美耳球虫等有效。那拉霉素还能提高大肠中丙酸的浓度，促进育成猪对饲料中氮的利用。

海南霉素是一种酸性离子载体，通过对金属离子的特殊选择性与钠钾离子结合形成络合物。它可以在球虫子孢子或第一代裂殖体中传输离子，当海南霉素进入球虫细胞后，它会干扰细胞膜中 K^+ 及 Na^+ 的正常运转，当大量 K^+ 及 Na^+ 渗入细胞时，为了平衡钠钾离子急剧增加产生的渗透压，大量的水分子进入球虫细胞并引起了肿胀。为了消除细胞中过量的 K^+ 及 Na^+，球虫细胞能量降低并且不能被排出，最终球虫细胞过度溶胀并死亡。

（7）临床应用　在使用抗球虫药物时，必须考虑如何最完善地控制球虫病，把球虫病造成的损失降至最低；如何才能推迟球虫对所用抗球虫药产生耐药性，以尽量延长有效药物的使用寿命。为达到前一目的，不仅要靠高效的抗球虫药物，而且要使鸡对球虫逐渐产生一定的保护性免疫力，所以需要合理地使用抗球虫药物。为推迟球虫产生耐药性，较好的办法是定期变换或联合应用作用机理不同的药物，避免过度使用任何一种特定的抗球虫药。抗球虫药的选择、给药程序的类型和几种程序之间的轮换方式取决于许多因素：各种不同抗球虫药的特性、使用历史、过去的使用效果；球虫病的流行病学、耐药虫株存在情况及其对各种药物耐药性出现的速度等。因此，合理应用抗球虫药应该做到以下几方面：首先重视药物预防作用；其次，合理选用不同作用峰期的药物；而且，还要采用轮换用药、穿梭用药或联合用药的方式；同时，选择适当的给药方法也很重要；合理的剂量和充足的疗程；注意配伍禁忌；最后，为保障动物性食品消费者健康，严格遵守我国兽药残留和休药期规定。

（8）安全性　虽然聚醚类离子载体抗生素在推荐剂量对靶动物安全，但是中毒事件常有发生。主要是由于使用剂量过大、药物在饲料中混料不均匀而使局部浓度过大，或将某种药物应用于非靶动物或与其他药物联合应用而产生中毒。由于聚醚类抗生素中毒时其确诊比较困难，故一旦发生中毒常造成重大的经济损失。因而了解聚醚类抗生素的毒性作用及其毒性作用机理对快速诊断与采取合适的措施具有重要的意义。

莫能菌素对不同的动物单次经口给药的急性毒性相差较大，小鼠的 LD_{50} 为 $70\sim96mg/kg$，大鼠的 LD_{50} 为 $21.5\sim50mg/kg$，狗的 LD_{50} 大于 $10mg/kg$，猴的 LD_{50} 大于 $160mg/kg$，马的 LD_{50} 为 $2\sim3mg/kg$，猪的 LD_{50} 为 $17\sim50mg/kg$，牛的 LD_{50} 为 $22\sim80mg/kg$，绵羊的 LD_{50} 约为 $12mg/kg$，山羊的 LD_{50} 为 $26.4mg/kg$，鸡的 LD_{50} 为 $130\sim250mg/kg$，火鸡的 LD_{50} 为 $346\sim416mg/kg$。雌性动物对莫能菌素的耐受性较雄性差。主要中毒表现有食欲缺乏、运动减少、肌无力、共济失调、腹泻、增重减少、迟发性死亡，存活动物体况在观察期间有所好转。此外，莫能菌素预混剂中剂量组饲喂 6 个月对大鼠的平均体重、血液学检查、血液生化检查和病理学检查均无明显影响。莫能菌素预混剂对大鼠的最大无作用剂量可定为，雌性 $63mg/kg$ 饲料，雄性 $145mg/kg$ 饲料。

盐霉素作为抗菌剂和家禽的抗球虫剂已广泛使用，而且还可以将其添加到反刍动物饲料中促进反刍，从而提高饲料的利用率，但所用剂量一旦过高，就会产生严重的毒性，意外摄入高剂量的盐霉素致人中毒事件也有报道。若浓度过大或使用时间过长，盐霉素可导致鸡食欲缺乏、体重减轻、共济失调、腿无力等不良反应，可使蛋鸡的产蛋率、蛋壳质量下降，对猪过量饲喂盐霉素可导致共济失调、直肠温度升高等，其发病症状为肌肉痉挛、斜卧、排血尿及站立不稳等，在组织学上还可导致肾小管上皮细胞退化，但其他组织器官没有显著变化。盐霉素的安全范围较窄，超过80mg/kg会影响增重和摄食，同时对禽类发生免疫抑制作用。大鼠口服LD_{50}为70～100mg/kg，鸡口服LD_{50}为150mg/kg，小鼠口服LD_{50}为50mg/kg。长期按规定用量使用，在鸡和小白鼠未发现使用产生的副作用，未出现致畸、致突变作用。根据关于盐霉素对家兔急性、亚慢性毒性机理的研究，发现盐霉素对家兔的LD_{50}为91.25mg/kg体重，95％可信区间为106.86～77.84mg/kg体重。从临床症状和组织病理学试验结果可知，心脏、肝脏、脾脏、肺、胃和十二指肠等器官是盐霉素的靶器官。家兔盐霉素亚慢性毒性试验表明100mg/kg饲喂40d抑制家兔的生长，50mg/kg饲喂40d促进家兔生长，盐霉素对家兔的亚慢性毒性效应随着在饲料中添加剂量的递增而增强。血液学检查表明，长期饲喂100mg/kg剂量盐霉素引起家兔贫血症状。抗氧化物酶活性和脂质过氧化物丙二醛含量测定结果表明自由基可能参与了盐霉素对家兔的毒性作用。

虽然在使用规定剂量时，拉沙里菌素是聚醚类离子载体抗生素中毒性最小的一种，但由于其对二价阳离子代谢的影响，引起鸡体水分排泄量明显增加，在使用较高剂量时，会导致垫料潮湿。当饲料中拉沙里菌素的剂量过大时，会对动物产生毒副作用，并且可能存在药物残留等问题。当其用量过大时，会使机体细胞内K^+浓度降低、Ca^{2+}浓度过高，造成组织细胞尤其是神经细胞的功能障碍，严重时会引发死亡。

马杜霉素作为饲料药物添加剂用于预防球虫病，在鸡饲料中预防用量为5mg/kg饲料。但马杜霉素的缺点是安全范围窄，混饲超过6mg/kg对生长有明显抑制作用，也影响饲料报酬。超过7mg/kg浓度混饲即可引起鸡不同程度的中毒。使用超过15mg/kg的马杜霉素预混剂，引起33.33％的鸡只在短时间内出现脚软、瘫痪、饮食欲废绝，引起16.67％的鸡只死亡。马杜霉素也可引起牛、羊、猪及兔中毒。当禽类因马杜霉素中毒超急性死亡时，几乎不出现任何症状。于1～2d急性死亡的家禽，一般可见典型中毒症状：水样腹泻、腿无力、行走和站立不稳，严重者两腿麻痹向后伸，昏睡直至死亡。亚慢性中毒家禽表现食欲缺乏，被毛紊乱，精神抑郁，腹泻，腿无力，增重及饲料转化率下降。超急性死亡的动物，其组织器官一般无明显病变。急性死亡的动物可能有以下病变：普遍性充血，肝脏淤血肿胀，心肌苍白及出血，腺胃黏膜充血、水肿，肠道水肿、出血，尤以十二指肠为重，肾肿大、淤血；骨骼肌明显失水；肌纤维变性、坏死。以上这些病变在不同的动物中的表现不同。对马以心肌损害最严重，对肝脏及骨骼肌几乎无影响；对猪及犬则主要损害骨骼肌，对心肌及肝脏无影响；对牛、禽类主要损害心肌，其次是肝脏和骨骼肌。

那拉霉素在毒理学上属高毒物质，兔在饲喂10～36mg/kg的那拉霉素时，死亡率达到34％～40％。猪的半数致死量为80mg/kg，马的半数致死量为1mg/kg，牛的半数致死量为1mg/kg。

海南霉素致死作用不强，但在高浓度时有影响采食和导致瘫痪的现象。海南霉素禁止与泰妙菌素、竹桃霉素同时使用。高温季节慎用。

（9）药物相互作用　莫能菌素禁止与泰妙菌素、竹桃霉素及其他抗球虫药配伍使用。盐霉素禁用于产蛋鸡、成年火鸡及马；亦禁止与地美硝唑、泰乐菌素、竹桃霉素、泰妙菌素并用；休药期，禽为5d。拉沙里菌素可与泰妙菌素配伍应用。那拉霉素可与尼卡巴嗪配伍使用，药效比单用两种药物强得多；禁止与泰妙菌素、竹桃霉素同时使用；高温季节慎用。海南霉素禁止与泰妙菌素、竹桃霉素同时使用。

（10）剂型　莫能菌素常用制剂为莫能菌素钠预混剂（monensin sodium premix）（含莫能菌素钠20%）。混饲：每1000kg饲料，禽90～110g，兔20～40g。养鸡生产中，常使用含6%或10%的盐霉素预混剂控制鸡球虫病，雏鸡混饲用药量为1kg饲料中加60～70mg。在仔猪日粮中添加10～60mg/kg盐霉素均有促进日增重及饲料利用率的作用；其安全范围较窄，应严格控制混饲浓度；本品禁用于产蛋鸡、成年火鸡及马。拉沙里菌素常用制剂为拉沙里菌素钠预混剂（lasalocid sodium premix）（有15%和45%两种预混剂）；在饲料中添加的剂量控制在75～125mg/kg。马杜霉素常用制剂为马杜霉素铵预混剂（maduramicin ammonium premix）（含马杜霉素铵1%）。马杜霉素用于预防肉鸡球虫病时，规定的混饲浓度为每千克饲料添加5mg（范围为4～6mg），当用量增至9mg时即影响增重，达到15mg时可出现中毒甚至死亡。赛杜霉素常用赛杜霉素钠制剂。海南霉素常用为海南霉素钠制剂。

根据农业农村部公告第246号和第350号，一共有16种药物可添加在商品饲料中用于鸡球虫病的预防。其中可以在商品饲料中添加的聚醚载体类抗球虫药物是：海南霉素钠预混剂、盐霉素钠预混剂、盐霉素预混剂、莫能菌素预混剂（商品名：欲可胖）、拉沙洛西钠预混剂（商品名：球安）、甲基盐霉素尼卡巴嗪预混剂（商品名：猛安）、甲基盐霉素预混剂。

6.3.1.2　化学合成抗球虫药

畜禽球虫病是寄生于胆管及肠上皮细胞内的一种原虫病，特别对雏鸡、幼畜危害较大，可引起下痢、血便、贫血、消瘦，暴发时可成批死亡，给畜禽养殖业带来严重经济损失。

球虫主要有两个属，分别为艾美耳属（*Eimeria*）与等孢球虫属（*Isospora*），其中*Eimeria*常引起发病。根据球虫寄生部位及危害程度不同，主要分为以下7种：柔嫩艾美耳球虫（*E. tenella*）、布氏艾美耳球虫（*E. brunetti*）、早熟艾美耳球虫（*E. praecox*）、毒害艾美耳球虫（*E. necatrix*）、堆型艾美耳球虫（*E. acervulina*）、巨型艾美耳球虫（*E. maxima*）、和缓艾美耳球虫（*E. mitis*）。根据球虫感染后病变程度不同分为两个亚群，第一亚群主要引起肠道出血，包括柔嫩艾美耳球虫、布氏艾美耳球虫、毒害艾美耳球虫；第二亚群主要引起机体吸收障碍或轻微肠道出血，包括堆型艾美耳球虫、巨型艾美耳球虫、早熟艾美耳球虫、和缓艾美耳球虫。其中，柔嫩艾美耳球虫是致病力最强的一种，是导致急性球虫病的主要诱因。兔约有9种，其中兔艾美耳球虫寄生于胆管上皮细胞，亦称肝球虫，危害较大，余均寄生于肠上皮细胞，有的可引起病变，有的不引起病变。牛约有15种球虫，只有牛艾美耳球虫和邱氏艾美耳球虫两种能引起症状，主要危害犊牛。

鸡球虫的发育包括3个生殖阶段：孢子生殖、裂殖生殖和配子生殖。鸡球虫的发育分为体内发育和体外发育，体内发育过程相较于体外发育更为复杂。感染性卵囊被鸡吞食后，卵囊经过胃的机械作用后破碎释放出孢子囊，随后由于胆汁和胰蛋白酶的作用在小肠内脱囊，释放出子孢子进入小肠上皮细胞，进而完成裂殖生殖和配子生殖，最后形成卵囊排出体外。卵囊在适宜的湿度、氧气和温度等外界条件下完成孢子生殖后再次形成感染性卵囊，进而开始下一轮感染。

目前，球虫病的防治主要还是依靠抗球虫药物，抗球虫药物不仅在极大程度上减少了球虫病造成的损失，而且给畜禽养殖业带来了巨大的经济效益。常用的化学合成抗球虫药包括三嗪类、喹诺酮类、吡啶酮类、生物碱类、胍类、硫胺素类似物等。三嗪类衍生物可分为两个亚类，不对称（1,2,4）三嗪和对称（1,3,5）三嗪类，这两个亚类都含有一个杂环，类似于六元苯环，但有三个碳原子被氮原子取代。喹诺酮类药物于1962年被发现，此后对其喹啉核进行了多次修饰，以改进其药代动力学特性和抗菌谱。胍类衍生物，如氯苯胍，具有一个包含碳-氮双键的亚胺中心键，氮原子与氢原子或有机基团相连。氨丙啉是硫胺素（维生素B_1）的类似物，两者结构相似。然而，氨丙啉缺乏硫胺素所具有的羟乙基官能团，因此不能磷酸化为焦磷酸盐类似物。

（1）化学结构

① 三嗪类抗球虫药　三嗪类衍生物可分为两个亚类，不对称(1,2,4)三嗪类和对称(1,3,5)三嗪类，这两个亚类都含有一个杂环，类似于六元苯环，但有三个碳原子被氮原子取代。常用的三嗪类抗球虫药主要有地克珠利、托曲珠利、帕托珠利、沙咪珠利等。化学结构如图6-41所示。帕托珠利是托曲珠利的代谢物托曲珠利砜，沙咪珠利是通过地克珠利与托曲珠利两种结构结合研制出来的一种新的三嗪类抗球虫药物。

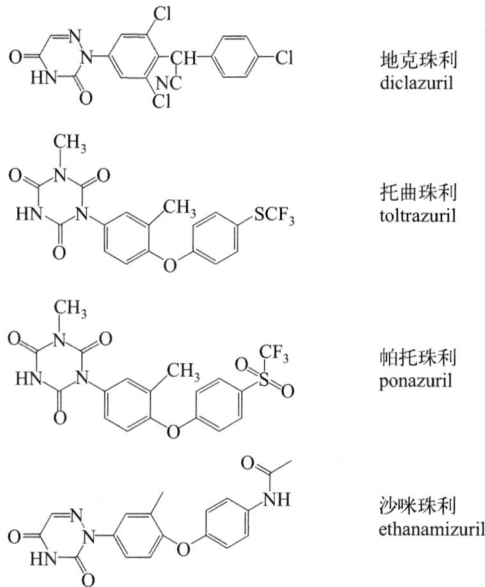

地克珠利
diclazuril

托曲珠利
toltrazuril

帕托珠利
ponazuril

沙咪珠利
ethanamizuril

图6-41　三嗪类抗球虫药化学结构图

② 磺胺类抗球虫药　磺胺类药物是最早的化学合成抗球虫药。磺胺类药物既可以抑制球虫，也可以杀死球虫。磺胺类药物中用于防治畜禽球虫病的主要包括磺胺脒、磺胺嘧啶、磺胺二甲氧嘧啶、磺胺多辛、磺胺二甲嘧啶（合成磺胺嘧啶）、磺胺甲噁唑、磺胺硝苯和磺胺喹噁啉，化学结构见图6-42。

③ 抗硫胺素类抗球虫药　抗硫胺素类药物的化学结构与盐酸硫胺素相似，此类药物中常用的抗球虫药有氨丙啉、二甲硫胺等，化学结构见图6-43。

④ 硝基苯甲酰胺类抗球虫药　氯硝苯酰胺和二硝托胺（Zoamix[®]）是硝基苯甲酰胺类抗球虫药，其化学结构见图6-44。

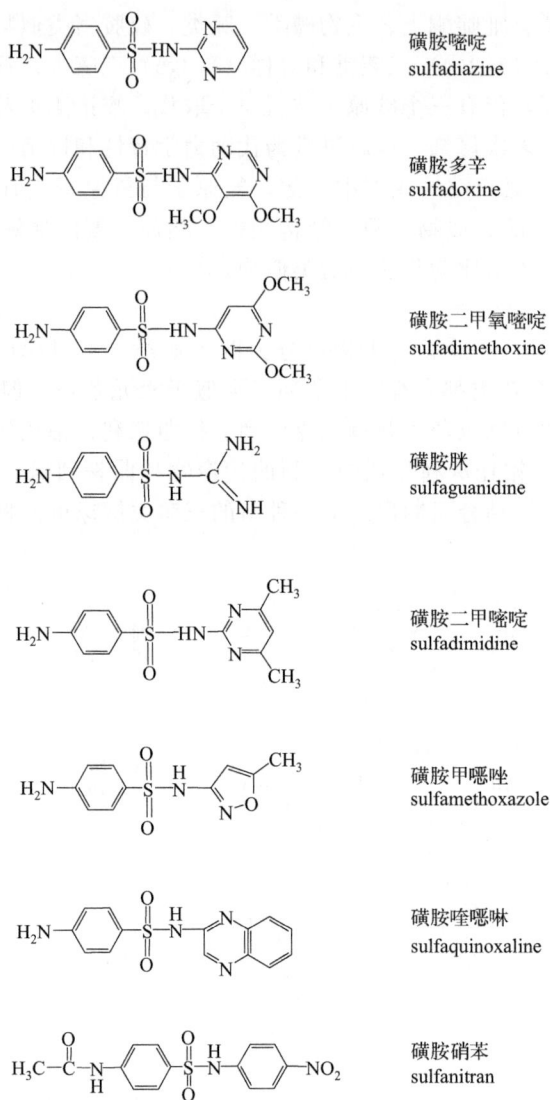

磺胺嘧啶
sulfadiazine

磺胺多辛
sulfadoxine

磺胺二甲氧嘧啶
sulfadimethoxine

磺胺脒
sulfaguanidine

磺胺二甲嘧啶
sulfadimidine

磺胺甲噁唑
sulfamethoxazole

磺胺喹噁啉
sulfaquinoxaline

磺胺硝苯
sulfanitran

图 6-42　磺胺类药物化学结构图

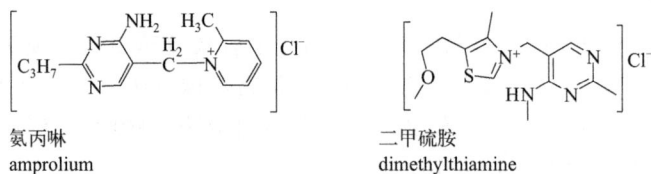

氨丙啉
amprolium

二甲硫胺
dimethylthiamine

图 6-43　抗硫胺素类药物化学结构图

　　⑤ 其他常用抗球虫药　氯苯胍（Cycostat®）是一种合成抗球虫药即胍乙啶的衍生物。尼卡巴嗪（Nicarb®）是 4,4'-二硝基均二苯脲和 2-羟基-4,6-二甲基嘧啶的等分子络

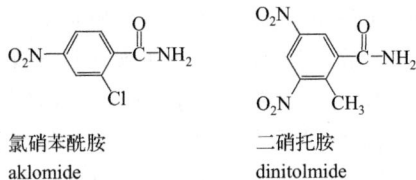

图 6-44　硝基苯甲酰胺类抗球虫药物化学结构图

合物。常山酮是一种生物碱，最初从植物常山（*Dichroa febrifuga*）中分离出来，是常山碱的衍生物，化学结构见图 6-45。

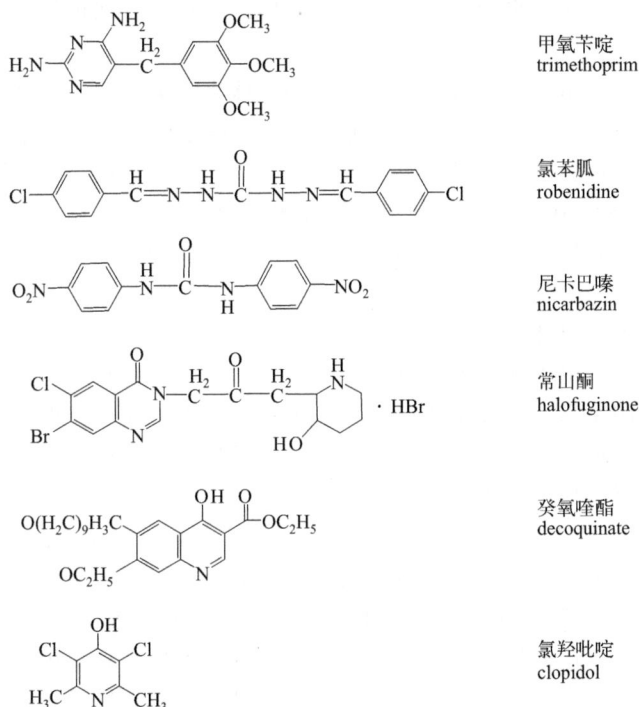

图 6-45　其他常用抗球虫药物化学结构图

（2）作用机制　抗球虫药物的作用机制，根据研究结果可归纳为三个类型。

① 抑制核酸的合成　三嗪类抗球虫药作用于顶复合体一种存在于复顶亚门寄生虫、经内共生获得的质体，但是脊椎动物体内不存在。顶复合体的确切功能还不清楚，顶复合体在氨基酸和脂肪酸的生物合成、硝酸盐和硫酸盐的同化作用、淀粉贮存方面可能发挥着重要作用。地克珠利通过影响球虫核酸的合成，抑制球虫裂殖体和小配子体进一步分化，进而干扰球虫的裂殖生殖和配子生殖，主要作用峰期为球虫感染后 1～4d。地克珠利对不同种属球虫的主要作用阶段有所差异，对于巨型艾美耳球虫，主要作用于其合子发育阶段干扰卵囊壁的正常形成，导致卵囊壁异常增厚，进而形成不完整的卵囊壁促使合子坏死；对于布氏艾美耳球虫，地克珠利通过诱导小配子体的异常分化和抑制球虫卵囊壁的形成而

抑制其繁殖，对于柔嫩艾美耳球虫，地克珠利对无性生殖阶段和有性生殖阶段均有效果，通过阻碍第一和第二代裂殖体和裂殖子的释放，使裂殖体和裂殖子内部结构受损而坏死，通过抑制大配子中卵囊壁体的形成，使小配子母细胞外排受阻，最终促使大小配子坏死，并且地克珠利对受精也有阻碍作用。研究表明，地克珠利还能通过作用于球虫的微线基因、肌动蛋白解聚因子、蛋白激酶 C 受体以及甘油醛-3-磷酸脱氢酶达到抗球虫的目的。托曲珠利对球虫在细胞内整个生活史均有抑制作用，包括分裂和配子体发育阶段。沙咪珠利主要作用于球虫生活史中无性繁殖的第一、二代裂殖子和有性繁殖的配子生殖阶段。

② 竞争性对抗干扰虫体的代谢　磺胺类药物的结构类似于对氨基苯甲酸（p-amino-benzoic acid，PABA）。磺胺类药物干扰叶酸合成的早期阶段，哺乳动物和鸟类细胞使用预成型叶酸，因此不受磺胺处理的影响。磺胺类药物通常与二氢叶酸还原酶/胸苷酸合成酶（DHFR/TS）抑制剂（如甲氧苄啶、乙胺嘧啶或奥美托普利）联合使用，因为在叶酸生物合成的两个部位的活性可观察到协同效应。磺胺类药物对球虫的无性期活性最强，而对有性期活性较弱。

氯苯胍通过阻止裂殖子的形成，对柔嫩艾美耳球虫的第一代裂殖体具有活性。氨丙啉在结构上与维生素 B_1（硫胺素）有关，氨丙啉可以竞争性地抑制球虫对硫胺素的摄取，在细胞内，硫胺素被焦磷酸化为硫胺焦磷酸盐，参加糖代谢过程中 α-酮酸的氧化脱羧反应，是 α-酮酸脱氢酶系中的辅酶，由于氨丙啉缺乏硫胺的羟乙基团，不能被焦磷酸化，许多反应不能进行，妨碍虫体细胞内的糖代谢过程，而抑制了球虫的发育。寄生虫系统的敏感性是宿主系统的 50 倍。然而，长期或大剂量服用氨丙啉可导致接受治疗的动物临床缺乏硫胺素，导致脑皮质坏死。

氨丙啉易溶于水。由于氨丙啉缺乏硫胺的羟乙基团，因此它不会被磷酸化为焦磷酸盐类似物。氨丙啉作用于第一代裂殖体以阻止裂殖子的产生，并对有性阶段和孢子形成的卵囊具有一定的活性。鸡和火鸡艾美耳球虫属的抗氨丙啉虫株普遍存在，因此氨丙啉通常与其他药物联合使用以增加抗球虫活性。

③ 抑制虫体内线粒体的功能　喹诺酮类抗球虫药通过干扰寄生虫线粒体内细胞色素介导的电子转运而抑制球虫呼吸。喹诺酮类抗球虫的作用位点可能在 bc1 复合体内，此处电子由辅酶 Q 转运到细胞色素 C。这类化合物为抗球虫药，能允许子孢子穿透，但不能发育。在药物撤去后，这些受抑制的子孢子有能力恢复生长发育。用这些药物防治球虫的鸡不能形成抗球虫免疫力。此类药物中常用的抗球虫药主要为癸氧喹酯。

（3）耐药性　在世界范围内随着抗球虫药物低浓度长期饲喂预防鸡球虫病，广泛出现了对某些药物产生耐药性的虫株，并出现交叉耐药的现象。球虫产生耐药性的机理至今仍未完全阐明，主要为虫体结合或摄取药物的能力下降、耐药性虫体产生对药物代谢加强或破坏的能力、耐药性虫体为了存活自身改变了代谢途径等三种方式。

临床用药期间为了减少球虫产生耐药性，较好的办法是定期变换或联合应用作用机制不同的药物，避免过度使用任何一种特定的抗球虫药。抗球虫药的选择、给药程序的类型和几种程序之间的轮换方式取决于许多因素：如各种不同抗球虫药的特性、使用历史、过去的使用效果；球虫病的流行病学、耐药虫株存在的情况及其对各种药物耐药性出现的速度等。为了减少临床上球虫耐药性的产生，需要做到以下几个方面。

① 合理选用不同作用峰期的药物　作用峰期是指对药物最敏感的球虫生活史阶段，或药物主要作用于球虫发育的某生活周期，即为其作用峰期，也可按球虫生活史（即动物感染后）的第几日来计算。抗球虫药绝大多数作用于球虫的无性周期，但其作用峰期并不

相同。掌握药物作用峰期，对合理选择和使用药物具有指导意义。一般来说作用峰期在感染后第1、2天的药物，其抗球虫作用较弱，多用于预防和早期治疗。而作用峰期在感染后第3、4天的药物，其抗球虫作用较强，多用于预防和早期治疗。由于球虫的致病阶段是在发育史的裂殖生殖和配子生殖阶段，尤其是第二代裂殖生殖阶段，因此，应选择作用峰期与球虫致病阶段相一致的抗球虫药作为治疗性药物。属于这种类型的抗球虫药有尼卡巴嗪、托曲珠利、磺胺氯吡嗪钠、磺胺喹啉、磺胺二甲氧嘧啶、二硝托胺。

由于抗球虫药抑制球虫发育阶段的不同，会直接影响鸡对球虫产生免疫力。作用于第一代裂殖体的药物，影响鸡产生免疫力，故多用于肉鸡，而蛋鸡和肉用种鸡一般不用或不宜长时间应用。作用于第二代裂殖体的药物，不影响鸡产生免疫力，故可用于蛋鸡和肉用种鸡。

② 轮换用药、穿梭用药或联合用药　轮换用药是季节性地或定期地变换用药，即每隔3个月或半年或在一个肉鸡饲养期结束后，改换一种抗球虫药。但是不能换用属于同一化学结构类型的抗球虫药，也不能换用作用峰期相同的药物。

穿梭用药是在同一个饲养期内，换用两种或三种不同性质的抗球虫药，即开始时使用一种药物，至生长期使用另一种药物，目的是避免耐药虫株的产生。例如离子载体类药-化学合成药物的穿梭用药，开始时使用盐霉素、马度米星等离子载体类抗生素，至生长期时穿梭使用地克珠利等化学合成药。

离子载体类抗生素的独特作用机制，使之难以在实验条件下诱导对离子载体类抗球虫药产生耐药性，在田间临床应用后可缓慢形成耐药性。20世纪80年代中后期，美国报道了鸡艾美耳球虫离子载体类耐药虫株，离子载体类的耐药性现在很常见。尽管已经证明球虫对特定离子载体的反应存在虫株差异，但离子载体之间的交叉耐药性现在比较普遍。

（4）药代动力学　地克珠利对马给药剂量为2.5g/450kg时，其半衰期约为43h，并在21d内每日给药情况下，血药浓度保持在7～9μg/mL。脑脊液（CSF）浓度约为血浆浓度的15%，抑制神经肉孢子虫所需的浓度为1ng/mL。在最近的研究中，以批准剂量1mg/kg和较低剂量0.5mg/kg向马饲喂专为顶级马饲料设计的颗粒药物（Protazil™，1.56%）。低剂量和高剂量的半衰期分别约为87h和55h。每天一次，经多次给药至稳态后，低剂量和高剂量的半衰期分别为72h和54h，低剂量和高剂量之间的血浆药物浓度没有差异。低剂量时，脑脊液浓度为血浆浓度的5.7%。由于半衰期长，且0.5mg/kg和1.0mg/kg之间无差异，在进行的一项后续研究中显示每3d或4d服用0.5mg/kg bw剂量将使马体内的浓度保持在所需阈值以上，以抑制肉孢子虫和牛新孢子虫。

托曲珠利给药后在动物体内首先被代谢为托曲珠利亚砜，托曲珠利亚砜进一步被代谢为托曲珠利砜，其代谢物亦具有抗球虫活性，由于托曲珠利砜在动物体内残留时间比较长，被作为残留标示物。托曲珠利以10mg/kg bw或20mg/kg bw对鸡给药后，血药峰浓度分别为16.4μg/mL和25.2μg/mL，达峰时间分别为5.0h与4.7h，消除半衰期分别为10.6h和10.7h，其代谢物托曲珠利亚砜消除半衰期分别为14.8h和15.3h，托曲珠利砜具有较长消除半衰期分别为80.3h和82.9h。当兔子以剂量10mg/kg bw经口给药托曲珠利后，托曲珠利、托曲珠利亚砜与托曲珠利砜在兔血浆中的峰浓度分别为（30.2±1.5）μg/mL、（8.9±1.3)μg/mL与（14.7±3.9)μg/mL，达峰时间分别为（20.0±6.9)h、（20.0±6.9)h与（96.0±0.0)h，消除半衰期分别为（52.7±3.6)h、（56.1±10.7)h与（76.7±7.5)h；当给药剂量为20mg/kg bw时，托曲珠利、托曲珠利亚砜与托曲珠利砜在兔血浆中的峰浓度分别为 $(39.4\pm1.2)\mu g/mL$、$(12.5\pm3.9)\mu g/mL$ 与 $(24.9\pm8.7)\mu g/mL$，相应的达峰时间分别为 $(28.0\pm6.9)h$、$(20.0\pm6.9)h$ 与 $(112.0\pm6.9)h$，消除半衰期分别为 $(56.7\pm1.9)h$、$(68.8\pm12.5)h$ 与 $(82.3\pm12.6)h$。

帕托珠利对马以每天 $5mg/kg$ 体重，持续给药28d，给药7d后帕托珠利在正常马血清中浓度为 $(4.33\pm1.10)\mu g/mL$，脑脊液中帕托珠利浓度为 $(0.162\pm0.05)\mu g/mL$。血清的最终消除半衰期（使用第28至42天数据计算）为 $(4.30\pm0.6)d$。

沙咪珠利对黄羽肉鸡按 $0.67mg/kg$ bw、$1.33mg/kg$ bw 和 $6.67mg/kg$ bw 灌服沙咪珠利溶液后，AUC_{0-t} 分别为 $(37.68\pm6.87)mg/(L\cdot h)$、$(73.19\pm9.18)mg/(L\cdot h)$ 和 $(485.76\pm125.10)mg/(L\cdot h)$，$t_{max}$ 分别为 $(5.17\pm1.80)h$、$(4.6\pm2.12)h$ 和 $(4.6\pm2.12)h$，C_{max} 分别为 $(2.16\pm0.57)mg/L$、$(3.91\pm0.71)mg/L$ 和 $(23.71\pm5.02)mg/L$。口服给药后吸收良好，生物利用度为79.1%。

甲氧苄啶经口给药后很易被消化道吸收，$1\sim4h$ 后血清浓度达到峰值。马的半衰期为3.8h，狗为3.0h，人为10.6h。甲氧苄啶在机体组织中分布广泛，与磺胺类药物同时给药不会影响甲氧苄啶的吸收。甲氧苄啶脑脊液的浓度约为血清浓度的40%。甲氧苄啶在24h内以原型的形式（60%~80%）由肾脏排出，部分通过胆汁排出。其余部分以代谢物的形式由肾脏排出。甲氧苄啶和其他二氢叶酸还原酶/胸苷酸合成酶抑制剂的使用与骨髓不良反应相关。通过服用叶酸通常会减少这些不良影响。

癸氧喹酯给药后在动物肠道吸收很差，被吸收的药物会迅速从血液和组织中清除，对于产奶动物来说只有很少部分通过牛奶排泄。

（5）临床应用　目前球虫病主要还是依靠药物防治，不仅在极大程度上减少了球虫病造成的损失，而且给养殖业带来了巨大的经济效益。临床上常用的化学合成的抗球虫药主要有地克珠利、托曲珠利、尼卡巴嗪以及磺胺类药物等。

① 三嗪类抗球虫药

a. 地克珠利。地克珠利商品名 Clinicox®，是一种取代苯乙腈化合物。

地克珠利被批准用于肉鸡预防球虫病，还有其他几种组合产品可供选择，根据产品的不同，休药期可能会有所不同，该药未获准用于蛋鸡。地克珠利被批准用于预防火鸡球虫病，也可与杆菌肽联合使用，同样这些产品产蛋火鸡禁用。当在颗粒饲料中以 $1\sim2mg/kg$ 的浓度连续喂食时，地克珠利可有效控制实验感染家兔肠道球虫病的临床症状。

当地克珠利给药剂量为 $5mg/kg$（相当于 $500mg$ Clinicox®/马），连续治疗30d，能很好改善马源虫性脑脊髓炎的临床症状，与磺胺类药物和乙胺嘧啶联合的标准治疗（90~120d）相比，治疗效果一致且疗程较短。然而，由于给药量大，一些马必须通过鼻胃管给药，这使得治疗不方便和困难。以紫花苜蓿为基础的颗粒制剂的批准使得地克珠利可以作为一种追肥剂添加到饲料中，对于马的治疗更为实用，便于重复给药。

b. 托曲珠利。托曲珠利商品名为 Baycox®，是一种对称的三嗪酮化合物。托曲珠利对多种动物的球虫具有很好的抑制作用，如鸡、鸭、犬、大鼠、鸽子、猪、兔子等。Mathis 等研究发现鸡感染球虫的第10天到第14天之间，通过饮水连续两天给药托曲珠利是控制球虫病的最佳时间，可充分发挥其抗球虫效果。$3\sim6$ 日龄仔猪以单剂量 $20\sim30mg/kg$ 给药托曲珠利时，哺乳猪自然感染球虫病的临床症状可以得到明显改善，临床症状可以减少22%~71%，给药后腹泻和卵囊排泄减少，在英国托曲珠利休药期为77d。通过单剂量托曲珠利给药可以减轻犊牛和羔羊球虫病临床症状并减少球虫卵囊排泄量，在英国托曲珠利在犊牛和羔羊的休药期分别为 63d 和 42d。幼猫通过实验感染等孢子球虫初期，通过单剂量 10mg/kg 体重托曲珠利与 0.9mg 艾默德斯联合用药治疗，其卵囊排泄量可以减少 96.7%～100%。

对于犬肝簇虫病，每 12h 经口给药剂量为 5mg/kg 体重的托曲珠利连续给药 5 天，或者剂量为 10mg/kg 体重每 12h 经口给药，一次连续给药 10 天，可在 2～3 天内缓解自然感染犬的临床症状。不幸的是，大多数接受治疗的犬会复发，最终死于肝簇虫病。幼犬感染等孢球虫属后，用剂量为 9mg/kg 体重托曲珠利联合 0.45mg 艾默德斯，粪便卵囊排泄量减少 91.5%～100%。在感染后刚出现临床症状时开始治疗，对于持续腹泻症状没有显著性差异。

托曲珠利用于治疗马源虫性脑脊髓炎，用药比较安全。目前的推荐剂量为 5～10mg/kg 体重经口给药，连续给药 28 天。尽管托曲珠利具有良好的疗效，但对于该病具有更好的药物可选，其在马匹中的应用已经减少。

c. 帕托珠利。帕托珠利，是托曲珠利代谢物托曲珠利砜，所以其对病原的作用机制与托曲珠利一致。帕托珠利对神经肉孢子虫、弓形虫和犬新孢子虫具有抗寄生虫活性。帕托珠利体外杀死神经肉孢子虫的有效浓度为 0.1～1.0μg/mL。

帕托珠利被批准用于治疗马源虫性脑脊髓炎，给药剂量为 5mg/kg 体重，连续给药 28 天，如果治疗效果不明显可以再持续治疗 28 天。建议首次给药剂量为 15mg/kg 体重的负荷剂量，以使血浆和脑脊液能够达到治疗肉孢子虫的有效剂量。马接种神经元肉孢囊后，帕托珠利可以显著降低鞘内抗神经元肉孢子虫抗体反应，所以对于马源虫性脑脊髓炎预防用药，建议每周灌服一次帕托珠利，剂量为 20mg/kg 体重。

牛实验感染新孢子虫后，给予剂量为 20mg/kg 体重的帕托珠利，连续给药 6 天可以有效治疗该病。

犬和猫感染球虫后，每天给药一次帕托珠利，剂量为 50mg/kg bw，连续给药 3 天，可分别使 92.9% 和 87.5% 接受治疗的犬和猫的囊虫卵囊排泄量低于检测限。粪便卵囊计数高的动物更容易被感染，需要第二个疗程。

d. 沙咪珠利。沙咪珠利是结合地克珠利与托曲珠利两种药物结构研制的一种全新结构的三嗪类抗球虫药物，对感染球虫鸡具有良好的治疗效果。鸡感染球虫后，通过饮水给药，给药剂量为 10mg/L，连续给药 3 天。

② 磺胺类药物　磺胺类药物是最早用于抗球虫的药物。磺胺类药物既可以抑制球虫，也可以杀死球虫。磺胺类药物中用于防治畜禽球虫病的主要包括磺胺脒、磺胺嘧啶、磺胺二甲氧嘧啶、磺胺多辛、磺胺二甲嘧啶（合成磺胺嘧啶）、磺胺甲噁唑、磺胺硝苯和磺胺喹噁啉。

作为饮水给药，磺胺二甲嘧啶被批准用于治疗鸡和火鸡的球虫病。磺胺二甲嘧啶禁用于禽类产蛋期。磺胺二甲嘧啶用于治疗犊牛球虫病，第一天每千克体重 220mg 磺胺二甲嘧啶一次性内服，第二天起每千克体重口服 110mg 磺胺二甲嘧啶，连用不超过 5 天，禁用于反刍前的犊牛泌乳期奶牛。磺胺喹噁啉可在饮用水中使用 3～5 天。治疗中的牛必须饮用足够量的含药水，以提供每天每千克体重 13mg 的药量。禁用于 1 月龄以内待屠宰的犊牛或泌乳期奶牛。FDA 禁止在成年奶牛中标签外使用磺胺类药物。已有数种药品用于治疗犬和猫的肠道球虫病，但只有磺胺二甲氧嘧啶被 FDA 批准用于此用途。磺胺二甲氧嘧啶用于治疗犬和猫的球虫病，第一天给药剂量为 55mg/kg bw，从第 2 天开始，每天 27.5mg/kg bw，持续给药 14～20 天。磺胺喹噁啉通过拌料连续给药 30 天，用于治疗兔球虫病。

③ 甲氧苄啶 甲氧苄啶有几种剂型，以及口服或肠外给药的甲氧苄啶组合。包括甲氧苄啶＋磺胺嘧啶和甲氧苄啶＋磺胺甲噁唑。甲氧苄啶也可作为单一药物提供治疗作用。

甲氧苄啶与磺胺甲噁唑（Cotrimethoxazole®、Bactrim®、Septra®）或磺胺嘧啶联合以片剂、液体和糊剂等剂型使用，甲氧苄啶与磺胺的比例通常为 1∶5。除了抗菌作用，这些药物还用于治疗球虫病、弓形虫病、新孢子虫病、马源虫性脑脊髓膜炎和疟疾。这些药物的不良反应与个别成分的不良反应相似。磺胺类药物的不良反应更常见，但甲氧苄啶也可能具有不良反应。患有肝病、血液失调症或有磺胺敏感史的动物禁用此类药物。奥美普林-磺胺二甲氧嘧啶在妊娠狗中的安全性尚未确定，但研究表明，在妊娠狗中使用甲氧苄啶-磺胺嘧啶是安全的。甲氧苄啶-磺胺类药物已导致治疗母猪的仔猪出现甲状腺疾病。甲氧苄啶在反刍动物口服后不被吸收。

磺胺嘧啶联合甲氧苄啶用于治疗狗的球虫病，甲氧苄啶的给药剂量为 5～10mg/kg 体重，磺胺嘧啶的给药剂量为 25～50mg/kg 体重，给体重超过 4kg 的狗服用 6 天。体重在 4kg 以下的狗给予该剂量的一半，持续 6 天。通过口服甲氧苄啶-磺胺嘧啶（每 12h 15mg/kg 体重）、克林霉素（每 8h 10mg/kg 体重）和乙胺嘧啶（每 12h 0.25mg/kg 体重）三种药物组合 14 天，可以缓解肝簇虫病的临床症状。由于该疗法不能有效地清除组织内发育阶段的虫体，后续接着用癸氧喹酯治疗可预防临床复发。用于治疗犬球虫病的药物和剂量也可用于治疗猫球虫病。

④ 氯苯胍 氯苯胍（Cycostat®，Robenz®）是一种合成抗球虫药即胍乙啶的衍生物。

氯苯胍可以通过鸡体转移至鸡蛋中，导致鸡蛋具有不易被人接受的味道，该药禁止用于产蛋鸡。该药对鸡蛋生产或质量没有任何其他不利影响。氯苯胍用于预防鸡球虫病。通过拌料给药，拌药后的饲料需要在 50 天内喂完。如果在饲料中添加膨润土可能会影响氯苯胍的抗球虫活性。休药期为 5 天，如果低于这个时间，用药鸡的可食用部分会有难闻的气味。氯苯胍通过拌料给药可以用来预防兔子的球虫病，饲料中盐酸氯苯胍的终浓度为 50～66mg/kg，休药期为 5 天。

⑤ 氨丙啉 氨丙啉（Corid®，Amprol®）在美国被批准用于预防和治疗鸡、火鸡、雉鸡和小牛的艾美耳球虫感染，是兽医中最常用的抗球虫药物之一。

氨丙啉通过拌料或饮水用于预防鸡球虫病。氨丙啉连续给药用于治疗和预防火鸡球虫病，不需要制定休药期。氨丙啉被批准用于预防雉鸡球虫病。禁止添加于含有膨润土的饲料。犊牛通过拌料、饮水给药氨丙啉，或者以 5mg/kg 体重口服 21 天以预防球虫病，或以 10mg/kg 体重口服 5 天以辅助治疗球虫病。氨丙啉用于治疗羊的致病性艾美耳球虫病，氨丙啉的耐药性比较普遍，而且还在增加，因此建议使用更高的剂量，每天口服 50mg/kg 剂量，连续 5 天，有效减少卵囊排出，而 10mg/kg 剂量则达不到这种治疗效果。氨丙啉用于治疗狗的球虫病，以每天总剂量为 100～200mg（20％粉末）经口给药一次，连续给药 7～12 天，氨丙啉也可通过饮用水给药，每次给药 8mL（9.6％/L），连续给药 10d；或在食物中使用 250～300mg（20％粉末）的氨丙啉，每天一次，持续 7～12d；氨丙啉可用于治疗猫的球虫病，剂量为 110～220mg/kg，每天口服一次，持续给药 7～12d；氨丙啉也可通过饮用水给药，每次给药 8mL（9.6％/L），连续给药 10 天。氨丙啉可与磺胺二甲氧嘧啶联合使用，用于治疗球虫病，氨丙啉 150mg/kg 体重，磺胺二甲氧嘧啶 25mg/kg 体重，每天一次，持续给药 14 天。

⑥ 氯硝苯酰胺和二硝托胺　氯硝苯酰胺和二硝托胺（Zoamix®）是硝基苯甲酰胺类抗球虫药。氯硝苯酰胺目前在美国没有作为单一药物或与其他抗球虫药物联合销售。

二硝托胺单独用药，以预防鸡球虫病。禁用于蛋鸡和超过 14～16 周龄肉鸡。二硝托胺也被批准用于 14～16 周龄的非产蛋火鸡。二硝托胺常和其他药物联合用药。

⑦ 尼卡巴嗪　尼卡巴嗪（Nicarb®）是 4,4′-二硝基均二苯脲和 2-羟基-4,6-二甲基嘧啶的等分子络合物。这些药物被消化道单独吸收，两者都是抗球虫活性所必需的。

当尼卡巴嗪以 125mg/kg 饲料的浓度对白来航鸡给药时，会导致蛋鸡产蛋量减少、蛋重降低、蛋壳厚度变薄和蛋黄斑点减少。尼卡巴嗪还会导致褐壳蛋孵化率降低和蛋壳脱色。由于尼卡巴嗪具有潜在的生长抑制效应，尼卡巴嗪通常被限制在起始期使用，而由于其可能增强热应激效应，尼卡巴嗪通常被限制在一年中较冷的月份使用。

尼卡巴嗪用于预防球虫病，不用于治疗鸡球虫病。产蛋鸡禁用。尼卡巴嗪和甲基盐霉素（Maxiban®）可联合用于预防肉鸡球虫病。仅适用于肉鸡，不应喂给其他类型的鸡。这种组合的使用与热应激时肉鸡死亡率的增加有关。马食用含有这种复合制剂的饲料可能会引起死亡，成年火鸡也禁用。

⑧ 常山酮　常山酮是一种生物碱，最初从植物常山中分离出来。

常山酮对蛋鸡持续给药 1 周，可转移至鸡蛋内，但是对蛋鸡的产蛋量和鸡蛋质量没有明显的影响。常山酮与鸡的皮肤撕裂有关，并且已被证明是鸟类和哺乳动物细胞中 I 型胶原合成的抑制剂。常山酮对鱼类和其他水生生物有毒，禁用于水禽。常山酮对皮肤和眼睛具有刺激作用，接触此药时应采取适当的预防措施（如防护服）。

常山酮通过拌料给药用于预防鸡球虫病，产蛋鸡禁用。常山酮被证明可用于预防生长期火鸡的球虫病。牛单次口服 1～2mg/kg 体重的常山酮，对泰勒虫感染有疗效。在 2mg/kg 体重时，可能会出现短暂性腹泻。以 100μg/kg 体重口服常山酮，每天一次，连续 7 天，可以治疗或预防小牛隐孢子虫感染。虽然一些研究表明，在接受治疗的小牛身上可以观察到卵囊排出数量减少和腹泻严重程度降低，但尚未发现其他的临床效果。常山酮的疗效可能受到多种因素的影响。当犊牛被单独饲养时，当没有其他并发感染时，常山酮在减少临床疾病和减少犊牛隐孢子虫排泄方面更有效。

⑨ 癸氧喹酯　癸氧喹酯（Deccox®）的抗球虫作用会提高产奶动物的饲料利用率和产奶量。有研究证实癸氧喹酯具有抗牛和羊的弓形虫和隐孢子虫活性。

癸氧喹酯用于预防肉鸡的球虫病。在可能发生球虫病时，应至少连续饲喂 28d。产蛋鸡禁用。肉鸡使用不需要休药期。预防牛球虫病时，至少饲喂 28d，但禁用于泌乳牛。在肉牛使用无需休药期。癸氧喹酯按每千克体重 0.5mg 的剂量饲喂绵羊预防球虫病，至少连用 28d。不需要休药期。产奶供人食用的绵羊禁用。

⑩ 氯羟吡啶　氯羟吡啶（Coyden 25®）是吡啶类中唯一用作抗球虫的药物。氯羟吡啶几乎不溶于水。氯羟吡啶对鸡的柔嫩、毒害、布氏、巨型、堆型、和缓和早熟等艾美耳属球虫有效，特别是对柔嫩艾美耳球虫作用最强。氯羟吡啶对球虫的作用峰期是子孢子期，即感染后第 1 天，主要对其产生抑制作用。在用药后 60 日内，可使子孢子在肠上皮细胞内不能发育。在药物撤去后，子孢子能恢复生长发育。氯羟吡啶能抑制鸡对球虫产生免疫力，过早停药往往导致球虫病的暴发。Long（1993）推测氯羟吡啶的作用方式与喹诺酮类抗球虫药物相似，因为这些药物具有相似的分子结构和生物学活性。但是，氯羟吡啶与喹诺酮类抗球虫药物之间不会产生交叉耐药性。

氯羟吡啶预防鸡球虫病的饲料添加浓度为 0.0125%～0.0250%。如果饲喂浓度为

0.0250%，则需 5d 的休药期。在停药前 5d 添加浓度可减至 0.0125%。氯羟吡啶通过饲喂含药饲料可由母鸡转移至鸡蛋中。氯羟吡啶可用于预防火鸡的球虫病，饲喂浓度为 0.0125%～0.0250%，休药期 5d。当以抗球虫的浓度饲喂时，氯羟吡啶还被批准用于预防火鸡的卡氏住白细胞虫感染。

6.3.2 抗锥虫药

家畜锥虫病是由锥虫属的几种鞭毛原生动物寄生于血液中引起的一类疾病。其中分布较为广泛的主要有布氏锥虫、伊氏锥虫、马媾疫锥虫以及克氏锥虫等。锥虫属寄生虫是马、牛、猪、骆驼、猫、狗等动物甚至是人类大量感染的主要原因，危害我国家畜的主要是由伊氏锥虫和马媾疫锥虫引起的伊氏锥虫病（主要感染马、牛、猪和骆驼等）和马媾疫（主要针对马）。目前防治家畜锥虫病主要方法是应用抗锥虫药，常用的抗锥虫药有三氮脒、苏拉明、喹嘧胺和锥灭定等。为避免病原虫株产生耐药性或治疗效果不佳，在使用上述药物的过程中需注意：①剂量充足；②防止过早使役；③配合或轮换使用。除应用抗锥虫药外，杀灭其中间宿主或传播媒介（蠓、蚊等吸血昆虫）也是预防锥虫感染的一个非常重要的环节。

6.3.2.1 三氮脒

（1）化学结构　三氮脒（diminazene aceturate，分子式：$C_{14}H_{15}N_7$，分子量：281.316），又名贝尼尔、血虫净，是一种合成的由三唑桥连接的重氮氨苯脒乙酰甘氨酸盐水合物，属于芳香双脒类，无臭，遇水溶解，几乎不溶于乙醇，完全不溶于氯仿和乙醚。常规条件下为黄色/橙色结晶粉末，遇光遇热会变为橙红色，化学结构如图 6-46 所示。

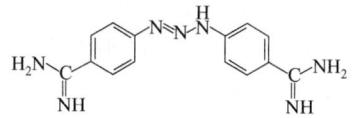

图 6-46　三氮脒的化学结构

（2）作用机制　三氮脒主要作用机制目前尚未完全清楚，多数报道认为三氮脒主要通过干扰虫体 DNA 的生物合成和需氧糖酵解途径来达到杀灭虫体的目的，具体作用机制如下。

① 干扰 DNA 的生物合成　锥虫体内的线粒体中存在一种特殊的细胞器，被称作为动基体，其中含有丰富的可自我复制的遗传物质，三氮脒可通过阳离子基团（双阳离子脒基）与富含腺嘌呤-胸腺嘧啶碱基对的位点特异性相互作用，干扰锥虫体动基体 DNA 的合成或复制，破坏线粒体基因复制的基本过程并诱导核糖体变异，从而损害线粒体膜和氨基酸转运。三氮脒也可与核产生不可逆性的结合，这种结合会对动基体寄生虫的发展造成不可逆的损伤，致使动基体消失进而抑制虫体进行有效分裂繁殖。在细胞周期的 G2 期，三氮脒还能诱导异染色质凝聚，致使 DNA 完全展开，同时三氮脒还能通过干扰 DNA 拓扑异构酶的结合来抑制 DNA 复制，从而达到杀灭虫体的目的。

② 干扰虫体的需氧糖酵解　血液型锥虫由于虫体线粒体发育不全，需通过糖体（由膜包被形成的特异微体）利用宿主葡萄糖进行需氧糖酵解来获取生存所需能量，使用三氮脒会导致宿主低血糖，使得锥虫可利用的宿主来源葡萄糖减少，干扰虫体需氧糖酵解途径，减少了虫体生存能量的获取，最终减少虫体对宿主的感染。

（3）抗虫谱　三氮脒作为传统治疗中广泛使用的广谱抗血液原虫药，主要用于医治家畜锥虫病和巴贝虫病，也有报道称其可用于治疗家畜的泰勒虫病、猪和奶牛的附红细胞体病以及无形体的感染，且具有很好的疗效，但是用于预防效果较差。

（4）**耐药性**　作为传统且有良好治疗效果的抗血液原虫药物，三氮脒在国内外被广泛应用于治疗寄生虫病，因常年使用该药物使得部分未死亡虫体继续繁殖而导致出现耐药虫株，进而产生了对三氮脒的耐药性。目前虫体繁殖过程中耐药基因（由基因突变、转移，特殊基因扩增产生）的出现是导致虫体产生对三氮脒的耐药性的主要原因；其次虫体某些相关酶及药物转运载体的改变也会导致对三氮脒的耐药性。Egbe-Nwiyi 等学者的研究发现，即使加大三氮脒治疗剂量也无法完全治愈由耐药性鼠布氏锥虫感染引起的鼠布氏锥虫病。

（5）**药代动力学**　目前已经有关于三氮脒在许多动物体内的药代动力学的研究报道。在所有被研究的动物中，肌内注射该药物后可迅速被机体吸收、分布，快速达到治疗所需血药浓度，在不同动物中该药表现出双相或三相分布。Aliu 等发现三氮脒能穿透红细胞膜和其他生物膜，如大脑、胎盘和乳腺等，进而扩大在动物体内的分布范围。三氮脒在绵羊和山羊体内的消除半衰期为 $10\sim30h$，牛为 $88\sim145h$，通过尿液排出体外。

（6）**药效学**　给药三氮脒后，血药浓度可迅速升高，但维持时间较短，故主要用于治疗，预防效果差。Da Silva 等研究表明连续 5d 按 $3.5mg/kg$ 体重给药后，猫布氏锥虫病的治愈率可达到 85.7%；Tuntasuvan 等研究表明按照 $3.5mg/kg$ 体重的三氮脒治疗浓度可在第 7 天和第 14 天分别治愈马和骡的伊氏锥虫病，同时血液中也不存在该病原虫体。

（7）**用药指南**　三氮脒通常以单剂量或重复剂量进行肌注，肌注一般治疗浓度为 $3.5mg/kg$ 体重，可快速达到较高血药浓度。按 $3.5mg/kg$ 体重剂量配制 7% 的肌内注射溶液，每天注射 1 次，连用 $2\sim3d$ 可用于治疗马伊氏锥虫病；按 $11mg/kg$ 体重剂量，配成 1% 注射溶液，每 5 天进行一次肌内或皮下注射可治疗犬巴贝斯虫病；对牛和羊的巴贝斯虫病，可按 $3.5\sim3.8mg/kg$ 体重，制备成 5%～7% 注射液进行深部肌内注射治疗，而治疗泰勒虫病时，则可按 $7mg/kg$ 体重配制 7% 的注射溶液进行肌内注射，每天 1 次，连续 3d 未治愈可再继续治疗两天；针对马梨形虫病的治疗，可按 $3\sim4mg/kg$ 体重配制 5% 的注射溶液进行肌内注射 $1\sim3$ 次，每次间隔 24h。

（8）**临床使用**　三氮脒主要用于治疗伊氏锥虫病和马媾疫，对某些锥虫病具有良好的预防效果，同时三氮脒也可用于针对梨形虫和边虫的感染治疗，但对多数梨形虫病具有较差的预防效果。三氮脒可完全去除马驽巴贝斯虫，也可有效治疗犬巴贝斯虫感染，但对马巴贝斯虫的感染治疗效果较差，对感染牛双芽巴贝斯虫的牛治疗效果较好，低至 $0.5mg/kg$ 体重的量即有效，当治疗剂量为 $3.5mg/kg$ 体重时，24h 后体内虫体即可完全消失；当用于治疗分歧巴贝斯虫和牛巴贝斯虫感染时，使用 4d 可明显改善宿主症状（体温恢复等），但无法完全去除血液中虫体，可降低虫体感染引起的死亡率。治疗牛的无形体病通常按 $7\sim10mg/kg$ 体重的注射剂量间隔 1 天注射。

（9）**安全性**　三氮脒具有较强的毒性，用于治疗的安全浓度范围较小，易导致严重毒副作用的产生。急性副作用包括呕吐、腹泻、低血压，同时，三氮脒能够损伤肝脏、肾脏和大脑，甚至威胁牲畜生命。若使用剂量过大、连续使用时间过长、反复用药或用药剂量错误都容易导致中毒。副作用因动物品种、个体特征、营养状况、注射部位等而异。牛和马属动物对它非常敏感，大剂量使用时要小心，避免产生毒性反应；骆驼对本品敏感，超过 $7mg/kg$ 体重的剂量即可损害骆驼机体；当剂量超过 $10mg/kg$ 体重时会对犬的胃肠、呼吸、神经系统或肌肉骨骼系统造成严重影响。

（10）**药物相互作用**　有报道三氮脒与其他药物联用，可以用来增强抗虫疗效，减少三氮脒的使用剂量，减少耐药性虫体产生。有报道联合使用三氮脒和甘菊纳米胶囊油治疗伊氏锥虫感染具有较好的药理活性，不会引起肝中毒且能防治肾损害；小剂量的三氮脒和一定剂量的非甾体抗炎药吡罗昔康的联合使用能够永久治愈实验感染动物；三氮脒和氯喹结合使用对杜氏利什曼虫病有良好的疗效。

（11）**剂型**　粉剂、针剂。

（12）**常用药物**　注射用三氮脒。

（13）**国内外批准的制剂及其用法用量**　FDA 和 EMA 均未批准三氮脒相关制剂应用于兽医临床。国内批准的制剂为注射用三氮脒，通过肌内注射，临用前配制成 5%～7%注射液，每次每千克体重，马 3～4mg（慎用），牛和羊 3～5mg，其中水牛不宜连用，其他家畜必要时可连用，需间隔 24 小时。连用不得超过 3 次。

6.3.2.2　苏拉明

（1）**化学结构**　苏拉明（suramin，分子式：$C_{51}H_{40}N_6O_{23}S_6$，分子量：1297.28），多磺酸萘醌盐，属合成聚阴离子化合物类，多为白色结晶粉末，于 1916 年首次合成，常以钠盐使用，易溶于水且水溶液相对稳定，又称为萘磺苯酰脲、那加宁、那加诺，是一种可逆的竞争性蛋白酪氨酸磷酸酶（PTPases）抑制剂，也是目前用于治疗非洲锥虫病和盘尾丝虫病的首选药物。其化学结构如图 6-47 所示，结构以中心 NH—CO—NH 官能团对称，含有六个芳香体系，药物分子结构相对稳定，见光容易分解，常避光干燥保存。苏拉明其生物学和药理性质与它的六个磺酸基的空间定位和芳香环的存在有关。

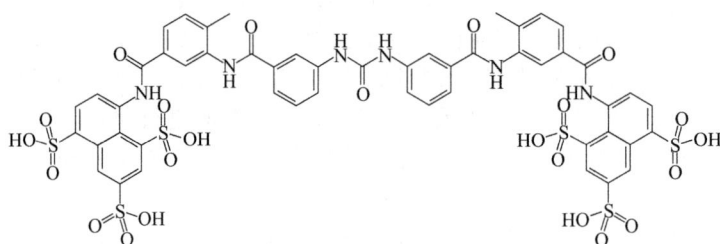

图 6-47　苏拉明的化学结构

（2）**作用机制**　苏拉明的作用机制不详，苏拉明可与体外多种蛋白和酶类相互作用并抑制其活性。通常认为虫体能够通过受体介导的药物内吞作用选择性摄取苏拉明与低密度脂蛋白结合，并少量与其他血清蛋白结合。当药物一旦进入虫体内，就会与蛋白，尤其是与锥虫的糖酵解酶结合，进而干扰能量代谢并影响同化作用，抑制虫体分裂繁殖，最终导致虫体死亡，此外，苏拉明可特异性抑制参与 DNA 和 RNA 代谢的酶类的活性，通过干扰虫体遗传复制从而导致虫体死亡。

（3）**抗虫谱**　苏拉明主要用于治疗布氏罗得西亚锥虫（*Trypanosoma brucei rhodesiense*）感染，无法透过血脑屏障，仅在锥虫尚未侵入患者的中枢神经系统时使用，即昏睡病第一阶段的治疗。体外研究中，苏拉明对克鲁兹锥虫（*Trypanosoma cruzi*）、利什曼原虫（*Leishmania* spp.）和杜氏利什曼原虫（*Leishmania donovani*）也有一定的活性。此外，苏拉明还可阻止恶性疟原虫侵入宿主细胞。

（4）**耐药性** 关于苏拉明耐药性报道较少，1971 年 Gill 曾报道伊氏锥虫的变种（*T. evansi*）对喹嘧胺和苏拉明耐药的菌株没有交叉耐药性。有其它研究报道称在体外试验中一种变异的表面糖蛋白（VSG^sul）能够导致布氏锥虫对苏拉明产生很强的耐药性。

（5）**药代动力学** 苏拉明不能口服，必须静脉注射，肌内和皮下给药均可导致局部组织炎症或坏死。在体内代谢较少，约 80% 通过肾脏排出，体内半衰期 41～78 天，血浆半衰期 45～55 天，在血循环中可存在 6 个月，组织不吸收，无法透过血脑屏障。

（6）**药效学** 苏拉明主要用于预防和治疗马、牛、骆驼、犬等动物感染伊氏锥虫导致的临床症状，早期用药疗效较好，对马媾疫的疗效较差。有研究报道舒拉明钠作为抑制细胞增殖的药物，可与多种生长因子竞争性结合，呈浓度依赖性抑制肿瘤血管增生，抑制肿瘤生长和转移，减轻肝纤维化症状，可逆转肝纤维化，从而治疗肝癌和肝纤维化。

（7）**用药指南** 临床上苏拉明的耐受浓度为 200～300mg/mL，浓度更高时产生毒副作用的概率明显增加。苏拉明可用于治疗由伊氏锥虫感染引起的伊氏锥虫病，尤其适用于治疗骆驼。治疗方案为静脉注射舒拉明 10mg/kg。

（8）**临床使用** 该药主要用于早期非洲锥虫病和罗得西亚锥虫病的治疗，可和乙胺嗪合用来治疗盘尾丝虫病并杀灭机体内微丝蚴，但对班氏丝虫病、马来丝虫病的治疗无效。可采用 10% 的苏拉明溶液通过皮下或肌内注射来预防动物锥虫病，马可预防 1.5～2 个月，骆驼可预防 4 个月。静注 10～15mg/kg 体重并隔 20 天/1～1.5 个月再次注射对治疗马伊氏锥虫病/马媾疫具有良好的效果，治疗若用 15mg/kg 体重的剂量可避免耐药性虫株的产生，对牛伊氏锥虫病，可静注 15mg/kg 体重，用药 9～14 小时后锥虫消失，静注 8.5～17mg/kg 体重可治疗骆驼伊氏锥虫病，治疗时用 17mg/kg 体重可避免耐药虫株的产生。

（9）**安全性** 苏拉明的副作用包括肾毒性、超敏反应、皮炎、贫血、周围神经病变和骨髓毒性，而肾上腺皮质功能障碍为最主要的毒性反应。

虽然苏拉明具有潜在毒性，但还是被发现有多种其他生物用途，例如：抗病毒、抗肿瘤、抗炎、抗蛇毒、抗细胞增殖作用、孤独症的治疗，甚至视网膜病变的修复。在类风湿性关节炎、肾损伤、肝炎等临床动物试验中也证实了苏拉明存在抗炎、免疫调节作用。

（10）**药物相互作用** 已有多篇文献报道苏拉明和其他药物合用可以发挥更大的作用。人参皂苷 Rg3 和苏拉明联用具有更好地抑制小鼠 Lewis 肺癌的生长和转移作用的效果，且联合使用后的副作用较小；低剂量的苏拉明能有效抑制移植瘤的血管生成，减少肿瘤的营养供应，缩小肿瘤，与化疗药物（氟尿嘧啶）有协同抗肿瘤作用，并无明显毒副作用。槲皮素可增强苏拉明对肺腺癌细胞的生长和对肺腺癌移植瘤转移的抑制作用。顺铂和苏拉明联合作用于骨肉瘤细胞 MG-63 能够产生协同作用，临床治疗浓度的苏拉明能够促进顺铂对骨肉瘤的化疗效果。

（11）**剂型** 粉剂、针剂。

（12）**常用药物** 盐酸妥拉唑林注射液（苏拉明钠）。

（13）**国内外批准的制剂及其用法用量** 国内外均未批准苏拉明相关制剂应用于兽医临床。

6.3.2.3 喹嘧胺

（1）**化学结构** 喹嘧胺（quinapyramine，分子式：$C_{17}H_{22}N_6$），又称为甲硫喹嘧胺、喹匹拉明、安锥赛。是一种无臭、味苦、易溶于水不溶于有机溶剂的白色或微黄色的结晶性粉末，具有一定引湿性。本品于 20 世纪 50 年代作为动物锥虫病的治疗和预防药物被引入，后续开发两种产品继续应用于兽医临床治疗动物锥虫病，化学结构见图6-48。

（2）**作用机制** 喹嘧胺主要通过选择性地抑制锥虫中的RNA合成，从而影响蛋白质合成发挥抗锥虫的作用。此外，它还会导致锥虫的核糖体在原位或无细胞介质中聚集。也有研究证明，喹嘧胺能够通过干扰锥虫体的有丝分裂，致使细胞分裂紊乱，喹嘧胺也可通过影响虫体的代谢作用来抑制虫体生长分裂繁殖。

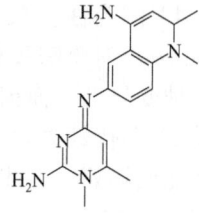

图6-48 喹嘧胺的化学结构

（3）**抗虫谱** 喹嘧胺是用于治疗动物锥虫感染的一种经典的广谱抗锥虫药，对伊氏锥虫、马媾疫锥虫、刚果锥虫均具有较好的治疗作用，但对布氏锥虫的感染治疗效果较差。

（4）**耐药性** 低剂量喹嘧胺的治疗对锥虫细胞分裂抑制作用较弱，易产生耐喹嘧胺的耐药虫株。主要原因是布氏锥虫腺苷转运体（TbAT1）的突变，导致虫体对喹嘧胺产生耐药性。

（5）**药效学** 喹嘧胺主用于马、牛、骆驼伊氏锥虫病和马媾疫的预防和治疗。其中甲硫喹嘧胺适用于治疗而喹嘧氯胺则适用于预防动物锥虫感染；在虫体流行地区一次预防性给药喹嘧胺可有效预防马3个月、骆驼3～5个月内的锥虫感染。

（6）**临床使用** 本品广泛应用于治疗由伊氏锥虫、马媾疫锥虫和刚果锥虫感染导致的寄生虫病，但对布氏锥虫的作用较差。

（7）**用药指南** 针对牛、马、骆驼由锥虫引起的感染，常将喹嘧胺按4～5mg/kg体重配制成注射溶液，现配现用，通过肌内或皮下分点注射进行治疗。马对该药物较敏感，注射部位易出现肿胀，甚至引起硬结等副作用，但3～7日可恢复正常。

（8）**安全性** 本品有刺激性，宜采用分点注射方式进行治疗，局部注射可能会引起肿胀和硬结，但3～7日内可迅速恢复正常。应用本品15分钟到2小时后常出现呼吸急促、兴奋、腹痛、震颤、心率增加、频排粪尿和全身出汗等毒性反应，通常可自行恢复正常，如不能迅速恢复可注射阿托品或采用其他对症疗法进行治疗。伊氏锥虫感染即使在用硫酸喹吡胺治疗锥虫病后仍可复发，并引起马科动物脑膜炎。

（9）**药物的相互作用** 喹嘧胺和萘磺苯酰脲联合治疗效果更佳，有效率可达100%。此外，该药与苏拉明、喹啉嘧啶胺联合使用，均能增加治愈效果。

（10）**剂型** 粉剂。

（11）**常用药物** 甲硫喹嘧胺，喹嘧氯胺。

（12）**国内外批准的制剂及其用法用量** FDA和EMA均未批准喹嘧胺相关制剂应用于兽医临床。国内批准的制剂为注射用喹嘧胺，可通过皮下、肌肉注射，临用前配制成10%水悬液，每次每千克体重，马、牛和骆驼4～5mg。

6.3.2.4 锥灭定

（1）**化学结构** 锥灭定的主要成分包括氮氨菲啶（isometamidium，分子式：$C_{28}H_{26}N_7^+$）和喹嘧氯胺（homidium，分子式：$C_{17}H_{22}Cl_2N_6 \cdot 2H_2O$）两种，为深棕色粉末，无臭，在水中易溶。锥灭定的抗锥虫作用于1938年首次被证明。氮氨菲啶（图6-49）与喹嘧氯胺（图6-50）的不同之处是，它含有额外的 *m*-脒基苯基-偶氮胺，而 *m*-脒基苯基-偶氮胺实际上是咪嗪分子的一部分。

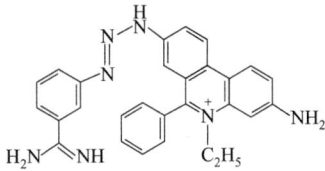

图 6-49 氮氨菲啶的化学结构

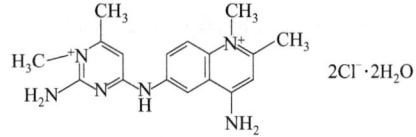

图 6-50 喹嘧氯胺的化学结构

（2）**作用机制** 锥灭定的作用机制主要是通过插入 DNA 碱基或抑制 RNA 聚合酶和 DNA 聚合酶的活性来阻断虫体核酸合成，其中氮氨菲啶选择性地抑制线粒体 DNA（kD-NA）Ⅱ型拓扑异构酶（参与线粒体 DNA 复制），导致 kDNA 网络的萎缩和消失，并最终导致细胞死亡。锥灭定也可通过干扰糖蛋白生物合成、脂质和 ATP 代谢及对着丝体 DNA 小环的选择性切割来抑制虫体繁殖。

（3）**抗虫谱** 研究表明锥灭定具有较广的抗虫谱，对布氏锥虫、伊氏锥虫、马媾疫锥虫、刚果锥虫和克氏锥虫等均具有较明显的抗虫杀灭作用，尤其对绵羊、牛刚果锥虫的治疗效果最好。

（4）**耐药性** 锥虫对锥灭定产生耐受性已被大量实验室内的研究和实地研究所证实，耐药虫体可通过减少体内蓄积的药物浓度达到耐药的目的，锥虫体也可定性突变转运蛋白 Tbabc1、Tbabc2 和 Tbabc3 来增加体内药物对虫体转运蛋白的亲和性，进一步加快了该药物转运到虫体胞外，从而减少药物的摄入而获得对锥灭定的耐药性。

（5）**药代动力学** 经由肌内注射锥灭定后，可迅速在血浆中检测到氮氨菲啶和喹嘧氯胺，给药 1 小时内血浆浓度达到最大，但生物利用率较低（平均绝对生物利用度为 27%）。氮氨菲啶在泌乳山羊中 5mg/kg 体重静脉给药后，药物的半衰期为 3.2 小时，平均停留时间为 2.4 小时，表观分布容积平均为 1.52L/kg，平均全身清除率为 0.308L/（kg·h）。按 35mg/kg 体重给猪肌内注射氮氨菲啶后，其半衰期为 7.20 小时。牛静脉注射氮氨菲啶后的稳态分布体积为 24.5L/kg，平均终末消除半衰期为 135 小时，肌内注射后的平均吸收时间为 282 小时，总体绝对生物利用度为 65.7%，平均终末消除半衰期为 286 小时。

（6）**药效学** 锥灭定对牛和羊的锥虫感染具有良好的治疗效果，在 $1\sim4\mu g/mL$ 的有效浓度下 24 小时内对伊氏锥虫和马媾疫锥虫的杀灭率为 100%。本品在注射部位吸收速度缓慢，具有较长的体内残效期，一次用药可维持 6 个月预防作用。

（7）**临床使用** 针对伊氏锥虫感染的病牛，配制 1mg/kg 体重的氮氨菲啶注射液进行肌内注射治疗，注射 24 小时可明显改善临床症状，21 天后血液生化值和机体症状均恢复正常。一般轻症病例用药 1 周后，症状即可得到明显好转。

（8）**用药指南** 氮氨菲啶的常规治疗剂量为一次量，牛每 1kg 体重肌内注射 0.50mg，预防为 $0.50\sim1.0$mg。耐药病例的最大剂量为 2.0mg/kg。建议以 1mg/kg 的剂量肌内注射给药。注意，静脉注射并不能提高氮氨菲啶对牛的治疗效果。

（9）**安全性** 大剂量使用本品易在注射部位造成组织损伤并发生脓肿，触压注射部位有痛感。部分伴有轻度浮肿和热感，96 小时后消失。使用本品也会出现副交感神经兴奋样症状，可注射阿托品进行缓解。

（10）**剂型**　临床上主要用粉剂，使用时常用生理盐水溶解。

（11）**常用药物**　注射常用氯化氮氨菲啶盐酸盐。

（12）**国内外批准的制剂及其用法用量**　国内外均未批准锥灭定相关制剂应用于兽医临床。

6.3.3　抗梨形虫药

梨形虫病（piroplasmosis），包括巴贝斯虫病（babesiosis）和泰勒虫病（theileriosis），是一种蜱传性血液原虫感染疾病，由巴贝斯属（*Babesia*）或泰勒属（*Theileria*）的巴贝斯原虫或泰勒原虫感染导致，因该原虫形似梨籽，故称为梨形虫病，旧称焦虫病。梨形虫病在世界范围内流行，病原虫体主要寄生于宿主的红细胞和淋巴细胞，感染后会导致宿主产生贫血、高热、黄疸等一系列临床症状，给全球畜牧业每年造成高达 70 亿美元的经济损失。目前临床常用的抗梨形虫药主要为双咪苯脲、双脒苯脲、硫酸喹啉脲（我国已经禁止使用）和青蒿琥酯。

6.3.3.1　双咪苯脲

（1）**化学结构**　双咪苯脲又名咪唑苯脲、咪唑啉卡普（imidocarb，分子式：$C_{19}H_{20}N_6O$，分子量：348.410）。临床常用其双盐酸盐和二丙酸盐制剂，均为无色粉末，易溶于水。化学结构式见图 6-51。

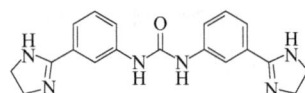

图 6-51　双咪苯脲化学结构

（2）**作用机制**　双咪苯脲可阻止肌醇进入感染了巴贝斯虫宿主的红细胞，并直接作用于虫体，导致虫体核扩张和崩坏。此外，双咪苯脲还可以结合敏感虫体的 DNA，使 DNA 不能展开而变性，导致损伤抑制了细胞修复和复制。

（3）**抗虫谱**　双咪苯脲常用于治疗由巴贝斯虫、泰勒虫和埃立克体引起的感染，也是美国已批准的具有较好治疗效果和广阔应用前景的治疗梨形虫感染的药物。

（4）**耐药性**　双咪苯脲对于巴贝斯虫有良好治疗效果，但有研究表明犬在用药后抑制了保护性抗体的维持，从而产生耐药性使动物更容易再次感染。

（5）**药代动力学**　双咪苯脲口服不易吸收，通常经由肌内注射或皮下注射给药进行治疗。注射给药后吸收快，分布广泛，半衰期长，在肝脏、肾脏、肌肉组织中长期存在，致使该药物消除缓慢。药代动力学和生物利用度的研究结果表明，按 2mg/kg 体重给猪静脉注射双咪苯脲后，（0.54±0.25）h 即可迅速达到峰值血药浓度（2.02±0.73）μg/mL，半衰期为（0.18±0.09）h，分布半衰期犬（8.8±2.31）min 和羊（6.8±1.09）min。给牛皮下注射 3.0mg/kg 体重的双咪苯脲时，达峰时间为（1.96±0.20）h，最高血药浓度峰值为（2288.33±277.88）ng/mL，半衰期为（39.15±15.17）h，表观分布容积为（7.35±2.99）mL/g。单次给白尾鹿按 3.0mg/kg 体重的注射剂量肌内注射双咪苯脲时，利用二室模型计算得达峰时间为（38.63±5.30）min，最高血药浓度峰值为（880.78±81.12）ng/mL，半衰期为（25.90±10.21）min，终末半衰期为（7.73±1.73）h，总清除率为（5.97±1.28）mL/(min·kg)，表观分布容积为（9.20±2.70）L/kg。双咪苯脲在体内代谢缓慢，一般不经由肝脏代谢，通常以原药形式排泄。90% 的药物在小鼠肝肾中均以原药形式存在，95% 的药物在尿中以原药形式进行排泄，但在绵羊体内，该药也以胆汁进行排泄。

（6）**药效学** 双咪苯脲的疗效和安全范围均优于三氮脒。盐酸咪唑苯脲治疗牛的附红细胞体病具有疗效高、剂量小等优点。2.0mg/kg 体重的二丙酸咪唑苯脲对附红细胞体的抑制和杀灭作用要好于三氮脒对附红细胞体的作用效果。

（7）**临床使用和用药指南** 双咪苯脲通常采用皮下注射或肌内注射的方式。治疗牛的巴贝斯虫感染时每 100kg 体重给药 120mg；治疗由无形体和巴贝斯虫引起的混合感染时，每 100kg 体重给药 300mg。绵羊的治疗剂量通常为 60mg/50kg 体重。马的治疗剂量为 240mg/100kg 体重（最好是肌内注射）。治疗犬埃立克体和巴贝斯虫的混合感染时按每 10kg 体重 30mL 皮下注射，间隔 14 天后按每 10kg 体重给药 60mg 再次加强治疗。一次治疗后筛查血液中是否存在寄生虫，如果测试呈阳性，则重复治疗。

双咪苯脲还可作为巴贝斯虫感染的预防用药，牛按每 100kg 体重 300mg 给药；马按每 100kg 体重 240mg 给药（肌内注射）；狗按每 10kg 体重 60mg 给药，单剂量可预防巴贝斯虫病长达 4 周；绵羊按每 50kg 体重 120mg 给药。

（8）**安全性** 双咪苯脲毒性虽然较其他抗梨形虫药物小，但在治疗剂量下仍会有半数动物出现类似抗胆碱酯酶作用的不良反应（如咳嗽、肌震颤、流涎和疝痛等），注射小剂量阿托品能缓解。本品不能静脉注射，因动物反应强烈，甚至引起死亡。马属动物较敏感，忌用大剂量。本品在食用组织中残留期较长，休药期为 28 天。

（9）**药物相互作用** 双咪苯脲不可与抑制胆碱酯酶的药物、杀虫剂或其他化学品一起使用。治疗严重的犬埃立克体病时，双咪苯脲和盐酸多西环素联合用药效果更好。

（10）**剂型** 本品剂型主要为注射剂。

（11）**常用药物** 常用药物为二丙酸咪唑苯脲、二盐酸咪唑苯脲等。

（12）**国内外批准的制剂及其用法用量** 国内和 EMA 均未批准双咪苯脲相关制剂应用于兽医临床。FDA 批准有双咪苯脲注射液（Imizol® equine injection 和 Imizol®）应用于兽医临床，其中 Imizol® equine injection 仅用于马和斑马的巴贝斯虫病治疗，用于驽巴贝斯虫感染时按 2mg/kg 体重肌内注射给药，24 小时后重复一次剂量。用于治疗马巴贝斯虫感染时，按 4mg/kg 体重注射给药，每隔 72 小时重复使用 4 次。在颈部肌内注射，不要静脉注射。请勿用于其他马科动物或其他物种的动物。1 岁以下的马不可使用。请勿用于近期怀孕的动物。Imizol® 仅用于治疗感染巴贝斯虫病的狗，按 6.6mg/kg 体重进行肌内注射或皮下注射，两周内重复该剂量，共进行两次治疗。

6.3.3.2 双脒苯脲

（1）**化学结构** 双脒苯脲（amicarbalide，分子式：$C_{15}H_{16}N_6O$，分子量：296.327）是一种芳香族二脒，为白色结晶，易溶于水。双脒苯脲作为一种新型的抗梨形虫药，常制备成 50% 的二羟乙磺酸双脒苯脲注射液使用，治疗效果和安全范围好于三氮脒，差于咪唑苯脲，同时兼有抗锥虫的作用。化学结构式见图 6-52。

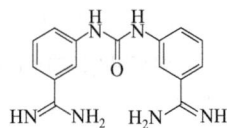

图 6-52 双脒苯脲化学结构

（2）**抗虫谱** 双脒苯脲常用于治疗巴贝斯虫、泰勒虫和分歧焦虫引起的感染，可以根治马驽巴贝斯虫病，但对马巴贝斯虫病无效，对牛二联巴贝虫病有良好疗效。

（3）**药效学** 给小鼠人工接种布氏锥虫后 24 小时，按 25mg/kg 体重给药双脒苯脲，3 天便能够治愈。也能用于治疗牛的巴贝斯虫感染。治疗牛的无形体的急性感染时常以

20mg/kg的剂量皮下给药，一天给药2次。

（4）**耐药性** 1978年发现有耐双脒苯脲的无形体，并且1985年发现有耐双脒苯脲的巴贝斯虫，耐药机制不详。

（5）**临床使用和用药指南** 本品对大鼠、小鼠和牛的各种巴贝斯虫的感染具有良好的预防效果，同时本品也可用于治疗无形体病，对早期感染的动物进行驱虫治疗时，单次肌内注射10mg/kg体重土霉素，连续注射2～3d即可；治疗感染期较长的患病动物时，则每天联合使用20mg/kg体重的土霉素和11mg/kg体重的间脒苯脲口服，连续使用10～14天，间隔7天后，以20mg/kg体重的剂量进行肌内注射土霉素给药，重复两次给药。治疗泰勒虫病感染，对于早期感染可以按15mg/kg体重的剂量肌内注射双脒苯脲，连续5天给药。长效土霉素则以20mg/kg体重的剂量肌内注射一次给药。

（6）**安全性** 本药品毒性较低，注射给药会对给药部位产生局部刺激，出现肿胀。当用两倍正常剂量时，会严重导致马血清中的谷草转氨酶、山梨醇脱氢酶的含量升高。

（7）**剂型** 本品剂型主要为注射剂。

（8）**常用药物** 常用药物为二羟乙磺酸双脒苯脲。

（9）**国内外批准的制剂及其用法用量** 国内外均未批准双脒苯脲相关制剂应用于兽医临床。

6.3.3.3 硫酸喹啉脲

（1）**化学结构** 硫酸喹啉脲（quinuronium sulfate），又名抗焦虫素、阿卡普林、硫酸6-甲基喹啉。

（2）**作用机制** 硫酸喹啉脲可以干扰肝微粒体药物代谢酶的蛋白质合成进而抑制胆碱酯酶活性。

（3）**抗虫谱** 硫酸喹啉脲主要用于家畜巴贝斯梨形虫病，对家畜的巴贝斯虫有效。对巴贝斯虫、驽巴贝斯虫、牛双芽巴贝斯虫等均有良好的治疗效果，同时该品对牛早期的泰勒虫病也有一定的治疗效果，但对牛瑟氏泰勒虫、环形泰勒虫和无形体效果较差，如与其他药物（如黄色素）联合使用，并配合对症治疗，可提高疗效，对边虫的治疗效果较差。

（4）**耐药性** 20世纪90年代，由于药物的长时间使用，出现了耐药现象，具体耐药机制不详。

（5）**药效学** 硫酸喹啉脲作为传统的用于治疗巴贝斯虫病的抗梨形虫药，因毒性较大，在我国已废止使用。

（6）**用药指南与临床使用** 通常配成5%或10%溶液进行皮下或肌内注射。犬和牛通常分别按0.25mg/kg体重、1mg/kg体重的硫酸喹啉脲注射液进行皮下注射给药1次，奶牛24小时内给药两次。在疾病的早期阶段，给药一次通常能在24小时内产生临床治愈效果。本品具有较强的胆碱能神经兴奋效应，因此可同时肌注阿托品，防止发生副作用。

（7）**安全性** 毒性较大，家畜用药后出现不良反应，一般在注射后5～30min出现，轻者表现为流涎、流泪、轻度腹痛、摆尾、频繁粪尿等；重者脉搏加快、呼吸困难、反刍停止、肚胀腹疼明显、肌肉震颤、共济失调，甚至倒地鸣叫等。轻者不需治疗，1小时左右即可恢复正常；重者可用硫酸阿托品2～4mL肌内注射，即可解除。为防止不良反应，可在用药前或用药同时注射阿托品。由于毒副作用等原因，中华人民共和国农业部公告第1845号将硫酸喹啉脲（阿卡普林）和硫酸喹啉脲注射液（阿卡普林注射液）废止。

（8）**药物相互作用**　由于硫酸喹啉脲容易出现不良反应，因此可同时肌注阿托品，防止发生副作用。

（9）**剂型**　本品剂型主要为注射剂。

（10）**常用药物**　曾经常用药物为硫酸喹啉脲、硫酸喹啉脲注射液。

（11）**国内外批准的制剂及其用法用量**　国内外均未批准硫酸喹啉脲相关制剂应用于兽医临床。

6.3.3.4　青蒿琥酯

（1）**化学结构**　青蒿琥酯（artesunate，分子式：$C_{19}H_{28}O_8$，分子量：384.4208），是一种白色、无臭且味苦的晶体，为半倍萜内酯化合物青蒿素衍生物，熔点为140～142℃，易溶解于氯仿，溶解于丙酮且略溶解于甲醇或乙醇，几乎不溶水。青蒿素及其衍生物化学结构如图6-53所示。

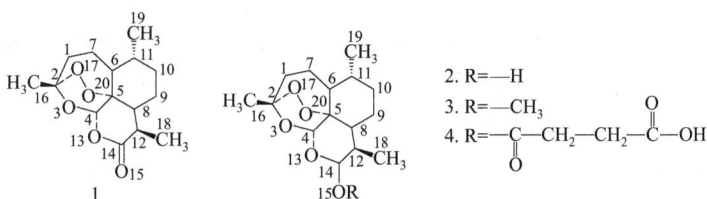

图6-53　青蒿素、二氢青蒿素、蒿甲醚和青蒿琥酯分子结构
1—青蒿素；2—二氢青蒿素；3—蒿甲醚；4—青蒿琥酯

（2）**作用机制**　青蒿琥酯，是我国自主研发的具有半倍萜结构的青蒿素类特效抗疟原虫药，但其作用机制尚未明确，仍存有争议。青蒿琥酯是一种药物前体，可迅速转化为其活性形式二氢青蒿素。二氢青蒿素药效团内过氧化物桥的裂解会产生活性氧，这会增加氧化应激并通过烷基化导致疟疾蛋白损伤。有研究表明青蒿琥酯可通过干扰红细胞期内疟原虫的表膜和线粒体的功能，阻断疟原虫无形体的营养摄取从而致使疟原虫被快速灭杀，进而迅速控制感染症状。

（3）**抗虫谱**　青蒿琥酯主要用于治疗由疟原虫、巴贝斯梨形虫、牛巴贝斯虫和鼠巴贝斯虫引起的感染。

（4）**耐药性**　在东南亚出现了疟原虫对青蒿素的耐药性，这与疟原虫清除缓慢有关。此外，抗疟药剂量不足在一定程度上导致了耐药性的增加。由于青蒿琥酯药代动力学的个体差异，需要通过抗疟原虫管理活动进行治疗性药物监测，以优化药物暴露和避免耐药性的发展。

（5）**药代动力学**　单胃动物内服给药青蒿琥酯0.5～1h后可迅速达到血药浓度峰值，可广泛分布于机体各组织，其中以胆汁中浓度最高，肝、肾、肠次之，并可通过血脑屏障及胎盘屏障。本品半衰期较短，约30分钟，多经由肝脏代谢，并由肾脏迅速排泄其代谢产物，72小时后仅能检测出微量的药物浓度。青蒿琥酯在牛体内的动力学研究证实，静脉注射消除半衰期为0.5小时，表观分布容积为0.9～1.1L/kg，部分青蒿琥酯生成活性代谢物——双氢青蒿素。内服给药，血药浓度极低，直肠给药的药代动力学结果与口服给药相似。

（6）**药效学**　青蒿琥酯对红细胞内疟原虫裂殖体有杀灭作用，兽医临床也可适用于牛、羊泰勒虫和双芽巴贝斯虫。青蒿素类药物及其衍生物用药后，能杀灭红细胞配子体，致使血液内原虫的平均密度在一段时间后急速降低。此外，青蒿素类药物在体外试验中也能防止细胞黏附，这可能与其阻止疟原虫发育成为成熟滋养体阶段有关。

（7）**用药指南**　青蒿琥酯对实验动物胚胎具有较强的毒作用，孕畜需谨慎使用。它是一种临床用途广泛的青蒿素衍生物，活性代谢物双氢青蒿素。可进行静脉给药、肌内注射、口服给药和直肠给药。

（8）**临床使用**　治疗牛感染时，按 5mg/kg 体重的青蒿琥酯的剂量进行内服给药，每日 2 次，持续 2～4 天，且首次按 2 倍剂量进行给药。

（9）**安全性**　青蒿琥酯在人体内，在正常剂量通常不会引起不良反应，在牛羊体内的不良反应报道较少，对实验动物有十分明显的胚胎毒作用，孕畜需谨慎使用。

（10）**药物相互作用**　由于青蒿琥酯的代谢途径是酯酶催化水解，因此它不会提高与 CYP450 酶相关药物的敏感性。研究表明，青蒿琥酯不会明显改变阿托伐醌丙胍或磺胺多辛乙胺的药代动力学。当青蒿琥酯与甲氟喹联用时，未检测到青蒿琥酯活性代谢物 AUC 的显著变化。青蒿琥酯与氯苯胍-氨苯砜联合治疗未发现药代动力学的显著改变。

（11）**剂型**　主要剂型为片剂和粉针剂。

（12）**常用药物**　目前常用药物有青蒿琥酯片、注射用青蒿琥酯。

（13）**国内外批准的制剂及其用法用量**　EMA 和 FDA 均未批准青蒿琥酯相关制剂应用于兽医临床，但 FDA 批准有注射用青蒿琥酯应用于人医临床用于治疗严重疟疾感染。国内批准应用于兽医临床的青蒿琥酯相关制剂为青蒿琥酯片，主要用于牛泰勒梨形虫病的治疗。内服，一次量，每千克体重，牛 5mg，首次量加倍。一日 2 次，连用 2～4 日。孕畜慎用。

6.3.4　抗滴虫药

滴虫作为一种极微小且具有鞭毛的原虫生物，对人和动物具有较大的危害。对畜牧行业危害较大的主要有毛滴虫病和组织滴虫病，其中毛滴虫病病原虫多寄生于牛生殖器官，导致牛不孕和生产能力下降，也会导致牛流产和死胎；组织滴虫多寄生于禽类动物的盲肠与肝脏，造成盲肠溃疡和肝坏死。目前常用的抗滴虫药主要是硝基咪唑类药物，包括甲硝唑、地美硝唑等。本文主要针对甲硝唑和地美硝唑两种抗滴虫药物的作用机制、药物代谢动力学和药物效应动力学、用药指南、药物的相互作用以及抗虫谱等方面综合国内外的相关研究进行归纳总结。

6.3.4.1　甲硝唑

（1）**化学结构**　甲硝唑（metronidazole，分子式：$C_6H_9N_3O_3$，分子量：171），化学名称为 2-甲基-5-硝基咪唑-1-乙醇，为白色或微黄色结晶或结晶性粉末，微臭，味苦，是在 1959 年由放线菌属和变形菌属产生的硝基咪唑-偶氮霉素衍生而合成的高脂溶性抗生素，极微溶于乙醚，微溶于水和氯仿，略溶于乙醇。化学结构如图 6-54 所示。

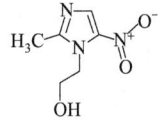

图 6-54　甲硝唑化学结构

（2）**作用机制**　关于甲硝唑的作用机制还未完全阐明，厌氧生物对其硝基的还原似乎是其出现细胞毒性和抗菌作用的主要因素。甲硝唑通过选择性吸收扩散到厌氧菌和敏感原生动物中，通过被动扩散穿过靶细胞膜，在强还原条件下会发生还原后活化，简而言之其作用方式可归纳为：①药物扩散进入细菌细胞；②药物中硝基的还原与活化；③具有毒性作用的还原中间体的产生；④无活性药物代谢最终产物的释放。毒性作用可能是由于还原中间体或自由基与虫体 DNA 或其他分子相互作用导致，即活化后的甲硝唑会通过破坏蛋白质和 DNA 聚合物的形成从而达到杀灭病原菌的目的，但是其对病毒和真菌无活性。

（3）**抗虫谱**　甲硝唑的抗虫谱较广，对由厌氧菌或微嗜气微生物引起的感染，包括拟杆菌属、梭状芽孢杆菌、产气荚膜梭菌、粪链球菌以及阴道毛滴虫、蓝氏贾第虫、痢疾变形虫、艰难梭菌、幽门螺杆菌等均有很好疗效，但本品对需氧菌或兼性厌氧菌的感染治疗则无效。

（4）**耐药性**　甲硝唑极容易获得，造成了其耐药性的发展，目前发达国家耐药率从 10％～50％不等，幽门螺杆菌是通过 $rdxA$ 基因的突变产生对甲硝唑的耐药性，其它生物与甲硝唑耐药性相关的基因可能是 $nimA$、$nimB$、$nimC$ 以及 $nimD$，腔内寄生虫对甲硝唑产生耐药性是一个比较缓慢的过程。

（5）**药代动力学**　甲硝唑因分子量低，易透过细胞膜，内服完全吸收并在组织内有较高的药物浓度。甲硝唑口服吸收速度快，几乎被胃肠道完全吸收，血药浓度从高到低依次是肝脏、膀胱、肾脏、阴道和胃肠道。口服甲硝唑通过肠道的生物利用度约为 80％，血浆浓度峰值出现在 1～2 小时后。甲硝唑经口服 24 小时后，尿液中总硝基衍生物的回收率占化学测定的 35％～65％，占生物测定的 15％～20％。口服或静脉注射 500mg 后，每毫升可达到 13～14μg 的峰值。血清消除半衰期约为 7h，在有食物存在的情况下，口服吸收延迟，但总生物利用度不变。甲硝唑对大多数动物均具有良好的生物利用度，犬对甲硝唑的生物利用度为 50％～100％，马约 80％，半衰期分别为 4～5h、2.9～4.3h。甲硝唑在人体内主要是通过代谢而消除的，由侧链氧化、羟基化或母体化合物偶联而产生。甲硝唑主要由肝脏代谢，其中一种代谢产物羟基衍生物具有显著的厌氧活性，60％～80％的药物均以原药或代谢物形式经由尿液排出，从粪便中排出 15％。

（6）**药效学**　甲硝唑具有抗滴虫和阿米巴的作用，常用于牛、犬的生殖道滴虫病，家禽的组织滴虫病，犬、猫、马的贾第鞭毛虫病；很容易渗入脑脊液，并在脑脓肿的脓液和脓胸液中达到治疗浓度。

（7）**用药指南**　甲硝唑可口服、静脉注射以及局部用药。大多数情况下，甲硝唑是静脉或口服给药，或大剂量单次 2g，或小剂量重复给药。

（8）**临床使用**　内服给药，牛 60mg/kg 体重，犬 25mg/kg 体重；禽类通常经由混饮给药，剂量为 500mg/L，连用七天；静脉注射，牛 75mg/kg 体重，马 20mg/kg 体重，每天一次，连用三天。外用一般配成 5％的软膏涂抹或者是 1％的甲硝唑溶液冲洗尿道。

（9）**安全性**　甲硝唑最常见的副作用包括恶心、呕吐、腹部不适和腹泻，不常见但可能出现的严重不良事件包括癫痫、神经病变和脑病、过敏反应和 Stevens-Johnson 综合征，且通过小鼠与大鼠实验证实其具有致癌性，应避免长期无理由使用，且甲硝唑及相关药物严禁应用于食品动物。

（10）**药物相互作用** 甲硝唑和阿莫西林对放线菌具有体外协同作用，枸橼酸铋钾和甲硝唑联用对幽门螺杆菌具有协同作用，但氯霉素和呋喃妥因会增加周围神经病变的风险，与利福平连用会降低甲硝唑的血药浓度，与巴比妥类药物一同使用也会降低甲硝唑的血药浓度和药理作用。与西咪替丁等肝药酶诱导剂一起使用会使本品加速代谢而降低甲硝唑疗效，与土霉素联用也会降低甲硝唑的治疗效果。甲硝唑可单独使用或与其他抗生素一起用于治疗盆腔炎、心内膜炎和细菌性阴道病。甲硝唑联合二噁英的治疗可用于预防阿米巴原虫病复发，但有一定副作用。

（11）**剂型** 有注射溶液、片剂、栓剂和外用乳膏等不同剂型。

（12）**常用药物** 甲硝唑片、甲硝唑缓释片、甲硝唑注射液、甲硝唑凝胶、甲硝唑洗液。

（13）**国内外批准的制剂及其用法用量** EMA均未批准甲硝唑相关制剂应用于兽医临床。

FDA批准应用于兽医临床的甲硝唑相关制剂为甲硝唑口服混悬液（Ayradia），仅批准应用于狗，按25mg/kg体重口服，每天两次，连续5天。

国内批准应用于兽医临床的甲硝唑相关制剂有甲硝唑片和氟苯尼考甲硝唑滴耳液。甲硝唑片（0.2g/片）主要通过内服，每次每1kg体重，牛3片，犬1.25片。氟苯尼考甲硝唑滴耳液主要应用于猫和犬，滴耳，一次3～4滴，一日2次，连用5～7日。

6.3.4.2 地美硝唑

（1）**化学结构** 地美硝唑（dimetridazole，分子式：$C_5H_7N_3O_2$，分子量：141.13），化学名称为1,2-二甲基-5-硝基咪唑，又称为二甲硝唑、二甲硝咪唑，是1959年从链霉菌提取物合成的硝基咪唑类化合物。常规条件下是一种易与强氧化剂发生反应的无臭或基本无臭的类白色或微黄色的针状体结晶或结晶性粉末，遇光可逐渐变黑，可溶于氯仿、乙醇、稀碱和稀酸等溶剂中，但不溶于水和乙醚，化学结构如图6-55所示。

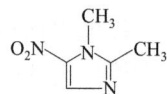

图6-55 地美硝唑化学结构

（2）**作用机制** 地美硝唑的作用方式与甲硝唑相似，主要是还原后活化，通过非酶的氧化还原相互作用干扰厌氧微生物的代谢，在微生物中硝基还原形成的产物阻碍了微生物的DNA合成。

（3）**抗虫谱** 地美硝唑抗虫谱较广，主要用于控制火鸡鸡群感染原虫、鞭毛虫和组织滴虫，同时它对家禽球虫病也有效，还可用于防治猪痢疾和滴虫病。

（4）**耐药性** 关于地美硝唑的耐药性，早在1990年就有毛滴虫对地美硝唑产生耐药性的报道，后续也发现部分赛鸽中毛滴虫对地美硝唑产生了耐药性。目前发现脆弱拟杆菌中携带有 *nimA* 基因的菌株对地美硝唑也表现出明显的耐药性，耐药菌株通过将地美硝唑还原成胺衍生物来避免产生毒性。

（5）**药代动力学** 鸽子静脉给药20mg地美硝唑后的药时曲线符合一室开放模型，平均半衰期为3.9小时，其在鸽子体内的绝对生物利用度为83.8%。片剂与食物一起使用时生物利用度降低20%。

（6）**药效学** 地美硝唑作为一种动物专用抗原虫药，对滴虫、毛滴虫、结肠小袋纤毛虫、鞭毛虫等病原虫感染均有良好治疗效果，也能有效地抑制阿米巴原虫的氧化还原反应，对诸如坏死杆菌、梭状芽孢杆菌属、葡萄球菌、肠弧菌等厌氧菌也有显著的抑制效果，对介于原虫和细菌之间的螺旋体同样高效。作为治疗猪血痢的有效药物，经由皮下注射后能在肠壁和肠系膜淋巴结迅速到达高浓度，在血液和组织中维持有效治疗浓度 $6\sim12h$。无论接触与否，在 $25\mu g/mL$ 浓度下仅 6h 即可杀灭寄生虫。

（7）**用药指南**　地美硝唑具有较好的抗组织滴虫效果，在使用时不能与其它抗组织滴虫药进行联合使用。治疗雏火鸡组织滴虫，用 $100\sim200mg/kg$ 的饲料浓度进行预防用药，用 $500mg/kg$ 的饲料添加浓度进行治疗用药，连用 $7\sim10d$。治疗鸽毛滴虫病，可按 $500mg/L$ 浓度进行饮水给药。还可通过混饲给药来预防和治疗猪痢疾和禽滴虫感染，用于治疗时该药休药期为 30d。

（8）**临床使用**　饮用水中加入地美硝唑（0.05%）是治疗火鸡组织单胞菌感染的有效方法，同时延长地美硝唑 $8\sim10d$ 治疗能有效防止滴虫形成耐受性。内服给药，牛的剂量 $60\sim100mg/kg$ 体重，犬 $25mg/kg$ 体重，禽类可混饲给药，$100\sim200g/1000kg$ 饲料用于预防，$500g/1000kg$ 饲料用于治疗。

（9）**安全性**　地美硝唑的毒性强于甲硝唑，同时具有基因毒性、致癌和致突变的副作用，休药期较长，并且目前许多国家已经禁止其在食品动物中使用，中国也已经禁止地美硝唑用于食品动物促生长。

（10）**药物相互作用**　地美硝唑与环丙沙星等药物联合使用可以增强抗虫效果，同时也可以减少地美硝唑的用量来降低其毒性。

（11）**剂型**　本品存在有粉剂等剂型。

（12）**常用药物**　地美硝唑预混剂。

（13）**国内外批准的制剂及其用法用量**　FDA 和 EMA 均未批准地美硝唑相关制剂应用于兽医临床。国内批准应用于兽医临床的地美硝唑相关制剂仅有地美硝唑预混剂（20%）。混饲，每 1000kg 饲料，猪 $1000\sim2500g$，鸡 $400\sim2500g$（连续用药不超过 10日，蛋鸡产蛋期禁用），不能与其他抗组织滴虫药联合使用。

6.4

杀虫药

6.4.1　有机磷类化合物

有机磷类化合物（OPs）是一种含磷的传统合成杀虫剂和体内外驱虫剂，大多数为酯类或酰胺类化合物。除了对反刍动物线虫（如对寄生于大肠的食道口线虫、夏伯特线虫）的驱除活性存在某些缺陷外，OPs 通常能够驱除寄生于多种动物体内外的主要寄生虫，具有杀昆虫、蛔虫和蠕虫作用。用于兽医临床的 OPs 主要有敌敌畏、敌百虫、哈罗松、蝇毒磷、萘肽磷和育畜磷等。

OPs 持续存在会造成严重的环境污染问题，同时对各种生物（土壤微生物菌群、节肢动物、鱼类、鸟类、人类、动物和植物）、土壤、空气是有毒和/或有害的。近年来，由于阿维菌素类、拟除虫菊酯类等其他更加安全有效的抗寄生虫药物的取代应用，使得其在家畜及其周围环境的应用越来越少，加上其残留期长对生态环境的负面影响和耐药性广泛传播等因素，许多批准用于伴侣动物或食品动物的 OPs 已不再在售或在兽医临床使用。

6.4.1.1 化学结构

OPs 是从磷酸及其衍生物衍生的一类有机化学物质通常被分为磷酸盐类（如敌敌畏）、磷酸酯类（如蝇毒磷）或硫代磷酸酯类（如马拉硫磷、倍硫磷），兽医临床使用的多数 OPs 具有较高的亲脂性（正辛醇水分配系数为 2～6 之间）。脂肪族衍生物具有脂肪族样结构特征（如敌敌畏、马拉硫磷）；苯基衍生物含有苯环且环上的一个氢被 NO_2、CH_3、CN 或 S 取代（如倍硫磷、氨磺磷）；杂环衍生物含有不同的原子如 N 或 S（如二嗪农和毒死蜱）为最长效有机磷类化合物。

6.4.1.2 作用机制

作为乙酰胆碱酯酶（AChE）的抑制剂，OPs 的主要毒性机制是抑制中枢和外周神经中的 AChE，在体内能够通过磷酸化作用与胆碱酯形成磷酰化胆碱酯酶，不可逆地抑制 AChE 的活性，使得乙酰胆碱（ACh）在神经-肌肉系统胆碱能受体部位的水解受阻而不断提升其浓度水平并减少突触传递的持续时间，最终导致虫体麻痹和死亡。

在宿主动物，OPs 对其胆碱酯酶也有一定的抑制作用，经常出现胆碱能神经兴奋的中毒症状（M 样和 N 样作用）：自主效应器官部位的 M 样作用主要包括大量流涎、缩瞳、流泪、鼻液分泌、呕吐、腹泻、尿频、心搏缓慢和高血压等；神经肌肉接头部位的 N 样作用主要包括肌颤、抽搐、局部瘫痪及过度紧张等。

6.4.1.3 抗虫谱

OPs 属于广谱抗寄生虫药，具有杀昆虫、蛔虫和蠕虫作用。在兽医临床，体内用药主要用于胃肠道蠕虫的驱除，体外用药主要用于切断由螨（疥螨、痒螨、蠕虫螨、鸡膝螨）、蜱（硬蜱、软蜱）、虱、蚤、蝇、蚊、虻、蝇蛆（羊鼻蝇蛆、牛皮蝇蛆、马胃蝇蛆）和伤口蛆等引起的畜禽外寄生虫病传播。

6.4.1.4 耐药性

由于 OPs 的长期、广泛和大量使用，引起心脏功能失调、肾脏毒性和肝脏损伤的同时，各种害虫对 OPs 类也产生了不同程度的抗药性，主要表现为虫体内细胞色素 P450 等解毒酶的活性增加。相关文献也报道，农业昆虫迟眼蕈蚊对毒死蜱和辛硫磷也表现出一定的耐药性。此外，越来越多的 OPs 在各种动物肌肉和奶制品甚至人类血液中也被检测到。

6.4.1.5 药代动力学

OPs 给药后在体内迅速吸收，主要从胃肠道、皮肤及肺吸收后分布全身，其中以肝、肾、脾、心等器官的含量较高，其次是肺、肌肉和血液。OPs 体内转化时在肝内被微粒体氧化酶激活，除氧化作用增强毒性外，主要通过水解作用使其毒性减弱。一般认为有机磷制剂在生物体内分解排出较快，主要从肾脏排出，尿中可以检测到药物原型及其代谢产物。

已完成不同剂量水平和暴露途径的 OPs 在多个物种的体内药代动力学和毒理学反应研究。OPs 的药代动力学研究也有助于外推动物对人类的剂量学和生物反应以及评估人类健康风险。例如，静脉注射二嗪农脂质乳液似乎无法逆转其急性毒性，其原因可能与二嗪农转化为脂溶性较低的强效成分有关。此外，敌百虫作为水产养殖过程中治疗寄生虫感染的常用药，相关报道也表明，在（20±2）℃条件下，将鲫鱼浸泡于 0.5mg/L 的敌百虫水溶液中，其肌肉药时曲线符合一室吸收模型，药物达峰时间和达峰浓度分别为 5.65d 和 0.502μg/g，药残达到国家限量标准所需时间约为 5d；研究表明，全池泼洒 0.5mg/L 敌百虫后，乌鳢血液中的浓度逐渐升高，120h 达最高，为 0.072mg/kg，至 360h 时未检出。肌肉中 12h 内未检出，24h 浓度为 0.023mg/kg，120h 检出最大浓度 0.051mg/kg，至 288h 未检出。肝脏 8h 未检出，12h 检出浓度为 0.026mg/kg。使用敌百虫后，乌鳢体内的药物残留量均低于我国的兽药最高残留限量要求，为确保敌百虫使用后对水生态环境及食品安全不造成影响，建议敌百虫使用后的休药期为 150 度日。

6.4.1.6　药效学

OPs 能驱除畜禽体内外各种主要寄生虫，体内用药主要用于胃肠道蠕虫的驱除，体外用药主要用于切断由螨、蜱、虱、蚤、蝇、蚊、虻、蝇蛆及伤口蛆等引起的外寄生虫病传播。临床试验结果表明，0.1g/kg bw 以下的给药剂量不论皮下注射或口服给药敌百虫均可有效驱除马、驴、骡和细毛羊胃肠道大多数肠道线虫。

6.4.1.7　用药指南

有机磷中毒是一个较普遍的问题，临床常采用联合用药方式进行解救：首先，以 M-胆碱受体阻断剂阿托品对抗乙酰胆碱从而解除 M 样效应，兴奋呼吸中枢作用的同时缓解中毒引起的呼吸中枢抑制，临床使用必须及时、足量给药；其次，在阿托品给药后应用胆碱酯酶复活剂（碘解磷定、氯解磷定、双复磷、双解磷）促使胆碱酯酶恢复对乙酰胆碱的水解而发挥协同作用。例如，阿托品和氯解磷定联合应用时，首先静注阿托品（牛 0.15～0.5mg/kg；犬 2mg/只），3～6h 中重复肌注给药以维持血中药物浓度；氯解磷定剂量在小动物为 20～50mg/kg（10% 溶液肌注或缓慢静注），大动物为 25～50mg/kg（20% 溶液，在 6 分钟内静注）或以最大量 100mg/kg 进行静滴。若中毒症状再出现时，应重复给药。

6.4.1.8　临床使用

OPs 局部用药后的全身生物利用度有限，但可以通过表皮扩散分布到全身皮毛。除了蝇毒磷、亚胺硫磷被制成局部外用的喷雾剂、撒剂或滴剂外，大多数被制成用于牛的耳标（如嘧啶磷、二嗪农）和供犬、猫使用的防蚤项圈（杀虫威、敌敌畏和二嗪农）。毒死蜱和亚胺硫磷滴剂允许用于治疗犬的螨病。美国国家环境保护局限制毒死蜱的使用，仅几种产品准许以香波和滴剂用于杀灭犬的蚤、蜱和疥螨。

6.4.1.9　安全性/毒性

OPs 的毒性因其化合物不同和动物种类不同而略有差异，同一种 OPs 中毒在各种动物反应也不一定完全相同。OPs 暴露会给动物和人类带来一些健康问题，如氧化应激、炎症反应和细胞凋亡的肝损伤等。中毒时，动物表现不安宁、颈肌衰弱，运动失调，换气过度，呕吐，全身性肌肉衰弱、衰竭、间歇性抽搐、呼吸障碍而死亡。若遇严重中毒，宜选用阿托品或胆碱酯酶复活剂进行解救同时还要进行补液和电解质等辅助治疗。毒死蜱在兔也容易引起心脏功能紊乱。

美国国家环境保护局（EPA）登记的OPs药物休药期如下：蝇毒磷在肉和奶中为零休药期；亚胺硫磷在牛肉和猪肉的休药期分别为3d和1d；倍硫磷和氨磺磷在肉的休药期很长，分别为46d和35d，不允许应用于泌乳奶牛。OPs残留量少，许多获准上市用于食品动物的OPs药物按照说明书使用后，在肉或奶中几乎不引起残留，可能只有很短的休药期或零休药期。某些OPs具有较高的亲脂性，在组织和奶中有可能出现潜在残留。因为有机磷制剂种类、摄入量和间隔时间长短等不同，OPs仍有发生慢性中毒的可能，故为了安全起见仍然严格规定畜禽在屠宰前7天停药。

6.4.1.10　药物相互作用

胆碱酯酶抑制剂、吗啡、茶碱、利血平、吩噻嗪类镇静剂、大环内酯类抗生素和神经肌肉接头阻断剂（如左旋咪唑和烟碱）均能增强OPs的毒性，临床应用时应注意。

6.4.1.11　剂型

OPs局部用药多应用粉剂、溶液（水产用，如精制敌百虫）、混悬液、油剂、乳剂和软膏等局部涂擦、浇淋和撒布。使用时按规定有效浓度即可，用药面积不宜过大。OPs全身用药多用于群体杀虫，一般采用喷雾、喷洒、药浴，适用于温暖季节，同时必须注意药液的浓度和剂量。OPs杀虫药一般对虫卵无效，因而必须间隔一定时间重复用药。

6.4.1.12　常用药物

（1）敌百虫　敌百虫性质不稳定，其水溶液呈酸性反应，在碱性水溶液中可生成敌敌畏而增强毒性，宜新鲜配制。除了驱除家畜各种消化道线虫外，对体外寄生虫亦有杀灭作用，其中杀灭三蝇蛆（羊鼻蝇蛆、牛皮蝇蛆、马胃蝇蛆）作用更具有实践意义。0.1%～0.5%溶液喷淋可杀灭虱、蚤、蜱、蚊和蝇。0.1%或0.15%溶液洗浴可用于鸡膝螨病。杀螨可配成1%～3%溶液局部应用（对疥螨、痒螨均有效）或0.2%～0.5%溶液药浴（0.2%、0.5%溶液分别适用于痒螨病和疥螨病）。试验研究表明，敌百虫内服最大安全治疗量：1～2周龄犊牛5mg/kg，成年牛50mg/kg；内服最小中毒量：1～2周龄犊牛10mg/kg，成年牛75mg/kg，马100mg/kg，绵羊100mg/kg。外用最大安全浓度：犊牛1%，成年牛2%。休药期为28d。

敌百虫无论以何种途径给药都能快速吸收，主要分布于肝、肾、心、脑和脾，肺次之，肌肉等组织较少。体内代谢较快，主要经尿液排出。乳牛内服^{32}P标记敌百虫，1～3h血中浓度达高峰，乳中分布很少，给药后144h内测得含量仅占总量0.2%，给药后2.5～5.5h尿中排泄最多。内服后1～2h组织浓度达高峰，6h后基本排完，乳牛挤奶后即刻投药，待下次挤奶时挤出的奶并无残留。绵羊一次内服，完全排出所需时间与剂量有关，50mg/kg需6d，100mg/kg需9～10d，200mg/kg需15～16d，300mg/kg需21～22d。猪皮下注射25mg/kg，5～7h后血中含量只有1mg/kg，注射后2h、7h、9h、12h残留量分别为5mg/kg、1mg/kg、0.5mg/kg、0.1mg/kg，半衰期约为2h。鸡外用0.3%溶液或内服10mg/kg，蛋内几乎无残留量。

敌百虫对马副蛔虫、尖尾线虫、胃蝇蛆虫效果好，对圆形线虫不稳定（内服50mg/kg以上效果较好，低于该剂量时效果差或无效，混饲投药40～75mg/kg bw对马胃蝇蛆有良好作用）。

牛对敌百虫反应相对较大。一般治疗量内服对血矛线虫、辐射食道口线虫效果好，剂量增至 110mg/kg 对牛仰口线虫、古柏线虫、艾氏毛圆线虫亦有效，对上述虫体包括奥氏奥斯特线虫未成熟虫体也有一定效果，但内服 110mg/kg 有严重中毒反应甚至会引起死亡。皮下注射最大安全剂量为 44mg/kg，个别在 22mg/kg 就会出现毒性反应，但能够迅速恢复。以 2％溶液涂擦背部，体格较小的牛一次用 300mL，对牛皮蝇第三期幼虫有良好杀灭作用。

羊内服敌百虫对血矛线虫、仰口线虫、毛首线虫、细颈线虫、夏伯特线虫、羊鼻蝇第一期蚴虫等驱虫率达 80％～100％，对奥斯特线虫、毛圆线虫、食道口线虫等驱虫效果不稳定。山羊较绵羊、纯种羊较土种羊耐受性稍差。绵羊内服低于 100mg/kg 较安全，即使出现一些反应，短时内即可恢复，最大安全范围 150～200mg/kg。皮下注射致死量约 250mg/kg。大群灌药时，个别羊只由于个体差异或体质太差，内服 150mg/kg 也有死亡情况。50～75mg/kg bw 内服或 24％溶液喷雾对羊鼻蝇第一期幼虫均有良好杀灭作用，对二、三期蚴虫效果差或几乎无效。

猪混饲投药对蛔虫、毛首线虫、食道口线虫、螺咽胃虫、姜片吸虫效果良好，对猪肾虫病疗效不好，特别是对寄生于肾盂及输尿管周围包囊内之虫体无杀灭作用。以 44～80mg/kg 制成 0.05％～0.09％水溶液饮水投药，对蛔虫成虫和未成熟虫体有 100％之效。肌内注射 75mg/kg 对毛首线虫亦有良效。混饲 100mg/kg 以内较安全，个别猪有反应，也会在短时内恢复。

禽类对敌百虫敏感，安全范围很小：鸡内服 LD_{50} 为 46.6（35.5～60.9）mg/kg，鸭内服 LD_{50} 为 44.8（35.6～54.0）mg/kg。

敌百虫用于杀灭或驱除主要淡水养殖鱼类中华鳋、锚头鳋、鱼虱、三代虫、指环虫、线虫等的寄生虫。用水充分稀释后，全池均匀泼洒：每 $1m^3$ 水体，0.33～0.67g。敌百虫禁与碱性药物合用，在虾、蟹、鳜、淡水白鲳、无鳞鱼、海水鱼禁用，特种水产动物慎用。休药期为 500 度日。

兽医临床批准使用的制剂主要有精制敌百虫粉、敌百虫溶液（水产用）、精制敌百虫粉（水产用）、精制敌百虫片等。

（2）敌敌畏（dichlorvos，DDVP）　敌敌畏杀虫力比敌百虫强，内服吸收快，肝代谢亦快，组织中残留量很小，乳中只含微量，治疗量对家畜肝功能无影响。妊娠动物和心脏病、胃肠炎患病动物禁用。

敌敌畏对猪蛔虫、食道口线虫、毛首线虫、红色猪圆线虫成虫具有高效。

敌敌畏对马普通圆形线虫、马圆形线虫、小型圆形线虫、副蛔虫、尖尾线虫、胃蝇蚴虫驱虫率达 90％～100％，对无齿圆线虫驱虫率 75％。每匹马用 80％敌敌畏乳油 0.8～1.5mL 加入 10kg 饮水饮服或给成年马用 80％敌敌畏乳油 2.5mL 喷入口腔，对东方胃蝇鼻胃蝇、黑角胃蝇和肠胃蝇第二、三期蚴虫均有良好作用。

敌敌畏对牛、羊胃肠道主要寄生线虫和羊鼻蝇第一期蚴虫有效，羊只大群饮水驱虫试验证明饮水状况良好。羊鼻蝇蚴 5～10mg/kg 内服或饮水，每日一次，连用两次，对第一期蚴虫有良好杀灭作用，对第二期蚴虫基本无效。以 $0.5mL/m^3$ 空间浓度熏蒸，羊只停留不超过 1h，对第一期蚴虫有 93％～95.6％的杀灭作用且相对安全。

敌敌畏对犬蛔虫、钩虫等也有较好效果。国外制成敌敌畏聚氯乙烯树脂颗粒剂以保证内服后驱虫药效和提高对家畜安全范围，但树脂型颗粒剂内服吸收慢，血中浓度很低，难以引起中毒，吸收后对体内胆碱酯酶有抑制作用，犬内服后对红细胞和血清胆碱酯酶有轻度抑制，酶活性恢复到原来水平需5～10天，马内服治疗量后胆碱酯酶受抑，要恢复活性需时8周，但无临床中毒症状。为了安全，5周龄以下幼驹、5～6周龄以下仔猪、10天内幼犬均禁用；禽、鱼和蜜蜂对本品敏感，慎用。

兽医临床批准使用的敌敌畏项圈规格主要有13g：0.6g（猫用）和25g：2.25g（犬用）。

（3）哈罗松（haloxon） 哈罗松驱虫范围较广，对哺乳动物红细胞内胆碱酯酶抑制力弱且呈可逆性结合，酶活性易恢复，因而对哺乳动物较安全，马牛一次内服80～100mg/kg无任何不良反应。鹅对本品敏感，不宜使用且阿托品解毒效果差。临床常用制剂有可湿性粉末、混悬液和糊剂，有良好的适口性。

马灌服或混饲投药，56～75mg/kg对副蛔虫、尖尾线虫、小型圆形线虫、普通圆形线虫驱虫率高达91%～100%，对马圆形线虫、无齿圆形线虫效差；内服60～80mg/kg只有个别食欲差者给药后3～5d内出现精神委顿。对牛血矛线虫、毛圆属、古柏属、奥斯特属、类圆属线虫驱虫效果较好；对食道口属、细颈属、夏伯特属、毛首属线虫较差；对仰口属线虫更差，对幼虫亦有一定作用。对羊驱虫效果基本同牛，但幼虫作用较牛好；老龄母羊3～4倍于治疗量、羔羊5～7倍甚至于10倍于治疗量时，对红细胞内胆碱酯酶活性只有轻微抑制，剂量高达300～500mg/kg，有些羊可出现后肢运动失调。绵羊内服最小中毒量为250mg/kg。对孕羊、胎儿发育存活均无不良影响。猪35～50mg/kg混饲，对蛔虫、食道口线虫及第四、五期幼虫具有95%以上的驱虫效果。鸡内服或混饲投服50～100mg/kg对毛细线虫有良效，对25～26日龄幼虫也有92%的效果。

（4）萘肽磷（驱虫磷） 含萘肽磷80%的可湿性粉剂按50～75mg/kg剂量内服对牛、羊胃及小肠部寄生线虫均具有较高驱虫效果；对细颈线虫效果不稳定；对夏伯特线虫、食道口线虫效果很差。马内服35mg/kg对副蛔虫有满意效果。绵羊可耐受200mg/kg，内服LD_{50}为300mg/kg。牛内服150mg/kg以上可出现毒性反应，375mg/kg可致死。鸡内服LD_{50}为35mg/kg。

（5）蝇毒磷（coumaphos） 蝇毒磷最大优点是泌乳动物仍可使用，但其安全范围窄，特别水剂灌服时，二倍治疗量可引起牛、羊中毒死亡，因此宜选用最低剂量法连续混饲给药。畜禽外用后体表保留药效与药液浓度、气候环境、畜禽种类有关，0.05%浓度药浴、喷淋对家畜蜱、螨、蚤、蝇、皮蝇蚴、伤口蛆等均有杀灭作用，0.025%浓度可用于灭虱和羊虱蝇。牛、羊每日2mg/kg混饲投药，连用6天，对胃肠道寄生线虫如捻转血矛线虫、奥斯特线虫、毛圆线虫、古柏线虫、细颈线虫有效；对仰口线虫、夏伯特线虫效果差或几乎无效。牛一次内服蝇毒磷7.5mg/kg可出现食欲减退。33mg/kg混饲119天，无任何不良反应。1～30日龄犊牛用比常用浓度大5～10倍药液（0.25%）一次泼淋，无中毒现象。羊一次内服12.5mg/kg可出现轻微中毒症状，15mg/kg有的羊会致死。每天以2mg/kg混饲喂服，连用6天无任何反应，4mg/kg时接近中毒和致死剂量。禽类以0.05%浓度沙浴杀灭外寄生虫；鸡以0.004%混饲喂服13个月无中毒症状出现。

蝇毒磷在畜禽体内部分可转变为磷酸被机体利用，大部分经代谢或以原型经粪尿排出。吸收后在牛体内的残留除脂肪外，一般在0.1mg/kg以下。3周后脂肪中残留量在0.05mg/kg以下，4周后难以检测出（小于0.02mg/kg），1周后肉内残留量很低。乳中分布极微，外用比一般浓度高10～20倍的药液，其乳中含量在0.1mg/kg以下，3天后难以测出。羊体内残留量稍高于牛、猪，经一次处理后，其残留量不超过0.5mg/kg。鸡体内残留极微，且主要分布在皮肤及脂肪中。一般情况下，牛体表药效可保存1～2周，绵羊体表可保存约半年之久。

蝇毒磷溶液（外用）：牛、羊，按 1:（2~5）稀释，配成 0.02%~0.05% 的乳剂，休药期为 28d。蝇毒磷溶液（蚕用）可选择性地杀灭寄生于柞蚕体内的蝇蛆和卵。临用前按 1:（320~800）稀释，配成 0.02%~0.05% 药液。药浴：蚕眠起 5~8d 内，将蚕连同剪下的少量枝叶，在配好的药液中浸 10 秒左右。

（6）马拉硫磷（malathion） 马拉硫磷主要以触杀、胃毒和熏蒸杀灭虫害，对人和动物的毒性很低，可用于治疗畜禽体表寄生虫病，对蚊、蝇、虱、蜱、螨、臭虫均有杀灭作用。药浴或喷淋，配成 0.2%~0.3% 水溶液；喷洒体表，稀释成 0.5% 溶液；泼洒厩舍、池塘、环境时稀释成 0.2%~0.5% 溶液，每平方米泼洒 2g。喷雾剂（浓度为 1.25%）或撒粉（4%）用于驱除家禽外寄生虫。

精制马拉硫磷溶液外用可经皮肤吸收，脂肪组织中分布较多，主要经肝脏代谢，大部分由尿排出。休药期为 28d。

6.4.2 拟除虫菊酯类

天然除虫菊酯最早来源于植物杀虫药除虫菊，近年来逐渐被合成的拟除虫菊酯类所取代。拟除虫菊酯类具有杀虫谱广、高效、速效、残效期短、毒性低以及对其他杀虫药耐药的昆虫也有杀灭作用的优点。其不易降解的特点使得其残留活性比天然除虫菊酯大。拟菊酯类药物性质均不稳定，进入机体后即迅速降解灭活，不能内服或注射给药，相关资料证明虫体能迅速产生耐药性。兽医常用的拟除虫菊酯类有氯菊酯、氰戊菊酯、氯氰菊酯和苯醚菊酯等。

6.4.2.1 化学结构

拟除虫菊酯类主要由几个基团组成，包括酸部分、中心酯键和醇部分，所有拟除虫菊酯类都有至少四种立体异构形式，且每一种都具有不同的生物学活性。拟除虫菊酯类的结构和立体异构特异性在作用机制中起到非常重要的作用，拟除虫菊酯类分为 1 型（氯菊酯、苄呋菊酯）和 2 型（氰戊菊酯、氯氰菊酯），其中 2 型拟除虫菊酯能使钠离子通道开放状态维持相当长的时间，也能抑制 GABA 和谷氨酸受体通道复合物，在很低剂量下即可引起致死效应且很少有行为变化。

早期的分类方法将拟除虫菊酯类分为 2 个较宽的代：第一代主要是菊酸酯及带有呋喃环和末端侧链组成的醇，对光和温度敏感。第二代是目前兽医上使用的大多数品种，以二氯乙烯、二溴乙烯和芳香环取代后极大增强了杀虫活性和环境稳定性。另一种分类系统是将拟除虫菊酯类分为四代：第一代与早期分类方法中的第一代具有相同的特性，与天然除虫菊酯相似。第二代（如苄呋菊酯和胺菊酯）比第一代稳定性更显著，杀虫效力明显强于天然除虫菊酯。第三代包括广泛使用的氰戊菊酯和氯菊酯，具有显著的光稳定性和杀虫效力。第四代（如氯氰菊酯和氟氯氰菊酯）药效最强，作用最持久，最常用在耳标制剂中。

6.4.2.2 作用机制

拟除虫菊酯类杀虫剂的作用靶位有电压门控钠离子、氯离子和钙离子通道、GABA门控氯离子通道、线粒体 ATP 酶和烟碱受体等，其中最主要作用靶位是神经内钠离子通道，导致反复放电或膜去极化，致使改变后的钠离子通道处于一个稳定的高度兴奋状态，最终引起外寄生虫死亡。拟除虫菊酯类能高度选择性地作用于昆虫而不是哺乳动物的原因是昆虫的钠离子通道比哺乳动物脑中钠离子通道敏感 100 倍。由于胡椒基丁醇或有机磷杀虫剂抑制拟除虫菊酯代谢，使得除虫菊酯和拟除虫菊酯的毒性作用机制变得更加复杂，常常表现在可兴奋（神经和肌肉）细胞的无序功能性而非结构性损伤。

6.4.2.3　抗虫谱

拟除虫菊酯类杀虫谱广，广泛用于驱除或治疗大多数大型和小型动物的多种体内外寄生虫如蚤、蜱和螨等。对哺乳类、禽类及其他脊椎动物的毒性不大，对鱼类等水生生物毒性较大。合成拟除虫菊酯被广泛用于不同配方制剂中，包括浇泼剂、喷雾剂、香波和气雾剂等。

6.4.2.4　耐药性

拟除虫菊酯类耐药性的快速产生促使研发更加具有生态环保意义的拟除虫菊酯类杀虫药。值得一提的是，埃及伊蚊对氯菊酯表现出一定的耐药性，水生生物也对拟除虫菊酯类杀虫药产生耐药性。高浓度的拟除虫菊酯类杀虫药在水和污泥中对水生生物造成致命伤害的同时促发其产生耐受性。许多昆虫种群已经开始通过角质层增厚产生抗性以减少拟除虫菊酯吸收，诱导 CYP6P3 增加排毒的同时修饰钠离子通道靶位点。此外，拟除虫菊酯类杀虫药耐药性在环境生物中也被报道，从而产生一定数量的抗拟除虫菊酯类耐药株如绵羊毛虱等，过量和不正确的应用在一定程度上加速了绵羊毛虱对拟除虫菊酯类药物耐药性的产生。

6.4.2.5　药代动力学

拟除虫菊酯类具有很高的亲脂性且分子量很大，主要贮存在角质层，通过畜禽皮肤吸收非常有限，很少或不能渗透进入体循环。拟除虫菊酯类药物在肝和血液中被迅速代谢为无毒的乙醇和酸的代谢物及其共轭物，半衰期从几分钟到几小时。值得注意的是，某些拟除虫菊酯类杀虫剂由于手性和空间立体异构体的存在，从而显示出不同于其他拟除虫菊酯类的药动学和药效学特性。

氯菊酯、溴氰菊酯和氯氟氰菊酯在大鼠的研究结果表明，分布相半衰期 $t_{1/2\alpha}$ 分别为 4.85h、2.10h 和 1.87h，从血浆中消除半衰期 $t_{1/2\beta}$ 分别为 12.3h、38.5h 和 9.9h。拟除虫菊酯引起大型动物的中毒信息相对较少。体重 38kg、40kg 和 41kg 的斯洛伐克美利奴绵羊分别按照 1500mg/kg、2700mg/kg 和 3000mg/kg bw 剂量单次口服给药后，2700mg/kg bw 和 3000mg/kg bw 剂量组在 4～6h 出现高效氯氰菊酯中毒症状，3000mg/kg bw 剂量组的绵羊存活 24h，在瘤胃内容物和肝脏分别检测到 7.2mg/kg 和 0.58mg/kg 氰化物；2700mg/kg bw 剂量组的绵羊存活 24h，在瘤胃内容物和肝脏分别检测到 5.8mg/kg 和 0.52mg/kg 氰化物；1500mg/kg bw 剂量组的绵羊存活 4 周，在瘤胃内容物和肝脏未检测到氰化物。这些结果表明，瘤胃细菌释放游离氰化物，表明氰化物从高氯氰菊酯中释放可导致反刍动物中毒。

6.4.2.6　安全性/毒性

拟除虫菊酯杀虫剂广泛用于农业和兽医临床，许多拟除虫菊酯类药物局部外用于食品动物，在肉和奶中残留较少，通常被认为对动物是安全的，但常有关于不同物种全身中毒的报道。尽管公开发表的毒代数据有限，在伴侣动物和家畜中皮肤暴露吸收除虫菊素和拟除虫菊酯是最常见的中毒途径（尤其是猫），但不能排除口服和吸入中毒暴露。家畜及其场所使用拟除虫菊酯类药物时应确保对环境的影响最小。皮肤接触拟除虫菊酯类药物很少因全身吸收而在家畜引起明显的毒性，但猫舔舐用药后的毛发可导致明显的内服吸收，猫缺乏通过肝葡萄糖醛酸化反应清除外源化学物的能力比犬更容易出现临床中毒症状。批准用于食品动物的几种浇泼剂如1.5%氯菊酯和1%氟氯氰菊酯在肉和奶的休药期均为零。鱼类等水生动物和无脊椎动物对拟除虫菊酯类高度敏感。仅用于驱除犬蚤和蜱的滴剂含有高达45%～65%的氯菊酯对大多数猫非常有害。

拟除虫菊酯类的临床中毒症状包括肌肉和神经功能紊乱，可分为1型中毒（T）和2型中毒（CS）。中毒症状主要取决于接触药物的途径，可在几分钟到数小时内出现，采用支持性治疗后24～72h内中毒症状可消除。1型中毒综合征与滴滴涕中毒相似，有进行性的全身震颤、过度惊恐、亢奋和死亡。2型综合征包括流涎、虚弱和明显的躲藏综合征。这些症状可出现在犬、猫和大动物身上，预后取决于接触药物的水平。

6.4.2.7 药物相互作用

拟除虫菊酯类与胡椒基丁醇或有机磷杀虫剂合用可增加杀虫功效，但毒性也同时增加，导致 LD_{50} 降低。研究表明，拟除虫菊酯的水解受到OPs的抑制，使用甲胺磷/溴氰菊酯或甲胺磷/芬戊酸盐混合物，拟除虫菊酯类原型药物在尿液中的排泄量显著高于单独使用拟除虫菊酯，这可能与OPs抑制或竞争水解拟除虫菊酯的羧基酯酶有关。

6.4.2.8 剂型

兽医临床常用的拟除虫菊酯类常被制成香波洗浴剂、喷雾剂、项圈、滴剂、撒粉剂和耳标用于驱除或治疗家畜大多数重要外寄生虫（蚤、蜱和螨）。具体应用时因适应证（滴剂与喷雾）而异，还涉及制剂中药物的浓度。

第一代拟除虫菊酯烯丙菊酯最常用于犬和猫的香波洗浴剂中，用于杀灭蚤和/或蜱。第二代拟除虫菊酯苯醚菊酯常以滴剂治疗蚤和蜱（仅用于犬），苯醚菊酯灭蚤项圈和香波制剂可用于犬和猫。0.5%的苄呋菊酯常用于畜舍、养犬场的喷雾杀虫，也被制成局部外用喷雾剂用于马，还有一些香波洗浴剂用于控制寄生于犬和猫的蚤和蜱。第三代拟除虫菊酯类氯菊酯可能是兽医中应用最多的拟除虫菊酯类药物，专用于控制犬的蚤、蜱和螨，不用于猫。喷雾剂、香波剂和撒剂中含氯菊酯浓度较低，犬和猫都允许使用。氯菊酯的浇泼剂和喷雾剂也广泛用于控制食品动物的外寄生虫，如果产品稀释正确且应用不超过2周，则较短的休药期即可。第四代拟除虫菊类氟氯氰菊酯允许以耳标和浇泼剂用于牛，无需休药期。与其他拟除虫菊酯类药物相似，某些浓度下可用于畜舍和牧场，但不能直接用于动物。

6.4.2.9 常用药物

（1）溴氰菊酯（deltamethrin） 溴氰菊酯对有机磷耐药的虫体仍然高效，具有广谱、高效、残效期长、低残留等优点。对皮肤、呼吸道有刺激性，用时注意防护。遇碱分解，对塑料制品有腐蚀性。对鱼类和其他冷血动物毒性较大，剩余药液不宜倾入水体；蜜蜂、家蚕亦敏感。虾、蟹和鱼苗禁用。溴氰菊酯乳油（含溴氰菊酯5%）药浴或喷淋，每1000L水加100～300mL。

溴氰菊酯溶液（水产用）用于杀灭或驱除养殖青鱼、草鱼、鲢、鳙、鲫、鳊、黄鳝、鳜和鲇等鱼类水体及体表锚头鳋、中华鳋、鱼虱、三代虫、指环虫等寄生虫。休药期为

500 度日。

溴氰菊酯溶液（100mL：5g）用于防治牛、羊体外寄生虫病，如疥螨、蜱、虱、蝇和虻等。药浴：每 1L 水，牛、羊 5～15mg（预防），30～50mg（治疗）。休药期为 28d。

（2）**氰戊菊酯**　氰戊菊酯对昆虫以触杀为主，兼有胃毒和驱避作用，对畜禽的多种体外寄生虫和吸血昆虫如螨、虱、蚤、蝇、蚊、蝇和虻等均有良好的杀灭效果，对动物安全，在体内外均能较快地被降解。应用氰戊菊酯喷洒畜禽体表，接触有害昆虫（螨、虱、蚤等）后迅速进入虫体神经系统，10 分钟左右出现中毒，表现为强烈兴奋、抖动，很快转为全身麻痹、瘫痪，最后击倒而死亡，用药 4～12h 后全部死亡。氰戊菊酯对蜜蜂、鱼虾、家蚕毒性较强，使用时不要污染河流、池塘、桑园、养蜂场所。

氰戊菊酯溶液加水以 1：（250～500）倍稀释喷雾用于驱杀畜禽外寄生虫，如蜱、虱、蚤等。休药期为 28d。

氰戊菊酯溶液（水产用，100mL：2g）用于杀灭或驱除养殖青鱼、草鱼、鲢、鳙、鲫、鳊、黄鳝、鳜和鲇等鱼水体及体表锚头鳋、中华鳋、鱼虱、三代虫、指环虫等寄生虫。休药期为 500 度日。虾、蟹和鱼苗禁用。

（3）**氯氰菊酯**　氯氰菊酯对寄生虫以触杀为主，兼有胃毒作用。药物接触寄生虫后选择性地作用于虫体神经细胞膜上的 Na^+ 通道，造成 Na^+ 持续内流，引起虫体过度兴奋、痉挛，最后麻痹而死亡。

高效氯氰菊酯溶液（水产用）使用前用 2000 倍水稀释后，全池均匀泼洒（每 $1m^3$ 水体 0.02～0.03mL），主要用于杀灭寄生于青鱼、草鱼、鲢、鳙、鲤、鲫、鳊等鱼体上的中华鳋、锚头鳋、鱼虱、三代虫、指环虫等寄生虫。休药期为 500 度日。

6.4.3　大环内酯类抗生素

大环内酯类抗生素（macrolides antibiotics，MA）是土壤链霉菌发酵产生的能够同时杀灭体内外寄生虫的一类药物。阿维菌素类药物的发现尤其是伊维菌素的商业化应用是兽医治疗领域取得的突破性进展，此后又成功开发了其他阿维菌素类和美贝霉素类药物。其中，阿维菌素类主要有阿维菌素、伊维菌素、多拉菌素、埃普利诺菌素和色拉菌素；美贝霉素类主要有奈马菌素、莫西菌素和美贝霉素肟。

6.4.3.1　化学结构

大环内酯类是由 14 元、15 元或 16 元内酯环携带一个或多个糖部分和额外的其他取代基，主要包括阿维菌素类和美贝霉素类，二者均属于 16 元大环内酯类且分子结构极其相似，但美贝霉素类在大环内酯环的 C_{13} 位上没有双糖取代基。大环内酯类药物是高度亲脂性物质，可溶于许多有机溶剂中，尽管拥有 2 个糖环和 2 个羟基（阿维菌素类），但相对不溶于水。

6.4.3.2　作用机制

大环内酯类麻痹虫体是通过 GABA 和/或配体门控氯离子通道介导产生，与配体门控氯离子通道的高度亲和性结合，缓慢、不可逆地增加氯离子膜传导性。大环内酯类引起的节肢动物和线虫的麻痹与死亡还与其所引起的咽泵麻痹作用有关。

6.4.3.3 抗虫谱

大环内酯类药物对寄生于各动物种属的线虫和节肢动物具有独特的药效和广谱驱虫活性，对吸虫和绦虫无效，这可能与吸虫和绦虫体内缺少与大环内酯类药物特异性结合的位点有一定的联系。与苯并咪唑类驱虫药不同，大环内酯类药物无杀灭虫卵活性。

6.4.3.4 耐药性

大环内酯类抗生素的广泛应用不可避免地导致抗性虫株的传播。一些表达耐药性决定因素可由大环内酯类介导产生，其中最令人感兴趣的是红霉素抗性甲基转移酶（Erm），能够特异性地甲基化大环内酯类结合位点特定的核苷酸。Erm诱导的详细机制尚不清楚，主要取决于Erm顺反子之前的开放阅读框，且与大环内酯类对蛋白质合成的作用模式密切相关。此外，大环内酯类药物的新抗性机制最近被描述为与一种细胞中特异性表达的短肽有关，虽然尚不完全清楚短肽的表达如何使细胞抵抗大环内酯类，但其潜在机制可能与诱导性耐药和药物诱导抑制翻译的方式有关。

阿维菌素和美贝霉素等大环内酯类药物耐药性与谷氨酸门控氯离子通道（GluCl）的某些亚基的表达及药物转运P-糖蛋白（P-gP）有关，P-gP对大环内酯类药物起到一种外输泵作用，可降低药物在作用位点的局部药物浓度。捻转血矛线虫至少有4个P-gP基因与伊维菌素耐药性有关。与莫西菌素相比，伊维菌素是一个更好的P-gP转运配体。此外，与GABA门控氯离子通道亚单位及β-微管蛋白有关的其他基因似乎也参与了对大环内酯类药物耐药性的产生。

近年来，在许多国家相继出现了大环内酯类的耐药虫株，且主要集中于绵羊和山羊，阿维菌素类驱虫药耐药性产生的机制可能包括虫体对药物摄入量的减少、代谢增强和氯离子通道受体发生改变三个方面。频繁用药和亚剂量用药可能是导致耐药性产生的两大主要原因。最初观察到寄生于绵羊和山羊的线虫特别是捻转血矛线虫对大环内酯类药物（主要是对伊维菌素）的耐药性已广泛传播，在小反刍兽的其他寄生虫也产生了耐药性。此外，已发现了耐大环内酯类药物的多种古柏属线虫和毛圆属线虫的野生虫株。尽管多种马属动物对各种抗寄生虫药的耐药性已广泛传播，考虑到伊维菌素是马仅有的最常用抗寄生虫药，出现耐药性似乎也是不可避免的。相关研究表明，毛滴虫类线虫已对阿维菌素和美贝霉素等产生一定的耐药性，应引起足够的重视。此外，粪便中高浓度的伊维菌素和多拉菌素残留也是不容忽视的问题。

6.4.3.5 药代动力学

评估大环内酯类药物在消化道不同区域的浓度能够对不同线虫的易感性差异提供一些有用信息。在反刍动物，靶组织药物浓度和寄生虫田间试验估算的作用持续期之间的关联性似乎是建立大环内酯类药物动力学-药效学关系关键步骤。体外研究发现，1nmol/L（相当于0.87ng/g）的伊维菌素能麻痹捻转血矛线虫的咽部和抑制毛圆科线虫幼虫发育，但抑制幼虫游动则需要更高的浓度。鉴于体外试验浓度与体内靶组织浓度之间建立一种关联的可能性，假定和推断在靶组织药物浓度高于1ng/g（相当于体外各种药效学测试中麻痹捻转血毛线虫所需的伊维菌素浓度）期间是体内药物抗寄生虫活性的维持时间。虽然伊维菌素在消化道黏膜组织和肺中超过1ng/g的药物浓度可持续至用药后18天，但多拉菌素和莫西菌素在这些组织中高于此浓度的时间可持续至用药后38天。粪便中虫卵计数增加表明，牛分别在伊维菌素和莫西菌素治疗后2～3周和3～4周开始再次感染。外用浇泼剂后，莫西菌素和多拉菌素在牛血浆和组织中的处置动力学特性已有描述。尽管浇泼剂给药使用了 2.5 倍的高剂量，但局部用药后血浆中莫西菌素和多拉菌素浓度都低于皮下注射途径。荷斯坦奶牛外用莫西菌素后，其吸收速率和血浆浓度明显高于安格斯犊牛。莫西菌素局部外用后药物可广泛分布至各靶组织，包括消化道黏膜、肺及各皮肤层，用药后在皮下贮库中的贮存导致了药物缓慢而持续吸收，不同解剖区域的表皮和真皮中检出的较高浓度的莫西菌素与多拉菌素相一致。伊维菌素的药动学因动物种属、剂型和给药途径的不同而有明显差异。皮下注射的生物利用度高，吸收后能很好分布到大部分组织，但不易进入脑脊髓液。牛、绵羊、猪的表观分布容积分别为 $0.45 \sim 2.4 L/kg$、$4.6L/kg$ 和 $4L/kg$。伊维菌素在肝进行代谢，牛、绵羊主要进行羟化，在猪主要为甲基化。主要从粪便排出，少于 5% 以原型或代谢产物从尿中排泄。乙酰氨基阿维菌素给奶牛颈部皮下注射（0.2mg/kg）后，达峰时间为 28.2h，血药峰浓度为 87.5ng/mL，消除半衰期为 35.7h。乙酰氨基阿维菌素具有高脂溶性，其药物动力学表现出非线性特征。奶牛单次背部浇泼给予 0.5mg/kg bw，血药峰浓度（C_{max}）$(18.64 + 2.51)ng/mL$，达峰时间（t_{max}）为 $(3.63 \pm 0.92)d$，平均滞留时间（MRT）为 $(5.61 \pm 0.45)d$，曲线下面积（AUC_{0-t}）为 $(113.90 \pm 19.01)ng/(d \cdot mL)$，表观分布容积（$V_d$）为 41L，血浆清除率（CL）为 4.5L/d，主要经粪便排泄，少量从乳汁和尿液中排泄。

血浆中抗寄生虫药的有效浓度维持时间对治疗蜱感染具有重要性，因为蜱能够在数天内通过摄食活动蓄积致死性药物浓度，其摄入药物及其对节肢动物外寄生虫的药效显著地受寄生虫摄食习惯影响。此外，动物的舔舐行为也会对药物作用存在一定的影响。因此，大环内酯类药物对虱药效较差，可能与接触含药的宿主动物体液时间较短有关。节肢动物外寄生虫在叮咬时接触宿主全身体液，摄入食源性质、摄食频率和持续时间显著影响药物的摄入量和药效。

6.4.3.6　药效学

各种大环内酯类药物对节肢动物和线虫表现出相似但又不完全相同的驱虫谱，且在抗虫效力上也有差异，对螨和吸吮虱有高效驱杀作用。尽管阿维菌素类和美贝霉素类药物似乎有着相同的作用机制，二者在药效学上存在的差别能够解释在抗虫谱、抗虫效力的不同以及莫西菌素对山羊、绵羊和牛的耐伊维菌素线虫所具有的优势。

6.4.3.7　用药指南

全面了解大环内酯类药物的抗寄生虫作用需要考虑各线虫的营养摄取机制及其所寄生动物的消化道结构差异，各种属动物的推荐使用简单总结如下。

反刍动物：可通过皮下注射（牛、绵羊）、内服（绵羊和山羊）（0.2mg/kg bw）和局部用药（牛，0.5mg/kg bw）。大环内酯类对反刍动物各种胃肠道线虫具有高效驱除作用，对寄生于绵羊和牛的肺线虫（网尾属线虫）也具有高效，对感染山羊的大多数线虫有驱虫活性。对牛羊的节肢动物寄生虫包括螨（牛疥螨、羊痒螨）、蝇蛆幼虫（牛皮蝇、纹皮蝇、羊狂蝇）和吸吮虱（牛颚虱、绵羊足颚虱和牛血虱）有效，能够诱导蜱死亡、肿胀或产生较少能存活下来的卵，对绵羊蜱（绵羊虱蝇）几乎无效，但对牛蜱（微小牛蜱）具有高效。

猪：批准用于猪的大环内酯类药物制剂有皮下注射剂（伊维菌素、莫西菌素）、肌内注射剂（多拉菌素），给药剂量均为 0.3mg/kg bw。这些药物制剂对猪蛔虫、猪红色圆线虫、兰氏类圆线虫、食道口属线虫、后圆属线虫、有齿冠尾线虫以及肠内的旋毛虫成虫和幼虫均具有驱虫活性。此外，对吸吮虱（猪血虱）和疥螨（猪疥螨）有高度的抗虫活性。伊维菌素对猪鞭虫的效力变化较大，有效率为 $60\%\sim95\%$。

马：伊维菌素（$0.2mg/kg\ bw$）和莫西菌素（$0.4mg/kg\ bw$）是大环内酯类药物中仅有的可用于马的药物，通过内服糊剂或凝胶剂给药。这两种药物不仅对马副蛔虫、马尾线虫、胃蠕虫（大口德拉西线虫、柔线属线虫、艾氏毛圆线虫）、韦氏类圆线虫和肺蠕虫（安氏网尾线虫）均有高效，而且能够有效控制成熟和未成熟的大圆线虫（普通圆线虫、马圆线虫、无齿圆线虫）以及小圆线虫的成虫、鼻胃蝇和盘尾属微丝蚴。

犬和猫：苏格兰牧羊犬和其他品种的犬对伊维菌素特别敏感，在犬和猫伊维菌素只准用于特定的治疗用途：含有伊维菌素的咀嚼剂以 $0.006mg/kg\ bw$（犬）或 $0.024mg/kg\ bw$（猫）的低剂量用药预防恶丝虫病，较高剂量伊维菌素（$0.05\sim0.2mg/kg\ bw$）内服给药对各种线虫如犬钩口线虫、狐毛首线虫、犬弓首蛔虫和嗜气毛细线虫，可达到很好驱虫效果。伊维菌素皮下注射制剂（$0.2mg$）足以消除耳痒螨、疥螨和猫背肛螨的感染。伊维菌素也可以较高剂量和延长给药方案用于控制犬蠕形螨感染。美贝霉素肟以 $0.5mg/kg\ bw$ 的剂量给药对发育期的犬恶丝虫、犬弓首蛔虫、狮弓蛔虫、犬钩虫和狐毛首线虫都有效。莫西菌素片剂（$0.003mg/kg\ bw$）和长效缓释注射剂（$0.17mg/kg\ bw$）可用于预防犬恶丝虫感染和控制犬钩口线虫。色拉菌素以局部用制剂用于犬和猫，按 $6mg/kg\ bw$ 的剂量给药时对多种体内外寄生虫有效。色拉菌素对感染阶段的犬恶丝虫、犬弓首蛔虫、狮弓蛔虫、管形钩口线虫和猫弓首蛔虫有高效，对蚤（犬栉首蚤）、螨（耳疥癣）、蜱（血红扇头蜱和变异革蜱）等体外寄生虫也有效。

6.4.3.8　临床使用

尽管大环内酯类在化学结构上存在一定的差异，但其独特的药效、高亲脂性和持久而强大的广谱抗虫活性使得其被广泛应用，一次用药可同时驱杀体内外寄生虫（线虫、寄生性昆虫和螨）。尤其是阿维菌素类和美贝霉素类两个家族集广谱、安全、高效和长效于一身，是用于各种家畜和伴侣动物的高效抗寄生虫药。

6.4.3.9　安全性

大环内酯类按推荐量使用对大多数靶动物具有很高的安全性，较大的安全范围主要在于其药理作用的高选择性。通常，阿维菌素类对反刍动物、马、猪和大多数品种的犬（苏格兰牧羊犬和一些澳大利亚牧羊犬除外）至少具有 10 倍的安全范围。急性毒性症状主要表现为抑制、运动失调、震颤、流涎和瞳孔放大，严重时昏迷和死亡。当伊维菌素以 $0.4mg/kg\ bw$ 的剂量用于公牛或母牛时，动物的繁殖性能、精液质量及妊娠情况不受影响。阿维菌素类药物在母牛整个妊娠阶段用药均安全。以二倍或多倍治疗剂量使用时，对精子发生、受精卵着床、妊娠期或胎儿发育均无不良影响。与阿维菌素类相似，美贝霉素类也有较宽的安全范围。

大环内酯类药物具有高度亲脂性，能广泛分布于各组织，在食品动物残留浓度最高的组织是肝脏和脂肪组织。伊维菌素在肝和脂肪中的 MRL 为 $100\mu g/kg\ bw$；多拉菌素在脂肪和肝脏中的 MRL 分别为 $100\mu g/kg\ bw$ 和 $150\mu g/kg\ bw$；莫西菌素 MRL 值较高，其在脂肪中的 MRL 为 $500\mu g/kg\ bw$；埃普利诺菌素在脂肪和肝脏中的 MRL 分别为 $250\mu g/kg\ bw$ 和 $1500\mu g/kg\ bw$。对商品化的大环内酯类药物制剂，各种食品动物也制定了使用后的休药期：牛用1％阿维菌素、伊维菌素、多拉菌素和莫西菌素注射液，其休药期在35～50d。牛用3.15％长效伊维菌素治疗后，可食性组织需要为期120d的休药期；牛耳基部皮下注射10％莫西菌素长效制剂后，各组织中的药物浓度消除至低于规定的MRL需84d。绵羊用伊维菌素内服溶液剂后，肌肉需要经过10～15d的休药期才能供人食用。牛外用多拉菌素浇泼剂后，美国规定的休药期为45d，而欧盟规定为35d。多拉菌素在猪经非胃肠道途径给药后，猪肉需要的休药期如下：美国24d，拉丁美洲国家28～50d，而欧洲国家28～77d。

所有大环内酯类注射剂禁用于泌乳动物，埃普利诺菌素浇泼剂允许用于包括奶牛在内的所有牛且无休药期要求。莫西菌素浇注剂也可用于奶牛，也无休药期限制。伊维菌素、埃普利诺菌素和莫西菌素在奶中的MRL分别为$10\mu g/kg\ bw$、$20\mu g/kg\ bw$和$40\mu g/kg\ bw$。

6.4.3.10　药物相互作用

大环内酯类药物与耳毒性药物阿司匹林、氨基糖苷类药物等合用，尤其在肾功能减退者体内可能增加耳毒性反应；与肝毒性强药物如抗结核药发生相互作用而增加肝毒性反应。此外，阿维菌素与乙胺嗪同时使用，可能产生严重的或致死性脑病。因此，使用时应特别注意。

6.4.3.11　剂型

为了将大环内酯类药物给予不同种属动物（家畜、伴侣动物、野生动物），研制了包括注射液、内服灌胃剂、片剂、糊剂、预混剂、浇泼剂和缓释大丸剂在内的多种释药系统，其中上市的伊维菌素、多拉菌素和莫西菌素注射剂、浇注剂及内服剂型（绵羊、山羊）是最常用的大环内酯类药物，广泛用于控制家畜的内、外寄生虫病。大环内酯类药物在牛的传统给药方式是皮下注射。伊维菌素/阿苯达唑顺序释放制剂（伊维菌素释放10d后释放阿苯达唑20d，按此释放模式循环释放至用药后100d）能够交替释放伊维菌素和阿苯达唑，确保入侵绵羊的寄生虫幼虫暴露于两种不同作用机制的药物，从而延缓耐药性产生。

6.4.3.12　常用药物

（1）**伊维菌素**　伊维菌素片剂（2mg、5mg、7.5mg）用于防治羊、猪的线虫病、螨病和寄生性昆虫病。内服一次量，每10kg体重，羊2mg（产乳供人食用的羊在泌乳期不得使用），猪3mg（母猪妊娠前期45d慎用）。休药期：羊35d，猪28d。

伊维菌素预混剂（100g∶0.6g）批准用于治疗猪的胃肠道线虫、肺线虫、猪疥螨和猪血虱。在猪体内的半衰期长达4天，猪内服血药峰值到达时间（0.5d）比皮下注射（2d）快，但皮下注射的生物利用度比内服高得多，通常内服时的生物利用度仅为注射给药的41％。吸收后伊维菌素广泛分布于全身组织，并以肝脏和脂肪组织中浓度最高。伊维菌素通常在肝脏中氧化成代谢产物。伊维菌素在5～6d内经粪便排泄的占90％以上，经尿排泄仅占0.5％～2％。

伊维菌素注射液（按H_2B1a+H_2B1b计）皮下注射用于防治牛、羊、猪线虫病、螨病及其他寄生性昆虫（扰血蝇、牛皮蝇、叮咬虱和吸吮虱）病。一次量，每1kg体重，牛、羊0.2mg，猪0.3mg。治疗痒螨感染（痒痂），在第一次注射后第7日再注射一次，以彻底消除羊癣症状及杀灭活螨。休药期：牛、羊35d，猪28d。

伊维菌素双羟萘酸噻嘧啶咀嚼片通过清除犬恶丝虫幼虫来预防犬恶丝虫病，治疗和控制犬蛔虫（犬弓首蛔虫、狮弓蛔虫）病和钩虫（犬钩口线虫、狭头钩口线虫、巴西钩口线虫）病。当犬体内存在微丝蚴时，使用本品可能出现轻微的超敏性反应，特别是出现临时腹泻可能与体内存在濒死或已死的微丝蚴有关。某些犬特别是牧羊犬对伊维菌素敏感，在用本品时，可能导致动物发生多种反应如瞳孔散大、精神沉郁、共济失调、震颤、流涎、局部麻痹、兴奋、恍惚昏睡以及死亡。建议用于 6 周龄以上的犬。

阿苯达唑伊维菌素片（阿苯达唑 350mg＋伊维菌素 10mg）用于驱除或杀灭牛、羊线虫、吸虫、绦虫、螨等体内外寄生虫。内服一次量，每 10kg 体重，牛、羊 0.3 片。休药期：牛、羊 35d。

阿苯达唑伊维菌素粉（100g：阿苯达唑 10g＋伊维菌素 0.2g）用于驱除或杀灭猪线虫、吸虫、绦虫、螨等体内外寄生虫。内服一次量，每 10kg 体重，猪 0.7～1g。休药期为 28d。

阿苯达唑伊维菌素预混剂（100g：阿苯达唑 6g＋伊维菌素 0.25g）用于驱除猪体内线虫、吸虫、绦虫及体外寄生虫。混饲每 1000kg 饲料，猪 1000g，母猪妊娠期前 45 日慎用。休药期为 28d。

伊维菌素氧阿苯达唑粉（100g：伊维菌素 0.2g＋氧阿苯达唑 5g）用于驱杀羊的体内外寄生虫。内服一次量，每 1kg 体重，羊 100mg。休药期：羊 35d。

硝氯酚伊维菌素片（硝氯酚 0.1g＋伊维菌素 10mg）用于驱除和杀灭牛、羊的线虫、吸虫、绦虫。内服一次量，以硝氯酚计，每 10kg 体重，牛、羊 0.3 片。休药期为 35d。

芬苯达唑伊维菌素片（芬苯达唑 0.2g＋伊维菌素 10mg）用于治疗牛、羊和猪的线虫病、绦虫病及螨病。内服一次量，每 10kg 体重，牛、羊、猪 0.25～0.375 片（妊娠期前 45 日慎用）。休药期：牛、羊 35d，猪 28d。

（2）阿维菌素　阿维菌素粉、阿维菌素胶囊、阿维菌素片（按阿维菌素 B1 计算）用于治疗家畜的线虫病、螨病和寄生性昆虫病。内服每 1kg 体重，羊、猪 30mg。休药期：羊 35d，猪 28d。

阿维菌素透皮溶液（0.2%，按阿维菌素 B1 计算）用于治疗家畜的线虫病、螨病和寄生性昆虫病。浇注或涂擦：一次量，每 10kg 体重，牛、猪 1mL，由肩部向后沿背中线浇注。犬、兔两耳耳部内侧涂擦。休药期：牛、猪 42d。

阿维菌素注射液仅限于皮下注射，因肌内、静脉注射易引起中毒反应。每个皮下注射点，不宜超过 10mL。含甘油缩甲醛和丙二醇的阿维菌素注射剂，仅适用于羊、猪，用于其他动物，特别是犬和马易引起严重局部反应。用于治疗家畜的线虫病、螨病和寄生性昆虫病。皮下注射：每 10kg 体重，羊 0.2mL；猪 0.3mL。休药期：羊 35d，猪 28d。

阿维菌素氯氰碘柳胺钠片（氯氰碘柳胺钠 50mg＋阿维菌素 3mg）用于驱除牛、羊体内线虫，吸虫以及螨等体外寄生虫。内服一次量，每 10kg 体重，牛、羊 1 片。休药期：牛、羊 35d。

阿苯达唑阿维菌素片（阿维菌素 3mg＋阿苯达唑 0.15g）用于治疗牛和羊的线虫病、吸虫病、绦虫病及螨病。内服一次量，每 10kg 体重，牛、羊 1 片。休药期：牛、羊 35d。

（3）乙酰氨基阿维菌素（埃普利诺菌素）　乙酰氨基阿维菌素注射液（5mL：50mg；10mL：0.1g；30mL：0.3g；50mL：0.5g）主要用于驱杀牛体内寄生虫如胃肠道线虫、肺线虫以及体外寄生虫如蜱、螨、虱、牛皮蝇蛆、纹皮蝇蛆等。皮下注射（只作皮下注射，不得肌内或静脉注射）一次量，每 10kg 体重，牛 0.2mL。休药期：牛 1d；弃奶期 24h。

乙酰氨基阿维菌素浇泼剂（0.5%）是批准用于奶牛和肉牛的一种油基质制剂，用于治疗奶牛体内线虫和体外螨虫等寄生虫病。外用时，沿着奶牛的背脊从鬐甲到尾根渐渐地倾注，每1kg体重，牛0.5mg（即每10kg体重用本品1mL）。弃奶期为0d。

（4）**多拉菌素**　对牛的重要吸吮虱、蜱蠓、蜱、螨和螺旋蝇蛆均有效，对咬虱和吸吮虱比其他抗体内外寄生虫药更有效。浇泼剂可在长达16周的时间内防止虱的再感染。也可用于防治猪的吸吮虱和疥螨。主要制剂有供肉牛用（0.2mg/kg bw，皮下或肌内注射）和猪用（0.3mg/kg bw，肌内注射）的注射剂及仅供肉牛用的浇泼剂（0.5mg/kg bw，未批准用于奶牛）。

（5）**莫西菌素**　对寄生于牛的线虫和节肢动物有广谱驱虫作用。批准用于牛的浇泼剂剂量是0.5mg/kg bw，驱虫谱与伊维菌素相似。

（6）**色拉菌素**　批准用于治疗犬和猫的耳螨和成年蚤及阻止蚤卵孵化，在犬主要用于防治犬疥螨和控制变异革蜱。

（7）**美贝霉素肟**　防治犬恶丝虫的有效药物，具有显著的抗外寄生虫作用，对双甲脒耐药的蠕形螨也有效。

6.4.4　其他

双甲脒和环丙氨嗪作为其他常用抗外寄生虫药，在兽医临床应用相对前述药物较少，仅对其进行简单介绍如下。

6.4.4.1　双甲脒

双甲脒（amitraz）是唯一用于兽医的单甲脒，是一种接触性广谱杀虫药，对各种螨、蜱、蝇、虱等均有效，主要为接触毒性，兼有胃毒和内吸毒作用。其杀虫作用在某种程度上与其抑制单胺氧化酶（参与蜱、螨等虫体神经系统胺类神经递质的代谢酶）有关。因双甲脒的作用，吸血节肢昆虫过度兴奋，以致不能吸附动物体表而掉落。

双甲脒的杀虫作用可能与干扰神经系统功能有关，使虫体兴奋性增高，口器部分失调，导致口器不能完全由动物皮肤拔出，或者拔出而掉落，同时还能影响昆虫产卵功能及虫卵的发育能力。双甲脒可抑制单胺氧化酶，但对胆碱酯酶活性无影响。

双甲脒主用于防治牛、羊、猪、兔、犬的体外寄生虫病，对各种螨、蜱、蝇、虱等均有效，如肉牛和奶牛的蜱（如美洲钝眼蜱和斑点钝眼蜱）、螨（如牛足螨、痒螨属和疥螨）、咬虱（牛毛虱）以及吸吮虱（如牛血虱、牛颚虱）。双甲脒还允许用于治疗猪的疥螨和虱。用药浓度为250～500mg/L即有明显驱杀效果。双甲脒产生杀虫作用较慢，一般在用药后24h才能使虱、蜱等解体，48h使患螨部皮肤自行松动脱落，对严重患病动物用药7d后可再用一次，以彻底治愈。本品残效期长，一次用药可维持药效6～8周，可保护畜体不再受外寄生虫的侵袭。此外，双甲脒对大蜂螨和小蜂螨也有良好的杀灭作用（每1L水中50mg，喷雾用溶液应在6h内使用，否则会失效）。

双甲脒对皮肤有刺激作用，防止药液沾污皮肤和眼睛。马属动物对双甲脒较敏感，禁用于水生食品动物，勿将药液污染鱼塘、河流。双甲脒不允许用于猫、吉娃娃犬、妊娠或哺乳母犬以及不足3月龄的幼犬。双甲脒在食品动物的休药期：牛1d，羊21d，猪7d。弃乳期：牛2d。

双甲脒项圈（9％）用于驱杀犬体表寄生虫，如蜱、蠕形螨等。每只犬 1 条，驱蜱使用期 4 个月，驱蠕形螨使用期 1 个月，若需继续治疗须每月更换一次项圈以彻底治疗并防止伤口复发。无休药期。

双甲脒溶液（12.5％）用于防治牛、羊螨、蜱、虱等体外寄生虫（马属动物慎用；对鱼类有剧毒；禁用于产奶羊和水生食品动物）。药浴、喷洒或涂刷时配成 0.025％～0.05％的溶液。喷雾：蜜蜂，配成 0.1％的溶液，1000mL 用于 200 筐蜂（产蜜供人食用的蜜蜂，在流蜜期不得使用）。休药期：牛、羊 21d；猪 8d；弃奶期 48h。

双甲脒烟剂用于杀蜂螨。烟熏：平箱群一次 1 片，继箱群一次 2 片，点燃发烟 15 分钟后打开巢门（流蜜期禁用）。休药期：流蜜前 5d。

非泼罗尼甲氧普烯双甲脒滴剂（由 A、B 两种溶液组成，A 溶液每 1mL 中含非泼罗尼 100mg、甲氧普烯 90mg；B 溶液每 1mL 中含双甲脒 200mg）。有四种规格（①A 溶液 0.67mL、B 溶液 0.4mL；②A 溶液 1.34mL、B 溶液 0.8mL；③A 溶液 2.68mL、B 溶液 1.6mL；④A 溶液 4.02mL、B 溶液 2.4mL）可快速驱杀犬体表的蜱、跳蚤（成虫及幼虫）、虱、疥螨，可以预防蜱和跳蚤作为媒介的传染性疾病。供外用。分开犬颈背部毛发，沿犬背部分两点将双腔滴管中 A、B 溶液同时涂于颈背部皮肤。体重 2～10kg 的犬使用 1.07mL；体重 10～20kg 的犬使用 2.14mL；体重 20～40kg 的犬使用 4.28mL；体重 40～60kg 的犬使用 6.42mL。无休药期。

6.4.4.2　环丙氨嗪

环丙氨嗪为昆虫生长调节剂，属于杀虫药，主要用于控制动物厩舍内蝇蛆的生长繁殖，杀灭粪池内蝇蛆以保证环境卫生。环丙氨嗪可抑制双翅目幼虫特别是第 1 期幼虫的蜕皮，使蝇蛆繁育受阻并导致蝇蛹不能蜕皮而死亡。环丙氨嗪鸡混饲按每 1000kg 饲料 5g 或每 20m² 用 20g 溶于 15L 水中浇洒于蝇蛆繁殖处，均可彻底杀灭蛆。一般在用药后 6～24h 发挥药效，作用可持续 1～3 周。鸡内服本品后吸收较少，其体内代谢物为三聚氰胺，主要以原型从粪便排泄。由于环丙氨嗪脂溶性低，很少在组织中残留，对动物的生长、产蛋及繁殖性能均无影响。

环丙氨嗪预混剂（1％）用于控制动物厩舍内蝇幼虫的繁殖，10％环丙氨嗪预混剂主要用于配制环丙氨嗪 1％预混剂。混饲：每 1000kg 饲料，鸡 500g。连用 4～6 周。休药期：鸡 3d。

主要参考文献

[1] 操继跃，刘雅红. 兽医药理学与治疗学[M]. 19 版. 北京：中国农业出版社，2012.

[2] Saxena G, Bharagava R N. Bioremediation of industrial waste for environmental safety[M]. Berlin: Springer, 2020.

[3] Timothy O A, Peter O O, Clement A O, et al. Organophosphorus pesticides: impacts, de-

tection and removal strategies[J]. Environ. Nanotechnol. Monit. Manage, 2022, 17: 100655.

[4] Herd, R. Endectocidal drugs: ecological risk and counter measures[J]. Int. J. Parasitol. , 1995, 25: 875-885.

[5] Liu T, Xu S, Lu S, et al. A review on removal of organophosphorus pesticides in constructed wetland: performance, mechanism and influencing factors[J]. Sci. Total. Environ. , 2019, 651: 2247-2268.

[6] Lockridge O, Schopfer L M. Handbook of toxicology of chemical warfare agents[M]. 3th ed. Amsterdam: Academic Press, 2020.

[7] Lim L, Bolstad H M. Organophosphate insecticides: neurodevelopmental effects, Encyclopedia of environmental health[M]. 2th ed. Amsterdam: Elsevier, 2019.

[8] Mukherjee S, Gupta R D. Organophosphorus nerve agents: types, toxicity, and treatments [J]. J Toxicol, 2020: 3007984.

[9] Elersek T, Filipic M. Organophosphorous pesticides-mechanisms of their toxicity[J]. Pesticides-the impacts of pesticides exposure, 2011: 243-260.

[10] Colović M B, Krstić D Z, Lazarević-Pašti T D, et al. Acetylcholinesterase inhibitors: pharmacology and toxicology[J]. Curr. Neuropharmacol, 2013, 11（3）: 315-335.

[11] Kaplan R. Anthelmintic resistance in nematodes of horses[J]. Vet. Res, 2002, 33: 491-507.

[12] Chen C, Shi X, Desneux N, et al. Detection of insecticide resistance in *Bradysia odoriphaga* Yang et Zhang（Diptera: Sciaridae）in China[J]. Ecotoxicology, 2017, 26: 868-875.

[13] Kongtip P, Nankongnab N, Phupancharoensuk R, et al. Glyphosate and paraquat in maternal and fetal serums in Thai women[J]. J. Agromed, 2017, 22: 282-289.

[14] Timchalk C. Hayes' handbook of pesticide toxicology[M]. Third edition. Amsterdam: Elsevier, 2010.

[15] Krieger R I. Handbook of pesticide toxicology [M]. Second edition. New York: Academic press, 2001.

[16] Charles T. Organophosphorus insecticide pharmacokinetics[M]. Third edition. New York: Academic press, 2010.

[17] Moshiri M, Vahabzadeh M, Etemad L, et al. Failure of intravenous lipid emulsion to reduce diazinon-induced acute toxicity: a pilot study in rats[J]. Iran J Pharm Res. , 2013, 12（4）: 897-902.

[18] 张敏利. 敌百虫在鲫体内残留规律及其细胞毒性的初步研究[D]. 上海: 上海海洋大学, 2018.

[19] 尹文林, 姚嘉赟, 盛鹏程, 等. 敌百虫在乌鳢体内和水环境中的代谢动力学及残留研究[J]. 安徽农业科学, 2017, 45（6）: 41-42+ 143.

[20] 刘学仁. 敌百虫驱除马胃蝇幼虫试验[J]. 中国畜牧兽医, 1962, 8: 27.

[21] 齐普生, 李水清, 谢立忠, 等. 敌百虫驱除新疆细毛羊肠胃线虫剂量的研究[J]. 新疆农业科学, 1963, 7: 253-257.

[22] Gupta R C. Acute malathion toxicosis and related enzymatic alterations in *Bubalus bubalis*: antidotal treatment with atropine, 2-PAM, and diazepam[J]. J. Toxicol. Environ. Health, 1984, 14（2-3）: 291-303.

[23] Albasher G, Almeer R, Al-Otibi F O, et al. Ameliorative effect of beta vulgaris root extract on chlorpyrifos-induced oxidative stress, inflammation and liver injury in rats[J]. Biomolecules, 2019, 9（7）: 261.

[24] Wang J Y, Zhang J Y, Wang J, et al. Fluorescent peptide probes for organophosphorus pesticides detection[J]. J. Hazard. Mater, 2020, 389: 122074.

[25] Cetin N, Cetin E, Eraslan G, et al. Chlorpyrifos induces cardiac dysfunction in rabbits[J]. Res. Vet. Sci, 2007, 82: 405-408.

[26] Hana T, Wang G F. Peroxidase-like activity of acetylcholine-based colorimetric detection of acetylcholinesterase activity and an organophosphorus inhibitor[J]. J. Mater. Chem. B, 2019, 7: 2613-2618.

[27] 冯淇辉，戎耀方，朱模忠，等．兽医临床药理学[M]．北京：科学出版社，1983.

[28] 陈杖榴，曾振灵．兽医药理学[M]．4版．北京：中国农业出版社，2017.

[29] Southcott W H. Toxicity and anthelmintic efficiency of "Neguvon" for sheep [J]. Aust. Vet. J, 1961, 37: 55-60.

[30] Chang J, Wescott R B. An evaluation of trichlorfon as an anthelmintic for swine [J]. Am. J. Res, 1970, 31: 2197- 2200.

[31] Jacobs D E, Taffs L F, Lean I J, et al. Efficacy of dichlorvos (V3 formulation) against larval and adult *Hyostrongylus rubidus*[J]. Br. Vet. J., 1970, 126 (10): 43-44.

[32] Hass D K, Young R J. Anthelmintic efficacy multiple-dose dichlorvos therapy in pregnant swine[J]. Am. J. Vet. Res, 1973, 34 (2): 195-197.

[33] Stewart T B, Hale O M, Marti O G. Efficacy of two dichlorvos formulations against larval and adult *Hyostrongylus rubidus* in swine[J]. Am. J. vet. Res, 1975, 36 (6): 771-772.

[34] Poschel G P, Todd A C. Controlled evaluation of formulated dichlorvos for use in cattle[J]. Am. J. Vet. Res, 1972, 33 (5): 1071-1074.

[35] Bosman C J. Haloxon as an anthelmintic for horse[J]. J. S. Afr. Vet. Med. Assoc, 1966, 37: 421-424.

[36] Ciordia H. Activity of a feed premix and crumbles containing coumaphos in the control of gastrointestinal parasites of cattle[J]. Am. J. Vet. Res., 1972, 33 (3): 623-626.

[37] Silvestri R, Himes J A, Edds G T. Repeated oral administration of coumaphos in sheep: effects on erythrocyte acetylcholinesterase and other constituents[J]. Am. J. Vet. Res., 1975, 36 (3): 283-287.

[38] Anadón A, Martínez-Larrañaga M R, Martínez M A. Use and abuse of pyrethrins and synthetic pyrethroids in veterinary medicine[J]. Vet. J., 2009, 182 (1): 7-20.

[39] Gad S C, Pham T. Encyclopedia of toxicology [M]. Third Edition. New York: Academic Press, 2014.

[40] Martin R J, Robertson A P, Wolstenholme A J. Mode of action of macrocyclic lactones[M]. Wallingford: CAB Publishing, 2002.

[41] Smith T M, Stratton G W. Effects of synthetic pyrethroid insecticides on nontarget organisms[J]. Residue. Rev., 1986, 97: 93-120.

[42] Bloomquist J R. Chloride channels as tools for developing selective insecticides [J]. Arch. Insect. Biochem. Physiol., 2003, 54: 145-156.

[43] Poot M, Kausch K, Köhler J, et al. The minor-groove binding DNA-ligands netropsin, distamycin A and berenil cause polyploidisation via impairment of the G2 phase of the cell cycle[J]. Cell structure and function, 1990, 15 (3): 151-157.

[44] 张超，毕海林，肖裕章，等．三氮脒药理作用及其机制研究进展[J]．黑龙江畜牧兽医，2018（15）：69-72.

[45] 陶艳华，李四红，潘虹，等．贝尼尔治疗奶牛附红细胞体病的疗效观察[J]．湖北畜牧兽医，2014, 35 (07): 17-18.

[46] 何志弥．浅谈猪附红细胞体病的综合防治[J]．中兽医学杂志，2003 (05): 35.

[47] 高玉龙，殷宏，罗建勋，等．磷酸伯氨喹和贝尼尔对人工感染羊泰勒虫病例的治疗试验[J]．中国兽医科技，2001 (03): 23-25.

[48] Hayes J D, Wolf C R. Molecular mechanisms of drug resistance[J]. The Biochemical journal, 1990, 272 (2): 281-295.

[49] Tait A, Macleod A, Tweedie A, et al. Genetic exchange in *Trypanosoma brucei*: evidence for mating prior to metacyclic stage development[J]. Molecular and biochemical parasitology, 2007, 151 (1): 133-136.

[50] Murilla G A, Ndung'u K, Thuita J K, et al. Kenya Trypanosomiasis Research Institute cryobank for human and animal trypanosome isolates to support research: opportunities and challenges[J]. PLoS Negl Trop Dis, 2014, 8 (5): e2747.

[51] Egbe-Nwiyi T N, Igbokwe I O, Onyeyili P A. The pathogenicity of diminazene aceturate-resistant *Trypanosoma brucei* in rats after treatment with the drug[J]. Journal of comparative pathology, 2003, 128（2-3）: 188-191.

[52] Gilbert R J. Studies in rabbits on the disposition and trypanocidal activity of the anti-trypanosomal drug, diminazene aceturate（Berenil）[J]. British journal of pharmacology, 1983, 80（1）: 133-139.

[53] Klatt P, Hajdu P. Pharmacokinetic investigations on diminazene and rolitetracycline in comparison to a combination of both[J]. The Veterinary record, 1976, 99（19）: 372-374.

[54] Aliu Y O, Odegaard S, Søgnen E. Diminazene/Berenil: bioavailability and disposition in dairy goats[J]. Acta veterinaria Scandinavica, 1984, 25（4）: 593-596.

[55] Aliu Y O, Odegaard S. Pharmacokinetics of diminazene in sheep[J]. Journal of pharmacokinetics and biopharmaceutics, 1985, 13（2）: 173-184.

[56] Aliu Y O, Mamman M, Peregrine A S. Pharmacokinetics of diminazene in female Boran（*Bos indicus*）cattle[J]. Journal of veterinary pharmacology and therapeutics, 1993, 16（3）: 291-300.

[57] Scholar E: Diminazene, Enna S J, et al. xPharm: The comprehensive pharmacology reference[M]. New York: Elsevier, 2009.

[58] Kellner H M, Eckert H G, Volz M H. Studies in cattle on the disposition of the anti-trypanosomal drug diminazene diaceturate（Berenil）[J]. Tropical medicine and parasitology: official organ of Deutsche Tropenmedizinische Gesellschaft and of Deutsche Gesellschaft fur Technische Zusammenarbeit（GTZ）, 1985, 36（4）: 199-204.

[59] Da Silva A S, Zanette R A, Wolkmer P, et al. Diminazene aceturate in the control of Trypanosoma evansi infection in cats[J]. Veterinary parasitology, 2009, 165（1-2）: 47-50.

[60] Tuntasuvan D, Jarabrum W, Viseshakul N, et al. Chemotherapy of surra in horses and mules with diminazene aceturate[J]. Veterinary parasitology, 2003, 110（3-4）: 227-233.

[61] 汪明. 兽医寄生虫学: 第 3 版[M]. 北京: 中国农业出版社, 2004.

[62] Silayo R S, Mamman M, Moloo S K, et al. Response of *Trypanosoma congolense* in goats to single and double treatment with diminazene aceturate[J]. Research in veterinary science, 1992, 53（1）: 98-105.

[63] Peregrine A S, Mamman M. Pharmacology of diminazene: a review[J]. ActaTrop, 1993, 54（3-4）: 185-203.

[64] 海定国, 樊涤东. 血虫净在防治锥虫病中的观察[J]. 畜牧与兽医, 1981（04）: 26-27.

[65] Homeida A M. Toxicity of diminazene aceturate（Berenil）to camels[J]. Jcomp Pathol, 1981, 91（3）: 355-360.

[66]Do Carmo G M, Baldissera M D, Vaucher R A, et al. Effect of the treatment with *Achyrocline satureioides*（free and nanocapsules essential oil）and diminazene aceturate on hematological and biochemical parameters in rats infected by *Trypanosoma evansi*[J]. Exp Parasitol, 2015, 149: 39-46.

[67] Abatan M O. Combination therapy of trypanosomiasis using diminazene and non-steroidal anti-inflammatory drugs[J]. J Chemother, 1991, 3（4）: 232-235.

[68] 陈杖榴. 兽医药理学[M]. 北京: 中国农业出版社, 2002.

[69] La Rocca R V. Suramin, a novel antitumor compound[J]. J Steroid Biochem Mol Biol, 1990, 37（6）: 893-898.

[70] Kaur M. Suramin's development: what did we learn[J]. Invest New Drugs, 2002, 20（2）: 209-219.

[71] Goodman, Louiss. Goodman & Gilman's pharmacological basis of therapeutics[M]. 12th ed. New York: McGraw-Hill Professional, 2001.

[72] E B. Harrison's principles of internal medicine[M]. 15th ed. New York: McGraw-Hill Professional, 2001.

[73] Brun R. Human African trypanosomiasis[J]. Lancet, 2010, 375（9709）: 148-159.

[74] Bisaggio D F R, Adade C M, Souto-Padrón T. In vitro effects of suramin on *Trypanosoma cruzi*[J]. International Journal of Antimicrobial Agents, 2008, 31（3）: 282-286.

[75] Khanra S. In vitro screening of known drugs identified by scaffold hopping techniques shows promising leishmanicidal activity for suramin and netilmicin[J]. BMC Res Notes, 2018, 11（1）: 319.

[76] Müller H M. Thrombospondin related anonymous protein（TRAP）of Plasmodium falciparum binds specifically to sulfated glycoconjugates and to HepG2 hepatoma cells suggesting a role for this molecule in sporozoite invasion of hepatocytes[J]. The EMBO journal, 1993, 12（7）: 2881-2889.

[77] Fleck S L. Suramin and suramin analogues inhibit merozoite surface protein-1 secondary processing and erythrocyte invasion by the malaria parasite plasmodium falciparum[J]. The Journal of biological chemistry, 2003, 278（48）: 47670-47677.

[78] Gill B S. Resistance of *Trypanosoma evansi* to quinapyramine, suramin, stilbamidine and tryparsamide and analysis of cross-resistance[J]. Trans R Soc Trop Med Hyg, 1971, 65（3）: 352-357.

[79] N Wiedemar, Zwyer M, Zoltner M, et al. Expression of a specific variant surface glycoprotein has a major impact on suramin sensitivity and endocytosis in *Trypanosoma brucei*[J]. FASEB Bioadv, 2019, 1（10）: 595-608.

[80] 朱晓波. 苏拉明在兔眼玻璃体内的药物代谢过程研究[J]. 眼科研究, 2005（06）: 600-603.

[81] Wang W, Dai J R, Li H J, et al. Is there reduced susceptibility to praziquantel in *Schistosoma japonicum*? Evidence from China[J]. Parasitology, 2010, 137（13）: 1905-1912.

[82] Velebny S, Hrckova G, Konigova A. Reduction of oxidative stress and liver injury following silymarin and praziquantel treatment in mice with Mesocestoides vogae（Cestoda）infection[J]. Parasitol Int, 2010, 59（4）: 524-531.

[83] Balbaa M, Abdel Moneam N M, El-Kersh M, et al. Succinate cytochrome c reductase in schistosomiasis: in vitro inhibition by some schistosomicidal drugs[J]. Journal of Physiology and Biochemistry, 2010, 66（4）: 291-299.

[84] 刘劲峰. 吡喹酮抑制肝星状细胞 TGF-β/Smad 信号通路抗肝纤维化作用机制[D]. 南京: 南京医科大学, 2016.

[85] Frayha G J, Smyth J D, Gobert J G, et al. The mechanisms of action of antiprotozoal and anthelmintic drugs in man[J]. Gen Pharmacol, 1997, 28（2）: 273-299.

[86] 轩秀晨, 黄卉, 吕桂香. 氯硝柳胺的药理学作用及机制研究进展[J]. 医学综述, 2021, 27（15）: 3055-3060.

[87] 向梅, 徐祖敏, 余忠华. 氯硝柳胺抗肿瘤作用的研究进展[J]. 广东医学, 2015, 36（10）: 1613-1615.

[88] Wang A M, Ku H H, Liang Y C, et al. The autonomous notch signal pathway is activated by baicalin and baicalein but is suppressed by niclosamide in K562 cells[J]. J Cell Biochem, 2009, 106（4）: 682-692.

[89] Hart R J, Turner R, Wilson R G. A biochemical and ultrastructural study of the mode of action of bunamidine against Hymenolepis nana[J]. Int J Parasitol, 1977, 7（2）: 129-134.

[90] 张健. 盐酸丁萘脒对短膜壳绦虫作用方式的生化和超微结构的研究[J]. 国外医学参考资料（寄生虫病分册）, 1978（03）: 135.

[91] Jesudoss C J, Kifleyohannes T, Scott J, et al. Praziquantel resistance in the zoonotic cestode dipylidium caninum[J]. Am J Trop Med Hyg, 2018, 99（5）: 1201-1205.

[92] 操治国, 汪天平, 张世清, 等. 钉螺对氯硝柳胺抗药性的实验研究[J]. 中国病原生物学杂志, 2012, 7（05）: 352-353.

[93] 肖树华. 吡喹酮的药理毒性及应用中的一些问题[J]. 中国血吸虫病防治杂志, 1995（03）: 189-192.

[94] 曾振灵，陈杖榴，冯淇辉．吡喹酮在猪体内的生物利用度及药物动力学研究[J]．畜牧兽医学报，1993（02）：170-174.

[95] 操继跃，刘恩勇，赵俊龙，等．黄牛静注、肌注和内服吡喹酮的药动学与生物利用度[J]．中国兽医学报，2001（06）：612-614.

[96] 徐佩佩，任中鲁，李詠雪，等．高压液相法测定家兔用吡喹酮后的血药浓度及药代动力学参数[J]．药学学报，1983（06）：401-405.

[97] Steiner K, Garbe A, Diekmann H, et al. The fate of praziquantel in the organism I. Pharmacokinetics in animals[J]. European Journal of Drug Metabolism and Pharmacokinetics, 1976（1）：85-95.

[98] Li X Q, Bjorkman A, Andersson T B, et al. Identification of human cytochrome P（450）s that metabolise anti-parasitic drugs and predictions of in vivo drug hepatic clearance from in vitro data[J]. Eur J Clin Pharmacol, 2003, 59（5-6）：429-442.

[99] Masimirembwa C M, Hasler J A. Characterisation of praziquantel metabolism by rat liver microsomes using cytochrome P450 inhibitors［J］. Biochem Pharmacol, 1994, 48（9）：1779-1783.

第 7 章
消毒防腐药

7.1

概述

消毒防腐药是指具有杀灭或抑制病原微生物生长繁殖能力的一类药物。其中消毒药一般指能迅速杀灭病原微生物的药物。主要用于环境、厩舍、动物排泄物、用具和器械等非生物表面的消毒。理想的消毒药应能杀灭所有的细菌、芽孢、病毒、霉菌、滴虫及其他感染的微生物而不伤害宿主动物的组织。防腐药是指能抑制病原微生物生长繁殖的药物。它对细菌的作用较缓慢，但对动物组织细胞的伤害也较小，因此适用于抑制生物体表如皮肤、黏膜及伤口的微生物感染，有些还可用于食品和药剂等的防腐。消毒药低浓度时抑菌，防腐药高浓度时也可杀菌，两者无严格界限，故统称为消毒防腐药。

消毒是净化环境的最基本措施，是预防传染病的重要手段。消毒剂可杀灭病原微生物，切断传播途径，防控传染病，使动物病毒、细菌、真菌感染减少$50\%\sim80\%$。因此消毒药在防治动物疫病、保障畜牧业生产和水产养殖方面具有重要的现实意义。例如，非洲猪瘟是由非洲猪瘟病毒引起的一种急性、烈性、高度接触性传染病，严重危害着全球养猪业，是我国生猪产业生产安全最大威胁。许多规模化养猪企业建立了严格的生物安全措施，清洁和消毒仍然是防止非洲猪瘟病毒在养猪场传播的最有效工具之一。根据世界动物卫生组织（OIE）的建议，甲醛、次氯酸钠、氢氧化钠、戊二醛、苯酚、苯扎氯铵、单过硫酸氢钾和乙酸被广泛推荐为抗非洲猪瘟病毒的有效消毒成分；2019年8月2日，农业农村部畜牧兽医局发布了非洲猪瘟防控工作中消毒剂选择推荐方案，推荐种类包括氢氧化钠、氢氧化钙、酚类、戊二醛类、季铵盐类、复方含碘类（磷、磷酸、硫酸复合物）、二氧化氯类和过硫酸氢钾类等。我国农业农村部也制定了《非洲猪瘟疫情应急实施方案（第五版）》，并附有非洲猪瘟消毒规范。

在动物疫病综合防控措施中，疫苗接种、药物防治和消毒是三个重要的环节，而三者的关系可用一个等边三角形表示，消毒是基础（图7-1）。

图 7-1　药物防治、疫苗接种和
消毒在疫病防控中的关系示意图

7.1.1　消毒防腐药作用机理

各类消毒防腐药的作用机理各不相同，可归纳为以下3种。

（1）使病原微生物的蛋白质变性、凝固　此作用无选择性，可损害一切生物机体物质，即具有"原浆毒"，这类消毒剂不仅对病原体有作用也能破坏宿主组织，因此一般多用于环境消毒。如酚类、醇类、醛类、酸类和重金属盐类等，主要是通过高浓度的消毒剂分子与病原微生物直接接触来杀灭病原微生物，使病原体蛋白质变性、产生沉淀等，从而使病原微生物失活。醇类消毒剂通过侵入菌体细胞，解脱蛋白质表面的水膜，破坏蛋白质的肽键及溶菌作用使之失去活性。酚类消毒剂裂解并穿透细胞壁，与菌体蛋白结合，引起蛋白质变性，且酚类易溶于细胞类脂体中，因而能积存在细胞中，具有破坏细胞的功能。醛类消毒剂对微生物作用主要依靠醛基，其作用于菌体蛋白（包括酶）的醛基、羟基、羧基、氨基，使其烷基化，引起蛋白质变性、凝固，造成微生物死亡。

（2）**改变菌体细胞膜的通透性**　微生物的细胞膜是许多消毒剂的作用靶点。分子水平研究表明，消毒剂可通过氧化磷酸化的解偶联和对依赖能量的传输功能的抑制，破坏细胞膜的结构和功能。有些药物可降低病原微生物的表面张力，增加细胞膜的通透性，导致细胞的内容物大量流失，水向内渗入使菌体破裂、溶解，如季铵盐类阳离子表面活性剂及有机型溶剂乙醇等。

（3）**干扰病原微生物重要的酶系统**　许多消毒剂通过氧化还原反应损害酶蛋白的活性基团，抑制酶的活性；或因化学结构与代谢物相似，竞争或非竞争性地与酶结合而抑制酶的活性，破坏细菌的正常代谢，如氧化剂、卤素类等。例如二氧化氯能与酶的巯基作用，使酶失活。环氧乙烷等杂环类气体化学消毒剂，是通过对微生物蛋白质分子的烷基化作用，干扰酶的正常代谢而使微生物死亡。

由于微生物是一个组成、结构复杂的庞大群体，其细胞组成千差万别，个体极其微小，加之化学消毒剂多靶点、非特异作用性，不同的化学消毒剂在实际使用过程中，上述作用机制并不是单一的作用模式，而是一个集成协同作用过程。

7.1.2　分类

按作用用途分为环境消毒药和皮肤、黏膜消毒防腐药。

（1）**环境消毒药**　主要用于周围环境、厩舍、动物排泄物和手术器械等的消毒，按化学结构或化学性质可分为：酚类、醛类、碱类、酸类、卤素类、过氧化物类、季铵盐类、重金属类等。

（2）**皮肤、黏膜消毒防腐药**　皮肤黏膜消毒防腐药主要用于局部皮肤、黏膜及创面感染的预防或治疗。皮肤黏膜消毒防腐药的种类较多，应用时应注意药物的刺激性和有效浓度。在不影响其抗菌作用的前提下，应尽量使用稀的溶液使刺激性最小，从而不损伤组织，不妨碍肉芽生长。对吸收较快、毒性较大的药物，不宜大量和大面积使用，以免吸收中毒。该类药物按化学结构或化学性质可分为：醇类、碘化物、有机酸、过氧化物、表面活性剂及某些染料。

7.1.3　消毒相关概念

（1）**消毒与灭菌**　消毒是指杀灭或清除传播媒介上（如空气、物体表面、手等）病原微生物，使其达到无害化的处理。消毒针对的是病原微生物，并不是清除或杀灭所有微生物。另外，它是将有害微生物的数量减少到无害的程度，并不要求把所有的有害微生物全部杀灭。

灭菌是指杀灭或清除传播媒介上一切微生物的处理，使其达到无菌状态。这里所说的一切微生物，包括一切致病和非致病的微生物，也包括细菌芽孢和一些原虫。灭菌的要求是严格的，目前规定，灭菌过程必须使微生物的存活概率减少到 $1×10^{-6}$。

（2）**高效消毒剂、中效消毒剂、低效消毒剂**　消毒药对病原微生物的作用由强到弱依次为：繁殖型细菌、中型有脂囊膜病毒、真菌、小型无脂囊膜病毒、结核分枝杆菌和芽孢。根据病原微生物对消毒药的抵抗力不同，消毒药被进一步分为高效消毒剂、中效消毒剂、低效消毒剂。

高效消毒剂是指可杀灭一切细菌繁殖体、病毒、真菌及其孢子等，对细菌芽孢（致病性芽孢菌）也有一定杀灭作用，达到高水平消毒要求的制剂，如环氧乙烷、戊二醛、过氧乙酸、含氯消毒剂、复方消毒剂（如戊二醛＋癸甲溴铵）等。

中效消毒剂是指仅可杀灭分枝杆菌、真菌、病毒及细菌繁殖体等微生物，达到消毒要求的制剂，如碘类、醇类消毒剂等。

低效消毒剂是指仅可杀灭细菌繁殖体和亲脂病毒，达到消毒要求的制剂，如氯己定、苯扎溴铵等。

（3）**熏蒸消毒**　熏蒸消毒是利用消毒药物的气体或烟雾，在密闭空间内进行熏蒸以达到消毒目的的一种方法，它既可用于处理污染的空气，也可用于处理被污染的物体表面。此法早有使用，但近年更加受到人们的重视，成为研究发展的一个重点。其优点是：①方法简便，节省人力；②可在缺水的情况下消毒；③能同时处理大批物品；④不会浸湿消毒的物品。其缺点是：①药物有的易燃易爆，有的有一定毒性；②消毒所需时间较长；③受温度、湿度影响明显。

（4）**预防性消毒与疫源地消毒**　防疫工作中的消毒，可分为预防性消毒与疫源地消毒。预防性消毒是指在未发现传染源的情况下，对有可能被病原微生物污染的物品、场所和动物体等进行的消毒。例如，养殖场日常消毒、交通运输工具消毒、饮水消毒等都属于预防性消毒。

疫源地消毒是指在有传染源（患病动物或带菌者）的情况下所进行的消毒。养殖场发生传染病时的畜禽舍消毒、带体消毒，宠物医院对分泌物、排泄物、污染物品和病室等进行的消毒，都属于这一类措施。

（5）**随时消毒与终末消毒**　疫源地消毒可分为随时消毒与终末消毒。

随时消毒是指传染源存在时对其排出的病原体可能污染的环境和物品及时进行的消毒，在养殖场意味着有疫病时的消毒，如，猪场发生传染病时需每天进行圈舍、带体消毒。终末消毒则是指在传染源离开疫源地（疫病停止、动物出院或死亡）后，对其居住过的环境进行彻底消毒。

7.2

影响防腐剂和消毒剂作用的因素

7.2.1　病原微生物类型

不同类型的微生物对消毒剂的抵抗力不同，因此进行消毒时必须选择合适的消毒剂。目前关于细菌、真菌、病毒对消毒剂的抵抗力已有一些研究，但立克次体、衣原体对消毒剂敏感性的资料仍然很少。革兰氏阳性菌对消毒药一般比革兰氏阴性菌敏感，这是由于在革兰氏阴性菌中存在一个由丰富类脂的包膜形成的阻止抗菌物质进入的栅栏，而在革兰氏阳性菌则无。大肠杆菌、克雷伯菌、变形杆菌、黏质沙雷菌、铜绿假单胞菌等革兰氏阴性菌是感染的重要病原菌，它们对多种抗菌剂和消毒剂的抵抗力比革兰氏阳性菌强。尤其是铜绿假单胞菌，它对消毒剂的抵抗力显著高于其他菌。大多数消毒剂是不能杀灭细菌芽孢的，例如，酚类、季铵盐类、乙醇、某些汞化合物、双缩脲类、对羟基苯甲酸酯等。但浓度较高的酚可以抑制芽孢发芽，季铵盐类可以抑制芽孢的生长。目前认为，戊二醛、甲醛、环氧乙烷、β-丙内酯、过氧乙酸和某些含氯消毒剂等是杀芽孢剂。许多消毒剂具有抗菌和抗真菌作用，例如，酚类、卤素类、季铵盐类、8-羟基喹啉、有机汞衍生物、水杨酸酯和对羟基甲酸酯类。一些灭菌剂，例如环氧乙烷、甲醛、戊二醛、过氧乙酸等亦是良好的杀真菌剂。大多数消毒剂可以杀灭病毒，如碘、氯、戊二醛、甲醛、环氧乙烷、β-丙内酯、过氧乙酸等，都有强大的杀病毒作用。一般来说，亲水病毒（无囊膜病毒）对消毒剂的敏感性介于芽孢与繁殖体之间，如口蹄疫病毒、猪水疱病病毒、鸡法氏囊病病毒等对季铵盐阳离子表面活性剂、酚类敏感性低；亲脂性病毒（有囊膜病毒）对具有亲脂特性的消毒剂敏感，例如，酚及其衍生物、阳离子表面活性剂等。

7.2.2　浓度和作用时间

当其他条件一致时，消毒效果与药物浓度和作用时间有关，一般呈正相关，消毒药的杀菌效力一般随其溶液浓度的增加而增强，或者说，呈现相同杀菌效力所需的时间一般随消毒药浓度的增加而缩短。为取得良好的消毒效果，需按消毒剂使用说明书的稀释比例应用，达到规定的消毒浓度和时间。

7.2.3　温度

消毒药的效果与环境温度呈正相关，即温度越高，杀菌力越强，一般规律是温度每升高 10℃时消毒效果增强 1～1.5 倍。消毒防腐药抗菌效力的检定，通常都在 15～20℃气温下进行。对热稳定的药物，用其热溶液消毒效果更好。熏蒸消毒需要较高的温度和湿度，各种气体消毒剂都有其适宜的温度和相对湿度。

7.2.4　湿度

湿度可直接影响到微生物的含水量，相对湿度对熏蒸消毒影响显著。用环氧乙烷消毒时，若细菌含水量太大，则需要延长消毒时间。细菌含水量太少时，消毒效果也明显降低，完全脱水的细菌用环氧乙烷无法将其杀灭。另外，每种气体消毒剂都有其适宜的相对湿度（RH）范围。用环氧乙烷杀灭污染在布片上的纯培养细菌芽孢，在 RH＞33％时效果最好，甲醛以 60％为宜，环氧丙烷为 30％～60％。用过氧乙酸气体消毒时，要求 RH不低于 40％，以 60％～80％效果最好。

7.2.5　pH 值

环境或组织的 pH 对有些消毒防腐药作用的影响较大，因为 pH 可以改变其溶解度、解离程度和分子结构。如戊二醛在酸性环境中较稳定，但杀菌能力较弱，当加入 0.3％碳酸钠，使其溶液 pH 达 7.5～8.5 时，杀菌活性显著增强，不仅能杀死多种繁殖型细菌，还能杀死芽孢。因在碱性环境中形成的碱性戊二醛，易与菌体蛋白的氨基结合使之变性。含氯消毒剂作用的最佳 pH 为 5～6。以分子形式起作用的酚、苯甲酸等，当环境 pH 升高时，其分子的解离度相应增加，杀菌效力随之减弱或消失。环境 pH 升高还可使菌体表面负电基团相应地增多，从而导致其与带正电荷的消毒药分子结合数量的增多，这是季铵盐类、氯己定、染料等作用增强的原因。

7.2.6　有机物的存在

消毒环境中的粪、尿等或创伤上的脓血、体液等有机物可在微生物的表面形成一层保护层，妨碍消毒剂与微生物的接触，或者与消毒防腐药中和、吸附或发生化学反应形成不溶性杀菌能力弱的化合物。有机物越多，对消毒防腐药抗菌效力影响越大。这是消毒前务必清扫消毒场所或清理创伤的原因。各种消毒剂受有机物影响的程度不尽相同。在有机物存在时，氯消毒剂的杀菌作用显著降低；季铵盐类、汞类、过氧化物类消毒剂的消毒作用也明显地受有机物的影响。但烷基化消毒剂，例如环氧乙烷、戊二醛则受有机物的影响较小。

7.2.7　水质硬度

硬水中的 Ca^{2+} 和 Mg^{2+} 能与季铵盐类、氯己定等结合形成不溶性盐，从而降低其抗菌效果。

7.2.8 生物被膜

存在于金属或其他物质表面（如饮水管道等）的细菌可能会形成一层生物被膜，它是一种包埋有细菌的有机聚合物基质的黏性黏液层。细菌生物膜中，其水分高达 97%。除此之外还存在着各种主要的生物大分子物质，比如多糖、蛋白质、肽聚糖、脂和磷脂、DNA、RNA 等。细菌生物膜还含有大量的由细菌分泌的大分子多聚物、细菌代谢产物、裂解产物及细菌吸附的营养物质等。细菌形成生物被膜后，对抗生素、杀菌剂及宿主免疫系统的敏感性降低，包被在生物被膜中的细菌对消毒剂灭活作用的敏感性要比培养基中的细菌（如浮游生物）低。抗性增加的原因是生物被膜黏性基质的不通透性及对抗菌剂的阻止作用，这一机制往往涉及活性剂（漂白剂、过氧化物类），带电荷的金属离子或大分子量的抗菌剂（免疫蛋白），因为生物被膜会中和它们的电荷或结合阻止其渗透，从而使其浓度在到达生物被膜内部时大大降低。水凝胶状 EPS 的不通透性也可能会帮助生物被膜内部细胞抵抗紫外线、脱水剂，也有可能使一些酶更为集中，比如抗铜绿假单胞菌的 β-内酰胺酶。

7.2.9 联合应用和配伍禁忌

两种消毒药合用时，可出现增强或减弱的效果。例如消毒药与清洁剂或除臭剂合用时，消毒效果降低，如阴离子清洁剂肥皂与阳离子季铵盐消毒剂合用时，可使消毒效果弱，甚至完全消失。高锰酸钾、过氧乙酸等氧化剂与碘酊等还原剂之间可发生氧化还原反应，不但减弱消毒作用，而且会加重对皮肤的刺激性和毒性。合理的联合用药能增强消毒效果。例如在戊二醛内加入合适的阳离子表面活性剂，则消毒作用大大加强。环氧乙烷和溴化甲烷合用不仅可以防燃防爆，而且两者有协同作用，可提高消毒作用。又如氯己定（洗必泰）和季铵盐类消毒剂用 70% 乙醇配制比用水配制穿透力强，杀菌效果也更好。酚在水中虽溶解度低，但甲酚的肥皂液，可杀灭大多数繁殖型微生物。

7.3

常用的消毒防腐药的作用与应用

7.3.1 环境消毒药

7.3.1.1 酚类

酚类是一种表面活性物质，可损害菌体细胞膜，较高浓度时也是蛋白变性剂，故有杀菌作用。此外，酚类还通过抑制细菌脱氢酶和氧化酶等活性，产生抑菌作用。

在适当浓度下，酚类对大多数不产生芽孢的繁殖型细菌和真菌均有杀灭作用，但对芽孢和病毒作用不强，配伍醋酸（复合酚）杀菌力变强，可杀灭病毒，包括无囊膜病毒（亲水性病毒）。酚类的抗菌活性不易受环境中有机物和细菌数量的影响，故可用于消毒排泄物等。化学性质稳定，因而储存或遇热等不会改变药效。目前销售的酚类消毒药大多含两种或两种以上具有协同作用的化合物（如复合酚），以扩大其抗菌作用范围。一般酚类化合物仅用于环境及用具消毒。由于酚消毒剂的应用对环境有污染，这类消毒剂在我国的应用也趋向逐步减少。

苯酚为原浆毒，能抑制和杀死多种细菌。苯酚的杀菌效果与温度呈正相关。0.1%～1%的溶液有抑菌作用；1%～2%溶液有杀菌和杀真菌作用。因对蛋白质的穿透性很强，受环境中有机物的影响较小，因此适用于排泄物、分泌物的消毒。低浓度对组织有麻痹感觉神经末梢的作用，高浓度则呈腐蚀作用。浓度高于0.5%时具有局部麻醉作用；5%溶液即对组织有强烈的刺激和腐蚀作用。因此，若意外吞服或皮肤、黏膜大面积接触苯酚会引起全身性中毒，表现为中枢神经先兴奋后抑制、心血管系统被抑制，严重时可因呼吸麻痹致死。

复合酚为临床常用的酚类消毒剂，主要成分为酚、醋酸、十二烷基苯磺酸等，为深红褐色黏稠液，有特臭。能有效杀灭口蹄疫病毒、猪水疱病毒及其他多种细菌、真菌、病毒、寄生虫卵等致病性微生物。为畜禽养殖专用消毒剂，用于畜禽圈舍、器具、场地、排泄物等消毒，不可与碘制剂合用，碱性环境、脂类、皂类等能减弱其杀菌作用。

甲酚对繁殖期细菌抗菌作用强，但对芽孢无效，对病毒作用不确定。杀菌作用较苯酚强3～10倍，毒性较低。由于水溶性低，常用肥皂乳化制成50%的甲酚皂溶液，用于厩舍、器械、排泄物、染菌材料的消毒。甲酚皂溶液的杀菌性能与苯酚相似，其苯酚系数随成分与菌种不同介于1.6～5.0之间。常用浓度可破坏肉毒梭菌毒素，能杀灭细菌繁殖体，对结核分枝杆菌和真菌有一定杀灭能力，能杀死亲脂性病毒，但对亲水性病毒无效。

7.3.1.2 醛类

在醛类化合物中，作为消毒剂应用最早的是甲醛，迄今已有近百年历史。Pepper 等为了寻找新的消毒剂，在醛类化合物中进行了广泛的筛选，发现一些饱和双醛具有不同程度的杀芽孢作用。其中戊二醛作用效果最强，乙二醛次之，丙二醛、丁二醛和己二醛稍有作用，庚二醛效果最差。

乙二醛是最简单的双醛。试验表明，用70%异丙醇配制的1%乙二醛，加入0.5%碳酸氢钠，可在2h内杀灭短小杆菌芽孢，作用3h可杀灭破伤风杆菌芽孢，作用4h可杀灭枯草芽孢杆菌芽孢。但若不用异丙醇配制，或70%异丙醇溶液内不加入碳酸氢钠，则乙二醛无杀芽孢活性。由于乙二醛消毒液不能用水配制，故影响了其作为一种消毒剂的应用范围。丙二醛、丁二醛、己二醛和庚二醛由于杀菌作用不强，故在消毒灭菌上也无大用途。

自20世纪60年代以来，国内外对戊二醛的杀菌作用、影响杀菌作用的因素及其在消毒灭菌上的应用，进行了大量研究，发现戊二醛是一种比甲醛更好的灭菌剂。它不仅对各种微生物都有强大的杀灭作用，而且作用快、杀菌谱广，对消毒物品几乎无损害，水溶液较稳定，使用也比较方便，故在医学消毒和工业灭菌上受到了普遍重视。在化学灭菌剂的发展史上，继甲醛（第一代）和环氧乙烷（第二代）之后，戊二醛被誉为第三代化学灭菌剂。

甲醛、多聚甲醛可与蛋白质中的氨基结合，使蛋白质凝固变性，其杀菌作用强，对细菌、芽孢、真菌、病毒都有效。主要用于厩舍、孵化室、器具物品等的熏蒸消毒，通过蒸发福尔马林或加热多聚甲醛均可获得甲醛气体。在国外，自从多聚甲醛问世之后，已不大采用蒸发福尔马林的方法产生甲醛气体。Hoffman 等在研究相对湿度对甲醛气体的穿透性及杀芽孢作用的影响时，对由福尔马林产生的甲醛气体和由多聚甲醛产生的甲醛气体的杀菌作用进行了比较，发现当甲醛气体浓度为 3.5mg/L、相对湿度为 33% 时，由福尔马林产生的甲醛气体杀菌速度明显慢于由多聚甲醛产生的甲醛气体。在上述条件下，用多聚甲醛产生的甲醛气体消毒放在纸塞玻璃试管内的菌片上的芽孢，作用 5h 可使菌片上的芽孢数减少到 0.001%，而使用福尔马林产生的甲醛气体消毒，要达到同样的杀菌率则需 9h 左右。用两种来源的甲醛气体消毒棉塞和纸塞玻璃试管内的芽孢菌片时亦显示，福尔马林产生的甲醛气体需要的时间长。其原因可能是福尔马林中的水分蒸发后提高了相对湿度，水在物品表面凝结并将空气中的甲醛溶解，使其浓度降低。而在较高的相对湿度，尤其是相对湿度达到 100% 时，两种来源的甲醛气体的杀菌作用和对物品的穿透性则无明显差别。甲醛 2%～4% 溶液用于手术器械消毒；5%～10% 甲醛溶液用作固定标本、保存尸体；也可用于胃肠道制酵药。甲醛被国际癌症研究机构（IARC）列为疑似人类致癌物质（2A）级别，应避免大量吸入和皮肤接触。本品对呼吸道有强烈刺激性，可引起鼻炎、咽喉炎、肺炎和肺水肿。眼直接接触可致烧伤，对皮肤有刺激性，可引起皮肤红肿，长期反复接触会引起干燥、皲裂、脱屑。

戊二醛分子量为 100.12，沸点为 187～189℃，纯品为无色或浅黄色油状液体，味苦，挥发性低，易溶于水、乙醇和其他有机溶剂。戊二醛在酸性条件下稳定，但单体较少，活性低，杀菌力弱；在碱性条件下杀菌力强，但易聚合，稳定性低。戊二醛为灭菌剂，能杀灭耐酸菌、芽孢、真菌和病毒等，具有广谱、强效、速效、低毒等特点。以 pH 7.5～8.5 的水溶液效力最强，是甲醛的 2～10 倍。消毒效果受有机物影响小，对金属基本无腐蚀性。细菌繁殖体对戊二醛高度敏感，一般只需 1～2min 即可杀灭，在酸性条件下戊二醛无杀灭芽孢作用，当 pH 增至 7.5～8.5 时杀芽孢作用明显。强化酸性戊二醛提高了戊二醛的稳定性，加强了药物表面活性作用，其杀菌作用同碱性戊二醛。对皮肤和黏膜刺激性较甲醛小。质量分数为 0.02% 的戊二醛溶液对革兰氏阴性菌和阳性菌有显著效果，特别是在很低的浓度下戊二醛就可以抑制好氧性和厌氧性芽孢的萌发。对多数细菌来说戊二醛的杀菌性能比甲醛、乙二醛、酚类、季铵盐要强。实验表明：质量分数为 1% 的戊二醛比 4% 的甲醛作用要强，质量分数为 2% 的戊二醛杀灭细菌和芽孢的活性与 8% 的甲醛相仿，质量分数为 2.5% 的缓冲戊二醛用于内窥镜灭菌在 15min 内可杀灭铜绿假单胞菌。对引起牙髓炎、根尖周炎的厌氧菌，戊二醛比甲醛甲酚液（FC）的杀菌效能强数倍，且不易导致炎症等副作用。对于结核分枝杆菌的杀菌能力戊二醛不及甲醛、碘和乙醇，因此，杀灭（抗药性）结核分枝杆菌时需要较高浓度的戊二醛和较长的时间，因此最好还是用碘伏。William（1999）报道，用碳酸钠配制的碱性戊二醛作用 20min 可杀灭人型结核分枝杆菌。多数实验证明，20g/L 碱性戊二醛在实验室条件下，作用 30min 可 100% 杀灭人型结核分枝杆菌。试验证实，次氯酸钠、戊二醛、氢氧化钠和过氧化单硫酸钾显示出较高的非洲猪瘟病毒灭活率。用戊二醛消毒或灭菌后的器械一定要用灭菌蒸馏水充分冲洗后再使用。戊二醛对皮肤黏膜有刺激性，接触溶液时应戴手套和口罩，防止溅入眼内或吸入体内。

7.3.1.3 卤素类（含氯消毒剂）

卤素和易释放出卤素的化合物具有强大的杀菌力，其中氯的杀菌力最强，碘较弱。碘及其制剂主要用于皮肤防腐消毒。卤素类化合物对菌体原浆蛋白具有高度亲和力，使原浆蛋白的氨基或其他基团卤化或氧化活性基团而呈现杀菌作用。含氯化合物可使菌体蛋白氯化，破坏或改变菌体细胞膜的通透性，或对对其敏感的酶的活性有抑制作用。

含氯消毒剂是指溶于水中能产生次氯酸的消毒剂，可分为两类：有机氯消毒剂和无机氯消毒剂。前者以次氯酸盐类为主，作用较快，但不稳定。后者以氯胺类为主，性质稳定，但作用较慢。含氯消毒剂杀菌谱广，它能有效杀死各类微生物，如细菌、抗酸性杆菌、真菌、病毒、藻类、原虫和芽孢。在没有有机物质存在的条件下，只要用浓度为 $1\sim6mg/L$ 的有效氯就能有效杀死真菌、病毒和藻类，但在实际使用时，仍采用较高的浓度。杀死结核分枝杆菌需要较高的浓度，一般需 $50mg/L$ 有效氯 $10min$ 才能杀死。而杀死芽孢所需浓度更高、时间更长，但不同芽孢抵抗力也不同，一般需要 $100mg/L$ 有效氯或以上，消毒时间 $10\sim120min$。含氯消毒剂作用迅速，合成工艺简单，且能大量生产和供应，价格低廉，便于推广使用。但它也存在一定缺点，如易受有机物及酸碱度的影响，能漂白、腐蚀物品，有难闻的氯味，有的种类不够稳定，有效氯易丧失等。

有效氯能反映含氯消毒剂氧化能力的大小，有效氯含量越高，消毒剂消毒能力越强，反之，消毒能力就越弱。但有效氯不是指氯的含量，而是指用一定量的含氯消毒剂与酸作用，在完成反应时，其氧化能力相当于多少质量氯气的氧化能力。一般认为含氯消毒剂的消毒机制包括次氯酸的氧化作用、新生氧的作用和氯化作用。次氯酸的氧化作用是最主要的消毒机制，含氯消毒剂溶解于水中时可产生未解离的次氯酸（HClO），它是破坏微生物的重要基本物质，次氯酸的浓度越高，消毒作用越强，在酸性条件下，由于未解离的HClO量增多，所以杀菌能力增强，相反，当 pH 值大于 7 时，杀菌力降低。次氯酸不仅可与微生物的细胞壁发生作用，而且因其分子小，不带电荷，易侵入微生物细胞内与蛋白质发生氧化作用或破坏其磷酸脱氢酶，使糖代谢失调而死亡。次氯酸分解时可以产生新生态氧，有人推测次氯酸的消毒作用可能与新生态氧与微生物的细胞质相结合有关。含氯消毒剂中的氯本身可能也起到杀菌作用，氯能使细胞壁、细胞膜的通透性发生改变，甚至使细胞膜发生机械性的破裂，从而引起细胞内容物外渗，导致细胞死亡；氯能与细胞膜蛋白结合，形成氮-氯化合物，从而干扰细胞的新陈代谢；氯对细菌的一些重要的酶具有氧化作用，从而干扰细菌的新陈代谢。

近年来，对二氧化氯进行了大量研究，通过不断改进其产生方法、途径及其剂型的发展，尤其是稳定性 ClO_2 以及粉剂、片剂等固体 ClO_2 的研制成功，使其在消毒方面的应用有了较快发展，替代了甲醛、戊二醛、液氯前三代消毒剂，被世界卫生组织（WHO）列为 A1 级消毒剂，由于其具有高效、快速、广谱的消毒特点而被推广使用。

含氯石灰，又称漂白粉。主要成分为次氯酸钙、氧化钙和氢氧化钙。其有效成分是次氯酸钙，加入水中可生成次氯酸，次氯酸可放出活性氯和新生态氧，对蛋白产生氯化和氧化反应，对细菌繁殖体、病毒、真菌孢子及芽孢都有一定的杀灭作用。1% 溶液作用 $1min$ 可抑制炭疽芽孢、沙门菌、巴氏杆菌、猪丹毒杆菌等繁殖型微生物的生长。对葡萄球菌和链球菌的作用也只需 $1\sim5min$；但对结核分枝杆菌、鼻疽杆菌效果较差，消毒不可靠。在实际消毒时，漂白粉与被消毒物至少要接触 $15\sim20min$，对高度污染的物体则需要 $1h$ 之久。漂白粉中的氯可与氨及硫化氢发生反应，故有除臭作用。因其有漂白颜色作用，不能消毒有色衣物。漂白粉对皮肤有刺激性，消毒人员应用时应注意防护。漂白粉对金属有腐蚀作用，不宜用作金属物品的消毒。含氯石灰还用于水产养殖的水体和水产动物体表的消毒，可防治鱼类的细菌性烂鳃病、白皮病、赤皮病，以及对虾的瞎眼病、黑白斑病、黑鳃病、烂鳃病、弧菌病，中华绒螯蟹水肿病、蛙细菌性暴发病、鳖毛霉病等。养殖水体消毒采用全池泼洒，每 $1m^3$ 水体 $1\sim1.5g$。

复合亚氯酸钠溶于水后可生成次氯酸而发挥杀菌作用。对细菌繁殖体、细菌芽孢、病毒及真菌都有杀灭作用，并可破坏肉毒梭菌毒素。次氯酸形成的多少与溶液的 pH 值有关，pH 值越低，次氯酸形成越多，杀菌作用越强。用于厩舍、饲喂器具及饮水等消毒，并有除臭作用。本品 1g 加水 10mL 溶解，加活化剂 1.5mL 活化后，加水至 150mL 备用。厩舍、饲喂器具消毒：15~20 倍稀释；饮水消毒：200~1700 倍稀释。

二氧化氯分子式为 ClO_2，分子量为 67.45。二氧化氯是一种强氧化剂，其氧化能力为氯的 2.5 倍，其纯品在常温下是一种具有强烈刺激性和易爆性带有浅绿色或淡黄色有毒气体，二氧化氯气体易溶于水，其水溶液偏酸性，无论是气体状态还是水溶液都极易分解不稳定。新型稳定型二氧化氯制剂主要有三种类型：第一类是液体，制备方法是将亚氯酸钠和盐酸反应，产生气体通过亚氯酸钠柱生成二氧化氯，然后再通入过氧碳酸钠溶液即制备成稳定的二氧化氯，含量可达 5%。第二类是固体二氧化氯制剂，其制剂是将亚氯酸钠和活化剂及其他成分分开包装即构成二元包装，使用时将二者同时溶于水中即成为二氧化氯溶液。第三类是目前研究出的一元稳定制剂，溶解于水中即可生成二氧化氯，但其中尚含有很多有效氯，甚至 50% 以上是有效氯。最新型制剂为高纯度二氧化氯固体颗粒或片剂，使用时溶解即形成纯度较高的二氧化氯溶液，是氯制剂最理想的替代品。二氧化氯杀菌作用依赖其氧化作用，其氧化能力较氯强 2.5 倍。二氧化氯可以迅速杀灭各种微生物，稳定性的 ClO_2 对细菌繁殖体、病毒、真菌及其孢子、芽孢有良好的杀灭效果，75mg/L ClO_2 对金黄色葡萄球菌、大肠杆菌作用 $1\sim4min$ 即可达消毒要求，$50\sim400$mg/L ClO_2，作用 $10\sim20min$ 可 100% 杀灭枯草芽孢杆菌芽孢。SARS 病毒对 ClO_2 敏感，只要水中游离余氯量保持在 2.19mg/L 以上即可保证完全灭活污水中的 SARS 冠状病毒。普遍认为 ClO_2 消毒剂在酸性条件下（pH 3~5）杀菌效果好，pH 值大于 7 时，杀菌作用下降。二氧化氯应用于食品饮料加工设备、管道、食品饮料加工用水、餐具、饮用水处理等方面的消毒。而在生产生活中，二氧化氯对水和空气的消毒尤为受到关注。ClO_2 消毒饮用水有很多优点，其强氧化能力先将水中有机物氧化，使形成的卤代烃前体物破坏，卤代烃反应减弱。ClO_2 不与水中氨反应形成氯胺，不与酚形成氯酚臭，还可脱去水中色和味，除铁、锰等杂质，除硫化物气味，具有净水功能，改善水的味道。ClO_2 在水中不发生水解，消毒效果不受水质、pH 值的影响。有研究，将 ClO_2 用于空气消毒，ClO_2 对金黄色葡萄球菌以及大肠杆菌具有杀灭作用，结果表明，当空气中 ClO_2 浓度达到 50mg/L 时，作用 20分钟就能 100% 杀灭大肠杆菌和金黄色葡萄球菌。

二氯异氰尿酸钠又称优氯净，为有机类含氯消毒剂，属氯胺类化合物。含有效氯 60%~64.5%。本品杀菌谱广，可杀灭细菌繁殖体、芽孢、病毒、真菌孢子。杀菌作用较大多数氯胺类强，作用受有机物影响小。用于厩舍、排泄物和水等消毒。0.5%~1% 水溶液用于杀灭细菌和病毒，5%~10% 水溶液用于杀灭芽孢，临用前现配。可采用喷洒、浸泡和擦拭等方法消毒，也可用其干粉直接处理排泄物或其他污染物品。有腐蚀和漂白作用。

溴氯海因为白色或微黄色结晶或结晶粉末，有次氯酸的刺激性气味，有引湿性。在水中微溶，在二氯甲烷或三氯甲烷中溶解。本品为有机溴氯复合型消毒剂。有广谱杀菌作用，药效持久。对细菌繁殖体、细菌芽孢、真菌和病毒，也有杀灭作用。其杀菌机理是：①在水中释放次氯酸或次溴酸的氧化作用；②次氯酸和次溴酸分解形成新生态氧的作用；③释放出的活化氯和活化溴与含氮的物质发生反应形成氯化铵和溴化铵，干扰细菌细胞代谢的作用。溴氯海因的杀菌作用受温度、pH 和有机物等因素的影响。通常情况下，含氯消毒剂在偏酸性环境中的杀菌作用较强，含氯的甲基海因衍生物在偏酸性的环境中更容易释放出次氯酸（pH 最佳范围为 5.8～7.0），若 pH 大于 9 时，这类消毒剂会迅速分解失去杀菌作用。溴氯海因属于低毒类消毒剂，腐蚀性小，性质稳定。在释放出溴、氯以后，生成的 5,5-二甲基海因在自然条件下被光、氧、微生物在较短时间内分解为氨和二氧化碳，不会因残留污染环境。可作为厩舍、场地和水体等的广谱杀菌消毒剂。

7.3.1.4　碱类

高浓度的 OH^- 能水解菌体蛋白和核酸，使酶系和细胞结构受损，并能抑制代谢机能，分解菌体中的糖类，使细菌死亡。碱类杀菌作用的强度取决于其解离的 OH^- 浓度，解离度越大，杀菌作用越强。碱对病毒和细菌的杀灭作用均较强，高浓度溶液可杀灭芽孢。遇有机物可使碱类消毒药的杀菌力稍微降低。碱类无臭无味，除可消毒厩舍外，可用于肉联厂、食品厂、牛奶场等处的地面、饲槽、车船等消毒。碱溶液能损坏铝制品、油漆漆面和纤维织物。碱类消毒剂主要有氧化钙（生石灰）和氢氧化钠。

氧化钙是一种价廉易得的消毒药，对繁殖型细菌有良好的消毒作用，而对芽孢和分枝杆菌无效。石灰易从空气中吸收二氧化碳形成碳酸钙而失效。临用前加水配成 20% 石灰乳涂刷厩舍墙壁、畜栏、地面等，也可直接将石灰撒于潮湿地面、粪池周围和污水沟等处。

氢氧化钠是一种高效环境消毒药。属原浆毒，能杀死细菌、芽孢和病毒。2%～4% 的溶液可杀死病毒和细菌；高浓度溶液亦可杀死芽孢，如 30% 溶液 10min 可杀死芽孢，4% 溶液 45min 杀死芽孢，加入 10% 食盐可增强杀灭芽孢能力。主要适合于消毒畜舍、肉联厂、食品厂车间的地面、台板、饲槽等。消毒时习惯应用加热的溶液，加热虽然不增强氢氧化钠的消毒力，但可溶解油脂，加强去污能力，而且热本身就是消毒因素，不仅能杀菌，也能杀死寄生虫虫卵。

7.3.1.5　酸类

酸通过解离后的 H^+ 或整个分子使菌体蛋白变性、凝固而呈现杀菌作用。酸溶液的杀菌力随温度升高而增强。酸类包括无机酸和有机酸等。

柠檬酸苹果酸粉由柠檬酸、DL-苹果酸与适量六偏磷酸钠等配制而成，为浅蓝色结晶性粉末。柠檬酸和苹果酸能降低病原微生物的 pH，抑制病原微生物的生长。有机酸还能影响病原微生物的酶反应和物质转运过程，使病原微生物能量耗竭而死亡，用于宠物舍、空气和饮水的消毒。①病毒消毒：按(1∶1000)～(1∶3000)稀释（相当于本品 1g 加水 1～3L）；细菌消毒：按(1∶1000)～(1∶2000)稀释（相当于本品 1g 加水 1～2L）；饮水消毒：按(1∶5000)～(1∶10000)稀释（相当于本品 1g 加水 5～10L）。②水管和输水管消毒：投入稀释的本品放置至少 30min。③宠物舍表面喷雾消毒：10mL/m²。④普通设备的清洁或消毒：喷雾，使设备完全湿润即可。

7.3.1.6 季铵盐类

季铵盐类为最常用的阳离子表面活性剂，可杀灭大多数种类的繁殖型细菌、真菌以及部分病毒，不能杀死芽孢、分枝杆菌和铜绿假单胞菌。季铵盐类处于溶液状态时，可解离出季铵盐阳离子，后者可与细菌的膜磷脂中带负电荷的磷酸基结合，低浓度呈抑菌作用，高浓度呈杀菌作用。对革兰氏阳性菌的作用比对革兰氏阴性菌的作用强。病毒（尤其是无囊膜病毒，如口蹄疫病毒、猪水疱病病毒、鸡法氏囊病病毒等）对季铵盐类的敏感性不如细菌。杀菌作用迅速、刺激性很弱、毒性低，不腐蚀金属和橡胶，但杀菌效果受有机物影响较大，故不适用于厩舍和环境消毒。在消毒器具前，应先机械清除其表面的有机物。阳离子表面活性剂不能与阴离子表面活性剂同时使用。

双链季铵盐消毒剂，20 世纪 80 年代由美国首次开发应用。是继苯扎溴铵、长洁尔灭（氯化十六烷基二甲苄铵）之后的第三代和第四代季铵盐类消毒灭菌剂，目前兽医临床常用的为癸甲溴铵。双链季铵盐类消毒剂，带有一个亲水基和两个亲油基（如两个癸基），具有更好的成胶束性和更强的降低表面张力的能力，能增加它们的水溶性，即使在水质硬度较大的情况下也呈现相当好的溶解性，表现出很好的稳定性。研究证明，双链季铵盐消毒剂的杀菌作用比单长链季铵盐类消毒剂（如苯扎溴铵）优越，且具有性能稳定、溶解性强、去污能力较好、耐高温、毒性低、无残留危害等特点，特别是双烷基中碳原子数在8～10 个之间的杀菌效果最佳。双链季铵盐消毒剂应用广泛，可用于皮肤、黏膜的消毒、环境消毒、医疗器械消毒等。

癸甲溴铵为双链季铵盐消毒剂。本品能吸附于细菌表面，改变菌体细胞膜的通透性，使菌体内的酶、辅酶和中间代谢物逸出，使细菌的呼吸及糖酵解过程受阻，菌体蛋白变性，因而呈现杀菌作用。具有广谱、高效、无毒、抗硬水、抗有机物等特点，适用于环境、水体、餐具、器械等的消毒，以及水体的净化、灭藻。对弧菌、嗜水气单胞菌及温和气单胞菌等病原菌有较好的疗效，可用于治疗水产动物出血病、细菌性败血病等细菌性疾病。季铵盐类和二氧化氯类消毒剂，在说明书推荐的工作浓度下，均有效灭活非洲猪瘟病毒；多数含碘类、过硫酸氢钾类消毒剂，须在其说明书标明浓度范围的较高工作浓度时，才可有效杀灭非洲猪瘟病毒。厩舍、饲喂器具消毒：0.015％～0.05％溶液。饮水消毒：0.0025％～0.005％溶液（以癸甲溴铵计）。癸甲溴铵原液对皮肤和眼睛有轻微刺激，使用时小心操作，避免与眼睛、皮肤和衣服直接接触，如溅及眼部和皮肤立即以大量清水冲洗至少 15min；内服有毒性，如误服应立即用大量清水或牛奶洗胃。

辛氨乙甘酸溶液为二正辛基二乙烯三胺、单正辛基二乙烯三胺与氯乙酸反应生产的甘氯酸盐溶液，黄色澄明液体；有微腥臭，味微苦；强力振摇则产生大量泡沫。本品为双性离子表面活性剂，属汰垢类消毒药。对化脓链球菌、肠道杆菌及真菌等有良好的杀灭作用，用1％溶液杀灭分枝杆菌需作用 12h，对细菌芽孢无杀灭作用。杀菌作用不受血清、牛奶等有机物的影响。用于畜舍、环境、器械、种蛋和手的消毒。畜舍、场地、器械消毒：（1∶100）～（1∶200）稀释；种蛋消毒：1∶500 稀释；手消毒：1∶1000 稀释。

月苄三甲氯铵常温下为黄色胶状体；几乎无臭，味苦；水溶液振摇时产生大量泡沫。在水或乙醇中易溶，在非极性有机溶剂中不溶。本品属阳离子型表面活性剂，具有较强的杀菌作用。金黄色葡萄球菌、猪丹毒杆菌、卡他球菌、鸡白痢沙门菌、炭疽杆菌、化脓链球菌、鸡新城疫病毒、口蹄疫病毒以及细小病毒等对其较敏感。用于畜禽舍及器具消毒。畜禽舍喷洒消毒：1∶300 稀释；器具浸洗：（1∶1000）～（1∶1500）稀释。

7.3.1.7 过氧化物类

过氧化物类消毒药多依靠其强大的氧化能力杀灭微生物，又称为氧化剂。通过氧化反应，可直接与菌体或酶蛋白中的氨基、羧基、巯基发生反应而损伤细胞结构或抑制代谢机能，导致细菌死亡；或者通过氧化还原反应，加速细菌的代谢，损害生长过程而致死。此类消毒药杀菌能力强，多可作为灭菌剂。可分解为无毒成分，不引起残留毒性。本类药物的缺点是：易分解、不稳定；具有漂白和腐蚀作用。

在过氧化物类消毒剂中，使用最广泛的是过氧乙酸和过氧化氢，过氧化氢主要用作防腐剂。过氧乙酸和过氧化氢都是灭菌剂和高效消毒剂，且这两种消毒剂分解后无残留，对环境友好，不仅在传染病消毒方面应用广泛，近年来在环境消毒和医疗器械消毒灭菌方面也取得了较大的发展。

过氧乙酸又称过乙酸，为过氧乙酸和乙酸的混合物。市售 20% 过氧乙酸溶液。纯品为无色透明液体，呈弱酸性，有刺激性酸味，易挥发，易溶于水。性质不稳定，遇热或有机物、重金属离子、强碱等易分解。浓度高于 45% 的溶液经剧烈碰撞或加热可爆炸，而浓度低于 20% 溶液无此危险。过氧乙酸具酸和氧化剂的特性，是一种高效消毒剂，其气体和溶液均具有强的灭菌作用，并强于一般的酸或氧化剂。作用产生快，能杀死细菌、芽孢、真菌和病毒。过氧乙酸能分解为乙酸、水和氧，这些产物对动物无害，在消毒后不留气味和痕迹，故可用于畜舍、食品加工厂和食品（鸡蛋、肉、水果等）的消毒；也可用于外科手术器械和废水等的消毒；还可用于治疗家畜真菌病。0.1% 过氧乙酸，经 1min 能杀死大肠杆菌和皮肤癣菌；0.5% 过氧乙酸，10min 能杀死所有芽孢菌；0.04% 溶液，可杀死脊髓灰质炎病毒、腺病毒、疱疹病毒；0.1%～0.2% 浓度溶液，20min 可杀死口蹄疫病毒。雾化熏蒸消毒法：在无人且密闭环境中，采用加热、超声或微粒子喷雾等方法产生过氧乙酸气溶胶，用于室内空气与污染物品表面（如洁净室、实验室、设备、衣被、书籍等）的消毒，雾化熏蒸消毒时，关闭门窗使其尽量密封，过氧乙酸用量大约为 $1g/m^3$，作用时间为 30～120min 不等，视环境条件和使用方法而定。过氧乙酸有较强的腐蚀和漂白作用，皮肤黏膜消毒用药液的浓度不能超过 0.2% 或 0.02%；金属离子和还原性物质可加速过氧乙酸的分解，降低药效；有机物可降低过氧乙酸的杀菌效力。

过硫酸氢钾复合粉为浅红色颗粒状粉末，有柠檬气味，易溶于水，在 20℃ 水中溶解度约为 65g/L；浓度为 1% 的过硫酸氢钾复合粉水溶液 pH 为 2.22～2.65；相对密度约为 1.07。过硫酸氢钾复合粉是一种平衡稳定的由过氧化物、表面活性剂、有机酸及无机缓冲系统组成的混合物，其主要成分为过硫酸氢钾三盐复合物（KMPS）。近年来，过硫酸氢钾复合物粉作为一种广谱、高效、低毒的兽用复方消毒剂被广泛关注。过硫酸氢钾复合物粉是 EPA 批准注册的第一个用于预防口蹄疫的兽用消毒剂。USDA 已将其作为机场出入境消毒的常用消毒剂之一，来控制外来病原的入侵。该消毒剂具有很强的氧化系统，溶解后产生各种高能量、高活性的小分子自由基、活性氧等衍生物，通过链式反应系统破坏微生物细胞膜的通透性，干扰病原体的 DNA 和 RNA 合成，从而杀灭病原微生物。过硫酸氢钾复合物粉还具有强酸性（pH 2.2～2.6），可以杀灭各种病原微生物，并不受有机物影响，其代谢产物不会对人、动物和环境带来影响。过硫酸氢钾复合物粉用于水体消毒时几乎不产生三氯甲烷等有毒产物；与含氯消毒剂相比，当 pH≥6.5 时杀菌效率高于氯系列消毒剂；与过氧化氢、过氧乙酸等消毒剂相比，性状稳定，易于保管储藏而且运输方便；可现场配制，溶解迅速，其对水质无严格要求。过硫酸氢钾复合粉在水中经过链式反应连续产生次氯酸、新生态氧，氧化和氯化病原体，干扰病原体的 DNA 和 RNA 合成，使病原体的蛋白质凝固变性，进而干扰病原体酶系统的活性，影响其代谢，增加细胞膜的通透性，造成酶和营养物质丢失、病原体溶解破裂，进而杀灭病原体。用于畜禽舍、空气和饮用水等消毒。2013 年乔莉萍发现，过硫酸氢钾复合粉 100％杀灭口蹄疫病毒的最高稀释度为 1∶1200，过硫酸氢钾复合物粉对口蹄疫病毒有良好的杀灭效果。2000 年 Juszk-iewicz 等发现，1％过硫酸氢钾可以有效灭活非洲猪瘟病毒。浸泡、喷雾：畜舍环境、饮水设备及空气消毒、终末消毒、设备消毒、孵化场消毒、脚踏盆消毒，1∶200 倍稀释；饮用水消毒，1∶1000 倍稀释。对于特定病原体，大肠杆菌、金黄色葡萄球菌、猪水疱病、鸡法氏囊病按 1∶400 倍稀释；链球菌按 1∶800 倍稀释；禽流感按 1∶1600 倍稀释；口蹄疫按 1∶1000 倍稀释。不得与碱类物质混存或合并使用。产品用尽后，包装不得乱丢，应集中处理。现配现用。

7.3.2　皮肤、黏膜消毒防腐药

7.3.2.1　醇类

醇类消毒剂具有悠久的历史，在医院消毒中具有重要地位。醇类消毒剂杀菌效果属于中等水平，主要用于皮肤消毒。常用的品种主要有乙醇、正丙醇和异丙醇，它们作用快速、无色、价格低廉，目前仍被广泛使用。

已有大量研究证明醇与醇、醇与一些常见消毒剂（戊二醛、聚维酮碘、有机酸）等均有较好的协同作用，近年来国内外研究人员在这方面进行了大量新的探索。一种手消毒剂含 55％乙醇、10％丙醇、5.9％异丙醇、5.7％　1,3-丁二醇和 0.7％磷酸，其展现出广谱的病毒灭活能力，包括囊膜病毒和无囊膜病毒。有研究者在 96％乙醇中加入 20g/L 过氧乙酸处理 5min 可使 2 型人类免疫缺陷病毒（HIV-2）、伪狂犬病病毒（PRV）、牛病毒性腹泻病毒（BVDV）、甲型肝炎病毒（HAV）、1 型脊髓灰质炎病毒 A（PV-1）和猪/牛细小病毒（PPV，BPV）的滴度均下降 4 个对数值。国外常把异丙醇同氯己定配伍使用，如在 70％异丙醇内加入 4％氯己定为常用商品消毒剂。在乙醇手消毒剂中加入有机酸，可以提供持续至少 4h 的抗鼻病毒效果。

乙醇能使蛋白质变性而发挥杀菌作用，是目前临床上使用最广泛的一种皮肤消毒药。乙醇为中等效果的消毒剂，以 75％（体积比）作用效果最强。浓度过高，可使蛋白质很快沉淀形成一层保护膜，阻碍乙醇向深层渗透，杀菌作用降低。可杀灭细菌繁殖体（革兰氏阳性菌和革兰氏阴性菌），分枝杆菌（结核分枝杆菌和非结核分枝杆菌），酵母菌和真菌，以及部分病毒。不同微生物对乙醇抗力略有不同，革兰氏阳性菌对其抗力略强于革兰氏阴性菌；乙醇很容易灭活亲脂性病毒，但对许多亲水性病毒，如腺病毒、肠病毒、鼻病毒和轮状病毒的杀灭效果尚有争论；杀灭真菌孢子则需要适当延长时间；对细菌芽孢无效。常用于皮肤及器械消毒。对组织有刺激性，不能用于黏膜和创面消毒。

7.3.2.2　表面活性剂

表面活性剂是一类能降低水溶液表面张力的物质。其可促进水的扩展，使表面润湿（用作润湿剂），又可浸透进入微细孔道，使两种不相混合的液体如油和水发生乳化（用作乳化剂），润湿和乳化均利于油污的去除，表面活性剂兼有这两种作用者，就是清洁剂（detergent）。主要通过改变界面的能量分布，从而改变细菌细胞膜通透性，影响细菌新陈代谢；还可使蛋白变性，灭活菌体内多种酶系统，具有抗菌活性。

表面活性剂包含疏水基和亲水基。疏水基一般是烃链，亲水基有离子型和非离子型两类，后者对细菌没有抑制作用。离子型表面活性剂根据其在水中溶解后在活性基团上电荷的性质，分为阴离子表面活性剂（如肥皂）、阳离子表面活性剂（如苯扎溴铵、醋酸氯己定、癸甲溴铵和度米芬等）、非离子表面活性剂（如吐温类化合物）和两性离子表面活性剂（如汰垢类消毒剂）。表面活性剂的杀菌作用与其去污力不是平行的，如阴离子表面活性剂去污力强，但抗菌作用很弱；而阳离子表面活性剂的去污力较差，但抗菌作用强。非离子表面活性剂具有良好的洗涤作用，但杀菌作用很微弱。双性离子表面活性剂既有阴离子化合物的去污性能，又有阳离子化合物的杀菌作用。兽医临床上使用较多的表面活性剂有季铵盐类和胍类消毒剂，多用于皮肤、黏膜的防腐消毒药，代表药物有苯扎溴铵、癸甲溴铵、醋酸氯己定等。

苯扎溴铵为常用的一种阳离子表面活性剂。具有广谱杀菌作用和去垢效力。其作用部位在细胞膜，可改变细菌细胞膜的通透性，使菌体胞质物质外渗，阻碍其代谢而起杀菌作用。可杀灭细菌繁殖体，不能杀灭细菌芽孢。对革兰氏阳性菌的杀灭能力比革兰氏阴性菌强。对病毒的作用较弱，对亲脂性病毒如流感、牛痘、疱疹等病毒有一定的杀灭作用，对亲水性病毒无效。对真菌和结核分枝杆菌效果甚微。对人体组织刺激性小，作用发挥迅速，能湿润和穿透组织表面，并具有除垢、溶解角质及乳化作用。常用于皮肤、黏膜和伤口消毒。在复方应用方面，$2\sim5g/L$苯扎溴铵和$60\%\sim75\%$乙醇或异丙醇的复配制剂可大大增强其杀菌效果，可用于注射部位皮肤和外科手消毒，杀菌和持续效果均较佳。苯扎溴铵与碘经特别处理制备的碘伏具有良好的皮肤和黏膜消毒效果。该药禁与肥皂及其他阴离子表面活性剂、碘化物和过氧化物等配合使用；器械消毒时应加0.5%亚硝酸钠防腐；不宜用于眼科器械、合成橡胶制品和铝制品的消毒；可引起人体过敏。

胍类消毒剂是因为其结构中含有胍基而得名，目前在消毒领域应用的胍类消毒剂主要有氯己定（醋酸氯己定、盐酸氯己定和葡萄糖酸氯己定）和聚六亚甲基胍。氯己定又名洗必泰，属阳离子表面活性剂，抗菌作用强于苯扎溴铵，具有广谱抑菌作用，在极低的浓度下（10^{-5}）仍有抑菌作用。氯己定对细菌繁殖体有比较强的杀灭作用，但不能杀灭细菌芽孢、真菌和结核分枝杆菌。作用迅速且持久，毒性低。与苯扎溴铵联用对大肠杆菌有协同杀菌作用，两药混合液呈相加消毒效力。醋酸洗必泰溶液常用于皮肤、术野、创面、器械、用具等的消毒。消毒效力与碘酊相当，但对皮肤无刺激，也不染色。用于预防口腔感染，用$500mg/L$氯己定水溶液漱口，可以预防口腔炎症和口腔内伤口感染。泌尿生殖道黏膜冲洗，会阴部皮肤消毒，一般用$5000mg/L$氯己定水溶液冲洗或擦拭，但其乙醇溶液对黏膜有刺激性。注意事项同苯扎溴铵。

7.3.2.3 卤素类（含碘消毒剂）

含碘消毒剂，包括碘及以碘为主要杀菌成分制成的各种制剂。含碘消毒剂是一类用途广泛的广谱消毒剂，它们可以有效杀灭各种微生物，能杀死细菌、芽孢、霉菌、病毒、原虫，用于皮肤消毒或创面消毒。含碘消毒剂主要有碘的水溶液、碘的醇溶液（碘酊亦称碘酒）和碘伏等。碘的水溶液、碘的醇溶液又称游离碘消毒剂，属于传统消毒剂，而碘伏则是近代研究的新的含碘消毒剂。碘伏以其良好的杀菌效果，易溶于水而不用脱碘，性能稳定，有效浓度低、不刺激皮肤和黏膜等优良性能，在很大程度上取代了碘酊等游离碘消毒剂。

碘伏（iodophor）是碘与表面活性剂（载体）及增溶剂（碘化钾）形成的不定型的络合物，其实质上是一种含碘表面活性剂。碘伏于 20 世纪 50 年代开始用于临床消毒，是一种优秀的皮肤消毒剂。碘伏的主要品种是聚乙烯吡咯烷酮碘（PVP-I）、聚醇醚碘（NP-I）、聚乙烯醇碘（PVA-I）、聚乙二醇碘（PEG-I）。目前，国内使用最广泛的碘伏主要是 PVP-I 和 NP-I。聚乙烯吡咯烷酮碘（PVP-I）已收入我国兽药典，药典记载名称为聚维酮碘，又称碘络酮。PVP-I 是最早研制出的碘伏之一，它具有许多优良特性，碘伏的出现使含碘消毒剂的应用取得了突破性进展，碘伏克服了碘和碘酊难溶于水、不稳定、对皮肤黏膜刺激性大、着色不易褪色需要乙醇脱碘等缺点，保留了碘酊的良好杀菌性能。碘伏在医院消毒中得到广泛的应用，碘伏不仅扩展了碘的使用范围，亦减少了低效消毒剂在临床的使用。Pan L 报道，5% 和 0.25% 高络合碘分别在 5min 内通过浸泡或喷雾消毒使 $10^7 \text{TCID}_{50}/\text{mL}$ 和 $10^5 \text{TCID}_{50}/\text{mL}$ 非洲猪瘟病毒完全失活。然而，5% 聚维酮碘至少需要 15min 才能完全灭活 $10^7 \text{TCID}_{50}/\text{mL}$ 非洲猪瘟病毒，而 0.25% 聚维酮碘无法完全灭活 $10^5 \text{TCID}_{50}/\text{mL}$ 非洲猪瘟病毒。

碘酊中含有游离碘，碘能引起蛋白质变性（形成碘化蛋白质）具有极强的杀菌力，能杀死细菌、霉菌、芽孢和病毒。其稀溶液对组织的毒性小，浓溶液有刺激性和腐蚀性。碘酊是常用的有效皮肤消毒药。一般使用 2% 碘酊，大家畜皮肤和术野消毒用 5% 碘酊。碘甘油刺激性较小，用于黏膜表面消毒。2% 碘溶液不含酒精，适用于皮肤浅表破损和创面防腐。

聚维酮碘是应用最广泛的碘伏消毒剂，系由聚乙烯吡咯烷酮（PVP）为载体与碘络合而成的水溶性和稳定性都很好的不定型络合碘。80%～90% 以结合碘形式存在，只有少部分为游离碘，结合碘在溶剂中逐渐释放出碘，起到一种缓释作用，以保持较长时间的杀菌力。其作用机制是接触创面或患处后，能解聚释放出所含碘而发挥杀菌作用。对多种细菌、芽孢、病毒、真菌等有杀灭作用。杀死细菌繁殖体速度很快，但杀芽孢需要较高浓度和较长时间。0.2% 浓度 10min 就能杀灭金黄色葡萄球菌、大肠杆菌和铜绿假单胞菌，3% 浓度 2h 能杀灭枯草芽孢杆菌黑色变种芽孢和蜡样杆菌芽孢。3% 浓度 30min 能完全破坏乙型肝炎病毒表面抗原（HBsAg）。0.1% 浓度 2min 能杀灭结核分枝杆菌。还能杀灭畜禽寄生虫虫卵，并能抑制蚊蝇等昆虫的滋生。常用于手术部位、皮肤和黏膜消毒。皮肤消毒配成 5% 溶液，奶牛乳头浸泡用 0.5%～1% 溶液，黏膜及创面冲洗用 0.1% 溶液。1% 溶液可用于治疗马角膜真菌感染。宠物临床上，泌尿生殖道黏膜，会阴部及尿道口皮肤娇嫩，不适宜用碘酊、乙醇消毒。所有损伤性操作均应使用 5g/L 碘伏对会阴部皮肤及尿道口擦拭消毒，导尿管可用含碘伏的润滑剂，这对于降低导尿引起的感染具有一定的效果。口腔和鼻腔黏膜，用含 500mg/L 有效碘的碘伏溶液喷洗 3 次，可杀灭口腔内链球菌、白色念珠菌和疱疹病毒等，可预防和治疗口腔感染。口腔手术消毒可用 5g/L 碘伏对手术部位做擦拭消毒，至少擦拭 3 遍。用碘伏直接涂擦鼻腔黏膜，可有效杀灭鼻腔内细菌，治疗鼻前庭糜烂。

碘仿学名为三碘甲烷。其本身无杀菌作用，当应用于局部组织后，慢慢释放出元素碘，有缓和的消毒防腐作用。但因作用慢而弱，并易由创面吸收中毒，现已少用。对组织刺激性小，能促进肉芽形成。具有防腐、除臭和防蝇作用。常制成碘仿纱布或软膏，用于深部创口、瘘等。

7.3.2.4 过氧化物类

用于皮肤、黏膜的过氧化物防腐消毒药主要有过氧化氢、高锰酸钾，均是强氧化剂，本类药物与有机物相遇时，可释出新生态氧，使菌体内活性基团氧化而起杀菌作用。

过氧化氢为较强的氧化物，与组织或机体中过氧化氢酶相遇时，立即释放出新生态氧，产生杀菌、除臭及清洁作用。过氧化氢属高效消毒剂，可有效杀灭各种细菌繁殖体、真菌、结核分枝杆菌、细菌芽孢和各种病毒，因此可作为消毒剂。杀菌作用快而短、穿透力很弱，对组织无刺激性。在接触创面时，迅速分解产生大量气泡，机械地松动血块、坏死组织及与组织粘连的敷料，有利于清洁创面。3%的过氧化氢溶液，常用于清洗化脓性创面、去除痂皮，对厌氧菌感染尤为适用。稀释至1%浓度，可用于口腔炎、扁桃体炎等的口腔含漱。高浓度过氧化氢对皮肤和黏膜产生刺激性灼伤；不可与还原剂、强氧化剂、碱、碘化物混合使用；当含过氧化氢（H_2O_2）浓度≥0.75%注入密闭体腔或腔道，或气体不易逸散的深部脓疡时，由于产气过速，可发生气栓或（和）肠坏疽。

高锰酸钾可用作消毒剂、除臭剂、水质净化剂。高锰酸钾为强氧化剂，遇有机物即放出新生态氧而具杀灭细菌作用。杀菌力极强，但极易被有机物减弱，故作用表浅而不持久。可除臭消毒，用于杀菌、消毒，且有收敛作用。高锰酸钾在发生氧化作用的同时，还原生成二氧化锰，后者与蛋白质结合而形成蛋白盐类复合物，此复合物和高锰离子都具有收敛作用。在酸性环境中杀菌作用增强，2%~5%溶液能在24h内杀死芽孢；在1%溶液中加1%盐酸则在30s内可杀死芽孢。0.1%~0.2%溶液能杀死多数繁殖型细菌，常用于创面冲洗。0.05%~0.1%溶液可用于洗胃解毒，冲洗阴道、子宫和膀胱等腔道黏膜。应用时需根据适应证严格控制溶液的浓度，过高的浓度会造成局部腐蚀溃烂。水溶液易失效，需新鲜配制并避光保存。

7.3.2.5　有机酸类

有机酸类主要作为防腐药。醋酸、苯甲酸、山梨酸、戊酮酸、甲酸、丙酸和丁酸等许多有机酸广泛用于药品、粮食和饲料的防腐。水杨酸、苯甲酸等具有良好的抗真菌作用。可以将其分成两大类：第一类是通过降低环境的 pH 值，来达到间接降低细菌数量的作用，例如延胡索酸、柠檬酸、苹果酸、乳酸等。这些有机酸添加到饲料中主要在胃中起作用。第二类有机酸在降低环境的 pH 值的同时，还可以通过破坏细菌细胞膜、干扰细菌酶的合成、影响细菌 DNA 的复制产生直接的抗革兰氏阴性菌的作用。属于这一类的有机酸有甲酸、乙酸、丙酸和山梨酸等。向饲料中加入一定量的甲酸、乙酸、丙酸和戊酮酸等，可使沙门菌及其他肠道菌对动物胴体的污染明显减少。丙酸等还用于防止饲料霉败。

醋酸又称为乙酸。无色澄明液体，有强烈的特臭，味极酸。可与水或乙醇任意混合。5%醋酸溶液有抗嗜酸细菌如铜绿假单胞菌的作用，内服可治疗消化不良和瘤胃臌胀。外用，冲洗口腔用2%~3%溶液；冲洗感染创面用0.5%~2%溶液。

7.3.2.6　染料类（甲紫）

甲紫又称为碱性紫。为氯化四甲基副玫瑰苯胺、氯化五甲基副玫瑰苯胺与氯化六甲基副玫瑰苯胺的混合物。在解离时，分子带正电荷，阳离子能与细菌蛋白质的羟基结合，影响细菌的代谢，而具有较好的杀菌作用。甲紫对革兰氏阳性菌，特别是葡萄球菌、白喉杆菌作用较强，对白色念珠菌等真菌及铜绿假单胞菌也有较好的抗菌作用。对组织无刺激性，且能于黏膜、皮肤表面凝结成保护膜而起收敛作用。1%~2%溶液可用于浅表创面、溃疡及皮肤感染；0.1%~1%水溶液用于烧伤，因有收敛作用，能使创面干燥，也可防止真菌感染。

7.3.2.7 其他类

松馏油具有防腐、溶解角质、止痒、促进炎性物质吸收和刺激肉芽组织生长的作用。临床用于治疗蹄病及蹄叉腐烂等。

鱼石脂软膏对皮肤和黏膜有温和刺激作用和轻微抑菌作用，能消炎、消肿、促进肉芽生长。外用治疗慢性皮炎、蜂窝织炎、腱鞘炎、慢性睾丸炎、冻伤、溃疡等。

7.3.3 复方化学消毒剂

复方化学消毒剂的配伍类型主要有两大类，一类是消毒剂与消毒剂的复配，另一类是消毒剂与辅助剂的复配。消毒剂与消毒剂的复配主要为发挥消毒剂的协同作用，以提高消毒剂的杀菌能力，可以用同一种类的不同消毒剂进行复配，如两种季铵盐的复配，也可用不同类型的消毒剂加以复配，如过氧化氢与戊二醛的复配。消毒剂与辅助剂的复配主要为改善消毒剂的综合性能，如提高稳定性、减轻消毒剂对物品的腐蚀损害等。一般可针对不同消毒剂加入适当的稳定剂、缓冲剂等。

复配后的消毒剂其杀菌效果应达到协同或相加作用，即其杀菌作用不低于单方。如季铵盐或氯己定（洗必泰）类消毒剂单方时不能杀死细菌芽孢，但如加上低浓度的高效消毒剂就有可能提高杀菌效果，达到杀灭芽孢的作用。另外，复配可完善或改变药剂性能，加入的每一种成分都要对消毒剂的某一种性能有改善或完善作用，如含氯消毒剂加进赋形剂以提高其稳定性或减少腐蚀性。有些物质在单一的溶剂中溶解不良，而在复合溶剂中却能较好地溶解，如碘的单方制剂或溶于乙醇中的碘溶解性不大，但却能溶解于表面活性剂中，成为碘伏，增加了溶解度。另外为减少单一溶剂的刺激性，也可用复配形式，复方溶剂中含有多种成分，那每一种单一成分的含量比例就相对减少，因此对人体的刺激性也随之减少。严格说来，除了一些既为原料、又为消毒剂的产品如三氯异氰尿酸、二氯异氰尿酸钠等，目前市场上的单一配方的消毒剂已很少见了，许多产品因为种种原因，都加入了复配成分，如复方含氯消毒剂、含碘类复方消毒剂、季铵盐类复方消毒剂、醛类复方消毒剂、醇类复方消毒剂，还有中草药复方消毒剂等。

复方戊二醛＋癸甲溴铵溶液是兽医临床最常用的消毒剂之一。戊二醛为醛类消毒药，可杀灭细菌的繁殖体和芽孢、真菌、病毒。癸甲溴铵为双长链阳离子表面活性剂，其季铵阳离子能主动吸引带负电荷的细菌和病毒并覆盖其表面，阻碍细菌代谢，导致膜的通透性改变，协同戊二醛更易进入细菌、病毒内部，破坏蛋白质和酶活性，达到快速高效的消毒作用。该消毒剂应用面广，可用于畜禽舍的环境消毒、带体消毒、种蛋浸泡消毒等，在宠物临床也广泛使用。用戊二醛和季铵盐复合消毒剂对青年鸡舍进行喷雾消毒效果观察，1％戊二醛和季铵盐复合消毒剂溶液对鸡舍细菌平均杀灭率为99.96％，说明现场使用1％戊二醛和季铵盐复合消毒剂溶液消毒，在60min内即可杀灭鸡舍99.6％的细菌。用1％的癸甲溴铵戊二醛消毒剂对青年猪舍进行喷雾消毒，喷洒后关闭门窗1h，结果显示杀菌率大于99.9％。

戊二醛虽然是一种高水平消毒剂，但其对分枝杆菌的杀灭效果较差，杀灭芽孢所需的时间也过长。研究发现，在35g/L戊二醛中加入体积分数20％异丙醇和80g/L乙酸钾制成的消毒剂，在20℃条件下，分别仅需10min和60min对分枝杆菌和枯草芽孢杆菌芽孢的杀灭对数值即可达6以上。有人用含10g/L过氧乙酸与体积分数24%乙醇组成的过氧乙酸乙醇消毒液，在常温下对同种骨置入材料浸泡4h，可使骨置入材料中污染的伪狂犬病病毒（PRV）、牛腹泻性病毒（BVDV）和猪细小病毒（PPV）滴度下降4个对数值以上，实际上已经检测不到存活病毒。还有研究发现，在乙醇手消毒剂中加入有机酸，可以提供至少4h持续的抗鼻病毒效果。

有报道，使用过氧乙酸戊二醛复方消毒剂及其含量相同的各单一成分（过氧乙酸、戊二醛）对蜡样芽孢杆菌芽孢悬液进行定性灭菌试验和定量杀灭试验，复方消毒剂、过氧乙酸、过氧化氢最低有效杀灭浓度分别为3.125%、0.125%和0.600%，杀菌最快有效时间分别为5min、5min、15min；在分别作用到5min、5min、15min时，杀灭对数值均≥5，但0.06%的戊二醛作用60min时杀灭对数值为4.08，无法有效杀灭蜡样芽孢杆菌芽孢。

用过氧乙酸戊二醛复方消毒剂评价羊舍环境真菌的消毒效果，发现过氧乙酸戊二醛复方消毒剂在实验室消毒和现场消毒试验中1∶256稀释，作用10min即可高效杀灭真菌孢子，比市售常见消毒剂所需有效成分浓度更低，用时更短。

7.3.4 生物消毒剂

生物消毒剂（biological disinfectant）是指用于杀灭或消除病原微生物的生物制品。主要包括天然植物提取物，生物酶类如溶菌酶、脂肪酶、蛋白酶等，微生物制品如噬菌体、抗菌肽等生物活性物质。生物消毒剂是生物高新技术发展的结果，发展生物消毒剂旨在适应环境卫生学和临床消毒学发展要求，研究开发不污染环境、无刺激、无腐蚀、毒性低的消毒产品。与传统的化学消毒剂相比，它们具有杀菌特异性强、作用条件温和、作用速度较快、不易产生耐药菌株、易溶于水、对物品无刺激性、无臭、无味、毒副作用低、对皮肤黏膜无刺激、不残留有害物质、不易燃烧、使用安全等优点，在医药业、食品加工业、畜牧业等领域中将会拥有广阔的市场前景。生物消毒剂包括植物消毒剂、生物酶消毒剂、微生物消毒剂和动物提取物消毒剂。

7.3.4.1 植物消毒剂

生物消毒剂成品基本都是多组分，很少有单一成分组成的制剂，特别是植物消毒剂和生物酶消毒剂，多数是根据其药性进行协同组合，制成复方制剂。在众多的植物消毒剂组成中，以苍术、苦参、黄连、蛇床子、栀子、芦荟、菊花和山楂等药用植物入药最多。根据中医学记载，上述中草药都具有清热解毒、祛风散寒、杀菌消毒等功效。由单一植物提取液再行重新制剂，如芦荟凝胶剂、苦豆碱液体制剂。比较多的是植物制剂与化学消毒剂协同制剂，一般是在植物提取液中加入适量的低效消毒剂以提高两者协同杀菌作用，保留植物制剂许多天然优良特性。已有报道的协同制剂有芦荟提取液与醋酸氯己定制成的凝胶剂，苦参、蛇床子提取液与硝酸咪康唑组成复方消毒剂，黄连、苍术提取液与苯扎溴铵组成的复方消毒剂。

植物提取物主要的抑菌成分有萜、生物碱、黄酮、苷、胺、酯、醇、甾、有机酸和精油等，其中尤以精油的研究最为广泛。天然植物精油一般由几十种至几百种有机化合物混合而成，根据化学成分，可分为萜类化合物、芳香族化合物、脂肪族化合物和含氮、含硫化合物四大类，这些成分几乎都具有单独的抑杀菌活性，同时也存在着协同增效作用。对柠檬提取物对金黄色葡萄球菌杀菌机制进行研究，发现其可能通过破坏细菌细胞壁，改变细菌某些关键的结构或功能蛋白的合成来达到对细菌的抑制作用。柠檬提取物可用于皮肤、口腔等消毒，能有效抑制和杀灭细菌、真菌、病毒，毒副作用小。Juszkiewicz报道，一种1.05％的薄荷提取物对非洲猪瘟病毒表现出很高的疗效，可以降低病毒滴度，从而证明用作杀病毒剂的天然化合物用于消毒程序，可能对人类和动物既有效又无害。

7.3.4.2　生物酶消毒剂

对微生物具有杀伤作用的生物酶主要有溶菌酶，某些细菌在生长过程中可产生对其他细菌具有杀伤作用的溶菌酶，目前可通过基因重组人工制造生物酶，如重组溶葡萄球菌酶，这种酶可切断金黄色葡萄球菌细胞壁肽聚糖的化学键，达到溶解杀菌的作用。溶菌酶具有广泛的抑菌谱，对革兰氏阳性菌、革兰氏阴性菌、真菌等致病性微生物均有不同程度的抑制作用，已应用于五官、上呼吸道、皮肤、泌尿生殖系统感染性疾病的治疗。据文献报道，溶菌酶可有效地治疗龋齿、口腔溃疡、牙周炎、口腔白色念珠菌感染等疾病。经体外试验证明，重组溶葡萄球菌酶对耐药性金黄色葡萄球菌具有很好的杀灭作用，用于感染创面治疗效果明显，提纯生物酶制剂用于预防口腔感染和卫生消毒均取得较好效果。

关于生物酶在畜牧业方面的应用，国内已实现商品化的产品主要是重组溶葡萄球菌酶粉，它可以有效预防和治疗奶牛的急、慢性子宫内膜炎和乳腺炎，尤其是对抗生素治疗无效的奶牛慢性子宫内膜炎效果显著。该制剂不会在牛奶中残留。

7.3.4.3　微生物消毒剂

噬菌体是某些细菌的特异性病毒，对靶细菌具有破坏作用。噬菌体侵入靶细菌体内，然后在细菌体内增殖使菌体裂解而杀死细菌。因为噬菌体感染细菌具有比较强的特异性，故不会对人体细胞产生影响；但这种特异性也限制了噬菌体的使用，所以噬菌体作为消毒剂尚处于试验阶段。杆菌肽是一种具有较强生物学活性的小分子多肽，分子量在2000～7000，由20～60个氨基酸残基组成。杆菌肽对碱性环境条件和热具有耐受性，有广谱抗菌性，对细菌、真菌均有杀伤作用。

7.3.4.4　动物提取物消毒剂

动物提取物中主要的活性物质包括脂类、苷类、多肽、多糖、萜类、甾类、氨基酸、生物碱、蛋白质等，早期的研究主要集中于陆生生物，已有许多成熟的相关报道，近年来，主要的研究重心已经转移到对海洋生物的开发中。在糖类的抗菌功能研究中，发现壳聚糖的作用最为明显。壳聚糖又名甲壳胺、脱乙酰甲壳素或可溶性甲壳质，其化学名称为β-(1,4)-2-氨基-2-脱氧-D-葡聚糖。壳聚糖是海洋甲壳类动物外骨骼的主要成分，是一种天然聚阳离子多糖衍生物，具有优良的生物亲和性，其分子链上丰富的羟基和氨基使其易于进行化学修饰而赋予多种功能。壳聚糖除具有多种治疗药用价值之外，也是天然抗菌物质。壳聚糖对多种细菌、真菌具有广谱抗菌的功能。壳聚糖具有抗菌性能一般认为是因为壳聚糖是碱性多糖，它可形成质子化铵盐，这种铵盐可吸附带负电的细胞壁，使壳聚糖吸附在细胞膜表面形成一层高分子膜，改变了细胞膜的选择透过性，扰乱了细菌正常的新陈代谢，导致细胞质壁分离，从而起到抑菌杀菌作用。有研究证明，壳聚糖对金黄色葡萄球菌的抑菌作用最强，抑菌率接近100％，壳聚糖溶液pH值在5.5～6.0能发挥最强的抑菌作用。另外，壳聚糖还具有抗真菌活性，对黑曲霉和寄生曲霉的生长以及黄曲霉毒素均有抑制作用，壳聚糖的最佳抑菌浓度为3～5mg/mL。另有研究证明，壳多糖寡糖混合物对两种口腔致病菌放线菌和链球菌有抗菌活性，含量1000mg/L的壳多糖寡糖能灭活致病放线菌。

7.4

消毒剂耐药性研究进展

消毒剂与抗生素同属于具有抑杀微生物作用的化学物质，具有一些相似的作用机制与耐药机制，包括天然耐药性、通过遗传学获得的耐药性以及通过酶学途径获得的耐药性等。多项研究显示，与细菌的消毒剂耐药现象相比，由消毒剂滥用引起的消毒剂、抗生素的交叉耐药现象更加令人忧虑。消毒剂长时间、低剂量的不合理应用与菌株对抗生素的敏感性之间可能存在联系。在亚致死剂量消毒剂的长期作用下，会使耐药菌株保存下来，同时对抗生素耐药菌株产生选择压力。

细菌对消毒剂抗药的概念，Russell等（1986）提出，细菌对消毒剂的抗药性是指对消毒剂的常用浓度不再敏感的菌株的出现；也指那些在能杀灭或抑制绝大部分该种细菌的消毒剂浓度下，不能被杀灭或抑制的菌株的出现。Stickler等提出，某种细菌的最小抑菌浓度（MIC）超过法定的浓度时就认为有了抗性。在标准化的定量杀灭试验中，表现出比标准试验菌株明显更低的微生物减少量。一般可采用最小抑菌浓度（MIC）或最小杀菌浓度（MBC）测定、定性悬液试验、定量悬液试验和载体试验等方法评价消毒剂的杀菌效果。薛广波（2002）等提出，将分离菌株与标准菌株的MIC或MBC进行对比来判定有无耐药性。在尚未建立消毒剂耐药性法定判定标准情况下这一判定依据是可行的，在实际操作中已被大多数人采用。MIC方法操作简单，耗时短，是目前研究消毒剂抗性的最常用方法。但也有学者认为，使用消毒剂的根本目的不仅是抑制细菌生长，更是要杀灭细菌，因而测定MBC更科学合理。随着分子生物学的迅猛发展，可通过检测某些特定耐药基因来判断抗生素的耐药性。

7.4.1 消毒剂耐药性现状

细菌的消毒剂耐药性普遍存在。自20世纪50年代开始，人们首先发现细菌对季铵盐（QAC）类消毒剂产生耐药性，随之是双胍类，近年又发现了对酚类、醇类、碘类等的抗性。

季铵盐类作为发现耐药性最早的消毒剂，对其研究也较多。有研究者曾描述了42例菌血症可能是用氯化苯甲烃铵浸泡的注射器引起的感染。有报道从临床分离到164株凝固酶阴性葡萄球菌，其中有约39％对十六烷基三甲基溴化铵有抗性。细菌对双胍类消毒剂产生抗性国外早有报道，主要是对醋酸氯己定的耐药，最早发现的抗性菌是假单胞菌。许多研究认为抗性机制可能与外膜有关，Kearns等报道抗次氯酸的3株肠球菌能在100mg/L有效氯中耐受5min，而敏感菌只需0.5mg/L有效氯2min即可杀灭，这些耐药菌成了医院感染传播的潜在病原菌。20世纪80年代初有人发现碘伏中存在假单胞菌，随后报道了伯克霍尔德菌、铜绿假单胞菌的抗性，近来又有报道耐甲氧西林金黄色葡萄球菌（methicillin-resistant *staphylococcus aureus*，MRSA）对碘伏抗性增高。细菌对碘及含碘消毒剂的抗性报道不多，有待确证。黄忠强等（2002）进行3种菌对常用消毒剂的耐受性调查，其中碘酊（有效含碘量2.5％）组的结果为金黄色葡萄球菌耐受率为0.4％，铜绿假单胞菌为0.8％，大肠杆菌不耐受。具有代表性消毒剂耐药菌包括耐甲氧西林金黄色葡萄球菌对氯己定、碘伏的抗性，大肠杆菌和铜绿假单胞菌对醛类和氯己定等消毒剂的耐药性。此外，还有研究发现克雷伯菌和铜绿假单胞菌中有4％～13％对氯胺有耐药性。而Griffiths等报道从内镜清洗消毒剂中分离出对戊二醛有抗性的龟分枝杆菌，并显示对1％过氧化物、1000mg/L的二氯异氰尿酸钠有很高的耐药性。

7.4.2　消毒剂耐药性产生的原因

目前认为，消毒剂的滥用、处理方法不当及用量不足是消毒剂抗性产生的主要原因。如同抗生素的滥用情况一样，在医疗卫生机构、社区和家庭、畜牧和食品生产企业中，各种消毒剂也在被广泛而不尽合理地使用着。医院是消毒剂应用最频繁、使用量最大的场所。同时，养殖业已普遍认识到滥用抗生素的危害，转而使用消毒剂。尤其是中低效消毒剂在低于MBC的浓度使用时，在亚致死剂量的作用下，每一次的应用都可能促成细菌生态学的改变，能够不断诱导耐药性产生。

7.4.3　消毒剂耐药性产生的机制

微生物可通过形成生物膜、改变细胞膜渗透性、过量表达外排泵、产生消除或减弱消毒剂的特异性酶及改变作用靶点等策略产生针对消毒剂的抗性。抗性基因可由染色体或质粒介导，并且不合理使用消毒剂可能会诱导抗性并加剧抗性基因的传播风险。

7.4.3.1　细菌的天然耐药性

某些菌株具有特殊的结构，从而起到消毒剂屏蔽作用，产生天然耐药性，如外膜蛋白、脂多糖等。肠杆菌科的许多菌株不如革兰氏阳性菌对多种消毒剂和抗菌剂敏感，其原因可能是细胞外层的化学组成及结构不同，革兰氏阴性菌的胞壁组成相对复杂，胞壁外膜为此类菌所独有，其化学成分为磷脂、脂多糖和蛋白质。外膜蛋白之间，与磷脂、脂多糖及一些肽聚糖牢牢结合，使外膜对细菌起到保护作用。典型的细菌芽孢多层厚膜更是抵抗消毒剂的强大结构。Russell等将施氏假单胞菌在浓度递增的胍类与季铵盐类化合物中反复筛选培养后获得稳定耐药性，且耐氯己定的菌株对三氯生、季铵盐类和一些抗生素的耐药性更强，这种耐药性均不可传递。电子显微镜观察发现，对消毒剂敏感和不敏感的菌株其外膜脂多糖及外膜蛋白存在明显差异。铜绿假单胞菌对苯扎溴铵的耐药性研究表明，敏感及耐药菌株的菌壁脂类含量不同。

外排泵排出有毒物质（如抗生素、药物等），环境中残留毒物及滥用会导致细菌内部一些稳定机制提高保护细胞免受有害物侵害的能力。此外，广泛存在的外排泵还可在胞浆内将有害物质浓度降低到亚毒性水平。大量研究显示质粒介导的外排泵是许多金属类阳离子消毒剂和防腐剂抗性产生的重要机制。参与革兰氏阴性菌对消毒剂耐药的主动外排系统为包括 qacEΔ1 外排系统、Mex-Opr 外排系统、AcrAB 外排系统、EmrAB 外排系统等。参与革兰氏阳性菌对消毒剂耐药的主动外排系统包括 qac 外排系统、SMR 外排系统、MFS 外排系统、ABC 外排系统以及 RND、MATE 外排系统。

许多研究表明，生物被膜的形成也是消毒剂耐药性的一种机制。生物膜是微生物被包裹在其自身分泌的多聚物中形成的一种特殊细胞群体结构，其形成过程较为复杂，研究发现该过程受外界环境（如营养成分、pH 值、温度、渗透压、水流冲刷力、介质的表面特性、铁离子浓度、氧化还原电位等）和菌体自身（如膜表面特性、凝固酶的有无、染色体等）条件的影响。生物膜的形成阻碍消毒剂的有效扩散，并与消毒剂产生交互作用，影响消毒剂与细菌的接触，而表现出耐药性。

7.4.3.2 耐药性获得的遗传学方式

细菌可以通过获得质粒、转座子或发生基因突变而产生对消毒剂的耐药性。质粒可编码多种耐药基因，且可在细菌之间传递。耐药基因的转移引起敏感菌株获得性耐药，还可引发耐药性的播散。在质粒中，耐药基因常位于转座子内，穿梭在允许的质粒间或进出染色体。有些转座子还可直接在菌株间转移，革兰氏阳性菌中常见此现象。整合子是天然的重组系统，常见于革兰氏阴性菌，其独特的结构即单一的启动子下游聚集多种耐药决定簇，使其有收集、散播、表达耐药基因的能力。整合子可以携带耐药基因盒通过转座子、质粒在细菌之间转移，引起细菌耐药性的水平传播。最早提出细菌对消毒剂抗性可由质粒介导的是 Sutton，随后 Grubb 和 Sturray 发现葡萄球菌带有质粒，同时携有对庆大霉素及季铵盐类消毒剂抗性的基因。有研究发现对氯胺具有抗性的伤寒杆菌抗性株携带有 R 质粒的数量是敏感株的 3 倍，且 R 质粒和氯胺抗性可同时传递给受体株。说明伤寒杆菌对氯胺的抗性与质粒有关。有关质粒与细菌对消毒剂（和防腐剂）耐药性关系的研究有以下三个方面。

（1）质粒介导的葡萄球菌对消毒剂的抗性　近年来，相关研究较为深入。葡萄球菌含有多种消毒剂抗性质粒，主要包括编码 NAB 核酸的结合质粒、pSK1 质粒、重金属抗性质粒等。在金黄色葡萄球菌中至少已确认 12 个消毒剂耐药基因，包括 qacA 至 gacJ、smr、norA。其中研究最多的是 qac 基因家族。qac 基因是指位于金黄色葡萄球菌不同质粒上消毒剂抗性决定因子。gac 基因家族目前已发现的有 A、B、C、D、E、EA1、F、G、H、J 等 10 种，表达多种化合物外排泵，可介导对季铵类化合物、胍类化合物、脒类化合物、碱性染料等的排出。绝大多数对消毒剂耐药的菌株都含有 gacA 基因。gacB 基因主要赋予一价阳离子与部分二价物质抗性，定位于如 β-内酰胺酶质粒与重金属抗性质粒（pSK23）中。

（2）质粒介导的革兰氏阴性菌对消毒剂的抗性　gacEA1 也是重要的消毒剂耐药基因，与二氢叶酸合成酶基因（sull）一起组成Ⅰ类整合子的 3′保守端，sull 基因的存在常引起细菌对磺胺类抗生素的耐药。研究发现，医院感染革兰氏阴性杆菌如阴沟肠杆菌、铜绿假单胞菌、鲍曼不动杆菌中，耐消毒剂基因 gacEA1 携带率比较高。此外，大肠杆菌对戊二醛的敏感性降低与 R124 质粒编码外膜蛋白的改变有关。

（3）**质粒介导的其他革兰氏阳性菌对消毒剂的抗性**　基因突变可引起消毒剂靶位改变、外排泵系统上调或下调、药物摄取途径（孔道蛋白）丢失，调控基因的突变可影响耐药基因的表达。对革兰氏阴性菌的研究表明，细胞膜上某些蛋白编码基因的突变，可使细胞膜的通透性改变，从而使细菌获得对消毒剂耐药。由突变基因所引起的细菌对消毒剂的耐药性较持久。耐药基因的出现常是细菌多次接触亚致死剂量消毒剂作用所致。而细菌在长时间脱离接触某消毒剂后，对该药的耐药可能会消失。

7.4.3.3　耐药性获得的酶学途径

细菌产生降解或抵抗抗生素的酶是其对抗生素耐药的一条重要途径，但有关细菌产生抵抗消毒剂的酶的报道还不多。有研究显示，某些细菌对甲醛的抗性是由于其产生了能降解甲醛的酶——甲醛脱氢酶，其编码基因位于一个 4.6kb 的质粒上。

7.4.3.4　非特异性或多靶位作用

尽管消毒剂与抗生素具有一些相似的作用机制以及耐药机制，但也有很大不同。抗生素与微生物细胞特定结构或代谢过程有特异性的作用，如细菌染色体、特定细菌酶或细菌细胞壁的合成。相比较而言，杀菌剂的作用方式更加非特异或多靶位。它们可以破坏生物膜（乙醇、季铵盐或胺类）或非特异性与功能蛋白或核酸物质反应。因此，消毒剂抗性产生的机制与抗生素耐药机制的最大不同就在于，细菌细胞上消毒剂作用位点的改变对细菌产生抗消毒剂特性的影响不大，因为细菌细胞往往有很多消毒剂作用靶点，某一个靶点的改变通常不足以引起细菌对其产生抗性。

7.4.3.5　消毒剂抗性与抗生素抗性的关联

微生物对抗生素的耐药性已构成世界性危机，除医疗机构外，更多的研究从污水处理厂、养殖场、土壤、水体等各种环境中发现广泛存在的抗生素抗性基因（ARG）和抗生素抗性细菌（ARB）。这会加剧 ARB 全球传播的环境风险，目前 ARG 已被归为新兴污染物。消毒剂作为一类杀灭微生物的物质，微生物对其也会产生抗性，相关抗性基因的传播机制及潜在危害也逐渐引起研究者的重视。

越来越多的研究发现，消毒剂抗性与抗生素抗性之间具有一定的关联性。Amsalu 等研究铜绿假单胞菌在不同自然生态位中同时对多种抗生素和消毒剂产生耐药性的能力，发现存在交叉耐药性，其主要促成因素是调节基因 mexR、nalC 或 nalD 及相应氨基酸突变导致的 MexAB-OprM 药物外排泵的过度表达。国外学者研究发现了抗菌剂和消毒剂促成耐甲氧西林金黄色葡萄球菌的选择和维持性的可能性，并通过实验证明，耐甲氧西林金黄色葡萄球菌含有多种抗生素和消毒剂抗药性质粒，并发现它们之间存在一定联系。且有国内学者从医院分离的多株耐甲氧西林金黄色葡萄球菌中均检出 qacA 基因，获得的 qacA 基因可表现为对新洁尔灭、胍类、脒类消毒剂耐药，这是在国内首次检出多种耐药基因。

此外，消毒剂暴露下诱导出的抗性微生物往往也能抵抗一定浓度的抗生素，甚至可能促进微生物抗生素耐药性的产生和传播。饮用水氯消毒时，消毒剂的副产物能够诱导抗生素抗性，导致群落抗生素耐药性与抗生素水平不一致。究其原因，氯化过程能够通过自然转化促进质粒的水平转移，导致 ARG 在属间的交换和新型 ARB 的出现，氯损伤还会使致病菌从非 ARB 转移到 ARB，而且转移元件很难通过消毒降解。

主要参考文献

[1] Buffet-Bataillon S, Branger B, Cormier M, et al. Effect of higher minimum inhibitory concentrations of quaternary ammonium compounds in clinical E. coli isolates on antibiotic susceptibilities and clinical outcomes[J]. J Hosp Infect, 2011, 79（2）: 141-146.

[2] Costa S S, Ntokou E, Martins A, et al. Identification of the plasmid-encoded qacA efflux pump gene in meticillin-resistant *Staphylococcus aureus* （MRSA） strain HIPV107, a representative of the MRSA Iberian clone[J]. Int J Antimicrob Agents, 2010, 36（6）: 557-561.

[3] Ganz T, Lehrer R I. Antimicrobial peptides of vertebrates[J]. Current Opinion in Immunology, 1998, 10（1）: 41-44.

[4] Hobson D W, Woller W, Anderson L, et al. Development and evaluation of a new alcohol-based surgical hand scrub formulation with persistent antimicrobial characteristcs and brushless application[J]. Am J Infect Control, 1998, 26（5）: 507-512.

[5] Jim E Riviere, Mark G Papich. Veterinary pharmacology and therapeutics[M]. New Jersey: wileyblackwell, 2017.

[6] Juszkiewicz M, Walczak M, Mazur-Panasiuk N, et al. Effectiveness of chemical compounds used against african swine fever virus in commercial available disinfectants [J]. Pathogens, 2020, 9（11）: 878.

[7] Juszkiewicz M, Walczak M, Mazur-Panasiuk N, et al. Virucidal effect of chosen disinfectants against African swine fever virus （ASFV） -preliminary studies[J]. Polish journal of veterinary sciences, 2019, 22（4）: 777-780.

[8] Juszkiewicz M, Walczak M, Woźniakowski G. Characteristics of selected active substances used in disinfectants and their virucidal activity against ASFV[J]. Journal of veterinary research, 2019, 63（1）: 17-25.

[9] Juszkiewicz M, Walczak M, Woźniakowski G, et al. Virucidal activity of plant extracts against african swine fever virus[J]. Pathogens, 2021, 10（11）: 1357.

[10] Leelaporn A, Parlsen I T, Tennent J M, et al. Multidrug resistance to antiseptics and disinfectants in coagulase-negative staphylococci[J]. J Med Microbiol, 1994, 40（3）: 214-220.

[11] Loeffler J M, Nelson D, Fischetti V A. Rapid killing of streptococcus pneumoniae with a bacteriophage cell wall hydrolase[J]. Science, 2001, 294（5549）: 2170-2172.

[12] Mitchell B A, Brown M H, Skurray R A. Qac Amultidrug efflux pump from *Staphylococcus aureus*: comparative analysis of resistance to diamidines, biguanidines, and guanylhydrazones[J]. Antimicrob Agents Chemother, 1998, 42（2）: 475-477.

[13] Pan L, Luo R, Wang T, et al. Efficient inactivation of African swine fever virus by a highly complexed iodine[J]. Veterinary Microbiology, 2021, 263: 109245.

[14] Wales A, Davies R. Disinfection to control African swine fever virus: a UK perspective [J]. Journal of medical microbiology, 2021, 70（9）: 001410.

[15] Walsh S E, Maillard J Y, Russell A D. Ortho-phthalaldehyde: a possible alternative to glutaraldehyde for high level disinfection[J]. Appl Microbiol, 1999, 86（6）: 1039-1046.

[16] Ye H F, Zhang M, O' Donoghue M, et al. Are qacG, qacH and qacJ genes transferring from food isolates to carriage isolates of staphylococi[J]. J Hosp Infect, 2012, 80（1）: 95-96.

[17] 包卫华, 慈九正, 彭国克, 等. 山楂核提取物杀菌效果的试验观察[J]. 中国消毒学杂志, 2010, 27（01）: 45-46.

[18] 陈昌福，尹伦甫．消毒剂在现代养殖中的应用及发展趋势[J]．科学养鱼，2008（11）：77.

[19] 陈杖榴．兽医药理学[M]．北京：中国农业出版社，2009.

[20] 邓桦．执业兽医资格考试复习与备考指南[M]．北京：化学工业出版社，2022.

[21] 郭金鹏，孙如宝，史云，等．苍术挥发油提取物制剂杀菌效果的观察[J]．中国消毒学杂志，2009，26（02）：151-153.

[22] 郭耀，张艳冰，高晓莎，等．过氧乙酸戊二醛复方消毒剂对羊舍环境真菌的消毒效果评价[J]．中国动物检疫，2018，35（05）：98-102.

[23] 黄忠强，谭魏应．3种致病菌对常用消毒剂耐药性的调查[J]．中华医院感染学杂志，2002（12）：34+74.

[24] 李明春，许涛，辛梅华．壳聚糖及其衍生物的抗菌活性研究进展[J]．化工进展，2011，30（01）：203-209.

[25] 卢冬梅，王霆．溶菌酶在口腔疾病中的应用[J]．医药导报，2006（08）：777-779.

[26] 弥成龙，郭亮，郑明学，等．过氧乙酸戊二醛复方消毒剂对蜡样杆菌芽孢杀菌效果评估[J]．山西农业科学，2020，48（01）：103-105.

[27] 南文龙，巩明霞，邹艳丽，等．四类常用消毒剂对非洲猪瘟病毒灭活效果的评价[J]．中国动物检疫，2020，37（12）：135-140.

[28] 乔莉萍，黄银君，薛飞群，等．过硫酸氢钾复合物粉对口蹄疫病毒杀灭效果试验[J]．湖北农业科学，2013，52（08）：1877-1879.

[29] 沈磊，刘成伟，蔡定研，等．碘伏消毒液杀菌效果的试验观察[J]．中国消毒学杂志，2011，28（02）：137-138.

[30] 孙贵娟，唐振柱，苏伟东，等．复方松油醇皮肤消毒液消毒性能的试验观察[J]．中国消毒学杂志，2006（02）：116-118.

[31] 孙俊．消毒技术与应用[M]．北京：化学工业出版社，2004.

[32] 田靓，朱仁义，沈伟，等．酶类消毒剂应用研究进展[J]．中国消毒学杂志，2013，30（03）：247-251.

[33] 佟颖，安伟，邓小虹．醛类消毒剂及其发展[J]．中国消毒学杂志，2011，28（05）：611-612.

[34] 王新为，李劲松，金敏，等．SARS冠状病毒的抵抗力研究[J]．环境与健康杂志，2004（02）：67-71.

[35] 王玉堂．水产养殖用水体消毒剂及其使用技术（连载一）[J]．中国水产，2015（01）：50-54.

[36] 吴淑梅，吴清，王晓波，等．乙醇复方手消毒液的消毒性能及毒性观察[J]．中国消毒学杂志，2009，26（06）：637-639.

[37] 邢玉斌，索继江，贾宁，等．细菌的消毒剂耐药性[J]．微生物学通报，2006（03）：184-188.

[38] 薛广波．现代消毒学[M]．北京：人民军医出版社，2002.

[39] 杨华明，易滨．现代医院消毒学[M]．北京：人民军医出版社，2009.

[40] 杨佳颖．非洲猪瘟消毒剂的选择与使用[J]．中国动物保健，2019，21（08）：1-4.

[41] 袁丽美，吴坚敏，周黎．临床分离金黄色葡萄球菌的耐药性及其对消毒剂抗性研究[J]．中国消毒学杂志，2018，35（11）：850-852.

[42] 袁玮艺，林小枫，张宇豪，等．犬脓皮病耐甲氧西林伪中间型葡萄球菌抗菌药耐药性及消毒剂抗性研究进展[J]．中国畜牧兽医，2021，48（09）：3483-3490.

[43] 张流波，杨华明．医学消毒学最新进展[M]．北京：人民军医出版社，2015.

[44] 张文福．现代消毒学新技术与应用[M]．北京：军事医学科学出版社，2013.

[45] 张宇豪，白涛，李蓉，等．宠物医院细菌消毒剂的抗性分析[J]．动物医学进展，2021，42（03）：115-118.

[46] 朱献忠，宫志敏，居丽雯，等．二氧化氯空气消毒效果的测定[J]．中国卫生检验杂志，2000（04）：444-445.

第8章
神经系统
药物

8.1

外周神经系统药物

8.1.1 概述

神经系统（nervous system）是机体最重要的调节系统，分为中枢神经和外周神经。外周神经系统（peripheral nervous system）是由传入神经和传出神经组成的，其中传出神经分为支配骨骼肌的运动神经和支配脏器的自主神经，见图8-1。

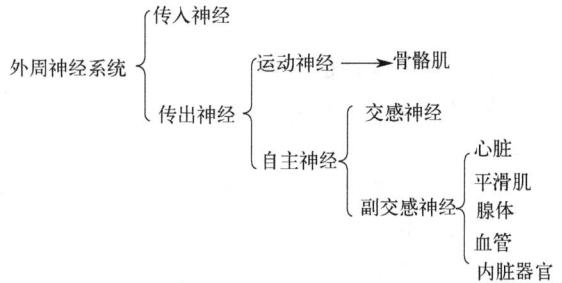

图 8-1 外周神经系统的解剖学分类

8.1.1.1 传出神经系统的递质

传出神经主要释放乙酰胆碱和去甲肾上腺素两种递质，释放乙酰胆碱的神经是胆碱能神经，释放去甲肾上腺素的神经是肾上腺素能神经。运动神经、交感和副交感神经的节前纤维、副交感神经的节后纤维、少数交感神经的节后纤维释放的递质是乙酰胆碱。绝大多数交感神经的节后纤维释放的神经递质是去甲肾上腺素，肾上腺髓质释放肾上腺素（图8-2）。

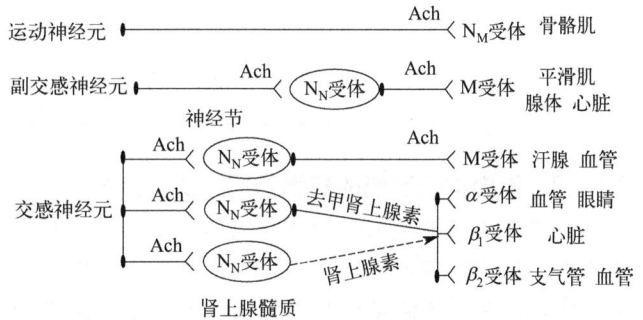

图 8-2 传出神经系统的组成

（1）乙酰胆碱（Ach） 乙酰胆碱在胆碱能神经的末梢合成，原料是胆碱和乙酰辅酶A。释放的乙酰胆碱可与突触后膜的受体结合而产生效应；也可与突触前膜的受体结合，抑制递质释放；突触间隙的乙酰胆碱被乙酰胆碱酯酶水解，从而保证突触传递的及时性，水解后的胆碱可被神经末梢摄取再利用（图8-3）。

$$\text{胆碱} + \text{乙酰辅酶A} \xrightarrow{\text{酶}} \text{Ach} \longrightarrow \text{囊泡} \longrightarrow \text{释放} \begin{cases} \nearrow \text{受体结合} \longrightarrow \text{效应} \\ \searrow \text{乙酰胆碱酯酶} \longrightarrow \text{水解} \end{cases}$$

图 8-3　乙酰胆碱的合成与释放

（2）去甲肾上腺素（NA）　去甲肾上腺素的合成部位同乙酰胆碱一致，也在神经末梢，合成原料是酪氨酸。当有神经冲动时，去甲肾上腺素以胞裂外排方式释放递质。释放的去甲肾上腺素与受体结合，产生效应（图 8-4）。

$$\text{酪氨酸} \longrightarrow \text{多巴} \longrightarrow \text{多巴胺} \longrightarrow \text{囊泡} \longrightarrow \text{释放} \begin{cases} \nearrow \text{受体结合} \longrightarrow \text{效应} \\ \searrow \text{摄取1} \\ \text{摄取2} \end{cases}$$

图 8-4　去甲肾上腺素的合成和
释放

8.1.1.2　神经递质的受体

依据递质结合的受体将神经递质的受体分为乙酰胆碱受体（胆碱受体）和肾上腺素受体。

乙酰胆碱受体中对毒蕈碱敏感的称为毒蕈碱型胆碱受体或 M 胆碱受体，主要分布于副交感神经节后纤维支配的效应器。对烟碱敏感的称为烟碱型胆碱受体或 N 受体。N 受体根据部位的不同分为两种，其中神经肌肉接头的 N 受体称为 N_M 受体，神经节及中枢 N 受体称为 N_N 受体（图 8-2）。

能与去甲肾上腺素或肾上腺素结合的受体称为肾上腺素受体。根据其敏感性不同，分为肾上腺素 α 受体和 β 受体。α 受体有 α_1 和 α_2 两个亚型，α_1 受体主要分布于血管、虹膜、括约肌和腺体；α_2 受体主要分布于突触前膜。β 受体有 2 个亚型，β_1 受体主要位于心和肾小球旁细胞，β_2 受体主要位于血管、支气管等。

能与多巴胺结合的受体称为多巴胺受体，有 5 种亚型，如表 8-1 所示。

表 8-1　神经递质受体的效应

受体类型	亚型	效应
胆碱受体	M 受体	内脏平滑肌收缩,腺体分泌,血管扩张,心脏抑制
	N 受体	N_N 受体激动神经节,N_M 受体收缩骨骼肌
肾上腺素受体	α_1 受体	血管收缩、瞳孔扩大
	β_1 受体	心脏兴奋、肾素分泌、脂肪分解等
	β_2 受体	血管扩张、支气管松弛,糖原分解

8.1.1.3　传出神经系统的药物作用方式及分类

作用于外周神经系统的药物包括传出神经药和传入神经药。传出神经药主要是植物神经药和肌松药，传入神经药则是局部麻醉药和皮肤用药。传出神经系统的药物可直接作用于受体，包括受体激动药和受体阻断药。受体激动药可以激动受体，产生与递质相似的作用。受体阻断药妨碍递质与受体结合，拮抗递质或激动药的作用。其次，传出神经系统的药物通过影响递质而发挥作用，主要影响递质合成、储存和再摄取、释放和递质转化。例如，麻黄碱和间羟胺可以促进去甲肾上腺素释放；新斯的明抑制胆碱酯酶，促进突触间隙的递质浓度升高，从而产生拟胆碱作用（图 8-5）。

作用于传出神经系统的药物

├─ 作用于胆碱能神经系统
│ ├─ 拟胆碱药
│ │ ├─ 胆碱受体激动药
│ │ │ ├─ M,N受体激动药
│ │ │ ├─ M受体激动药 → 毛果芸香碱
│ │ │ └─ N受体激动药
│ │ └─ 抗胆碱酯酶 → 新斯的明
│ └─ 抗胆碱药
│   ├─ 胆碱受体阻断药
│   │ ├─ M受体阻断药 → 阿托品
│   │ └─ N受体阻断药
│   └─ 胆碱酯酶复活药
└─ 作用于肾上腺素神经系统
   ├─ 拟肾上腺素药
   │ ├─ 肾上腺素受体激动药
   │ │ ├─ α,β受体激动药 → 肾上腺素
   │ │ ├─ α受体激动药 → 去甲肾上腺素
   │ │ └─ β受体激动药 → 异丙肾上腺素
   │ └─ 间接作用的拟似药
   └─ 抗肾上腺素药
      ├─ 肾上腺素受体阻断药
      │ ├─ α受体阻断药 → 酚妥拉明
      │ └─ β受体阻断药 → 普萘洛尔
      └─ 其他机制药物

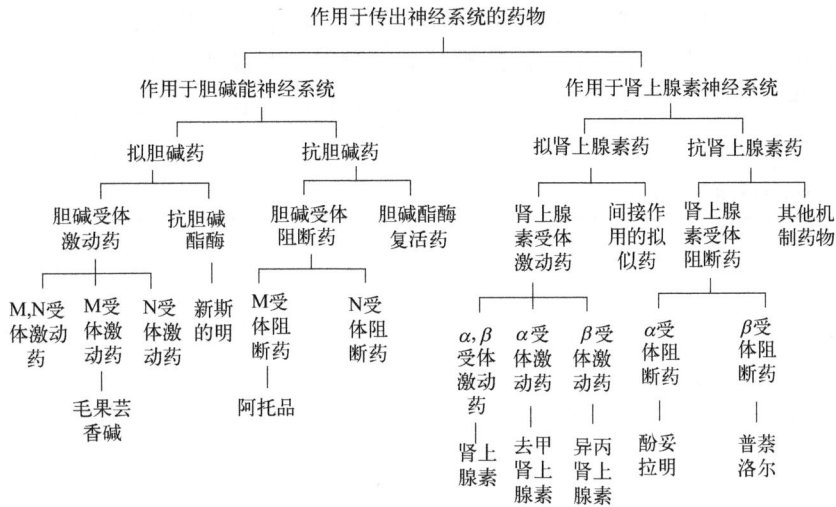

图 8-5 传出神经系统药物的分类

8.1.2 化学结构与理化性质

8.1.2.1 肾上腺素药物

（1）拟肾上腺素药 拟肾上腺素药的基本结构是 β-苯乙胺（图 8-6），其中苯环、α、β 碳原子和氨基分别被不同的基团取代后产生具有不同拟交感活性的药物。凡在芳香环 3、4 位上有羟基取代的拟交感胺类药物称为儿茶酚胺类（图 8-6），主要有肾上腺素、去甲肾上腺素、异丙肾上腺素、多巴胺和多巴酚丁胺。儿茶酚胺类药物结构中有邻二酚羟基和氨基，具有酸碱两性，可以与酸或碱成盐。但是儿茶酚胺类药物与碱成盐后不稳定，易氧化。非儿茶酚胺类主要有麻黄碱、间羟胺等。非儿茶酚胺类药物多数显弱碱性，所以要用的注射剂均是与酸成盐，临床上不能与碱性注射剂配伍使用。此外，具有酚羟基的拟肾上腺素药物在水溶液中易发生自动氧化而呈色。去甲肾上腺素和肾上腺素由于含有手性碳原子，因此会发生一部分左旋体变成右旋体的消旋现象，使效价降低。

图 8-6 拟肾上腺素药的基本
结构

（2）抗肾上腺素药 抗肾上腺素药（antiadrenergic drugs）又称为肾上腺素拮抗剂。它们与肾上腺素受体结合，阻断去甲肾上腺素或拟肾上腺素药与受体的结合，产生拮抗肾上腺素的作用。根据作用受体的不同，抗肾上腺素药又分为 α-肾上腺素阻断剂（α-adrenergic blocker agents）、β-肾上腺素阻断剂（β-adrenergic blocker agents）、肾上腺素神经元阻断剂。表 8-2 总结了肾上腺素阻断剂的分类、化学结构和主要代表药物。α 受体阻断剂按对受体的选择性可又分为两类，一类是能选择性与 α_1 受体结合、对 α_2 受体无影响的选择性 α_1 阻断剂，主要药物有哌唑嗪、特拉唑嗪；一类是可同时阻断 α_1 和 α_2 受体、与激动剂产生竞争性作用的非选择性 α 受体阻断剂，主要药物有酚妥拉明和妥拉唑林。根据 β 受体阻断剂对不同亚型受体的亲和力不同，可分为非选择性 β-肾上腺素阻

断剂和选择性 β_1-肾上腺素阻断剂。非特异性 β-肾上腺素阻断剂的代表药物主要是普萘洛尔，特异性 β_1-肾上腺素阻断剂的主要药物是美托洛尔和阿替洛尔。β-肾上腺素阻断剂药物根据其化学结构主要分为苯乙醇胺类和芳氧丙醇胺类两种类型。β-肾上腺素阻断剂对芳环部分的要求不严格，苯环对位取代的化合物，通常对 β_1 受体具有较好的选择性。

表 8-2　肾上腺素阻断剂的分类及化学结构

药物分类	基本结构	代表药物
非选择性 α-肾上腺素阻断剂		妥拉唑林 酚妥拉明
选择性 α-肾上腺素阻断剂		哌唑嗪 特拉唑嗪
非选择性 β-肾上腺素阻断剂		普萘洛尔
选择性 β-肾上腺素阻断剂		美托洛尔 阿替洛尔

8.1.2.2　拟胆碱药

拟胆碱药或胆碱能激动剂是一类作用于神经递质乙酰胆碱的药物，乙酰胆碱是副交感神经系统内的主要神经递质。该类药物可以直接或间接地作用于副交感神经，其中，直接作用于副交感神经的拟胆碱药称 M 受体激动剂，主要有胆碱酯类化合物，如乙酰胆碱、醋甲胆碱、氨甲酰胆碱、氨甲酰甲胆碱；植物碱类，如毒蕈碱、槟榔碱、毛果芸香碱、甲氧氯普安等。这类药物主要表现为 M 样作用，包括心脏抑制、胃肠道蠕动及分泌增加、胆碱能性出汗、外周血管阻力和血压下降。本类的 N 样作用不明显，但阿托品化的动物能显示出 N 样作用。大剂量由于发生持久性局部去极化而产生神经节和骨骼肌的阻断作用。乙酰胆碱在这点上与烟碱相似，对这些部位是先兴奋后抑制。另一类间接作用于副交感神经的拟胆碱药或称乙酰胆碱酯酶抑制剂，这类药物通过抑制胆碱酯酶使内源性乙酰胆碱累积，来增强并延长乙酰胆碱作用效果，主要有毒扁豆碱、新斯的明、溴吡斯的明、西维因等，可以竞争性地与乙酰胆碱酯酶结合，阻止乙酰胆碱水解而产生类似乙酰胆碱的作用。该类药物多为白色结晶或结晶性粉末，易溶于水，略溶于乙醇，有潮解性，但氨甲酰甲胆碱为无色或淡黄色小棱柱形的结晶或结晶性粉末，其分子结构中因酸性部位不是乙酸而是氨甲酸，不易被胆碱酯酶水解，所以在体液中稳定，作用持久（图8-7）。

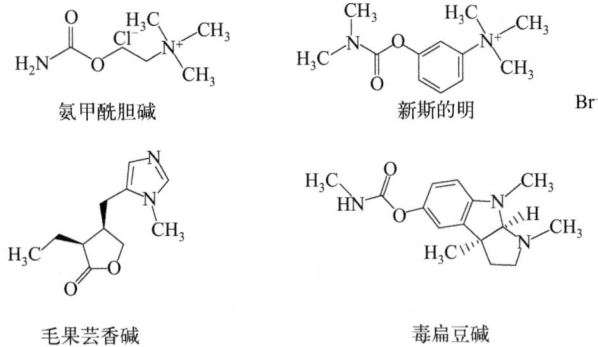

图 8-7　主要拟胆碱类药的结构式

8.1.2.3　抗胆碱药

抗胆碱药物在临床上使用广泛，常用的 M 胆碱受体阻断剂包括天然生物碱（阿托品，东莨菪碱和山莨菪碱）和合成 M 胆碱受体阻断药（异丙托溴铵和噻托溴铵）。N 胆碱受体阻断剂包括琥珀胆碱和筒箭毒碱，常见抗胆碱药的化学结构如图8-8所示，理化性质如表8-3所示。

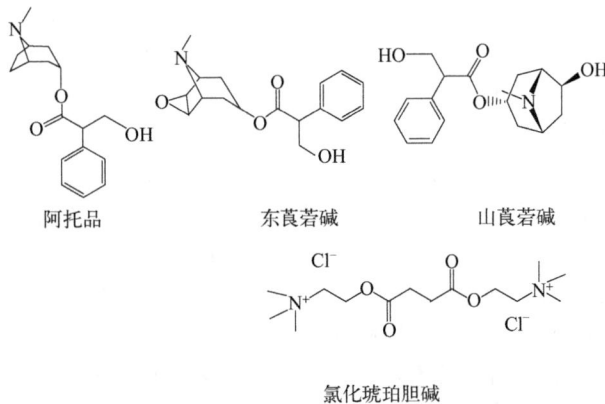

图 8-8　抗胆碱药分子结构

表 8-3　抗胆碱药的理化性质

分类	中文名	英文名	化学式	分子量	外观形态	溶解性
M 胆碱受体阻断剂	阿托品	atropine	$C_{17}H_{23}NO_3$	289.37	无色结晶或白色粉末	极易溶于水
	东莨菪碱	scopolamine	$C_{17}H_{21}NO_4$	303.35	无色结晶或白色结晶性粉末	极易溶于水

分类	中文名	英文名	化学式	分子量	外观形态	溶解性
M胆碱受体阻断剂	山莨菪碱	(-)-anisodamine	$C_{17}H_{23}NO_4$	305.37	白色结晶或结晶性粉末	极易溶于水
	异丙托溴铵	ipratropium bromide	$C_{20}H_{30}BrNO_3$	412.36	白色结晶性粉末	溶于水,微溶于乙醇,不溶于其他有机溶剂
	噻托溴铵	tiotropium bromide	$C_{19}H_{22}BrNO_4S_2$	471.02	白色固体	微溶于水
N胆碱受体阻断剂	氯化琥珀胆碱	succinylcholine chloride	$C_{14}H_{30}Cl_2N_2O_4$	361.305	白色或几乎白色的结晶性粉末	极易溶于水
	筒箭毒碱	D-tubocurarine	$C_{37}H_{41}N_2O_6$	609.73	黄白色结晶性粉末	易溶于甲醇、乙醇

阿托品是从茄科植物颠茄等提取的生物碱,是右旋莨菪碱和左旋莨菪碱等量的混合物;东莨菪碱是从洋金花、颠茄和莨菪中提取的生物碱;山莨菪碱是从茄科植物山莨菪根中提取的生物碱。三种药物的分子结构相似,都是由两个以酯键相连的组分(托品和托品酸)组成。但与阿托品化学结构相比,东莨菪碱的醇部分在6,7位间比阿托品多一个β-取向的氧桥基团,这使东莨菪碱的脂溶性增强,易进入中枢神经系统,是莨菪生物碱中中枢作用最强的药物。山莨菪碱在6位多了一个β-取向的羟基,使山莨菪碱分子极性增强,难以通过血脑屏障,中枢作用很弱。

8.1.2.4 局部麻醉药

所有局麻药的分子结构由3种成分组成:①亲脂芳香族环;②中间酯或酰胺键;③叔胺。这些成分中的每一个都为分子贡献了不同的临床特性。局麻药是一种pK_a(解离常数)为7.5到8.5的弱碱药,根据其结构分为两类:氨基酰胺或氨基酯。所有试剂的一般结构都是芳香基团通过酰胺键(氨基酰胺)或酯键(氨基酯)连接到叔胺上。四个理化性质决定局麻药的活性:分子量、pK_a、脂溶性和蛋白质结合度。在$220\sim288Da$范围内,分子量与局麻药在组织中扩散的能力成反比。正如分子量的变化通常与芳香基和叔胺的不同取代、pK_a和脂溶性的变化有关。钠通道上的局麻药结合部位在细胞内,药物必须弥散到靶神经元胞体才能发挥作用。这种药物的非离子化形式可以很容易地穿过细胞膜,一旦进入细胞,就会建立一种新的平衡,离子化(活性)形式的药物就会起作用。一般来说,低pK_a的药物由于在生理pH值下较低的电离度,会快速起效,而高pK_a的药物由于在生理pH值下较高的电离度,会较慢起效。

药物的溶解度决定了药剂的效力和作用时间,局麻药的结构是其溶解度的主要决定因素。低脂溶性的药物效力低,作用时间短。高脂溶性的药物往往更有效,作用时间更长。脂溶性也影响起效,因为高脂溶性药物更可能被隔离在髓鞘中,减缓药物到达神经元膜并延长起效时间。蛋白质结合的程度决定了可用的药物游离组分与目标受体结合的程度。一般来说,与蛋白质结合程度高的药物作用时间长。

制造商的产品标签和欧洲指南对储存温度和打开后的最长有效时间提出了建议,但兽医实践中遇到的极端条件可能会影响局麻药的物理化学稳定性,从而影响其功效。

8.1.2.5 皮肤黏膜用药

黏浆药(demulcent)溶于水形成黏糊胶状溶液,类似黏膜分泌的黏液,覆盖于黏膜或皮肤上;吸附药(absorbent)是一类不溶于水且性质稳定的细微粉末状药物,表面能吸附毒素和其他有害物质；润滑剂（emollient）是可以软化或滋润皮肤的温和型脂肪物质，主要为油脂类，通常被定义为护肤剂的液体油性成分，可以是亲水性也可以是亲油性，亲水性成分对皮肤水合作用非常重要，而亲油性成分则被设计成保持在皮肤表面作为一层封闭（防水）层；收敛药（astringent）与黏膜表面的蛋白质反应，形成一层膜，从而收紧受损组织，在皮肤表面形成屏障，阻隔外部刺激物。图 8-9 为几种畜禽中常用保护剂的结构式。

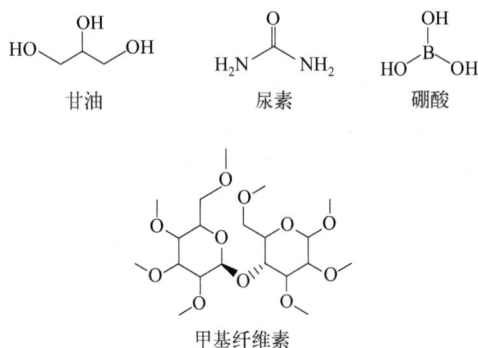

甘油　　　　　　尿素　　　　　　硼酸

甲基纤维素

图 8-9　保护剂的化学结构

8.1.3　作用机制

8.1.3.1　肾上腺素药物

大多数肾上腺素药物是通过激活相应的受体而产生药理作用。通过与肾上腺素受体专一性结合而使受体活化，激活 Gs 蛋白，进一步激活腺苷酸环化酶，使细胞内第二信使（cAMP）浓度升高。cAMP 激活 cAMP 依赖性蛋白激酶，使参与蛋白质和脂肪代谢的酶磷酸化，改变了酶的生物学活性。研究发现，同时被激活的磷酸二酯酶、磷脂酶 A2、磷脂酶 C 以及钙和钾通道亦起一定的辅助调节作用。肾上腺素作用于全部受体表现为大部分血管内收缩、心率加速、血糖升高和肠肌松弛等效应。而去甲肾上腺素仅作用于 α 受体，对 β 受体影响很弱，故表现为强大的血管收缩作用。异丙肾上腺素主要作用于 β 受体，因而具有强大的舒张支气管平滑作用。

8.1.3.2　拟胆碱药

拟胆碱药的作用机制是促进乙酰胆碱释放，与接头后膜受体结合，干扰乙酰胆碱失活。根据胆碱受体对胆碱激动剂的敏感性不同，可把哺乳动物自主神经系统外周传出通路中的胆碱受体分为烟碱型受体（N 受体）和毒蕈碱型受体（M 受体）。烟碱型受体是指自主神经节、肾上腺髓质的嗜铬细胞及躯体神经系统的神经肌肉接头上的受体，拟胆碱药物在这些部分的作用称为烟碱样作用。毒蕈碱型受体是指存在于节后副交感神经系统的效应器接点的胆碱受体，可以存在于没有胆碱能神经支配的血管上和胆碱能副交感神经系统的神经中枢。拟胆碱药不仅对神经节、神经肌肉接头有作用，还对不受副交感神经支配但含胆碱受体的细胞也有一定作用，但不是副交感样作用，可能是 N 受体兴奋的结果。

氨甲酰胆碱和氨甲酰甲胆碱各有一个代替乙酰胆碱的乙酰部分的氨甲酰基，氨甲酰甲

胆碱还有一个 β-甲基。这两种药能对抗胆碱酯酶的灭活作用，因此它们作用持续时间比乙酰胆碱长得多。氨甲酰胆碱是拟胆碱药，对毒蕈碱和烟碱型受体部位都有作用，而氨甲酰甲胆碱主要是毒蕈碱型激动剂。毒蕈碱、槟榔碱、毛果芸香碱是选择性很高的拟副交感神经药，主要在毒蕈碱型受体部分发挥拟胆碱活性，仅有微弱的烟碱样作用。其中毒蕈碱对节后胆碱能神经支配组织的效应器细胞有很高的选择性兴奋作用，对自主神经节和骨骼肌的烟碱型受体没有兴奋作用。

胆碱酯酶抑制剂对胆碱酯酶有特异性抑制作用，这种作用导致神经元释放的乙酰胆碱水解减少和乙酰胆碱受体的作用增强。新斯的明对胆碱受体还有一定的激动性或拮抗性作用，在躯体神经肌肉接头的肌肉抽搐兴奋作用是直接兴奋受体和胆碱酯酶抑制所致。加兰他敏能提高胆碱受体的感受性，使骨骼肌中受阻抑的神经肌肉间的传导恢复，改善急性脊髓灰质炎和各种因神经肌肉传导障碍而引起的麻痹状态，从而增强其运动机能。由于此药能透过血脑屏障，所以其中枢作用较强。毒扁豆碱能可逆性地抑制胆碱酯酶，与胆碱酯酶结合后，抑制酶的活性，使乙酰胆碱不能及时水解而引起堆积，出现全部胆碱能神经机能亢进的现象。随着毒扁豆碱在体内缓慢地被水解而失效，胆碱酯酶的活性也逐渐恢复，所以它对酶的抑制作用是可逆的。

8.1.3.3　抗胆碱药

M 胆碱受体阻断药在胆碱能节后神经支配的效应器和不受胆碱能神经支配的平滑肌处抑制乙酰胆碱 M 样作用，故又称抗毒蕈碱药或毒蕈碱拮抗剂，N1 胆碱受体阻断剂能选择性地与神经节细胞的 N1 胆碱受体结合，竞争性地阻断乙酰胆碱与受体结合，使乙酰胆碱不能引起神经节细胞的去极化，从而阻断了神经冲动在神经节中的传递；N2 胆碱受体阻断剂与骨骼肌神经肌肉接头的运动终板膜（突触后膜）上的 N2 受体结合后，阻碍神经肌肉接头处的神经冲动的正常传递，导致骨骼肌松弛。各类抗胆碱能药物对不同受体的敏感性和选择性作用有所不同，如阿托品作用于 M 受体，但对 M1、M2、M3 受体均无选择性，琥珀胆碱作用于 N2 受体，产生去极化状态，导致终板膜对乙酰胆碱的反应性降低，使肌肉松弛。

8.1.3.4　局部麻醉药

局麻药通过抑制电压门控钠离子通道阻断神经元内的动作电位。电压门控钠离子通道以三种电位构象存在：开放、封闭和不活跃。静息时，通道处于封闭状态，当神经元受到刺激时，去极化发生时，通道打开，此时钠离子扩散到细胞内，随后进入非激活状态，促进神经细胞膜的复极化。当局麻药与离子通道结合时，钠离子通道的不活跃状态得到改善，从而抑制了动作电位沿受影响神经纤维的运动。当细胞内存在局麻药时，钠离子通道的开放和不活跃状态为局麻药结合提供了最有利的条件。这意味着刺激神经纤维促进局麻药作用的开始。这种现象被称为频率相关封锁。

局麻药在激活和灭活状态下对钠离子通道内受体的亲和力比在静息状态下强。因此，具有较高射速的神经纤维最易受局部麻醉作用的影响。此外，较小的无髓鞘纤维通常也容易受到影响，因为给定体积的局麻药溶液可以更容易地阻断钠离子通道，从而完全阻断冲动。然后是大的有髓鞘纤维，所以，微小的、快速传导的植物纤维是最敏感的，其次是感觉纤维，最后是躯体运动纤维。

除了对电压门控钠离子通道的经典作用外，局麻药还与钙、钾、超极化门控离子通道、配体门控通道和 G 蛋白偶联受体相互作用。它们激活了神经元中大量的下游通路，并影响多种膜的结构和功能。局麻药必须穿过几个组织屏障才能到达它们在神经元膜上的作用部位。特别是神经外膜是一个主要的限速步骤。

8.1.3.5 皮肤黏膜药

皮肤黏膜药的作用机制主要是在皮肤表面形成一层保护性屏障，以阻隔外部刺激，保护皮肤受损部位；而药物的主要成分透过动物皮肤进入体液循环主要有两条途径：一是药物穿过角质层细胞或其间隙到达活性表皮。由于细胞扩散阻力较大，所以药物主要由细胞间通过角质层。二是药物通过汗腺、皮脂腺和毛囊等皮肤附属器的吸收通过。由于皮肤附属器仅占皮肤表面千分之一左右的面积，因此药物主要由第一种途径中的细胞间通道通过皮肤。

刺激药作用于皮肤黏膜时，刺激感受器，感觉神经末梢受到刺激，一方面神经冲动传向神经中枢，另一方面沿着感觉神经纤维在血管的分支逆向传至邻近的血管。

8.1.4 药理作用

8.1.4.1 肾上腺素药物

（1）拟肾上腺素药　肾上腺素受体被分为 α 和 β 两类。一般而言，α 受体是兴奋作用，β 受体是抑制作用。α 受体又分为 α_1 和 α_2 受体，β 受体又分为 β_1 和 β_2 受体。α_1 受体主要分布于血管平滑肌，激动后引起血管收缩，特别是皮肤黏膜和内脏血管收缩。β_1 受体主要分布于心脏，激动后引起心脏兴奋，增加心率和心肌收缩力。β_2 受体主要分布于血管和内脏平滑肌，激动后引起血管扩张和平滑肌扩张。因此，拟肾上腺素药主要作用于心脏、血管和平滑肌。拟肾上腺素能药根据受体的分类，分为 α 受体激动剂、β 受体激动剂、α 兼 β 受体激动剂。

拟肾上腺素药激动心脏 β_1 受体，使心肌收缩力加强、心率加快、心输出量增加。去甲肾上腺素对心脏的 β_1 受体有弱激动作用，兴奋心脏，心率减慢，主要由于其对血管的强烈收缩作用促使血压迅速升高，机体对血压升高的调节机制减压反射开始发挥作用，迷走神经反射性兴奋，因此心率减慢。同时，异丙肾上腺素激动心脏的 β_1 受体，产生正性作用，使心脏心肌收缩力增加、心率加快、传导加速、心输出量增加、心肌耗氧量增加。Eisemann 等报道用盐酸克伦特罗饲喂肉牛时，第 1 天心率和血流量升高 1 倍以上，以后逐渐恢复正常。

对血管，激动血管 α_1 和 β_2 受体，α_1 受体激动导致血管收缩，β_2 受体激动导致血管舒张，因此拟肾上腺素药对血管的作用取决于组织中不同受体的分布。α_1 受体主要分布在内脏和皮肤黏膜血管，表现为血管收缩；骨骼肌和冠状动脉以 β_2 受体占优势，因此激动时血管扩张，血流量增加。肾上腺素直接作用于肾上腺素能 α、β 受体，可产生强烈快速而短暂的兴奋 α 和 β 型效应，引起血管扩张。而去甲肾上腺素激动血管的 α_1 受体，促使外周血管收缩，对血管收缩的作用从强到弱依次为：皮肤、黏膜血管＞肾脏血管＞肝脏、肠系膜血管。但去甲肾上腺素引起的强烈收缩血管作用使组织血流量减少，可能会导致组织缺血，甚至坏死。同时去甲肾上腺素使冠状动脉舒张，主要是心脏兴奋产生的腺苷增多引起的。异丙肾上腺素作用于血管的 β_2 受体，使骨骼肌血管舒张，冠状动脉舒张。

对血压，拟肾上腺素药具有升压作用。当大鼠分别接收肾上腺素和去甲肾上腺素后，血压升高；其中收缩压、舒张压、平均动脉压和心率均增大。

对内脏平滑肌，激动 β_2 受体，支气管平滑肌舒张最明显，胃肠道平滑肌和膀胱平滑肌松弛。例如，异丙肾上腺素可作用于支气管平滑肌的 β_2 受体，使平滑肌松弛，临床可抑制过敏介质释放，抑制支气管痉挛。

影响血糖和代谢，升高血糖和游离脂肪酸的浓度。异丙肾上腺素可促进肝糖原和肌糖原分解，促进游离脂肪酸的释放。

（2）抗肾上腺素药　肾上腺素受体阻断剂可竞争抑制去甲肾上腺素对 α 受体的作用，阻止血管平滑肌兴奋，促使血管舒张。其次，也可直接作用于血管平滑肌，使血管舒张，如酚妥拉明。此外，肾上腺素阻断剂阻断心脏的 β_1 受体，使心脏排血量降低；同时作用于血管的 β_2 受体，使外周血管阻力增加，对高血压病畜有明显降压作用。

肾上腺素受体阻断剂如酚妥拉明对心脏有兴奋作用（间接作用），主要由于肾上腺素受体阻断剂使血管舒张，血压下降，促使交感神经反射性兴奋；其次，肾上腺素受体阻断剂阻断突触前膜 α_2 受体，如育亨宾，可促进肾上腺素和去甲肾上腺素的释放，从而兴奋心脏。其次，肾上腺素受体阻断剂也可作用于心脏的 β_1 受体，使心率减慢、心肌收缩力减弱、心输出量减少。

肾上腺素受体阻断剂作用于支气管和骨骼肌血管平滑肌的 β_2 受体，使支气管和骨骼肌血管平滑肌收缩。

肾上腺素受体阻断剂影响动物机体糖代谢和脂质代谢。普萘洛尔不影响正常血糖，也不影响胰岛素降低血糖的作用，但是可以延缓用胰岛素后血糖的恢复。非选择性 β 受体阻断剂可轻度升高血甘油三酯水平，降低高密度脂蛋白浓度。

某些 β 受体阻断剂保留着轻度 β 兴奋作用，通过其主要的拮抗作用阻止受体进一步兴奋，从而表现出固有的拟交感活性，如醋丁洛尔。具有内在拟交感活性的药物抑制心肌收缩力的作用较弱，减慢心率的作用较弱，收缩支气管的作用较小，增加气道阻力的作用较小，对脂质代谢的不良影响较小。

多数 β 受体阻断药在高剂量时可以降低细胞膜对离子的通透性，使膜不易去极化，如普萘洛尔。β-肾上腺素受体阻断剂可以减少儿茶酚胺类引起的震颤；抗血小板聚集；减少房水形成而减少眼内压。

8.1.4.2　拟胆碱药

拟胆碱药的主要作用为使平滑肌和腺体上的 M 受体兴奋，使支气管、气管、胃、肠、胆囊、膀胱、虹膜、睫状肌等平滑肌收缩，支气管、胃、肠、汗腺、外分泌胰腺、唾液腺、泪腺、鼻、咽等部位的腺体分泌，血管内皮细胞释放一氧化氮。位于心脏的 M 受体兴奋，会减慢心率，降低心肌的收缩力和房室的传导。突触前 M 受体能抑制乙酰胆碱或去甲肾上腺素的释放，导致胃、肠和膀胱括约肌松弛。神经节的 M 受体兴奋，能刺激节后神经元引起交感和副交感神经兴奋，此作用相对较小。临床表现为心率减慢，血压下降，瞳孔缩小（因虹膜括约肌收缩）或视觉调节痉挛（因睫状肌收缩），分泌增加，支气管收缩，胃肠道蠕动和排便增强，泌尿增加等。

乙酰胆碱能增强胃肠蠕动和分泌，兴奋膀胱和子宫平滑肌，收缩支气管平滑肌。给予乙酰胆碱后，除血压下降外还会出现心率减慢，这是由于降压反应影响了压力感受器的反射活动。大剂量乙酰胆碱会显著增加胃肠道分泌和蠕动，在节后效应细胞上的毒蕈碱样作用增强，外周血管舒张导致严重低血压。动脉注射有效量的乙酰胆碱会激活骨骼肌细胞的烟碱型受体，引起骨骼肌颤动。醋甲胆碱是一种合成的胆碱酯，在兽医中应用较少，主要对心血管功能有毒蕈碱样作用，对胃肠系统作用弱。氨甲酰胆碱和氨甲酰甲胆碱与醋甲胆碱不同，它们对胃肠道和膀胱的作用稍强于对心血管的作用，会使膀胱收缩，引起尿频。氨甲酰胆碱对动物子宫肌有收缩作用，在妊娠后期比较明显，还能收缩支气管平滑肌，使气道变窄。大剂量给予氨甲酰胆碱会使神经肌肉接头的突触后膜发生持久的去极化性阻断，引起肌束颤动，甚至麻痹。氯化氨甲酰胆碱的作用强而持久，对胃肠平滑肌兴奋作用最强，对膀胱、子宫平滑肌亦有较强的兴奋作用；可使唾液、胃液和肠液分泌增加；但对心、血管系统作用较弱；亦能兴奋神经节，增强骨骼肌张力。

毛果芸香碱可以增加唾液腺、汗腺、胃肠道消化液的分泌，作用强且快。其次是加强胃肠道蠕动和紧张度，但作用较弱。因此，可使肠弛缓所致的不全阻塞性便秘排出软便，疗效良好。同时毛果芸香碱也可以兴奋虹膜括约肌和晶状体的睫状肌，从而使瞳孔缩小、调节眼的痉挛。眼内压先短暂升高，接着持续下降。槟榔碱能激活胆碱能神经支配的腺体、平滑肌和心肌等效应细胞上的毒蕈碱型受体，从而产生常见的拟副交感神经作用。比毛果芸香碱作用强度大，能抑制心率和血压，并可通过收缩细支气管引起呼吸困难，还能促进消化腺体的分泌，增强肠蠕动，使膀胱收缩，它对腺体作用强度同氯化氯甲酰胆碱，能使瞳孔缩小，眼内压降低。

毒扁豆碱和新斯的明能使平滑肌收缩，增强肠管运动和蠕动。毒扁豆碱对胃肠平滑肌的作用比氨甲酰胆碱还强，对支气管、胆管、虹膜和子宫等平滑肌的作用也较强，也能增强唾液腺、胃肠腺等腺体的分泌，但流涎作用不如毛果芸香碱强，这些作用均可被阿托品所拮抗。当毒扁豆碱局部用于眼或为全身用药时，可使瞳孔缩小并能调节眼痉挛。新斯的明除了在躯体神经肌肉接点灭活胆碱酯酶的主要作用之外，还直接兴奋骨骼肌纤维的烟碱型受体，它对骨骼肌除了能抑制胆碱酯酶增强乙酰胆碱的作用外，也能直接兴奋骨骼肌的运动终板。此外，它与毒扁豆碱一样，都有促进运动神经末梢释放乙酰胆碱的作用。因此，其兴奋骨骼肌的作用较毒扁豆碱强，对胃肠、子宫、膀胱等平滑肌器官的作用也较强，但其对心血管系统、各种腺体和虹膜等的作用较弱。

8.1.4.3　抗胆碱药

M胆碱受体阻断剂与乙酰胆碱竞争M受体，使乙酰胆碱不能与拟胆碱药结合，从而拮抗过量乙酰胆碱对突触后膜刺激所引起的毒蕈碱样症状和中枢神经症状，阻断胆碱能神经的M样作用。阿托品是M胆碱受体阻断剂中最常用的药物，能抑制腺体分泌；扩张血管，解除血管痉挛，改善微血管循环；解除迷走神经对心脏的抑制，使心跳加快；能散大瞳孔，使眼压升高；大剂量使迷走神经中枢、呼吸中枢兴奋。不同器官对阿托品的敏感性不同，其中阿托品的抗腺体分泌作用最强。东莨菪碱药理作用与阿托品相似，但扩瞳和抑制腺体分泌的作用比阿托品强。山莨菪碱显示出与阿托品和东莨菪碱相似的药理作用，包括抑制唾液分泌、支气管扩张，抑制胃肠动力和心血管功能的变化。异丙托溴铵的主要药理作用是阻断气道平滑肌上的M3胆碱受体，抑制胆碱能神经对气道平滑肌的控制，而松弛气道平滑肌，扩张气道。噻托溴铵是一种新型长效抗胆碱类平喘药，药理作用与异丙托溴铵相似，与M胆碱受体有较强亲和力，对M胆碱受体亚型亲和力的次序依次为M3、M2、M1，对M3胆碱受体有一定选择性，被认为是目前作用最强、作用持续时间较久的抗胆碱药。

N胆碱受体阻断剂按照作用机制不同，可以分成去极化型神经肌肉阻断剂和非去极化型神经肌肉阻断剂。去极化型神经肌肉阻断剂不可逆地与乙酰胆碱受体结合，引起运动终板去极化，使肌肉对乙酰胆碱的反应性丧失，导致肌肉麻痹和松弛。琥珀胆碱是临床上使用最多的去极化神经肌肉阻断剂，它的作用特点是出现短暂的肌束震颤后肌肉松弛，这是因为其药物分布不均，且对胆碱酯酶的降解作用不敏感，不易从接头间隙处代谢消除。筒箭毒碱为非去极化型肌松药，与运动神经终板膜上的N2胆碱受体结合，能竞争性地阻断乙酰胆碱的去极化作用，使骨骼肌松弛。筒箭毒碱1942年首次用于临床，是临床应用最早的典型非去极化型肌松药。该药口服难吸收，静脉注射后眼部肌肉首先松弛，而后出现四肢、颈部、躯干肌肉松弛，肋间肌松弛，出现腹式呼吸，肌肉松弛恢复时，其次序与肌松弛时相反，膈肌最快恢复。临床上可用于麻醉辅助药，如气管插管和胸腹手术等。除此之外，筒箭毒碱还具有神经节阻断和释放组胺作用，可引起心率减慢、血压下降、支气管痉挛和唾液分泌增加等。

8.1.4.4 局部麻醉药

局麻药作用时间的不同主要是由于它们对蛋白质的亲和性不同。局麻药在血液循环时可逆地与血浆蛋白结合。蛋白质结合的趋势越强，麻醉剂维持神经阻滞的时间就越长。例如，布比卡因表现出95%的蛋白质结合，而甲比卡因表现出55%的蛋白质结合，这被认为是它们在神经阻滞持续时间上的差异。麻醉持续时间也受局麻药靠近神经纤维的时间的影响。为了延迟吸收和延长麻醉时间，许多配方中都添加了血管加压剂。

普鲁卡因可用于浸润、传导和脊髓麻醉，副作用相对较少。目前，普鲁卡因很少用于周围神经或硬膜外阻滞，因为其药效低、起病慢、作用时间短、穿透组织的能力有限。它是一种极好的皮肤浸润局麻药，10%的溶液可用作短效脊髓麻醉。普鲁卡因在芳香环上的取代产生氯普鲁卡因，氯普鲁卡因起效快，作用时间短。它的主要应用是短疗程的硬膜外麻醉。1980年后，因有报道称意外将硬膜外剂量用于蛛网膜下腔注射，引发长时间感觉和运动阻滞，其使用量迅速下降。

丁卡因是最后发展起来的酯型局麻药。它可以作为等压、低压或高压溶液用于脊髓麻醉，作用时间为1.5~2.5h。此外，丁卡因是一种有效的局部气道麻醉剂。利多卡因于1944年制备，1948年首次作为临床的酰胺局部麻醉药。利多卡因因其效力、起效快，对浸润、周围神经阻滞、硬膜外麻醉和脊髓麻醉均有效而迅速得到广泛应用。在周围神经阻滞时，1%~1.5%溶液通常能有效产生可接受的运动阻滞，而在硬膜外阻滞时，2%溶液更有效。对于脊髓麻醉，使用0.5%~5%的溶液。

自从利多卡因出现以来，所有新的局麻药都含有酰胺基序。甲哌卡因是利多卡因的结构变体，其胺是哌啶环的一部分。甲哌卡因与利多卡因具有相似的特性，但作用时间稍长。丙胺卡因也与利多卡因有关，用于浸润、周围神经阻滞和硬膜外麻醉。它的麻醉特性与利多卡因相似，但它产生的血管舒张作用小于利多卡因，并且在相同剂量下，其产生全身毒性的可能性较小。这一特性使其特别适用于静脉区域麻醉。

1963年布比卡因的出现是局部麻醉发展的重要一步。布比卡因是一种长效局麻药，可用于浸润、周围神经阻滞、硬膜外麻醉和脊髓麻醉。1972年，依多卡因被引入长效局麻药。

8.1.4.5　皮肤黏膜用药

黏浆药是药理性能不活泼的一类高分子胶性物质，在皮肤表面形成保护性屏障，隔绝皮肤与外部环境，抵抗外界干扰而保护角质层和底层结构的表皮细胞，具有缓和炎症刺激、减轻炎症和阻止毒物吸收等作用。吸附药表面能吸附毒素和其他有害物质，并在局部呈现机械性保护作用，内服能吸附细菌毒素或气体，但易引起腹泻、腹胀，外用可干燥和保护皮肤，使皮肤表面免受暴露从而发挥作用。润滑剂有助于改善皮肤状况和减少瘙痒，同时还有更有效的药理作用，舒缓和补充皮肤水分，改善特应性皮炎，修复皮肤屏障。收敛药具有促进伤口愈合、干燥皮肤、减轻疼痛和缓解炎症等作用，局部使用可以沉淀蛋白，有一定的止血作用。

刺激药的作用主要体现在以下方面：①扩张毛细血管、小动脉、小静脉，促进血液循环，加速渗出物的吸收，改善局部营养，促进炎症痊愈；②由于刺激药的传入冲动与内脏疼痛冲动由同一条途径传入中枢神经系统，将刺激药涂在与内脏受同一脊髓节段神经所支配的皮肤上，皮肤传入神经末梢受到刺激，反射性影响了内脏器官的功能活动，从而使两个冲动相互干扰，使疼痛不易传到大脑，进而使痛感减轻。

8.1.5　药代动力学

8.1.5.1　肾上腺素药物

（1）拟肾上腺素药　肾上腺素是治疗严重过敏和过敏反应的标准疗法。在组胺诱导的犬鼻塞模型中，Tuttle 等研究了鼻内给药肾上腺素后的药代动力学和心率变化，通过鼻内给药 4mg 的肾上腺素后，最大血浆浓度（C_{max}）是 3.5ng/mL，达到最大血浆浓度的时间（t_{max}）是 6 分钟，心率在给药后 5 分钟时增加。其次，给药途径影响了药物在动物体内的代谢动力学和心率。Dretchen 等研究了鼻内递送和肌内注射肾上腺素在犬体内的药代动力学和心率，结果如表 8-4 所示，结果表明，鼻内递送肾上腺素显示出优于肌内注射肾上腺素的优势，包括血浆肾上腺素的快速增加和随着时间的推移心率不会增加。

表 8-4　肌内注射和鼻内途径给药后肾上腺素在犬体内的药代动力学参数

药代动力学参数	鼻内给药途径						静脉注射途径	
	2mg $n=6$	3mg $n=6$	4mg $n=6$	5mg $n=6$	10mg $n=6$	20mg $n=5$	0.15mg $n=6$	0.3mg $n=6$
C_{max}/(ng/mL)	2.79± 0.96	2.37± 1.26	3.75± 1.71	3.43± 0.65	8.28± 1.97	23.28± 8.71	1.25± 0.19	2.81± 0.97
t_{max}/min	37.00± 15.48	20.17± 14.10	48.50± 13.15	41.67± 15.95	15.00± 3.42	15.20± 11.23	21.83± 8.74	31.67± 9.37
AUC_{0-90h} /[ng/(min·mL)]	95.59± 41.39	91.23± 41.35	192.49± 99.49	153.19± 20.13	207.56± 55.72	660.61± 323.75	58.93± 6.64	118.43± 19.40

表 8-5 总结了大部分 β-肾上腺素盐酸受体激动剂在不同动物体内的药代动力学数据。β-肾上腺素受体激动剂，从胃肠道快速吸收，广泛分布到组织，主要通过尿排泄。β-肾上腺素受体激动剂的代谢在所研究的所有物种中都是相似的。一般来说，具有卤化芳香环系统的 β-肾上腺素受体激动剂（例如盐酸克伦特罗）通过氧化和结合途径代谢，在血浆中具有较长的半衰期。具有羟基化芳香环的 β-肾上腺素受体激动剂（例如莱克多巴胺）仅

通过缀合代谢并且具有相对较短的半衰期。药代动力学数据表明，与羟基化β-肾上腺素受体激动剂残基相比，包含更大量母体物质的卤代苯乙醇胺β-肾上腺素受体激动剂残基具有更高的口服生物利用度和相对较慢的消除速率，因此具有更大的口服效力。

在犊牛中，最初用5mg/kg bw的盐酸克伦特罗（每天两次）处理2~7h后，血浆中的盐酸克伦特罗达到峰值，约为0.5ng/mL；在该剂量给药21d后，血浆盐酸克伦特罗在给药后4h达到1.1ng/mL的峰值。随着时间的推移，盐酸克伦特罗的积累导致血浆浓度峰值加倍。盐酸克伦特罗的消除取决于组织和时间，用5mg/kg bw的盐酸克伦特罗处理21d后，在眼睛中发现了最高的残留物浓度，在停药0d、3.5d和14d后分别为118ng/g、57.5ng/g和15.1ng/g。在停药14d后，肺中的盐酸克伦特罗浓度从平均76ng/g下降到低于0.08ng/g的水平，而肝脏中的盐酸克伦特罗浓度在14d后从46ng/g下降到0.6ng/g。在长期口服盐酸克伦特罗（5mg/kg bw，每天两次）的哺乳期奶牛中，血浆中盐酸克伦特罗在5~7d后达到平稳状态（5~5.5ng/mL）。每日接受盐酸克伦特罗剂量（10mg/kg bw）的小牛在处理10d后血浆浓度达到最大值，血浆中的累积随时间推移更加明显。盐酸克伦特罗在大鼠、兔和犬体内的生物转化是复杂的。在犬尿液中鉴定出五种代谢物，在大鼠和兔的尿液中有八种代谢物，其中盐酸克伦特罗是这些物种尿液中发现的主要化合物，并形成一系列氧化和共轭代谢物。

莱克多巴胺在动物体内的代谢途径主要是与葡萄糖醛酸和硫酸酯结合反应。石静飞选择猪和山羊各4头，按1.2mg/kg bw单次灌胃给药，在猪和山羊尿液中都检测到两种化合物——莱克多巴胺原型药物和莱克多巴胺单葡萄糖醛酸结合物，粪便中都只检测到原型药物。

沙丁胺醇在家犬体内的吸收速度也比较快，郭涛等选择健康家犬6只，体重12.5~15kg，雌雄兼备，每只动物口服给药8mg，在给药前和给药后规定时间点采集血浆并测定血药浓度，结果显示沙丁胺醇在口服给药后1.5h左右达到血药浓度峰值（131.80mg/L），之后药物由中央室向周边室快速分布，分布半衰期为0.70h，同时，其消除半衰期为3.29h。陈桂良和侯惠民测定体重约200g大鼠血浆中沙丁胺醇的浓度，测得大鼠在吸入给药后0.25h，血浆中沙丁胺醇达到最大浓度302.9ng/mL。沙丁胺醇在犊牛中的残留消除情况不同于盐酸克仑特罗和莱克多巴胺，Pou等给犊牛连续10d饲喂沙丁胺醇[10mg/(d·头)]，结果表明沙丁胺醇在血清中不存在时间累积效应，在停药后第4天血清中已检测不到沙丁胺醇残留，停药6d后尿液中仍可检测到5ng/mL的沙丁胺醇残留。Montrade等给荷斯坦犊公牛连续饲喂7d的沙丁胺醇[1mg/(kg·d)]，结果发现停药7d后尿液中仍可检测到沙丁胺醇残留，此时肝脏、肾脏、肌肉、心脏、肺脏中沙丁胺醇浓度分别为110ng/g、10ng/g、5ng/g、2ng/g、3ng/g，脾脏和脑组织中检测不到沙丁胺醇残留。张凯研究了沙丁胺醇在肉牛中的残留消除规律，分别饲喂0.15mg/(kg·d)、0.45mg/(kg·d)的沙丁胺醇，给药期21d，停药期70d，结果表明高、低剂量组血浆中沙丁胺醇残留消除规律相似，随着给药期延长，沙丁胺醇在肉牛血浆中并不存在时间累积效应，停药后血浆中沙丁胺醇迅速消除，停药14d时均低于检测限；不同于血浆，沙丁胺醇在肉牛高、低剂量组尿液中的浓度随着给药期延长而逐渐累积，给药21d时达到峰值（2444.4ng/mL和1654.4ng/mL），停药后迅速消除，停药28d时已低于定量限（LOQ＝0.3ng/mL）；沙丁胺醇在肉牛不同组织中广泛分布，停药0d时，肝脏中残留量最高（酶解前、后分别为53.6ng/g、547.5ng/g），其次是肾脏＞脂肪＞房水＞眼周肌＞胆汁＞小肠＞脾脏＞瘤胃壁＞大肠＞肺脏＞肌肉，此外沙丁胺醇在肝脏和肾脏组织中主要以其代谢物形式存在。

β-受体激动剂在色素组织中残留量高、消除缓慢，与黑色素有很高的残留相关性。Dürsch 等给 2 头荷斯坦乳牛饲喂治疗剂量的盐酸克伦特罗（$1.6\mu g/kg\ bw$）21d，测得给药期和停药期黑、白毛发中盐酸克伦特罗浓度，结果表明，盐酸克伦特罗在黑色毛发中浓度高于白色毛发。虽然 β-受体激动剂与色素存在残留相关性，但是不同的 β-受体激动剂与色素亲和力存在差异。莱克多巴胺与色素组织亲和力比盐酸克伦特罗弱，盐酸克伦特罗在毛发中残留量高于沙丁胺醇。

不同给药途径下 β-受体激动剂在不同动物体内的排泄见表 8-5。

表 8-5　不同给药途径下 β-受体激动剂在不同动物体内的排泄

化合物	动物	给药剂量	给药途径	时间/h	排泄	吸收比例/%
	牛	3mg/kg	口服	48	尿液	76
	犬	2.5mg/kg	口服	75	尿液	74
盐酸克伦特罗	兔	2.5mg/kg	口服	96	尿液	92
	大鼠	2mg/kg	静脉注射	72	粪便	19
	大鼠	2mg/kg	静脉注射	72	尿液	67
	犬	50μg/kg	口服	70	尿液	43
	犬	1~2μg/kg	静脉注射	46	粪便	12
非诺特罗	小鼠	1mg/kg	口服	72	尿液	45
	小鼠	1mg/kg	静脉注射	72	粪便	16
	大鼠	1mg/kg	口服	72	尿液	16
马布特罗	大鼠	1mg/kg	口服	48	尿液	62
	大鼠	1mg/kg	静脉注射	48	粪便	29
	大鼠	7.7mg/kg	口服	24	尿液	29
	大鼠	7.7mg/kg	口服	24	胆汁	59
莱克多巴胺	猪	40mg	口服	168	尿液	88
	火鸡	6.7mg/kg	口服	48	尿液	52
	火鸡	4.4mg/kg	口服	24	胆汁	37
	犬	0.2mg/kg	口服	48	尿液	13
沙美特罗	犬	0.2mg/kg	口服	8	胆汁	42
	大鼠	2mg/kg	口服	48	尿液	10
	大鼠	2mg/kg	静脉注射	48	粪便	72
	犬	1mg/kg	口服	96	尿液	75
特布他林	犬	0.5mg/kg	静脉注射	6	胆汁	2
	大鼠	5mg/kg	口服	72	尿液	45
	大鼠	0.1mg/kg	静脉注射	12	胆汁	33

（2）**抗肾上腺素药**　α-受体阻滞剂由于局部刺激性临床多用于内服或静脉给药，由于其脂溶性较高，多集中在体内的脂肪组织。尽管 β-肾上腺素阻断药物作为一个整体在全身性高血压、心绞痛和心律失常患者中具有相似的治疗或药效学作用，但这些化合物具有不同的药代动力学特性和递送系统，便于其使用。例如，普萘洛尔以静脉形式引入，可以用于治疗心绞痛。在其静脉形式中，它是完全生物可利用的；然而，当其口服给药时，具有明显影响其绝对生物利用度的大的首过效应，药理半衰期为 3～4h，需要分 4 次给药以治疗心绞痛；该药物也非常亲脂，因此很容易穿过血脑屏障。非选择性 β-受体阻滞剂纳多洛尔和 β_1-选择性受体阻滞剂阿替洛尔本质上也是长效药物，是由肾脏以原型排出的药物。此外，它们的脂溶性要低得多，并且在大脑中的集中程度较低。

以雌性斯普拉-道来（SD）大鼠作为实验动物，研究了该药的吸收、分布和代谢模式。结果显示，卡拉洛尔药物浓度达峰迅速，大鼠腹腔注射后 0.25～1h 血药浓度达到峰值；半衰期较短，半衰期为 24h；药物消除迅速，大鼠腹腔注射 48h 后，93% 的药物被代谢。猪静脉注射卡拉洛尔后 30min 内药物分布迅速，分布容积为 0.45L/kg，消除半衰期为 2.3h，消除速率常数为 0.366/h，清除率为每小时 0.156L/kg；与肌内注射相比，皮下脂肪注射吸收速率较慢，并且吸收不完全。

8.1.5.2　拟胆碱药

在犬体内，以 2.5mg/kg 的剂量给药，研究口服 ^{3}H 标记加兰他敏的代谢和排泄，给药后 168h 收集尿液、粪便和血浆样本，结果表明加兰他敏及其代谢物主要通过尿液排泄，在给药后 96h，放射性排泄迅速且几乎完全排泄。主要代谢途径为葡萄糖醛酸化、O-去甲基化、N-去甲基化、N-氧化和差向异构化。毛果芸香碱主要以结合形式从尿中排出。新斯的明因具有季铵氮结构口服后吸收较少，也不易通过血脑屏障。血浆蛋白结合率为 15%～25%。在体内部分药物被血浆胆碱酯酶水解，以季铵醇和原型从尿中排泄，经肝脏代谢的部分从胆道排出。

8.1.5.3　抗胆碱药

阿托品和东莨菪碱起效迅速，从胃肠道完全吸收，但仅从完整或受伤的皮肤中适度吸收。一旦进入循环，阿托品和东莨菪碱可以穿过血脑屏障，导致中枢神经系统效应。阿托品易从胃肠道和黏膜吸收，吸收后分布于全身，大多在肝内被酶水解成莨菪醇和莨菪酸，从尿中排出。阿托品能通过胎盘和血脑屏障，导致中枢神经系统效应。阿托品生物利用度为 95%，其峰值血浆水平取决于暴露模式，例如，当分别通过肌内注射、口服和气溶胶途径给药时，阿托品峰值血浆水平的持续时间达到 13min、1h 和 1.5～4h。消除半衰期为 2～4h，20%～50% 的阿托品未被分离地排泄。

东莨菪碱口服给药，生物利用度是有限的，在血浆中的半衰期较短，并表现出剂量依赖性不良反应。口服东莨菪碱后，约 3% 的左旋东莨菪碱在尿液中排泄，约 0.5h 后药物浓度达到峰值。东莨菪碱的生物利用度约为 43%，其药理作用及其持续时间取决于药物的形式，片剂或溶液在 15～60min 时达到 C_{max} 并持续 4h，对于胶囊在 20～30min 内出现（在 40～90min 处达到 C_{max} 并持续 12h）。东莨菪碱在血清中的半衰期为 3.5h，在血浆中为 7h。

异丙托溴铵口服后不易从胃肠道吸收，主要采用气雾吸入，气雾吸入大剂量（555μg）后 3h，血浆水平仅 0.06ng/mL，大部分药物留在口腔与上呼吸道。气雾吸入 40μg 后的血浆水平，与静脉注射 0.15mg，或口服 1.5mg 的血浆水平相比，仅为后两者的 1/1000，这表明异丙托溴铵吸入给药所引起的支气管扩张主要依赖于局部的药物浓度。吸入异丙托溴铵 40μg 可缓解喘息，改善肺功能，但起效时间较慢，通常在吸入后 30～90min 平喘作用才开始达到高峰。

噻托溴铵不易从胃肠道吸收，主要给药途径亦为气雾吸入。吸入 10μg，5min 后血浆最高水平为 8pg/mL，不到 1h 即迅速下降，保持在较低水平 2pg/mL，可维持较长时间，清除 $t_{1/2}$ 为 5～6d。噻托溴铵在大鼠体内生物利用度较低，Tian 等用小鼠作为实验动物测定了静脉注射和静脉注射单剂量给药后阿托品、山莨菪碱、东莨菪碱和噻托溴铵的药代动力学，结果表明噻托溴铵的曲线下面积稍高，C_{max} 值显著增加，四种药物在大鼠体内的生物利用度分别为 21.62%、10.78%、80.45% 和 2.52%。

琥珀胆碱肌内注射吸收迅速，一般 2～3min 起效。由于琥珀胆碱分子结构中含有季铵阳离子基团，药物主要分布在细胞外液。先由假性胆碱酯酶催化脱去一个胆碱分子，形成琥珀单胆碱，再由假性胆碱酯酶和乙酰胆碱酯酶分解成胆碱和琥珀酸。

8.1.5.4 局部麻醉药

局麻药在给药部位的吸收取决于药物的脂溶性、注射部位的血管分布以及局麻液中是否加入血管收缩剂（如肾上腺素）。脂溶性较高的药物吸收速度较慢，最大血浆浓度（C_{max}）较低，达到 C_{max}（t_{max}）的时间较长。相反，当药物沉积到血管密集的区域，C_{max} 更高，t_{max} 更短，与血管的距离更近。使用血管收缩剂会减少局麻药的全身吸收，使其在注射部位停留较长时间。在使用血管收缩剂时可能导致缺血性损伤，尤其是在肢体上使用时。其他可能对达到的 C_{max} 产生积极影响的因素包括使用更高的剂量、心输出量以及与神经阻断相关的区域的血管舒张。

局麻药的分布量主要取决于局麻药的结构。氨基酰胺分布广泛，而快速代谢的氨基酯的分布体积小得多。第一次经肺吸收氨基酰胺可显著降低给药后的血药浓度，特别是高脂溶性和低 pK_a 的药物。氨基酰胺局麻药主要由肝脏中的细胞色素 P450 酶代谢，并由肾脏排出。值得注意的是，利多卡因在体内代谢产生单乙基甘氧酰利多卡因，其药理活性约为母体分子的 70%。利多卡因在血浆和肝脏中被胆碱酯酶降解，其代谢物随后通过肾脏迅速排泄，这一过程有助于实现利多卡因的快速分布和清除。

在兽医学中，利多卡因贴片在犬和猫的药代动力学已被描述。研究人员证实了贴片下皮肤中的利多卡因浓度远高于血浆浓度，证实了药物的全身吸收很低。犬类癫痫发作相关的利多卡因血药浓度为 8.2mg/mL，猫类为 19.6mg/mL，两种动物的利多卡因贴片达到的血药浓度峰值均远低于毒性水平。

8.1.6 药效学

8.1.6.1 肾上腺素药物

（1）拟肾上腺素药　儿茶酚胺类拟肾上腺素药物用于治疗各种休克，如肾上腺素对 α 受体和 β 受体均有较强的激动作用，主要用于来治疗过敏性休克、心脏骤停的急救、支气管哮喘等。盐酸克伦特罗是一种具有广泛药效学作用的 β_2-拟交感神经剂。它产生有效的、剂量依赖性的支气管溶解作用，这在豚鼠乙酰胆碱、组胺或缓激肽诱导的支气管痉挛中得到证实。在猫和犬身上也有类似的报道。盐酸克伦特罗对心房产生正性肌力作用。它在大鼠、犬、猫和各种农场动物中诱发心动过速，伴随着收缩压和舒张压的降低。它对发情大鼠体内由血清素、催产素和缓激肽引起的痉挛有明显的放松作用。它还被证明对豚鼠回肠中的平滑肌产生放松作用，并降低大鼠和小鼠的肠道活动性。

（2）抗肾上腺素药　当低剂量使用 β-受体阻滞剂时，β_1 选择性阻断药物抑制心脏 β_1 受体，但对支气管和血管部位的 β_2 受体影响较小。然而，以较高剂量给予 β_1 选择性阻断药物也阻断 β_2 受体。因此，β_1 选择性阻断药物在支气管痉挛患者中可能比非选择性阻断药物更安全，因为 β_2 受体仍然能够被刺激并且在此过程中介导肾上腺素使支气管扩张。此外，低剂量的 β_1 选择性受体阻滞剂可能不会阻断介导小动脉扩张的 β_2 受体。

β-受体阻滞剂具有直接血管扩张剂活性，奈必洛尔是一种 β_1 选择性肾上腺素受体拮抗剂，对动脉和静脉具有额外的一氧化氮介导的血管舒张作用。此外，该药物具有与卡维地洛相似的抗氧化作用。

部分 β-受体阻滞剂对 α 和 β 肾上腺素受体均具有拮抗作用，并且均具有直接的血管扩张作用，如拉贝洛尔。与普萘洛尔观察到的情况相比，这些额外的 α 阻断特性确实会降低患者的外周血管阻力并更好地保存心输出量。其次，部分 β-受体阻滞剂具有内在拟交感活性，与缺乏这种作用的药物相比，这些 β-受体阻滞剂直接降低外周血管阻力，并且还可以减少房室传导的抑制。

8.1.6.2 拟胆碱药

拟胆碱药在兽医上主要作为眼科用药以及胃肠道和膀胱平滑肌刺激剂。其中直接作用于副交感神经的拟胆碱药主要用于胃肠和膀胱弛缓、青光眼和缩瞳。氨甲酰胆碱对膀胱和肠道选择性较高，可以治疗肠胃弛缓、便秘、胃肠积食、分娩时和分娩后的子宫弛缓、胎衣不下及子宫蓄脓。氨甲酰甲胆碱主要应用于通便、胎衣不下、子宫蓄脓、母猪催产等，有缓解眼内压的作用。毛果芸香碱主要应用于动物不全阻塞性肠便秘、前胃弛缓、瘤胃不全麻痹、猪食管梗死，还可以治疗虹膜炎，需要与扩瞳药交替使用防止虹膜与晶状体粘连。间接作用于副交感神经的拟胆碱药主要用于胃肠和膀胱紊乱，如肠胃弛缓、积尿、青光眼、重症肌无力等。新斯的明对骨骼肌的兴奋性最强，应用于重症肌无力，以及术后腹胀或尿潴留、牛羊前胃弛缓或者马肠道弛缓、子宫收缩无力和胎衣不下等，也可以解救非去极化型肌松药中毒。

8.1.6.3 抗胆碱药

阿托品治疗剂量下可以使大多数腺体分泌下降，但对中枢神经系统作用不明显。给药初期，因为迷走中枢兴奋，心跳减慢，随后给药时间延长，心跳加速，加快的速度与迷走神经的张力有关。大剂量下会使迷走神经中枢、呼吸中枢、大脑皮层的运动区和感觉区兴奋，随着血中药物浓度升高，兴奋作用增强，中毒剂量下大脑和脊髓强烈兴奋，会出现惊厥、昏迷甚至死亡。此外阿托品会减少胃排空速率和减慢肠蠕动，使吸收速率减慢，峰浓度较低，同时亦使药物在胃肠道停留时间延长，增加药物的吸收量。琥珀胆碱在肌肉松弛之前会出现短暂的肌束震颤，引起术后肌肉疼痛、眼内压升高等副作用。一旦超过正常剂量，动物会因呼吸麻痹窒息而死。

8.1.6.4 局部麻醉药

表 8-6 总结了常用局麻药的药效学特征，其中普鲁卡因和利多卡因被批准作为动物的局部麻醉药。普鲁卡因局麻效应持续 0.5～1h。本品具有扩张血管的作用，加入微量缩血管药物如肾上腺素（用量一般为每 100mL 药液中加入 0.1% 盐酸肾上腺素 0.2～0.5mL），则局麻时间延长。吸收作用主要是对中枢神经系统和心血管系统的影响，小剂量中枢轻微抑制，大剂量时则兴奋。另外，能降低心脏兴奋性和传导性。利多卡因局麻作用较普鲁卡因强 1～3 倍，穿透力强，作用快，维持时间长（1～1.5h）。扩张血管作用不明显，其吸收作用表现为中枢神经抑制。此外，利多卡因还有抗心律失常作用，抑制心室自律性，缩短不应期，可用于治疗心律失常。利多卡因内服由于较强首过效应而不能达到有效血药浓度，故治疗心律失常时必须静脉注射。

表 8-6　常用局麻药的药效学特征

药物	起效时间/min	持续时间/h	最大剂量/(mg/kg)	注释
利多卡因	5～10	1～1.5	犬:6～10	可以肌内注射
用哌卡因	5～10	1.5～2	猫:3～5 犬:5～6	
布比卡因	20～30	3～10	猫:2～3 犬:2	
左布比卡因	20～30	3～10	猫:1～1.5 犬:2	比布比卡因心脏毒性小
罗哌卡因	20～30	3～10	猫:1～1.5 犬:3	
普鲁卡因	5～10	0.5～1	猫:1.5 2～4	对氨基苯甲酸(para amino benzoic acid,PABA)的产生会引起过敏反应

8.1.7　临床应用

8.1.7.1　肾上腺素药物

（1）**拟肾上腺素药**　作为强效心脏兴奋药，用于溺水、麻醉或手术意外、药物中毒、心脏传导阻滞导致的心脏骤停；自 19 世纪末以来，肾上腺素已被用于治疗心脏骤停。此外根据心脏骤停持续时间，高剂量肾上腺素相对于标准剂量肾上腺素对复苏结果会产生不同影响。

用于过敏性休克，是药物或其他原因引起的过敏性休克的首选药物。拟肾上腺素药一方面通过激动 α_1 受体，收缩小血管，降低毛细血管通透性；另一方面，激动 β_1 受体，改善心功能，缓解呼吸困难。肾上腺素是过敏反应的首选药物，及时给药对于降低死亡率十分重要。犬鼻内途径给药肾上腺素减轻了组胺（过敏物质）引起的鼻塞症状。

用于支气管哮喘，是可迅速控制支气管哮喘的首选药物。拟肾上腺素药通过激动 α_1 受体，收缩小血管，降低毛细血管通透性；其次通过激动 β_2 受体，舒张支气管平滑肌，抑制肥大细胞释放过敏物质（如组胺）。

与局麻药配伍，延缓局麻药的吸收，延长局麻药的作用时间，减少局麻药的毒性作用。Choquette 等通过建立房室模型量化肾上腺素对犬体内神经周围注射利多卡因的药代动力学的影响，结果表明，肾上腺素使利多卡因的血浆浓度峰值降低约 60%($P<0.001$)，使该局麻药的快速和慢速零级吸收率分别降低 50% 和 90%($P=0.046$ 和 $P<0.001$)，其持续时间分别延长 90% 和 1300%($P<0.020$ 和 $P<0.001$)，因此，肾上腺素降低了利多卡因的吸收率，延长其吸收时间。

拟肾上腺素药临床可用于局部止血，常用于鼻黏膜和齿龈出血。

（2）**抗肾上腺素药**　α-肾上腺素阻滞剂能促使血管舒张，临床上用于血管痉挛性疾病、拮抗去甲肾上腺素引起的血管收缩的治疗。其次，还可用于急性心肌梗死、顽固性充血性心力衰竭。因其同时具有增加心输出量的作用，临床上还可用于抗休克。β-肾上腺素阻滞剂临床用于室上性心律失常、运动或情绪激动所引发的室性心律失常、肥厚型心肌病所引发的心律失常。此外可降低心绞痛发作频率，增加运动耐量。急性心肌梗死早期注射

β-肾上腺素阻滞剂美托洛尔、阿替洛尔可降低死亡率。

β-肾上腺素阻滞剂是治疗高血压的常用药物，可有效控制高血压。

β-肾上腺素阻滞剂可改善慢性心力衰竭症状，提高射血分数，减轻左室肥厚。此外，也能缓解甲亢患者激动不安、心动过速等症状。普萘洛尔可抑制甲状腺素（T3）转变为四碘甲状腺原氨酸（T4）。其次，β-肾上腺素阻滞剂临床也可用于治疗患者的偏头痛、心动过速、肌肉震颤及青光眼（噻吗洛尔）。

卡拉洛尔临床用于缓解应激以降低动物在运输、交配、分娩等压力下的发病率和死亡率，更常用于动物屠宰前将动物从饲养场运输到屠宰场的过程，消除动物紧张以保证肉的食用质量。

8.1.7.2 拟胆碱药

拟胆碱药主要剂型为注射剂。临床上氨甲酰胆碱常用药物为氯化氨甲酰胆碱，可用于胃肠弛缓，也用于膀胱积尿、胎衣不下和子宫蓄脓等，本品作用剧烈、选择性小，过量中毒时可用阿托品解救。目前应用较多的为氨甲酰甲胆碱注射液，主要成分为氯化氨甲酰甲胆碱，皮下注射，每 1kg 体重，马、牛 0.01～0.02mL；犬、猫 0.05～0.1mL。在治疗成年马绞痛时，用油和盐类泻药之后，可每隔 30～60min，反复小剂量皮下注射 1～2mg 氨甲酰胆碱。在幼马，剂量应减到 0.25～0.5mg。在猪分娩时，给予氨甲酰胆碱（皮下注射 2mg），可通过收缩子宫减少死胎率。氨甲酰胆碱还可用于治疗牛的瘤胃弛缓和瘤胃食滞。在用粪便软化剂保守治疗后，反复给予 1～2mg，对兴奋瘤胃蠕动有效。李春梅等给产后便秘的猪注射复合维生素 B 和氯化氨甲酰甲胆碱，其中复合维生素 B 每次 10mL/d，氯化氨甲酰甲胆碱每次 0.05mL/kg，每天一次，连用 2～3d，治疗效果良好。槟榔碱主要用于胃肠弛缓、子宫弛缓、胎衣不下，还可用于虹膜炎的治疗和驱绦虫。毛果芸香碱临床上主要用于胃弛缓、便秘，在全身给药或眼局部应用时可致瞳孔缩小。发生虹膜炎时，以 0.5%～2% 溶液作缩瞳药与阿托品的扩瞳交替应用，可以防止炎症时水晶体与虹膜发生粘连，但禁用于患虹膜睫状体炎的病畜。Galley 等调研使用 2% 毛果芸香碱和催泪刺激剂联合治疗神经源性干燥性角结膜炎的病例，发现 4 个月后临床症状缓解率为 48%。临床上新斯的明的常用药物为甲基硫酸新斯的明，主要用于胃肠弛缓、重症肌无力和胎衣不下等，主要剂型为注射液，肌内或皮下注射。治疗青光眼时，可用毒扁豆碱缩瞳和降低眼内压，一般局部给予 0.5%～1% 水杨酸毒扁豆碱溶液，每天 3 次。牛皮下注射剂量为每千克体重 30～450mg 的毒扁豆碱，还可以治疗单纯的食滞和非梗阻性瘤胃迟缓，以促进瘤胃蠕动。甲基硫酸新斯的明可延长和加强去极化型肌松药氯化琥珀胆碱的肌肉松弛作用，并且与非去极化性肌松药有拮抗作用。

8.1.7.3 抗胆碱药

抗胆碱药的临床应用较为广泛，可以作为麻醉前给药，可拮抗胆碱能神经兴奋的症状、止吐、扩瞳，治疗有机磷酸酯类中毒等。

在动物麻醉前使用 M 胆碱受体阻断药物可以减少因麻醉药引起的支气管分泌增加，减少迷走神经对心脏的影响，减轻胃肠蠕动与分泌，改善呼吸功能。阿托品是犬麻醉前最常使用的抗胆碱药，也被称为"心脏保护药"，可选择在麻醉前 10～30 分钟肌内注射（0.045mg/kg）或静脉注射（0.02mg/kg），能够消除心颤和流涎等副作用。Wolff 等在使用比格犬进行气管黏液流通速率的测定时，选择首先麻醉前肌内注射硫酸阿托品溶液，再采取静脉注射戊巴比妥钠（30mg/kg）的方法对犬只进行全身麻醉，取得了良好的麻醉效果。

M胆碱受体阻断药物能诱导支气管收缩、窦性心律过缓和迷走性心肌收缩力下降，唾液和支气管分泌增加，以此拮抗胆碱能神经兴奋的症状。临床上阿托品常用于抑制腺体分泌，放松膀胱、胃肠道和支气管的平滑肌，预防窦性心动过缓，防止支气管黏液的分泌，以减少术后炎症的发生。Greenberg等为了确定局部给药眼用阿托品是否会影响临床正常犬的心率或节律，选择了大型犬和小型犬作为实验动物，每组的每只犬两只眼睛分别滴一滴眼科1％阿托品溶液和无菌盐水溶液，在12小时内总共进行三次治疗，用动态心电图监测记录犬24小时的心率和节律，结果表明与对照组相比，阿托品治疗期间的平均心率和平均最小心率增加了8％和13％。大型犬和小型犬的心率变化没有明显差别，因此局部使用阿托品会导致健康犬的心率小幅但显著增加。

M胆碱受体阻断药物具有解痉作用，可以缓解消化系统平滑肌、泌尿系统的痉挛，进而治疗腹泻。东莨菪碱常被用作痉挛溶解剂，可用于治疗马的痉挛性绞痛和其他形式的腹痛。丁基东莨菪碱是东莨菪碱的抗毒蕈碱季铵衍生物，也可以减少马回肠嵌塞中的肠痉挛，控制与痉挛性绞痛、肠胃气胀绞痛和马的嵌塞相关的腹痛。Morris等给六只格力犬口服10mg丁基东莨菪碱，通过控制药物对消化道的解痉作用，用于治疗格力犬完全或部分无法排尿。

M胆碱受体阻断药可使瞳孔散大，眼压升高。其中硫酸阿托品是治疗马葡萄膜炎的常用药物。马葡萄膜炎是马失明的主要原因。葡萄膜炎可引起睫状肌痉挛以及瞳孔缩小，痉挛也会导致眼睛组织之间的粘连、瞳孔持续的收缩、青光眼和视力下降。临床使用硫酸阿托品可诱导瞳孔散大，有利于最大限度地降低粘连症发展的风险。阿托品也被证明可以稳定血液中的水屏障，从而减少有害炎症细胞和碎片泄漏到眼房中。

M胆碱受体阻断药可用于治疗有机磷酸盐中毒，可以缓解有机磷酸盐中毒的一些症状，包括出汗、流涎、流涕、流泪、恶心、呕吐和腹泻等，以及帮助调节心动过缓和循环抑制。

N胆碱受体阻断剂可以用作麻醉前辅助药，如气管插管和胸腹手术等，在兽医研究较少。

8.1.7.4　局部麻醉药

局麻药是临床上最常用的通过神经阻滞提供镇痛的药物。局麻药的应用主要有四种方式：诱导皮肤或黏膜麻醉（表面麻醉）、局部组织麻醉（局部浸润）、区域麻醉和静脉麻醉。如果使用得当，这些化学物质往往具有成本低、副作用小、恢复期短的特点。这可以通过多种技术来实现，包括在损伤周围组织内注射、损伤部位近端神经周围注射、硬膜外或脊髓注射或在胸膜腔内注射。局部麻醉技术阻断感觉神经纤维中的伤害性动作电位。因此，它们是完全消除疼痛而不丧失意识的唯一方法。

通常，临床上选择混合局麻药，以利用不同药物的不同特点（表8-7），例如混合起效快的药物（如利多卡因）和作用持续时间长的药物（如布比卡因）。然而，大量的研究表明，这种策略实际上并不能同时提供两种特征。相反，在没有明显加快起效时间的情况下，可能会发生相反的情况，而且作用的持续时间实际上可能会减少。这可能是由于pK_a的改变和混合两种药剂的浓度改变，基于压倒性的证据表明混合局麻药缺乏优势，目前建议一次只使用一种药。

表 8-7 局麻药的临床应用

药物	表面麻醉	渗透麻醉	外周神经阻滞	静脉麻醉	硬膜外麻醉	脊髓麻醉
苯佐卡因	√					
普鲁卡因		√	√			√
丁卡因	√		√			√
利多卡因	√	√	√	√	√	
甲哌卡因		√	√		√	√
丙胺卡因		√	√	√	√	
布比卡因		√	√		√	√
依替卡因		√	√		√	
罗哌卡因		√	√		√	

理想的局麻药应该比目前常用的局麻药具有更长的作用时间，使病畜免受组织损伤而直接降低急性疼痛。目前用来解决这个问题的方法有伤口浸泡导管、硬膜外导管和神经周围导管。这些方式可以在该区域多次给药或匀速输注药物。但是，这些技术也有其自身的缺点，包括成本增加、技术水平高、导管维护和感染风险高。

硬膜外麻醉和镇痛药物的沉积通常在小动物体内进行，是提供麻醉和/或镇痛的一种有效手段。腰骶硬膜外间隙是小动物兽药中最常用的注射部位。硬膜外麻醉被一些人认为是预防性镇痛的金标准，它降低了中枢敏化、术中吸入剂和阿片类药物的需求、术后抢救镇痛的使用以及术中应激反应生物标志物的血浆浓度。它是一种相对便宜和容易操作的技术，产生并发症的可能相对较低。最近的一项研究将利多卡因（6mg/kg）单独或与曲马多（1mg/kg）或吗啡（0.1mg/kg）联合应用于犬的硬膜外间隙。大约120min后，犬骨盆肢体的感觉和运动活动恢复，与阿片类药物的添加无关。

8.1.7.5 皮肤黏膜用药

滑石粉有滑润、保护皮肤和使皮肤表面干燥的作用。常与其他收敛、消毒防腐药混合制成撒布剂应用，治疗糜烂性湿疹、皮炎等；高岭土（水合硅酸铝）是一种天然矿物，对伤口愈合具有有益作用；此外，高岭土被认为是凝血促进剂，因为它能够与凝血因子进行带电相互作用，强烈激活接触途径并加速止血。明胶是通过胶原蛋白（结缔组织的主要成分）的热变性获得的蛋白质，一般来说，明胶是由陆地动物的皮肤和骨骼制成的。甲基纤维素因其生物相容性好、成本低、易于制备涂膜和食用膜等优点而得到广泛应用，纤维素基水凝胶及其衍生物可作为不同形式的伤口敷料产品。锌剂如氧化锌或炉甘石用于皮肤伤口的愈合。甘油是一种三羟基乙醇，多年来一直用于皮肤的局部制剂，有皮肤保护剂和保湿剂的功能。此外，内源性甘油在皮肤水合作用、皮肤弹性和表皮屏障修复中发挥作用；凡士林是化妆品配方中的油溶性成分，根据欧洲药典，凡士林是从石油中提取的半固体碳氢化合物的纯化混合物。常用作软膏基质和润肤剂，用于治疗皮肤疾病。它不易被皮肤吸收，在局部制剂使用时，不良反应很少。

8.1.8 安全性

8.1.8.1 肾上腺素药物

（1）拟肾上腺素药 拟肾上腺素药在临床使用剂量治疗时不会产生毒性，但在用药过量时，可能会产生心律失常等不良影响。如去甲肾上腺素或肾上腺素过量时产生的高血压可导致大脑血管和动脉瘤破裂；大剂量或反复给予肾上腺素和异丙肾上腺素可能引起心肌局部缺血或坏死。此外，莱克多巴胺、沙丁胺醇和特布他林等 β-肾上腺素激动剂在小鼠和大鼠中会诱发良性平滑肌瘤，但并不认为该类药物是直接致癌物。

（2）**抗肾上腺素药** 临床应用 β-肾上腺素阻滞剂时，患有心功能不全、窦性心动过缓及房室传导阻滞的患者使用 β-肾上腺素阻滞剂后病情加剧，出现重度心功能不全、肺水肿、房室完全传导阻滞。此外，β-肾上腺素阻滞剂容易诱发或加剧支气管哮喘。临床应用 β-肾上腺素阻滞剂也会出现疲劳、精神抑郁等中枢神经系统症状。此外，β-肾上腺素阻滞剂会引起一定的胚胎毒性和致畸作用。在卡拉洛尔的繁殖和致畸研究中发现，部分兔出现死亡与畸形现象。

8.1.8.2　拟胆碱药

拟胆碱药可引起毒蕈碱和/或烟碱类副作用，直接作用于副交感神经的拟胆碱药静脉注射容易产生毒副作用。胆碱酯酶抑制剂的作用无选择性，能加强乙酰胆碱的 N 样和 M 样作用，剂量过大或用于敏感患畜（特别是用过胆碱酯酶抑制剂的动物）会产生毒性，如急性毒性、迟发型神经毒性和慢性毒性。急性毒性表现为受体兴奋，顺序为 M 受体、N 受体（骨骼肌震颤、无力、麻痹）和中枢神经系统（M 和 N 同时兴奋，引起惊厥、不协调、呼吸中枢抑制）。并且这类药物不能用于哮喘、甲亢、冠状动脉充血不足和消化道溃疡患者，否则病情恶化。主要毒性作用涉及神经肌肉接头、自主神经系统和中枢神经系统。急性胆碱能毒性的临床特征包括瞳孔缩小、流涎、流泪、呕吐、心动过缓、支气管痉挛、支气管出血、排尿和腹泻。交感神经节后毒蕈碱受体的激活调节导致出汗。然而，由于交感神经节含有烟碱受体，有时可观察到瞳孔散大和心动过速。烟碱效应包括通过乙酰胆碱刺激神经肌肉接头处的受体而导致的肌肉无力、束颤和瘫痪。毒蕈碱和烟碱受体也在大脑中被发现，可能导致嗜睡、癫痫发作、中枢呼吸抑制和昏迷。

由于毒扁豆碱作用强烈，过量会使部分肠道产生痉挛性收缩，发生肠腔的完全闭塞，如有大量内容物存在时，则会导致肠管破裂。氯化氨甲酰胆碱不可静注或肌注，并且老龄、瘦弱、有心肺疾病及肠管完全阻塞的猪禁用。甲基硫酸新斯的明过量会引起出汗、心动过缓、肌肉震颤或肌麻痹。毛果芸香碱滴眼液会导致虹膜收缩、瞳孔缩小和调节痉挛。大剂量注射氨甲酰甲胆碱会引起动物呕吐、腹泻、气喘、呼吸困难，并且患有肠道完全阻塞或创伤性网胃腹膜炎的动物及孕畜禁用该药物。槟榔碱在小鼠、犬和马体内的最小致死剂量（MLD）分别为 100mg/kg、5mg/kg 和 1.4mg/kg。

8.1.8.3　抗胆碱药

抗胆碱药具有多种药理作用，临床上应用其中一种作用时，其他的作用则成为不良反应。阿托品为剧毒药品，毒副作用包括口腔干燥、口渴、瞳孔放大、体温升高、昏迷等，严重中毒时，经过短暂的衰弱和昏迷，因呼吸衰竭而死亡。因此临床使用要按照规定剂量，减少副作用。Kovalcuka 等比较了局部 1% 硫酸阿托品和全身 0.1% 硫酸阿托品对犬眼眼内压和水平瞳孔直径的影响，结果表明硫酸阿托品在局部和肌内注射时导致眼压显著增加，对于患有青光眼的犬应谨慎使用，或完全避免使用。Morris 等评估静脉注射丁基东莨菪碱和肾上腺素受体激动剂赛拉嗪对心率和血压等的影响，结果表明联合给药后马心率和血压显著升高，导致心动过速减弱和短暂性恶化。因此应合理使用抗胆碱药物，避免产生不良反应。

8.1.8.4 局部麻醉药

虽然局麻药通常被认为是安全可靠的药物，但其临床应用存在一些潜在的局限性。当血浆水平升高时，局麻药可引起神经毒性和心脏毒性。神经毒性是由局麻药阻断脑内的抑制性通路而引起的，并伴有抽搐和癫痫等临床症状。随着血浆水平的持续升高，由于钠离子通道的阻断，会产生心脏毒性作用，导致心脏去极化初期的电位变化幅度减小。一般来说，高脂溶性药物更可能发生全身性毒性（如布比卡因、依多卡因、丁卡因）。此外，S对映体的毒性比R对映体小，这使得左旋布比卡因比右旋布比卡因更安全。

治疗局麻药的全身毒性取决于其严重程度。开始可以进行支持性治疗，包括补充氧气和必要时手动通气。如果表现出癫痫活动的迹象，应给予苯二氮䓬类药物。仔细监测患畜的心血管情况，以排除危及生命的心脏毒性。如果遇到心血管抑制，可以使用液体支持和肌力类药物。如果出现心律失常，不应再用钠通道阻滞剂治疗。另外，胺碘酮也可用于局麻药过量所致室性心律失常的治疗。如果发生心脏骤停或恶性室性心律失常，应立即启动心肺复苏。应该避免使用抗利尿激素和钙通道阻滞剂。静脉注射脂乳剂对局麻药过量引起的顽固性心律失常是有效的。

局麻药的组织毒性仍然是一个罕见但重要的临床问题，是新局麻药开发的主要障碍。目前使用的所有经典局麻药都具有潜在的神经毒性。5%利多卡因对脊髓和周围神经的神经毒性已被证实。软骨毒性是局麻药注入关节腔后常见的后遗症，不建议关节内给药。局部麻醉药对骨骼肌的肌肉毒性也有报道。局麻药有可能对血红蛋白造成氧化损伤，导致高铁血红蛋白的形成。苯佐卡因和丙胺卡因最可能导致高铁血红蛋白血症的相关药物。在马体内进行的一项研究结果显示，单独在关节内注射2%利多卡因和2%甲哌卡因可诱导关节炎症，并刺激软骨降解，利多卡因比甲哌卡因引起更严重的关节炎症。

8.1.9 剂型

8.1.9.1 肾上腺素能药物

（1）拟肾上腺素药　盐酸肾上腺素注射液为无色或几乎无色的澄明液体，常用于心脏骤停的急救、缓解严重过敏性疾患的症状、常与局部麻醉药配伍以延长局部麻醉持续时间。盐酸肾上腺素注射液皮下注射，一次量，马、牛 $2\sim5mL$；羊、猪 $0.2\sim1.0mL$；犬 $0.1\sim0.5mL$。静脉注射：一次量，马、牛 $1\sim3mL$；羊、猪 $0.2\sim0.6mL$；犬 $0.1\sim0.3mL$。

重酒石酸去甲肾上腺素注射液为无色或几乎无色的澄明液体，具有强烈的收缩血管、升高血压的作用，用于外周循环衰竭休克时的早期急救。重酒石酸去甲肾上腺素注射液静脉滴注，1mL规格的注射液一次量，马、牛 $4\sim6mL$；羊、猪 $1\sim2mL$。2mL规格的重酒石酸去甲肾上腺素注射液静脉滴注一次量，马、牛 $1.6\sim2.4mL$；羊、猪 $0.4\sim0.8mL$。临用前稀释成每1mL中含有 $4\sim8\mu g$ 的药液。

（2）抗肾上腺素药　盐酸氯丙嗪的常用剂型为内服片剂和注射液，用于强化麻醉或使动物安静。内服一次量，每10kg体重，犬、猫 $20\sim30mg$；盐酸氯丙嗪注射液肌内注射一次量，每1kg体重，马、牛 $0.02\sim0.04mL$；羊、猪 $0.04\sim0.08mL$；犬、猫 $0.04\sim0.12mL$；虎 0.16mL；熊 0.1mL；单峰骆驼 $0.06\sim0.1mL$；野牛 0.1mL；恒河猴、豺 0.08mL。

8.1.9.2 拟胆碱药

拟胆碱药物主要剂型为注射液，目前国内已批准使用的药物为氯化氨甲酰甲胆碱注射液和甲硫酸新斯的明注射液，均为无色的澄明液体，需要避光密封保存。其中氯化氨甲酰甲胆碱注射液皮下注射：一次量，每1kg体重，马、牛0.02~0.04mL；犬、猫0.1~0.2mL。甲硫酸新斯的明注射液可以肌内、皮下注射：一次量，马4~10mL；牛4~20mL；羊、猪2~5mL；犬0.25~1mL。

8.1.9.3 抗胆碱药

阿托品，常用剂型为片剂和注射剂，主要成分为硫酸阿托品，片剂为白色片，主要用于解除消化道平滑肌痉挛、分泌增多、麻醉前给药、有机磷和拟胆碱药等中毒，内服，一次量，每10kg体重，犬、猫0.67~1.33片。注射液为无色的澄明液体，主要用于胃肠道平滑肌痉挛、麻醉前给药（制止腺体过度分泌）、有机磷酸酯类中毒等，肌内、皮下或静脉注射：一次量，每1kg体重，麻醉前给药，马、牛、羊、猪、犬、猫0.04~0.1mL；解除有机磷酸酯类中毒，马、牛、羊、猪1~2mL；犬、猫0.2~0.3mL；禽0.2~0.4mL。

东莨菪碱，常用剂型为注射液，主要成分为氢溴酸东莨菪碱，为无色的澄明液体，主要用于有机磷中毒的解毒、胃肠道平滑肌痉挛和抑制腺体分泌等，皮下注射：一次量，牛3.3~10mL；羊、猪0.67~1.67mL。

琥珀胆碱，常用剂型为注射液，主要成分为氯化琥珀胆碱，为无色或几乎无色的澄明黏稠液体，主要用于动物的化学保定和外科辅助麻醉，肌内注射，一次量，每10kg体重，马0.014~0.04mL；牛0.002~0.0032mL；猪0.4mL；犬、猫0.0012~0.022mL；鹿0.0016~0.024mL。

8.1.9.4 局部麻醉药

注射液是普鲁卡因的主要剂型，盐酸普鲁卡因注射液用于浸润麻醉、传导麻醉、硬膜外麻醉和封闭疗法。以盐酸普鲁卡因计。浸润麻醉。封闭疗法：0.25%~0.5%溶液；传导麻醉：2%~5%溶液，每个注射点，大动物10~20mL，小动物2~5mL；硬膜外麻醉：2%~5%溶液，马、牛20~30mL。盐酸利多卡因注射液用于表面麻醉、传导麻醉、浸润麻醉和硬膜外麻醉。浸润麻醉：配成0.25%~0.5%溶液；表面麻醉配成2%~5%溶液；传导麻醉配成2%溶液，每个注射点，马、牛8~12mL，羊3~4mL；硬膜外麻醉：配成2%溶液，马、牛8~12mL。

局麻药剂型的研究在近些年取得较大的进展。目前的缓释剂型可以延长局麻药的作用时间、降低其毒性，而表面麻醉剂型的发展使局麻药在临床上的应用更加广泛。随着医学和制剂工艺的发展，将有越来越多的局麻药制剂出现，满足临床的各种需求。拜耳公司开发了一种局部凝胶形式的局部麻醉药组合，含有利多卡因、布比卡因、肾上腺素和西替利胺，用于治疗与修剪动物蹄部病变相关的疼痛，提高动物福利。

8.1.9.5 皮肤黏膜用药

兽医上使用的皮肤黏膜药可制成软膏剂、泥敷剂、糊剂、粉剂、敷料、膏剂、混悬剂等使用。

明胶，多被制为吸收性明胶海绵，用于创口止血区止血，贴于出血处，再用干纱布压迫。

阿拉伯胶，用于配制乳剂、混悬剂等；药用辅料，被用作助悬剂和增稠剂等。

滑石粉，主要制剂为粉剂，外治湿疹、湿疮。

明矾，干燥明矾可作伤口撒粉，起消炎止血作用。

松节油，可制成擦剂或软膏剂，活血通络，消肿止痛。

鱼石脂，主要制剂为软膏剂，外用消炎。

甘油，高浓度甘油可以将身体上水分吸收至结肠来缓解便秘，多被用作栓剂；低浓度甘油多被用作局部用药的赋形药。

8.1.10 常见药物

8.1.10.1 肾上腺素药物

（1）拟肾上腺素药　肾上腺素和去甲肾上腺素是动物常用的拟肾上腺素药，盐酸肾上腺素注射液有 3 种规格：①0.5mL（盐酸肾上腺素 0.5mg）；②1mL（盐酸肾上腺素 1mg）；③5mL（盐酸肾上腺素 5mg）。重酒石酸去甲肾上腺素注射液有 2 种规格：①1mL（重酒石酸去甲肾上腺素 2mg）；②2mL（重酒石酸去甲肾上腺素 10mg）。

（2）抗肾上腺素药　氯丙嗪是动物常用的抗肾上腺素药物，盐酸氯丙嗪片有 3 种规格：①12.5mg/片；②25mg/片；③50mg/片。盐酸氯丙嗪注射液有两种规格：①2mL（盐酸氯丙嗪 0.05mg）；②10mL（0.25g）。

8.1.10.2 拟胆碱药

氯化氨甲酰甲胆碱注射液，氯化氨甲酰甲胆碱注液规格包括 1mL∶2.5mg；5mL∶12.5mg；10mL∶25mg；10mL∶50mg 4 种。主要用于胃肠弛缓，孕畜禁止使用。

甲硫酸新斯的明注射液，甲硫酸新斯的明注射液主要有 1mL∶0.5mg；1mL∶1mg；5mL∶5mg；10mL∶10mg 4 种规格，主要用于胃肠弛缓、重症肌无力和胎衣不下等。治疗剂量副作用较小。

8.1.10.3 抗胆碱药

批准兽用肌肉松弛药为阿托品、东莨菪碱和琥珀胆碱。阿托品可应用于马、牛、羊、猪、犬、猫和禽多种动物的痉挛、麻醉前给药和有机磷中毒，主要为片剂和注射剂，片剂的规格为 0.3mg，注射剂的规格为 1mL∶0.5mg；2mL∶1mg；1mL∶5mg；5mL∶25mg；5mL∶50mg；10mL∶20mg；10mL∶50mg。东莨菪碱可应用于牛、羊和猪的痉挛、有机磷中毒和抑制腺体分泌，注射剂的规格为 1mL∶0.3mg；1mL∶0.5mg。琥珀胆碱可应用于马、牛、猪、犬、猫和鹿多种动物的化学保定和外科辅助麻醉，注射剂的规格为 1mL∶50mg；2mL∶100mg。

8.1.10.4 局部麻醉药

普鲁卡因和利多卡因是兽医临床常用的局部麻醉药，盐酸普鲁卡因注射液有 6 种规格，分别是 5mL（盐酸普鲁卡因 0.15g）、10mL（盐酸普鲁卡因 0.1g）、10mL（盐酸普鲁卡因 0.2g）、10mL（盐酸普鲁卡因 0.3g）、50mL（盐酸普鲁卡因 1.25g）和 50mL（盐酸普鲁卡因 2.5g）。盐酸利多卡因注射液有 4 种规格，分别是 5mL（盐酸利多卡因 0.1g）、10mL（盐酸利多卡因 0.2g）、10mL（盐酸利多卡因 0.5g）和 20mL（盐酸利多卡因 0.4g）。

8.1.10.5　皮肤黏膜用药

松节油搽剂，局部刺激药，主治肌肉风湿、腱鞘炎、关节炎、挫伤等，外用，涂擦患处。

鱼石脂软膏，鱼石脂有较弱的抑菌作用和温和的刺激作用。外用具有局部消炎和刺激肉芽生长作用，涂敷患处。

8.2

中枢神经系统药物

作用于中枢神经系统的药物可分为中枢抑制药和中枢兴奋药。中枢抑制药是指能减轻或降低中枢神经机能活动的药物，主要包括镇静药、镇痛药、抗惊厥药和全麻药。中枢兴奋药主要包括大脑兴奋药、延髓兴奋药和脊髓兴奋药。大脑兴奋药主要作用于大脑皮层和脑干上部，能提高大脑皮层高级神经活动并改善全身代谢活动，随剂量增加，兴奋顺序依次为：大脑→延脑→脊髓，代表药物：咖啡因等。延髓兴奋药主要兴奋延脑呼吸中枢和血管运动中枢，治疗剂量先兴奋延髓呼吸中枢，使呼吸加深加快，加大剂量，大脑和脊髓也随之兴奋，代表药物：多沙普仑等。脊髓兴奋药，毒性最大，治疗剂量即兴奋脊髓，稍大剂量会导致角弓反张，代表药物：士的宁等。药物通过血脑屏障的能力和药物的生理学作用是影响中枢神经系统药物的作用强度和持续时间的主要因素。因此，中枢神经系统药物在临床使用时要依据症状严格选择药物、控制给药剂量和给药时间，以免出现毒性作用。

8.2.1　镇静药和安定药

能对中枢神经系统产生轻度抑制作用，减弱机能活动，从而起到缓和激动、消除躁动不安和恢复安静的一类药物。本类药物可减弱动物对外界刺激的反应性，且作用效果与剂量有关，随剂量的增加逐渐呈现镇静、催眠、抗惊厥及全麻作用。根据化学结构可分为吩噻嗪类、苯二氮䓬类、丁酰苯衍生物、α_2-肾上腺素受体激动剂等。

8.2.1.1　吩噻嗪类

吩噻嗪类作为安定药在兽医上使用，最早作为抗精神病药用于治疗精神分裂症。本类药物具有吩噻嗪母核，且药理作用非常相似，只是作用的强度和作用的持续时间不同，主要作用于中枢多巴胺受体（D_2 受体）和 α-肾上腺素受体而产生镇静和安定的作用。D_2 受体属于 G 蛋白偶联受体家族，药物与突触后膜的 D_2 受体结合后，通过鸟苷酸调控蛋白将信号转导给细胞内的反应系统或第二信使，从而产生镇静、抗精神失常等作用。在周围神经系统中，本类药物可阻断去甲肾上腺素对 α-肾上腺素受体的兴奋作用，而使动物变得安静。

本类药物在兽医临床上用于化学制动、术前和术后镇静、麻醉前给药，以减少焦虑、缩短诱导、维持药物作用和平衡麻醉。本类药物可以与阿片镇痛药合用于安定镇痛，二者具有协同作用。常见药物有氯丙嗪、乙酰丙嗪、丙嗪、三氟丙嗪等，兽医上最常用的是氯丙嗪。

（1）乙酰丙嗪（acepromazine）　乙酰丙嗪是一种吩噻嗪衍生物，于 20 世纪 50 年代被引入，用于治疗精神分裂症。由于副作用和疗效差，它在人类中的应用很快被放弃；然而，它在兽医学中仍然很流行。在小型和大型动物中，它被用于晕动病、镇静和术前焦虑缓解。

① 药理作用　乙酰丙嗪是一种低毒的高效抗精神病药，对犬、猫和马具有特殊的镇静作用，可通过抑制脑干和大脑皮层产生镇静作用，但其作用的效能和持续的时间具有种属差异性，具有药物作用快的优势。红细胞压积水平的降低是乙酰丙嗪最敏感的药理学反应，其次是呼吸抑制和肌肉松弛作用。此外，乙酰丙嗪还具有减少血小板凝集、阻断延髓催吐化学感受区的多巴胺受体发挥止吐的作用。

② 药代动力学/药效学　在正常的临床剂量下，血浆中很难检测出乙酰丙嗪。经静脉注射后，乙酰丙嗪在马体内广泛分布（$V_d = 6.6$L/kg），并具有大于 99% 的血浆蛋白结合率。在马，乙酰丙嗪通过静脉、内服和舌下给药方式的消除半衰期分别为（5.16 ± 0.450）h、（8.58 ± 2.23）h 和（6.70 ± 2.62）h。在犬，内服给药（半衰期 15.9h）的消除速度较静脉注射（半衰期 7.1h）慢，且内服给药制剂的生物利用度平均为 20%。由于乙酰丙嗪代谢速度快，非法使用难以检测，因此常将乙酰丙嗪的代谢物 2-(1-羟乙基) 丙嗪亚砜作为潜在的标志物进行检测。

一般静脉注射后需 15min，肌内注射后需 30min 达到临床效果。

③ 临床使用　马来酸乙酰丙嗪常用作犬、猫和马的麻醉前给药或与麻醉药联合使用，可增强和延长巴比妥类药物的作用，从而降低全身麻醉的要求，但不推荐用于种畜，且在比赛马匹中被禁止使用。此外，马来酸乙酰丙嗪还可以缓解皮肤刺激引起的瘙痒；作为止吐药来控制与晕动病相关的呕吐；可用于在检查、治疗、装载和运输过程中控制易怒的动物。

④ 安全性　急性和慢性毒性研究显示乙酰丙嗪的毒性等级非常低。但是，乙酰丙嗪过量导致中枢神经系统抑制、呼吸抑制、低血压；与美沙酮联合乙酰丙嗪相比，美沙酮联合地托咪定具有良好的心肺稳定性，在健康马体内作为分离麻醉前用药可能比美沙酮联合乙酰丙嗪更安全。

⑤ 药物相互作用　吩噻嗪类药物可能会增强有机磷酸盐的毒性和盐酸普鲁卡因的活性。因此，不要使用马来酸乙酰丙嗪注射液来控制与有机磷中毒相关的震颤。乙酰丙嗪可以增强其他中枢神经药物的药效，但是其与任何能产生血管舒张或者血压下降的药物合用时应慎重及注意用量。乙酰丙嗪可导致芬太尼降低猫的异氟烷的最低有效肺泡浓度，而单独使用芬太尼不会出现异氟烷的用量变化；与单用异氟烷相比，乙酰丙嗪-异氟烷麻醉可使犬心脏指数升高，体循环血管阻力指数和氧含量降低。美托咪定-乙酰丙嗪、右美托咪定-乙酰丙嗪可以作为适宜的镇静或麻醉前化合物用于眼部手术。

⑥ 剂型　马来酸乙酰丙嗪注射液：10mg/mL，50mL/瓶。

马来酸乙酰丙嗪片：5mg、10mg、25mg，100 片/瓶或 500 片/瓶。

（2）氯丙嗪（chlorpromazine）　氯丙嗪别名冬眠灵、氯普马嗪、可乐静。氯丙嗪是一种人工合成的抗精神病药物，属于吩噻嗪类药物，具有抗精神病、镇吐、降温和增强睡眠麻醉等多种药理活性，开辟了药物治疗精神病的新篇章。

① 药理作用　氯丙嗪的药理作用广泛而复杂，主要作为精神药物。它还具有镇静和止吐作用。氯丙嗪在中枢神经系统的各个层面（主要是皮层下层面）及多器官系统都有作用。氯丙嗪具有较强的抗肾上腺素能和较弱的外周抗胆碱能活性；具有相对轻微神经节阻滞作用以及抗组胺活性。氯丙嗪对多巴胺 D_2 受体、α-肾上腺素受体、M_1 胆碱受体、组胺 H_1 受体和 5-HT2A 受体均有阻断作用。多巴胺 D_2 受体主要存在于中枢神经系统的脑内 DA 神经通路，脑内 DA 神经通路主要的有 3 条：黑质-纹状体通路（与锥体外系的运动有关）、中脑-边缘叶通路和中脑-皮质通路（与精神、情绪有关）。然而，氯丙嗪对多巴胺 D_2 受体的阻断作用没有特异选择性，对第一条通路中的 D_2 受体作用会引起锥体外系反应（EPS）副作用。氯丙嗪抗精神病的主要作用机制是对后面两条通路中的 D_2 受体作用，减少邻苯二酚氨的生成，促使安定、镇静和情绪低落。

② 药代动力学/药效学　氯丙嗪内服、注射均易吸收。药物内服有首关消除效应，吸收后 95% 与血浆蛋白结合，易通过血脑屏障，能通过胎盘屏障。本品排泄很慢，体内残留时间可达数月之久。

氯丙嗪为中枢多巴胺受体阻断剂，具有多种药理活性。氯丙嗪能强化中枢抑制药，如麻醉药、镇痛药与抗惊厥药的中枢抑制作用；对下丘脑体温调节中枢有抑制作用，能使体温显著降低。另外，氯丙嗪可直接扩张血管，解除小动脉和小静脉痉挛，改善微循环，具有抗休克作用。氯丙嗪对延脑催吐化学感受区的 D_2 受体也有强效的拮抗作用，因此也有强大的镇吐功效。

③ 临床使用　由癌症、胃肠炎、尿毒症、妊娠和某些药物引起的呕吐也可以用氯丙嗪进行治疗，若长期大剂量服用该药，则会对呕吐神经中枢造成严重抑制。氯丙嗪还会抑制下丘脑体温调节中枢，使机体的体温调节作用失效，机体的温度将随环境的温度变化而变化。

在临床上主要用作麻醉前给药，也可与物理降温方法结合，用于低温麻醉，如用于鹿科动物麻醉；与某些中枢抑制药合用，则可进行人工冬眠辅助治疗。氯丙嗪对 α-肾上腺素受体的阻断作用，可扩张血管和降低血压。但是，其反复用药后效果逐渐减弱，故不宜用于高血压的治疗。然而，氯丙嗪对 M_1 胆碱受体、组胺 H_1 受体和 5-HT2A 受体的阻断作用较弱，没有治疗意义。

④ 安全性　不宜用于对吩噻嗪类药物过敏的动物，不宜在昏迷状态或存在大量中枢神经系统抑制剂（酒精、巴比妥类药物、麻醉剂等）的情况下使用。短期服用有一定的副作用，长期大量使用有可能对神经系统造成损害，引起过敏反应，引起眼部并发症，如角膜和晶体混浊、眼压升高。

⑤ 药物相互作用　使用盐酸赛拉嗪和盐酸氯丙嗪复合麻醉野生动物效果安全稳定。此外，如果出现低血压，应采取处理循环性休克措施。如果需要使用血管收缩剂，去甲肾上腺素和去氧肾上腺素最合适。不推荐使用其他升压药，包括肾上腺素，因为吩噻嗪衍生物可能会逆转这些药物通常的升高作用，并导致血压进一步降低。

⑥ 剂型　盐酸氯丙嗪片：12.5mg、25mg、50mg。

盐酸氯丙嗪注射液：2mL：0.05g；10mL：0.25g。

8.2.1.2 苯二氮䓬类

苯二氮䓬类具有抗焦虑、抗惊厥、肌肉松弛和健胃等作用，因其镇静和安定作用不如吩噻嗪类常被列为弱安定剂。本类药物主要是通过结合并激活苯二氮䓬受体（BZ受体）发挥作用，该受体位于 γ-氨基丁酸A亚型受体的 γ 亚基上（GABA$_A$），促进 γ-氨基丁酸与其受体结合，使氯离子通道开放，大量氯离子进入细胞内，形成细胞膜超极化状态，从而导致神经的兴奋性降低。

本类药物在兽医临床上用作抗惊厥剂、辅助麻醉诱导剂、骨骼肌松弛剂和行为调节剂，也存在明显的种属差异。常用药物有地西泮、咪达唑仑、劳拉西泮等。

（1）地西泮（diazepam） 地西泮（又称安定）为苯二氮䓬类的代表药物，具有抗焦虑、镇静、催眠、抗惊厥及中枢性肌肉松弛作用，具有安全、高效、作用持久等特点，它具有强化麻醉剂和麻醉性镇静剂的效果。

① 药理作用 抗焦虑作用选择性很强，是氯氮卓的5倍，这可能与其选择性地作用于大脑边缘系统，与中枢苯二氮䓬受体结合而促进 γ-氨基丁酸（GABA）的释放或增强突触传递功能有关，GABA是中枢神经系统中的一种抑制性神经递质；中枢性肌肉松弛作用比氯氮卓强，为氯氮卓的10倍，内服吸收快，约1h达血高峰，血中半衰期为20～50h，属长效药。地西泮是一种脂溶性较高的药物，静脉注射后迅速进入脑神经而出现中枢神经轻度抑制作用，地西泮能降低人体动脉血压，离体动物实验发现地西泮对血管平滑肌具有松弛作用，其机制可能是通过减少 Ca^{2+} 内流入血管平滑肌细胞而起作用。

② 药代动力学/药效学 内服吸收迅速，>90%的地西泮被吸收，达到峰值血浆浓度的平均时间为30min至2h。与血浆蛋白的结合率高达99%，因其脂溶性很高，故能迅速向组织中分布并在脂肪组织中蓄积，地西泮及其代谢物能透过血脑和胎盘屏障，并且在母乳中也有发现。静脉注射时首先分布至脑和其他血流丰富的组织和器官。地西泮在肝药酶作用下进行生物转化，静脉注射作用迅速，在动物麻醉中血中半衰期为1～3h。临床常用静脉注射，肌内注射吸收缓慢，20min后才能起效且吸收不完全，静脉注射后1～3min起效，迅速进入中枢神经系统，其有效血药浓度维持1～2h。

③ 临床使用 主要用于肌肉痉挛、癫痫、惊厥和焦虑的治疗，作为肌松药配合全身麻醉。小剂量地西泮可缓解狂躁不安症状，大剂量可产生镇静作用。

④ 安全性 不良反应有嗜睡、头昏、乏力、皮疹、低血压等；大剂量可有共济失调、震颤。目前国外已不作为治疗失眠的首选药，老年人对地西泮敏感性高，代谢慢，增加认知功能损害和跌倒风险，此外，地西泮可引起排尿功能障碍，值得临床关注。肝、肾功能障碍者慎用，妊娠动物忌用。

⑤ 药物相互作用 与单独使用阿片类药物相比，同时使用苯二氮䓬类药物（包括地西泮）和阿片类药物可能会导致深度镇静、呼吸抑制、昏迷和死亡。如果地西泮与其他中枢作用药物联合使用，应仔细考虑所用药物的药理学，特别是可能增强或被地西泮作用增强的化合物，如吩噻嗪类、抗精神病药、抗焦虑药/镇静剂、催眠药、抗惊厥药、麻醉性镇痛药、麻醉药、巴比妥类、单胺氧化酶（MAO）抑制剂和其他抗抑郁药等。地西泮与抑制某些肝酶（特别是细胞色素P450 3A和2C19）的化合物之间存在潜在的相互作用。数据表明，这些化合物影响地西泮的药代动力学，并可能导致镇静

增加和延长，如西咪替丁、酮康唑和奥美拉唑等。伏立康唑和地西泮相互作用会产生嗜睡现象。地西泮与乙醇联用时会增强地西泮的镇静药效，不建议与乙醇同时使用，与曲马多联用可增强镇痛效果。

⑥ 剂型　地西泮注射液：2mL∶10mg。

地西泮片：2.5mg、5mg。

（2）咪达唑仑（midazolam）　咪达唑仑为苯二氮䓬类强效镇静药，静脉给药镇静效果好，对呼吸循环的影响相对较小，与其他麻醉药物配合使用可产生良好的镇静麻醉作用和顺行性遗忘作用。

① 药理作用　主要是通过苯二氮䓬受体（BZ 受体）作用于脑干网状结构和大脑边缘系统，通过变构调节使神经元细胞上的氯离子通道开放，促使氯离子进入细胞，形成细胞膜超极化状态，从而产生中枢神经的抑制效应。

② 药代动力学/药效学　咪达唑仑在体内可完全被代谢，主要代谢物为羟基咪达唑仑，然后迅速与葡萄糖醛酸结合，失去活性。60%～70%剂量由肾脏排出体外，静脉给药的稳态分布容积可达 50～60L/kg，血浆蛋白结合率约 95%，半衰期为 1.5～2.5h。

咪达唑仑药理效应与受体复合体中的受体位点结合数量有关，当结合率达 25%～30%时有抗焦虑作用，在 25%～50%时有镇静作用，达 70%时有催眠作用，这种作用呈剂量依赖性，不同的剂量产生不同的药理作用。静脉注射 0.025～0.075mg/kg 时，（血药浓度达 75～100ng/mL）可以产生抗焦虑、镇静作用，并出现顺行性记忆缺失，对呼吸循环系统影响轻微且可明显减少其它麻醉药物的用量。

③ 临床使用　主要用作全身麻醉前给药，在使用其他麻醉剂之前，静脉注射诱导全身麻醉。通过麻醉前用药，可以在相对较窄的剂量范围内并在短时间内实现麻醉诱导。老龄动物对本品较敏感，能有效地减少动物的应激反应，还能明显减少其他麻醉药的用量。

④ 安全性　咪达唑仑滴鼻是一种安全有效的镇静方式，其在控制新生儿和儿童惊厥及术前诱导中已广泛应用。咪达唑仑治疗指数较大，较大剂量使用时，对中枢抑制作用不是很明显，不易使呼吸停止，但是会有暂时性记忆缺失。

⑤ 药物相互作用　常与镇痛药物协同作用，如复合异丙酚靶控输注或芬太尼全静脉麻醉，能进一步加深咪达唑仑的镇静程度。小剂量咪达唑仑复合异丙酚麻醉用于短时程手术，可显著降低异丙酚诱导时的用药剂量和麻醉时间，并呈现随咪达唑仑浓度加深的量效关系。

⑥ 剂型　无。

（3）劳拉西泮（lorazepam）　劳拉西泮在临床上作为一种镇静、抗焦虑药物和催眠剂使用。劳拉西泮的 3-羟基构型类似于奥沙西泮和替马西泮的药代动力学特性。劳拉西泮广泛用于治疗焦虑症和失眠症。用作抗焦虑药，副作用很少。它还具有催眠、抗惊厥和相当大的镇静作用。

① 药理作用　作用于体内抑制性神经递质 γ-氨基丁酸（GABA）受体，诱导 GABA 受体偶联的氯离子通道加强开放，增加氯离子内流，产生超极化而抑制突触后电位，减少中枢神经元放电，引起中枢抑制，从而发挥中枢镇静、抗惊厥和肌肉松弛作用，并具有显著的催眠作用。

② 药代动力学/药效学 内服后吸收迅速，约 2h 达血药峰浓度，绝对生物利用度为 90%。当肌内注射 4mg 剂量时，劳拉西泮被完全快速吸收，并在 15～30min 内达到 48ng/mL 的最大血药浓度。在内服给药后约 2h 达到与剂量成比例的血液峰浓度，血浆消除半衰期约为 12h。约 85% 与血浆蛋白结合，与葡萄糖醛酸偶联形成无活性葡萄糖醛酸劳拉西泮，然后在尿液中排泄。劳拉西泮葡糖苷酸在动物中没有明显的中枢神经系统活性。一次用药药效一般可以维持 12h 以上。

③ 临床使用 主要用于治疗行为问题，如焦虑、恐惧。内服用于治疗焦虑症或短期缓解与抑郁症状相关的焦虑或焦虑症状。与生活压力相关的焦虑或紧张通常不需要用抗焦虑药治疗。动物推荐内服剂量为 0.5～2.2mg/kg，而建议注射用药的剂量为 0.5～1.1mg/kg。

④ 安全性 该药的大多数副作用与中枢神经系统抑制有关，与剂量相关。过量时通常表现为中枢神经系统不同程度的抑制。轻度症状包括嗜睡、思维混乱和昏睡等症状。严重症状表现为运动失调、深度镇静、深度呼吸抑制、昏迷和死亡。不能用于有肾病、青光眼、呼吸问题、老年病和虚弱的宠物。具有药物依赖性，突然停药会导致动物状态出现反复。

⑤ 药物相互作用 与单独使用阿片类药物相比，同时使用阿片类镇痛药和苯二氮䓬类药物会增加与药物相关的死亡风险。如果决定将劳拉西泮与阿片类药物同时使用，则应规定最低有效剂量和同时使用的最短持续时间，并密切跟踪呼吸抑制、镇静症状和体征状况。氯氮平与劳拉西泮合用，可能会产生明显的镇静、流涎过多、低血压、共济失调和呼吸停止，加重中枢抑制作用。氨茶碱可直接拮抗劳拉西泮的受体活性，逆转其镇静作用。劳拉西泮可能会升高地高辛的血药浓度、增强其药理作用，发生毒性反应。亮丙瑞林可能会降低劳拉西泮的排泄率，从而导致血药浓度升高。戈舍瑞林可能会降低劳拉西泮的排泄率，从而导致血药浓度升高。劳拉西泮与丙磺舒同时给药可能导致劳拉西泮起效更快或延长起效时间。当与丙磺舒共同给药时，劳拉西泮的剂量需要减少约 50%，丙磺舒对劳拉西泮的影响可能是由于抑制了葡萄糖醛酸化。

⑥ 剂型 无。

（4）唑拉西泮（zolazepam） 唑拉西泮在兽医学中用作麻醉剂。通常与 NMDA 拮抗剂或 α_2-肾上腺素受体激动剂赛拉嗪联合使用，药理效力大约是地西泮的 4 倍，但它在生理 pH 值下既是水溶性的又是非离子化的，这意味着它起效非常快。唑拉西泮是中枢神经系统药物、镇静药，作用是肌松和抗惊厥。

① 药理作用 与安定类似，具有抗焦虑、镇静、抗惊厥和肌肉松弛作用。唑拉西泮可加强替来他明对中枢神经系统的抑制作用，同时又可预防由替来他明引起的惊厥，增强肌肉松弛效果，还可缩短麻醉苏醒时间。

② 药代动力学/药效学 健康成年比格犬单次静脉（IV）给药 Telazol®（注射用替来他明/唑拉西泮复方制剂）后，唑拉西泮的初始平均浓度为 2594ng/mL，体清除率为 1993mL/(kg·h)，稳态表观分布容积为 604mL/kg。唑拉西泮的平均消除半衰期为 0.41h。犬、猫肌内注射 10mg/kg bw 后，唑拉西泮的血药浓度 30min 内达到高峰。麻醉持续时间为 20～60min。唑拉西泮的半衰期：犬为 60min，猫为 270min。一般静脉注射后需 15min，肌内注射后需 30min 达到临床效果。

③ 临床使用 主要作用是产生麻醉效果，它可以让动物进入安眠状态，从而降低其

对外界刺激的反应，使其更容易接受治疗。还可以放松肌肉，降低血压和体温，从而减少手术中的疼痛和不适，多用于各种动物的手术和诊断以及野生动物的捕捉和放生，以及动物的疼痛处理和治疗。替来他明/唑拉西泮是一种常用于小动物的分离性麻醉剂组合，盐酸替来他明和盐酸唑拉西泮的组合已用于多种野生哺乳动物。唑拉西泮可加强替来他明对中枢神经系统的抑制作用，同时又可防止由替来他明引起的惊厥，增强肌肉松弛效果，还可缩短麻醉苏醒时间。皮下注射：犬 0.1mg/kg，猫 0.05mg/kg；全身麻醉：首次剂量，肌内注射，犬 7～25mg/kg，猫 10～15mg/kg；静脉注射，犬 5～10mg/kg，猫 5～7.5mg/kg。

④ 安全性　麻醉效果一般很短（5～10min），并有良好的肌肉放松作用，但心动过缓也更明显。替来他明/唑拉西泮组合主要由肾脏排泄，先前存在的肾脏病理或肾功能损害可能会导致麻醉持续时间延长，禁用于患有胰腺疾病的犬和猫以及患有严重心脏或肺功能障碍的犬和猫。替来他明/唑拉西泮能穿过胎盘屏障并导致新生儿呼吸抑制。

⑤ 药物相互作用　异丙酚和替来他明/唑拉西泮联合用药具有镇静催眠和致幻作用。替来他明/唑拉西泮组合可以安全地用作术前用药、吸入麻醉的诱导或短期手术的独立麻醉剂。

⑥ 剂型　盐酸替来他明（相当于 250mg 游离碱）/盐酸唑拉西泮（相当于 250mg 游离碱）冻干粉，5mL 瓶装。用 5mL 灭菌水稀释，两种药物浓度均为 50mg/mL（总浓度为 100mg/mL）。

（5）氟马西尼（flumazenil）　氟马西尼是 γ-氨基丁酸（GABA）/苯二氮䓬受体复合物的拮抗剂，可有效逆转苯二氮䓬诱导的活性，具有作为 GABA 拮抗剂和苯二氮䓬中毒解毒剂的作用。氟马西尼拮抗中枢神经系统中 GABA/苯二氮䓬受体复合物的苯二氮䓬结合位点，从而防止氯离子通道开放并抑制神经元超极化。因此，氟马西尼以剂量依赖的方式逆转苯二氮䓬类药物诱导的作用，包括镇静、精神运动缺陷、健忘和换气不足。

① 药理作用　氟马西尼是一种咪唑苯二氮䓬类药物。内服生物利用度低，首选途径是静脉内给药，通常用于逆转苯二氮䓬类药物所致的中枢镇静和催眠作用，还可以逆转苯二氮䓬类药物的不良生理作用。适应证包括逆转苯二氮䓬类药物引起的镇静作用，终止苯二氮䓬类药物引起的麻醉，恢复自主呼吸和意识。此外，还可以用于鉴别诊断苯二氮䓬类、其他药物或脑损伤所致的不明原因的昏迷。氟马西尼不拮抗除苯二氮䓬受体（包括乙醇、巴比妥类或全身麻醉药）以外的影响 GABA 能神经元的药物对中枢神经系统的作用，也不逆转阿片类药物的作用。

② 药代动力学/药效学　静脉注射后一般 1～4min 即起效，消除快，作用维持时间短，药物半衰期约为 54min。镇静作用逆转的时间和程度与氟马西尼的剂量和血药浓度有关。一般来说，0.1～0.2mg 的剂量（对应于 3～6ng/mL 的峰值血浆水平）可产生部分拮抗作用，而较高剂量的 0.4～1mg（12～28ng/mL 的峰值血浆水平）通常可对接受常规镇静剂量苯二氮䓬类药物的患者产生完全拮抗作用。氟马西尼广泛分布于血管外间隙，初始分布半衰期为 4～11min，终末半衰期为 40～80min。峰浓度与剂量成正比，表观初始分布体积为 0.5L/kg，稳态分布体积为 0.9～1.1L/kg，蛋白质结合率约为 50%。氟马西尼可被完全代谢（99%），在 72h 内基本消除完成，其中 90%～95% 出现在尿液中，5%～10% 出现在粪便中。在尿液中的主要代谢产物是去乙基化的游离酸及其葡萄糖醛酸

结合物。清除主要通过肝脏代谢进行，并依赖于肝脏血流量。中度肝功能不全患者的半衰期延长至1.3h，重度肝功能不全患者的半衰期延长至2.4h。在静脉输注药物的过程中摄入食物会导致清除率增加50%，这很可能是由于食后肝血流量增加。内服氟马西尼后吸收迅速，20～90min后达到峰值浓度。

③ 临床使用　主要用于逆转苯二氮䓬类药物所致的中枢镇静和催眠作用。动物与人均可使用，在治疗苯二氮䓬类药物或混合药物中毒时，需要服用多达5mg的氟马西尼。静脉注射剂量低至0.2mg的氟马西尼可快速可靠地逆转苯二氮䓬类药物引起的镇静、催眠或昏迷。0.1～0.2mg的小剂量静脉注射可用于苯二氮䓬类药物中毒、昏迷的鉴别诊断、术后过度镇静。由于该药是短效的，为了维持有效血药浓度和疗效，需要反复多次给药。

④ 安全性　动物研究较少，在人的研究发现，肝功能不全患者或接受影响氟马西尼代谢药物的患者可能需要调整剂量。对于长期使用苯二氮䓬类的患者，在使用氟马西尼期间应注意可能出现苯二氮䓬类药物的戒断症状（如兴奋、焦虑、情绪不稳定等）。

⑤ 药物相互作用　已被证实可逆转由苯二氮䓬类药物单独或与其他药物联合引起的镇静作用，但当怀疑有周期性抗抑郁药中毒时，不应使用。使用后可能会出现癫痫发作，服用三环和四环抗抑郁药的苯二氮䓬类药物过量患者尤其容易出现这种并发症。因此，在需要快速恢复的情况下可以考虑使用氟马西尼，以小剂量增量静脉内给药。本品不能逆转类阿片类药物的作用。

⑥ 剂型　无。

8.2.1.3　丁酰苯类

丁酰苯类是一类神经镇静剂，具有镇静、安定、止吐等作用，其药理特点与吩噻嗪类有很多相似之处，但化学结构不同。主要是通过阻断中枢多巴胺受体（D_2受体）和α-肾上腺素受体发挥作用，但后者程度要低。与吩噻嗪类相比，对α-肾上腺素受体的相对亲和力较小是丁酰苯类不会造成同样程度血管舒张的原因。此外，还可以阻断组胺能受体和胆碱能受体。

在兽医临床上用作镇静药和止吐药。常用药物有阿扎哌隆、氟哌啶醇等。在猪和野生动物医学领域，阿扎哌隆是兽医临床上最常用的丁酰苯类药物。

（1）阿扎哌隆（azaperone）　阿扎哌隆又名氮哌酮，是一种具有强烈止吐作用的抗精神病药物，具有镇静和止吐的效果，在兽医临床上主要用作镇静剂，用于控制猪的攻击性行为和缓解压力，防止从农场运输到屠宰场的过程中出现压力应激，减少经济损失。

① 药理作用　在中枢发挥作用，从而减少儿茶酚胺从交感-肾上腺髓质神经系统的释放。除了镇静作用外，阿扎哌隆对马也有肾上腺素能阻断作用，并且它也能够有效降低给予潜在致死剂量去甲肾上腺素的大鼠死亡率。它还可以延缓肾上腺素受体的心率激活。这表明，阿扎哌隆具有外周作用，有助于预防猪应激性死亡。

② 药代动力学/药效学　在兽医实践中，丁酰苯类药物的药代动力学信息很少。阿扎哌隆在猪肝脏内生物转化后约13%从粪便中排出。在马，阿扎哌隆主要代谢产物是5′-羟基阿扎哌隆。代谢残留物在肾脏中含量最高并且给药后在尿中存留至少3d；但经16h，药物大部分可从体内消除。

阿扎哌隆通常通过肌内注射途径给药，注射后 5～10min 迅速起效。用于马时，镇静作用在给药后约 10min 内起效，20～60min 内可观察到最大作用。

③ 临床使用　常作为猪混群打斗、猪运输过程中的压力应激、母猪产后应激以及产科疾病辅助治疗的镇静类药物，在许多种属动物包括野生动物可被用作手术前镇静。与其他药物联合使用也可用于马和大象。

猪：0.5～2mg/kg；马：0.4～0.8mg/kg；犀牛：0.04mg/kg。

④ 安全性　使用过量的阿扎哌隆会引起锥体外系不良反应的发生。据报道，马按 0.29～0.57mg/kg bw 的剂量静脉注射阿扎哌隆，可引起流涎、多汗、肌肉震颤和尖叫等反应。

⑤ 药物相互作用　与镇痛类药物联合使用时，可以提高镇痛效果，同时降低药物使用剂量。与布托啡诺结合使用，在患有慢性肾病的白色犀牛体内，会产生充分的肌肉松弛作用，且在小型外科检查中，包括腹腔镜检查，具有明显的镇痛作用。

⑥ 剂型　阿扎哌隆注射液：40mg/mL。

（2）氟哌啶醇（haloperidol）　氟哌啶醇是一种抗精神病药物，临床上常与镇痛药合用使产生神经安定镇痛效应，用于某些外科手术，或用于治疗呕吐。

① 药理作用　作用与氯丙嗪相似，其疗效可通过其作为中枢多巴胺 2 型受体拮抗剂的活性介导。也与 α_1-肾上腺素受体结合，但亲和力较低，与毒蕈碱胆碱能受体和组胺能（H_1）受体的结合最小。可阻断儿茶酚胺的中枢作用，并直接抑制延脑的催吐化学感受区，有较强的抗焦虑作用，可控制动物的狂躁症，并有较强的镇吐作用，但镇痛作用较弱，降体温作用不明显。

② 药代动力学/药效学　内服后被迅速吸收，但其吸收量变化很大。当作为溶液给予时，生物利用度范围为 38%～86%；作为片剂服用，范围为 44%～74%。内服后观察到两个血浆浓度峰值，第一个出现在 3～6h，第二个（可能是肠肝循环的结果）出现在 12～20h。终末半衰期约为 1.5h，大约需要 10h（7 个半衰期）才能达到 99% 的稳态。2～3h 血浆浓度达高峰，持续约 72h，然后缓慢下降。有多种代谢途径。主要途径是葡萄糖醛酸化和酮还原。细胞色素 P450 酶系统也参与其中，尤其是 CYP3A4 和 CYP2D6。

③ 临床使用　临床上常与镇痛药合用使产生神经安定镇痛效应，以进行某些外科手术；控制动物的狂躁症；可以用于治疗呕吐。肌内注射时，犬用的剂量为 1～2mg/kg；静脉注射时，犬用的剂量为 1mg/kg，用 20% 葡萄糖液稀释后缓慢静脉注射。

④ 安全性　多见锥体外系反应，降低剂量可减轻或消失。长期应用可引起迟发性运动障碍，还可引起失眠、头痛、口干及消化道症状。大剂量长期使用可引起心律失常、心肌损伤。由于在氟哌啶醇治疗过程中观察到 QTc 间期延长，因此在向 QT 间期延长患者或接受已知延长 QTc 间期药物的患者开处方时应谨慎。任何原因引起的严重中毒性中枢神经系统抑郁或昏迷状态者禁用。

⑤ 药物相互作用　与其他抗精神病药物一样，应注意氟哌啶醇可增强中枢神经系统抑制剂的作用，如麻醉剂、阿片类药物和酒精。与麻醉药、镇痛药、催眠药合用时，可互相增效，合并使用时应减量。与哌替啶合用以增强其镇痛作用。与他莫昔芬合用时能降低疗效。与抗高血压药合用时，可使血压过度降低。与肾上腺素合用时，可导致血压下降。CYP3A4 强效酶诱导剂可降低氟哌啶醇的血浆浓度，从而降低疗效。氟哌啶醇是 CYP2D6 的抑制剂，联用时 CYP2D6 底物（例如三环类抗抑郁药，如地昔帕明或丙咪嗪）的血浆

浓度可能增加。

⑥ 剂型　无。

（3）氟哌利多（droperidol）　氟哌利多又名达哌啶醇，是一种具有强抗多巴胺（D_2）活性和轻度 α_2-阻断作用的丁酰苯类药物，它具有镇静和抗焦虑作用，是一种有效的止吐药。

① 药理作用　为化学合成的抗精神失常药，具有显著的镇静作用。能减轻恐惧，产生精神上的冷漠，同时保持一种反射性的警觉状态。主要通过抑制多巴胺 D_2 受体减少对呕吐中枢的刺激，产生较强的镇吐作用。由于本品能阻断 α-肾上腺素受体，具有强大的抗精神运动性兴奋、安定、增强镇痛药物的作用，故可用作麻醉药物的辅助剂和精神病治疗剂。此外，能增强其他中枢神经系统抑制剂作用效果，产生轻微的 α-肾上腺素能阻滞，使外周血管扩张和肾上腺素升压作用降低。它可以产生低血压和降低外周血管阻力，并可能降低肺动脉压（特别是在异常高的情况下）。能降低肾上腺素诱发心律失常的发生率，但不能预防其他心律失常。

② 药代动力学/药效学　在肝脏进行生物转化，代谢产物在 24h 内基本排出。药代动力学呈二室开放模型，分布容积 2L/kg，半衰期 14.3min。单次肌内注射和静脉注射剂量的起效时间为给药后 3～10min，但达峰时间约在给药后 30min，镇静作用的持续时间一般为 2～4h，但警觉性的改变可能持续长达 12h。

③ 临床使用　具有较强的镇静作用，可用于术前镇静，并且还有止吐作用。犬：静脉注射、肌内注射时，常用剂量为 0.6～2.2mg/kg；猫、猪：肌内注射时常用剂量为 0.3mg/kg。

④ 安全性　过大时可引起倦怠、嗜睡和眩晕等症状。锥体外系反应是抗精神病药最常见的不良反应，表现为急性肌张力障碍、运动减少、静坐不能、帕金森综合征和迟发性锥体外系综合征等。FDA 因小剂量氟哌利多可能引起严重心律失常致意外事件而提出"黑匣子"警告，并认为在原有 QT 间期延长或有心脏复极障碍的患者，使用氟哌利多应谨慎。

⑤ 药物相互作用　具有加强其他麻醉剂的作用，有必要减少诱导和吸入性麻醉剂的剂量。与芬太尼的合剂可增强巴比妥类药和麻醉药的呼吸抑制作用。氟哌利多与芬太尼联用对脑血流量和代谢影响很小，单用氟哌利多会引起脑血管收缩、脑血流量减少。与锂剂合用，可能引起虚弱无力、运动障碍、椎体外系症状增加及脑损害。

⑥ 剂型　氟哌利多：芬太尼 20mg：0.4mg/mL 注射液。

8.2.1.4　α_2-肾上腺素受体激动剂

α_2-肾上腺素受体激动剂是强效安定剂，能产生强大的镇静、化学保定和镇痛作用，兼有肌松和局麻作用。本类药物的基本结构是苯环，通过一个碳氢或者胺与二氢咪啶环相连，而赛拉嗪有一个噻唑环而不是二氢咪啶环。本类药物主要是通过作用于 α_2-肾上腺素受体和/或咪唑啉受体发挥作用。α_2-肾上腺素受体的激活将会抑制从突触前神经末梢释放去甲肾上腺素的正反馈机制，其抑制作用是通过减少 N 型钙通道的钙传导作用，进而产生镇静和镇痛等作用。

兽医临床上批准使用的药物有赛拉嗪、地托咪定、美托咪定、罗米非定和赛拉唑，其中赛拉唑是我国研发的产品。

（1）**赛拉嗪**（xylazine）　赛拉嗪是兽医临床第一个被使用的 α_2-肾上腺素受体激动剂。

① 药理作用　具有镇静、镇痛和肌肉松弛的特性。对于对药物更敏感的牛，镇静程度可根据给药剂量预先确定。对猫和犬通常有强烈的催吐作用。赛拉嗪可引起强烈的心血管效应，如心动过缓和血压升高，还可诱发高血糖。反刍动物对赛拉嗪的敏感性是其他动物的 10~20 倍，赛拉嗪能以剂量依赖的方式引起镇静与中枢神经抑制。在成年绵羊和羔羊中，肌内注射给予 0.05mg/kg 仅引起动物警觉性降低；肌注 0.1mg/kg 10min 后，有明显的镇静效果且会持续 55min；肌注 0.3mg/kg，成年公羊在 15min 后呈卧位，持续 55min，而母羊仅 3min 后呈卧位且持续 54min。

② 药代动力学/药效学　内服吸收不良，肌内注射吸收迅速，但生物利用度有明显种属差异。脂溶性高，能进入大多数组织，在中枢神经系统和肾组织中浓度最高。本品在大多数动物代谢迅速、广泛，形成多种代谢产物，在大多数动物体内的消除持续 10~15h。在绵羊中半衰期极短，肌注和静脉给药后能迅速从血浆中清除。犬、猫肌内或皮下注射后 10~15min、马静脉注射后 1~2min 起效，作用时间持久。

③ 临床应用　可用于马、牛及野生动物的化学保定，以便进行诊疗和小手术。大剂量或配合局部麻醉药，可用于去角、锯茸、去势、乳房切开、剖宫产等手术。犬和猫静脉或肌内注射推荐剂量为 0.1~1mg/kg；牛静脉或肌内注射推荐 0.01~0.1mg/kg；马静脉或肌内注射推荐 0.02~1mg/kg；山羊静脉或肌内注射推荐 0.05~0.2mg/kg；鹿肌内注射推荐 0.5~4mg/kg。

④ 安全性　能剂量依赖地引起心血管抑制、呼吸力与气体交换改变，从而导致呼吸急促、气道压力与呼吸阻力增加、肺顺应性降低、肺水肿和低氧血症；对子宫平滑肌也有一定兴奋作用，能增加牛子宫肌张力与子宫内压，妊娠动物慎用。

⑤ 药物相互作用　与水合氯醛、巴比妥钠等中枢神经抑制药合用，可增强抑制效果；与氯胺酮合用增强其催眠镇痛效果并可拮抗其中枢神经兴奋效果；与芬太尼合用消除内脏疼痛。

⑥ 剂型　盐酸赛拉嗪针剂，20mg/mL，20mL/瓶；50mg/mL，100mL/瓶。

（2）**赛拉唑**（xylazole）　赛拉唑又称静松灵，为白色结晶。作用与赛拉嗪相似，用药后表现为镇静、嗜睡和镇痛。

① 药理作用　赛拉唑是一种强效 α_2-肾上腺素受体激动剂，具有明显的镇静、镇痛和肌肉松弛作用。对骨骼肌松弛作用与其在中枢水平抑制神经冲动传导有关；不同种属动物的敏感性有所差异，牛最敏感，猪、犬、猫、兔及野生动物敏感性较差。

② 药代动力学/药效学　马肌内注射后 1.5h 达血药峰浓度，绵羊肌内注射后 0.22h 达血药峰浓度。静脉注射后 1min、肌内注射后 10~15min 起效。

③ 临床使用　主要用于家畜和野生动物的化学保定，也可用于基础麻醉。肌内注射：马、骡推荐剂量 0.5~1.2mg/kg；驴、羊推荐 1~3mg/kg；黄牛、牦牛推荐 0.2~0.6mg/kg；水牛推荐 0.4~1mg/kg；鹿推荐 2~5mg/kg。

④ 安全性　反刍动物对本品敏感，用药后表现唾液分泌增多、瘤胃弛缓、臌胀、逆呕腹泻、心搏缓慢和运动失调等，妊娠后期的牛会出现早产或流产。马属动物用药后可出现肌肉震颤、心搏徐缓、呼吸频率下降、多汗，以及颅内压增加等。

⑤ 药物相互作用　与水合氯醛、硫喷妥钠或戊巴比妥钠等中枢神经抑制药合用，可

增强抑制效果；可增强氯胺酮的镇痛作用，肌肉松弛，并可拮抗其中枢兴奋反应。与肾上腺素合用可诱发心律失常。

⑥ 剂型　盐酸赛拉唑注射液：5mL：0.1g；10mL：0.2g。

（3）地托咪定（detomidine）　地托咪定是一种 α_2-肾上腺素受体激动剂，通常以盐酸地托咪定的形式给药。目前，FDA 仅批准用于马，但有用于其他大型动物的研究。

① 药理作用　地托咪定的作用方式是高效激活 α_2-肾上腺素受体。地托咪定能产生镇静作用，是由于抑制了中枢神经系统内疼痛冲动的传递，其深度和持续时间依赖于剂量。此外，地托咪定还具有抗心脏病作用。

② 药代动力学/药效学　常以静脉注射和肌内注射方式使用，应缓慢注入，静脉注射后起效更快。以 $20\mu g/kg$ bw 或 $40\mu g/kg$ 盐酸地托咪定给药，$20\mu g/kg$ 通常在 2～4min 内开始生效，并维持 30～45min 的镇痛作用和 30～90min 的镇静作用。$40\mu g/kg$ bw 剂量也可在 2～4min 内起效，并维持 45～75min 的镇痛作用和 90～120min 的镇静作用。半衰期较短，舌下给药 36min 后可达到血药浓度峰值，半衰期在 0.5～2.5h。舌下给药 4～20min 可发挥临床作用。

③ 临床应用　常用于马的镇静作用，偶尔也用于猫。马静脉注射或肌内注射推荐 5～40$\mu g/kg$；内服给药 60$\mu g/kg$。猫内服给药 500$\mu g/kg$ 与 10mg/kg 氯胺酮联用。

④ 安全性　不得用于心脏异常或患有呼吸系统疾病的动物；慎用于肝功能不全或肾功能衰竭的动物；不得用于非健康状态的动物（例如脱水动物）；不宜与布托啡诺一起用于患有绞痛的马。对于出现绞痛或嵌塞症状的马，应谨慎使用地托咪定。硬膜外给药和静脉给药后房室传导阻滞的发生率增加。

⑤ 药物相互作用　与其他镇静或镇痛药物一起使用时应谨慎，因为它们可能产生相加作用。与美沙酮合用可增强镇静与镇痛效果，与阿片类药物合用可减少对心率的负影响；可抑制氯胺酮的代谢。

⑥ 剂型　盐酸地托咪定注射液：10mg/mL、5mL/瓶和 20mL/瓶。

盐酸地托咪定粉：50g/瓶。

盐酸地托咪定凝胶：7.6mg/mL。

（4）美托咪定（medetomidine）　美托咪定是两个光学对映异构物-右旋美托咪定和左旋美托咪定 1:1 的消旋物，这两种对映异构物互为镜像，各具有不同的生物活性。美托咪定的活性成分是右旋美托咪定，常被用作治疗麻醉后出现的精神错乱。

① 药理作用　美托咪定是一种相对选择性 α_2-肾上腺素受体激动剂，具有镇静作用。动物缓慢静脉输注右美托咪定 10～300mg/kg 时，可见对 α_2-肾上腺素受体的选择性作用，但在较高剂量下（1000mg/kg）缓慢静脉输注或快速静脉注射给药时对 α_1 受体和 α_2 受体均有作用。

② 药代动力学/药效学　静脉输注后，美托咪定快速分布相的分布半衰期约为 6min；终末清除半衰期约为 2h；稳态分布容积约为 118L；清除率约为 39L/h。一般静脉注射或肌内注射后 15min 达到临床效果。

③ 临床使用　用于猫和犬的镇静，麻醉前与氯胺酮同时给药用于猫的短效全身麻醉。通常在诱导麻醉之前用药，通过引起剂量依赖性心血管抑制（心动过缓）和心输出量减少提供镇静和镇痛。此外，因为其具有很强的血管收缩作用，美托咪定不应用于有心脏疾病（如二尖瓣反流）的犬。犬单剂量静脉注射、肌内注射 1～20$\mu g/kg$，犬单剂量恒速滴注，

$1\sim5\mu g/(kg\cdot h)$；猫单剂量静脉注射、肌内注射 $1\sim40\mu g/kg$；马单剂量静脉注射、肌内注射 $2\sim10\mu g/kg$，马单剂量恒速滴注，$0.03\sim0.1\mu g/(kg\cdot min)$。

④ 安全性　美托咪定吸收后的症状可能涉及临床效果，包括剂量依赖性镇静、呼吸抑制、心动过缓、低血压、口干和高血糖，室性心律失常也有报道。不得用于患有严重心血管疾病或呼吸系统疾病或肝肾功能受损、胃肠道机械性障碍（食管梗阻等）、妊娠、糖尿病、休克、消瘦或严重虚弱状态的动物。不宜与拟交感神经胺同时使用。在怀孕和哺乳期间的安全性尚未确定，因此孕期和哺乳期不宜使用。

⑤ 药物相互作用　可以与布托啡诺结合，在临床中可应用于镇静、肌肉松弛和止痛。外周 α_2-肾上腺素受体拮抗剂 Vatinoxan（也称为 MK-467）已被尝试与美托咪定联合使用。低剂量的美托咪定和布托啡醇的共同给药可能会抑制美托咪定诱导的呕吐。

⑥ 剂型　盐酸美托咪定注射液：1mg/mL。

（5）右美托咪定（dexmedetomidine）　右美托咪定是咪唑类衍生物，它是美托咪定的活性右旋异构体，通过激活中枢神经系统和外周脊髓的 α_2-肾上腺素受体而产生抗交感、镇静和镇痛作用。

① 药理作用　右美托咪定是一种有效的非麻醉性 α_2-肾上腺素受体激动剂，具有镇静和镇痛作用。这些效应在深度和持续时间上呈剂量依赖性。α_2-肾上腺素受体有 3 种亚型：α_2A、α_2B、α_2C。右美托咪定作用于分布在大脑内的 α_2A 受体，参与抗伤害性感受、镇静催眠、抗交感活性、低温等生理功能；作用于分布在血管平滑肌的 α_2B 受体，使血管收缩、血压升高；作用于 α_2C 受体，可调节多巴胺神经介导并诱导低温。右美托咪定在临床上的作用是激动这 3 种受体后产生的共同效应。此外，右美托咪定可导致胃肠动力降低，是由于平滑肌活动减少；血糖水平升高，是由于胰岛素释放受到抑制，以及尿量增加。

② 药代动力学/药效学　经皮下注射或肌注后快速吸收，达峰值时间为 1h，静滴后，分布半衰期约为 6min，稳态分布容积约为 118L。在体内经广泛代谢后，代谢物主要随尿液排出。消除半衰期约为 2h，清除率约为 39L/h。动物缓慢静脉输注右美托咪定 $10\sim300\mu g/kg$ 时可见对 α_2-肾上腺素受体的选择性作用，但在较高剂量下（$\geqslant1000\mu g/kg$）缓慢静脉输注或快速静脉注射给药时对 α_1 受体和 α_2 受体均有作用。

③ 临床使用　常用剂型为注射剂，犬、猫均为单剂量静脉注射、肌内注射，$1\sim20\mu g/kg$ bw，盐酸右美托咪定注射液用于犬和猫的镇静和镇痛，以便于临床检查、临床操作、小型外科操作和小型牙科操作，还可作为犬和猫全身麻醉的麻醉前用药。

④ 安全性　右美托咪定耐受性良好，常见的不良反应包括低血压、恶心、心搏徐缓、组织缺氧和心房颤动。对大鼠肾脏皮质集合管渗透性水有抑制作用。有减轻缺血再灌注损伤和改善微循环的作用，但其引起心动过缓和低血压的倾向会对微循环产生不利影响。不宜在患有心血管疾病、呼吸系统疾病、肝肾疾病的犬或猫身上使用盐酸右美托咪定注射液，也不宜在酷热、寒冷或疲劳导致的休克、严重衰弱或应激状态下使用盐酸右美托咪定注射液。

⑤ 药物相互作用　与麻醉剂、镇静剂、催眠药和阿片类药物（如七氟烷、异氟烷、丙泊酚、阿芬太尼、咪达唑仑）合用可能会提高疗效。不影响罗库溴铵的神经肌肉阻滞作用。不建议在犬或猫体内同时或在右美托咪定之后常规使用抗胆碱药，可导致不良心血管反应（继发性心动过速、高血压持续时间延长和心律失常）。

⑥ 剂型　盐酸右美托咪定注射液：10mL∶5mg。

盐酸右美托咪定粉：1kg/包；5kg/包。

（6）罗米非定（romifidine）　罗米非定是一种选择性更高的 α_2 受体激动剂，与其他 α_2-肾上腺素受体激动剂相比，镇静时间更长，在同等镇静剂量下，共济失调影响更小。在较长时间的马站立手术中，这些特征可能有利于镇静。

① 药理作用　典型的 α_2 激动剂，包括镇静、肌肉松弛和对环境刺激的反应性降低。疼痛耐受性随着剂量的增加而增加。

② 药代动力学/药效学　静脉注射 0.08～0.1mg/kg 剂量后，平均清除量为 34.1mL/(min·kg) 和 20.0mL/(min·kg)，消除半衰期为 138.2min 和 127min。因此，这种药物的初始治疗应采用较小的有效治疗剂量，需要对这种化合物以这种方式给药时的药代动力学和药效学进行表征，以适当地规范其使用。一般静脉注射或肌内注射后需 2～3min 达到临床效果。静脉注射罗米非定可产生强而持久的镇静作用和明显的肌肉松弛，与药物较长的消除半衰期相对应。

③ 临床使用　通常在常规的眼睛、口腔或直肠检查，诊断程序和高级成像过程中使用。此外，作为麻醉前药物或与其他镇静药物联合使用以增强止痛效果。

常用作犬、猫和马的镇静剂。马：单剂量静脉注射，40～120μg/kg。恒速滴注，0.3μg/(kg·min)。犬：单剂量静脉注射，1～40μg/kg。猫：单剂量肌内注射，5～200μg/kg。

④ 安全性　罗米非定通过抑制马、小马和小鼠胰腺 B 细胞的胰岛素释放而增加血糖浓度。服用罗米非定还会导致心动过缓、心律失常、心输出量减少和呼吸频率减慢。

⑤ 药物相互作用　术前给药能提高马的苏醒效果。麻醉恢复期给予 α_2-肾上腺素受体激动剂将延长恢复时间 10～15min。

⑥ 剂型　盐酸罗米非定注射液：10mg/mL。

8.2.1.5　α_2-肾上腺素拮抗剂

α_2-肾上腺素拮抗剂在兽医上用于拮抗 α_2-肾上腺素受体激动剂的作用，主要用于动物的化学制动。本类药物可以不同程度地竞争性抑制 α_2-肾上腺素受体激动剂引起的镇静、抗焦虑、镇痛和心血管作用。由于本类药物可以引起中枢神经系统兴奋，且具有心血管作用（血管舒张和心动过速），推荐缓慢给药，从而降低不良反应。

兽医临床上常用的药物有育亨宾、阿替美唑、妥拉唑林。

（1）育亨宾（yohimbine）　育亨宾是一种具有 α_2-肾上腺素受体拮抗剂活性的吲哚生物碱，高肾上腺素能的天然药物。它具有 α-肾上腺素拮抗剂、5-羟色胺拮抗剂和多巴胺受体 D_2 拮抗剂的作用。

① 药理作用　育亨宾是一种吲哚烷基胺生物碱，化学性质与利血平相似，阻断突触前 α_2-肾上腺素受体。对外周血管的作用类似于利血平，尽管它作用效果较弱且持续时间短，但可增加副交感神经（胆碱能）活性和降低交感神经（肾上腺素能）活性。

② 药代动力学/药效学　吸收速度快，半衰期为 0.5h（内服）和 0.68h（静脉注射）。静脉注射后药物在体内的经时过程符合二室模型。清除率为 55.9mL/(kg·min)（内服）和 9.77mL/(kg·min)（静脉注射），静脉注射后快速进入脑中，药物主要在肝中代谢，此外还有肝外代谢途径，尿中有 0.5%～1% 的原型药物排泄。

③ 临床使用 具有局部麻醉作用，能增加呼吸运动的深度和频率，舒张血管，降低血压；在兽医方面作催欲药。

④ 安全性 在动物模型中，育亨宾增加性活动，并且可能通过参与和抑制海绵体内的 α_2-肾上腺素受体起作用，导致阴茎体组织的持续肿胀。通常推荐的纯化育亨宾剂量为 $5 \sim 10mg$，每天 3 次。可能发生药物耐受性或快速反应。副作用通常是轻微和短暂的，是 α_2-肾上腺素抑制剂的典型症状，包括失眠、焦虑、心悸、胸痛、出汗、视力模糊和高血压。过量可引起低血压、心动过速、癫痫发作、瘫痪和昏迷。

⑤ 药物相互作用 与氯丙嗪、乙酰唑胺联合使用时，不良反应的风险或严重程度可能会增加。与双甲脒联合使用时，高血压的风险或严重程度可能会增加。育亨宾可能增加阿托品的中枢神经系统抑制剂活性。

⑥ 剂型 育亨宾灭菌注射液：2mg/mL，20mL/瓶。

盐酸育亨宾灭菌注射液：5mg/mL，20mL/瓶。

（2）阿替美唑（atipamezole） 阿替美唑是一种合成的 α_2-肾上腺素受体拮抗剂，受体结合研究表明，它对 α_2-肾上腺素受体的亲和力和 α_2/α_1 的选择性比 α_2-肾上腺素受体拮抗剂育亨宾高得多，可迅速被吸收，并由外周分布到中枢神经系统，可迅速逆转 α_2-肾上腺素受体激动剂诱导的镇静/麻醉，国外普遍被应用于 α_2-肾上腺素受体激动剂诱导动物镇静和麻醉后的苏醒或与多种麻醉剂联合应用。

① 药理作用 阿替美唑是一种有效的 α_2 受体拮抗剂，选择性和竞争性地抑制 α_2-肾上腺素受体。阿替美唑给药后迅速从 α_2-肾上腺素激动剂右美托咪定或美托咪定产生的镇静和镇痛作用中恢复。阿替美唑不能逆转其他种类的镇静剂、麻醉剂或镇痛剂的作用。给药可迅速消除右美托咪定或美托咪定诱发的心动过缓，通常在 3min 内。较高剂量会损害认知功能测试的表现，可能是由于去甲肾上腺素过度活动。阿替美唑能有效逆转美托咪啶对犊牛的镇静和心肺作用。盐酸阿替美唑注射液可逆转盐酸右美托咪定和盐酸美托咪定对犬的镇静和镇痛作用。

② 药物动力学/药效学 大鼠单次肌内注射阿替美唑后在体内吸收迅速，达峰时间在 $15 \sim 30min$；消除也较快，给药后 14h 血药浓度均降低至峰浓度的 1/20 以下。阿替美唑肌内给药吸收迅速，给药后较短时间内分布到血液丰富的心、脑等组织，大部分组织在给药后 15min 药物浓度达到峰值，给药 24h 后在各组织中药物浓度均降至检测限以下，无组织蓄积作用。内服 30mg/kg 阿替美唑使双氯芬酸的血浆浓度时间曲线下面积提高 13.1 倍，血药峰浓度提高 5.6 倍。根据右美托咪定或美托咪定诱导镇静的深度和持续时间，通常在注射阿替美唑后 $5 \sim 10min$ 内出现明显的苏醒，消除半衰期小于 3h。阿替美唑能被肝脏广泛生物转化，代谢产物主要经尿液排泄。

③ 临床使用 临床上常用盐酸阿替美唑拮抗美托咪定麻醉猫、犬、猪等动物引起的镇静或心动过缓，同时盐酸阿替美唑能有效地缓解右美托咪定-咪达唑仑-氯胺酮联合麻醉引起的不良反应。阿替美唑盐酸盐在降糖和降压方面的研究目前处于临床评价研究阶段。有报道称，该药物在治疗哮喘、肥胖、偏头痛，以及由年龄增长引起的记忆力衰退等方面都有一定的疗效。阿替美唑盐酸盐在预防由剖腹手术引起的肠梗阻方面也疗效显著。

④ 安全性 由于阿替美唑总是与右美托咪定或美托咪定同时使用，因此不应在以下情况下使用：心脏病、呼吸系统疾病、肝肾疾病、休克犬、严重虚弱犬或因酷热、寒冷或疲劳而应激的犬。此外，阿替美唑药物过量会引起暂时性过度警觉和心动过速。最好减少

外部刺激，使动物安静的恢复。使用阿替美唑的动物偶尔会呕吐，用阿替美唑治疗的犬会出现一段兴奋或恐惧的时期。阿替美唑的其他作用包括唾液分泌、腹泻和震颤。

⑤ 药物相互作用　美托咪定、咪达唑仑和氯胺酮可引起血压升高和心动过缓，单独或联合应用阿替美唑可逆转美托咪定、咪达唑仑和氯胺酮引起的血压升高，但可短暂引起过度低血压。

⑥ 剂型　盐酸阿替美唑注射液：5mg/mL，10mL/瓶。

（3）妥拉唑林（tolazoline）　妥拉唑林是一种咪唑啉衍生物肾上腺素受体阻断剂，是 α 受体阻断剂，能使周围血管舒张和降低血压。

① 药理作用　与酚妥拉明作用相似，对 α 受体阻断较弱，而组胺样作用和拟胆碱作用较强；心血管系统静脉注射能使血管扩张，血压下降，肺动脉压和外周阻力降低。血管扩张的机制，部分是阻断 α 受体的结果，部分是对血管的直接舒张作用。对心脏有兴奋作用，使心收缩力加强和心率加快，心输出量增加。对心脏的兴奋作用主要是由于血管舒张，血压下降，反射性地引起儿茶酚胺释放的结果，有时可致心律失常。

② 药代动力学/药效学　内服或者注射均可吸收，但内服可能达不到有效血药水平，因为妥拉唑林在胃肠道吸收缓慢，并且很快从肾脏排出。肌内注射吸收更为迅速。主要以原型经肾排出。有报道妥拉唑林在新生儿 $t_{1/2}$ 为 3～10h，其可作为一种肺血管扩张剂，用于降低新生儿持续性肺动脉高压中的肺血管阻力。

③ 临床使用　主要用于降低新生儿持续性肺动脉高压，也可用于血管痉挛性疾病和某些眼病的治疗。不良反应与酚妥拉明相同，但发生率较高。

④ 安全性　大剂量可发生低血压，此时应予平卧，头低位，必要时，可滴注合适的电解质溶液维持血液循环。不可用肾上腺素，因会加剧低血压。

⑤ 药物相互作用　本品可拮抗大剂量多巴胺所致的外周血管收缩作用；可降低麻黄碱的升压作用；大剂量的本品与肾上腺素或去甲肾上腺素合用可导致反常性的血压下降随后发生反跳性的剧烈升高；与间羟胺合用，降低其升压作用；应用本品后，再应用甲氧明或去甲肾上腺素将阻滞后者的升压作用，可能出现严重的低血压。

⑥ 剂型　盐酸妥拉唑林注射液：100mg/mL，100mL/瓶。

8.2.1.6　其他

兽医临床上使用的具有镇静、安定作用的药物，还有水合醛类（主要是水合氯醛）、巴比妥类、无机盐类（溴化物、硫酸镁）、丁螺环酮和非尔氨酯。

（1）水合氯醛（chloral hydrate）　水合氯醛，又名水合三氯乙醛、2,2,2-三氯-1,1-乙二醇，是一种镇静催眠药，同时也有抗惊厥的作用。

① 药理作用　具有镇静、催眠或麻醉的作用，依剂量不同而异。内服给药到起效之间有一个延迟期，催眠和镇静剂量主要是抑制上行网状激活系统，对生命中枢系统无明显影响。起效快，通常在 30min 之内，就可以诱导患者入睡，催眠机理主要是引起近似生理性的睡眠，因此没有明显的后遗效应。较大剂量使用有抗惊厥的作用，可用于高热、破伤风，或者癫痫引起的惊厥。更大的剂量可能会引起昏迷或麻醉，甚至有抑制延髓呼吸和运动中枢的作用。如果是中毒剂量，有可能会导致死亡。

② 药代动力学/药效学　内服吸收良好，犬在 15～30min 达到血药浓度峰值。广泛分布于全身组织，容易通过血脑屏障和胎盘屏障。静脉注射给药后，水合氯醛在血浆中迅速消失，取而代之的是三氯乙醇。水合氯醛的大部分作用是由三氯乙醇产生的，三氯乙醇能

与葡萄糖醛酸结合生成尿氯醛酸。一小部分在肝和肾内氧化成无活性的三氯乙醛。本品代谢物由尿排出。静脉注射给药在 10~15min 内产生峰作用。中剂量内服能产生 20~30min 的镇静作用。

③ 临床使用　作为镇静剂，主要用于马属动物的急性胃扩张、肠阻塞、痉挛性腹痛、子宫和直肠脱出及食道、肠道和膀胱痉挛等，使动物安静，易于驾驭，便于小手术。可用于不驯服的大动物的制动。作为抗惊厥药，可用于破伤风、脑炎以及士的宁及其他中枢兴奋药所致的惊厥。与局麻药合用，可施行外科手术，还常与硫酸镁和/或巴比妥类合用，作为畜禽的基础麻醉或维持麻醉药。水合氯醛可作为兽医用药，一般为注射液，可产生镇静、抗惊厥和麻醉的作用。内服、灌肠：一次量，马、牛 10~25g；羊、猪 2~4g；犬 0.3~1g。

④ 安全性　中剂量以下对生命中枢无明显影响，大剂量可能会引起深度睡眠，过量会因呼吸抑制而死亡。

⑤ 药物相互作用　中枢神经抑制药、中枢抑制性抗高血压药（如可乐定、硫酸镁、单胺氧化酶抑制药、三环类抗抑郁药）与本品合用时可使水合氯醛的中枢性抑制作用更明显。与抗凝血药同用时，抗凝效应减弱，应定期测定凝血酶原时间，以决定抗凝血药用量。服用水合氯醛后静注呋塞米注射液，可导致出汗、燥热、血压升高。

⑥ 剂型　Chloropent(Fort Dodge) 复方制剂：每毫升含有水合氯醛 42.5mg、硫酸镁 21.2mg、戊巴比妥 8.86mg、乙醇 14.25%、丙二醇 33.8%。

（2）溴化钠（sodium bromide）　溴化钠在体内解离出溴离子，溴离子能增强大脑皮层的抑制过程，产生镇静作用，并使兴奋与抑制过程的平衡失调恢复正常。溴化钠的抗癫痫作用是其对神经元兴奋和活性产生抑制作用的结果。

① 药理作用　溴离子对大脑皮层的感觉区和运动区均有抑制作用。因此，在产生镇静作用的同时，又有一定的抗惊厥作用。本品与咖啡因配伍使用能恢复兴奋和抑制之间的平衡，协调内脏功能，在一定程度上可缓解胃肠痉挛，减轻腹痛症状。

② 药代动力学/药效学　溴化钠毒性较小，经口给予溴化钠可被机体尤其是小肠很好吸收，经直肠给药溴化钠也可被犬很好吸收（生物利用度可达 60%）；吸收后溴化钠被分布到细胞外液中，与氯化物的分配体积相似；溴化钠很容易进入脑脊髓液，但不与血浆蛋白结合，溴化钠还可进入到母犬乳液中；主要通过肾脏排泄。半衰期犬为 25d，猫为 10d。溴化钠缓解中枢神经兴奋性症状，呈现镇静作用，可用于动物抗惊厥和治疗破伤风等兴奋性疾病。

③ 临床使用　临床上主要用于缓解脑炎引起的兴奋症状，解救猪、禽食盐中毒（宜用溴化钙）。长途运输马匹时，可用本品做镇静药。目前已较少应用。片剂，内服一次量，马 10~50g；牛 15~60g；羊 5~15g；猪 5~10g；犬 0.5~2g；家禽 0.1~0.5g。

④ 安全性　对局部组织和胃肠黏膜有刺激性，静注不可漏出血管外；内服浓度不要太高，应稀释成 1%~3% 的水溶液；排泄缓慢，长期应用可引起蓄积中毒，连续用药不宜超过一周。中毒可内服或静注氯化钠。苯巴比妥与本药同服可能会引起胰腺炎。

⑤ 药物相互作用　将安钠咖与溴化钠合用制成安溴注射液，可发挥咖啡因和溴离子对大脑皮层兴奋与抑制过程的双向调节作用，用于动物癫痫与马疝痛的治疗。与雌激素同用，可增加对钙的吸收。与噻嗪类利尿药同用，增加肾脏对钙的重吸收，可致高钙血症。增加食物中食盐量或给予氢氯噻嗪能促溴化物排泄。

⑥ 剂型　安溴注射液：50mL、100mL，含安钠咖 2.5%、溴化钠 10%。

8.2.2 镇痛药

镇痛药是指能选择性地抑制中枢神经系统的痛觉中枢或其受体，以减轻或缓解疼痛，但对其他感觉无影响并保持意识清醒的药物。临床上根据药物作用的性质不同，将镇痛药分为两类：麻醉性镇痛药（如吗啡）和非麻醉性镇痛药（主要指解热镇痛药）。麻醉性镇痛药主要指阿片类镇痛药，是一类可产生强力镇痛作用并诱导睡眠或麻醉作用的药物，法律上主要是指滥用的各种毒品，如吗啡、海洛因等。阿片类镇痛药是兽医临床重要的药物之一，虽然其具有成瘾性和中枢依赖性可能造成人类潜在滥用而被严格管制，但其在治疗动物某些疾病方面仍具有重要的作用。

8.2.2.1 阿片类药物

阿片类镇痛药是指具有吗啡样强力镇痛作用的药物，包括天然的和人工合成的作用于阿片受体的激动剂或拮抗剂。本类药物能够使大多数动物产生镇静、强大镇痛和欣快作用，但其具有成瘾性和中枢依赖性，正常剂量不使意识消失，阿片类受体拮抗剂能够阻断其作用，主要用于动物的化学保定、镇静、镇痛、止咳、止泻和增强运动能力（禁用于赛马）。阿片受体是 G 蛋白偶联受体超家族成员，分为 μ、κ、σ、δ 4 个亚型。本类药物主要与分布在大脑、脊髓和其他组织的阿片受体发生相互作用而产生药理作用。与阿片受体结合后能够激活 G-偶联蛋白及与受体相关的 K^+ 通路，抑制 Ca^{2+} 通路。其中 μ、κ、δ 受体主要分布在脊髓背角的突触前膜上，通过降低 Ca^{2+} 流入而减少兴奋性神经递质的释放。μ 受体还分布在背根神经节的突触后膜上，增加 K^+ 通道的传导，促使神经元发生超极化现象，减少疼痛信号的转导。此外，本类药物也能抑制 P 物质释放和阻断下行通路中 γ-氨基丁酸受体介导的抑制效应而激活疼痛抑制性通路，从而产生镇痛作用。

兽医临床上常用的药物包含阿片类受体激动剂，如吗啡、哌替啶等；部分阿片受体激动剂和激动-拮抗剂，如丁丙诺啡等；阿片拮抗剂，如纳洛酮、纳曲酮等。

（1）吗啡（morphine） 1806 年德国化学家泽尔蒂纳首次将其从鸦片中分离出来，并使用希腊梦神 Morpheus 的名字将其命名为吗啡。其衍生物盐酸吗啡是临床上常用的麻醉剂，有极强的镇痛作用，而且它的镇痛作用有较好的选择性，多用于创伤、手术、烧伤等引起的剧痛，也用于心肌梗死引起的心绞痛，还可作为镇痛、镇咳和止泻剂。

① 药理作用 吗啡的药理作用与激活阿片受体有关。吗啡能抑制大脑皮质痛觉区，有强镇痛作用。对呼吸中枢和咳嗽中枢有抑制作用，对胆道、输尿管、支气管等平滑肌都呈现兴奋作用，增加其张力。它们作用于中枢神经系统，引起强烈的镇痛、欣快、镇静、内分泌失调、瞳孔缩小、镇咳或呼吸抑制。此外，还会引起周围神经系统的肌肉痉挛和组胺释放。吗啡作为阿片受体激动剂会抑制胃排空，增加幽门肌张力，延迟肠道转运，从而导致便秘，因此便秘是吗啡等阿片类药物最严重的副作用之一。

② 药代动力学/药效学 既可内服给药，又可注射给药，但内服给药会产生很强的首过消除效应，吗啡在多数动物体内与血浆蛋白的结合率约为 30%。脂溶性较低，对血脑屏障的通过性很低，但也能产生高效的镇痛作用。主要通过肝脏代谢，60%～70% 在肝内与葡萄糖醛酸结合，10% 脱甲基成去甲基吗啡，20% 为游离型，主要经肾脏排出，少量经胆汁和乳汁排出。在犬中，吗啡扩散进入中枢神经系统的速度较慢，按 0.25～1mg/kg 剂

量静脉注射、肌内注射或皮下注射后，镇痛可持续 1~4h，其药效持续时间与给药剂量成正比。以 2mg/kg 肌内注射时，猫能较好耐受，仅产生瞳孔扩大、镇静、起搏、攻击力增强、呕吐等副作用，但不出现明显的中枢神经兴奋和"吗啡躁狂症"。以 0.1~0.25mg/kg 剂量单独静脉注射，马不产生兴奋症状且能减少麻醉药的用量、产生轻微的血液动力和血液毒性效应，当高剂量给予吗啡（0.66mg/kg 及以上）后，会产生血液毒性效应、烦躁不安和兴奋等副作用，所以应尽可能避免应用高剂量吗啡。用于大鼠、小鼠、豚鼠和雪貂等小型哺乳动物时，肌内注射或皮下注射时镇痛作用起效快，一般给药后 15min 能产生明显的作用，而且药效可持续达 4h，这一点与其他动物类似。

③ 临床使用　用于犬麻醉前给药，可减少全麻药药量的 1/3~1/2。作镇痛药，用于创伤、烧伤等止痛，在比赛马匹中被禁止使用。

④ 安全性　服用过量会出现呼吸抑制、嗜睡、骨骼肌松弛、皮肤寒冷和湿冷、瞳孔缩小和瞳孔散大，可发展为肺水肿、心动过缓、低血压、心脏骤停和死亡。

⑤ 药物相互作用　临床研究表明，吗啡与氯吡格雷、普拉格雷、替格瑞洛等药物合用内服会降低其血药浓度峰值，延迟达峰时间，降低药效，这可能与吗啡抑制胃肠道蠕动和消化液分泌有关。静脉注射吗啡可以降低内服对乙酰氨基酚的血药浓度，延长达峰时间，并在吗啡停药后引起血药浓度和药时曲线下面积值突然升高。吗啡对静脉注射扑热息痛的药物代谢动力学并无影响。内服氟西汀后不会影响人体内吗啡的血药浓度，但可以减弱吗啡引起的恶心、情绪低落和嗜睡症状。此外，当吗啡与乙醇、其他阿片类药物或导致中枢神经系统抑郁的非法药物联合使用时，可能会产生相加效应。

⑥ 剂型　无。

（2）氢吗啡酮（hydromorphone）　氢吗啡酮又名二氢吗啡酮或双氢吗啡酮，是吗啡的半合成衍生物。1921 年在德国初次合成，1926 年开始应用于临床。氢吗啡酮作为吗啡的替代品已被广泛地用于治疗急性和慢性疼痛。

① 药理作用　氢吗啡酮适用于中度至重度急性疼痛和重度慢性疼痛的治疗。由于氢吗啡酮的潜在成瘾性和过量的风险，只有在其他一线治疗失败的情况下才会批准氢吗啡酮处方。

② 药代动力学/药效学　与吗啡相比，氢吗啡酮具有较高的脂溶性和较大的作用强度，其作用强度约是吗啡的 7 倍以上，作用持续时间与吗啡相似。氢吗啡酮脂溶性较高，静脉注射后产生药效的时间和达到药效最高峰的时间均较吗啡快。在犬体内的药代动力学特点与吗啡相似，均具有消除半衰期短、表观分布容积大和体清除率高（甚至超过肝血流量）等特点，用药剂量不同所致的药代动力学特点差异不明显。但氢吗啡酮按 0.1mg/kg bw 和 0.5mg/kg bw 给药时，两用药剂量的药代动力学参数差异显著，其中高剂量组的体清除率明显变慢，消除半衰期明显延长。氢吗啡酮在猫体内的药代动力学已有报道，其特点（体清除率快和消除半衰期短）与吗啡相似。主要是肝代谢，以通过葡萄糖醛酸化反应生成氢吗啡酮-3-葡萄糖醛酸酯为代表，这一主要代谢途径是通过 UDP-葡萄糖醛酸转移酶-2B7 完成的。第一次肝脏代谢占比非常大，占初始给药剂量的 62%。

氢吗啡酮作用于 μ-阿片受体，内在活性较高。当给予与吗啡作用强度相等的剂量时，氢吗啡酮对各种疼痛的镇痛效果均与吗啡相似。当犬给予相同作用强度的氢吗啡酮（0.22mg/kg）和羟吗啡酮（0.11mg/kg）时，两者产生的镇痛效应也相同。与吗啡相比，氢吗啡酮导致呕吐的程度较轻，但发生呕吐和恶心的概率较高。当给予与吗啡作用强度相等的剂量时，氢吗啡酮仅引起较少的组胺释放。氢吗啡酮能引起猫的恶心（流涎和舔唇）和诱导呕吐。

③ 临床使用　常用作犬和猫的麻醉前给药或与麻醉药联合使用。

④ 安全性　氢吗啡酮过量会出现呼吸抑制、嗜睡、骨骼肌松弛、皮肤冰冷和湿冷、瞳孔收缩、肌病、瞳孔散大、心动过缓、低血压、呼吸暂停、循环衰竭、心脏骤停，甚至死亡，可能需要辅助通气、支持措施以及心脏按压和除颤。氢吗啡酮会导致猫明显的眼腺炎和体温升高，在猫身上也观察到张开嘴呼吸的现象。

⑤ 药物相互作用　乙酰丙嗪与氢吗啡酮联合使用时，可能会增加低血压和中枢神经系统抑制的风险或严重程度。与乙酰磺胺异噁唑合用可降低氢吗啡酮的代谢。氯噻嗪可能会增加氢吗啡酮的排泄率，从而导致血清水平降低并可能降低疗效。

⑥ 剂型　无。

（3）羟吗啡酮（oxymorphone）　羟吗啡酮是一种阿片类药物，是吗啡样激动剂，于 1959 年获得美国食品药品监督管理局（FDA）的批准，它可以有效缓解各种疼痛状况且耐受性良好。羟吗啡酮是半合成的、高度特异性的 μ-阿片受体激动剂。尽管羟吗啡酮能很好地从肠道吸收，但由于广泛的首过消除，其内服生物利用度仅为 10%，内服吗啡与内服羟吗啡酮的转化率为 3∶1。

① 药理作用　对阿片受体具有相对选择性，但在较高剂量下可与其他阿片受体结合。羟吗啡酮的主要治疗作用是镇痛。像所有的阿片类药物一样，镇痛作用没有上限效应，镇痛作用的确切机制尚不清楚，然而在大脑各部位和脊髓中已经鉴定出具有阿片样活性的内源性化合物的特定中枢神经系统阿片受体，并认为其在该药物的镇痛作用中发挥作用。作用与吗啡相同，但无镇咳作用。肌内注射的等效镇痛效力为吗啡的 10 倍。内服效果差，为肌内注射的 1/10～1/6。栓剂的效果为肌内注射的 1/10。

② 药代动力学/药效学　羟吗啡酮的绝对口服生物利用度约为 10%，与血浆蛋白结合不广泛，结合率为 10%～12%。主要在肝脏高度代谢，并与葡萄糖醛酸还原或结合形成活性和非活性产物。羟吗啡酮代谢广泛，<1% 的给药剂量以不变的方式在尿液中排出，两个主要代谢产物是羟吗啡酮-3-葡萄糖醛酸和 6-OH-羟吗啡酮，6-OH-羟吗啡酮在动物中具有镇痛作用。羟吗啡酮的药代动力学在 5～40mg 剂量之间呈线性且与剂量成比例。用于止痛时，肌内注射或皮下注射，每次 1～1.5mg，作用持续 4～6h 可重复；栓剂每次 5mg。此外，羟吗啡酮通过直接作用于脑干呼吸中枢而产生呼吸抑制；产生外周血管扩张，可导致体位性低血压或晕厥；引起胃窦和十二指肠平滑肌张力增加，从而导致运动能力降低。

③ 临床使用　临床可用作犬、猫的麻醉或止痛剂，猪的镇静剂，也可用于兔、雪貂和马。

④ 安全性　通过胎盘或乳汁抑制胎儿呼吸，同时能对抗催产素对子宫的兴奋作用而延长产程，故禁用于分娩止痛。由于抑制呼吸及抑制咳嗽反射以及释放组胺而致支气管收缩，故禁用于支气管哮喘及肺源性心脏病患者。长期服用有成瘾性。

⑤ 药物相互作用　与吗啡相同，和以下药物合用，可增强其镇痛效果或减轻副作用：可乐定（可明显延长镇痛持续时间）、维生素 K（可增强镇痛效果）、西咪替丁（能抑制羟吗啡酮的肝代谢和肝摄取，而使其血药浓度增高、作用增强）、氨茶碱（小剂量氨茶碱与羟吗啡酮合用，可减轻或解除羟吗啡酮所致的呼吸抑制）。阿片类药物与苯二氮䓬类药物或其他中枢神经系统抑制剂（包括乙醇）同时使用可能导致深度镇静、呼吸抑制、昏迷和

死亡。

⑥ 剂型　无。

（4）氢可酮（hydrocodone）　氢可酮是一种阿片类药物激动剂，是可待因的合成阿片类衍生物，用作镇痛剂和镇咳剂，通常与对乙酰氨基酚联合使用以控制中度至重度疼痛。

① 药理作用　氢可酮主要用于缓解刺激性咳嗽，该药常与对乙酰氨基酚合用来缓解中、重度疼痛。氢可酮是一种半合成的麻醉性镇痛镇咳药，具有与可待因相似的多种作用，其中大部分涉及中枢神经系统和平滑肌。氢可酮和其他阿片类药物的确切作用机制尚不清楚，可能与中枢神经系统中阿片受体有关。除镇痛外，麻醉剂还可能引起嗜睡、情绪变化和精神阴霾。

② 药代动力学/药效学　内服后吸收迅速，1～2h血药浓度即可达峰，血浆 $t_{1/2}$ 消除时间为 3.5～4h。通过葡萄糖醛酸化代谢为氢可酮-3β-葡糖苷酸和氢可酮-6β-葡糖苷酸。氢可酮的极性低于可待因，因此具有更快速的药代动力学特性。氢可酮抑制脊髓和大脑中的疼痛信号，在大脑中的作用也会产生欣快感、呼吸抑制和镇静作用。

③ 临床使用　氢可酮常在剧烈疼痛的情况下被广泛用作镇痛剂，用于治疗急性疼痛，与对乙酰氨基酚或布洛芬联合使用，以及与减充血剂、抗组胺药和祛痰药联合用于普通感冒和过敏性鼻炎的对症治疗。

④ 安全性　持续用药机体将对氢可酮产生耐受性，最常见的不良反应是头晕、镇静、恶心和呕吐，不良反应的发生和剂量相关。

⑤ 药物相互作用　与乙酰唑胺合用可能会增加氢可酮的中枢神经系统抑制剂活性。当阿托品与氢可酮合用时，可能会增加不良反应的风险或严重程度。

⑥ 剂型　无。

（5）可待因（codeine）　可待因是一种阿片类镇痛剂，一种天然鸦片碱类镇痛药。最初于 1950 年在美国获批上市，是一种通过增加疼痛阈值而不损害意识或改变其他感觉功能来减轻疼痛的药物。

① 药理作用　可待因是一种止痛药和止咳药，类似于吗啡和氢可酮。摄入少量可待因在体内代谢生成吗啡。可待因增加对疼痛的耐受性，减少机体的不适。除了减轻疼痛外，可待因还会引起镇静、嗜睡和呼吸抑制。

② 药代动力学/药效学　从血管内迅速分布到各种身体组织，优先被肝、脾、肾等实质性器官摄取。可待因可穿过血脑屏障，在胎儿组织和母乳中可检出。大约 90% 的可待因（原药和代谢物）由肾脏排泄，其中大约 10% 是原型。70%～80% 的可待因在肝脏中通过与葡萄糖醛酸结合生成可待因-6-葡萄糖苷酸以及通过 O-去甲基化为吗啡（5%～10%）和 N-去甲基化为去甲可待因而在肝脏中代谢（约 10%）。经胃肠道给药，60min达峰，可待因及其代谢物的血浆半衰期约为 3h。每 4h 服用 15mg 硫酸可待因，持续 5d，可在 48h 内使可待因及其代谢物（吗啡、吗啡-3-葡萄糖苷酸和吗啡-6-葡萄糖苷酸）浓度达到稳态。在治疗剂量下，镇痛作用在 2h 内达到峰值，持续 4～6h。

③ 临床使用　镇咳，用于剧烈的频繁干咳，如痰液较多宜并用祛痰药。镇痛，用于中等程度的疼痛。内服，一次量，马、牛 0.2～2g；猪、羊 0.1～0.5g；犬 15～60mg；皮下注射一次量同内服量。

④ 安全性　绝大部分的可待因由肾脏排泄，所以肾功能损害可能会降低可待因的排泄率。可待因中毒的毒性包括阿片类三联征：瞳孔定位、呼吸抑制和意识丧失，可能发生

抽搐。

⑤ 药物相互作用　与抗胆碱药合用时，可加重便秘或尿潴留的副作用。与吗啡类药合用时，可加重中枢性呼吸抑制作用。与肌肉松弛药合用时，呼吸抑制更为显著。

⑥ 剂型　无。

（6）羟考酮（oxycodone）　羟考酮是一种从生物碱蒂巴因中提取的半合成阿片类激动剂处方药，具有广泛的应用范围，包括术后镇痛以及控制神经性疼痛和癌性疼痛，20世纪初在德国引入临床应用。适合于中度疼痛，存在耐受性和依赖性，与阿片类药物类别下的其他药物非常相似。

① 药理作用　羟考酮是一种对 μ-阿片受体具有相对选择性的全阿片受体激动剂，主要治疗作用是镇痛。像所有的阿片类药物一样，羟考酮镇痛没有上限效应。镇痛作用的确切机制尚不清楚。然而，在整个大脑和脊髓中已经鉴定出具有阿片样活性的内源性化合物的特定中枢神经系统阿片受体，并认为其在该药物的镇痛作用中发挥作用。羟考酮通过有机阳离子转运体转运到中枢神经系统，较高剂量下可与中枢、外周和自主神经系统中的 κ-阿片受体结合。通过激动中枢神经系统内的阿片受体而起镇痛作用，也可通过直接作用于延髓的咳嗽中枢而起镇咳作用。羟考酮在高剂量下可能通过呼吸抑制引起血氧水平下降，而在中等及以下剂量下可能通过脑血管扩张和增加脑血流量导致氧含量增加。羟考酮还能显著降低心率，具有抗焦虑和镇静作用。

② 药代动力学/药效学　本药在肝脏广泛代谢，代谢产物为有活性的去甲羟考酮和羟吗啡酮，在代谢后变得更加有效，药物及其代谢物在消除前也可发生葡萄糖醛酸化反应。速释制剂在体内持续时间为 3～6h，控释制剂持续时间为 12h。血浆半衰期为 3～5h，24～36h 内达到稳定的血浆水平。内服生物利用度高。

③ 临床使用　在临床上可用于多种疼痛的止痛，如关节痛、背痛、牙痛、手术后疼痛等。

④ 安全性　羟考酮可保护心肌细胞免受缺血再灌注诱导的细胞凋亡。有成瘾性，雌性小鼠比雄性小鼠更倾向于滥用羟考酮来自我治疗厌恶状态。阿片受体拮抗剂，如纳洛酮，是阿片类药物过量引起的呼吸抑制的特异性解毒剂。对于因过量服用羟考酮而引起的呼吸或循环抑制，给予阿片类药物拮抗剂。

⑤ 药物相互作用　与细胞色素抑制剂和诱导剂的相互作用，CYP2D6 抑制剂可显著影响羟考酮的药物动力学和药效动力学。镇静精神药物和羟考酮之间的药物相互作用可能会加剧羟考酮诱导的呼吸抑制。

⑥ 剂型　无。

（7）阿扑吗啡（apomorphine）　阿扑吗啡是一种用于人类和动物吗啡衍生物，非麻醉性，可作为有效的多巴胺激动剂。在兽医临床，阿扑吗啡用于诱导犬的呕吐。

① 药理作用　阿扑吗啡是一种多巴胺激动剂，对多巴胺 D_4 受体具有较高的体外结合亲和力，对多巴胺 D_2、D_3 和 D_5 以及肾上腺素 $\alpha_1 D$、$\alpha_2 B$、$\alpha_2 C$ 受体具有中等亲和力。阿扑吗啡是一种高效的抗氧化剂和自由基清除剂，具有神经保护作用已在体外和体内得到证实。阿扑吗啡给药增加了纹状体多巴胺，并减少了多巴胺代谢物。阿扑吗啡治疗帕金森病的确切作用机制尚不清楚，初步被认为是通过刺激大脑尾状核内的突触后多巴胺 D_2 型受体。阿扑吗啡能在动物模型和细胞培养中刺激 Aβ 分解代谢，从而降低 Aβ 寡聚和神经细胞死亡的速度。阿扑吗啡治疗后，3xTg-AD 小鼠的记忆功能得到改善。

② 药代动力学/药效学　阿扑吗啡是一种高清除率药物，主要由肝脏排泄和代谢。阿

扑吗啡起效非常快，且作用持续时间短。单次给药后，阿扑吗啡作用的持续时间取决于剂量和给药方式，消除半衰期为30~90min。在肝脏代谢，其代谢产物为无活性的葡萄糖醛酸结合物和无活性的硫酸盐，主要以代谢物形式随尿排泄。阿扑吗啡的药效学作用在阿扑吗啡血浆浓度降至峰值无效阈值以下后持续长达30min。药物吸收、分布体积、血浆清除率和半衰期在静脉输注、静脉注射或皮下注射相似。种属之间吸收差异较大，个体间的吸收差异较低。

③ 临床使用　在兽医临床，阿扑吗啡用于诱导动物的呕吐，用于抢救误食毒物的动物。

④ 安全性　不建议内服给药，因为阿扑吗啡具有显著的首过肝代谢和较差的生物利用度，大剂量的阿扑吗啡经常诱发不良反应，如恶心、体位性低血压和肾前性氮质血症，这是由于肝细胞产生的肾毒性代谢物的积累以及药物作用持续时间短。

⑤ 药物相互作用　当阿扑吗啡与氯丙嗪、乙酰唑胺、阿利马嗪联合使用时，不良反应的风险或严重程度可能会增加。阿扑吗啡可能增加阿托品的中枢神经系统抑制剂活性。阿扑吗啡的代谢在与倍他米松联合使用时可以增加。由于阿扑吗啡是一种多巴胺激动剂，因此同时使用多巴胺拮抗剂，如抗精神病药（吩噻嗪类、丁基苯酚类等），可能会降低阿扑吗啡的有效性。

⑥ 剂型　盐酸阿扑吗啡注射液：2.5mg/mL。

（8）美沙酮（methadone）　在1965年才开始将美沙酮作为治疗阿片成瘾的一种重要药物用于临床。在过去，美沙酮唯一用途就是治疗阿片成瘾症，而现在认为美沙酮也可作为镇痛药。

① 药理作用　美沙酮是 μ-阿片激动剂，是一种合成的阿片类止痛药，具有与吗啡相似的多种作用，其中最突出的作用涉及中枢神经系统和由平滑肌组成的器官。美沙酮是一个50:50的消旋混合物，仅左旋体具有阿片类的药理活性，但两种同分异构体（左旋美沙酮和右旋美沙酮）均能与 N-甲基-D-天冬氨酸（NMDA）受体结合。其药理作用与吗啡相似，镇痛效能和持续时间与吗啡相当，也可产生镇咳、镇静、呼吸抑制等作用。

② 药代动力学/药效学　美沙酮广泛用于治疗阿片类药物依赖。内服后15~45min可在血液中检测到美沙酮，血浆峰值浓度时间为2.5~4h。平均生物利用度约为75%（范围36%~100%），血浆蛋白结合率为85%~90%；主要在肝脏代谢，由肾脏及胆汁排泄，反复给药有组织蓄积作用。美沙酮的血浆浓度以双指数方式降低，消除半衰期的平均值约为22h。CYP3A4和CYP2D6可能是参与美沙酮代谢的主要亚型。在维持治疗中给予有效剂量美沙酮非常重要：至少60mg/d，但通常为80~100mg/d。最近的研究还表明，部分患者因为清除率高可能需要大于100mg/d的美沙酮剂量。

③ 安全性　美沙酮会抑制心脏钾通道并延长 QT 间期，从而影响心脏的传导功能。美沙酮可能引起严重、危及生命或致命的呼吸抑制。与其他阿片类药物一样，反复给予美沙酮可能会产生耐受性和生理依赖性，并且有可能发展成心理依赖。身体依赖和耐受反映了阿片受体对长期暴露于阿片类药物的神经适应，并且与滥用和成瘾是不同的。长期治疗的患者如果不再需要药物控制，应逐渐减量药物治疗。突然停止治疗或给予阿片类拮抗剂后，可能会出现不良反应，包括身体疼痛、腹泻、食欲不振、恶心、紧张或不安、焦虑、流鼻涕、打喷嚏、震颤或颤抖、胃痉挛、心动过速、睡眠困难、出汗异常增加、心悸等。

④ 药物相互作用　巴比妥类药物可加强本品的作用，合用时应减量。甲芬那酸、噻

洛芬酸、醋氯芬酸会降低美沙酮的排泄率，导致更高的血药水平。氨苯蝶啶、托拉塞米、阿米洛利会增加美沙酮的排泄率，导致血药水平降低，并可能降低疗效。

⑤ 剂型　无。

（9）哌替啶（pethidine）　哌替啶又名杜冷丁（dolantin），是临床常用的人工合成镇痛药，其结构虽与吗啡不同，但它仍具有与吗啡相同的基本结构，即哌啶环中的叔氮、与叔氮相隔两个碳原子的季碳和与季碳相连的苯环。

① 药理作用　镇痛和镇静作用与吗啡相似，亦为阿片受体激动剂。镇痛作用相当于吗啡的 1/10～1/8，持续时间 2～4h。对胆道和支气管平滑肌张力的增强作用较弱，能使胆总管括约肌痉挛，对呼吸有抑制作用，镇静和镇咳作用较弱。

② 药代动力学/药效学　哌替啶肌内注射后约 10min 可出现镇痛作用，一般药效可持续 2～4h。由于首过代谢，肝功能正常患者的哌替啶内服生物利用度为 50%～60%。肝损伤（例如肝硬化）患者的生物利用度提高到 80%～90%。与肠胃外给药相比，哌替啶在内服给药时的效果不到一半。马经静脉注射给药后，哌替啶能迅速在体内进行再分布，其镇痛作用仅持续大约 1h。哌替啶的消除半衰期为 1h，反复多次给药后能造成药物在体内蓄积及药效延长，并增大改变胃肠道运动能力的危险性。与同等剂量的吗啡相比，平滑肌痉挛、便秘和咳嗽反射抑制等反应较少。作用速度比吗啡稍快，作用的持续时间略短。哌替啶的化学结构类似于局部麻醉剂，被推荐用于缓解中度至重度急性疼痛。

③ 安全性　哌替啶的作用强度弱于吗啡，引起便秘和恶心的概率较吗啡低。去甲哌替啶是哌替啶的代谢产物，具有中枢兴奋效应，反复用药后在体内易蓄积并能导致惊厥等。

④ 药物相互作用　去甲哌替啶易导致机体 5-羟色胺综合征，哌替啶原型药同样能作用于 5-羟色胺受体，如果其与单胺氧化酶抑制剂（司立吉林）、三环抗忧郁药物、血清素重吸收抑制剂或曲马多联用，可导致 5-羟色胺综合征的发生。

⑤ 剂型　无。

（10）芬太尼（fentanyl）　芬太尼是一种有效的阿片类激动剂，具有强效和快速镇痛的作用。芬太尼通常用于治疗慢性癌症疼痛或麻醉，与其他阿片类药物如吗啡和羟考酮有关。

① 药理作用　芬太尼是强效麻醉性镇痛药，主要在大脑中枢神经系统与 μ-阿片受体结合产生镇痛作用，通过与神经元细胞上的阿片受体结合，调节突触前和突触后感觉神经元，改变信号转导和离子传导来减少疼痛的传递，且能使人处于没有疼痛和焦虑的清醒镇静状态。除了能产生镇痛、镇静作用外，芬太尼通过直接作用于脑干呼吸中枢而产生呼吸抑制。呼吸抑制包括脑干对二氧化碳增加和电刺激的反应性降低。芬太尼引起胃窦和十二指肠平滑肌张力增加，从而导致运动能力降低。芬太尼产生外周血管扩张，可能导致体位性低血压或晕厥。芬太尼还可用于麻醉前给药，作为麻醉辅助药，可与全身麻醉药或局部麻醉药合用，减少应激反应。

② 药代动力学/药效学　芬太尼静脉注射后几乎立即起效，平均维持时间为 30～60min。肌内注射后约 7min 起效，维持 1～2h。芬太尼与血浆蛋白结合率 80%～85%，其总血浆清除率为 0.5L/(h·kg)[0.3～0.7L/(h·kg)]。静脉给药后，手术患者表现出 27～75L/h 的清除率，肝功能受损的患者表现出 3～80L/h 的清除率，肾功能受损患者的清除率为 30～78L/h。芬太尼的脂溶性极高，大约是吗啡的 1000 倍。与其他阿片类药物

相比，芬太尼扩散进入中枢神经系统的速度很快，给药后能迅速产生疗效。当犬静脉注射芬太尼或吗啡后，前者经 2.5～10min 可在脑脊髓液中达到药峰浓度，而吗啡需 15～30min。

③ 安全性　当给予健康动物常规治疗剂量时，芬太尼与其他阿片类药物相似，仅产生轻微的心血管系统效应，但是却引起剂量依赖性的呼吸抑制。芬太尼的安全范围大，对能自主呼吸的犬给予 300 倍推荐剂量的芬太尼也不会导致动物死亡，即使正在进行手术的犬经皮给予大剂量芬太尼，也不会导致犬术后呼吸抑制。

④ 药物相互作用　中枢神经系统镇静剂（如麻醉剂、吩噻嗪、巴比妥酸盐等）与芬太尼同时使用会增强中枢抑制和呼吸抑制作用。芬太尼与醋氯芬酸联合使用时，高血压的风险或严重程度可能会增加。当芬太尼与去氨加压素联合使用时，低钠血症的风险或严重程度可能会增加。还可与麻醉药合用，作为麻醉辅助用药，与氟哌利多配伍制成"安定镇痛剂"，用于大面积换药及进行小手术的镇痛。此外，混合激动剂/拮抗剂和部分激动剂阿片类镇痛药应避免与芬太尼一起使用，因为它们可能会降低芬太尼的镇痛效果或导致戒断症状。

⑤ 剂型　无。

（11）舒芬太尼（sufentanil）　舒芬太尼是一种阿片类镇痛剂，于 1974 年合成，其化学和药理学作用于 1976 年首次报道，在麻醉中用作辅助药物。通过静脉、硬膜外和舌下途径给药。舒芬太尼对阿片受体的亲和力比芬太尼强 7～8 倍，其镇痛效应是吗啡的 1000 倍，是芬太尼的 5～10 倍，较芬太尼能够提供更为长久（1～2 倍）的镇痛作用，而且起效快，主要与局麻药联合应用于硬膜外持续镇痛，或与丙泊酚等联合用于无痛诊疗及静脉麻醉。

① 药理作用　作用类似于芬太尼，为强效麻醉性镇痛药。镇痛作用强度为芬太尼的 5～10 倍。当剂量达到 8μg/kg，可产生深度麻醉。主要作用于阿片受体。与芬太尼相比，本品起效较快，麻醉和换气抑制恢复亦较快。

② 药代动力学/药效学　注射后起效快，但持效时间短，观测血液和血清中舒芬太尼的浓度，其分布半衰期分别为 2.3～4.5min 和 35～73min。平均清除半衰期为 784min。舒芬太尼亲脂性约为芬太尼的 2 倍，更易通过血脑屏障，血浆蛋白结合率约为 90%，在肝内经受广泛的生物转化，形成 N-去烃基和 O-去甲基的代谢物，经肾脏排出，代谢产物去甲舒芬太尼仍有舒芬太尼 10% 的活性，与芬太尼相当，这也是舒芬太尼作用持续时间长的原因之一。

③ 临床使用　常用于全麻诱导和气管插管、术中维持和术后镇痛。

④ 安全性　舒芬太尼具有与一般阿片类药物相似的不良反应，包括全身肌肉强直、痉挛、呼吸抑制；术后恶心呕吐；长时间持续静脉使用可导致心动过缓和低血压；椎管内应用时常会引起恶心、皮肤瘙痒、头晕和寒战，偶有尿潴留发生。

⑤ 药物相互作用　肌肉松弛药可防止舒芬太尼所致的肌僵，但应选择适当的肌肉松弛药与舒芬太尼配伍，如琥珀胆碱可使心率减慢，不宜与舒芬太尼联合应用。将维库溴铵、阿曲库铵、哌库溴铵等与舒芬太尼联合应用则对血流动力学无明显影响。舒芬太尼联合七氟醚用于全麻诱导，减轻单纯吸入七氟醚所致的并发症，还可显著抑制气管插管应激反应所致的心血管及脑电兴奋作用。用于全麻诱导气管插管较安全，并为临床麻醉诱导提供了新的选择。此外，研究发现舒芬太尼和布比卡因或罗哌卡因混合，与布比卡因具有协

同作用，而拮抗罗哌卡因的活性。

⑥ 剂型　无。

（12）埃托啡（etorphine）　埃托啡是一种麻醉性镇痛剂，在兽医实践中用作镇静剂。

① 药理作用　埃托啡具有镇静和解痉的中枢作用。对呼吸的抑制作用相对比吗啡轻，在规定的镇痛剂量下很少发生呼吸抑制，当超剂量使用时可明显抑制呼吸。若由静脉给药，剂量大于 0.4μg/kg 时，抑制呼吸效果明显，需进行呼吸处置。长期应用同样有耐受性产生，也有依赖现象。

② 药代动力学/药效学　静脉注射后 0.5h 即可达到血药峰浓度，平均血药浓度稳步下降。肌内注射后，可在 20min 内起效，动物随后很容易进行保定，通常可以维持药效 30~60min。

③ 临床使用　常用作犬、猫和马的麻醉前给药或与麻醉药联合使用，但不推荐用于种畜，且在比赛马匹中被禁止使用。

埃托啡通过肌内注射产生化学保定、镇静和麻醉作用，剂量马科动物为 0.44mg/45kg，熊科动物为 0.5mg/45kg，鹿科动物为 0.98mg/45kg，牛科动物为 0.09mg/4kg。对于多数有蹄类观赏性动物，用药剂量为 1~2mg，如一匹斑马需要的剂量约为 1.5mg，而一头犀牛的剂量为 1~1.5mg。

④ 安全性　由于埃托啡极高的作用强度，为避免发生意外，在使用埃托啡时应同时备好拮抗药物纳洛酮等。埃托啡为脂溶性药物，能通过皮肤接触和经皮被吸收且在体内可能会达到致死量。家养动物在静脉注射或肌内注射该药前，应进行适当的保定，以免发生意外。用于逆转埃托啡作用时，一般选用纳洛酮。埃托啡诱导的呼吸中枢也会导致 μ-阿片受体激活使换气不足。如果能及时给予活性炭，则小到中度摄入埃托啡后无需洗胃。

⑤ 药物相互作用　由于镇静和抗焦虑作用，埃托啡和阿扎哌隆之间的协同作用可以减少诱导时间并提高保定质量。对于某些动物，在应用埃托啡时可与激动剂赛拉嗪联用，也可在埃托啡或其与赛拉嗪联用混合液中加入透明质酸酶，以增加药物的吸收速率。

⑥ 剂型　制动龙（保定灵）注射液：每毫升含盐酸埃托啡 2.45mg、马来酸乙酰丙嗪 10mg。

8.2.2.2　阿片受体激动剂和激动拮抗剂

（1）丁丙诺啡（buprenorphine）　丁丙诺啡于 20 世纪 70 年代开发，被认为具有中等程度的止痛作用，几乎没有不良反应。

① 药理作用　丁丙诺啡是一种长效镇痛药，作用于中枢神经系统的阿片受体，通过与各种阿片受体亚类，特别是 μ 亚类的高亲和力结合发挥其镇痛作用，且解离速度慢，这种独特性质可以解释其药效持续时间长的原因。不仅可以用于镇痛，还可以用于阿片类药物成瘾的维持治疗。

② 药代动力学/药效学　皮下注射后，迅速吸收，血浆浓度和药代动力学参数在不同猫之间存在很大的差异。药物作用（如瞳孔散大）可在注射后几分钟内发生。镇痛作用出现在注射后约 1h，作用时间为 24~28h。药代动力学和药效学联合研究表明，血浆浓度与镇痛作用的开始和消减存在明显的时间延迟，这是由于生物相中药物浓度之间的缓慢平衡以及药物与受体的缓慢结合和解离。丁丙诺啡的 C_{max} 和 AUC 均随剂量的增加呈线性增加（在 4~16mg 范围内），但增加并不呈剂量相关。马在静脉注射丁丙诺啡后的分布体积

较大，其消除半衰期为 3.5h。肌内注射时的消除半衰期为 (4.02±1.04)h。猫在静脉注射丁丙诺啡后的消除半衰期为 6.63h，平均停留时间 8.51h，$V_d=10.5mL/(kg \cdot min)$。猫的消除半衰期与人类相似，比犬的消除半衰期长。由于猫缺乏尿苷二磷酸葡萄糖醛酸转移酶，因此可能不存在结合代谢物。肌内注射后 5min 左右起效，舌下含服 15~45min 起效。丁丙诺啡在肝脏代谢，主要通过粪便排泄。经 N-脱烷基氧化代谢，通过 CYP3A4 生成去甲丁丙诺啡（活性代谢物）。丁丙诺啡和去甲丁丙诺啡随后在肠壁和肝脏中形成非活性葡萄糖醛酸结合物，其代谢物通过胆汁排泄到胃肠道。

③ 临床使用　常用于犬、猫、马等的术后镇痛。用于兽医临床通常作为术后镇痛药，常用剂型有 0.3mg/mL、1.8mg/mL 的注射剂，多用于猫、犬，其用量在 0.01~0.02mg/kg。

④ 安全性　丁丙诺啡禁用于已知对丁丙诺啡过敏，或已知对阿片类药物不耐受的猫。丁丙诺啡具有上限效应，不易引起呼吸抑制，服用丁丙诺啡时常见的不良反应有口腔感觉减退、舌痛、口腔黏膜红斑、头痛、恶心、呕吐、多汗、便秘、戒断症状与体征、失眠、疼痛和水肿等。丁丙诺啡的依赖性可能低于其他更早的吗啡类药物，然而在大剂量给药 1~2 月后，仍会出现一种缓慢的戒断综合征。

⑤ 药物相互作用　低剂量的丁丙诺啡与吗啡联合使用，可以延缓吗啡耐受的出现并延长吗啡的镇痛时间。丁丙诺啡以 10μg/kg 剂量与乙酰丙嗪联合使用可对兽医麻醉和镇痛产生作用。丁丙诺啡（10μg/kg）与右美托咪定（20μg/kg）联用，可达到高剂量（20μg/kg）丁丙诺啡单独使用的效果。

⑥ 剂型　丁丙诺啡注射液：0.3mg/mL。

（2）布托啡诺（butorphanol）　布托啡诺是一种不易成瘾的阿片类镇痛药物，兽医临床上常被用作镇痛药和麻醉辅助药物。

① 药理作用　布托啡诺是 μ-阿片受体和 κ-阿片受体的部分激动剂，单独使用有镇痛作用并出现轻微瘙痒。其主要通过激动 κ-阿片受体导致相关的药理学变化。在动物实验中，布托啡诺的药效分别是吗啡和喷他佐辛的 4~30 倍。布托啡诺对犬和豚鼠的镇咳作用是可待因或右美沙芬的 15~20 倍。

② 药代动力学/药效学　给马静脉注射后，血液中的布托啡诺在 3~4h 内基本消除。该药物在肝脏中广泛代谢，并在尿液中排泄。在小马中，肌内注射剂量为 0.22mg/kg 的布托啡诺可减轻实验诱导的内脏疼痛约 4h。在马体内，静脉注射剂量为 0.05~0.4mg/kg 的布托啡诺可有效缓解内脏和浅表疼痛至少 4h。对马进行静脉、肌内注射剂量为 0.08mg/kg 的布托啡诺，其静脉注射的半衰期远长于肌内注射且肌内注射的全身生物利用度较低（37%）；对鸡静脉注射 2mg/kg 的酒石酸布托啡诺，终末半衰期为 69.3~71.3min；清除率 67.6~74.6mL/(min·kg)；表观分布体积 5.6~6.9L/kg；对猫静脉注射浓度为 0.4mg/kg 的酒石酸布托啡诺后，其终末半衰期为 6.5h，最大血药浓度出现在 0.35h。

③ 临床使用　在兽医临床治疗中，作为麻醉辅助药和镇痛药使用。TORBUGESIC®（酒石酸布托啡诺注射液）用于缓解成年马和一岁马驹的绞痛。马的临床研究表明，TORBUGESIC® 可缓解与扭转、嵌塞、肠套叠、痉挛和鼓膜绞痛以及产后疼痛相关的腹痛。布托啡诺在兽医治疗中常用于猫、犬和马，常用剂型有注射液和片剂。较多用于猫，静脉注射剂量为 0.1~0.8mg/kg。

④ 安全性　对正常 27d 仔猪肌内注射 0.2mg/kg 布托啡诺，会使其出现焦躁不安、

吼叫和撞击墙壁等行为。而给非镇痛需要的羊使用相同或者超过上述剂量的布托啡诺，也会出现相同的反应，同样的状况也曾出现在马的身上。

⑤ 药物相互作用　布托啡诺与地托咪定联用，可延长地托咪定的终末半衰期，一定程度上延长药效。布托啡诺与右美托咪定联用可以增强治疗效果，产生协同抗损伤作用，可能有助于急性损伤性疼痛的临床治疗。

⑥ 剂型　酒石酸布托啡诺注射液：0.5mg/mL（主要活性成分），10mL 瓶装，FDA 批准应用于犬。

酒石酸布托啡诺注射液：2mg/mL（主要活性成分），10mL 瓶装，FDA 批准应用于猫。

酒石酸布托啡诺注射液：10mg/mL（主要活性成分），10mL 瓶装、50mL 瓶装，FDA 批准应用于非食用马。

酒石酸布托啡诺片：每片 1mg、5mg 和 10mg（主要活性成分）；每瓶 100 片，FDA 批准应用于犬。

（3）喷他佐辛（pentazocine）　喷他佐辛又名镇痛新，在 20 世纪中期由英国斯德林温斯洛伯集团研制成功上市。用于各种手术麻醉的镇痛，是第一个临床应用的阿片受体激动/拮抗型镇痛剂，具有类似吗啡、哌替啶等阿片样药物的镇痛作用。

① 药理作用　喷他佐辛为苯并吗啡烷类衍生物，其哌啶环中 N 上甲基被异戊烯基取代，是阿片受体的混合激动剂/拮抗剂，主要激动 κ、σ 受体；但又可拮抗 μ 受体。喷他佐辛主要激动阿片 κ 受体，较大剂量时可激动 σ 受体，对 μ 受体具有部分激动或较弱的拮抗作用，其镇痛强度为吗啡的 $1/4 \sim 1/2$，喷他佐辛的使用剂量达 $30 \sim 70$mg 时其镇痛作用和呼吸抑制作用达"封顶"效应。喷他佐辛通过直接作用于脑干呼吸中心产生呼吸抑制；会导致胃窦和十二指肠平滑肌张力增加，从而导致运动能力降低；产生外周血管舒张，可能导致体位性低血压或晕厥。此外，阿片类药物的作用似乎具有适度的免疫抑制作用。

② 药代动力学/药效学　喷他佐辛为阿片受体的部分激动剂，其镇痛强度为哌替啶的 3 倍，镇痛作用的开始通常发生在内服给药后 $15 \sim 30$min 之间，并且作用持续时间通常为 3h 或更长时间。皮下注射 30ng/支相当于吗啡 10mg。肌内注射 15min 后血浆浓度达高峰，静脉注射后 $2 \sim 3$min 达血浆浓度高峰，半衰期约为 2h。大剂量可引起血压上升，心率加快。内服及注射均易吸收，血浆中的浓度与镇痛的发作、持续时间和强度密切相关。由于首过代谢的影响，生物利用度低，仅 20% 药物可以进入体循环，主要在肝脏中代谢，主要通过尿液排泄。末端甲基和葡糖苷酸缀合物的氧化产物由肾脏排泄。在 24h 内消除约 60% 的总剂量。适用于各种慢性剧痛，如癌性疼痛、创伤性疼痛、手术后疼痛，也可用于手术前或麻醉前给药，作为外科手术麻醉的辅助用药。

③ 临床使用　该药物用于治疗马的疝痛，用于犬轻度至中度疼痛的短期管理，也可作为麻醉前给药。由于喷他佐辛具有较高的首过效应，内服给药后的血药浓度较低，因此犬很少内服给药。

④ 安全性　胃肠外给药产生快速强烈的镇痛作用，中枢抑制作用较弱，特别是在呼吸抑制和恶心呕吐方面都比其它阿片样药物弱，药物依赖性也比其它阿片样药物小。没有低血压反应、不影响情绪。喷他佐辛除了起到镇痛作用，还可以避免术中某些操作引发的不良反应。

喷他佐辛的药物配伍禁忌与吗啡相似，应注意合用以下药物时监测呼吸和血压等指标，包括吩噻嗪类中枢抑制药、三环类抗抑郁药、降血压药、硫酸镁等，以及同为肝药酶CYP1A4作用底物的药物。

⑤ 药物相互作用　喷他佐辛与左旋布比卡因联合使用可用于硬膜外术后的镇痛；先缓慢静注0.5mg/kg喷他佐辛稀释液2mL，2min后静注丙泊酚1～1.5mg/kg，喷他佐辛复合丙泊酚应用于无痛结肠镜检查术是一种安全有效的方法，麻醉效果比单一应用丙泊酚效果更好，同时可以减少丙泊酚用量、缩短患者恢复时间、可减少术后不良反应的发生。

⑥ 剂型　无。

8.2.2.3　阿片拮抗剂

（1）纳洛酮（naloxone）　纳洛酮又称丙烯吗啡酮，为羟吗啡酮的衍生物。于1960年合成，1963年开始用于临床。作为纯阿片受体拮抗剂，常被用于拮抗阿片类药物所引起的不良反应，如呼吸抑制、恶心、呕吐或阿片类药物中毒等。Holoday和Faden于1978年首次报道纳洛酮对内毒素性休克的作用。

① 药理作用　纳洛酮通过对内啡肽的拮抗而发挥兴奋中枢神经、兴奋呼吸和抑制中枢迷走神经作用，能使血中去甲肾上腺素和肾上腺素水平升高，使血压上升。阿片受体可与不同的内源性阿片样物质结合，其中效力最强的是β-内啡肽，它对痛觉、食欲、垂体激素分泌、心血管功能、睡眠、呼吸及温度等均有调节作用。由于阻断内源性阿片肽的作用，纳洛酮可刺激黄体生成素（LH）从垂体的释放及促性腺激素从下丘脑的释放，并可提高雄性动物的性功能。

② 药代动力学/药效学　纳洛酮内服后虽可被吸收，但由于首过代谢，其所发挥的作用仅静脉注射给药的1/100。静脉注射纳洛酮后2min即可起效，维持作用很短（30～60min）。皮下、肌内注射、舌下或气管内给药，比静脉注射起效稍迟。半衰期约为1h。其表观分布容积为2.77L/kg。在肝内代谢失活。

静脉和气管内给药1～2min生效，肌内注射5～10min见效，内服效果差。

③ 临床使用　在兽医临床主要用于逆转阿片类药物的麻醉作用。常用作犬、猫的麻醉前给药或与麻醉药联合使用，静脉注射或肌内注射，马0.01～0.02mg/kg，犬、猫0.02～0.04mg/kg。

动物推荐气管给药剂量（犬、猫）为0.015～0.04mg/kg。

④ 安全性　应用大量纳洛酮拮抗大剂量麻醉镇痛药后，由于痛觉恢复，可产生过度兴奋。表现为血压升高、心率增快和心律失常，甚至肺水肿和心室颤动。个别患者出现口干、恶心呕吐、厌食、困倦或烦躁不安、血压升高和心率加快，大多数可不用处理而自行恢复。

⑤ 药物相互作用　外消旋纳洛酮，特别是（＋）纳洛酮可增强肾上腺素等儿茶酚胺类药物的肌收缩力作用。（＋）纳洛酮与肾上腺素受体激动剂联合用药具有协同作用，可使肾上腺素受体激动剂在达到同样疗效时药量减小至1/3～1/2。（＋）纳洛酮与外消旋纳洛酮相比，用量减少至1/10～1/5。由于（＋）纳洛酮不属于阿片受体阻滞剂，不会减弱麻醉止痛剂的作用，适合与局麻药联合用药。丁丙诺啡与小剂量纳洛酮联合用药，可增强丁丙诺啡的药效，显著减小用药剂量。

⑥ 剂型　无。

（2）纳曲酮（naltrexone）　纳曲酮是羟吗啡酮的衍生物，是美国杜邦公司1963年合成1984年上市的一种非选择性阿片受体拮抗剂，已被 FDA 批准用于酒精中毒或阿片类药物使用障碍的药物辅助治疗。低剂量纳曲酮有抑制肿瘤以及免疫调节的作用。与纳洛酮相比，纳曲酮具有长效、强效和内服有效的优点。在完全阻断吗啡、海洛因致身体依赖时，纳曲酮与吗啡、海洛因之间的剂量关系为纳曲酮：吗啡：海洛因＝1.0：7.5：4.4，对动物吗啡精神依赖的产生和消退有一定影响。

① 药理作用　纳曲酮作为阿片受体拮抗剂，能显著减弱或完全可逆性地阻断静脉注射阿片类药物的作用。纳曲酮通过在阿片受体上的竞争性结合（即类似于酶的竞争性抑制）来阻断阿片类药物的作用。当与吗啡长期共同给药时，纳曲酮会阻止对吗啡、海洛因和其他阿片类药物的依赖。纳曲酮和纳洛酮都是阿片类拮抗剂，分别用于慢性或急性滥用状态，纳曲酮和纳洛酮在相关临床效应的药效学方面作用最相似，能明显减弱或完全阻断阿片受体，甚至反转由静脉注射阿片类药物所产生的作用。

② 药代动力学/药效学　内服给药后，纳曲酮快速且几乎完全吸收，约96％的剂量从胃肠道吸收。尽管内服吸收良好，但纳曲酮有显著的首过代谢，内服生物利用度为5％～40％。纳曲酮的活性被认为是来源于母体和 6-β-纳曲酮代谢物。纳曲酮和 6-β-纳曲酮的血药峰值水平均在给药后 1h 内出现。母体药物和代谢物均主要由肾脏排泄（剂量的53％～79％），然而，未代谢的纳曲酮的尿排泄占内服剂量的不到2％，粪便排泄是次要的消除途径。纳曲酮和 6-β-纳曲酮的平均消除半衰期分别为 4h 和 13h。纳曲酮和 6-β-纳曲酮在50～200mg 范围内与 AUC 和 C_{max} 成剂量比例。纳曲酮的全身清除率（静脉内给药后）约为 3.5L/min，超过肝脏血流量（约 1.2L/min）。肌内注射后，半衰期为 5～10d，主要通过尿液排泄。在犬，静脉和内服给药纳曲酮，在犬血浆中的主要代谢物葡萄糖苷酸，从血浆中的消除半衰期分别为 3.4h 和 12.6h。

③ 临床使用　纳曲酮主要用于治疗犬和猫的自残和追尾症，马的咬槽等怪癖。

④ 安全性　每日 300mg 给药可引起动物的肝细胞损伤，高剂量的纳曲酮（超过 1000mg/kg）可使动物唾液分泌、活动减少、抑郁、震颤和抽搐。

⑤ 药物相互作用　纳曲酮不仅可以阻断阿片类激动剂（如吗啡、可待因等）的作用，也可以逆转阿片类激动剂/拮抗剂（如喷他佐辛等）作用。动物服用盐酸纳曲酮和硫利达嗪后出现嗜睡。此外，纳曲酮能减弱氯胺酮的抗抑郁作用。同时使用盐酸纳曲酮和双硫仑的安全性和有效性尚不清楚，除非可能的益处超过已知的风险，否则通常不建议同时使用两种潜在的肝毒性药物。

⑥ 剂型　无。

（3）纳美芬（nalmefene）　纳美芬是一种特异性吗啡受体阻断剂，是一种阿片类药物系统调节剂，纳美芬于 1995 年在美国被批准作为阿片类药物过量的解毒剂。纳美芬注射剂适用于完全或部分逆转阿片类药物作用，包括由天然或合成阿片类药物诱导的呼吸抑制。纳美芬可用于术后阿片类药物过量逆转。

① 药理作用　盐酸纳美芬注射液可预防或逆转阿片类药物的作用，包括呼吸抑制、镇静和低血压。药效学研究表明，在完全逆转剂量下，盐酸纳美芬注射液的作用持续时间比纳洛酮更长。盐酸纳美芬注射液无阿片类激动剂活性。盐酸纳美芬注射液可在阿片类药物依赖的个体中产生急性戒断症状。

② 药代动力学/药效学　盐酸纳美芬与传统的阿片受体拮抗剂相比具有起效快、半衰期长的特点，肌内和皮下给药途径的相对生物利用度分别为 101.5％ 和 99.7％。内服后终

末半衰期约为12.5h。纳美芬主要通过与葡萄糖醛酸结合被肝脏代谢，并在尿液中排泄。纳美芬也被代谢为痕量的N-脱烷基代谢物。纳美芬葡糖苷酸无活性，N-脱烷基代谢物的药理活性最低。纳美芬低于5%从尿液中排泄，17%通过粪便排泄。纳美芬的全身清除率为$(0.8\pm0.2)L/(h\cdot kg)$，肾脏清除率为$(0.08\pm0.04)L/(h\cdot kg)$。纳美芬的作用持续时间比纳洛酮长，纳美芬静注2min即可产生受体拮抗作用，5min之内可阻断80%的大脑阿片受体。在静脉注射1mg剂量后5～15min内可能达到治疗性血药浓度。

③ 临床使用 临床上纳美芬除了具有阿片受体拮抗剂的传统用途如抗休克、治疗酒精中毒、吗啡类药物中毒的治疗、麻醉催醒外，还可用于心力衰竭、脊髓损伤、减肥、胃肠功能紊乱等。同时，由于同体内内源性物质竞争与阿片受体的作用，纳美芬能刺激LH及促性腺激素的释放，因此还可能应用于治疗性功能障碍及一些功能紊乱。

④ 安全性 纳美芬治疗与血清酶升高或特异性急性肝损伤无关。与所有阿片类药物拮抗剂一样，身体依赖阿片类药物的患者使用阿片类药物可能会导致突然的戒断反应，从而产生需要医疗护理的症状。

⑤ 药物相互作用 在使用苯二氮䓬类、吸入性麻醉剂、肌肉松弛剂和肌肉松弛拮抗剂后使用纳美芬会引起感觉缺失。乙酰水杨酸、阿莫西林可能会降低纳美芬的排泄率，从而导致更高的血清水平。乙酰唑胺可能会增加纳美芬的排泄率，导致血药水平降低，并降低疗效。同时服用氟马西尼和纳美芬导致啮齿动物的癫痫发作率比预期的要小。

⑥ 剂型 无。

（4）爱维莫潘（alvimopan） 爱维莫潘是一种外周作用的μ-阿片受体拮抗剂，由Adolor公司及GSK合作开发，用于治疗术后肠梗阻及阿片类药物诱导的肠功能障碍。爱维莫潘可以加速肠蠕动并缩短术后肠梗阻的持续时间，与非选择性阿片类拮抗剂（如纳洛酮）逆转便秘不同，爱维莫潘不能穿过血脑屏障，因此不能抑制阿片类药物通过中枢介导的镇痛作用。

① 药理作用 爱维莫潘对吗啡诱导的小鼠胃肠功能障碍具有长效抑制作用，对外周受体作用效果是中枢受体的200倍，说明其主要对外周μ-阿片受体具有拮抗作用。内服给药后，爱维莫潘通过与胃肠道μ-阿片受体竞争性结合来拮抗阿片类药物对胃肠动力和分泌的外周作用。

② 药代动力学/药效学 爱维莫潘经内服给药，生物利用度低于7%。内服爱维莫潘后，体循环中存在酰胺水解化合物，该化合物被认为是肠道菌群代谢的唯一产物，也是一种μ-阿片受体拮抗剂。爱维莫潘主要通过非CYP酶途径代谢，胆汁分泌是消除的主要途径，由胆汁排泄产生的未吸收的药物和未改变的爱维莫潘被肠道微生物群水解成其"代谢物"。粪便和尿液中的"代谢物"被消除为"代谢物"的葡萄糖醛酸结合物和其他次要代谢物。多次内服爱维莫潘后，爱维莫潘的平均终末半衰期为10～17h。"代谢物"的终末半衰期为10～18h。爱维莫潘的绝对生物利用度范围为1%～19%，吸收迅速，达峰时间(t_{max})为单次内服后2h。每日两次12mg给药，持续5d，血浆浓度峰值（C_{max}）为10.98ng/mL。

③ 临床使用 爱维莫潘用于腹部手术，以减轻接受小肠切除术的术后肠梗阻。

④ 安全性 爱维莫潘在治疗中出现的不良反应主要为恶心、呕吐，长期使用存在心肌梗死的潜在风险，仅供短期使用。严重肝损害患者发生严重不良反应（包括与剂量相关的严重不良反应）的风险可能更高，因为与肝功能正常的患者相比，此类患者中观察到的爱维莫潘血浆浓度高达10倍。完全性胃肠梗阻患者不建议使用爱维莫潘。

⑤ 药物相互作用　爱维莫潘与CYP酶的诱导剂或抑制剂同时给药不改变爱维莫潘的代谢，因为爱维莫潘主要通过非CYP酶途径代谢。当爱维莫潘与阿芬太尼、丁丙诺啡联合使用时，不良反应的风险或严重程度会增加。静脉注射吗啡与爱维莫潘合用时，无需调整剂量。爱维莫潘的药代动力学不受同时服用抗酸剂或抗生素的影响，服用抗酸剂或抗生素的患者不需要调整剂量。

⑥ 剂型　无。

（5）**甲基纳曲酮**（methylnaltrexone）　甲基纳曲酮是纳曲酮的第4代N-甲基衍生物，与纳曲酮非选择性阿片受体拮抗剂不同的是四甲基的高度离子化增加了分子的极性，使脂溶性降低，因此限制其透过血脑屏障的能力。

① 药理作用　甲基纳曲酮是一种在μ-阿片受体处阻断阿片样物质结合的阿片受体拮抗剂，作为一种季胺，甲基纳曲酮透过血脑屏障的能力受到限制，使甲基纳曲酮在胃肠道等组织中作为外周作用的μ-阿片受体拮抗剂发挥作用，从而降低阿片类药物的便秘作用，而不影响阿片类物质介导的对中枢神经系统的镇痛作用。

② 药代动力学/药效学　甲基纳曲酮被迅速吸收，内服后大约1.5h时甲基纳曲酮的血药达峰值浓度。甲基纳曲酮与血浆蛋白的结合率为11%～15%，60%的剂量被代谢。转化为甲基-6-纳曲酮异构体（占总含量的5%）和甲基硫酸纳曲酮（占总产量的1%）是代谢的主要途径。甲基纳曲酮主要以原型药物从尿液和粪便中排出，其肾脏清除率大约是肌酸酐清除率的4～5倍。

③ 临床使用　由于甲基纳曲酮的结构特性，在犬的内服生物利用度低，不透过血脑屏障，能选择性作用于阿片外周受体的拮抗药，能在不影响阿片中枢效应的同时阻断阿片性肠功能失调的发生。

④ 安全性　对阿片有依赖性的实验犬静注50mg/kg的甲基纳曲酮不产生戒断反应，而比其低100倍浓度的纳洛酮也能诱发戒断反应。因此，甲基纳曲酮更安全。对于已知或疑似胃肠道梗阻的患者以及由于胃肠道穿孔存在复发梗阻风险的患者，禁用甲基纳曲酮。

⑤ 药物相互作用　乙酰唑胺可能会增加甲基纳曲酮的排泄速率，这可能导致血药水平降低，并可能降低疗效。乙酰水杨酸可能会降低甲基纳曲酮的排泄速率，从而导致更高的血药水平。避免与其他阿片受体拮抗剂同时使用甲基纳曲酮，因为阿片受体拮抗作用可能产生累加效应，并增加阿片类药物戒断的风险。

⑥ 剂型　无。

（6）**曲马多**（tramadol）　曲马多是一种中枢作用的合成阿片类镇痛药和5-羟色胺/去甲肾上腺素再摄取抑制剂，在结构上与可待因和吗啡相似。曲马多用于治疗轻度至中度疼痛，过量可导致急性肝功能衰竭。

① 药理作用　曲马多是一种中枢作用的合成阿片类镇痛药。尽管其作用机制尚不完全清楚，但从动物实验来看，至少有两种机制适用：曲马多通过原型和M1代谢物与μ-阿片受体的结合，以及去甲肾上腺素和5-羟色胺再摄取的弱抑制，调节中枢神经系统内的疼痛途径。药理活性是由于母体化合物的低亲和力结合和O-去甲基代谢产物M1与μ-阿片受体的高亲和力结合。在动物模型中，M1产生镇痛作用的效力是曲马多的6倍，与μ-阿片类药物结合的效力是前者的200倍。除了镇痛外，曲马多给药可能会产生一系列类似于其他阿片类药物的症状（包括头晕、嗜睡、恶心、便秘、出汗和瘙痒）。

② 药代动力学/药效学　曲马多有多种制剂可供使用，可通过多种途径给药，包括皮下、静脉内、肌内、直肠、舌下和内服给药。内服后，曲马多吸收迅速，2h后达到血药

浓度峰值。由于其肝脏首次代谢，单次给药后其内服生物利用度为70%。多次内服给药后，曲马多的生物利用度增加至90%～100%。内服给药后，曲马多通过多种途径广泛代谢，包括CYP2D6和CYP3A4，以及通过母体和代谢产物的结合。大约30%的剂量以原型药物的形式通过尿液排出，而60%的剂量以代谢物的形式排出。主要的代谢途径是肝脏中的 N-去甲基化和 O-去甲基化、葡萄糖醛酸化或硫酸化。代谢产物 M1（O-去甲基曲马多）在动物模型中显示出药理学活性。犬内服或静脉注射曲马多后在体内代谢迅速，O-去甲基曲马多是众多代谢物中的一种，消除半衰期分别为1.7h和0.8h。内服给药时 O-去甲基曲马多的消除半衰期为2.2h，生物利用度为65%左右，吸收存在明显的个体差异。曲马多主要通过肝脏代谢被清除，代谢产物主要通过肾脏被清除。

③ 临床使用　曲马多对中轻度疼痛有效，犬对曲马多耐受性好。曲马多也可作镇咳药使用。

推荐剂量：犬2～5mg/kg，猫2～4mg/kg，鸟类5mg/kg，小型哺乳动物10～20mg/kg。

④ 安全性　在犬子宫卵巢摘除术后，2mg/kg的曲马多产生的镇痛效果相当于静脉注射0.2mg/kg的吗啡。曲马多与吗啡的作用方式类似，但产生的呼吸抑制、镇静和胃肠道不良反应较小。在干预慢性疼痛时，曲马多是有效的辅助剂，可以内服并且为非管制药。

⑤ 药物相互作用　不得与单胺氧化酶抑制剂同时使用；同时服用 CYP2D6 和/或 CYP3A4 抑制剂，如奎尼丁、氟西汀、帕罗西汀和阿米替林（CYP2D6 抑制剂），以及酮康唑和红霉素（CYP3A4 抑制物），可能会降低曲马多的代谢清除率，增加严重不良事件（如癫痫发作）的风险，镇痛效应会明显减弱。曲马多和5-羟色胺激动剂合用时可能会导致5-羟色胺综合征的发生，所以临床应避免合用。由于卡马西平会增加曲马多的代谢，并且增加癫痫发作的风险，因此不建议同时服用曲马多和卡马西平。

⑥ 剂型　无。

8.2.3　全身麻醉药

全身麻醉药指一类能广泛可逆地抑制中枢神经系统功能，导致动物的意识丧失，感觉及反射消失，肌张力全部或部分丧失，但仍保持延髓生命中枢功能，便于进行外科手术的药物。

根据药物的理化性质和用药方式的不同，将全麻药分为以下两种。

吸入性麻醉药，多为挥发性强的液体药物，主要通过呼吸道吸收进入体内产生麻醉作用。优缺点：易于调节和控制麻醉深度和持续时间，但需专人监视，且动物在进入麻醉过程中易产生强烈兴奋的现象。

非吸入性麻醉药，多为性质较稳定、不具挥发性的药物，主要通过静注、肌注、内服或直肠给药进行麻醉。其中静注给药时的优缺点如下：药物直接注入血管内能立即产生麻醉，操作简便，用量准确，兴奋期短，在兽医临床应用最普遍，但不易掌握麻醉深度和持续时间。非吸入性麻醉药包括巴比妥类、异丙酚、氯胺酮和阿法沙龙等药物。

8.2.3.1　吸入性麻醉药

吸入性麻醉药是一类在室温和常压下以液体或气态形式存在，容易挥发成气体的麻醉药物。除氧化亚氮外，目前其他的吸入麻醉药都是有机化合物，分为脂肪烃类和醚类。本类药物能够使中枢神经系统整体被抑制，出现意识消失、镇痛等作用，这可能与阻断离子转运而阻断神经信号转导有关。此外，本类药物都能产生适度的肌肉松弛作用和脑血管扩张作用。

本类药物在兽医临床上常用的药物包含异氟烷、乙醚等。此外，还有恩氟烷、七氟烷、地氟烷和甲氧氟烷等药物。

（1）**异氟烷**（isoflurane）　异氟烷于1965年首次被合成，1982年广泛应用于医学临床，是目前应用最多的动物气体麻醉剂，主要用于犬、猫、马和鸟的麻醉。异氟烷是一种无色、不易燃、无爆炸性、有刺激性和挥发性的液体。麻醉作用与氟烷类似，存在一定程度的心功能和呼吸抑制，偶有心律不齐，对心功能和呼吸的抑制作用要弱于氟烷，安全性也高于氟烷。

① **药理作用**　异氟烷是一种全身吸入性麻醉剂，用于全身麻醉的诱导和维持。异氟烷有较强的呼吸抑制作用，麻醉时必须密切监测马和犬的呼吸，必要时给予支持。随着麻醉剂量的增加，潮气量和呼吸频率都会下降。血压随着麻醉的诱导而降低，但随着手术刺激而恢复正常。异氟烷通过改变组织兴奋性来诱导肌肉松弛并降低疼痛敏感性，常用的肌肉松弛剂都含有异氟烷，其效果最明显的是非去极化型。在异氟烷存在的情况下，新斯的明可逆转非极化肌肉松弛剂的作用，但不能逆转异氟烷的直接神经肌肉抑制作用。此外，它通过降低间隙连接介导的细胞/细胞耦合的程度并改变作为动作电位形成的离子通道发挥药效学作用。

② **药代动力学/药效学**　异氟烷在体中的生物转化很少。麻醉苏醒时95%异氟烷从呼吸道排出。在麻醉之后，只有0.2%在体内代谢，0.17%的吸入异氟烷可以以代谢物形式从尿中排泄，主要代谢产物是三氟乙酸。异氟烷的诱导和苏醒迅速。异氟烷有轻微的刺激性，虽然可能不会刺激唾液或支气管过度分泌，但限制了其诱导麻醉的速度。吸入1.5%～3.0%的异氟烷，在7～10min内即可达到外科麻醉深度。

③ **临床使用**　异氟烷是目前使用广泛的动物气体麻醉剂，主要用于犬、猫、马和鸟的麻醉，用于诱导和维持手术麻醉。马：在巴比妥类麻醉诱导后，吸入浓度为3.0%～5.0%的异氟烷和氧气，用于诱导马的手术麻醉，马的手术麻醉可通过氧气中含1.5%～1.8%浓度的异氟烷维持。犬：在巴比妥类麻醉诱导后，吸入浓度为2.0%～2.5%的异氟烷和氧气，用于诱导犬的手术麻醉，犬的手术麻醉水平可通过氧气中含1.5%～1.8%浓度的异氟烷维持。

④ **安全性**　异氟烷吸入麻醉诱导时间短、血流动力学稳定，创伤小，动物依从性高，安全有效，可提高大动物体外循环下心脏手术操作质量。动物研究表明，异氟烷对脑血管扩张作用比氟烷小，可维持脑血管自动调节功能。因此，异氟烷在神经外科中的应用多于氟烷。已知对异氟烷或其他卤化剂敏感的马和犬禁用异氟烷。与其他一些吸入麻醉剂一样，异氟烷可以与干燥的二氧化碳吸收剂反应产生一氧化碳，这可能导致某些患者的一氧化碳血红蛋白水平升高。

⑤ **药物相互作用**　阿法沙龙与异氟烷联用，麻醉深度良好并且苏醒迅速，能提高整体麻醉质量。当与阿巴西普联合使用时，异氟烷的代谢增加。异氟烷可能降低醋丁洛尔的抗高血压活性。当异氟烷与乙酰基吩噻嗪联合使用时，不良反应的风险或严重程度可能会增加。

⑥ **剂型**　异氟烷吸入麻醉剂：99.9%/mL，100mL和250mL。

（2）乙醚（anaesthetic ether）　乙醚是最早被应用于临床的全身麻醉剂。由于副作用及疗效较差等缺点，它在医学上的应用逐渐减少。然而，它在兽医临床仍然常用，如在心内穿刺抽血、灌胃和小手术中作为一种快速简单的麻醉方法使用。

① 药理作用　乙醚麻醉效能高，在血中溶解度高，血内分压上升缓慢，不易进入脑组织，故麻醉诱导期长。其对中枢神经系统产生不规则的下行性抑制，首先抑制大脑皮层和脑干网状结构，其次是脊髓下部，然后扩展至皮层下中枢和脊髓上部，延脑生命中枢最后受抑制，故较安全。麻醉分期分级典型，较易识别，麻醉深度也易于调节控制。但有诱导期和苏醒期长、兴奋期明显等缺点，临床上一般采用复合麻醉的方法。

② 药代动力学/药效学　吸入的乙醚90％以上经肺排出，仅极少部分经肝微粒体酶代谢，降解为乙醇、乙醛和乙酸由尿排出，极少量以原型由皮肤排泄。停止吸入后30min内可完全清醒。给药过程中，由于脑组织血流量大、类脂质较多，首先分布到脑组织，然后分布到血流量中等的肝、肾和肌肉，最后分布到血流量最少的脂肪组织，并大量蓄积于此。停止吸入后，体内其他器官和组织内的浓度逐渐下降，贮存在脂肪和肌肉中的乙醚不断释放到血中，重新分布到脑及全身。

开放麻醉法是用脱脂棉浸湿乙醚后，小动物如大鼠、小鼠可将头部放入蘸有乙醚棉球的广口瓶内，4～6min后即处于麻醉状态。发现动物的角膜反射消失，瞳孔突然放大，应立即停止麻醉，以防止麻醉过深，引起死亡。在给药停止后1h可苏醒。

③ 临床使用　主要用于中、小动物的全身麻醉。在麻醉初期出现强烈的兴奋现象，对呼吸道有较强的刺激作用，因此，需在麻醉前给予一定量阿托品，通常在麻醉前20～30min。

④ 安全性　乙醚麻醉的诱导缓慢，常有兴奋不安的现象，苏醒期长，看护管理不当，易发生意外。

⑤ 药物相互作用　乙醚可以增强其他中枢神经药物的药效，但其诱导性缓慢，在麻醉过程中，常出现兴奋不安的症状，还会引起心肌抑制。异戊巴比妥钠与乙醚都为中枢抑制药，两药联合使用时其药理作用增强。盐酸吗啡可降低中枢神经系统兴奋性，提高疼痛阈值，可减少乙醚用量并避免乙醚麻醉过程中的兴奋期。阿托品可对抗乙醚刺激呼吸道分泌黏液的作用，避免麻醉过程中发生呼吸道堵塞或手术后发生吸入性肺炎。

⑥ 剂型　麻醉乙醚：每瓶100mL、150mL、250mL。

8.2.3.2　巴比妥类

巴比妥类是最早使用的注射麻醉药，是巴比妥酸（含吡啶核）的衍生物。巴比妥酸本身无治疗作用，但当巴比妥酸环5位上的R被烷基或芳基取代发挥抑制中枢神经系统的作用，5位上的长侧链增加抗惊厥活性，但长于8个碳原子的链会引起惊厥。长链或者不饱和碳链在体内容易被氧化，为短效麻醉药。短链稳定，为长效麻醉药。本类药物能够抑制网状结构上行激活系统，该系统能够控制觉醒和抑制癫痫样活动的发生或蔓延。本类药物具有抑制兴奋的作用，通过降低 γ-氨基丁酸与受体的解离速度来增加 γ-氨基丁酸的结合。γ-氨基丁酸激活能够增加氯离子通道的通透性，促使突触后细胞膜超极化，进而抑制突触后神经元的兴奋。此外，本类药物还可以使脊髓反射的阈值升高，产生抗惊厥作用。

本类药物在兽医临床上常用的品种包括苯巴比妥、戊巴比妥、硫喷妥钠、硫戊巴比妥等。

（1）**硫喷妥钠（thiopental sodium）** 硫喷妥钠用于诱导的超短效麻醉剂。意识丧失迅速，但松弛肌肉作用较差、镇痛作用弱。反复给药导致蓄积并延长恢复时间。由于几乎没有任何镇痛活性，因此除了简短的小手术外，硫喷妥钠很少单独使用。可用作预防癫痫发作或降低其严重程度。

① 药理作用 硫喷妥钠可诱发室性心律失常，以及心率、平均动脉压、平均肺动脉压、肺血管阻力和混合静脉氧张力增加的药理学反应。硫喷妥钠用药后，肾脏钠重吸收受到抑制，导致钠和水的排泄增强。与这种反应相关的是肾上腺素和去甲肾上腺素的血浆水平降低，抑制肾交感神经活动，从而减少钠的肾小管运输。

② 药代动力学/药效学 硫喷妥钠脂溶性高，易透过血脑屏障。静脉注射后快速进入细胞，分布到血流量大、富含类脂的脑组织中，作用迅速而强烈。静注后约 90% 迅速（1min 内）分布于血液灌流量大的脑、心、肝、肾等组织中，血中浓度急速下降。随后骨骼肌内的浓度逐渐上升，脑等组织中的浓度下降，最后蓄积于脂肪组织中，从而脑中浓度较快地降至麻醉水平以下而苏醒。在体内的稳态分布容积为 $1.4 \sim 3.3 L/kg$，血浆蛋白结合率达 $72\% \sim 86\%$，血浆中 $t_{1/2}$ 的快相和慢相分别为 $2 \sim 4min$ 和 $45 \sim 60min$。主要在肝内代谢，仅 1% 以原型从尿中排出，随后转移到骨骼肌，蓄积在脂肪中，使脑内的药物浓度降低。药物活性取决于未结合和未离子化的部分，因而其作用时间短暂。

一般静脉注射后迅速产生麻醉作用，数秒达到临床效果，无兴奋期，一次麻醉量能维持 $20 \sim 30min$。

③ 临床使用 主要用于马、牛、猫、犬等动物的诱导麻醉和基础麻醉，心肺功能不全的病畜禁用，肝肾功能不全的动物慎用。犬静脉注射 $20 \sim 25mg/kg$；兔静脉注射 $7 \sim 10mg/kg$。静脉注射以 15s 注射 2mL 左右的速度进行。

④ 安全性 硫喷妥钠使用剂量过大会引起动物的喉痉挛及气管痉挛。大量快速注射，因直接抑制心肌和左心室功能及呼吸中枢，可使血压明显下降，呼吸微弱或停止。对肝、肾功能无明显影响，大剂量时对肝功能有一过性轻微抑制。利多卡因与硫喷妥钠联合应用，可减少其用量，降低对心血管的抑制，防止室性心律失常的发生。

⑤ 药物相互作用 与单用异丙酚相比，异丙酚/硫喷妥钠麻醉可明显减轻异丙酚的注射疼痛。利多卡因或甲哌卡因联合硫喷妥钠全身麻醉，在手术过程中显著降低硫喷妥钠的总剂量，并显著延长术后镇痛时间。与吩噻嗪类药物特别是异丙嗪合用时，在血压下降的过程中中枢神经可先出现兴奋，而后进入抑制。本品与巴比妥药物间存在交叉过敏，与酸性药物配伍出现沉淀。因有明显抑制呼吸作用，与吗啡等中枢神经抑制药合用作用加强，应适当减量。与降压药合用，包括利尿剂、中枢性降压药、肾上腺素神经末梢药如利血平等、交感神经节阻滞药以及钙通道阻滞药，应适当减少本品用量并减慢注射速度，以免血压剧降、心血管虚脱或休克。与大量的氯胺酮同时并用，常出现呼吸慢而浅，两药均应减量。与静脉注射硫酸镁并用，中枢抑制加深。与吩噻嗪类药物尤其是异丙嗪并用时，在血压下降的过程中中枢神经可先出现兴奋，而后进入抑制。

⑥ 剂型 硫喷妥钠粉注射粉剂：有 0.5g 和 1g 规格。

（2）**戊巴比妥钠（pentobarbital sodium）** 戊巴比妥钠为短时作用含氧巴比妥类，是巴比妥酸的衍生物，于 20 世纪 30 年代初用于兽药领域。过去常用于临床麻醉，现在主要用于安乐死和啮齿动物的实验室麻醉。戊巴比妥除静脉注射给药外，腹腔注射同样有效。静脉注射戊巴比妥时，建议先注射 $1/3 \sim 1/2$ 的剂量快速通过麻醉二期（兴奋期），然后逐步注入剩余剂量以达到理想的麻醉深度。

① 药理作用　戊巴比妥钠主要对中枢神经系统有广泛的抑制作用，而且随着用量的不同产生不同的作用，如镇静、催眠、抗惊厥，大剂量使用会产生麻醉作用。作用机制主要是与阻断脑干网状结构上行激活系统有关。目前主要用于镇静、催眠、麻醉前给药或者是抗惊厥。

② 药代动力学/药效学　戊巴比妥钠在血液中的蛋白结合率介于60%～70%之间，消除半衰期15～48h，以原型从肾脏排出的比例仅为1%，绝大多数经肝脏代谢。短期内多次应用可增强肝微粒体药物酶的活性，产生耐受现象，故每次应用时剂量较前一次偏大。剂量由小到大，相继出现镇静、催眠和麻醉作用。腹腔注射诱导麻醉需要10～15min，可维持3～5h，静脉注射可立即起效，但维持时间比较短。

③ 临床使用　戊巴比妥钠在兽医临床特别是小动物临床广泛使用。目前主要用于犬、猫、兔、豚鼠、大鼠、小鼠等动物的麻醉。

④ 安全性　在大多数动物中的作用时间比硫喷妥钠长（4～8倍），因而较少用于麻醉。戊巴比妥作用的长效性使其应用于长期抗惊厥的临床治疗。10倍催眠剂量可抑制呼吸系统甚至致死。戊巴比妥在犬中的内服致死量是85mg/kg bw，静脉注射致死量是40～60mg/kg。烹制并不能使肉中的戊巴比妥失活，药物并未在麻醉动物中发生降解。给犬吃已用戊巴比妥安乐死8d的生马肉可导致中毒，甚至致死。

⑤ 药物相互作用　腹腔注射戊巴比妥钠之前30min肌注阿托品0.05mg/kg，可减少唾液分泌，有利于保持呼吸道通畅。腹腔注射戊巴比妥钠的同时肌内注射氯胺酮5mg/kg，以求较好的止痛，同时利用氯胺酮的升压作用来减少戊巴比妥钠的降压作用。

⑥ 剂型　戊巴比妥钠溶液：戊巴比妥钠390mg/mL和苯妥英钠50mg/mL，100mL/瓶（安乐死）。

戊巴比妥钠注射液：390mg/mL，250mL瓶装（安乐死）。

（3）**苯巴比妥钠**（phenobarbital sodium）　苯巴比妥钠于1921年首次在德国合成，在我国于1958年开始生产，是较为常见的中长效中枢抑制型巴比妥类抗惊厥药物。苯巴比妥钠作用于脑干网状结构上行激活系统使其受到抑制，并能将这种抑制过程扩散至更广的范围，主要用于镇静、催眠和抗惊厥性癫痫。

① 药理作用　苯巴比妥钠为镇静催眠药和抗惊厥药，用于治疗焦虑、失眠、癫痫及惊厥。虽然所有巴比妥类药物的麻醉剂量都具有抗惊厥作用，但苯巴比妥具有选择性抗惊厥活性，与产生的镇静程度无关。苯巴比妥可限制癫痫发作的扩散，并提高癫痫发作的阈值。用量大时，循环系统和呼吸系统也产生抑制，最后能麻痹呼吸中枢致死。此外，该药物对呼吸中枢会有轻度抑制，对其他巴比妥类药物可产生交叉过敏反应。

② 药代动力学/药效学　苯巴比妥具有最低的脂溶性，最低的血浆结合和脑蛋白结合，最长的作用持续时间。它穿过血脑屏障扩散并分布到其他组织中的速度比其他短效巴比妥类药物慢。静脉注射后，可能需要15min或更长时间才能达到最大中枢抑制。然而，随着时间的推移，苯巴比妥会分布到所有组织和液体中。苯巴比妥在动物体内的半衰期为40～70h，一般服用后2～18h血药浓度达峰值。巴比妥类药物主要由肝微粒体酶系统代谢，代谢产物在尿液中排泄，较少在粪便中排泄。服用的苯巴比妥在肝脏内大约可以代谢65%，代谢物为羟基苯巴比妥，其中大部分与硫酸盐或葡萄糖醛酸结合，最终随尿经肾排出，排出尿中有27%～55%以原型排出。尿液pH值和尿流量会影响未改变的苯巴比妥的肾循环，碱性尿液和流速增加时会消除更多的苯巴比妥。

③ 临床使用　在临床上用于镇静、催眠及手术麻醉，并主要用于控制癫痫患者癫痫

发作。用于缓解动物脑炎、破伤风、士的宁中毒等所引起的惊厥，也可用于犬、猫的镇静及癫痫治疗。

④ 安全性　健康动物长期使用苯巴比妥虽然不造成肝的损伤，但可引起丙氨酸转氨酶和碱性磷酸酶升高，过量的苯巴比妥药物可能会引起昏迷、严重的心血管疾病和呼吸的抑制、低血压以及休克继而引发肾功能衰竭、死亡。深度呼吸抑制是急性中毒的直接死亡原因。苯巴比妥钠可致严重中毒，血药浓度为 $6\sim8\text{mg}/100\text{mL}$ 可中毒致死。

⑤ 药物相互作用　苯巴比妥在药物代谢研究中是常用的微粒体细胞色素 P450 酶诱导剂，与氨基比林、利多卡因、氢化可的松、地塞米松、睾酮、雌激素、孕激素、氯丙嗪、多西环素、洋地黄毒苷等药物合用时可使后者的代谢加速，疗效降低。与其他中枢抑制药如全麻药、抗组胺药和镇静药等合用，中枢抑制作用加强。与磺胺类合用，由于发生血浆蛋白结合的置换作用，可增强苯巴比妥的药效，能使血和尿呈碱性的药物，可加快苯巴比妥从肾脏排泄。

⑥ 剂型　苯巴比妥钠注射粉剂：有 0.1g 和 0.5g 规格。

8.2.3.3　其他注射麻醉药

兽医临床上常用的其他注射麻醉药还有异丙酚、依托咪酯等。异丙酚与其他注射麻醉药结构不同，在酚环上有两个异丙基，为烷基-苯酚衍生物，不溶于水、脂溶性高。异丙酚主要通过抑制 γ-氨基丁酸受体产生催眠作用，降低 γ-氨基丁酸在受体的解离速度，增加氯离子通道的通透性，促使突触后细胞膜超极化，进而抑制突触后神经元的兴奋，导致睡眠和健忘。异丙酚适用于全身麻醉诱导、短期镇静、长期镇静、麻醉维持和癫痫的治疗，本品无镇痛作用。依托咪酯是咪唑类衍生物，其水溶性差。依托咪酯是一种 γ-氨基丁酸受体激动剂，通过增强神经递质抑制作用起到催眠和抑制神经系统的作用，能够与 γ-氨基丁酸结合，导致突触后神经元发生超极化。依托咪酯是一种非巴比妥类化合物，常用于快速静脉麻醉诱导，本品无镇痛作用。

（1）异丙酚（propofol）　异丙酚是一种静脉注射麻醉药，以恒速输注时可用于镇静、麻醉诱导和麻醉维持。自 1977 年发现其麻醉特性以来，在制剂和应用上开展了广泛的研究，因其稳定的麻醉诱导和恢复效果，在兽药领域很受欢迎。

① 药理作用　异丙酚对中枢神经系统的作用机制系通过激活 γ-氨基丁酸受体-氯离子复合物，临床用量时异丙酚增加氯离子传导，大剂量时使 γ-氨基丁酸受体脱敏感，从而抑制中枢抑制系统。通过逆转氧化应激来达到神经的保护作用。通过减少脑代谢，增强 γ-氨基丁酸受体活性、直接抗兴奋性毒性和抗氧化达到抗惊厥作用。

② 药代动力学/药效学　单次给药后，异丙酚血药浓度分布的特征是快速分布和快速消除。肝脏是代谢的主要部位，大部分代谢物通过尿液排泄。犬静脉给药 4mg/kg 后的分布半衰期 $4\sim11\text{min}$，消除半衰期 28min 左右，与血浆蛋白结合率高达 95%～99%，60%以葡萄糖醛酸结合物形式从尿中排出。异丙酚的脂溶性高，静脉注射后迅速穿过血脑屏障，在 1min 内起效。一次静脉注射维持作用时间为 $2\sim5\text{min}$，也能穿过胎盘。

③ 临床使用　异丙酚配合芬太尼、氯胺酮、维库溴铵、琥珀胆碱等用于临床的麻醉诱导和维持。还可应用于山羊、猫、家鸽、野鸭等动物。低剂量的异丙酚可用作犬的食欲促进剂。异丙酚单次注射，为犬、猫短期手术提供诱导和全身麻醉。常用剂型为白色等渗静脉注射液 10mg/mL，动物诱导麻醉推荐注射用药物剂量为：犬 6.5mg/kg，猫 8mg/kg。动物麻醉前给药推荐注射用药物剂量为：犬 4mg/kg；猫 6mg/kg。

④ 安全性　异丙酚的快速给药或意外过量可能导致神经和心肺抑制，出现呼吸停止（呼吸暂停）。在呼吸抑制的情况下，停止给药，建立通畅的气道，并开始用氧气辅助或控制通气。异丙酚对犬再灌注心肌电活动有一定的保护作用，对心率有一定的稳定作用。此外，与其他麻醉剂一样，对于心脏、呼吸、肾脏或肝脏受损的犬或猫，或低血容量或虚弱的犬和猫，应谨慎使用。异丙酚能穿过胎盘。术前用药可能会增加异丙酚注射乳剂的麻醉或镇静作用，并导致收缩压、舒张压和平均动脉压出现明显的变化，不建议在异丙酚之前使用氯胺酮作为麻醉前药物。

⑤ 药物相互作用　术前30min内给予咪达唑仑2mg，将减少17%用量的异丙酚。咪达唑仑对异丙酚的协同作用不是因为药代动力学的相互影响，而是二者在GABA受体水平上的相互作用。术前内服可乐定3g/kg组的异丙酚平均预测血浆浓度（3.2g/mL）比安慰剂组（3.6g/mL）减少。异丙酚配合芬太尼、氯胺酮、维库溴铵、琥珀胆碱等用于临床的诱导和维持。将异丙酚与氯胺酮配伍用于马驹研究其药效学、药代动力学以及进行外科手术的可行性，未见配伍禁忌。在犬中，异丙酚注射液已与乙酰丙嗪、阿托品、氟烷、异氟烷、美托咪定、羟吗啡酮和赛拉嗪联合使用，未出现药理学不相容现象。在猫中，异丙酚注射液已与乙酰丙嗪、阿托品、格隆溴铵、布托啡诺、羟吗啡酮、赛拉嗪和氟烷联合使用，也未出现药理学不相容现象。

⑥ 剂型　异丙酚注射液（乳液）：10mg/mL，20mL瓶装。

（2）依托咪酯（etomidate）　依托咪酯于1972年首次用作麻醉药。由于其能维持血流动力学稳定，可最低限度地抑制呼吸中枢，而且有较高的治疗指数，当时被认为是"理想的麻醉药"。依托咪酯也有一定的副作用，所以仍需寻找理想的麻醉药。

① 药理作用　依托咪酯是一种无镇痛活性的全身麻醉剂。静脉注射依托咪酯产生以快速起效为特征的麻醉，通常在1min内，麻醉持续时间取决于剂量。依托咪酯具有较强的疏水性，在使用时常与35%的丙二醇或0.2%的脂质乳剂一起配制成药液，早期临床研究证实静脉推注此药（0.2~0.4mg/kg）可使其维持5~10min的镇静催眠效果，为其连续输注此药[30~100μg/(kg·min)]可取得持续的全身麻醉效果。研究证实，依托咪酯的药物靶点为GABA-A受体。GABA-A受体是哺乳动物大脑中主要的抑制性神经递质受体。研究表明，依托咪酯的作用机理与苯二氮䓬类药物相似，其提高GABA-A受体活性的作用较强。

② 药代动力学/药效学　依托咪酯主要是中枢神经系统作用。催眠作用与脑内药物浓度呈线性相关，给药后迅速入睡，安静平稳，无兴奋挣扎，有遗忘现象。在静脉注射后，依托咪酯快速分布到中枢神经系统产生麻醉作用，75%与血浆蛋白结合。依托咪酯在肝脏中迅速代谢。注射后30min内迅速下降，此后下降变慢，药物消除半衰期为1.25~5h。注射后第一天，大约75%的给药剂量在尿液中排泄。主要代谢物是依托咪酯水解产物，约占尿排泄量的80%。原药及其代谢产物大部分经尿液排出体外，剩余经胆汁和粪便排出。

③ 临床使用　依托咪酯的时量相关半衰期短，多次给药或持续输注后一般7~14min苏醒，而且个体差异小，容易调控，可用于麻醉的维持。

④ 安全性　长期大剂量静脉滴注依托咪酯可抑制肾上腺皮质对促肾上腺素的应激，导致血浆皮质激素低于正常水平。

⑤ 药物相互作用　目前使用的其他中枢神经系统抑制药物（如巴比妥类、阿片类、全身麻醉药等）可增强依托咪酯的作用。

⑥ 剂型　无。

（3）愈创甘油醚（guaifenesin）　愈创甘油醚于 1949 年作为马的麻醉辅助药使用，1965 年在美国开始应用。可作为祛痰药应用，也可在兽药领域应用其镇痛和肌肉松弛作用。

① 药理作用　愈创甘油醚是中枢性骨骼肌松弛剂，选择性抑制或阻碍脊髓、脑干和脑皮质下区域的联络神经元的冲动传导，从而引起镇痛和肌松作用。研究表明，在不同动物体内愈创甘油醚与其他麻醉药如氯胺酮、硫喷妥钠和赛拉嗪联合使用时对心血管功能有影响。单用时对心血管的影响较小，与小剂量的心血管抑制药如硫喷妥钠或赛拉嗪联合使用时可产生中枢神经系统抑制和肌松作用。因此，与其他麻醉药联合使用时，可保护心血管功能。此外，还具有前驱麻醉剂的活性。

② 药代动力学/药效学　对本品的药代动力学尚未进行深入评价。给马单独注射，约 2min 后卧倒，麻醉维持约 6min。单剂量注射镇静作用可维持 15～30min。马驹的性别不同半衰期不同：在雄性中 $t_{1/2}$ 约 80min，在雌性中 $t_{1/2}$ 约 60min。

③ 临床使用　愈创甘油醚可作为马的骨骼肌松弛药，但不能用于肉用动物。愈创甘油醚的治疗指数高，当给药剂量高于马卧倒剂量的 3～4 倍时可致死。愈创甘油醚也可作为大小型动物保定时的短时麻醉辅助用药。

愈创甘油醚也可作为祛痰剂，能刺激胃黏膜反射性引起支气管黏膜腺体分泌增加，降低痰的黏性，使黏痰易于咳出。

④ 安全性　愈创甘油醚的治疗指数高，使用过量可导致呼吸抑制和肌肉强直，浓度高于 5% 时会导致牛红细胞溶血。

⑤ 药物相互作用　愈创甘油醚通常与氯胺酮和赛拉嗪（三联滴注）及巴比妥类混合，具有明显的稳定性。本品不能与毒扁豆碱合用，药物间相互作用机制尚不清楚。

⑥ 剂型　氢溴酸右美沙芬和愈创甘油酸片：含愈创甘油酸 100mg 和氢溴酸右美沙芬 10mg。

愈创甘油酸溶液：128g/L。

8.2.3.4　分离麻醉药

分离麻醉药（dissociative anesthetics）是 20 世纪 70 年代以后才发现的一种麻醉药，已应用于兽医临床，是常见的麻醉药之一，能够干扰脑内信号从无意识部分向有意识部分传递而又不抑制脑内所有中枢功能活动。本类药物属于芳环烷胺类或环己胺类，均为苯环己哌啶的衍生物。本类药物是 N-甲基-D-天冬氨酸受体（NMDA）的非竞争性阻断剂，在苯环己哌啶结合部位与 NMDA 受体结合，阻断兴奋性神经递质谷氨酸与 NMDA 受体结合，进而抑制丘脑皮层和边缘系统的活性。本类药物能够抑制 γ-氨基丁酸降解，使脑内 γ-氨基丁酸的浓度增高，通过加强突触前抑制而产生麻醉作用。此外，本类药物还能特异性与 μ-阿片受体、κ-阿片受体结合产生镇痛作用。

本类药物在兽医临床上常用的药物包含氯胺酮、替来他明等。

（1）氯胺酮（ketamine）　氯胺酮属于分离麻醉药，已广泛用于兽医临床，是常用的麻醉药之一。它是一种 NMDA 受体拮抗剂，具有强大的麻醉作用。氯胺酮麻醉时引起感觉和意识分离，意识模糊但并未完全消失。已证实，这类药物能分离丘脑皮层和边缘系统，造成意识的改变。

① 药理作用　氯胺酮是 N-甲基-天冬氨酸（NMDA）受体（一种离子型谷氨酸受体）

的非选择性非竞争性拮抗剂，是一种快速作用的全身麻醉剂，用于猫的麻醉和非人灵长类动物的约束，产生解离麻醉状态，其特征在于深度镇痛、正常的咽喉反射、正常或略微增强的骨骼肌张力、心血管和呼吸刺激，偶尔有短暂和最小的呼吸抑制。氯胺酮产生的麻醉状态被称为"解离麻醉"，因为它在产生某种感觉阻断之前选择性地中断了大脑的关联通路，可以选择性地抑制丘脑皮质系统，然后抑制网状激活和边缘系统。与其他麻醉剂相反，在氯胺酮注射麻醉下，咳嗽和吞咽等保护性反射依然存在。肌肉张力的程度取决于剂量水平，体温可能会发生变化。在低剂量水平下，肌肉张力可能会增加，同时体温会略有升高。然而，在高剂量水平下，肌肉张力会有所下降，体温会下降，因此可能需要补充热量。氯胺酮会增加血压、心率和心输出量。在猫中，通常会有一些短暂的心血管刺激，心输出量增加，平均收缩压略有增加，外周阻力几乎没有变化。较高剂量时，呼吸频率通常会降低。

② 药代动力学/药效学　猫直肠给药可以起到缓慢平稳的麻醉诱导作用，生物利用度约为 43%。除此之外，猫经静脉注射 25mg/kg 后，分布半衰期为 2.7min、清除半衰期为 78.7min、蛋白结合率为 53%。而犬经静脉注射 15mg/kg 后，分布半衰期为 1.95min、清除半衰期为 61min、蛋白结合率为 53.5%。氯胺酮肌内注射吸收迅速，约 10min 血药浓度达到峰值。氯胺酮主要通过 CYP2B6 和 CYP3A4 N-脱烷基化代谢为活性代谢物去甲氯胺酮，较小程度上被其他 CYP 酶代谢。静脉内给药后，氯胺酮浓度降低，这是由于从中枢神经系统重新分布到平衡较慢的外周组织以及肝脏生物转化为去甲氯胺酮。

③ 临床使用　氯胺酮可经内服或直肠黏膜吸收，可通过口腔喷雾或直肠给药的方式麻醉暴躁、凶猛的动物。可能由于味苦或 pH 低，猫口腔喷雾可引起大量流涎。

常用剂型为注射剂。建议犬、猫经静脉注射的剂量为 5～10mg/kg，猫经直肠给药的剂量为 25mg/kg。

④ 安全性　氯胺酮也存在滥用的情况，长期滥用氯胺酮可对胃肠道和泌尿道产生毒性。氯胺酮注射液禁用于患有肾功能不全或肝功能不全的猫和非人灵长类动物。氯胺酮注射液由肝脏解毒并由肾脏排泄，因此任何先前存在的肝脏或肾脏病理或功能损害都可能导致麻醉时间延长。单独使用氯胺酮偶尔会出现呼吸暂停、呼吸停止、心脏骤停和死亡，与镇静剂或其他麻醉剂联合使用时发生更频繁。建议在麻醉诱导、维持和恢复期间密切监测患者。

⑤ 药物相互作用　分离麻醉剂单独使用很少达到外科手术的麻醉深度，但与其他中枢神经系统抑制剂联合使用可产生较好的麻醉效果。氯胺酮与镇静药或安定药联合使用可减轻或阻止精神错乱，也可使肌肉松弛。拟交感神经药和加压素可增强氯胺酮的拟交感神经作用。氯胺酮与阿片类镇痛药、苯二氮䓬类药物或其他中枢神经系统抑制剂（包括乙醇）同时使用，可能导致深度镇静、呼吸抑制、昏迷和死亡。

⑥ 剂型　注射用盐酸氯胺酮：100mg/mL，10mL。

（2）**替来他明**（tiletamine）　替来他明又名噻环乙胺，为苯环己哌啶类全麻药物。在国外常将其与唑拉西泮一起制成全麻注射液，用于小动物外科诊疗和实验动物的科研麻醉。

① 药理作用　替来他明为苯环己哌啶类静脉全麻药，其药理作用与氯胺酮类似，但效果优于氯胺酮且安全性较高。

② 药代动力学/药效学　替来他明不影响脑神经和脊柱反射，不使肌肉松弛。猫、

犬、猴子和大鼠的替来他明血浆半衰期分别为 2～4h、1.2h、1～1.5h 和 30～40min。

替来他明是一种解离麻醉剂，药理学上被归类为 N-甲基-D-天冬氨酸（NMDA）受体拮抗剂，诱导游离麻醉。单独使用替来他明可引起惊厥状态和惊厥，因此通常与镇静剂和抗惊厥药唑拉西泮联合使用。

③ 临床使用　N-甲基-D-天冬氨酸（NMDA）受体拮抗剂替来他明与苯二氮䓬、唑拉西泮等的组合（比例 1∶1）一直被用作麻醉剂。该药物组合经 FDA 批准用作可注射兽医麻醉剂。舒泰（替来他明和唑拉西泮合剂），逐渐被引入国内动物临床麻醉中，对犬猫有良好的镇痛作用，广泛应用于兽医临床。

④ 安全性　替来他明被认为是一种分离麻醉剂，而唑拉西泮是一种类似安定的抗焦虑药。这两种药物本身都不能很好地缓解疼痛，然而，当它们结合在一起时会产生一种非常有效的镇静效果，可以接近完全麻醉。替来他明和唑拉西泮合用，不应用于患有严重心脏或肺功能障碍的犬和猫。

⑤ 药物相互作用　当阿法沙龙、乙酰唑胺、醋丙嗪与替来他明联合使用时，不良反应的风险或严重程度可能会增加。替来他明和唑拉西泮合用麻醉期间可能会出现大量流涎。通过同时服用硫酸阿托品，可以控制犬和猫的过敏反应。

⑥ 剂型　盐酸替来他明（相当于 250mg 游离碱）/盐酸唑拉西泮（相当于 250mg 游离碱）冻干粉，5mL 瓶装。

8.2.3.5　神经类固醇

阿法沙龙（alfaxalone）　阿法沙龙，又名安泰酮，犬和猫的诱导和维持麻醉药。曾用蓖麻油作为表面活性剂溶解该药物，可导致组胺释放、皮疹等严重的过敏反应，故被禁止使用。在随后的研究中发现，用 2-羟丙基-β-环糊精（一种非组胺释放类试剂）进行重构形成阿法沙龙-HPCD，可改善上述不良作用。于 2001 年首次在澳大利亚使用，此后欧洲国家、加拿大和美国也逐渐开始使用。该药的特点是起效快，能提供满意的肌肉松弛效果。该药重复使用后，不产生蓄积性，麻醉后能迅速恢复，只产生轻微的呼吸抑制。

① 药理作用　阿法沙龙是一种具有神经活性的全身麻醉剂，其麻醉作用的主要机制是通过与 GABA(γ-氨基丁酸) 细胞表面受体结合，调节神经元细胞膜氯离子的转运。阿法沙龙的药理作用主要集中于中枢神经系统和心血管系统，剂量依赖性降低脑电图活性，从而使意识丧失，引起麻醉。此外，阿法沙龙可降低脑血流量、颅内压和脑代谢。给猫注射中等剂量（<9mg/kg bw）的阿法沙龙能短暂降低动脉血压，并增加心率。当注射剂量为 12mg/kg bw 时，由于每搏输出量降低，猫的心输出量降低约 43%。阿法沙龙对猫心肌膜的负变力作用比硫喷妥钠小。阿法沙龙和 α-氯醛糖联用能降低猫麻醉过程中肾上腺素诱导的心律失常。

② 药代动力学/药效学　神经类固醇在动物中的药代动力学信息很少。近年来的研究显示，在马中，马驹预先肌内注射布托啡诺（0.05mg/kg），10min 后静脉注射阿法沙龙（3mg/kg）诱导麻醉。阿法沙龙的血浆消除半衰期（$t_{1/2\beta}$）为 22.8min，分布容积（V_d）为 0.6L/kg。大鼠静脉注射阿法沙龙 2mg/kg 和 5mg/kg 的消除半衰期分别为 16.2min 和 17.6min。

麻醉的深度和持续时间取决于剂量。猫静脉注射后约 10s 出现肌肉松弛，约 30s 出现麻醉，肌内注射 6～12min 后出现麻醉。

③ 临床使用　阿法沙龙是吸入麻醉前的诱导剂，也可作为麻醉剂单独用于检查和手术，使犬和猫在插管前诱导其失去意识，类似于异丙酚、依托咪酯的使用。在某些情况下，它也经常被用作药物或镇静剂。当以 2mg/kg 的剂量静脉注射时，动物会在 1~2min 内诱导失去意识。在低剂量用药时，相同剂量的阿法沙龙诱导的昏迷可能只持续 5~10min。平均而言，猫在一次大剂量注射后诱导的昏迷时间可能比犬长。尽管阿法沙龙未被批准用于肌内注射，但临床试验发现此法可使犬、猫达到镇静。

④ 安全性　阿法沙龙比单剂量使用异丙酚有更大的安全范围，因为它增加了心排血量，对心血管和呼吸的影响都是剂量依赖性的，给药时间越快、剂量越高，心肺抑制越严重。然而当 Alfaxan® 剂量较高时，恢复时间较长，同时伴有兴奋、共济失调和高反应性等症状。

⑤ 药物相互作用　不可和巴比妥类联合应用。可能由于二者都是 γ-氨基丁酸受体激动剂，具有协同作用，会导致麻醉过量。还有一种可能是阿法沙龙可引起组胺释放，两种药联合应用会抑制心血管，引发心血管性虚脱。阿法沙龙与手术中常用的苯二氮䓬类、阿片类、α_2-激动剂和吩噻嗪类药物相容。

⑥ 剂型　阿法沙龙注射液，10mg/mL，10mL 和 20mL 瓶装。

8.2.3.6　其他

氯醛糖（chloralose）　氯醛糖（β-葡萄糖缩氯醛）是戊糖或己糖的三氯醛衍生物，也是水合氯醛的一种衍生物，产生镇静和麻醉以及一种刺激作用。曾在兽药领域上作镇静剂、催眠剂及麻醉剂使用，现在被更安全有效的药物所取代。

① 药理作用　氯醛糖可以产生持续 8~10h 的浅表麻醉。氯醛糖主要转化为三氯乙醛（水合氯醛的代谢物），因此氯醛糖被认为是水合氯醛最主要的代谢物之一，与水合氯醛产生很相似的催眠和麻醉作用，还具有不抑制呼吸和不影响心脏反射的特征，被广泛用作脑系统研究的麻醉剂。

② 药代动力学/药效学　氯醛糖在体内分解成三氯乙醛和葡萄糖，对机体不会造成不良影响。氯醛糖的给药剂量至关重要，它影响哺乳动物（犬、猪、啮齿类动物）呼吸系统并发症、癫痫发作和长期恢复。氯醛糖会影响血液 pH 值而引起一系列代谢效应，包括氧结合能力的变化，血液 pH 值差异较大时，会产生嗜睡昏迷等酸中毒或者肌肉抽搐和癫痫发作等碱中毒反应。

一般静脉注射有催眠和麻醉作用，主要用于实验动物的麻醉，可维持 3~4h，对呼吸和血管运动中枢抑制作用较弱。

③ 临床使用　氯醛糖主要用于不需要麻醉恢复的动物，在临床上很少用于动物的全身麻醉，常用于啮齿动物。现被用作犬类及鸟类的麻醉剂。

氯醛糖常配成 1% 的浓度用于静脉注射，犬：40~110mg/kg；猫：40~80mg/kg；绵羊：45~55mg/kg；猪：55~86mg/kg。

④ 安全性　氯醛糖是水合氯醛最主要的代谢物之一，可抑制中枢神经系统。在小鼠体内可能会产生严重呼吸酸中毒，影响血液 pH 值，从而危及生命。

⑤ 药物相互作用　异氟烷麻醉时能够稳定心率、血 pH 值和二氧化碳分压，而氯醛糖可引起不稳定的生理效应，氯醛糖导致呼吸频率显著下降，血液二氧化碳水平升高，动脉 pH 值严重下降，因此异氟烷被推荐为氯醛糖的有效替代品。

⑥ 剂型　注射用α-氯醛糖粉末：用时用注射用水配成1%～2%溶液。

8.2.4　中枢兴奋药

中枢兴奋药是指能兴奋中枢神经系统，增强其活性的药物。根据其在治疗剂量时的主要作用部位，分为大脑兴奋药、延髓兴奋药和脊髓兴奋药。大脑兴奋药主要作用于大脑皮层和脑干上部，提高大脑的兴奋性和改善全身代谢活动。延髓兴奋药能直接或间接地作用于延髓的呼吸中枢，增加呼吸频率和深度，对心血管运动中枢也有一定的兴奋作用。脊髓兴奋药能选择性阻止抑制性神经递质对神经元的作用，兴奋脊髓，小剂量能提高脊髓反射兴奋性，大剂量可引起强直性惊厥。

在兽医临床上常用的本类药物包括大脑兴奋药，如咖啡因等；延髓兴奋药，如多沙普仑、尼可刹米等；脊髓兴奋药，如士的宁等。

8.2.4.1　大脑兴奋药

大脑兴奋药主要作用于大脑皮层和脑干上部，能提高大脑皮层高级神经活动并改善全身代谢活动，临床常用于中枢功能抑制。随剂量增加，兴奋顺序依次为：大脑→延脑→脊髓，代表药物：咖啡因等。

咖啡因（caffeine）　咖啡因是一种天然存在的中枢神经系统（CNS）兴奋剂甲基黄嘌呤类，是全球使用最广泛的精神活性兴奋剂，多年来也一直被用作治疗疼痛的辅助剂。这种药物最常见的来源是咖啡豆，但也天然存在于某些类型的茶和可可豆中。

① 药理作用　在大脑中，咖啡因作为一种配体（而不是腺苷）阻断腺苷 A1 和 A2 受体。咖啡因和腺苷这两种配体在化学结构上表现出高度的相似性。它们可以影响神经递质的释放，如乙酰胆碱、多巴胺、去甲肾上腺素、γ-氨基丁酸和血清素以改善情绪，刺激机体，提高注意力，消除身体疲劳。咖啡因还抑制磷酸二酯酶（PDE）活性，使细胞内cAMP 浓度增加，血压升高。使用咖啡因进行长期治疗可有效预防 β 淀粉样蛋白（Aβ）的产生和记忆缺陷。咖啡因能降低某些抗癫痫药物（AEDs）的抗癫痫作用，尤其是托吡酯。低剂量（5～20mg/kg）的咖啡因暴露可以保护啮齿动物免受化学和电诱发的癫痫发作及其造成的损害。

② 药代动力学/药效学　在肝脏中，咖啡因被细胞色素 P450 氧化酶系统代谢成 3 种衍生物：黄嘌呤、可可碱和茶碱。这些咖啡因的代谢物经过去甲基和氧化后变成黄嘌呤和尿酸的衍生物，只有 10% 的咖啡因以原型由肾脏排出体外。

咖啡因刺激中枢神经系统（CNS），提高警觉性，表现为舒张平滑肌，刺激心肌收缩，提高运动表现，有时引起烦躁不安和激动。咖啡因能促进胃酸分泌，增加胃肠蠕动，经常与镇痛药和麦角生物碱联合使用，缓解偏头痛和其他类型的头痛的症状。咖啡因还是一种温和的利尿剂。

③ 临床使用　研究报道，急性摄入咖啡因会产生潜在镇痛作用。高剂量（300～500mg）的咖啡因可缓解硬膜穿刺后头痛，但重复给予较低剂量的咖啡因并不能产生这种效果。

④ 安全性　在长期咖啡因治疗后停止摄入会导致以头痛和疲劳为主的戒断综合征。过量摄入咖啡因将导致咖啡因中毒，常见特征包括焦虑、激动、烦躁不安、失眠、胃肠道

紊乱、震颤、心动过速、精神运动性激动，甚至死亡。高浓度的咖啡因会致畸。

⑤ 药物相互作用　乙酰唑胺可能会增加咖啡因的排泄率，导致血药水平降低，并可能降低功效。当盐酸克伦特罗与咖啡因联合使用时，不良反应的风险或严重程度可能会增加。当与阿苯达唑联合使用时，咖啡因的代谢可以增加，与右美托咪定、克林霉素、卡波霉素联合使用时咖啡因的代谢降低。

⑥ 剂型　安钠咖注射液：5mL：咖啡因 0.24g 与苯甲酸钠 0.26g；10mL：咖啡因 0.48g 与苯甲酸钠 0.52g。

水杨酸钠与咖啡因溶液：1L：600g 水杨酸钠与57g 咖啡因。

8.2.4.2　延髓兴奋药

延髓兴奋药主要兴奋延髓呼吸中枢和血管运动中枢，治疗剂量先兴奋延髓呼吸中枢，增加呼吸频率和呼吸深度，改善呼吸功能。加大剂量，大脑和脊髓也随之兴奋，代表药物：多沙普仑、尼可刹米等。临床上常用于抢救一般呼吸中枢抑制的患畜，抢救呼吸肌麻痹的患畜效果不佳。

（1）多沙普仑（doxapram）　多沙普仑能直接兴奋延髓呼吸中枢与血管运动中枢，作用机制是可通过颈动脉化学感受器兴奋呼吸中枢，其特点是作用快、维持时间短。主要用于麻醉后的呼吸抑制、急性呼吸衰竭。该药对于镇静催眠药过量引起的呼吸抑制和慢性阻塞性肺疾病并发急性呼吸衰竭有显著的呼吸兴奋效果。

① 药理作用　多沙普仑是高效呼吸兴奋剂，可非特异性地对抗镇静剂、麻醉性镇痛剂及吸入麻醉剂的呼吸抑制作用，有催醒和恢复防御反射的作用，虽然多沙普仑能拮抗阿片类药物引起的呼吸抑制，但其镇痛作用不受影响。多沙普仑通过外周颈动脉化学感受器产生呼吸刺激，随着剂量的增加，延髓的中枢呼吸中枢受到大脑和脊髓其他部分的渐进性刺激。多沙普仑通过直接作用于呼吸中枢，同时兴奋外周化学感受器，使其呼吸兴奋作用增强。

② 药代动力学/药效学　多沙普仑静脉给药后 20～40s 起效，1～2min 达到最大效应，药效持续 5～12min。治疗性药物浓度为 1.5～3.7μg/mL，当血清药物浓度超过 9μg/mL 时，可出现严重的不良反应。主要在肝脏代谢，可能会产生多种代谢产物，代谢物和少量原型主要通过粪便排泄，0.4%～4%经肾脏从尿中排泄。

多沙普仑为呼吸兴奋剂，少量时通过颈动脉体化学感受器反射性兴奋呼吸中枢，大量时直接兴奋延髓呼吸中枢，使潮气量加大，呼吸频率增快。大剂量兴奋脊髓及脑干，但对大脑皮层无影响，在阻塞性肺疾病患者发生急性通气不全时，应用此药后，潮气量、血二氧化碳分压、氧饱和度均有改善。

③ 临床使用　多沙普仑具有显著的唤醒作用，通过促进全身麻醉后正常通气的恢复和产生早期唤醒，最大程度地减少或预防麻醉后呼吸抑制或通气不足的不良影响，并加速恢复。常用于解救马、犬、猫等动物麻醉中或麻醉后加强呼吸机能、加快苏醒及恢复反射等以及用于难产或剖宫产后新生仔畜呼吸刺激药。

④ 安全性　血液系统可引起血红蛋白、血细胞比容或红细胞计数下降，输注速度过快可能会导致溶血；心血管系统可导致血压升高，还可能会导致 T 波低平、心律失常、胸痛和胸闷。胃肠道可引起腹胀、胃潴留、恶心、呕吐、腹泻。血管内给药应避免对同一部位长时间给药或外渗。对新生犬和猫推荐皮下注射。

⑤ 药物相互作用　多沙普仑与咖啡因、肾上腺素受体激动药等合用有协同作用；与单胺氧化酶抑制药及升压药合用，可使升压效应更显著；与肌松药合用，可暂时使本药的

中枢兴奋作用减弱。

⑥ 剂型　盐酸多沙普仑注射剂：20mg/mL，20mL/瓶。

（2）尼可刹米（nikethamide）　尼可刹米，又名可拉明，为透明、浅黄色黏稠液体，冷却后为固体。微有特异香气，味微苦，有引湿性。常用于各种原因引起的呼吸中枢抑制，如中枢抑制药中毒、疾病引起的中枢性呼吸抑制、新生仔畜窒息或加速麻醉动物的苏醒等。对阿片类药物中毒所致的呼吸衰竭比戊四氮更有效，对吸入麻醉药中毒作用次之，对巴比妥类药物中毒的解救效果不如戊四氮。

尼可刹米是一种呼吸兴奋剂，能够刺激呼吸中枢或周围化学感受器，通过增强呼吸中枢驱动、增加呼吸频率和潮气量、改善通气而发挥作用；另一方面又使耗氧量和二氧化碳产生量增加，并与通气量成正相关，并且可增加呼吸做功，降低二氧化碳分压，增加氧合作用，促进苏醒。

① 药理作用　尼可刹米主要直接兴奋延髓呼吸中枢，也可刺激颈动脉体和主动脉体化学感受器，反射性兴奋呼吸中枢，可提高呼吸中枢对 CO_2 的敏感性，使呼吸加深加快。选择性较高，对大脑和脊髓的兴奋作用较弱，比其他中枢兴奋药安全，不易引起惊厥。对血管运动中枢也有较弱的兴奋作用。

② 药代动力学/药效学　尼可刹米进入体内后迅速分布至全身，体内代谢为烟酰胺，然后再被甲基化成为 N-甲基烟酰胺经尿排出。尼可刹米吸收好，起效快，作用时间短暂，一次静脉注射只能维持作用 5～10min，犬静脉注射尼可刹米后 1min 呼吸频率即增加，5min 均达高峰，10min 后逐渐回降。

③ 临床使用　用于解救药物中毒或疾病所致的呼吸中枢抑制，也可用于加速麻醉动物的苏醒。

兽用尼可刹米可采取静脉、肌内或皮下注射；一次量，马、牛 10～20mL；羊、猪 1～4mL；犬 0.5～2mL。

④ 安全性　当尼可刹米加热分解时，会散发出有毒烟雾。临床上过量使用尼可刹米引起中枢兴奋、精神错乱、恶心、呕吐、抽搐、血压升高、心律失常和惊厥等中毒症状，这些症状与钠通道不能正常关闭导致组织细胞兴奋性增高的钠通道异常疾病表现相似，也提示尼可刹米的作用与呼吸神经元细胞膜钠电流有关。当出现惊厥时，可注射苯二氮䓬类或小剂量硫喷妥钠或苯巴比妥钠等控制。静脉滴注 10% 葡萄糖注射液，促进排泄。

⑤ 药物相互作用　与其他中枢兴奋药合用，有协同作用，可引起惊厥。

⑥ 剂型　尼可刹米注射液：1.5mL：0.375g；2mL：0.5g。

（3）回苏灵（dimefline）　回苏灵是人工合成的黄酮类衍生物。回苏灵的作用机制主要是直接刺激延髓呼吸中枢。刺激颈动脉体和主动脉体的化学受体，引起中枢兴奋。反射性刺激呼吸中枢，从而加深和加速呼吸，增加通气量。增加血液中的氧分压，降低动脉血中的二氧化碳分压，从而改善呼吸功能。提高呼吸中枢对二氧化碳的敏感性，当呼吸中枢处于抑制状态时，兴奋作用非常明显。动物实验表明，该药能选择性兴奋脑干呼吸中枢，能对抗巴比妥、吗啡等药物引起的中枢抑制。

① 药理作用　回苏灵对呼吸中枢有较强的兴奋作用，具有作用快、维持时间短、疗效明显的优点。可直接兴奋呼吸中枢，其兴奋作用比洛贝林、贝美格更强，约比尼可刹米强 100 倍，促苏醒率也高。静脉注射后能迅速增加肺换气量，对通气功能紊乱、换气功能减退和高碳酸血症均有呼吸兴奋作用。

② 药代动力学/药效学　回苏灵是 3-甲基-7-甲氧基-8-二甲氨基甲基黄酮的盐酸盐，

在体内的半衰期随动物年龄的增加而缩短。回苏灵效力较戊四氮、尼可刹米、贝美格等强。静脉注射后能迅速增大通气量，对通气功能紊乱、换气功能减退等均有呼吸兴奋作用，而且作用快、维持时间短、疗效明显。

用于各种原因引起的中枢性呼吸衰竭及由麻醉药、安眠药所致的呼吸抑制以及外伤手术等引起的虚脱和休克。

③ 临床使用　用于严重疾病或中枢抑制药过量引起的呼吸抑制或呼吸衰竭。妊娠动物禁用，肌内或静脉注射，一次量：马、牛 40～80mg，猪、羊 8～16mg。静注时，用 5％的葡萄糖注射液稀释后缓慢注入或滴注。

④ 安全性　大剂量回苏灵可在家兔大脑皮层诱发以负波为主的棘波，对大脑皮层有强烈兴奋作用。中毒量的回苏灵可引起动物烦躁不安、肌震颤、抽搐、阵挛及痉挛，动物最后因中枢神经系统高度兴奋、衰竭而死亡。这些中毒症状的发生与静脉注射的速度有关。

⑤ 药物相互作用　尚不清楚。

⑥ 剂型　回苏灵注射液：2mL：8mg。

8.2.4.3 脊髓兴奋药

脊髓兴奋药能选择性地阻止抑制性神经递质对神经元的作用，治疗剂量即兴奋脊髓，稍大剂量会导致角弓反张，且对外界反应的敏感性增强。代表药物：士的宁等。临床上常用于神经不全麻痹。

士的宁（strychnine）　士的宁又名番木鳖碱，是一种弱碱性的吲哚类生物碱，无色柱状晶体或白色粉末，无臭、味极苦；溶于沸水，不溶于乙醚，略溶于水和乙醇等有机溶剂。士的宁既是马钱子的主要药效成分，也是主要毒性成分，治疗量与中毒量非常接近，安全范围窄，其主要通过消化道吸收，在各脏器组织中均有分布，以肝肾中含量最高。士的宁对脊髓有选择性兴奋作用，可提高骨骼肌的紧张度，对大脑皮层及延髓也有一定的兴奋作用。服用过量士的宁后，可反射性引起强烈的脊髓冲动，造成全身骨骼肌收缩、剧烈痉挛，最后窒息而死。

士的宁进入体内以后，首先兴奋脊髓的反射功能，其次兴奋延髓的呼吸中枢及血管运动中枢，并能提高大脑皮质的感觉中枢功能。已有研究报道静脉注射士的宁可穿透血脑屏障，对中枢系统产生作用。

① 药理作用　小剂量的士的宁对脊髓有选择性兴奋作用，使脊髓反射加快、加强，使神经冲动易于传导，增加骨骼肌的张力，改善肌无力的状态，并提高大脑皮层感觉区的敏感性。中毒剂量会兴奋中枢神经系统所有部位，全身骨骼肌发生强直性收缩，出现强直性惊厥。其作用机制是通过与甘氨酸受体结合，竞争性阻断闰绍细胞释放的抑制性递质甘氨酸，阻断闰绍细胞与运动神经元间的突触传递，从而引起脊髓兴奋效应。

② 药代动力学/药效学　士的宁内服或注射均能迅速吸收，吸收后在体内迅速分布，在肝脏经氧化代谢后，约 20％以原型随尿液及唾液排出，排泄缓慢，大部分可在 3～4d 排出，易产生蓄积作用。

③ 临床使用　本品主要是作为脊髓兴奋剂，用于脊髓不全麻痹和肌肉无力。也可作为苦味健胃药，用于消化不良。

④ 安全性　士的宁毒性较大，安全范围窄，过量或长期使用易发生中毒。剂量过大可出现惊厥、呼吸肌痉挛和呼吸运动受限。妊娠、肝肾功能不全及有中枢神经系统兴奋症状的家畜禁用。

⑤ 药物相互作用　士的宁中毒可使用水合氯醛或巴比妥类解救。

⑥ 剂型　硝酸士的宁注射液：1mL：2mg、10mL：20mg。

8.2.4.4　抗抑郁药

抗抑郁药是主要用来治疗以情绪抑郁为突出症状的精神疾病的精神药物。与中枢兴奋药不同之处为只能使抑郁患者的抑郁症状消除，而不能使正常动物的情绪提高。本类药物在兽医临床上常用的有盐酸氟西汀和米氮平。

（1）**盐酸氟西汀**（fluoxetine hydrochloride）　盐酸氟西汀主要是抑制中枢神经对5-羟色胺的重吸收，用于治疗抑郁症及焦虑，治疗强迫症及暴食症（神经性贪食症）。

① 药理作用　盐酸氟西汀是一种选择性5-羟色胺再摄取抑制剂，可以增强5-羟色胺递质功能，阻断5-羟色胺再摄取，还可增加去甲肾上腺素和多巴胺的传递，从而发挥抗抑郁、抗焦虑、抗强迫等作用。常用的治疗适应证包括抑郁障碍、强迫症、神经性贪食症、惊恐障碍、双相情感障碍、社交焦虑障碍、创伤后应激障碍等。

② 药代动力学/药效学　盐酸氟西汀内服吸收良好，进食不影响药物的生物利用度。盐酸氟西汀具有非线性的药代动力学特征，有首过效应。通常在服用后6～8h达到最大血浆浓度。盐酸氟西汀在肝脏中广泛代谢为去甲氟西汀和多种代谢物。盐酸氟西汀消除的主要途径是经肝脏代谢为可经肾脏排出的非活性代谢物，消除半衰期4～6d，肾损伤对药物的清除率没有明显的影响，而肝损伤会降低药物的清除率。食物似乎不影响盐酸氟西汀的全身生物利用度，但它可能会延迟吸收1～2h。犬内服后大约70%的药物会进入全身循环，15～30min血药浓度达峰值，可广泛分布于全身组织，易通过血脑屏障进入中枢，也可通过胎盘屏障进入胎儿循环，随尿排出。少量原型药物从尿或胆汁中排出。该药物会分泌到乳汁中，哺乳期患畜慎用。

③ 临床使用　本药物主要用于改善动物的焦虑症、刻板行为、攻击行为以及用于猫的不正常排泄行为。

④ 安全性　盐酸氟西汀的副反应较轻微，主要有恶心呕吐、食欲减退、口干、便秘、头痛、嗜睡、出汗，无需特殊处理。如果需要同时服用氟西汀和中枢神经系统作用药物，建议谨慎。与氟西汀同时使用5-羟色胺药物（包括曲坦类、三环抗抑郁药、阿片类、苯丙胺等）会增加患5-羟色胺综合征的风险。

⑤ 药物相互作用　盐酸氟西汀可诱导肝微粒体酶活性，促进双香豆素等药的代谢，使其作用降低或抗凝血时间缩短。盐酸氟西汀可通过抑制CYP2D6增加吡莫唑和硫利达嗪的水平，延长QT间期。乙醇及其他中枢神经抑制药、硫酸镁、单胺氧化酶抑制剂可增强盐酸氟西汀的中枢抑制作用。盐酸氟西汀与氯丙嗪合用可使体温明显下降。

⑥ 剂型　盐酸氟西汀咀嚼片：8mg、16mg、32mg、64mg。

（2）**米氮平**（mirtazapine）　米氮平是一种四环哌嗪-氮杂类抗抑郁药，并于1997年获得FDA批准用于治疗严重抑郁症。米氮平的效果最早可以在开始治疗后1周观察到。除了对抑郁症的有益作用外，米氮平在各种其他疾病的标签外用药中也很有效。它可以改善神经系统疾病的症状，改善睡眠，防止手术后的恶心和呕吐。

① 药理作用　米氮平为四环类抗抑郁药，米氮平治疗抑郁症的作用机制可能是通过拮抗中枢突触前α_2-肾上腺素抑制受体和异源受体，增强中枢去甲肾上腺素和5-羟色胺（5-HT）活性来实现的。米氮平是去甲肾上腺素（NA）和特异性的5-HT抗抑郁药，能阻断NA神经元胞体和神经末梢的α-肾上腺素受体，前者使NA神经元末梢放电活动增

强，而后者则增强 NA 神经元末梢 NA 的释放。此外，米氮平通过阻断 NA 神经元 α_2-肾上腺素受体，增加 NA 释放，NA 作用于 5-HT 神经元细胞体上的 α_1-肾上腺素受体，从而使 5-HT 神经元放电增强，使神经末梢 5-HT 释放增加，因此米氮平被认为是有双重作用机制的抗抑郁药。本品阻断 5-HT$_2$ 和 5-HT$_3$ 受体，对 5-HT1A 和 5-HT1B 受体没有明显的亲和力，避免了这类药产生的不良反应（如失眠、性功能障碍）。米氮平还可增加帕金森病小鼠纹状体星形胶质细胞中抗氧化分子金属硫蛋白的表达，以减轻黑质多巴胺能神经元的变性坏死，从而起到神经保护的作用。

② 药代动力学/药效学　内服给药米氮平很快被吸收（生物利用度约为 50%），血浆浓度在给药后约 2h 内达到峰值。米氮平约 85% 与血浆蛋白结合，平均半衰期为 20～40h，偶见长达 65h。血药浓度在服药 3～4d 后达到稳态，此后将无体内聚积现象发生。在所推荐的剂量范围内，米氮平的药代动力学为线性特征。内服米氮平后代谢广泛，生物转化的主要途径是去甲基化和羟基化，然后是葡萄糖醛酸结合。人肝微粒体的体外数据表明，CYP2D6 和 CYP1A2 参与米氮平 8-羟基代谢产物的形成，而 CYP3A 被认为负责 N-去甲基和 N-氧化物代谢产物的形成。一些未结合的代谢物具有药理活性，但在血浆中含量很低。米氮平及其代谢物主要通过尿液排出（75%），粪便中排出 15%。肝肾功能不良可使米氮平清除率降低。

③ 临床使用　米氮平主要适用于中、重度抑郁症，对一些症状如快感缺乏、精神运动性抑制、睡眠欠佳（早醒）以及体重减轻均有疗效。米氮平是一种食欲刺激剂，适用于促使因慢性疾病导致食欲不佳和体重下降的猫的体重增加。

④ 安全性　在高于正常剂量的情况下，米氮平会增加雄性小鼠肝细胞腺瘤和肝癌的发病率。给予小鼠的最高剂量约为人最大推荐剂量的 20 倍和 12 倍。雄性大鼠的肝细胞肿瘤和甲状腺滤泡腺瘤/囊腺瘤在较高的米氮平剂量[60mg/(kg·d)]下发生率增加。在雌性大鼠中，中等[20mg/(kg·d)]和更高[60mg/(kg·d)]剂量的米氮平均增加了肝细胞腺瘤的发病率。目前尚不清楚这些发现与人类的相关性。

⑤ 药物相互作用　米氮平与苯二氮䓬类药物合用可能会加重中枢神经系统抑制剂作用。米氮平与作用于 5-羟色胺递质系统的药物合用时，需注意 5-羟色胺综合征发生风险的增加。

⑥ 剂型　米氮平透皮剂膏。

主要参考文献

[1] Tucker G T，Boyes R N，Bridenbaugh P O，et al. Binding of anilide-type local anesthetics in human plasma. I. Relationships between binding，physicochemical properties，and anesthetic activity[J]. Anesthesiology，1970，33（3）：287-303.

[2] Adler D M T，Cornett C，Damborg P，et al. The stability and microbial contamination of bupivacaine，lidocaine and mepivacaine used for lameness diagnostics in horses[J]. The Veterinary

Journal, 2016, 218: 7-12.

[3] 叶冰, 付忠波. 粘浆药、吸附药的作用机理与使用方法[J]. 养殖技术顾问, 2013 (11): 177.

[4] Dederen J C, Chavan B, Rawlings A V. Emollients are more than sensory ingredients: the case of isostearyl isostearate[J]. Int J Cosmet Sci, 2012, 34 (6): 502-510.

[5] van Zuuren E J, Fedorowicz Z, Christensen R, et al. Emollients and moisturisers for eczema[J]. Cochrane Database Syst Rev, 2017, 2 (2): CD012119.

[6] Nakamura T, Yoshida N, Yasoshima M, et al. Effect of tannic acid on skin barrier function [J]. Exp Dermatol, 2018, 27 (8): 824-826.

[7] 陈刚, 周光宏. β-肾上腺素能激动剂作用机理及对生长代谢的影响[J]. 青海畜牧兽医杂志, 1998 (04): 39-40.

[8] Yang Y T, McElligott M A. Multiple actions of beta-adrenergic agonist on skeletal muscle& adipose tissue[J]. The Biochemical Journal, 1989, 261: 1-10.

[9] 王耐勤. 拟肾上腺素药的作用机制[J]. 河北医学院学报, 1964 (01): 41-47.

[10] Jensen A A, Mikkelsen I, Frølund B, et al. Carbamoylcholine homologs: synthesis and pharmacology at nicotinic acetylcholine receptors[J]. European journal of pharmacology, 2004, 497 (2): 125-137.

[11] 杨卫群, 杨明. 盐酸戊乙奎醚治疗急性有机磷农药中毒疗效观察[J]. 现代医药卫生, 2009, 25 (06): 859-860.

[12] 顾俊文. 分析两种抗胆碱药物在救治有机磷中毒中的作用与效果[J]. 湖北中医杂志, 2015, 37 (01): 16-17.

[13] 袁利波, 杨燕. 氯化琥珀胆碱在塔里木马鹿锯茸保定方面的应用[J]. 中国畜牧业, 2013 (10): 65.

[14] Wann K T. Neuronal sodium and potassium channels: structure and function[J]. Br J Anaesth, 1993, 71 (1): 2-14.

[15] Catterall W A. From ionic currents to molecular mechanisms: the structure and function of voltage-gated sodium channels[J]. Neuron, 2000, 26 (1): 13-25.

[16] Hille B. Local anesthetics: hydrophilic and hydrophobic pathways for the drugreceptor reaction[J]. J Gen Physiol, 1977, 69 (4): 497-515.

[17] Fozzard H A, Lee P J, Lipkind G M. Mechanism of local anesthetic drug action on voltage-gated sodium channels[J]. Curr Pharm Des, 2005, 11 (21): 2671-2686.

[18] Johnson S M, Saint John B E, Dine A P. Local anesthetics as antimicrobial agents: A review[J]. Surg Infect (Larchmt), 2008, 9 (2): 205-213.

[19] Borgeat A, Aguirre J. Update on local anesthetics[J]. Curr Opin Anaesthesiol, 2010, 23 (4): 466-471.

[20] Lirk P, Hollmann M W, Strichartz G. The Science of local anesthesia: Basic research, clinical application, and future directions[J]. Anesth Analg, 2018, 126 (4): 1381-1392.

[21] Barry B W. Novel mechanisms and devices to enable successful transdermal drug delivery [J]. Eur J Pharm Sci, 2001, 14 (2): 101-114.

[22] 张海涛, 顾家威, 李云章. 兽用透皮贴剂研究概况[J]. 动物医学进展, 2019, 40 (11): 118-122.

[23] Eisemann J H, Huntington G B, Ferrell C L. Effects of dietary clenbuterol on metabolism of the hindquarters in steers[J]. J Anim Sci, 1988, 66 (2): 342-353.

[24] 于飞. 去甲肾上腺素和肾上腺素对急性重度失血性休克大鼠模型的实验研究[D]. 南宁: 广西医科大学, 2014.

[25] 杨黎江. 拟肾上腺素药和抗肾上腺素药对大鼠血压的影响[J]. 昆明学院学报, 2002, 024 (004): 44-46.

[26] Liu Y J, Peng W, Hu M B, et al. The pharmacology, toxicology and potential applications of arecoline: a review[J]. Pharmaceutical biology, 2016, 54 (11): 2753-2760.

[27] 刘荣珍. 阿托品药理作用以及在动物临床上的应用[J]. 中国畜牧兽医文摘, 2012, 28 (10): 209.

[28] Ulbricht C, Basch E, Hammerness P, et al. An evidence-based systematic review of bella-donna by the natural standard research collaboration[J]. Journal of herbal pharmacotherapy, 2004, 4（4）: 61-90.

[29] 黄舒婷, 阮素红, 马强, 等. 东莨菪碱和阿托品对小鼠胃肠运动抑制作用的研究[J]. 齐齐哈尔医学院学报, 2011, 32（20）: 3262-3263.

[30] Eisenkraft A, Falk A. Possible role for anisodamine in organophosphate poisoning[J]. British Journal of Pharmacology, 2016, 173（11）: 1719-1727.

[31] Powell C V, Cranswick N E. The current role of ipratropium bromide in an acute exacerba-tion of asthma[J]. Journal of Paediatrics and Child Health, 2015, 51（8）: 751-752.

[32] Hvizdos K M, Goa K L. Tiotropium bromide[J]. Drugs, 2002, 62（8）: 1195-1203.

[33] 肖娜, 邓强, 苏江涛, 等. 神经肌肉阻断活性化合物的研究进展[J]. 化学试剂, 2019, 41（12）: 1282-1288.

[34] 杨卫红, 闻大翔, 杭燕南. 琥珀胆碱作用机制和临床应用进展[J]. 上海医学, 2009, 32（02）: 158-162.

[35] Heier T. Muscle relaxants[J]. Tidsskrift for Den Norske Laegeforening, 2010, 130（4）: 398-401.

[36] Becker D E, Reed K L. Local anesthetics: review of pharmacological considerations [J]. Anesth Prog, 2012, 59（2）: 90-101.

[37] Ruetsch Y A, Boni T, Borgeat A. From cocaine to ropivacaine: the history of local anes-thetic drugs[J]. Curr T op Med Chem, 2001, 1（3）: 175-182.

[38] Moore D C, Bridenbaugh P O, Bridenbaugh L D, et al. A double-blind study of bupivacaine and etidocaine for epidural（peridural）block[J]. Anesth Analg, 1974, 53（5）: 690-697.

[39] Proksch E. The role of emollients in the management of diseases with chronic dry skin [J]. Skin Pharmacol Physiol, 2008, 21（2）: 75-80.

[40] Ricardo L M, Dias B M, Mügge F L B, et al. Evidence of traditionality of Brazilian medicinal plants: The case studies of Stryphnodendron adstringens（Mart.）Coville（barbatimáo）barks and Copaifera spp.（copaíba）oleoresin in wound healing[J]. J Ethnopharmacol, 2018, 219: 319-336.

[41] Li Y, Fu R, Zhu C, et al. An antibacterial bilayer hydrogel modified by tannic acid with oxi-dation resistance and adhesiveness to accelerate wound repair[J]. Colloids Surf B Biointerfac-es, 2021, 205: 111869.

[42] 张石革. 皮肤瘙痒与局部麻醉药和刺激药[J]. 中国药房, 2002（11）: 64-65.

[43] Hashem A, Kietzmann M, Scherkl R. The pharmacokinetics and bioavailability of acepromazine in the plasma of dogs[J]. Dtsch Tierarztl Wochenschr, 1992, 99（10）: 396-398.

[44] Carregaro A B, Ueda G I, Censoni J B, et al. Effect ofmethadone combined with acepromazine or detomidine on sedation and dissociative anesthesia in healthy horses [J]. Journal of Equine Veterinary Science, 2020, 86: 102908.

[45] Brosnan R J, Pypendop B H. Evaluation of whether acepromazine maleate causes fentanyl to decrease the minimum alveolar concentration of isoflurane in cats[J]. American Journal of Vet-erinary Research, 2021, 82（5）: 352-357.

[46] Rangel J P P, Monteiro E R, Bitti F S, et al. Hemodynamic effects of incremental doses of acepromazine in isoflurane-anesthetized dogs [J]. Veterinary Anaesthesia and Analgesia, 2021, 48（2）: 167-173.

[47] Aghababaei A, Ronagh A, Mosallanejad B, et al. Effects of Medetomidine, Dexmedetomi-dine and their combination with Acepromazine on the intraocular pressure（IOP）, tear secre-tion and pupil diameter in dogs[J]. Veterinary Medicine and Science, 2021, 7（4）: 1090-1095.

[48] 沈凤祥. 氯丙嗪异丙嗪联合应用于感染性疾病对顽固性发热的作用分析[J]. 中国实用医药, 2014, 9（32）: 126-127.

[49] 应志豪, 王才益, 黄淑芳, 等. 盐酸赛拉嗪和盐酸氯丙嗪复合麻醉在野生动物中的应用[J]. 中国

畜禽种业，2016，12（08）：39-41.

[50] Srinivasan K，Gopalakrishna M. Chlorpromazine-induced lenticular opacity[J]. Indian Journal of Pharmacology，2020，52（4）：339-340.

[51] Shin H R，Jang Y，Shin Y W，et al. High-dose diazepam controls severe dyskinesia in anti-nmda receptor encephalitis[J]. Neurology Clinical Practice，2021，11（4）：e480-e487.

[52] 陈志芳. 苯二氮䓬受体激动剂在失眠症治疗中应用分析及合理性评价[J]. 临床合理用药杂志，2018，11（32）：10-11+ 13.

[53] 张立娜，聂妍，孟杰，等. 乙肝肝硬化合并高血压患者 1 例的药学监护[J]. 中国医药科学，2020，10（18）：246-248.

[54] 崔胜峰，万敬伟，周成合. 地西泮与乙醇协同作用机制的荧光光谱分析[J]. 高等学校化学学报，2018，39（06）：1178-1184.

[55] 朱岳. 地西泮对曲马多在小鼠体内药效学与药动学的影响[D]. 芜湖：皖南医学院，2019.

[56] Thompson R，Seck V，Riordan S，et al. Comparison of the effects of midazolam/fentanyl，midazolam/propofol，and midazolam/fentanyl/propofol on cognitive function after gastrointestinal endoscopy[J]. Surg Laparosc Endosc Percutan Tech，2019，29（6）：441-446.

[57] Dao K，Giannoni E，Diezi M，et al. Midazolam as a first-line treatment for neonatal seizures：Retrospective study[J]. Pediatrics International，2018，60（5）：498-500.

[58] 陈悦. 兔用复合麻醉制剂的研制及其麻醉效果观察[D]. 哈尔滨：东北农业大学，2017.

[59] de la Peña J B，Cheong J H. The abuse liability of the NMDA receptor antagonist-benzodiazepine（tiletamine-zolazepam）combination：evidence from clinical case reports and preclinical studies[J]. Drug Testing and Analysis，2016，8（8）：760-767.

[60] Limprasutr V，Sharp P，Jampachaisri K，et al. Tiletamine/zolazepam and dexmedetomidine with tramadol provide effective general anesthesia in rats[J]. Animal Models and Experimental Medicine，2021，4（1）：40-46.

[61] de la Peña J B，Ahsan H M，Dela Peña I J，et al. Propofol pretreatment induced place preference and self-administration of the tiletamine-zolazepam combination：implication on drug of abuse substitution[J]. American Journal of Drug and Alcohol Abuse，2014，40（4）：321-326.

[62] Kucharski P，Kiełbowicz Z. Dissociative anaesthesia in dogs and cats with use of tiletamine and zolazepam combination. What we already know about it[J]. Polish Journal of Veterinary Sciences，2021，24（3）：451-459.

[63] Reyes D，Barrera F. Is flumazenil an alternative for the treatment of hepatic encephalopathy[J]. Medwave，2017，17（9）：e7113.

[64] Golan D E，Armstrong E J，Armstrong A W. Principles of pharmacology：The pathophysiologic basis of drug therapy：Fourth edition[J]. In Pharmacology of dopamine neurotransmission，2016：185-207.

[65] Carpenter W T，Koenig J I. The evolution of drug development in schizophrenia：past issues and future opportunities[J]. Neuropsychopharmacology，2008，33（9）：2061-2079.

[66] Kramer K J. The surprising re-emergence of droperidol[J]. Anesthesia Progress，2020，67（3）：125-126.

[67] Gaw C M，Cabrera D，Bellolio F，et al. Effectiveness and safety of droperidol in a United States emergency department[J]. The American Journal of Emergency Medicine，2020，38（7）：1310-1314.

[68] Kastner S B，Wapf P，Feige K，et al. Pharmacokinetics and sedative effects of intramuscular medetomidine in domestic sheep[J]. Journal of Veterinary Pharmacology and Therapeutics，2003，26（4）：271-276.

[69] Grant C，Upton R N. The anti-nociceptive efficacy of low dose intramuscular xylazine in lambs[J]. Research in Veterinary Science，2001，70（1）：47-50.

[70] Valverde A. Alpha-2 agonists as pain therapy in horses[J]. Vet Clin North Am Equine Pract，2010，26（3）：515-532.

[71] Gozalo-Marcilla M, Gasthuys F, Schauvliege S. Partial intravenous anaesthesia in the horse: a review of intravenous agents used to supplement equine inhalation anaesthesia. Part 2: opioids and alpha-2 adrenoceptor agonists[J]. Veterinary Anaesthesia and Analgesia, 2015, 42（1）: 1-16.

[72] Hollis A R, Pascal M, Van Dijk J, et al. Behavioural and cardiovascular effects of medetomidine constant rate infusion compared with detomidine for standing sedation in horses [J]. Veterinary Anaesthesia and Analgesia, 2020, 47（1）: 76-81.

[73] Lopes C, Luna S P, Rosa A C, et al. Antinociceptive effects of methadone combined with detomidine or acepromazine in horses[J]. Equine Veterinary Journal, 2016, 48（5）: 613-618.

[74] Sandbaumhüter F A, Theurillat R, Bettschart-Wolfensberger R, et al. Effect of the α（2）-receptor agonists medetomidine, detomidine, xylazine, and romifidine on the ketaminemetabolism in equines assessed with enantioselective capillary electrophoresis [J]. Electrophoresis, 2017, 38（15）: 1895-1904.

[75] Kuusela E, Raekallio M, Váisänen M, et al. Comparison of medetomidine and dexmedetomidine as premedicants in dogs undergoing propofol-isoflurane anesthesia[J]. American Journal of Veterinary Research, 2001, 62（7）: 1073-1080.

[76] Kikuoka R, Miyazaki I, Kubota N, et al. Mirtazapine exerts astrocyte-mediated dopaminergic neuroprotection[J]. Scientific Reports, 2020, 10（1）: 20698.

第 9 章
血液循环
系统药物

血液循环系统药物的主要作用是改变心血管和血液的功能。根据兽医临床实际，本章主要介绍作用于心脏的药物、促凝血药与抗凝血药、抗贫血药。

9.1

作用于心脏的药物

9.1.1 治疗充血性心力衰竭的药物

充血性心力衰竭（CHF）是指由于心脏疾病，即使发挥代偿能力仍然不能泵出足够血液满足机体需要而产生的一种综合征，临床表现为水肿、呼吸困难和运动耐力下降等。家畜的充血性心力衰竭多见于心脏本身的各种疾病，如缺血性心脏病、心包炎、心肌炎、慢性心内膜炎或先天性心脏病等。发病初期，可通过一系列代偿机制加强心肌收缩力和加快心率，增加心输出量，维持机体供血平衡。当通过代偿仍然不能满足机体需要时，会导致心肌收缩力减弱，全身静脉淤血，静脉压升高，表现为显著的静脉系统充血，故称为充血性心力衰竭（慢性心功能不全）。临床上对该病的治疗，除治疗原发病外，主要使用改善心脏功能、增强心肌收缩力的药物。

9.1.1.1 强心苷类

强心苷类是一类选择性作用于心脏，能增强心肌收缩力的药物。这类化合物存在于多种植物，如洋地黄、毒毛旋花、夹竹桃、福寿草、万年青等中，经分离、提取而得。动物蟾蜍也含类似强心苷的物质。临床上主要用于治疗慢性心功能不全。常用药物有洋地黄毒苷、毒毛花苷 K、毛花苷丙及地高辛等。本类药物有严格的适应证，主要用于慢性心功能不全（充血性心力衰竭）。

强心苷的基本作用是加强心肌收缩力，但各种强心苷在作用强度、作用开始时间、作用时间长短等方面存在差异。因此，按作用的快慢，一般将强心苷分为两类。慢作用类有洋地黄、洋地黄毒苷，起效慢，维持时间长，在体内代谢和排泄慢，蓄积性大，适用于慢性心力衰竭（充血性心力衰竭）；快作用类有毒毛旋花子苷、毛花苷丙等，起效快，在体内代谢和排泄都较快，作用维持时间较短，蓄积性较小，适用于心功能不全的危急情况。

（1）化学结构　强心苷由苷元（配基）和糖两部分结合而成，各种强心苷苷元有着共同的基本结构，见图 9-1，即由甾核和一个不饱和内酯环构成。强心苷含有 1～4 个糖分子，除葡萄糖外都是稀有糖，如洋地黄毒糖等。强心苷的药理作用与其结构有密切关系。C3 位上的 β 羟基是甾核与糖的结合部位，脱糖后 C3 位羟基转为 α 型而失去活性；C14 位上需有一个 β 构型的羟基，否则没有强心活性；C17 位连接 β 构型的不饱和内酯环、饱和双键，或内酯环由 β 位转为 α 位则药理作用明显减弱或失活。甾核上羟基的数目主要影响强心苷的药动学特征，羟基多者作用较快，但维持时间短。如毒毛花苷 K 在 C3、C5、

C14 位上带有羟基，哇巴因则有 6 个羟基，均属快作用强心苷。

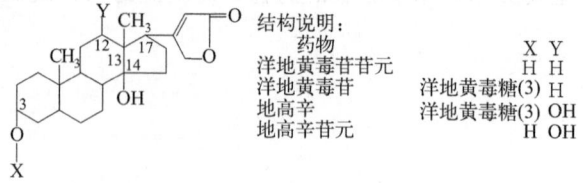

图 9-1　洋地黄毒苷、地高辛及其苷元的化学结构

结构说明：

药物	X	Y
洋地黄毒苷苷元	H	H
洋地黄毒苷	洋地黄毒糖(3)	H
地高辛	洋地黄毒糖(3)	OH
地高辛苷元	H	OH

（2）作用机制　正常心肌的收缩是由 Ca^{2+} 介导的，当心肌兴奋时，胞质内的 Ca^{2+} 与肌钙蛋白结合，导致向肌球蛋白与肌动蛋白的结合，继而引起肌动蛋白向肌节中间滑行产生心肌收缩。收缩后，Ca^{2+} 离开肌钙蛋白，心肌恢复松弛。

强心苷增强心肌收缩力的机制与心肌细胞内 Ca^{2+} 数量的增加有关。目前认为，Na^{+}-K^{+}-ATP 酶（Na^{+} 泵）是强心苷的药理学受体，强心苷能与心肌细胞膜上的 Na^{+}-K^{+}-ATP 酶发生特异性结合，诱导酶结构发生变化，抑制其活性，从而减少了 Na^{+} 的转运，结果使细胞内的 Na^{+} 逐步增加，K^{+} 逐渐减少，导致细胞外的 Na^{+} 与细胞内的 Ca^{2+} 交换减少，细胞内的 Ca^{2+} 增加，并使肌质网中的 Ca^{2+} 增加。因此，随着每一个动作电位的产生，有更多的 Ca^{2+} 释放以激活心肌收缩装置，增强了心肌收缩力。

（3）药理作用

① 加强心肌收缩力即正性肌力作用。强心苷有提高心肌兴奋性、加强心肌收缩，即正性肌力作用。它能使心肌收缩期缩短，心输出量增加，心室排空完全，心脏受纳更多的静脉回流血液，降低静脉压，改善静脉充血及动脉血液不足状态，对心衰的改善作用尤为明显。强心苷加强心肌的收缩力，使心室腔中残留血量减少，心脏体积缩小，降低了心室肌的张力，从而减少了心肌的耗氧量，提高心脏的工作效率。强心苷加强心肌收缩力是对心肌的直接作用，不依赖于神经递质的作用，因为强心苷的这种作用不被肾上腺素阻断药所对抗。

② 减慢心率即负性心率作用。强心苷能加强心肌收缩力，增加心输出量。这种强有力的心搏冲动刺激颈动脉窦、主动脉弓压力感受器，反射性地降低交感神经的兴奋性，提高副交感神经（迷走神经）的兴奋性，使心率减慢。这有利于增加心脏受血量和排血量。强心苷减慢心率作用可被阿托品阻断，说明这一作用是通过神经反射实现的。

③ 抑制传导即负性传导作用。强心苷直接抑制房-室传导，能降低传导的速度和延长传导系统的乏兴奋期。这对某些心律失常是有利的。小剂量的负性传导作用是迷走性的，可被阿托品消除。大剂量则出现非迷走作用，不能被阿托品消除。中等毒量时，则抑制程度加重，可产生部分的或完全的心阻滞。

④ 对心电图的影响。减慢 AV 结（房室结）的传导速度和延长有效不应期。其他心电图影响是 PR 间期（从心房除极到心室除极开始的时间）增加、QT 间期（心室除极化和复极化的时间）减少和 ST 段（心室从除极到复极的时间）压低，心肌收缩力加强。

（4）药代动力学　洋地黄毒苷内服后能迅速在小肠被吸收。酊剂吸收较好，可达 $75\%\sim90\%$，内服后 $45\sim60\text{min}$ 达峰浓度；片剂吸收较慢，达峰时间约 90min，峰浓度也较低。洋地黄毒苷的蛋白结合率很高，犬为 $70\%\sim90\%$。在体内分布广泛，最高浓度出现在肝、胆汁、肠道和肾；中等浓度则出现在肺、脾和心；较低浓度出现在血液、骨骼肌和神经系统。部分洋地黄毒苷在肝脏进行生物转化，从胆汁排出，可形成肝肠循环。犬的消除半衰期为 $8\sim49\text{h}$，个体差异很大；猫的半衰期长达 100h，故一般不推荐使用。

地高辛由于极性比洋地黄毒苷高，故内服吸收不如后者，血浆蛋白结合率较低，约为25％。在体内分布广泛，最高浓度分布于肾、心、肠、胃、肝和骨骼肌，最低浓度出现在脑和血浆，脂肪只有少量存在。地高辛主要由肾排泄消除，可通过肾小球滤过和肾小管分泌，少量（15％）在肝脏代谢。地高辛的口服吸收是可变的，片剂的吸收率可达60％。由于肝脏代谢很少，几乎所有吸收的药物都进入血液循环系统。食物会减缓其吸收。它的半衰期（在犬中约为23～39h，在猫中变化很大）受肾功能的强烈影响。约5个半衰期后达到稳态，理论上维持剂量应在2～4天内达到治疗性血液浓度。

（5）**药效学**　地高辛通过抑制心脏细胞（肌细胞）膜上钠泵（Na^+-K^+-ATP酶），导致细胞内Na^+水平升高，进而通过激活Na^+-Ca^{2+}交换系统导致细胞内钙的积累。在心脏中，细胞内钙的增加会导致更多的钙被肌质网释放，从而使更多的钙可用于与肌钙蛋白C结合，从而增加收缩力（正性肌力）。抑制血管平滑肌中的Na^+-K^+-ATP酶会导致去极化，从而导致平滑肌收缩和血管收缩。这些直接和间接影响心脏的后果是增加心肌收缩力和速度（正性肌力作用），减慢心率（负性心率作用）。

（6）**临床应用**

① 慢作用类强心苷，如洋地黄、洋地黄毒苷主要用于慢性心功能不全，也用于某些心律失常，如马、犬伴有心力衰竭的房颤。本类药物忌用于急性心肌炎、心内膜炎及主动脉闭锁不全等。

② 快作用类强心苷有毛花苷丙、地高辛等。本类药物以静脉给药为主，主要用于急性心功能不全或慢性心功能不全的急性发作。

犬的维持剂量为0.003～0.011mg/kg，口服，每日2次；猫的维持剂量为每24～48h 0.005～0.01mg/kg，口服。一般来说，初始剂量应在范围的下限并向下取整，然后根据血清地高辛水平的测量值（给药后8～12h目标血清浓度0.8～1.2ng/mL）按照需要进行确定。即使在治疗范围内的动物身上也会发生毒性反应。初始治疗后3～5天（给药后8～12h）应监测水平，此后每6个月监测一次，如果出现中毒迹象则更早。地高辛剂量应根据体重计算，并在肥胖或恶病质动物以及存在腹水的情况下减少。在给予洋地黄毒苷之前，应纠正已知的电解质紊乱。

（7）**安全性**　强心苷的安全范围较窄。动物中毒时，有胃肠道、中枢神经系统及心脏等方面的反应。洋地黄毒苷的毒性作用很常见并且可能是致命的。猫比犬对地高辛更敏感。可能最常见的中毒原因是无意中过量服用。低钾血症和氮质血症使潜在的毒性增加。中毒的严重程度与心脏病的严重程度有关。需要调整剂量以预防中毒导致的其他症状包括肾功能衰竭（氮质血症）、甲状腺功能减退、肌肉量减少（大量地高辛与骨骼肌结合）、腹水、高钙血症和导致肾血流量减少的心肌衰竭。中毒迹象与胃肠道系统（最常见的不良反应）或中枢神经系统有关，或表现为心律失常，洋地黄能够诱发任何类型的心律失常。胃肠道中毒症状包括腹泻、厌食、由于直接刺激化学感受器触发区而引起的恶心和呕吐。通常，这些是中毒的最早迹象。对神经系统的影响包括不适和嗜睡。通过监测血浆药物浓度可以诊断（和避免）地高辛毒性。中毒的治疗包括停止使用洋地黄和排钾利尿剂，并给予苯妥英（阻断洋地黄对AV结的影响）、利多卡因（用于室性心律失常），如果有指征，可给予钾（最好是口服）。阿托品可用于治疗有临床意义的窦性心动过缓和胆碱能增强引起的二度或三度心脏传导阻滞。心律失常和电解质异常等应根据具体情况、临床体征进行治疗。

（8）**药物相互作用**　许多药物可以增加血浆地高辛浓度，包括阿司匹林、奎尼丁、氯霉素、氨基糖苷类（如新霉素）、胺碘酮、抗胆碱能药、地尔硫卓、艾司洛尔、氟卡尼、四环素和螺内酯。速尿、氢氯噻嗪、两性霉素 B 和糖皮质激素会消耗体内钾，从而增强洋地黄毒性和促心律失常作用。给予 β-肾上腺素能激动剂（例如，多巴酚丁胺）也会增加致心律失常的风险。长期服用苯巴比妥可通过增加清除率来降低地高辛浓度。钙通道阻滞剂和 β 受体阻滞剂会增强房室结的传导作用，增加房室传导阻滞的风险。

（9）**剂型**　剂型主要有片剂和注射液两种，片剂为常用剂型。

（10）**常用药物**　主要药物有洋地黄毒苷、地高辛和毒毛花苷 K，其中以地高辛片为临床上常用制剂，主要用于犬和猫。

洋地黄毒苷片

应用注意：①单胃动物内服洋地黄毒苷在肠内吸收良好，约 2h 呈现作用，6～10h 作用达到高峰。停药后需 2 周时间作用才能完全消除。成年反刍动物不宜内服。②排泄慢易发生蓄积性中毒，因此用药前应详细了解用药史。③用药期间不宜使用肾上腺素、麻黄碱及钙剂，以免增强毒性。④禁用于急性心肌炎、心内膜炎、牛创伤性心包炎、主动脉瓣闭锁不全等。

用法用量（洋地黄化剂量）：内服，一次量，每 1kg 体重，马 0.03～0.06mg，犬 0.11mg。每日 2 次，连用 24～48h。

维持剂量：内服，一次量，每 1kg 体重，马 0.01mg，犬 0.011mg。每日 1 次。

地高辛片

用法用量（洋地黄化剂量）：内服，一次量，每 1kg 体重，马 0.06～0.08mg，每 8h 使用 1 次，连续使用 5～6 次；犬 0.025mg，每 12h 使用 1 次，连续使用 3 次。

维持剂量：内服，一次量，每 1kg 体重，马 0.01～0.02mg，犬 0.011mg，每 12h 使用 1 次；猫 0.007～0.015mg，每日 1 次至每 2 日 1 次。

毒毛花苷 K 注射液

用法用量：静脉注射，一次量，每 1kg 体重，马、牛 0.25～3.75mg，犬 0.25～0.5mg。

9.1.1.2　磷酸二酯酶抑制剂

磷酸二酯酶（PDE）广泛分布于心肌、平滑肌、血小板及肺组织，PDEⅢ型是心肌中降解 cAMP 为 $5'$-AMP 的主要亚型。PDEⅠ通过抑制 PDEⅢ而明显增加心肌细胞内 cAMP 含量，后者在心肌细胞内通过激活蛋白激酶 A（PKA）使钙离子通道磷酸化，促进钙离子内流而增加细胞内钙离子浓度，增加心肌收缩性，发挥正性肌力作用。此外，cAMP 扩张动、静脉，特别对静脉与肺血管扩张较明显，使心脏负荷降低，心肌耗氧量下降，是一类正性肌力扩血管药或强心扩血管药。其代表药有匹莫苯丹、米力农等。

磷酸二酯酶（PDE）抑制剂，也称为扩张剂，可阻断 cAMP 的分解，从而增加细胞内 cAMP 浓度。结果是增加心肌收缩力和使外周血管舒张。甲基黄嘌呤衍生物已被归类为 PDE 抑制剂，但这是有争议的。在甲基黄嘌呤中，茶碱是最强的。除了对心脏的影响外，甲基黄嘌呤对中枢神经系统、肾脏和平滑肌有显著的影响，包括对支气管平滑肌的影响。甲基黄嘌呤在心脏病患畜中的使用仅限于可受益于支气管扩张的疾病。

匹莫苯丹（pimobendan）

匹莫苯丹是一种苯并咪唑哒嗪酮衍生物，是一种正性肌力药和全身动脉和静脉扩张剂。在衰竭的心脏中，它主要通过使心脏收缩装置对细胞内钙敏感来发挥正性肌力作用。作为 PDEⅢ抑制剂，匹莫苯丹可潜在地增加细胞内钙浓度和心肌耗氧量。

（1）**化学结构**　分子式为 $C_{19}H_{18}N_4O_2$，分子量为 334.37，化学结构见图 9-2。

（2）**药效学**　匹莫苯丹是一种非拟交感非苷类正性肌力药物，通过增强心肌纤维对钙离子的敏感性和抑制磷酸二酯酶（Ⅲ型）活性发挥正性肌力作用，同时可通过抑制磷酸二酯酶起到舒张血管的作用。匹莫苯丹与利尿药呋塞米等联合使用，可有效改善扩张型心肌病病犬或心脏瓣膜关闭不全病犬的生活质量和延长预期寿命。单独使用治疗

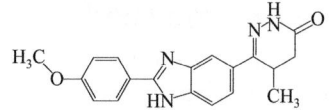

图 9-2　匹莫苯丹的化学结构

大型种犬临床前扩张型心肌病（无症状，经超声心电图诊断伴随左心室收缩末期和舒张末期直径加大）时，匹莫苯丹可延迟犬发生心力衰竭或突然死亡的年龄，并延长犬的存活时间。治疗犬临床前黏液瘤性二尖瓣疾病（无症状的心脏收缩期二尖瓣杂音和心脏增大）时，匹莫苯丹可使心脏体积减小。匹莫苯丹可使犬发生心力衰竭临床症状或心源性死亡的时间延长约 15 个月，同时心脏体积减小，总生存时间延长约 170 天。

（3）**药动学**　犬口服给药绝对生物利用度为 60%～63%，进食时给药或进食后给药可使匹莫苯丹的生物利用度下降，建议给药 1h 后进食。匹莫苯丹的平均血浆蛋白结合率为 93%，易于分布在组织中，分布容积为 2.61L/kg。匹莫苯丹通过氧化去甲基反应形成其主要活性代谢产物，并进一步与葡萄糖醛酸或硫酸结合。本品的血浆消除半衰期为 $(0.4\pm0.1)h$，清除率为 $(90\pm19)mL/(min\cdot kg)$，平均滞留时间 $(0.5\pm0.1)h$。主要活性代谢物的血浆消除半衰期为 $(2.0\pm0.3)h$，几乎全部通过粪便排泄。

在犬中，匹莫苯丹被广泛代谢，超过 90% 的其母体药物和活性代谢物均与血浆蛋白结合。口服给药后对空腹的血流动力学影响在 1h 和持续 8～12h 达到峰值，因此，匹莫苯丹可以为患有急性或失代偿性心力衰竭的犬提供快速的短期支持。

（4）**临床应用**　用于治疗由心脏瓣膜关闭不全（二尖瓣和/或三尖瓣反流）或扩张型心肌病引起的犬充血性心力衰竭；用于大型犬临床前扩张型心肌病（无症状，经超声心动图诊断伴随左心室收缩末期和舒张末期直径加大）的治疗；用于治疗犬临床前黏液瘤性二尖瓣疾病（无症状的心脏收缩期二尖瓣杂音和心脏增大），延缓充血性心力衰竭临床症状的发生。

（5）**安全性**　匹莫苯丹具有出色的安全性，临床数据表明，当与其他常用于治疗犬 CHF 的药物同时给药时，它是安全的。报告的副作用很小，但主要的副作用是咀嚼片制剂的胃肠道不耐受。已知流出道梗阻（如主动脉瓣下狭窄）的犬禁用匹莫苯丹。匹莫苯丹未被批准用于猫。

（6）**不良反应**　极少数患犬中可能发生轻微的心率加快和呕吐，与给药剂量相关，减小剂量后症状可自行消失。极少数患犬可能出现短暂的腹泻、厌食或昏睡；在极少数患犬中可能影响初期止血作用（黏膜出血或皮下出血），目前尚不确定与匹莫苯丹相关，但在停止治疗后可自行恢复；在极少数情况下，治疗犬二尖瓣疾病可能引起二尖瓣反流增加。

（7）**用法用量**　常用剂型为咀嚼片。内服（以匹莫苯丹计）：每 1kg 体重，犬 0.25mg，一日 2 次。对于体重约为 5kg 的犬，早、晚分别给予 1.25mg。对于体重约为 10kg 的犬，早、晚分别给予 2.5mg。对于体重约为 20kg 的犬，早、晚分别给予 5mg。给药 1h 后方可进食。可联合使用利尿剂（如呋塞米），对于充血性心力衰竭患犬可长期持续给药。

米力农（milrinone）

米力农是一种 PDEⅢ抑制剂，具有强心性、促性和血管扩张特性，用于急性失代偿性心力衰竭的短期治疗。米力农最初是在 20 世纪 80 年代在 Sterling Winthrop 研究所合成的。它于 1987 年 12 月 31 日获得 FDA 批准，在停产前由 Sanofi-Aventis US 以商标 PRIMACO® 销售。

（1）**化学结构**　分子式为 $C_{12}H_9N_3O$，分子量为 211.22，结构式见图 9-3。

（2）**药理作用**　米力农为双吡啶类衍生物，能选择性抑制 PDEⅢ活性而提高细胞内 cAMP 含量，兼具正性肌力和血管扩张作用。作用机制一般认为是抑制了 PDEⅢ，cAMP 水平升高可以直接调节正常心肌的收缩性和舒张性，产生正性肌力和正性松弛的作用；平滑肌细胞内 cAMP 增加的结果，则可能刺激肌质网摄钙而使血管平滑肌松弛，血管扩张。米力农在犬体内的半衰期大约是 2h，内服给药 30min 内即能呈现作用，1.5～2h 后作用达到峰值，药效大约持续 6h。

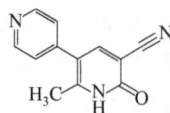

图 9-3　米力农的化学结构

（3）**药效学**　米力农具有正性肌力作用和血管扩张作用，在 100～300ng/mL 的治疗范围内，它还导致外周血管舒张，变时作用最小。因此，米力农用于失代偿性充血性心力衰竭。研究表明，米力农具有 S 型效应，因此将米力农血浆浓度提高到超过一定水平不会导致进一步的血流动力学变化。一般来说，没有数据支持米力农使用超过 48h 的安全性或有效性，应密切监测患者的心功能。此外，由于米力农主要通过肾脏排泄，对于肾功能受损的患畜可能需要调整剂量。

（4）**临床应用**　本品主要用于治疗犬的自发性心力衰竭。有报道，犬应用本药后偶有心室节律障碍。

（5）**安全性**　本品与丙吡胺同用可导致血压过低。此外低血压、心动过速、心肌梗死慎用。

（6）**用法用量**　内服：一次量，每 1kg 体重，犬 0.5～1mg，每日 2 次。

9.1.1.3　血管扩张药

应用血管扩张药可以减轻 CHF 时由神经内分泌反应引起的水、钠潴留和周围血管收缩，并降低心室前、后负荷，在 CHF 的治疗中有利于心脏功能的改善。它们能明显改善难治性 CHF 的治疗效果和预后，本身很少直接产生正性肌力作用。血管扩张药能够改善短期的血流动力学指标和中期的运动耐力，但不能防止 CHF 的发生，可迅速产生耐受性和反射性激活神经内分泌机制等。多数血管扩张药未能降低病死率，是治疗 CHF 的辅助用药。血管扩张药可导致体液潴留而产生耐受性，因此应联合应用利尿药。

肼屈嗪（hydralazine）

（1）**化学结构**　又称肼苯哒嗪。分子式为 $C_8H_8N_4$，分子量为 160.18，化学结构见图 9-4。

（2）**药理作用**　本品能扩张小动脉（阻力血管），降低外周阻力和后负荷，进而改善心功能，增加心输出量，增加动脉供血，缓解组织缺血症状，并可弥补或抵消因小动脉扩张而可能发生的血压下降和冠状动脉供血不足等不利影响，适用于心输出量明显减少而外周阻力增加。盐

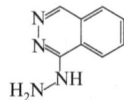

图 9-4　肼屈嗪的化学结构

酸肼屈嗪给犬内服后很快被吸收，1h之内开始出现作用，3～5h后作用达到峰值。该药主要经肝代谢，尿毒症能够影响肼屈嗪的生物转化，故患尿毒症的动物的血药浓度可能会增加。

（3）**临床应用**　本品可用于治疗犬由二尖瓣机能不全引起的超负荷充血性心力衰竭。

（4）**不良反应**　犬使用本品偶发心动过速。由于盐酸肼屈嗪增加心肌的耗氧量，并且可导致心脏的代偿不全，在应用盐酸肼屈嗪和其他的血管扩张剂治疗过程中应当注意监测心率。

（5）**用法用量**　内服。犬，每1kg体重1mg。根据临床状况，剂量可适当上调，但不能超过每1kg体重3mg。中等大小的猫，每1kg体重2.5mg，可适当上调至每1kg体重10mg，每日2次。

（6）**制剂**　盐酸肼屈嗪片。

9.1.1.4　血管紧张素转换酶抑制剂

（1）**药效学**　血管紧张素转换酶（ACE）抑制剂广泛用于治疗犬和猫的慢性CHF。在CHF的发病机制中，蛋白水解酶肾素由肾脏释放并作用于由肝脏产生并分布于血液中的血管紧张素原，产生血管紧张素I。血管紧张素I受到血管紧张素转换酶的作用形成血管紧张素II，血管紧张素II导致Na^+和水滞留，部分通过刺激肾上腺皮质合成和释放醛固酮。血管紧张素II也会引起血管收缩，从而增加全身血管阻力。ACE还会导致缓激肽降解，因此，ACE抑制剂会导致缓激肽水平升高，从而有助于其血管舒张作用。通过抑制血管紧张素II的形成，ACE抑制剂可防止血管收缩并减少Na^+的滞留和CHF动物的水肿。ACE抑制剂是平衡的血管扩张剂，可减少前负荷和后负荷。CHF期间的影响包括降低血管阻力和心脏充盈压以及增加心输出量和运动耐量。然而，ACE抑制剂对降低后负荷只有轻微的作用，不应作为单一疗法用于患有严重全身性高血压（＞160mmHg）的动物。

（2）**药动学**　以依那普利为例，从胃肠道吸收后，依那普利在肝脏中转化为活性代谢物依那普利拉。口服生物利用度约为60％。依那普利拉的血清浓度在3～4h内达到峰值。半衰期约为11h，药效持续12～14h，表明如果需要24h抑制ACE，则需要每12h给药一次。依那普利和依那普利拉的排泄主要通过肾脏，在患有严重CHF（肾灌注减少）或肾功能衰竭的动物中，依那普利/依那普利拉的半衰期延长，因此可能需要减少剂量。与依那普利一样，贝那普利是一种前药，在肝脏中转化为其主要活性代谢物贝那普利拉。贝那普利在犬体内吸收良好，重复给药后口服生物利用度增加约35％。口服贝那普利后，贝那普利拉在血浆中的浓度在1～3h内达到峰值，并迅速分布于全身。贝那普利拉在犬的胆汁和尿液中的排泄量大致相等。终末半衰期约为3.5h。这种联合排泄可以更好地控制先前存在肾功能不全动物的给药剂量；然而，在等效剂量下，贝那普利并不比任何其他ACE抑制剂更具肾脏保护作用。长期服用贝那普利时，剂量从0开始。0.25～1mg/kg在峰值效应（口服给药后2h）和波谷效应（口服给药后24h）时产生难以区分的效果；因此，给药间隔可能长达24h，但贝那普利通常每12h给药一次，以确保全天持续的ACE抑制活性。

（3）**安全性**　ACE抑制剂具有良好的安全性，并已安全地与其他心血管药物（包括利尿剂和匹莫苯丹）联合使用。然而，可能会发生氮质血症，因此需要监测尿素氮（BUN）和肌酐（可能调整剂量）。这种可能的并发症是血管紧张素II介导的肾脏血流自动调节部分丧失的结果。其他可能但罕见的不良反应包括胃肠道紊乱（厌食、呕吐、腹泻）及低血压引起的晕厥、虚弱和共济失调。先前存在的肾脏疾病和脱水会增加不良反应的风险，因此应密切监测具有这些易感条件的动物。咳嗽是这类药物对人的常见不良反应，但在犬或猫中不是公认的问题。

（4）药物相互作用　同时使用 ACE 抑制剂和其他血管扩张剂（如氨氯地平）或利尿剂可能会出现低血压。同时使用保钾利尿剂（如螺内酯）可能导致高钾血症。依那普利和贝那普利与速尿、匹莫苯丹、地高辛、抗心律失常药、β 受体阻滞剂、支气管扩张剂和止咳药合用时似乎是安全的。然而，有人提出同时使用非甾体抗炎药可能会增加不良反应的风险。

（5）临床应用　ACE 抑制剂可用于治疗犬猫由多种疾病引起的 CHF。然而，没有证据表明 ACE 抑制剂可以延缓患有心脏病的无症状动物的 CHF 发作。ACE 抑制剂也经常用于治疗犬猫的全身性高血压（通常与其他动脉扩张剂联合使用）。有点自相矛盾的是，ACE 抑制剂（如贝那普利）已被证明对治疗某些形式的肾脏疾病有益。依那普利在美国被批准用于治疗犬扩张型心肌病（DCM）和肌瘤性二尖瓣变性（MMVD）继发的慢性心力衰竭。除美国外，贝那普利还在多个国家获准用于治疗犬的慢性心力衰竭。

用于治疗犬 CHF 的依那普利和贝那普利的推荐剂量为 $0.25\sim0.5mg/kg$，口服，每天 $1\sim2$ 次。然而，基于半衰期，如果需要连续的 ACE 抑制并且耐受性良好，则建议 12h 的给药间隔。辅助治疗猫 CHF 的推荐剂量为 $0.25\sim0.5mg/kg$，口服，每日 2 次或 $0.5mg/(kg \cdot d)$，口服。当依那普利或贝那普利用于治疗全身性高血压时，使用相似的剂量。然而，依那普利和贝那普利仅具有适度的动脉血管舒张作用，不应用于严重全身性高血压动物的单药治疗。一般而言，无论临床适应证如何，建议从较低剂量开始，在监测肾功能、血清钾和全身血压的情况下增加至最大剂量。如果可以耐受，可以使用更高剂量的贝那普利来治疗某些形式的肾脏疾病（例如，蛋白质丢失性肾小球病）。

（6）常用药物　依那普利、贝那普利、卡托普利等。

（7）制剂　片剂、口服液。

依那普利（enalapril）

依那普利能够降低心力衰竭患犬的肺毛细血管压、心率、平均血压和肺动脉压，能够增加犬的运动能力和降低心力衰竭的严重程度，减轻肺水肿，使机体的状况得到全面改善。根据临床上犬心力衰竭的程度，推荐剂量为每 1kg 体重 $0.5\sim1mg$。若犬在轻微运动后即出现呼吸困难、端坐呼吸、心性咳嗽和肺水肿等迹象，应当控制食物含盐量，首次给药 $2\sim4d$ 后使用利尿剂。

卡托普利（captopril）

卡托普利适用于治疗各种类型高血压，但不宜用于肾性高血压，能够降低试验性心力衰竭患犬血液中醛固酮的浓度及改善自然发生心力衰竭犬的临床状况。充血性心力衰竭患犬，内服剂量为每 1kg 体重 $1\sim2mg$，每日 3 次。

9.1.2　抗心律失常药

当心脏发生自律性异常或冲动传导障碍时，均可引起心动过速、过缓或心律不齐，统称为心律失常。心律失常可分为快速型和缓慢型两类，前者常见的有心房纤维性颤动、心房扑动、房性心动过速、室性心动过速和期前收缩（早搏）等；后者有房室传导阻滞、窦性心动过缓等。缓慢型心律失常可应用阿托品或肾上腺素类药物治疗。虽然有许多药物已被确定可用于治疗快速型心律失常，但在兽医临床应用较多的只有几种药物，本节重点讨论治疗快速型心律失常药物对心率和节律的主要药效学作用。

引起快速型心律失常的原因有两个。①心肌自律性增高，如交感神经兴奋、心肌缺血缺氧、强心苷中毒、低血钾等均可以引起快速型心律失常。②冲动传导障碍，由冲动传导障碍引起的心律失常被认为是伴随折返移动（reentry movement）现象发生的。

抗心律失常药的基本电生理作用是影响心肌细胞膜的离子通道，改变离子流的速率或数量而改变细胞的电生理特性，达到恢复正常心律的目的。其基本作用可概括为以下几方面。

（1）降低自律性　药物通过抑制快反应细胞的 Na^+ 内流或抑制慢反应细胞的 Ca^{2+} 内流，从而降低心肌自律性。药物通过促进 K^+ 外流而增大最大舒张电位，使其远离阈电位，降低自律性。

（2）减少后除极与触发活动　后除极（after-depolarization）的发生与 Ca^{2+} 内流的增多有关，因此钙通道阻滞药（钙通道拮抗剂）对此有效。触发活动（triggered activity）与细胞内 Ca^{2+} 过多和短暂的 Na^+ 内流有关，因此钙通道拮抗剂和钠通道抑制剂对此有效。

（3）改变膜反应性和传导性　增强膜反应性而改善传导或减弱膜反应性而减慢传导都能取消折返移动。对前者，某些促进 K^+ 外流增大最大舒张电位的药物如苯妥英钠有此作用；对后者，某些抑制 Na^+ 内流的药物如奎尼丁有此作用。

（4）改变有效不应期（effective refractory period, ERP）和动作电位时程（action potential duration, APD）　奎尼丁、普鲁卡因胺和胺碘酮能延长 ERP；利多卡因、苯妥英钠能同时缩短 APD 和 ERP，但由于 $\Delta ERP/\Delta APD > 1$，故有效不应期相对延长，减少期前兴奋和取消折返移动而出现抗心律失常疗效。

根据药物的电生理效应和作用机制，可将抗心律失常药分为以下 4 类：

Ⅰ类：钠通道阻滞药，包括奎尼丁、普鲁卡因胺、丙吡胺、利多卡因、苯妥英钠等。

Ⅱ类：β 受体阻断药，如普萘洛尔。

Ⅲ类：延长动作电位时程药，如胺碘酮。

Ⅳ类：钙通道阻滞药，如维拉帕米。

奎尼丁（quinidine）

奎尼丁来源于金鸡纳树皮所含的生物碱，是抗疟药奎宁的右旋体，常用其硫酸盐。奎尼丁是一种用于恢复正常窦性心律、治疗心房颤动和扑动以及治疗室性心律失常的药物。

（1）化学结构　分子式为 $C_{20}H_{24}N_2O_2$，分子量为 324.42，结构式见图 9-5。

（2）药效学　奎尼丁对心脏节律有直接和间接的作用，直接作用是与膜钠通道蛋白结合产生阻断作用，抑制 Na^+ 内流；奎尼丁还具有阿托品样的间接作用。奎尼丁的作用表现主要是抑制心肌兴奋性、传导速率和收缩性，它能延长有效不应期，从而防止折返移动现象的发生并增加传导次数。

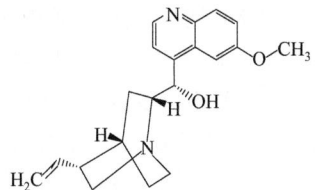

图 9-5　奎尼丁的化学结构

奎尼丁还具有抗胆碱能神经的活性，能降低迷走神经的张力，并促进房室结的传导。

（3）**药动学** 内服、肌内注射均能迅速有效吸收，但内服到达全身循环的数量由于肝脏的首过效应而减少。本品在体内分布广泛。血浆蛋白结合率为 $82\%\sim92\%$。各种动物的表观分布容积差别较大，马 15.1L/kg，牛 3.8L/kg，犬 2.9L/kg，猫 2.2L/kg，可以分布到乳汁和胎盘。奎尼丁大部分在肝进行羟化代谢，约 20% 以原型在给药 24h 后从尿中排出。各种动物的消除半衰期为：马 8.1h，牛 2.3h，山羊 0.9h，猪 5.5h，犬 5.6h，猫 1.9h。

（4）**临床应用** 奎尼丁主要用于小动物或马的室性心律失常的治疗，如不应期室上性心动过速、室上性心律失常伴有异常传导的综合征和急性心房纤维性颤动。据报道，奎尼丁治疗大型犬的心房纤维性颤动比对小型犬的疗效好，这可能与小型犬的病情比较严重有关，也可能与使用不同剂量和给药方法有关。

（5）**不良反应** 犬的胃肠道反应有厌食、呕吐或腹泻，心血管系统可能出现衰弱、低血压和负性心力作用。马可出现消化紊乱、伴有呼吸困难的鼻黏膜肿胀、蹄叶炎、荨麻疹，也可能出现心血管功能失调，包括房室传导阻滞、循环性虚脱，甚至突然死亡，尤其在静脉注射时容易发生。所以最好能做血中药物浓度监测，犬的治疗浓度范围为 $2.5\sim5.0g/mL$，在小于 $10g/mL$ 时一般不出现毒性反应。

（6）**用法与用量** 内服：一次量，每 1kg 体重，犬 $6\sim16mg$，猫 $4\sim8mg$，每日 $3\sim4$ 次，马第 1 天 5g（试验剂量，如无不良反应可继续治疗），第 2 天、第 3 天 10g（每日 2 次），第 4 天、第 5 天 10g（每日 3 次），第 6 天、第 7 天 10g（每日 4 次），第 8 天、第 9 天 10g（每 5h 一次），第 10 天以后 15g（每日 4 次）。

（7）**制剂** 硫酸奎尼丁片。

普鲁卡因胺（procainamide）

（1）**化学结构** 是普鲁卡因以酰胺键取代酯键的产物。结晶性粉末。pK_a 为 9.23，盐酸盐易溶于水，溶于乙醇。分子式为 $C_{13}H_{21}N_3O$，分子量为 235.33，结构式见图 9-6。

（2）**药效学** 对心脏的作用与奎尼丁相似而较弱，能延长心房和心室的不应期，减弱心肌兴奋性，降低自律性，减慢传导速度，抗胆碱作用也较奎尼丁弱。

（3）**药动学** 内服给药在肠吸收，食物或降低胃内 pH 均可延缓吸收。犬吸收半衰期为 0.5h，生物利用度约 85%，但个体差异大。可很快分布于全身组织，较高浓度发现于脑脊液、肝、脾、肾、肺、心和肌肉，表观分布容积约为 $1.4\sim3L/kg$。犬的蛋白结合率为 15%。能穿过胎盘并进入乳汁。部分在肝代谢，犬有 $50\%\sim75\%$ 以原型从尿液排出，犬的消除半衰期为 $2\sim3h$。

图 9-6 普鲁卡因胺的化学结构

（4）**临床应用** 适用于室性早搏综合征、室性或室上性心动过速的治疗，临床报道本品控制室性心律失常比控制房性心律失常效果好。

（5）**不良反应** 与奎尼丁相似。静脉注射速度过快可引起血压显著下降，故最好能监测心电图和血压。肾衰患病动物应适当减少剂量。

（6）**用法与用量** 内服：犬，一次量，每 1kg 体重 $8\sim20mg$，每日 4 次。静脉注射：犬，一次量，每 1kg 体重 $6\sim8mg$（在 5min 内注完）。然后改为肌内注射，一次量，每 1kg 体重 $6\sim20mg$，每 $4\sim6h$ 一次。肌内注射：马，每 1kg 体重 0.5mg，每 10min 一次，直至总剂量为每 1kg 体重 $2\sim4mg$。

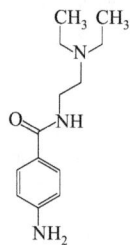

（7）**制剂** 盐酸普鲁卡因胺片。

丙吡胺（disopyramide）

（1）**化学结构** 分子式为 $C_{21}H_{29}N_3O$，分子量为339.4745，结构式见图9-7。

（2）**药理作用** 作用与普鲁卡因胺、奎尼丁相似，主要对室性原发性心律不齐有效。本品极易吸收，代谢迅速，犬的半衰期仅为 2~3h。不良反应主要呈现较强的类阿托品样作用，使室性心率增加。

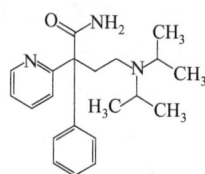

图 9-7 丙吡胺的化学结构

（3）**用法与用量** 内服：一次量，每 1kg 体重，犬 6~15mg，每日 4 次。

（4）**制剂** 丙吡胺片。

9.2

促凝血药和抗凝血药

血液凝固系统与血纤维蛋白溶解系统的存在是血液中的一种对立统一机制。维持血液系统的完整功能不仅需要有凝血的能力，即当血管受伤时能激活血液中的凝血因子而立即止血；同时也应该有抗凝血的能力，当血管的出血停止以后能清除凝血的产物，这就是血纤维蛋白溶解系统。血液中的这两个系统经常处于动态平衡，保证了血液循环的畅通，所以这也是机体的一种保护机制。

9.2.1 止血药

止血药是指能促进血液凝固或影响小血管壁正常结构的收缩功能制止出血的药物。止血药是能治疗出血性疾病与创伤性出血的常用药物。根据其作用特点不同可分为以下三类：①影响凝血因子的止血药，如维生素 K 和酚磺乙胺。②抗纤维蛋白溶解的止血药，如 6-氨基己酸、氨甲苯酸、氨甲环酸。③作用于血管的止血药，如安特诺新。

维生素 K（vitamin K）

维生素 K 广泛存在于自然界，是一类具有甲萘醌基结构的化学物质。天然的有两种形式：维生素 K_1 存在于各种植物，维生素 K_2 由肠道细菌（如大肠杆菌）合成。它们都是脂溶性，所以吸收需要胆汁协助。还有人工合成的类似物维生素 K_3 和维生素 K_4 都是水溶性，吸收不需胆汁协助。

（1）**药效学** 维生素 K 是肝脏合成凝血因子 Ⅱ、Ⅶ、Ⅸ、Ⅹ 的必需因子，它参与这些因子的无活性前体物形成活性产物的羧化作用。缺乏维生素 K 可导致这些因子的合成障碍，引起出血倾向或出血。因此，这些因子称为维生素 K 依赖因子。

（2）**药动学**　单胃动物内服维生素 K 后可经肠淋巴系统吸收，但只有在胆盐存在下才能吸收。食物中的脂肪可使吸收率大大增加，犬在给药同时喂予罐头食物可使相对生物利用度增加 4～5 倍。天然和人工合成的维生素 K 肌内注射均能迅速吸收。一般 1～2h 起效，3～6h 止血效果明显，12～14h 后凝血时间恢复正常。维生素 K 吸收后在肝脏浓集很短时间，但不在肝脏或其他组织储存。在肝脏被微粒体酶迅速氧化为 2,3-环氧化物，然后生成极性更强的羧酸，再与葡萄糖醛酸结合从胆汁和尿液排出。人工合成的维生素 K 在肝脏还原成氢醌型，与葡萄糖醛酸和硫酸结合后排出。

（3）**临床应用**　①治疗维生素 K 缺乏症。家禽由于生长迅速容易发生；妊娠、哺乳期雌性动物也可出现。此外，胆汁分泌障碍、肠道炎症可导致脂肪消化吸收不良，也可诱发本病。②治疗出血性疾病。反刍动物饲喂甜苜蓿引起双香豆素类中毒和磺胺喹噁啉中毒，均可用维生素 K 治疗。其他出血性疾病在对因治疗的同时，可用维生素 K 做辅助治疗，如家禽患球虫病排血便时可用本品配合治疗。

（4）**药物相互作用**　①本品与一些药物有配伍禁忌，与苯妥英钠混合 2h 后出现颗粒沉淀，与维生素 C、维生素 B_{12}、右旋糖酐混合易出现浑浊。②大剂量或超剂量使用可加重肝损伤。③本品与双香豆素类抗凝剂合用，作用相互抵消。水杨酸类、磺胺、奎宁、奎尼丁也影响维生素 K_1 的效果。

（5）**用法用量**　肌内、静脉注射：一次量，每 1kg 体重，大家畜 0.5～2.5mg，犊牛 1mg，犬、猫 0.2～2mg。静脉注射时宜缓慢，用生理盐水稀释，成年家畜每分钟不超过 10mg，幼龄动物不超过 5mg。混饲：每 1000kg 饲料，雏禽 400mg，产蛋鸡、种鸡 2000mg。

（6）**制剂**　维生素 K_1 注射液、维生素 K_3 注射液、维生素 K_4 片。

酚磺乙胺（etamsylate）

酚磺乙胺又称止血敏，具有止血作用。

（1）**药效学**　酚磺乙胺能增加血小板数量，并增强血小板的聚集和黏附力，促进血小板释放凝血活性物质，缩短凝血时间，加速血块收缩。此外，尚有增强毛细血管抵抗力、降低其通透性，减少血液渗出等作用。

（2）**药动学**　本品止血作用迅速，静脉滴注后 1h 作用达高峰，药效可维持 4～6h。

（3）**临床应用**　用于各种出血，如内脏出血、手术后出血等的止血，亦可与其他止血药（如维生素 K）并用。

（4）**用法与用量**　肌内、静脉注射，一次量，马、牛 1.25～2.5g，羊、猪 0.25～0.5g。

（5）**药物相互作用**　①右旋糖酐抑制血小板聚集，延长出血及凝血时间，可能产生拮抗作用。②本品可与维生素 K 注射液混合使用，但不可与氨基己酸注射液混合注射。外科手术出血，应在术前 15～30min 用药。

（6）**不良反应**　本品毒性低，可引起恶心、呕吐、皮疹和暂时性低血压等症状，有的动物静脉注射后发生过敏性休克。

（7）**制剂**　酚磺乙胺注射液。

氨甲苯酸与氨甲环酸（p-aminomethylbenzoic acid and transamic acid）

氨甲苯酸又称止血芳酸，氨甲环酸又称凝血酸。

（1）**药理作用**　氨甲苯酸和氨甲环酸都是纤维蛋白溶解抑制剂，它们具有能竞争性对抗纤溶酶原激活因子的作用，使纤溶酶原不能转变为纤溶酶，从而抑制纤维蛋白的溶解，呈现止血作用。此外，还有抑制链激酶和尿激酶激活纤溶酶原的作用。氨甲环酸的作用比氨甲苯酸略强。

（2）**临床应用**　临床上主要用于治疗纤维蛋白溶酶活性升高引起的出血，如产科出血，肝、肺、脾等内脏手术后的出血，因为子宫、卵巢等器官、组织中有较高含量的纤溶酶原激活因子。对纤维蛋白溶解活性不增高的出血则无效，故一般出血不要滥用。

（3）**用法用量**　静脉注射：一次量，马、牛 0.5～1g，猪、羊 0.5～0.2g。以 1～2 倍量的葡萄糖注射液稀释后，缓慢静脉注射。

（4）**制剂**　氨甲苯酸注射液、氨甲环酸注射液。

安特诺新（adrenosin）

安特诺新又称安络血。本品是肾上腺素缩氨脲与水杨酸钠生成的水溶性复合物，易溶于水。

（1）**药理作用**　主要作用于毛细血管，其作用可能是减慢 5-HT 的分解，从而促进毛细血管收缩，降低毛细血管通透性，增强断裂毛细血管断端的回缩作用。本品是肾上腺素氧化衍生物，无拟肾上腺素作用，因而不影响血压和心率。

（2）**临床应用**　安特诺新常用于由毛细血管损伤或通透性增高引起的出血，如鼻出血、血尿、产后出血、手术后出血等。

（3）**药物相互作用**　①抗组胺药、抗胆碱药的扩张血管作用可影响本品的止血效果。②本品忌与四环素类药物混合给药。③本品为橘红色澄明液体，变成棕红色时不能再用。

（4）**用法用量**　肌内注射：一次量，马、牛 5～20mL，猪、羊 2～4mL。每日 2～3 次。

（5）**制剂**　安特诺新注射液。

9.2.2　抗凝血药

抗凝血药（anticoagulants）是通过干扰凝血过程中某一或某些凝血因子，延缓血液凝固时间或防止血栓形成的药物。一般将其分为 4 类：①主要影响凝血酶和凝血因子形成的药物，如肝素和香豆素类，主要用于体内抗凝。②体外抗凝血药，如枸橼酸钠，用于体外血样检查的抗凝。③促进纤维蛋白溶解药，对已形成的血栓有溶解作用，如链激酶、尿激酶、组织纤溶酶原激活剂等，主要用于急性血栓性疾病。④抗血小板聚集药，如阿司匹林、氯吡格雷、右旋糖酐等，主要用于预防血栓形成。

9.2.2.1　主要影响凝血酶和凝血因子形成的药物

肝素（heparin）

肝素因首先从肝脏发现而得名，天然存在于肥大细胞，现主要从牛肺或猪小肠黏膜提取。

（1）**理化性质**　肝素是一种由葡萄糖胺、L-艾杜糖醛酸、N-乙酰葡萄糖胺和 D-葡萄糖醛酸交替组成的黏多糖硫酸酯。制剂分子量为 1200～40000（平均 15000）。其抗血栓与抗凝血活性与分子量大小有关。肝素具有强酸性，并高度带负电荷。

（2）**药理作用**　肝素能作用于内源性和外源性凝血途径的凝血因子，所以在体内或体外均有抗凝血作用，对凝血过程中的每一步几乎都有抑制作用。静脉快速注射后，其抗凝作用可立即发生，但皮下注射则需要1～2h后才起作用。

肝素的抗凝机制取决于正常存在于血浆的抗凝血酶Ⅲ（antithrombinⅢ，AT Ⅲ）。AT Ⅲ是凝血酶和凝血因子Ⅹ（Ⅹa）的抑制剂。低浓度的肝素就可与AT Ⅲ发生可逆性结合，引起AT Ⅲ分子的结构变化，导致对各种激活的凝血因子的抑制作用显著增强，尤其对凝血酶和凝血因子Ⅹ，灭活速率可增强2000～10000倍。灭活后，肝素从复合物解离，并可继续起作用。肝素在分子水平上抑制凝血因子Ⅹ的能力是依赖于一种特殊的戊糖序列，它能被提取为平均分子量5000的片段（低分子量肝素），这种片段太短，只能抑制Ⅹa，不能抑制凝血酶，抑制凝血酶是常规肝素（平均分子量15000）的主要作用。在血液循环中形成的纤维蛋白能与凝血酶结合，并阻止凝血酶被肝素-AT Ⅲ复合物灭活，这可能是停止血栓扩大比防止血栓形成需要较高剂量肝素的原因。

肝素还能与血管内皮细胞壁结合，传递负电荷，影响血小板的聚集和黏附，并增加纤溶酶原激活因子的水平。

（3）**药动学** 肝素的药动学很复杂，内服不吸收，只能注射给药，给药后大部分肝素与内皮细泡、巨噬细胞和血浆蛋白发生紧密结合，成为其储库，不能穿过胎盘也不进入乳汁。一旦这些储库饱和，血浆中游离的肝素便缓慢通过肾排泄。部分肝素在肝脏和网状内皮系统代谢，低分子量者比高分子量者清除慢。所有这些因素造成肝素的药动学在不同个体间存在很大差异。其清除半衰期差异也很大，并取决于给药剂量和途径，皮下注射时缓慢释放吸收，静脉注射则有很高的初始浓度，但半衰期短。在健康犬皮下注射后，生物利用度约50％。犬皮下注射给药200U/kg，血浆肝素浓度可在治疗范围内维持1～6h。

（4）**临床应用** ①主要用于治疗马和小动物的弥散性血管内凝血。②治疗血栓栓塞性或潜在的血栓性疾病，如肾病综合征、心肌疾病等。③低剂量给药可用于减少心丝虫杀虫药治疗的并发症和预防性治疗马的蹄叶炎。④体外血液样本的抗凝血。

（5）**不良反应** 过度的抗凝血可导致出血；不能做肌内注射，可形成高度血肿；马连续应用几天可引起红细胞的显著减少。肝素轻度过量，停药即可，不必做特殊处理，如因过量发生严重出血，除停药外，还需注射肝素特效解毒剂鱼精蛋白。

鱼精蛋白为低分子量蛋白质，具强碱性，通过离子键能和肝素形成稳定的复合物，使肝素失去抗凝活性。每1mg鱼精蛋白可中和100U肝素，一般用1％硫酸鱼精蛋白注射液缓慢静脉注射。

（6）**注意事项** 有下列情况的患病动物禁用本品：①对肝素过敏；②严重的凝血障碍；③有肝素诱导血小板减少症病史；④活动性消化道溃疡；⑤急性感染性心内膜炎。

（7）**用法用量** ①高剂量方案（治疗血栓栓塞症）：静脉或皮下注射，一次量，每1kg体重，犬150～250U，猫250～375U，3次/d。②低剂量方案（治疗弥散性血管内凝血）：静脉或皮下注射，一次量，每1kg体重，马25～100U，小动物75U。

（8）**制剂** 肝素钠注射液。

华法林（warfarin）

华法林又称苄丙酮香豆素，属香豆素类抗凝剂。

（1）**药动学** 猫内服本品后迅速吸收。猫的蛋白结合率超过96％，但有很大的种属差异。马比绵羊或猪有较高的游离药物浓度。主要在肝进行羟基化而失去活性，通过尿和胆汁排泄。血浆半衰期取决于种属和患病动物，几小时到几天不等。在猫体内，S-对映体的半衰期为 23～28h，R-对映体为 11～18h。

（2）**药理作用** 华法林通过干扰维生素 K_1 合成凝血因子 Ⅱ、Ⅶ、Ⅸ、Ⅹ 而起间接的抗凝作用，其作用机制是能阻断维生素 K 环氧化物还原酶的作用，阻止了维生素 K 环氧化物还原为氢醌型维生素 K，从而不能合成凝血因子。因此，本品的特点是体外没有作用，体内作用发生慢，一般在给药 24～48h 后才出现作用，最大效应在 3～5d 内产生，停止给药后，作用仍可持续 4～14d。足量的维生素 K_1 能逆转华法林的作用。

（3）**临床应用** 临床上主要内服用于血栓性疾病的长期治疗（或预防），通常用于犬、猫或马。

（4）**药物相互作用** 华法林在体内可与许多药物发生相互作用，与影响维生素 K 合成、改变华法林蛋白结合率和诱导或抑制肝药酶的药物同时服用，均可增强或减弱其作用。增强其作用的药物主要有保泰松、肝素、水杨酸盐、广谱抗生素和同化激素；减弱其作用的药物主要有巴比妥类、水合氯醛、灰黄霉素等。

（5）**不良反应** 本类药物的副作用是可能引起出血，因此要定期做凝血酶原试验，根据凝血酶原时间调整剂量与疗程，当凝血酶原的活性降到 25％ 以下时，必须停药。

（6）**注意事项** 过量应用容易引起各种出血，如皮下出血、器官出血、消化道和泌尿道出血、伤口出血等。

（7）**用法用量** 内服。一次量，马每 450kg 体重 30～75mg，犬、猫每 1kg 体重 0.1～0.2mg。每日 1 次。

（8）**制剂** 华法林钠片。

9.2.2.2 体外抗凝血药

枸橼酸钠（sodium citrate）

钙离子参与凝血过程每一个步骤，其缺乏时血液便不能凝固。枸橼酸钠与血浆中钙离子形成一种难解离的可溶性复合物——枸橼酸钠钙，使血浆钙离子浓度迅速降低而产生抗凝血作用。

本品用于体外抗凝血，如检验血样的抗凝和输血的抗凝（每 100mL 全血加入 2.5％ 橼酸钠溶液 10mL）。输血时，若枸橼酸钠用量过大，可引起血钙过低，导致心功能不全，遇此情况，可静脉注射钙剂以防治低血钙症。

枸橼酸钠一般配成 2.5％～4％ 溶液使用，若供输血用时必须按注射剂要求配制。

9.2.2.3 纤维蛋白溶解药

纤维蛋白溶解药可使纤维蛋白溶酶原转变为纤维蛋白溶解酶，后者迅速水解纤维蛋白和纤维蛋白原，导致血栓溶解，故纤维蛋白溶解药又称血栓溶解药。链激酶和尿激酶均为纤维蛋白溶解药。

链激酶（streptokinase）

（1）**药理作用** 链激酶是由乙型溶血性链球菌培养液中提得的一种非酶性蛋白质，分子量约为 4.7×10^5。现已用基因工程方法制备出重组链激酶（recombinant streptokinase）。链激酶溶解血栓的机制是与内源性纤溶酶原结合形成 SK-纤溶酶原复合物，促使纤溶酶原转变为纤溶酶，纤溶酶迅速水解血栓中纤维蛋白，导致血栓溶解。

（2）**药动学** 静脉注射的药物，在体内分布广泛。主要从肝脏经胆道排出，仍保留生物活性。

（3）**临床应用** 临床上注射给药可用于容易引起血栓的疾病的防治。

（4）**用法用量** 静脉注射或肌内注射：大动物，一次量，每 45kg 体重，5000～10000U/d，每日 1～2 次；小动物每天总量不超过 5000～10000IU，持续用药 5d。

尿激酶（urokinase）

（1）**药理作用** 尿激酶是从人尿中分离得来的一种糖蛋白，也可由基因重组技术制备，分子量约为 5.3×10^4。尿激酶可直接激活纤溶酶原使之转变为纤溶酶。本品对纤维蛋白无选择性，既可以裂解凝血块表面的纤维蛋白，也可以裂解血液中游离的纤维蛋白原。此外，尿激酶还能促进血小板凝集，这是其缺点。

（2）**临床应用** 可用于预防犬术后腹膜粘连。

（3）**用法用量** 腹腔注射：一次量，犬每 1kg 体重 5000～10000IU。

9.2.2.4 抗血小板聚集药

阿司匹林（aspirin）

（1）**化学结构** 分子式为 $C_9H_8O_4$，分子量为 180.16，结构式见图 9-8。

（2）**药理作用** 阿司匹林又称乙酰水杨酸（acetylsalicylic acid），是一种常用的抗血小板聚集药物，对血小板环氧合酶有不可逆的抑制作用。阿司匹林能使环氧合酶乙酰化，从而减少血小板聚集。类花生酸中较重要的物质是前列环素（PGI_2）和血栓素 A_2（TA_2）。PGI_2 具有较强的抗血小板聚集和松弛血管平滑肌的作用，而 TA_2 是强大的血小板释放及聚集的诱导物，是 PGI_2 的生理拮抗物，可直接诱发血小板释放二磷酸腺苷（ADP），进一步加速血小板的聚集过程。PGI_2 合成减少可能促进凝血及血栓形成，小剂量阿司匹林即可显著降低 TA_2 水平，而对 PGI_2 的合成无明显影响。阿司匹林通过抑制 TA_2 的合成影响血小板聚集，抗血栓形成。

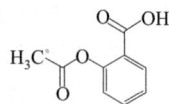

图 9-8　阿司匹林的化学结构

（3）**药动学** 阿司匹林内服后，单胃动物可在胃和近端小肠迅速吸收，牛的吸收较慢，但内服约有 70％剂量被吸收。吸收后广泛分布于全身，血浆蛋白结合率在不同种属动物为 70％～90％。阿司匹林在胃肠道水解产生水杨酸盐和乙酸。水杨酸盐在肝脏与葡萄糖醛酸结合，从肾脏排泄。有的动物如猫，葡萄糖醛酸转移酶相对缺乏，能延长阿司匹林的半衰期，导致药物蓄积甚至中毒。

（4）**临床应用** 抗血栓。

（5）**安全性** 阿司匹林是一种有效的血小板活性抑制剂，必须在阿司匹林对血小板活性的影响消失之前产生新的血小板。在较高剂量下，阿司匹林会抑制前列环素，这是一种前列腺素产品，可抵消血栓素的血栓形成作用。因此，必须谨慎使用阿司匹林以发挥其抗血小板作用。

（6）**注意事项** 下列患病动物禁用：①对阿司匹林过敏；②急性胃肠道溃疡；③严重的肝、肾、心力衰竭。

（7）**用法用量** 内服。一次量，每 1kg 体重，犬 5～10mg，每 24～48h 一次；猫 25mg，每 48～72h 一次。

（8）**制剂** 阿司匹林片。

氯吡格雷（clopidogrel）

氯吡格雷是一种抗血小板聚集药物，用于预防外周血管疾病、冠状动脉疾病和脑血管疾病中的血栓形成。氯吡格雷于 1997 年 11 月 17 日获得 FDA 批准。

（1）**化学结构**　分子式为 $C_{16}H_{16}ClNO_2S$，分子量为 321.82，结构式见图 9-9。

（2）**药理作用**　氯吡格雷是一种前药，必须经过肝脏代谢才能产生其活性代谢物。作用机制是通过不可逆地抑制血小板细胞膜上的 ADP 受体，而抑制血小板聚集。也可抑制非 ADP 引起的血小板聚集。对猫的研究表明，它在广泛的剂量范围内具有显著的抗血小板药物活性。它对不能耐受阿司匹林的动物特别有用。

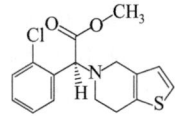

图 9-9　氯吡格雷的化学结构

（3）**药动学**　口服吸收迅速，血浆中蛋白结合率为 98%，在肝脏代谢，主要代谢产物无抗血小板聚集作用。口服后，氯吡格雷被肠黏膜吸收，这一过程在一定程度上受到 P-糖蛋白（P-gP）分子跨肠上皮细胞膜的转运的抑制。大约 15% 的前药在肝脏中被药酶 CYP1A2、CYP2B6 和 CYP2C19 氧化成 2-氧代-氯吡格雷。然后通过 CYP2B6、CYP2C9、CYP2C19 和 CYP3A4 将其转化为氯吡格雷的活性代谢物。剩余 85% 的前药被酯酶特别是肝羧酸酯酶 1（CES1）水解，成为无活性羧酸衍生物。

（4）**临床应用**　是一种抗血栓剂，用于治疗小动物自身免疫溶血性贫血和猫主动脉/肺血栓栓塞症。抑制原发性和继发性血小板聚集。这些作用比阿司匹林诱导的作用更有效。氯吡格雷还抑制血小板释放反应，减少促聚集剂和血管收缩剂的释放。不良反应很少见，但可能使多达 10% 的猫呕吐；与食物一起服用药物似乎可以改善这种情况。一项多中心、随机、前瞻性研究显示，在患有心源性动脉血栓栓塞的猫中，与阿司匹林相比，氯吡格雷与延长生存时间显著相关。氯吡格雷组动脉血栓栓塞复发或死亡的时间大于 365 天，而阿司匹林组为 192 天。因此，目前建议有动脉血栓栓塞风险的猫使用氯吡格雷代替阿司匹林。

（5）**不良反应**　猫对氯吡格雷的耐受性通常很好。最常见的副作用是恶心和厌食。这些副作用可以通过与食物一起服用来减轻。

（6）**药物相互作用**　①氯吡格雷与阿司匹林和肝素（包括低分子量肝素）一起使用，应考虑增加大出血的风险。②氯吡格雷可能会干扰非甾体抗炎药、苯妥英、托拉塞米和华法林的代谢。③当氯吡格雷与非甾体抗炎药、华法林和阿司匹林一起使用时，出血风险可能会增加。

（7）**用法用量**　犬，快速起效负荷剂量（90min）10mg/kg，口服（一次）；1～2mg/(kg·d)，口服（长期）。猫，18.75mg/(kg·d)，口服。

（8）**制剂**　氯吡格雷硫酸氢盐片。

9.3

抗贫血药

抗贫血药是指能增进机体造血机能、补充造血必需物质、改善贫血状态的药物。血液由几种不同类型的细胞组成，包括红细胞、白细胞和血小板。90% 以上的血细胞为红细胞，其所含血红蛋白的主要功能是从肺携带氧到全身组织。当单位容积循环血液中的红细胞数和血红蛋白量长期低于正常值时，便称为贫血。由其引起的病理生理学问题主要是组织供氧不足，所以贫血是一种综合症状，并不是独立的疾病。

临床上按其病因和发病原理，把贫血分为4种：出血性贫血、溶血性贫血、营养性贫血（红细胞性贫血）和再生障碍性贫血。治疗时应先查明原因，首先进行对因治疗，抗贫血药只是一种补充疗法。

9.3.1 铁制剂

临床上常用的铁制剂（iron preparation），内服的有硫酸亚铁（ferrous suflate）、富马酸亚铁（ferrous fumarate）和枸橼酸铁铵（ammonium ferric citrate），注射的有右旋糖酐铁（iron dextran）。

（1）药理作用 铁是构成血红蛋白的必需物质，红细胞的携氧能力决定于血红蛋白含量。进入机体内的铁约60%用于构成血红蛋白，同时亦是肌红蛋白、细胞色素、血红素酶和金属黄素蛋白酶（如黄嘌呤氧化酶等）的重要成分。因此，铁缺乏不仅引起贫血，还可影响其他生理功能。

在正常情况下，成年动物不会缺铁。但在生长发育、妊娠和某些缺铁性贫血情况下，铁的需要量增加，缺铁不但使哺乳幼龄动物的生长发育受阻，而且还会使动物对疾病的易感性增加。这时必须应用铁制剂，满足机体对铁的需要。

（2）药动学 铁是血红蛋白形成所必需的。它可以在饮食中以血红素形式（占总量的一小部分但容易吸收）或非血红素形式存在。非血红素形式的吸收受到饮食的深刻影响。铁从近端空肠吸收，在那里它立即在肠细胞中与转铁蛋白结合。它以这种形式在血浆中运输，但结合松散，铁很容易转移到组织中。铁通过与转铁蛋白相互作用的特定受体进入细胞。在细胞中，铁与去铁蛋白结合形成铁蛋白，即铁的可溶性储存形式。少量也以不溶性含铁血黄素的形式储存，当体内铁的总量远远超过去铁蛋白所能容纳的量时，这种储存形式的数量就会增加。除了通过胃肠道外，没有其他机制可以排泄铁。胃肠道的铁消除是通过含有铁的肠细胞的脱落、胆汁的消除和尚未吸收的膳食铁的消除而发生的。

注射用铁剂肌内注射后，3天内吸收至淋巴系统，这个过程主要由巨噬细胞完成。部分右旋糖酐铁与注射部位的结缔组织细胞结合，而成为很少可供利用的铁储库。右旋糖酐铁进入血液，然后很快分布于全身网状内皮细胞，在细胞内从多糖解离出游离铁。右旋糖酐一部分代谢为葡萄糖，大部分通过尿排泄，游离铁则进入血液与去铁蛋白结合。正常情况下，血浆中的铁浓度为100μg/mL。内服或注射进入循环中的铁主要有两条去路：一种是进入骨髓供造血需要，另一种是进入肝脏、脾等的网状内皮细胞中以铁蛋白和含血铁黄素形式储存于网状内皮细胞内，主要是肝、脾和骨髓内。衰老的红细胞崩解后可利用的铁（内源性铁）也储存于这些组织，新降解的血红蛋白的铁则用于生成红细胞。动物体内铁的排泄量很小，主要通过上皮脱落及胆汁、尿、粪便和汗液排泄。

（3）临床应用 铁制剂主要应用于缺铁性贫血的治疗和预防。临床上猪常见的缺铁性贫血有两种：一种是哺乳仔猪贫血，另一种是慢性失血性贫血（如吸血寄生虫的严重感染）。哺乳仔猪贫血是临床常见的疾病，仔猪出生时铁储存量较低（每头45～50mg），母乳能供应日需要量（生长迅速的仔猪日需要量约 7mg）的 1/7（约 1mg），如果不给予额外的补充，则 2~3 周内就可发生贫血，并且贫血使仔猪对腹泻的易感性增高。新生仔猪可在 2~4 日龄时以单次肌内注射（100mg）的形式给予右旋糖酐铁。成年家畜贫血多内服铁制剂如硫酸亚铁治疗。

（4）**药物相互作用** ①本品与维生素 C 同服，有利于吸收；②本品与磷酸盐类、四环素类及鞣酸等同服，可妨碍铁的吸收；③本品可减少喹诺酮类药物的吸收。

（5）**不良反应** 铁盐可与许多化学物质发生反应，故不宜与其他药物同时内服给药，如硫酸亚铁与四环素同服可发生螯合作用，使两者吸收均减少。

使用过量铁剂，尤其注射给药，可引起动物中毒。仔猪铁中毒的临床症状表现为皮肤苍白、黏膜损伤、粪便发黑、腹泻带血、心搏过速、呼吸困难和嗜睡，严重者可发生休克。也有牛使用大剂量铁制剂发生中毒死亡的报道。所以应用铁制剂时，必须避免体内铁过多，因为动物没有铁排泄或降解的有效机制。

（6）**注意事项** ①患肝炎、急性感染、肠道炎症等的动物慎用；②胃与肠道溃疡的患病动物忌用。

（7）**用法用量** ①右旋糖酐铁注射液：肌内注射，一次量，驹、犊 200~600mg，仔猪 100~200mg，幼犬 20~200mg，狐狸 50~200mg，水貂 30~100mg。②富马酸亚铁：内服，一次量，马、牛 2~5g，羊、猪 0.5~1g。③硫酸亚铁：内服，一次量，马、牛 2~10g，羊、猪 0.5~3g，犬 0.05~0.5g，猫 0.05~0.1g。临用前配成 0.2%~1% 溶液。

（8）**制剂** 右旋糖酐铁注射液，硫酸亚铁片。

9.3.2 维生素 B$_{12}$

（1）**药理作用** 维生素 B$_{12}$ 对 DNA 合成至关重要。缺乏会导致抑制核成熟和分裂。骨髓中的红细胞成熟停滞导致巨幼细胞性贫血或恶性贫血。维生素 B$_{12}$ 又叫钴胺素，是一种含有 3 价钴的多环化合物，4 个还原的吡咯环连在一起形成 1 个咕啉大环。高等动植物不能制造维生素 B$_{12}$，自然界中的维生素 B$_{12}$ 都是微生物合成的。维生素 B$_{12}$ 的饮食缺乏很少见，缺乏通常是由胃肠道吸收不良所致。

（2）**药动学** 维生素 B$_{12}$ 的吸收很复杂，食物中的维生素 B$_{12}$ 与蛋白质相结合，进入消化道后，在胃酸、胃蛋白酶及胰蛋白酶的作用下，维生素 B$_{12}$ 被释放，并与胃黏膜细胞分泌的糖蛋白内因子（IF）结合形成复合物。该复合物与回肠黏膜细胞微绒毛上的受体结合后，进入肠黏膜细胞，再吸收入血。维生素 B$_{12}$ 在血浆中与转钴胺素结合。它大量储存在肝脏中，并根据需要缓慢释放。它被排泄到胆汁中，但经历肝肠循环。

（3）**临床应用** 治疗指征仅限于维生素 B$_{12}$ 吸收不良的病例，例如回肠切除术、胃切除术或吸收不良综合征（如胰腺外分泌功能不全）病例。H$_2$ 受体阻滞剂（西咪替丁、雷尼替丁、法莫替丁）的慢性给药也可导致维生素 B$_{12}$ 缺乏，因为酸性环境对其吸收是必需的。

（4）**用法用量** 犬，100~200μg/d，口服或皮下注射；猫，50~100μg/d，口服或皮下注射，可用氰钴胺的口服和肠胃外制剂。

9.3.3 叶酸

（1）**药理作用** DNA 和 RNA 合成需要叶酸（folic acid）。叶酸缺乏可引起巨幼细胞性贫血。饮食中叶酸的来源包括酵母、肝脏、肾脏和绿色蔬菜，尽管它也可以由微生物合成。叶酸储存在肝脏中，但不像维生素 B_{12} 那样容易储存。由于叶酸每天都会被分解代谢过程破坏，因此在饮食不足的情况下血清叶酸水平会迅速下降。

（2）**临床应用** 用于治疗因使用特定药物，如甲氨蝶呤、强效磺胺药、一些抗惊厥药（扑米酮和苯妥英）或者是肝病、吸收不良或其他慢性衰弱性疾病而导致的摄入不足。

（3）**用法用量** 犬，5mg/d，口服；猫，2.5mg/d，口服。可用口服和非肠道制剂。

9.3.4 促红细胞生成素

（1）**药理作用** 促红细胞生成素（erythropoietin，EPO）是由肾皮质近曲小管管壁细胞分泌的由 166 个氨基酸组成的蛋白质，在贫血或低氧血症时，肾脏合成和分泌 EPO 迅速增加。EPO 能刺激红系干细胞生成，促进红细胞成熟，使网织红细胞从骨髓中释放出来以及提高红细胞抗氧化功能，从而增加红细胞数量并提高血红蛋白含量。EPO 与红系干细胞表面上的 EPO 受体结合，导致细胞内磷酸化及 Ca^{2+} 浓度增加。

（2）**临床应用** 用于治疗中度贫血动物。

（3）**注意事项** ①合并感染患病动物宜控制感染后再使用本品；②患病动物在治疗期间若出现铁需求增加，应适当补充铁剂；③叶酸或维生素 B_{12} 不足会降低本品效果。

（4）**不良反应** EPO 引起的不良反应有呕吐、注射部位不适、皮肤过敏反应，较少引起急性过敏反应。严重反应时产生抗 EPO 抗体，可引起威胁生命的贫血症，在病马方面已有报道。

（5）**用法用量** 皮下注射，一次量，每 1kg 体重 100U，初期，每周 3 次，应用 2～3 周；红细胞压积（PCV）达到正常之后，每周减为 2 次或 1 次。如果在 8～12 周后 PCV 还未达到正常值，剂量可增至每 1kg 体重 125～150U。

主要参考文献

[1] Hogan D F, Andrews D A, Green H W, et al. Antiplatelet effects and pharmacodynamics of clopidogrel in cats[J]. J Am Vet Med Assoc 2004, 225（9）: 1406-1411.

[2] Hogan D, Fox P, Jacob K, et al. Secondary prevention of cardiogenic arterial thromboem-

bolism in the cat: The double-blind, randomized, positive-controlled feline arterial thromboembolism; clopidogrel vs. aspirin trial (FAT CAT) [J]. J Vet Cardiol, 2015, 17: S306-S317.

[3] Riviere J E, Papich M G. Veterinary pharmacology and therapeutics[M]. Tenth Edition. Hoboken, NJ: John Wiley & Sons Inc, 2018: 501.

[4] 陈杖榴，曾振灵．兽医药理学[M]．4 版．北京：中国农业出版社，2017：98.

[5] 杨宝峰，陈建国．药理学[M].9 版．北京：人民卫生出版社，2018：229.

第 10 章
消化系统
药物

消化系统疾病是临床常发的一类疾病，分为继发性和原发性消化系统疾病两类。继发性消化系统疾病是继发于细菌、真菌、病毒、寄生虫等的感染以及中毒等。原发性消化系统疾病主要是由饲养管理不当引起。作用于消化系统的药物是在去除病因的基础上，通过调节胃肠道的运动和分泌机能，以及改善肠道菌群的活动，维持微生态平衡，从而改善消化机能。由于畜禽种类不同，消化系统的结构和机能各异，发病情况和疾病类型也不相同。一般说来，草食动物比杂食动物发病种类多，发病率较高。如牛常发前胃疾病，马常发便秘疝，如不及时合理地治疗，常常预后不良。本类药物繁多，其中有一部分是天然药，按药理作用消化系统药物可分为：健胃药和助消化药、抗酸药、催吐药和止吐药、增强胃肠蠕动药、制酵药和消沫药、泻药和止泻药等。

10.1

健胃药和助消化药

健胃药是指能够促进唾液和胃液等消化液的分泌，调节和加强胃的消化机能，从而提高食欲和加强胃功能的一类药物。助消化药是一类补充消化液某些成分的不足，以发挥替代疗法，使消化活动迅速恢复正常的药物，通常是消化液的主要成分。健胃药和助消化药通常存在配伍应用情况，一些复方药物同时具有健胃和助消化的功能，同时也有针对性增强机体胃肠道功能，提高食欲的健胃药，或补充消化液促进消化活动恢复正常的药物。但食欲不振或消化不良可能是一些全身性疾病或饲养管理不当所导致，因此兽医临床需要根据实际情况选择合适的药物进行对因治疗和精确治疗。

10.1.1 健胃药

凡是能够增加消化液的分泌，促进食欲，加强消化机能的药物统称为健胃药（stomachics）。常见健胃药包括芳香性健胃药、苦味健胃药和盐类健胃药。

10.1.1.1 芳香性健胃药

（1）芳香性健胃药作用机理　芳香性健胃药主要作用机理是其散发出的芳香气味通过嗅觉神经系统可促进唾液和胃液的分泌，进而增强食欲，同时内服后可刺激消化道黏膜，促进胃蠕动和胃液的分泌，有助于排出胃肠道中的气体，减轻胃胀气，有防腐制酵作用。

（2）常用芳香性健胃药

① 苯丙烷类似物。芳香草药如肉桂皮、丁香油和茴香果被认为具有增强食欲的作用，在日本，肉桂皮、丁香油和茴香果等经常混合在健胃药中，以缓解腹痛和胃痛。这些芳香的草药含有许多精油，并且它们的香味被确证为发挥药效的活性物质。有研究发现从用作芳香健胃药的草药中提取的精油中含有的挥发性化合物对小鼠食欲有影响。其中的主要成

分包括反式肉桂醛、反式茴香脑、丁香酚、醋酸丁香酚。使用含有上述活性成分的精油可有效地治疗食欲不振。

② 姜科植物。姜科植物的根茎在各国民间医药中用作利胆药、芳香健胃药、镇痛药、风湿药等。姜科植物主要包括豆蔻属和山姜属，其根状茎含有辛辣成分和芳香成分，挥发性生姜油有特殊的香气，是一种很好的调味品，服入体内后有良好的增强食欲作用。主要成分包括芳樟醇、姜醇、姜烯、龙脑、右旋龙脑、乙酸龙脑等。

其中姜科植物肉豆蔻果假种皮在中国、印度尼西亚民间医药中用作芳香健胃药已有多年之久。肉豆蔻挥发油可以刺激胃肠蠕动，增加胃液分泌，能起到一定的健胃消食的作用。对于一些腹痛腹泻、寒湿凝滞导致的胃肠炎症有很好的疗效。肉豆蔻挥发油中的甲基丁香酚在给药后有一定的麻醉作用。肉豆蔻对金黄色葡萄球菌和肺炎双球菌有较强的抑菌作用。

③ 陈皮。陈皮为芸香科植物橘及其变种的干燥成熟果皮，其含有芳香性挥发油，内服后可刺激消化道黏膜，增强消化道黏液的分泌以及胃肠道蠕动，从而体现出治疗消化不良、积食气胀的药理学作用。其主要含单萜烯、倍半萜烯、含氧化合物三类成分。其中，单萜烯是陈皮挥发油的最主要成分。挥发油对肠道平滑肌有温和刺激作用，能促进胃酸分泌，帮助消除肠道内积气，从而增加食欲。

④ 大蒜。大蒜为百合科葱属植物的地下鳞茎，能够起到消灭肠道有害菌的效果，避免病菌对肠道黏膜造成刺激，引发肠炎等疾病。不仅如此，大蒜所含的大蒜素能加快胃液的分泌，促进胃肠道的蠕动以及加快食物的消化，改善消化不良等症状。其中大蒜的辣味主要由蒜氨酸分解后产生，能够增进食欲，还有消腻清口的功效。大蒜产地不同，成分含量有差异，主要有效成分为大蒜素（又称大蒜辣素或蒜辣素）、大蒜新素（二烯丙基三硫化物）。大蒜素是大蒜发挥功效的主要活性成分以及大蒜特有辛辣味及刺激味的来源。

（3）常用剂型

① 陈皮酊。由陈皮末 100g、60％乙醇适量制成 1000mL。内服量：马、牛 30～100mL；猪、羊 10～20mL。

② 桂皮酊。由桂皮粉 200g、70％乙醇适量制成 1000mL。内服量：马、牛 30～100mL；猪、羊 10～20mL。

③ 复方豆蔻酊。由豆蔻粉 20g、茴香粉 10g、桂皮粉 25g、甘油 50mL、60％乙醇适量制成 1000mL。内服量：马、牛 30～100mL；猪、羊 10～20mL。

④ 小茴香酊。为 20％小茴香末的乙醇溶液。内服量：马、牛 40～100mL；猪、羊 15～30mL。

⑤ 姜酊。由姜流浸膏 200mL、60％乙醇适量制成 1000mL。内服量：马、牛 30～100mL；猪、羊 10～30mL；犬 2～5mL。临床应用时应加水 5～10 倍稀释后服用，以减轻刺激。

10.1.1.2 苦味健胃药

苦味健胃药主要发挥其苦味作用，刺激舌部味觉感受器，通过神经反射以增加胃液分泌和提高食欲。苦味药必须与舌部接触才能生效，如怕苦而装入胶囊，配成丸剂、制成糖浆，则达不到苦味健胃的目的。苦味健胃药多来源于植物，如大黄、龙胆和马钱子等。苦味健胃药不宜长期反复使用，否则导致药效降低。苦味健胃药主要用于消化不良、食欲不振。常与其他健胃药配合使用。

（1）苦味健胃药作用机理　常用苦味健胃药经口给药接触舌部后，苦味会刺激舌部的味觉感受器，该信号通过神经反射作用传递至大脑皮层颞横回的味觉中枢，反射性地增加唾液和胃液的分泌，进而增进消化机能，提高食欲。

（2）常用苦味健胃药

① 大黄。本品为蓼科植物大黄的干燥根及根茎。大黄中富含大黄酸、大黄素和芦荟大黄素等蒽醌衍生物，具有较强的抗菌作用。其中大黄酸能刺激大肠，增加其推进性蠕动而促进排便，作用较缓和，服后6h左右排出软泥状粪便或粥状稀便。排便前后可无腹痛，或仅有轻微腹痛，与行气药（如厚朴）配用，能加强泻下和减少腹痛的副作用。

② 龙胆。为龙胆科植物龙胆的根及根茎，是中医常用的清热利湿药。由于龙胆中含有龙胆苦苷，味极苦，通常用它的酊剂作苦味健胃药使用。龙胆能收缩胆囊和增加胆汁分泌而有利胆作用。小量龙胆或龙胆苦苷能促进胃液和胃酸的分泌，有健胃作用；大量服用能抑制分泌，减少食欲，阻碍消化。给造成胃瘘管的犬口服龙胆苦苷，能促进胃液分泌，并可使游离盐酸增加，食欲增进。而舌下涂抹或静脉注射则无效，故认为龙胆苦苷可直接促进胃液分泌和使游离酸增加。

③ 马钱子。马钱子为马钱科木质藤本植物马钱的成熟种子。马钱子是一味毒性剧烈的中药，其主要化学成分是马钱子碱，也称番木鳖碱（即士的宁）。现代药理研究证实，马钱子具有抗炎、镇痛、健胃、镇咳祛痰、杀菌、改善微循环、刺激骨髓、活跃造血功能、兴奋中枢神经系统等多种药理学作用。马钱子中所含的生物碱成分具有兴奋神经的作用，能够提升胃部的兴奋程度，从而加速肠胃蠕动，让消化能力得以提升，可以用来治疗消化不良以及脾胃虚弱。中医理论认为马钱子能改善乏力、气短、纳呆、口淡等脾胃虚弱症状，为治疗脾胃气虚所致痿症的理想药物。

（3）苦味健胃药应用注意事项

① 苦味健胃药需要与舌部的味觉感受器充分接触后发挥作用，直接投入胃内效果会降低甚至消失，因此制成散剂、酊剂或舔剂的治疗效果较好。

② 宜在饲喂前30min给药，且不可连续或反复多次应用，极易产生适应性影响疗效。

③ 勿使用剂量过大，以免抑制胃液分泌。

（4）常用剂型及用量

① 龙胆末。内服量：马、牛20～50g；猪2～4g；羊2～8g；犬0.5～2g；兔0.05g。

② 龙胆酊。由100g龙胆、40%乙醇100mL浸制而成。内服量：马、牛50～100mL；猪3～8mL；羊5～15mL；犬1～3mL。

③ 复方龙胆酊。又名苦味酊。由龙胆末100g、陈皮40g、草豆蔻末10g、60%乙醇适量，制成1000mL。内服量：马20～60mL；牛20～100mL；猪3～8mL；羊4～16mL；犬1～4mL。

④ 马钱子酊。又名番木鳖酊。每100mL内含0.119～0.131g番木鳖碱，味极苦。内服量：马10～20mL；牛10～30mL；猪、羊1～2.5mL；犬0.1～0.6mL。

10.1.1.3　盐类健胃药

（1）氯化钠

① 常用盐类健胃药有氯化钠和人工盐，内服少量盐类可通过渗透压作用刺激胃肠道黏膜，反射性地引起胃肠蠕动功能加强和消化液分泌，进而增进食欲，同时可激活唾液淀粉酶，促进消化。

② 静注 10％氯化钠后，血液中钠离子和氯离子暂时性增加，刺激血管壁化学感受器，反射性地兴奋走迷走神经，增强胃肠蠕动及分泌。此外，血浆中渗透压暂时性增高，使组织中水分进入血液循环系统，有利于改善组织代谢。常用于胃肠迟缓、瘤胃积食及马属动物便秘疝。

（2）**人工盐** 主要是指复方人工盐、中性盐氯化钠和弱碱性盐碳酸氢钠。复方人工盐（又称人工矿泉盐）含有硫酸钠 44％、氯化钠 18％、碳酸氢钠 36％和硫酸钾 2％。内服少量人工盐可增加胃肠蠕动及消化液分泌，促进食物消化以及中和胃酸。人工盐和弱碱性盐遇酸后会强烈分解，因此此类健胃药不可与酸性药物或胃蛋白酶配合使用。当内服大量人工盐并配合补充水分后具有缓泻作用。

（3）**常用制剂**

① 氯化钠。健胃内服量：马 50～100g；牛 50～150g；猪 2～5g；羊 5～10g。

② 10％氯化钠注射液。静注量：马、牛 200～300mL，或 0.1g/kg。注射时宜缓慢，且勿漏出血管外。心力衰竭者慎用。

③ 人工盐。健胃内服量：马 50～100g；牛 50～150g；猪、羊 10～30g；兔 1～2g。缓泻量：马、牛 200～400g；猪、羊 50～100g；兔 4～6g。

10.1.2 助消化药

本类药物多为消化液中的成分，用以补充消化液中某些成分的不足，发挥替代疗法的作用，以促进消化。另有一些药物能制止肠道异常发酵。此类药主要用于治疗消化不良，帮助胃肠道分解食物，加速消化。

10.1.2.1 常用助消化药

（1）**胃蛋白酶** 胃蛋白酶是胃液中主要的消化酶。胃酸缺乏时，胃蛋白酶的形成与活力均受影响，消化力下降，引起厌食、饱胀感等消化不良症状，因此一般与稀盐酸配合使用使胃蛋白酶原转变为胃蛋白酶，增强消化力。胃蛋白酶原经盐酸激活，形成胃蛋白酶，它在酸性条件下对蛋白质起初步消化作用，促进蛋白质分解为分子较小的多肽。

（2）**稀盐酸和稀醋酸** 盐酸是胃液的主要成分之一，有多方面的生理功能。内服后胃内酸度增加，促进胃蛋白酶原转变为胃蛋白酶，并保证胃蛋白酶发挥作用时所需的酸性环境；胃内容物达到一定的酸度后，可促使幽门括约肌松弛，有利胃的排空；酸性食糜进入十二指肠后刺激肠黏膜，反射地引起幽门括约肌收缩，并使十二指肠黏膜产生胰泌素，反射地引起胰液、胆汁和胃液分泌，有利蛋白质、脂肪等进一步消化；保持一定酸性环境，可产生抑菌制酵作用；盐酸还有助于小肠上部对钙、铁等盐类的溶解吸收。常用于因胃酸缺乏引起的消化不良、胃内发酵、马属动物急性胃扩张、反刍兽前胃弛缓及碱中毒等。稀醋酸与稀盐酸作用机制相似，具有防腐、制酵和助消化的作用。胃蛋白酶和稀盐酸、稀醋酸可用于马的急性胃扩张、消化不良、食欲不振，牛的瘤胃鼓胀等。

（3）**胰酶** 由猪、牛、羊等动物的胰脏提取获得的多种酶的混合物，胰酶制剂主要含胰蛋白酶、胰淀粉酶及胰脂肪酶，能消化蛋白质、淀粉及脂肪，用于缺乏胰液的消化不良。因其在酸性条件下不稳定，进食后服用效果更佳。常与碳酸氢钠或人工盐配合治疗因胰液分泌障碍所引起的消化不良。常见制剂为肠溶片剂。

（4）**干酵母** 干酵母是酿酒时由发酵液中提得的干燥酵母菌体。每克酵母约含维生素 B_1 $0.1\sim0.2mg$，维生素 B_2 $0.04\sim0.06mg$，维生素 B_3 $0.03\sim0.06mg$，以及维生素 B_6、维生素 B_{12}、叶酸、肌醇和转化酶、麦芽糖酶等。为淡黄棕色或淡黄白色的颗粒或粉末，有酵母的特殊臭味，味微苦。经洗净、加入适量蔗糖干燥后粉碎而得。临床主要用于助消化、缓解腹胀，也用于治疗 B 族维生素缺乏症。服用量过大可致腹泻。

（5）**乳酶生** 又名表飞鸣，为活乳酸杆菌的干燥制剂（每克含活菌不少于 1000 万个），在肠内能使糖类酵解产生乳酸，使肠内酸度增高，从而抑制腐败菌的繁殖，防止食物发酵，减少肠内产气。主要用于胃肠异常发酵引起的消化不良性腹胀、腹泻等。本品为活菌制剂，勿与抗菌药、吸附药、收敛药及酊剂配伍，以免失效。

（6）**鸡内金** 为雉科动物家鸡的干燥砂囊内壁，含多种消化酶，并能促进胃腺分泌。主治食欲不振、食滞、泄泻。药用的鸡内金，用文火炒后，研末吞服，疗效比汤剂好。用量：马、牛 $15\sim30g$；羊、猪 $3\sim9g$；兔、禽 $1\sim2g$。

（7）**山楂** 为蔷薇科植物山楂的干燥成熟果实。山楂含有的有机酸，口服后可增强胃液酸度，提高胃蛋白酶活性，促进蛋白质的消化；含有的脂肪酶能够促进对脂肪的消化作用；含有的其他酸类可刺激胃黏膜促进胃液的分泌；含有的维生素 C 等成分可增进食欲，调节胃肠道蠕动等。用量：马、牛 $20\sim60g$；羊、猪 $10\sim15g$；犬、猫 $3\sim6g$；兔、禽 $1\sim2g$。可用于治疗伤食腹胀、消化不良和肉食积滞。常与酵母粉配合使用以提高助消化作用。

（8）**槟榔子** 槟榔子在中药中被用作驱虫剂和助消化剂已有一千多年的历史。槟榔子中的多种化学成分，如生物碱、单宁、脂肪酶、黄酮类化合物等可用于治疗寄生虫感染、消化不良、腹胀。槟榔碱引起胆碱受体兴奋时，可使胃肠平滑肌张力提高，从而促进胃肠蠕动和胃酸的分泌，增强消化和吸收功能。槟榔子在中药汤剂和中成药中得到了广泛应用，如四磨汤口服液临床上用于消食治疗腹胀、食消饮用于促进消化，调节肠胃功能。

10.1.2.2 常用制剂及用量

（1）**稀盐酸** 内服量：马 $10\sim20mL$；牛 $10\sim30mL$；猪 $1\sim2mL$；羊 $2\sim5mL$；犬 $0.1\sim0.5mL$；家禽 $0.1\sim0.5mL$。临用时加 50 倍水稀释成 0.2% 服用，以减少对局部的刺激。同时用量不宜过大，以免因酸度过高，反射地引起幽门括约肌痉挛，影响胃内排空，并导致腹痛。

（2）**胃蛋白酶** 为白色或淡黄色粉末，味微酸，易溶于水。有引湿性，应密闭保存。本品在 70℃ 以上时，即迅速破坏失效。遇鞣酸、重金属盐产生沉淀。有效期 1 年。内服量：马、牛 $5\sim10g$；驹、犊 $2\sim5g$；猪、羊 $1\sim2g$。

（3）**胰酶** 为淡黄色粉末，有肉腥味，易溶于水。遇酸、碱、重金属盐或加热均失效。内服量：猪 $0.5\sim1g$；犬 $0.2\sim0.5g$。

（4）**干酵母** 为淡黄色或淡棕黄色薄片、颗粒或粉末，有酵母的特殊臭味，味微苦。应密闭保存。片剂：0.3g；0.5g。内服量：马、牛 $120\sim150g$；猪、羊 $30\sim60g$；犬 $8\sim12g$；兔 $1\sim2g$；家禽 0.1g。

（5）**乳酶生** 为白色或淡黄色干燥粉末。有效期 2 年。内服量：驹、犊 $10\sim30g$；猪、羊 $2\sim10g$；家禽 $0.5\sim1g$。

10.2

抗酸药

10.2.1 化学结构

兽用抗酸药是一类用于治疗动物胃肠道疾病的药物，其化学结构特点主要表现在分子中含有苯并咪唑环或喹诺酮环等抗酸基团，其作用机制主要是通过中和胃酸，降低胃内酸度，从而减轻胃肠道症状。兽用抗酸药的化学结构多样，一般包含三个部分。①抗酸基团：抗酸药的核心部分，能够中和胃酸。常见的抗酸基团有碳酸氢根离子（HCO_3^-）、碳酸根离子（CO_3^{2-}）和硅酸根离子（SiO_3^{2-}）等。②载体部分：连接抗酸基团和药物分子的骨架，有助于药物在动物体内传递和发挥作用。载体部分可以是苯甲酸、丙烯酸、马来酸等有机酸，也可以是聚合物、胶体等高分子材料。③附加部分：一些兽用抗酸药还包含附加功能基团，如酯基、酰胺基等，以增加药物的稳定性和生物利用度。根据其主要化学结构进行划分，抗酸药分为苯并咪唑类、硫醚类、呋喃类、有机磷酸盐类四类。

10.2.1.1 苯并咪唑类

苯并咪唑类兽用抗酸药是最常见的一类，其代表药物有奥美拉唑、兰索拉唑等。这类药物的化学结构中含有一个苯并咪唑环，能够抑制胃酸分泌，从而缓解胃肠道症状。

（1）奥美拉唑 奥美拉唑（omeprazole）是第一个不可逆型质子泵抑制剂（PPI），由瑞典 Astra Hassle 公司于 1979 年合成。化学名称为(S)-5-甲氧基-2-{[（4-甲氧基-3,5-二甲基-2-吡啶基)甲基]亚磺酰基}-1H-苯并咪唑，其化学式为 $C_{17}H_{19}N_3O_3S$（图 10-1），分子量为 345.42，被广泛应用于兽医临床，用于治疗胃肠道疾病，如胃酸过多、胃溃疡、十二指肠溃疡和胃食管反流病等。奥美拉唑的核心结构为苯并咪唑环，甲氧基连接在苯并咪唑环的 5-位，亚磺酰基连接在苯并咪唑环的 2-位，甲基连接在吡啶基的 3,5-位，通过以上独特的化学结构，奥美拉唑能够有效地抑制胃酸分泌，达到治疗相关疾病的目的。同时，奥美拉唑具有较高的生物利用度、较长的半衰期和良好的药代动力学特性，使其成为临床上一款非常实用的药物。

（2）兰索拉唑 兰索拉唑（lansoprazole）是第一代质子泵抑制剂，于 1991 年在日本首次上市，并于 1995 年通过美国 FDA 认证，化学名为 2-{[3-甲基-4-(2,2,2-三氟乙氧基)-2-吡啶基]甲基亚磺酰基}-1H-苯并咪唑，其化学式为 $C_{16}H_{14}F_3N_3O_3S$（图 10-2），分

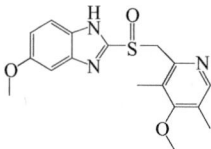

图 10-1 奥美拉唑化学结构式

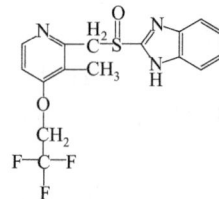

图 10-2 兰索拉唑化学结构式

子量为 369.36。兰索拉唑的核心结构为苯并咪唑环，吡啶环 4-位侧链引入三氟乙氧基取代基，增加了其亲脂性及生物利用度；亚磺酰基连接在苯并咪唑环的 2-位，是质子泵抑制剂的作用部位，能有效地抑制胃酸分泌；吡啶基连接在亚磺酰基的 3-位，有助于增加药物与质子泵的亲和力；甲基连接在吡啶基的 2,3-位，有助于调整药物的溶解性和稳定性。兰索拉唑主要通过作用于胃黏膜上的质子泵（H^+/K^+-ATP 酶）抑制胃酸分泌。质子泵抑制剂与质子泵结合后，可以阻止质子（H^+）从胃细胞内向胃腔内运输，从而减少胃酸的分泌，其相对于 H_2 受体拮抗剂及其他抗消化性溃疡药物具有更好的抑酸效果和更好的治愈率。

10.2.1.2 硫醚类

硫醚类兽用抗酸药的代表药物有硫糖铝、枸橼酸铋等。这类药物的化学结构中含有硫醚基团，能够与胃酸中的 H^+ 结合，形成一种复合物，从而缓解胃肠道症状。

（1）硫糖铝 硫糖铝（sucralfate）是一种在兽药领域广泛应用的抗酸药，化学式为 $C_{11}H_{60}Al_{16}O_{75}S_8$，分子量为 2080.77，无臭，几乎无味；有引湿性。在水、乙醇或氯仿中几乎不溶，在稀盐酸或稀硫酸中易溶，在稀硝酸中略溶。硫糖铝是一种胃黏膜保护剂，具有保护溃疡面，促进溃疡愈合的作用。

（2）枸橼酸铋 枸橼酸铋（bismuth citrate）也称为柠檬酸铋，是一种广泛应用于兽药领域的抗酸药，具有显著的抗酸、抗炎和保护胃黏膜的作用，化学式为 $BiC_6H_5O_7$，分子量为 398.08。枸橼酸铋的化学结构中具一种有过渡金属元素——铋原子，使其具有抗酸和抗炎作用，其中柠檬酸根是一种有机酸根，能够与铋原子结合，有助于提高药物的水溶性和生物利用度，由于其具有较高的安全性和较低的毒副作用，枸橼酸铋在兽药市场上具有较高的应用价值。

10.2.1.3 呋喃类

呋喃类兽用抗酸药的代表药物有米索前列醇等。这类药物的化学结构中含有呋喃环，能够增加胃肠道黏液分泌，从而保护胃肠道黏膜，缓解胃肠道症状。

米索前列醇（misoprostol）也称为前列环素，是一种广泛应用于兽药领域的抗酸药，具有强大的抗酸、保护胃黏膜和促进溃疡愈合的作用，化学名称为 (11a,13E)-11,16-二羟基-16-甲基前列烷-9-酮-13-烯-1-酸甲酯，化学式为 $C_{22}H_{38}O_5$（图 10-3），分子量为 382.54。米索前列醇的化学结构中的活性中心为前列腺素环，醇羟基连接在前列腺素环的 15-位。

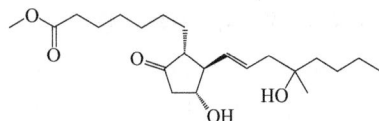

图 10-3 米索前列醇化学结构式

10.2.1.4 有机磷酸盐类

有机磷酸盐类兽用抗酸药的代表药物有磷酸铝、磷酸镁等。这类药物的化学结构中含有磷酸盐基团，能够与胃酸中的 H^+ 结合，形成一种难溶的磷酸盐沉淀，从而缓解胃肠道症状。

（1）磷酸铝 磷酸铝（aluminum phosphate）是一种广泛应用于兽药领域的抗酸药，磷酸铝是一种无机化合物，化学式为 $AlPO_4$，分子量为 121.95，是一种白色的固体，不溶于水，但可溶于盐酸和氢氧化钠溶液。磷酸铝的化学结构中铝离子是磷酸铝的骨架结构，赋予了它一定的生物活性和药理作用，磷酸根是磷酸铝的活性中心，赋予了它抗酸、保护胃黏膜和促进溃疡愈合的作用。

（2）磷酸镁　磷酸镁（magnesium phosphate）具有显著的抗酸、保护胃黏膜和促进溃疡愈合的作用，化学式为 $MgHPO_4$，磷酸镁的化学结构中镁离子是磷酸镁的骨架结构，赋予了它一定的生物活性和药理作用，磷酸根是磷酸镁的活性中心，赋予了它抗酸、保护胃黏膜和促进溃疡愈合的作用。

10.2.2　作用机制

10.2.2.1　降低胃内酸度

胃酸是胃腺分泌的一种消化液，主要成分为盐酸。胃酸在消化过程中起到重要作用，但过多的胃酸会导致胃肠道不适，甚至引发胃肠道疾病。兽用抗酸药通过中和胃酸，降低胃内酸度，从而缓解胃酸过多引起的不适。例如，磷酸铝可与胃酸中的盐酸反应，生成氯化铝和水，从而中和胃酸缓解胃肠道症状。磷酸铝还可促进胃肠道蠕动，使食物加速通过胃肠道，减轻胃肠负担。

10.2.2.2　保护胃黏膜

胃黏膜是胃壁内层的黏膜组织，对胃酸具有一定的缓冲作用。胃酸过多容易导致胃黏膜受损，从而引发胃肠道不适。兽用抗酸药具有保护胃黏膜的作用，能够在胃黏膜表面形成一层保护膜，防止胃酸侵蚀胃黏膜。例如，米索前列醇等抗酸药可以增加胃黏膜的黏液分泌，形成保护膜，减轻胃酸对胃黏膜的刺激。

10.2.2.3　促进溃疡愈合

胃肠道溃疡是胃酸过多导致的常见疾病，抗酸药可以通过促进溃疡愈合达到治疗目的。兽用抗酸药可以刺激胃黏膜细胞增殖，加速溃疡愈合。例如，米索前列醇等抗酸药可以促进胃黏膜上皮细胞的迁移和增殖，加速溃疡愈合过程。

10.2.2.4　抑制质子泵活性

质子泵是胃黏膜细胞分泌胃酸的关键酶，它通过将细胞内的 H^+（质子）泵出，形成胃酸。兽用抗酸药质子泵抑制剂，如奥美拉唑、兰索拉唑等，可以与质子泵结合，抑制其活性，从而降低胃酸分泌。奥美拉唑是一种典型的质子泵抑制剂，主要是通过对 B 细胞质子泵的特殊作用，进而实现减少胃酸分泌的作用，其对胃酸分泌的影响是可逆的，在 B 细胞酸性环境中浓缩转化为活性物质，可抑制 Na^+/K^+-ATP 酶。

10.2.3　抗菌谱

10.2.3.1　苯并咪唑类药物的抗菌谱

苯并咪唑类抗酸药具有抗菌谱广泛的特性，对多种细菌具有抑制或杀灭作用。不同种类的苯并咪唑类抗酸药具有不同的抗菌谱，其中有一些具有广泛抗菌谱的苯并咪唑类抗酸药如甲苯咪唑，其对许多细菌具有抑制作用，如幽门螺杆菌、大肠杆菌、沙门菌等；氟苯咪唑对幽门螺杆菌、大肠杆菌、葡萄球菌等具有抑制作用；噻苯咪唑对幽门螺杆菌、大肠杆菌、链球菌等具有抑制作用。

一般来说，苯并咪唑类抗酸药的抗菌机制是通过以下几种途径完成的，通过降低胃内酸度，改变胃内环境，从而抑制或杀灭胃内细菌；除此之外，苯并咪唑类抗酸药中的某些成分也可以直接作用于细菌细胞，如干扰细菌细胞壁合成、损伤细菌细胞膜等，从而抑制或杀灭细菌；一些苯并咪唑类抗酸药具有保护胃黏膜的作用，能够在胃黏膜表面形成一层保护膜，防止胃酸对胃黏膜的侵蚀，同时，还可以促进胃黏膜上皮细胞的迁移和增殖，加速溃疡愈合过程，有助于减少胃内细菌的数量，提高胃内抗菌能力。

（1）奥美拉唑　奥美拉唑对多种细菌具有抑制或杀灭作用，能够有效预防和治疗大肠杆菌感染引起的肠道疾病，对沙门菌和葡萄球菌具有一定的抑制和杀菌作用。幽门螺杆菌是胃肠道疾病的主要病原菌之一，奥美拉唑对幽门螺杆菌也具有很强的抑制和杀灭作用，能够有效治疗幽门螺杆菌感染引起的胃炎、胃溃疡等疾病。奥美拉唑具有广泛的抗菌谱，可以有效抑制或杀灭胃内多种细菌，达到治疗相关疾病的目的，在实际应用中，兽医需要根据患畜的具体病情，选择合适剂量的奥美拉唑进行治疗，同时，需要注意奥美拉唑与其他抗菌药物的联合应用，以提高治疗效果。

（2）兰索拉唑　兰索拉唑具有抗菌谱广泛的特性，对幽门螺杆菌、大肠杆菌、沙门菌、葡萄球菌等具有抑制作用。兰索拉唑可以用于治疗犬猫幽门螺杆菌感染。幽门螺杆菌是一种常见的胃肠道细菌，可以引起胃炎、胃溃疡等疾病，兰索拉唑可以抑制幽门螺杆菌的生长和繁殖，从而减轻胃肠道症状，并预防疾病的进一步发展。通常，犬猫每天需要服用一次兰索拉唑，剂量为 $5\sim10mg/kg$ 体重，连续服用 $7\sim14$ 天。有研究表明兰索拉唑联合应用抗菌药物治疗酸相关性疾病，对幽门螺杆菌的消除有协同作用，近年来，兰索拉唑与阿莫西林、克拉霉素联合使用的三联疗法成为经典有效的幽门螺杆菌根除疗法。兰索拉唑可以抑制大肠杆菌的生长和繁殖，从而减轻腹泻、肠炎等症状。

10.2.3.2　硫醚类药物的抗菌谱

硫醚类药物是一类具有广泛抗菌谱的药物，可以用于治疗各种感染性疾病。它们的抗菌谱包括许多革兰氏阳性菌和一些革兰氏阴性菌，以及一些真菌和病毒。硫醚类药物对许多革兰氏阳性菌具有广谱抗菌作用，包括葡萄球菌、链球菌、肺炎球菌、肠球菌等。这些菌株常常引起各种皮肤感染、呼吸道感染、泌尿道感染等疾病。硫醚类药物还可以用于治疗一些耐药菌株引起的感染，如 MRSA（耐甲氧西林金黄色葡萄球菌）。硫醚类药物对一些革兰氏阴性菌也有抗菌作用，如大肠杆菌、肺炎克雷伯菌等。这些菌株常常引起各种肠道感染、呼吸道感染、泌尿道感染等疾病。但是，硫醚类药物对某些革兰氏阴性菌如肠杆菌属中的某些菌株和铜绿假单胞菌等的抗菌作用较弱。硫醚类药物还可以用于治疗一些真菌和病毒感染。例如，克霉唑是一种硫醚类抗真菌药，可以用于治疗各种真菌感染，如皮肤癣、口腔念珠菌病等。而一些硫醚类药物如阿昔洛韦则可以用于治疗病毒感染，如单纯疱疹、带状疱疹等。

（1）硫糖铝　硫糖铝是一种广泛应用于临床的抗生素，具有广谱的抗菌作用。在硫糖铝的抗菌谱中，包括了大部分革兰氏阳性菌和某些革兰氏阴性菌。此外，硫糖铝也对一些非典型病原体具有抗菌作用。在革兰氏阳性菌中，硫糖铝对葡萄球菌、链球菌、肺炎球菌、肠球菌等均有良好的抗菌作用。硫糖铝对葡萄球菌的抗菌作用尤为突出，对许多耐药菌株也具有杀菌作用。在革兰氏阴性菌中，硫糖铝对流感嗜血杆菌、百日咳鲍特杆菌、大肠杆菌、肺炎克雷伯菌等也有抗菌作用。此外，硫糖铝也对一些非典型病原体具有抗菌作用，如肺炎支原体、衣原体等。这些病原体常常是引起呼吸道感染和性传播疾病的常见病原体。

（2）硫酸镁　硫酸镁，一种兽医领域广泛应用的药物，拥有广泛的抗菌谱，能有效抑制各类细菌、真菌和病毒的生长与繁殖。在抗菌方面，硫酸镁对金黄色葡萄球菌、链球菌、肺炎球菌等许多革兰氏阳性菌具有抑制效果，这些细菌是人类和动物多种感染的主要病原菌。同时，硫酸镁对大肠杆菌、沙门菌、志贺菌等许多革兰氏阴性菌也具有抑制作用，这些细菌是引起人类和动物肠道和泌尿道感染的主要病原菌。因此，硫酸镁在医学和兽医领域中具有广泛的应用价值。在抗真菌方面，硫酸镁能有效抑制白色念珠菌、曲霉菌等真菌的生长与繁殖，从而被用于治疗真菌感染。在抗病毒方面，硫酸镁能够抑制流感病毒、鼻病毒等病毒的繁殖，因此也被用于预防和治疗感冒等病毒感染。

10.2.3.3　呋喃类药物的抗菌谱

呋喃类药物是一类广泛应用于抗菌治疗的药物，其抗菌谱广泛，可以覆盖多种细菌，包括革兰氏阳性菌和革兰氏阴性菌。对于革兰氏阳性菌，呋喃类药物通常表现出较好的抗菌作用。例如，呋喃妥因可以对多种葡萄球菌、链球菌和肺炎球菌等革兰氏阳性菌产生抑制作用。而对于革兰氏阴性菌，呋喃类药物的抗菌作用则因药物而异。例如，呋喃妥因对大肠杆菌和肺炎克雷伯菌等革兰氏阴性菌有较好的抗菌作用，但对绿脓杆菌等菌株则不敏感。呋喃类药物的抗菌谱也受到药物浓度和用药方式的影响。在高浓度下，呋喃类药物可以对某些耐药菌株产生抗菌作用。而在低浓度下，呋喃类药物的抗菌作用可能会受到限制。此外，呋喃类药物通常需要通过口服或静脉给药才能达到有效的药物浓度，因此不同的用药方式也会影响其抗菌谱。

米索前列醇的抗菌谱覆盖了许多细菌和真菌，包括许多对人类有害的病原体。米索前列醇对许多革兰氏阳性菌包括葡萄球菌、链球菌、肺炎球菌和大肠杆菌等具有抗菌作用；米索前列醇对许多革兰氏阴性菌包括流感嗜血杆菌、百日咳杆菌、布鲁氏菌和军团菌等也具有抗菌作用；此外，米索前列醇还对许多真菌具有抗菌作用，这些真菌包括念珠菌属、曲霉属和毛霉属等的真菌，米索前列醇对真菌的抗菌作用机制主要是通过抑制真菌的细胞膜合成，从而导致真菌死亡。

10.2.3.4　有机磷酸盐类药物的抗菌谱

有机磷酸盐类对许多革兰氏阳性菌和革兰氏阴性菌都有抗菌作用。其中，对金黄色葡萄球菌、大肠杆菌、肺炎球菌、流感嗜血杆菌等常见细菌的抗菌活性尤为显著。此外，有机磷酸盐类还可以对许多耐药菌株产生抗菌作用，如多重耐药的大肠杆菌和肺炎球菌等。有机磷酸盐类的抗菌谱还受到化学结构的影响。例如，一些有机磷酸盐类化合物对真菌和病毒也有抑制作用，这为治疗真菌和病毒感染提供了新的思路。此外，一些有机磷酸盐类化合物还可以通过抑制细菌的细胞壁合成来发挥抗菌作用，这种作用机制与传统抗生素类似，但不同于其他类别的抗菌药物。

（1）磷酸铝　磷酸铝是一种广泛应用于动物养殖业的抗菌药物，具有广谱的抗菌作用。磷酸铝对多种革兰氏阳性菌和阴性菌都有抑制作用，其中包括葡萄球菌、链球菌、肺炎球菌、大肠杆菌、沙门菌、巴氏杆菌等。其抗菌谱覆盖了动物养殖业中常见的病原菌，因此在兽医临床上具有广泛的应用价值。磷酸铝主要是通过干扰细菌细胞壁的合成，使细胞壁破裂，从而导致细菌死亡。此外，它还可以抑制细菌的 DNA 复制和 RNA 合成，进一步削弱细菌的繁殖能力。这使得兽药磷酸铝具有较广泛的抗菌谱和较强的抗菌活性。磷酸铝主要用于治疗动物的呼吸道感染、消化道感染、泌尿生殖道感染等疾病。由于其具有广谱的抗菌作用，兽药磷酸铝可以单独使用或与其他抗生素联合使用，以提高治疗效果。在实际应用中，兽药磷酸铝可采用口服、注射或局部应用等方式给药，以满足不同疾病的治疗需求。

（2）**磷酸镁** 磷酸镁对许多细菌都有抑制作用，包括革兰氏阳性菌和革兰氏阴性菌，磷酸镁可以抑制细菌的细胞壁合成，从而阻止细菌的生长和繁殖。它还可以抑制细菌的核酸合成，从而阻止细菌的繁殖。磷酸镁的抗菌谱非常广泛，可以对许多细菌产生抑制作用，它对许多革兰氏阳性菌都有抑制作用，包括金黄色葡萄球菌、链球菌和肺炎球菌。研究表明兽药磷酸镁在幽门螺杆菌感染胃炎治疗中具有直接的抗菌作用。

10.2.4　微生物对抗酸药的耐药性

微生物对抗酸药的耐药性机制的形成已经成为一个全球性的健康问题。随着抗生素的广泛使用，微生物逐渐产生了对它们的耐药性，这使得许多感染性疾病难以治愈。微生物对抗酸药的耐药性机制可能涉及多种因素，包括细菌的代谢途径改变、细胞膜转运蛋白的变异，以及细菌的适应性反应等。细菌对抗酸类药物产生耐药性的机制主要包括以下五个方面：

10.2.4.1　药物代谢

药物代谢对细菌而言是一种至关重要的生物学过程，因为许多药物都是通过抑制细菌的生长和繁殖来发挥其抗菌作用的。因此，细菌必须通过代谢药物来避免被药物杀死。细菌代谢药物的主要方式是通过产生特定的酶来代谢药物，从而降低药物在菌体内的浓度，使其无法达到抑制细菌生长的有效浓度。这些酶包括质粒编码的药物代谢酶和核质编码的药物代谢酶。质粒编码的药物代谢酶通常位于细菌的质粒上，可以被细菌分泌到细胞外，从而使药物失去对细菌的抑制作用。而核质编码的药物代谢酶则位于细菌的细胞质内，能够代谢许多不同类型的药物，从而使药物失去对细菌的抑制作用。此外，细菌还有其他应对药物抑制作用的方式。例如，细菌可以通过改变细胞膜的通透性来降低药物进入菌体内的能力，从而减少药物对细菌的抑制作用。或者，它们可以通过产生药物泵来将药物从菌体内泵出，从而降低药物在菌体内的浓度。这些策略使细菌在面对药物压力时，能够保持生长和繁殖的能力。

10.2.4.2　细胞膜转运

细胞膜转运是细菌抵抗药物侵害的关键机制。通过调整细胞膜的通透性，细菌能降低药物进入菌体内的浓度，从而减轻药物对菌体的破坏作用。它们能生成一系列通道和转运蛋白，阻止药物进入菌体或将其排出。这些包括膜转运蛋白、外排转运蛋白以及通道蛋白等。

膜转运蛋白是一种存在于细菌细胞膜上的蛋白质，能够协助细菌将药物从细胞内部排出至细胞外部。此类转运蛋白能形成一个通道，将药物从细胞内部运送至细胞外部。外排转运蛋白也是将药物从细胞内部运送至细胞外部的一种蛋白，通常可以将药物从细胞内部向外排出，降低菌体内的药物浓度。

通道蛋白是细菌细胞膜上一种特殊的蛋白质，有助于细菌将药物从细胞外部引入细胞内部，规避药物对菌体的损伤。

细菌还能通过调整细胞膜的通透性来减少药物进入菌体内的数量。它们可以通过改变细胞膜的脂质成分和蛋白质组成来调整细胞膜的通透性，进一步降低药物在菌体内的浓度。综上所述，这些机制有助于细菌抵抗药物侵害，提高细菌的生存率。

10.2.4.3　核糖体保护

细菌具备通过调整核糖体的结构和功能以抵抗药物侵害的能力。例如，它们能够生成核糖体保护蛋白，此类蛋白能与核糖体相结合，从而防止药物与其结合并发挥效用。此外，细菌还有其他保护核糖体的策略。细菌可以通过增加核糖体的数量提高自身的生存概率，因为药物通常只能影响到部分核糖体。细菌还能借助细胞壁来保护核糖体。细菌细胞壁是由多糖和蛋白质构成的复杂结构，能有效阻止药物进入细胞并接触核糖体。另外，细菌还可以通过改变细胞膜的通透性来阻止药物进入细胞。

10.2.4.4　基因突变

细菌的耐药性可以通过基因突变得以实现。在细菌的基因组中，可能存在一些突变基因，它们的功能是调整细菌对药物的代谢方式或者降低药物对细菌的毒副作用。这些基因突变可以在细菌繁殖的过程中发生，并在群体中扩散。基因突变作为一种自然现象，为细菌提供了产生耐药性的可能性。在面临抗生素的压力时，只有那些具备抵抗抗生素特性的细菌才能存活下来。这些细菌之所以能抵抗抗生素，往往是因为它们携带了某些特定的突变基因，这些基因使它们能够抵抗抗生素的杀菌作用。这些具有耐药性的细菌，其突变基因可以在群体中传播，从而导致更多的细菌具备耐药性。值得注意的是，基因突变的发生是随机的，因此细菌产生耐药性的速度也无法预测。有时，细菌可能迅速产生耐药性，而有时，这个过程可能需要较长的时间。另外，环境因素也会影响细菌的耐药性。比如，当抗生素的使用量增加时，细菌产生耐药性的速度往往会加快。

10.2.4.5　群体感应

群体感应作为一种至关重要的生物学现象，具有显著影响药物抗性的能力。这是一种独特的细菌间通信机制，通过分泌信号分子，细菌能感知到周围环境中其他细菌的存在及数量。借助这一机制，细菌可以在群体中传播抗药性基因，从而提升整体的抗药性水平。当一个细菌遭受抗生素的压力时，它会释放一种信号分子。这种信号分子能够被周围的细菌捕捉到，使它们意识到抗生素的存在。在细菌数量较多的环境中，信号分子的释放量会增加，从而进一步提高其他细菌对抗生素的感知程度。一旦细菌察觉到抗生素的出现，它们便会启动一系列应对措施，包括调整代谢途径和表达抗药性基因。这些抗药性基因能够编码酶类物质，这些酶可以破坏抗生素的化学结构，从而使细菌能够继续生长和繁殖。群体感应不仅使细菌能够共享抗药性基因，提高整个群体的抗药性水平，还能让细菌对环境变化迅速做出响应。当环境中的抗生素水平发生波动时，细菌可以通过群体感应感知到这一变化，并调整自身的代谢和基因表达以适应新的环境。这种生物现象使细菌能够更好地适应环境，对抗生素产生更强的抵抗力，为细菌的生存和繁衍提供了有力保障。

10.2.5 药代动力学

兽用抗酸药的药代动力学是一个重要的研究领域，对于兽医临床和动物健康有着至关重要的意义。药代动力学是研究药物在动物体内的吸收、分布、代谢和排泄等过程的科学，对于兽用抗酸药的研发、应用和安全性评估具有关键作用。

兽用抗酸药的吸收是药物发挥治疗作用的关键环节。不同的抗酸药在动物体内的吸收速度和程度可能存在差异，这主要取决于药物的性质、剂型和给药途径等因素。例如，有些抗酸药需要在肠道内溶解后才能被吸收，而另一些抗酸药则可以快速溶解并透过肠道黏膜进入血液循环。兽用抗酸药在动物体内的分布也是药代动力学的研究重点。药物在体内的分布受到多种因素的影响，如药物的性质、组织的亲和力、血液循环速度等。抗酸药在动物体内的分布情况可以影响药物的治疗效果和副作用，因此，研究兽用抗酸药的分布对于优化药物的临床应用具有重要意义。兽用抗酸药在动物体内的代谢和排泄过程是药物从体内清除的重要途径。药物在体内经过代谢后，可以转化为无活性或低活性的代谢产物，从而降低药物的治疗效果和毒性。同时，抗酸药的代谢产物还可能对动物产生不良反应。因此，研究兽用抗酸药的代谢和排泄过程有助于提高药物的安全性和疗效。

10.2.6 药效动力学

抗酸药的药效动力学是指药物在动物体内发挥作用的过程和机制。药效动力学一般包括药物吸收、分布、代谢和排泄四个方面。其中，药物吸收是指药物从给药部位进入血液循环的过程，药物分布是指药物在动物体内分布到各个器官和组织的过程，药物代谢是指药物在动物体内经过化学反应而转化的过程，药物排泄是指药物从动物体内经过肾脏、肝脏等器官排泄的过程。通常抗酸药的药效学研究以抑酸起效时间、抑酸持续时间以及临床幽门螺杆菌根除率等作为评价指标。在临床中，质子泵抑制剂如奥美拉唑、兰索拉唑、埃索美拉唑是治疗合并有幽门螺杆菌感染的消化道溃疡的首选方法。质子泵抑制剂在口服或注射给药后，药物分子通过生物膜进入血液循环，随血液分布至病变部位，抗酸药的吸收速度和程度受药物剂型、给药途径等因素影响，质子泵抑制剂通常在口服后 1~2h 内达到血药浓度峰值。药物在体内的分布特点取决于药物的性质和组织的亲和力，而抗酸药主要分布于肝脏、肾脏、胃肠道等组织，其中病变部位的药物浓度较高。抗酸药在体内通常经过肝脏和肾脏等器官的代谢和排泄，其中大部分药物以原型或代谢产物的形式随尿液排出。抗酸药的代谢过程一般较安全，质子泵抑制剂的药效持续时间因药物种类和剂量而异。一般而言，抗酸药的药效持续时间为 4~12h，部分药物的药效可维持 24h。

10.2.7 临床应用

（1）苯并咪唑类药物奥美拉唑　在兽医临床中，奥美拉唑通常被用于治疗胃肠道溃疡、胃食管反流、胃泌素瘤等疾病。奥美拉唑的兽医临床应用剂量通常为每 12h 5~10mg/kg，口服或注射给药。奥美拉唑的给药途径包括口服和注射。对于动物口服给药，一般按照每公斤体重 1～5mg/次的剂量，每日给药 1～2 次；对于注射给药，一般按照每公斤体重 5～10mg/次的剂量，每日给药 1～2 次。对于一些疾病如胃泌素瘤，奥美拉唑可以作为长期治疗的首选药物，而对于胃肠道溃疡等疾病，奥美拉唑通常需要与其他药物联合使用才能获得最佳疗效。

（2）苯并咪唑类药物兰索拉唑　兰索拉唑是一种具有显著抗酸和抗溃疡作用的药物，其功效的实现是通过抑制胃壁细胞内质子泵，从而减少胃酸分泌。兰索拉唑的药理特性在医学领域得到了广泛的认可，其对胃酸分泌的抑制在各类临床应用中均表现出了显著的效果。无论是口服还是注射给药，都能迅速达到预期的效果，其对胃酸分泌的抑制效果持续时间长，最长可持续 4～12h，甚至更久。兰索拉唑可以通过口服或注射的方式进行给药。在口服给药的情况下，通常的剂量为每公斤体重 1～5mg/次，每日 1～2 次。而对于注射给药，剂量则为每公斤体重 5～10mg/次，同样也是每日 1～2 次。同时，其应用于胃肠道手术后、应激性溃疡、抗生素相关性胃肠道副作用等方面的预防和治疗，也进一步证明了其药理效果的广泛适用性。

（3）硫醚类药物硫糖铝　硫糖铝的临床应用范围广泛，常用于治疗胃和十二指肠溃疡、胃炎、食管反流症及胃酸过多等症状。口服是最常见的使用方法，通常每次剂量为 1～3g/kg，每天 3～4 次。

（4）硫醚类药物枸橼酸铋　枸橼酸铋不仅仅局限于常规临床应用，其在治疗感染性疾病方面也具有显著效果，如腹泻、霍乱、肺炎等。有研究发现枸橼酸铋在幽门螺杆菌感染相关胃炎治疗中具有抗炎、抗菌双重作用，为临床治疗提供了新的选择。此外，枸橼酸铋还可以用于制备一些药物如口服补液盐等。在临床实践中，枸橼酸铋可通过口服或注射途径给药，口服枸橼酸铋的剂量一般为每次 50～100mg，每日 3～4 次，这样的剂量设置可以在保证药效的同时，降低患畜的不适感；而注射途径的给药剂量则相对较低，一般为每次 20～40mg，每日 1～2 次，这种剂量的调整旨在让药物更精准地作用于病灶，提高治疗效果。

（5）呋喃类药物米索前列醇　呋喃类药物是一类广泛应用于兽医临床的药物，其中包括米索前列醇。米索前列醇是一种合成前列腺素 E1 类似物，主要用于治疗动物的胃肠道疾病。在兽医临床中，米索前列醇通常用于治疗胃肠道疾病如胃扭转、胃扩张、胃溃疡、胃炎、结肠炎等。它可以通过口服或注射的方式给予动物使用，口服米索前列醇的剂量一般为每次 1～3mg/kg，每天 3～4 次；而注射剂量一般为每次 10～20μg/kg，每天 1～2 次。米索前列醇在临床应用中的效果显著，能够有效地缓解动物的胃肠道症状，同时促进胃肠道黏膜的修复和再生。

（6）有机磷酸盐类药物磷酸铝　磷酸铝是一种常用的抗酸药和胃肠道动力药。除了用于治疗胃肠道疾病外，磷酸铝还可用于制备其他药物。例如，磷酸铝可以作为抗酸药的成分，制备复方抗酸药，又如磷酸铝和铋的复方制剂，用于治疗胃肠道疾病。磷酸铝还可以作为药物的载体，提高药物的稳定性和生物利用度。在兽医临床中，磷酸铝的常用剂量为每 12h 5～10mg/kg，给药方式一般为口服或注射给药。对于一些疾病如胃泌素瘤，磷酸铝可以作为长期治疗的首选药物，而对于胃肠道溃疡等疾病，磷酸铝通常需要与其他药物联合使用才能获得最佳疗效。

（7）有机磷酸盐类药物磷酸镁　在兽医临床实践中，磷酸镁的剂量通常是根据动物的体重和病情来确定的。一般而言，磷酸镁在兽医临床上的应用剂量为每 12h 5～10mg/kg，可以通过口服或注射的方式进行给药。目前，已有研究人员对磷酸镁口服溶液的制备及其在慢性胃炎治疗中的临床效果进行了深入研究，研究结果表明，磷酸镁不仅具有显著的抗酸作用，还具有抗炎作用，通过这种口服溶液的方式，磷酸镁能够在胃部形成一层保护膜，从而减少胃酸对胃黏膜的刺激。同时，其抗炎作用也能有效缓解胃部炎症，进一步保护胃黏膜，这一发现为临床治疗慢性胃炎提供了新的药物选择，具有重要的临床意义。

10.2.8 安全性

10.2.8.1 苯并咪唑类抗酸药

苯并咪唑类抗酸药是一类相对安全低毒的药物，兽医临床常见的不良反应除刺激性外，偶见过敏反应的发生。苯并咪唑类药物的毒性主要表现在对肝脏和肾脏的损害，以及引起神经系统症状。如果在使用苯并咪唑类药物时，动物出现行为异常、食欲减退、体重下降、黄疸、尿色深、皮肤和黏膜出血等症状应该立即停止使用。苯并咪唑类药物的过敏反应比较常见，主要表现为皮肤瘙痒、皮疹、呼吸困难、面部水肿等症状。如果动物在服用苯并咪唑类药物后出现上述症状应该立即停止使用。

奥美拉唑的兽医临床应用也存在一些不良反应，如头痛、恶心、呕吐、腹泻等。此外，长期使用奥美拉唑可能会导致胃内细菌过度生长，从而增加感染的风险。兰索拉唑的不良反应通常包括头痛、恶心、呕吐、腹泻等。但在某些情况下，可能出现严重不良反应，如过敏反应、肝损伤等。使用苯并咪唑类抗酸药的注意事项：

① 应避免与其他抗酸药同时使用，以防止药物相互作用和加重不良反应。

② 对肝药酶 CYP2C19 有抑制作用，联用其他药物时需注意药物代谢的变化。

③ 长期使用奥美拉唑或兰索拉唑可能导致胃肠道菌群失调，必要时可联用益生菌调节肠道微生态平衡。

④ 动物妊娠期和哺乳期慎用奥美拉唑，除非临床治疗需要，以免对胎儿和新生幼畜产生不良影响。

10.2.8.2 硫醚类抗酸药

硫醚类抗酸药在兽医临床中的安全性已经得到了广泛研究和评估。一般来说，硫醚类抗酸药在兽医临床中的使用是安全的，但仍然需要遵守兽医的用药建议，严格按照剂量和时间进行给药，避免不必要的药物滥用。硫醚类抗酸药的不良反应主要包括恶心、呕吐、腹泻、便秘等。此外，长期使用硫醚类抗酸药可能会影响肠道菌群平衡，从而导致肠道感染或炎症。与其他药物一样，硫醚类抗酸药也可能引起过敏反应。在兽医临床中，如果宠物出现皮疹、呼吸急促、口腔或皮肤溃疡等过敏症状，应该立即停止使用硫醚类抗酸药。

硫醚类抗酸药如硫糖铝在兽医临床中的常规用量经过长期实践证明是安全的，且硫糖铝的不良反应相对较少且症状较轻，停药后可自行恢复。不良症状包括恶心、呕吐、腹泻等。但在某些情况下，可能出现严重不良反应，如过敏反应、肝损伤等。

10.2.8.3 呋喃类抗酸药

在兽医临床领域，呋喃类抗酸药的临床安全性已经得到了广泛研究和评估。通常情况下，呋喃类抗酸药在兽医临床应用中被认为是安全的，但仍需遵循兽医的用药建议，严格按照剂量和时间进行给药，防止不必要的药物滥用。尽管呋喃类抗酸药的不良反应较为罕见，但恶心、呕吐、腹泻和便秘等症状仍有可能发生。此外，长期使用这类药物可能会对肠道菌群平衡产生影响，从而增加肠道感染或炎症的风险。因此，在兽医临床实践中使用呋喃类抗酸药时，需要根据具体病情进行评估，并密切监测宠物身体的反应。值得注意的是，呋喃类抗酸药还可能引发过敏反应。如果在兽医临床中，宠物出现皮疹、呼吸急促、口腔或皮肤溃疡等过敏症状，应立即停止使用呋喃类抗酸药，并寻求兽医的进一步诊断和治疗建议。另外，米索前列醇作为一种常见呋喃类抗酸药物，常见的不良反应包括胃肠道不适、腹泻和便秘等，因此在使用时需要根据病情和动物的体重来调整剂量。此外，米索前列醇与某些药物（如抗生素、铁剂等）可能会发生相互作用，因此在使用时需要咨询兽医或药剂师的意见。

10.2.8.4 有机磷酸盐类抗酸药

磷酸铝也会导致一些不良反应，如恶心、呕吐、腹泻、便秘等。此外，长期使用磷酸铝可能会导致铝离子在体内的积累，从而引起铝中毒。因此，在使用磷酸铝时需要注意剂量和使用时间，避免长期使用。同时，对于有慢性肾脏病、肝病等疾病的动物，应谨慎使用磷酸铝。在兽医临床中使用抗酸药时，需要充分考虑药物的安全性和有效性，遵循兽医的建议，并根据具体情况调整剂量和治疗方案，以确保动物得到最佳的治疗效果。

10.2.9 药物相互作用

10.2.9.1 苯并咪唑类药物

（1）与抗菌药物的相互作用　苯并咪唑类药物，如苯并咪唑、咪康唑和氟康唑等，是一类被广泛应用于临床的抗真菌药物。它们主要用于治疗真菌感染，如皮肤癣、口腔念珠菌病和阴道念珠菌病等。然而，这些药物与其他药物的相互作用却常常被忽视，这可能会影响它们的药效甚至引发不良反应。因此，对苯并咪唑类药物与其他药物之间的相互作用进行深入了解，对于确保临床使用的安全性和有效性至关重要。苯并咪唑类药物与其他药物之间的相互作用主要体现在以下两个方面。首先，苯并咪唑类药物可以影响其他药物的代谢和清除过程，从而改变其药效和不良反应。具体来说，这类药物可以抑制肝脏中的细胞色素 P450 酶系，从而降低其他药物的代谢和清除速度，增加其血浆浓度和药效。其次，其他药物也可以对苯并咪唑类药物的药效和不良反应产生影响。例如，口服抗凝药就可能与苯并咪唑类药物结合，从而降低其抗真菌效果。

（2）与非抗菌药物的相互作用　苯并咪唑类药物，如甲硝唑、替硝唑和奥硝唑等，广泛应用于医学领域，其共同特点是含有咪唑环结构。这些药物能够治疗厌氧菌、原虫、病毒等引起的多种感染，然而，它们与其他药物的相互作用可能引发药效降低或增强，甚至产生不良反应。首先，苯并咪唑类药物与口服抗凝药物的相互作用尤为重要。例如，甲硝唑、替硝唑等药物可能抑制肝脏中的细胞色素 P450 酶，从而抑制口服抗凝药物的效果。因此，当苯并咪唑类药物与口服抗凝药物同时使用时，我们应密切关注凝血酶原时间等指标，并及时调整药物剂量。其次，苯并咪唑类药物与口服降糖药物的相互作用也不容忽视。奥硝唑等药物可能会降低口服降糖药物的药效，导致血糖控制不佳。因此，当苯并咪唑类药物与口服降糖药物同时使用时，我们应加强血糖监测，并及时调整降糖药物的剂量。此外，苯并咪唑类药物与一些非处方药物的相互作用也值得关注。例如，同时使用含有对乙酰氨基酚的感冒药与苯并咪唑类药物，可能增加肝脏损害的风险。因此，在使用苯并咪唑类药物时，我们应尽量避免同时使用其他含有对乙酰氨基酚的药物。在临床实践中，对于苯并咪唑类药物的使用，我们需要更多地了解它们与其他药物的相互作用，以避免可能的药效降低、增强或不良反应。

10.2.9.2　硫醚类药物

（1）与抗菌药物的相互作用

① 硫醚类药物与β-内酰胺类抗菌药物的相互作用：硫醚类药物和β-内酰胺类抗菌药物都可以抑制细菌的细胞壁合成，但它们的作用机制不同。硫醚类药物作用于细胞壁的早期合成阶段，而β-内酰胺类药物作用于细胞壁的后期合成阶段。因此，硫醚类药物和β-内酰胺类药物的联合使用可能会产生协同作用，增强抗菌效果。但是，如果两种药物一起使用可能有增加不良反应发生的风险，如胃肠道反应和肾脏损害。因此，在使用硫醚类药物和β-内酰胺类药物时应该分别使用，避免同时使用。

② 硫醚类药物与大环内酯类抗菌药物的相互作用：硫醚类药物和大环内酯类抗菌药物都可以抑制细菌的蛋白质合成，但它们的作用机制不同。因此，硫醚类药物和大环内酯类药物的联合使用可能会产生协同作用增强抗菌效果。但是，如果两种药物一起使用，可能有增加不良反应发生的风险，如肝脏损害和神经系统反应。因此，在使用硫醚类药物和大环内酯类药物时应该分别使用，尽量避免合用。

③ 硫醚类药物与喹诺酮类抗菌药物的相互作用：硫醚类药物和喹诺酮类抗菌药物都可以抑制细菌的 DNA 合成，但它们的作用机制不同。硫醚类药物作用于细菌的核糖体亚基，而喹诺酮类药物作用于细菌的 DNA 拓扑异构酶。硫醚类药物和喹诺酮类药物的联合使用有增加不良反应发生的风险，如胃肠道反应和心脏毒性，应尽量避免合用。

（2）与非抗菌药物的相互作用

① 硫醚类药物与抗酸药的相互作用：硫醚类药物需要在胃酸的作用下才能发挥抗菌作用。因此，如果在使用硫醚类药物的同时服用抗酸药，会降低硫醚类药物的抗菌效果。在使用硫醚类药物时，应该避免同时服用其他抗酸药。

② 硫醚类药物与肝药的相互作用：硫醚类药物需要在肝脏中代谢，如果同时使用其他肝药，可能会增加肝脏的负担，导致不良反应的发生，在使用硫醚类药物时，应该避免同时使用其他肝药。

③ 硫醚类药物与中药的相互作用：硫醚类药物与某些中药可能会产生相互作用，影响硫醚类药物的吸收和代谢，从而影响其抗菌效果，在使用硫醚类药物时，应该避免同时服用特定中药成分。

10.2.9.3　呋喃类药物

① 呋喃类药物和β-内酰胺类药物相互作用：呋喃类药物与β-内酰胺类抗菌药物的联合应用，有时可以实现药效的相互增强，但由于二者具有相似的代谢途径，可能导致药物代谢产物之间的相互作用。在实际应用中要考虑药物的配伍禁忌和不良反应，避免药物相互作用对动物健康产生负面影响，应该避免同时使用其他β-内酰胺类药物。

② 呋喃类药物与硫醚类药物的相互作用：使用硫醚类药物的同时服用呋喃类抗酸药

会降低硫醚类药物的抗菌效果，应尽量避免合用。

③ 呋喃类药物与肝药的相互作用：由于呋喃类抗酸药需要在肝脏中代谢，如果同时使用其他肝药可能会增加肝脏的负担从而导致不良反应的发生。因此，在使用呋喃类抗酸药时应该避免同时使用其他肝药。

10.2.10　剂型

抗酸药制剂是一种用于治疗胃酸相关疾病的药物，包括胃食管反流病、消化性溃疡等。在国内外，已经批准了许多不同剂型的抗酸药制剂用于治疗动物的胃酸相关疾病。例如，质子泵抑制剂奥美拉唑已经被广泛用于兽医临床，用于治疗犬猫的胃酸相关疾病。H_2 受体拮抗剂如罗沙替丁和法莫替丁也被用于治疗动物的胃酸相关疾病。除了口服制剂外，一些抗酸药制剂还可以通过注射剂形式给予动物。例如，质子泵抑制剂兰索拉唑可以通过静脉注射或肌内注射给予动物。另外，一些抗酸药制剂也可以通过局部应用的形式给予动物，例如通过喷雾剂或凝胶形式给予动物。

随着对动物胃酸相关疾病的深入研究，相信会有更多的抗酸药制剂被批准用于动物。同时，随着技术的不断发展，抗酸药制剂的剂型也会越来越多样化，为动物提供更加便捷和高效的药物治疗方案。早期对奥美拉唑在马体内的药效学研究表明，在肠内给药后，无论是肠溶颗粒还是膏状制剂，奥美拉唑都有 24h 的活性持续时间。

10.3

止吐药与催吐药

10.3.1　止吐药

恶心、呕吐是动物许多疾病的常见伴发症状，长期剧烈呕吐可引起机体脱水及电解质紊乱。呕吐是上消化道的一种复杂协调性活动过程，由位于延髓的呕吐中枢调控。止吐药（antiemetic drugs）为不同环节抑制呕吐反应的药物，在兽医临床上主要用于制止犬、猫、猪及灵长类等动物呕吐。

参与呕吐反应的神经递质主要有多巴胺（D_2）、组胺（H_1、H_2）、乙酰胆碱（毒蕈碱 M_1）、5-羟色胺（5-HT_3）、神经激肽（NK-1）等，故封闭其中的一种或几种神经递质的受体成为止吐的关键，常用的止吐药包括以下几类：

（1）吩噻嗪类　这类药物主要是中枢多巴胺受体阻断剂，还能拮抗呕吐中枢的 α_1-肾上腺素能受体。一些药物还能拮抗组胺受体和毒蕈碱 M_1 受体。这类药物因其能抑制多原因引起的呕吐作用，也被称为"广谱"止吐药。用于止吐的吩噻嗪类药物主要有氯丙嗪、丙氯拉嗪、异丙嗪和乙酰丙嗪等。

（2）**抗组胺药** 组胺的神经传导可作用于化学感受器触发区和前庭器官，从而引起动物呕吐，但所致犬的呕吐效应比猫更明显。抗组胺药（如苯海拉明）在人体内可以有效抑制晕动症和止吐，但在犬体内则效果较差。用于抑制呕吐的抗组胺药包括苯海拉明、茶苯海明、异丙嗪（有抗组胺作用的吩噻嗪类）和赛克力嗪。详见组胺与抗组胺药相关章节。

（3）**抗毒蕈碱类** 这类药物包括阿托品、东莨菪碱、地美戊胺和异丙胺。主要作用能拮抗毒蕈碱 M_1 受体。该类药物能缓解多种原因导致的呕吐，东莨菪碱在人医中是治疗晕动病的有效药，但对于犬、猫效果不佳。东莨菪碱还能引起动物特别是猫兴奋。

（4）**抗 5-羟色胺药** 特异性抗 5-羟色胺药物包括昂丹司琼、格拉司琼、帕洛诺司琼和多拉司琼。这类药物常用在肿瘤化疗病例中，由于价格比较昂贵，兽医临床治疗只用于少数抗肿瘤和胃肠道疾病引起的呕吐病例中。

（5）**神经激肽受体拮抗剂** 神经激肽（NK-1）也称为 P 物质，也是一种能导致呕吐的神经递质，位于呕吐中枢的神经激肽受体起着重要的作用。阿瑞匹坦是第一种 NK-1 受体拮抗剂。由于化疗药物会使 P 物质释放，因此此类药物用作化疗引起的呕吐效果显著。这类药物在犬临床上的应用一直在研究中，2007 年，马罗匹坦被批准用于犬临床。

以下主要介绍除前面章节介绍过的药物外兽医临床常用的止吐药。

甲氧氯普胺（metoclopramide）

（1）**化学结构** 又称胃复安、灭吐灵。化学名称为 N-[(2-二乙氨基)乙基]-4-氨基-2-甲氧基-5-氯-苯甲酰胺，分子式为 $C_{14}H_{22}ClN_3O_2$，分子量为 299.80，结构式见图 10-4。

（2）**作用机制** 甲氧氯普胺主要通过抑制中枢催吐化学感受区（CTZ）中的多巴胺受体（D_2）而提高 CTZ 的阈值，使传入自主神经的冲动减少，从而呈现强大的中枢性镇吐作用。高剂量药物还可拮抗 5-羟色胺（$5-HT_3$）而发挥止吐作用。甲氧氯普胺还能拮抗胃局部 D_2 受体、兴奋乙酰胆碱受体和 $5-HT_3$ 受体。

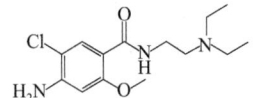

图 10-4　甲氧氯普胺化学结构式

（3）**药理作用** 甲氧氯普胺具有强大的镇吐作用，还可以通过增加食道括约肌的压力，增强胃收缩的频率和幅度，增强十二指肠和空肠的蠕动，松弛幽门括约肌等途径促进胃和十二指肠前段的排空，起到健胃消胀的作用。臧志雄等报道胃复安对肉食兽、杂食兽的镇吐效果比氯丙嗪强且无催眠作用。对家畜的健胃消胀及促进胃肠蠕动的效果理想，该药用量小、作用快，对大小动物都适用，特别是对反刍兽。

（4）**药代动力学** 甲氧氯普胺在犬体内的药物代谢动力学个体差异较大。其半衰期范围为 0.87～3.2h；口服途径给药的生物利用度只有 47.8%。

（5）**临床应用** 兽医临床上主要用于宠物和家畜的胃肠胀满、恶心呕吐及用药引起的呕吐等。韦青藏报道胃复安对牛前胃弛缓、猪产后食欲不振和慢性消化不良疗效显著。朱克勤报道甲氧氯普胺对兔胃部胀满、胃酸过多有较好的治疗作用。

（6）**安全性** 甲氧氯普胺少见不良反应，但猫比犬易发。不良反应主要包括引起动物情绪和行为的改变（抑郁、神经质、坐立不安）。剂量稍高也可能会出现镇静和锥体外系反应（以头部、颈部、躯干、四肢的慢速至快速扭转为特征的运动失调）。猫给药后可能出现狂躁症或定向障碍。胃肠道蠕动的加强也可能导致胃部的不适，对于患有梗阻的动物是不适用的。

（7）**药物相互作用**　抗毒蕈碱药（如阿托品）和麻醉性镇痛药可能会抑制甲氧氯普胺的活性。该药可抑制某些药物（如西咪替丁、地高辛）和促进某些药物（如土霉素）的吸收。吩噻嗪类药物可能会增强该药的锥体外系效应。麻醉性镇痛药或镇静药可能会增强该药对中枢神经的作用。

（8）**剂型**　甲氧氯普胺临床主要应用其注射剂和口服剂型。注射液：5mg/mL溶液；口服剂型：5mg、10mg片剂，15mg胶囊，1mg/mL溶液。犬、猫：0.25～0.5mg/kg，静注、肌注、口服，12h给药一次；0.17～0.33mg/kg，静注、肌注、口服，8h给药一次；1～2mg/kg，缓慢静注，给药时间超过24h。

昂丹司琼（ondansetron）

（1）**化学结构**　又称恩丹西酮、奥丹西龙、枢复宁（商品名）。化学名称为1,2,3,9-四氢-9-甲基-3-[(2-甲基-1H-咪唑-1-基)甲基]-4H-咔唑-4-酮，化学式为$C_{18}H_{19}N_3O$，分子量为293.36，结构式见图10-5。

（2）**作用机制**　昂丹司琼为一种高度选择性的5-羟色胺（5-HT_3）受体拮抗剂，通过作用于胃肠道和化学感受器触发区而产生强效抗呕吐作用。化疗药物和放疗可引起小肠5-HT_3释放，通过5-HT_3受体引起迷走传入神经兴奋而导致呕吐反射。

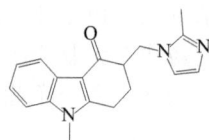

图10-5　昂丹司琼化学结构式

（3）**药理作用**　昂丹司琼能阻断5-HT_3受体引起迷走传入神经兴奋导致的呕吐反射发生，从而消除化疗和放疗引起的恶心、呕吐症状，疗效优于甲氧氯普胺和NK-1受体拮抗剂。因此，本品对于控制化疗药物导致的呕吐尤其有效。但是，近来研究表明本品对犬的5-HT_3受体的作用仅为人类的十分之一。

（4）**药代动力学**　昂丹司琼在犬体内口服半衰期为1.3h，口服途径给药的生物利用度＜10％。在猫体内口服半衰期为1.18h，静脉注射为1.84h，皮下注射为3.17h，口服和皮下注射生物利用度分别为32％和75％。

（5）**临床应用**　昂丹司琼主要用于放化疗引起的呕吐，还可用于对其他镇吐药物（如马罗匹坦、甲氧氯普胺）不耐受动物或上述药物无法控制的强烈恶心和呕吐的治疗。

（6）**安全性**　与其他常用止吐药不同，昂丹司琼对多巴胺、组胺、肾上腺素能和胆碱能受体没有活性。因此，它不太可能引起与其他止吐剂相关的副作用，例如低血压、镇静、不安、烦躁和锥体外系症状。犬的副作用，包括镇静、舔唇及摇头，但不常见。肝脏功能缺损的患畜应减量投药。

（7）**药物相互作用**　昂丹司琼与地塞米松或甲氧氯普胺合用，效果更好。昂丹司琼是通过肝P450酶系统代谢的，因此，凡是能诱导或抑制该酶系都有可能改变其清除率，因而也改变了半衰期。但尚无足够的资料提出如何调整或有无必要调整剂量。

（8）**剂型**　盐酸昂丹司琼已通过口服和注射方式使用。昂丹司琼口服给药吸收迅速，但会大量经肝脏代谢，应化疗前30min给药。静脉给药起效迅速，不易造成不良反应，但会引起局部疼痛。注射：2mg/mL溶液。口服：4mg、8mg片剂；0.8mg/mL糖浆。犬、猫：用于抗肿瘤药物所引起的呕吐时，0.5～1mg/kg，在抗肿瘤药物应用之前30min静脉注射或口服，若为其他原因呕吐，则0.1～0.2mg/kg缓慢静脉注射，并每隔6～12h静脉注射一次，以抑制呕吐。

马罗匹坦（maropitant）

（1）**化学结构**　又称马罗皮坦，常用枸橼酸马罗匹坦［商品名止吐宁/赛瑞宁（Cerenia）]。本品为（2S，3S）-2-二苯甲基-N-（5-叔丁基-2-甲氧基苄基）-3-氨基-奎宁，化学式为 $C_{32}H_{40}N_2O$，分子量为 468.67，结构式见图 10-6。

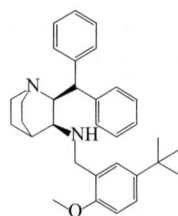

图 10-6　马罗匹坦化学结构式

（2）**作用机制**　马罗匹坦是 1 型神经激肽（NK-1）的受体抗结剂，可通过抑制 P 物质（引起呕吐的关键性神经递质）而作用于中枢神经系统。

（3）**药理作用**　马罗匹坦对于多种原因引起的呕吐均有较好的止吐和预防作用，包括由胰腺炎、肠炎（饮食不慎）、顺铂（化疗）、硫酸铜、阿扑吗啡、氢吗啡酮、晕动病、吐根、细小病毒性肠炎及多种药物引起的呕吐。

（4）**药代动力学**　马罗匹坦主要通过肝脏代谢，其几乎不通过肾脏排泄，对于肾功能低下的患畜，也不必进行剂量调整。犬通过皮下注射进行给药时，吸收极快且完全（生物利用度可达到 90.7%），但是口服时吸收率将受到首过效应的影响（剂量为 2mg/kg 时生物利用度为 23.7%，剂量为 8mg/kg 时生物利用度为 37%）。马罗匹坦在通过皮下注射 1mg/kg 时其半衰期为 7.75h。2mg/kg 口服其半衰期为 4.03h，8mg/kg 口服其半衰期为 5.46h。1mg/kg 皮下注射、8mg/kg 口服、2mg/kg 口服的达峰时间分别为 0.75h、1.7h 和 1.9h，可持续 19~24h。在猫中马罗匹坦口服和皮下给药时，半衰期为 13~17h，生物利用度分别为 50% 和 117%。

（5）**临床应用**　由于疗效显著，2007 年 FDA 批准马罗匹坦用于预防及治疗犬的急性呕吐，后续同样被批准作为猫的处方外用药。注射用的枸橼酸马罗匹坦应用于预防及治疗犬的急性呕吐；片剂枸橼酸马罗匹坦用于预防犬的急性呕吐及由晕动病引起的呕吐；两者均可作为猫的处方外用药。中国农业部 2016 年 5 月批准了枸橼酸马罗匹坦的进口注册，同样用于预防及治疗犬的急性呕吐。

（6）**安全性**　马罗匹坦与除 NK-1 之外的其他 NK 受体几乎没有结合力，且其不与中枢神经受体（如 GABA-受体、阿片受体、肾上腺素能受体、5-羟色胺受体、组胺受体、毒蕈碱受体及多巴胺受体等）结合。当止吐剂量的马罗匹坦给予犬时，其对除呕吐外的其他功能都没有明显的不良作用。曾有报道皮下注射该药会引起注射点肿胀和疼痛。推荐剂量可引起嗜睡（8%）、多涎（5%）、食欲不振（2%），偶见稀便、镇静或抑郁、胃肠胀气。

（7）**药物相互作用**　马罗匹坦对钙和钾离子通道有亲和性，患有心脏疾病的犬慎用，且不能与钙通道阻滞剂合用。马罗匹坦与血浆蛋白的结合率大于 99%，但未进行本品与其他高血浆蛋白结合率药物联合用药试验。应谨慎与其他高血浆蛋白结合率药物联合使用。临床上常用的高血浆蛋白结合率药物有非甾体抗炎药、抗心律失常药、抗凝血药、抗惊厥药等。

（8）**剂型**　马罗匹坦被批准临床应用的主要为注射液和片剂。注射液：10mg/mL；片剂：16mg、24mg、60mg 和 160mg。注射剂量为 1mg/kg，1 次/日皮下注射，可用 5 日。片剂剂量为 2mg/kg，1 次/日，可用 5 日。

10.3.2　催吐药

催吐药（emetics）是一类能引起呕吐的药物。催吐作用可由兴奋中枢呕吐化学感受区引起，如阿扑吗啡的作用；也可通过刺激食道、胃等消化道黏膜，反射地兴奋呕吐中枢，引起呕吐，如硫酸铜的作用。临床上主要用于具有呕吐机能的动物（犬、猫）中毒的急救，帮助清除胃肠道中的有毒物质，以防止进一步吸收。

阿扑吗啡（apomorphine）

（1）**化学结构** 又称去水吗啡、缩水吗啡。化学名称为(R)-6-甲基-5,6,6a,7-四氢-4H-二苯并[de,g]喹啉-10,11-二酚，化学式为 $C_{17}H_{17}NO_2$，分子量为 267.32，结构式见图 10-7。吗啡与盐酸或磷酸加热反应经脱水重排生成阿扑吗啡，属苄基四氢异喹啉类生物碱，分子中含有酚羟基和叔胺基团，故属两性化合物，相对而言碱性略强。阿扑吗啡的 pK_b 为 7.0，pK_a 为 8.92。

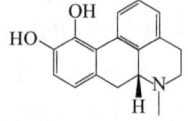

图 10-7 阿扑吗啡化学结构式

（2）**作用机制** 阿扑吗啡系阿扑啡衍生物，是一种部分合成的强效中枢性催吐药，阿扑吗啡能够激活 D_1、D_{2S}、D_{2L}、D_3、D_4 和 D_5 受体（因此被归类为非选择性多巴胺激动剂）、5-羟色胺受体（5-HT1A、5-HT2A、5-HT2B 和 5-HT2C）和 α-肾上腺素受体（α_{1B}、α_{1D}、α_{2A}、α_{2B} 和 α_{2C}）。

（3）**药理作用** 阿扑吗啡能够激活中枢多巴胺受体 D_2，直接刺激延脑的催吐化学感受区，反射性兴奋呕吐中枢，产生强烈的催吐作用。

（4）**药代动力学** 犬通过静脉、皮下和肌内注射 0.1mg/mL 阿扑吗啡，消除半衰期分别为 48min、47min 和 54min，皮下和肌内注射的生物利用度分别为 86% 和 100%。不推荐口服给药，因为阿扑吗啡具有显著的首过效应且生物利用度差。

（5）**临床应用** 在兽医学中，阿扑吗啡用于诱导犬呕吐，是一些常见的口服毒物（例如，防冻剂或杀虫剂）、过量药物和异物早期中毒的重要治疗方法。

（6）**安全性** 治疗剂量的阿扑吗啡可能引起轻度和自限性并发症，包括嗜睡、持续恶心、唾液分泌过多和镇静。

（7）**药物相互作用** 止吐药，特别是抗多巴胺药物（如吩噻嗪类）可能降低阿扑吗啡的作用。当阿扑吗啡与阿片类药物、其他 CNS 药物或呼吸系统抑制剂合用时，会引起中枢神经抑制过度或呼吸抑制。

（8）**剂型** 有报道指出阿扑吗啡可以通过任何给药途径发挥催吐的作用，最常使用的是阿扑吗啡注射液，规格为 10mg/mL。犬：0.02～0.04mg/kg 静注，0.04～0.1mg/kg 肌注/皮下注射（肌内注射效果不如皮下和静脉注射）。也可压碎后少量（0.1～0.3mg/kg）加入结膜囊，或溶解后滴入结膜。

10.4

增强胃肠蠕动药

增强胃肠蠕动药是指能够促进胃排空和有效的肠道运动，并预防并发症的一类药物。增强胃肠蠕动药包括拟胆碱药物、H_2 受体阻断药、浓氯化钠注射液、利多卡因、酒石酸锑钾、多潘立酮、西沙必利、红霉素和甲氧氯普胺等。

10.4.1 浓氯化钠注射液

（1）**理化性质**　浓氯化钠注射液系 10% 氯化钠水溶液，为无色澄明液体，味咸，pH 4.5～7.5。供静脉注射用。

（2）**作用机制**　静脉注射该药后能短暂抑制胆碱酯酶的活性，出现胆碱能神经兴奋的效应，可提高瘤胃的蠕动功能。静脉注射后，血中高浓度钠离子（Na^+）和氯离子（Cl^-）能反射性兴奋迷走神经，使胃肠平滑肌兴奋，蠕动增加，消化液分泌增多；Na^+、Cl^- 还能提高血液的渗透压，使组织中的水分进入血液中，有利于组织的新陈代谢，还可增加血容量，改善血液循环和许多器官的机能。

（3）**药理作用**　浓氯化钠注射液能够兴奋胃肠平滑肌，使蠕动增加，尤其在胃肠机能较弱时作用更加显著。一般用药后 2～4h 作用最强，12～24h 作用逐渐消失，只用一次即可，有特殊需要时可在第二天再用一次。

（4）**临床应用**　在反刍动物中的临床应用：浓氯化钠注射液是反刍动物的瘤胃兴奋药，用于反刍动物前胃迟缓、瘤胃积食。浓氯化钠注射液家畜常规使用方法一般为一次量，每 1kg 体重给药 1mL。

在马属动物中的临床应用：用于马属动物胃扩张和马骡便秘疝等，作用缓和，疗效好。10% 氯化钠 300mL 配合葡萄糖等缓慢静脉滴注，作为兴奋药，促进肠蠕动，治疗胃肠麻痹，广泛应用于疝痛病的治疗。治疗急性食滞性胃扩张。注药后牵遛 2h，病畜排出粗松粪便，逐渐痊愈。

（5）**安全性**　不良反应：妊娠黄牛一次静注 500mL，出现心跳加快、流涎、肌肉震颤等不良反应，经 1h 后自行消失，还出现腹痛不安、阴门内流出蛋清样黏液的先兆流产症状，或导致流产。

临床应用需注意以下事项：①静脉注射时不可稀释，注射速度宜慢，不可漏至血管外；②心力衰竭和肾功能不全的患畜慎用。

（6）**剂型**　制剂为浓氯化钠注射液。

10.4.2 多潘立酮

（1）**化学结构**　多潘立酮（domperidone），化学名称为 5-氯-1-{1-[3-(2-氧-1-苯并咪唑啉基)丙基]-4-哌啶基}-2-苯并咪唑啉酮，化学式为 $C_{22}H_{24}ClN_5O_2$，分子量为 425.91，结构式见图 10-8。商品名吗丁啉（motilium），是一种苯并咪唑类衍生物的合成药物。

（2）**作用机制**　多潘立酮为多巴胺 2（DA_2）受体拮抗剂，主要作用于周围神经系统，具有外周阻滞作用，不透过血脑屏障。位于大脑后侧的化学感受区（chemoreceptor trigger zone，CRTZ）并不被血脑屏障保护，与 CRTZ 有关的受体被拮抗故而止吐。多潘立酮还可以直接作用于胃肠壁，可增加胃肠道的蠕动和张力。

（3）**药理作用**　多潘立酮可以使胃肠道的蠕动和张力增强，促进胃排空，增加胃窦和十二指肠运动，协调幽门的收缩，而不影响胃的分泌机能，对结肠运动无影响。同时也能增强食道的蠕动和食道下端括约肌的张力，防止食管反流，能强效抑制恶心、呕吐而不影响胃的分泌功能。可用于胃肠胀满、食管反流、恶心、呕吐等症状。本品口服易吸收，口服、肌注、静注或直肠给药均可。

（4）**药代动力学**　内服从胃肠道吸收，犬的生物利用度仅 20%，可能是由于高度的首过效应，内服后 2h 血药浓度达峰值，有 93% 与血浆蛋白结合，代谢物主要从粪便和尿中排出。

图 10-8　多潘立酮化学结构式

（5）**临床应用**　在马的临床应用中：多潘立酮在临床上可用于治疗马茅状羊茅中毒和无乳症。治疗无乳症是通过刺激催乳素分泌促进泌乳，建议剂量为 1.1mg/(kg·d)。口服多潘立酮 5.0mg/kg 可促进胃排空。服用 1.1mg/kg 多潘立酮对胃排空、转运时间、排便频率、排泄物量和水分没有影响。多潘立酮不会改变马十二指肠、空肠、回肠或结肠的环形和纵向肌肉的收缩活动。

在犬的临床应用中：用于犬胃肠胀满引起的呕吐。内服量：每次 0.5～1mg/kg，每日 3 次。多潘立酮注射液，肌内注射量：每次 0.1～0.5mg/kg，必要时重复给药。

在猪的临床应用中：用于猪胀气便秘，口服多潘立酮 1mg/kg，严重病例采用 10mg/kg 的剂量口服多潘立酮，同时，驱赶猪只进行运动，促进肠道蠕动。

在反刍动物的临床应用中：与中药结合用于牛羊的前胃迟缓。多潘立酮片，牛羊 15～30mg/kg，每日 3 次，连服 3 天。

（6）**安全性**　多潘立酮不通过血脑屏障，对中枢神经系统的影响较小，故少有不良反应。本品在兽医学的应用信息较少，但是可能引起犬胃轻瘫。对猪可能引起一些副作用，如恶心、呕吐和腹泻等。对多潘立酮过敏的病畜禁用，机械性肠梗阻病畜禁用，胃肠道出血病畜禁用，孕畜慎用。

（7）**药物相互作用**　多潘立酮与胃复安都属于多巴胺受体拮抗剂，不宜配伍使用，且两个药物都有刺激催乳素分泌的副作用，联用时也会加重副作用。多潘立酮需要经过 CYP3A4 酶来代谢，如果同时服用显著抑制 CYP3A4 酶的其他药物，可能抑制药物在体内的代谢而造成血药浓度增加。通过 CYP3A4 代谢的很多药物都有心脏方面的不良反应，比如红霉素类药物或抗霉菌的氟康唑类药物，这些药物合用都有可能增加心脏不良事件。

（8）**剂型**　制剂有多潘立酮片、多潘立酮注射液、多潘立酮混悬液。

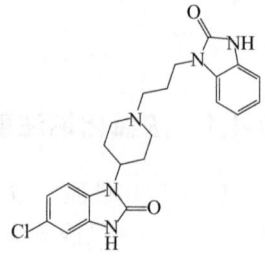

10.4.3　西沙必利

（1）**化学结构**　西沙必利（cisapride）化学名为顺式-4-氨基-5-氯-N-{1-[3-(4-氟苯氧基)丙基]-3-甲氧-4-吡啶基}-2-甲氧基苯甲酰胺，分子式为 $C_{23}H_{29}ClFN_3O_4$，分子量 465.945，结构式如图 10-9 所示，属于苯甲酰胺衍生物。

（2）**作用机制**　西沙必利为一种胃肠促动力药，可加强并协调胃肠运动，防止食物滞留与反流，其作用机制主要是通过选择性地促进肠肌层神经丛节后纤维乙酰胆碱的释放而起作用，从而增强胃肠的运动；但不影响黏膜下神经丛，因此不改变黏膜的分泌功能。

（3）**药理作用**　本品能加速胃蠕动和排空，增强胃和十二指肠收缩性与胃窦、十二指肠的协调性，减少十二指肠、胃反流；并能增加小肠、大肠的蠕动，促进小肠和大肠的转运。

（4）**药代动力学**　大鼠和家兔口服给药之后，西沙必利迅速并几乎完全通过肠黏膜中吸收。犬的口服吸收比较慢。与静脉给药相比，口服西沙必利溶液的绝对生物利用度大鼠为23%，犬为53%。西沙必利的末端血浆半衰期在大鼠中为1～2h，在家兔和犬中为4～10h。

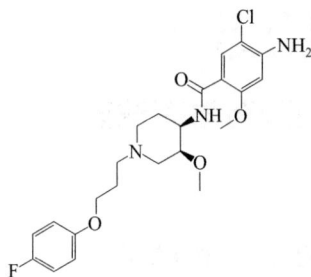

图10-9　西沙必利化学结构式

（5）**临床应用**　在犬的临床应用中：西沙必利可用于治疗犬的胃-食管反流、胃排空延迟，以及小肠蠕动机能紊乱等。常规临床使用剂量一般为：0.1～0.5mg/kg体重，每8～12h给药一次。由于犬食道由横纹肌组成，犬食道对西沙必利没有直接的平滑肌效应，因此西沙必利治疗犬的巨食道症疗效并不显著。但是研究表明麻醉前给予西沙必利和埃索美拉唑可减少麻醉犬胃食管反流的发生。

在猫的临床应用中：西沙必利可促进猫的整个胃肠道的蠕动，对结肠平滑肌的作用最显著，用于治疗猫的长期便秘和巨结肠。西沙必利对猫的给药剂量，内服量：1.25～2.5mg/只，每日2～3次。西沙必利给药剂量可高至1mg/kg，或每12h给药1.5mg/kg。还用于治疗猫的巨食道症，每次进食前30～60min，按体重口服西沙必利0.5mg/kg，3次/d，促进食管蠕动，抑制反流。

在马的临床应用中：西沙必利能增加马左背侧结肠的蠕动机能及增加盲结肠节点的蠕动协调性。检测口服西沙必利0.75～1.0mg/kg体重的马清醒状态下的消化道运动，空肠移行性收缩（MC）的频率明显增加。本品可作为腹部手术马匹的术后用药，0.1mg/kg静脉滴注即有疗效，药效持续时间可达2h。西沙必利治疗马术后肠梗阻，肌内注射每日三次每次0.1mg/kg，或者在5mL DMSO溶液中西沙必利按直肠给药剂量100～200mg。口服给药不适于术后的马匹，因为术后的胃反流和给药后产生的胃反流现象导致药物口服吸收极不稳定。

（6）**安全性**　西沙必利的不良反应：动物的严重不良反应还未见报道，但是在高剂量给药后可见腹部不适。在犬的安全性研究中，延长给药时间的高剂量（40mg/kg）药物耐受，未见有严重不良反应。孕畜慎用，大剂量使用西沙必利[>40mg/(kg·d)]可造成雌性大鼠生殖功能损伤。当使用推荐剂量的12～100倍时，就会对兔和鼠产生胚胎毒性和胎儿毒性。只有使用利大于弊时才可在妊娠期使用西沙必利。西沙必利可少量进入乳汁，哺乳期慎用。西沙必利增强胃肠动力会造成胃肠穿孔/阻塞，有出血危险，对西沙必利过敏的病畜禁用。

（7）**药物相互作用**　西沙必利可影响胃肠排空时间，因此其他口服药物吸收会受到影响。低口服治疗指数的药物与西沙必利同时使用时，须密切监控血药浓度；抗胆碱能药物能降低西沙必利的作用。西咪替丁（非雷尼替丁）能提高西沙必利的血药浓度，西沙必利能促进西咪替丁和雷尼替丁的吸收，从而增强它们的作用；西沙必利能提高抗凝剂的抗凝作用，因此必须进行密切监控，并调整抗凝剂的剂量。西沙必利能提高地西泮和乙醇的镇静作用。

（8）**剂型**　制剂有西沙必利片、西沙必利胶囊、西沙必利注射液。

10.5

制酵药与消沫药

10.5.1　制酵药

制酵药是指抑制胃肠内细菌发酵或酶的活力，防止大量气体产生的药物。在正常情况下，反刍动物瘤胃内的消化主要依赖微生物和酶。饲料分解所产生的大量气体，一部分可以随着胃内容物进入肠内而被吸收，大部分则以游离气体形式通过嗳气排出体外，因此一般不出现臌胀。

当反刍动物采食大量易发酵或变质的饲料后，因为微生物发酵作用在瘤胃内发酵而极易产生大量气体，且不能及时通过肠道吸收或者通过嗳气排出体外，则很易导致胃肠道臌胀，严重时可引起呼吸困难、窒息或胃肠破裂。如果采食了大量含皂苷的植物，则因降低瘤胃内液体的表面张力，所产生的气体将以泡沫的形式混杂于瘤胃内容物中不易排出而形成泡沫性臌气。马属动物采食大量的易发酵饲料后，在胃肠道内也能很快地产生大量气体，一般由于胃肠的蠕动和吸收作用而不引起臌气，但产气过多或因胃肠道平滑肌过度伸张而麻痹时，也能出现明显的胃肠臌气。

虽然抗生素、磺胺药、消毒防腐药等都有一定程度的制酵作用，但一个良好的制酵药必须具备以下条件：作用迅速、可靠，对动物无显著不良反应。治疗胃肠道臌气时除放气和排除病因外，制酵药通过抑制微生物的作用，制止或减弱发酵过程，同时通过刺激使胃肠道蠕动加强，促进气体的排出。

常用的制酵药有甲醛溶液、鱼石脂、大蒜酊、芳香氨醑等。

10.5.1.1　鱼石脂（ichthammol）

鱼石脂又名依克度。本品为棕黑色的黏稠性液体，有特殊臭味。加热体积膨胀。能溶于水，水溶液呈弱酸性反应，亦可溶于醇、醚和甘油。

本品有较弱的抑菌作用和温和的刺激作用。内服本品能抑制胃肠道内微生物的繁殖，能制止发酵、防腐和祛风，并能促进胃肠蠕动。本品外用时具有局部消炎作用。临床上常用于胃肠道制酵，治疗反刍动物的瘤胃臌胀、前胃弛缓、胃肠臌气、急性胃扩张、大肠便秘以及消化不良等。本品在治疗马便秘时，常与泻药配合使用。本品禁止与酸性药物，如盐酸、乳酸等混合使用。临用时可先加 2 倍量乙醇溶解，然后加水稀释成 3％～5％溶液灌服。内服，马、牛 10～30g/次，猪、羊 1～5g/次。临床常用为鱼石脂软膏，由鱼石脂与凡士林按照等比例混合而成，仅供外用。

10.5.1.2　甲醛溶液（formaldehyde solution）

本品为消毒防腐药，甲醛能与蛋白质中的氨基结合，而使蛋白质凝固变性，有强大的杀菌作用，迅速制止瘤胃内发酵。其 3％～5％浓度的溶液能杀死多种细菌、芽孢和病毒。1％甲醛溶液内服能制止反刍动物瘤胃内容物的发酵，疗效可靠。

本品刺激性强，并能杀灭瘤胃内多种细菌和纤毛虫，破坏微生物生态平衡，因而在臌胀治愈后常伴发消化不良或胃肠炎症状，加之对动物具有致癌作用，因此，本品一般不作为常规制酵药物使用，不宜多次反复应用。为减轻对畜禽胃肠道黏膜的刺激，在使用前宜用水稀释成 1％的甲醛溶液进行灌服。临床用作胃肠道防腐制酵药物，常治疗反刍动物的瘤胃臌胀、急性胃扩张等。内服，马、牛 8～25mL/次，羊 1～3mL/次，用水稀释 20～30 倍灌服。

10.5.1.3　芳香氨醑（aromatic ammonia spirit）

本品由碳酸铵 30g、浓氨水 60mL、柠檬油 5mL、八角茴香油 3mL、90％乙醇 750mL，加水至 1000mL 混合而成。本品新配制时为无色澄明液体，久置后变黄，具有芳香及氨臭味。本品所含成分氨、乙醇、茴香油等均具有抑菌效果，对局部组织也具有刺激作用。内服后可制止发酵和促进胃肠道蠕动，有利于气体的排出。由于对胃肠等消化道的刺激，能够增加消化液的分泌，可以改善机体的消化功能。临床用于消化不良、瘤胃臌气、急性肠臌气等。内服，马、牛 30～60mL/次，羊、猪 3～8mL/次，犬 0.6～4mL/次。

10.5.1.4　大蒜酊（garlic tincture）

常用的口服制酵剂，能够刺激胃肠黏膜，促进胃肠道蠕动，消除胀气。可用于治疗前胃迟缓、急性胃扩张、肠胀气等，临床多用于轻度胃肠臌气。

10.5.2　消沫药

反刍动物瘤胃的泡沫性臌胀，可由多种原因引起，但主要原因是采食过多含有皂苷的豆科植物（如紫苜蓿、紫云英等）后，因皂苷能降低瘤胃内液体的表面张力，使瘤胃内发酵产生的气体迅速被水膜包裹而形成大量比较稳定的不易破逸的黏稠性小泡，小泡混合或夹杂在瘤胃内糊块内容物中后更不易排出，而形成瘤胃泡沫性臌气。此时，若使用套管针穿刺放气或应用一般制酵药，对已形成的泡沫则无消沫作用，必须选用消沫药。

消沫药是指能降低泡沫液膜的局部表面张力，使泡沫破裂的药物，主要用于治疗反刍动物的瘤胃内泡沫性臌气病。良好的消沫药必须具备以下条件：①消沫药的表面张力较低，低于起泡液；②与起泡液不互溶，消沫药才能与泡沫液接触而降低液膜表面局部的表面张力，使液膜不均匀收缩而穿孔破裂；③能连续不断进行消沫作用，使破裂的小气泡不断融合成更大的气泡，最后汇集为游离的气体排出体外。

常见的消沫药有松节油、二甲硅油、植物油等。

10.5.2.1　松节油（terebenthene）

本品为松科植物渗出的油树脂经蒸馏或提取得到的挥发油类物质，主要成分为松油萜。本品为无色至微黄色的澄清液体，有特殊芳香味，不溶于水，易溶于乙醇。易燃，久置或暴露于空气中臭味逐渐变强，色渐变黄。松节油为常用的皮肤刺激药之一，也用于消化道疾病。

内服后在反刍动物瘤胃内比胃内液体表面张力低得多，能有效降低泡沫性气泡的表面张力，可使泡沫破裂，进一步融合成大气泡使游离气体随嗳气排出体外，发挥消沫作用。此外，本品还具有可以轻度刺激消化道黏膜和抑菌作用，能促进胃肠道蠕动和分泌，并有制酵、祛风等作用。临床上主要治疗反刍动物的瘤胃泡沫性臌胀、瘤胃积食，马属动物的胃肠臌胀臌气、胃肠弛缓等。

本品的刺激性较强，使用时应注意禁用于患有急性胃肠炎、肾炎的家畜和屠宰家畜、泌乳母畜。马属和犬类动物对本品极敏感易发泡，选择时应慎重。为了减少刺激性，临用前可加 3～4 倍量植物油混合稀释后灌服。内服，马 15～40mL/次，牛 20～60mL/次，猪、羊 3～10mL/次。

10.5.2.2　二甲硅油（dimethicone）

本品为二甲基硅氧烷的聚合物，无色或微黄色的澄清油状液体，几乎无臭或无臭，无味。不溶于水及乙醇，但能与苯、甲苯、二甲苯、氯仿或乙醚任意混合。注意密封保存。

本品的表面张力低，内服后能迅速降低瘤胃内泡沫膜的局部表面张力，使小泡沫破裂而成为大泡沫，促使泡沫破裂，产生消除泡沫作用。本品的消沫作用迅速，用药后 5min 即可产生效果，在 15～30min 时效果最强，使大量泡沫破裂，融合为气体排出。本品疗效可靠，作用迅速，几乎没有毒性。临床上主要用于治疗反刍动物的瘤胃臌胀，尤其是泡沫性臌胀病。为了减少本品的刺激性，灌服前后宜注入少量温水。用时可配成 2%～5% 乙醇或煤油溶液，通过胃管灌服。内服，牛 3～5g/次，羊 1～2g/次。临床常用二甲硅油片剂，规格为 25mg 或 50mg。

10.5.2.3　植物油（vegetable oil）

食用植物油如豆油、菜油、棉籽油、花生油等都能降低反刍动物等瘤胃内泡沫的表面张力和稳定性，促使泡沫破裂而发挥消沫作用。这些常用的植物油类来源广、疗效可靠、应用方便。对于严重的泡沫性臌胀病畜可与松节油联用，效果更佳。内服，马、牛 500～1000mL/次，羊 100～300mL/次，猪 50～100mL/次，犬 10～30mL/次，鸡 5～10mL/次。

10.5.3　制酵药与消沫药的合理选用

由于采食大量容易发酵或腐败变质的饲料导致的臌胀，或急性胃扩张，除危急者可以穿刺放气外，一般可用制酵药或瘤胃兴奋药，加速气体排出。对其他原因引起的臌胀，除制酵外，主要应对因治疗。在常用的制酵药中甲醛的作用虽可靠，但由于对局部组织刺激性强，能杀灭多种机体有益的肠道微生物和纤毛虫，因此，除严重气胀外，一般情况均不宜选用。鱼石脂的制酵效果较好，作用比较缓和，所以比较多用。鱼石脂与酒精配合应用效果也很好。泡沫性臌胀时，如果选用制酵药，仅能制止气体的产生，对已形成的泡沫无消除作用，必须选用消沫药。

10.6

泻药与止泻药

10.6.1　泻药

泻药是一类具有增强肠道蠕动功能、增加粪便水含量、润滑肠管或提高肠道内容物渗透压等作用，通过增加排便频率或改变排便稠度来促进动物排出稀松粪便的药物。这类药物倾向于在肠道聚集更多的液体，使粪便软化，增加肠内容积，对肠黏膜产生刺激作用，促进肠管蠕动，引起排便，临床上主要用于治疗严重的便秘和梗阻、排出肠内容物和腐败分解产物，或服用驱虫药物后，除去肠内残存的药物和虫体等，同时该类药物有助于在 X 射线或下消化道内镜手术检查之前清洁肠道。

便秘是一种粪便通过缓慢或不存在的情况。泻药可使肠道内容物松弛并促进粪便排出。兽医使用泻药来帮助动物排出粪便，而不会过度紧张，治疗非饮食原因引起的慢性便秘和可移动的肠道阻塞（如毛球），并在手术、X 线摄影或直肠镜检查前排空胃肠道。

泻药可以是简单的润滑剂，如石蜡和甘油；或刺激性泻药，对黏膜具有刺激作用，如大黄素和蓖麻油。这些药物有强大的作用，过量服用可导致过多的体液和电解质流失。乳果糖的工作原理是增加肠道的渗透压，从而将水引入肠道。这会产生通便作用并使结肠内容物酸化，但过量会引起胃胀气。某些食物也有通便作用，包括蜂蜜和西梅。总之，根据作用机理不同，泻药可以分为以下四类：

（1）**容积性泻药** 该类药物经内服或溶解后胃内灌服给药，SO_4^{2-}、Na^+、Mg^{2+} 等离子不易被吸收而留在肠管内，形成肠管内高渗环境，继而从周围组织中吸取大量水分，导致粪便软化，易于排出。同时由于肠管内水分增多，肠管容积增大，对肠黏膜产生机械性刺激作用，促使肠管推进性蠕动频率增加，引起排便。本类药物常用的有硫酸钠、硫酸镁、氯化钠等，均属于盐类化合物，故该类泻药也称为盐类泻药。

（2）**润滑性泻药** 本类泻药在动物内服后，多以原型通过肠道，其作用主要是在粪便表面包被一层不溶于水的膜，起润滑肠壁的作用，使得粪便易于通过肠道；同时药物可以阻止水分吸收，增加粪便中的水分含量，利于粪便排出。本类药物来源于动物、植物和矿物。属中性油类，无刺激性。常用者有矿物油液体石蜡；豆油、花生油、菜籽油、棉籽油等植物油；豚脂、酥油、獾油等动物油，故又称油类泻药。

（3）**刺激性泻药** 刺激性泻药多来源于植物，在胃内一般无变化，在肠道中被激活，代谢分解出有效成分，释放刺激性衍生物，激活肌神经元和平滑肌，增加肠道动力，促使肠管蠕动，肠液分泌增加，引发下泄作用。它们主要用于大型非反刍动物。

（4）**神经性泻药** 该类药物可以增强动物胃肠平滑肌的蠕动、增强腺体分泌机能，进而起到促进粪便排泄的作用。常用的神经性泻药有毛果芸香碱、新斯的明、氨甲酰胆碱等，药物副作用较大，使用时需特别注意。

使用泻药时的注意事项：

① 了解被阻塞的具体部位、阻塞物的大小和软硬程度。

② 了解病畜的体质、症状、病程和肠道的机能状态等。

③ 要防止泻下作用过猛，水分排出过多，导致病畜衰竭或脱水，用药一般只投药一次，并且充分饮水。

④ 对于脂溶性毒物、药物引起的动物中毒，严禁使用润滑性泻药，防止因促进毒物吸收而加重病情。

⑤ 使用驱虫药需要配伍泻药时，不宜使用润滑性泻药，最好采用盐类泻药。

⑥ 便秘后期，已经产生其他病变或炎症时，一般要选择润滑性泻药，并且配合对症治疗。

⑦ 幼畜、孕畜及体弱患畜应选择作用缓和的润滑性泻药。

⑧ 单独使用泻药效果不佳时，应进行综合治疗，多与制酵药、镇静药、强心药、体

液补充剂等配合使用，增强疗效。

⑨ 有心力衰竭和肾功能不全的动物应限制使用生理盐水；有些药物（如 Fleet Enema®）不建议猫使用，因为它们会导致严重的电解质失衡。

以下主要介绍除前面章节介绍过的药物外兽医临床常用的泻药。

硫酸钠

（1）**理化性质**　硫酸钠，别名芒硝，化学式为 Na_2SO_4，是硫酸根与钠离子化合生成的盐，为无色透明大结晶或颗粒性粉末，易溶于水，有风化性，其溶液大多为中性。

（2）**作用机制**　该药属于容积性泻药，内服小剂量硫酸钠能轻度刺激消化道黏膜，使胃肠的分泌和运动稍有增加，可发挥盐类健胃药作用。当内服大剂量硫酸钠时，在肠内解离成硫酸根和钠离子，因不易吸收而发挥下泻作用。

（3）**药理作用**　单胃动物服用硫酸钠后，一般经 3～8h 产生下泻作用，复胃动物内服本品后经 18h 左右产生下泻作用。另外，口服硫酸钠后，进入十二指肠时，刺激肠黏膜，可反射性引起胆管入肠处奥狄括约肌松弛，胆囊收缩，促使胆汁排出。

其作用特点是相对安全，起效快，作用持续时间较长，兽医治疗中最为常用。常被用于动物内窥镜检查之前的肠道清洗或用于中毒时的泻下治疗，也可用于大肠便秘、排除肠内毒物、驱除虫体等。

（4）**临床应用**　主要应用：①用于马属动物大肠便秘，反刍动物瓣胃及皱胃阻塞；②作健胃药，多与其他盐类配伍应用；③用于排出消化道内毒物、异物，配合驱虫药排出虫体等；④10％～20％高渗溶液外用治疗化脓创、瘘管等。

（5）**安全性**　应用注意：①治疗大肠便秘时，硫酸钠合适的浓度为 4％～6％，因浓度过低效果较差，浓度过高害处更大（可阻碍下泻作用，继发肠炎，加重机体脱水）；②硫酸钠不适用小肠便秘治疗，因易继发胃扩张；③硫酸钠禁与钙盐配合使用；④硫酸钠下泻作用较剧烈，可引起反射性盆腔充血和失水；⑤长期连续使用会影响电解质平衡；⑥老龄或妊娠母畜慎用。

（6）**用法用量**　导泄：内服，一次量，马 200～500g；牛 400～800g；羊 40～100g；猪 25～50g；犬 10～25g；猫 2～5g；鸡 2～4g；鸭 10～15g；貂 5～8g。

（7）**下泄作用影响因素**

① 与盐类离子在消化道内吸收的难易程度有关，一般不易吸收者，下泻作用强，反之作用弱。

② 与内服溶液的浓度相关，一般只有达到微高渗的浓度，才利于产生快而强的下泻作用。

③ 下泻作用与动物体内含水量多少有关，若机体内水量多，则能提高下泻作用，反之下泻效果差，因此，用药前应进行补液或大量饮水。

硫酸镁

（1）**理化性质**　是一种含镁的化合物，分子式为 $MgSO_4$，为无色或白色晶体或粉末，无臭、味苦而咸，有潮解性。易溶于水，慢溶于甘油，微溶于乙醇，水溶液呈中性。

（2）**作用机制**　硫酸镁与硫酸钠作用相似，同属于容积性泻药，因下泄作用强大，又被称为泻盐，内服很难吸收，通过增加肠道内容物的渗透压，吸收周围组织中的水分，增大肠内容积导致泻下。其高渗溶液（20％）外用，有抗菌消炎、止痛、消肿等作用。

（3）**药理作用**　硫酸镁是一种常见的无机化合物，其在医药领域被广泛应用。首先，硫酸镁是一种强效的渗透性泻药，几乎可将肠内容物完全清空，临床主要用于排除肠内毒物。它的作用源于镁离子和硫酸根离子在小肠内不被吸收，大量口服形成高渗压而阻止肠内水分的吸收，扩张肠道，刺激肠壁，促进肠道蠕动。除导泄作用外，硫酸镁还能引起十二指肠分泌胆囊收缩素，此激素能刺激肠液分泌和肠蠕动，用于利胆。

（4）临床应用　在临床上硫酸镁常被用于猪便秘，马属动物结肠阻塞，牛羊瘤胃积食，瓣胃阻塞等。同时，硫酸镁作为一种常见的无机化合物，在兽医临床上具有许多新的应用。可以用于治疗惊厥、子痫、破伤风、高血压等症，另外它在镇痛、消化系统疾病治疗、神经系统疾病治疗和产科领域都有着广泛的应用前景。

值得注意的是，硫酸镁的应用仍然需要进一步的研究和临床实践，以确定其最佳的用药途径、剂量和治疗时机，以及评估其长期的安全性和疗效。

（5）安全性

① 老龄及妊娠母畜禁用或慎用，强烈泻下作用时可引起反射性盆腔充血和脱水。

② 肠炎、胃肠溃疡或伴有消化道出血的患畜慎用。

③ 过量使用会引起中毒，可用氯化钙解救，同时用新斯的明拮抗 Mg 的肌松作用。

④ 泻盐内服给药后，有 20% 的镁离子会被肾脏吸收并排出体外，因此在肾脏疾病的情况下不应使用。

⑤ 中枢神经系统抑制可能是由血浆镁离子水平升高引起。

（6）用法用量　导泻：内服，一次量，马 200～500g；牛 300～800g；羊 50～100g；猪 20～50g；犬 10～20g；猫 2～5g。6%～8% 溶液。

（7）下泄作用影响因素　同硫酸钠。

液体石蜡（liquid paraffin）

（1）理化性质　又名石蜡油。为无色透明的中性油状液体。无臭，无味。在日光下不显荧光。呈中性。不溶于水和乙醇，能与其他油类混合，在氯仿、乙醚或挥发油中溶解。能与多种油任意混合。

（2）作用机制　液体石蜡属于润滑性泻药，内服后在消化道内不发生变化，亦不被吸收，而且能阻止肠内水分的吸收，故起软化粪便、润滑肠腔的作用。本品作用温和，无刺激性。

（3）药理作用　当猪、牛等牲畜出现便秘时可进行内服使用，内服后不被吸收，以原型通过肠管，润滑肠道，阻碍肠内水分吸收而软化粪便，作用缓和，应用安全，无刺激性。

（4）临床应用　用于小肠阻塞、便秘、瘤胃积食等。患肠炎病畜、孕畜亦可应用。

（5）安全性　本品不宜长期反复应用，因有碍维生素 A、维生素 D、维生素 E、维生素 K 和钙、磷的吸收，降低物质消化吸收率及减弱肠蠕动。

（6）用法用量　导泄：内服，一次量，马、牛 500～1500mL；驹、犊 60～120mL；羊 100～300mL；猪 50～100mL；犬 10～30mL；猫 5～10mL；兔 5～15mL；鸡 5～10mL。

植物油（vegetable oil）

（1）理化性质　植物油广泛分布于自然界中，是从植物的果实、种子、胚芽中得到的油脂，如花生油、豆油、亚麻油、蓖麻油、菜籽油等。植物油的主要成分是直链高级脂肪酸和甘油生成的酯，脂肪酸除软脂酸、硬脂酸和油酸外，还含有多种不饱和酸，如芥酸、桐油酸、蓖麻油酸等。植物油主要含有维生素 E、维生素 K，钙、铁、磷、钾等矿物质，以及脂肪酸等。

（2）作用机制与药理作用　本品属于润滑性泻药，内服后大部分以原型通过肠道，起润滑肠腔、软化粪便作用，以利排便。适用于大肠便秘、小肠阻塞、瘤胃积食等。

（3）临床应用　同液状石蜡。

（4）安全性　本品不用于排出脂溶性毒物。慎用于孕畜、患肠炎病畜，因一小部分植物油可被皂化，具有刺激性。

（5）用法用量　导泄：内服，一次量，马、牛 500～1000mL；羊 100～300mL；猪 50～100mL；犬 10～30mL；鸡 5～10mL。

大黄

（1）理化性质　大黄，又名川军，中药名。为蓼科大黄属植物掌叶大黄、唐古特大黄或药用大黄的根及根茎。具有泻下攻积，清热泻火，凉血解毒，逐瘀通经的功效，其有效成分为苦味质、鞣质及蒽醌苷类的衍生物。大黄蒽醌苷是使其产生泻下作用的主要成分。对胃、十二指肠以及肝损伤有保护作用，并能促进胆汁和胰腺的分泌。

（2）作用机制　中等剂量大黄，发挥鞣质效能，产生收敛作用，致使肠蠕动减弱，分泌减少，出现止泻效果。大剂量时，蒽醌苷类衍生物大黄素等起主要作用，刺激肌丛，增加肠活力，产生致泻作用，其下泻作用点在大肠。

（3）药理作用　大黄作用与所含成分有关。内服小剂量大黄，呈现苦味，有健胃作用。大黄下泻作用缓慢，约在用药后 8～24h 排出软便，而且有时排便后继发便秘，这与其所含鞣质有关。经验证明，大黄与硫酸钠配合应用，可产生较好的下泻效果，由于它们在大肠中起作用，所以起效较慢，主要用于马匹。体外试验证明，大黄素、大黄酸等具有一定的抗菌作用。兽医临床可与硫酸钠配合作泻剂。

除以上下泄作用外，大黄还具有一定的抗病原微生物作用，大黄蒽醌对金黄色葡萄球菌、肺炎链球菌、白喉杆菌、大肠杆菌等均有不同程度的抑制作用。此外，大黄对某些真菌、阿米巴原虫、阴道滴虫和血吸虫等均有一定的抑制作用。

（4）安全性　小鼠腹腔注射掌叶大黄醇提取物（生药）40g/kg，大鼠灌服煎剂 30g/kg，72h 内未见异常表现和死亡，小鼠口服掌叶大黄煎剂 LD_{50} 为（153.5±4.5）g/kg。小鼠灌服大黄素、大黄素甲醚和大黄酚的 LD_{50} 分别为 0.56g/kg、1.15g/kg 和 10.0g/kg。通常服用大量毒性较低，但服用过量可引起中毒，出现恶心、呕吐、头晕等。长期经常服用蒽醌类泻药可致肝硬化和电解质代谢紊乱。

（5）用法用量　导泻：内服，一次量，马 60～100g；牛 100～150g；驹、犊 10～30g；仔猪 2～5g；犬 2～7g。

蓖麻油

（1）理化性质　蓖麻油是由大戟科植物蓖麻种子提炼而来的植物油，为淡黄色澄明的黏稠液体，蓖麻油组成成分有：80%～85% 的蓖麻油酸、7% 的油酸、3% 的亚油酸、2% 的棕榈酸、1% 的硬脂酸。可燃但不易燃，溶于乙醇，略微溶于脂肪烃，几乎不溶于水，有轻微挥发性。

（2）作用机制　蓖麻油属于刺激性泻药，本身无刺激性，只有润滑作用。本品在小肠中被胰脂肪酶分解，产生刺激性的蓖麻酸盐。后者刺激小肠黏膜感受器，促进整个肠道的蠕动，减少液体的吸收，导致下泻。它主要用于小牛和小马驹。

（3）**药理作用与临床应用** 蓖麻油具有润肠通便、消肿解毒等功效，可以用于治疗便秘、痈疽疔疮等病症。下泻作用点是小肠，故临床主要用于幼畜及小动物小肠便秘。

（4）**安全性** 应用注意：①本品不宜作排除毒物及驱虫药，以免中毒；②孕畜、肠炎病畜不得用本品作泻剂；③不能长期反复应用，以免有碍消化功能。

（5）**用法用量** 导泄：内服，一次量，马、牛 200～300mL；驹、犊 30～80mL；羊、猪 20～60mL；犬 5～25mL；猫 4～10mL；兔 5～10mL。

10.6.2　止泻药

腹泻的症状表现为大便频率、体积或流动性增加。腹泻的一般原因包括：①体液和电解质分泌增加，如产肠毒素大肠杆菌感染引起的；②肠道通透性增加，如犬失蛋白性肠病引起的；③渗透性腹泻，如外分泌性胰腺功能不全引起的；④肠道动力改变（不常见）。急性腹泻可能对抗腹泻药物的对症治疗有反应，但慢性腹泻需要明确的诊断（通常需要肠黏膜活检）和特异性治疗。

止泻药是一类能制止腹泻的药物，通过减少肠道蠕动或保护肠道免受刺激，从而使液体从肠道内容物吸收，而达到止泻作用。腹泻是诸多疾病的一种症状。在一定意义上，腹泻是机体保护性防御机能的表现，可将毒物排出体外，但腹泻也影响了营养成分的吸收，尤其久而剧烈的下泻导致机体脱水和钾、钠、氯等电解质紊乱，甚至酸中毒。治疗腹泻时，首先查明腹泻原因，然后根据病情选择合理的治疗方案。腹泻的早期不应立即使用止泻药，应该先促进有害物质的排出，再用止泻药。长期剧烈的腹泻，必须立即使用止泻药，同时补充电解质和水分，并且进行综合治疗。腹泻的治疗应包括体液的补充、电解质供给、维持酸碱平衡以及缓解不适感。抗菌药、胃肠蠕动调节药以及肠道保护剂等药物有时也可同时使用。部分病因并不需药物治疗，为自限性疾病。在某些病例中，对症治疗药物的给予是必需的。止泻药包括抗胆碱能药、保护剂、吸附剂和麻醉性镇痛药等，益生菌和甲硝唑也被用来补充治疗腹泻。应用止泻药治疗腹泻的同时，应根据病因和病情，结合各药作用特点，采取综合措施，即对因治疗与对症治疗并举。腹泻多由病原微生物引起，故一般常与抗微生物药、消炎药、制酵药配合应用。

依据药理作用特点，止泻药可分为如下三类：

（1）**保护性止泻药/吸附性止泻药** 该类药物在发炎的肠黏膜上覆盖一层保护层，或者结合细菌和/或消化酶和/或毒素，保护肠黏膜免受它们的破坏（吸附剂结合物质）。除了可能引起便秘外，这些药物的副作用很少。

这类药物常用的有碱式硝酸铋、鞣酸蛋白、药用活性炭、白陶土等。该类药物能在肠黏膜上形成蛋白保护膜，使肠道免受有害因素刺激，减少分泌，起收敛作用；同时，该类药物具有吸附作用，可以吸附毒素、毒物等，从而减少机体对有害物质的吸收，减轻对肠黏膜的损害，保护肠黏膜。临床上主要用于治疗肠炎、腹泻、中毒等。主要用于治疗急性肠炎和非细菌性腹泻等。

（2）**阿片类药物** 阿片类药物是控制腹泻的有效药物：①该类药物可以增加肠道节段性收缩；②减少肠道分泌；③促进肠道吸收。许多兽医临床医生认为阿片类药物是控制犬腹泻的首选药物。它们也被用于治疗小牛腹泻，但它们在猫和马身上的使用存在争议，因为它们容易引起中枢神经系统的刺激症状。麻醉药有时与其他种类的止泻药联合使用。

这类药物常用的有盐酸地芬诺酯、洛哌丁胺等。所有阿片类药物的副作用包括便秘、肠梗阻、镇静和中枢神经系统兴奋（猫和马）等。

（3）抗胆碱能类止泻药 当腹泻不止，伴有剧烈腹痛时，可以选择该类药物，常用的有阿托品、盐酸地芬诺酯、颠茄等，本类药物可以松弛胃肠道平滑肌，减轻肠管蠕动、抑制腹泻，消除腹痛。

肠道运动亢进被认为与大多数腹泻有关，抗胆碱能药因其能减弱肠道运动功能，已广泛应用于腹泻治疗。

鞣酸

（1）理化性质 鞣酸，又名单宁酸，是一种有机化合物，化学式为 $C_{76}H_{52}O_{46}$，为黄色或棕黄色粉末，其水溶液与铁盐溶液相遇变蓝黑色，加亚硫酸钠可延缓变色。它是一种具有较强酸性的多羟基酸，常以其盐形式存在，如鞣酸铝、鞣酸铁等。由于鞣酸具有多个羟基，具有较强的酸性，可以与碱形成盐。在水中可溶解，形成鞣酸的溶液。鞣酸是一种嗜水性的化合物，具有较强的吸湿性能。

（2）作用机制 本品为收敛药。内服后鞣酸与胃黏膜蛋白结合生成鞣酸蛋白薄膜，被覆于胃黏膜表面起保护作用，使胃免受各种因素刺激，使局部达到消炎、止血、镇痛及制止分泌的作用。形成的鞣酸蛋白到小肠后再被分解，释出鞣酸，呈现止泻作用，故内服作收敛止泻药。

（3）药理作用与临床应用 主要用于治疗急性肠炎和非细菌性腹泻等。鞣酸能与士的宁、奎宁、洋地黄等生物碱和重金属铅、银、铜、锌等发生沉淀，当因上述物质中毒时，可用鞣酸溶液（1%～2%）洗胃或灌服解毒，但需及时用盐类泻药排除。鞣酸对肝有损害作用，不宜久用。

（4）用法与用量 内服，一次量，马、牛 10～20g；羊 2～5g；猪 1～2g；犬 0.2～2g；猫 0.15～2g。

碱式硝酸铋

（1）理化性质 又名次硝酸铋，六方结晶片状体或微晶粉末，无臭、无味，密度 $4.928g/cm^3$，溶于稀盐酸和硝酸，不溶于水和乙醇。稍有吸湿性。

（2）作用机制 内服难吸收。在胃肠内小部分缓慢地解离出铋离子，与蛋白质结合，呈收敛保护黏膜作用，大部分碱式硝酸铋覆于肠黏膜表面，而且在肠内能与硫化氢结合，形成不溶性硫化铋，覆盖在黏膜表面，起到机械性保护作用。并减少了硫化氢对肠黏膜的刺激。发挥止泻作用，用于肠炎和腹泻。

（3）药理作用与临床应用

① 止泻：碱式硝酸铋具有收敛作用，可以减少肠道蠕动，帮助治疗腹泻和腹痛等。

② 消炎：该药物能够抑制炎症反应，减轻组织肿胀和红肿等炎症症状。

③ 止痛：碱式硝酸铋具有镇痛作用，可以缓解胃肠道疼痛和不适感。

④ 抑菌：该药物具有抗菌作用，可以抑制某些细菌的生长和繁殖，帮助治疗与细菌感染相关的疾病。

⑤ 保护胃黏膜：碱式硝酸铋能够形成一层保护性膜，覆盖在胃黏膜表面，起到保护胃黏膜的作用，减少胃酸对胃黏膜的刺激和损害。

（4）注意事项 对由病原菌引起的腹泻，应先用抗微生物药控制其感染后再用本品。碱式硝酸铋在肠内溶解后，可产生亚硝酸盐，量大时能引起吸收中毒。

（5）用法与用量　内服，一次量，马、牛 15～30g；羊、猪、驹、犊 2～4g；犬 0.3～2g；猫、兔 0.4～0.8g；禽 0.1～0.3g；水貂 0.1～0.5g。

次水杨酸铋

（1）理化性质　白色或类白色粉末。能溶于酸、碱，不溶于水、醇和醚。无臭、无味，遇光易变质，遇沸水分解。由水杨酸与氢氧化铋缩合而得。

（2）作用机制　该药的铋部分包覆在肠黏膜上，具有抗内毒素和弱抗菌作用。次水杨酸部分具有抗炎作用，因为它可以减少前列腺素的产生。次水杨酸铋被许多胃肠病专家认为是急性腹泻对症治疗的有效药物。该药对人急性腹泻的疗效已在临床试验中被验证，尤其对于产肠毒素大肠杆菌导致的腹泻类型（亦称为旅行性腹泻）。铋可能有吸附细菌肠毒素的作用，且能对胃肠道提供一定的保护作用。水杨酸有一定的抗炎作用。

（3）药理作用与临床应用　动物的给药剂量是由人用剂量推算出来的，而非由临床研究确定的。每剂每日每千克体重 1～3mg 的剂量是安全的（猫对水杨酸较敏感）。某些动物可能并不喜欢药物的口感，但在给动物使用时，并没有关于用药后产生严重不良反应的报道。过量给药后可能产生水杨酸毒性，应给畜主关于用药量的医嘱，特别是对于同时患有可引起腹泻的原发病的动物。铋也有对胃部幽门螺杆菌的抑制作用。许多对幽门螺杆菌性胃炎的治疗方法也利用了这一作用，因为此药对幽门螺杆菌和螺杆菌样微生物的抑制作用也能对胃炎的治疗起到一定帮助。

该药也可用于大动物急性腹泻的治疗，特别是马驹和犊牛。其可能的作用机制与其和肠毒素结合及抗前列腺素效应有关。

次水杨酸是一种类似阿司匹林的产品，因此，这种药物不应该在猫身上使用。这些产品会使大便变黑，也会导致 X 线片上的混浊。

药用活性炭

（1）理化性质　药用活性炭是一种精细、黑色、无味的粉末，用于吸附上胃肠道中的许多化学物质和药物。它主要用于治疗某些毒素的中毒，通常通过胃管、给药枪或预先测量的注射器给药。

（2）作用机制　本品颗粒小，表面积大（1g 药用活性炭总表面积达 500～800m^2），具有疏孔的结构，因而吸着力强，可作吸附药。

（3）药理作用与临床应用　用于腹泻、肠炎和阿片及马钱子生物碱类药物中毒的解救药。外用作创伤撒布药。锅底灰、木炭末可代替药用活性炭应用，但吸着力差。

（4）注意事项　该类药物的吸附作用是可逆的，用于吸附毒物后，要及时用盐类泻药促进毒物排出，另外，该类药物也可以吸附体内营养物质，进而影响营养成分的吸收，所以不能长期反复使用。

（5）用法与用量　内服，一次量，马、牛 100～300g；羊、猪 10～25g；犬 0.3～5g；猫 0.15～0.25g。

盐酸地芬诺酯

（1）理化性质　盐酸地芬诺酯，又名苯乙哌啶、止泻宁，是一种有机化合物，化学式为 $C_{30}H_{33}ClN_2O_2$，是一种阿片类似物，属非特异性的抗腹泻药。为人工合成品。

（2）作用机制　内服后易被胃肠道吸收，能增加肠张力，抑制或减弱胃肠道蠕动的向前推动作用，收敛而减少胃肠道的分泌，从而迅速控制腹泻。

（3）**药理作用与临床应用**　本品属非特异性止泻药，是哌替啶的衍生物，通过对肠道平滑肌的直接作用，抑制肠黏膜感受器，减弱肠蠕动，同时增加肠道的节段性收缩，延迟内容物后移，以利于水分的吸收。大剂量呈镇痛作用。长期使用能产生依赖性，若与阿托品联合使用可减少依赖性发生。主要用于急慢性功能性腹泻、慢性肠炎等对症治疗。

（4）**用法与用量**　内服，一次量，犬 2.5mg，3 次/d。

高岭土果胶

（1）**理化性质**　高岭土果胶是一种 20%高岭土与果胶的混合物制品，作为黏膜保护剂已得到广泛应用。这种复方药物具有吸附性和保护性，细菌和毒素在肠道中被吸附，其包被作用能保护发炎的肠黏膜。

（2）**作用机制与药理作用**　高岭土果胶在治疗腹泻时可以作为缓和剂和吸附剂使用。高岭土果胶的疗效被认为与其能结合胃肠道中的细菌毒素（内毒素和外毒素）有关。然而，实验研究显示高岭土果胶与大肠杆菌的内毒素并不能有效结合，临床研究也显示高岭土果胶对于腹泻治疗时疗效较差。这种药物可能改变粪便的稠度，但并不能减少体液和电解质的损失，同时也不能缩短病程。

（3）**临床应用**　虽缺乏对疗效的临床验证，一些兽医仍使用这种药物，每剂剂量为每千克体重 1～2mL，给药间隔 6h。高岭土果胶不能被吸收，但水杨酸盐则能被大部分动物吸收，亦可能存在药物间的相互作用。高岭土果胶可能吸附或结合其他以口服形式给药的药物并降低后者的药效。

溴丙胺太林

（1）**理化性质**　溴丙胺太林为白色或类白色结晶性粉末，无臭，味极苦，本品在水、乙醇或氯仿中极易溶解，在乙醚中不溶，微有引湿性。结构特点：含季铵盐化合物，有较强的阿托品样外周抗胆碱作用。其结构式如图 10-10 所示。

（2）**作用机制**　本品属于抗胆碱药，对胃肠道 M 受体的选择性较高，解痉和抑制胃酸分泌的作用较强而持久，能显著减弱肠道的蠕动和分泌，并已作为多种治疗腹泻药剂的成分。这类药物能通过对毒蕈碱 M 受体的拮抗作用抑制 M 样作用。这类药物的副交感神经阻滞作用能减弱肠道平滑肌分节和推进等收缩运动。虽然这类药物并不能作用于引起腹泻的病因，但抗胆碱药能减少由某些类型腹泻引起的其他严重并发症的发生，减少体液向肠腔的分泌，并能缓和由肠道蠕动亢进引起的腹部不适。

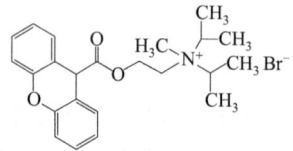

图 10-10　溴丙胺太林分子结构式

（3）**药理作用**　溴丙胺太林的作用与阿托品相似，但较弱。对胃肠道平滑肌具有选择性，故抑制胃肠道平滑肌的作用较强而持久。对汗液、唾液及胃液的分泌也有不同程度的抑制作用，尚可减少黏蛋白的分泌。此外还具有神经节阻断作用。口服吸收差，在小肠易分解，受食物和制剂影响，生物利用度较低。本品不易通过血脑屏障，很少发生中枢作用。经胆汁、十二指肠液水解为无活性代谢物，代谢物与原型药（3%～18%）主要随尿排出。

虽然抗胆碱药物能明显地减弱肠道蠕动，但仍没有确凿的证据显示药物的这种疗效是确实稳定的。在某些类型的腹泻病例中，动物的肠道蠕动功能已经受损，而这类药物的使用可能进一步加剧腹泻症状。在肠道感染引起的腹泻病例中应避免使用该类药物（如由沙门菌引起的腹泻）。

（4）**安全性**　本品有较强的全身性药理学作用。如给药量达到影响肠道的程度，那么则有可能出现包括肠梗阻、口干症、尿潴留、睫状肌麻痹、心动过速及中枢神经兴奋等不良反应。长期用药可导致严重的肠道弛缓。抗胆碱药不仅能减弱肠道的蠕动，也能减缓胃排空，而这将可能导致胃扩张和不适。故该类药物无疑禁用于患有胃炎和有呕吐症状的病畜。药物也可能导致牛瘤胃弛缓。

主要参考文献

[1] 秦嘉艺. 动物常用泻药与止泻药的合理选用[J]. 畜牧兽医科技信息, 2015（4）: 125.

[2] 李增强, 牛光斌, 于涛. 泻药和止泻药在犬猫临床上的应用[J]. 中国兽医杂志, 2009, 45（002）: 63-64.

[3] 粟元文. 泻药与止泻药的合理选用[J]. 现代畜牧科技, 2004, (9): 38.

[4] 何录香. 关于泻药的合理应用[J]. 临床合理用药杂志, 2012, (35): 94.

[5] 游进, 张艾, 闵向松. 动物泻药与止泻药的合理选用[J]. 养殖技术顾问, 2009（7）: 125.

[6] 于长泳. 容积性泻药芒硝及在兽医临床中的应用[J]. 兽医导刊, 2015（18）: 182.

[7] Vohmann B, Hoffmann J C. Antidiarrheal drugs for chronic diarrhea: Antidiarrhoika bei chronischer Diarrhoe[J]. Deutsche Medizinische Wochenschrift, 2013, 138（45）: 2309-2312.

[8] Ikarashi N, Mimura A, Kon R. The concomitant use of an osmotic laxative, magnesium sulphate, and a stimulant laxative, bisacodyl, does not enhance the laxative effect[J]. European journal of pharmaceutical sciences, 2012,（12）: 73-78.

第 11 章
呼吸系统
药物

11.1

祛痰药

痰液的组成成分主要包括黏液、外源性异物、病原微生物及其降解产物、各种炎性细胞及坏死脱落的黏膜上皮细胞等。黏液主要由95%水、2%糖蛋白、1%碳水化合物和小于1%脂类等组成。正常情况下，黏液主要由气管、支气管黏膜下腺体分泌，同时，气管、支气管及肺泡的上皮细胞（即杯状细胞）也能分泌少量黏液。腺体分泌受机体的迷走神经支配，刺激迷走神经可促使其分泌增加，而杯状细胞除了受迷走神经支配外，干燥空气、刺激性气体等刺激也可促进分泌。当畜禽呼吸道发生炎症病变后，气管、支气管黏膜下腺体肥大，分泌功能下降，而杯状细胞增多，导致其分泌黏液和糖蛋白也显著增加，从而痰液异常增多，再加上大量的炎症细胞和病原微生物的降解产物（如脱氧核糖核酸），会进一步增加痰液的黏滞性。

祛痰药（expectorant）是指能增加呼吸道黏液分泌或降解痰液中的黏性成分，使痰液变稀、黏度下降，易于咳出或能加速呼吸道纤毛节律性运动，改善痰液转运能力的一类药物。由于祛痰药能促进呼吸道内痰液的排出，减少对呼吸道黏膜的刺激，故一般也作为控制咳嗽和平喘的辅助治疗药物。

呼吸系统的防御机制除咳嗽和喷嚏反射外，还包括黏液纤毛装置（mucociliary apparatus）和单核吞噬细胞系统（mononuclear phagocyte system）的作用，其中前者由气管、支气管内壁的纤毛和纤毛周围刷状物组成。正常情况下，纤毛周围被黏度低的液体包围以维持其节律性运动，而糖蛋白和被黏着的异物（如吸入的病原体、尘埃等物质）堆积在纤毛顶端，纤毛有节律地运动有助于将其转送到咽喉部，随咳嗽排出体外。当畜禽呼吸道发生炎症病变时，纤毛被黏性大的液体包围而减弱其节律性运动能力，痰液清除功能受阻，结果导致黏痰不易咳出而滞留于呼吸道内，呼吸道管径变小甚至阻塞呼吸道，致使呼吸急促，严重时引起动物窒息死亡。因此，一些能改善纤毛运动能力的药物也有一定的祛痰作用。

11.1.1 化学结构

11.1.1.1 黏液分泌促进药

主要包括恶心性祛痰药和刺激性祛痰药两类，其中后者一般具有一定挥发性，当加入沸水中时，其挥发的蒸汽可刺激呼吸道内的腺体，使其分泌增加而稀释痰液，如桉叶油、安息香酊等，目前兽医临床应用少。恶心性祛痰药指内服后刺激胃黏膜，引起轻微恶心的同时反射性地促进呼吸道腺体分泌增加，增多痰液中水分含量，稀释痰液，使痰液易于咳出的一类药物。主要包括氯化铵、碘化钾、酒石酸锑钾、愈创木酚甘油醚、甘草、远志和桔梗等。其中盐类药物主要利用其在胃中解离出的盐类离子；愈创木酚是从愈创木树脂中分离的酚类化合物，有特殊芳香气味，常温下每100mL水可溶解本品5g；而甘草、远志和桔梗等均为含皂苷的中药，其中皂苷对胃黏膜有刺激性。

11.1.1.2　黏痰溶解药

黏痰溶解药又称黏痰液化药，指能降解痰中黏性成分，降低痰的黏滞度，使痰液液化，易于咳出的一类药物。本类药物化学结构中含有游离的巯基（—SH），如乙酰半胱氨酸和美司坦等，或者含有被保护的封闭巯基，用药后可在体内肝脏中经代谢转化为具有游离巯基的活性代谢产物，如羧甲司坦、厄多司坦和福多司坦等。其中乙酰半胱氨酸的化学名称为 N-乙酰基-L-半胱氨酸，是左旋精氨酸的衍生物，也是内源化抗氧化剂谷胱甘肽的前体物质，含 1 个游离的巯基；美司坦又称半胱氨酸甲酯或半胱甲酯，也含有 1 个游离的巯基。羧甲司坦、厄多司坦和福多司坦均为前体药，内含 1～2 个被保护的封闭巯基，当进入机体内并在肝脏中经代谢转化为游离巯基后才能发挥祛痰作用。其中羧甲司坦又称羧甲半胱氨酸，为半胱氨酸的巯基取代衍生物，化学名称为 S-羧甲基-L-半胱氨酸；厄多司坦是甲硫氨酸的 N-硫内酯形式的合成衍生物，化学名称为（±）-N-[2-（羧甲基硫基）-乙酰基]-高半胱氨酸硫内酯；而福多司坦化学名称为（—）-（R）-2-氨基-3-（3-羟丙基硫代）丙酸。

11.1.1.3　黏液调节剂

指主要作用于气管、支气管的腺体和杯状细胞，促进其分泌黏滞性较低的分泌物，降低痰的黏滞度，使之易于咳出的一类药物。主要包括溴己新和氨溴索等。溴己新为鸭嘴花碱的半合成衍生物，化学名称为 N-甲基-N-环己基-2-氨基-3,5-二溴苯甲胺，常用其盐酸盐。氨溴索的化学名称为反式-4-[（2-氨基-3,5-二溴苄基）氨基]环己醇，也常用其盐酸盐，为溴己新在体内发生环己烷羟基化和 N-去甲基后的代谢产物，由于该代谢产物的化学结构中含有两个手性碳，且反式异构体的血药浓度能维持较长时间，故氨溴索为其反式异构体。

11.1.2　作用机制

11.1.2.1　黏液分泌促进药

本类祛痰药主要通过三种途径发挥作用：①解离的盐类离子、愈创木酚甘油醚中的酚类化合物或中药中的皂苷内服后刺激胃黏膜迷走神经末梢，反射性引起支配呼吸道腺体的迷走神经兴奋，导致腺体分泌增加。②部分药物还能直接兴奋支配呼吸道腺体的交感神经。③部分药物或具有挥发性的祛痰药内服后可随呼吸道黏膜下腺体分泌进行部分消除，机械性刺激腺体使之分泌增多，如碘化钾。总之，此类药物的祛痰作用较温和，对急性呼吸道炎症疗效较好，但对于黏稠度高的痰液稀释作用不明显。

11.1.2.2　黏痰溶解药

在患有慢性阻塞性疾患或呼吸衰竭时，有些病畜由于痰的黏稠度高，易形成痰栓阻塞呼吸道，引起呼吸困难甚至窒息，严重时可危及生命。研究表明，痰液中的黏性成分主要为糖蛋白、核糖核酸（RNA）和脱氧核糖核酸（DNA）。糖蛋白，又称黏多糖，是白色痰液的主要成分，由气管、支气管黏膜腺体及杯状细胞分泌，每个糖蛋白分子多肽链上都连接有许多低聚糖侧链，侧链上又连接有酸性基团，即酸性糖蛋白，此物质少量可起润滑作用，量大时会导致痰液的黏滞性增加而不易咳出；RNA/DNA 是呼吸道细菌、病毒等病原体急性感染后脓痰的主要成分。黏痰溶解药的作用机理为利用其化学结构中的巯基（—SH），通过巯基与糖蛋白多肽链中的二硫键（—S—S—）结合，生成硫氢键，使糖蛋白长链断裂，分子裂解而降低痰液黏稠度。此外，一些酶制剂，如舍雷肽酶（又称为沙雷肽酶），是沙雷菌属的细菌产生的蛋白分解酶，通过分解脓性痰中的 RNA/DNA，使之黏度下降而产生祛痰作用，兽医临床少用。

11.1.2.3　黏液调节剂

本类药物能抑制气管、支气管黏膜的腺体和杯状细胞中酸性糖蛋白的合成，降低痰液中唾液酸（糖蛋白的一种成分）的含量，从而减小黏痰的黏稠度，使之易于咳出。同时，还能直接作用于气管、支气管腺体，促使黏液分泌细胞释放出溶酶体，使痰液中的酸性糖蛋白的多糖纤维分化断裂，降低痰液的黏度。此外，本类药物还能促进呼吸道纤毛运动，改善痰液的转运能力而增强祛痰作用。

11.1.3　药理作用

本类药物主要的药理作用为稀释痰液，并降低痰液黏度，使之易于咳出。此外，部分药物尚具有如下药理作用。

11.1.3.1　氯化铵

① 解离出的铵离子在肝脏中可转化为尿素，当尿素和氯离子经肾脏排泄时，肾小管腔内的高渗透压会产生吸水作用，具利尿作用。

② 由于氯化铵为强酸弱碱盐，为常用的体液/尿液酸化剂，可酸化体液和尿液。

③ 作为非蛋白氮饲料（non-protein nitrogen，NPN）的原料之一，在牛、羊等反刍动物养殖中可替代部分蛋白质饲料。

④ 作为牛、羊等反刍动物的阴离子盐饲料添加剂的主要成分，改善动物的生长、生产性能。

11.1.3.2　乙酰半胱氨酸

乙酰半胱氨酸又叫痰易净，作为一种谷胱甘肽前体，一种巯基供给体，是常用抗氧化剂，可干扰自由基生成并可清除已生成的自由基，还可作为动物对乙酰氨基酚中毒的特效解毒药。同时，本品有抗菌和抗炎作用，还能作为饲料添加剂，维护畜禽肠道健康，改善畜禽繁殖性能。

11.1.3.3　溴己新

溴己新又称溴环己铵、必嗽平，本品祛痰作用强，除作为黏液调节剂外还能促进痰液的转运，内服给药也会对胃黏膜产生刺激作用而促进腺体分泌，从而稀释痰液。

11.1.3.4　氨溴索

氨溴索又称溴环己胺醇，祛痰作用明显强于溴己新。用药后，可使痰液的黏度下降约50%，并有较强的抗氧化、抗炎和抗呼吸道超敏反应的作用。同时，本品还对某些细菌、真菌和支原体等有明显抑制作用。

11.1.4 药代动力学

11.1.4.1 黏液分泌促进药

（1）**氯化铵** 内服给药后易吸收，仅极少量随粪便排出。在体内停留时间较短，且几乎全部降解，降解后经肾排泄，小部分可经呼吸道排出。

（2）**碘化钾** 内服后吸收迅速且较完全，血中主要以无机碘形式存在。20%经甲状腺摄取作为甲状腺素的合成原料，甲状腺素在肝脏分解后生成的碘可再被机体利用。30%经肾脏从尿中排泄，5%～10%从汗腺排泄，少量可经呼吸道排泄。本类药物内服给药后易吸收，但对胃有刺激性，仅极少量随粪便排出，多数药物经肾排泄。

（3）**愈创木酚甘油醚** 陈俊等以200mg/kg给家兔灌服本品，达峰时间为0.5h，药峰浓度为94.85μg/mL，半衰期约为0.963h。姜鸽等在研究愈创木酚甘油醚双层缓释片与普通片在犬体内药动学的差别时发现，比格犬单剂量内服600mg本品的普通片后，达峰时间为（1.08±0.38）h，血药峰浓度为（14.24±5.34）μg/mL，药时曲线下面积（AUC_{0-12h}）为（19.23±4.96）μg·h/mL。

11.1.4.2 黏痰溶解药

黏痰溶解药主要是乙酰半胱氨酸。内服给药时，本品也可引起呼吸道腺体分泌增加，并减小痰液或异物对呼吸道的刺激。在欧美国家，内服给药（人）已成为本品作为祛痰药的主要给药途径。内服给药（人）吸收迅速，吸收后能广泛分布并聚积到肝、肾和肺中，在肝中能迅速代谢为天然氨基酸（如半胱氨酸和胱氨酸），体内消除缓慢，易造成蓄积。喷雾给药吸入后1min内即可起效，药峰时间为5～10min；气管内滴入给药可迅速产生疗效，使黏痰变稀。

11.1.4.3 黏液调节剂

（1）**溴己新** 内服后通过胃肠道吸收迅速且完全，1h可达峰值；主要以代谢产物的形式随尿排出，仅少量随粪便排出；但在猪、牛、家禽、犬、豚鼠和狒狒等动物体内的生物利用度均较低，仅为5.8%～18.2%，推测可能与首过效应较强有关。

猪按0.5mg/kg单次肌内注射，达峰时间为1.5h，半衰期为7.3h，给药24h后体内约96%药物已消除；猪按0.25mg/kg内服，连用5天，第2～3次给药后12h内可达稳态血药浓度，用药结束后其消除半衰期约为20～30h。鸡按2.5mg/kg单剂量经口灌服，达峰时间约为给药后25min，药峰浓度约为200ng/mL，消除半衰期约7.5h。马按2mg/kg内服，1h后达血浆药峰浓度（13.97±2.71）ng/mL，生物利用度低，仅为（5.7±0.21）%；按2mg/kg静脉注射，消除半衰期为（3.57±0.59）h，体清除率为（52.93±4.29）mL·min/kg，表观分布容积为（16.23±2.25）L/kg。同时，本品与抗菌药联用可提高后者的吸收程度。

（2）**氨溴索** 尹飞等报道犬经禁食12h后，灌服氨溴索75mg，在（4.33±0.52）h达血药峰浓度（2.06±0.18）μg/mL，消除半衰期（$t_{1/2\beta}$）为（4.48±0.22）h。刘国良等研究发现家犬内服盐酸氨溴索缓释片，每天1次，其相对生物利用度在80%～125%。

11.1.5　临床使用

11.1.5.1　氯化铵

① 作为祛痰药，主要适用于支气管炎的初期和急性呼吸道炎症，或与镇咳药配伍使用。有研究证实，0.4%氯化铵或生理盐水按 0.2mL/10g 给小白鼠灌服后，试验组小鼠呼吸道腺体的酚红分泌量约为 $1.378\mu g/mL$，而对照组约为 $0.767\mu g/mL$，即 0.4%氯化铵明显使呼吸道腺体的分泌量增加 1.797 倍。对于痰液黏稠不易咳出的患畜，须与其他祛痰药配伍使用。

② 作为利尿药来治疗心性水肿等，也可作为体液酸化剂来预防或帮助溶解某些类型的尿石，或增强四环素和青霉素 G 等的抗菌作用，还可促进碱性药物或毒物（如哌替啶、普鲁卡因、苯丙胺等）排泄。

③ 作为非蛋白氮饲料（non-protein nitrogen，NPN）的原料之一，在反刍动物养殖中可替代部分蛋白质饲料，不仅可降低生产成本，同时还能促进日粮中钙的吸收，减少奶牛产褥热和低血钙的发生率，并预防奶牛产后瘫痪。Mavangira 等将氯化铵按 450mg/kg 添加至山羊日粮中，每天 1 次，连用 8 天，第 1 次给药后 12h 山羊尿液的 pH 值从最初的 7.5～8.5 降至 6，且在最后一次给药后 48h 尿液的 pH 值仍为 6.25；同时从第 2 天到第 9 天，治疗组山羊尿液中钙和氯的排泄分数约为 4.19% 和 2.41%，明显大于对照组的 0.86% 和 1.08%。

④ 作为阴离子盐饲料添加剂的主要成分之一。郭冬生等选用 20 头中国荷斯坦奶牛，用 NH_4Cl、$MgSO_4$ 和 $CaCl_2$ 等作为阴离子盐，以大豆粕和酒糟蛋白质饲料等原料为载体，将 200g 阴离子盐与 500g 载体混合，配制成阴离子盐饲料添加剂添加在奶牛围产期日粮中，可明显降低奶牛的精料采食量，尿液 pH 值也明显降低（试验组为 6.0～7.0，而对照组为 7.9～8.5），同时，试验组产奶量提高 13.4%，血清中钙离子、羟脯氨酸、碱性磷酸酶、骨钙素和降钙素浓度分别提高 12.9%、12.0%、26.9%、9.2% 和 27.7%，而血清中肌酸磷酸激酶和谷丙转氨酶浓度分别降低了 14.9% 和 13.4%，从而可有效预防奶牛低血钙症和缓解高温热应激。

11.1.5.2　碘化钾

作为祛痰药，主要适用于治疗亚急性和慢性支气管炎。

11.1.5.3　乙酰半胱氨酸

主要用作呼吸系统的痰液溶解药，其他祛痰药无效时可用本品替代，尤其适用于黏痰阻塞气道，咳嗽困难的患畜。也用于扑热息痛中毒的解救。

同时，本品作为一种巯基供给体，在维护畜禽肠道健康、缓解机体氧化应激、提高畜禽繁殖性能等方面有如下作用：

① 改善鸡的生产性能和缓解应激。王惠云等证实，人工冷应激条件下，自 21 日龄起，肉鸡的日粮中添加 0.1%本品，连用至 42 日龄，结果发现治疗组冷应激肉鸡的肠道绒毛高度和十二指肠与空肠绒毛高度和隐窝深度的比值显著提高，提高空肠和回肠三磷酸腺苷（ATP）含量，并增强十二指肠超氧化物歧化酶和过氧化氢酶、回肠谷胱甘肽过氧化物酶的活性，从而显著改善肠道组织形态和能量状况，提高冷应激肉鸡的肠道抗氧化能力。贺绍军等发现在人工诱导的热应激状态下，21 日龄健康雏鸡日粮中添加 0.2%本品水溶液，至 28 日龄时与正常对照组相比，热应激组肉鸡血清尿酸、肌酐和尿素的含量均显

著升高，而治疗组的血清肌酐含量无明显变化，血清尿酸和尿素含量显著低于热应激组。至 35 日龄时，与正常对照组相比，热应激组肉鸡血清尿酸、肌酐和尿素含量均显著升高，而治疗组的血清尿酸和尿素含量无明显变化，而肌酐含量极显著下降，同时均显著低于热应激组。2018 年，赵熠群等也发现日粮中添加 0.1％或 0.5％的本品饲喂 38 周龄的健康海兰褐蛋鸡，在高温应激条件下，0.5％剂量组蛋鸡产蛋率显著提高，料蛋比降低，并且鸡蛋的哈夫单位也有提高。

② 提高肉鸭空肠的能量储备和抗氧化能力。杨书慧等报道，选用 1 日龄樱桃谷鸭，对照组饲喂基础日粮，试验组饲料中分别添加 0.05％或 0.1％的本品，连用 21 天。结果发现，与对照组相比，试验组回肠和空肠的 ATP 含量和空肠的腺苷酸能荷均显著增加，0.1％的试验组回肠和空肠过氧化氢酶的活性也增加了。同时，试验组回肠的二磷酸腺苷（ADP）、回肠和空肠的单磷酸腺苷（AMP）、腺苷酸池水平及空肠内 AMP/ATP 的比值均显著降低，即日粮中添加 0.05％或 0.1％的本品可提高肉鸭空肠的能量储备和抗氧化能力，改善回肠能量代谢和抗氧化能力。

③ 改善猪的生长、生产性能。程玲华等证实，在热应激条件下，向产前 7 天或断奶母猪的日粮中添加 500mg/kg 的本品，并饲喂至配种当天，结果发现，试验组平均窝产仔数提高、发情间隔显著缩短。周佳等按 50mg/kg 给 7 日龄早期断奶仔猪灌服本品，每天 1 次，连用 10 天，能显著提高断奶仔猪的平均日增重和血浆中谷氨酰胺、胱氨酸和 γ-氨基丁酸的水平；改善小肠形态结构与屏障功能，并提高氨基酸利用率。李少华等 2017 年报道，选用 21 日龄杜长大三元杂交断奶仔猪，对照组饲喂基础日粮，试验组在基础日粮中添加 500mg/kg 的本品，结果发现试验组的平均日增重提高了 7.5％，料重比降低了 7.0％，血清中谷胱甘肽过氧化物酶活性提高 27.0％，IgM 和 IL-2 的含量分别提高 9.0％和 18.2％，而丙二醛、一氧化氮、过氧化氢和 IL-6 的含量分别降低了 16.5％、19.5％、30.3％和 7.9％。

④ 改善羊的发情和妊娠。Luo 等发现，在山羊妊娠的第 0～30 天，日粮中连续添加 0.07％本品，能显著增加试验组山羊血清中一氧化氮的浓度，转录组测序结果发现试验组子宫内膜抗炎通路相关基因的表达显著低于对照组，从而可显著提高山羊妊娠早期胚胎的存活率。宋天增等证实，日粮中添加 0.05％本品饲喂 2 岁龄经产藏山羊母羊，连用 5 天，可显著提升藏山羊母羊被公羊诱导的发情效果，5 日内公羊诱导同期发情率达 100％。同时，日粮中添加 0.05％本品饲喂配种后的 2 岁龄经产藏山羊母羊，连用 30 天，至第 15 日时，试验组外周血中雌二醇浓度为 108.1pg/mL，基础日粮对照组仅为 100.1pg/mL，至第 30 日时，对照组外周血中雌二醇浓度为 47.8pg/mL，而试验组为 53.2pg/mL，即试验组外周血中雌二醇的浓度均高于对照组。

11.1.5.4　溴己新

作为祛痰药主要用于慢性支气管炎、哮喘、支气管扩张等有白色黏痰而又不易咳出的患畜，浓性痰患畜在必要时可加用抗菌药以控制感染。

11.1.5.5　氨溴索

作为祛痰药主要用于急、慢性呼吸道疾病引起的咯痰困难及动物手术前后的排痰困难。

此外，本品对某些病原体有一定抑制作用。Hafez 等证实≥2.5ng/mL 的本品就能显著抑制铜绿假单胞菌、大肠杆菌和葡萄球菌等病原体对哺乳动物上皮细胞的黏附作用，黏附率最大可降低99％。Li等报道氨溴索能逆转白色念珠菌对氟康唑的耐药性，两者联用有协同作用。Choi等2018年发现氨溴索可经过诱导自噬，从而增强利福霉素抑制结核分枝杆菌的活性。Kôkai等发现，小鼠按5mg/kg给予本品后，能抑制肺炎支原体在肺部的繁殖。

11.1.6　安全性

11.1.6.1　氯化铵

单胃动物内服本品会恶心，偶有呕吐，饲后内服可有所减轻；剂量过大甚至会引起高氯血症、高血氨。肝、肾功能异常的患病动物内服本品易引起血氯过高性酸中毒和血氨升高，应慎用或禁用。代谢性酸中毒的患畜须禁用。

11.1.6.2　碘化钾

由于刺激性强，可引起流泪、流鼻涕、唾液增多等不良反应，剂量过大会引起中毒，甚至造成死亡。不宜用于急性支气管炎的初期，且禁用于鸡传染性喉气管炎的祛痰。慎用于肝、肾功能不全的患畜，禁用于孕畜、哺乳期母畜和甲状腺功能亢进的患畜。

11.1.6.3　乙酰半胱氨酸

① 副作用较少，犬内服 LD_{50} 约为 1000mg/kg，静注给药 LD_{50} 约为 700mg/kg。

② 本品有刺激性不良气味，会刺激引起咳嗽、支气管痉挛、恶心、呕吐、胃炎等，一般减量可缓解，如遇呕吐可暂停给药，支气管痉挛可用异丙肾上腺素缓解。

③ 小动物应用本品后应诱导其咳嗽（如多运动或人为叩击其两侧胸腔），以促进稀释后的痰液排出。

④ 本品在肝中代谢为含硫化合物（如半胱氨酸和胱氨酸），慎用于患肝病的幼畜，禁用于支气管哮喘的患畜。

⑤ 本品不宜与金属、橡胶、氧化剂等接触，故喷雾器须使用玻璃或塑料制品。

⑥ 本品应临用前配制，用剩的溶液应严封并贮于冰箱中，48h内用完。

11.1.6.4　溴己新

① 由于本品内服对胃黏膜有化学刺激，偶有胃部不适，减量或停药可消失，也可饲后用药以减轻对胃的刺激；胃疾患者应慎用本品。

② 马使用本品可能会兴奋，禁用于马。

③ 本品对脱氧核糖核酸无明显降解作用，用于细菌性感染或痰中带脓时，应和抗菌药合用。

11.1.7　药物相互作用

11.1.7.1　氯化铵

① 与弱碱性药物（如哌替啶、普鲁卡因、麻黄碱、苯丙胺类等）合用时，可缩短后

者的作用时间。

　　② 与弱酸性药物（如水杨酸类）合用可延缓后者的排泄，延长作用时间，增强疗效。

　　③ 与磺胺类药物合用时，可降低后者在尿中溶解度并促进其析出结晶，需禁用。

11.1.7.2　碘化钾

　　① 本品在酸性溶液中能析出游离碘，故不宜与酸性药物配伍。

　　② 本品与甘汞混合后能生成汞和碘化汞，使其毒性增强。

11.1.7.3　乙酰半胱氨酸

　　① 本品作用最适 pH 为 7～9，且在酸性环境中作用会明显减弱，与 5% Na_2CO_3 溶液配伍，经喷雾给药治疗由黏痰阻塞引起的呼吸困难、呼吸衰竭等病症有增效作用。

　　② 本品能减弱青霉素类、四环素类、大环内酯类和头孢菌素类的抗菌活性，故不宜与之并用，必须合用时应间隔 2～3h 交替使用；但本品能促进其他抗菌药渗透进入呼吸道黏液中，喷雾给药时有协同作用。

　　③ 本品与异丙肾上腺素合用或交替使用，可提高疗效，减少不良反应。

　　④ 本品与胰蛋白酶、糜蛋白酶等蛋白质类药物之间有配伍禁忌。

11.1.7.4　溴己新

　　本品与支气管扩张剂和抗过敏药合用治疗哮喘患畜有增效作用；同时，本品还能增加 β-内酰胺类、大环内酯类和利福霉素等在呼吸道的分布浓度。

11.1.7.5　氨溴索

　　① 与 β-内酰胺类、大环内酯类和利福霉素等抗生素合用，可增加这些抗生素在肺内的分布浓度。张志新等采用 15mg/kg 氨溴索和 30mg/kg 的利福霉素联合给大鼠静脉注射，结果发现联合用药组大鼠肺组织中利福霉素的浓度（约 24.91μg/mL）明显高于单药对照组（17.76μg/mL），同时，联合用药组中利福霉素的血药峰浓度较单药对照组增加了 2 倍，药时曲线下面积也增加了 80%。

　　② 氨溴索注射液与茶碱合用后，可改变后者在家兔体内的药动学参数，其中消除半衰期（$t_{1/2\beta}$）由（3.2±0.8)h 显著延长至（4.0±1.1)h；药时曲线下面积（AUC）由（75.0±22.4)mg·h/L 极显著增大至（98.2±27.9)mg·h/L，体清除率（CL）由（0.2±0.08)L/h 下降至（0.15±0.04)L/h。

11.1.8　剂型

11.1.8.1　经胃肠道给药剂型

　　除乙酰半胱氨酸之外，本类药物多数品种均可内服给药，如氯化铵片，碘化钾片、盐酸溴己新片、盐酸溴己新可溶性粉、盐酸氨溴索片、盐酸氨溴索颗粒、盐酸氨溴索口服溶液等。

　　氯化铵片，内服，一次量，马 8～15g，牛 10～25g，羊 2～5g，猪 1～2g，犬、猫 0.2～1g。每日 2～3 次。

　　碘化钾片，内服，一次量，马、牛 5～10g，羊、猪 1～3g，犬 0.2～1g，猫 0.1～

0.2g，鸡 0.05～0.1g。每日 2～3 次。

盐酸溴己新片，内服，一次量，每 1kg 体重，马 0.1～0.25mg，牛、猪 0.2～0.5mg，犬 1.6～2.5mg，猫 1mg。

盐酸溴己新可溶性粉，内服，每 1kg 体重，鸡 0.5mg，每日 1 次，连用 3～10 天。

盐酸氨溴索片或盐酸氨溴索颗粒，内服，一次量，每 1kg 体重，猪、鸡 0.5～2mg，每天 2 次；混饲，每 1000kg 饲料，鸡 5～10g。

盐酸氨溴索口服溶液，混饮，每 1L 水，鸡 2.5～5mg。

11.1.8.2 非胃肠道给药剂型

乙酰半胱氨酸常制成喷雾用制剂经呼吸道给药，而溴己新和氨溴索可制成盐酸溴己新注射液、盐酸氨溴索注射液和注射用盐酸氨溴索经肌内注射完成给药。

喷雾用乙酰半胱氨酸，中等动物一次量 25mL，每日 2～3 次。犬、猫 25～50mL，每日 2 次。或以本品的 5% 溶液滴入气管，一次量，马、牛 3～5mL，每日 2～4 次。

盐酸溴己新注射液，肌内注射，一次量，每 1kg 体重，马 0.1～0.25mg，牛、猪 0.2～0.5mg。

盐酸氨溴索注射液和注射用盐酸氨溴索，肌内注射，一次量，每 1kg 体重，猪 0.5～1.5mg，每天 2 次。

11.1.9 常用药物

11.1.9.1 黏液分泌促进药

（1）氯化铵 本品作为祛痰药。主要用于马、牛、羊、猪、犬和猫等动物的支气管炎初期。常用制剂为氯化铵片，其规格为 0.3g。

（2）碘化钾 本品作为祛痰药，用于马、牛、羊、猪和犬等动物的慢性支气管炎。常用制剂为碘化钾片，其规格包括 10mg 和 0.2g。

11.1.9.2 黏痰溶解药

乙酰半胱氨酸属于还原性黏痰溶解祛痰药，兽医临床主要用于呼吸系统和眼的黏液溶解，还可用于犬、猫对乙酰氨基酚中毒时的解救。乙酰半胱氨酸滴眼液，规格为 10mL：0.5mg。

11.1.9.3 黏液调节剂

（1）溴己新 溴己新作为黏液调节性祛痰药，兽医临床主要用于各种原因所致马、牛、猪、犬和猫等动物因痰稠而不易咳出的慢性呼吸道疾病。其常用制剂有盐酸溴己新片（规格为 4mg 和 8mg）、盐酸溴己新可溶性粉（规格为 1%）和盐酸溴己新注射液（规格为 2mL：4mg）。

（2）氨溴索 氨溴索为溴己新的机体内有效代谢产物，兽医临床主要用于猪、鸡、犬和猫等动物急、慢性呼吸道疾病引起的咳痰困难或手术前后的排痰困难。其常用制剂有盐酸氨溴索片，规格为 30mg（人医）；盐酸氨溴索颗粒，规格为 30mg（人医）；盐酸氨溴索注射液和注射用盐酸氨溴索，规格包括 2mL：15mg 和 4mL：30mg（人医）。

11.2

镇咳药

咳嗽是一种防御性保护反射，是黏液纤毛系统的重要组成部分。纤毛的有节律运动先将黏液从周围气道运送到感觉纤维分布较多的中央气道，然后黏液刺激感觉纤维而兴奋咳嗽反射，引起咳嗽并促进黏液或异物排出。现实中，引起咳嗽的刺激多种多样，包括支气管黏膜受到分泌物或异物刺激，气管、支气管受到外压或牵引、过冷或过热空气刺激、肺部充血、胸膜刺激和过敏反应等，另外刺激外耳道和鼓膜及呼吸道平滑肌中的感受器也可引起咳嗽。

正常状态下，畜禽气管、支气管腺体尽管也在不断产生分泌物，但是，由于分泌量很少，且可通过纤毛有节律运动将其转运至咽部后被吞咽消除，所以一般不会引起咳嗽。轻度咳嗽具有如下两个作用：①阻止异物进入下呼吸道；②清除下呼吸道的异物及过多的分泌物。机体通过咳嗽可促进痰液和异物的排出，从而消除刺激因子并保持呼吸道的清洁和畅通。换言之轻度咳嗽对机体是有利的，无需应用镇咳药物，尤其是带有大量痰液的咳嗽，呼吸道清洁以后咳嗽即自然缓解。但剧烈而频繁的咳嗽，尤其是干咳，由于膈肌和呼吸肌主动参与，导致咳嗽时压力过大和呼出气体的速率过高，会给患畜禽带来痛苦，并易进一步扩大炎症和诱发肺气肿、心力衰竭等并发症，其咳出的飞沫和痰液中也含有大量的病原微生物，容易引起疾病的传播和蔓延，此时则应及时使用镇咳药，以缓解咳嗽。对于有痰的咳嗽，需与祛痰药配合应用。本类药物治疗的目的，是在不损害纤毛有节律运动能力的前提下降低咳嗽的频率和严重性，同时应尽量对造成咳嗽的潜在原因进行分析和有针对性的对因治疗。

11.2.1　化学结构

11.2.1.1　麻醉性镇咳药

麻醉性镇咳药（narcotic antitussives）主要是吗啡类生物碱及其衍生物，如吗啡、可待因和布托啡诺等。其中可待因又称甲基吗啡，可从阿片中提取，也可经吗啡甲基化后而得。布托啡诺为吗啡烃类有机化合物，是一种合成的阿片类药物。

11.2.1.2　非麻醉性镇咳药

非麻醉性镇咳药（nonnarcotic antitussives）是在分析吗啡类生物碱的构效关系基础上，经过结构改造或人工合成所得的一类中枢性镇咳药物，如喷托维林、右美沙芬等。其中喷托维林是一种有机化合物，右美沙芬是一种人工合成的左吗喃甲基醚的右旋异构体，为 N-甲基-D-天冬氨酸受体拮抗剂，是 1950 年由瑞士的一家公司对吗啡结构改造后得到的化合物，其在细胞色素 P450 催化下可代谢生成 3-甲氧吗啡烷［又称右啡烷（dextrorphan）］，仍具有药理活性。

11.2.2　作用机制

咳嗽反射主要包括感受器、传入神经、咳嗽中枢和传出神经四部分，当位于延髓的咳嗽中枢接受传入神经的信号后产生兴奋，然后将兴奋冲动经传出神经发出，支配声门和呼吸肌等产生咳嗽反应，故凡能抑制或阻断咳嗽反射中任一环节即可产生镇咳作用。

11.2.2.1 中枢性镇咳药

中枢性镇咳药（centrally active antitussives）主要通过直接抑制延髓咳嗽中枢而产生强烈镇咳作用，在兽医临床上常用，主要包括麻醉性镇咳药和非麻醉性镇咳药。

麻醉性镇咳药的作用部位为阿片受体，如 κ 受体和 μ 受体。其中吗啡和可待因选择性作用于 μ 受体，为 μ 受体的完全激动剂；而布托啡诺属于混合型阿片受体激动-拮抗药，主要作用于 κ 受体，对 δ 受体作用不明显，对 μ 受体具有激动 μ_1 受体和拮抗 μ_2 受体的双重作用，对 κ、δ 和 μ 受体的激动作用强度比约为 25：4：1。

非麻醉性镇咳药可经非阿片受体机制产生作用。右美沙芬作为阿片类的衍生物，并不激动阿片类的 κ、δ 受体，而是通过与中枢神经系统的其他部位，如神经激肽受体（neurokinin receptor）结合产生作用。喷托维林具有中枢性和末梢性双重镇咳作用。能选择性抑制延髓的咳嗽中枢，大剂量使用后部分在经呼吸道排泄时，对呼吸道黏膜有轻度局麻作用，从而抑制支气管内的咳嗽感受器及传入神经末梢等咳嗽反射弧，松弛支气管平滑肌，减轻气道阻力而产生镇咳作用。

11.2.2.2 外周性镇咳药

外周性镇咳药（peripheral antitussives）主要通过抑制咳嗽反射的其他环节或直接松弛支气管平滑肌产生镇咳作用，如苯丙哌林、甘草流浸膏等。

11.2.3 药理作用

11.2.3.1 可待因

能直接选择性抑制延髓咳嗽中枢，起效快,其镇咳作用较弱,强度约为吗啡的 1/10～1/4，可能与本品在体内可代谢生成吗啡有关。但在镇咳的同时有一定的镇静作用和明显的依赖性，且缓慢给药会引起便秘。此外，本品兼有镇痛和止血作用，镇痛强度约为吗啡的 1/12～1/7，但强于非甾体抗炎药。

11.2.3.2 布托啡诺

本品为麻醉性镇咳药，镇咳作用约为可待因的 100 倍和吗啡的 4 倍，但镇静作用较弱。由于布托啡诺对 κ、δ 和 μ 受体亲和力不同，结果导致其镇痛效应强，约为吗啡的 3.5～7 倍，是杜冷丁（哌替啶）的 30～50 倍，且维持时间长。同时本品对呼吸抑制作用小，约为吗啡的 1/5，且药物依赖性低。

11.2.3.3 喷托维林

本品镇咳强度约为可待因的 1/3，较大剂量有轻度阿托品样作用，大剂量对支气管平滑肌有解痉作用，但无成瘾性。

11.2.3.4 右美沙芬

尽管右美沙芬的左旋体（即左吗喃甲基醚，简称左吗喃）有明显成瘾性，但本品作为右旋体在治疗剂量下成瘾性不明显，故归属为非麻醉性中枢性镇咳药。镇咳作用与相同剂量可待因相似或稍强；作为 N-甲基-D-天冬氨酸受体的拮抗剂，本品的镇痛作用较弱，且治疗剂量对呼吸也无抑制作用。

11.2.3.5　苯丙哌林

苯丙哌林为外周性镇咳药，主要通过阻断来自肺、胸膜牵张感受器传入的感觉神经冲动发挥作用，兼有支气管平滑肌解痉作用。镇咳效力比可待因强 2～4 倍。

11.2.4　药代动力学

11.2.4.1　可待因

内服或肌内注射均易吸收且较完全，人内服后 20min 起效，1h 可达血药峰浓度，肌注后 0.25～1h 达血药峰浓度；但犬内服给药吸收率较低，绝对生物利用度仅 4%～7%，故内服本品可能无效。

吸收后在体内分布广泛并能透过血脑屏障和胎盘屏障，在人体内的表观分布容积约为 3～4L/kg，其中肺、肝、胰和肾药物浓度较高，与血浆蛋白的结合率约为 20%～25%，$t_{1/2\beta}$ 为 3～4h。主要在肝脏代谢，犬体内的代谢产物主要是葡萄糖醛酸化形式，仅极少量代谢生成吗啡，而人体内约有 10% 脱甲基代谢为吗啡。主要通过肾随尿排泄，约 10% 为原型药物。

11.2.4.2　布托啡诺

成年健康马按 0.08mg/kg 的剂量肌内注射或静脉注射布托啡诺，结果发现肌内注射本品药物能迅速吸收，吸收半衰期仅 6min，但生物利用度仅约 37%；且静脉注射给药后，药物的半衰期明显长于肌内注射给药，前者约 7.7h，而后者仅有 0.57h。成年马按 0.1mg/kg 的剂量皮下注射布托啡诺，发现皮下注射本品也能迅速吸收，吸收半衰期为 (0.10±0.07) h，吸收程度较肌内注射高，可达 87%，药峰浓度为 (88±37.4)ng/mL，消除半衰期为 (5.29±1.72)h，提示成年马可用皮下注射代替静脉注射。

6～12 岁健康的公阉驴按 0.1mg/kg 的剂量肌内注射或静脉注射布托啡诺，其中静脉注射后表观分布容积为 (322±50)mL/kg，消除半衰期为 (0.83±0.318)h，体清除率为 (400±144)mL/(kg·h)，药时曲线下面积 (AUC$_{0-\infty}$) 为 (370±131)h·ng/mL。肌内注射后，在 (0.48±0.09)h 时可达药峰浓度 (369±190)ng/mL，药时曲线下面积 (AUC$_{0-\infty}$) 为 (410±60)h·ng/mL，生物利用度达 (133±45)%。

成年健康犬按 0.25mg/kg 的剂量肌内注射或静脉注射布托啡诺，两种给药方式的血药峰浓度和药动学参数无明显差异，皮下注射 28min 或肌内注射 40min 可达血药峰浓度 29ng/mL；血浆半衰期为 1.62h，血浆清除率为 3.45L/(kg·h)，稳态表观分布容积为 7.96L/kg，Pfeffer 等认为两种给药方式对于成年犬具有生物等效性。

成年健康猫按 0.4mg/kg 的剂量静脉注射或口腔黏膜给予布托啡诺，消除半衰期分别为 (6.3±2.8)h 和 (65.2±1.7)h，药峰浓度分别为 132.0ng/mL 和 34.4ng/mL，药峰时间分别为 0.35h 和 1.1h，且口腔黏膜给药本品的吸收程度约为 37.16%。

健康肉鸡按 2mg/kg 的剂量静脉注射布托啡诺，发现其药时曲线符合二室模型，经计算，其消除半衰期为 69.3min，清除率为 74.6mL/（kg·min），稳态表观分布容积为 5.6L/kg，且在鸡体内可保持不低于哺乳动物最低有效镇痛浓度的时间约 2h。

11.2.4.3　右美沙芬

马按 2mg/kg 的剂量单次内服右美沙芬，药峰时间为 0.55h，药峰浓度为 519.4ng/mL，消除半衰期为 12.4h，药时曲线下面积为 563.8h·ng/mL，且本品和其活性代谢物右啡烷的药时曲线下总面积可高达 6691h·ng/mL。

健康犬按 2.2mg/kg 的剂量静脉注射或 5mg/kg 的剂量内服本品，其中静脉注射给药后的消除半衰期、表观分布容积和清除率分别为 （2.0±0.6）h、（5.1±2.6）L/kg 和 （33.8±16.5）mL/（min·kg），说明原型药物在给药后体内有效血药浓度仅能维持很短的时间。内服给药后的生物利用度低 （约为 11%），且也未在犬体内检测到活性代谢产物。

11.2.5　临床使用

本类药物临床主要作为镇咳药，此外，由于阿片类药物具有镇静和镇痛作用，同时抑制咳嗽反射也可减少因麻醉或插管引起的喉痉挛和咳嗽，故也可作为术前的预防用药，有助于插管。

11.2.5.1　可待因

作为镇咳药主要用于各种原因引起的慢性和剧烈干咳、刺激性咳嗽，尤其适用于伴有胸痛的剧烈干咳。当有少量痰液时，宜与祛痰药合用。由于本品能抑制呼吸道腺体的黏液分泌和纤毛运动，故临床不适用于痰液黏稠的咳嗽。

11.2.5.2　布托啡诺

作为镇咳药主要用来治疗犬、猫等动物伴有气管及支气管炎、扁桃体炎和咽喉炎的慢性干咳。作为镇痛药用于动物的麻醉前和术后镇痛。

11.2.5.3　喷托维林

作为镇咳药主要适用于伴有剧烈干咳的急性上呼吸道感染。

11.2.5.4　右美沙芬

作为镇咳药主要用于猫，不建议用于犬。

11.2.6　安全性

11.2.6.1　可待因

① 不良反应（如呼吸抑制、耐受性及成瘾性等）均明显弱于吗啡，主要副作用包括镇静和便秘，大剂量或长期使用会引起呕吐、便秘、胰和胆管痉挛等消化道症状、尿滞留等；长期应用有成瘾性。

② 剂量过高会导致呼吸抑制，但猫可出现过度兴奋、震颤、癫痫发作等中枢兴奋

症状。

③ 本品禁用于慢性阻塞性肺病、多痰、痰稠及支气管哮喘的患畜。

11.2.6.2 布托啡诺

① 治疗剂量下不良反应小，引起强心和呼吸抑制的副作用弱。

② 主要副作用类似于其他阿片类药物，如镇静、烦躁不安、流泪（猫）、胃肠道蠕动变缓和便秘等，肌内注射或皮下注射时刺激性较大，有痛感等。

③ 犬肌内注射的 LD_{50} 为 20mg/kg，静脉注射的 LD_{50} 为 10mg/kg，明显较静脉注射磷酸可待因的 LD_{50} 低（$LD_{50} = 97.8mg/kg$）。

④ 慎用于带有大量痰液的咳嗽，禁用于有肝病的病畜。

⑤ 马使用本品较其他阿片类药物安全，同时由于本品对 μ 阿片受体作用弱，除了较高剂量（0.2mg/kg）快速静注外，一般较少出现兴奋症状。可能出现一过性的便秘，但也较其他阿片类药物轻。

11.2.6.3 喷托维林

① 不良反应较轻，无成瘾性，偶有头晕、口干、腹胀、便秘等症状。

② 本品慎用于心功能不全并有肺瘀血的患畜禽，禁用于哮喘性咳嗽、呼吸功能不全和尿滞留患畜禽。

③ 对于多痰的患畜禽宜与祛痰药氯化铵合用。

11.2.6.4 右美沙芬

治疗剂量下不良反应小，猫使用本品安全。大剂量使用有致幻作用，易滥用，甚至成瘾。犬内服给药常见呕吐，静脉注射后有中枢神经系统反应。

11.2.7 药物相互作用

11.2.7.1 可待因

① 常与祛痰药（如氯化铵）配合应用。

② 与抗胆碱药合用，可加重便秘或尿滞留副作用。

③ 与吗啡类合用，可加重呼吸抑制作用。

④ 与肌松药合用，呼吸抑制也更为显著；与其他中枢抑制药合用，会增强中枢抑制作用；临床均不宜合用。

⑤ 与非甾体抗炎药合用，可增强镇痛作用。

11.2.7.2 布托啡诺

① 禁与茶苯海明和戊巴比妥钠配伍，慎与其他中枢抑制药合用。

② 与强效阿片类联用能增强麻醉效果和术后镇痛，且降低阿片药物引起的呼吸抑制、恶心和呕吐等不良反应。在一项对 54 匹马的麻醉试验中，Corlett 等发现 50μg/kg 本品和 100μg/kg 罗米非定联用在镇静、整体麻醉质量和麻醉维持等方面均明显优于 100μg/kg 罗米非定和 100μg/kg 吗啡联用组。刘乐乐研究了在超声引导下，600μg/kg 丁丙诺啡、600μg/kg 布托啡诺分别与 4000μg/kg 布比卡因联用对犬臂丛神经的阻滞效果，结果发现

两种联用方案均能显著缩短起效时间，并延长感觉阻滞、行走能力阻滞和本体反应阻滞的总时间，平均约可延长230min。熊晨昱等研究了不同剂量咪达唑仑、布托啡诺和右美托咪定联用对犬的镇静、镇痛效果，发现布托啡诺(0.4mg/kg)＋咪达唑仑(0.4mg/kg)＋右美托咪定（2.5mg/kg）联用在给药后约10min达最佳镇静、镇痛效果，维持5～10min后动物恢复意识；而降低布托啡诺（0.2mg/kg）和咪达唑仑（0.2mg/kg）浓度后，联用给药后约20min达最佳镇静、镇痛效果，持续5min后动物逐渐恢复意识；同时前一浓度镇静持续时间（25.8min）及疼痛缺失时间（26.7min）均明显长于后者（分别为22.5min和20.8min）。

11.2.7.3　右美沙芬

人医药效学研究表明，本品与支气管扩张剂合用效果优于单独用药。

11.2.8　剂型和剂量

11.2.8.1　经胃肠道给药剂型

本类药物多数品种均可内服给药，剂型主要包括磷酸可待因片、硫酸可待因片、磷酸可待因糖浆、酒石酸布托啡诺片、右美沙芬片和枸橼酸喷托维林片等。其中磷酸可待因和硫酸可待因可制成许多剂型，包括片剂、液体制剂等共50多种不同的制剂。然而，犬的可待因制剂内服吸收量低且不一致。

磷酸可待因片，内服，一次量，马、牛0.2～2g，羊、猪0.1～0.5g，犬15～60mg，猫5～15mg，狐10～50mg，每天3次。

酒石酸布托啡诺片，内服，一次量，每1kg体重，犬0.55～1.1mg，猫0.1～0.8mg，每天2～4次。

枸橼酸喷托维林片，内服，一次量，马、牛0.5～1g，犬25mg，猫5～10mg，每天2～3次。

复方枸橼酸喷托维林糖浆，内服，一次量，马、牛100～150mL，羊、猪20～30mL。

11.2.8.2　非胃肠道给药剂型

本类药物的非胃肠道给药剂型可制成注射液，如磷酸可待因注射液、酒石酸布托啡诺注射液等。

磷酸可待因注射液，皮下注射，一次量，每1kg体重，马、牛0.2～2g，犬1～2mg，猫0.25～4mg。

酒石酸布托啡诺注射液，静脉注射、肌内注射或皮下注射，一次量，每1kg体重，犬0.05～0.1mg，猫0.1～0.8mg，每天2～4次。

11.2.9　常用药物

11.2.9.1　可待因

本品作为镇咳药，临床多用于中、小动物，尤其是无痰干咳及剧烈频繁的咳嗽。常用制剂为磷酸可待因片或硫酸可待因片（规格均为15mg、30mg和60mg）、磷酸可待因糖浆（规格为1mL：2mg）和磷酸可待因注射液（规格为15mg、30mg）。

11.2.9.2 布托啡诺

本品是一种阿片激动剂-拮抗剂，目前临床主要用作镇痛药和止咳药。临床研究证实用于犬可作为一种有效的止咳药，但是，由于本品内服给药时首过效应明显，故生物利用度较低，因此犬内服给药的剂量要高于静脉注射或皮下注射。本品临床用药尽管有明显的量效关系，但是作用持续时间并不会随着用药剂量的增加而延长，其中用于猫时，0.8mg/kg 为极量，给药途径包括静脉注射、肌内注射、皮下注射和内服。常用制剂为酒石酸布托啡诺注射液（规格为1mL：0.5mg、1mL：2mg、1mL：10mg）、酒石酸布托啡诺片（规格包括 1mg、5mg、10mg）。

11.2.9.3 喷托维林

本品常与祛痰药合用治疗急性呼吸道炎症引起的剧烈咳嗽。常用制剂为枸橼酸喷托维林片（规格为 25mg）和复方枸橼酸喷托维林糖浆（规格为 100mL），内含喷托维林 0.2g、氯化铵 3g 和薄荷油 0.008mL。

11.2.9.4 右美沙芬

右美沙芬为左吗喃的右旋体，左吗喃有明显成瘾性，而本品成瘾性不明显。临床中本品已被用于犬和猫的止咳，尽管本品在犬体内的药代动力学研究显示内服给药达不到有效血药浓度。右美沙芬常和其他药物（如对乙酰氨基酚、伪麻黄碱等）制成复方制剂，一般制成的片剂中每片包括本品 15mg 或 20mg；液体制剂中均为 1mL：2mg。

11.3

平喘药

平喘药（antiasthmatic drugs）是指能松弛支气管平滑肌，减少致炎、致敏物质的释放，缓解或消除呼吸系统疾病所引起气喘症状的药物，其主要适应证为支气管哮喘。

11.3.1 化学结构

11.3.1.1 甲基黄嘌呤衍生物类

甲基黄嘌呤衍生物类（methyl xanthine derivatives）俗称茶碱类，其中氨茶碱是嘌呤类衍生物，为茶碱与乙二胺的复盐，100mg 复盐（水化物）约含茶碱 77～83mg，但乙二胺能增强本品的水溶性。多索茶碱为茶碱的 N-7-二氧戊环亚甲基衍生物。

11.3.1.2 抗过敏平喘药

（1）色甘酸钠 本品为苯并吡喃双色酮环化合物。2 个色酮环的共平面性是其药理活性的必需结构，倘若失去共平面性，则药理活性消失。

（2）白三烯拮抗剂 白三烯（leukotrienes，LT）是花生四烯酸在脂氧合酶的催化下代谢产生的一系列衍生物，主要包括 LTA_4、LTB_4、LTC_4、LTD_4、LTE_4 和 LTF_4，化学结构为含有三个共轭双键的不饱和脂肪酸，是炎性细胞释放的主要介质之一，在呼吸系统疾病的炎症发展过程中起着重要的作用。由于 LTC_4、LTD_4 和 LTE_4 均具有共同化学结构，即半胱氨酰基，因此三者统称为半胱氨酰白三烯，而人医临床广泛应用的代表药物孟鲁司特即为半胱氨酰白三烯的受体 1 拮抗剂。

11.3.1.3 β 受体激动剂

β 受体激动剂是一类芳香胺类药物，根据其苯环的 3,4 位是否含有羟基可分为儿茶酚胺和非儿茶酚胺两类，其中去甲肾上腺素、肾上腺素和异丙肾上腺素为儿茶酚胺类，而麻黄碱和间羟异丙肾上腺素是非儿茶酚胺类。当苯环侧链上氨基的氢原子被烷基取代后，药物对 β 受体的激动作用增强，且烷基数量越多，作用越强，所以肾上腺素的 β 受体激动作用比去甲肾上腺素强，异丙肾上腺素的 β 受体激动作用又比肾上腺素的强。

11.3.1.4 抗炎性平喘药

该类平喘药主要包括糖皮质激素类和非甾体抗炎药。如氢化可的松、泼尼松、泼尼松龙、地塞米松和阿司匹林等，其中后者不常用于平喘。

11.3.1.5 抗胆碱药

本类药物主要包括从茄科植物颠茄、曼陀罗和莨菪等中分离提取的生物碱（主要包括阿托品、东莨菪碱和山莨菪碱等）及其衍生物，这些生物碱的化学结构可归属为酯类，其中氨基醇部分均含有基本骨架托烷，又称莨菪烷；酸部分均为托品酸，又称莨菪酸。托烷结构中共有两个手性碳原子，但由于内消旋的存在而失去旋光性，当托烷的 3 位由羟基取代时称为托品，如阿托品、异丙阿托品等。阿托品选择性低，具有中枢兴奋的副作用，为减少该作用，人们将其制成难以透过血脑屏障的季铵盐，其中异丙阿托品为阿托品的季铵盐，而噻托溴铵为东莨菪碱的季铵盐类半合成类似物。

11.3.2 作用机制

支气管平滑肌的正常机能受神经和感受器支配。支配呼吸道平滑肌的神经主要包括三种：①传出神经，主要为副交感神经，是呼吸道支气管进行正常收缩的基础，乙酰胆碱为其主要的神经递质。猫的肺部至少有 5 种受副交感神经支配的受体（分属于刺激性、弹性和 J 受体）存在。其中刺激性受体，又称机械性受体，主要位于上呼吸道上皮细胞下面，当受到物理、机械和化学刺激后，兴奋受体结果导致呼吸急促、支气管收缩和咳嗽。已知气流速率是兴奋刺激性受体的关键因素，气流速率受呼吸道内径和平滑肌状态的影响。在上呼吸道感染期间，气道中黏液和水肿的存在使呼吸道内径缩小会导致气流加速；而平滑肌收缩也能加速气流，导致咳嗽。②交感神经，肾上腺素和去甲肾上腺素是主要的神经递质，通过兴奋 β_2-肾上腺素受体使支气管平滑肌扩张，而兴奋 α-肾上腺素受体又能使支气管平滑肌收缩。③非肾上腺素能-非胆碱能（nonadrenergic-noncholinergic，NANC）系统，NANC 系统也支配支气管平滑肌，失调后会引起支气管对外界刺激的高反应性。

决定支气管平滑肌张力的因子还依赖于细胞内环磷酸腺苷（cyclic adenosine monophosphate，cAMP）和环磷酸鸟苷（cyclic guanosine monophosphate，cGMP）的浓度。这两个第二信使的作用是相辅相成的，其中一个浓度升高总伴随着另一个浓度降低。α 受体兴奋导致 cAMP 浓度降低，而 β_2 受体兴奋会导致其浓度升高；M 受体和组胺受体兴奋又会使 cGMP 浓度升高。不同动物体内的支气管/细支气管平滑肌对组胺和乙酰胆碱的敏感性有差异，如犬细支气管平滑肌对乙酰胆碱的敏感性明显较猫高，而猫支气管平滑肌一般对乙酰胆碱较组胺更敏感，而患慢性阻塞性肺病（chronic obstructive pulmonary disease，COPD）马的支气管对组胺和乙酰胆碱均高度敏感。

以往平喘药的研究常局限于支气管扩张方面，包括 β 受体激动剂（如异丙肾上腺素、麻黄碱、克仑特罗等）、甲基黄嘌呤衍生物类（如氨茶碱、二羟丙茶碱、胆茶碱和多索茶碱等）和抗胆碱药（如异丙阿托品、泰乌托品等）。平喘作用机理主要通过增加机体内 cAMP 浓度，降低 cGMP 浓度，即升高 cAMP/cGMP 的比值，或降低 Ca^{2+} 浓度而使气道平滑肌松弛。

近年来经过对气喘产生原因进行深入研究后发现，除了支气管平滑肌的强烈收缩以外，引起支气管哮喘的因素还有很多，目前认为本病是一种由免疫性和非免疫性刺激引起的以嗜酸性粒细胞浸润为主的气道炎症性病变，是由各种炎症细胞、炎症介质、呼吸道固有组织和细胞之间相互作用而引起的极为复杂的病理过程。除具有炎症共有特征，如毛细血管扩张、通透性增加和炎性细胞浸润外，还伴有呼吸道黏膜腺体的高分泌、呼吸道上皮的严重损伤和呼吸道黏膜对各种刺激的高反应性等症状。研究证实，炎症介质（如组胺、前列腺素、白三烯等）的释放能导致呼吸道黏膜水肿、黏液分泌增加和气管、支气管收缩，最终缩小呼吸道内径，从而诱导气喘的发生。因此，平喘药的研制逐渐向抗炎、抗免疫、抗白三烯、利尿和抗微生物等多环节发展。

11.3.2.1 甲基黄嘌呤衍生物类

甲基黄嘌呤衍生物类平喘药至今仍为临床治疗支气管哮喘急性发作的常用药物之一。作用机制主要包括：

① 通过如下几个途径对气道平滑肌产生较强的松弛作用。

a. 抑制磷酸二酯酶活性，减慢 cAMP 的降解，使气管平滑肌细胞内的 cAMP 浓度升高，而 cAMP 能抑制肥大细胞释放组胺、白三烯等炎症介质。

b. 降低气道中免疫细胞，尤其是嗜酸性细胞的活性而产生抗炎作用。已经证实，嗜酸性粒细胞在机体因吸入过敏原而诱发支气管哮喘的反应中发挥重要作用，不仅有助于释放炎症介质，而且还诱发支气管收缩和气道炎症。

c. 刺激内源性肾上腺素和去甲肾上腺素的释放，产生拟肾上腺素作用。

d. 动物体内的腺苷可促进呼吸道的支气管收缩，而该类物质能拮抗腺苷受体，松弛支气管平滑肌。

e. 干扰细胞内 Ca^{2+} 的活化，使之浓度降低。

② 能促进中、小气道的纤毛有节律运动，提高黏液-纤毛系统的清除率，加速气道内黏液和异物的排出并阻止毛细血管渗漏。

③ 能促进 IL-10 的合成和释放，从而减轻气道炎症。

④ 能增加呼吸肌和膈肌的收缩力，逆转膈肌疲劳，减少呼吸次数，使肺部得到休息。

11.3.2.2 抗过敏平喘药

抗过敏平喘药主要包括抗组胺类（苯海拉明、异丙嗪等）、白三烯类拮抗剂和色甘酸钠、奈多罗米钠（nedocromil sodium）等，通过稳定肥大细胞，从而抑制自体活性物质

（如组胺、慢反应物质、白三烯和前列腺素等）的释放而发挥平喘作用，一般没有明显的支气管扩张作用。抗组胺类药物主要通过阻断相应部位组胺受体的兴奋产生作用，并不能阻止组胺和其他致炎介质的释放。

（1）色甘酸钠

① 尽管本品本身无松弛支气管平滑肌和激动 β 受体作用，但对肥大细胞等细胞有"膜稳定"作用，能抑制肺组织的肥大细胞内磷酸二酯酶活性，使细胞内 cAMP 浓度增高，并减少钙离子向肥大细胞内的转运，抑制肥大细胞裂解，从而阻碍组胺、前列腺素、5-羟色胺、白三烯等致敏介质的释放。

② 本品也是一种有效的炎性细胞活性抑制剂，能抑制多种炎性细胞（如嗜酸性粒细胞、中性粒细胞、单核细胞和血小板活化因子等）的活性及其在气道黏膜内浸润，降低气道高反应性。

③ 本品还能抑制肺传入神经纤维兴奋及感觉神经的轴突反射，即能抑制呼吸道神经源性炎症的发作，亦可抑制由于运动和其他刺激（如过冷或过热的空气等）诱发的支气管收缩。

④ 本品能改善缺陷的免疫活性，尤其能增强 T 淋巴细胞和 B 淋巴细胞的增殖，使低下的 T 淋巴细胞吞噬功能恢复至正常水平。

（2）白三烯拮抗剂　白三烯具有如下病理作用：①收缩气管和支气管，减小呼吸道内径，是迄今为止最有效的支气管收缩剂之一。②增加嗜酸性粒细胞的存活率，导致气管嗜酸性粒细胞浸润增加。嗜酸性粒细胞被认为在与哮喘相关的慢性炎症过程中起关键作用。③促使炎性细胞聚集，并加速其他炎症介质（如血小板致活因子）的释放，从而导致炎症加重。④增加血管的通透性，导致呼吸道黏膜水肿。此外，白三烯还能促进黏液分泌、增加气道反应性和降低纤毛运动能力等。

本类药物通过选择性抑制气管平滑肌中白三烯活性，有效地预防和抑制白三烯所导致的支气管痉挛，改善或消除气喘的临床症状。本类药物是一类新型的平喘药，如孟鲁司特、扎鲁司特和普仑司特等，其中以孟鲁司特在临床应用最广，但在家畜禽临床尚无具有明确疗效的报道。

11.3.2.3　β 受体激动剂

肺部的平滑肌和炎性细胞中有大量的 β_2 受体存在，β 受体激动剂与相应的 β_2 受体结合后会改变受体的构型，接着激活受体细胞膜内的腺苷酸环化酶，提高第二信使 cAMP 浓度。cAMP 浓度升高会导致：①抑制炎症介质释放。②激活呼吸道平滑肌的蛋白激酶，松弛平滑肌。同时，β 受体兴奋还能增加呼吸道腺体的黏液分泌，使痰液变稀。主要包括非选择性 β 受体激动剂和选择性 β 受体激动剂，其中前者能同时兴奋 β_1 和 β_2 受体，且部分药物还能兴奋 α 受体，代表性药物有肾上腺素、麻黄碱、去甲肾上腺素等，后者在适当剂量时不兴奋 β_1 受体，但用于动物的此类药物很少。目前用于小动物的有间羟异丙肾上腺素（metaproterenol）和其同系物。

11.3.2.4　抗炎性平喘药

呼吸道炎症是支气管哮喘的重要病理原因之一，此类药物主要通过抑制气道炎症细胞的迁移和活化、干扰白三烯及前列腺素等自体活性物质的合成、减少毛细血管通透性和降低气道对各种刺激的高反应性等来发挥作用，所以对各类气喘病的疗效较好，特别是对严重的顽固型哮喘有独特的疗效。本类药物本身无直接扩张支气管平滑肌作用，长期应用不影响支气管平滑肌对收缩剂或松弛剂的敏感性。

11.3.2.5 抗胆碱药

本类药物又称为 M 受体拮抗剂，能和乙酰胆碱竞争性与毒蕈碱型胆碱受体（M 受体）结合，但不兴奋受体，而产生扩张支气管的作用。M 受体有五种亚型，包括 $M_1 \sim M_5$，其中在人呼吸道内，已证明存在有 M_1、M_2 和 M_3 三个亚型。M_1 受体主要分布在肺泡壁、副交感神经的神经节和黏膜下腺体，对呼吸道平滑肌的收缩无直接调节作用，兴奋时可促进去甲肾上腺素的释放，从而拮抗气管、支气管收缩，同时还能经调节腺体的黏液分泌来调控水、电解质的分泌。M_2 受体主要分布在胆碱能节后神经的末端，如呼吸道的平滑肌细胞、支气管的成纤维细胞及上皮细胞等，兴奋后经负反馈调节机制抑制神经末梢释放乙酰胆碱，从而松弛支气管平滑肌。M_3 受体主要分布在呼吸道平滑肌、外周肺膜及黏膜下腺体，兴奋时会导致呼吸道平滑肌收缩、促进黏膜下腺体分泌黏液。研究证实，COPD 患者体内 M_1 和 M_3 的表达量增加，而 M_2 的表达量会下降，最终导致气管、支气管平滑肌收缩。此外，据 Davis 等报道，M 受体拮抗剂还可缓解过敏原诱导的气道反应。代表性药物有阿托品、异丙阿托品、氧托溴铵、噻托溴铵等，由于阿托品选择性低，临床已少用。

11.3.3 药理作用

11.3.3.1 甲基黄嘌呤衍生物类

（1）**氨茶碱（aminophylline）** 氨茶碱除了有明显的平喘作用外，还有抗炎、免疫调节和保护支气管作用。同时，本品还具有如下其他作用：

① 兴奋呼吸作用。氨茶碱对呼吸中枢有兴奋作用，可使呼吸中枢对二氧化碳的刺激阈值下降，提高呼吸肌的伸展强度，增强呼吸肌收缩力，使呼吸加深并减少呼吸频率。

② 强心利尿作用，能轻微增加心肌收缩力和舒张冠状血管，增加肾血流量，提高肾小球滤过率和减少肾小管对钠和水的重吸收，但作用较弱。

③ 免疫抑制作用，可延长移植器官的存活时间，抑制排斥反应。

（2）**多索茶碱（doxofylline）** 本品松弛支气管平滑肌强度约为氨茶碱的 $10 \sim 15$ 倍，并有明显的抗炎作用。

11.3.3.2 抗过敏平喘药

（1）**色甘酸钠** 本品与氨茶碱相比，不仅能改善哮喘症状，也能降低气道高反应性和改善肺功能，疗效明显优于后者。同时，本品还是一种有效的炎性细胞活性抑制剂和肥大细胞稳定剂。

（2）**孟鲁司特** 本品作为白三烯拮抗剂类平喘药，同时还有降低气道高反应性，抑制气管、支气管下腺体的黏液分泌，抑制炎性细胞游走、聚集、增殖和活化，降低血管通透性等作用，且安全性高，不良反应较少。在临床应用最广，但在家畜禽临床尚无有明确疗效的报道。

11.3.3.3 麻黄碱

麻黄碱（ephedrine）又称麻黄素，作为一种非选择性 β 受体激动剂，药理作用与肾上腺素相似，但起效慢且持续时间长，对心血管的作用较弱。

① 对呼吸道的作用：本品为传统平喘药，能松弛支气管平滑肌，尤其在支气管平滑肌痉挛状态时作用显著。可直接兴奋肾上腺素的 β 受体，研究证实，本品对肾上腺素受体的亲和力约为伪麻黄碱的 20 倍；也可通过促进肾上腺素能神经末梢释放去甲肾上腺素而间接激动肾上腺素受体；还能通过兴奋肾上腺素的 α 受体，收缩支气管黏膜血管，减轻呼吸道的充血水肿症状。此外，本品还具有抗炎和稳定细胞膜作用，能抑制炎性介质的释放。

② 兴奋心脏，使冠状动脉和脑血管扩张，血流量增加，皮肤黏膜和内脏血管收缩，血流量减少，增加心肌收缩力和心输出量，升高血压。

③ 兴奋大脑皮层和皮层下中枢，用于麻醉的苏醒，可显著缩短猕猴的麻醉苏醒时间，加速精神、运动的恢复。

11.3.3.4 糖皮质激素类

本品作为抗炎性平喘药，是治疗马气喘病的重要药物。同时，猫对糖皮质激素类有耐受性，临床用量较大。

11.3.3.5 抗胆碱药

（1）噻托溴铵　研究证实，M 受体拮抗剂和不同 M 受体亚型形成复合物后的解离速度是影响其扩张支气管作用强度的主要因素。本品对 M_1 和 M_3 受体的亲和力明显强于其对 M_2 受体的亲和力，同时，本品和 M_1 受体、M_3 受体形成复合物后不易解离，其解离速度分别是和 M_2 受体形成复合物后的解离速度的 2/7 和 1/8，因此其支气管舒张作用强且维持时间长，人应用本品药效可维持 24h，是第一个每日用药一次的长效吸入型支气管扩张药。此外，本品还能抑制 IL-6、IL-12、IL-18 和 TNF-α 等炎性因子的释放，产生明显的抗炎作用。

（2）异丙阿托品　异丙阿托品（ipratropium bromide）又称异丙托溴铵。当给以相同剂量时，本品治疗犬呼吸道疾病的支气管扩张作用是阿托品的两倍，且不改变黏液纤毛装置的运输能力，也没有明显的中枢兴奋的副作用。

11.3.3.6 钙通道阻滞剂

已经证实，本类药物具有阻止炎性介质释放、抑制平滑肌收缩和抑制迷走神经兴奋等作用，人医临床上对缓解呼吸道平滑肌收缩，治疗哮喘和预防哮喘恶化有一定的疗效，但尚未应用于兽医临床。

11.3.4 药代动力学

11.3.4.1 甲基黄嘌呤衍生物类

（1）氨茶碱　内服给药后不仅吸收速度快，且吸收较完全，马、牛、猪、犬和猫内服生物利用度分别为 100%、93%、>90%、91% 和 96%～100%。对于犬，以 9.4mg/kg

剂量内服，给药后 1.5h 达血药峰浓度，C_{max} 约为 8μg/mL；对于马，经导胃管给药后，其生物利用度可达 100%，且给药后 1～1.5h 可达血药峰浓度；对于麻鸭，以 20mg/kg 剂量经口灌服，给药后 2.17h 达血药峰浓度，C_{max} 为 12.6μg/mL。

本品吸收后在体内分布较广泛，吸收后分布于细胞外液和组织，能穿过胎盘并进入乳汁达血药浓度的 70%，且分布不受其与血浆蛋白的结合率的影响，表观分布容积（V_d）分别为：牛 0.815L/kg、犬 0.7～0.82L/kg、猫 0.46～0.86L/kg，马的 V_d 值更大，为 0.85～1.02L/kg。本品在动物体内与血浆蛋白的结合率较低（犬 7%～14%），其中本品在马体内与血浆蛋白的结合率要远低于其在人体内与之的结合率。

本品主要在肝中进行羟化和脱甲基化后由肾（人约 10% 为原型）排出体外，但由于代谢率存在种属差异，本品的消除半衰期、体清除率和临床用量也相应不同，如：消除半衰期（$t_{1/2\beta}$）马 11.9～17h，牛 6.4h，猪 11h，犬 5.7h 和猫 7.8h；体清除率马 0.61～0.86mL/(min·kg)、猫 0.089mL/(min·kg)、犬 0.12mL/(min·kg)，故猫的常用剂量较低。

（2）多索茶碱　吸收迅速，人一次内服 0.4g，药峰时间为 1.22h，药峰浓度为 1.9μg/mL。吸收后广泛分布于各脏器，其中以肺的含量最高。

11.3.4.2　抗过敏平喘药

（1）色甘酸钠　本品极性强，内服极少吸收，生物利用度仅 1%，且消除迅速，消除半衰期约为 1.3h。临床一般将其制成极细粉末（0.5～7μm）进行干粉喷雾吸入，其生物利用度约 10%，吸入剂量的 80% 可沉着于口腔和咽部，吸入后 10～20min 即达血药峰浓度，与血浆蛋白结合率约为 60%～75%，能迅速分布到组织中，特别是肝和肾，不能透过胎盘屏障和血脑屏障，在体内极少代谢，主要以原型经胆汁和尿排出。本品起效慢，一般需连用数日才能见效，且对已发作的哮喘疗效不明显，临床上常在抗原攻击前给药。

（2）孟鲁司特　人内服给药后吸收良好，但胃内充盈度能明显影响其吸收程度，在机体内与血浆蛋白结合率高，主要经肝代谢，消除半衰期（$t_{1/2\beta}$）约为 10h。

11.3.4.3　麻黄碱

内服后易吸收，人用药后 30min 达有效血药浓度，可通过血脑屏障进入脑脊液，表观分布容积（V_d）为 3～4L/kg，作用较持久，消除半衰期为 6～7h，吸收后仅少量脱去氨基被氧化，大部分（约 79%）以原型经尿道排泄，少量能经乳腺排泄。

11.3.4.4　抗胆碱药

（1）噻托溴铵　经吸入给药后，仅少量药物进入肺部，故给药后约 30min 起效，药效可维持 24h。仅少量药物吸收进入血液循环，且不能透过血脑屏障。在肝脏中代谢很少，主要经胃肠道以原型排出体外，有 14% 的药物经肾随尿排出体外。

（2）异丙阿托品　人经呼吸道吸入本品溶液，起效较快，给药后约 10%～30% 药物进入肺内，15min 可产生疗效，药效可维持 4～6h。吸收较少，生物利用度仅为 7%～28%，且不能透过血脑屏障。有 70%～90% 的药物以原型经胃肠道排泄，仅有 3%～13% 经肾排泄。

11.3.5 临床使用

11.3.5.1 甲基黄嘌呤衍生物类

（1）氨茶碱　主要用作支气管扩张药，缓解气喘症状，尤其是用于有心功能不全和肺水肿的患畜禽，也可用于肉鸡腹水症的治疗。本品可用于治疗由炎性细胞（尤其是嗜酸性粒细胞）增加而引起的慢性阻塞性肺炎的急性发作。

（2）多索茶碱　主要用作支气管扩张药来缓解气喘症状。Chen 等探讨了多索茶碱对慢性阻塞性肺病大鼠的治疗效果，发现能显著减轻患病大鼠的炎症反应和氧化应激，并减轻肺组织损伤。刘成芳等在比较本品与氨茶碱治疗急性支气管哮喘的临床疗效时，发现多索茶碱组[静脉滴注,300mg/（人·d）]的总有效率明显高于氨茶碱组[500～1000mg/（人·d）]，在有效改善患者肺功能的同时，能明显降低炎症因子水平。

11.3.5.2 色甘酸钠

主要用于预防各型支气管哮喘发作，对过敏性哮喘疗效显著；也可用于治疗过敏性鼻炎、春季角膜和结膜炎、过敏性湿疹及某些皮肤瘙痒症、溃疡性结肠炎和直肠炎等。Murphy 等按 80mg 的剂量（吸入）来观察本品对两匹患慢性阻塞性肺病（COPD）的马对抗原的高敏特性，结果发现在接触抗原前 20～30min 吸入本品可有效减轻病马呼吸道疾病症状，且单次吸入药效保护可持续 4～5d。

此外，本品作为肥大细胞稳定剂，有学者尝试用于预防断乳仔猪应激。徐海军等证实，本品按 1333mg/kg（以饲料计）添加于断乳仔猪日粮中，可有效预防仔猪早期断乳后腹泻。Mereu 等发现，仔猪断乳后，按 20mg/kg 腹腔注射色甘酸钠，8h 用药一次，连用 3 次，与生理盐水对照组相比，试验组的仔猪肠道的吸收能力明显改善，日增重（283g/d）和生长速度（0.60）均明显较对照组快（分别为 238g/d 和 0.40）。da Luz 等2022 年发现本品对 1 型糖尿病早期大鼠的肾脏有保护作用。

11.3.5.3 麻黄碱

主要用于预防支气管哮喘发作和缓解轻度哮喘，对急性重度哮喘发作效果不佳，也可用于治疗各种原因引起的鼻黏膜充血、肿胀导致的鼻塞等。

11.3.5.4 糖皮质激素类

糖皮质激素类平喘药长期全身应用能引起下丘脑-垂体-肾上腺皮质功能抑制和全身性不良反应。采用局部作用强的糖皮质激素类，如倍氯米松（beclomethasone）、布地奈德（budesonide）和氟替卡松（fluticasone）等，尤其当通过气雾给药，不仅对哮喘有良好的疗效，而且全身不良反应很少且较轻。临床可用于治疗马气喘症和猫哮喘。Kirschuink 等报道，氟替卡松按每天每只猫 250μg 进行气雾给药，可降低猫支气管的高反应性，缓解支气管收缩；或者肌内注射长效醋酸甲基氢化泼尼松，每只猫 20mg，一次注射可维持药效 3 周。

治疗马气喘症时，按 2mg/kg 内服泼尼松龙片剂，每天 1～2 次；或内服地塞米松，0.04～0.165mg/（kg·d），连用 21 天，或者肌内注射地塞米松 0.05mg/（kg·d），连用 15 天均有明显效果。

11.3.5.5 抗胆碱药

（1）噻托溴铵　主要用于慢性阻塞性肺病的维持治疗，包括慢性支气管炎、肺气肿伴随呼吸困难的维持治疗及急性发作的预防。按 $200\mu g/mL$ 剂量吸入 $1min$ 的噻托溴铵，能明显缓解兔子因乙酰胆碱诱导的咳嗽。噻托溴铵雾化吸入 $5min$ 可明显减轻 H1N1 甲型流感病毒诱导的小鼠肺部炎症，降低呼吸道中性粒细胞和巨噬细胞的数量，降低 IL-6 和 IFN-γ 水平，改善肺功能。

（2）异丙阿托品　主要用作中小动物的支气管扩张药，尤其适用于哮喘的急性发作。

11.3.6　安全性

11.3.6.1　甲基黄嘌呤衍生物类

（1）氨茶碱

① 本品的副作用为具有一定剂量依赖性，适当调整剂量后能减少发生率，内服可引起恶心、呕吐等反应；且治疗剂量与中毒剂量接近，能引起心律不齐或失常、心动过速，并可强烈兴奋中枢神经，故需稀释后（马推荐浓度为 $10\sim15\mu g/mL$）注射并注意掌握速度和剂量。

② 慎用于有严重心脏病、肝阻塞性疾病和肝功能低下的患畜。

③ 犬对本品的耐受性大于人，当给以 $80\sim160mg/kg$ 剂量时可致中毒。

④ 当猫使用超过 $60mg/kg$ 剂量时会出现神经兴奋症状。

⑤ 鸡混饮或拌料给药，量大时会降低采食量。

⑥ 茶碱类药物的缓释剂型晚上给药的生物利用度高于早晨给药，且能最大限度地减小血浆中药谷、药峰浓度差。

（2）多索茶碱

① 本品的安全性明显优于其他茶碱类药物，其中本品与腺苷受体的亲和力低，对心血管的影响小。

② Margay 等将 100 名哮喘患者分为 2 组，一天 2 次内服茶碱 $300mg$ 或多索茶碱 $400mg$，连用 6 周，结果发现 2 组患者的哮喘症状均有效改善，但后者最大呼气流量的改善程度明显优于前者，而且副作用发生率明显低于前者。但是，过量使用仍会出现严重心律不齐、阵发性痉挛等症状。

③ 小鼠内服本品的 LD_{50} 为 $841mg/kg$；静脉注射的 LD_{50} 为 $215.6mg/kg$。大鼠内服的 LD_{50} 为 $1022.4mg/kg$；腹腔注射的 LD_{50} 为 $445mg/kg$。

11.3.6.2　色甘酸钠

① 副作用较少，少数患畜可因吸入的干粉刺激，出现口干、咽喉干痒、干咳、胸部紧迫感，甚至诱发哮喘，但同时吸入异丙肾上腺素可避免其发生。

② 应用本品前如果已经采用肾上腺皮质激素或其他平喘类药物，须在应用本品的同时继续使用原药至少 1 周至症状明显改善后，方能逐渐减量或停用原用药物。

③ 使用本品获得明显疗效后，可减少给药次数，如需停药，应逐渐减量后再停，不能突然停药，以防哮喘复发。

④ 孕畜慎用本品。

11.3.6.3 麻黄碱

① 由于能同时兴奋 β 受体和 β_1 受体，故有心脏兴奋的副作用，经喷雾给药能尽可能减小此作用。同时，本品在兴奋 β 受体同时也能兴奋 α 受体，导致血管收缩和血压升高，结果又会使呼吸道收缩。

② 本品短期反复使用可致快速耐受现象，作用减弱，停药数小时可恢复，大量长期应用可引起震颤、焦虑、发热、出汗等副作用。

③ 大鼠每天灌胃麻黄碱 20mg/kg 或 40mg/kg（$n=10$），连续 7 天，有明显的肝毒性。

11.3.6.4 抗胆碱药

（1）噻托溴铵

① 由于本品与 M_2 受体的复合物会优先解离，所以，因 M_2 受体阻断而产生支气管平滑肌收缩、瞳孔散大、腺体分泌增加等不良反应会明显减少。

② 常见的不良反应主要包括口干、咳嗽等，其次为咽炎、上呼吸道感染、口苦、兴奋等。

（2）异丙阿托品　因本品喷雾给药吸收很少，故不良反应轻微。

11.3.7 药物相互作用

11.3.7.1 甲基黄嘌呤衍生物类

由于本类药物的代谢主要依赖肝脏中细胞色素 P450 酶，因此当与能影响此酶活性的物质合用时均会发生相互作用。利福平和苯巴比妥等可能会加速本类药物的代谢，如果合用，可能需要增加剂量。与活性炭合用时，会加快本类药物的清除，当过量中毒时应用活性炭有一定作用。

（1）氨茶碱

① 本品水溶液呈碱性，刺激性大，不宜与酸性药物同用。

② 本品与西咪替丁、雷尼替丁、大环内酯类、酰胺醇类、林可胺类、氟喹诺酮类和穿心莲内酯合用时，可能会降低本品的清除率，导致血药浓度升高，甚至出现毒性反应，需在给药前适当降低本品的用量。

（2）多索茶碱

① 本品不能与其他甲基黄嘌呤衍生物类药物同时使用。

② 大环内酯类（如红霉素）、穿心莲内酯对本品的代谢影响不明显，但本品与氟喹诺酮类药物如环丙沙星合用，需减量。

③ 本品与地塞米松合用，其抗炎作用显著增强。

11.3.7.2 麻黄碱

① 本品与桔梗、远志和甘草合用对松弛支气管平滑肌呈协同作用。

② 本品与氨茶碱、苯海拉明和巴比妥类合用可提高平喘效果，减轻副作用。

③ 本品与 $NaHCO_3$ 等尿液碱化剂合用能减缓本品排泄，延长半衰期，易致蓄积中毒，故不宜合用。

④ 此外，本品也不宜与其他拟肾上腺素药和强心药合用。

11.3.8 剂型

11.3.8.1 经胃肠道给药剂型

本类药物多数品种均可内服给药，临床常制成片剂、胶囊和缓释片，如氨茶碱片、茶碱缓释片、麻黄碱片等。

氨茶碱片，内服，一次量，马、牛 1～2g，羊、猪 0.2～0.4g；每 1kg 体重，犬、猫 10～15mg。混饮，每 1L 水，鸡 100～125mg。

茶碱缓释片，内服，一次量，每 1kg 体重，犬 10mg，每天 2 次。

麻黄碱片，内服，一次量，马、牛 0.05～0.5g，羊 0.02～0.1g，猪 0.02～0.05g，犬、猫 10～30mg，每天 2～3 次。

11.3.8.2 非胃肠道给药剂型

本类药物的非胃肠道给药剂型可制成注射液和雾化剂，如氨茶碱注射液、盐酸麻黄碱注射液等。

氨茶碱注射液，静脉注射或肌内注射，一次量，马、牛 1～2g，羊、猪 0.25～0.5g，犬 0.05～0.1mg。

盐酸麻黄碱注射液，皮下注射，一次量，马、牛 0.05～0.3g，羊、猪 20～50mg，犬、猫 10～30mg，每天 2～3 次。

色甘酸钠气雾剂，喷粉吸入，马 80mg/d，分 3 次吸入，连用 1～4 天。

异丙阿托品气雾剂，雾化吸入，每 1kg 体重，马 2μg，每天 3～4 次。

11.3.9 常用药物

11.3.9.1 氨茶碱

茶碱类药物曾是治疗人类哮喘的主要药物，但由于人应用本类药物副作用发生率较高，加上目前已有多个更有效、副作用更少的平喘药上市，故其应用已逐渐减少。但是，因本类药物在小动物中使用时具有耐受性好、内服给药方便等优点，目前仍是常用平喘药之一。犬（1 天 2 次用药）、猫（1 天 1 次或 2 天 1 次）等小动物可应用本品的缓释制剂。临床常用的药物制剂及规格：氨茶碱片剂（规格为 0.1g 和 0.2g）、茶碱缓释片（规格为 0.1g）和氨茶碱注射液（规格为 2mL∶0.5g、5mL∶1.25g）。

11.3.9.2 多索茶碱

多索茶碱为一种新型的甲基黄嘌呤衍生物类，1988 年在意大利首次上市。目前主要是人医临床应用的平喘药。人医临床常用的药物制剂及规格：多索茶碱片（规格为 0.2g）、多索茶碱颗粒（规格为 5g∶0.2g）、多索茶碱胶囊（规格为 0.2g）、多索茶碱注射液（10mL∶0.1g、10mL∶0.2g；20mL∶0.3g）。

11.3.9.3 色甘酸钠

1969 年由 Fison 公司开发上市，Korppi 等曾报道芬兰哮喘儿童中吸入色甘酸钠的人数由 1985 年的 14％上升到 1993 年的 58％，目前仍为人医上控制哮喘病最安全的平喘药，国外临床已作为气雾剂，通过特殊面罩给马雾化，以治疗其复发性气道阻塞。人医临床常用的药物制剂及规格：色甘酸钠胶囊，规格为 20mg；色甘酸钠气雾剂，规格为 7.5mg。

11.3.9.4 麻黄碱

中药麻黄中含有上百种小分子化合物，其中对呼吸系统疾病有药理作用的活性成分主要包括生物碱、挥发油、黄酮及多糖等，其中生物碱中最主要的活性成分为麻黄碱，约占 80％，其次为伪麻黄碱。麻黄碱是 1924 年被引进西方应用并被广泛认可的第一个拟肾上腺素药，至今仍收载于世界各国的药典中，临床常用其盐酸盐。常用的药物制剂及规格：麻黄碱片剂（规格为 25mg），盐酸麻黄碱注射液（规格为 1mL：30mg、1mL：50mg）。

11.3.9.5 噻托溴铵

噻托溴铵为 2002 年上市的新型长效选择性 M 受体拮抗剂，能选择性拮抗 M_1 和 M_3 受体。人医临床将噻托溴铵制成经吸入给药的胶囊，常用规格为 $18\mu g$。

11.3.9.6 异丙阿托品

又称为异丙托溴铵，是阿托品的季铵盐类衍生物，为人医临床第一个被批准作为支气管扩张剂的抗胆碱药物。由于本品经呼吸道吸收很少，所以临床多以气雾剂的形式给药。

主要参考文献

[1] Anzueto A, Miravitlles M. Tiotropium in chronic obstructive pulmonary disease-a review of clinical development[J]. Respiratory Research, 2020, 21: 199.

[2] Bach J E, Kukanich B, Papich M G, et al. Evaluation of the bioavailability and pharmacokinetics of two extended-release theophylline formulations in dogs[J]. Journal of the American Veterinary Medical Association, 2004, 224 (7): 1113-1119.

[3] Barnes P J. Theophylline[J]. American Journal of Respiratory and Critical Care Medicine, 2013, 188: 901-906.

[4] Brumbaugh G W, Davis L E, Thurmon J C, et al. Influence of *Rhodococcus equi* on the respiratory burst of resident alveolar macrophages from adult horses[J]. American Journal of Veterinary Research, 1990, 51: 766-771.

[5] Bucher H, Duechs M J, Tilp C, et al. Tiotropium attenuates virus-induced pulmonary inflammation in cigarette smoke-exposed mice[J]. The Journal of Pharmacology and Experimental Therapeutics, 2016, 357: 606-618.

[6] Bullone M, Vargas A, Elce Y, et al. Fluticasone/salmeterol reduces remodelling and neutrophilic inflammation in severe equine asthma[J]. Science Reports, 2017, 7: 8843.

[7] 操继跃，刘雅红. 兽医药理学与治疗学[M]. 9版. 北京：中国农业出版社，2012.

[8] Calzetta L，Coppola A，Ritondo B L，et al. The impact of muscarinic receptor antagonists on airway inflammation：a systematic review[J]. International Journal of Chronic Obstructive Pulmonary Disease. 2021，16：257-279.

[9] Cazzola M，Calzetta L，Barnes P J，et al. Efficacy and safety profile of xanthines in COPD：a network meta-analysis[J]. European Respiratory Review，2018，27（148）：180010.

[10] Cazzola M，Matera M G. The effect of doxofylline in asthma and COPD[J]. Respiratory Medicine，2020，164：105904.

[11] 陈俊，平其能，刘国杰，等. 愈创木酚甘油醚在家兔血中药动学分析[J]. 中国药科大学学报，1998，29（4）：298-300.

[12] 陈泳霖，信雪维，武建平，等. 氢溴酸右美沙芬的剂型研究进展[J]. 北方药学，2018，15：154-155.

[13] 陈杖榴，曾振灵. 兽医药理学[M]. 4版. 北京：中国农业出版社，2018.

[14] 程玲华，薛振华，齐鑫，等. N-乙酰半胱氨酸缓解母猪夏季热应激的初报[J]. 黑龙江动物繁殖，2016，24：12-14.

[15] Chiavaccini L，Claude A K，Lee J H，et al. Pharmacokinetics and pharmacodynamics comparison between subcutaneous and intravenous butorphanol administration in horses[J]. Journal of veterinary Pharmacology and Therapeutics，2015，38（4）：365-374.

[16] Chiu K Y，Li J G，Lin Y. Calcium channel blockers for lung function improvement in asthma：A systematic review and meta-analysis[J]. Annals of Allergy，Asthma & Immunology，2017，119：518-523.

[17] Choi S W，Gu Y，Peters R S，et al. Ambroxol induces autophagy and potentiates rifampin antimycobacterial activity[J]. Antimicrobial Agents and Chemotherapy，2018，62：e01019-18.

[18] Christie G J，Strom P W，Rourke J E. Butorphanol tartrate：a new antitussive agent for use in dogs. Veterinary Medicine[J]. Small Animal Clinician，1980，75：1559-1562.

[19] Corado C R，McKemie D S，Knych H K. Pharmacokinetics of dextromethorphan and its metabolites in horses following a single oral administration[J]. Drug Testing and Analysis，2017，9（6）：880-887.

[20] Couetil L L，Cardwell J M，Gerber V，et al. Inflammatory airway disease of horses-revised consensus statement[J]. Journal of Veterinary Internal Medicine，2016，30：503-515.

[21] Csontos C，Rezman B，Foldi V et al. Effect of N-acetylcysteine treatment on oxidative stress and inflammation after severe burn[J]. Burns，2012，38（3）：428-437.

[22] da Luz M J，da Costa V A A，Balbi A P C，et al. Effects of disodium cromoglycate treatment in the early stage of diabetic nephropathy：focus on collagen deposition[J]. Biological & Pharmaceutical Bulletin，2022，45：245-249.

[23] Davis B E，Cropper K J，Cockcroft D W C. Muscarinic receptor antagonism and allergen-induced airway responses in allergic asthma：a scoping review[J]. Clinical and Investigative Medicine，2022，45：E10-E20.

[24] Dawn M B. Drugs affecting the respiratory system[J]. Veterinary Pharmacology and Therapeutics，2001，8：1105-1119.

[25] 邓玉英，唐华平，毛琦善，等. 半胱氨酰白三烯与呼吸系统疾病的研究进展[J]. 中国呼吸与危重监护杂志，2020，19：291-298.

[26] DeLuca L，Erb H N，Yong J C，et al. The effect of adding oral dexamethasone to feed alterations on the airway cell inflammatory gene expression in stabled horses affected with recurrent airway obstruction[J]. Journal of Veterinary Internal Medicine，2008，22：427-435.

[27] Deretic V，Timmins G S. Enhancement of lung levels of antibiotics by ambroxol and bromhexine[J]. Expert Opinion Drug Metabolism & Toxicology，2019，15：213-218.

[28] Derksen F J，Robinson N E，Armstrong P J，et al. Airway reactivity in pones with recurrent airway obstruction（heaves）[J]. Journal of Applied Physiology，1985，58：598-604.

[29] 丁慧, 裔照国, 刘洪月, 等 . 噻托溴铵治疗慢性阻塞性肺疾病作用机制的研究进展[J]. 现代药物与临床, 2020, 35: 383-386.

[30] Dini F L, Cogo R. Doxofylline: a new generation xanthine bronchodilator devoid of major cardiovascular adverse effects[J]. Current Medical Research and Opinion, 2001, 16: 258-268.

[31] Donald C P. Veterinary Drug Handbook（4th Edition）[M]. Lowa State Press, 2002.

[32] 杜贯涛 . 药物相互作用可导致茶碱中毒二例报告分析[J]. 临床合理用药杂志, 2012, 5: 33-34.

[33] Ebner L, Odette O, Simon B, et al. Pharmacokinetics of butorphanol following intravenous and intramuscular administration in donkeys: a preliminary study[J]. Frontiers in Veterinary Science, 2022, 9: 979794.

[34] Errecalde J O, Button C, Baggot J D, et al. Pharmacokinetics and bioavilability of theophylline in horses[J]. Journal of Veterinary Pharmacology and Therapeutics, 1984, 7: 255-263.

[35] Fortea M, Albert-Bayo M, Abril-Gil M, et al. Present and future therapeutic approaches to barrier dysfunction[J]. Frontiers in Nutrition, 2021, 8: 718093.

[36] 郭冬生, 彭小兰, 龚群辉 . 不同阴阳离子水平日粮对围产期奶牛泌乳性能和血液生化指标的影响[J]. 江苏农业学报, 2012, 3: 575-580.

[37] 郭宗儒 . 传奇式研发的色甘酸钠[J]. 药学学报, 2022, 57: 1216-1218.

[38] Hafez M M, Aboulwafa M M, Yassien M A, et al. Activity of some mucolytics against bacterial adherence to mammalian cells[J]. Applied Biochemistry Biotechnology, 2009, 158: 97-112.

[39] Hare J E, Viel L, O'Byrnes P M, et al. Effect of sodium cromoglycate on light racehorses with elevated metachromatic cell numbers on bronchoalveolar lavage and reduced exercise tolerance[J]. Journal of Veterinary Pharmacology and Therapeutics, 1994, 17（3）: 237-244.

[40] 何牡丹, 荣令, 周新 . 噻托溴铵在 COPD 大鼠气道炎症中的作用[J]. 中国呼吸与危重监护杂志, 2009, 8: 212-215.

[41] Hess L, Votava M, Slíva J, et al. Ephedrine accelerates psychomotor recovery from anesthesia in macaque monkeys[J]. Journal of Medical Primatology, 2012, 41: 251-255.

[42] 侯永清, 王蕾, 易丹 . N-乙酰半胱氨酸对猪肠道功能的保护作用[J]. 动物营养学报, 2014, 26（10）: 3064-3070.

[43] 胡功政, 刘建华 . 新全实用兽药手册[M]. 6 版 . 郑州: 河南科学技术出版社, 2022.

[44] Hung H Y, Lin S M, LI C Y, et al. A rapid and feasible 1H-NMR quantification method of ephedrine alkaloids in ephedra herbal preparations[J]. Molecules, 2021, 26: 1599.

[45] Ji J F, Lin W Z, Vrudhula A, et al. Molecular interaction between butorphanol and κ-opioid receptor[J]. Anesthesia and Analgesia, 2020, 131: 935-942.

[46] 贾公孚, 谢惠民 . 临床药物新用联用大全[M]. 北京: 人民卫生出版社, 1999.

[47] 姜鸽, 周顺长, 吴健鸿 . 愈创木酚甘油醚双层缓释片与普通片在犬体内药动学的比较研究[J]. 中国药师, 2013, 16（10）: 1443-1446.

[48] Jiang S, Li Y, Zhang C, et al. M1 muscarinic acetylcholine receptor in Alzheimer's disease[J]. Neuroscience Bulletin, 2014, 30: 295-307.

[49] 金方, 谢保源, 施丽西, 等 . 无载体色甘酸钠粉雾剂的研究——处方设计及粉体性质的研究[J]. 中国医药工业杂志, 1996, 27: 494-497.

[50] 金淑贤, 殷凯生 . 抗胆碱药物在哮喘治疗中的地位[J]. 临床药物治疗杂志, 2012, 10: 48-51.

[51] 林志彬, 金有豫 . 医用药理学基础[M]. 北京: 世界图书出版公司, 2002.

[52] 金跃, 李学明, 徐永章 . 氨溴索注射液对茶碱在家兔体内药动学的影响[J]. 中国医院药学杂志, 2003, 23（10）: 582-584.

[53] Kirschuink N, Leemans J, Delvaux F, et al. Inhaled fluticasone reduces bronchial responsiveness and airway inflammation in cats with mild chronic bronchitis[J]. Journal of Feline Medicine and Surgery, 2006, 8: 45-54.

[54] Klimovic S, Scurek M, Pesl M, et al. Aminophylline induces two types of arrhythmic events in human pluripotent stem cell-derived cardiomyocytes[J]. Frontiers in Pharmacology, 2022, 12: 789730.

[55] Kókai D, Paróczai D, Virok D K, et al. Ambroxol treatment suppresses the proliferation of Chlamydia pneumoniae in murine lungs[J]. Microorganisms, 2021, 9: 880.

[56] Kolm G, Zappe H, Schmid R, et al. Efficacy of montelukast in the treatment of chronic obstructive pulmonary disease in five horses[J]. The Veterinary Record, 2003, 152: 804-806.

[57] Koritz G D, Mckiernan B C, Neff-Davis C A, et al. Bioavailability of four slow-release theophylline formulations in the beagle dog[J]. Journal of Veterinary Pharmacollogy Therapeutics, 1986, 9: 293-302.

[58] KuKanich B. Pharmacokinetics of acetaminophen, codeine, and the codeine metabolites morphine and codeine-6-glucuronide in healthy Greyhound dogs[J]. Journal of Veterinary Pharmacology Therapeutics, 2010, 33（1）: 15-21.

[59] Kukanich B, Papich M G. Plasma profile and pharmacokinetics of dextromethorphan after intravenous and oral administration in healthy dogs[J]. Journal of veterinary Pharmacology and Therapeutics, 2004, 27（5）: 337-341.

[60] 赖乾, 张毅, 李金田, 等. 毒蕈碱样胆碱能受体在慢性阻塞性肺疾病中的作用[J]. 中国老年学杂志, 2017, 37: 6254-6258.

[61] Lascelles B D, Robertson S A. Antinociceptive effects of hydromorphone, butorphanol, or the combination in cats[J]. Journal of Veterinary Internal medicine, 2004, 18（2）: 190-195.

[62] Lavoie J P, Leclere M, Rodrigues N, et al. Efficacy of inhaled budesonide for the treatment of severe equine asthma[J]. Equine Veterinary Journal, 2019, 51: 401-407.

[63] Lee S I, Kang K S. N-acetylcysteine modulates lipopolysaccharide-induced intestinal dysfunction[J]. Scientific Reports, 2019, 9: 1004.

[64] Léguillette R, Tohver T, Bond S L, et al. Effect of dexamethasone and fluticasone on airway hyperresponsiveness in horses with inflammatory airway disease[J]. Journal of Veterinary Internal Medicine, 2017, 31: 1193-1201.

[65] 李京. 氨茶碱在麻鸭体内药动学及药物相互作用研究[D]. 泰安: 山东农业大学, 2014.

[66] 李明华, 张淑玉, 赵畔波, 等. 色甘酸钠混悬气雾剂与茶碱缓释胶囊治疗中度哮喘的比较[J]. 新药与临床, 1995, 14: 154.

[67] 李少华, 罗振, 罗文丽, 等. 不同抗氧化剂对断奶仔猪生产性能、抗氧化能力和免疫能力的影响[J]. 猪业科学, 2017, 34: 87-89.

[68] Li X, Zhao Y, Huang X, et al. Ambroxol hydrochloride combined with fluconazole reverses the resistance of Candida albicans to fluconazole[J]. Frontiers in Cellular Infection Microbiology, 2017, 7: 124.

第 12 章
生殖系统
药物

我国畜牧业正以前所未有的速度蓬勃发展，在农业生产中的比重不断上升，不同规模的畜禽养殖企业如猪、鸡、羊、水禽等主要畜禽种存栏量以及相关肉蛋畜禽产品的产量跃居世界前列。目前，我国畜禽生产水平仍相对较低，进一步提高畜牧业生产力，实现畜牧业现代化，是目前工作的重中之重，而发展畜牧业的根本任务就是增加畜禽的数量并注重提高品种质量，因此动物繁殖过程中存在的任何问题都会对此过程产生影响。动物繁殖是维持种群延续所必需的，是动物机体一个复杂的生理过程，受下丘脑-垂体-性腺轴调控。下丘脑分泌促性腺激素释放激素（GnRH）作用于垂体，促进其释放促性腺激素（GTH）如促卵泡素（FSH）、促黄体素（LH），进而调节性腺机能，而性腺分泌的激素（如雌激素、雄激素、孕激素等）对垂体和下丘脑激素的释放进行反馈调节，由此维持血液中生殖激素在相对稳定的水平。由此可见，生殖激素作用的协调平衡是维持生殖活动的内在生理基础，贯穿于繁殖过程的始终。此外，发情是雌性动物最基本的性活动表现形式，且在繁殖季节呈周期性变化。雌性动物的发情周期实际上是卵泡期和黄体期的交替循环，卵泡的发育、排卵和黄体的形成和退化均受神经激素调节，同时也受外部环境影响，通过下丘脑-垂体-卵巢轴所分泌的激素［GnRH-GTH（FSH 和 LH）-雌激素/孕激素/PGF$_{2\alpha}$］相互协调作用，进而维持正常的发情周期。因此，发情是多种激素共同作用的结果，但在不同动物之间，雌激素和孕激素对发情调节的特点有所不同。研究显示孕激素、雌激素和 PGF$_{2\alpha}$ 及其类似物可以控制发情和同期发情。

作用于生殖系统的药物主要包括促性腺激素释放激素和促性腺激素类药物、性激素类药物和缩宫药，可用于动物的发情控制、超数排卵、胚胎移植、妊娠诊断、分娩控制和繁殖障碍的治疗，该类药物的正确合理应用是保障动物繁殖过程的重要环节。

12.1

促性腺激素释放激素及其类似物

12.1.1　来源和结构

GnRH 又称黄体生成素释放激素（luteinizing releasing hormone，LHRH），为下丘脑弓状核等部位合成的十肽化合物，部分氨基酸序列在哺乳动物中非常保守。此外，在松果腺、视网膜、性腺、胎盘、肝脏、消化道及颌下腺等多种器官和组织中存在 GnRH 或其类似物。GnRH 是下丘脑-垂体-性腺生殖激素链的中心，是哺乳动物生殖功能的主要调节因子，其分泌可受 GTH 和性腺激素负反馈调节。因 GnRH 肽链中第 5 和 6 位、第 6 和 7 位及第 9 和 10 位氨基酸间的肽键极易水解，天然 GnRH 在体内极易失活，半衰期较短（2～4min），在天然 GnRH 十肽结构的基础上，用 D-色氨酸置换出第 6 位的甘氨酸，或去掉第 10 位的甘氨酸，并在第 9 位的脯氨酸后接上乙酰胺，可合成不同的 GnRH 类似物。人工合成的 GnRH 类似物与 GnRHR 的亲和力增强，并能减少降解和消除，因此生物活性增强（较天然 GnRH 高 200 多倍），半衰期延长。如在第 9 位的脯氨酸后接上乙酰胺，D-色氨酸取代第 6 位的甘氨酸，可合成 GnRH 类似物戈舍瑞林（goserelin），用 D-色氨酸取代天然 GnRH 的第 6 位甘氨酸得到类似物曲普瑞林（triptorelin），用 D-丝氨酸取代第 6 位甘氨酸、第 9 位脯氨酸后接上乙酰胺并去掉第 10 位甘氨酸得到布舍瑞林（buserelin）。目前在兽医临床常用的主要是人工合成的 GnRH（戈那瑞林）和人工合成的 GnRH 类似物（曲普瑞林、戈舍瑞林、布舍瑞林等）。

12.1.2 作用机制

GnRH 经下丘脑释放后经垂体门脉系统作用于腺垂体，与 G 蛋白偶联受体促性腺激素释放激素受体（GnRHR）结合，在膜受体激活后通过启动细胞内信号转导通路 IP_3-Ca^{2+} 和转录因子的调节，诱导垂体促性腺激素的产生，FSH 和 LH 进入外周循环，作用于卵巢和睾丸，以调节卵泡生成、排卵、精子和类固醇的生成。颗粒细胞、黄体细胞、胎盘细胞、子宫组织、乳腺组织和前列腺都存在 GnRHR，故 GnRH 还参与性腺和胎盘功能的局部调控。另外，GnRH 及其类似物还可通过抑制雌激素受体二聚化，增强生殖系统对 GnRH 的应答反应，有利于早期妊娠过程中胚体的存活和附植。

12.1.3 药理作用

GnRH 主要促进垂体合成和释放 LH 和 FSH，诱导雌性动物发情、排卵，促进雄性动物精子发生，提高配种受胎率。除了通过 LH 和 FSH 作用于性腺，还有研究显示 GnRH 可通过降低性腺上的 LH 或 hCG 受体的数量或者与卵巢和睾丸的 GnRHR 结合对性腺活动起直接抑制作用。连续使用 GnRH 及其类似物会导致垂体的 GnRHR 脱敏或者亲和力下降，影响促性腺激素的释放，抑制动物生殖机能，故 GnRH 的长效制剂可作为化学去势药。GnRH 及其类似物的药理作用与其治疗时间密切相关，但无种间特异性。

12.1.4 临床应用

GnRH 及其类似物广泛用于治疗卵巢囊肿、促进屡配不孕母牛的同期排卵和人工授精以及规模化养殖过程中牛、羊、猪等的定时输精程序和母猪批次化生产等。具体如下：

12.1.4.1 用于动物繁殖过程

①猪、牛、马的诱导排卵，提高受胎率。GnRH 还是进行同期发情技术的重要药物之一。马因其 LH 峰时间延长，持续 24～36h，故单剂量使用戈那瑞林效果不可靠，通常

会与长效制剂地洛瑞林（deslorelin）合并使用。研究者采用肌注方式给予正常发情母猪 $0.2\mu g/kg$ 促黄体素释放激素 A_3（LRH-A_3），给予山羊 LRH-A_3 $40\sim80\mu g$，均可显著提高动物的排卵率和受胎率。②还可用于治疗种马的性欲下降，以及通过脉冲给药诱导犬的发情以及治疗猫长期发情。③GnRH 还广泛用于母猪繁殖障碍，如结合定时输精技术处理，可显著诱导大日龄不发情后备母猪发情排卵，提高其繁殖力。

12.1.4.2 治疗卵巢囊肿

卵巢囊肿是产后奶牛易发的疾病之一，肉牛较少发生。戈那瑞林是治疗该病的重要药物，因其可促进垂体前叶释放 LH 并导致囊肿的黄体化，随后的前列腺素治疗可使黄体化囊肿结构消退。肌注或静脉注射 $100\mu g$ 后 $18\sim23d$ 动物即可表现出发情，若给药后 9 天再合并使用 $PGF_{2\alpha}$ 则可缩短发情间期，还有研究显示，若间隔 7 天重复用药会比单独使用效果更显著。

12.1.4.3 与 $PGF_{2\alpha}$ 合并用药用于同期发情和定时胚胎移植

促使奶牛同期排卵，无需进行发情鉴定即可进行人工授精。定时输精方法如下：第 0d 注射 GnRH $100\mu g$，第 7d 注射 $25mg$ $PGF_{2\alpha}$，第 9d 注射 GnRH $100\mu g$，$20\sim24h$ 后即进行人工授精。进行定时胚胎移植方案时，也无须进行发情鉴定，采用上述进行同期排卵程序的奶牛，在 $16\sim17d$ 时进行胚胎移植即可。还有研究显示在母猪断奶 77h 后肌内注射 GnRH 类似物布舍瑞林 $10g$，断奶母猪会在用药后 $32\sim44h$ 之间集中排卵，表明其可有效诱导经产母猪的同期排卵。

12.1.4.4 终止发情和抗生育

戈那瑞林还用于终止雪貂和诱导排卵的猫和骆驼发情。长效的 GnRH 类似物（如那法瑞林、戈舍瑞林、地洛瑞林等）可抑制犬和猫的生殖功能，乙酸地洛瑞林植入剂被用于健康、性成熟、未阉割雄性犬的暂时节育。

12.1.4.5 诊断

戈那瑞林还被用于区别诊断动物促性腺功能减退症是因垂体还是下丘脑缺陷引起。

12.1.5 安全性

促黄体素释放激素 A_2 和促黄体素释放激素 A_3 用于鱼类诱发排卵时，使用剂量过大，可能会导致催产失败、亲鱼成熟率下降、被催产鱼失明等。

乙酸地洛瑞林植入剂用于犬时，在植入部位常见（发生率 $1\%\sim10\%$）中等程度肿胀，约持续 14 日；有时也会有（罕见，发生率 $0.01\%\sim0.10\%$）毛发异常（如脱毛、秃毛和毛发变形）、尿失禁、激素水平下降（如活动减少、睾丸缩小）等相关症状；十分罕见的症状（发生率 $<0.01\%$）可见使用犬睾丸上升至腹股沟；植入后出现短暂的性欲增强、睾丸增大和睾丸疼痛等症状，以上症状无需治疗，可自行消失；还会出现短暂的行为改变，攻击性增强。

12.1.6 常用药物及其剂型

GnRH 及其类似物有曲普瑞林、布舍瑞林、戈舍瑞林等，国内合成的 GnRH 类似物有注射用促黄体素释放激素 A_2（促排 2 号）、注射用促黄体素释放激素 A_3（促排 3 号）等。上述药物制剂有注射剂、皮下埋植的长效制剂等。研究显示奶牛肌内注射后，于注射部位迅速吸收，在血浆中代谢为无活性的片段，经尿排出。

① 醋酸戈那瑞林注射液（Cystorelin®，$100\mu g/mL$）。犬：皮下或者静脉注射 $50\sim100\mu g$。

② 盐酸戈那瑞林注射液（Factrel®，$100\mu g/mL$）。猫：肌内注射 $25\mu g$；马：皮下注射 $50mg$；牛：肌内注射 $100\mu g$。

③ 促黄体素释放激素 A_2 注射液。鱼类催产，腹腔注射：一次量，每 $1kg$ 体重，草鱼 $5\mu g$；二次量，每 $1kg$ 体重，鲢、鳙 $5\mu g$，第一次 $1\mu g$，经 $12h$ 后注射余量；三次量，第一次提前 15 日左右每尾鱼注射 $1\sim2.5\mu g$，第二次每 $1kg$ 体重注射 $2.5\mu g$，第三次 $20h$ 后每 $1kg$ 体重注射 $5\mu g$ 和鱼脑垂体 $1\sim2\mu g$。肌内注射：一次量，奶牛排卵迟滞，输精同时肌内注射 $12.5\sim25\mu g$；奶牛卵巢静止，$25\mu g$，每日 1 次，可连用 $1\sim3$ 次，总剂量不超过 $75\mu g$；奶牛持久黄体或卵巢囊肿，$25\mu g$，每日 1 次，可连用 $1\sim4$ 次，总剂量不超过 $100\mu g$；奶牛早期妊娠诊断，$12.5\sim25\mu g$，配种后 $5\sim8$ 日注射一次，35 日内无重复发情判为已妊娠。猪 $25\mu g$。羊 $10\mu g$。

④ 乙酸地洛瑞林植入剂［速抑情（Suprelorin® 4.7mg）］。主要用于健康、性成熟、未阉割雄性犬的暂时节育。背部肩胛间皮下植入：每只犬 1 支；不计体重，每 6 个月给药一次。

12.2

促性腺激素类药物

12.2.1 结构和来源

促性腺激素主要是由垂体前叶和胎盘分泌的具有促性腺功能的糖蛋白激素，包括 1 个 92 个氨基酸残基的 α 亚基和 1 个决定促性腺激素生物学特异性的 β 亚基，二者以非共价键结合成为一个异源二聚体发挥作用，糖基部分无靶作用活性，但是可以减缓其被体内蛋白水解酶降解。垂体促性腺激素主要包括促卵泡素（follicle stimulating hormone，FSH）和促黄体素（luteinizing hormone，LH），主要由垂体嗜碱性细胞分泌，其中 LH 在含量以及在提取和纯化过程中的稳定性均优于 FSH。胎盘促性腺激素主要包括人绒毛膜促性腺激素（human chorionic gonadotrophin，hCG）和马绒毛膜促性腺激素（equine chorionic gonadotrophin，eCG），分别由人和马属动物的胎盘绒毛膜细胞分泌。

12.2.2 作用机制

FSH 和 LH/hCG 与其相应的 G 蛋白偶联受体 FSHR 和 LHR 结合后激活异源三聚体 G 蛋白，从而激活腺苷酸环化酶-cAMP 系统，使细胞中 cAMP 含量升高，活化多个信号通路分子，促进 LH 和 FSH 的合成和释放，进而发挥其作用。

12.2.3 药理作用

FSH 与 LH 在性激素的协同作用下，可以刺激雌性动物卵泡生长、发育成熟，引起排卵，形成黄体；促进雄性动物生精上皮的发育、精子的生成和成熟。FSH 和 LH 严格受下丘脑 GnRH 的脉冲频率调节。下丘脑神经细胞低频率、少量释放的 GnRH 可通过环磷腺苷效应元件结合蛋白（cAMP-response element binding protein，CREB）信号通路激活启动子优先分泌 FSH，而高频率、大量释放 GnRH 则主要引起 LH 分泌。另外，靶腺激素（类固醇激素）通过长反馈机制作用于下丘脑和垂体，使 FSH 和 LH 的分泌维持在特定水平。

eCG 在血液中含量受马匹类型、妊娠期等因素影响，具有 FSH 和 LH 双重活性，类 FSH 活性更强。eCG 可促进雌性动物卵泡发育、排卵和黄体形成，维持正常妊娠，促进雄性动物的精细管发育和性细胞分化。hCG 在孕妇的血和尿中大量存在，其作用类似于 LH，对雌性动物主要是促进卵泡发育、生长、破裂和形成黄体，并促进性激素孕酮、雌二醇和雌三醇的合成，促进子宫生长，短时间刺激卵巢分泌雌激素而引起发情；对雄性动物的作用主要是促进睾丸合成和分泌睾酮和雄酮，刺激睾丸发育和精子生成。

12.2.4 临床应用

促性腺激素类药物临床主要用于：①妊娠的早期诊断，如 hCG；②提高雌性和雄性动物的生殖性能；③治疗雄性动物的隐睾症。具体应用可见常用药物及其剂型部分。

12.2.5 安全性

该类药物中，hCG 主要报道的不良反应有荨麻疹和过敏反应，由 hCG 诱导机体产生抗激素抗体而引起；马长期使用疗效会下降，也可能与抗体产生相关，猫长期使用可能会导致长期或永久性不孕。LH、FSH 和 eCG 按规定的用法用量使用尚未见不良反应。

12.2.6 常用药物及其剂型

兽医临床中使用的促性腺激素为促卵泡素、促黄体素、马绒毛膜促性腺激素和人绒毛膜促性腺激素。具体药物及其制剂如下。

12.2.6.1 垂体促卵泡素（FSH）

天然 FSH 主要通过肾脏、肝脏被灭活，在外周血中的半衰期为 2～4h。目前有研究者构建了不同类型的重组 FSH（rFSH），rFSH 具有成分单一、半衰期长、稳定高效等优点。在欧美国家已有多种 rFSH 成功上市，如 Follitropin Alfa、Follitropin Bate、Follitropin Delta 和 Corifollitropin Alfa。目前在兽医临床使用的主要是加拿大贝尔尼奇动物保健有限公司生产的注射用垂体促卵泡素（规格：700IU 垂体促卵泡素＋20mL 生理盐水），商品名为扶托平（Folltropin-V），是纯化的低含量 FSH 的猪垂体提取物，主要用于促进动物发情，诱导成年母牛超数排卵。肌内注射，一次量，牛2.5mL（87.5IU），一日 2 次，连用 4 日。也有研究显示肉牛肩后单次皮下注射400mg Folltropin-V 与一日 2 次连续 4 天的超数排卵效果一致。国内也有类似产品注射用垂体促卵泡素，主要用于卵巢静止、持久黄体、卵泡发育停滞等，肌内注射一次量，马、驴 200～300IU，每日或者隔日 1 次，2～5 次为一疗程；奶牛 100～150IU，隔 2 日 1 次，2～3 次为一疗程。也用于牛羊超数排卵，牛总剂量 400～500IU，一日 2 次，间隔 12h，递减法连用 4 日；山羊总剂量 180～220IU，一日 2次，递减法连用 3 日。

12.2.6.2 垂体促黄体素（LH）

LH 在 FSH 协同作用下，可以促进卵泡最后成熟，并诱发黄体生成。但因 LH 来源有限，价格较高，所以在临床中通常使用 hCG 或 GnRH 类似物。

12.2.6.3 马绒毛膜促性腺激素（eCG）

曾称孕马血清促性腺激素，属于长效的胎盘促性腺激素（＞24h），单次注射即可显著促进卵泡生长。临床主要用于：①促进乏情动物的卵泡生长和发情，也常与 hCG 合并用于动物排卵和促进黄体形成。PG600 为含 eCG（400IU）和 hCG（200IU）的制剂，主要用于猪，注射 1mL，用于促进卵泡生长和诱导性成熟前母猪的发情。eCG 诱导发情用量：产后乏情母牛 750～1500IU，猪分娩后第 6 周肌内注射 750～1000IU。②还可用于治疗卵巢疾病，注射 1000～1500IU，用于治疗马卵泡囊肿和牛持久黄体。eCG 注射后再注射 hCG 也可用于诱导犬的可育性发情。eCG 半衰期较长，在体内残留后易引起卵巢囊肿，不利于胚胎发育和着床，故近年来倾向于在用 eCG 诱导发情后，追加 eCG 抗体，以中和eCG 提高胚胎质量。

12.2.6.4 人绒毛膜促性腺激素（hCG）

hCG 也属于长效的胎盘促性腺激素（＞24h），具有 LH 样作用。临床主要用于：①治疗不孕，如母马由垂体机能减退引起的性腺机能减退，促进和诱导排卵。②诱导同期排卵，用 eCG 结合 hCG 对猪进行同期发情处理时，hCG 处理 12h 和 24h 定时输精，可使排卵数增加，提高受精率和产仔数。③治疗繁殖障碍，如用于治疗马和牛排卵延迟和不排卵，静注 hCG 1000～2000IU，可在 20～60h 内排卵；治疗牛和马卵泡囊肿或慕雄狂，以恢复正常发情周期，静脉注射 5000～15000IU（分 3～4 次注射）。④治疗产后缺奶，马、牛 1000～5000IU，猪、羊 500～2000IU，肌内注射 1～2 次。

12.3

生殖类固醇激素类

主要由生殖器官睾丸、卵巢或胎盘分泌，对生殖活动以及下丘脑和垂体的分泌活动有直接和间接作用，如雌激素（estrogen，E）、雄激素（androgen，A）、孕激素（progestin，P）等。

12.3.1 雌激素类药物

12.3.1.1 结构和来源

雌激素主要是动物的卵泡颗粒细胞和胎盘产生的，卵巢间质细胞和肾上腺皮质也能少量产生，是一类含有环戊烷多氢菲分子核的类固醇（甾体）激素。动物雌激素主要有 17β-雌二醇、雌酮和雌三醇，其中雌二醇活性最强。目前还有人工合成的雌激素，如己烯雌酚、苯甲酸雌二醇、二丙酸雌二醇、二丙酸己烯雌酚等。豆科大豆属和葛属等植物中提取、纯化的雌激素主要有染料木素、黄豆苷元、补骨脂酊等，植物雌激素无类固醇结构，但仍具有雌激素生物活性。

12.3.1.2 作用机制

雌激素可通过激活对应的受体发挥相应的生理学作用。雌激素受体（estrogen receptor，ER）有两大类，即核受体和膜受体。雌激素可自由进出细胞膜，直接与胞质中核受体结合。ER 在静息状态下与 Hsp90 相结合，雌激素进入细胞后，特异性识别、结合 ER，改变 ER 的三维结构，使 ER 与 Hsp90 分离，解离出 Hsp90 的 ER 形成二聚体，随后迁移至细胞核，与 DNA 序列上的雌激素效应元件相结合，直接调控相关基因的转录，引起代谢或者细胞功能变化。雌激素膜受体 GRP30 是一类具有七次跨膜结构的 G 蛋白偶联受体，定位在细胞膜和膜结构细胞器上，在被雌激素激活后，通过激活细胞内的第二信使发生级联反应发挥生理作用，雌激素的核受体和膜受体均参与了生殖过程的调控。

12.3.1.3 药理作用和药动学

雌激素在动物各生长发育阶段都起作用。在雌性动物中，雌激素可促进动物胚胎在子宫的充分发育；抑制下丘脑 GnRH 分泌，促进第二性征的形成，促进下丘脑和垂体的生殖内分泌活动，调节下丘脑-垂体-性腺轴的生理机能，刺激乳腺腺泡和导管系统发育，刺激子宫平滑肌收缩，促进分娩，与催乳素协同促进乳腺发育和乳汁分泌。雌激素对雄性动物的生殖活动主要表现为抑制作用，引起雄性胚胎雌性化，抑制雄性第二性征的形成和性器官的发育，使成年雄性动物的精液品质下降，乳腺发育并出现雌性行为特征。雌激素经肝脏代谢产生的代谢产物能够通过尿液、粪便和胆汁排出体外。

12.3.1.4 安全性

雌激素对维持动物第二性征和繁殖行为是必不可少的，但是该类药物长期使用可能会引起人出现乳腺癌、子宫内膜增生、大出血和子宫癌；肉食动物长期使用会增加骨髓抑制、子宫蓄脓的风险，以及出现肌腱松弛和腹侧脱毛等毒性反应。因考虑残留问题对人类健康的威胁，该类药物在食品动物中用于治疗疾病时，不得在动物性食品中检出。

12.3.1.5　常用药物和临床应用

常用的雌激素类药物有苯甲酸雌二醇、三合激素注射液（苯甲酸雌二醇、黄体酮、丙酸睾酮）等。口服雌激素有一定效果，但因首过效应可使生物利用度降低，故临床常用注射剂。有些半合成衍生物如炔雌醇、己烯雌酚等可以采用内服方式给药。

（1）苯甲酸雌二醇注射液　在临床中主要用于发情不明显动物的催情及滞留胎衣、死胎的排出。使用过程中发现会使牛发情期延长，泌乳减少。治疗后可出现早熟、卵泡囊肿。上述作用多因过量应用所致，调整剂量可减轻或消除这些不良反应。犬偶尔会出现血液恶病质，严重可致再生障碍性贫血。

用于控制动物发情周期，控制繁殖进程。肌内注射，一次量：马 10～20mg，牛 5～20mg，羊 1～3mg，猪 3～10mg，犬 0.2～0.5mg。休药期 28 日，弃奶期 7 日。

（2）三合激素注射液（苯甲酸雌二醇、黄体酮、丙酸睾酮）　由黄体酮 25mg、丙酸睾酮 12.5mg 和苯甲酸雌二醇 1.5μg 组成，在临床中主要用于诱导母畜发情或者同期发情，肌内注射：每 1kg 体重，黄牛 0.01mL，水牛 0.02mL，骆驼 0.02mL；每头动物，山羊 0.5～1mL，母猪 2mL。泌乳期及妊娠母畜禁用，禁用于促生长。休药期 28 日。

12.3.2　孕激素类药物

12.3.2.1　结构和来源

孕激素是含有 21 个碳原子的类固醇激素，动物体内以孕酮（又称黄体酮）的生物活性最高，故常用孕酮代表孕激素。初情期前的雌性动物，孕激素主要由卵泡内膜细胞和颗粒细胞分泌，第一次发情期并形成黄体后，则主要由卵巢黄体分泌。动物妊娠后，黄体持续产生孕酮维持妊娠。雄性动物的睾丸间质细胞及肾上腺皮质细胞也可分泌孕激素。

12.3.2.2　药理作用

孕激素既是合成雄激素和雌激素的前体，又是具有独立生理功能的性腺类固醇激素。孕激素可促进生殖道充分发育，协同雌激素促进母畜表现性欲和性兴奋，抑制发情和排卵，维持妊娠，促进乳腺腺泡发育。

12.3.2.3　临床应用

该类药物主要用于大、小动物黄体酮停用后诱导长期卵巢抑制和发情周期同步。黄体激素作用于下丘脑/垂体中的孕酮受体，增加负反馈，减少 FSH 和 LH 分泌。停用黄体酮后开始了一个新的发情周期和排卵。

12.3.2.4　安全性

处理黄体酮配方的人应该戴上手套，避免接触，例如，异孕酮可以通过完整的皮肤吸收。有子宫内膜炎或子宫积脓病史的动物严禁使用孕激素。孕激素也可能会增加患糖尿病的风险。

12.3.2.5 常用药物及其剂型

人和动物孕激素主要成分是孕酮（黄体酮），在肝脏中代谢快，生物利用度低，半衰期短。目前广泛应用于临床的是合成的孕酮烯丙孕素、乙酸氟孕酮等。

（1）黄体酮　黄体酮又称为孕酮，是由卵巢分泌的天然孕激素。黄体酮通过抑制促性腺激素 LH 和 FSH 的分泌，使卵泡的生长和发育受阻，以延长黄体期使卵泡发育同步化，实现母畜的同期发情。临床常用黄体酮阴道栓，可以海绵或硅胶作为黄体酮的载体，将其埋置于母畜阴道内。黄体酮阴道栓与 eCG 或者前列腺素 F(PGF)（500IU）注射液合用同期发情调控效果更佳。1.38g 孕酮阴道栓（Eazi～Breed CIDR）给牛连续使用 7 天，可缩短同期发情的时间，提高同期发情效率。黄体酮注射液还可用于预防动物流产，肌内注射，一次量，马、牛 50～100mg，羊、猪 15～25mg，犬 2～5mg，间隔 48h 注射 1 次。休药期 30d。

（2）烯丙孕素　烯丙孕素（altrenogest，ALT）又称为四烯雌酮，为人工合成的具有口服活性的孕激素。烯丙孕素经胃肠道吸收迅速，3～6h 达峰浓度，主要经过肝脏代谢，通过胆汁排出，约 20% 经尿排泄，猪体内消除半衰期约为 14h。烯丙孕素可与下丘脑和垂体的黄体酮受体结合，产生负反馈调节，抑制垂体分泌 FSH 和 LH，延长黄体期，因此用药期间阻止卵泡发育成熟，阻断母畜发情和排卵，一旦停药后促性腺激素开始分泌，卵泡可迅速发育，使动物同时处于卵泡期，进而达到调控和使动物发情同步化的目的。在欧美国家，烯丙孕素除了广泛用于母猪同期发情和批次化管理，还用于调控发情过渡期母马的同期发情，特别是竞赛马的发情，内服 0.044mg/kg，15 天后抑制发情并可预测停药后发情时间，黄体酮和雌激素可加强该作用。另外，烯丙孕素还广泛用于预防母马流产，通常采用 0.088mg/kg 剂量内服，用于预防和减少怀孕母马因黄体机能亢进、前列腺素或 LPS 暴露或者胎盘炎引起的流产。有研究显示烯丙孕素会引起孕马胎儿和新生马驹畸形，或者会导致母马分娩时间略有延迟，故孕马慎用。在斑马、海豚及猎豹中也有使用，但并不广泛。

烯丙孕素在我国仅在猪上有应用，主要应用于母猪的同期发情及延迟妊娠母猪的分娩时间，是母猪批次化生产过程中常用药物。0.4% 烯丙孕素（4.0mg/mL）口服溶液，可在发情期循环的任何阶段开始饲喂。后备母猪每天饲喂 20mg（5mL 喷洒在饲料中），连续使用 18 天，停喂后 4～7 天超过 90% 的后备母猪开始发情，实现按计划的精确配种。子宫内膜炎母猪慎用，妊娠期和泌乳期母猪禁用。

12.3.3　雄激素类药物

12.3.3.1　结构和来源

雄激素是分子中含有 19 个碳原子的类固醇化合物，公畜体内能产生十多种具有生物活性的雄激素，主要是睾酮、脱氢表雄酮、雄烯二酮和雄酮，这 4 种雄激素的相对活性之比为 100：16：12：10。是雄性动物主要生殖激素，主要由睾丸间质细胞经 LH 刺激后产生，肾上腺皮质也能分泌少量。

12.3.3.2　作用机制

睾酮在体内转化为二氢睾酮后，与靶组织如生殖器官、肌肉和脂肪中的雄激素受体结合，进而调节雄性动物的生殖功能。

12.3.3.3 药理作用

雄激素主要维持雄性动物的第二性征，刺激并维持公畜的性欲及性行为，刺激精子发生，促进精子成熟，延长附睾中精子寿命。雄激素对雌性动物生殖也有重要作用，如维持雌性动物第二性征以及为雌激素合成提供原料，提高雌激素生物活性。

12.3.3.4 安全性

人使用时，一些合成代谢类固醇可引起肝毒性。良性前列腺肥大的犬禁用人工合成的雄激素类药物。人工合成的雄激素类药物有潜在致癌和致畸作用。

12.3.3.5 常用药物和临床应用

人工合成的雄激素甲基睾酮和丙酸睾酮的生物学效价远比天然睾酮高，并可口服，可直接被消化道的淋巴系统吸收，不经门静脉进入肝脏灭活，减少首过效应。可用于治疗公畜性欲不强和性机能减退，且有一定的蛋白质同化作用，可用于增强肌肉和骨骼发育，促进疾病恢复与增重，也可用于骨髓功能低下时刺激红细胞生成。但是使用时虽在短时间内可提高性欲，但对提高精液品质不利，且有可能通过负反馈调节影响性欲，故在兽医临床中应用雄激素时须慎重，妊娠动物禁用，使用时在所有可食组织中不得检出。甲基睾酮内服一次量，家畜 $10\sim40mg/kg$，犬 10mg，猫 5mg。丙酸睾酮肌内、皮下注射，一次量，马、牛 $100\sim300mg$，猪、羊 100mg，犬 $20\sim50mg$。每周 $2\sim3$ 次。

另一类雄激素类药物主要是人工合成的睾酮类似物，被称为合成代谢类固醇或蛋白质同化激素，通过与存在于生殖组织、肌肉和脂肪中的雄激素受体结合而发挥作用，其蛋白质同化作用要强于其雄激素活性，主要表现为促进蛋白质合成、肌肉生长和促红细胞生成。该类药物主要包括苯丙酸诺龙、司坦唑醇、羟甲雄酮、十一烯酸去氢睾酮等，其合成代谢（"健美"）效应与雄激素（"雄性化"）效应的比例在各成员之间可能存在差异，但所有药物都具有这两种特性。该类药物可以用于治疗，但是禁止用于促生长。

（1）**苯丙酸诺龙**（nandrolone phenylpropionate） 又称苯丙酸去甲睾酮，为人工合成的蛋白质同化激素。主要用于营养不良、慢性消耗性疾病的恢复期；还可用于治疗某些罕见的再生障碍性贫血；还可用于如重大创伤或剧烈体育锻炼后的体能恢复。使用过程中注意会引起钠、钙、钾、水、氯和磷潴留以及繁殖机能异常；具有潜在的肝脏毒性。苯丙酸诺龙注射液皮下、肌内注射：一次量，每 1kg 体重，家畜 $0.02\sim0.1mL$，每 2 周 1 次。

（2）**司坦唑醇**（stanazolol） 司坦唑醇具有非常强的蛋白质同化作用，可作为分解代谢疾病的辅助治疗药物。该药可刺激红细胞生成，增强食欲，促进体重增加，增加力量和活力。司坦唑醇的疗效存在一定争议，需要用药 $3\sim6$ 个月方可看到显著疗效。该药常用于提高赛马的运动成绩。马用量：$0.55mg/kg$，1 周 1 次，肌内注射最高剂量不超过 4 倍使用剂量。司坦唑醇具有潜在的肝毒性，可导致体重增加、钠和水潴留，并加剧氮血症，并可引起高钙血症、高磷血症和高钾血症。研究显示猫首次肌内注射 25mg 后，每隔 12h 内服 2mg，连续用药 4 周，会导致大部分猫出现临床不良反应和肝脏酶升高，故肝肾不全时慎用。

（3）**非那雄胺**（finasteride） 睾酮本身的生物学效应较弱，主要是经 5α-还原酶代谢产生 5α-二氢睾酮（5α-DHT），与雄激素受体相结合而发挥作用。良性前列腺肥大（BPH）是雄性犬的一种与年龄相关的自发性疾病，5 岁以上雄性犬易发，目前已证实 BPH 与 5α-DHT 的活性有关，5α-DHT 可加速前列腺增生和 BPH 的进展。非那雄胺

（Proscar®）为 5α-还原酶的竞争性抑制剂，可阻断睾酮转化为 5α-DHT，可作为治疗犬良性前列腺肥大的首选药物，可通过诱导自发性良性前列腺肥大犬的细胞凋亡诱导前列腺退化。非那雄胺对良性前列腺肥大的病例有良效，以 $0.1\sim0.5mg/kg$ 的剂量每日口服 1 次，治疗 16 周后可显著减小前列腺肥大患犬的前列腺，但目前尚未发现其对前列腺癌有治疗价值。非那雄胺主要的潜在副作用是导致动物出现阳痿，但并不影响犬精液质量或血清睾酮浓度。

12.3.4　前列腺素类药物

12.3.4.1　来源和生理作用

天然前列腺素（PGs）是一类共同骨架含有 20 个碳原子的长链不饱和羟基脂肪酸，具有一个环戊烷环和两个侧链，根据环戊烷和脂肪酸侧链中的不饱和程度与取代基和双键的不同位置，可将已知的天然 PGs 分为三类九型，三类代表环外双键数目，在右下角以 1、2、3 表示，九型代表环上取代基和双键位置，用 A、B、C、D、E、F、O、H、I 表示，侧链取代基有 α 和 β 两种构型。前列腺素广泛存在于机体的各种组织中，以旁分泌和自分泌的方式发挥局部生物学作用，前列腺素的分布与组织部位、生理活动阶段以及动物种类有关，以精液和精囊腺含量最高，子宫局部的 PGs 含量和种类随母畜生殖周期变化，妊娠影响 PGs 水平。

12.3.4.2　作用机制

$PGF_{2\alpha}$ 通过激活与 IP_3-Ca^{2+}-蛋白激酶 C 通路相关的 G 蛋白偶联受体发挥作用，从而导致类固醇生成和黄体溶解减少。

12.3.4.3　药理作用

在动物繁殖中有重要调节作用的 PGs 主要是 $PGF_{2\alpha}$、PGE_2 和 PGI_2，其中应用最广泛的是前列腺素 $F_{2\alpha}$（$PGF_{2\alpha}$），天然 $PGF_{2\alpha}$ 主要由动物的子宫内膜分泌。$PGF_{2\alpha}$ 进入家畜体内被吸收后，通过血液循环到达卵巢，可直接作用于卵巢的功能黄体，使其迅速溶解，血液中孕酮水平随即降低，通过负反馈机制，解除对下丘脑的抑制，使腺激素释放激素（GnRH）分泌增加，经下丘脑-垂体-性腺轴途径作用于卵巢，从而促进卵泡发育，引起家畜发情。同时作用于垂体后叶，释放催产素，引起子宫平滑肌和乳腺肌上皮收缩，参与母畜的分娩和泌乳过程。PGs 对雄性动物生殖机能的作用主要为促进排精和受精，精液中 PGs 含量降低，会导致雄性生殖力下降。

12.3.4.4　安全性

$PGF_{2\alpha}$ 会导致平滑肌张力增加，从而导致腹泻、腹部不适、支气管收缩和血压升高；小动物使用还会出现呕吐；诱导流产时可导致胎盘滞留。$PGF_{2\alpha}$ 不能静脉注射，此外若非流产目的，也不能用于怀孕的动物。兽医在处理该类药物时应谨慎，孕妇和有呼吸道问题的人员都不能处理该药物，存在透皮吸收的可能性。

12.3.4.5　常用药物和临床应用

目前在兽医临床中常用 $PGF_{2\alpha}$ 类药物主要为氨基丁三醇前列腺素 $F_{2\alpha}$（商品名为律胎

素、艾普欣）、氯前列烯醇（DL-氯前列烯醇，商品名为卜安得、喜易先）、D-氯前列烯醇，均为人工合成，较天然 $PGF_{2\alpha}$ 作用时间长、生物活性高、副作用小。

（1）**氨基丁三醇前列腺素 $F_{2\alpha}$**　又称地诺前列素（dinoprost），也称黄体溶解素，是人工合成的 $PGF_{2\alpha}$，与子宫内膜产生的天然 $PGF_{2\alpha}$ 分子结构相同。地诺前列素主要通过肺脏代谢清除，少量在肝脏和肾脏代谢，其半衰期在不同动物中存在一定差异，平均约为 $9\sim25min$，母马对 PGF 的黄体溶解作用比牛、羊更敏感，推测与其在体内的半衰期较长有关。地诺前列素主要用于促进家畜的发情与同期分娩，近年来还发现 $PGF_{2\alpha}$ 能维持妊娠及提高乳质量，有研究显示产后接受地诺前列素治疗可提高经产母猪的初乳产量和初乳免疫球蛋白含量，并能提高仔猪的初乳摄入量。氨基丁三醇前列腺素 $F_{2\alpha}$ 注射液用于母牛持久黄体、同期发情时，肌内注射一次量 25mg，必要时第 11 天重复给药，猪预产期前 3 天内，肌内注射 10mg，$24\sim36h$ 内分娩。禁止静脉注射，地诺前列腺素可导致多种动物流产或者诱导分娩，使用时必须确定妊娠状态。

（2）**氯前列烯醇**　氯前列烯醇是人工合成的 $PGF_{2\alpha}$ 类似物，由氯苯基取代 $PGF_{2\alpha}$ 结构中的第 17 位碳原子后形成，对代谢 $PGF_{2\alpha}$ 的 15-羟基前列腺素脱氢酶和 $\delta13$-还原酶有一定耐受，故药物半衰期可延长至 3h。氯前列烯醇存在两种光学异构体，即右旋和左旋氯前列烯醇（D-和 L-氯前列烯醇），还有一种外消旋混合物 DL-氯前列烯醇，其中 D-氯前列烯醇与 $PGF_{2\alpha}$ 受体的亲和力更强，其溶解黄体的作用是 DL-氯前列烯醇的 10 倍。

氯前列烯醇在临床中主要应用如下。①实现母畜同期发情：牛羊性周期间肌注 $0.2\sim0.4mg$（牛）或者 $0.05\sim0.06mg$（羊），25d 后 $40\%\sim70\%$ 母畜发情，或者采用两次注射法，即首次注射 $0.1\sim0.2mg$ 后间隔 $9\sim11d$ 后再次注射相同量，25d 后可有 80% 以上母畜发情。若配合使用 eCG 500IU（牛）、300IU（羊）和 GnRH（LRH-A_2 或者 LRH-A_3）$100\mu g$，可显著提高同期发情和受胎率。②诱导分娩：主要用于母猪诱导分娩。猪妊娠第 $112\sim113d$ 时，肌注 $0.05\sim0.1mg$，在注射后平均 $24\sim72h$ 内分娩，可缩短产仔时间，并可有效控制母猪白天分娩，有利于猪场批次化管理。③治疗持久黄体：氯前列烯醇对牛持久黄体和黄体囊肿引起的母牛空怀效果较佳。常用量为宫内输入氯前列烯醇 $0.2\sim0.4mg$ 或肌内注射 $0.4\sim0.6mg$。对瘦肉型猪的产后乏情，耳后肌注氯前列烯醇 0.4mg，90% 的处理母猪发情，受胎率可达 100%。使用时应注意：①该药可引起流产或急性支气管痉挛；②维持妊娠动物禁用；③不能与解热镇痛抗炎药同时应用。

12.4

子宫收缩药

12.4.1　催产素

12.4.1.1　结构和来源

不同动物催产素的分子结构不同，但均为肽类激素，为含 1 个二硫键的九肽，在中性和碱性溶液中易被破坏，酸性溶液中较稳定。催产素（oxytocin，OXT）主要由下丘脑视上核和室旁核合成，在神经垂体中贮存并释放。部分动物（如牛、羊）的卵巢黄体细胞和松果腺也可分泌 OXT。垂体后叶 OXT 的释放主要受神经调节，外周组织（如睾丸、黄体、肾上腺、胸腺和胎盘等）的 OXT 释放主要受旁分泌和自分泌调节。

12.4.1.2 作用机制

催产素通过特定的 G-蛋白偶联受体发挥作用，激活后可通过磷酸肌醇水解产生肌醇三磷酸（IP_3），IP_3 动员细胞内 Ca^{2+}，进而促使含有催产素受体的平滑肌发生去极化而收缩。雌激素可上调子宫肌中的催产素受体。

12.4.1.3 药理作用

催产素对雌性动物的药理作用：①刺激子宫收缩，小剂量催产素能使子宫平滑肌张力增高、收缩力加强、收缩频率增加，但仍保持节律性、对称性和极性。大剂量可引起张力持续增加、舒张不全，最终导致强直性收缩。强直性收缩时会引起子宫破裂继发腹膜炎或败血症等。②刺激排乳，可刺激乳腺平滑肌收缩，有助于乳汁自乳房排出，但并不增加乳腺的乳汁分泌量。③可通过刺激子宫分泌 $PGF_{2\alpha}$，促进黄体溶解而诱导发情。催产素对雄性动物也有一定作用，可增加睾丸重量和曲细精管直径，刺激间质细胞的分泌活动。④催产素与加压素化学结构类似，有一定的抗利尿和升高血压的作用，但作用较加压素弱，仅为后者的 0.5%～1%。催产素也存在于鸟类、鱼类和爬行动物中。在这些物种中，主要发挥抗利尿或血管升压素样作用。

12.4.1.4 安全性

催产素的毒性并不常见，但过量或反复给药可导致镇痛性收缩，甚至子宫破裂和胎儿死亡。

12.4.1.5 临床应用

临床常用人工合成的催产素，因其性质不稳定，易被酸、碱或消化酶所破坏，故口服无效，常通过注射给药。在临床中主要用作缩宫药，用于催产、产后子宫止血和胎衣不下等。动物分娩时原发性或继发性阵缩微弱时，羊和猪通常可每 30min 肌内或皮下注射催产素 5～10IU。应用催产素可缩短分娩时间和产仔间隔以减少死产的发生。用于催产时，子宫颈尚未开放、骨盆狭窄以及产道阻碍时禁用于催产。有研究显示泌乳不足或排乳不畅时，肌注 20～80IU 催产素，3～4 次/d，连用 2d 后恢复。

12.4.2 麦角新碱

麦角新碱也为常用的缩宫药，能选择性地作用于子宫平滑肌，作用强而持久。临产前子宫或分娩后子宫最敏感。麦角新碱对子宫体和子宫颈都具兴奋效应，稍大剂量即引起强直收缩，故不适于催产和引产。但由于子宫肌强直性收缩，机械压迫肌纤维中的血管，可阻止出血。临床上主要用马来酸麦角新碱注射液，用于产后止血、加速胎衣排出及子宫复原。肌内、静脉注射剂量为马、牛 10～30mL；羊、猪 1～2mL；犬 0.2～1mL。禁用于催产，不宜与催产素及其他子宫收缩药联用。

主要参考文献

[1] Thatcher W W, Moreira F, Santos J E, et al. Effects of hormonal treatments on reproductive performance and embryo production[J]. Theriogenology, 2001, 55（1）:75-89.

[2] Wright P J, Malmo J. Pharmacologic manipulation of fertility[J]. Vet Clin North Am Food Anim Pract, 1992, 8（1）: 57-89.

[3] Moore J R, Wray S. Luteinizin ghormone - releasing hormone（LHRH）biosynthesis and secretion in embryonic LHRH neurons[J]. Endocrinology, 2000, 141（12）:4486-4495.

[4] Tarlatzis B C, Bili H. Safety of GnRH agonists and antagonists[J]. Expert. Opin. Drug. Saf, 2004, 3（1）:39-46.

[5] Flanagan C A, Manilall A. Gonadotropin releasing hormone（GnRH）receptor structure and GnRH binding[J]. Front Endocrinol, 2017, 8: 274.

[6] Besser G M, Mcneilly A S, Anderson D C, et al. Hormonal responses to synthetic luteinizing hormone and follicle stimulating hormone-releasing hormone in man[J]. British Medical Journal, 1972, 3（5821）:267-271.

[7] Peters A R, Veterinary clinical application of GnRH-questions of efficacy[J]. Anim Reprod Sci. 2005, 88（1-2）:155-167.

[8] Thomas E J, Jenkin S J, Lenton E A, et al. Endocrine effects of goserelin, a new depot luteinising hormone releasing hormone agonist[J]. British Medical Journal（Clinical Research Edition.）, 1986, 293（6559）:1407-1408.

[9] 吕慎金，刘兆斌. 促性腺激素释放激素（GnRHs）及其 I 型受体在哺乳动物中的研究进展[J]. 中国农业大学学报, 2013, 18（4）:147-154.

[10] Chason R J, Kang J H, Gerkowicz S A, et al. GnRH agonist reduces estrogen receptor dimerization in GT1-7 cells: Evidence for cross- talk between membrane initiated estrogen and GnRH signaling[J]. Molecular and Cellular Endocrinology, 2015, 404:67-74.

[11] Bambino T H, Schreiber J R, Hsueh A J W. LHRH（LRH-A）inhibit testicular LH receptor and steroidogenesis in immature and adult hy- pophysectomized rats[J]. Endocrinology, 1980, 107: 908-914.

[12] Habibi H R. Homologous desensitization of gonadotropin-relasing hormone（GnRH）receptors in the goldfish pituitary: Effects of native GnRH peptides and a synthetic GnRH antagonist[J]. Biol Reprod, 1991, 44: 275-282.

[13] Cope H R, Peck S, Hobbs R, et al. Contraceptive efficacy and dose-response effects of the gonadotrophin-releasing hormone（GnRH）agonist deslorelin in Tasmanian devils（Sarcophilus harrisii）[J]. Reprod Fertil Dev, 2019, 31（9）:1473-1485.

[14] Ferris R, Hatzel J N, Lindholm A R G, et al. Efficacy of deslorelin acetate（SucroMate）on induction of ovulation in american quarter horse mares[J]. J Equine Vet Sci, 2012, 32（5）: 285-288.

[15] 黄利权，方坚勇. GnRH 类似物和孕酮对猪排卵及受胎率的影响[J]. 中国兽医学报, 2002,

（4）：399-400.

[16] 桑润滋，田树军，李铁栓等．影响波尔山羊超排效果因素的研究[J]．草食家畜，2003（增刊）：84-87.

[17] De Jong E, Kauffold J, Engl S, et al. Effect of a GnRH analogue on the reproductive performance of gilts and sows[J]. Theriogenology, 2013, 80（8）:870-877.

[18] Farin P W, Estill C T. Infertility due to abnormalities of the ovaries in cattle[J]. Vet Clin North Am Food Anim Pract. 1993, 9:291-308.

[19] Pushp M K, Purohit G N, Kumar S. Serum cortisol in dairy cattle with ovarian cyst and the successful treatment of cyst with GnRH plus potassium iodide[J]. The Indian Journal of Animal Reproduction, 2016, 37（2）:48-49.

[20] Eissa H M, EI-Beley M S. Gonadotropin releasing hormone treatment of Holstein cows with follicular cysts monitored by skim milk progesterone determination[J]. Wien. Tier. Mscr. , 1995, 82: 337-340.

[21] Lamb G C, Dahlen C R, Larson J E, et al. Control of the estrous cycle to improve fertility for fixed-time artificial insemination in beef cattle: A review[J]. J Anim Sci, 2010, 88（13 Suppl）: E181-E192.

[22] Wiltbank M C, Sartori R, Herlihy M M. et al. Managing the dominant follicle in lactating dairy cows[J]. Theriogenology, 2011, 76（9）:1568-1582.

[23] Al-Katanani Y M, Drost M, Monson R L. Pregnancy rates following timed embryo transfer with fresh or vitrified in vitro produced embryos in lacatating dairy cows under heat stress conditions[J]. Theriogenology, 2002, 58（1）:171-182.

[24] Martinat-Botté F, Venturi E , Guillouet P, et al. Induction and synchronization of ovulations of nulliparous and multiparous sows with an injection of gonadotropin-releasing hormone agonist（Receptal）[J]. Theriogenology, 2010, 73（3）:332-342.

[25] Gobello C. New GnRH analogs in canine reproduction[J]. Anim Reprod Sci, 2007, 100（1-2）:1-13.

[26] Pierce J G, Parsons T F. Glycoprotein hormones: structure and function[J]. Annu Rev Biochem, 1981, 50（1）:465-495.

[27] Stamatiades G A, Kaiser U B. Gonadotropin regulation by pulsatile GnRH: Signaling and gene expression[J]. Mol Cell Endocrinol, 2018, 463: 131-141.

[28] Arroyo A, Kim B, Yeh J. Luteinizing hormone action in human oocyte maturation and quality: signaling pathways, regulation, and clinical impact[J]. Reprod Sci, 2020, 27（6）:1223-1252.

[29] Ulloa-Aguirre A, Timossi C, Barrios-de-Tomasi J, et al. Impact of carbohydrate heterogeneity in function of follicle-stimulating hormone: studies derived from in vitro and in vivo models [J]. Biol Reprod, 2003, 69（2）: 379-389.

[30] Ben-Menahem D. Preparation[J], characterization and application of long-acting FSH analogs for assisted reproduction[J]. Theriogenology, 2018, 112: 11-17.

[31] Bó G A, Hockley D K, Nasser L F, et al. Superovulatory response to a single subcutaneous injection of Folltropin-V in beef cattle[J]. Theriogenology, 1994, 42:963-975.

[32] Shelton J N. Reproductive technology in animal production[J]. Rev Sci Tech, 1990, 9（3）: 825-845.

[33] 王峰．动物繁殖学[M]．北京：中国农业大学出版社，2012.

[34] Marino M, Galluzzo P, Ascenzi P. 2006. Estrogen signaling multiple pathways to impact gene transcription[J]. Curr Genomics, 7（8）: 497-508.

[35] Klinge C. 2001. Estrogen receptor interaction with estrogen response elements[J]. Nucleic Acids Res, 29（14）: 2905-2919.

[36] Filardo E, Quinn J, Pang Y, et al. Activation of the novel estrogen receptor G protein-cou-

pled receptor 30 （GPR30） at the plasma membrane[J]. Endocrinology, 2007, 148: 3236-3245.

[37] Funakoshi T, Yanai A, Shinoda K, Kawano M, Mizukami Y. G protein-coupled receptor 30 is an estrogen receptor in the plasma membrane[J]. Biochem Biophys Res Commun, 2006, 346: 904-910.

[38] 陈仗榴，曾振灵．兽医药理学[M]．北京：中国农业出版社，2017.

[39] 宋先赟．济宁青山羊同期发情试验研究[J]．山东畜牧兽医，2017, 38（8）:10-11.

[40] 张长兴，胡志超，张桂枝，等．不同处理方案对肉牛同期发情率和情期受胎率的影响研究[J]．黑龙江畜牧兽医，2019（15）：73-75.

[41] Davis D L, Stevenson J S, Schmidt W E. Scheduled breeding of gilts after estrous synchronization with altrenogest[J]. J Anim Sci, 1985, 60（3）:599-602.

[42] Shimatsu Y, Uchida M, Niki R, et al. Effects of a synthetic progestogen, altrenogest, on oestrus synchronisation and fertility inminiature pigs[J]. Vet Rec, 2004, 155（20）: 633-635.

[43] Bailey C S, Macpherson M L, Pozor M A, et al. Treatment efficacy of trimethoprim sulfamethoxazole, pentoxifylline and altrenogest in experimentally induced equine placentitis[J]. Theriogenology, 2010, 74: 402-412.

[44] Hodgson D, Howe S, Jeffcott L, et al. Effect of prolonged use of altrenogest on behaviour in mares[J]. Veterinary Journal, 2005, 169（3）:322-325.

[45] Neuhauser S, Palm F, Ambuehl F, et al. Effect of altrenogest-treatment of mares in late gestation on adrenocortical function, blood count and plasma electrolytes in their foals[J]. Equine Vet J, 2009, 41: 572-577.

[46] 沈建忠，冯忠武译．Plumb's兽药手册[M]. 5版．北京：中国农业大学出版，2009.

[47] 李晓，董瑞兰，宋春阳，等．烯丙孕素对批次化生产中后备母猪繁殖性能及后代生长性能的影响[J]．中国畜牧杂志，2020, 56（11）:171-174, 178.

[48] 张军，王秀锦，张守全．非洲猪瘟背景下烯丙孕素在猪场繁殖生产中的运用[J]．今日养猪业，2020, 20（4）:68-71.

[49] Mottram D R, George A J. Anabolic steroids[J]. Best Practice &Research Clinical Endocrinology & Metabolism, 2000, 14: 55-69.

[50] Hyyppa S. Effects of nandrolone treatment on recovery in horses after strenuous physical exercise[J]. Vet Med A Physiol Pathol Clin Med, 2001, 48（6）:343-352.

[51] Cowan L A, McLaughlin R, Toll P W, et al. Effect of stanozolol on body composition, nitrogen balance, and food consumption in castrated dogs with chronic renal failure[J]. J Am Vet Med Assoc, 1997, 211（6）:719-722.

[52] Harkin K R, Cowan L A, Andrews G A, et al. Hepatotoxicity of stanozolol in cats [J]. J Am Vet Med Assoc, 2000, 217（5）:681-684.

[53] Iguer-Ouada M, Verstegen J P. Effect of finasteride （Proscar MSD） on seminal composition, prostate function and fertility in male dogs[J]. J Reprod Fertil Suppl, 1997, 51:139-149.

[54] Sirinarumitr K, Sirinarumitr T, Johnston S D, et al. Finasteride-induced prostatic involution by apoptosis in dogs with benign prostatic hypertrophy[J]. Am J Vet Res, 2002, 63（4）:495-498.

[55] Piper P J, Vane J R, Wyllie J H. Inactivation of prostaglandins by the lungs[J]. Nature, 1970, 225（5233）: 600-604.

[56] Shrestha H K, Beg M A, Burnette R R, et al. Plasma clearance and half-life of prostaglandin F2alpha: A comparison between mares and heifers[J]. Biology of Reproduction, 2012, 87（1）:18.

[57] Ramirez A A, Villalvazo V, Arredondo E S, et al. D-Cloprostenol enhances estrus synchronization in tropical hair sheep[J]. Tropical Animal Health and Production, 2018, 50（5）:991-996.

[58] Re G, Badino P, Novelli A, et al. Specific binding of dl-cloprostenol and d-cloprostenol to

PGF2α receptors in bovine corpus luteum and myometrial cell membranes[J]. Journal of Veterinary Pharmacology and Therapeutics, 2008, 17, 455-458.

[59] 陆耀祖，刘学锋. 前列腺素在畜牧业生产上的应用[J]. 现代畜牧兽医，2007.（11）:18-19.

[60] 黄万光，黄其国. 氯前列烯醇在家畜繁殖中的应用[J]. 中国牛业科学，2017，43（5）：80-81.

[61] 陈北亨主编，兽医产科学[M]. 2 版. 北京：农业出版社，1996.

[62] 张鹏举，程方程. 母猪缺乳的原因及防治办法[J]. 中国畜牧兽医，2006，33（2）:56-57.

第 13 章
自体有效
物质和解热
镇痛抗炎药

13.1

自体有效物质

自体有效物质（autocoids）在动物体内普遍存在，是具有广泛生物学活性的物质的统称，又称为"自调药物"。正常情况下它们以其前体或储存状态存在，但当受到某种因素影响而激活或释放时，其微量就能产生非常广泛、强烈的生物学效应。在医学领域上占有重要地位的自体有效物质，按照其分子结构特点可分为两类：①小分子化学信号物质，如组胺、5-羟色胺、前列腺素、白三烯、一氧化氮和腺苷。②大分子化学信号物质，如血管活性神经肽类、细胞因子和生长因子等。目前在兽医临床上研究最多的自体有效物质是组胺和前列腺素。

13.1.1 化学结构

13.1.1.1 组胺与抗组胺药

（1）组胺（histamine） 组胺属于生物胺类活性物质，发现于19世纪早期，由于它能够引起平滑肌收缩、血压降低，有与过敏反应或变态反应相似的作用，因此受到人们的关注。组胺化学名称 2-(4-咪唑基)乙胺，其化学结构见图 13-1。在哺乳动物体内组胺是由组氨酸在特异性组氨酸脱羧酶作用下脱羧产生的，贮存在肥大细胞池和非肥大细胞池中，前者主要由肥大细胞和嗜碱性粒细胞构成，非肥大细胞主要位于胃肠道、中枢神经系统、真皮和其他器官中。组胺广泛分布在哺乳动物的组织中，但在不同种属动物体内含量差异很大。组胺在山羊和家兔体内的含量高，在马、犬和猫体内含量较低。组胺首先和靶细胞膜上的特异性组胺受体结合，而产生生物学效应。根据受体对特异性激动药与拮抗药的反应不同，目前，可将组胺受体分为 H_1 受体、H_2 受体、H_3 受体和 H_4 受体。外周组织主要含有I型 （H_1）和Ⅱ型（H_2）组胺受体。H_3 受体和 H_4 受体在兽医临床上的意义尚待研究。

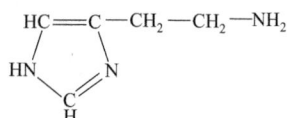

$$HC = C - CH_2 - CH_2 - NH_2$$

图 13-1　组胺的化学结构

（2）抗组胺药（H 受体拮抗剂） 抗组胺药物仅指作用于组胺受体，阻断组胺与受体结合的药物，抗组胺药不能激活组胺受体，而是通过与组胺可逆性竞争靶细胞膜上组胺受体的结合位点而产生抗组胺作用。用于拮抗组胺的不良生物学效应。根据对组胺受体的选择性不同，抗组胺药分为 H_1 受体阻断药（传统抗组胺药）和 H_2 受体阻断药（新型抗组胺药）。

H_1 受体阻断药可分为第一代、第二代和新型第二代。市场上较早研发的抗组胺药被称为第一代 H_1 受体阻断药，即传统的抗组胺药，如扑尔敏、苯海拉明、异丙嗪、羟嗪（安泰乐）和酮替芬等，它们与 H_1 受体结合后可减轻过敏反应症状，用于各种过敏性疾病的治疗或预防，如过敏性鼻炎、荨麻疹、过敏性角膜炎等，疗效良好。但因存在中枢抑制作用和抗胆碱反应，限制了其在兽医临床上的应用。第二代 H_1 受体阻断药如特非那丁、氯雷他定、西替利嗪、氮卓斯汀等具有与 H_1 受体特异性结合、不易透过血脑屏障、药效持久、中枢抑制作用发生率低和几乎无抗胆碱作用等特点，但有较强的心脏毒性并会引起体重增加等不良反应。地氯雷他定、左旋西替利嗪等为第二代 H_1 受体阻断药的活性代谢物或光学异构体，具有同等或更强的药理学作用，同时可降低心脏毒性，称为新型第二代 H_1 受体阻断药。

兽医临床应用较多的 H_2 受体阻断药是西咪替丁、雷尼替丁、法莫替丁、尼扎替丁等。

大部分 H_1 受体阻断药的化学结构如图 13-2 所示。在此结构式中，其核心结构为乙胺基团（—CH_2CH_2N），该基团也见于组胺中，是 H_1 受体阻断药与组胺争夺靶细胞膜特异性受体的关键结构。结构式中的 R_1 和 R_2 为苯环或杂环，而按照元素 X（如图 13-2 所示）的种类可将已知的 H_1 受体阻断药分为 3 种类型，X 是 N 时为乙二胺类（美吡拉敏），是 O 时为乙醇胺类（苯海拉明），是 C 时为烷乙胺类（扑尔敏）。乙二胺类抗组胺药进一步发生取代后会生成新的 H_1 受体阻断药。被哌嗪取代后，为赛克力嗪和二苯甲哌嗪等 H_1 受体阻断药。被吩噻嗪衍生物取代后，为异丙嗪（非那根）等 H_1 受体阻断药。除此之外，特非那定和阿司咪唑结构中含有一个芳环，与乙胺的一端相连接。这些药物在化学结构上的差异导致 H_1 受体阻断药疗效和副作用的不同。

H_1 受体阻断药修饰和取代的结构是组胺中的咪唑环，而 H_2 受体阻断药在结构上保留了组胺的咪唑环，只修饰侧链，因此 H_2 受体阻断药的脂溶性低，不易穿过血脑屏障，从而不会引起中枢镇静作用，避免了 H_1 受体阻断药的最大不良反应的发生。H_2 受体阻断药与 H_1 受体阻断药在化学结构、药物代谢动力学、药物效应动力学等方面均有所不同。

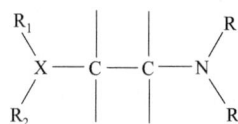

图 13-2　H_1 受体阻断药化学结构图

13.1.1.2　前列腺素

前列腺素（prostaglandins，PGs）是前列烷酸（prostanoic acid）的衍生物，属二十烷类化合物，最早从人精液中发现，在羊精囊中亦证实其存在。二十烷类化合物是磷脂类的一系列衍生物的总称，包括前列腺素和白三烯（leukotrienes，LTs）及其衍生物。

前列腺素在结构上属于不饱和脂肪酸类，因而也被称为前列腺烷酸（图 13-3），依苯环上取代基的不同，将传统 PGs 分为 PGA、PGB、PGC、PGD、PGE、PGF 等。图 13-3 也展示了 PGG、PGH、前列环素（prostacyclin，PGI）和血栓素 A（thromboxane A，TXA）等较新的 PGs 结构。

每种 PGs 的命名，是在 PG 后加英文字母（表示型）和下标数字（表示侧链的双键数目），有的在数字后还有希腊字符（指示侧链的方向），如 $PGF_{2\alpha}$。

13.1.2　作用机制

13.1.2.1　组胺

组胺与肝素-蛋白复合物、蛋白水解酶及其他自体有效物质一起以无活性的结合型存在

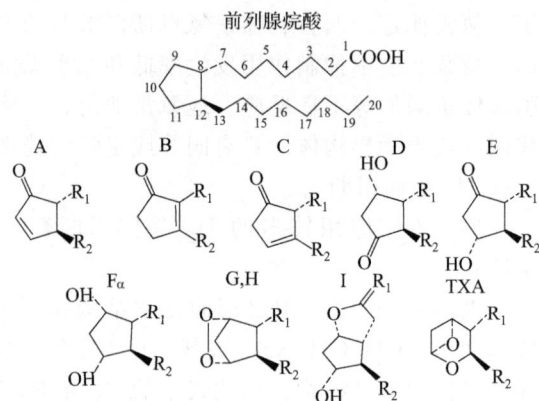

图 13-3 前列腺烷酸的化学结构及 6 种主要的 PGs（A～F_{α}）、环内过氧化物（G，H）、前列环素（PGI）及血栓素 A（TXA）环部分的结构图

于肥大细胞和嗜碱性粒细胞的颗粒中，且浓度较高。在组织损伤、炎症、神经刺激、某些药物作用或一些抗原抗体反应条件下，可引起这些细胞脱颗粒，导致组胺释放。组胺可通过激活组胺受体而发挥多种生理或病理作用。组胺受体分为组胺 1 型受体（histamine1 receptor，H_1R）、组胺 2 型受体（histamine 2 receptor，H_2R）、组胺 3 型受体（histamine 3 receptor，H_3R）和组胺 4 型受体（histamine 4 receptor，H_4R）四种，属于 A 类 G 蛋白偶联受体（G protein-coupled receptors，GPCRs）超家族。研究表明，组胺的 4 种受体分别与过敏性炎症、刺激胃酸分泌、神经传导以及免疫应答有关。组胺 1 型受体主要分布于血管内皮细胞和平滑肌细胞等多种细胞，调节血管舒张和支气管收缩。组胺 2 型受体主要调节胃酸分泌。组胺 3 型受体主要在神经系统以突触前自身受体的方式进行表达，外周组织主要存在 H_1 型和 H_2 型受体。受体与组胺结合后募集异源三聚体鸟嘌呤核苷酸结合蛋白（guanine nucleotide-binding proteins）并触发下游信号的级联反应。在某些细胞中，H_1 受体可活化磷脂酶 C（phospholipase C，PLC），进而引起三磷酸肌醇（inositol triphosphate，IP_3）和细胞内 Ca^{2+} 浓度增加，此过程与 G 蛋白的调节有关。H_2 受体也能通过 G 蛋白的调节而激活腺苷酸环化酶，促进环磷酸腺苷（cyclic adenosine monophosphate，cAMP）合成，最终激活细胞内 cAMP 受体和蛋白激酶 A。缩血管效应主要是 H_1 受体活化内皮细胞内氧化亚氮合成酶，释放氧化亚氮所导致的。舒血管效应主要是 H_1 受体引起血管平滑肌舒张而形成。突触前 H_3 受体是 G 蛋白偶联受体，其可在抑制腺苷酸环化酶活性的同时降低细胞内环磷酸腺苷浓度。位于造血细胞内的 H_4 受体与 H_3 受体发挥作用的机制相似，也是通过 G 蛋白的调节。对 H_1 受体上的组胺结合关键位点突变检测结果表明，组胺通过与 D107、T112、N198、Y431 等极性氨基酸残基形成氢键，从而与受体结合；通过 W158、W428 和 F435 等非极性氨基酸位点直接提供必要的疏水作用力，为配体提供稳定环境。

从分布上看，H_1 受体主要位于平滑肌等细胞上，起到促进血管舒张的作用，同时还可以促进支气管收缩。H_2 受体能调节 cAMP 的分泌水平，从而进一步改变胃酸等物质的分泌水平。H_3 受体主要分布于神经系统，表达为突触前自身受体。H_4 受体的生物学特性与 H_3 受体相似，但其在细胞内的分布较 H_3 受体更加广泛，在树突状细胞、朗格汉斯细胞和角质形成细胞等均有分布。组胺受体是 A 类 GPCR 的一员，与配体结合后激活相应的 G 蛋白，从而引起信号的转导，各受体激活的相应通路见图 13-4。

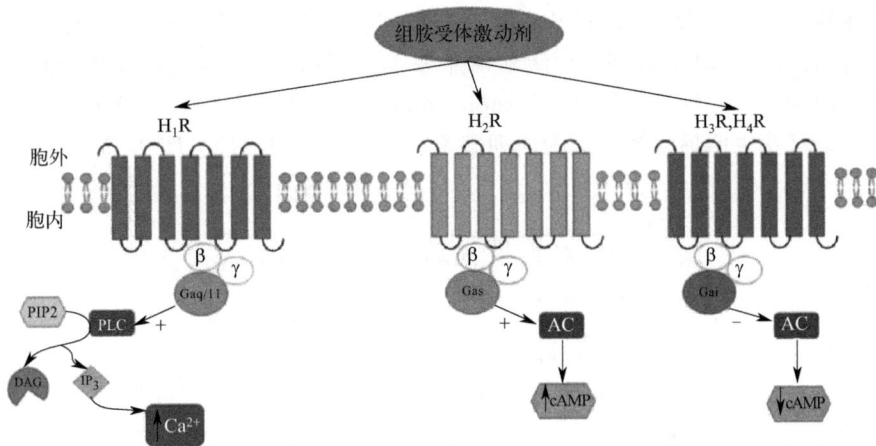

图 13-4　组胺受体家族激活通路

13.1.2.2　抗组胺药

　　组胺作为炎性介质，如与靶细胞上的 H_1 受体结合，就会引起一系列组织反应，如心率加快、血管扩张、渗透性增强和支气管痉挛。抗组胺药中的 H_1 受体阻断药可与组胺竞争 H_1 受体，阻断组胺与受体的结合，从而抑制组胺发挥生物学效应，起到抗过敏的作用。抗组胺药不是通过抑制组胺受体发挥作用，这种作用有剂量依赖关系。在抗组胺药的作用下组织细胞中的 H_1 受体保持稳定，如组胺过多则可取代抗组胺药，使抗组胺药失效。一般而言，抗组胺药对外源性组胺要比对内源性组胺更有效，拮抗组胺的作用也比逆转组胺的作用强。据文献报道，多种第二代抗组胺药物在治疗浓度下可以抑制细胞中炎症介质的释放从而缓解过敏性炎症。如抑制白三烯、前列腺素 E_2 和白细胞介素-8 等的释放和活性。还可抑制肥大细胞释放组胺和 TNF-α 等，影响内皮细胞黏附分子和趋化因子的活性，抑制粒细胞游走、聚集与浸润等。

　　组胺与 H_2 受体结合，首先激活作为受体一部分的腺苷酸环化酶，催化胃黏膜壁细胞内的 ATP 生成 cAMP 并引发胞内一系列生理生化过程，最后在依赖 K^+ 的 ATP 酶和蛋白激酶参与下分泌胃酸。H_2 受体阻断药（如西咪替丁、雷尼替丁）可竞争性地抑制组胺对 H_2 受体的作用，抑制胃酸分泌。并通过广泛分布于动物不同组织中组胺 N-甲基转移酶的活化使组胺失活。

13.1.2.3　前列腺素

　　前列腺素广泛存在于哺乳动物的组织和体液中，如精液、肺、胸腺、神经系统、肾、虹膜、脐带、子宫内膜、卵巢、睾丸、肠、胃、肝、肾上腺和肌肉等，在维持机体内环境的稳态平衡中发挥着重要作用，参与调节生殖、血压、肾功能、血栓形成和炎症等多种生理活动。

　　与其他大多数内分泌物不同，二十烷酸（花生酸）通常不是储存在细胞内，而是在物理或化学损伤、激素、免疫和缺氧等因素刺激下即时形成。当细胞释放这类物质时，仅反映脂肪酸前体合成该类物质的速率加快。花生四烯酸（arachidonic acid，AA）是高等哺乳动物前列腺素的主要来源，而由二十碳五烯酸合成的三烯前列腺素对海洋动物很重要。

  花生四烯酸是体内最重要的二十烷类的前体脂肪酸。从膜上释放的花生四烯酸，进到细胞内，在环氧合酶或脂氧合酶的作用下生成前列腺素或白三烯。例如，细菌的内毒素脂多糖（lipopolysaccharide，LPS）可激活磷脂酶 A_2，使花生四烯酸从膜磷脂的酰基位上释放出来，同时形成一种溶血磷脂（lysophospholipid，LPL）。LPL 是形成血小板激活因子的原料。最终花生四烯酸被代谢为前列腺素、血栓烷和白三烯（图 13-5）。

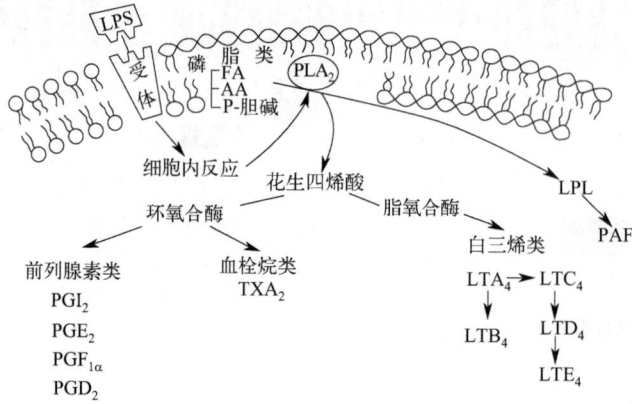

图 13-5　内毒素诱导二十烷酸合成示意图

引自 Adsms，Veterinary Pharmacology and Therapeutics，2009

FA—脂肪酸；AA—花生四烯酸；P—胆碱—磷脂酰胆碱；LPS—脂多糖

  催化前列腺素合成的酶是环氧合酶（cyclooxygenase），存在于体内的所有细胞。在前列腺素的合成过程中，花生四烯酸先被代谢成不稳定的中间体环内过氧化物 PGG_2 和 PGH_2，以及对组织有害的氧自由基。环内过氧化物随后被迅速代谢成终产物，即各种前列腺素（图 13-6）。催化白三烯合成的酶是脂氧合酶（lipooxygenase），主要存在于血小板、白细胞和肺细胞中。

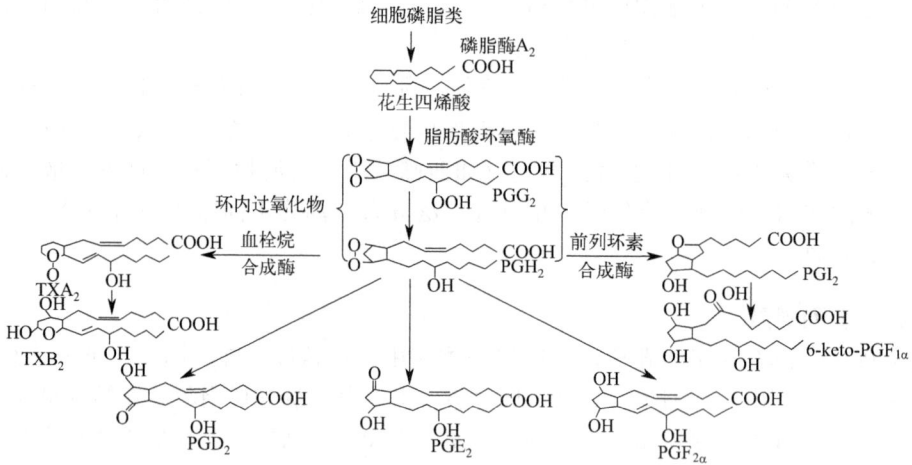

图 13-6　花生四烯酸在环氧合酶作用下生成主要前列腺素的示意图

引自 Adsms，Veterinary Pharmacology and Therapeutics，2009

  已在一些组织中确认了前列腺素膜受体的存在，前列腺素对平滑肌的刺激效应与细胞膜去极化引起的钙转移相关。前列腺素的其他作用还涉及胞内钙代谢变化，继而导致不同酶活性的变化。某些前列腺素激活腺苷酸环化酶增加 cAMP 含量，如血小板中的 PGI_2。其他前列腺素则抑制腺苷酸环化酶，如血小板中的 TXA_2，因 cAMP 含量的降低而抑制前列腺素的生成。

　　二十碳烯酸类物质的生物复杂性预示着前列腺素受体及其信号转导机制的复杂性。G 蛋白-腺苷酸环化酶-cAMP 系统与一些前列腺素受体偶联，而磷脂酶 C-三磷酸肌醇-Ca^{2+} 系统与其他受体偶联。表 13-1 总结了部分前列腺素受体类型和它们相关的受体机制。$PGF_{2\alpha}$ 产生溶解黄体（黄体退化）的效应，一方面是通过使血液循环和胎盘中的孕激素含量下降实现的，另一方面是通过激活 G 蛋白和 IP_3-Ca^{2+}-蛋白激酶 C 途径产生一系列反应而发挥作用，导致甾体的生成量减少和黄体溶解。

表 13-1　二十碳烯酸类物质受体及其在血管平滑肌和血小板中的信号转导

受体类型	内源性激动剂	转导机制	血管反应	血小板聚集
DP	PGD_2	cAMP	—	抑制
EP_1	PGE_2、$PGE_{2\alpha}$	IP_3-Ca^{2+}	血管收缩	—
EP_2	PGE_2、PGE_1	cAMP	血管舒张	抑制
FP	$PGF_{2\alpha}$	IP_3-Ca^{2+}	血管收缩	—
IP	PGI_2、PGE	cAMP	血管舒张	抑制
TP	TXA_2、PGH_2	IP_3-Ca^{2+}	血管收缩	增强

注：1. 引自：Campbell，1980；Smith，1992；Mitchell 和 Trautman，1993。
2. P：前列腺；cAMP：G 蛋白-腺苷酸-cAMP-蛋白激酶 A 通路；IP_3-Ca^{2+}：磷脂酶 C-IP_3-二酰甘油-蛋白激酶 C-Ca^{2+} 通路；—：未知，或因组织而定收缩或舒张；cAMP：环磷酸腺苷。

13.1.3　生物学或药理作用

13.1.3.1　内源性组胺

　　组胺一直是医学上研究最多的自体有效物质之一，广泛分布在哺乳动物的组织中，在多种病理生理作用中都扮演了重要角色。组胺口服后在胃肠道和肝内迅速被破坏，作用弱。但静脉注射时，可引起显著的药理作用，如收缩平滑肌、降低血压、刺激胃酸分泌和引发皮肤反应等。组胺通过与组胺受体结合产生作用，机制较为复杂，很难对它们各自引起的药理作用进行分类。目前研究发现，H_1 受体广泛分布于外周和中枢系统中，主要介导炎症反应、过敏反应和其他几种药物反应。H_2 受体主要分布于胃黏膜的壁细胞中，调节胃酸分泌。在某些组织中，H_1 受体、H_2 受体能引起相似的药理效应，而在其他组织中，两者相互拮抗而产生截然不同的作用。另外动物种属差异使药理作用分类更加困难，H_3 受体可调节神经递质的释放；H_4 受体与嗜酸性细胞等介导的炎症反应有关。临床上组胺本身并不直接用于治疗，而是用组胺受体阻断剂来抑制内源性组胺的作用，下面重点讨论具代表意义的组胺 H_1 受体、H_2 受体的作用。

　　（1）心血管系统　组胺对动物循环系统的作用主要有：使末端小动脉和微循环血管扩张；毛细血管的渗透性增加而引起水肿；大动脉或大静脉收缩。上述效应与动物种类有关，组胺能引起啮齿类动物小动脉强烈收缩，但在猫的体内则很少发现，在犬、灵长类和人体内的作用却相反。

　　组胺作为加压物质，在兔体内能引起大血管强烈收缩，但在食肉动物体内此作用微弱，只是引起微循环血管强烈收缩，在猫、犬和灵长类体内则因外周血管舒张而引起剂量依赖性低血压，动物代偿性反射和组胺的迅速失活使得这种作用很快消失。

组胺对心脏的作用远不及其对血管的影响。实验表明，组胺能使离体心肌细胞收缩增强和心率加快，其原因是神经末梢释放去甲肾上腺素和组胺直接激活心肌细胞上的 H_2 受体。现已证实，动物注射组胺引起的心脏反应可能与心脏的 H_2 受体被激活有关。

（2）**非血管平滑肌**　组胺作用于 H_1 受体能引起豚鼠、猫、兔、犬、山羊、犊牛、猪、马等动物和人的支气管平滑肌收缩，其中豚鼠最为敏感，小剂量即可引起死亡。相反，组胺也会使某些动物的呼吸道平滑肌舒张，如组胺与 H_1 受体、H_2 受体结合使猫的气管舒张，与 H_2 受体结合使羊的支气管舒张。

组胺可引起动物子宫平滑肌收缩，但在大鼠内却出现相反的作用（H_2 受体介导）。组胺对肠平滑肌的作用也与动物种类有关，但主要还是起收缩作用（H_1 受体介导）。

（3）**外分泌腺**　组胺对各外分泌腺的作用不一，按效应的强弱其顺序为：胃腺、唾液腺、胰腺、支气管腺和泪腺，仅当组胺与 H_2 受体结合时会刺激胃分泌盐酸和少量胃蛋白酶原。

（4）**其他**　组胺和细胞的增殖与分化有关，同时影响细胞的造血功能和伤口愈合等功能。组胺可能介导多种炎症甚至是感染性疾病的发生。组胺通过不同途径在正、负两个方向调控宿主的免疫应答过程，是参与过敏（变态）反应和炎症反应的重要化学介质。组胺主要通过与其受体结合发挥生物学效应。

13.1.3.2　抗组胺药

（1）**H_1 受体阻断药**　H_1 受体阻断药是稳定的脂溶性胺，它们能可逆地抑制组胺引发的外周效应，如胃肠道和气道平滑肌的收缩、感觉神经元末梢的刺激（瘙痒）和由于毛细血管与小静脉渗透性增加而引起的水肿，可逆地抑制组胺引起的血管舒张反应。H_1 受体阻断药可完全对抗组胺引起的支气管、胃肠道平滑肌的收缩作用。小剂量的组胺即可引起豚鼠呼吸停滞而死亡，如先给予 H_1 受体阻断药，可保护豚鼠耐受数倍甚至千倍致死量以上的组胺作用而不死亡。亦可治疗豚鼠以支气管痉挛为主要症状的过敏性休克。引起过敏性休克的因素除组胺外，还有其他介质，因此单独使用 H_1 受体阻断药对机体的过敏性休克几乎无效。但对组胺引起的毛细血管扩张和通透性增加（局部水肿）有很强的抑制作用；对组胺引起的血管扩张和血压降低，此类药仅产生微弱作用，需同时应用 H_1 受体和 H_2 受体阻断药才能完全对抗。

除了以上传统作用外，H_1 受体阻断药还具有抗炎作用，可减少炎症细胞（如肥大细胞）释放炎症介质，但其作用机制尚不明确，也不清楚是否能达到有效血药浓度。刺激犬皮肤肥大细胞释放组胺的研究结果表明，特非那定和氯雷他定有抑制组胺释放的活性，但高剂量的特非那定却促进组胺释放。另外，抗组胺药还能控制 NF-κB 介导的炎症反应，如减少抗原分子、细胞黏附分子、致炎细胞因子的表达及炎性细胞的趋化反应。

组胺引起的动脉血压降低由 H_1 受体和 H_2 受体共同介导，故 H_1 受体阻断药仅能拮抗部分作用。组胺刺激胃液的分泌主要是由 H_2 受体介导，H_1 受体阻断药对此没有作用。H_2 受体阻断药能够对抗组胺引起的胃液分泌增加及其他已确定的由 H_2 受体介导的效应，如兴奋大鼠子宫平滑肌、兴奋心脏等其他作用。

多数 H_1 受体阻断药可通过血脑屏障，有不同程度的中枢抑制作用，表现为镇静或嗜睡。多数 H_1 受体阻断药具有抗胆碱作用，产生较弱的阿托品样作用，还有较弱的局麻作用并对心脏产生奎尼丁样作用。

特非那定、氯雷他定、咪唑斯汀等均属于第二代 H_1 受体阻断药，对外周神经系统的 H_1 受体有高度选择性，而对中枢神经系统的 H_1 受体亲和力较低，因此中枢抑制作用较弱，也无抗胆碱样作用。体外受体结合实验和动物试验的研究已证明了这一点，体外实验表明特非那定具有特异性抗组胺 H_1 受体的作用。体内研究中特非那定优先与外周 H_1 受体结合而不与中枢 H_1 受体结合，因此没有抑制中枢神经系统作用。

咪唑斯汀对 H_1 受体也具有亲和力高、强效、高选择性的特点，具有抗组胺和抗其他炎症介质的双重作用，可以抑制多种炎症介质如白三烯、肿瘤坏死因子等的产生，避免组胺诱导的毛细血管通透性增加、水肿及支气管痉挛等现象的发生。该药在抗组胺剂量下没有产生抗胆碱、镇静作用以及心血管方面的不良反应，咪唑斯汀对炎症反应的抑制主要是通过 5-脂氧合酶通路实现的。

以豚鼠为实验动物，比较了多种抗组胺药物的作用效果，显示氯雷他定有很强的抗组胺作用，同对照药物特非那定、阿司咪唑、异丙嗪和苯海拉明相比，氯雷他定有更长的持续作用时间，达 15～24h；而特非那定仅为 6～8h。氯雷他定还有较好的抗变态反应作用，并保持了对中枢神经系统 H_1 受体低亲和性的特点。

枸地氯雷他定是在地氯雷他定基础上，经结构修饰形成的一种新化合物，枸地氯雷他定在体内会快速转化为地氯雷他定，药效学试验结果证明枸地氯雷他定有明显的抗组胺作用，且作用强度与地氯雷他定相似。

（2）H_2 **受体阻断药** H_2 受体阻断药能与胃黏膜壁细胞基底外侧表面的组胺 2 型受体结合，抑制胃酸的产生和分泌，24h 内可抑制 70% 的胃酸分泌，可高效阻断基础胃酸和夜间胃酸的产生，并对组胺、五肽胃泌素、咖啡因、胰岛素、倍他唑、迷走神经、假饲和食物等刺激的胃酸分泌也有较强的抑制作用，但对胃蛋白酶的分泌影响较小，对胰岛素的分泌则无影响。西咪替丁、雷尼替丁、法莫替丁和尼扎替丁四种常用的 H_2 受体阻断药抑制胃酸分泌的相对效力为西咪替丁最弱，法莫替丁最强，相差 20～50 倍，临床上常用于治疗消化性溃疡、胃泌素瘤、胃食管反流病等胃肠道疾病。H_2 受体阻断药抑制胃酸分泌会使胃内 pH 值升高，使空腹状态下的血清胃泌素浓度增高，达 10～20ng/L，在进食后达 30～40ng/L。四种药物均可减少胃蛋白酶原的分泌，胃内 pH 值升高至 4 以上，导致胃蛋白酶活力降低，从而降低消化活性。但四种药物对下端食管括约肌和胃排空能力均无影响。

13.1.3.3 前列腺素

在生理状态下，前列腺素主要作用于血管和平滑肌，参与血小板凝集、炎症反应、疼痛、发热、神经冲动传导和细胞生长等。前列腺素对大多数体细胞的作用，可认为是一种保护作用。例如，肾脏内的前列腺素能维持肾髓质的血流量；胃肠道内的前列腺素会保护胃黏膜不受胃酸损害；小肠内的前列腺素能引起腹泻，排出有害物质。甚至引发的疼痛和炎症对机体来说也是一种保护性机制。

许多前列腺素的生理（药理）效应常常是相反的，如 PGI_2 和 TXA_2 往往同时生成，作用相反，用以平衡生理功能；PGE_2 和 $PGF_{2\alpha}$ 的作用也互相拮抗，使内环境得以维持稳态。一般而言，PGF 和 PGE_2 可使平滑肌扩张或松弛，而 PGD 和 TXA_2 可使平滑肌收缩，详见表 13-2。

表 13-2　前列腺素在组织中的主要生理学作用

靶点	前列腺素	作用	效应
子宫	$PGF_{2\alpha}$	子宫肌收缩	流产,分娩
黄体	$PGF_{2\alpha}$,PGE_2	黄体溶解	
胎盘	PGI,PGE	血管舒张	保持血流,开放胎儿血管
动脉	PGE,PGI	血管舒张	降低血压,增加器官血流量
(阻力血管)	$PGF_{2\alpha}$	血管收缩	升高血压,减少器官血流量
血小板	PGI	抑制血小板凝聚	抗血栓形成
	TXA_2	血小板凝聚	促进血栓形成
肾脏	PGE	血管舒张,利尿	低血压时起保护作用
胃	PGE,PGI	降低胃酸分泌	抵抗溃疡形成
黏膜	PGE	增加黏液和重碳酸量,促进上皮生成	抵抗溃疡形成
支气管平滑肌	PGE	松弛	支气管舒张
	PGD,TXA_2	收缩	支气管收缩
炎症	PGE,PGD_2	增加血管通透性,趋化作用	发炎
免疫细胞	PGE_2	兴奋或抑制	免疫调节
伤害感受器	PGE	降低临界值	疼痛
丘脑下部	PGE	改变体温	发热

　　前列腺素是兽医临床上常用的一类药物。在畜牧生产中,主要利用其溶解黄体和收缩子宫的作用。应用于小动物时,还利用其扩张血管、扩张支气管、保护胃黏膜等作用。下面总结了前列腺素在畜禽或小动物体内已经确证的生理及药理活性,但由于前列腺素在不同动物间种属差异较大,所以源自一种动物的数据并不适用于其他动物。

　　(1) **生殖系统**　在生殖系统中,前列腺素与黄体溶解、流产及分娩有关。$PGF_{2\alpha}$ 一直被认为是某些非灵长类动物(如母马、母牛、母猪、母羊和豚鼠)子宫分泌的黄体激素,控制黄体的生命周期。如在未怀孕母牛体内,黄体激素即 $PGF_{2\alpha}$ 在发情期中每隔14d或15d释放一次,黄体降解可引起动物再次发情,怀孕可抑制黄体激素释放,促使黄体存留于体内而使胎儿得到生长发育。

　　除溶解黄体外,$PGF_{2\alpha}$ 还可收缩子宫平滑肌,分娩时前列腺素在血液中浓度增加,进一步证实了 $PGF_{2\alpha}$ 对促使黄体裂解、降低孕酮含量和对收缩子宫平滑肌的重要性。PGE_2 对妊娠各时期的子宫都有收缩作用,以妊娠晚期子宫最为敏感。药物可直接作用于子宫平滑肌,刺激子宫平滑肌产生类似足月临产的子宫收缩效应,也可直接使宫颈变软,有利于宫颈扩张。前列腺素浓度升高与流产和早产也密切相关。

　　(2) **心血管系统**　前列腺素对血流动力学的影响与前列腺素种类和动物种属有关。PGs衍生物影响大动脉、小动脉、毛细血管、小静脉及大静脉血管平滑肌的收缩力,改变其外周血管的阻力。PGE 和 PGA 类前列腺素尤其是 PGE_2,对大多数动物有松弛血管平滑肌的作用,但 $PGF_{2\alpha}$ 一般引起血管收缩。在某些特定的血管丛,也发现了 $PGF_{2\alpha}$ 的舒血管和 PGE_2 的缩血管效应。

　　血管舒张剂 PGI_2、PGE_1 和 PGE_2 可引起全身血压下降,而血管收缩剂 $PGF_{2\alpha}$ 可引起血压上升。PGI_2 是重要的血管紧张性生理调节剂,可降低血压,同时伴随着心输出量的增加和全身血管阻力的降低。

　　(3) **炎症和疼痛**　当遭到有害刺激如感染、物理损伤、烫伤及化学创伤时,机体软组织会释放前列腺素及其他二十碳烯酸类物质。自这些受刺激或损伤细胞中释放的前列腺素,会导致不同的局部炎症反应和疼痛。大量前列腺素可直接刺激感觉神经末梢引发疼痛。而且少量前列腺素使感觉神经末梢对其他疼痛刺激物如缓激肽、组胺及其他炎症介质的敏感性增加。某些前列腺素，如 PGE_2 和 PGI_2 等，能促进激肽及其他自体有效物质引发组织水肿和充血效应。

（4）**其他** 除对生殖系统及心血管系统的作用外，前列腺素还可影响很多器官平滑肌的收缩力。很多组织存在着不同类别的前列腺素，前列腺素对每个组织的生理效应受年龄、健康状态、性别及内分泌状态的影响。前列腺素中的 F 类，尤其是 $PGF_{2\alpha}$，通常引起气管和支气管平滑肌收缩。前列腺素中的 E 类，一般引起呼吸肌舒张。对于气喘病人，$PGF_{2\alpha}$ 的存在可诱导强烈的支气管痉挛，而 PGE_2 和 PGE_1 是强有效的支气管舒张剂。

PGI_2 影响小肠平滑肌蠕动和液体转运机制，发挥止泻作用。相反，PGE_2 松弛小肠平滑肌产生泻下，这是临床应用 PGE_2 时不得不考虑的制约因素。

PGI_2 是很多动物胃黏膜的分泌物，对胃黏膜组织具有明显的血管舒张作用，减少由五肽胃泌素引起的胃酸的分泌量。故 PGI_2 既是胃酸分泌的抑制性调节剂，也是胃功能性充血的保护剂。阿司匹林类药物使用后引发胃刺激及胃溃疡，也是其抑制 PGI_2 合成所致。

13.1.4 药代动力学

13.1.4.1 组胺

组胺内服吸收效果差，注射则吸收完全，吸收后迅速被代谢或分布至其他组织，故药效短暂。组胺在体内的生物转化主要包括甲基化、氧化和乙酰化三个主要步骤。组胺经组胺 N'-甲基转移酶催化生成 1-甲基组胺，大部分再通过单胺氧化酶（monoamineoxidase，MAO）氧化为甲基咪唑乙酸（>50%），也可由二胺氧化酶催化氧化脱氨过程生成咪唑乙酸，再与核糖共轭成为糖苷（>25%），仅有小部分组胺在胃肠道内乙酰化，吸收并分泌于尿内（1%）。少量游离组胺以原型从尿中排出（2%～3%）。

组胺代谢迅速，大多数组胺通过 N-甲基转移酶途径代谢，该途径存在于中枢神经系统、肠道平滑肌、小肠黏膜、肝脏和肾脏中，其余的组胺通过位于小肠黏膜、肝脏、肾脏、嗜酸性粒细胞、胎盘和皮肤中的二胺氧化酶代谢，主要代谢产物是 N-甲基咪唑乙酸。

13.1.4.2 抗组胺药

抗组胺药物在动物体内的药动学研究方面的文献报道较少。

（1）**H_1 受体阻断药** 第一代 H_1 受体阻断药口服易吸收，在 2～3h 内达到血浆峰浓度，0.5h 内显效，但作用维持时间较短，仅 4～6h，体内分布容积大，清除速率慢。动物经口给药后，一般在服药后 20～45min 出现作用，作用持续时间为 3～12h。静脉注射后则立即发生作用，但此给药途径会导致中枢神经系统兴奋以及其他副作用的出现，所以除用于治疗急性过敏反应（首选肾上腺素）外，极少被推荐使用。肌内注射副作用很少，较为常用。局部应用对某些皮肤病也有较好的疗效。

单胃动物内服苯海拉明后易吸收，30min 即显效，作用时间 4h，反刍动物内服苯海拉明不易吸收，宜注射给药；盐酸苯海拉明药动学参数在雌雄大鼠间具有明显差异，可能与激素对代谢的影响有关。

盐酸异丙嗪的作用时间长，可持续 24h 以上。有研究者对正常大鼠和模拟失重大鼠灌服低、中、高三个剂量（4.5mg/kg、9.0mg/kg、18mg/kg）的异丙嗪后，发现药时曲线下面积（$AUC_{0-\infty}$）与给药剂量成正比关系；正常大鼠和模拟失重大鼠灌服 9.0mg/kg 异丙嗪后，异丙嗪于 5min 后已快速分布于各主要组织中，在 30min 左右各组织中异丙嗪的浓度已达到峰值，然后逐渐消除，消除迅速，不易在组织中积蓄。

氯苯那敏在犬体内吸收良好，达峰时间短，半衰期约 24h。但有些药物（氯马斯汀）吸收不良，还有些药物（羟嗪）虽吸收良好，但吸收后代谢迅速。

第二代 H_1 受体阻断药作用持续时间较长，内服吸收快且安全，由于不同药物的代谢速率和组织分布各异，达峰时间也不同，约 1~4h 血浆浓度达峰值。除特非那定和美喹他嗪的作用时间持续 12h 外，其余均达 24h 之久。大多数第二代抗组胺药，如特非那定、依巴斯汀、氯雷他定等经细胞色素 P450（cytochrome P450，CYP450）代谢后，可产生药理活性物质。阿司咪唑起效慢但作用持久，内服可迅速吸收，其活性代谢物去甲基阿司咪唑需 4 周才能达到稳态血药浓度，代谢产物的 $t_{1/2\beta}$ 长达 10.8d。地氯雷他定口服吸收良好，30min 内可在血浆内检测到其存在，约 3h 后达血药峰浓度；$t_{1/2\beta}$ 约为 27h，可每日给药 1 次。羟嗪通过静脉或口服给药均能迅速转化为其活性代谢物西替利嗪。有些第二代 H_1 受体阻断药则不经 CYP 代谢。如咪唑斯汀 65% 由体内葡醛酸化酶代谢。在大鼠和犬体内进行的药代动力学研究结果表明枸地氯雷他定与地氯雷他定的口服吸收药代动力学参数基本一致。

H_1 受体阻断药应用于马和反刍动物的药代动力学数据更是少之又少，马以 0.2mg/kg 剂量口服氯马斯汀后，仅有 3% 被吸收，吸收后血药浓度迅速下降；以 0.05mg/kg 剂量静脉注射后，氯马斯汀代谢生成西替利嗪，能持续产生药理作用达 5h，但口服此剂量不产生或产生微弱药理作用。

（2）H_2 **受体阻断药**　西咪替丁、雷尼替丁、法莫替丁是兽医临床上治疗动物胃和十二指肠溃疡、胃糜烂和胃炎的有效药物，关于 H_2 受体阻断药用于动物的药动学研究较少。

① 西咪替丁。以 10mg/kg、40mg/kg、100mg/kg 剂量梯度给大鼠腹腔给药后，西咪替丁的药时曲线下面积（AUC）和半衰期随剂量增加而增加，总血浆清除率、肾脏清除率和亚砜代谢物清除率则随着剂量的增加而降低。

犬单次口服西咪替丁（5mg/kg）后，迅速吸收（$T_{max}=0.5h$），平均绝对生物利用度为 75%，口服西咪替丁并同步进食，T_{max} 值变为 2.25h，吸收速率和吸收程度均降低约 40%。西咪替丁在禁食犬体内吸收良好，连续口服 30 天，西咪替丁未在血浆中积累。静脉给药的血浆半衰期为 1.6h。

母马按 4.0mg/kg 的剂量灌胃给药，西咪替丁的血浆平均达峰时间为 120min，血浆峰浓度为（0.35 ± 0.105）mg/mL，平均生物利用度为 14.4%；静脉注射 4.0mg/kg 的西咪替丁，5min 时西咪替丁的平均血浆浓度为（16.9 ± 7.90）mg/mL，480min 降至（0.103 ± 0.075）mg/mL。消除半衰期为（70.6 ± 125）min。

成年马静脉注射 3.3mg/kg 剂量的西咪替丁，血浆内西咪替丁浓度过低，无法测量。而单次口服 10mg/kg 压碎片剂后，约 1.4h 时达血药浓度峰值，为（1.81 ± 0.82）$\mu g/mL$。静脉注射 3.3mg/kg 西咪替丁，其分布和消除半衰期分别为（0.083 ± 0.039）h 和（2.23 ± 0.64）h，全身清除率为（0.443 ± 0.160）L/(h·kg)，分布容积和中央室容积分别为（1.138 ± 0.230）L/kg 和（0.276 ± 0.102）L/kg。

采用体外技术研究了大鼠肠道吸收西咪替丁和雷尼替丁的机制和区域依赖性。空肠和结肠对西咪替丁的吸收率与浓度在 0.0005～40mmol/L 范围内呈线性关系，结构相似的 H_2 受体阻断药法莫替丁和雷尼替丁同时存在时，没有明显的竞争性吸收抑制。空肠和结肠对雷尼替丁的吸收率与浓度在 0.0005～5mmol/L 范围内也呈线性关系，并且与法莫替丁和西咪替丁也没有竞争性吸收抑制。这些数据表明，大鼠空肠和结肠对西咪替丁和雷尼替丁的吸收主要是一个被动吸收的过程。西咪替丁和雷尼替丁的吸收率均存在区域差异。回肠吸收的量最多，十二指肠和空肠吸收量相似，结肠吸收的量最少。

② 雷尼替丁。犬口服盐酸雷尼替丁胶囊，具有吸收快、消除迅速的特点，达峰时间为 1～1.5h，血药浓度波动较大。给雄性比格犬静脉注射 50mg 的雷尼替丁，表观分布容积为 3.5L/kg，消除半衰期（$t_{1/2\beta}$）约为 4h；按 5mg/kg 的剂量口服雷尼替丁片，生物利用度为 73%，0.5～1h 内雷尼替丁血浆浓度达到峰值（2μg/mL），$t_{1/2\beta}$ 为 4.1h，与静脉给药所得参数相似。尿排泄是犬体内雷尼替丁的主要消除途径（占剂量的 62%～75%），其中原型雷尼替丁是犬尿液（0～24h）中的主要放射性成分，约占给药剂量的 40%。在犬体内，雷尼替丁主要发生 N-氧化（30% 的给药剂量）。雷尼替丁可被整个小肠吸收，但回肠末端是胃肠道中吸收的最佳部位。此外，胆汁能促进回肠末端对雷尼替丁的吸收。

盐酸雷尼替丁在马驹体内的吸收较快，平均生物利用度约为 38%。成年马口服给药后，雷尼替丁的吸收率和吸收程度因个体而异。在给药后约 300min 后，显示血浆药物浓度略有上升。静脉注射盐酸雷尼替丁后 5min 时马驹和成年马平均血浆浓度分别为 3266ng/mL 和 5175ng/mL，720min 时分别下降到 11ng/mL 和 37ng/mL。

③ 法莫替丁。法莫替丁片剂口服给药，在大鼠、家兔和犬体内的吸收和消除均较快，达峰时间约为 1.5～3h，达峰浓度和血药浓度差异较大，法莫替丁进入机体后分布广泛，但不易透过胎盘屏障，主要由肝脏细胞色素 P450 代谢，对其他药物的代谢抑制作用弱，引起药物相互作用的可能性较低。

通过评估法莫替丁单剂量和多剂量静脉给药对成年牛皱胃流出液 pH 值的影响，发现成年牛单次静注 0.4mg/kg 的法莫替丁，4h 时体内胃流出液 pH 值较高，但随着后续剂量的增加，效果下降，平均消除半衰期的范围为 3.21～3.54h，法莫替丁单次给药后在 4h 内可以有效地使皱胃流出液 pH 值升高，可以作为成年牛皱胃溃疡的有效辅助治疗手段，但药效持续时间可能随着时间的推移而缩短。

在犬体内进行的法莫替丁两种结晶形式药代动力学研究结果显示，两种结晶形式法莫替丁的 AUC_{0-24h} 值无显著差异，两种晶型具有生物等效性。

13.1.4.3 前列腺素

前列腺素具有广泛的生理和药理作用。天然前列腺素的半衰期很短，约 0.5～5min；而人工合成的前列腺素类化合物，作用时间长于天然产物，因此在兽医临床上常用的为前列腺素类化合物或类似物的人工合成品；$PGF_{2\alpha}$ 及其类似物应用广泛，主要发挥对生殖能力的调控作用。关于人工合成前列腺素在动物体内的药动学研究报道比较有限。

采用放射性免疫法测定血液中 $PGF_{2\alpha}$ 的浓度，Stellflug 等研究了肌内注射或静脉注射的给药方式下氨基丁三醇前列腺素 $F_{2\alpha}$ 在奶牛体内的药动学特征。药动学研究分析表明，给药后 10min 内 $PGF_{2\alpha}$ 的血药浓度达到最大值，C_{max} 约为 6ng/mL，并在 90min 内回归到基准值。在静脉滴注给药方式下，30min 内以 0.5mg/min 的速度给药，$PGF_{2\alpha}$ 的血药浓度在第 5～10min 时可由 38.5ng/mL 升高到 42.5ng/mL，然后在 15～30min 可维持在 29.5ng/mL，清除速率为 17.0L/min，停药后 10min 内可回归到基准值。袁富威等的研究证明奶牛单剂量肌内注射氨基丁三醇前列腺素 $F_{2\alpha}$ 注射液后，机体对药物吸收迅速，消除快，$PGF_{2\alpha}$ 的血药浓度约 10min 达到峰值，100min 后达到注射前的水平，与 Stellflug 的研究结果基本一致。根据药时曲线、峰浓度、AUC 值及相关的临床药效学试验结果，建议牛临床使用剂量为 25mg。马对 $PGF_{2\alpha}$ 黄体溶解作用的敏感性大约是牛的 5 倍，因此马推荐的临床剂量为 5mg。

通过给体重相近的母马和母牛静脉注射 $PGF_{2\alpha}$（每只 5mg），比较分析了母马和母牛的 $PGF_{2\alpha}$ 血浆消除曲线。发现母牛的平均血药浓度高于母马（$P < 0.05$）。母马 $[(42.0\pm8.6)s]$ 和母牛 $[(35.0\pm2.9)s]$ 达到最大 $PGF_{2\alpha}$ 浓度的平均时间无显著差异。母牛血浆 $PGF_{2\alpha}$ 清除率约为母马的 5 倍（$P < 0.0005$），最大血浆 $PGF_{2\alpha}$ 浓度约为母马的 5 倍（$P < 0.002$），分布半衰期和消除半衰期约为母马的 3 倍（$P < 0.005$）。母牛血浆中 $PGF_{2\alpha}$ 的清除率比母马高 5 倍，这与牛的 $PGF_{2\alpha}$ 临床推荐剂量比马高 5 倍是一致的，并支持了母马体内 $PGF_{2\alpha}$ 的代谢清除率比母牛慢的假设。采用高效液相色谱串联质谱法快速分析大鼠血浆中的前列腺素类似物氟前列醇浓度变化，静脉注射 $25\mu g/kg$ 氟前列醇后，消除半衰期约为 $(0.446\pm0.11)h$。

有学者采用定性和定量方法研究了胎鼠和母鼠肝、肾和肺中 $PGF_{2\alpha}$ 的代谢特点。在妊娠豚鼠中，15-羟基前列腺素脱氢酶（15-hydroxyprostaglandin dehydrogenase，15-PG-DH）活性在肾脏中最高，其次是肺，最后是肝脏。胎儿的 15-PGDH 活性在肝脏最高，其次是肾脏和肺。母鼠肾脏和肺的 15-PGDH 活性比胎鼠高 6～10 倍（$P < 0.005$），而母鼠肝脏 15-PGDH 活性低于胎鼠。这表明在胎儿时期肝脏在前列腺素代谢中起主要作用，并可能在成年后保留肺的部分 $PGF_{2\alpha}$ 代谢功能。母鼠肺和胎儿肺对 $PGF_{2\alpha}$ 的作用差异显著。

13.1.5 临床应用

组胺本身无治疗用途，但抗组胺药物（H 受体阻断剂）和前列腺素广泛用于兽医临床。

13.1.5.1 抗组胺药

（1）H_1 受体阻断药 临床上，在发生应激或过敏性综合征时，H_1 受体阻断药常用来对抗内源性组胺产生的药理作用。当然，Eyre 和 Burka 指出介导原发或继发超敏性反应的活性物质有组胺、5-羟色胺、多巴胺、激肽、白三烯（过敏反应中慢反应物质）、血小板激活因子、过敏嗜酸性趋化因子、前列腺素、补体和淋巴因子等，即除了组胺，其他自体有效物质也有重要的作用。因此，临床上单独使用抗组胺药治疗动物过敏性疾病往往无效或作用较弱。

H_1 受体阻断药在兽医临床上主要用于以下疾病的治疗。

① 变态反应性疾病。H_1 受体阻断药对荨麻疹、花粉症、过敏性鼻炎等疗效较好，可作为首选药物，通常选用镇静作用弱的第二代 H_1 受体阻断药。对昆虫咬伤所致的皮肤瘙痒和水肿亦有良效。对血清病、药疹和接触性皮炎也有一定疗效。对支气管哮喘的治疗效果很差，对过敏性休克无效。由于氮卓斯汀和酮替芬可抑制肥大细胞和嗜碱性粒细胞释放组胺和白三烯等炎症介质，亦用于支气管哮喘的预防性治疗。

在兽医临床上，H_1 受体阻断药常用于治疗特异性皮炎引发的瘙痒症。Olivy 等的研究也进一步证实了这一作用。H_1 受体阻断药也可减少对皮质激素的依赖或可与其他抗炎药进行联合使用。Zur 等的重复实验发现，54%的犬用羟嗪（安泰乐）、苯海拉明（可他敏）、氯苯那敏和氯马斯汀时能有效缓解特异性皮炎引起的瘙痒症，其中安泰乐和可他敏效果显著，可被推荐广泛使用。苯海拉明适用于动物皮肤黏膜的过敏性疾病，如接触性皮炎引发的皮肤瘙痒。

在猫体内抗组胺药的药理作用或药物动力学研究比犬少，有报道称对氯苯丁胺和氯马斯汀也能减轻猫的瘙痒症。猫以每 1kg 体重 1mg 的剂量口服西替利嗪后吸收良好，其血药浓度高于人的血药浓度水平。

② 晕动病及呕吐。治疗晕动病、放射病等引起的呕吐，最有效的药物是茶苯海明、苯海拉明和异丙嗪。

当机体受到阈上性不平衡刺激时，一方面表现为眼震，另一方面表现为恶心和晕眩等，将兔一侧迷路破坏后，产生自发性眼震，使用茶苯海明后，可以明显抑制眼震的速度，给药 15min 后见效，作用可持续 2h。

以旋转引起的异食癖作为大鼠晕动病的行为指标，给大鼠腹腔注射苯海拉明后，可减少大鼠对旋转诱导的高岭土的摄取量，有效预防大鼠的晕动病。

③ 呼吸道紊乱。抗组胺药治疗呼吸道炎症和哮喘效果甚微，因除组胺外还有其他的炎症介质参与此病发生发展过程。对患哮喘病的猫，使用西替利嗪并以人的有效治疗剂量（5mg/12h）进行治疗，并不能改善呼吸道嗜酸性炎性细胞浸润现象的发生，也不能改变其他免疫指标。因此，西替利嗪（或其他抗组胺药）不能单独用于猫哮喘病的治疗。

④ 其他。按照临床经验，与组胺有关的多种动物非过敏性疾病，也可用抗组胺药有效治疗。据报道，应用 H_1 受体阻断药治疗有效的疾病包括：马的荨麻疹、各种类型的皮炎、湿疹、急性湿疹性耳炎、昆虫叮咬引发的过敏性皮肤病、营养性蹄叶炎、妊娠性蹄叶炎、阵发性肌红蛋白症或周期性眼炎等，以及反刍动物的臌胀和酮血症，猪的急性化脓性和坏死性乳腺炎、化脓性子宫炎、胎衣不下、妊娠毒血症和肠水肿等。此外，抗组胺药对动物因受到前庭刺激而致的晕动病也有不同程度的疗效。这些药物可作为非处方药用于临床治疗中，但在动物上的效果不及人。

在饲料中分别按 300mg/（头·d）和 600mg/（头·d）剂量添加盐酸苯海拉明和雷尼替丁治疗奶牛蹄叶炎，药物连续使用 15d，间隔 15d，再重复使用，连续使用 3 个月，共 3 个用药周期。试验结果表明，盐酸苯海拉明、雷尼替丁均能有效缓解奶牛蹄叶炎临床症状，显著缩短患牛病程；使用盐酸苯海拉明治疗后，患牛的病程由平均 238d 缩短为 147d（$P < 0.01$）；使用雷尼替丁治疗后，患牛的病程由平均 238d 缩短为 191d（$P < 0.01$）；H_1 受体阻断药较 H_2 受体阻断药对于临床症状的缓解效果更明显。

（2）H_2 受体阻断药

① 抑制胃酸分泌。本类药物在兽医临床上主要用于治疗胃炎，胃、皱胃及十二指肠溃疡，应激或药物引起的糜烂性胃炎等，目前在兽医临床上应用较广的药物是西咪替丁、雷尼替丁和法莫替丁。

兽医临床治疗的经验证明，西咪替丁、雷尼替丁和法莫替丁对治疗动物的胃十二指肠溃疡、胃糜烂、胃食管反流病和胃炎是非常有效的，虽然这些药物的作用效果不尽相同，但均能有效抑制胃酸分泌。犬应用西咪替丁的给药剂量为每 1kg 体重 10mg（静脉注射、肌内注射或口服）时，抑制胃酸分泌的作用能维持 3~5h。因雷尼替丁的半衰期更长，其给药频率可低于西咪替丁。雷尼替丁的给药剂量为每 1kg 体重 2mg（静脉注射、肌内注射或口服），抑制胃酸分泌的作用时间为 8h。法尼替丁的有效剂量为 $0.1\sim0.2mg$，每 12h 给药一次。H_2 受体阻断药在马体内的吸收率比犬差，生物利用度仅为 14%～30%。马的西咪替丁用药剂量为每日每 1kg 体重 40～60mg，雷尼替丁的剂量为每 1kg 体重 2.2～6.6mg，给药间隔均为 6～8h。在马驹的临床治疗中，雷尼替丁剂量以每 1kg 体重 6.6mg 口服或每 1kg 体重 2mg 静脉注射，这两种方式抑制胃酸分泌的作用持续时间分别为 8h 和 4h。

犊牛应用西咪替丁和雷尼替丁的给药间隔为成年牛给药间隔的 75%，药物可维持犊牛皱胃的 pH 值大于 3.5。西咪替丁和雷尼替丁建议的给药剂量分别为每千克体重 100mg 和 50mg，给药间隔均为 8h。

② 胃肠蠕动刺激剂。胃酸分泌能抑制胃部蠕动。给予西咪替丁后，可恢复实验犬由胃酸分泌过多所引起的胃部蠕动抑制。因此，组胺受体拮抗剂可能对胃排空具有一定作用。同时雷尼替丁也能促进胃排空并加强其运动，且能通过抑制胆碱酯酶活性促进结肠蠕动，因此，雷尼替丁可以作为胃肠蠕动刺激剂来促进胃肠道的蠕动。而西咪替丁和法莫替丁无此作用。

③ 抗过敏。组胺 H_2 受体阻断药可减弱组胺对血管的影响，可减轻由过敏引起的炎症反应。但若单用该药进行治疗，临床疗效可能不佳。通常治疗过敏时需要 H_1 受体阻断药来发挥足够的抗组胺作用。

13.1.5.2 前列腺素类似物

前列腺素不仅具有学术研究价值，许多合成的前列腺素类似物也被用于临床，有些甚至被列入世界卫生组织的基本药物清单。常用的药物有前列腺素 $F_{2\alpha}$（$PGF_{2\alpha}$，人工合成的称地诺前列素）、氯前列醇、氟前列醇、氯前列烯醇、米索前列醇和依前列醇等。$PGF_{2\alpha}$ 及其合成类似物调控生殖能力，在兽医临床普遍应用。$PGF_{2\alpha}$ 是由动物子宫内膜产生的黄体激素，在周期性发情动物的间情期后期释放，并且在怀孕动物体内长期存在。地诺前列素虽然是人工合成的商品，但在兽医和许多文献资料中称为 $PGF_{2\alpha}$，当作为商品化合物时二者是可以互换的。氯前列醇、氟前列醇、氯前列烯醇等则属于 $PGF_{2\alpha}$ 的类似物。

（1）同期发情 $PGF_{2\alpha}$ 及其类似物能显著缩短黄体的存在时间，因而可以用来调节牛、绵羊、山羊、猪和马的发情周期，促进发情。在畜牧业上应用最多的是促进母畜同期发情，$PGF_{2\alpha}$ 可以单独或与孕激素联合使用，与促性腺激素释放激素联合用于同步人工授精或胚胎移植。国内外的研究大部分都集中在牛，尤其是肉牛上。在奶牛发情周期的 6～16d（黄体期）内，肌内注射 $PGF_{2\alpha}$ 后 3～5d 母牛可发情。在注射 $PGF_{2\alpha}$ 后 80h 或 72h 和 96h 输精一次或两次，受胎率可达 60%。如不能确定黄体周期时应在第一次注射后的 10～12d 内再重复注射一次，可显著提高母牛的同期发情率，再按上述时间输精就能得到较满意的效果。用氯前列烯醇处理 2 次的奶牛，比用氯前列烯醇处理 1 次的奶牛，其同期发情率、受胎率明显提高；氯前列烯醇在子宫内输入量为 0.2～0.4mg 或肌内注射 0.4～0.6mg，注射 3～5d 内可引起动物发情，以子宫内灌注效果最佳。

前列腺素与着床前胚胎发育也有很强的关联性。早期胚胎是哺乳动物生长发育的起点，如母猪子宫内的 PGs 与其受体之间的相互作用可为胚胎提供一个适合生存的环境，其首先抑制妊娠黄体溶解，引发母体来识别妊娠，从而改善相关微环境，为胚胎着床做好准备。

（2）催产和分娩 根据目的不同，前列腺素的使用可以产生不同的效果，其可以诱发同期分娩，或者使动物提前分娩，从而达到动物皮毛利用等特殊目的，对延期分娩的母牛也有良好的催产作用。也可以促使流产使母畜排出不需要的胎儿，达到计划怀孕的目的。在大型猪场，为便于管理妊娠期母猪，对妊娠期达 110d 以上的母猪肌内注射一定量的 15-甲基前列腺素，一般可在第二天同期分娩。在妊娠期 114d 对后备母猪阴户部注射 0.1mg 氯前列醇钠可诱导分娩，不仅能促进母猪分娩，并且对产仔数也没有明显影响。在奶牛分娩后，应用地诺前列素刺激子宫收缩，可促进胎衣排出。

（3）**治疗繁殖疾病如持久黄体和卵巢黄体囊肿**　利用 $PGF_{2\alpha}$ 及其类似物的溶解黄体作用及其与其他激素之间的相互关系可以治疗家畜某些繁殖疾病，如持久黄体、黄体囊肿、卵泡囊肿、子宫复旧不全、慢性子宫内膜炎、子宫蓄脓等和处理干尸化胎儿。持久黄体可导致动物不发情及不孕。前列腺素可直接作用于黄体细胞，将黄体快速溶解，减少孕酮的分泌。外源性前列腺素随着血液循环到达子宫静脉后，通过反向转运作用被运送进入与子宫静脉相反方向的卵巢动脉，到达卵巢后直接对黄体起溶解作用。对于子宫疾病导致的持久黄体和子宫积脓，用 $PGF_{2\alpha}$ 或氯前列醇钠治疗效果良好。对持久黄体引起的母畜乏情注射氯前列烯醇后，牛经过 2~5d，猪 1~3d 即可发情，有效率达 90% 以上。临床试验采用 0.2mg/（头·次）子宫灌注或 0.2~0.4mg/（头·次）肌内注射氯前列烯醇治疗母牛持久黄体，比较 2 组奶牛给药以后的变化，肌内注射组母牛的催情率为 70%，子宫灌注组则达到了 100%；肌内注射组的受胎率为 62%，子宫灌注组的受胎率则达到了 84%；注射药物的大部分母牛都是在第 3~5d 出现发情表现，但子宫灌注组优于肌内注射组。林松等的研究表明，治疗奶牛持久黄体，青年母牛每头肌内注射 0.2mg 最佳，子宫灌注以每头 0.2mg 为最佳，成年母牛以每头 0.4mg 为最佳。

用 $PGF_{2\alpha}$ 或氯前列醇钠治疗黄体囊肿，可有效地消除囊肿，恢复发情周期。用 0.2mg 的氯前列醇进行子宫灌注，可治疗子宫积脓、子宫内膜炎及早产导致的子宫复旧。持久黄体的存在而导致奶牛产木乃伊样干胎，常用前列腺素或其类似物溶解黄体，通过人工方法将干胎排出。治疗时按 0.2mg/头氯前列烯醇的剂量进行肌内注射或子宫灌注配合人工操作即可排出干胎。

（4）**在公畜繁殖中的应用**　基于 PGs 对雄性动物的生理作用，常利用它来增加精子的射出量和提高人工授精成功率。未用过性激素制剂的公牛和公兔在注射 $PGF_{2\alpha}$ 两小时以内可以增加精子的排出量。由于 PGs 能够促进绵羊子宫平滑肌和子宫颈纵形肌的收缩，增强子宫颈的开张程度以利于精子进入，因而在冷冻精液中加入 PGs 可以提高妊娠率和产羔率。

13.1.6　安全性

传统 H_1 受体阻断药的临床副作用主要是嗜睡、中枢神经系统受抑制或受刺激、胃肠系统紊乱、副交感神经兴奋、局部麻醉、变态反应和致畸胎等。有些患畜在用药几天后或反复使用后镇静作用消除，不再嗜睡。治疗剂量下的第一代抗组胺药会引起困倦或共济失调，第二代新型抗组胺药因无镇静作用而广泛用于临床。

传统 H_1 受体阻断药在推荐剂量下相对无毒性，但剂量过高会导致兴奋、抽搐等。犬以每1kg体重30~45mg的剂量（远远大于治疗剂量）口服苯海拉明会引起兴奋、震颤和肌肉紧张度增加。兴奋常见于犬和猫，其中氯苯那敏的副作用最多。H_1 受体阻断药引起急性中毒时可用镇静药或超短效巴比妥类药物解救，但需谨慎，有可能产生其他的副作用。

新型第二代 H_1 受体阻断药特非那定、左卡巴司汀、氯雷他定、依巴司汀、咪唑斯汀和阿司咪唑等易与血脑屏障重要组成成分——膜泵上的P-糖蛋白结合而难透过血脑屏障，故在治疗剂量时无中枢镇静作用，因此可应用于人医临床上。而它们在兽医临床上的应用效果以及有无镇静作用都有待于进一步研究。

特非那定在高剂量下对动物仍不显示毒性。小鼠及大鼠经口服给药的急性致死量约为5000mg/kg。慢性试验中大鼠和小鼠以 100mg/(kg·d) 的剂量口服1~2年后仍未见任何不良反应，犬以 30mg/(kg·d) 的剂量口服达2年后也不受影响。300mg/kg的剂量下，既不影响生殖力，也无致畸作用，但对母体动物具有毒性。本品无诱变性或致癌性。总之，本品比其他任何抗组胺药毒性要低得多。本品与多数常用抗组胺药在常用剂量（1~10mg/kg）下具有抗组胺活性，但这些药物在致死剂量的10倍以上仍无毒性。

组胺 H_2 受体阻断药的安全性较高，人医报道的不良反应在动物中并不常见，且对病畜来说也不严重。

因为 $PGF_{2\alpha}$ 能增加平滑肌张力，故可引起腹泻、腹部和支气管不适、血压升高等不良反应。在小动物体内，会引起呕吐、诱导流产、引起胎盘滞留等不良反应。地诺前列素不能静脉注射，除非用于诱导流产，否则不能用于怀孕动物。兽医临床应用该药时应谨慎，尤其怀孕动物。

$PGF_{2\alpha}$ 有经皮吸收的可能性，所以呼吸系统异常的动物也不能应用地诺前列素。兔、猫和猴子在局部应用前列腺素时耐受性良好，剂量高达 $1\mu g$ 时不会引起眼部刺激或不适。

13.1.7　相互作用

有研究表明，抗组胺药与脂肪酸或其他药物联用有增效作用。如氯马斯汀或对氯苯丁胺与 n-3/n-6 脂肪酸合用时产生协同作用。抗组胺药、脂肪酸和皮质激素三者联用也有协同作用。据报道，抗组胺药与皮质激素合用，泼尼松的治疗剂量可以减少30%。应用于犬时，一种脂肪酸与氯马斯汀合用较各自单独使用时效果显著，有效率提升达43%。用于猫时，氯苯丁胺与脂肪酸联用较单一治疗效果显著，但 Zur 等的研究结果却相反。

目前在第二代 H_1 受体阻断药中，只有阿伐斯汀、西替利嗪、特非那定通过肝脏代谢排泄。许多药物能影响肝脏 CYP 的功能，从而提高原型药物的血浆浓度。临床联合用药时应当注意，如抗真菌药和大环内酯类抗生素等可抑制 CYP 酶系功能，而使抗组胺药物大量积累。特非那定和阿司咪唑的积累可影响心脏复极化，甚至导致室性心律失常的出现。

H_2 受体阻断药可影响其他药物的清除和吸收。西咪替丁与混合功能氧化酶中的细胞色素 P450 氧化酶上的亚铁血红蛋白相结合，可降低其他药物在肝脏的代谢，导致清除率下降，血清浓度升高，产生毒性反应。如同时服用华法林、茶碱、咖啡因、苯妥英钠和普萘洛尔等最可能产生毒性反应。雷尼替丁的作用虽然比西咪替丁强 4～10 倍，但与细胞色素 P450 的结合力反而低 5～10 倍，而法莫替丁和尼扎替丁几乎不与细胞色素 P450 结合。

H_2 受体阻断药与阳离子化合物均经肾小管排泄因而产生竞争作用。西咪替丁和雷尼替丁影响普鲁卡因酰胺和茶碱在肾小管的排泄，它们可使普鲁卡因酰胺和茶碱的肾脏清除率分别下降 44% 和 18%。

H_2 受体阻断药使胃内 pH 升高从而影响某些药物的吸收。如西咪替丁可降低弱碱性药物酮康唑的吸收。西咪替丁抑制胃内乙醇脱氢酶的活性而增加对乙醇的吸收。某些药物可改变 H_2 受体阻断药的易感性。抗酸药物氢氧化镁和氢氧化铝可使西咪替丁、雷尼替丁和法莫替丁的生物利用度降低 30%～40%，故应用抗酸药物应在服用 H_2 受体阻断药前或后 2h。普鲁本辛增加 H_2 受体阻断药的吸收，而甲氧氯普胺抑制其吸收。苯巴比妥使西咪替丁肝脏代谢率增加 40%，导致生物利用度下降 20%。

13.1.8 剂型

13.1.8.1 H_1 受体阻断药

H_1 受体阻断药包括苯海拉明、异丙嗪、氯苯那敏、阿司咪唑、特非那定、氯雷他定、西替利嗪、氮卓斯汀等，本类药物可口服，也可以注射，因此，兽医临床 H_1 受体阻断药常制成注射剂和片剂。

苯海拉明临床常用制剂为盐酸苯海拉明注射液、盐酸苯海拉明片。肌内注射，一次量，马、牛 100～500mg；羊、猪 40～60mg；犬每 1kg 体重 0.5～1mg。内服，一次量，牛 600～1200mg；马 200～1000mg；羊、猪 80～120mg；犬 30～60mg；猫 4mg。

异丙嗪临床常用制剂为盐酸异丙嗪注射液和盐酸异丙嗪片。肌内注射，一次量，马、牛 250～500mg；羊、猪 50～100mg；犬 25～100mg。内服，一次量，马、牛 250～1000mg；羊、猪 100～500mg；犬 50～200mg。

氯苯那敏临床常用制剂为马来酸氯苯那敏注射液和马来酸氯苯那敏片。肌内注射，一次量，马、牛 60～100mg；羊、猪 10～20mg。内服，一次量，马、牛 80～100mg；羊、猪 12～16mg；犬 2～4mg；猫 1～2mg。

13.1.8.2 H_2 受体阻断药

H_2 受体阻断药主要有西咪替丁、雷尼替丁和法莫替丁，根据本类药物的性质以及兽医临床应用特点，本类药物主要制成片剂。

西咪替丁片，内服，一次量，猪 300mg。每 1kg 体重，牛 8～16mg；犊牛 100mg；马 40～60mg，每日 3 次。每 1kg 体重，犬、猫 5～10mg，每日 2 次。

雷尼替丁片，内服，一次量，马驹 150mg。每 1kg 体重，马 2.2～6.6mg；犊牛 50mg，每日 3 次。每 1kg 体重，犬 2mg。每日 2 次。

13.1.8.3 前列腺素

兽医临床应用较多的前列腺素类药物主要有前列腺素 $F_{2\alpha}$、甲基前列腺素 $F_{2\alpha}$、地诺前列酮、米索前列醇、依前列醇、前列腺烯醇、氯前列醇、氟前列醇等。该类药物适合兽医临床应用的剂型为注射剂。

前列腺素 $F_{2\alpha}$（$PGF_{2\alpha}$）及地诺前列素，主要用于控制母牛同期发情，怀孕母猪诱导分娩。常用制剂为氨基丁三醇前列腺素 $F_{2\alpha}$ 注射液，肌内注射，一次量，牛 25mg；猪 5～10mg。每 1kg 体重，马 0.02mg；犬 0.05mg。

甲基前列腺素 $F_{2\alpha}$，主要用于同期发情、同期分娩，也可用于治疗持久黄体、诱导分娩和排出死胎。常用制剂为注射液，肌内或宫颈内注射，一次量，每 1kg 体重，马、牛 2～4mg；羊、猪 1～2mg。

氯前列醇，兽医临床主要用于控制母牛同期发情和怀孕母猪诱导分娩。常用制剂为氯前列醇注射液、氯前列醇钠注射液。肌内注射，牛 0.3～0.6mg；猪 0.15mg。宫内注入，牛 0.15～0.3mg。

13.1.9　常用药物

13.1.9.1　抗组胺药物

抗组胺药物在结构上与组胺相似，通过竞争效应器细胞膜上的组胺受体，阻止组胺与受体结合而起作用。根据组胺受体的不同，这类药物相应地分为 H_1 受体阻断药和 H_2 受体阻断药。

（1）**H_1 受体阻断药**　该类药物能与组胺竞争效应器细胞膜上的组胺 H_1 受体，阻止组胺进入细胞，从而缓解或消除过敏反应及与组胺有关的非过敏反应的症状。

苯海拉明为 H_1 受体阻断药，可对抗或减弱组胺对胃、肠、支气管平滑肌的收缩作用，对组胺所致的血管扩张有明显的抑制作用。作用快，持续时间短，此外，还有镇静、嗜睡、止吐、局麻作用和轻度的抗胆碱作用。本品适应于动物因组胺引起的皮肤黏膜的过敏性疾病，如荨麻疹、药物过敏、湿疹、接触性皮炎、血清病所致的皮肤瘙痒、水肿和神经性皮炎；小动物因运输引起的晕动、呕吐；组织损伤伴有组胺释放的疾病，如烧伤、冻伤、湿疹、脓毒性子宫炎。也可用于过敏性休克、饲料过敏引起的腹泻、蹄叶炎等的辅助治疗。常用其盐酸盐，制剂为盐酸苯海拉明注射液，其规格为 1mL：20mg 和 5mL：100mg。猪、牛、马的休药期为 28d，弃奶期为 48h。

异丙嗪为氯丙嗪的衍生物，有较强的中枢抑制作用，但比氯丙嗪弱。也能增强麻醉药和镇痛药的作用，还有降温和止吐作用。本品抗组胺作用比苯海拉明强，作用时间持续24h 以上。应用同苯海拉明。因有刺激性，不宜皮下注射。常用其盐酸盐，制剂包括盐酸异丙嗪注射液和盐酸异丙嗪片。猪、牛、马的休药期为 28d，弃奶期为 48h。盐酸异丙嗪注射液的规格为 2mL：0.05g 和 10mL：0.25g；盐酸异丙嗪片的规格为 12.5mg 和25mg。

氯苯那敏抗组胺作用较苯海拉明强而持久，对中枢神经系统的抑制作用较轻，但对胃肠道有一定的刺激作用。应用同苯海拉明。常用其马来酸盐，制剂包括马来酸氯苯那敏片和马来酸氯苯那敏注射液。马来酸氯苯那敏片的规格为 4mg；马来酸氯苯那敏注射液的规格为 1mL：10mg 和 2mL：20mg。

（2）**H_2 受体阻断药**　H_2 受体阻断药在结构上保留组胺的咪唑环，侧链上变化大。目前兽医临床应用较广的药物有西咪替丁、雷尼替丁、法莫替丁和尼扎替丁。H_2 受体阻断药对 H_2 受体有高度选择性，能有效争夺胃壁腺细胞上的 H_2 受体，阻断组胺与之结合，抑制胃酸分泌，并抑制如胃泌素、胰岛素和毒蕈碱样药物引起的胃酸分泌。本类药物在兽医临床上主要用于治疗胃炎，胃、皱胃及十二指肠溃疡，应激及药物引起的糜烂性胃炎等。

西咪替丁又称甲氰咪胍、甲氰咪胺，为人工合成品。本品为较强的 H_2 受体阻断药，能降低胃液的分泌量和胃液中 H^+ 的浓度。还能抑制胃蛋白酶和胰酶的分泌，无抗胆碱作用。主要用于治疗胃肠的溃疡、胃炎、胰腺炎和急性胃肠（消化道前段）出血。常用制剂为西咪替丁片，规格为 0.1g。

雷尼替丁又称为甲硝呋胍、呋喃硝胺。人工合成品。本品抑制胃酸分泌的作用比西咪替丁强约 5 倍，且毒副作用较轻，作用持续时间较长。应用同西咪替丁。常用制剂为雷尼替丁片，规格为 0.1g。

13.1.9.2　前列腺素类

前列腺素是兽医临床常用的一类药物，主要包括地诺前列素、甲基前列腺素 $F_{2\alpha}$、氨基丁三醇前列腺素 $F_{2\alpha}$、前列地尔、地诺前列酮、米索前列醇、依前列醇、氟前列醇、氯前列醇和氯前列烯醇等。

地诺前列素为人工合成的前列腺素 $F_{2\alpha}$（$PGF_{2\alpha}$）。$PGF_{2\alpha}$ 对生殖系统、心血管系统、呼吸系统、消化系统及其他系统具有广泛的作用，在畜牧兽医临床上主要利用其对生殖系统的作用。本品能溶解黄体，从而减少和停止孕酮的产生，使黄体期缩短，使母畜同期发情和排卵，有利于人工同期授精或胚胎移植。牛、马、羊注射本品，会出现正常的性周期。本品对后备母猪提早发情和配种也有良好效果。对于卵巢黄体囊肿或持久黄体，应用本品均可使黄体萎缩退化，促进排卵和发情。

$PGF_{2\alpha}$ 能兴奋子宫平滑肌，对妊娠和未妊娠子宫都有作用。妊娠末期子宫对本品尤为敏感，子宫张力增加，子宫颈松弛，适于催产、引产和人工流产。

$PGF_{2\alpha}$ 主要用于以下方面：①用于同期发情。马、牛、羊注射后出现正常的性周期，注射 2 次，同期发情更准确。②治疗持久黄体和卵巢黄体囊肿。对持久黄体，牛在发情期间肌内注射本品 30mg，第 3 天开始发情，第 4～5 天排卵；对卵巢黄体囊肿的患牛，注射后第 6～7 天开始排卵。③用于马、牛、猪催情。④用于公畜，可增加精液射出量和提高人工授精效果。⑤用于催产、引产、排出死胎，或治疗子宫蓄脓、慢性子宫内膜炎。常用制剂为氨基丁三醇前列腺素 $F_{2\alpha}$ 注射液，规格为 10mL：50mg（以前列腺素 $F_{2\alpha}$ 计）。休药期牛、猪 1 天。

甲基前列腺素 $F_{2\alpha}$，本品具有溶解黄体，增强子宫平滑肌张力和收缩力等作用。主要用于同期发情、同期分娩；也用于治疗持久黄体、诱导分娩和排出死胎以及治疗子宫内膜炎等。大剂量应用可产生腹泻、阵痛等不良反应。应用本品要注意：①妊娠母畜忌用，以免引起流产。②治疗持久黄体，用药前应仔细进行直肠检查，以便针对性治疗。常用制剂为甲基前列腺素 $F_{2\alpha}$ 注射液，规格为 1mL：1.2mg；牛、羊、猪的休药期为 1 天。

氯前列醇为人工合成品，属于前列腺素 $F_{2\alpha}$ 的同系物。在前列腺素制剂中，本品黄体溶解作用最强，能迅速引起黄体消退，并抑制其分泌，毒性最低。对子宫平滑肌也有直接兴奋作用，可引起子宫体平滑肌收缩，子宫颈松弛。对性周期正常的动物，治疗后通常在 2～5d 内发情。妊娠 10～150d 的怀孕牛，通常在注射药物后 2～3d 出现流产。兽医临床主要用于诱导母畜同期发情，治疗持久黄体、黄体囊肿和卵泡囊肿等疾病；也可用于妊娠猪、羊的同期分娩，以及治疗产后子宫复原不全、胎衣不下、子宫内膜炎和子宫蓄脓等。其制剂主要为氯前列醇注射液，规格为 2mL∶0.322mg。

氯前列醇钠是氯前列醇的钠盐，主要用于控制母牛同期发情和怀孕母猪诱导分娩，其制剂包括注射用氯前列醇钠和氯前列醇钠注射液，注射用氯前列醇钠的规格包括 0.1mg、0.2mg 和 0.5mg；氯前列醇钠注射液的规格为 2mL∶0.1mg 和 2mL∶0.2mg。

13.2

解热镇痛抗炎药

解热镇痛抗炎药（antipyretic-analgesic and antiinflammatory drugs）是一类能退高热、减轻局部钝痛，大多数还有抗炎和抗风湿作用的药物。本类药物在化学结构上虽属不同类别，但具有共同的作用机制，即抑制环氧合酶（COX），从而抑制花生四烯酸的进一步代谢，以此减少前列腺素的合成，可以视为前列腺素拮抗剂。环氧合酶有两种同工酶，环氧合酶-1（COX-1）是正常生理酶，可以在许多组织和血小板中持续表达，在血液凝固、外周血管阻力调节、肾脏保护、肠道保护以及内分泌调节方面起到其"保护功能"。环氧合酶-2（COX-2）属于诱导型和内在型同工酶，炎症介质如肿瘤坏死因子 TNF-α、白细胞介素（IL-6、IL-8）等刺激时，COX-2 的表达上调，COX-2 可以在炎症部位产生致炎或抗炎性前列腺素。大多数解热镇痛抗炎药物对 COX-1 和 COX-2 没有选择性，为了避免 COX-1 被抑制而引起的胃肠道副作用，选择性 COX-2 抑制剂和 COX-2 特异性抑制剂应运而生。随着临床应用时间的延长，以及一些大型临床试验结果的揭晓，选择性和特异性 COX-2 抑制剂对胃肠道的安全性得到了广泛的验证。本类药物抗炎作用特殊，与甾体类激素中的糖皮质激素不同，故又称为非甾体抗炎药（non steroidal anti-inflammatory drugs，NSAIDs）。

13.2.1 化学结构

根据化学结构的不同，解热镇痛抗炎药分为苯胺类、吡唑酮类、有机酸类、烯醇类、昔布类等（见表 13-3）。有机酸类又分为甲酸类（包含水杨酸类）、乙酸类（包含吲哚类）、丙酸类（包含苯丙酸类和萘丙酸类）和芬那酸类。根据对环氧合酶的选择性不同又分为非选择性环氧合酶抑制剂和选择性 COX-2 抑制剂。

13.2.1.1 水杨酸类

水杨酸类（salicylates）是苯甲酸类衍生物，生物活性部分是羧酸基团。药物包括阿司匹林、水杨酸钠和卡巴匹林钙等，其化学结构见图 13-7。兽医临床常用药物为阿司匹林。

表 13-3　解热镇痛抗炎药的常用药物分类

分类	常用药物
苯胺类	非那西丁(对乙酰氨基苯乙醚)、扑热息痛[①](对乙酰氨基酚)
吡唑酮类	氨基比林、保泰松(布他酮)、安乃近(诺瓦经)[①]、羟基保泰松[①]
水杨酸类	阿司匹林[①](乙酰水杨酸)
吲哚类	吲哚美辛[①](消炎痛)、苄达明[①](炎痛静、消炎灵)
丙酸类	布洛芬(芬必得)、萘洛芬(消痛灵、萘普生)、酮洛芬[①](优洛芬)、卡洛芬[①]、维达洛芬[①]、氟比洛芬
芬那酸类	甲芬那酸[①](扑湿痛)、甲氯芬那酸(抗炎酸)、氟尼辛葡甲胺[①]、托芬那酸[①]、双氯芬酸钠[①]、依尔替酸
烯醇类	美洛昔康[①]、吡罗昔康、替诺昔康
昔布类	维他昔布[①]、塞来昔布、德拉昔布[①]、伐地昔布

① 该药批准用于兽医临床。

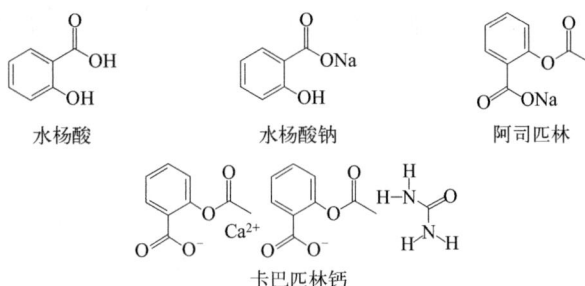

图 13-7　水杨酸类药物的分子结构式

　　1859 年，德国化学家 Herman Kolbe 以苯酚为原料合成水杨酸，并很快形成产业化。此后，另一位德国化学家 Felix Hoffman 发现酯化后的水杨酸（乙酰水杨酸）酸性大大降低，大量动物及临床试验结果证实了其有效性和安全性，随后此药物上市，并命名为"阿司匹林（aspirin）"。阿司匹林因其良好的解热、镇痛、抗炎效果目前已在临床应用超过 100 年。卡巴匹林钙（carbasalate calcium）为乙酰水杨酸钙与脲的络合物，最初由荷兰默沙东公司研制开发。

13.2.1.2　苯胺类

　　苯胺类（aniline derivatives）的有效母核为苯胺，常用药物有对乙酰氨基酚（又名扑热息痛）、非那西丁，具体结构见图 13-8。19 世纪 80 年代，人们发现对乙酰氨基酚和非那西丁具有解热和镇痛活性。由于非那西丁具有严重副作用，如引起溶血性贫血和形成高铁血红蛋白，因而不能作为单一抑制剂被使用，仅用于制备复方制剂。对乙酰氨基酚是非那西丁在体内的主要代谢产物之一。

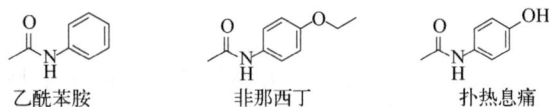

图 13-8　苯胺类药物的分子结构式

13.2.1.3 吡唑酮类

吡唑酮类（pyrazolon derivatives）解热镇痛药是一类以保泰松为代表的药物，还包括安乃近、氨基比林等，具体结构见图 13-9。其中氨基比林和安乃近的解热作用强，保泰松的抗炎作用好。

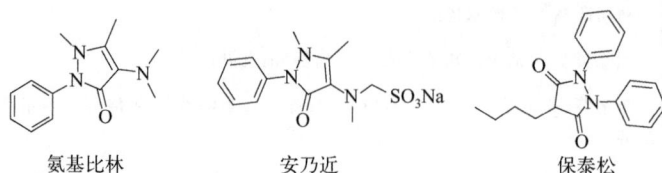

图 13-9　吡唑酮类药物的分子结构式

13.2.1.4 吲哚类

吲哚类（indoles）属芳基乙酸类抗炎药，特点是抗炎作用较强，对炎性疼痛的镇痛效果显著。本类药物有吲哚美辛、阿西美辛、硫茚酸（舒林酸）、托美汀（痛灭定）和苄达明等，部分药物结构见图 13-10。

图 13-10　吲哚美辛和苄达明的分子结构式

13.2.1.5 丙酸类

丙酸类（propionic acids）是一类较新型的非甾体抗炎药，具有较强的抗炎、镇痛和解热作用。为阿司匹林类似物，包含苯丙酸类衍生物（如布洛芬、酮洛芬、吡洛芬、苯氧布洛芬等）和萘丙酸衍生物（萘洛芬），代表性药物的化学结构见图 13-11。

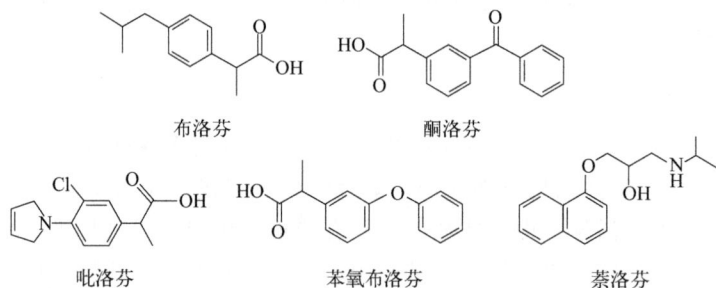

图 13-11　丙酸类药物的分子结构式

13.2.1.6 芬那酸类

芬那酸类（fenamates）也称为灭酸类，为邻氨基苯甲酸衍生物。1950 年就发现其有镇痛、解热和消炎作用，常用药物有甲芬那酸、氟芬那酸、甲氯芬那酸、氯芬那酸、双氯芬酸、氟尼辛葡甲胺等，化学结构见图 13-12。本类药物对环氧合酶-2 有选择性抑制作用。其中氟尼辛葡甲胺是一种动物专用的解热镇痛抗炎药，最早由 Doran、Henry 等于 1996 年研制生产，随后美国先灵葆雅公司开发了其注射液，用于动物疾病的治疗。由于其疗效好、毒性低，在欧美等国家应用广泛，并于 2004 年 10 月被食品药品监督管理局（FDA）批准用于泌乳期奶牛。

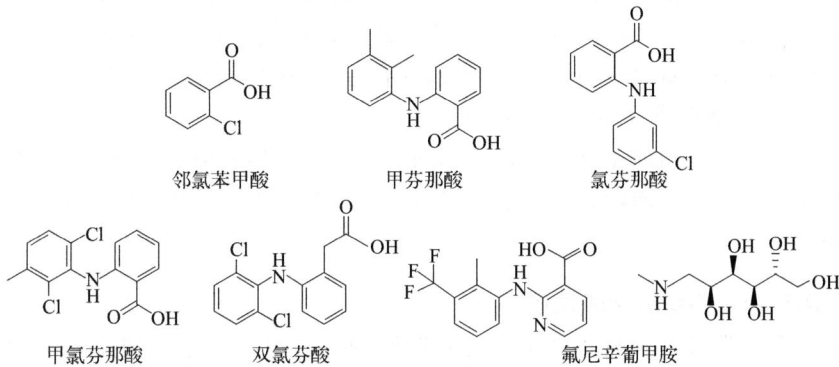

图 13-12　芬那酸类药物的分子结构式

13.2.1.7　烯醇类与昔布类

烯醇类药物为选择性 COX-2 抑制剂，昔布类药物为特异性的 COX-2 抑制剂，通过对环氧合酶-2 的强效抑制作用而减少前列腺素的合成，发挥抗炎、解热和镇痛作用，而对消化道的损伤、肾脏的毒副作用较小。美洛昔康是世界上第一个被研制出的选择性 COX-2 抑制剂，于 1996 年在德国率先上市，属于烯醇类新型非甾体抗炎药物。随后相继研发出了罗非昔布、塞来昔布、帕瑞昔布、德拉昔布和依托昔布等特异性 COX-2 抑制剂，代表性药物的化学结构见图 13-13。昔布类药物属于 COX-2 的特异性抑制剂，其中德拉昔布为动物专用的昔布类药物。

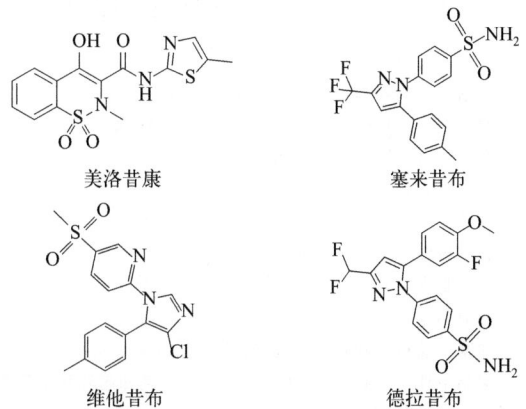

图 13-13　烯醇与昔布类药物的分子结构式

13.2.2　作用机制

解热镇痛抗炎药均可通过抑制环氧合酶（COX），从而抑制花生四烯酸合成前列腺素。该类药物对酶的作用有三种方式：①竞争性地抑制酶的活性，如布洛芬、甲芬那酸、吲哚美辛等。②不可逆地抑制酶的活性，如阿司匹林、氟比洛芬、甲氯芬那酸，此类药物的药效更好。阿司匹林还可作用于酶的活性部位，使丝氨酸残基乙酰化。③捕获氧自由基。

COX 有两种同工酶，即作为结构酶的 COX-1 与作为诱导酶的 COX-2，传统的非甾体抗炎药物多以羧酸基为活性基团，尽管根据它们的化学结构可分为苯丙酸类、苯乙酸类、吲哚类、丙酸类等，但是羧酸基团主要与 COX（包括 COX-1 和 COX-2）的 120 位精氨酸结合，所以其疗效和副作用相差不大。多属于非选择性 COX 抑制剂，即大多解热镇痛抗炎药对两种同工酶没有选择性，对 COX-1 也有较强的抑制作用。新型的非甾体抗炎药物如氟尼辛葡甲胺、美洛昔康、昔布类药物等，不是以羧酸基团为主要活性基团，被称为 COX-2 的选择性抑制剂或特异性抑制剂。

尽管解热镇痛抗炎药的化学成分各不相同，但其原理都是抑制前列腺素的合成从而发挥其药理作用。经过多年的研究，发现解热镇痛抗炎类药物的主要药理作用为解热、镇痛和消炎作用。

13.2.2.1 环氧合酶和脂氧合酶途径

在炎症、肿瘤等各种病理条件下，受到刺激的各种组织细胞的细胞膜磷脂在磷脂酶 A_2 的作用下释放花生四烯酸（arachidonic acid，AA），AA 有两种主要代谢途径：①花生四烯酸经过脂氧合酶作用产生白三烯；②花生四烯酸在环氧合酶催化下形成前列腺素 G_2，再经内过氧化物酶催化形成 PGH_2，PGH_2 在异构酶作用下生成 PGE_2，在血栓素合成酶作用下生成血栓素 A_2 和血栓素 B_2。前列腺素、血栓素、白三烯是三种参与炎症反应的主要生物活性物质。而解热镇痛抗炎药主要是通过抑制环氧合酶、阻断前列腺素和血栓素 A_2 的产生而起到抗炎、镇痛、退热和抗血小板聚集等作用。与氯丙嗪、水合氯醛的降温作用机制不同，其还可以通过抑制外周前列腺素的合成，而产生镇痛作用。表 13-4 列出了解热镇痛抗炎药除抑制 COX 活性外可能的分子水平的作用机制。

表 13-4 非甾体抗炎药的可能作用机制

非甾体抗炎药的作用机制主要是抑制催化花生四烯酸代谢产生促炎因子的 COX 活性	
一些药物的其他作用	举例
抑制 5-脂氧合酶(5-LO)	替泊沙林
抑制细胞前列腺素的释放，如阻断 MRP4	2-氨基丙酸类、吲哚美辛
抑制 IκB 激酶或者 NF-κB 从而抑制 COX 表达	阿司匹林、卡洛芬、氟尼辛葡甲胺、吲哚美辛、昔布类
在受体水平抑制花生四烯酸的作用	芬那酸类，如托芬那酸
抑制缓激肽作用	氟尼辛葡甲胺、酮洛芬、托芬那酸
调节促炎细胞因子，如 IL-6 和 TNF-α 的释放	卡洛芬、替泊沙林(IL-1、IL-6、TNF-α)
刺激核内受体如 PPAR-γ	水杨酸、2-氨基丙酸类、(邻)氨基苯甲酸、吲哚乙酸
增加胞内 ATP 降解为腺苷	水杨酸
调节 NO 的合成	阿司匹林、吲哚美辛、保泰松
抑制中性粒细胞趋化性或趋化因子[①]	水杨酸、维达洛芬
抑制中性粒细胞激活，从而阻止氧自由基如超氧化物等的释放；溶酶体和非溶酶体释放	氟尼辛葡甲胺、酮洛芬、托芬那酸、卡洛芬
增加软骨蛋白的合成，减少软骨基质降解(蛋白聚糖)	舒林酸的砜代谢物

① 大部分非甾体抗炎药体外实验发现存在浓度依赖性抑制白细胞趋化作用，但是使用临床推荐剂量时并未发现抑制白细胞的趋化作用。

13.2.2.2 COX 家族/COX 异构体理论

到目前为止，已经发现三种环氧合酶：COX-1、COX-2、COX-3。对于 COX-1 和 COX-2 的认识是不断深入和更新的过程。通常认为 COX-1 在体内各种组织中广泛表达（结构酶），主要起维持正常生理功能的作用：COX-1 诱导产生的前列腺素 PGE_2 和 PGI_2，可维持胃肠道黏膜的完整性和调节肾血流量。通过诱导产生 TXA_2 维持血小板凝聚功能，通过诱导 PGI_2 的形成而维持内皮细胞功能。而 COX-2 在大多数正常组织中无表达（诱导酶），其主要在炎性部位表达。基于以上理论，一般认为 NSAIDs 通过抑制 COX-2 产生抗炎、镇痛等治疗作用，而通过抑制 COX-1 产生胃肠道和肾脏等部位的副作用，而选择性或特异性 COX-2 抑制剂在保证相应治疗作用的同时减少了胃肠道不良反应的发生。Simmon 等发现了新型 COX-3，认为它是 COX-2 的异构体，主要在大脑和心脏中表达。

13.2.2.3 其他

除此之外，解热镇痛抗炎药的作用机制还包括：解除氧化磷酸化偶联；从血浆蛋白里置换出内源性抗炎多肽；抑制溶酶体中酶的释放；抑制补体活化；拮抗激酶活性及其产生；抑制氧自由基产生；抑制白细胞聚集和黏附等。不同的 NSAIDs 因为化学结构的不同，在体内发挥抗炎作用的机制也存在差异，不能仅依靠酶相关理论去解释。

13.2.3 药理作用

根据化学结构的不同，解热镇痛抗炎类药物可分为苯胺类、吡唑酮类、有机酸类、烯醇类和昔布类等。各类药物均有镇痛作用，其中吲哚类、芬那酸、烯醇类和昔布类药物对炎性疼痛的治疗效果最好，其次是水杨酸类和吡唑酮类。各类药物的解热和抗炎作用各不相同，苯胺类、吡唑酮类和水杨酸类解热作用较好，而阿司匹林、吡唑酮类、烯醇类和昔布类等的抗炎作用较强。苯胺类几乎无抗风湿作用。

13.2.3.1 解热作用

动物的体温受下丘脑后部体温调节中枢的控制而保持在恒定范围内。体温调节中枢通过对神经和内分泌腺的调节使机体的产热和散热处于相对平衡的状态。即当体温升高时，神经元产生的冲动频率增加，当温度达到调定点以上时，散热过程在进行的同时，产热过程受到抑制，使体温不致过高。相反，当体温降至调定点以下时，产热量立即增加，散热过程受到抑制，使体温不降低。这就是体温调节中枢对体温的调节作用，可使体温处于动态平衡状态。体温调节中枢可受细菌内毒素等外源性致热原和白细胞释放的内源性致热原（现认为主要是白细胞介素-1）的影响。致热原作用于下丘脑的前部，促使前列腺素 E 的大量合成和释放。PGE 使体温调节中枢的体温调定点升高，致使机体产热增加，散热减少，体温升高，动物出现所谓"发热"现象。解热镇痛抗炎药能减少前列腺素的合成，使体温调定点下调，使机体的产热和散热过程恢复平衡，并通过神经调节使皮肤血管扩张，排汗增加和呼吸加快等，以此增加散热，使体温降低到正常水平。本类药物只能使过高的体温下降到正常，而不能使正常体温下降，这与氯丙嗪等作用效果不同。

发热是机体的一种防御反应，热型是诊断疾病的重要依据。故对一般发热，特别是感染性疾病所引起的发热，不必急于使用解热药，而应对因治疗，除去引起发热的病因。在过度或持久高热消耗体力，加重病情，甚至危及生命的情况下，使用解热药可降低体温，缓解高热引起的并发症。应注意，解热药只是对症治疗，要根治疾病，应着重对因治疗。

13.2.3.2 镇痛作用

解热镇痛抗炎药的镇痛作用，主要针对的是外周神经系统。组织产生损伤或炎症时，局部会产生和释放某些致痛化学物质（或称致痛物质）如缓激肽、组胺、5-羟色胺和前列腺素等。缓激肽和胺类直接作用于痛觉感受器而引起疼痛；前列腺素能提高痛觉感受器对缓激肽等致痛物质的敏感性，对疼痛起放大作用；某些前列腺素如前列腺素 E_1、E_2 和 $F_{2\alpha}$，本身也有直接的致痛作用。解热镇痛抗炎药可抑制前列腺素的合成，故会发挥镇痛作用。本类药物对由炎症引起的持续性钝痛，如神经痛、关节痛和肌肉痛等有良好的镇痛效果，而对直接刺激感觉神经末梢引起的尖锐刺痛和内脏平滑肌引起的绞痛无效。

13.2.3.3 抗炎作用

前列腺素也是参与炎症反应的活性物质之一，在发炎组织中大量存在，与缓激肽等致炎物质有协同作用。解热镇痛抗炎药能抑制前列腺素的合成，从而能缓解炎症。本类药物（除非那西丁、对乙酰氨基酚外）均有较强的抗炎、抗风湿作用，对风湿性及类风湿性关节炎引起的相关症状有较好的疗效，能使患畜疼痛减轻、肿胀消退和体温下降等，但不能根治，也不能阻止疾病的发展及并发症的发生。现有的研究发现，其抗炎抗风湿作用是由于抑制致炎物质，如缓激肽、组胺和前列腺素等的生物合成和释放，并通过保持溶酶体膜完整，阻止溶酶体释放酸性水解酶，防止蛋白质被水解，从而减少大量多肽类致炎物质的生成，也有人认为是通过抑制白细胞向炎症部位游走所致。

13.2.4　药代动力学

解热镇痛抗炎药的药物代谢动力学一般特征是：在口服、肌内注射和皮下注射给药的给药途径下均具有良好的生物利用度（但口服给药后马和反刍动物的吸收延迟），且与血浆蛋白高度结合，分布容积低，药物在尿液中的排泄量有限，在消除半衰期和代谢方面均存在显著的间差异，易于渗透到急性炎症渗出液中以此减缓药物代谢速度。种间代谢差异可能是肝脏清除率存在差异所致，与血浆蛋白的高度结合导致肾小球的滤过率增高，且药物在尿液中的浓度相对较低。

13.2.4.1 吸收

解热镇痛抗炎药是脂溶性弱酸药物，所以经口服后在伴侣动物和反刍动物体内均易吸收。在单胃动物的胃内吸收过程遵循 Henderson-Hasselbalch 离子捕获机制，未解离药物在胃液和血浆之间存在浓度梯度。在反刍动物中，药物首先在四个胃内吸收，然后在小肠内被吸收，故存在双相吸收过程。保泰松和甲氯芬那酸在牛体内的生物利用度为 $50\% \sim 60\%$。食物中的其他成分会影响解热镇痛抗炎药在草食动物体内的吸收，药物可能会与饲草（体外实验）或者食物消化残渣（体内实验）结合，因此会影响药物的生物利用度，尤其是在草食动物马体内表现最为明显。对保泰松、甲氯芬那酸和氟尼辛葡甲胺的研究已经证明这点。

临床上，单胃动物（如马）应用解热镇痛抗炎药时通常会通过拌料给药，可减少药物对胃肠道的刺激，也可能会延缓药物的吸收。对个别药物来说，与饲料同服反而会增加生物利用度。例如脂溶性的替泊沙林应用于犬时，当与低脂或高脂的饲料同用时，药物的吸收量会增加，尤其是在与高脂食物同服的情况下，吸收量高于禁食的犬。

阿司匹林内服后在胃肠道前部被吸收，犬、猫和马吸收快，牛、羊慢。反刍动物的生物利用度为70％，血药达峰时间为2～4h，半衰期为3.7h。单胃动物内服吲哚美辛时吸收迅速而完全，血药达峰时间为1.5～2h，血浆蛋白结合率为90％。牛单次（2.2mg/kg）内服氟尼辛葡甲胺颗粒剂，生物利用度为60％；羊单次肌注（1.1mg/kg）氟尼辛葡甲胺，生物利用度为70％；奶山羊按2.2mg/kg剂量静注、肌注和口服氟尼辛葡甲胺，肌注、口服时的生物利用度分别为79％（53％～112％）和58％（35％～120％）。猪口服卡巴匹林钙后，其代谢产物为阿司匹林，平均0.39h达峰，峰浓度为8.42μg/mL；水杨酸平均1.75h达峰，峰浓度为60.47μg/mL。与鸡相比，猪的卡巴匹林钙代谢产物阿司匹林的达峰时间稍慢，水杨酸达峰稍快，但差别不大。

13.2.4.2 分布

大部分的解热镇痛抗炎药与血浆蛋白有较高的结合率（95％～99％或以上），因此体液中分布较少。但氟尼辛葡甲胺在牛体内，托芬那酸在犬、犊牛和猪体内，非罗考昔和罗贝考昔在犬体内的分布容积较大。引起这种差异的原因尚不清楚，有研究认为这些药物可能具有肝肠循环，因而产生这种差异。有实验探究了吲哚美辛和托芬那酸在犬体内的分布特点，二者可以与机体组织中某些未知位点结合。阿司匹林则呈全身性分布，在肝、心、肺、肾皮质和血浆中浓度最高。其血浆蛋白结合率为70％～90％，能进入关节腔、脑脊液和乳汁，能透过胎盘屏障。

解热镇痛抗炎药与血浆蛋白的高结合率可使药物在炎性渗出部位得以蓄积。因为炎性渗出物来源于血浆，血浆内富含血浆蛋白，故解热镇痛抗炎药与血浆蛋白结合后会导致急性炎症部位的药物浓度较高。当药物的体清除率较高或者药物的半衰期较短时，渗出液中的药物浓度往往会高于血浆药物浓度。因其能在渗出物中蓄积，故解热镇痛抗炎药在血浆浓度下降到有效浓度之下时仍有较好的抗炎作用。半衰期较短的药物（如氟尼辛葡甲胺、酮洛芬、维达洛芬和托芬那酸）按一天一次或一天两次的剂量进行给药时也有较好的效果。

乳腺没有感染时，解热镇痛抗炎药在乳腺中的浓度很低，只达到血浆总量（与血浆蛋白结合的和游离的药物之和）的1％甚至更低，主要是由于解热镇痛抗炎药与血浆蛋白结合率高的缘故。在乳腺中的分布同样受Henderson-Hasselbalch离子捕获机制影响，由于乳腺中pH值低于血浆pH值，动物患乳腺炎时，解热镇痛抗炎药渗透进入乳腺的量会在此基础上增加。

13.2.4.3 排泄和代谢（消除）

由于所有经典的解热镇痛抗炎药均为弱酸性药物，因此，它们在尿中的排泄量受尿液pH值影响。由于离子捕获机制，该类药物在草食动物中较易被排泄（如马和反刍动物），而杂食和肉食动物尿液为弱酸性，所以不易被排泄（如犬和猫）。一般而言，药物在动物体内经肾脏排泄后在尿液中可检测到该类药物，但解热镇痛抗炎药与血浆蛋白的结合率较高，限制了肾小球的滤过作用对其的影响，导致血浆中只有较少部分的药物经尿液排泄。因此，大部分的解热镇痛抗炎药在给药后，不论动物种属和尿液pH值如何，仅有少部分药物以原型随尿液排泄。保泰松在马的碱性尿液中的排泄情况可以证明这点，按给药剂量的百分率进行计算，保泰松及其代谢产物羟基保泰松和γ-羟基保泰松在24h后分别排泄给药剂量的 1.9%、11.2%和 12.9%。阿司匹林本身半衰期很短，仅几分钟，但生成的水杨酸半衰期长。猫因缺乏葡萄糖苷酸转移酶，故此药物在猫体内的半衰期较长，且猫对此类药物的蓄积敏感。本品的半衰期有明显种属差异。如：马不足 1h，犬为 7.5h，猫为 37.6h。

关于该类药物代谢方面的数据较少，大部分药物的消除是经肝脏代谢为活性较低或无活性的代谢产物。但是有些药物如阿司匹林和保泰松可分别代谢形成具有活性的水杨酸和羟基保泰松。阿司匹林的去乙酰化反应非常迅速，故阿司匹林在马血浆中的半衰期仅有几分钟的时间。所以研究者认为是阿司匹林的代谢物水杨酸起到了镇痛和抗炎的作用，而阿司匹林起到的主要是抗血栓作用。在解热镇痛抗炎药中，阿司匹林是唯一能够抑制血小板 COX 的药物，并且这种阻断作用是通过共价结合产生的不可逆反应。只要与药物接触很短时间就可以对 COX 产生持久的抑制作用，因此阿司匹林在马体内的半衰期虽然较短（大约 9min），但也不会影响其对血小板 COX-1 的抑制作用。

表 13-5 列出了部分解热镇痛抗炎药物的半衰期，表 13-6 为保泰松在不同动物体内的药物代谢动力学参数。受体清除率和分布容积影响，半衰期是一个可变的参数。

表 13-5 解热镇痛抗炎药物的半衰期

单位：h

动物	水杨酸	氟尼辛葡甲胺	美洛昔康	卡洛芬 $S(+)$、$R(-)$	酮洛芬 $S(+)$、$R(-)$	萘普生	托芬那酸
马	1.0~3.0	1.6~2.1	3	16,21	1.0,0.7	5	7.3
牛/牛犊	0.5,3.7[①]	8	13	37,50	0.4,0.4	—	11.3
猪	5.9	—	4	—	—	5	3.1
犬	8.6	3.7	12~36	7,8	3.5[③]	35~74[②]	5.3
猫	22~45[②]		37	15,20	1.5,0.6		10.8
驴	—	—	—	—	—	1.9	—
人	3.0(口服)	—	20~50	12	—	14	—

①内服。

②剂量依赖性药物动力学参数。

③品种依赖性药物动力学参数（低值是指比格犬，高值是指杂种犬）。昔布类 NSAIDs 在犬内分布半衰期是 6.31h（非罗考昔）和 0.63h（罗贝考昔）。

注：除非特别说明，否则均为静脉注射。

表 13-6 保泰松在不同动物体内的药物代谢动力学参数

品种	消除半衰期/h	清除率/[mL/(kg·h)]
人	72~96	—
牛	42~65	1.24~2.90
绵羊	18	—
山羊	16	13.0
骆驼	13	4.9~10.0
马	4~6	16.3~26.0
犬	4~6	—
大鼠	2.8~5.4	35~86
驴	1~2	170

丙酸类解热镇痛抗炎药（如卡洛芬、酮洛芬等）的药物动力学特点更加复杂，因为这类药物存在旋光异构体 R 和 S。已有的注册药品均为两种异构体按 50：50 比例的混合物。解热镇痛抗炎药的异构体均具有相似的理化特点（如熔点、脂溶性和水溶性），但在机体的手性环境中，它们却具有不同的药理学特性，在药物动力学和药效学上均存在差异。这种差异影响了其临床应用。有证据表明，S-异构体具有药理学活性，但也有少数学者认为 R-异构体具有治疗作用。丙酸类解热镇痛抗炎药的药物动力学数据是将 2 个异构体看成"一个药"得出的，因为这些异构体混合物只是将两种不同的药物按相同比例简单组合在一起的，这样的数据也许就组成了"高度复杂的但无科学意义的结果"。表 13-7 中卡洛芬的药动学实验结果说明，在不同种属动物体内卡洛芬对映体的 AUC 显示出种属差异。表 13-8 和表 13-9 中显示 S-卡洛芬在不同犬个体的体内及非罗昔布在比格犬的 C_{max} 和 AUC 范围。表 13-10 为氟尼辛葡甲胺在动物体内的药动学参数，显示了种属差异。

表 13-7　卡洛芬对映体在不同种动物体内的立体选择性药物动力学参数

动物种类	右旋卡洛芬每千克体重剂量/mg	给药途径（给药持续时间）	AUC/%	
			左旋	右旋
犬（比格犬）[1]	4.0	口服	64	36
犬（其他犬）[2]	2.0	口服（1d）	52	48
		口服（7d）	52	48
		口服（28d）	57	43
猫[3]	0.7	静脉注射	69	31
	0.7	皮下注射	67	33
	4.0	静脉注射	70	30
	4.0	皮下注射	72	28
犊牛[4]	0.7	静脉注射	58	42
马[5][6]	0.7	静脉注射	80～84	16～20
	4.0	静脉注射	80	20
山羊[7]	4.0	静脉注射	74	26

[1] Mckellar 等，1994b。

[2] Lipscomb 等，2002。

[3] Taylord 等，1996。

[4] Delatour 等，1996。

[5] Lees 等，2002。

[6] Armstrong 等，1999a。

[7] Cheng 等，2003。

注：除非特别标注，否则为单剂量给药。

表 13-8　左旋卡洛芬在犬体内的药物动力学个体差异

给药天数/d	C_{max}/(μg/mL)		AUC/(μg·h/mL)	
	平均值	范围	平均值	范围
1	2.95	1.78～3.86	27.4	21.7～35.0
7	3.94	0.00～5.10	35.3	0.00～51.3
28	3.95	1.80～6.72	37.1	14.6～61.2

注：8 只比格犬，公母各半；按每千克体重口服 5mg 单剂量给药。

表 13-9 非罗昔布在比格犬体内的药物动力学个体差异

参数	平均值	范围
C_{max}/(μg/mL)	1.01	0.51～1.37
t_{max}/h	2.63	0.79～4.45
AUC/(μg·h/mL)	11.00	8.55～14.27
V_d/(L/kg)	4.21	2.78～5.08
$t_{1/2}$/h	6.31	3.31～9.99

注：8只比格犬，公母各半；按每千克体重口服5mg单剂量给药。

表 13-10 氟尼辛葡甲胺药代动力学参数

参数 / 动物	给药途径 及剂量	$V_{d(ss)}$ /(mL/kg)	$t_{1/2\alpha}$ /h	$t_{1/2\beta}$ /h	CL /[mL/(kg·h)]	AUC /(μg·h/mL)	$V_{d(area)}$ /(mL/kg)	C_{max} /(μg/mL)	t_{max} /h
小母牛	iv 2.2mg/kg	358～782	0.29	4.1～5.2	115～132	16.8～20	776.5	—	—
	po 2.2mg/kg	—	0.16	—	—	—	—	0.9	3.5
非泌乳牛	iv 1.1mg/kg	500	0.294	8.12	90	12.17	1050	—	—
泌乳奶牛	iv 1.1mg/kg	397	0.16	3.14	150.6	—	—	—	—
	iv 1.1mg/kg	145～199	0.28～0.6	1.50～2.45	31～92	12.0～35.5	100	—	—
马	iv 2.2mg/kg	159	0.16	1.52	61	35.9	—	—	—
	po 1.1mg/kg	—	0.57～0.99	1.69	—	—	—	5.27	0.71
奶山羊	iv 2.2mg/kg	350	—	3.6	110	21	—	—	—
	im 2.2mg/kg	—	—	3.4	—	16	—	6.1	0.37
	po 2.2mg/kg	—	—	4.2	—	12	—	1.2	0.37
	iv 1.1mg/kg	116.66	0.26	2.48	38.96	30.56	—	23.24	—
绵羊	iv 2.0mg/kg	151.8	—	3.43	42	—	—	—	—
	im 1.1mg/kg	—	—	—	—	—	—	5.9	—
骆驼	iv 1.1mg/kg	320.61	0.3	3.76	88.96	12.53	489.43	—	—
	iv 2.2mg/kg	348.84	0.3	4.08	84.86	26.1	497.59	—	—
鸡	iv 1.1mg/kg	—	—	5.45	10	118.6	84	—	—

注：1. 引自吴文学等，2006。

2. iv表示静脉注射，po表示口服，im表示肌内注射。

13.2.5 药效学

除了药物代谢动力学的差异外，解热镇痛抗炎药的药效学在动物种间、种内和个体间也存在差异。该类药物的主要作用是抑制 COX 的活性，从而抑制炎症因子如 PGE_2 和 PGI_2 的释放。按临床推荐剂量给予动物后也证实了该作用。动物试验也证明了解热镇痛抗炎药的镇痛、解热、抗炎、抗血栓和抗内毒素血症的作用。现在认为只有对前列腺素高水平的抑制（80%甚至90%）才能引起临床反应（镇痛等）。

20 世纪 90 年代人们发现 NSAIDs 的作用机制是抑制 COX 酶，抑制前列腺素等炎症介质的合成，但随后在分子水平上进一步探究，发现其药效学机制发生了转变，随着 COX-1 和 COX-2 同工酶的发现，人们意识到 NSAIDs 是通过抑制这两种同工酶产生药效的，本节前面已经介绍过，COX-1 是机体大部分细胞中存在的结构酶，具有一定生理保护功能。COX-2 是一种诱导酶，在机体炎症部位，其含量显著上调，引起炎症介质形成。COX-1 被抑制则产生不良反应，而 COX-2 被抑制则产生治疗作用。

任何药物对组织、器官和酶的作用的药效学特点是通过效能、强度和敏感性体现的。效能（I_{max}/E_{max}）是指药物所能达到的最大反应。这对临床医生来讲非常重要，因为可以评价一个药物如非甾体抗炎药物减轻疼痛的程度。强度或效价是指产生一定反应时所需的体外药物浓度或体内药物剂量，通常是指能够产生 50％最大效应时所需的药物浓度或剂量（EC_{50} 或 ED_{50}），效价常用 IC_{50} 表示。效价对临床医生的意义不如效能。非甾体抗炎药物的剂量反应曲线通常用 S 形曲线表示，该曲线的斜率（N）可测定药物的敏感性。曲线可能比较平缓（斜率<1）或陡峭（斜率≥10），在后一情况下，浓度-效应关系曲线就会变成全或无反应。

对于解热镇痛抗炎药物的效能评价，一般以体外实验测定的药物对 COX-2 的 IC_{50} 与 COX-1 的 IC_{50} 的比值来确定，该比值越小说明对 COX-2 选择性作用越强。一般比值大于 0.3，被认为是非选择性的 NSAIDs，如阿司匹林、布洛芬、萘普生等；比值在 0.01 与 0.3 之间，被认为是选择性 COX-2 抑制剂，如美洛昔康、尼美舒利等；比值小于 0.01 被认为是特异性 COX-2 抑制剂，几乎对 COX-1 无抑制作用，如昔布类药物。但不同动物间的品种差异会造成解热镇痛抗炎药物对 COX-1 和 COX-2 抑制强度不同，进而造成抑制率比值不同。根据对 COX 同工酶的选择程度，解热镇痛抗炎药可以分为 COX-1 选择性抑制剂、非选择性抑制剂或 COX-2 选择性抑制剂（依据选择性的高低）（见表 13-11）。

表 13-11 COX 抑制剂分类

分类	例子	评价
部分选择性或选择性 COX-1 抑制剂	阿司匹林、卡洛芬、酮洛芬、维达洛芬、替泊沙林	对 COX-1 的抑制强度高于对 COX-2 5 倍以上
非选择性 COX 抑制剂	卡洛芬、氟尼辛、酮洛芬、美洛昔康、保泰松、托芬那酸、维达洛芬	对 COX-1 和 COX-2 的抑制作用无显著的生物学或临床差异
部分选择性或中等选择性 COX-2 抑制剂	卡洛芬、塞来昔布、地拉考昔、依托度酸、美洛昔康、尼美舒利、托芬那酸、吗伐考昔	对 COX-2 的抑制强度高于对 COX-1 的 5～100 倍；在抑制 COX-2 活性而非 COX-1 活性的剂量下可产生某些抗炎或镇痛活性；在高剂量时可显著抑制 COX-1 活性
高选择性 COX-2 抑制剂	艾托考昔、非罗考昔、鲁米考昔、罗贝考昔	对 COX-2 的抑制活性地对 COX-1 高 100 倍以上；甚至较大剂量时均无（或弱）体内 COX-1 抑制活性（通常不引起胃肠道溃疡或无抗血小板效应）

表 13-12 S-和 R-卡洛芬在犬和马体内的 IC_{50} 和 COX-1∶COX-2（全血分析法）

对映体	COX-1 IC_{50}/(μmol/L)	COX-2 IC_{50}/(μmol/L)	COX-1∶COX-2
S-卡洛芬（犬）	176	7	25
R-卡洛芬（犬）	380	161	2.4
S-卡洛芬（马）	25	14	1.7
S-卡洛芬（马）	373	137	2.7

注：数据引自 Lees 等（2000，2004a）。

对 COX 的抑制作用的评价可通过测定体内或在体的药效学参数来代替体外测定的

COX 同工酶抑制率比值。采用炎症组织笼感染模型可以获得解热镇痛抗炎药物的在体及体内药物动力学数据和药效学数据，预测药效学参数。该模型在皮下种植组织笼，在具有温和刺激性的角叉菜胶作用下产生炎性渗出物，然后测定体内渗出物中 PGE_2 的抑制程度和持续抑制时间作为评价该类药物抑制 COX-2 能力的指标，同时于标准条件下在体内测定血清中 TXB_2 的合成抑制程度和持续抑制时间作为评价药物抑制 COX-1 能力的指标，通过研究证明了托芬那酸、左旋酮洛芬和氟尼辛是 COX 的非选择性抑制剂。品种差异也会造成非甾体抗炎药对 COX-1 和 COX-2 抑制强度不同，进而造成 COX-1：COX-2 比率差异（表 13-12）。有研究发现卡洛芬对犬（COX 比率为 6.5）和猫（COX 比率为 5.5）体内的 COX-2 为部分选择性或选择性抑制剂，但它对马（COX 比率为 1.9）体内的 COX-2 属于非选择性抑制剂，但在对人体内分类为 COX-1 的选择性抑制剂（COX 比率为 0.02）。因此，此类药效学研究需要在药物适用的靶动物中进行，并且数据不能在物种之间外推。

总之，对非甾体抗炎药来说，药物动力学参数尤其是清除率和半衰期在不同品种，甚至种间、种内及个体之间存在着差异。同时在抑制 COX-1 和 COX-2 及控制临床反应方面也存在着品种、种内及个体差异，这些差异可以解释临床医生和畜主在临床中遇到的非甾体抗炎药的治疗反应和耐受性方面的差异，因此，个体化的临床评价和判断对于一些药物仍是必需的。

13.2.6　临床应用

该类药物在临床上的应用已长达 100 年之久，是世界范围内使用最为广泛的药物之一。该类药物在兽医临床主要用于治疗下列疾病。

13.2.6.1　骨骼肌和关节的炎症和疼痛

动物的疼痛很难识别，并且对疼痛强度进行评价也特别困难。现在越来越多的证据表明动物能够感知疼痛，并且也像人一样在遭受疼痛的折磨。解热镇痛抗炎药在兽医临床主要用于治疗急性损伤（如交通事故造成的损伤和马、猫的运动损伤）、马疝气引起的严重疼痛和关节炎引起的慢性疼痛等。解热镇痛抗炎药也被广泛地用于治疗外科和内科临床相关的急性疼痛。

Wagner 等研究表明单次静脉注射 2.2mg/kg 氟尼辛葡甲胺，在治疗后 6~24h 内可以减轻奶牛跛行引起的相关疼痛。阉割、跛足经常出现在养猪业，会引起疼痛和炎症，美洛昔康是常用的解热镇痛抗炎药。Richards 等将酮洛芬用于奶牛难产镇痛的临床治疗，发现产后立即使用酮洛芬可降低胎衣不下的发生率，但对子宫内膜炎的发生率和奶牛繁殖能力没有影响。Newby 等应用美洛昔康治疗奶牛难产，发现这些奶牛的采食量有所增加，对奶牛产后恢复有积极影响，但是对其产乳量和代谢指标等方面无影响。Barrier 等报道美洛昔康用于奶牛剖宫产引起的疼痛的治疗，有利于奶牛产后恢复。

有研究显示在治疗伴侣动物的术后疼痛时，解热镇痛抗炎类药物和阿片类药物一样有效。张云现等发现，美洛昔康能有效缓解犬猫术后疼痛以及关节损伤等引起的疼痛。林红等研究证明，美洛昔康注射液可明显缓解犬髋关节发育不良引起的疼痛。Lascelles 等表明，犬在进行子宫切除手术时，术前给药较术后给药相比，镇痛效果更好。术前使用解热镇痛抗炎药的另一个优点是可以减轻水肿，避免伤口恶化。解热镇痛抗炎药的作用一般比较持久，没有像阿片类药物的中枢抑制作用，并且较少有法律限制，所以解热镇痛抗炎药通常可作为阿片类药物的替代药物，其可以延长阿片类药物镇痛作用的持续时间。兽医临床允许使用的药物中，卡洛芬和替泊沙林适合术前和术中给药。

兽医临床最常见的慢性疼痛是由关节炎引起的，如犬和马的骨性关节炎。解热镇痛抗炎药是唯一适于中长期口服治疗骨性关节炎所致疼痛的药物。和其他炎症形成机制相似，许多炎症介质参与关节炎的形成和滑膜内层血管增生。犬的风湿性关节炎与骨性关节炎多为急性炎症，犬骨性关节炎引起的急性炎症比马更明显，所以对马的骨性关节炎，有些学者更倾向称之为关节退行性病变（degenerative joint disease，DJD）。推荐阿司匹林的应用剂量为犬 10~20mg/kg，每天两次，猫 10~20mg/kg，每 48h 一次。依托度酸用于治疗犬的骨关节炎相关的疼痛和炎症，建议剂量为 10~15mg/kg。

保泰松在治疗急性、慢性和非特异性跛行时非常有效，发生跛行的马匹在小跑时会出现跛脚症状，用保泰松治疗后大约 50% 的马匹在 3d 内会有所改善，30% 的马匹在 6d 内有所好转，而且根据保泰松给药时间不同，其效果可能也有所不同。

13.2.6.2 阿司匹林的抗凝血作用

解热镇痛抗炎药中阿司匹林可以作为抗血栓药物，例如预防猫的大动脉栓塞。因此阿司匹林较其他解热镇痛抗炎药（可逆性）更可能引起出血症状。虽然还缺乏深入的研究资料，但初步认为阿司匹林的抗凝血作用有利于马蹄叶炎、舟状骨病及血管内凝血等疾病的治疗。

13.2.6.3 乳腺炎、子宫炎和内毒素血症

解热镇痛抗炎药对奶牛分娩痛、产后子宫炎和子宫内膜炎以及乳腺炎等多种疾病具有显著作用。目前国内外批准用于治疗奶牛疾病的解热镇痛抗炎药物主要有氟尼辛葡甲胺、美洛昔康、酮洛芬、卡洛芬、水杨酸钠和双氯芬酸钠等，主要治疗药物的用法与用量见表 13-13。

表 13-13　治疗奶牛疾病的常见解热镇痛抗炎药的用法用量

药物名称	使用剂量	注射方法	使用症状
氟尼辛葡甲胺	一次量：2.2mg/kg，连用不超过 5d	静脉注射	乳腺炎、子宫炎和子宫内膜炎等
美洛昔康	一次量：0.5mg/kg，仅用一次	皮下或静脉注射	难产镇痛、乳腺炎、子宫炎和子宫内膜炎等
酮洛芬	一次量：3mg/kg	肌内注射	镇痛、乳腺炎等
双氯芬酸钠	一次量：2.2mg/kg，每日一次，连用 3d	肌内注射	乳腺炎等

治疗急性乳腺炎和内毒素血症时，解热镇痛抗炎药通常是全身用药并与抗菌药物联合使用。现有研究结果表明，内毒素的生成是由 COX 介导的，而且 COX-1 和 COX-2 均有可能参与，因此在治疗方案中选用非选择性 COX 抑制剂较 COX-2 选择性抑制剂更加合理。

郭玉凡等评估了双氯芬酸钠注射液辅助治疗奶牛临床型乳腺炎的有效性和安全性，结果表明双氯芬酸钠注射液能够有效缩短疗程。曹斌斌等的研究证明，美洛昔康辅助抗生素治疗急性乳腺炎能有效缩短治愈时间，且试验组恢复速度明显高于对照组；Caldeira 等的研究进一步证实，作为急性乳腺炎的辅助治疗药物时，美洛昔康不影响乳腺的免疫反应。对临床上自然发病的奶牛进行调查发现，在应用抗生素治疗的基础上，氟尼辛葡甲胺可降低轻度乳腺炎患牛对疼痛的敏感性。泌乳期口服美洛昔康可缓解乳腺炎患牛的局部炎症反

应，增加产奶量，降低急性乳腺炎的发病率。Shwartz 等证明了氟尼辛葡甲胺可减轻奶牛正常分娩引起的子宫组织损伤，缓解炎症反应。并且经过治疗的分娩后奶牛体况与体重等均有良好的改善。建议分娩后 24h 后进行给药，能够减少胎衣滞留，达到良好治疗效果。酮洛芬与盐酸头孢噻呋配合治疗产褥期子宫炎，可有效缓解炎症反应，对产奶量和繁殖能力无影响。

应用氟尼辛葡甲胺治疗患有胎衣不下和产后子宫内膜炎的初产乳牛，结果表明，无论是在胎盘脱落前或后使用氟尼辛葡甲胺，均能明显抑制前列腺素合成。按 2.22～2.86mg/kg 剂量经肌内注射给药，对羊乳腺炎有良好的辅助治疗效果，患病羊恢复较快。

13.2.6.4　呼吸道疾病

犊牛和仔猪因病毒、细菌或混合感染引起的肺部感染可导致急性或潜在危及生命的炎症。尽管对其治疗效果尚存争论，但是在对疾病模型或临床病例的研究中发现解热镇痛抗炎药的治疗效果优良，如 Selman 等的实验结果表明氟尼辛对犊牛感染 P13 病毒后引起的肺实变有疗效。也有研究者通过观察氟尼辛葡甲胺对人工感染溶血曼海姆菌 A₁ 犊牛的肺损伤、肺体比（反应抗水肿作用）和临床症状的影响，发现氟尼辛单独使用时作用不显著，但是与土霉素联用则作用显著。Anderson 比较了氟尼辛葡甲胺/土霉素复方和土霉素单方在连用 3d 后对肺炎的治疗效果，结果显示复方药物较单药物在消除咳嗽、恢复正常饮食和增重方面有较好的效果，且较少复发。Friton 等在对 201 头患有支气管炎的母牛进行治疗的过程中发现，氟尼辛葡甲胺配合土霉素可有效改善直肠温度、呼吸频率、食欲、呼吸障碍、咳嗽、流涕等临床指标，效果明显，而且没有发现可疑的药物不良反应。氟尼辛葡甲胺和氟苯尼考联合用药能够降低感染巴氏杆菌的猪的体温。

卡洛芬已被一些欧洲国家批准用于治疗奶牛发热、急性支气管肺炎、急性乳腺炎、内毒素血症和跛行。其他解热镇痛抗炎药如酮洛芬、美洛昔康和托芬那酸也曾与抗生素联用治疗犊牛肺炎。但并非所有的研究均能明确地证明解热镇痛抗炎药的治疗作用。但可以初步认为解热镇痛抗炎药通过发挥其抗炎作用来减轻肺水肿从而改善肺功能，而利用其解热作用可改善临床症状，所以动物的饮水和吃食可以恢复正常。牛主要靠呼吸来调节体温，在感染后引起应激而发热，解热镇痛抗炎药的解热作用对此可产生治疗效果。牛摄入 3-甲基吲哚后引起中毒，出现呼吸困难、充血、水肿和间质性肺气肿，专业术语称为雾热。Selman 通过病理学和组织病理学评价，发现氟尼辛可减轻肺泡上皮细胞的增生程度和严重性从而降低呼吸道发病率及减轻肺损伤程度。虽然解热镇痛抗炎药治疗严重至危及生命的呼吸道感染的作用效果仍待进一步评价，但卡洛芬、氟尼辛、酮洛芬、托芬那酸和美洛昔康均被允许用于犊牛的肺炎治疗。

13.2.6.5　犊牛和仔猪腹泻

犊牛和仔猪的胃肠道疾病的发病率高，若不进行有效治疗可能会导致死亡。早期研究结果显示阿司匹林有助于该病治疗。Jones 等报道了氟尼辛治疗犊牛腹泻时可起到抑制炎症、减少体液流失及降低死亡率的作用。美洛昔康已被允许和抗生素联用治疗犊牛腹泻。

13.2.7　安全性

解热镇痛类药物由于作用机制相同，所以其不良反应也有共同性，几乎所有细胞均有合成前列腺素的能力，其在体内普遍存在，并与机体的自体有效物质的形成和病理功能相关。对这些功能的抑制作用是此类药物产生不良反应和治疗作用的基础。大多数解热镇痛抗炎药呈弱酸性，因此，无论给药途径如何，解热镇痛抗炎药在临床中最常见、最明显的副作用是对胃肠道的刺激并具有腐蚀作用。解热镇痛抗炎药的潜在不良反应主要表现为：胃肠道刺激伴随呕吐（可能带血）、溃疡、腐蚀；血浆蛋白流失、肠道病变和排黑色粪便；肾脏毒性偶见急性肾衰竭；肝脏毒性（急性或慢性肝损伤）；抑制凝血机制导致出血，也可引起再生障碍性贫血及粒细胞减少；分娩延缓；软骨组织愈合延缓和骨折愈合延缓；此外，还可引起过敏反应，如皮疹、荨麻疹、皮炎及哮喘等。该类药物使用不当或过量会引起中毒。这些不良反应的产生与胃肠道、肾脏、血小板细胞等所表达的 COX-1 受体阻断有关。当出现不良反应时最保守的做法是停止服用解热镇痛抗炎药，直到临床症状消失。

需要强调的是，对大多数动物来说，解热镇痛抗炎药如果按推荐剂量使用是不会产生毒性的。例如替泊沙林使用两年以上时的药物警戒数据表明，其在犬体内发生副作用的比例为 0.1%～0.3%。临床症状主要表现为胃肠道相关的呕吐（33%）、腹泻（34%）、排黑色粪便（4%）和胃肠炎（3%）。分析这些药物警戒性数据发现，0.1%～0.3%副作用的比例为偶然发生，而无药物相关性，部分原因是由剂量过大或药物间相互作用引起，还有部分产生副作用的原因未报道。因此在考虑该类药物副作用的发生率及严重程度（通常是温和的或短暂的）时，要将临床使用药物时产生的副作用和基于解热镇痛抗炎药的分子作用机制推测的副作用以及以动物试验研究为基础推测的副作用区分开来。

选择性 COX-2 抑制剂对胃肠黏膜内的结构型环氧合酶活性的抑制作用微弱，故本类药物导致的胃肠道疾病发生率低，程度轻。但所有的非甾体抗炎药都导致一定程度的心血管风险，无论是传统的非甾体抗炎药还是 COX-2 的选择性或特异性抑制剂药物，尤其选择性 COX-2 抑制剂类药物与心血管事件的发生有密切关联性，罗非昔布和伐地昔布由于潜在的心血管风险而相继于 2004 年和 2005 年在美国撤市。

13.2.8　相互作用

本类药物之间不能合用，否则会加重对胃肠道的毒副作用，如溃疡、出血等。

因该类药物的血浆蛋白结合率高，与其他药物联合应用，可能会与同血浆蛋白结合的其他药物发生置换或者自身被其他药物置换，以致被置换的药物作用增强，甚至产生毒性。如青霉素与阿司匹林、保泰松、羟基保泰松等解热镇痛药合用，后者均能将与血浆蛋白结合的青霉素置换出来，减少其排泄，增强其杀菌作用。青霉素不宜与复方氨基比林注射液混合注射，因为后者呈碱性，能够降低青霉素的抗菌活性。

阿司匹林在与其他水杨酸类解热镇痛药物、双香豆素类抗凝血药、巴比妥类等药物合用时，会使毒性增加。阿司匹林与糖皮质激素合用可加剧胃肠出血。阿司匹林不能与氨基糖苷类药物合用，可增强后者的肾毒性。阿司匹林或水杨酸钠与碱性药物合用，将加速阿司匹林或水杨酸钠的排泄，使疗效降低，但在治疗痛风时，同服等量的碳酸氢钠，可以减少尿酸在肾小管内的沉积量。水杨酸钠不能与抗凝血药物合用，否则会降低凝血酶原的活性。

保泰松会与头孢菌素类抗生素竞争肾小管排泄部位，使尿液中头孢菌素类抗生素浓度下降，不利于泌尿系统感染性疾病的治疗，并能加重对肾脏的损害作用。

解热镇痛抗炎药，尤其是阿司匹林或其他水杨酸制剂与头孢菌素类抗生素联用时，由于对血小板的抑制作用会增加出血的风险。

替泊沙林与阿司匹林、糖皮质激素合用可增强药物对胃肠道的毒性（导致呕吐、溃疡和吐血等）；与利尿药呋塞米合用时可使其利尿效果降低。

萘普生可增强双香豆素等药物的抗凝血作用，引起中毒和出血，原因是萘普生能与血浆蛋白竞争性结合，使游离型抗凝血药物比例增多；与呋塞米或氢氯噻嗪合用，可使后者的排钠利尿效果下降。阿司匹林可加速萘普生的排泄。

13.2.9 剂型

兽医临床应用的药物，一般是根据药物的形态分类的，固体剂型如片剂、粉剂、胶囊剂等，液体剂型如口服液、注射液、混悬液等。

13.2.9.1 水杨酸类

该类药物主要包括阿司匹林、水杨酸钠和卡巴匹林钙等，常用的是阿司匹林，因其良好的解热、镇痛、抗炎效果，目前已在临床应用超过100年。该类药物的主要剂型有片剂、注射液和可溶性粉等，如阿司匹林片、水杨酸钠注射液、卡巴匹林钙可溶性粉等。

① 阿司匹林片，内服，一次量，马、牛 15～30g；羊、猪 1～3g；犬 0.2～1g；猫：每 1kg 体重 10～20mg。

② 水杨酸钠注射液，静脉注射，一次量，马、牛 15～30g；羊、猪 2～5g；犬 0.1～5g。

③ 复方水杨酸钠注射液（水杨酸钠、氨基比林、巴比妥），静脉注射，一次量，马、牛 100～200mL；羊、猪 20～50mL。

④ 卡巴匹林钙可溶性粉，内服，一次量，每 1kg 体重，猪 40mg；鸡 40～80mg。

13.2.9.2 苯胺类

本类药物常用的是扑热息痛，该药解热和镇痛作用强，几乎无抗炎作用。扑热息痛常用剂型有片剂、注射液和栓剂。

内服，一次量，马、牛 10～20g；羊 1～4g；猪 1～2g；犬 0.1～1g。

肌内注射，一次量，马、牛 5～10g；羊 0.5～2g；猪 0.5～1g；犬 0.1～0.5g。

便后将栓剂置于直肠，犬，体重 10kg 以内，一次一粒；体重大于 10kg，一次 2 粒，每日 2 次。

13.2.9.3 吡唑酮类

吡唑酮类常用的药物有氨基比林、安乃近、保泰松、羟基保泰松等，常用剂型有片剂和注射液。本类药物都具有解热、镇痛和消炎作用，其中氨基比林和安乃近的解热作用强，保泰松的消炎作用好。

① 安乃近，剂型有片剂和注射液，内服，一次量，马、牛 4～12g；羊、猪 2～5g；犬 0.5～1g。肌内注射，一次量，马、牛 3～10g；羊 1～2g；猪 1～3g；犬 0.3～0.6g。

② 保泰松，剂型有片剂和注射液，内服，一次量，每1kg体重，马2.2mg（首日加倍），犬22mg。静脉注射，一次量，每1kg体重，马3～6mg。

③ 复方氨基比林注射液（含氨基比林和巴比妥），肌内或皮下注射，一次量，马、牛20～50mL；猪、羊5～10mL。

④ 安痛定注射液（含氨基比林、安替比林和巴比妥），肌内或皮下注射，一次量，马、牛20～50mL；猪、羊5～10mL。

13.2.9.4 吲哚类

吲哚类药物有吲哚美辛、阿西美辛、托美丁和类似物苄达明，常用剂型有片剂。该类药物特点是对炎性疼痛疗效好，抗炎作用较强，属于新型的解热镇痛抗炎药物。

① 吲哚美辛片，内服，一次量，每1kg体重，马、牛1mg；羊、猪2mg。

② 炎痛净片（苄达明），内服，每1kg体重，马、牛1mg；羊、猪2mg。

13.2.9.5 丙酸类

也是一类新型的解热镇痛抗炎药物，为阿司匹林类似物，包括苯丙酸衍生物（如布洛芬、酮洛芬和苯氧洛芬等）和萘丙酸衍生物（奈普生），常用剂型有片剂、注射液。该类药物的解热镇痛作用和抗炎作用均显著。

① 布洛芬，其剂型主要为片剂，内服，一次量，每1kg体重，犬10mg。

② 酮洛芬，剂型为注射液，静脉注射，一次量，每1kg体重，马2.2mg，每日1次，连用5d；牛3mg，每日1次，连用3d。

③ 萘普生，萘普生的剂型有片剂和注射剂，内服，一次量，每1kg体重，马5～10mg，每日1次；犬2～5mg，每48h一次。静脉注射，一次量，每1kg体重，马5mg。

④ 卡洛芬，卡洛芬的剂型有咀嚼片和注射液（犬用），内服，每1kg体重，犬4.4mg，一日1次；或每1kg体重，犬2.2mg，一日2次。皮下注射，每1kg体重，犬4.4mg，一日1次；或每1kg体重，犬2.2mg，一日2次。

13.2.9.6 芬那酸类

芬那酸类也称灭酸类，为邻氨基苯甲酸的衍生物。药物包括甲芬那酸、氯芬那酸、甲氯芬那酸、氟芬那酸、双氯芬酸等，主要剂型为片剂、颗粒剂、混悬液和注射液等，如氟尼辛葡甲胺注射液、氟尼辛葡甲胺颗粒剂、双氯芬酸钠注射液、托芬那酸钠片、托芬那酸钠注射液等。该类药物属于COX-2的强效抑制剂，通过减少前列腺素的合成发挥抗炎、解热和镇痛作用，胃肠道的不良反应小。

① 氟尼辛葡甲胺，主要用于家畜和小动物的发热性、炎性疾病，以及肌肉痛和软组织痛等。注射给药也可以用于缓解牛呼吸道疾病和内毒素血症所致的高热，马和犬的发热，马、牛和犬的内毒素血症所致的炎症。氟尼辛葡甲胺的剂型有片剂、颗粒剂和注射液。内服，一次量，每1kg体重，犬、猫2mg，每日1次，连用不超过5d。肌内、静脉注射，一次量，每1kg体重，牛、猪2mg，犬、猫1～2mg，每日1次，连用不超过5d。

② 双氯芬酸钠，常用剂型为注射液，主要用于辅助治疗奶牛临床型乳腺炎引起的发热。肌内注射，每1kg体重，奶牛2.2mg，每日1次，连用3d。

③ 托芬那酸，属于新型解热镇痛抗炎药，主要用于治疗犬骨骼-关节和肌肉-骨骼系统

疾病引起的炎症和疼痛，也可治疗猫的发热综合征。常用剂型有片剂和注射液。以托芬那酸计，每 1kg 体重 4mg，或每 10kg 体重 1mL，必要时可 48h 后重复给药，犬肌内或皮下注射，猫仅皮下注射。内服，每 1kg 体重，犬、猫 4mg，一日 1 次，连用 3d。犬可长期给药（连续 3d，停药 4d，持续 13 周）。

13.2.9.7　烯醇类

美洛昔康呈现良好的抗炎镇痛作用，目前兽用美洛昔康的剂型主要有片剂、内服混悬液和注射液等，主要用于缓解犬骨关节炎引起的疼痛和术后疼痛。也可以和适宜的抗生素配合治疗牛急性细菌性呼吸道感染和牛的急性乳腺炎；与口服补液盐合用，辅助治疗腹泻等。

美洛昔康注射液，皮下注射，犬首次量 0.2mg，维持量 0.1mg，每日 1 次，连用 7日；皮下或静脉注射，与适宜的抗生素或口服补液盐合用，一次量，每 1kg 体重，牛0.5mg（进口兽药）；肌内注射，与适宜的抗生素合用，一次量，每 1kg 体重，猪 0.4mg，若需要，24h 后再注射一次（进口兽药）。

美洛昔康混悬液，内服，用前充分摇匀，每 1kg 体重，犬首次量 0.2mg，维持量0.1mg，每日 1 次，连用 7 日。

美洛昔康片，内服，每 1kg 体重，犬 0.1mg，每日 1 次，连用 3～4 日。

13.2.9.8　昔布类

因为所有 NSAIDs 都是通过抑制 COX 同工酶发挥治疗效果的，这也不可避免地抑制酶的正常生理支持功能。为了避免因 COX-1 被抑制引起的胃肠道相关的副作用发生，"昔布类"等选择性 COX-2 抑制剂应运而生，如罗非昔布、塞来昔布、帕瑞昔布、伐地昔布和依托昔布、德拉昔布等。其中德拉昔布是第一个动物专用药物，维他昔布是国内第一个批准注册的昔布类药物。该类药物的剂型主要为片剂，如德拉昔布咀嚼片、维他昔布咀嚼片、西米考昔片等。

① 维他昔布，主要剂型是咀嚼片和注射液，主要用于治疗犬猫在围手术期以及临床手术时引起的急、慢性疼痛和炎症。内服，每 1kg 体重，犬 2mg，一日 1 次。建议餐后给药，术前和术后可连续给药 7d。皮下注射，每 1kg 体重，犬 2mg，每日一次。术前及术后可连续给药 3d，或遵医嘱。

② 德拉昔布，主要剂型为咀嚼片，美国 FDA 批准的用于犬类动物的术后镇痛药，还可用于治疗骨关节炎相关的疼痛与炎症。内服，每 1kg 体重，犬 1～2mg，一日 1 次，对于症状严重的骨性关节炎症可以使用 3～4mg/kg 的剂量进行治疗，但此剂量不可连续应用超过 7d。

③ 西米考昔，主要剂型是片剂，用于犬外科整形手术和软组织手术前后的止痛，犬关节炎的止痛和消炎。内服，每 1kg 体重，犬：2mg，一日 1 次。用于犬整形外科手术和软组织手术前后的止痛时，手术前 2h 使用一次，手术后连续使用 3～7d；用于犬关节炎的止痛和消炎，可连续使用 90d。

13.2.9.9　其他类

替泊沙林冻干片，内服，每 1kg 体重，犬，首次量 20mg，维持量 10mg，每日一次，连用 7d。

13.2.10　常用药物

（1）**水杨酸类**　该类药物包括水杨酸钠、阿司匹林、卡巴匹林钙等，其中最常用的是阿司匹林。阿司匹林至今已有百年的应用历史，能抑制环氧合酶和血栓烷合酶的活性以及肾素的生成，具有较好的解热、镇痛作用，抗炎抗风湿作用强。还可抑制抗体产生和抗原抗体结合反应，阻止炎性物质渗出，对急性风湿有特效。较大剂量时还可抑制肾小管对尿酸的重吸收，增加尿酸排泄。常用于发热、风湿、肌肉及关节疼痛和痛风的治疗。常用制剂为阿司匹林片，规格有 0.3g 和 0.5g。休药期为 0 日。

水杨酸钠的镇痛作用比阿司匹林弱，对风湿性关节炎，用药后数小时可显著减轻关节疼痛，肿胀消退，风湿热消退，临床上主要用作抗风湿药。主要制剂有水杨酸钠注射液和复方水杨酸钠注射液，其规格分别包括 10mL：1g、20mL：2g、50mL：5g 和 20mL、50mL、100mL。牛的休药期为 0 日，弃奶期为 48h。

卡巴匹林钙为阿司匹林衍生物，其代谢特点和药理作用与阿司匹林相同，在水中水解为阿司匹林而发挥解热、镇痛、抗炎及抑制血小板聚集作用。卡巴匹林钙是国际上被批准可以用于猪、鸡、牛和兔等食品动物的解热镇痛药，已列入欧洲药典。也是国内唯一获批的畜禽专用可口服的解热、镇痛、消炎药。作为阿司匹林的络合物，卡巴匹林钙因其使用方便，效果更好，副作用更低，有利于防治集约化养殖中的疫病。其制剂为卡巴匹林钙可溶性粉，规格为 50%。

（2）**苯胺类**　此类药物毒性较大，能破坏红细胞，使红细胞失去携氧能力。本类药物中最早用于临床的是乙酰苯胺，但因其毒性大，临床上已不再用。本类药物中非那西丁仅用来配制复方阿司匹林，但因有致癌作用，已不单用。常用的是对乙酰氨基酚（扑热息痛），为非那西丁的体内代谢产物，具有解热、镇痛和抗炎作用。本品的解热作用与阿司匹林相似，但镇痛和抗炎作用弱，其抑制下丘脑前列腺素合成与释放的作用较强，对外周前列腺素合成与释放的抑制作用弱，对血小板的凝血功能无影响。主要用作中小型动物的解热镇痛药，用于发热、肌肉痛、关节痛和风湿病治疗。禁用于猫。制剂包括对乙酰氨基酚片和对乙酰氨基酚注射液。对乙酰氨基酚片的规格包括 0.3g 和 0.5g，对乙酰氨基酚注射液的规格包括 1mL：0.075g、2mL：0.25g、5mL：0.5g、10mL：1g、20mL：2g。

（3）**吡唑酮类**　吡唑酮类衍生物中最早被发现的是安替比林，因毒性大及疗效不及氨基比林，现已不单独使用。氨基比林与巴比妥类药物配成复方制剂可增强其镇痛效果，如复方氨基比林注射液（含氨基比林 5%、巴比妥 2.85%），安痛定注射液（含氨基比林 5%、安替比林 2%、巴比妥 0.9%）。

保泰松又称布他酮，该药物作用机制未明确，可能与水杨酸类相似，减弱毛细血管通透性，并有促进尿酸排泄等功能。体内转化成活性中间体后抑制 PGH 和前列环素的合成。解热和镇痛作用较差，抗炎作用效果好，也能促进尿酸的排泄。有胃肠道副作用，临床上用于治疗风湿性及类风湿性关节炎。其制剂有保泰松片、保泰松注射液。保泰松片有100mg 和 200mg 两种规格。

安乃近是氨基比林和亚硫酸钠络合而成的化合物。本品的解热作用较显著，镇痛作用也较强，并有一定的抗炎、抗风湿作用。用于发热性疾病、肌肉痛、疝痛及风湿症等的治疗。安乃近的制剂有安乃近片和安乃近注射液，安乃近片的规格有 0.25g 和 0.5g；安乃近注射液的规格包括 5mL：1.5g、10mL：3g 和 20mL：6g。但有报道显示，其注射剂常引起不良反应。家畜长期使用可使粒细胞减少。牛、羊和猪的休药期为28d，弃奶期为7d。

（4）吲哚类　属于芳基乙酸类抗炎药，该类药的特点是抗炎作用较强，对炎性疼痛的镇痛效果显著。本类药物有吲哚美辛、阿西美辛、托美丁（痛灭定）和苄达明等药物。

吲哚美辛又称消炎痛。本品通过抑制环氧合酶而减少前列腺素的合成，抑制炎症组织痛觉冲动的形成，缓解炎症反应，包括抑制白细胞的趋化和溶酶体中酶的释放，抗炎作用较强，其次是解热作用，镇痛作用较弱，但对炎性疼痛的镇痛效果优于保泰松、安乃近、水杨酸类。对痛风性关节炎和骨关节炎疗效最好。主要用于治疗慢性风湿性关节炎、腱鞘炎及肌肉损伤等。制剂为消炎痛片，规格为25mg。

（5）丙酸类　包括萘普生、布洛芬、非诺洛芬、酮洛芬和卡洛芬等。是一类以镇痛为主的新型解热镇痛抗炎药物，抗炎作用及镇痛效果强，强于阿司匹林，解热作用与之相近。胃肠道刺激性小。主要用于风湿性关节炎、骨关节炎、幼年多发性关节炎以及无关节症状的风湿病。耐受性好，不良反应轻，是目前临床应用较广的解热镇痛抗炎药。

萘普生又称萘洛芬，本品对环氧合酶的抑制作用是阿司匹林的20倍，抗炎作用明显，也有镇痛和解热作用。对类风湿性关节炎、骨关节炎、强直性脊柱炎、痛风、运动系统（关节、肌肉和腱）的慢性疾病以及轻中度疼痛，均有良好的疗效，强于保泰松。主要用于软组织损伤引起的炎症疼痛、跛行和关节炎等。制剂有萘普生片和萘普生注射液，萘普生片的规格有0.1g、0.125g和0.25g，萘普生注射液规格为2mL：0.1g和2mL：0.2g。

布洛芬具有较好的解热、镇痛和抗炎作用。镇痛作用不如阿司匹林，单独使用时毒副作用小于阿司匹林。主要用于治疗犬风湿性关节炎、腱鞘炎、滑囊炎、肌炎和骨髓系统功能障碍伴发的炎症和疼痛。制剂有布洛芬咀嚼片，规格为50mg和100mg。

酮洛芬是苯丙酸类非甾体抗炎药，对环氧合酶具有强效抑制作用，也能抑制白三烯、缓激肽和某些脂氧酶的作用，本品的作用效果强于阿司匹林、萘普生、吲哚美辛、布洛芬和双氯芬酸等。对于术后疼痛的有效作用时间长于扑热息痛、可待因复方制剂，比哌替啶作用效果更强，优于同类药物，消炎作用较布洛芬强，清除快，毒性低，安全性及耐受性好。酮洛芬在国外已批准用于治疗牛、马、犬、猫等动物的骨骼肌和关节的炎症和疼痛，猪呼吸道感染引起的炎症、发热等。其制剂为酮洛芬注射液，规格为50mL：5g和1000mL：10g。但长期服用酮洛芬后，在家畜和实验动物中发现了胃肠溃疡、肝病、光敏和肾脏疾病等副作用。

卡洛芬在美国被批准用于犬和猫，能抑制COX-2酶、酯酶和破坏氨基酸释放。血浆蛋白结合率高，对于犬来说，其经肝脏代谢，半衰期10h，抗炎和抗骨性关节炎引起的疼痛效力等于或强于其他非甾体抗炎药，连续给药10次，无胃肠道副作用，对软骨合成的影响是浓度依赖性的。被批准用于犬骨性关节炎治疗。对于猫来说，其半衰期长，相对不安全，只能短期使用。止痛效果好，缓解术后疼痛，外科手术前按4mg/kg的剂量给药。研究表明，对大动物也有效，以牛组织笼炎症模型为研究对象，发现其对炎症有效。

（6）芬那酸类　是一类很强的抗炎、止痛、退热药。抑制环氧合酶的活性比吲哚美辛、萘普生都强。主要有甲芬那酸（扑湿痛）、甲氯芬那酸（抗炎酸）、双氯芬酸（扶他林）、氟尼辛葡甲胺等，而且双氯芬酸能通过抑制脂肪酸进入白细胞，降低细胞中花生四烯酸的浓度。

甲芬那酸具有镇痛、消炎和解热作用。镇痛作用比阿司匹林强2.5倍，抗炎作用比阿司匹林强5倍，解热作用较持久。用于治疗犬肌肉、骨骼系统慢性炎症，如骨关节炎；马的急、慢性炎症，如跛行。制剂包括甲芬那酸片和甲芬那酸注射液。

甲氯芬那酸又称抗炎酸，本品具有强的消炎镇痛作用，主要用于治疗风湿性关节炎、类风湿性关节炎及其他骨骼、肌肉系统的功能失调。常用制剂为甲氯芬那酸片和甲氯芬那酸注射液。

托芬那酸又称痛立定，与其他解热镇痛抗炎药物一样，通过抑制环氧合酶而影响花生四烯酸代谢，抑制前列腺素的生成，发挥抗炎、止痛效果。托芬那酸也可以抑制白三烯的形成，还可直接对抗前列腺素受体。主要用于治疗犬骨骼-关节和肌肉-骨骼系统疾病引起的炎症和疼痛，也可治疗猫的发热综合征。其常用的制剂有托芬那酸注射液和托芬那酸片。托芬那酸注射液的规格为 10mL：0.4mg，30mL：1.2mg，托芬那酸片的规格为 6mg 和 60mg。

双氯芬酸钠是一种苯乙酸衍生物，起效较快，广泛用于人和动物，起抗炎、镇痛、解热等作用。美国 FDA 批准其用于治疗慢性骨关节炎引起的马匹疼痛，对减轻成年马炎症有较好疗效。

氟尼辛葡甲胺为烟酸衍生物，为动物专用的非甾体抗炎药物，属于强效环氧合酶抑制剂，具有镇痛、解热、抗炎和抗风湿作用。镇痛作用是通过单独抑制外周的前列腺素或痛觉增敏物质的合成或同时抑制它们的合成，从而阻断痛觉冲动传导所产生。外周组织的抗炎作用可能是通过抑制环氧合酶、减少前列腺素前体物质形成，以及抑制其他炎症介质引起局部炎症反应。镇痛效果好，尤其对内脏疼痛有效，除此之外，在以败血性休克为实验模型的研究过程中发现其还有抗内毒素效果，疗效好，毒性低。氟尼辛葡甲胺被美国 FDA 批准用于治疗牛、马和猪的炎症，主要用于缓解猪的各种炎症、治疗泌乳奶牛呼吸道疾病和急性牛乳腺炎引起的发热和内毒素血症引起的炎症、缓解马的肌肉骨骼紊乱引起的炎症和疼痛等。现已在许多国家广泛应用。氟尼辛葡甲胺制剂包括氟尼辛葡甲胺颗粒和氟尼辛葡甲胺注射液，氟尼辛葡甲胺颗粒的规格为 10g：0.5g、100g：5g、200g：10g 和 1000g：50g；氟尼辛葡甲胺注射液的规格为 2mL：0.01g、10mL：0.5g、50mL：0.25g、50mL：2.5g、100mL：0.5g、100mL：5g、2mL：0.1g 和 5mL：0.25g，牛和猪的休药期为 28d。

（7）烯醇类　该类药物在兽医临床上常用的是美洛昔康。美洛昔康具有解热、镇痛、抗炎、抑制血小板聚集及抗风湿等作用，对 COX-2 具有选择性抑制作用，可与 COX-2 结合并阻断其活性位点，抑制前列腺素 PGE$_2$ 的合成，对 COX-2 的选择性抑制作用约为对 COX-1 的 12 倍。因此，美洛昔康的消炎、镇痛作用较强，而对消化道的损伤、对肾脏的毒副作用较小。抗氧化也是美洛昔康发挥抗炎作用的重要机制之一。在动物用药方面，美洛昔康被批准用于控制犬骨关节炎引起的疼痛和炎症以及猪的无乳症和奶牛乳腺炎等。也可以和适宜的抗生素配合治疗牛急性细菌性呼吸道感染、牛的急性乳腺炎；与口服补液盐合用，辅助治疗腹泻等。母猪分娩前口服美洛昔康可缓解炎症和疼痛，对其母性行为有正面的影响，可使仔猪出生后 IgG 水平较高，确保仔猪在断奶前更好地生长。

美洛昔康的常用制剂为美洛昔康注射液、美洛昔康内服混悬液和美洛昔康片。其中美洛昔康注射液的规格为 1mL：5mg，5mL：25mg，50mL：250mg，2mL：4mg，20mL：40mg，200mL：400mg，50mL：1g，100mL：2g，250mL：25g；美洛昔康内服混悬液的规格包括 10mL：15mg，32mL：48mg，100mL：150mg；美洛昔康片剂规格包含 2mg 和 2.5mg 两种。牛的休药期为 15d，弃奶期为 5d，猪的休药期为 5d。

（8）昔布类　维他昔布是一种新型抗炎药物，由北京欧博方医药科技有限公司开发，维他昔布通过选择性抑制 COX-2 来阻断花生四烯酸合成前列腺素而发挥作用。维他昔布对 COX-2 的抑制强度远远强于对 COX-1 的抑制强度，在治疗浓度下维他昔布对 COX-1 没有抑制作用，因此，胃肠道不良反应发生率明显减少，具有良好的安全性。在体外和体内模型测试中都显示出了出色的抗炎和镇痛活性，是比塞来昔布更有效的候选药物。国内批准用于缓解犬的骨科手术和骨关节炎引起的疼痛和炎症。常用制剂是维他昔布注射液和维他昔布片，维他昔布注射液的规格为 10mL：200mg；维他昔布咀嚼片的规格有 8mg、20mg 和 30mg。

李士洋等通过对猫血液学指标进行检测与分析，发现维他昔布在 3 倍推荐剂量（6mg/kg）下对猫的血液学指标无明显影响，且动物临床表现无异常，表明维他昔布对猫具有安全性，此结论可为维他昔布的相关研究提供科学依据。

德拉昔布是第一款被 FDA 批准的可用于犬类动物的 COX-2 特异性抑制剂。通过抑制 COX-2 来阻断花生四烯酸的代谢，抑制前列腺素的生成从而发挥良好的抗炎、镇痛和解热效果，且呈明显的剂量依赖性。主要用于犬类动物的术后镇痛，骨关节炎相关的疼痛与炎症治疗。制剂为德拉昔布咀嚼片，规格有 5mg、10mg、30mg。

（9）其他 替泊沙林为环氧合酶和脂加氧酶的抑制剂，可双重阻断花生四烯酸的代谢，抑制前列腺素和白三烯生成，主要用于犬肌肉骨骼的疼痛和炎症的治疗。制剂有替泊沙林冻干片，规格包含 50mg 和 100mg 两种。

主要参考文献

[1] Panula P, Chazot P L, Cowaart M, et al. International union of basic and clinical pharmacology. XCVIII. Histamine receptors[J]. Pharmacological Reviews, 2015, 67（3）：601-655.

[2] Monczor F, Fernandez N. Current knowledge and perspectives on histamine H_1 and H_2 receptor pharmacology: Functional selectivity, receptor crosstalk, and repositioning of classic histaminergic ligands[J]. Molecular Pharmacology, 2016, 90（5）：640-648.

[3] Ellenbroek L L B A, Ghiabi B. The other side of the histamine H_3 receptor[J]. Trends in Neuroences, 2014, 37（4）：191-199.

[4] Christina H, Antje M, Silkel G, et al. The histamine H_4-receptor（H_4R）regulates eosinophilic inflammation in ovalbumin-induced experimental allergic asthma in mice[J]. European journal of immunology, 2015, 45（4）：1129-1140.

[5] Christina M E, Ganellin C R. Histamine and its receptors[J]. British Journal of Pharmacology, 2006, 147（Suppl 1）：S127-S135.

[6] 李明凯，罗晓星，谢建军.组胺受体家族新成员：组胺 H_4 受体[J].生理科学进展，2003（1）：53-54.

[7] Ash A, Schild H O. Receptors mediating some actions of histamine[J]. British Journal of Pharmacology, 2015, 27（2）：427-439.

[8] Carafoli E. Special issue：Calcium signaling and disease[J]. Biochemical and Biophysical Research Communications, 2004, 322（4）：1097-1118.

[9]Simons F E. H$_1$-Antihistamines: more relevant than ever in the treatment of allergic disorders [J]. J Allergy Clin Immunol, 2003 Oct; 112 (4 Suppl): S42-S52.

[10] 赵勋 . H$_2$ 受体阻断剂的药理[J]. 中国医院药学杂志, 1987 (6): 20-23.

[11] Smyth, E M, Burke, A, FitzGerald G A. Lipid-derived autocoids: eicosanoids and platelet-activating factor[M]. 11th ed . The Pharmacologieal Basis of Therapeuties, 2006.

[12] Rochard Adams H. Veterinary Pharmacology and Therapeutics[M]. 8th Edition, Iowa State University Press/Ames, 2009: 429.

[13] Smith W L. Prostanoid biosynthesis and mechanisms of action[J]. Am J Physiol, 1992, 263: F181-F191.

[14] Mitchell M D, Trautman M S. Molecular mechanisms regulating prostaglandin action[J]. Mol Cell Endocrino1, 1993, 93: C7-C10.

[15] Campbell W B. Lipid-derived autacoids: eicosanoids and plateletactivating factor [M]// A. G. Gilman T W, Rall A S, Nies P, Taylor, et al. Pharmacological Basis of Therapeutics. 8th ed. New York: Pergamon Press, 1990: 600-617.

[16] Barnes P J, Belvisi M G, Rogers D F. Modulation of neurogenic inflammation: novel approaches to inflammatory disease[J]. Trends Pharmacol Sci, 1990, 11 (5): 185-189.

[17] Shidgel R A, Erdos E G, In L L, et al. The Pharmacological Basis of Therapeutics[M]. 11th ed. New York: McGraw Hill. 2006.

[18] Shimamura T, Shiroishi M, Weyand S, et al. Structure of the human histamine H$_1$ receptor complex with doxepin[J]. Nature, 2011, 475 (7354): 65-70.

[19] Obrink K J. Histamine and gastric acid secretion. A review[J]. Scand J Gastroenterol Suppl, 1991, 180: 4-8.

[20] Morris A I. The success of histamine-2 receptor antagonists[J]. Scand J Gastroenterol Suppl, 1992, 194: 71-75.

[21] Mitsuhashi M, Payan D G. Functional diversity of histamine and histamine receptors[J]. J Invest Dermatol, 1992, 98: 8S-11S.

[22] Lovenberg T W, Roland B L, Wilson S J, et al. Cloning and functional expression of the human histamine H$_3$ receptor[J]. Mol Pharmacol 1999, 55: 1101-1105.

[23] Ling P, Ngo K, Nguyen S, et al. Histamine H$_4$ receptor mediates eosinophil chemotaxis with cell shape change and adhesion molecule upregulation [J]. Brit J Pharmacol, 2004, 142 (1): 161-171.

[24] MacGlashan D. Histamine: A mediator of inflammation[J]. Allergy Clin Immunol, 2003, 112: S13-S19.

[25] Chand N, Eyre P. Classification and biological distribution of histamine receptor subtypes [J]. J Agents Actions, 1975, 5: 277-295.

[26] Mohammed S P, Higenbottam T W, Adcock J J. Effects of aerosol-applied capsaicin, histamine and prostaglandin E2 on airway sensory receptors of anaesthetized cats[J]. J Physiol, 1993: 451-469.

[27] Hirschowitz B I. H-2 histamine receptors [J]. Annu Rev Pharmacol Toxicol, 1979, 19: 203-244.

[28] Akdis C A, Blaser K. Histamine in the immune regulation of allergic inflammation[J]. Journal of Allergy & Clinical Immunology, 2003, 112 (1): 15-22.

[29] Gelfand E W, Appajosyula S, Meeves S. Antiinflammatory activity of H$_1$-receptor antagonists: Review of recent experimental research[J]. Curr Med Res Opin, 2004, 20: 73-81.

[30] Simons E R, Simons K J. The pharmacology and use of H$_1$-receptor-antagonises[J]. New Engl j Med, 1994, 330: 1663-1670.

[31] Walsh G M. Anti-inflammatory properties of antihistamines: an update[J]. Clin Exper Allergy Rev, 2005, 5: 21-25.

[32] Garcia G, DeMora F, Ferrer L, et al. Effect of H$_1$-antihistamines on histamine release from

dispersed canine cutaneous mast cells[J]. Am J Vet Res, 1997, 58: 293-297.

[33] Camu D F, Lersberghe C V, Lauwers M H. Cardiovascular risks and benefits of perioperative nonsteroidal anti-inflammatory drug treatment[J]. Drugs, 1992, 44（5 Suppl）: 42-51.

[34] Fosslien E. Biochemistry of cycLooxygenase （COX）-2 inhibitors and molecular pathology of COX-2 in neoplasia[J]. Crit Rev Clin Lab Sci, 2000, 37（5）: 431-502.

[35] Gambero A. Comparative study of anti-inflammatory and ulcerogenic activities of different cyclo-oxygenaseinhibitors[J]. Inflammopharmacology, 2005, 13（5/6）: 441-454.

[36] Fikry E M, Hasan W A, Mohamed E G. Rutin and meloxicam attenuate paw inflammation in mice: Affecting sorbitol dehydrogenase activity[J]. J Bio-chem Mol Toxicol, 2018, 32（2）: 5.

[37] 张益鸣. 母猪口服美洛昔康对断奶仔猪的影响[J]. 中国动物保健, 2017, 19（1）: 26-27.

[38] 李士洋, 夏良友, 李宇琛, 等. 维他昔布片对猫血液学指标的影响研究[J]. 中国兽药杂志, 2017, 51（05）: 48-52.

第 14 章
体液和电解质
平衡调节药物

14.1

水盐代谢调节药

水和电解质是动物机体和体液中的重要组成成分。体液包括细胞外液（1/3）和细胞内液（2/3），约占成年动物总重的 60%～70%。细胞外液包括血浆（5%）和组织间液（15%），是介于组织细胞与机体和外环境之间的介质，另外，淋巴液、脑脊液、消化液和渗出液等也属于细胞外液。细胞外液有"内环境"之称，对维持正常的生命活动起重要作用。细胞内液的容量、渗透压、酸碱度及离子浓度直接影响动物机体的代谢活动及其生理功能。神经-内分泌调节失常，或腹泻、高热、创伤、疼痛等，均可引起水盐代谢及酸碱平衡紊乱。

水在动物机体内，不仅是一种营养物质，其对各种代谢反应、体温调节系统也有重要作用。动物常通过皮肤表面或内脏器官（如肾脏和肠道）等将水和电解质以排泄至体外的方式来维持体液的动态平衡。不论体液摄入或排泄过多还是过少，均会造成动物机体病理现象的出现，如脱水或水肿。脱水主要包括三种形式，即等渗性脱水、高渗性脱水和低渗性脱水。当水和电解质按等比例丢失，细胞外液的渗透压无明显变化即为等渗性脱水。当水的丢失大于电解质的丢失，进而导致渗透压升高时为高渗性脱水，反之则为低渗性脱水。

水盐代谢调节药指能调节水盐代谢和电解质失衡、纠正其代谢障碍和酸碱平衡紊乱的药物。其主要包括水和电解质平衡药、能量补充药、酸碱平衡药与血容量扩充剂。

14.1.1 化学结构

14.1.1.1 水和电解质平衡药

主要包括 Na^+ 和 K^+ 补充药，其中 Na^+ 约占细胞外液阳离子的 92%。机体内的钠大部分以氯化钠的形式存在于细胞外液，其常用来维持细胞外液的渗透压及调节酸碱度，可纠正缺水和高渗状态。正常动物机体存在于细胞外液的 K^+ 约占 1.2%，其余几乎集中在细胞内液中。细胞外液中的 K^+ 主要以离子状态存在，而细胞内液的 K^+ 除离子状态外，一部分与蛋白质相结合，另一部分可与糖或磷酸盐相结合，常用药物为氯化钾。

14.1.1.2 能量补充药

能量是动物进行生命活动的基础。动物的一切生理活动均需通过消耗机体的营养物质来获取能量。而能量的代谢则包括储存、利用和释放。当动物机体的营养物质不足以维持机体的需要时，则易产生代谢疾病，进而降低机体对外界环境的抵抗力。能量补充药最常用的是葡萄糖，化学名称是 $(2R,3S,4R,5R)$-2,3,4,5,6-五羟基己醛。葡萄糖含有五个羟基、一个醛基，具有多元醇和醛的性质。

14.1.1.3 酸碱平衡药

酸碱平衡参与并影响大部分生物学过程，如酶活性和信号转导等。生理条件下细胞内外的 pH 相对稳定 (7.2~7.4)，其依赖于机体和细胞的酸碱缓冲能力。相对于草食动物，哺乳动物细胞的缓冲能力取决于细胞内的磷酸基团和氨基酸的侧链及酸碱跨膜蛋白对酸或碱的转出和转入。在临床上，发生肾脏或肺脏等疾病时，均可造成酸碱失衡，常用药物有碳酸氢钠、柠檬酸钠及乳酸钠等。其中碳酸氢钠又称小苏打，柠檬酸钠的化学名称为 2-羟基丙烷-1,2,3-三羧酸钠，乳酸钠的化学名称为 2-羟基丙酸单钠盐，三者水溶液均呈碱性或微碱性（柠檬酸钠）。

14.1.1.4 血容量扩充剂

在临床上，大量失血、烧伤和创伤等原因所致失血过多，造成血容量降低，常用血容量扩充剂来改善微循环。常用的血容量扩充剂有右旋糖酐、明胶和葡萄糖聚合物等。右旋糖酐是一种高分子葡萄糖聚合物，是由蔗糖经一种球菌（肠膜明串珠菌）发酵产生，或经葡聚糖蔗糖酶酶促合成而制得的许多脱水葡萄糖分子的聚合物。由于聚合的葡萄糖分子数目不同，可分为高分子右旋糖酐（平均分子量大于 10 万）、中分子右旋糖酐（平均分子量大于 6 万）、低分子右旋糖酐（平均分子量大于 2 万）和小分子右旋糖酐（平均分子量大于 1 万）。

14.1.2 作用机制

14.1.2.1 水和电解质平衡药

（1）氯化钠　机体内的钠大部分以氯化钠的形式存在于细胞外液中，细胞内液中的钠仅占总量的百分之几。在动物体内，钠以碳酸氢钠的形式构成缓冲系统，钠离子在细胞外液中浓度正常是维持细胞的兴奋性、神经肌肉应激性的必要条件。另外，高渗氯化钠溶液静脉注射后，能反射性兴奋迷走神经，使胃肠平滑肌兴奋，蠕动加强。

（2）氯化钾　K^+ 是介导体液渗透平衡的主要阳离子。在动物机体中，正常的细胞体积和压力的维持取决于 Na^+ 和 K^+ 泵，细胞外液中的 K^+ 主要以离子形式存在，一部分与蛋白质相结合，另一部分与糖或磷酸盐相结合，参与糖、蛋白质的合成及二磷酸腺苷转化为三磷酸腺苷的能量代谢。K^+ 通过与细胞外的氯离子交换参与酸碱平衡的调节。

14.1.2.2 能量补充药

葡萄糖是机体所需能量的主要来源，在体内被氧化成二氧化碳和水，或以糖原形式贮存，对肝脏具有保护作用。5%等渗葡萄糖注射液及葡萄糖氯化钠注射液有补充体液作用，高渗葡萄糖还可提高血液渗透压，使组织脱水并有短暂利尿作用。

14.1.2.3 酸碱平衡药

（1）碳酸氢钠　碳酸氢钠能直接增加机体的碱储备，其解离度大，可提供较多碳酸氢根离子（HCO_3^-）以中和氢离子（H^+），使血中 pH 值较快上升。还能使尿中 HCO_3^-浓度升高及尿液 pH 升高，从而使尿酸、血红蛋白等不易在尿中形成结晶或聚集，使尿酸结石或磺胺类药物得以溶解。

（2）乳酸钠　乳酸钠进入机体后，在有氧条件下经肝脏乳酸脱氢酶的作用转化为丙酮酸，再经三羧酸循环而生成二氧化碳，并转化为碳酸氢根离子，从而发挥其纠正酸中毒的作用。

14.1.2.4　血容量扩充剂

右旋糖酐为胶体溶液，通过其胶体渗透压可吸收组织间水分而扩充血容量，其扩充血容量效果与血浆相似。低分子右旋糖酐因分子量较小，在肾小管中不被重吸收，而容易经肾排泄，故有渗透性利尿作用。

14.1.3　药理作用

本类药物的主要药理作用为调节水盐代谢紊乱，维持水盐代谢平衡。此外，部分药物尚有如下药理作用。

14.1.3.1　水和电解质平衡药

（1）氯化钠

① 0.9%氯化钠溶液，又称生理盐水，具有清洗和一定的消毒作用。

② 可促进促炎性巨噬细胞极化。

③ 小剂量内服，能促进胃肠蠕动，提高消化机能。大剂量内服则有泻下的作用。

（2）氯化钾

① 可用于强心苷中毒的解救。

② 为心肌、骨骼肌、神经系统维持正常功能所必需。

14.1.3.2　能量补充药——葡萄糖

① 等渗可补充水分，高渗可消除水肿。等渗葡萄糖溶液（5%）输入体内后，葡萄糖很快被吸收、利用，可供给机体水分。高渗葡萄糖溶液（50%）大量输入后能提高血浆渗透压，使组织水分吸收入血，经肾排出时带走水分，从而可消除水肿。但作用较弱，维持时间较短，且可引起颅内压回升。

② 供给能量、补充血糖。葡萄糖是机体的重要能量来源之一。在体内氧化代谢释放能量，以供应机体各种活动的需要，故具有供给能量、增强机体抵抗力等作用。对仔猪的低血糖症还有补充血糖的作用。

③ 强心利尿作用。葡萄糖可提供机体营养，进而供给心肌能量，增强心肌的收缩功能。心输出量增加，肾脏血流量增加，进一步导致尿量增加。

④ 解毒。肝脏是机体的主要解毒器官，其解毒能力的大小与肝内糖原含量有关；肝脏的部分解毒机能，可通过葡萄糖的氧化产物葡萄糖醛酸与毒物的结合，或依靠糖代谢的中间产物乙酰基的乙酰化作用而使毒物失效。

14.1.3.3　酸碱平衡药

（1）碳酸氢钠

① 内服可中和胃酸，纠正酸中毒，是治疗酸中毒的首选药物。

② 在使用磺胺类药物时，可同时给予碳酸氢钠，以碱化尿液，防止结晶尿的出现。

（2）乳酸钠

① 可纠正代谢性酸中毒。

② 可用于高钾血症。

14.1.3.4　血容量扩充剂——右旋糖酐

① 为血容量扩充药。

② 改善微循环，防治弥散性血管内凝血。

③ 具有渗透性利尿作用。

④ 低分子的右旋糖酐能降低血液黏稠度，抑制血小板聚集。

14.1.4　药代动力学

14.1.4.1　水和电解质平衡药

（1）**氯化钠**　口服后可迅速被胃肠道吸收。静脉注射后直接进入血液循环，在体内分布广泛，但主要存在于细胞外液。钠离子、氯离子均可被肾小球滤过，并部分被肾小管重吸收。

（2）**氯化钾**　口服后可迅速被胃肠道吸收，肾小球滤液中的钾盐几乎在近曲小管内完全被重吸收，在远曲小管和集合管通过钠泵使钾离子与管腔内钠离子交换而被排泄。钾90％由肾脏排泄，10％由肠道排泄，另有少量自唾液、汗腺、胆汁和胰液排出。

14.1.4.2　能量补充药

葡萄糖具有渗透活性，吸收后可迅速分布在血浆及血管外的液体中，之后进入细胞。静脉注射葡萄糖溶液，在体内可被完全氧化为二氧化碳和水，并经肺和肾排出体外，同时产生能量，也可转化为糖原和脂肪贮存。

14.1.4.3　酸碱平衡药

（1）**碳酸氢钠**　血中碳酸氢钠经肾小球滤过后可经尿液排出，部分碳酸氢根离子与尿液中氢离子结合生成碳酸，再分解成二氧化碳和水。前者可弥散进入肾小管细胞，与胞内水结合，生成碳酸，解离后的碳酸氢根离子被重吸收进入血循环。血中碳酸氢根离子与血中氢离子结合生成碳酸，进而分解成二氧化碳和水，前者经肺呼出。

（2）**乳酸钠**　乳酸钠的 pH 为 6.5～7.5，进入体内经乳酸脱氢酶催化转化为丙酮酸，再经三羧酸循环氧化脱羧生成二氧化碳，继而转化为碳酸根离子，起纠正酸中毒的作用。

14.1.4.4　血容量扩充剂

右旋糖酐含有大量的羟基，这些羟基可直接附着或通过连接子与药物和蛋白质偶联，易从肾排泄，其半衰期为 3h。其 10％溶液能降低红细胞比积及血浆黏稠度，并加速血液流动，疏通微循环。

Goldenberg 等报道，在 8 只犬、26 只兔和 14 只豚鼠身上进行试验，发现静脉给药时，6％的葡聚糖溶液可作为犬和兔的有效血液稀释剂。血液中的右旋糖酐在几个小时内迅速下降，24h 后约为最高浓度的四分之一。仅有少部分右旋糖酐以大分子或其他碳水化合物的形式从尿液中排出，这表明大部分被机体吸收和代谢。

14.1.5 临床使用

14.1.5.1 水和电解质平衡药

（1）氯化钠

① 用于防治低钠综合征。0.9%氯化钠注射液用于体液丢失和轻度钠缺乏的情况下治疗代谢性碱中毒。对于重度缺钠常并发重度脱水和酸中毒，通常在补钠并纠正血容量的同时，还应注意纠正酸中毒、调整渗透压和适时补钾等。

② 0.9%氯化钠注射液用于静脉输液补充，也经常被用作通过恒速输注输送静脉药物的载体，也可外用清洗鼻黏膜和伤口等。

③ 静脉注射10%氯化钠注射液，可用于改善血液循环和新陈代谢。

④ 用于预防或治疗钠和氯离子缺乏症，以及暴汗引起的肌肉痉挛和热虚脱。

（2）氯化钾

① 主要用于各种原因引起的低钾血症，是治疗低钾血症的首选补充剂。

② 可用于洋地黄类强心苷中毒所导致的早搏和心律失常，还可用于心、肾性水肿。

③ 缓解动物的热应激。

14.1.5.2 能量补充药——葡萄糖

① 可用于机体脱水、大失血等，以补充体液。

② 对重病、久病、过劳等，可补充营养，供应能量。也可以用于仔猪低血糖症，以补充血糖。

③ 对牛酮血症，马、驴、羊等妊娠毒血症等可静注50%葡萄糖注射液。

④ 可用于缓解部分化学药物和细菌性毒物等的中毒。

⑤ 高渗（50%）溶液可用于脑水肿、肺水肿等的辅助治疗。

⑥ 心力衰竭时可静注本品以增强心肌营养，改善心脏功能。对严重心脏病患畜，注射高渗葡萄糖溶液时要缓慢，同时剂量不宜过大，以免过分增加心脏负担，引起心脏停搏。

14.1.5.3 酸碱平衡药

（1）碳酸氢钠

① 内服或静注碳酸氢钠后，能直接增加机体的碱储备。

② 对于正常的机体，可由于增加碳酸氢盐的排泄而碱化尿液。与磺胺药联用，防止出现结晶尿及对肾脏的损伤。

③ 纠正代谢性酸中毒。

（2）乳酸钠

① 用于纠正代谢性酸中毒。

② 对伴有缺氧、休克、肝功能失常或右心衰竭的酸中毒，应用碳酸氢钠进行纠正。

14.1.5.4 血容量扩充剂——右旋糖酐

① 用作代血浆或补血剂。分子量为70000、40000和20000的临床右旋糖酐目前有效地应用于治疗中度失血。

② 右旋糖酐是一种高分子量化合物，静脉注射可以维持血管内容量。用于低血容量

和休克的急性治疗。

③ 右旋糖酐可保护红细胞免受低 pH 诱导的溶血。

14.1.6 安全性

14.1.6.1 水和电解质平衡药

（1）氯化钠

① 输注或经口给予过多、过快，可致水钠潴留，引起水肿、血压升高、心率过快。过量给予高渗氯化钠，可致高钠血症。过多、过快给予低渗氯化钠，可致溶血、脑水肿等。

② 脑、肾脏、心脏功能不全及血浆蛋白过低患畜慎用。

③ 肺水肿病畜禁用。

④ 生理盐水所含有的氯离子比血浆氯离子浓度高，已发生酸中毒动物如大量应用，可引起高氯性酸中毒。此时可改用碳酸氢钠-生理盐水或乳酸钠-生理盐水。

（2）氯化钾

① 静注过量时可出现疲乏、肌张力降低、反射消失、周围循环衰竭、心率减慢甚至心脏停搏。

② 肾功能严重减退或尿少时慎用，无尿或血钾过高时忌用。静滴时，速度宜慢，溶液应稀释（一般不超过 0.3%），否则不仅引起局部剧痛，且可导致心脏骤停。

③ 经口给予本品溶液时对胃肠道有较强的刺激性，应稀释并于饲后灌服，以减少刺激性。

14.1.6.2 能量补充药——葡萄糖

① 长期单一补给葡萄糖可出现低钾血症、低钠血症等电解质紊乱状态。

② 高渗注射液应缓慢注射，以免加重心脏负担，切勿漏出血管外。

③ 不宜皮下注射，以免引起皮下坏死。

④ 低钾血症、糖尿病、肾功能不全者慎用。

⑤ 治疗脑水肿时不可盲目停药，易导致脑水肿再度发生，应缓慢减量直至停用。

14.1.6.3 酸碱平衡药

（1）碳酸氢钠

① 长期或大量使用本药可致代谢性碱中毒，并且钠负荷过高可引起水肿等。

② 碳酸氢钠注射液应避免与酸性药物、复方氯化钠、硫酸镁、盐酸氯丙嗪注射液等混合应用。

③ 对组织有刺激性，静脉滴注时勿漏出血管外。

④ 用量要适当，纠正严重酸中毒时，应测定碳酸根结合力，作计量依据。

⑤ 充血性心力衰竭、肾功能不全、水肿、缺钾等病畜慎用。

（2）乳酸钠

① 本品过量可引起代谢性碱中毒。

② 心力衰竭及急性肺水肿者禁用。

③ 对于伴有缺氧、休克、肝功能失常或右心衰竭的酸中毒，应该用碳酸氢钠来纠正，在这些情况下特别是有乳酸性酸中毒时，不宜应用乳酸钠。

14.1.6.4　血容量扩充剂——右旋糖酐

① 偶见过敏反应，如发热、荨麻疹等。

② 少数病例有血压下降、呼吸困难等严重反应。

14.1.7　药物相互作用

14.1.7.1　水和电解质平衡药

（1）**氯化钠**　氯化钠注射液常作为静脉滴注的基础输液与各类药物联合使用。

① 与溶解度较小的药物如地西泮注射液联用存在析出的可能性。

② 甲氯芬酯等分子结构中具有不稳定的酯键，极易水解，其在氯化钠注射液中2h降解7％，建议在2h内用完。

③ 当家畜机体摄入的氯化钠低于排出量时，即可出现低钠综合征。静脉注射浓氯化钠时不能稀释，宜缓慢注射。高钠血症和肾功能不全的动物禁用高钠溶液。

④ 过量补充高钠溶液可能会导致患有全身炎症、创伤和其他疾病的不同动物的血容量超负荷。

（2）**氯化钾**

① 单纯在复方氨基酸、脂肪乳氨基酸、中长链脂肪乳中加入10％氯化钾注射液会破坏氨基酸成分和脂肪乳成分的稳定性。

② 维生素 K_1 注射液、盐酸氯丙嗪注射液、硝酸甘油注射液和甘露醇注射液等与氯化钾注射液存在配伍禁忌。

③ 临床上常见保钾利尿药如螺内酯为醛固酮的竞争性抑制剂，可减少钾的肾排泄，与氯化钾注射液合用可引起高钾血症，导致心律失常或心跳骤停。

④ 血管紧张素转换酶抑制剂（如卡托普利、贝那普利、依那普利）和血管紧张素Ⅱ受体拮抗药（如厄贝沙坦）抑制醛固酮的合成或分泌，降低氯化钾的肾脏排泄，两药合用也可引发高钾血症，并可能导致心律失常或心跳骤停。

⑤ 与呋塞米等排钾利尿药联用，可起到补钾作用，避免低钾血症的不良反应。

14.1.7.2　能量补充药——葡萄糖

① 5％或10％葡萄糖注射液的pH值为3.2～6.5，呈酸性，与偏碱性的药物联用可能导致药物性质改变，如：

A. 与碳酸氢钠联用可使碳酸氢根离子分解，形成水和二氧化碳，使药物失效。

B. 与呋塞米钠盐注射液配伍，可发生中和反应，导致呋塞米析出结晶。

C. 对于短效酯类局麻药普鲁卡因，葡萄糖可使其局麻作用降低。

② 青霉素类药物在结构中均含有内酰胺环，而该环在酸性或碱性环境下均易分解，导致药物失效。故5％葡萄糖注射液和10％葡萄糖注射液不宜作青霉素G的溶媒，多采用氯化钠注射液（pH 4.5～7.0）作为溶媒。

③ 水溶性维生素水溶液稳定的pH值范围在5.6～6.1，其与强电解质产生同离子效

应、电位中和作用及盐析作用，导致不良反应增加。

14.1.7.3 酸碱平衡药

（1）碳酸氢钠

① 不可与氨苄西林配伍使用。

② 碳酸氢根离子与钙离子、镁离子等容易形成不溶性盐而沉淀，故碳酸氢钠注射液不宜与含钙、镁离子的注射液混合使用。

③ 临床不宜与碳酸氢钠注射液配伍的药物有：氢化可的松、维生素 K_3、杜冷丁、硫酸阿托品、硫酸镁、盐酸氯丙嗪、青霉素 G 钾、青霉素 G 钠、复方氯化钠、维生素 C、肾上腺素、ATP、COA、细胞色素 C 注射液等。

④ 碳酸氢钠能显著提高磺胺类药及乙酰化代谢产物的溶解度，避免或减少磺胺类药物结晶尿的形成。

⑤ 碳酸氢钠可提高左旋多巴的生物利用度。

⑥ 与氨基糖苷类药物合用时可因尿 pH 值升高，而使氨基糖苷类药物药效增强。与肾上腺皮质激素（尤其是具有较强盐皮质激素作用者）、促肾上腺皮质激素、雄激素合用时，易发生高钠血症和水肿。

⑦ 与苯丙胺、奎尼丁合用，使两者经肾脏排泄减少，易导致蓄积中毒。

⑧ 碳酸氢钠可使尿液碱化，影响肾脏对麻黄碱的排泄，故合用时后者剂量应减小。

⑨ 与排钾利尿药合用时，可增加发生低氯性碱中毒的危险性。

⑩ 与抗凝药（如华法林和 M-胆碱酯酶药等）或 H_2 受体拮抗剂（如西咪替丁、雷尼替丁等）合用，后两者的吸收减少。

（2）乳酸钠

① 乳酸钠注射液与新生霉素钠、盐酸四环素、磺胺嘧啶钠等有配伍禁忌。

② 乳酸钠常与氯化钠、氯化钾与氯化钙一起制成灭菌水溶液，作为体液、电解质、酸碱平衡调节药。

14.1.7.4 血容量扩充剂——右旋糖酐

① 与部分氨基糖苷类抗生素如大观霉素、庆大霉素等联用时可加重肾损伤。

② 与肝素联用有协同作用而增加出血可能。

14.1.8 剂型和剂量

14.1.8.1 经胃肠道给药剂型

碳酸氢钠片，以碳酸氢钠计，每片 0.15g。内服，一次量，马 15～60g；牛 30～100g；羊 5～10g；猪 2～5g；犬 0.5～2g。

14.1.8.2 非胃肠道给药剂型

（1）氯化钠

① 氯化钠注射液（灭菌生理盐水）含 0.9％氯化钠的灭菌水溶液。静注，一次量，马、牛 1000～3000mL；羊、猪 250～500mL；犬 100～500mL。

② 复方氯化钠注射液，含 0.85％氯化钠、0.03％氯化钾、0.033％氯化钙的灭菌水溶

液。静注，一次量，马、牛1000～3000mL；羊、猪250～500mL；犬100～500mL。

（2）氯化钾

① 氯化钾注射液10mL：1g。临用前用5％葡萄糖注射液稀释成0.3％以下的溶液。静脉滴注，主要用于补钾，马、牛20～50mL；猪、羊5～10mL。

② 复方氯化钾注射液：含0.28％氯化钾、0.42％氯化钠、0.63％乳酸钠的灭菌水溶液。其优点为既可补钾又可纠正一般酸中毒。静脉滴注，马、牛1000mL；羊、猪250～500mL。

（3）葡萄糖

① 25％葡萄糖注射液：静脉注射，一次量，马、牛200～1000mL；羊、猪40～200mL；犬20～100mL。

② 50％葡萄糖注射液：静脉注射，一次量，马、牛100～500mL；羊、猪20～100mL；犬10～50mL。

③ 葡萄糖氯化钠注射液：含5％葡萄糖和0.9％氯化钠的灭菌水溶液。静脉注射，一次量，马、牛1000～3000mL；羊、猪250～500mL；犬100～500mL。

（4）碳酸氢钠　碳酸氢钠注射液：含5％碳酸氢钠的灭菌水溶液。静脉注射，马、牛300～500mL；猪、羊300～500mL；犬10～30mL。

（5）乳酸钠　11.2％乳酸钠注射液，静脉注射，一次量，马、牛，200～400mL；羊、猪，40～60mL。用时稀释5倍。

（6）右旋糖酐

① 中分子右旋糖酐75：平均分子量约为7.5万。本品的注射剂为含右旋糖酐6％的等渗盐溶液，每瓶500mL。

② 低分子右旋糖酐40：平均分子量约为4万。制剂有2万与4万两种，市售为含低分子右旋糖酐10％的等渗盐溶液，每瓶500mL。

14.1.9　常用药物

14.1.9.1　水和电解质平衡药

（1）氯化钠　本品作为电解质补充药，用于脱水症。常用制剂为氯化钠注射液、复方氯化钠注射液、浓氯化钠注射液、葡萄糖氯化钠注射液。

（2）氯化钾　本品作为电解质补充药，主要用于低钾血症，亦可用于强心苷中毒引起的阵发性心动过速。常用制剂为氯化钾注射液。

14.1.9.2　能量补充药——葡萄糖

本品作为体液补充药，其常用制剂为葡萄糖注射液，其中5％等渗溶液用于补充营养和水分；10％及以上高渗溶液用于提高血液渗透压和利尿。

14.1.9.3　酸碱平衡药

（1）碳酸氢钠　本品作为酸碱平衡调节药，用于酸血症、胃肠卡他，也用于碱化尿液。常用制剂为碳酸氢钠片和碳酸氢钠注射液。

（2）乳酸钠　本品为酸碱平衡调节药，用于治疗酸血症。常用制剂为乳酸钠注射液。

14.1.9.4　血容量扩充药——右旋糖酐

本品作为血容量补充药，主要用于补充和维持血容量，治疗失血、创伤、烧伤及中毒性休克。常用制剂为右旋糖酐 40 葡萄糖注射液、右旋糖酐 40 氯化钠注射液、右旋糖酐 70 葡萄糖注射液、右旋糖酐 70 氯化钠注射液。

14.2

利尿药和脱水药

利尿药（diuretics）是指能促进肾脏排泄水和电解质（钠离子为主），从而增加尿量的药物，它是最常用的处方药之一。常用于治疗水肿、高血压和心力衰竭。

利尿药可分为：①主要作用于髓袢升支皮质部的利尿药（噻嗪类）。噻嗪类是一大类作用较强的利尿药。其基本结构由苯并噻二嗪核与磺酰胺基组成。按等效剂量相比，本类药物利尿的效价程度可相差近千倍，从弱到强的顺序依次为：氯噻嗪＜氢氯噻嗪＜氢氟噻嗪＜苄氟噻嗪＜环戊氯噻嗪。兽医临床上目前常用者为氢氯噻嗪。②主要作用于髓袢升支髓质部的利尿药。③主要作用于远曲小管前段的利尿药。④主要作用于远曲小管后段的利尿药。⑤主要增加肾小球滤过的利尿药（嘌呤类）。⑥渗透压性利尿药（钾盐、脱水药如甘露醇、高渗葡萄糖注射液等）。

脱水药是指在体内不被代谢或不易被迅速代谢，当静注其高渗溶液后提高血浆渗透压，而引起组织脱水的药物。兽医临床常用的有甘露醇、山梨醇、尿素及高渗葡萄糖溶液。由于这些药物主要以原型迅速从肾脏排出时，能提高肾小管液的渗透压，因而产生利尿作用。

14.2.1　化学结构

14.2.1.1　利尿药

呋塞米是一种 2,4-二氯苯甲酸衍生袢利尿剂，化学名称为 2-(2-呋喃甲基) 氨基-5-(氨磺酰基)-4-氯苯甲酸，可溶于丙酮、甲醇、二甲基甲酰胺（DMF），微溶于乙醇，不溶于水。依他尼酸，化学名称为 [2,3-二氯-4-(2-亚甲基丁酰基)苯氧基] 乙酸，是一种有机化合物。氢氯噻嗪，化学名称为 6-氯-3,4-二氢-2H-1,2,4-苯并噻二嗪-7-磺酰胺-1,1-二氧化物，是一种有机化合物，化学式为 $C_7H_8ClN_3O_4S_2$，是噻嗪类利尿化合物。螺内酯，化学名称为 17β-羟基-3-氧代-7α-(乙酰巯基)-17α-孕甾-4-烯-21-羧酸-γ-内酯，其化学结构类似醛固酮。

14.2.1.2　脱水药

甘露醇以糖或糖醇的形式天然存在于水果和蔬菜中。D-甘露醇是甘露醇（mannitol）

的 D-对映异构体，化学名称为（2R，3R，4R，R，5R)-己烷-1,2,3,4,5,6-己醇。甘露醇是一种多元醇，它类似于木糖醇或山梨糖醇。

14.2.2　作用机制

14.2.2.1　利尿药

利尿药的作用在于影响尿液生成的三个过程，即：①增加肾小球的滤过作用；②抑制肾小管、集合管的重吸收作用；③影响肾小管、集合管的排泄作用（即抑制 H^+、Na^+ 或 Na^+、K^+ 交换过程）。利尿药主要影响后两个过程，且以抑制肾小管、集合管的重吸收作用为主。

利尿药主要通过作用于肾小管和肾小球进而产生利尿作用。呋塞米属于袢利尿剂，通过抑制位于 Na-K-2Cl 协同转运蛋白（NKCC-2）跨膜结构域中的 Cl^- 结合域，从而抑制 Na^+ 重吸收。

氢氯噻嗪主要作用于髓袢升支皮质部和远曲小管的前段，抑制 Na^+、Cl^- 的重吸收，从而起到排钠利尿作用。由于流入远曲小管和集合管的 Na^+ 增加，促进 K^+、Na^+ 的交换，故 K^+ 的排泄也增加。

螺内酯是一种盐皮质激素受体拮抗剂，能促进钠和水的排泄及钾的保留，增加肾素和醛固酮水平。

14.2.2.2　脱水药

甘露醇可提高血浆渗透压，从而促进水从组织（包括大脑和脑脊液）到间质液和血浆的流动。甘露醇作为利尿剂可诱导利尿，因其不会在肾小管中重吸收，从而增加肾小球滤液的渗透压，促进水分的排泄，并抑制肾小管对钠、氯化物和其他溶液的重吸收。

14.2.3　药理作用

14.2.3.1　呋塞米

属于袢利尿剂，可减少尿酸的排泄。具有直接的血管舒张作用，因此可治疗急性肺水肿。血管舒张导致对血管收缩剂（如血管紧张素Ⅱ和去甲肾上腺素）的反应性降低，并减少具有血管收缩特性的内源性利钠激素的产生。

14.2.3.2　氢氯噻嗪

中效利尿药，作用于髓袢升支皮质部和远曲小管的前段，抑制 Na^+、Cl^- 的重吸收，从而起到排钠利尿作用。

14.2.3.3　螺内酯

具有保钾利尿作用，能促进钠和水的排泄及钾的保留，增加肾素和醛固酮水平。还具有一定的抗炎作用。

14.2.3.4 甘露醇

一种渗透性利尿剂，促进尿液中有毒物质的排泄。与其他利尿剂联用可减轻水肿。

14.2.4 药代动力学

14.2.4.1 呋塞米

山羊以 2.5mg/kg 剂量分别采用静脉注射（IV）、肌内注射（IM）和皮下注射（SC）方式给药，消除半衰期分别是 0.71(0.67～0.76)h、0.69(0.61～0.74)h 和 0.70(0.67～0.79)h；IM 和 SC 给药，达峰浓度分别为 11.19(10.33～11.95)μg/mL 和 6.49(5.92～7.00)μg/mL，达峰时间分别为 0.23(0.16～0.25)h 和 0.39(0.33～0.42)h，生物利用度分别为 109.84(104.92～116.99)% 和 70.80(55.77～86.67)%。

猫以 2mg/kg 静脉注射、口服给药，静脉注射给药的消除半衰期为 2.25h，体清除率为 149mL/(kg·h)，表观分布容积为 227mL/kg；口服给药后消除半衰期为 1.2h，达峰浓度为 3.4μg/mL，生物利用度为 48.4%。

犬以 5mg/mL 剂量静脉注射给药，消除半衰期为 (0.931±0.187)h，表观分布容积为 (0.25±0.043)L/kg，体清除率为 (0.435±0.031)L/(h·kg)。研究结果还表明，呋塞米排泄速率的变化与血浆浓度衰减曲线相似。

14.2.4.2 氢氯噻嗪

张国兰等以氟康唑为内标，采用 HPLC 法研究了人血浆中氢氯噻嗪的药代动力学。20 名健康男性志愿者单剂量口服氢氯噻嗪片剂 50mg，主要药动学参数如下：峰浓度为 (275.33±38.30)ng/mL，达峰时间为 (2.25±0.34)h，消除半衰期为 (11.70±1.60)h。

14.2.4.3 螺内酯

许丹华等研究了螺内酯片在健康人体内的相对生物利用度，并进行生物等效性评价。18 名健康男性单剂量口服 25mg 螺内酯片，活性代谢产物坎利酮的主要药代动力学参数如下：峰浓度为 (51.3±12.4)μg/L，达峰时间为 (2.1±0.3)h，消除半衰期为 (25.0±9.2)h。

14.2.4.4 甘露醇

Cloyd 等研究了在犬和人体中甘露醇的药代动力学与血清渗透压之间变化的关系。4 名受试者每人接受 0.5～0.7g/kg 的甘露醇作静脉输注，持续 15min。5 只犬各静脉推注 0.5g/kg、1.0g/kg 和 1.5g/kg，对其血清渗透压和血清甘露醇进行浓度测定。在人体中，分布半衰期为 (2.11±2.67)min，消除半衰期为 (71.15±27.02)min，表观分布容积为 (0.47±0.50)L/kg。甘露醇在犬体内的药代动力学参数与在人体内相似。

14.2.5 临床使用

本类药物作用于肾脏，促使尿量增加，在兽医临床上主要用于水肿和腹水的对症治疗。

14.2.5.1　呋塞米

呋塞米是一种磺胺衍生物袢利尿剂，已被批准用于治疗牛和马的水肿、体腔积液、肾衰竭伴随少尿和中毒。呋塞米可用于治疗牛过劳引起的肺出血、慢性阻塞性肺病、牛粪病（心水）及小动物的心、肝或肾源性水肿。

14.2.5.2　氢氯噻嗪

① 氢氯噻嗪可单独或联合用于治疗充血性心力衰竭、肝硬化、肾病综合征、急性肾小球肾炎、慢性肾功能衰竭以及皮质类固醇和雌激素治疗引起的相关性水肿。

② 用于某些急性中毒，如食盐中毒、溴化物中毒、巴比妥类中毒等，可在补液的同时内服噻嗪类，以加速毒物随尿排出。

③ 氢氯噻嗪也适用于单独或联合用于治疗高血压。在兽医临床上，可用于慢性心力衰竭的治疗。在人类医学上，噻嗪类药物常用来治疗高血压。

④ 可用来治疗钙性肾结石，对因肾源性尿崩症而减少尿液的机体有效。

14.2.5.3　螺内酯

① 常用于水肿型疾病的治疗，适用于治疗多种疾病，包括心力衰竭、水肿、醛固酮增多症和高血压。

② 可作为保钾利尿、治疗肝硬化、抗心律失常及治疗充血性心力衰竭的药使用。

14.2.5.4　甘露醇

① 静脉注射用于治疗急性肺水肿、组织水肿及脑水肿。

② 甘露醇因能降低眼内压，被用作抗青光眼药使用。

③ 与其他利尿剂联用，协同利尿。

14.2.6　安全性

大多数利尿药的不良反应均与体液和电解质的平衡异常有关。

14.2.6.1　呋塞米

① 导致远端小管的 Na^+ 重吸收增加，导致肾素-血管紧张素-醛固酮驱动的增加。

② 可能会引起低氯碱中毒和低钾血症。

③ 引起短暂性耳毒性。

14.2.6.2　氢氯噻嗪

① 与洋地黄同时使用，可增加心脏心律失常的风险。

② K^+ 消耗过多，可能继发影响胰岛素原与胰岛素的转换，进而导致高血糖。

③ 钙重吸收增强可导致高钙血症。

④ 体液与电解质平衡紊乱。

14.2.6.3　螺内酯

① 可引起高钾血症、脱水和低钠血症。

② 单独使用时，可引起高氯血症代谢性酸中毒。

14.2.6.4　甘露醇
① 能产生强烈的利尿作用，并能导致大量体液流失和电解质失衡。

② 甘露醇静注时，可造成恶心和呕吐，造成低钠血症。可进一步导致脱水和电解质紊乱。

③ 给药后，可引起动脉压短暂升高。

14.2.7　药物相互作用

14.2.7.1　呋塞米
① 与茶碱或氨茶碱联用可有更强的利尿效果。

② 与氨基糖苷类联用时，会增强耳毒性，若水分摄入不足，还可能导致肾毒性。

③ 与洋地黄苷类合用，可能因为利尿剂引发的低钾血症而增加心律失常的风险。

④ 与阿司匹林或其他抗凝药联用可加强抗凝效果。

⑤ 与皮质类固醇联用可能增加 K^+ 的消耗。

⑥ 呋塞米可提高心得安的血药浓度。

⑦ 普罗布内西德可能降低利尿效果。

⑧ 非甾体抗炎药（NSAIDs）可能减弱利尿效果。

14.2.7.2　氢氯噻嗪
氢氯噻嗪与其他噻嗪类利尿剂一样：

① 减弱抗凝剂和胰岛素的作用。

② 加强某些麻醉剂、二氮氧化物、洋地黄苷、锂、循环利尿剂和维生素 D 的作用。

③ 与氨基糖苷类抗生素及头孢菌素（第一、二代）并用，肾毒性、耳毒性增加。

④ 引起的低钾可增加强心苷毒性。

⑤ 加强非去极化肌松药的疗效或延长持续时间。

⑥ 皮质激素类药物可降低利尿效果，并增加电解质紊乱风险。

⑦ 与碳酸氢钠合用，发生低氯性碱血症的机会增加。

⑧ 噻嗪类药物能延长奎尼丁的半衰期。在噻嗪类药物引起的低钾血症之下，奎尼丁水平的升高会增加心动过速的风险，并可恶化为心室颤动。非甾体抗炎药可能降低噻嗪类药物和循环利尿剂的有效性。

14.2.7.3　螺内酯
① 任何保留 K^+ 的利尿剂（包括螺内酯）与血管紧张素转化酶抑制剂联合使用必须谨慎，为避免高钾血症，需要监测血浆钾离子浓度。

② 由于 P-糖蛋白表达增加，螺内酯可能降低地高辛的口服生物利用度。

③ 与阿巴卡韦联用可能导致血清水平降低，并导致疗效降低。

14.2.7.4　甘露醇
① 给药不能与血液替换同时进行。若同时给血，须在甘露醇中加入氯化钠。

② 特布他林与甘露醇联用可影响黏膜纤毛清除率。

14.2.8 剂型和剂量

利尿剂多为内服剂型，主要包括兽用呋塞米片、氢氯噻嗪片、螺内酯片。

14.2.8.1 经胃肠道给药剂型

① 呋塞米片，内服：一次量，每 1kg 体重，犬、猫 2.5～4mg，猫建议按最低剂量使用。

② 氢氯噻嗪片，内服：一次量，每 1kg 体重，犬、猫 3～4mg。

③ 螺内酯片，内服，一次量，每 1kg 体重，马、牛、猪、羊 0.5～1.5mg，犬、猫 2～4mg。

④ 甘露醇片，内服：一次量，每 1kg 体重，犬、猫 0.25～0.5mg。

14.2.8.2 非胃肠道给药剂型

① 呋塞米注射液，以呋塞米计，肌内、静脉注射：一次量，每 1kg 体重，马、牛、羊、猪 0.5～1mg；犬、猫 1～5mg。

② 20％甘露醇注射液，静脉注射，马、牛一次量，1000～2000mL；羊、猪一次量，100～250mL。犬：5％～25％静脉滴注 1g/kg 维持尿量；增加细胞外液容量，0.5～2g/kg[或 0.1g/(kg·h)]，15％～25％静脉滴注 30～60min（0.25～2g/kg）治疗青光眼或中枢神经系统水肿（必要时 6h 内重复）。猫：增加细胞外体液容量，静脉注射 0.5～0.8g/kg，5min 后 1mg/(kg·min)。

14.2.9 常用药物

14.2.9.1 呋塞米

本品为强效利尿剂常用注射液（规格：10mL：0.1g），常用犬猫内服片剂（规格：20mg）。

14.2.9.2 氢氯噻嗪

本品作为中效利尿药用于治疗肝、心、肾性水肿以及局部组织水肿，如产前浮肿、牛乳房水肿等，以及某些急性中毒。常用剂型为氢氯噻嗪片（规格：0.025g，0.25g）。

14.2.9.3 螺内酯

本品为弱排钾利尿剂，螺内酯在人和兽药中，通常与噻嗪类药物或利尿剂联合使用，治疗肝性或其他各种水肿。口服片剂规格：10mg、25mg、40mg、50mg、80mg、100mg；糖浆规格：1mg/mL、2mg/mL、5mg/mL、10mg/mL、20mg/mL。

14.2.9.4 甘露醇

本品用于预防和治疗肾功能衰竭，降低颅内压和眼压，并与其他利尿剂一起缓解水肿。甘露醇常用注射剂型（含量：5%、10%、15%、18%、20%、25%）。

主要参考文献

[1] 程秋野，沈小云，刘秋容. 0.9%氯化钠溶液替代酒精清洁皮肤减少深静脉管 MARSI 发生的临床研究[J]. 当代医学，2021（26）：44-46.

[2] Hucke S, Eschborn M, Liebmann M, et al. Sodium chloride promotes pro-inflammatory macrophage polarization thereby aggravating cns autoimmunity[J]. Journal of Autoimmunity, 2016, 67: 90-101.

[3] 覃杰. 低分子右旋糖酐联合呋塞米利尿治疗肾病综合征并水肿的疗效分析[J]. 临床医药文献电子杂志，2019（35）：37-38.

[4] 钱薇，胡云芳，朱余兵，等. 氯化钾缓释片人体药动学及相对生物利用度[J]. 中国临床药学杂志，2008, 17（1）：22-24.

[5] Mehvar R. Dextrans for targeted and sustained delivery of therapeutic and imaging agents [J]. Journal of Controlled Release, 2000, 69（1）：1-25.

[6] Ledee D R, Kajimoto M, O'Kelly P C, et al. Pyruvate modifies metabolic flux and nutrient sensing during extracorporeal membrane oxygenation in an immature swine model[J]. American Journal of Physiology-Heart and Circulatory Physiology, 2015, 309（1）：H137-H146.

[7] 杨国军. 中心静脉注射 10%氯化钠在低钠血症目标治疗中的应用（附 156 例）[J]. 中国急救复苏与灾害医学杂志，2011, 6（5）：2.

[8] 朱莲芳，潘向红，周嫦，等. 穴位按摩辅助治疗血液透析患者下肢肌肉痉挛的效果观察[J]. 现代中西医结合杂志，2006, 015（17）：2347-2348.

[9] Wilcox C S, Shen W, Boulton D W, et al. Interaction between the sodium-glucose-linked transporter 2 inhibitor dapagliflozin and the loop diuretic bumetanide in normal human subjects [J]. Journal of the American Heart Association, 2018, 7（4）：e007046.

[10] 葵花，阿拉腾苏和，吐日跟白乙拉. 热应激条件下日粮中添加氯化钾对奶牛生产性能和血液指标的影响[J]. 中国畜牧兽医，2010（1）：10-13.

[11] 金光明，胡忠泽. 氯化钾对热应激肉仔鸡生产性能的影响[J]. 家畜生态，1994, 15（2）：21-23.

[12] Chen J, Lian X, Zhao M, et al. Multimode fano resonances sensing based on a non-through mim waveguide with a square split-ring resonance cavity[J]. Biosensors-Basel, 2022, 12（5）.

[13] 茹巧红. 小尾寒羊妊娠毒血症的诊疗体会[J]. 当代畜禽养殖业，2015（2）：8.

[14] 张玉强. 家禽磺胺类药物中毒的防治[J]. 家禽科学，2012（3）：56.

[15] Arvinte T, Schulz B, Cudd A, et al. Low-pH association of proteins with the membranes of intact red blood cells. I. Exogenous glycophorin and the cd4 molecule[J]. Bba - Biomembranes, 1989, 981（1）：51-60.

[16] 张九花，常国炜，马步，等. 右旋糖酐制备及其应用研究进展[J]. 甘蔗糖业，2018（2）：52-58.

[17] 何起中. 兽医临床常见注射药物的配伍禁忌分析[J]. 农家致富顾问，2018（8）：85.

[18] 梁振平，臧淑清，徐凯. 3 种氯化物在兽医临床上的应用[J]. 养殖技术顾问，2012（4）：236.

[19] Hansen B, Vigani A. Maintenance fluid therapy: isotonic versus hypotonic solutions [J]. Veterinary Clinics of North America-Small Animal Practice, 2017, 47: 383-395.

[20] 隋忠国, 初晓, 翟丽, 等. 呋塞米的合理用药指导[J]. 中国医刊, 2011 (10): 80-83.

[21] Nielsen S, Maunsbach A B, Ecelbarger C A, et al. Ultrastructural localization of na-k-2cl cotransporter in thick ascending limb and macula densa of rat kidney[J]. Am J Physiol, 1998, 275 (2): 885-893.

[22] Cetin G, Corum O, Durna C D, et al. Pharmacokinetics of furosemide in goats following intravenous, intramuscular, and subcutaneous administrations[J]. Journal of Veterinary Pharmacology and Therapeutics, 2021, 44 (6): 961-966.

[23] Sleeper M M, O'Donnell P, Fitzgerald C, et al. Pharmacokinetics of furosemide after intravenous, oral and transdermal administration to cats[J]. Journal of Feline Medicine and Surgery, 2019, 21 (10): 882-886.

[24] Hirai J, Miyazaki H, Taneike T. The pharmacokinetics and pharmacodynamics of furosemide in the anaesthetized dog[J]. Journal of Veterinary Pharmacology and Therapeutics, 1992, 15 (3): 231-239.

[25] 张国兰, 马瑞娟, 闵云燕. HPLC 法测定人血浆中的氢氯噻嗪及其在药代动力学研究中的应用 [J]. 西北药学杂志, 2018 (5): 651-654.

[26] 许丹华, 李焕德. 螺内酯片在健康人体内药代动力学及生物等效性[J]. 中国临床药理学杂志, 2009 (3): 227-230.

[27] Cloyd J C, Snyder B D, Cleeremans B, et al. Mannitol pharmacokinetics and serum osmolality in dogs and humans[J]. Journal of Pharmacology and Experimental Therapeutics, 1986, 236 (2): 301-306.

[28] Dvm M L M A, Dvm D J K. The pharmacologic spectrum of furosemide[J]. Journal of Veterinary Emergency and Critical Care, 2008, 18 (1): 26-39.

[29] 赵军, 郦昱琨, 尹文俊, 等. 呋塞米与甘露醇联用致脑水肿患者急性肾损伤风险因素分析及预测[J]. 中国新药与临床杂志, 2022 (5): 286-290.

[30] 李红帅, 徐菲, 秦雪娟, 等. 黄葵胶囊联合氢氯噻嗪治疗慢性肾小球肾炎的临床研究[J]. 现代药物与临床, 2023 (2): 401-404.

[31] 李佳颖, 李艳, 刘佳敏, 等. 国产氢氯噻嗪的安全性及其影响因素[J]. 临床心血管病杂志, 2022 (12): 994-1000.

[32] 马丁, 马昌军, 卢富琨, 等. 度拉糖肽联合氢氯噻嗪对高血压合并糖尿病患者血压与血脂及氧化应激的影响[J]. 中国临床保健杂志, 2023 (1): 86-89.

[33] 汤智平, 吴志明, 李文波, 等. 螺内酯对减轻 OSA 患者改良悬雍垂腭咽成形术后咽部水肿和并发症的效果分析[J]. 临床耳鼻咽喉头颈外科杂志, 2020 (1): 49-52.

[34] 康锐, 陈珂, 谢秀乐, 等. 射血分数与低剂量螺内酯治疗射血分数保留型心力衰竭疗效和患者预后的关系研究[J]. 中国全科医学, 2020 (3): 281-288.

[35] 周敬涛. 甘露醇的作用机理及临床应用[J]. 中外健康文摘, 2010, 7 (31): 237.

[36] 李秋实. Verisyse 虹膜固定型人工晶体治疗无晶状体眼的中远期疗效观察[D]. 温州: 温州医科大学, 2018.

[37] 赵喆, 唐彦, 周婧雅, 等. 50 例 Gitelman 综合征患者临床特征和药物治疗分析[J]. 协和医学杂志, 2022 (2): 277-286.

[38] 贺赛琳, 刘红, 井蕊. 颅脑手术中甘露醇的利尿作用对血清钾的影响[J]. 临床麻醉学杂志, 1996 (6): 348.

[39] 尚明富, 祁健. 甘露醇疗程与急性颈脊髓损伤后继发低钠血症的相关性分析[J]. 实用医药杂志, 2021 (7): 599-601.

[40] Da S P, de Aguiar V E, Fonseca M C. Additive diuretic response of concurrent aminophylline and furosemide in children: a case series and a brief literature review[J]. Journal of Anesthesia, 2012, 26 (1): 118-123.

[41] 沈百余. 洋地黄和双氢氯噻嗪伍用时应注意什么? [J]. 中国药学杂志, 1965 (10): 476.

[42] 方健. 利尿降压用氢氯噻嗪，须防低血钾[J]. 医食参考，2018（10）：22.

[43] Brater D C. Diuretic therapy [J]. New England Journal of Medicine，1998，339（6）：387-395.

[44] 梁昊，黄建华，简维雄，等. 参附注射液通过血管加压素逃避改善心衰大鼠水钠代谢[J]. 中药药理与临床，2020（6）：57-62.

[45] Ghanem C I, Gómez P C, Arana M C, et al. Induction of rat intestinal p-glycoprotein by spironolactone and its effect on absorption of orally administered digoxin[J]. Journal of Pharmacology and Experimental Therapeutics，2006，318（3）：1146-1152.

[46] Daviskas E, Anderson S D, Eberl S, et al. Effects of terbutaline in combination with mannitol on mucociliary clearance[J]. European Respiratory Journal，2002，20（6）：1423-1429.

营养药物

15.1

矿物元素

15.1.1 作用机制

15.1.1.1 钙磷和其他常量元素

（1）**钙和磷** 钙在动物体内有多种作用。①促进骨骼和牙齿钙化，保证骨骼正常发育，维持骨骼正常的结构和功能。钙还是蛋壳结构的重要组成成分，也是牛奶的主要矿物质成分。②维持神经肌肉的正常兴奋性和收缩功能：血钙浓度过低，神经肌肉接头的兴奋性增高；血钙浓度过高，神经肌肉接头的兴奋性降低。无论骨骼肌还是心肌和平滑肌，它们的收缩都必须有钙离子参加。③参与神经递质的释放：传出神经细胞突触前膜囊泡中神经递质（包括乙酰胆碱、肾上腺素、去甲肾上腺素）的释放，受 Ca^{2+} 浓度调节。细胞内 Ca^{2+} 增加 10 倍，递质的释放量一般可增加 10000 倍。④与镁离子的相互拮抗作用：镁离子可抑制运动神经末梢乙酰胆碱的释放，而钙离子则促进其乙酰胆碱的释放，故可对抗镁离子对骨骼肌的松弛作用。在中枢神经系统中，钙和镁也是相互拮抗，镁中毒时可用钙解救，钙中毒时也可用镁解救。⑤抗过敏和消炎：Ca^{2+} 能致密毛细血管内皮细胞，降低毛细血管和微血管的通透性，减少炎症渗出和防止组织水肿。⑥促进凝血：钙是重要的凝血因子，为正常的凝血过程所必需。血液凝固的内部和外部系统都依赖于钙作为凝血因子活化的辅助作用。

磷的作用包括以下几个方面。①磷也是骨骼和牙齿的主要成分，单纯缺磷也能引起佝偻病和软骨病。②维持细胞膜的正常结构和功能：磷在体内可形成磷脂，如卵磷脂、脑磷脂和神经磷脂，它们是生物膜的重要成分，对维持生物膜的完整性和物质转运的选择性起重要作用。③参与体内脂肪的转运与贮存：肝中的脂肪酸与磷结合形成磷脂，才能离开肝脏，进入血液，再与血浆蛋白结合成脂蛋白而被转运到全身组织中。④参与能量贮存：磷是体内高能物质三磷酸腺苷、二磷酸腺苷和磷酸肌醇的组成成分。⑤磷是 DNA 和 RNA 的组成成分，还参与蛋白质合成，对动物生长发育和繁殖等起重要作用。⑥磷也是体内磷酸盐缓冲液的组成成分，参与调节体内的酸碱平衡。

（2）**镁** 镁作为一种必需矿物元素有多种功能：①作为酶的活化因子或构成酶的辅基，如磷酸酶、激酶、氧化酶、肽酶和精氨酸酶等。葡萄糖 UDPG 焦磷酸化酶的催化活性功能的发挥必须有 Mg^{2+} 参与。②参与 DNA、RNA 和蛋白质的合成。③参与骨骼和牙齿的组成。④镁与钙相互制约保持神经肌肉兴奋与抑制平衡。镁离子通过减少或阻断神经递质（如乙酰胆碱），阻断神经冲动，而钙离子促进神经递质的释放；镁离子对肌肉收缩有抑制作用，而钙离子对肌肉收缩有兴奋作用。

（3）**硫** 硫在动物机体中主要通过含硫营养物质的代谢物起作用。硫是含硫氨基酸（SAA，如甲硫氨酸、胱氨酸及半胱氨酸）、某些维生素（生物素、硫胺素）、肝素、谷胱甘肽以及牛磺酸的组分，为动物胃肠道微生物消化纤维素、利用非蛋白氮和合成 B 族维生素所必需。硫也是软骨素基质的重要组分。硫作为生物素的成分在脂类代谢中起重要作用；作为硫胺素的成分参与碳水化合物的代谢过程；作为辅酶 A 的成分参与能量代谢。此外，硫还是黏多糖的成分，在成骨胶原及其结缔组织代谢中起作用。畜禽的被毛、爪、角、羽毛等角蛋白中含有较多的硫，在日粮中添加一定量的无机硫，可减少动物对 SAA 的需要量，提高毛、皮的生长速度并改善其品质。

15.1.1.2 微量元素

（1）铜 铜的主要作用有三个方面：①构成酶的辅基或活性成分。铜离子是赖氨酰氧化酶和氧化物歧化酶的必需离子，铜还是细胞色素氧化酶、酪氨酸酶、多巴-β-羟化酶、单胺氧化酶、黄嘌呤氧化酶等氧化酶的组分，起电子传递作用或促进酶与底物结合，稳定酶的空间构型等。②参与色素沉着，毛和羽的角化，促进骨和胶原形成。铜是骨细胞、胶原和弹性蛋白形成不可缺少的元素。③维持铁的正常代谢，促进血红蛋白合成和红细胞成熟。

（2）锌 锌的作用主要包括：①是动物体内许多酶的组分，体内 300 多种酶需要锌，常见的有羧肽酶 A 和 B、碳酸酐酶、碱性磷酸酶、醇脱氢酶等。②激活酶。锌参与激活的酶有多种，如精氨酸酶、组氨酸脱羧酶、卵磷脂酶、尿激酶、二核苷酸磷激酶等。③参与蛋白质、核酸、糖类和不饱和脂肪酸的代谢。锌在保护动物皮肤、毛发的健康，维持正常的繁殖机能、免疫功能、生物膜稳定方面都发挥着重要作用。④参与激素的合成或调节活性。锌与胰岛素或胰岛素原形成可溶性聚合物，有利于胰岛素发挥生理作用。⑤与维生素和矿物元素产生相互拮抗或促进作用。例如，足量的锌是保证维生素 A 还原酶形成和发挥作用的重要因子。锌还与花生四烯酸、水和阳离子的代谢密切相关。⑥维持正常的味觉功能。⑦与动物生殖有很大关系，它不仅影响性器官的正常发育，而且还影响精子、卵子的质量和数量。⑧与免疫功能密切相关。体内锌减少，可引起免疫缺陷，动物对感染性疾病的易感性和发病率升高。

（3）锰 锰的生物学功能主要有：①构成和激活多种酶。含锰元素的酶有精氨酸酶、含锰超氧化物歧化酶、RNA 多聚酶和丙酮酸羧化酶等。可被锰激活的酶很多，有碱性磷酸酶、羧化酶、异柠檬酸脱氢酶、精氨酸酶等。因此，锰对糖、蛋白质、氨基酸、脂肪、核酸、细胞呼吸、氧化还原反应等都有十分重要的作用。②促进骨骼的形成与发育。锰参与硫酸软骨素合成，缺锰时，软骨成骨作用受阻，骨质受损，骨质变疏松。③维护繁殖功能。缺锰时，动物发情周期紊乱，初生动物体重降低，死亡率增高；雄性动物生殖器官发育不良，公猪睾丸退化，丧失生殖能力；奶牛伴有无繁殖机能，怀孕牛流产和新生犊牛骨骼变态等。

（4）硒 硒的主要作用为抗氧化。硒是谷胱甘肽过氧化物酶的组分，参与过氧化物的还原反应，能防止生物膜的脂质过氧化，维持细胞膜的完整性。硒与维生素 E 在抗氧化损伤方面有协同作用。硒还参与辅酶 A 和辅酶 Q 合成，在体内三羧酸循环及电子传递过程中起重要作用。硒能维持畜禽正常生长。硒蛋白也是肌肉组织的正常组分。国外研究者 Delezie 等通过试验发现在基础饲粮中添加硒可以提高蛋硒含量。硒参与维持胰腺的完整性，保护心脏和肝脏的正常功能，维持精细胞的结构和机能。公猪缺硒，可致睾丸曲细精管发育不良，精子减少。硒还能降低汞、铅、镉、银、铊等重金属的毒性。硒可与这些金属形成不溶性的硒化物，明显地减少这些重金属对机体的毒害作用。此外还能促进抗体生成，增强机体免疫力。

（5）碘 碘在消化道各部位都可吸收。非反刍动物主要在小肠，反刍动物主要在瘤胃。无机碘可直接被吸收，有机碘还原成碘化物后才能被吸收。碘化钾在胃肠道的吸收率为 25%～35%。吸收入血后的碘，约 60%～70% 被甲状腺摄取，参与甲状腺素和三碘甲腺原氨酸的合成，再以激素形式返回到血液中。碘也可以离子形式进入机体其他组织。碘主要经尿排泄。反刍动物皱胃可分泌内源性碘，但进入消化道的碘，一部分可重新被吸收利用。少量碘随唾液、胃液、胆汁的分泌，经消化道排出。皮肤和肺也可排出极少量的内源性碘。

动物体内平均含碘 0.2～0.3mg/kg，碘在体内的分布极不均匀，其中甲状腺含 70%～80% 的碘，是单个微量元素在单一组织器官中浓度最高的元素。甲状腺对血浆中的无机碘有主动摄取作用，硫氢酸盐、高氯酸盐和铅可抑制摄取，而垂体促甲状腺激素则促进摄取。在甲状腺内，无机碘在碘化物过氧化物酶和酪氨酸碘化酶系的作用下，碘离子被转化为碘原子而活化，与酪氨酸反应形成一碘酪氨酸和二碘酪氨酸。两个二碘酪氨酸缩合成一个甲状腺素（T_4）分子，一个一碘酪氨酸与一个二碘酪氨酸可缩合成一个三碘甲腺原氨酸（T_3）分子，在体内，T_4 的含量比 T_3 高，但 T_3 的生物活性要比 T_4 高 5～10 倍。

（6）钴　钴是一个比较特殊的必需微量元素。动物不需要无机态的钴，只需要机体不能合成而存在于维生素 B_{12} 中的有机钴。钴是维生素 B_{12} 的必需组分，通过维生素 B_{12} 表现其生理功能：参与一碳基团代谢，促进叶酸变为四氢叶酸，提高叶酸的生物利用率；参与甲烷、甲硫氨酸、琥珀酰辅酶 A 的合成和糖原异生。反刍动物瘤胃中微生物必须利用外源钴才能合成维生素 B_{12}。非反刍动物的大肠微生物合成维生素 B_{12}，也需要钴。

15.1.2　临床应用

15.1.2.1　钙磷和其他常量元素

（1）钙　主要用于急、慢性钙、磷缺乏症，如软骨病、佝偻病和产后瘫痪；毛细血管通透性增高所致的各种过敏性疾病，如荨麻疹、渗出性水肿、瘙痒性皮肤病等；硫酸镁中毒的解救；急性低血钙和低血钙抽搐，心力衰竭。具体应用如牛羊的产后瘫痪、犬、猫的临产惊厥、急性湿疹、皮炎等，以及奶牛的前胃弛缓、生产瘫痪、胎衣不下等。

（2）磷　主要用于磷代谢障碍引起的疾病，如佝偻病、软骨病。也用于急性低血磷症或慢性缺磷症。牛和水牛常发生低磷血症，表现为卧地、食欲不振、溶血性贫血和血红蛋白尿。缺磷地区家畜的慢性缺磷症，表现为厌食、不孕和跛行等。

（3）镁　正常条件下，动物对镁的需要量较低，通常不会发生镁缺乏症。但代谢紊乱或胃肠道内的物质不平衡可降低镁的吸收，造成镁缺乏症。动物镁缺乏症主要表现为厌食、生长受阻、过度兴奋、痉挛、肌肉震颤、反射亢进、抽搐、角弓反张和惊厥，严重者昏迷死亡。牛主要表现为缺镁痉挛症。家禽表现为生长缓慢，蛋鸡产蛋率下降。硫酸镁、氯化镁、氧化镁和碳酸镁均可用于治疗镁缺乏症，如牛低血镁性痉挛、抽搐等。

（4）硫　含硫量不足的日粮中，用尿素氮代替部分蛋白质，添加硫酸盐后微生物可以合成 SAA。单胃动物需要的硫大部分是从 SAA 中获得。猫是唯一不能利用 SAA 合成牛磺酸的动物，比其他动物更需要 SAA，还需要牛磺酸。动物缺硫通常是在缺乏蛋白质时才发生，以尿素为氮源饲喂反刍动物，当日粮氮、硫比大于 10：1（奶牛大于 12：1）时容易发生缺硫。硫缺乏一般以 SAA 的缺乏表现出来。动物缺硫表现为体重明显减轻，毛、爪、角、蹄、羽毛等生长速度减慢，利用纤维素的能力降低，采食量下降。硫从日粮中的 SAA 中来，缺乏时会对每个器官系统产生不利的影响，因为负氮平衡又会减少蛋白质的合成，会影响新陈代谢的各个方面。猫缺乏牛磺酸，会导致视网膜脱落、心脏疾病，也会对细胞内钾的新陈代谢产生不利影响。

15.1.2.2 微量元素

（1）铜　饲料中含铜不足可引起铜缺乏症。不同种属动物的症状有差异。主要症状为贫血，中性粒细胞减少，生长缓慢，被毛脱落或粗乱，骨骼生长不良，幼畜运动失调（摆腰症），胃肠机能紊乱，心力衰竭等。本品用于防治铜缺乏症。高剂量铜（指含铜量为每千克饲料 100～250mg）还能增加仔猪胃蛋白酶、小肠酶及磷脂酶 A 的活性，提高采食量和对脂肪的利用率，刺激仔猪生长。本品也可用于浸泡奶牛的腐蹄，作辅助治疗。

绵羊、牛、兔、猪、鸡和马对铜的耐受量分别为：每 1kg 饲料 25mg、100mg、200mg、250mg、300mg 和 800mg。超过此水平，各种动物均可产生毒性反应。其毒性反应为：反刍动物严重贫血，其他动物可表现生长受阻、贫血、呕吐、排绿色或黑色稀便、肌肉营养不良和繁殖障碍等。高剂量铜还会导致土壤水质的污染。故高剂量铜作为促生长剂的应用应予限制。杨琳芬等研究表明，与硫酸铜相比，黏土铜具有减轻猪只腹泻的作用，并可以促进猪只腹泻的恢复，显著减少了猪粪中铜的排放，可以作为一种新型环保的饲料铜源推动养殖业更好地实现经济和生态协调发展。

（2）锌　动物缺锌时，采食量和生产性能下降，生长缓慢，伤口、溃疡和骨折不易愈合，皮肤和被毛损害，雄性精子的生成量和活力降低，母畜繁殖性能降低。皮肤不完全角质化症是很多动物缺锌的典型表现。奶牛的乳房和四肢皲裂，猪的上皮过度角化和变厚，绵羊的毛和角异常。家禽发生严重皮炎，羽毛粗乱、脱落，种禽产蛋量下降，种蛋孵化率降低。本品用于防治锌缺乏症。此外，也可用作收敛药，治疗结膜炎等。

各种动物对高锌有较强耐受力。动物对锌的耐受量分别为：每千克饲料，马、牛和兔0.5g，绵羊 0.3g，禽、猪 1g。当猪饲喂每 1kg 含 4.8g 锌的日粮时，可出现生长受阻、步态僵直、腹泻等中毒症状。

（3）锰　动物缺锰可致采食量和生产性能下降，生长减慢，共济失调和繁殖功能障碍。骨异常是缺锰时的典型表现。雏鸡缺锰产生滑腱症（或叫骨短粗症）和软骨营养障碍。腿骨变形，膝关节肿大。母鸡产蛋率下降，蛋壳变薄，种蛋的受精率和孵化率明显降低。幼畜缺锰时骨骼变形，跛行和关节肿大。母畜发情受阻，不易受孕。公畜性欲下降，精子形成困难。本品用于防治锰缺乏症。

动物对锰的耐受力较高。禽对锰的耐受力最强，可高达每千克饲料 2000mg，牛、羊可耐受 1000mg，猪对锰敏感，只能耐受 400mg。锰过量可引起动物生长受阻、对纤维的消耗能力降低，抑制体内铁的代谢发生缺铁性贫血，并且影响动物对钙、磷的利用，以致出现佝偻病或软骨病。

（4）硒　幼畜硒缺乏时，发生白肌病。猪还出现营养性肝坏死和桑葚心病，雏鸡发生渗出性素质、脑软化、胰腺囊性纤维性变和肌萎缩等。硒缺乏还明显影响繁殖性能。母猪产仔数减少，蛋鸡产蛋量下降，母羊不育，母牛产后胎衣不下。本品主要用于防治白肌病及雏鸡发生渗出性素质等硒缺乏症。补硒时添加维生素 E，防治效果更好。

硒为有毒元素，其治疗量与中毒量很接近，含硒制剂使用过量，可致动物急性中毒。表现为盲目蹒跚，重者呼吸衰竭死亡。经饲料长期添加饲喂动物，可致慢性中毒。表现为消瘦、贫血、关节强直、脱蹄、脱毛和繁殖障碍等。急性硒中毒一般不易解救。慢性硒中毒，除立即停止添加外，可饲喂对氨基苯胂酸或皮下注射砷酸钠溶液解毒。动物对硒的最大耐受量为：每千克饲料，牛、绵羊、马和兔 2mg，猪 2.5mg，禽 5mg。中毒量为：每千克饲料，牛 8mg，绵羊 10mg，猪 7mg，禽 15mg。

（5）碘　动物缺碘时，因甲状腺细胞代偿性增生而表现肿大，生长发育不良，繁殖力下降，基础代谢率降低；母畜产死胎或弱胎，发情无规律或不育；母鸡产蛋停止，种蛋孵化率下降；公畜的精液品质低劣。本品用于防治碘缺乏症。

不同动物对碘的耐受力不同。动物对碘的耐受量为：每千克饲料，牛、羊 50mg，马 5mg，猪 400mg，禽 300mg。超过耐受量可造成不良影响，猪血红蛋白水平下降，鸡产蛋量下降，奶牛产奶量降低。

（6）钴　饲料中长期缺钴，影响维生素 B_{12} 合成，以致血红蛋白和红细胞生成受阻。牛、羊表现为明显的低色素性贫血，血液运输氧的能力下降，食欲减退，消瘦，生长减慢，异食癖，产奶量下降，死胎或初生幼畜体弱。本品主要用于防治反刍动物钴缺乏症。

由于动物机体具有限制钴吸收的能力，故各种动物对钴的耐受力都较强，达每千克饲料 10mg。饲粮钴超过需要量的 300 倍可产生中毒反应。

15.1.3　常用药物

15.1.3.1　钙、磷和其他常量元素

（1）钙和磷　常用含钙的矿物质饲料有石粉、牡蛎粉和蛋壳粉，同时含钙、磷的饲料有骨粉；植物性饲料中的磷大都是利用率低的植酸磷。常用的钙、磷类药物有氯化钙、葡萄糖酸钙、碳酸钙、乳酸钙、磷酸二氢钠、磷酸氢二钠、磷酸二氢钙、磷酸氢钙、磷酸钙等。

（2）镁　常用的含镁制剂有硫酸镁、氯化镁、碳酸镁和氧化镁。

（3）硫　各种蛋白质饲料、含硫氨基酸和无机硫都是畜禽硫的主要来源，常用的含硫制剂是硫酸钠。

15.1.3.2　微量元素

（1）铜　常用的铜制剂有硫酸铜、碳酸铜、氯化铜、氧化铜和蛋氨酸铜。各种铜盐的生物学效价不同，对于猪和鸡而言，无机铜源中硫酸铜最好；对反刍动物则以氧化铜最好。蛋氨酸铜的生物学效价比铜的无机化合物高。

（2）锌　常用的锌制剂有硫酸锌、碳酸锌、氯化锌、氧化锌和蛋氨酸锌。无机锌源中硫酸锌的生物学效价高，碳酸锌、氯化锌和氧化锌的生物学效价比较接近。蛋氨酸锌的利用率高于无机锌。

（3）锰　常用的锰制剂有硫酸锰、碳酸锰和氯化锰等无机锰。

（4）硒　常用的硒制剂有亚硒酸钠等。

（5）碘　常用的碘制剂有碘化钾、碘化钠、碘酸钾和碘酸钙。碘化钾、碘化钠可被动物充分利用，但易被氧化，使碘挥发。

（6）钴　常用的钴制剂有氯化钴、硫酸钴和碳酸钴等。三者生物学效价接近。

15.1.4 剂型和剂量

15.1.4.1 钙磷和其他常量元素

（1）钙和磷

① 氯化钙。氯化钙注射液（calcium chloride injection），氯化钙葡萄糖注射液（calcium chloride and glucose injection）；静脉注射：一次量（以氯化钙计），马、牛 5～15g，羊、猪 1～5g，犬 0.1～1g。

② 葡萄糖酸钙。葡萄糖酸钙注射液（calcium gluconate injection）；静脉注射：一次量，马、牛 20～60g，羊、猪 5～15g，犬 0.5～2g，猫 0.5～1.5g。

③ 硼葡萄糖酸钙。硼葡萄糖酸钙注射液（calcium borogluconate injection），静脉注射：一次量，每100kg 体重，牛 1g。

④ 碳酸钙。内服：一次量，马、牛 30～120g，羊、猪 3～10g，犬 0.5～2g。

⑤ 乳酸钙。内服：一次量，马、牛 10～30g，羊、猪 0.5～2g，犬、猫 0.2～0.5g，水貂 0.1～0.2g。

⑥ 磷酸二氢钠。内服：一次量，牛 90g；静脉注射：一次量，牛 30～60g。

⑦ 磷酸氢钙。内服：一次量，马、牛 12g，羊、猪 2g，犬、猫 0.6g。宜与维生素 D 合用。

（2）镁

① 混饲：每 1kg 饲料，生长猪、妊娠母猪与泌乳母猪 0.4mg，肉用仔鸡 0.5～0.6mg，产蛋鸡 0.4～0.6mg，奶牛 1～2mg，肉牛 0.6～1mg，羊 0.6mg。

② 内服：氯化镁、硫酸镁、氧化镁和碳酸镁，预防低镁血性痉挛、抽搐，一次量，成年牛 30g，犊牛 3g。

（3）硫 混饲：每1000kg 饲料中（以硫元素的添加量计），奶牛 2g，肉牛 0.5～1g，羊 1～2.4g。

硫酸钠，用于提高毛的产量和质量，每1000kg 饲料，绵羊 3g；防治啄羽癖，家禽 3～5g。

15.1.4.2 微量元素

（1）铜 硫酸铜：内服，1d 量，牛 2g，犊 1g；每 1kg 体重，羊 20mg。混饲，每1000kg 饲料，猪 80g，鸡 20g。

（2）锌 硫酸锌：内服，1d 量，牛 0.05～0.1g，驹 0.2～0.5g，羊、猪 0.2～0.5g，禽 0.05～0.1g。

（3）锰 硫酸锰：混饲，每1000kg 饲料，猪 50～500g，鸡 100～200g。

（4）硒 亚硒酸钠：亚硒酸钠注射液（sodium selenite injection）、亚硒酸钠维生素 E 注射液（sodium selenite and vitamin E injection）、亚硒酸钠维生素 E 预混剂（sodium selenite and vitamin E premix）。肌内注射：一次量，马、牛 30～50mg，驹、犊 5～8mg，羔羊、仔猪 1～2mg。混饲：每 1000kg 饲料，畜禽 0.2～0.4g。牛、羊、猪的休药期为 28d。

（5）碘

① 碘化钾和碘化钠：混饲，每1000kg 饲料，猪 180mg，蛋鸡 390～460mg，肉仔鸡 350mg，奶牛 260mg，肉牛 130mg，羊 260～530mg。

② 碘酸钾和碘酸钙：混饲（碘酸钾），每1000kg 饲料，猪 240mg，蛋鸡 510～

590mg，肉仔鸡 590mg，奶牛 340mg，肉牛 170mg，羊 340～670mg；混饲（碘酸钙）：每 1000kg 饲料，猪 220mg，蛋鸡 460～540mg，肉仔鸡 540mg，奶牛 310mg，肉牛 150mg，羊 150～310mg。

（6）钴 氯化钴：氯化钴片（cobalt chloride tablets）、氯化钴溶液（cobalt chloride solution）。内服：一次量，治疗，牛 500mg，犊 200mg，羊 100mg，羔羊 50mg；预防，牛 25mg，犊 10mg，羊 5mg，羔羊 2.5mg。

15.2

维生素

15.2.1 作用机制

15.2.1.1 水溶性维生素

（1）维生素 A（vitamin A） 内服的维生素 A 和胡萝卜素，在胃蛋白酶和肠蛋白酶作用下，从与之结合的蛋白质上脱落下来。进入小肠后，游离的维生素 A，经主动转运机制进入肠黏膜的上皮细胞内，重新酯化后吸收。胆盐对 β-胡萝卜素的吸收有重要意义。它有表面活性剂的作用，可促进 β-胡萝卜素的溶解和进入小肠细胞。维生素 A 和 β-胡萝卜素的吸收受日粮中的蛋白质、脂肪、维生素 E、铁等影响。脂肪和蛋白质有利于维生素 A 和 β-胡萝卜素的吸收。一般来说，日粮中 50％～90％的维生素 A 可被吸收，50％～60％的 β-胡萝卜素可被吸收。胃肠疾病会降低 β-胡萝卜素的转化和维生素 A 的吸收。

吸收的维生素 A 主要被酯化为棕榈酸酯，转化为乳糜微粒，被淋巴系统吸收转运到肝脏贮存。当周围组织需要时，维生素 A 可从肝内释放出来，被水解成游离的维生素 A，并与肝细胞合成的视黄醇结合蛋白质（retinol-binding protein，RBP）结合后进入血液，再与别的蛋白质如 α 球蛋白结合，形成维生素 A-蛋白质-蛋白质复合物，通过血液转运到靶器官。体内的维生素 A 通常以原型从尿中排泄，未被消化吸收的维生素 A 和胡萝卜素主要从粪中排泄。

（2）维生素 D（vitamin D） 维生素 D_2 和维生素 D_3，以及维生素 D_2 原和维生素 D_3 原，均易从小肠经主动转运吸收。有利于脂肪吸收的各种因素，均能促进它们的吸收，其中胆酸盐最重要。消化道功能正常的动物内服维生素 D 的生物利用度为 80％。吸收入血的维生素 D，由载体（α 球蛋白）转运到其他组织。主要贮存于肝脏和脂肪组织，一部分贮存于肾、肺和皮肤等组织。

维生素 D 实际上是一种激素原，本身无生物活性。须先在肝羟化酶的作用下，变成 25-羟胆钙化醇或 25-羟麦角钙化醇，然后由球蛋白经血液转运到肾脏，在甲状旁腺素（PTH）的作用下，进一步羟化形成 1α,25-二羟胆钙化醇或 1,25-二羟麦角钙化醇，才能发挥生物学效应。1α,25-二羟胆钙化醇的活性比 25-羟胆钙化醇高 3.6 倍，比胆钙化醇高

5.5倍。维生素 D 及其分解代谢产物的排泄途径还不十分清楚，一般认为它们主要通过胆汁排泄，从尿中排泄的量甚微。

（3）**维生素 E**（vitamin E, tocopherol） 内服的维生素 E 须在小肠中与胆汁等一起形成微胶粒状态。如果是维生素 E 乙酸酯，则先在小肠内被水解成维生素 E 以非载体介导的被动扩散方式，进入肠黏膜细胞内，与脂肪酸和载脂蛋白等一起形成乳糜微粒，然后通过肠系膜淋巴和胸导管而被动转运到体循环。在血中以脂蛋白为载体进行转运。大部分被肝脏和脂肪组织摄取并贮存，在心、肝、肺、肾、脾和皮肤组织中分布也较多。维生素 E 易从血液转到乳汁中，但不易透过胎盘。主要通过粪便排泄。

15.2.1.2 脂溶性维生素

（1）**维生素 B_1**（vitamin B_1） 维生素 B_1 内服后，仅少部分从小肠特别是十二指肠吸收，生物利用度低，大部分从粪便排出。大肠吸收的能力差，所以大肠微生物合成的维生素 B_1 利用率极低。反刍动物瘤胃能吸收游离的维生素 B_1，游离的硫胺素通过被动扩散和主动转运过程被吸收，在血液中通过载体蛋白转运到组织中。体内的维生素 B_1 大约 80% 是以焦磷酸硫胺素的形式存在。维生素 B_1 在心、肝、骨骼肌、肾、大脑中的含量高于血液，但组织贮存量低。猪贮存维生素 B_1 的能力比其他动物强，可供 1~2 个月之需。家禽贮存量十分有限，要经常补充。维生素 B_1 主要从粪和尿中排出。

（2）**维生素 B_2**（vitamin B_2） 维生素 B_2 内服易吸收，进入小肠黏膜细胞中在黄素激酶作用下，被磷酸化为黄素单核苷酸（FMN）后经主动转运吸收，高剂量时以被动扩散形式吸收。FMN 与血浆蛋白结合通过血液转运到肝脏，在黄素腺嘌呤二核苷酸（FAD）合成酶作用下转化成 FAD。在体内分布均匀，积蓄贮存量较少。维生素 B_2 主要以核黄素的形式从尿中排出，少量从汗、粪和胆汁中排出体外。过量的维生素 B_2 迅速从尿中排出体外。

（3）**泛酸**（pantothenic acid） 游离型泛酸易在小肠吸收，结合型泛酸的复合物辅酶 A 或酰基载体蛋白（ACP）在小肠中被碱性磷酸酶水解，以被动扩散方式吸收，通过血液转运到组织中，大部分又重新转变为辅酶 A 或 ACP。泛酸在肝、肾、肌肉、心和脑中含量较高，但很少贮存。泛酸主要以游离酸形式经尿排出。

（4）**烟酸和烟酰胺**（niacin and nicotinamide） 天然的未结合烟酸很容易从胃和小肠中消化、吸收。烟酰胺在小肠被水解为烟酸，然后以被动扩散和主动方式吸收，在肠上皮细胞重新转化成烟酰胺，然后大部分烟酰胺与红细胞结合，通过血液转运到组织。在组织中与核糖、磷酸、腺嘌呤结合，生成烟酰胺腺嘌呤二核苷酸（辅酶 I，NAD）或烟酰胺腺嘌呤二核苷酸磷酸（辅酶 II，NADP）。烟酸在反刍动物体内很少代谢降解，多以原型从尿中排泄。在猪、犬体内，烟酸先代谢成甲基烟酰胺，再转化成 N-甲基-4-吡啶酮-3-甲酰胺和 N-甲基-2-吡啶酮-5-甲酰胺，随尿液排出，只有少量以原型排出。鸡尿中排出的是两者的代谢物二酰胺鸟氨酸。

（5）**维生素 B_6**（vitamin B_6, pyridoxine） 天然的游离维生素 B_6 很容易消化、吸收，主要吸收部位是小肠。其磷酸酯（磷酸吡哆醇、磷酸吡哆醛和磷酸吡哆胺）在小肠被碱性磷酸酶水解，变成游离的吡哆醇、吡哆醛和吡哆胺，以被动扩散方式吸收入血，转运到肝脏，与磷酸反应重新转化成磷酸吡哆醛和磷酸吡哆胺，主要储存和分布于肝、肾、心、肌肉等组织，但贮存量很少。磷酸吡哆醛和磷酸吡哆胺在转氨酶的作用下可以互相转变。吡哆醇在体内与 ATP 经酶的作用可转变成吡哆醛和吡哆胺，但不能逆转。磷酸吡哆醛和磷酸吡哆胺又可在碱性磷酸酶作用下脱去磷酸而还原，吡哆醛和吡哆胺在非专一性氧化酶作用下氧化为4-吡哆酸随尿液排出体外。只有少量的吡哆醛和吡哆胺及其磷酸酯以原型从尿液中排泄。由粪便排出的量极少。

（6）生物素（biotin）　游离的生物素容易在小肠经主动转运吸收，在血液中主要以游离形式转运，在肝、肌肉、肾、心和脑中生物素水平较高，但很少贮存。哺乳动物通常不能降解生物素的环，但可将其中的小部分转变为生物素亚砜、生物素砜，大部分在线粒体通过侧链的 β-氧化转变为双降生物素。当动物吸收了高于其可贮存量的生物素时，过多的部分便与生物素代谢物一起随尿液排出。未被吸收的生物素通过粪排出。

（7）叶酸（folic acid）　游离叶酸通过主动转运方式从小肠吸收入血，形成蝶酰多谷氨酸并转运到组织中。主要分布在肝脏、骨髓和肠壁中。肝脏是调节其他组织叶酸分布的中心，其中贮存的叶酸主要是5-甲基四氢叶酸形式。叶酸在体内有一部分被代谢降解，一部分以原型随胆汁和尿液排出。

（8）维生素 B_{12}（vitamin B_{12}）　饲料中的维生素 B_{12} 通常与蛋白质结合，在胃酸和胃蛋白酶的消化作用下释放。在肠道微碱性环境中，维生素 B_{12} 与"内因子"（肠黏膜细胞分泌的一种糖蛋白）结合形成二聚复合物，在钙离子存在下又游离出来从回肠末端吸收。在血中与 α 和 β 球蛋白结合转运到全身各组织。在体内分布广泛，在肝脏分布最多，其含量占体内总量的大部分。主要随尿液和胆汁排出。

（9）胆碱（choline）　饲料中胆碱大部分以卵磷脂（磷脂酰胆碱）形式，少量以神经磷脂或游离胆碱形式存在。卵磷脂和神经磷脂在胃肠道中消化酶的作用下，胆碱游离释放出来，在空肠和回肠经钠泵被吸收。胃肠道疾病会降低脂类的消化率及卵磷脂和胆碱的吸收率。瘤胃对干草、棉籽、鱼、大豆、硬脂酸胆碱和氯化胆碱来源的胆碱降解率大于80％。大约三分之一被完整吸收，其余的三分之二被肠道微生物酶降解为三甲胺吸收。主要以三甲胺或三甲胺氧化物形式从尿中排出。

（10）维生素 C（vitamin C）　维生素 C 内服的吸收与单糖类似，通过主动转运易被小肠吸收。广泛分布于全身各组织，肾上腺、垂体、黄体、视网膜含量最高，其次是肝、肾和肌肉。正常情况下，过多的维生素 C 会被代谢降解，随尿液排出体外。少量以原型从尿排出。

15.2.2　临床应用

15.2.2.1　水溶性维生素

（1）维生素 A　本品主要用于防治维生素 A 缺乏症，如眼干燥症、夜盲症、角膜软化症和皮肤粗糙等。局部用于烧伤和皮肤炎症，有促进愈合的作用。

维生素 A 过量易引起中毒。中毒症状可表现为骨骼畸形和骨折、生长减缓、体重减轻、皮肤病、贫血、肠炎等。维生素 A 的中毒剂量，非反刍类（包括禽和鱼类）为机体需要量的4～10倍，反刍动物则为需要量的30倍。

（2）维生素 D　维生素 D 缺乏时，致使幼年动物发生佝偻病，成年动物特别是怀孕或泌乳的母畜，发生软骨病。母鸡的产蛋率降低，蛋壳易碎。乳牛的产乳量大减。

维生素 D 主要用于防治佝偻病和软骨病。犊、猪、牛、禽易发生佝偻病，马、牛较多发生软骨病。应用时，应连续数周给予大剂量维生素 D，通常为日需要量的 10~15 倍。维生素 D 也可用于骨折患畜，促进骨的愈合。妊娠和泌乳的母畜及其幼畜，对钙、磷需要量大，常需补充维生素 D，以促进钙、磷吸收。乳牛产前 1 周每日肌注维生素 D_3，能有效地预防分娩轻瘫、乳热症和产褥热。研究表明，维生素 D_3 对动物的生殖、繁殖有关键作用，可参与调控脂肪代谢，以及调节机体免疫功能等。Wang 等研究发现，给母鼠饲粮添加维生素 D_3 可促进后代小鼠免疫系统正常发育，减轻免疫疾病模型中的损伤。

（3）**维生素 E** 动物维生素 E 缺乏的症状与缺硒相似。主要表现为白肌病、黄脂病、肝坏死、渗出性素质、贫血等，羔羊四肢僵直，猪桑葚心，鸡脑软化等。维生素 E 与硒关系密切，维生素 E 阻止脂肪酸过氧化物的形成和自由基的产生，硒是谷胱甘肽过氧化酶的必需物质，可以减少谷胱甘肽的自由基。日粮中硒的缺乏会增加动物对维生素 E 的需求。补硒可减轻大多数维生素 E 缺乏的症状，但硒只能代替维生素 E 的一部分作用。

本品主要用于防治畜禽的维生素 E 缺乏症，如犊、羔、驹和猪的营养性肌萎缩（白肌病），猪的肝坏死病和黄脂病，雏鸡的脑质软化和渗出性素质。

维生素 E 和硒是繁殖功能所必需，维生素 E 与硒合用，可减少母牛胎盘滞留、子宫炎、卵巢囊肿的发生率。维生素 E 还常与维生素 A、维生素 D、B 族维生素配合，用于畜禽的应激、生长不良、营养不良等。

15.2.2.2 脂溶性维生素

（1）**维生素 B_1** 维生素 B_1 缺乏时，体内丙酮酸和乳酸蓄积，动物表现食欲不振、生长缓慢、多发性神经炎、运动减弱、震颤、软瘫、共济失调、角弓反张、抽搐等症状。家禽对维生素 B_1 缺乏最敏感，其次是猪。成年反刍动物瘤胃、马盲肠及具有食粪习性的兔的大肠中，微生物可合成维生素 B_1，较少出现缺乏症。

本品主要用于防治畜禽维生素 B_1 缺乏症如多发性神经炎及各种原因引起的疲劳和衰竭。高热、重度使役和大量输注葡萄糖，也要补充维生素 B_1。维生素 B_1 还可作为治疗心肌炎、食欲不振、胃肠功能障碍的辅助药物。

（2）**维生素 B_2** 本品主要用于防治维生素 B_2 缺乏症。幼年反刍动物，猪、犬缺乏的一般症状是：厌食、腹泻、生长缓慢、脱毛、皮炎、共济失调、角膜炎和视力降低。猪还表现特征性眼角膜炎，晶状体混浊等。妊娠母猪流产、早产和死胎。雏鸡多为足趾麻痹，腿无力，曲趾性瘫痪，成年蛋鸡主要为产蛋率和孵化率降低。鱼类多为食欲不振，生长受阻，肌肉乏力，鳍损伤等。

（3）**泛酸** 生长期牛、猪、犬的缺乏症表现包括：厌食、生长缓慢、腹泻、毛皮粗糙及运动失调等；猪的缺乏症还表现为后肢颤抖、痉挛、典型的鹅步症。猫为肝脏脂肪化。家禽多为皮炎、断羽和生长速度减慢及产蛋量和孵化力下降。本品主要用于防治猪、禽的泛酸缺乏症，对防治其他维生素缺乏症有协同作用。

（4）**烟酸和烟酰胺** 烟酸主要用于防治烟酸缺乏症。反刍动物和马中很少见到烟酸缺乏症，这是由于日粮中充足的色氨酸可在肠道微生物作用下合成满足需要的烟酸。只有在同时缺乏色氨酸时，才发生烟酸缺乏症。玉米含色氨酸的量较少，烟酸又处于结合状态，都难以被利用。以玉米为主要饲料原料的禽和猪，必须补加足够的烟酸或色氨酸。动物烟酸缺乏症主要表现是代谢失调，尤其是皮肤和消化系统问题。猪缺乏症表现包括：食欲不振、生长缓慢、贫血、口炎、呕吐、腹泻、鱼鳞状皮炎及脱毛。犬缺乏时出现典型的癞皮病和"黑舌病"。家禽烟酸缺乏症表现为口炎、羽毛生长不良、腿骨弯曲、跗关节增厚和坏死性肠炎等非特异性症状。其他家畜表现为生长缓慢，食欲下降。

（5）**维生素 B_6** 饲料中维生素 B_6 丰富，成年反刍动物瘤胃和马肠道微生物也能合成，较少发生缺乏症。核黄素和烟酸为维生素 B_6 磷酸化和激活所必需，缺乏时会导致间接的维生素 B_6 缺乏。

维生素 B_6 常与维生素 B_1、维生素 B_2 和烟酸等联合用于防治 B 族维生素缺乏症。维生素 B_6 是青霉胺、异烟肼等药物的拮抗剂，可用于治疗氰乙酰肼、异烟肼、青霉胺、环丝氨酸等中毒引起的胃肠道反应和痉挛等兴奋症状。

（6）**生物素** 生物素主要用于防治动物生物素缺乏症。成年反刍动物和马很少出现缺乏症，禽和猪较易发生，火鸡最易发生。

（7）**叶酸** 成年反刍动物和马的叶酸缺乏症较少见，瘤胃功能不全的幼年反刍动物可能发生叶酸缺乏。猪生长期的叶酸摄取不足或成猪内服能阻止肠道细菌合成叶酸的磺胺药，都会导致下列缺乏症表现：贫血、白细胞减少、腹泻及生长率下降。家禽对叶酸的利用率低，肠道合成有限，对日粮中叶酸缺乏比家畜敏感。缺乏的典型症状是巨幼红细胞贫血、生长缓慢、羽毛生长不良、羽毛脱落、产蛋率下降及强直性颈瘫。本品主要用于防治叶酸缺乏症，亦可在饲料中添加改善母猪的繁殖性能，提高家禽种蛋的孵化率。

（8）**维生素 B_{12}** 当动物饲喂含钴不足的植物性饲料、有胃肠道疾患及先天性不能产生内因子情况下，会出现维生素 B_{12} 缺乏症。猪缺乏通常表现为巨幼红细胞贫血，家禽主要表现为产蛋率和蛋的孵化率降低。猪、犬、雏鸡生长发育受阻，饲料转化率降低，抗病力下降，皮肤粗糙，皮炎。叶酸不足，维生素 B_{12} 缺乏症的表现更为严重。日粮中胆碱、甲硫氨酸、叶酸的缺乏都会增加维生素 B_{12} 的需要量。叶酸和维生素 B_{12} 在核酸代谢过程中都起辅酶作用，但叶酸的代谢依赖于维生素 B_{12}，因为维生素 B_{12} 可影响 N^5-甲基四氢叶酸生成四氢叶酸。在治疗和预防巨幼红细胞贫血症时，两者配合使用可取得较理想的效果。

（9）**胆碱** 大多数动物可合成足够数量的胆碱。但日粮中蛋白质或脂肪含量增加会使胆碱需要量增加，应激也会增加胆碱的需要量，会导致胆碱缺乏症。表现为脂肪的代谢和转运障碍，发生脂肪变性、脂肪浸润（如脂肪肝综合征）、生长缓慢、骨和关节畸变。本品在集约化养殖中主要添加于饲料，防治胆碱缺乏症及脂肪肝、骨短粗症等。还可用于治疗家禽的急、慢性肝炎，马的妊娠毒血症。

在水溶性维生素中，胆碱相对其需要量较易过量导致中毒。犬和家禽对胆碱很敏感，犬的饲料胆碱含量是推荐用量的 3 倍时可导致贫血，鸡的饲料胆碱含量是 2 倍时就会导致生长减缓。

（10）**维生素 C** 维生素 C 缺乏时，动物发生坏血病，主要症状为毛细血管的通透性和脆性增加，黏膜自发性出血，皮下、骨骼和内脏发生广泛性出血，创伤愈合缓慢，骨骼和其他结缔组织生长发育不良，机体的抗病性和防御机能下降，易患感染性疾病。

动物在正常情况下不易发生维生素 C 缺乏症，但饲料中维生素 C 显著缺乏时，或在发生感染性疾病、动物处于应激状态、鸡在炎热季节等情况下，都对维生素 C 的需要量显著增加，有必要在饲料中补充维生素 C。

临床上除常用于防治缺乏症外，维生素 C 还可用作急、慢性感染，高热、心源性和感染性休克等的辅助治疗药。也用于治疗各种贫血和出血症，各种因素诱发的高铁血红蛋白血症。还用于严重创伤或烧伤，重金属铅、汞，化学物质如苯和砷的慢性中毒，过敏性皮炎，过敏性紫癜和湿疹等的辅助治疗。在炎热季节在鸡饲料中添加可减轻鸡的热应激反应。

15.2.3 剂型和剂量

15.2.3.1 水溶性维生素

（1）**维生素 A** 维生素 AD 油（vitamin A and D oil）、维生素 AD 注射剂（vitamin A and D injection）。

内服：一次量，马、牛 20～60mL；猪、羊 10～15mL；犬 5～10mL；禽 1～2mL。

肌内注射：一次量，马、牛 5～10mL；猪、羊 2～4mL；仔猪、羔羊 0.5～1mL。

（2）**维生素 D** 维生素 D_2 胶性钙注射液（vitamin D_2 and calcium colloidal injection）、维生素 D_3 注射剂（vitamin D_3 injection）。

皮下、肌内注射（维生素 D_2 胶性钙）：一次量，马、牛 5～20mL；猪、羊 2～4mL；犬 0.5～1mL。

肌内注射（维生素 D_3）：一次量，每 1kg 体重，家畜 1500～3000IU。

（3）**维生素 E** 维生素 E 注射液（vitamin E injection）、亚硒酸钠维生素 E 注射液（sodium selenite and vitamin E injection）、亚硒酸钠维生素 E 预混剂（sodium selenite and vitamin E premix）。

内服：一次量，驹、犊 0.5～1.5g；羔羊、仔猪 0.1～0.5g；犬 0.03～0.1g；禽 5～10mg。

皮下或肌内注射：一次量，驹、犊 0.5～1.5g；羔羊、仔猪 0.1～0.5g；犬 0.03～0.1g。

15.2.3.2 脂溶性维生素

（1）**维生素 B_1** 维生素 B_1 片（vitamin B_1 tablets）、维生素 B_1 注射液（vitamin B_1 injection）。

内服：一次量，马、牛 100～500mg；羊、猪 25～50mg；犬 10～50mg；猫 5～30mg。

混饲：每 1000kg 饲料，家畜 1～3g；雏鸡 18g。

皮下或肌内注射：一次量，马、牛 100～500mg；羊、猪 25～50mg；犬 10～25mg；猫 5～15mg。

（2）**维生素 B_2** 维生素 B_2 片（vitamin B_2 tablets）、维生素 B_2 注射液（vitamin B_2 injection）。

内服、皮下或肌内注射：一次量，马、牛 100～150mg；羊、猪 20～30mg；犬 10～20mg；猫 5～10mg。

混饲：每 1000kg 饲料，猪、禽 2～5mg；兔 5～7mg。

（3）**泛酸** 混饲（泛酸钙）：每 1000kg 饲料，猪 10～13g；禽 6～15g。

（4）**烟酸和烟酰胺** 烟酸片（niocotinic acid tablets）、烟酰胺片（nicotinamide tablets）、烟酰胺注射液（nicotinamide injection）。

内服：一次量，每 1kg 体重，家畜 3～5mg。

混饲：每 1000kg 饲料，猪 10～25mg；雏鸡 15～30mg。

肌内注射：一次量，每 1kg 体重，家畜 0.2～0.6mg。幼畜不得超过 0.3mg。

（5）维生素 B_6　维生素 B_6 片（vitamin B_6 tablets）、维生素 B_6 注射液（vitamin B_6 injection）。

内服：一次量，马、牛 3～5g；羊、猪 0.5～1g；犬 0.02～0.08g。

皮下、肌内或静脉注射：一次量，马、牛 3～5g；羊、猪 0.5～1g；犬 0.02～0.08g。

（6）生物素　混饲：每 1000kg 饲料，鸡 0.15～0.35g；猪 0.2g；犬、猫、貂 0.25g。

（7）叶酸　叶酸片（folic acid tablets）、叶酸注射液（folic acid injection）。

内服或肌内注射：一次量，犬、猫 2.5～5mg；每 1kg 体重，家禽 0.1～0.2mg。

混饲：每 1000kg 饲料，畜、禽 10～20g。

（8）维生素 B_{12}　维生素 B_{12} 注射液（vitamin B_{12} injection）。

肌内注射：一次量，马、牛 1～2mg；羊、猪 0.3～0.4mg；犬、猫 0.1mg。

（9）胆碱　氯化胆碱（choline chloride），混饲：每 1000kg 饲料，猪 250～300g；禽 500～800g。

（10）维生素 C　维生素 C 片（vitamin C tablets）、维生素 C 注射液（vitamin C injection）。

内服：一次量，马 1～3g；猪 0.2～0.5g；犬 0.1～0.5g。

肌内或静脉注射：一次量，马 1～3g；牛 2～4g；羊、猪 0.2～0.5g；犬 0.02～0.1g。

主要参考文献

[1] Zhang H, Wu X, Mehmood K, et al. Intestinal epithelial cell injury induced by copper containing nanoparticles in piglets[J]. Environ Toxicol Pharmacol, 2017, 56: 151-156.

[2] Sosa M, Bregni C. Metabolism of the calcium and bioavailability of the salts of most frequent use[J]. Boll Chim Farm, 2003, 142（1）: 28-33.

[3] Lee R, Weber T J. Disorders of phosphorus homeostasis[J]. Curr Opin Endocrinol Diabetes Obes, 2010, 17（6）: 561-567.

[4] Humphrey S, Kirby R, Rudloff E. Magnesium physiology and clinical therapy in veterinary critical care[J]. J Vet Emerg Crit Care（San Antonio）, 2015, 25（2）: 210-225.

[5] Parcell S. Sulfur in human nutrition and applications in medicine[J]. Altern Med Rev, 2002, 7（1）: 22-44.

[6] Ma Z, Li Y, Han Z, et al. Excessive copper in feed not merely undermines animal health but affects food safety[J]. Journal of Veterinary Science, 2021, 22（3）: e31.

[7] 杨琳芬, 符金华, 李勇, 等. 低剂量黏土铜替代硫酸铜对小猪和中大猪生长性能和铜排放的影响[J]. 黑龙江畜牧兽医, 2020（01）: 102-105.

[8] Naz S, Idris M, Khalique M A, et al. The activity and use of zinc in poultry diets[J]. Worlds Poultry Science Journal, 2016, 72（1）: 159-167.

[9] Liu Z H, Lu L, Li S F, et al. Effects of supplemental zinc source and level on growth performance, carcass traits, and meat quality of broilers[J]. Poultry Science, 2011, 90（8）: 1782-1790.

[10] Xia W, Tang L, Wang Z, et al. Effects of inorganic and organic manganese supplementation on growth performance, tibia development, and oxidative stress in broiler chickens [J]. Biological Trace Element Research, 2022, 200（10）: 4453-4464.

[11] Qiu K, Ma Y, Obianwuna U E, et al. Application of selenium conjugated to animal protein in laying hens' diet for the production of selenium - enriched eggs [J]. FOODS, 2021, 10（6）: 1224.

[12] Gu X, Gao C. New horizons for selenium in animal nutrition and functional foods[J]. Animal Nutrition, 2022, 11: 80-86.

[13] Slupczynska M, Jamroz D, Orda J, et al. Effect of various sources and levels of iodine, as well as the kind of diet, on the performance of young laying hens, iodine accumulation in eggs, egg characteristics, and morphotic and biochemical indices in blood[J]. Poultry Science, 2014, 93（10）: 2536-2547.

[14] Christian M S, Mitala J J, Powers W J, et al. A developmental toxicity study of tretinoin emollient cream（Renova）applied topically to New Zealand white rabbits[J]. J Am Acad Dermatol, 1997, 36（3）: S67-S76.

[15] 张力翔. 维生素 D 及其受体与脂肪细胞脂质代谢关系的研究[D]. 南京: 南京医科大学, 2013.

[16] Xie M, Wang S, Huang W, et al. Effects of vitamin E on growth performance, tissue alpha-tocopherol, and lipid peroxidation of starter White Pekin ducks[J]. Poult Sci, 2018, 97（6）: 2139-2143.

[17] Roelofsen-de B R, van Zelst B D, Wardle R, et al. Simultaneous measurement of whole blood vitamin B_1 and vitamin B_6 using LC-ESI-MS/MS[J]. J Chromatogr B Analyt Technol Biomed Life Sci, 2017, 1063: 67-73.

[18] Cai Z, Finnie J W, Blumbergs P C, et al. Early paranodal myelin swellings（tomacula）in an avian riboflavin deficiency model of demyelinating neuropathy[J]. Experimental Neurology, 2006, 198（1）: 65-71.

[19] Shepherd E M, Fairchild B D. Footpad dermatitis in poultry[J]. Poultry Science, 2010, 89（10）: 2043-2051.

[20] Voronina T A, Litvinova S A. Pharmacological effects and clinical application of pantogam and pantogam active [J]. Zh Nevrol Psikhiatr Im S S Korsakova, 2017, 117（8）: 132-139.

[21] 王雪莹, 王之盛, 薛白, 等. 烟酸对热应激耗牛生长性能、营养物质表观消化率和血液指标的影响[J]. 动物营养学报, 2020, 32（5）: 2228-2240.

[22] Calderon-Ospina C, Nava-Mesa M O, Paez-Hurtado A M. Update on Safety Profiles of Vitamins B1, B6, and B12: A Narrative Review[J]. Therapeutics and Clinical Risk Management, 2020, 16: 1275-1288.

[23] Albin R L, Albers J W, Greenberg H S, et al. Acute sensory neuropathy-neuronopathy from pyridoxine overdose[J]. Neurology, 1987, 37（11）: 1729-1732.

[24] Hausmann J, Deiner C, Patra A K, et al. Effects of a combination of plant bioactive lipid compounds and biotin compared with monensin on body condition, energy metabolism and milk performance in transition dairy cows[J]. PLoS One, 2018, 13（3）: e193685.

[25] Bagheri S, Janmohammadi H, Maleki R, et al. Laying hen performance, egg quality improved and yolk 5-methyltetrahydrofolate content increased by dietary supplementation of folic acid[J]. Anim Nutr, 2019, 5（2）: 130-133.

[26] Zhao Y C, Wang H Y, Li Y F, et al. The action of topical application of Vitamin B（12）ointment on radiodermatitis in a porcine model[J]. Int Wound J, 2023, 20（2）: 516-528.

[27] Zangeneh S, Torki M, Lotfollahian H, et al. Effects of dietary supplemental lysophospholipids and vitamin C on performance, antioxidant enzymes, lipid peroxidation, thyroid hormones and serum metabolites of broiler chickens reared under thermoneutral and high ambient temperature[J]. J Anim Physiol Anim Nutr (Berl), 2018, 102 (6): 1521-1532.

[28] Attia Y A, Abd E A, Abedalla A A, et al. Laying performance, digestibility and plasma hormones in laying hens exposed to chronic heat stress as affected by betaine, vitamin C, and/or vitamin E supplementation[J]. Springerplus, 2016, 5 (1): 1619.

解毒药

16.1

概述

16.1.1　解毒药定义与分类

　　兽医临床上用于解救动物中毒的药物称为解毒药。按作用特点及用途，解毒药可分为非特异性解毒药和特异性解毒药。非特异性解毒药是指能阻止毒物继续吸收和促进毒物排除的药物，此类解毒药基本无专一性，效能较低，用于中毒的辅助治疗，如吸附药、泻药、利尿药等。特异性解毒药是指能特异性对抗、阻断、降低毒物毒性效应的药物，其专一性强，解毒效果好，在兽医临床上用于解救动物中毒。根据动物接触毒物的毒性、剂量和时间，中毒分为急性和慢性两大类。急性中毒发病急骤，症状严重，变化迅速，如治疗不及时，可危及生命；而慢性中毒则起病缓慢，病程较长，缺乏特征性的诊断指标，容易误诊、漏诊。因此，对中毒要认真询问病史，检查要深入仔细，诊断要准确及时，治疗要迅速有效。

16.1.2　解毒的基本原则

　　动物中毒，特别是动物群体中毒，必须早发现，早处理。针对还未被机体吸收的毒物，应通过除去毒源、阻止和延缓毒物的吸收及促进毒物排出等措施，防止毒物继续侵害机体；对中毒家畜应阻止进一步吸收毒物，用对症及支持疗法以缓解毒物在体内的作用，及时用特效解毒剂以中和或除去毒物。

　　（1）排除毒物　立即使动物停止食用、饮用、使用一切可疑饲料、饮水、药物等，如怀疑为吸入或接触性中毒时，应迅速将动物撤离中毒现场。已从胃肠道吸收的毒物排出方式有洗胃（包括第一胃切开）、催吐、泻下、灌肠。阻止毒物进一步吸收可使用吸附药、黏浆药及蛋白质等；也可使用化学解毒剂如氧化剂、中和剂配合洗胃、灌肠或灌服。对通过皮肤吸收的毒物，应及时用大量清水洗涤（忌用热水，以防加速吸收）接触部位的皮肤，必要时可剪去被毛以利于彻底洗涤。对脂溶性毒物的洗涤，可适当用10%酒精或肥皂水等有机溶剂快速局部擦洗，再用大量的清水冲洗干净。对于溅入眼内的毒物，立即用生理盐水或1%硼酸溶液充分冲洗，滴抗菌眼药水（膏）等，以防感染发炎。对上述或其他途径进入体内并已吸收的毒物可使用利尿药或放血方法加速毒物排出。

　　（2）对症治疗　对症疗法的目的在于维持中毒家畜生命机能的正常运转，直至通过上述排毒措施或机体本身的解毒机制使毒物消除，同时对所出现的临床症状进行治疗。常用于对症治疗的措施包括使用调节中枢神经系统的兴奋药和镇静药、强心药、利尿药、抗休克药、解痉药、制酵药和补液等。

　　（3）对因治疗　根据对发病原因的了解、对病畜症状的分析和毒物的检出结果等准确诊断后进行对因治疗。这种对因治疗往往借助药理性的拮抗作用解毒。对相应类别毒物具有解毒性能的药物，称为特异性解毒药或特效解毒剂。目前尽管这些具有直接拮抗作用的解毒剂还为数很少，但随着对毒物的化学结构、代谢规律、毒理作用、毒性靶标、毒性机制和现代生物技术、智能科学的深入探讨与研究，将有越来越多的特效解毒药应用于兽医临床。

16.2

常用解毒药物

临床常用的几种特异性解毒药有：有机磷化合物中毒的解毒药、重金属类金属中毒的解毒药、高铁血红蛋白血症的解毒药、氰化物中毒的解毒药等。

16.2.1 有机磷化合物中毒的解毒药

有机磷化合物中毒的解毒药是一类能使已被有机磷酸酯类抑制的胆碱酯酶恢复活性的药物。有机磷酸酯类农药能引起动物中毒和死亡。其机理是有机磷农药的磷原子与胆碱酯酶活性位点的丝氨酸残基形成共价键，胆碱酯酶发生磷酰化，导致酶活性受到抑制失去水解乙酰胆碱的能力，使胆碱能神经系统功能亢进，产生毒蕈碱样、烟碱样和中枢神经系统中毒症状，以及各种原因诱导的全身多脏器功能损伤，严重者导致死亡。胆碱酯酶复活剂为肟类化合物，能使被抑制的胆碱酯酶复活。其原理是肟类化合物的吡啶环中的季铵氮带正电荷，能被磷酰化胆碱酯酶的阴离子部位所吸引，而其肟基与磷原子有较强的亲和力，因而可与磷酰化胆碱酯酶中的磷形成结合物，使其与胆碱酯酶的酯解部位分离，从而恢复了乙酰胆碱酯酶的活力。兽医临床上常用的肟类化合物制剂有解磷定、氯磷定、双复磷和双解磷等。

16.2.1.1 碘解磷定（pralidoxime iodide）

（1）结构与性质　分子式：$C_7H_9IN_2O$。

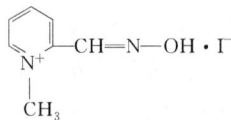

本品为黄色颗粒状结晶或黄色结晶性粉末，无臭，味苦，遇光易变质。在水（1∶20）或热乙醇中溶解，水溶液不稳定，久置可释放出碘。在碱性溶液中不稳定，易水解成氰化物，有剧毒，故忌与碱性药物配伍。

（2）作用机制　碘解磷定能与磷酰化胆酯酶的磷酰基结合，使胆碱酯酶游离，恢复水解乙酰胆碱的能力，并能直接与有机磷酸酯类结合，生成无毒的磷酰化碘解磷定排出体外。

（3）**药代动力学**　静脉注射数分钟后在血中迅速达到有效浓度，便可出现效果。静脉注射后，在肝、肾、脾、心等器官含量较高，血、骨骼肌和肺中次之，仅有少量进入中枢神经系统，但大剂量时，也能缓解中枢神经系统症状。主要经肝代谢，由肾排泄，半衰期为0.8h左右，一次给药作用只能维持2h左右，故须反复给药。在体内无蓄积作用。维生素B_1能延长本品的半衰期。

（4）**作用与用途**　本品又称解磷定、派姆（PAM），为最早用于兽医临床的肟类胆碱酯酶复活剂。碘解磷定仅对形成不久的磷酰化胆碱酯酶有作用，凡被有机磷抑制超过36h已"老化"的胆碱酯酶活性则难以恢复，故应用此类药物治疗早期有机磷中毒效果较好，而治疗慢性中毒则无效。本品对有机磷引起的烟碱样症状的作用明显，对毒蕈碱样症状作用较弱，对中枢神经症状的作用不明显。不能直接对抗体内积聚的乙酰胆碱作用，应与阿托品合用，以及时控制症状。对有机磷中毒的解毒作用有选择性：对内吸磷、对硫磷、特普、乙硫磷中毒的疗效较好；而对敌敌畏、乐果、敌百虫、马拉硫磷的解毒效果较差或无效；对二嗪农、甲氟磷、丙胺氟磷及八甲磷中毒则无效。对轻度有机磷中毒，可单独应用本品或阿托品以控制症状；中度、重度中毒时因对体内已蓄积的乙酰胆碱几乎无作用，故必须与阿托品合用。

（5）**安全性**　碘解磷定为比较安全的药物，一般治疗剂量时，不良反应少见。对犬静脉注射半数致死量为190mg/kg，治疗剂量很少有副作用，连续用药没有蓄积作用，用药后6h内能排出80%。注射速度过快时，由于药物本身的神经肌肉传导阻滞作用，以及抑制胆碱酯酶的作用，可导致轻度乏力、视力模糊、眩晕，有时出现恶心、呕吐和心动过速等症状。大剂量迅速静脉注射，有抑制呼吸中枢的作用。在静脉注射时，药液漏入皮下有强烈刺激性，所以应用时需加注意。

（6）**制剂与应用**　碘解磷定粉针：规格为0.4g，1g，2g。临用时用生理盐水稀释成5%溶液，静脉注射或皮下注射或注入腹腔。各种家畜15～30mg/kg；犬、猫20mg/kg；兔30mg/kg；貂10mg/kg；鸡10～20mg/次；水禽45mg/次。

碘解磷定注射液：每支10mL：0.4g；10mL：0.25g。各种家畜15～30mg/kg；犬、猫20mg/kg；兔30mg/kg；貂10mg/kg；鸡10～20mg/次；水禽45mg/次。

对于严重的中毒病例，应适当加大剂量，给药次数同阿托品。解磷定在碱性溶液中易水解成剧毒的氰化物，故忌与碱性药剂配伍使用。

16.2.1.2　氯解磷定（pralidoxime chloride）

（1）**结构与性质**　分子式：$C_7H_9ON_2Cl$。

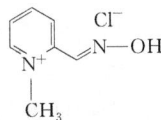

本品化学结构与碘解磷定相似，不同之点在于本品为氯化物，化学名称为一甲醛肟基氯甲烷。本品为白色或类白色结晶性粉末，无吸湿性，水溶性好，溶液稳定，稳定的pH为3.5～4。

（2）**作用机制**　氯解磷定可加速磷酰化胆碱酯酶脱磷酸，恢复胆碱酯酶活性，并通过胆碱酯酶的非重活化效应及与体内不断从脂肪组织中游离出来的有机磷酸酯类直接结合发挥解毒效应，从根本上纠正有机磷中毒引起的各种病理生理变化，是动物有机磷中毒的重要治疗药物。氯解磷定能够对抗横纹肌神经肌肉接头阻断，避免由于肌束不自主且无规律的收缩而引起肌颤。

（3）**药代动力学**　高效液相色谱法测定血浆中氯解磷定的含量，不同给药方式对大鼠体内药代动力学行为的影响不同，相比静脉注射，肌内注射药物半衰期和平均滞留时间延长。肌内注射氯解磷定更适用于急性中、重度有机磷中毒的临床治疗。

（4）**作用与用途**　氯解磷定的作用及用途同碘解磷定，复活胆碱酯酶的作用约为碘解磷定的1.5倍，作用产生快。它的溶解度较大，除供静脉注射外，也可肌内注射。氯解磷定对乐果中毒无效，内吸磷、对硫磷、敌百虫、敌敌畏中毒达48~72h后，亦无效。本品也不通过血脑屏障，应与阿托品合用。

（5）**安全性**　氯解磷定的不良反应较少，但用量过大、过快可致呼吸抑制，故解救时避免应用麻醉性镇痛药，大剂量可抑制胆碱酯酶，引起暂时性神经肌肉传递阻断。

（6）**制剂与应用**　氯解磷定针剂，20mL：0.5g，10mL：2.5g。静注或肌注：猫20mg/kg，兔30mg/kg，貂10mg/kg，鸡10~20mg/次，水禽45mg/次，其他家畜15~30mg/kg。

16.2.1.3　双解磷（trimedoxime）

双解磷含2个肟基团，对胆碱酯酶的复活作用较碘解磷定强3.6~6倍，作用较碘解磷定强且持久，不易透过血脑屏障，且副作用较大，有阿托品样作用。主要对肝脏有损伤，故其应用效果不及氯解磷定好，可配成5%溶液肌注或用葡萄糖生理盐水溶解后静注。双解磷针剂：每支2mL：0.25g。肌内或静脉注射用量：各种家畜15~30mg/kg，貂10mg/kg，鸡10~20mg/次，水禽45mg/次。

16.2.1.4　双复磷

双复磷含2个肟基团，脂溶性较高，作用强而持久，效果同碘解磷定，比双解磷强一倍，能通过血脑屏障对中枢神经系统症状产生明显的缓解作用（具有阿托品样作用）。对有机磷所致烟碱样和毒蕈碱样症状均有效，对中枢神经系统症状的消除作用较强，可肌内注射或静脉注射。双复磷针剂：每支2mL：0.25g。肌内或静脉注射用量：各种家畜15~30mg/kg；貂10mg/kg；鸡10~20mg/次；水禽45mg/次。

16.2.2　重金属、类金属中毒的解毒药

银、铜、铅、汞、砷、磷、硒等金属和类金属常以无机物或有机物的形式存在于医药或农药、兽药和饲料中，均能引起动物机体中毒。通常是由于解离出来的金属离子或类金属离子与机体的代谢活性基团结合，导致生物活性物质功能障碍或使酶活性降低。有些兽药和毒鼠药的主要成分为新胂凡纳明、红砒、白砒等含砷的化合物，有些种业上的种衣剂谷乐生、西力生等含汞。这些剧毒化合物被动物误食后，引起家畜发生金属或类金属中毒，在饲料添加过量的铜、硒等也可能导致家畜和家禽中毒。

此类化合物中毒时，常使用金属络合物作为解毒剂，此类药物多属螯合剂（chelating agent），能与金属或类金属离子结合成环状络合物，生成无毒或低毒的可溶性化合物，由尿液排出，解除它们对体内巯基酶系统的作用。金属络合剂除了与金属及类金属离子直接

结合外，还能夺取已与酶结合的金属及类金属离子，使组织细胞的酶复活，恢复其功能，从而起到解毒作用。常用药物有巯基络合剂（如二巯基丙醇、二巯丁二钠、二巯基丙磺酸钠）、硫代硫酸钠、依地酸钙钠、青霉胺等药物。

16.2.2.1　二巯丁二钠（sodium dimercaptosuccinate）

（1）**结构与性质**　分子式：$C_4H_5NaO_4S_2$。

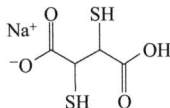

本品为白色至微黄色粉末，有类似蒜的特臭。本品在水中易溶，在乙醇、三氯甲烷或乙醚中不溶。

（2）**作用机制**　本品为我国创制的广谱金属解毒剂，在碳链上有两个巯基，可与机体组织蛋白质或酶的巯基竞争结合金属离子，能夺取已与酶结合的金属离子，因此起到保护和恢复酶的活性的作用，与金属离子络合形成的复合物经尿液排出，无蓄积作用。二巯丁二钠可特异性地与铅结合，减少铅在胃肠道的吸收和滞留，降低血铅浓度。是有机汞中毒的首选解毒药物，可通过改变甲基汞在大脑与血液中分布间接减少其在大脑的聚积。

（3）**药代动力学**　在雄性小鼠肌内注射后，血药浓度5min即达高峰，以肾含量为最高，依次为肺、肝、心、肠、脾等。尿中排泄巯基在初始30min为40%，4h约80%。应用本品治疗铅中毒患者最初8h尿中铅量占总量91.2%。本品能提高体内金属尿排泄量，解毒效果较好，如解锑毒为二巯基丙醇解毒效力的10倍。

（4）**作用与用途**　主要用于锑、汞、砷、铅中毒治疗，也可用于铜、锌、镉、钴、镍、银等金属中毒。对锑的解毒作用最强，对汞、砷的解毒作用与二巯基丙磺酸钠相同，对酒石酸锑钾的解毒效力较二巯基丙磺酸钠强10倍以上。不用于铁中毒，因为可增加其毒性。应用本品治疗重金属中毒过程中，尿中锌和铜排泄量稍有增高，但无临床意义，无须补充锌和铜元素。

（5）**安全性**　本品水溶液极不稳定，久放可降低药效和出现毒性，毒性较小。故不可静脉滴注。可临用时用氯化钠注射液或5%葡萄糖注射液配成10%溶液，即刻做静脉注射。

（6）**制剂与应用**　二巯丁二钠粉针剂，规格：0.5g、1g，以20mg/kg用生理盐水稀释后缓慢静脉注射，也可用5%葡萄糖溶液稀释后静注。急性中毒时，每天3～4次，连续3～5d为一疗程；慢性中毒时，每天1～2次，3d为一疗程，然后间歇4d。一般需坚持3～5个疗程。

16.2.2.2　二巯基丙醇（dimercaprol）

（1）**结构与性质**　分子式：$C_3H_8OS_2$。

为无色或微黄色易流动的黏稠液体，有类似蒜的臭味，溶于水、酒精或苯甲酸苄酯中。在脂肪油中不溶，但在苯甲酸苄酯中溶解后，加脂肪稀释，可以混合。水溶液不稳定，一般用其灭菌油溶液。应密封在阴凉处避光保存。

（2）**作用机制** 二巯基丙醇含有双巯基的螯合剂，二巯丙醇中的两个活性巯基与金属离子亲和力大，能夺取已与组织中酶系统结合的金属离子，形成无毒的易于排出的二巯基丙醇-金属的复合体，二巯基丙醇能有效地和巯基酶争夺金属，二巯基丙醇在体内不仅能保护含巯基的酶免遭重金属或类金属的作用，还能复活已被抑制的酶系统。被重金属离子或砷化合物抑制较久的酶比新受抑制的酶难以活化，中毒经过的时间愈短，解毒效果愈强。

（3）**药代动力学** 本品性质不稳定，内服不吸收，容易被破坏。肌内注射10％二巯基丙醇溶液后，在30min内血中浓度达到峰值，在4h内药物可全部转化，约有50％的中性硫经肾排出体外。部分的二巯基丙醇与葡萄糖醛酸结合后，随尿排出。在体内代谢较快。

（4）**作用与用途** 二巯基丙醇对砷化物和汞盐中毒的救治效果显著。对于铋、锑、镍、铬和钴的中毒亦有效，而对铅、银和铁等中毒疗效较差，不如依地酸钙钠效果好，但与依地酸钙钠合用，可治疗幼小动物的急性铅脑病。本品还能减轻由发泡性砷化物引起的损害。

（5）**安全性** 二巯基丙醇对机体有一定的毒性，仅能肌内注射给药，对皮肤黏膜和局部组织有较强的刺激性，对中枢神经系统可引起痉挛，继而发生抑制。对循环系统，少量时可由于末梢血管收缩，使血压升高。大量时毛细血管扩张，血液成分渗出，发生休克。二巯基丙醇对于含有重金属的酶如碳酸酐酶、过氧化酶等均有抑制作用，应控制好用量。对肝、肾具有损害作用，对于肝、肾功能不良动物需慎用。碱化尿液可减少复合物的重新解离，从而减轻肾损害。本品可与镉、硒、铁、铀等金属形成有毒复合物，应避免同时使用。

（6）**制剂与应用** 二巯基丙醇注射液：每支 10mL：1g；5mL：0.5g；2mL：0.2g。肌内注射：马牛首先为 5mg/kg，以后每隔 4h 注射 2.5mg/kg；羊、猪 2～3mg/kg；犬 4mg/kg；家禽 2.5～5mg/kg。最初两天，每隔 4h 一次；第三天，每隔 6h 一次；然后 2 次/d，连用 7～14d。

16.2.2.3 依地酸钙钠（calcium disodium edetate）

（1）**结构与性质** 分子式：$C_{10}H_{12}CaN_2Na_2O_8 \cdot 6H_2O$。

白色结晶性颗粒或结晶性粉末。无臭，无味，潮解性强。在空气中性质稳定。易溶于水。应密封保存。

（2）**作用机制** 依地酸钙钠属氨羧络合剂，可与多种二价和三价重金属离子络合形成可溶的复合物，再由组织释放到细胞外液，经肾小球滤过后，由尿液排出。本品与各种金属的络合能力不同，与铅络合最为有效，与其他金属络合效果较差，对砷和汞无效。

（3）**药代动力学** 静脉注射时，$t_{1/2}$ 为 20～60min；肌内注射，$t_{1/2}$ 为 90min。主要

存在于细胞外液；脑脊液中甚微，仅占血浆的 5%。本品在体内几乎不进行代谢，1h 内经肾小球滤过后，从尿排出，24h 内排出 95%。本品内服不易吸收。

（4）**作用与用途** 依地酸钙钠能与多价金属形成较难解离的可溶性金属络合物，络合物的稳定性随金属离子的种类不同而异，其稳定性由弱到强的顺序为：Na^+ 络合物 $<$ Ba^{2+} 络合物 $<$ Ca^{2+} 络合物 $<$ Fe^{2+} 络合物 $<$ Zn^{2+} 络合物 $<$ Cu^{2+} 络合物 $<$ Co^{2+} 络合物 $<$ Pb^{2+} 络合物。依地酸钙钠用于重金属中毒的解毒，主要用于治疗铅中毒，也可用于治疗镉、锡、锰、铬、镍、钴和铜中毒。也可用于治疗原子弹爆炸后落下灰中某些放射性物质，如钇、锆、钚等中毒，尤其早期应用效果更好。依地酸钙钠对砷和汞中毒的疗效很小，不及二巯基丙醇。

（5）**安全性** 依地酸钙钠对储存于骨内的铅有显著的络合作用，肾脏又不能迅速排出大量的络合铅，因此过大剂量可引起肾小管上皮细胞损害，导致急性肾功能衰竭，停药后不良反应消失，肾脏损害恢复。本品能络合锌，干扰精蛋白锌胰岛素的作用。将依地酸钠盐注射于动物体内，它能与钙离子结合，而使血钙降低，如果静脉注射速度过快，机体由于急性缺钙，会出现痉挛甚至迅速死亡。如果缓慢注射依地酸钠盐，血中钙离子浓度逐渐下降，骨骼中的钙移至血中，起代偿作用，长期应用依地酸钠盐，可使骨骼中的钙大为降低。为了避免依地酸的这种脱钙作用，在重金属盐中毒时，可以使用依地酸钙钠排出体内重金属毒物。

（6）**制剂与应用** 依地酸钙钠注射液：每支 5mL：1g；2mL：0.2g。临用时用生理盐水稀释成 0.25% 溶液。静脉注射用量：马、牛 3～5g，羊、猪 1～2g，犬 1g，猫 0.4g；1 日 2 次。

16.2.2.4 青霉胺（penicillamine）

（1）**结构与性质** 分子式：$C_5H_{11}NO_2S$。

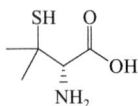

为青霉素的分解产物，又名二甲基半胱氨酸，为含有巯基的氨基酸。呈白色结晶性粉末状，易溶于水。

（2）**作用机制** 青霉胺是青霉素的代谢产物，能与铜、铁、汞、铅、砷等络合形成稳定可溶性复合物，经尿液排出。青霉胺可与体内的铜形成无毒复合物，还可以诱导肝细胞合成金属硫蛋白，促进排铜。内服副作用较小，不易被破坏，可用于轻度重金属中毒或在其他络合剂有禁忌时使用。

（3）**药代动力学** 内服后迅速吸收，不易被破坏，迅速由尿排出。为重金属离子的有效络合剂，可促进金属毒物的排泄。

（4）**作用与用途** 临床上应用 D-盐酸青霉胺。青霉胺驱铜效果好，驱铅、汞的效果不及二巯基丙磺酸钠和依地酸钙钠。毒性比二巯基丙醇低，且可内服，故受到医学重视，常用于慢性铜、铅、汞中毒的治疗。

（5）**安全性** 对青霉素过敏、造血功能障碍、肾功能减退者禁用。长期用药可致肾功能障碍、皮肤损害及血液系统严重反应。不良反应较多，一般反应停药后可恢复。

（6）**制剂与应用** 青霉胺片剂：每片 0.1g。内服量：羊、猪 0.3g，1 日 3～4 次，连用5～7日为1疗程，停药2～3日，根据需要可进行第二疗程。

16.2.3 高铁血红蛋白血症解毒药

该类药物能使Fe^{3+}的高铁血红蛋白还原为Fe^{2+}的正常血红蛋白，从而恢复血红蛋白携氧能力。家畜在采食富含硝酸盐土壤上的植物后，由于硝酸盐在消化道内转变为亚硝酸盐而发生亚硝酸盐中毒。作为家畜饲料的白菜、苋菜、南瓜藤等青饲料在煮后，较长时间慢慢冷却（在5h以上或隔日）大量饲喂，由于微生物的作用，其中的硝酸盐还原成亚硝酸盐，猪食后引起中毒。有的虽未焖煮，但因堆放不当，温度在20～40℃且有适当水分存在时，经12～24h也能产生大量的亚硝酸盐。亚硝酸离子能与血红蛋白作用，将血红蛋白的Fe^{2+}氧化成变性血红蛋白的Fe^{3+}，因而血液失去了向组织携带氧的功能。血液中含10％变性血红蛋白时，变为褐色。有30％以上的血红蛋白变为变性血红蛋白，则出现中毒症状。如果有80％～90％的血红蛋白变为变性血红蛋白，动物因缺氧而死亡。

16.2.3.1 亚甲蓝（methythioninium chloride）

（1）结构与性质　分子式：$C_{16}H_{18}ClN_3OS$

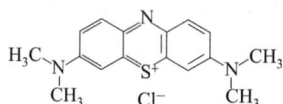

亚甲蓝（methylthioninium chloride）又称为亚甲基蓝、次甲基蓝、美蓝、品蓝，是一种芳香杂环化合物。

为深绿色有光泽的柱状结晶性粉末，易溶于水和酒精。

（2）作用机制　亚甲蓝为氧化还原剂，亚甲蓝在低浓度（1～2mg/kg）时具有抗还原作用，在还原型辅酶Ⅰ脱氢酶（NADPH）的作用下，氧化型亚甲蓝接受电子被还原成还原型白色亚甲蓝，可将电子彻底给Fe^{3+}的高铁血红蛋白，使其还原为Fe^{2+}的正常血红蛋白，从而恢复血红蛋白携氧能力。而药物本身又被氧化，继续作为高铁血红蛋白酶系统的外源性辅助因子，亚甲蓝还原-氧化过程可反复循环。亚甲蓝在高浓度（5～10mg/kg）时，还原型辅酶Ⅰ脱氢酶过少，不能使亚甲蓝转变为还原型亚甲蓝，而血液中高浓度的氧化型亚甲蓝则可使血红蛋白氧化为高铁血红蛋白，应用时应特别注意。

（3）药代动力学　亚甲蓝静脉注射后作用迅速，基本不经过代谢即随尿排出。口服吸收53％～97％，在组织中迅速还原为无色亚甲蓝，6日内，74％经尿排出，其中22％为原型，其余为白色亚甲蓝，且部分可能被甲基化，少量通过胆汁由粪便排出。

（4）作用与用途　临床上常用小剂量亚甲蓝治疗工业毒物多种涂料、亚硝酸盐、硝酸银、硝酸甘油、醌亚胺类、苯胺、硝基苯、甲脒类农药（杀虫脒等）等中毒所引起的高铁血红蛋白血症。小剂量亚甲蓝同时配合使用维生素C和高渗葡萄糖溶液，则疗效更好。

（5）安全性　亚甲蓝口服可引起恶心、呕吐、腹泻症状。局部用药不良反应罕见。静脉注射过快或剂量过大（500mg以上），可引起头痛、头晕、恶心、呕吐、胸闷、腹痛、呼吸困难、血压降低、心率增快、心律失常和意识障碍等反应。亚甲蓝皮下或肌内注射可引起组织坏死。用药后尿液呈蓝色，排尿时可出现尿道灼痛，心肌受损。亚甲蓝与选择性 5-羟色胺再摄取抑制剂（SSRIs）、单胺氧化酶（MAO）抑制剂、安非他酮、丁螺环酮、氯米帕明、米氮平和文拉法辛等药物同时使用，可能引起严重的中枢神经系统反应。

（6）制剂与应用　亚甲蓝注射液：每支 10mL∶0.1g；5mL∶0.05g；2mL∶0.02g。1～2mg/kg，1%亚甲蓝溶液，按 0.1～0.2mL/kg 静脉注射，必要时待 2h 后再重复用药。反刍动物的剂量要大得多，约为 8～20mg/kg。大量维生素 C 和葡萄糖对高铁血红蛋白亦有还原作用，故可与本品合用。

16.2.3.2　维生素 C

维生素 C 具有使高铁血红蛋白还原为氧合血红蛋白的作用，但其作用效果不及亚甲蓝，25%的维生素 C 用量为牛、马 40～100mL，猪、羊 10～15mL，静脉注射。亚甲蓝和维生素 C 合用具有协同作用。

16.2.4　氰化物中毒的解毒药

氰化物中毒是由氢氰酸或在机体内能水解游离出氰离子的含氰苷的物质而引起的中毒。军用毒剂之一氢氰酸，农药中用于粮仓熏蒸杀虫的氰化钙[$Ca(CN)_2$]、氰化钠，高粱苗，果仁如苦杏仁、桃仁、亚麻仁中所含的氰苷等，都能引起动物的氰化物中毒。氰化物中毒事件常发生在工业生产和日常生活中，严重危害社会公共安全。针对氰化物中毒的解救治疗关键在于药物与氰离子结合，迅速恢复细胞色素氧化酶的活力，并使氰化物转化为无毒或低毒物质排出。

16.2.4.1　亚硝酸钠（sodium nitrite）

（1）结构与性质　分子式：$NaNO_2$。

$$N \overset{O}{\underset{O^-\,Na^+}{\diagup}}$$

为微黄色或白色的结晶性粉末，无臭，味微咸，有潮解性。易溶于水，水溶液不稳定。

（2）作用机制　本药为氧化剂，能使血红蛋白氧化为高铁血红蛋白。而高铁血红蛋白的三价铁离子（Fe^{3+}）能与氰离子迅速结合成氰化高铁血红蛋白，从而夺取已与细胞色素氧化酶结合的氰离子，减少氰离子与组织中细胞色素氧化酶的结合，使细胞色素氧化酶恢复活性。体内氰化高铁血红蛋白是不稳定的，可再分解出氰离子再次对机体产生毒害。因此必须接着注射硫代硫酸钠，在体内硫氰酸酶的作用下，使游离的和已与高铁血红蛋白结合的氰离子转变为无毒的硫氰酸盐，经肾脏排出体外。

（3）药代动力学　本药口服后吸收迅速，15min 起作用，可持续 1h，大部分在体内代谢，部分形成氨，其余经尿排出。

（4）作用与用途　亚硝酸钠为氰化物中毒的有效解毒物。临床用于治疗氰化物中毒时，形成的氰化高铁血红蛋白不稳定，在数分钟后会释放出氰离子，需要迅速给予供硫剂，使游离的和与高铁血红蛋白结合的氰离子与供硫剂在体内硫氰酸酶的作用下，转化为低毒性的硫氰酸盐，经尿排出，达到解毒目的。因此亚硝酸盐静脉注射后经过 2～3min，应再注射硫代硫酸钠。

（5）**安全性**　临床上亚硝酸钠治疗动物氰化物中毒时，可能有一些不良反应。如循环系统症状：晕厥、低血压、心动过速、心悸；呼吸系统症状：呼吸困难；血液系统症状：血红蛋白症；神经系统症状：头痛、抽搐、视力模糊、癫痫、焦虑。家畜机体内有30%以下的血红蛋白变为变性（高铁）血红蛋白时，不至于引起明显的中毒症状，如果亚硝酸盐用量过大，则因变性血红蛋白过多，而发生亚硝酸盐中毒症状，家畜因缺氧而发绀，此时可用亚甲蓝解救。

（6）**制剂与应用**　亚硝酸钠注射液 10mL：0.3g。亚硝酸盐与硫代硫酸钠联合使用发病后立即用 5% 亚硝酸钠溶液，其剂量为牛、马 2g，猪、羊 0.1～0.2g，或按 10～20mg/kg 静脉注射。随后再注射 5%～10% 硫代硫酸钠溶液，牛、马为 100～200mL，猪、羊为 20～60mL，或按 30～40mg/kg，加入 10% 葡萄糖内缓慢静脉注入。或用亚硝酸钠 3g、硫代硫酸钠 15g 及蒸馏水 200mL，混合溶解后经过滤过、消毒，供牛一次静脉注射。或亚硝酸钠 1g、硫代硫酸钠 2.5g 及蒸馏水 50mL，供猪、羊静脉注射。也可用 1%～2% 亚甲蓝溶液静脉注射，剂量为 10～20mg/kg，但作用不如亚硝酸盐强。

16.2.4.2　4-二甲氨基苯酚 [4-（dimethylamino） phenol]

（1）**结构与性质**　分子式：$C_8H_{11}NO$。

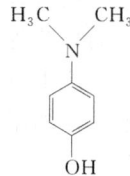

本品的盐酸盐为白色结晶性粉末，易溶于水。

（2）**作用机制**　4-二甲氨基苯酚为新型高效高铁血红蛋白形成剂，能使氰化血红蛋白转化为高铁血红蛋白，后者与游离的氰离子结合，并能加速已与细胞色素氧化酶结合的氰离子释放，从而使中毒的细胞色素氧化酶活性恢复。解除氰化物的中毒症状。

（3）**药代动力学**　4-二甲氨基苯酚在体内的消除速度也相对较快，主要通过尿液、胆汁和粪便排出。主要以棕榈酸、硫代谢物、硫酸盐等形式排出。大鼠肌内注射 4-二甲氨基苯酚（15mg/kg）后吸收迅速，而半衰期仅为 9min 左右。

（4）**作用与用途**　4-二甲氨基苯酚为氰化物中毒的有效对抗剂，特点是作用快，药效强，副作用小，优于现有的氰化物中毒的解毒剂。10mg/kg 的剂量，可形成 40% 以上的高铁血红蛋白，可顺利治愈 2 个致死剂量的氰化物中毒，静脉和肌内各半量注射时 2min，肌内注射时 8min，即可见到氰化物中毒症状的缓解，更严重中毒时，则需要与硫代硫酸钠配伍应用。

（5）**安全性**　4-二甲氨基苯酚的毒副作用包括可能出现网织红细胞增多症、肾毒性、溶血及肌内注射局部炎症坏死。

（6）**制剂与应用**　10% 4-二甲氨基苯酚按 10mg/kg 静脉注射或肌内注射，1h 左右再静脉注射硫代硫酸钠溶液。4-二甲氨基苯酚片：180mg/片，口服 180mg。重症中毒者可联用 25%～50% 硫代硫酸钠 20mL。

16.2.4.3　硫代硫酸钠（sodium thiosulfate）

（1）**结构与性质**　分子式：$Na_2S_2O_3$。

$$\begin{array}{c} \text{Na}^+ \quad \overset{\text{S}}{\underset{\parallel}{}} \\ \text{-O-S-O}^- \\ \underset{\text{O}}{\overset{\parallel}{}} \quad \text{Na}^+ \end{array}$$

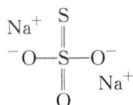

为无色透明结晶性粉末。无臭，味咸，极易溶于水，不溶于酒精。

（2）**作用机制**　本品具有还原剂特性，在体内硫氰酸酶的催化下，硫原子与体内游离或与高铁血红蛋白结合的氰离子生成毒性较低的硫氰酸盐，随尿排出体外，还能与多种金属、类金属形成无毒的硫化物。

（3）**药代动力学**　静脉注射后迅速分布到各组织的细胞外液，分布容积为 0.15L/kg，半衰期为 0.65h，大部分以原型经尿排出体外。

（4）**作用与用途**　硫代硫酸钠为氰化物中毒的有效解毒药。硫代硫酸钠能提高机体的一般解毒功能，因硫代硫酸钠被吸收后，增加了体内硫的含量，增强肝脏的解毒功能。配合其他药物，可用于一般中毒的解救。也可用于砷、铋、汞、铅等中毒的解毒，但疗效不及二巯基丙醇。

硫代硫酸钠与其他类解毒药（如亚硝酸钠）和其他药物（重金属盐、氧化物和酸）不能混合同时静脉注射，需要联合使用时应先后使用，并用生理盐水冲管。

（5）**安全性**　偶见头晕、乏力、恶心、呕吐、过敏性休克。

（6）**制剂与应用**　硫代硫酸钠注射液：每支 20mL：1g；10mL：0.5g；20mL：10g。粉针每支 0.32g。静脉或肌内注射用量：马、牛 5～15g；羊、猪 1～3g；家禽 0.32g。粉针常配成 10%浓度使用。

16.2.4.4　大蒜素（allicin）

大蒜素能自然分解成各种有机硫分子，而后与 CN—反应生成 SCN—排出体外。如二甲基三硫醚（DMTS）是大蒜的挥发性含硫小分子物质，具有高度的脂溶性。100mg/kg 相同剂量的 DMTS 和硫代硫酸钠同时肌内注射治疗氰化物中毒的小鼠模型时，DMTS 的解毒效应是硫代硫酸钠的 3 倍。

16.2.5　有机氟中毒的解毒药

有机氟化合物是高效、剧毒、内吸性杀虫与杀鼠剂，主要产品有氟乙酰胺（敌蚜胺）、氟乙酸钠（SFA）和甘氟（鼠甘伏），其次为 *N*-甲基-*N*-萘基氟乙酰胺（果乃胺）、氟乙酰苯胺（灭蚜胺）和氟乙酸等。特别是氟乙酰胺和氟乙酸钠是较早合成的两种杀鼠剂，不仅对老鼠能高效杀灭，对多种动物均有极强的毒性，还容易被皮肤吸收，属剧毒类农药。虽然我国已于 1984 年禁止生产和使用，但因这类杀鼠剂在短期具有立竿见影的效果，致使非法生产和使用屡禁不止，引起人和动物中毒事件时有发生。有机氟化合物中毒是有机氟化合物进入机体后，干扰三羧酸循环，引起的以抽搐、惊厥和心律失常等为特征的中毒性疾病，各种动物均可发生。

乙酰胺（acetamide）

（1）**结构与性质**　分子式：C_2H_5NO。

$$\text{(structure: acetamide — } CONH_2 \text{)}$$

乙酰胺为白色透明针状结晶，具有老鼠分泌物般的气味。

（2）**作用机制** 乙酰胺（解氟灵）可竞争性解除剧毒农药有机氟化合物的中毒。由于乙酰胺与氟乙酰胺的结构相似，乙酰胺的乙酰基与氟乙酰胺争夺酰胺酶，使氟乙酰胺不能脱氨转化为氟乙酸，从而消除氟乙酸对机体三羧酸循环的毒性，恢复组织正常代谢功能。乙酰胺具有延长中毒潜伏期、减轻发病症状或抑制发病的作用。

（3）**药代动力学** 乙酰胺主要通过尿液排出，大鼠肝细胞可将其代谢为醋酸盐。

（4）**作用与用途** 乙酰胺是有机氟杀虫剂和杀鼠药氟乙酰胺、氟乙酸钠（杀鼠剂）、甘氟中毒的特效解毒剂。所有氟乙酰胺、氟乙酸钠、甘氟中毒动物，包括可疑中毒动物，不管发病与否，都应及时给予本品。早期给药可挽救生命；晚期给药可减少后遗症。

（5）**安全性** 本药毒性较低，仅在用量过大及过长时间使用时可产生毒性反应。本品 pH 值低，注射可引起局部疼痛，配合使用适量的普鲁卡因注射液，可减少局部疼痛。如因用药而发生血尿，可停药，视中毒病情，可用糖皮质激素以减轻血尿症状。

（6）**制剂与应用** 乙酰胺注射液规格：5mL：2.5g；10mL：5g；5mL：0.5g；10mL：1g。剂量为 0.1g/（kg·d），肌内注射，首次用量为每日量的 1/2，3～4 次/d；犬、猫首次可用 0.2～0.4g/kg，然后减半间隔 2h 一次；一般维持 3～4d，至抽搐症状消失为止。再出现抽搐，可再重复给药。

16.2.6 抗凝血类解毒药

抗凝血类解毒药主要是用于动物抗凝血类杀鼠剂中毒后的解救。抗凝血类杀鼠剂进入机体后干扰肝脏对维生素 K 的利用，抑制凝血因子，影响凝血酶原合成，使凝血时间延长，导致广泛性多器官出血为特征的中毒性疾病。各种动物均可发生，常见于犬、猫、猪、家禽等。作为抗凝血剂治疗凝血性疾病时用量过大、疗程过长或配伍用保泰松等能增进其毒性的药物也可引起动物发生此类中毒。

常用抗凝血类解毒药为维生素 K_1。

（1）**结构与性质** 分子式：$C_{31}H_{46}O_2$。

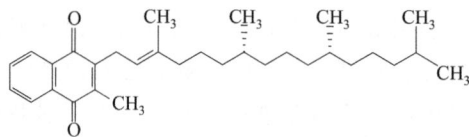

维生素 K_1 为脂溶性物质，是萘醌类化合物。

（2）**作用机制** 维生素 K_1 是肝脏合成凝血因子 II、VII 和 X 不可缺少的物质。维生素 K_1 参与这些因子由无活性前体转化为有活性药物的羧化作用。因此，维生素 K_1 是抗凝血类杀鼠剂中毒的特效解毒药。抗凝血类杀鼠剂可抑制维生素 K_1 的作用，使凝血酶原和凝血因子合成受阻，从而引起凝血障碍，发生内脏或皮下出血、咯血、便血等。及时补充维生素 K_1 可以恢复血液正常凝固，达到解毒效果。

（3）**药代动力学** 口服维生素 K_1 小肠主动吸收，肌内注射 1～2h 起效，3～6h 止血效果明显，12～14h 恢复正常凝血功能。本品肝内代谢，经尿液和胆汁排出。

（4）**作用与用途** 抗凝血类杀鼠剂中毒时，无出血倾向、凝血时间与凝血酶原活动度正常时，可不用维生素 K_1 治疗，但应密切观察；出血动物采用肌内、静脉注射。当动物摄入过多的维生素 K 拮抗剂中毒时，用维生素 K_1 进行解毒。

（5）**安全性** 注射时应选择小号针头，以免引起局部出血。肌内注射可引起局部红肿疼痛。

（6）**制剂与应用** 维生素 K_1 注射液 1mL：10mg，犬 3～5mg/kg，猫 15～25mg，肌内注射或皮下注射，也可加入葡萄糖溶液中静脉注射，但速度要缓慢，口服剂量为 0.25～2.5mg/（kg·d）；反刍动物剂量为 0.5～2.5mg/kg；猪 2～5mg/kg，肌内注射或皮下注射；马剂量应小于 2.0mg/kg，且不能用维生素 K_3。持续用药时间因杀鼠剂不同而有差异，杀鼠灵中毒需 10～14d，溴敌隆需 21d，敌鼠、大隆等需 30d。

主要参考文献

[1] 陈杖榴，曾振灵. 兽医药理学[M]. 4 版. 北京：中国农业出版社，2018，365.

[2] 朱珠，梅丹. 中毒与解救速查手册[M]. 北京：化学工业出版社，2006，8-9.

[3] 张建余. 肟类对急性有机磷中毒解毒机制的研究进展[J]. 中华劳动卫生职业病杂质，1998（6）：53-55.

[4] 罗晓斌，黄国梁. 阿托品联合碘解磷定治疗急性有机磷农药中毒的临床研究[J]. 北方药学，2021，18（5）：67-68.

[5] 董晖，李凤杰，金爱春. 氯解磷定联合不同剂量阿托品治疗重度有机磷农药中毒的回顾与分析[J]. 实用药物与临床，2022，25（1）：65-66.

[6] 蔡啟梅，冯数橙，王涛，等. 高效液相色谱法测定大鼠血浆中氯解磷定含量及药代动力学研究[J]. 2023，42（2）：167-171.

[7] 姚青，杨国宝，王皓，等. 巯基螯合剂治疗重金属中毒研究进展[J]. 中国药理学与毒理学杂志，2022,36（4）：314-320.

[8] George G N, Prince R C, Cailer J, et al. Mercury binding to the chelation therapy agents DMSA and DMPS and the rational design of custom chelators for mercury[J]. Chem Res Toxicol, 2004, 17（8）: 999-1006.

[9] Yarze J C. The mechanisms of penicillamine, trientine, and zinc in the treatment of Wilson's disease[J]. Am J Gastroenterol, 1995, 90（6）: 1026.

[10] 左晨艳，杨波波，吴婷，等. 氰化物中毒及解毒的研究进展[J]. 毒理学杂志，2016，30（4）：311-316.

[11] 刘宗平. 动物中毒病学[M]. 北京：中国农业出版社，2006，308.

[12] 朱珠，梅丹. 中毒与解救速查手册[M]. 北京：化学工业出版社，2006，297.

[13] 伋祥，乔莉. 长效抗凝血杀鼠剂中毒的研究进展[J]. 中华危重症医学杂志（电子版），2021,14（04）：339-342.